VOLKER CHRISTIAN MANZ
HALWART SCHRADER

alternativ mobil

Die Deutsche Nationalbibliothek verzeichnet diese Publikation in der Deutschen Nationalbibliografie; detaillierte bibliografische Daten sind im Internet über http://dnb.d-nb.de abrufbar.

1. Auflage 2022

www.olms.de

Texte: Volker Christian Manz, Halwart Schrader
Konzeption: Halwart Schrader
Gestaltung: Julia Voigt · texte-team
Lektorat: Walter Grimme, Hildesheim
Titelgestaltung: Weiß-Freiburg GmbH, Freiburg im Breisgau
Druck und Bindung: UAB BALTO print, Litauen
Printed in Lithuania
Gedruckt auf säurefreiem und alterungsbeständigem Papier

ISBN 978-3-487-08650-7

Für fachkundige Beratung und ein kritisches Lektorat sind wir Herrn Dipl.-Ing. Helmut Kersten zu Dank verpflichtet, ferner Horst-Dieter Görg für sein Engagement, das der Realisierung der Idee zu diesem Buch galt, sowie Axel Oskar Mathieu (†), dessen Archiv wir ein ums andere Mal konsultieren durften, wenn es um Informationen zu historischen Nutzfahrzeugen ging. VCM, HS

VOLKER CHRISTIAN MANZ
HALWART SCHRADER

alternativ mobil

VON 1881 BIS MORGEN

DIE GESCHICHTE DER E-MOBILITÄT

ELEKTROMOBILE UND HYBRID-AUTOS, SOLAR-, WASSERSTOFF- UND GASTURBINENFAHRZEUGE

INHALTS-VERZEICHNIS

Nicht nur für Euphoriker hat die Zukunft schon viele Male begonnen

Emotionales um die e-Motion

Viele Menschen sind der Meinung, Elektrofahrzeuge seien eine Erfindung des neuen Jahrtausends. Tatsächlich aber gibt es sie seit gut 150 Jahren. In vielen Ländern Europas und auch in den USA hat man sie konstruiert, gebaut und gefahren: in Gestalt von Liefer- und Lastwagen, Omibussen, Taxis sowie privaten Fahrzeugen, und nicht wenige wurden von Damen chauffiert.
Besonders erfreuten sich elektrisch angetriebene Taxis einst großer Beliebtheit; sie galten als das beste Verkehrsmittel für die Stadt und durften sogar einen höheren Grundtarif nehmen. Und die elektrischen Liefer- und Lastwagen konnten auch dort laden und entladen, wo Benzinfahrzeugen der Zugang verboten war, zum Beispiel in den Häfen.
Die privaten elektrischen Fahrzeuge gehörten zum elegantesten und teuersten Angebot auf dem Automobilmarkt, mit Karosserien teilweise aus Aluminium und einer langlebigen Technik. Sie wurden von Persönlichkeiten aus Industrie, Wirtschaft und Politik gefahren. Und auch von ihren Frauen.
Benzinfahrzeuge, in der Herstellung billiger als Elektrowagen, waren prinzipiell für die Männerwelt gedacht, der man unterstellte, sich mit der Mechanik besser auszukennen, zumal es einiger Kräfte bedurfte, einen Verbrennungsmotor ums Nachfüllen von Benzin oder Schmieröl kümmern. Doch warum gestand man dem Elektrofahrzeug nicht die verdiente Chance der Weiterentwicklung zu, wie sie dem Verbrenner zuteil wurde? Was bewog das Ingenieurwesen weltweit, die Elektromobilität zugunsten des Benzin- beziehungsweise Dieselfahrzeugs für die Dauer von mehr als einhundert Jahren zu ignorieren? Geschah dies durch die Einwirkung dominanter Mineralöl-Kartelle?
Indes, zur Gänze war das Credo für das Elektroauto nie verstummt, wie Sie, liebe Leserin und lieber Leser, der vorliegenden Dokumentation entnehmen können. Es gibt Konzepte, die Jahrzehnte der Reife bis zu ihrer Höchstform benötigen. Das, was wir als technischen Fortschritt bezeichnen, befindet sich im permanenten Wandel und definiert sich in kürzeren oder auch längeren Zeitabständen immer wieder neu.
In fast jeder Dekade der zurückliegenden zwei Jahrhunderte haben Aufsehen erregende Erfindungen sich nicht nur an stets neuen Erkenntnissen über das technisch Machbare orientiert, sondern an oft nur vermeintlichen Bedürfnissen des Menschen mit seinem Anspruch auf immer schnellere, dabei komfortablere und ökonomischere Fortbewegung.

1898/99 von Heinrich Scheele in Köln gebaut.

Rechts: Amerikanischer Elektrowagen an der Ladestation, 1909.

mit kräftigen Bewegungen anzukurbeln (was zu einem gebrochenen Arm führen konnte), auch musste man viele Teile pflegen und warten, was schmutzige Finger und Ölflecken auf der Kleidung bedeutete. Unterwegs notwendige Reparaturen waren an der Tagesordnung. Im Elektromobil hingegen saß frau auf einem bequemen Sofa und erfreute sich an der leichten Bedienung ohne Kuppeln und ohne Schalten. Es gab weder Ankurbeln noch musste sich die Dame
Im Automobil kulminierte die individuelle Möglichkeit, sich ohne Reit- oder Zugtiere und beliebiger als mit der schienengebundenen Eisenbahn schnell, annähernd (nie völlig) problemlos und bei der staunenden Mitwelt großen Eindruck hinterlassend von A nach B und C zu bewegen – und auch zu so gut wie allen auf dem Landweg erreichbaren Destinationen dieser Erde Güter und Reisende, Kanonen und Soldaten, Botschaften und Ideologien zu transportieren.

Links: Kriéger Elektro-Taxi in Paris, 1902.

Rechts: Amerikanischer Riker Hotelbus von 1900.

Und kaum hatte das Automobil sich in unserem Dasein etabliert, zu wessen Vor- oder Nachteil auch immer, wurde es zum Gegenstand mit Leidenschaft geführter Auseinandersetzungen. Wie es auszusehen habe, wie mit ihm umzugehen sei, ob eine Dampfmaschine, ein Explosionsmotor oder ein Elektroaggregat die beste Antriebstechnologie darstellte. Wie seine Verkehrssicherheit zu erhöhen wäre, wie viel es kosten dürfe, vor allem: wie es noch robuster, noch zweckmäßiger, noch schneller, noch leiser, zugleich noch langlebiger zu machen sei und wie man seine Bedienung vereinfachen könne. Hatte man die Lösung eines Problems gefunden, tauchte über kurz oder lang jemand mit alternativen und angeblich besseren Ideen auf ... wobei meist das effizientere Vermarktungskonzept den Ausschlag für die Durchsetzung gab. Umwelt- oder klimarelevante Überlegungen spielten dabei keine Rolle, jedenfalls nicht vor dem letzten Quartal des 20. Jahrhunderts.
Die Autoren diese Buches haben sich bemüht, Informationen über das Innovationspotenzial »alternativ« orientierter Motorenkonstrukteure und Automobilhersteller aus 150 Jahren zu sammeln und zu dokumentieren. Die historische Bedeutung der Arbeiten eines Étienne Lenoir und Nikolaus August Otto, Charles Trépardoux und Léon Serpollet, Carl Benz und Gottlieb Daimler, Hugo Junkers und Rudolf Diesel, Charles Yale Knight und Franz Xaver Lang sowie Dutzender weiterer Technikpioniere wird wohl von keinem Wissenschaftler in Zweifel gezogen – doch mit dem Erreichten sich nicht zufrieden zu geben, war und ist seit Erfindung des Rades noch immer der Ansatz aller innovativen Prozesse, einschließlich der Risiken eines Steckenbleibens in Sackgassen.
Angesichts zeitnaher Entwicklungen stehen Elektrofahrzeuge und Hybriden auf den nachfolgenden Seiten im Vordergrund. Da immer wieder auch andere alternative Wege eingeschlagen wurden und werden, etwa mit dem Wasserstoffmotor oder mit der Gasturbine, finden auch diese Systeme, wenn auch nur marginal, Erwähnung – ungeachtet ihrer Bedeutung oder auch Unbedeutung.
Technisch-trocken ist die Materie keineswegs. Dafür sorgen auch Rückblicke in die »gute« alte Zeit von gestern und vorgestern, als mancher Überflieger glaubte, die automobile Zukunft sicher im Griff zu haben. Und wie vor mehr als einhundert Jahren glauben Visionäre auch heute zu wissen, wie das Auto von morgen aussehen und wie sich der Individualverkehr kommender Generationen abspielen wird – und welches das optimale Antriebssystem sei.
Ein Mann, der sich mit hoher Kompetenz mit dieser Thematik seit langem auseinandersetzte, war der promovierte Professor Ferdinand Dudenhöffer. Der seinerzeitige Direktor des CAR-Instituts an der Universität Duisburg-Essen und

Unten: Amerikanischer Walker von etwa 1939 in den USA.

Versuchsweise in England zum Elektrofahrzeug umgerüsteter Van, 1951.

Oben links: 2015 präsentierte, aggressive Coupéstudie. Rechts daneben: Elektifizierter Piaggio Kleinlieferwagen, 2017.

Links: 2015 in Russland fotografierter Oberleitungs-Omnibus.

Rechts: Volkswagen id.3 von 2021.

Rechte Seite: In vielen Städten Asiens lässt der enge Verkehrsraum nur schmalspurige Fahrzeuge wie diesen elektrisch angetriebenen Nissan-Prototyp von 2012 zu.

International gebräuchliche Abkürzungen

BMS	Battery Management System
CAN	Controller Area Network
DOD	Depth Of Discharge
EV	Electric Vehicle
EZEV	Equivalent Zero Emission Vehicle
FC	Fuel Cell
FHEV	Full Hybrid Electric Vehicle
LSV	Low Speed Vehicle
MHEV	Mild Hybrid Electric Vehicle
NEV	Neighborhood Electric Vehicle
PHEV	Plug-in Hybrid Electric Vehicle
RFC	Reversible Fuel Cell
SOC	State Of Charge
ZE	Zero Emission
ZEBRA	Zero Emission Battery Research Activities

Inhaber des Lehrstuhls für Automobilwirtschaft hat sich im Februar 2018 in der AutomobilRevue, Bern, eingehend – und nicht zum ersten Mal – zum Thema Elektroauto geäußert und das Fazit gezogen: »Um ein spannendes Elektroauto zu entwickeln, braucht es mehr als nur den Verbrennungsmotor sowie den Tank durch einen Elektromotor und eine Batterie zu ersetzen. Alte Dogmen verlieren ihre Gültigkeit … auch ist Leichtbau nicht mehr das Maß aller Dinge, sondern intelligentes Strom- und Energiemanagement. Neue Materialien, welche Isoliermöglichkeiten, Energiespeicher- und Energiegewinnungsmöglichkeiten aufzeigen, machen die Innovationen aus.«
Und wie schrieb doch schon Frankreichs berühmter Motorjournalist Baudry de Saunier im Jahr 1900 in seinem Buch *Grundbegriffe des Automobilismus*: »Die Bemühungen aller derjenigen, welche sich mit der Verbesserung der elektrischen Fahrzeuge befassen, müssen auf die Accumulatoren gerichtet sein, die allerdings nur eine gründliche Revolution aus ihrem alten Geleise reißen könnte. Sobald einmal ein leichter Accumulator von großer Capacität gefunden sein wird, haben alle Wagen, welche durch eine andere Kraft als die elektrische bethätigt sind, zu existieren aufgehört.«

黒屋
本店
北京料理
萬里
座敷有り
宴会承ります
季節料理
刺身各種
鍋物盛合せ
大黒屋
電話231-2598
とり
やきとり
宴会
飲み放題有ります
サービスします
大黒屋
ホッピー
野毛小路
KATOH
餃子
チンチン
ラーメン
三陽
231-8011
横浜580
わ 16-51

Respekt vor dem Phänomen Elektrizität

V mal A gleich W – Formel einer elektrisierenden Idee

Links: Der italienische Gelehrte Luigi Galvani entdeckte 1780 durch Experimente mit Froschschenkeln die Kontraktion von Muskeln, wenn diese mit Kupfer und Eisen in Berührung kamen, wobei auch Kupfer und Eisen verbunden sein mussten. Galvani stellte also unwissentlich einen Stromkreis her, bestehend aus zwei verschiedenen Metallen, einem Elektrolyten (Salzwasser im Froschschenkel) und einem Stromanzeiger (Muskel). Galvani erkannte diese Zusammenhänge noch nicht, aber er legte die Grundlage für die Entwicklung elektrochemischer Zellen.

»Jene recht merkwürdigen Erscheinungen, zu welchen die Elektricität Veranlassung gibt, haben in der gelehrten Welt Aufsehen hervorgerufen ... sie beschäftigten Phantasie und Scharfsinn ...«

Prof. Julius Zöllner, Physiker, 1865

Unter »alternativer Mobilität« verstehen wir gemeinhin elektrisches Autofahren unter Verzicht auf einen Abgas emittierenden Verbrenner. Zwar steht der Sammelbegriff für eine ganze Reihe weiterer Alternativ-Technologiesysteme, aber bevor auf diese näher eingegangen wird, sei dem Elektroantrieb Priorität zugestanden.

Schon der Physikunterricht in der Schule zeitigte manchem von uns die Erkenntnis: Elektrizität ist ein nicht leicht zu verstehendes Naturphänomen. Wodurch entsteht sie, wie kann man sie als Energie verwenden, wie kann man sie speichern? Besonders das Speichern stellt seit jeher ein Problem dar.

Elektrostatische Aufladung muss bereits in der Antike bekannt gewesen sein. Aus dem 1. Jahrhundert vor Christus in Griechenland stammende Gefäße zeigen, dass ein darin enthaltener Eisenstab mit einem Zylinder aus Kupfer in Verbindung mit Traubensaft eine Spannung von 0,5 Volt erreichen konnte. Doch erst sehr viel später erfolgten die ersten praktischen Anwendungen.

1875 entwickelten zwei Wissenschaftler unabhängig voneinander den ersten Kondensator, nämlich der deutsche Physiker Ewald Georg von Kleist und der Holländer Peter van Musschenbroek. Ihre Kondensatoren waren technische Elemente und ließen erkennen, dass jeder Leiter – zum Beispiel ein Metallstreifen – von einem spannungsfesten Nichtleiter umgeben sein muss. Der dadurch gespeicherte Strom war schwach und diente den Wissenschaftlern lediglich zu Laborexperimenten.

Der Elektromagnetismus – durch elektrische Ströme erzeugte Magnetfelder – wurde 1820 vom Dänen Hans Christian Oersted entdeckt; es brauchte aber noch die weitgehenden Studien von André Marie Ampère mit seinen Theorien zum Einfluss dieser Magnete. Es entstand die Wissenschaft der Elektrodynamik.

Der italienische Physiker Alessandro Volta arbeitete 1780 an seiner »Voltaischen Säule«, eine Art Batterie, die chemische Energie speicherte, während um 1820 der Franzose André-Marie Ampère den Elektromagnetismus begründete und als physikalische Einheit das Ampere schuf. So entstanden die Wertmeter Volt für die Stromspannung und Ampere für die Stromstärke. Die Einheit Watt wurde nach dem Schotten James Watt benannt und gilt als Stromleistung, also das Produkt aus Spannung und Stärke.

In diesem Zusammenhang muss auch der deutsche Arzt Johann Wilhelm Ritter Erwähnung finden, der die Grundgedanken für die Aufspeicherung elektrischer Energie durch chemische Umwandlung in der Praxis bewies, indem er seine Kupferplattensäule mit einer Voltaschen Säule verband und somit Strom speichern konnte.

Ungarns Benediktinerabt Ányos István Jedlik baute 1828 einen feststehenden Stator, einen drehenden Rotor (auch Anker genannt) und einen Stromwender (Kommutator) auf eine kleine hölzerne Platte, versehen mit vier Rädern. Es entstand der erste elektrische Motor, der – da noch keine Akkumulatoren erfunden waren – elektromagnetisch funktionierte, die Energie also im Moment erzeugte. Jedlik war Mitglied der Ungarischen Akademie der Wissenschaften, und angeblich erfand er sogar den Dynamo – noch vor Werner (von) Siemens. Dieser Dynamo wurde aber nie offiziell präsentiert.

Als weiterer Pionier auf dem Gebiet der Elektrophysik wäre Sibrandus Stratingh zu nennen, ein niederländischer Universitätsprofessor, der mit dem Instrumentenbauer Christopher Becker 1834 ein Dreirad mit einem elektrischen Motor vorstellte. Es existiert davon ein Modell, welches in Zusammenarbeit mit der Technischen Universität Groningen entstand. Ein Stromspeicher aus Kupfer und Zink, in einem gläsernen Gefäss eingebaut, wird hier mit Schwefel-

Von links:
Alessandro Volta,
Luigi Galvani,
James Watt,
André-Marie Ampère.

Links: Anyos Istvan Jedlik und sein erster elektrischer Motor von 1828 ... und der Dynamo (rechts) dazu.

säure aufgefüllt, die immerhin zwei Volt produzierte – genug, um den Rotor zu bewegen.
Der deutsche Physiker und Ingenieur Moritz Hermann von Jacobi, der frühzeitig nach Russland ging und die dortige Staatsbürgerschaft erhielt, baute 1834 seinen Gleichstrommotor nach dem Prinzip der Anziehung und Abstoßung von elektrischen Magneten, praxistauglich und sehr kräftig. Er wurde in einem elektrischen Boot eingesetzt, das auf der Newa in Sankt Petersburg fuhr. Zur Anwendung kamen galvanische Batterien.1839 konnte Jacobi die Leistung seines Motors auf 1 kW steigern.

Das Modell von Stratingh im Techn. Museum Groningen.

Dann war es der italienische Physiklehrer Giuseppe Domenico Botto, der sich der Elektrizität als Energie für den Antrieb von Fahrzeugen widmete. Er präsentierte 1836 eine Schrift unter dem Titel »Machine locomotive mise en mouvement par l'electro-magnetisme«. Der Motor funktionierte mit Magneten, Botto arbeitete aber auch an einer galvanischen, elektrochemischen Zelle, die Elektrizität speicherte und sie auch wieder abgeben konnte, ganz nach dem Prinzip eines Akkumulators.
Der Amerikaner Thomas Davenport aus Vermont, vom Beruf Schmied, baute 1834 eine Art elektromagnetische Maschine. Dieser Motor war mit einem Akkumulator aus 32 Platin-Zink-Elementen verbunden und auf einem kleinen Wagen montiert. Er fuhr – wenn er auch nicht lenkbar war. Davenport patentierte 1837 sein elektrisches Aggregat und gründete eine Zeitschrift mit dem Titel *The Electromagnet and Mechanic's Intelligencer*. Seine ersten Motoren kamen in Schienenfahrzeugen zum Einsatz.

Bei der Probefahrt verschmort

In Deutschland beschäftigte sich der Mechaniker Johann Philipp Wagner seit 1836 mit elektrisch betriebenen Fahrzeugen. Zwei Jahre später montierte er seinen elektrischen Motor auf einen vierrädrigen Karren mit Anhänger, um zu beweisen, dass so etwas funktionierte. Er verwendete die zwei Jahre vorher entdeckten Daniell-Elemente, eine gal-

vanische Zelle, die aus einer Zink- und Kupfer-Halbzelle besteht. Die Regierung bewilligte ihm 1841 eine hohe Geldsumme zum Bau eines großen elektrischen Motors, der eine Lokomotive antreiben sollte. Drei Jahre später war der Motor fertig, verschmorte aber bei der Probefahrt.
Der Schotte Robert Davidson begann 1838 mit der Konstruktion eines elektrischen Lastwagens, den er auf den Schienen der Edinburgh-Glasgow-Eisenbahnlinie 1842 ausprobieren durfte. Er konnte immerhin sechs Tonnen Gewicht bei 6,4 km/h über eine Strecke von anderthalb Meilen bewegen. Jede der beiden Achsen trug einen Zylinder, auf dem drei Eisenstangen mit paarweise angeordneten Elektromagneten befestigt waren. Es waren so genannte Reluktanzmotoren, wo das Drehmoment im Rotor durch die Reluktanzkraft erzeugt wird. Zur Energiespeicherung dienten Zink-Eisen-Batterien, nicht wieder aufladbar. Ein Akkumulator stand noch nicht zur Verfügung.
Noch rangierte die Dampfkraft weit vorn im Maschinenbauwesen, und auch sie war eine noch junge Technologie, die sich noch längst nicht etabliert hatte – zumindest nicht in der positiven Wahrnehmung breiter Gesellschaftsschichten. Oft genug wurde von Kesselexplosionen und Eisenbahnunglücken berichtet … war der Umgang mit Elektrizität weniger gefährlich …?
Elektrizität für den Antrieb von nicht an eine Stromzufuhr von außen gebundenen Fahrzeugen brauchte Speichermodule. 1860 löste der Franzose Gaston Planté dieses Problem mit einer Batterie aus Bleiplatten, die in einer ätzenden Lösung lagen. Um 1881 wurde die Batterie durch Faure und Volkmar wesentlich leistungsstärker, es wurden Gitterplatten mit Formierungsmasse verwendet. 1866 präsentierte der deutsche Wissenschaftler Werner von Siemens seinen Dynamo, ein Bauteil, das elektrische Energie – Bewegungsenergie – auf die Räder eines Wagens übermitteln konnte und somit die Frage nach dem Antrieb löste. 1882 probierte Siemens den Motor in einem viersitzigen Fahrzeug aus, das konstant am elektrischen Netz hing. Der Trolleybus war geboren.
Als dann ab 1880 die Batterien leichter und kompakter wurden – die massiven Bleiplatten waren damals noch so schwer, dass ein Mann allein sie nicht heben konnte – erschienen die ersten elektrischen Fahrzeuge.

Zeitgenössische Darstellug des Trouvé-Dreirades von 1881.

Rechts daneben: Gaston Plantés wiederaufladbare Säure-Bleiplatten-Batterie von 1860.

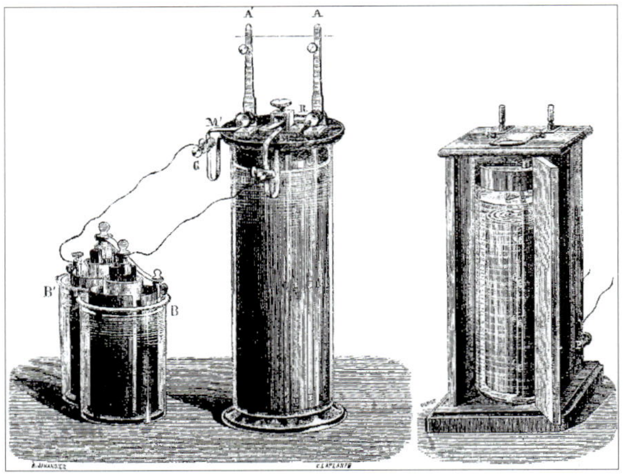

Lautlose Dreiräder

Dem Franzosen Gustave Trouvé gebührt der Verdienst, das erste Elektromobil gebaut zu haben. Er präsentierte sein elektrisches Dreirad auf der Elektrizitätsmesse von Paris im Jahr 1881.
Das mit einem Sattel versehene, netz- und schienenunabhängige Gefährt basierte auf einem englischen Dreiradmodell (Salvo Tricycle), das in jenen Jahren in Mode kam, mit kleinerem Rad auf der rechten Seite und einem großen Rad links. Der von Trouvé installierte Motor leistete 0,08 kW bei bis zu 18.000 Umdrehungen pro Minute und wurde von sechs Batterien vom Typ Planté gespeist. Das Fahrzeug wog 159 Kilogramm und besaß auch Tretpedale.
Ein Jahr später erschien in England das elektrische Dreirad von William Edward Ayrton und John Perry. Die beiden Ingenieure arbeiteten gemeinsam an der Entwicklung von Messinstrumenten für die Elektrizität. Sie erfanden den Strommesser (Ampèremeter) und den Spannungsmesser (Voltmeter). Sie präsentierten ihre Instrumente den zuständigen Gesellschaften ihres Landes, und dank einer intelligenten Werbekampagne konnten sie ab 1884 ihre Geräte trotz einiger Unzulänglichkeiten gut verkaufen.
Das Ayrton Perry-Dreirad von 1882 hatte einen Motor von einer halben Pferdestärke, gut für 15 km/h, während die Batterien für eine Reichweite von etwa 40 Kilometern sorgten. Die beiden vorderen Räder hatten einen großen Durchmesser; das linke war angetrieben. Am Heck gab es ein kleines Rad, das gelenkt wurde.
Bei diesem elektrischen Gefährt wurde die Geschwindigkeit mittels eines links auf Handhöhe angebrachten Hebels justiert, der die Batteriezellen in Phasen von 6 Volt zusammenschloss. Mit einem weiteren Hebel auf der rechten Seite, hinter dem Fahrer in einer etwas unbequemen Position liegend, wurde gelenkt. Die Bleibatterien konnten wieder aufgeladen werden, sie waren in heutiger E-Terminologie also Akkumulatoren.

Oben: Der Motor von Jacobi leistete mehr als erwartet ...

Links: Robert Davidsons elektrische Konstruktion. Dieses Replikat befindet sich heute im Grampian Transport Museum im schottischen Alford, in der Nähe von Aberdeen.

Volks Wagen mit Kuhschwanzlenkung

Ein gewisser Mr. Magnus Volk aus dem englischen Seebad Brighton zählt ebenfalls zu den Erfindern des Elektrofahrrades. Sein 1887 gebautes Dreirad wies zwei große Räder hinten und ein kleineres Rad vorn auf, das über eine »Kuhschwanz«-Lenkung dirigiert wurde. Es hatte einen 0,5 PS leistenden Motor von Acme & Immisch aus London. Das Fahrzeug konnte bis zu 14 km/h schnell fahren, blieb aber schon bei leichten Steigungen stecken. Die Existenz dieses Fahrzeugs kam dem türkischen Sultan zu Ohren, der umgehend ein Exemplar bei Volk bestellte. Er war so begeistert von dem Fahrzeug, dass er wenig später ein weiteres orderte. Der Engländer belieferte auch andere Kunden, er gilt somit als erster kommerzieller Hersteller und Verkäufer von elektrischen Fahrzeugen.
Ein weiterer englischer Pionier dieser Branche war John Kemp Starley, Gründer der späteren Firma Rover. Starley baute Fahrräder in Coventry, und 1888 versah er ein dreirädriges Gefährt auf Fahrradreifen mit einem elektrischen Motor und Batterien, die in einem Bastkorb auf der Hinterachse untergebracht waren.

The American Way of Drive

Selbstverständlich waren auch die Amerikaner schon früh mit von der Partie. Fred M. Kimball aus Boston baute 1889 einen elektrischen Antrieb mit einem Motor von P. W. Pratt in ein monströses Dreirad im Stil eines Fahrrades ein, ein Fahrzeug mit riesigen Rädern hinten und einem kleinen Rad vorn. 1910 manifestierte Mr. Kimball seine Erfindung in einem Schreiben mit Foto an den Direktor der amerikanischen General Vehicles Company, Hersteller von elektri-

Magnus Volk aus Brighton mit Frau und Kind an Bord seines 1887 gebauten Elektrodreirades.

Oben: Die Tricycles von Stanley, 1888, und von Kimball, 1989.

Oben rechts: Heinrich Scheeles Elektrofahrzeug von 1898.

Oben links: William Morrisons Elektrokutsche von 1891, mit der Harold Sturgis 1895 am Rennen von Chicago teilnahm.

Andreas Flocken auf seinem 1888 in Coburg entstandenen Elektromobil im Jahre 1888.

schen Nutzfahrzeugen. Die Firma veröffentlichte dieses Schreiben in einem ihrer Kataloge. Wie es dort heißt, benutzte Pratt dieses elektrische Fahrrad drei Jahre lang in seiner Heimatstadt. Es erreichte immerhin eine Geschwindigkeit von sieben Meilen pro Stunde. Schalter an den verlängerten Armstützen vor dem Sitz dienten zur Betätigung einer Klingel und zum Regulieren der Stromversorgung. Der Motor war ein zweipoliges Aggregat, das seine Kraft mittels Kettenrad, Zahnrad und Radkette vom Pedal auf die Antriebsräder mit Hilfe einer zweiten Kette übertrug. Das Fahrzeug war mit einem sechs Zellen großen Batteriespeicher ausgerüstet, der auf einem hölzernen Rahmen stand.

1887 hatte der Amerikaner William Morrison aus Des Moines, Iowa, eine Batterie in eine Kutsche der Firma Des Moines Buggy eingebaut. Morrison war von der Elektrizität als Antriebskonzept überzeugt und stellte 1890/91 eine weitere Kutsche mit einem Elektromotor von 4 PS Leistung und 24 Batterien vor, die 112 Ampere bei 58 Volt abgaben. Die Kutsche war das stärkste Elektromobil in jenen Jahren, und eine Verkaufsagentur namens Shaver konnte immerhin zwölf Einheiten absetzen. Shaver, als Amerikaner ein Spezialist in cleveren Anzeigenkampagnen, verschickte diese Erfolgsmeldung an viele Zeitungen; sie gelangte somit in alle Regionen des Landes. Eine Veröffentlichung im anerkannten Magazin *Scientific American* ließ auch die Engländer aufhorchen.

Einer der ersten Kunden dieser elektrischen Kutsche war der Unternehmer Harold Sturgis von der American Battery Co, Hersteller von Batterien, der sofort einen Vertrag mit Morrison unterschrieb. Zwei Jahre später baute Sturgis die Kutsche von Morrison um und präsentierte sich mit ihr am Chicago-Times Herald-Rennen von 1895. Morrison verkaufte seine Patente für die Kutsche, weil er selber keine Fahrzeuge herstellen wollte.

Andreas Flockens Elektromobil

Auch in Deutschland diskutierte die Fachwelt schon früh über das Elektrofahrzeug. 1888, noch bevor Bertha Benz das benzinbetriebene Dreirad ihres Mannes für ihre Fahrt nach Pforzheim benutzte, baute Andreas Flocken aus Coburg seine erste elektrische Kutsche. Es wird vermutet, dass Flocken die Bleiplatten-Batterien von Tudor benutzte, die einzigen, die damals auf dem Markt waren und auf dem System von Gaston Planté basierten. Die Motorkraft wurde mittels Lederriemen auf die Hinterräder übertragen. Die Lenkung funktionierte wie bei einer Kutsche mit Drehung der gesamten Achse. Der Flocken wird heute als das erste vierrädrige Elektroautomobil Deutschlands anerkannt.

Die Kölner Firmen Heinrich Scheele und Louis Welter bauten 1898 ein Elektrofahrzeug, das mit Batterien des Herstellers Gottfried Hagen aus Köln-Kalk ausgerüstet wurde. Scheele baute verschiedene Karosserien nach diesem Konzept, darunter auch Lieferwagen.

Das Elektrofahrzeug begann seine Karriere als universelles und anspruchsloses Verkehrsmittel innerhalb der Städte Nordamerikas und Europas, vornehmlich als Taxi sowie als Bus, dort wo größere Beförderungsvolumina benötigt wurden. Eine steigende Nachfrage entstand auch auf dem Transportsektor, sie galt leichten Lieferwagen für die Verteilung von Gütern. Städtische Feuerwehren zogen teilweise elektrische Versionen den Benzinfahrzeugen vor. Verschiedene Postbehörden wurden treue Kunden von Elektrofahrzeugen. Auch die städtischen Verwaltungen kauften elektrische Modelle etwa für die Säuberung der Straßen, für die Müllabfuhr und viele andere kommunale Aufgaben. Bis weit ins 20. Jahrhundert hinein hatte das Elektromobil eine bedeutende Position im urbanen Verkehrswesen, bevor es geräuschlos aus dem Blickfeld und damit für lange Zeit aus dem Sinn entschwand …

Aus Frankreich kamen die ersten Impulse zur Elektromobilität

Aufbaujahre einer neuen, vielversprechenden Industrie

Um 1868 benutzte man man das erste Mal den Terminus »elektrisches Nutzfahrzeug«. Der deutsche Schriftsteller J. F. Roloff beschrieb in seinem Buch *Der Elektromagnetismus, insbesondere als Triebkraft* die verschiedenen Anwendungen der Elektrizität, die schon an Schienenfahrzeugen ausprobiert worden war. Unter weiteren Anwendungen erwähnte er die Möglichkeit eines Nutzfahrzeugs für die Straße.

Elektrische Erntehelfer

Auch in der Landwirtschaft gab es um jene Zeit erste Versuche mit Elektrofahrzeugen. Der erste elektrische Pflug wurde 1879 von den französischen Ingenieuren Chretien und Félix in Sermaize vorgestellt. Das schwere Modell erhielt seine Kraft über eine stationäre Anlage, die Elektrizität wurde über ein dickes, flexibles und langes Kabel übertragen. Das System funktionierte gut, die elektrische Kraft erleichterte die schwere Arbeit auf dem Felde.
1893 wurden in Amerika die ersten elektrischen Fahrzeuge in Serie hergestellt. Der Morris-Salom Electrobat von Pedro G. Salom und Henry G. Morris, mit seiner Karosserie ganz im Stil einer Pferdekutsche, wurde von zwei elektrischen Motoren der Marke Lundell angetrieben, die ihre Kraft auf die Vorderräder übertrugen. Das Modell gab es in verschiedenen Ausführungen, wurde aber hauptsächlich als Taxi verkauft. Die beiden Inhaber der Electric Carriage & Wagon Company wollten im typisch amerikanischen Stil eine Monopolstellung ihres Modelles erreichen. Sie schlossen sich mit mehreren kleinen Firmen zusammen, um ihr Fahrzeug im ganzen Land in großer Zahl anbieten zu können.

Verschmutzte Straßen

Der Motorwagen und insbesondere das Elektrofahrzeug sollte das Pferdefuhrwerk auch deshalb ersetzen, weil die Hinterlassenschaften der Tiere auf den Straßen nicht mehr tolerierbar waren. Zum Beispiel in Städten wie London war es unerträglich geworden; der gesamte Transport innerhalb der Stadt wurde mit Pferdefuhrwerken durchgeführt. Ende des 19. Jahrhunderts produzierten die Pferde dort etwa 3000 Tonnen Exkremente pro Tag, das meiste davon blieb auf den Straßen liegen und vermischte sich bei Regen zu einer übel riechenden Substanz, die nicht nur die Kleidung der Passanten verdreckte, sondern auch zu zahlreichen Unfällen führte. Die Behörden großer wie kleiner Kommunen sahen sich in der Pflicht, dagegen etwas zu unternehmen. Das in mehrfacher Hinsicht saubere Elektrofahrzeug erschien da zum richtigen Zeitpunkt. In Europa galt Frankreich als Standort der Wiege des Elektromobils. 1887 erschien das erste Fahrzeug von Charles Jeantaud, versehen mit einem Elektromotor der Firma Immisch aus England, der jedoch nicht einwandfrei funktionierte. 1893 baute Jeantaud ein zweites Fahrzeug, diesmal mit einem Motor

Unten links: Elektrischer Transportwagen, 1868.

Unten: Elektrischer Pflug von Chretien und Félix, 1879.

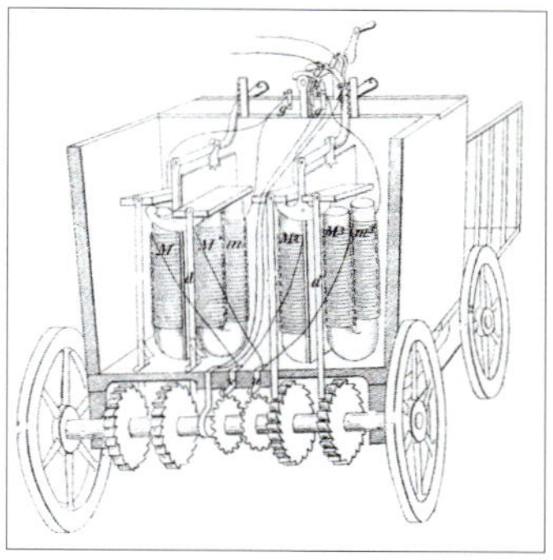

La première voiture électrique à accumulateurs de Jeantaud (1894).
C'était un phaéton deux places. La batterie d'accumulateurs pesait 430 kilogrammes et était logée dans un large coffre sous les voyageurs. Le moteur développait 4 CV à 1.300 tours par minute. La direction par barre franche attaquait directement l'essieu avant.

Détail du mécanisme de la voiture Jeantaud.
A, moteur électrique. — B, pignon d'attaque de l'engrenage à chevrons C, monté à la Cardan, formant couronne sur le différentiel. — D, joint de cardan. — E, F, G, pièces du système différentiel. — I et H, pignons venant engrener avec les tambours dentés J et K.

(D'après *la Nature* du 26 janvier 1895.)

Links: Morris-Saloms Electrobat war eines der ersten Elektrofahrzeuge, von dem eine größere Zahl gebaut wurde.

Rechts: Jeantauds erstes Elektromobil von 1893 und sein Mechanismus.

Das Siemens-Schuckert-Werk in Berlin-Spandau um 1900 – in der Frühphase der Automobilentwicklung einer der bedeutendsten Industriestandorte in Deutschland.

Rechts: Zwei Darracq von 1897 mit einem System der Rekuperation von Bremsenergie.

Kriéger Mylord von 1902.

Ganz rechts: Einer der drei Kriéger von 1898/1899, die sich heute noch in Argentinien befinden.

B.G.S von 1898, zeitgenössisches Reklameblatt.

Dieser Katalog von 1903 zeigt die Fahrzeuge mit dem B.G.S.-System und einer Reichweite von 262 Kilometern in Konkurrenz mit importierten Benzinfahrzeugen. Der Kunde hatte die Wahl …

der schweizerischen Firma Thury und Batterien des französischen Fabrikanten Fulmen. Der Wagen erreichte eine Höchstgeschwindigkeit von 20 km/h und konnte 30 Kilometer ohne Nachladung fahren. Fasziniert von den ersten Autorennen half Jeantaud in den folgenden Jahren seinem Landsmann, dem Comte Chasseloup-Laubat, in seinem automobilen Kampf gegen den Belgier Camille Jenatzy, die beide um den Titel des schnellsten Automobilisten der Welt kämpften. Alle von Chasseloup-Laubat benutzten Fahrzeuge waren speziell für Rennen vorbereitete Jeantaud. Dank dieser Herausforderungen konnten auch die Serienfahrzeuge konstant verbessert werden. Ein weiterer Pionier in Frankreich war Alexandre Darracq, der 1897 in Paris sein erstes Elektrofahrzeug als Darracq-Gladiator präsentierte, das übrigens seine Bremsenergie wiederverwenden konnte. Das Fahrzeug erreichte die beachtliche Geschwindigkeit von 60 km/h und konnte mit seinen Fulmen-Batterien bis 75 Kilometer weit fahren. Die Batterien mit einem Gesamtgewicht von etwa 400 Kilogramm verteilten sich auf die Vorder- und Hinterachse. Die erste Karosserie war ein Typ

Hansom, mit dem Fahrer hinter dem Passagierabteil auf gewisser Höhe.
1895 baute der junge französische Ingenieur Louis Kriéger eine Kutsche des Fabrikats Abeille in ein elektrisches Fahrzeug um. Er benutzte ein System, das später unter dem Namen »avant-train« (Vorspannwagen) bekannt wurde. Es bestand aus einer Antriebsachse mit zwei Motoren, die die normale Lenkachse der Kutsche ersetzte. Mit seiner Idee hatte Kriéger so viel Erfolg, dass er zusammen mit seinem kubanischen Freund und Kapitalgeber Severino de Heredia eine Firma gründete. Jahrelang war Kriéger der bedeutendste Hersteller von Elektrofahrzeugen in Europa, der Patente an zahlreiche Firmen in andere Länder verkaufte. Die Kriéger Automobil Aktiengesellschaft in Berlin, die italienische STAE in Turin und die ABAM in Köln waren drei der wichtigsten Käufer einer Lizenz.

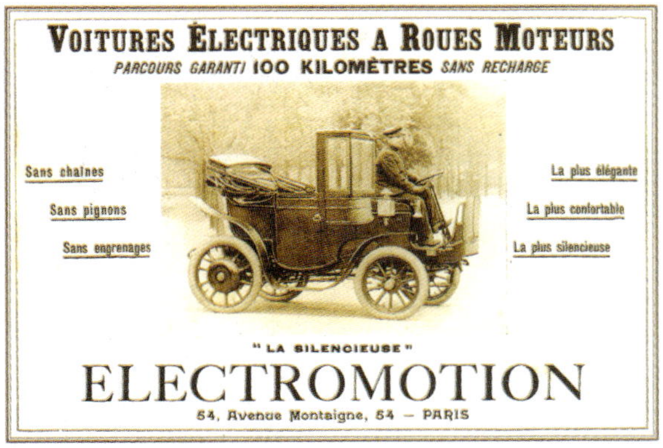

Das System der doppelten Motoren von je 1,5 kW sollte ein Differenzial entbehrlich machen, obwohl es nicht einfach war, die Kraft beider Motoren zu synchronisieren.
Die Société des Voitures et Accumulateur Bouquet, Garcin et Schivre in Neuilly bot eine ganze Reihe von Elektrofahrzeugen an. Die Firma beteiligte sich am Rennen Paris-Ostende von 1899. Ein Jahr später stellte ein spezielles Modell mit 262 Kilometern ohne Nachladung einen neuen Langstreckenrekord auf. Die Kraft des hinter der Vorderachse liegenden Motors wurde auf eine Nebenwelle übertragen, die über Ketten auf die Vorderräder wirkte.
Eine weitere große französische Firma war die Sté. L´Electrique in Paris, die ihre Fahrzeuge unter dem Markennamen Gallia anbot. Sie existierte bis 1908 und konnte Hunderte von Elektromobilen verkaufen, auch ins Ausland, besonders nach Südamerika. Ein Gallia wurde auch vom spanischen König Alfonso XIII. erworben. Dem König sprach man große Kennerschaft zu. Dann gab es die Firma Electromotion, ebenfalls in Paris: Sie baute die amerikanischen Columbia Elektrofahrzeuge in Lizenz und gab in ihren Anzeigen eine Reichweite von mindestens 100 Kilometern an.

Mit Erlaubnis von Scotland Yard

Nach Frankreich und Deutschland war England als drittes europäisches Land intensiv an der Entwicklung von Elektrofahrzeugen beteiligt. 1889 fuhr das erste Elektromobil in London, gebaut vom Frank Whinfield Crawter, Direktor der Chloride Electrical Storage Company; diese stellte die ersten wiederaufladbaren Akkus in England her. Er durfte das Automobil nur mit einer speziellen Bewilligung von Scotland Yard fahren.
Die beiden bekanntesten Elektrowagenfabrikanten in England waren City & Suburban, die ebenfalls amerikanische Columbia Elektrofahrzeuge nachbaute, sowie Bersey, eine der ersten britischen Firmen, die elektrische Taxifahrzeuge herstellte.
Eine weitere Firma war das National Carriage Syndicate aus London, bekannter unter dem Namen ihres Konstrukteurs Henry F. Joël. Die deutsche Zeitschrift *Der Motorwagen* widmete dieser Firma 1900 einen umfangreichen Bericht, in welchem es hieß:

Die Société l´Electrique vermarktete ihre Fahrzeuge unter dem Namen Gallia. Ein Exemplar erwarb der spanische König Alfonso XIII.

Ganz links: Die ebenfalls in Paris hergestellten Fahrzeuge der Marke Electromotion entstanden in Lizenz des amerikanischen Columbia. Die Initiative hierzu kam vom Pariser Taxiflotten-Betreiber Bixio.

»In den letzten sieben Jahren sind so außerordentliche Fortschritte im elektrischen Wagenbetriebe gemacht worden, dass die Anwendung der Elektrizität für letzteren von Jahr zu Jahr zunimmt, vor allen Dingen bei den Motoren, die man jetzt außerordentlich dauerhaft, wirksam und verlässlich herzustellen gelernt hat.« Aber auch bei den Batterien, »die bedeutend transportabler und leichter als die früheren sind und auch einen anstrengenderen Betrieb aushalten können.« Und schließlich auch bei den Materialien im Wagenbau, die durchaus leichter geworden seien.
Der im Jahr 1900 hergestellte Joël werde von »zwei kleinen elektrischen Motoren über die Hinterräder mittels gewöhnlicher Gelenkketten angetrieben, die von einem kleinen Zahnrad auf der Motorachse nach einem größeren auf der Hinterachse befestigten Zahnrad laufen. Die Motoren sind auf einem besonderen Gestell befestigt und können unabhängig voneinander den Wagen antreiben … Für jeden Motor ist eine besondere Batterie Typ Rosenthal vorhanden, die teils unter dem vorderen, teils unter dem hinteren Sitz nicht sichtbar angebracht ist … Die Batterien liefern sieben Stunden eine Stromstärke von 20 Ampere, die jederzeit auf 40 Ampere gesteigert werden kann … Die Motoren sind von Henry F. Joël konstruiert worden und entwickeln je 3 PS. Die elektrische Spannung beträgt 40V bei einer Tourenzahl von 600-700 U/min.«
Die Reputation des Elektrofahrzeugbauers City & Suburban wuchs, als Königin Alexandra sich für einen Zweisitzer dieser Firma entschied, mit dem sie nach Zeitungsberichten sehr zufrieden war. Zwei Jahre später erwarb der Prince of Wales (der spätere König George V.) bei City & Suburban einen elektrischen Brougham. City & Suburban versuchte sich auch mit Hybridfahrzeugen unter Verwendung von in England gebauten Motoren von Daimler. Die Firma schloss 1905 ihre Pforten.

»In Zukunft wird man Wechselstationen für Batterien in allen großen Städten installieren und somit eine Mobilität ohne Grenzen garantieren …«

Unbekannter Autor, 1884

Joël National Motor Carriage, 1900.

Oben: Joël National Motor Carriage 1900, Antriebsaggregat.

Ganz links: City & Suburban Alexandra. Links: Der schottische Madelvic mit fünftem Rad.

Anzeige von 1907.

Mit einigem Erfolg war auch Carl Johann David Oppermann aktiv. 1838 in Hamburg geboren, wanderte er 1862 nach England aus und gründete dort einen Betrieb als Uhrmacher und Ingenieur. Zwischen 1898 und 1907 baute er Elektrofahrzeuge, die mit von ihm ebenfalls angefertigten Batterien ausgerüstet wurden. Zur Wahl standen verschiedene Karosserien. Zu seinen Kunden zählte auch der König von Siam, der 1905 einen Oppermann kaufte.

Außergewöhnlich war die Idee des schottischen Ingenieurs Madelvic, der sich von 1898 bis 1900 mit der Anfertigung einer elektrischen Kutsche beschäftigte, deren Motor das Traktionsmoment mittels eines fünften, zentral positionierten Rades hinter der Vorderachse auf die Straße übertrug.

Neuheiten in Österreich und Deutschland

Nach schlechten Erfahrungen mit den ersten Benzinmotoren entschloss sich der Kutschenhersteller Jacob Lohner in Wien 1898, Elektrofahrzeuge zu bauen. Elektrizität schien ihm der geeignete Antrieb für Fahrzeuge im städtischen Umfeld zu sein, denn diese hatten keine Startprobleme, keine komplizierten Mechanismen und fuhren viel leiser.
Lohner entschied, dass sein Wagen den Antrieb auf die Vorderräder erhielt, die Lenkung aber auf die Hinterräder wirkte. Den Motor für dieses Elektrofahrzeug lieferte die Vereinigte Elektrizitäts-AG, vormals Bela Egger & Co. (der späteren Brown-Boveri), er leistete 3 PS bei 350 Umdrehungen. Für die Stromzufuhr sorgte ein 430 kg schwerer Akkumulator aus 42 Bleizellen mit 90 Amperestunden und 80 Volt von der Firma Winter & Rupprecht. Mit Hilfe von Widerständen und zwei Kollektoren erhielt das Fahrzeug sechs Vorwärtsgänge, einen Rückwärtsgang sowie drei Bremsstellungen.
Am Tag der Kundenvorführung des Fahrzeugs im Juni 1898 wurde Lohner von einem Angestellten der Firma Béla-Egger begleitet, der sich um den Lauf des Motors und um mögli-

che Probleme kümmern sollte. Dieser junge Elektrotechniker war Ferdinand Porsche. Nach einigen Anlaufschwierigkeiten konnte Porsche einen einwandfreien Betrieb des Fahrzeugs zur vollen Zufriedenheit des ersten Kunden garantieren. Ende des Jahres bereitete Lohner sein zweites Automobil vor, diesmal mit Antrieb auf die Hinterräder und Lenkung der Vorderachse. Mit diesem Fahrzeug gewann er auf der ersten Internationalen Automobilausstellung in Berlin nicht nur die Goldmedaille, sondern auch einen Ehrenpreis bei Fahrproben mit unterschiedlichen Elektrofahrzeugen.
Sigmund Schuckert aus Nürnberg zeigte 1899 ebenfalls ein Fahrzeug mit Elektromotor und der typischen Karosserie aus der Kutschenzeit. Der schwere Akkumulator befand sich unten im Fahrgestell, nahe an der Hinterachse. Schuckert baute auch Dreiräder für die Post. Die Firma, die in ihren Fahrzeugen zahlreiche Komponenten von Siemens verwendete, wurde 1903 in den Konzern eingegliedert.

Andere Länder, gleiche Sitten

In Italien zählt der Parlamentsabgeordnete Conte Giuseppe Carli zu den Elektrofahrzeug-Pionieren. 1894 baute er sein erstes elektrisches Dreirad, das zehn Akkus mit einer Gesamtleistung von 100 Ah erhielt, womit eine Fahrt von vier Stunden bei niedriger Geschwindigkeit garantiert werden konnte. Dieses Modell sollte 1894 am Rennen Paris-Bordeaux-Paris teilnehmen, wurde aber nicht rechtzeitig fertig.
In Spanien entwarf der Ingenieur Ramón Gabarró y Julien 1896 für Königin Maria Christina von Habsburg-Lothringen ein elektrisches Fahrzeug, das auf einem Kutschenfahrgestell mit in London nach Angaben des Spaniers gebauter Karosserie von Thrupp & Maberly basierte. Unten im Fahrgestell befanden sich ein kleiner elektrischer Motor und neuartige, leichte Akkumulatoren; sie wogen nur knapp 100 Kilogramm. Die *Daily Mail* berichtete über die erste Ausfahrt. Da die Spanier offenbar nicht bereit waren, eine einheimische Erfindung zu unterstützen, verkaufte Gabarró die Rechte an seiner innovativen 9-Volt-Trockenbatterie für 40.000 englische Pfund an ein britisches Konsortium aus Ingenieuren und Bankiers. Das Fahrzeug erreichte eine Geschwindigkeit von 18 km/h bei einer Reichweite von 60 Kilometern.
Es tat sich noch mehr in Spanien: Schon vor 1898 hatte der Schweizer Charles Vélino in Barcelona mit der Konstruktion eines Elektromobils begonnen. Zwei weitere Schweizer kamen hinzu: der Elektrotechniker Emile Bouvier und der Uhrmacher Marc Birkigt. Alle drei erfreuten sich der Förderung ihrer Arbeit durch den Ingenieur Emilio de la Cuadra, Besitzer eines Wasserkraftwerks in Lérida. Gemeinsam gründeten sie die Firma Compañia General Española de Coches Automóviles, Emilio de la Cuadra, um Elektrofahrzeuge zu bauen, wobei Vélino die technische Verantwortung oblag. De la Cuadra unterschrieb ferner einen Vertrag mit der im gleichen Zeitraum gegründeten Firma E. Roereck über den Vertrieb von Benz-Fahrzeugen mit Verbrennungsmotor; Vorrang hatte jeoch die Entwicklung eigener Modelle mit Elektromotoren. Angeschafft wurden modernste Maschinen aus Amerika und Europa, und man machte sich voller Begeisterung sowie unter Einbeziehung des spanischen Ingenieurs Domingo Támaro Roig an die Arbeit.

»Schon 1903 hat Siemens-Schuckert Elektrokarren mit Allradlenkung hergestellt, die sowohl zum Gütertransport als auch zur Personenbeförderung dienten, etwa in Zoologischen Gärten. Auch die Friedhofsverwaltung von Spandau schaffte sich einen solchen Karren an.«

Dr. Immo Sievers, Historiker, in Zweirad, Vierrad, Allrad, Berlin 1995

Produktion des Lohner-Porsche, 1903.

Links oben: Lohner C2 von 1898.

Rechts: Lohner-Porsche, 1903.

Links: Der spanische Julien, in England gebaut.

Lohner Elektromobile, im »Elektrotechnischen Anzeiger« 1899 veröffentlichte Beschreibung.

Die Kaiserl. und Königl. Hof-Wagenfabrik JACOB LOHNER & Co. in Wien

auf der Internationalen Motorwagen-Ausstellung zu Berlin.

Die Elektromobilen, System Egger-Lohner, welche von der Vereinigten Elektricitäts-Aktiengesellschaft in Wien in Verbindung mit der Kaiserl. und Königl. Hof-Wagenfabrik Jacob Lohner & Co. in Wien gebaut werden, haben auf der Ausstellung einen bedeutenden Erfolg zu verzeichnen gehabt.

Die Bauart der Wagen beruht dem Prinzipe nach auf dem Einmotoren-System (Hauptschluss) mit Differentialgetriebe.

Der Elektromotor, welcher der Platzersparniss halber im Durchmesser klein gehalten worden ist, hat eine Dauerleistung von 3 PS bei 350 Umdrehungen i. Min., ist jedoch ohne schädliche Erwärmung auf 5 PS überlastbar. Der Nutzeffekt des Motors ist trotz dieser Eigenschaft bei 3 PS, also in der Gebrauchsgrenze, ca. 72 pCt., und auch bei der Ueberlastung bewegt sich der Wirkungsgrad innerhalb enger Grenzen.

Fig. 1.

Der Motor ist mit 2 Kollektoren versehen, um die Geschwindigkeit in weiten Grenzen reguliren zu können. Die Uebertragung der Bewegung des Motors auf die Wagenräder erfolgt durch ein einfaches Zahngetriebe, wobei die kleinen Räder, welche auf der Motorenachse unter Zwischenschaltung des Differentialgetriebes befestigt sind, in direkt auf der Radnabe angebrachte Radkränze mit Innenverzahnung eingreifen. Das Uebersetzungsverhältniss ist entsprechend der niedrigen Tourenzahl des Motors nur ca. 1 : 6,5 und sind die kleinen Räder aus Phosphorbronze, die grossen aus Stahlguss angefertigt.

Die Akkumulatorenbatterie besteht aus 44 Zellen, welche durch den Kontroller in Serie oder in 2 Gruppen zu 22 Zellen parallel geschaltet werden können, und stehen bei 500 kg Gewicht und 30 Ampere Entladestrom ca. 200 Amperestunden an Kapazität zur Verfügung. Das Schaltungsschema des Kontrollers ist in Figur 3 wiedergegeben.

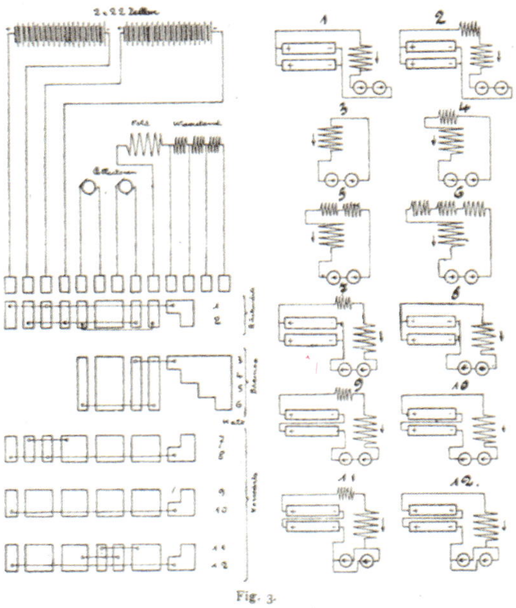

Fig. 3.

Die hauptsächlichsten Stellungen sind: Rückwärtsfahrt, Bremsen, Halt, Vorwärtsfahrt mit verschiedenen Geschwindigkeiten.

Bei hintereinander geschalteten Batteriehälften und parallel geschalteten Ankern kann auf der letzten Kontrollerstufe auf ebener Strecke und halbwegs guter Strasse eine Geschwindigkeit von 28—35 km mit Leichtigkeit erreicht werden. Die Kapazität der Akkumulatorenbatterie ist ausreichend für eine Fahrt von ca. 80 km auf nicht zu hügeligem Terrain und hat sich bei einer Distanzfahrt von Wien auf den Semmering bewährt (90 km; die letzte 10 km lange Strecke bei 4—6 pCt. Steigung). Die Bremsung erfolgt auf zweierlei Art, erstens mechanisch durch eine Bandbremse, welche sinnreich mit einem Nothausschalter kombinirt ist, indem dieselbe erst angezogen werden kann, wenn der Strom unterbrochen ist, um zu verhindern, dass der Motor unter Strom abgebremst wird, was natürlich ein Abschmelzen der Sicherungen zur Folge hätte, zweitens elektrisch durch Kurzschluss des Ankers. Vier Bremsstellungen gestatten ein sanftes, wie auch ein äusserst kräftiges Abbremsen der Wagengeschwindigkeit, so dass in voller Fahrt der Wagen bis auf ca. 1 m zum Stillstand gebracht werden kann.

Die Schaltung des Kontrollers auf »Rückwärts« kann nur nach erfolgter Bremsung erfolgen.

Der Motor ist vollkommen geschlossen und gegen Schmutz und Feuchtigkeit geschützt, ohne dass dadurch die leichte Bedienung des Kollektors beeinträchtigt wird. Die Aufhängung des Motors erfolgt einerseits drehbar auf der Wagenachse, andererseits federnd in Gummibuffern oder Spiralfedern.

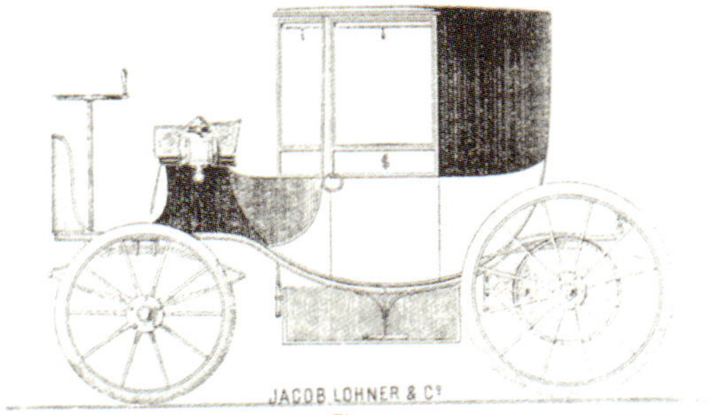

Fig. 2.

Sowohl vom Standpunkt des Wagenbauers als auch von jenem des Käufers, ist besonders ein Wagen (Fig. 1 und 2) von Interesse, welcher am 28. September 1899 an der Internationalen Konkurrenz elektrischer Fahrzeuge in Berlin theilnahm und hierbei den ersten Ehrenpreis erhielt.

Er erfüllt die unabweisbare Forderung nach einem Vehikel, welches durch die Auswechselung des Wagenkastens einen ganzjährigen Betrieb gestattet, und zwar mit Mylord- und Coupékasten, wobei der Lenkersitz, in welchen der Kontroller eingebaut ist und die Kabelverbindungen zu Motor und Batterie enthält, stets unberührt bleibt. Diese Konstruktion wurde zwar auch schon früher anderweitig ausgeführt, und zwar in Frankreich und England, jedoch in wenig befriedigender Lösung.

Der allgemeine Eindruck dieses Wagens wurde allerdings durch den unter demselben angehängten Akkumulatorenkasten bedeutend beeinträchtigt, doch wurde dieses Opfer aus konstruktiven Rücksichten gebracht, indem die hierdurch erreichte centrale und tiefe Lage des Schwerpunktes, sowie die Möglichkeit des schnellen Austausches der Batterie, Vortheile für den Betrieb bieten, welche die Hinwegsetzung über Schönheits-Rücksichten gerechtfertigt erscheinen lassen.

Das Gewicht der verschiedenen Wagentypen mit 3pferdigem Motor beträgt ca. 1450 kg und kann selbiges ohne Weiteres um ca. 200 kg herabgesetzt werden, wenn man sich mit einer Batterie begnügt, welche nur eine ca. $2^1/_2$stündige Fahrtdauer gestattet, also je nach dem Terrain eine Fahrdistanz von 30—40 km liefert, was sehr häufig für einen Tag genügt. Diese Variante erscheint sowohl für den Privaten als auch für das öffentliche Fuhrwerk in vielen Fällen sehr vortheilhaft, indem hierbei eine Ersparniss des Stromkonsums eintritt und daher die Nachtheile der verringerten Batterie-Kapazität wieder theilweise aufhebt.

Die Räder sind mit 90 mm-Pneumatiks versehen, welche für den ruhigen Gang des Wagens und daher für den Komfort des Fahrgastes von der allergrössten Bedeutung sind, doch steht der Verwendung von Vollgummireifen besonders für öffentliches Fuhrwerk nichts im Wege.

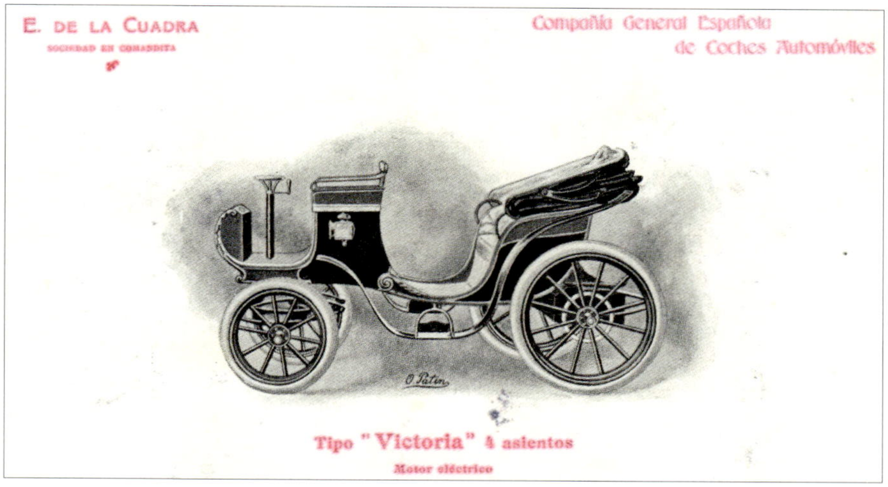

Oben: De La Cuadra von 1900; Seiten aus einem Original-Katalog.

Chassis eines Egger-Lohner C2 von 1898.

Als erstes Fahrzeug lieferte de la Cuadra 1900 einen elektrischen Bus für die Stadt Barcelona. Bei seiner Vorstellung in Barcelona fiel der Bus zwar durch, doch drei Monate später vermochte er die gestellten Aufgaben bestens zu absolvieren und erhielt begeisterte Kritiken.
In Österreich war ein wichtiger Hersteller von Elektrowagen die Elektrizitäts-Aktiengesellschaft Kolben & Co, die 1900/1901 auf Basis von Nesselsdorf-Fahrzeugen zwei Elektromodelle vorstellte. Bei diesen Modellen hingen zwei Gleichstrommotoren mit je 2,2 kW an der Hinterachse.

Blick ins Land der unbegrenzten Möglichkeiten

1888 wurde in New York die Riker Electric Motor Company gegründet. Andrew Riker hatte sein erstes Elektromobil 1884 gezeichnet, brauchte aber zehn Jahre, um seine Konstruktion zu kommerzialisieren. Die Firma war bis 1902 aktiv, und sie baute nicht nur verschiedene Modelle für den privaten Gebrauch, sondern auch Liefer- und Lastwagen sowie Busse mit acht Plätzen, die meist als Hotelbus Verwendung fanden. Auch entstanden spezielle Versionen für Polizei und Feuerwehr, ferner als Ambulanz- und Kommunalfahrzeuge. Die Nutzfahrzeuge wurden oft als ganze Flotten verkauft, Aufträge bis 100 Einheiten waren keine Seltenheit.
Auch die Firma Studebaker, die bie 1966 Fahrzeuge mit Benzinmotor baute, gehört zu den Pionieren der Elektrofahrzeuge. Die Brüder Henry und Clement Studebaker besaßen in South Bend (Indiana) eine Wagenfabrik, die jede Art von Kutschen fertigte. Ende 1901 entwarf man bei Studebaker unter Mitwirkung von Thomas Alva Edison ein Elektromobil, das in verschiedenen Ausführungen angeboten wurde. Die leisen Fahrzeuge, auch als Lieferwagen im Programm, gab es noch bis 1912 – insgesamt baute Studebaker 1841 Stück.
Um den Verkauf der Morris & Salom Electrobat Modelle kümmerte sich ein gewisser Walter C. Baker. Als er sah, wie gut das Geschäft mit Elektrofahrzeugen lief, gründete er 1898 seine eigene Firma. Der erste Baker Electric war ein

Oben: Verschiedene Karosserieausführungen des Riker von 1900, abgebildet in einem Originalprospekt.

Baker pflegte die Details. Je nach Modell gab es bequeme Sofasitze mit zwei Sesseln gegenüber; das Fahrzeug konnte von verschiedenen Positionen aus bedient werden. Zu Bakers Kunden zählte auch die Gattin des Präsidenten Roosevelt.

einfaches, zweisitziges Runabout mit »Kuhschwanz-Lenkung«, einem kleinen elektrischen Motor mit nur 0,75 PS Leistung und einem Gesamtgewicht von 295 Kilogramm. Einer der ersten Kunden war Thomas Alva Edison, der auch neuartige Nickel-Eisen-Akkus für Baker schuf, weitaus besser als die Bleiakkus, und sie hatten eine längere Lebensdauer. Den Baker Electric gab es viele Jahre lang, sie waren zähe Fahrzeuge, bequem und angenehm zu fahren, und auch besonders beliebt bei den Damen. Viele farbige Anzeigen in diversen Medien – vorzugsweise in Gesellschaftszeitschriften – vermitteln heute ein Bild von dem großen Angebot. Walter C. Baker war zeitweilig der bedeutendste Elektrowagenhersteller Amerikas. In den darauffolgenden Jahren gab es einen Boom auf dem Sektor der Elektrofahrzeuge; mehr als 50 Firmen entstanden in den USA. Und es gab auch schon die ersten Vermieter von Elektrofahrzeugen in den Städten. Die Washington Electric Vehicle Transportation Company verfügte über eine eigene Garage mit Ladestation. Sie vermietete ihre Autos zum Preis von 1,50 Dollar pro Stunde.

Zu den amerikanischen Pionieren zählt auch die Woods Motor Vehicle Co. in Illinois, eine kapitalkräftige Firma, die gegen die Electric Vehicle Co. aus Connecticut antrat. Clinton E. Woods experimentierte seit 1897 mit elektrischen

Ein elektrisches Mietfahrzeug in Washington, vermutlich ein Columbia, das man mit oder ohne Chauffeur mieten konnte. Es wurde gerne auch für Stadtrundfahrten eingesetzt. Foto aus einem Original-Katalog.

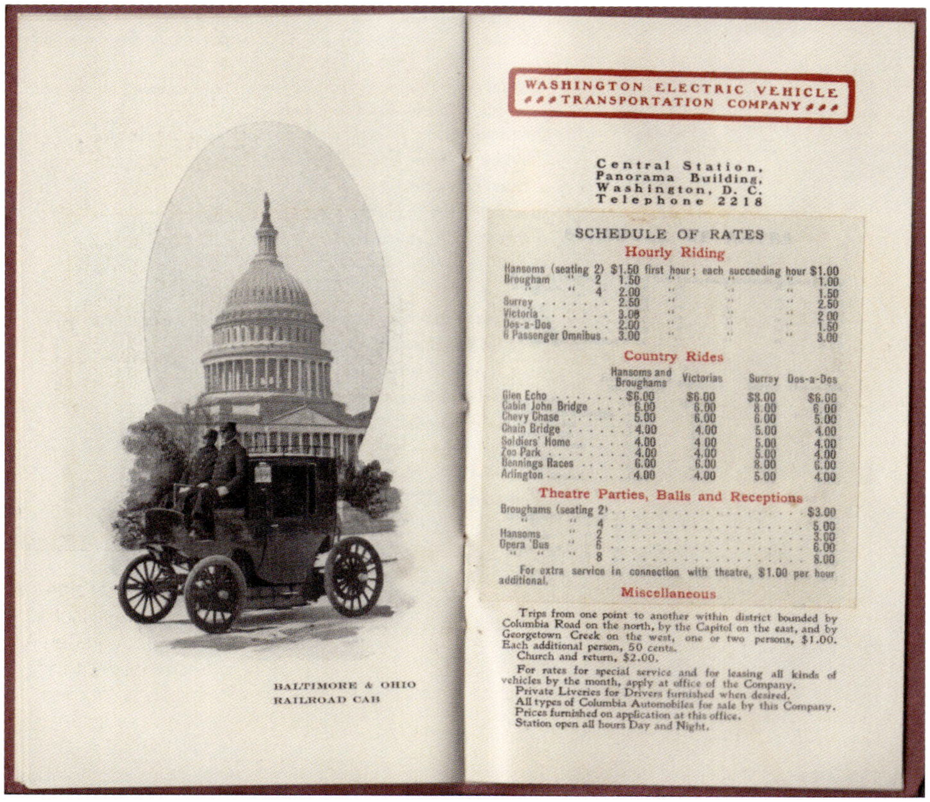
BALTIMORE & OHIO RAILROAD CAB

WASHINGTON ELECTRIC VEHICLE TRANSPORTATION COMPANY

Central Station,
Panorama Building,
Washington, D. C.
Telephone 2218

SCHEDULE OF RATES

Hourly Riding

Hansoms (seating 2)	$1.50	first hour;	each succeeding hour	$1.00
Brougham " 2	1.50	"	" "	1.00
" " 4	2.00	"	" "	1.50
Surrey	2.50	"	" "	2.50
Victoria	3.00	"	" "	2.00
Dos-a-Dos	2.00	"	" "	1.50
6 Passenger Omnibus	3.00	"	" "	3.00

Country Rides

	Hansoms and Broughams	Victorias	Surrey	Dos-a-Dos
Glen Echo	$6.00	$6.00	$8.00	$6.00
Cabin John Bridge	6.00	6.00	8.00	6.00
Chevy Chase	5.00	6.00	6.00	5.00
Chain Bridge	4.00	4.00	5.00	4.00
Soldiers' Home	4.00	4.00	5.00	4.00
Zoo Park	4.00	4.00	5.00	4.00
Bennings Races	6.00	6.00	8.00	6.00
Arlington	4.00	4.00	5.00	4.00

Theatre Parties, Balls and Receptions

Broughams (seating 2)	$3.00
" " 4	5.00
Hansoms " 2	3.00
Opera 'Bus " 6	6.00
" " " 8	8.00

For extra service in connection with theatre, $1.00 per hour additional.

Miscellaneous

Trips from one point to another within district bounded by Columbia Road on the north, by the Capitol on the east, and by Georgetown Creek on the west, one or two persons, $1.00. Each additional person, 50 cents.

Church and return, $2.00.

For rates for special service and for leasing all kinds of vehicles by the month, apply at office of the Company.

Private Liveries for Drivers furnished when desired.

All types of Columbia Automobiles for sale by this Company. Prices furnished on application at this office.

Station open all hours Day and Night.

Model 75
National Runabout
Price $1,000

NATIONAL ELECTRIC VEHICLES

Description of Model 75

Body—Bracket front. Width, 29 inches; length, 70 inches; height from ground, 26 inches; width of seat, 32 inches.

Standard Finish—Black body; green gear.

Upholstering—Elegantly trimmed in leather.

Top—Full leather.

Springs—New pattern "C" springs in front, Elliptics in rear.

Wheels—Wood, Artillery Pattern. Pneumatic tires, 30 x 3 inches. Diamond detachable, Continental type. Track, 54 inches.

Motor—National, improved design, 6-pole type. Normal capacity, 2½ H. P.; overload capacity, 7½ H. P.

Gearing—Spiral or "Herring-Bone" type, which run in oil in improved dust-proof case.

Controller—Four forward and four backward speeds—6 to 15 miles per hour. Push button reverse in end of handle.

Brake—Compression band type, very powerful.

Meters—Each vehicle is equipped with an odometer and a combination volt-ammeter.

Battery—32 cells, 8¼ x 5¼ x 10 inches.

Rheostat—For charging battery from 110 to 125-volt circuit, furnished with each vehicle.

Model 70, same as above, without top, $950.

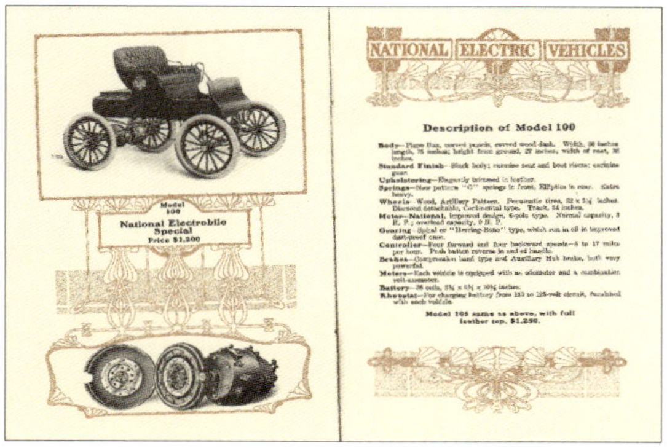
Model 100
National Electrobile Special
Price $1,200

NATIONAL ELECTRIC VEHICLES

Description of Model 100

Model 105 same as above, with full leather top, $1,250.

Unten links: Tarife der Columbia Washington Electric Vehicle Co.

Unten: Elektrofahrzeuge von National, der Stanhope Model 85 und das Electrobile Special Model 100. Seiten aus einem Original-Katalog.

Woods von 1900 und der amerikanische Baker Queen Victoria, zum Patent angemeldet im Jahre 1902.

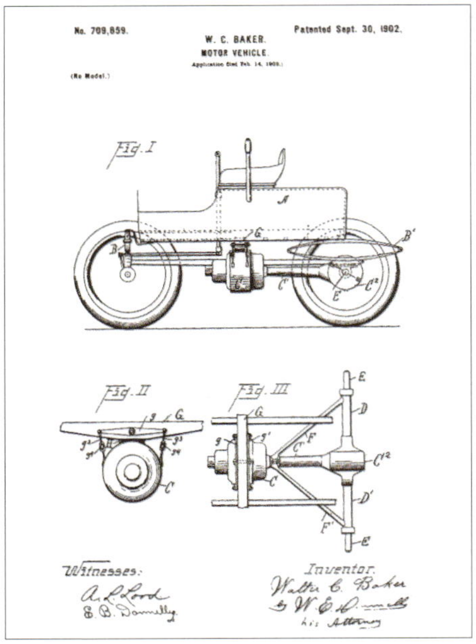

Der Pope Waverly Modell 30 als Station Wagon, angeboten zu einem Preis von 2250 Dollar.

STANDARD EQUIPMENT

Price $2250

Body—Swelled panels, length, 8 feet; wheel base, 6 feet, 5½ inches; width of front seat, inside measurement, 42 inches; width of rear seat, inside measurement, 40 inches; tread, 4 feet, 6 inches.

Finish—Black body; brewster green panels; brewster green gear and wheels.

Upholstering—Front seat, hand-buffed green leather; interior, dark green broadcloth.

Wheels—Wood, fitted, front and rear with 30 inch by 4 inch, Goodrich or Goodyear tires.

Motors—Two, Special Pope-Waverley of double overload capacity. Speed, 5 to 15 miles an hour.

Gearing—Noiseless "herring-bone" type, running in oil and protected in dust-proof cases.

Instrument—A combination voltmeter and ammeter.

Brakes—Two foot and one electric.

Steering—Side lever.

Battery—41 cells of 11 P. V. Exide.

Fenders—Continuous.

OPTIONS

Finish and Upholstering—Color combinations other than standard can be furnished with slight delay at extra charge to be quoted.

Battery—41 cells of 11 C. B. National.

Steering—Wheel.

Model 30 Side View

Unten: Pope Waverly von 1904, vom Auktionshaus Bonham's 2019 versteigert worden.

Fahrzeugen, doch sein erstes verkäufliches Modell stand erst zwei Jahre später bereit. Das so genannte Mail Phaeton hatte den Elektromotor im Heck unter der Sitzbank, womit die Fondpassagiere eine erhöhte Sitzposition mit besserer Übersicht genossen. Woods bot auch Autos mit Benzinmotor an, doch seine elektrischen Modelle verkauften sich fünfmal besser.
Dann wäre die Firma Columbia in Hartford (Connecticut) zu nennen; sie stand seit 1897 im Handelsregister und brauchte nur wenige Jahre, um zu den erfolgreichsten Anbietern von Elektrofahrzeugen zu gehören. Der Columbia Electric war hervorragend verarbeitet, aber auch teuer. Mit 3000 Dollar kostete er doppelt soviel wie ein Benzinautomobil. Albert A. Pope, der die Firma Columbia aufbaute, verkaufte elektrische Fahrzeuge auch unter dem Namen Pope-Waverly; die später nur mehr Waverly hießen, nachdem Pope die Firma verlassen hatte. Diese Fahrzeuge wurden bis 1916 hergestellt. Es gab auch Modelle mit zwei elektrischen Motoren, gut für 25 km/h.
Die Entwicklung von Elektrofahrzeugen bedingte eine gut abgestimmte Kooperation drei verschiedener Herstellergruppen, nämlich dem Fabrikanten des Fahrgestells, dem Hersteller des Elektromotors als Antriebsaggregat und dem Lieferanten der Akkus. Erst ein optimales Zusammmenspiel garantierte ein ebenso optimales Produkt.

Amerikanisches Douglas Landaulet, gefertigt etwa 1901–1903 von W. H. Douglas in Belleville, New Jersey, mit einem Aufbau von Healey aus New York, eine kleine, aber feine Firma; ihre elektrischen Fahrzeuge wurden nur in wenigen Exemplaren hergestellt.

Jeantaud in Paris 1898 (links) und die deutsche Firma ABAM – deren Fahrzeuge entstanden nach nach Kriéger-Lizenzen – auf der Automobilausstellung in Berlin.

Lohner-Porsche Voiturette, 1901.

Ein Landaulet von W. H. Douglas in Belleville/New Jersey mit einem Aufbau von Healey in New York.

»Die Schwierigkeiten der vorteilhaften Versorgung der Motoren mit elektrischem Strom darf als überwunden gelten, seitdem es gelungen ist, für elektrische Fahrzeuge geeignete Akkumulatoren zu bauen.«

Aus dem Nachrichtenblatt der Siemens-Schuckert AG von 1908

Highlights der Automobilausstellungen

Elektrofahrzeuge standen auf allen großen Automobilausstellungen jener Jahre. 1898 waren auf dem Pariser Auto-Salon 30 Elektrofahrzeuge von zehn Herstellern zu sehen, ein Jahr später waren es sogar 20 Hersteller, die mehr als 80 Modelle präsentierten. Auf der Internationalen Berliner Motorschau von 1899 fanden 22 elektrische Personenwagen, acht Elektro-Omnibusse, sieben schwere Lastwagen mit Elektromotoren und zwei elektrische Boote großes Interesse seitens der Besucher.

Zu Beginn des neuen Jahrhunderts war der Automobilmarkt weiterhin indifferent. Der Kunde konnte zwischen verschiedenen Antriebsarten wählen. Der Dampfwagen war preiswert, schnell, aber langsam beim Start, Das Fahrzeug mit Benzinmotor war etwas teurer, unsauber und nicht leicht zu starten, verfügte jedoch über eine große Reichweite – und dann war da das elektrische Automobil, leise und sauber, langsamer und teurer als ein Benziner, aber günstiger in der Versicherung und durchwegs von hervorragender Qualität.

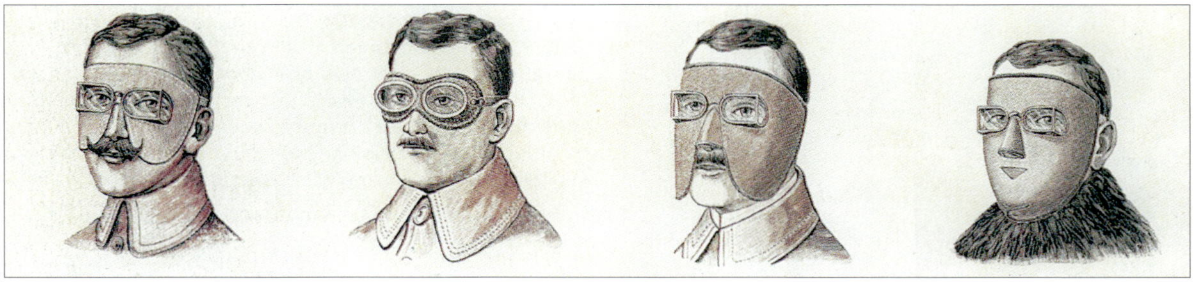

So schützte sich der Automobilist um 1910 vor Straßenstaub.

Die erste Industrielle Revolution hatte die Dampfkraft gewonnen

System-Rivalitäten: Jeder gegen jeden, Elektrik gegen alle

Mit einigen Zweifeln an den Segnungen des technischen Fortschritts hat das mit dem Automobil erstmals konfrontierte Bürgertum zur Kenntnis nehmen müssen, dass ein neues Zeitalter angebrochen war. Denn dessen Morgenröte war von Auspuffgasen, Qualm- und Dampfwolken reichlich eingetrübt sowie von einer Vielzahl nicht immer angenehmer Geräusche begleitet. Noch um 1900, anderthalb Jahrzehnte nach der Vorführung der ersten Fahrzeuge mit Explosionsmotoren durch Carl Benz und Gottlieb Daimler, war der sich mit Maschinenkraft auf der Straße fortbewegende Wagen für viele Menschen ein rätselhaftes und unheimliches Objekt. So wie gut fünfzig, sechzig Jahre zuvor die Eisenbahn oder ein Dampfomnibus. Wohin all das »Neumodische« wohl führen würde, das haben sich besorgte Menschen schon damals gefragt …

Das industrielle Zeitalter hatte im frühen 19. Jahrhundert begonnen, und mit ihm erlebten auch das Transport- und das Kommunikationswesen umwälzende Veränderungen. Aber erst als Furcht und Vorbehalte überwunden waren, wuchs das Verlangen nach individueller Mobilität; der Tourismus entwickelte sich. Die universelle Nutzung der Dampfkraft wurde inzwischen in den wirtschaftlich erschlossenen Regionen Europas und Nordamerikas von einer technisch aufgeklärten Generation nicht mehr in Frage gestellt. Gewiss, es gab noch immer Ignoranten, Bedenkenträger und notorische Skeptiker: Dampfmaschinen waren für sie mechanische Gebilde, die auf irgendwie spukhafte Art und Weise (schließlich war Feuer im Spiel) Dinge in Bewegung setzen konnten. Immer wieder hörte man von durchgehenden Pferden, wenn ihnen auf der Landstraße solch ein Teufelsvehikel begegnete …

White Steam Car, 1906. In der Zeit vor dem Ersten Weltkrieg gab es vor allem in den USA noch zahlreiche Hersteller von Dampfwagen, die sich gegen die Benzinmotor- und Elektro-Konkurrenz zu behaupten versuchten.

Faszinierende Dampfkraft

Der Dampfwagen als Transportfahrzeug, Omnibus, Acker- und Straßenzugmaschine, mobiles Arbeitsgerät und Feuerspritze hat im letzten Drittel des 19. Jahrhunderts zunehmend Verbreitung gefunden, was nicht zuletzt an der Entwicklung des Eisenbahnwesens lag, mit dem der Straßenverkehr in Konkurrenz stand. Bald wurde deutlich, wie nützlich das motorisierte Straßenfahrzeug als Transportmittel war, um dort, wo die Schiene endete, individuelle Verteileraufgaben zu übernehmen. Frische, schnell verderbliche Lebensmittel zum Beispiel kamen rascher zu den Verbrauchern. Landwirtschaftliche Produkte gelangten innerhalb kürzerer Zeit zu den verarbeitenden Fabriken, Vieh auf die Märkte. Und für einen Teil der Menschheit bekam der Begriff Reisen eine ganz neue Dimension. Die Eisenbahn hatte den Beweis erbracht, wie effizient sich die Dampfkraft für das Transportwesen einsetzen ließ. Warum sollte das, was auf Schienen machbar war, nicht für die Straße umsetzbar sein?

Den Kanonenschlepper an die Wand gefahren

Auf der ersten Testfahrt mit einem sich aus eigener Kraft fortbewegenden Wagen war ein Malheur passiert: Sein Lenker hatte die Kontrolle über das motorisierte Ungetüm verloren und es – mangels Bremsen – gegen eine Mauer gesetzt. Es handelte sich nicht um die Vergnügungs-Chaise eines vermögenden Aristokraten, sondern um ein im Regierungsauftrag gebautes Nutzfahrzeug, nämlich Jean Joseph Cugnots (1725–1804) Dampfwagen, der als Kanonenzugmaschine konstruiert und in seiner ersten Ausführung am 23. Oktober 1769 fahr-, aber eben nicht bremsfähig war. Nach Cugnot gab es etliche weitere Versuche, Dampfmobile auf die Straße zu bringen, doch von solchen Experimenten ist nicht viel überliefert. Erst gut zwei Jahrzehnte später nahmen dokumentierte Versuche ihren Fortgang.

Das war von keiner Pferdekutsche zu schaffen

So entwickelten im Jahr 1825 die Engländer Timothy Burstall und John Hill einen Dampftraktor – sogar mit Vierradantrieb und einem Vorderbau mit Knicklenkung. Ihre »Straßen-Lokomotive« – eine neue Fahrzeuggattung, für die sich der Begriff »Lokomobile« einbürgerte – zum Ziehen von Wagen, oder auch zur Beförderung von Post, Personen und Gütern, meldeten sie zum Patent an.

Einen Dampf-Omnibus für 21 sich dem technischen Fortschritt anvertrauende Personen führte Goldsworthy Gurney 1828 vor; ein solches Fahrzeug wurde um 1830–1831 von dem Geschäftsmann Sir Charles Dance im Liniendienst zwischen den Städten Gloucester und Cheltenham eingesetzt. Die Durchschnittsgeschwindigkeit auf der 14 Kilometer langen Strecke betrug einschließlich Haltezeiten 18 km/h. Das war von keiner Pferdekutsche zu schaffen. Eine neue Ära brach an.

Obwohl die Briten oft genug bewiesen haben, zu welchen Innovationen sie fähig sind, sagt man ihnen gern nach, sie seien konservativ. Das könnte man daran ablesen, wie präsent der Dampflastwagen noch bis Mitte der 1920er Jahre in Großbritannien war, veranschaulicht durch die Zahl von 17 Herstellern, die noch 60 Modelle solcher »steam wagons« bauten. Teils handelte es sich um fahrende Arbeitsmaschinen nach Lokomobile-Art des 19. Jahrhunderts, teils waren es Lastkraftwagen mit bis zehn Tonnen Nutz- oder Anhängelast. Auch in den USA wurden noch bis in die 1920er Jahre Dampfwagen gebaut.

Es hätte den Rahmen dieses Buches gesprengt, wenn hier auch der Entwicklung des Dampfwagens und der mit Dampfkraft arbeitenden Arbeitsmaschine in ihren vielen Ausführungen breiter Raum zugestanden würde.

Der kleine Unterschied

Der Geheime Regierungsrat im Reichsverkehrsministerium Dr. jur. Fritz Müller beantwortete die Frage, wann ein Motorfahrzeug als »in Gang« befindlich zu gelten habe, im 1932 erschienenen Automobilgesetzbuch wie folgt: »Beim Fahrzeug mit Verbrennungsmaschine kann der Motor bereits in Gang sein, während das Fahrzeug selbst sich noch nicht fortbewegt. Der Motor läuft bereits, die Einschaltung des die Räder übertragenden Getriebes hat aber noch nicht stattgefunden. Beim Fahrzeug mit Elektromotor dagegen ist das Laufen der Maschine, d.h. die Umdrehung des Elektromotors, auch gleichbedeutend mit einer Fortbewegung des Fahrzeugs. Denn die durch Einschalten des elektrischen Stroms in Umdrehung versetzten Motoren sind meist zwangsläufig mit den Wagenrädern (Radnabenmotoren!) gekuppelt. Ein leer Laufenlassen des Elektromotors ohne gleichzeitige Umdrehung der Wagenräder ist somit nicht möglich, außer bei Vorhandensein eines Vorgeleges. Demnach ist ein Fahrzeug mit Elektromotor in der Regel in Betrieb, sobald der elektrische Strom zu den Elektromotoren eingeschaltet wird.«

»Clean Energy« anno 1901: Während die Fahrer von Motorfahrzeugen sich in lange Ledermäntel hüllten und Schutzbrillen trugen, demonstriert der Chauffeur dieses Elektrowagens vornehme Eleganz …

1900 waren 38 Prozent aller Autos Elektromobile

Wem sollte die Zukunft gehören – dem Abgas produzierenden, lärmenden Automobil mit Explosionsmotor, dem fast unhörbar schnurrenden Elektromobil oder dem zischelnden Dampffahrzeug mit qualmendem Petroleumbrenner? Noch zu Beginn des 20. Jahrhunderts durfte es als nicht zweifelsfrei gelten, dass sich der Verbrennungsmotor als Antrieb in einem Automobil durchsetzen würde. Viele Konstrukteure sahen in der Dampfkraft noch immer die beste Lösung und hatten gute Argumente dafür. Dampfwagen beschleunigten nicht nur besser als Fahrzeuge mit Benzinmotor, sie boten auch hervorragende spezifische Leistungen und galten als zuverlässig. An jedem Dorfbrunnen ließ sich Wasser tanken, und der Brenner ließ sich mit fast jedem Treibstoff füttern; in der Regel wurde Leichtpetroleum (Kerosin) verwendet. Nachteilig waren die langen Anheizzeiten; bis der Boiler auf Betriebstemperatur gebracht war, verging mindestens eine halbe Stunde.

Wenn es um die Startbereitschaft ging, lag der Wagen mit dem lautlosen und emissionsfreien elektrischen Antrieb vorn. Da gab es weder ein Anheizen noch ein Ankurbeln gegen den Druck der Zylinderkompression oder ein Vorglühen. Der Elektromotor nahm seine Arbeit auf, sobald der Strom eingeschaltet war. Wenn Elektrowagenverkäufer das vorführten, hatten sie ein wichtiges Argument auf ihrer Seite, zumindest so lange, bis 1912 der von Charles Kettering erfundene elektrische Anlasser beim Verbrennungsmotor aufkam.

Mit der Einführung der Elektrizität in der Industrie, in Haushalten, in so gut wie allen Gewerben und Gewerken, im Kommunalwesen, in der Kommunikationstechnik und bald auch in der Unterhaltung hatte es nahe gelegen, elektrisch betriebenen Autos eine große Zukunft vorherzusagen. Erhärtet wurden solche Aspekte durch die Tatsache, dass mit Elektrofahrzeugen Geschwindigkeiten um die 100 km/h erzielt und einige Weltrekorde aufgestellt worden waren (Chasseloup-Laubat 1898: 63,2 km/h; Jenatzy 1899: 105,9 km/h). Man hat registriert, dass um 1900 – also noch 14 Jahre nach der Vorstellung des Patent-Motorwagens eines Gottlieb Daimler – 40 Prozent aller Automobile in Europa

Der Erfinder Thomas Alva Edison (links) in einem Bailey Electric, 1908.

mit Dampfkraft unterwegs waren, 38 Prozent mit Elektroantrieb und nur 22 Prozent mit flüssigem, also vergasendem Kraftstoff.

38 Prozent Elektrofahrzeuge: Einen solchen Anteil wieder zu erlangen, davon ist die Welt noch weit entfernt. 2017 wurde die Zulassung von 24 Millionen neuen Kraftfahrzeugen weltweit registriert, 3,2 Prozent davon waren Elektro- oder Hybridwagen.

Weise Worte zur Mobilität im Allgemeinen sowie zu ihrer künftigen Entwicklung finden wir auf der Rückseite eines Liebig-Fleischextrakt-Sammelbildchens aus dem Jahr 1908, das einen Doppelstock-Omnibus zeigt:

»Für den Straßenverkehr in den Großstädten aller Kulturländer bricht sich das Automobil immer mehr Bahn, da es wegen seiner größeren Schnelligkeit und Leistungsfähigkeit den modernen Anforderungen eher gewachsen ist als die herkömmlichen Transportmittel. Was die Triebkraft anbelangt, so kommen dafür besonders zwei Systeme in Betracht: die Explosionsmotoren und die Elektromotoren. Zumal für größere Reisen und weite Entfernungen behaupten die erstgenannten ihrer leicht auszuführenden Speisung

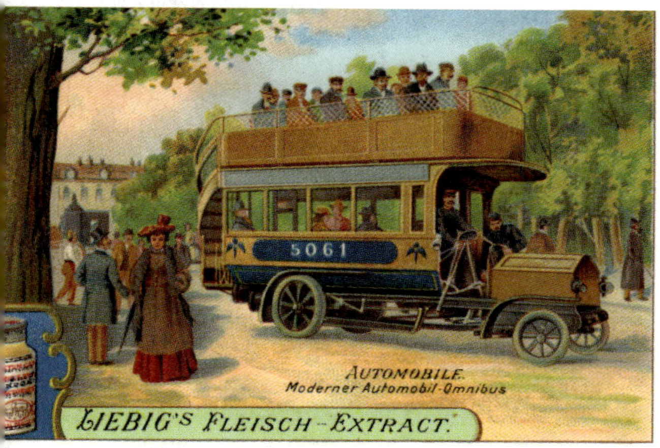

Links: Elektro-Omnibus auf einem Sammelbild der Firma Liebig, 1908.

wegen noch das Feld, doch dürften sie, sobald es einmal gelingt, leichtere Akkumulatoren als die bisher gebräuchlichen anzufertigen, wohl bald gänzlich von der Elektrizität

Der Lenker dieses Baker Coupés dürfte Glück im Unglück gehabt haben; auf schneeglatter Straße war er ins Rutschen geraten. Ein Foto von 1921.

aus dem Felde geschlagen werden«. Nun, »gänzlich aus dem Felde geschlagen« sind die Explosionsmotoren bis heute nicht. Ob nur »ihrer leicht auszuführenden Speisung wegen« oder auch aus anderen Gründen – das möge dahingestellt bleiben.

Das elektrische Automobil – wer hat's erfunden?

1835 baute der Amerikaner Thomas Davenport (1802–1851) das erste Elektrofahrzeug, dessen Motor die Energie aus einem (nicht wiederaufladbaren) Stromspeicher bezog. Es war ein kleines Schienen-, kein Straßenfahrzeug. Davenport hatte den Beruf eines Schmieds erlernt und wandte sich später der Elektrotechnik und dem Magnetismus zu. Auf seinen Namen wurde 1834 auch das weltweit erste Patent auf einen Gleichstrom-Elektromotor erteilt.

Sein Patentantrag für »Improvement in propelling machinery by magnetism and electromagnetism« war zunächst abgelehnt worden. Nach erneuter Einreichung mit einer Referenz von Professor Benjamin Franklin Bache, einem Enkel des Blitzableiter-Erfinders Benjamin Franklin, wurde Thomas Davenport am 25. Februar 1837 das Patent schließlich erteilt. Inzwischen hatte er mit dem von ihm entwickelten Elektromotor das Modell eines funktionsfähigen Schienenfahrzeugs für einen Schienenkreis von 1,20 m Durchmesser gebaut.

Das zusammen mit dem Patentantrag eingereichte Demonstrationsmodell des Motors befindet sich heute in der Sammlung der Smithonian Institution in Washington, D.C. Davenports Entwicklung gilt zwar als bedeutender Meilenstein, doch führten seine Arbeiten nicht zu praktischen Anwendungen außer in seiner eigenen Werkstatt. Zu jener Zeit beherrschte die Dampfmaschine das Feld, die als effizienter und ökonomischer betrachtet wurde.

Gelegentlich taucht in der Literatur der Name eines Robert Anderson aus Aberdeen auf, der 1832 oder 1839 einen Wagen mit Batteriebetrieb vorgestellt habe. Belegen lassen sich die vagen Angaben nirgendwo. So nehmen wir dann ein weiteres Mal zu Kenntnis, dass so manche Erfindung mehreren Erfindern zuzuschreiben sein kann …

Anzeige der A.B.A.M. in Köln, 1900.

Forderung nach dem Elektro-Einheitswagen

Das Handicap eines rein elektrisch motorisierten Fahrzeugs stand zu keiner Zeit außer Zweifel: die durch die Größe und damit die Kapazität des Akkumulators vorgegebene Reichweiten-Einschränkung.
Aber gerade für Fahrzeuge, deren Aufgabe im kommerziellen oder kommunalen Bereich häufiges Stop-and-Go mit sich brachte, erwies sich das Elektrofahrzeug als wirtschaftlich und praktikabel. Also in seiner Verwendung als Straßenreinigungs- oder Müllabfuhrfahrzeug, als Stadt- und Hotelomnibus, Taxi, Lieferwagen oder Fahrzeug im Postdienst. Und für diese Zwecke wurden Elektroautos lange noch gebaut und verwendet, als der elektrische Personen-

Im regionalen Tür-zu-Tür-Dienst hatten sich Elektrolastwagen wie dieser Braun-Premier von 1908 mit Radnabenmotoren als ökonomisch sinnvoll erwiesen.

privatwagen kaum mehr eine Rolle spielte. Der Verbrennungsmotor hatte sich durchgesetzt.
Dass die erst in den frühen Zwanziger Jahren einsetzende Normierung in der Industrie auch für die Herstellung und den Einsatz von Elektrowagen sinnvoll wäre, geht aus einem Beitrag in der Deutschen Export-Revue vom Oktober 1921 hervor: »Man hat der deutschen Technik und Industrie vor dem Kriege mit einigem Recht vorgeworfen, daß sie für ihre Erzeugnisse zuviele verschiedene Formen wähle. Jetzt hat man die Vorteile der Typisierung und der Normierung erkannt, und dies zeigt sich auch in der Technik des Fahrzeugbaus. Hat eine Fabrik zum Beispiel elektrische Wagen für die Personenbeförderung zu bauen, und zugleich auch solche zur Bewegung von Lasten, so werden diese Fahrzeuge natürlich sehr verschieden aussehen. Es läßt sich aber vieles bei ihnen einheitlich formen … Diesen Gedanken sehen wir beim Elektro-Einheitswagen ausgeführt. Dort besteht der untere Teil aus einem einachsigen Vorderwagen, dessen zwei Räder Drehschemellenkung haben und durch einen davor befindlichen Motor mittels Rollenkette ihren Antrieb erhalten. Mit diesem Vorderwagen ist dann starr, aber lösbar ein ebenfalls einachsiger Hinterwagen verbunden, der nur eine geringe Höhe über dem Boden hat. Einheitsmotor, Einheitsschaltung, Einheitsachse, Einheitsbatterie, Einheitsräder usw. kennzeichnen das Fahrzeug. Die Anwendung solcher Normalformen ermöglicht es, alle Teile verhältnismäßig billig herzustellen, erleichtern es dem Führer, einen Wagen zu bedienen, den er noch nicht gefahren hat und macht die Beschaffung von Ersatzteilen leicht.«
Der Normierungsgedanke war während des Ersten Weltkrieges entstanden, und zwar, um im Rüstungswesen die Materialbeschaffung zu vereinheitlichen. Daher wurde im Mai 1917 der Normenausschuss für den Maschinenbau gegründet, dessen Arbeitsergebnisse fortan als Deutsche Industrie-Norm (DIN) bezeichnet wurden. Die erste DIN-Norm erschien am 1. März 1918.
Ein elektrisches Einheits- oder Normfahrzeug hat es nicht gegeben. Genormt wurden im Automobilbau im Allgemeinen allerdings Verfahren und Standards, besonders bezüglich Sicherheit, sowie eine Vielzahl von Bauteilen, deren Anordnungen und von der Praktikabilität diktierte Beschaffenheit. Selbst die Lage von Plus- und Minuspol einer Starterbatterie zum Beispiel ist noch immer modellabhängig. Durchgesetzt hat sich lediglich eine Bezeichnung der Polanordnung, also die Position der Batteriepole, wenn man eine Batterie von vorne betrachtet. In Deutschland wird zur Benennung der Polanordnung ein numerisches Schema angewandt. Für 6- und 12-Volt-Batterien gilt:

0 = Plus rechts vorne, Minus links vorne
1 = Plus links vorne, Minus rechts vorne
2 = Plus rechts vorne, Minus links hinten
3 = Plus links hinten, Minus links vorne
4 = Plus links vorne, Minus links hinten

Rechts: Henry Ford hätte mit einem alternativen T-Modell ein elektrisches Weltauto auf den Markt bringen können; konstruktive Ansätze hierzu hat es gegeben.

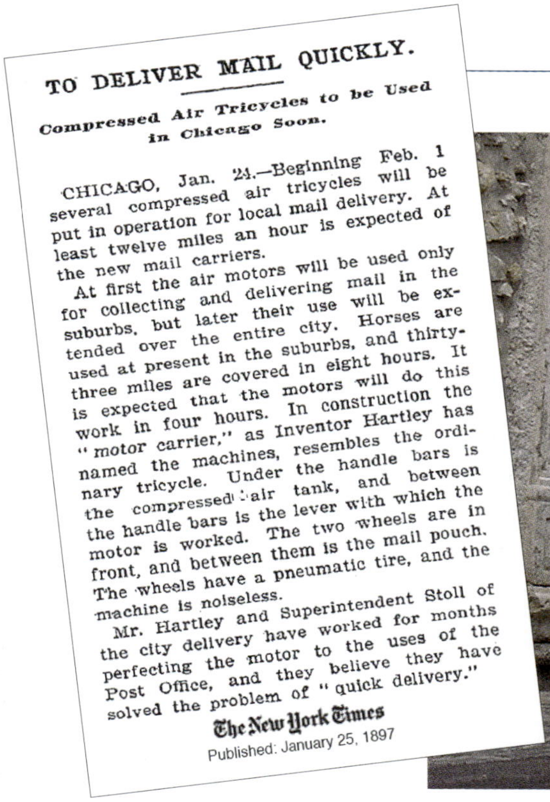

TO DELIVER MAIL QUICKLY.

Compressed Air Tricycles to be Used in Chicago Soon.

CHICAGO, Jan. 24.—Beginning Feb. 1 several compressed air tricycles will be put in operation for local mail delivery. At least twelve miles an hour is expected of the new mail carriers.

At first the air motors will be used only for collecting and delivering mail in the suburbs, but later their use will be extended over the entire city. Horses are used at present in the suburbs, and thirty-three miles are covered in eight hours. It is expected that the motors will do this work in four hours. In construction the "motor carrier," as Inventor Hartley has named the machines, resembles the ordinary tricycle. Under the handle bars is the compressed air tank, and between the handle bars is the lever with which the motor is worked. The two wheels are in front, and between them is the mail pouch. The wheels have a pneumatic tire, and the machine is noiseless.

Mr. Hartley and Superintendent Stoll of the city delivery have worked for months perfecting the motor to the uses of the Post Office, and they believe they have solved the problem of "quick delivery."

The New York Times

Published: January 25, 1897

Pressefoto der luxemburgischen Firma MDI – das Pressluftauto von ihrem Taximodell von 2001.

Komprimierte Luft als Treibmittel

Die Idee, mittels gespeicherter Druckluft ein Räderwerk und damit einen Wagen in Gang zu setzen, ist so neu nicht. Bereits 1840 wurde von den Ingenieuren Adraud und Tessié du Motay in Paris eine Druckluft-Kutsche vorgestellt, und zum Rennen Paris-Rouen 1894 waren sogar sechs Fahrzeuge mit pneumatischem Antrieb gemeldet, keines erschien jedoch am Start.

In den USA waren es MacKenzie & McArthur in New Haven (Connecticut) und die Autocrat Manufacturing Company in Hartford (Connecticut), die sich mit dem Druckluftauto beschäftigten. Den Namen American Pneumatic sollte ein mit Druckluft angetriebenes Automobil tragen, das im Februar 1900 von der American Vehicle Company angekündigt, jedoch nicht realisiert wurde. Auch die angekündigten Druckluftfahrzeuge Automatic Air, Carrol, Muir und Pneumatic erschienen nicht auf dem Markt. Einzig ein Ford Model T mit Druckluftantrieb lief nachweislich drei Wochen lang im Probebetrieb.

Der Druckluftantrieb arbeitet ohne Verbrennungsvorgänge und ohne die Gefahr von Funkenbildung. Dem stehen jedoch Einschränkungen gegenüber, die gegen den Einsatz als Massenverkehrsmittel sprechen. Denn um eine ausreichende Menge Antriebsenergie mitzuführen, sind große Drucklufttanks notwendig. Die Energiedichte des Antriebssystems ist bereits im Vergleich mit herkömmlichen Bleiakkus ungünstig.

Druckluft ist einer der teuersten Energieträger. Ihre Erzeugung ist energetisch mit großen Verlusten behaftet. Wenn die bei der Kompression entstehende Wärme nicht genutzt werden kann, ist sie für die Energiebilanz verloren. Ein effizienter Druckluftmotor benötigt eine mehrstufige Entspannung mit Zwischenerwärmung und ist daher aufwändig. Durch Entspannung der Druckluft kommt es außerdem zu einer Abkühlung des Motors. Es muss Wärme aus der Umgebung zugeführt werden. Ist das nicht ausreichend gewährleistet, sinkt die Leistung des Expansionsmotors.

Bei der französischen Firma MDI begann der Motorkonstrukteur Guy Nègre Anfang der 1990er Jahre, einen Druckluftmotor für den Fahrzeugantrieb zu entwickeln. Es entstanden mehr als 100 Fahrzeuge als Lieferwagen, PickUp, Taxi und Kleinwagen, bis hin zum Tata OneCat. Der Plan sah vor, die Fahrzeuge weltweit in verschiedenen Fabriken zu bauen, alleine für Spanien wurden Verträge für sechs Produktionsstätten unterschrieben. Beim Tata OneCat wurden für eine Tankfüllung 90.000 Liter Luft (etwa 110 Kilogramm) auf einen Druck von 300 bar verdichtet und in vier Druckluftflaschen mit einem Gesamtvolumen von 300 Liter gespeichert. Laut MDI dauerte der Ladevorgang an einer 230-Volt-Steckdose etwa vier bis sechs Stunden, an einer entsprechenden Kompressorstation zwei Minuten.

Auf dem Genfer Autosalon 2009 wurden von MDI zwei weitere Modelle namens AirPod und OneFlowAir vorgestellt. Beim AirPod handelte es sich um einen knapp über 2 m langen Viersitzer mit 220 kg Leergewicht. Gemäß Spezifikation bestand das vordere Fahrwerk aus einer vertikalen Einachssteuerung mit Schubkarren-Rädern in Doppelausführung. Der OneFlowAir war ein 3,40 m langes und bis zu fünfsitziges Cabrio, das neben dem Druckluftantrieb einen Verbrennungsmotor zur Reichweitenverlängerung enthalten sollte.

.

Die Turbine: Ein echter Heuler

Als man Aufsehen erregende Errungenschaften oder sensationelle News umgangssprachlich noch als »echte Heuler« zu bezeichnen pflegte, gab es solche selbstverständlich auch auf der Straße in Gestalt ungewöhnlicher Autos. Doch solchen, die wirklich heulten, weil sie eine Gasturbine als Antriebsaggregat aufwiesen, begegnete man in aller Regel so gut wie nie. Aber es hat sie gegeben, gebaut zu Versuchszwecken und zum Testen ihrer Tauglichkeit für den

Motorsport. Unter den ab Seite 216 dieses Buches eingetragenen Fabrikaten Chrysler, Fiat, Renault und Rover wird auf diese Turbinenwagen näher eingegangen.
Auch General Motors erprobte die Turbine als Antrieb für Personen- bzw. Rennwagen, wie *Popular Science* im

Rover Turbinenwagen 1955 – wenig zielführend, aber immerhin eine Aufsehen erregende PR-Aktion.

Bei Chrysler in den USA vorgenommener Versuch mit Turbinenantrieb, 1963. Vorangegangen waren ähnliche Projekte in den Jahren 1956 und 1959.

Bei BMW in der Versuchsabteilung 2006 in einen 7er installierter Wasserstoff- bzw. Brennstoffzellenmotor.

Herbst 1954 berichtete: »Der Feuervogel hat einen Rückstoßantrieb ähnlich wie ein Turbo-Prop im Flugzeug«, und der Versuchswagen habe gute Resultate erbracht. Als Treibstoff diene Petroleum, und das von den Verbrennungsgasen angetriebene Turbinenrad habe eine Drehzahl von 26.000 U/min. Vorerst bestehe jedoch keine große Aussicht auf Verwendung von Gasturbinen, da der Kraftstoffverbrauch viel zu groß sei. Zu Jahresbeginn 1953 hatte GM den Firebird Number One auf der New York Motor Show gezeigt – und damit Chrysler herausgefordert, das eigene Turbinen-Projekt mit Vehemenz voranzutreiben. Aber man kam schnell dahinter, dass die Gasturbine einen sehr schlechten Wirkungsgrad besitzt, zudem sind die austretenden Turbinenabgase extrem heiß. »Auch ist die mechanische, nicht nur die thermische Beanspruchung bis zu 800 Grad Celsius der Materialien so hoch, dass nur Nickel-Chrom-Molybdän-Legierungen zum Einsatz kommen dürften«, ließen sich Fachleute vernehmen. Ihre Daumen zeigten nach unten.
»Ob sich die Gasturbine durchsetzen wird?« fragte der Technik-Journalist Heinz Bühler in Anbetracht dieser Negativfakten dennoch und meinte: »Nun, das Düsenflugzeug hat ja auch sehr rasch die Luft erobert!«
Obwohl niemals Chancen für eine Serienfertigung bestanden, stellte General Motors der staunenden Öffentlichkeit auch 1956, 1959 und 1963 Gasturbinenwagen vor, als Designkonzepte und Beweise der Beherrschung technischer Herausforderungen. Der von amerikanischen Stilisten und deren Auftraggebern damals bevorzugte Raketen-Look hatte mit dem 1950er Studebaker Commander begonnen und sich über den Ford Galaxie bis zu allen Oldsmobile- und Cadillac-Baureihen fortgesetzt. Das beginnende »American Space Age« präsentierte sich jetzt auch auf den Highways – terrestrisch.

Wie stehen die Chancen für das Wasserstoff-Auto?

Viele Wissenschaftler bezeichnen Energie aus Wasserstoff als die Energie der Zukunft, wenngleich die Gewinnung von Wasserstoff nur durch den Einsatz von Solarstrom rentabel

Brennstoffzellen-Motor

Die Geschichte des Brennstoffzellen-Motors beginnt mit dem Wissenschaftler und Erfinder Sir William Grove 1841, führt über Ludwig Mond & Carl Langer 1889 bis hin zur amerikanischen Firma Pratt & Whitney, die Anfang der 1960er Jahre dieses System für den Antrieb der Apollo-Raumschiffe vorbereitete, mit denen man auf dem Mond landen konnte. Doch schon 1820 soll der Engländer William Cecil einen Motor gebaut haben, der mit Wasserstoff lief (laut Kurt Hünningshaus' 1961 erschienenem Buch *Geliebt von Millionen*). Und der VW-Generaldirektor Heinrich Nordhoff sagte Ende der Fünfziger Jahre zu Motorjournalisten: »Die Brennstoffzelle ist der Antrieb für die Zukunft«. Bei Allis-Chalmers entstand 1960 ein Traktor mit Brennstoffzelle, 1964 bestückte Shell einen DAF 44 mit Wasserstoffmotor, und drei Jahre später stellte General Motors seinen Electrovan vor, der mit einer 32-teiligen Brennstoffzelle lief. In den 1990er Jahren fuhren zahlreiche Busse mit Brennstoffzellen von der kanadischen Firma Ballard, 1994 begann Daimler-Benz sein NECAR-Programm mit einem umgebauten Mercedes-Benz MB100 Lieferwagen, und 1996 übergab MAN in Erlangen den ersten Linienbus mit Wasserstoffmotor dem Verkehr, auf Basis des SL202 entwickelt – und von der Linde AG »betankt«.

ist. In Deutschland, und zwar bei BMW, begannen Arbeiten an einem Wasserstoff-Auto in den späten 1990er Jahren. »Solarzellen und Sonnenkraftwerke wie das in Kalifornien arbeitende sind ein wichtiger Schritt in diese Richtung«, hieß es von Seiten der BMW AG im Februar 2000. Man sei davon überzeugt, dass BMW bereits in zehn Jahren einige Tausend wasserstoffbetriebene Fahrzeuge pro Jahr verkaufen werde. Zwei Monate später drehten die ersten mit Wasserstoffantrieb und Brennstoffzelle versehenen BMW-Serienautos ihre Runden.
Das Fernziel der Forscher bei BMW lautete: Antrieb durch den Einsatz von Wasserstoff mache Sinn, weil es sich um eine regenerative Energie handele. Noch war umweltfreundlich getankter Wasserstoff aber wesentlich teurer als Benzin. Der Wasserstofftechnik auch wirtschaftlich zum Durcbruch zu verhelfen, galt bei BMW – und wenig später ebenso bei Daimler – auch im beginnenden E-Zeitalter noch

wichtiges Anliegen. Zumindest bis zum Herbst des Jahres 2009, als man in München und Stuttgart erkannt hatte, dass die Hinwendung zum E-Auto mittelfristig mehr versprach als die Beschäftigung mit dem H-Auto. Gleichwohl entstanden bei Toyota 2014 (Mirai) und bei Hyundai 2018 (Nexo) weitere Serienfahrzeuge mit Wasserstoffantrieb.

Eine Alternative zur Alternative

Die Energiewirtschaft hat das Thema Wasserstoff keineswegs aus dem Fokus verloren, wenngleich die Automobilindustrie sich – wenn auch nur scheinbar – zeitweilig ausblendete und zunächst einmal alles auf die Karte »E-Mobilität« setzte.
Aber grün soll er schon sein, der Wasserstoff, wenn er an die Stelle von Benzin und Diesel tritt. Und er könnte aus Chile kommen, wie Sophia Boddenberg von der Redakiion des Deutschlandfunks am 15. Marz 2022 ausführte:
»Die deutschen Unternehmen Porsche und Siemens Energy engagieren sich seit 2020 in Patagonien, einer der windigsten Regionen der Welt. Chile, das Land an der Pazifikküste Südamerikas, will Exportweltmeister von grünem Wasserstoff werden, und zwar bereits 2030.«
Etwa 30 Kilometer nördlich von Punta Arenas haben die Bauarbeiten der Pilotanlage von Siemens Energy und Porsche begonnen. Synthetische Kraftstoffe sollen hier produziert werden, und zwar mit Hilfe von Windkraft. Projektentwickler und Eigentümer ist das chilenische Unternehmen HIF – Highly Innovative Fuels.
Generaldirektor Rodrigo Delmastro ist stolz auf das Projekt: »Die Windenergie wird bei der Elektrolyse des Wassers genutzt, bei der Wasserstoff entsteht. Dieser wird mit CO_2 angereichert, das wir aus der Atmosphäre ziehen und dann in Methanol und schließlich in Benzin umwandeln. Wir werden einen Kraftstoff produzieren, der in konventionellen Autos verbraucht werden kann. So muss die Technik des Autos nicht zu einem Elektroauto umgewandelt werde.«
Sophia Boddenberg: »Einer der ersten Abnehmer der E-Fuels ist der Autohersteller Porsche. Da die Produktion momentan noch sehr teuer ist, müssten die strombasierten Kraftstoffe zunächst in Länder exportiert werden, wo Verbraucher bereit sind, sie zu bezahlen oder staatliche Subventionen erhalten.«
Das Haru Oni genannte Projekt ist eins von 60 für die Produktion von grünem Wasserstoff und seinen Derivaten, die aktuell in Chile umgesetzt werden. Eine Studie der Deutschen Gesellschaft für Internationale Zusammenarbeit, die das chilenische Energieministerium berät, kalkuliert, dass die Wasserstoffwirtschaft in Chile bis 2050 mindestens 94.000 Arbeitsplätze schaffen könnte.
Der GIZ zufolge hat Chile das Potenzial, die Hälfte des Bedarfs an grünem Wasserstoff von einem Industrieland wie Deutschland zu decken. Niederlassen soll sich diese neue Industrie hauptsächlich in Patagonien wegen der starken Windkraft und in der Atacama-Wüste wegen der hohen Sonneneinstrahlung.
Ein chilenischer Manager: »Was uns Sorgen macht, ist, dass sich die Geschichte wiederholt. Es ist eine Energiewende, die im Norden entworfen wurde, ohne alle ihre Auswirkungen zu berücksichtigen, die wieder wir Länder im Süden bezahlen. Die Industrieländer und die Konzerne wollen eine Lösung für die Klimakrise präsentieren, ohne das Konsumverhalten und die Produktionsweise dieser Länder zu verändern. Wir dürfen die Lösung für die Klimakrise nicht der Macht der Konzerne überlassen, weil die Unternehmen immer nach Profit streben.«
Chile erlebt bereits jetzt die Folgen des Klimawandels heftig. Es ist eines von 30 Ländern weltweit, die am stärksten unter Wasserstress leiden. Das bedeutet, dass mehr Wasser verbraucht wird, als auf natürlichem Weg nachkommt. Über 70 Prozent der Landesoberfläche leiden unter Dürre. Norden und Zentrum des Landes gleichen einer Wüste. Um nicht noch stärker die knappen Grundwasserbestände in Patagonien zu belasten, soll das Projekt Haru Oni mit Wasser aus einer Meerwasserentsalzungsanlage versorgt werden.
Eine neue Verfassung, an der in Chile gerade mit Hochdruck gearbeitet wird, könnte dies allerdings ändern. Sie soll die Energieversorgung, die derzeit vollständig privatisiert ist, neu definieren. Auch die in Chile produzierten erneuerbaren Energien könnten dann der Bevölkerung zugute kommen. Derzeit profitieren überwiegend »Mining Companies« davon; das ist auch in Norwegen oder in den Emiraten nicht anders – Länder, die ebenfalls grünen Wasserstoff herstellen und exportieren.
Zur Klimakrise kommt in Europa inzwischen auch die Versorgungskrise, nicht zuletzt durch die politischen Veränderungen im Frühjahr 2022. Angesichts zögerlicher Elektrofahrzeug-Akzeptanz und bei horrend steigenden Benzin- und Gaspreisen wirkt der grüne Wasserstoff wie eine paradiesische Alternative zu allen Alternativen. Sophia Boddenberg: »Dabei sollte nicht aus dem Blick geraten, woher er kommt und unter welchen Bedingungen er entsteht.«

Brennstoffzellen-Technologie

Der mitunter kontrovers diskutierte Ansatz für umweltfreundliches Autofahren bezieht sich auf Fahrzeuge, die mit einem Wasserstoffmotor, also mit Brennstoffzellen betrieben werden. Die vorstehend genannten Unternehmen Siemens und Porsche würden in diese Technologie nicht investieren, bestünden Zweifel an deren Nachhaltigkeit.
Die einzige Emission von Brennstoffzellen ist Wasser, wodurch diese zum potenziellen Antrieb des Autos der Zukunft werden. Das funktioniert jedoch nur, wenn dafür grüner Wasserstoff genutzt wird – also Wasserstoff, der durch erneuerbare Energien wie Wind oder Sonne produziert wird. Denn »nur dann ist er CO_2-frei und tatsächlich neutral für das Klima«, wie es in einer Technischen Information der Energie AG Baden-Württemberg in Karlsruhe (EnBW) erklärt wird.

Aufbau und Funktion einer Brennstoffzelle

Brennstoffzellen gehören zu den galvanischen Zellen. Die kleinste Untereinheit einer Brennstoffzellen-Einheit, die einzelne Zelle, besteht aus einer Elektrolyt-Membran, einer negativen und einer positiven Elektrode sowie zwei Separatoren. Eine einzige Brennstoffzelle erzeugt nur geringe elektrische Energie von einem Volt. Das reicht nicht aus,

»Wasserstoff ist in Verbindung mit Sauerstoff brennbar und ab einem bestimmten Verhältnis ist ein Gemisch explosiv. Aber Wasserstoff ist extrem flüchtig, weil er so leicht ist. In der Praxis ist er weniger gefährlich als andere Auto-Treibstoffe.«

auto, motor und sport, Juni 2020

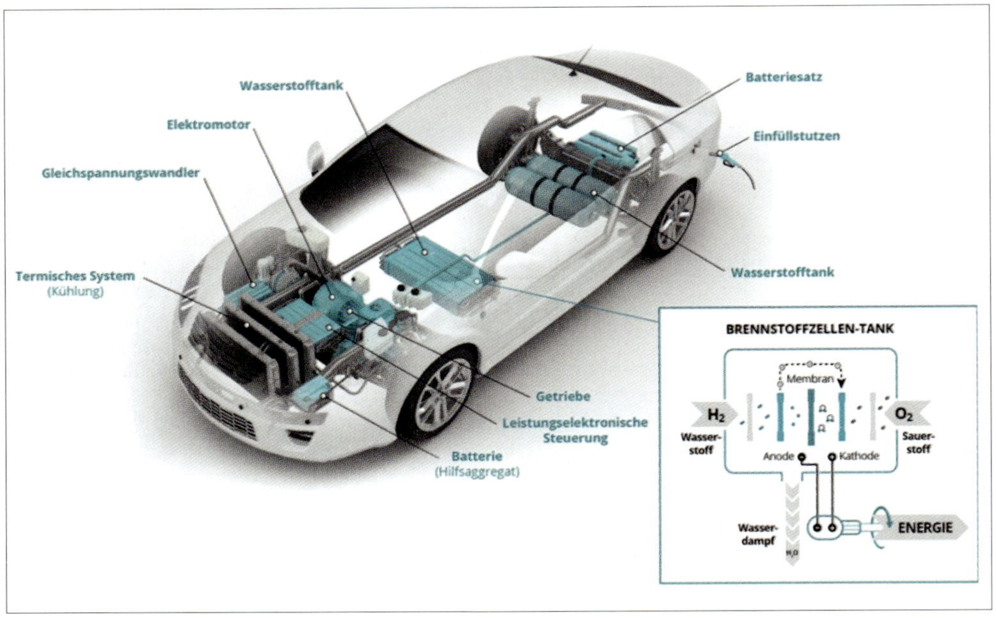

Für den Antrieb in wasserstoffbetriebenen Fahrzeugen sorgt eine aus mehreren Einheiten bestehende Brennstoffzelle. Ihr Treibstoff ist gasförmiger Wasserstoff. In einem chemischen Prozess reagiert dieser mit Sauerstoff. Dabei wird die im Wasserstoff gespeicherte Energie als Strom freigegeben, der dann einen Elektromotor antreibt. Ein Brennstoffzellenfahrzeug ist ein Elektrofahrzeug, dessen Wirkungsgrad über 60 Prozent beträgt.

»Die Gewinnung von Wasserstoff mithilfe regenerativ erzeugter elektrischer Energie sowie seine Speicherung sind bewährt und technologisch einfach.«

auto, motor und sport, Juni 2020

um ein Auto mit Brennstoffzellen-Antrieb zu bewegen. Deshalb sind für einen Fahrzeugantrieb mehrere hundert Brennstoffzellen notwendig. Sie bilden zusammen eine Brennstoffzellen-Einheit, den Fuel Cell Stack. Die Fuel Cell, auf Deutsch Brennstoffzelle, wird nicht nur in der Autoindustrie verwendet. Fuel Cells werden ebenso zum Lieferanten von Energie für Gebäude, um sie mit Wärme und Strom zu versorgen.

Eine Brennstoffzelle erzeugt elektrische Energie durch ein chemisches Verfahren. Die Basiselemente dieses Prozesses sind Wasserstoff und Sauerstoff. Der Wasserstoff gelangt zur negativen Elektrode, wo er auf einem Katalysator aktiviert wird. Elektronen setzen sich frei und wandern zur positiven Elektrode. Dabei entsteht elektrischer Strom. Die Wasserstoff-Atome verwandeln sich durch die Abgabe der Elektronen in Wasserstoff-Ionen. Die Ionen fließen durch die Polymer-Elektrolyt-Membran zur negativen Elektrode. Dort entsteht aus Sauerstoff, Wasserstoff-Ionen und Elektronen durch eine chemische Reaktion schließlich Wasser.

Der Antrieb eines Brennstoffzellen-Autos besitzt neben der Brennstoffzellen-Einheit einen leistungsstarken Akku und macht den Wagen damit zum Hybridfahrzeug mit einem Antrieb, der eine Brennstoffzellen-Einheit und einen Akku miteinander kombiniert; dieser unterstützt beim Anfahren und Beschleunigen den Brennstoffzellen-Antrieb.

Wasserstoff ist kein natürliches Element. Seine Herstellung ist nur mit Energie möglich. Um die Umwelt zu schützen, sollten dafür regenerative Energiequellen genutzt werden. Als optimaler Energieträger ist Wasserstoff für den Antrieb von Fahrzeugen besonders gut geeignet. Zudem lässt sich Wasserstoff leicht speichern und transportieren. Damit ist er einer der wichtigsten Energieträger der Zukunft.

In einem Auto mit Brennstoffzelle befinden sich drei spezielle Tanks außen im Unterboden des Fahrzeuges. Sie speichern den Wasserstoff. Über eine Leitung gelangt er in die Brennstoffzelle und reagiert dort mit Sauerstoff. Der Sauerstoff gelangt durch große Lufteinlässe in den Verdichter. Durch eine chemische Reaktion, eine »kalte Verbrennung“, entsteht an der Membran die nötige Elektrizität für den elektrischen Antrieb des Autos. Ein Hochvolt-Akku speichert zusätzlich Bremsenergie und setzt diese bei spontaner Beschleunigung (etwa Überholmanövern) ein.

Sicher im Brennstoffzellenauto unterwegs

Wasserstoff ist ein gasförmiges Element mit speziellen Eigenschaften. Sowohl beim Tanken als auch beim Fahren besteht keine Gefahr. Das gilt auch bei Unfällen. Obwohl ein Leck im Tank sehr unwahrscheinlich ist, erkennen Sensoren den möglichen Austritt von Wasserstoff. Das Fahrzeug schaltet dann automatisch ab und sämtliche Sicherheitsventile schließen sich.

Als dritte Sicherheitsebene ist der Innenraum komplett vom Wasserstoff-System getrennt. Das verhindert den Eintritt des gasförmigen Elements in den Fahrgastraum. Freigesetzter Wasserstoff steigt aufgrund seiner geringen Dichte schneller als jedes andere Gas in die Atmosphäre auf. Ein Ventil für Überdruck bläst bei hohen Temperaturen, die durch einen Brand nach Unfall entstehen können, den Wasserstoff ins Freie.

Beim Toyota Mirai zum Beispiel befinden sich die Tanks in einer T-Anordnung im Unterboden. Zwei der drei Tanks sind im Bereich der Hinterachse platziert und ein Tank im Unterbodentunnel, somit gut geschützt. Er besteht aus einer robusten Außenschale, die aus einem Kohlefaserverbundwerkstoff besteht. Darüber befindet sich ein aus Fasern verstärkter Kunststoff. So sind Beschädigungen sofort erkennbar. Der Tank ist einerseits gegen Druck von innen und außen sowie gegen Feuer widerstandsfähig.

Sicherheit beim Tanken

Beim Tanken von Benzin oder Diesel tropft unter Umständen etwas Kraftstoff daneben. Wie ist das beim Tanken von Wasserstoff? Während des Tankvorgangs sorgen Schutzmaßnahmen für die nötige Sicherheit. Das Zapfventil am Zapfsäulenschlauch verfügt über eine mechanische Sicherung. Sie garantiert eine optimale Kopplung mit dem Einfüllstutzen des Fahrzeugs. Der Tankvorgang beginnt erst,

Ein »SolEi« aus Kassel als Teilnehmer an der Solarfahrzeug-Rallye, die 1985 zum ersten Mal in der Schweiz ausgetragen wurde.

wenn die Sicherung ordnungsgemäß ganz einrastet. Durch Druckimpulse lassen sich mögliche Lecks im System zwischen Zapfsäule und Brennstoffzellenauto identifizieren. Bei einer Störung stoppt der Tankvorgang sofort.
Infrarot-Sensoren in den Wasserstofftanks sowie an Zapfventil und Pumpe kontrollieren beim Tanken kontinuierlich die Temperatur. Dadurch ist die genaue Steuerung der Füllmenge bei der Zufuhr von Wasserstoff möglich. Steckt der Schlauch zum Betanken noch im Fahrzeug, bewegt sich das Brennstoffzellenauto keinen Meter vorwärts. Eine Weiterfahrt ist erst dann möglich, wenn der Fahrer das Zapfventil abnimmt und den Tankdeckel schließt.

Solarmobile: Ein Platz möglichst an der Sonne

Seit den 1980er Jahren widmen sich Wissenschaftler in aller Welt jener Technologie, gespeicherte Sonnenenergie für den Antrieb von Straßenfahrzeugen zu nutzen. Als reine Solarfahrzeuge bezeichnete Mobile – es waren zunächst vor allem ultraleichte Einsitzer – beziehen ihre Antriebsenergie direkt aus der Sonnenlichteinstrahlung, und zwar mittels Photovoltaik. Was bedeutet, dass sie mit Solarzellen bestückt sind, die Sonnenergie in elektrischen Strom umwandeln. Doch sie führen einen Akku mit sich, um auch bei schlechten Lichtverhältnissen fahrtüchtig zu bleiben.

Von VW 2010 versuchsweise mit Speicherzellen auf dem Dach bestücktes Solarauto Space-Up.

Solarautos darf man (noch?) als Experimentalfahrzeuge bezeichnen, deren Antriebstechnik jedoch eine gewisse Faszination ausübt, auf Entwickler in großen Herstellerfirmen wie auf Bastler in privaten Garagen. So findet auch die in der Schweiz seit 1985 regelmäßig ausgetragene Tour de Sol als Wettbewerb für Fahrzeuge große Beachtung, die mit einem Solarantrieb versehen sind. Ursprünglich war die Veranstaltung eine Werbeaktion für die Firma des Schweizer Unternehmers und Solarpioniers Josef Jenni. Mit dieser Aktion wollte Jenni zeigen, dass die Solarenergie auch in Mitteleuropa nutzbar ist. Am Start der ersten Tour waren 73 Solarmobile und über 50 davon schafften die Strecke, die auf ungesperrten Straßen erfolgte; die Teilnehmenden mussten sich strikt an sämtliche Verkehrsregeln halten. Die Fahrzeuge hatten Solarzellen und Akkus mit einer genau definierten maximalen Leistung bzw. Kapazität.
Natürlich liegt der Gedanke nahe, Elektro- und Hybridautos auch mit Solarzellen auszustatten, um zusätzliche Stromspeicherkapazität zu gewinnen. Auf dem Dach wie auf Türen und Fenstern kann durch eine Dünnfilmtechnik Strom für den Akku gewonnen werden.
Bislang beschränkte sich der Einsatz von Solarzellen im Auto meist auf Solarkollektoren, die im Schiebedach integriert sind. Diese Photovoltaik-Elemente sollen bei ausreichender Sonneneinstrahlung Strom erzeugen, der zum Beispiel dazu dienten kann, die Fahrzeuglüftung auch bei stehendem Auto anzutreiben. Noch scheiterte ein breitflächigerer Einsatz von Solarzellen an der ungünstigen Kosten-Nutzen-Relation. Experimente mit Solar-Energiedächern führte etwa der Zulieferer Webasto Solar in Landsberg durch, bei dessen Lösungen für Hybrid- oder Elektroautos im ganzen Dach Solarzellen integriert wurden, die permanent Strom liefern und die Akkus somit auch bei stehendem Fahrzeug kontinuierlich laden.
Elektrofahrzeuge, die ihre elektrische Energie ausschließlich von einer stationären Photovoltaik-Ladestation beziehen und dort ihre Energiespeicher aufladen, werden nicht zu den Solarfahrzeugen gezählt, auch wenn die Energie, die sie laden, rein solar gewonnen wurde. Diese Fahrzeuge gelten als Elektromobile im Netzverbund.

Miniatur-Prototyp von General Motors

Eine Fläche von knapp 25 Quadratmeter hatte man ihm für die Demonstration seines Spielzeugs zugewiesen. Am Rande der Riesenshow Powerama, auf der die General Motors Corp. Ende August 1955 in Chicago ihre PS-gewaltigen Straßenkreuzer des jüngsten Modelljahrgangs demonstrierte, durfte der GM-Versuchsingenieur William G. Cobb das erste Solarautomobil der Welt seine Kreise ziehen lassen. Weil es nicht größer als 42 Zentimeter war, entdeckten es nur wenige Ausstellungsbesucher, und diese maßen dem kleinen Ding nur wenig Bedeutung bei – nicht ahnend, dass sich zu ihren Füßen eine technologische Revolution abspielte: Cobbs »Spielzeug« besaß einen Motor, der – vereinfacht ausgedrückt – sich allein durch Licht nährte.
Angesichts der seinerzeitigen Benzinschwemme mochte Cobb vielleicht selbst Zweifel an der heute so viel beschworenen Nachhaltigkeit seiner Kreation gehabt haben. Und auch andernorts tat sich bis 1977 (soweit wahrnehmbar) auf diesem Gebiet nicht viel, bis die Branche auf ein Projekt der Alabama University aufmerksam wurde. Dort hatte der junge Professor Edward Passareni ein »Bluebird«

Rechts: Versuch eines Solarmobils aus dem Jahr 1971.

Oben: Aerodynamisch wie photovoltaisch am Optimum: Teilnehmer an der Tokai University Challenge, Japan 2018.

Links: Ultraleichtbau resultiert in fahrradähnlichen Gebilden mit Spaßfaktor.

Rechts: Diesen am Kriterium der Zweckmäßigkeit und weniger an der Ästhetik ausgerichteten Zweisitzer schuf das Hochschulteam Arkayanam aus Solapur, Maharashtra, Indien.

Solarmobil gebaut, das nicht nur im Campus reüssierte, sondern auch auf den Straßen von Knoxville, Tennessee; dort fand 1982 die Weltausstellung, die offiziell als International Energy Exposition bezeichnet wurde, statt. Die Fachausstellung »Energie dreht die Welt« wurde vom Bureau International des Expositions anerkannt.
In den 1970er und 1980er Jahren entstanden an zahlreichen Plätzen einzelne und teils ziemlich bizarr gestylte Leichtfahrzeuge mit photovoltaischen Installationen. Nicht die klassischen Automobilhersteller waren es, sondern Technische Hochschule und private Institutionen, die Solar-Prototypen auf die Räder stellten, wie etwa Masaharu Fujita von der Denki Universität in Japan oder Ari Braunstein von der TU Tel Aviv, Israel; dessen Fahrzeug schleppte auch acht 6-Volt-Akkus mit sich, um noch dann mobil zu bleiben, wenn die Lichtverhältnisse eine Energieversorgung aussetzten.

Medienwirksame Auftritte ließen sich am besten durch Extremleistungen erzielen, wie Larry Perkins und Hans Tholstrup 1982 in Australien demonstrierten: Mit ihrem Solarmobil durchquerten sie den Kontinent von Perth nach Sydney in Rekordzeit. Und 1984 brachte es das Team Greg Johanson / Joel Davidson in Kalifornien auf eine Geschwindigkeit von 39,75 km/h – ein rein solar (ohne Akku) erzielter Spitzenwert, der schon bald wieder überboten wurde.
Handelte es sich bei solchen Demonstrationen mehr oder weniger um techniksportliche Leistungsbeweise, so tat sich die Zunft der Sonnenenergetiker schwer, die Vision einer praktischen Nutzwendung im Verkehrswesen zu vermitteln. Wieder waren es Ingenieure von General Motors, die Akzente setzten, und zwar als sie 1987 mit ihrem »Sunraycer« 2500 Kilometer auf einer normalen Fernstraße mit einem Durchschnitt von 70 km/h absolvierten. Bei GM brachte man indessen nicht den Mut auf, ein Solarfahrzeug in die Serienfertigung gehen zu lassen. Genau das beschlossen die Amerikaner Chris Anthony und Steve Fambro, als sie 2006 die Firma Aptera Motors gründeten.

3000 Solarfahrzeuge verkauft

Um ihr ehrgeiziges Vorhaben trotz magelndem Eigenkapital realisieren zu können, hatten sie via Google 24 Millionen US-Dollar von weiteren Investoren eingesammelt. Geplant war die Herstellung eines Hybrids und eines reinen Elektrofahrzeugs mit Solarzellen. Das Unternehmen ging allerdings im Dezember 2011 Pleite, bevor die kommerzielle Produktion und die Auslieferung von Serienfahrzeugen beginnen konnte.

Solarmobil-Wettbewerbe sind in erster Linie Konkurrenzen der größtmöglichen Photovoltaikfläche.

Oben: Amerikanische Designstudie einer viertürigen Solar-Limousine.

Im Mai 2019 wurde Aptera Motors von den ursprünglichen Gründern Chris Anthony und Steve Fambro als Aptera Motors Corp. neu gegründet. Abermals startete das Unternehmen eine Crowdfunding-Kampagne im Internet, um die Entwicklung des nach eigenen Angaben »effizientesten Straßenfahrzeugs der Welt« fortzusetzen. Der ursprüngliche Prototyp wurde in ein rein akkubetriebenes Elektrofahrzeug (Aptera EV) geändert, das im Testzyklus weniger als 100 Wh pro Meile verbrauchte und eine geschätzte Reichweite von 1000 Meilen hatte, sowie mit Solarzellen ausgestattet, die eine zusätzliche Reichweite bis zu 40 Meilen pro (Sonnen-)Tag ermöglichten. Damit war der dreirädrige Flügeltüren-Aptera tatsächlich das effizienteste und reichweitenstärkste Motorfahrzeug, das jemals für eine Serienfertigung entwickelt wurde. Allein im Dezember 2020 verzeichnete man 2000 Vorbestellungen des Aptera EV, verbunden mit hohen Anzahlungen – die Produktion konnte beginnen. Auch die Produktion des holländischen Solarfahrzeug Lightyear sowie des deutschen Modells Sono stand 2022 in den Startlöchern.

Aptera Sunmobile Prototyp aus San Diego, Kalifornien, entstanden 2021. Auf der Heckfläche kleben 24 photovoltaische Selen-Zellquadrate zur Umsetzung von Sonnenlicht in elektrische Energie.

Sportlich elegantes Cockpit des Aptera Sunmobile Prototyps. In nur 3,5 Sekunden erfolgt eine Beschleunigung auf 90 km/h.

Die Gratis-Tankstelle auf dem Anhänger

Was mit Solarenergie machbar ist, demonstrierte 2007–2008 der Prototyp »Solar-Taxi« mit einer Reise um die Welt. Der Wagen selbst hatte indes keine Solarzellen auf dem Dach: Die sechs Quadratmeter Silizium-Solarzellen wurden auf einem Anhänger hinter dem Solarfahrzeug transportiert. Das Fahrzeug wog 500 kg, der zugehörige Anhänger 250 kg. Bei diesem Gewicht verbrauchte der Wagen 8 kWh auf 100 Kilometer. Da die Tagesstrecke auf der Weltumrundung höher war als die dafür benötigte Energie, die die Solarzellen liefern konnten, musste an der Steckdose immer wieder nachgeladen werden.

Das Projekt Solar-Taxi war die Idee des Schweizer Umweltaktivisten Louis Palmer. Zwei Jahre hatte er benötigt, um sein Sonnenauto zu konstruieren und immer wieder zu optimieren. Palmer war in allen Phasen des Projekts intensiv involviert, von der Planung der Konstruktion über das Fahren des Fahrzeugs bis zum Organisieren der Route und von Verträgen während der Weltumrundung. Gleichwohl war der Erfolg des Projekts abhängig von der funktionierenden Zusammenarbeit eines Teams. Enge Kooperation erfolgte mit einem Spezialisten für erneuerbare Energien und einer von Erik Schmidt geleiteten Filmequipe, welche die Fahrt in

»Jeder der 350.000 Testkilometer dokumentiert die Stabilität des Niedervolt-Elektroantriebs im Quantino, der sich in puncto Leistung, Sicherheit und Umweltverträglichkeit von herkömmlichen Elektrofahrzeugen abhebt.«

nanoflowcell.com, April 2019

FE Quantinum (unten) und schematische Darstellung seines Antriebsprinzips (rechts).

einem Fernsehfilm dokumentierte. Auf seiner Weltumrundung legte das Solar-Taxi insgesamt 54.000 gefahrene Kilometer zurück.

Quantensprung mit dem Quantino

Im März 2015 wurde von der Schweizer nanoFlowcell Holdings, gegründet von Nunzio La Vecchia, das Konzeptfahrzeug Quantino der Öffentlichkeit vorgestellt – als weltweit erstes straßenzugelassenes 48-Volt-Niedervolt-Elektrofahrzeug mit Flusszellen-Technologie.

Dieses interessante Speichersystem ist als langlebig, verschleißfrei und wartungsarm bekannt. Bis auf zwei Elektrolytpumpen verfügt es über keine beweglichen und somit verschleißanfälligen Teile. Das Konzept: Statt aus einem Akku mit vielen Zellen kommt die Kraft für La Vecchias E-Mobil aus zwei Elektrolyt-Flüssigkeiten, eine positiv, die andere negativ geladen, die über eine Membran Elektrizität erzeugt, die dann in sogenannte Super-Caps (Hochleistungs-Kondensatoren) wandert und von dort aus den Elektromotor befeuert.

Im Prinzip ist die Technik des Flusszellen-Akkus schon seit dem vergangenen Jahrhundert bekannt; NASA-Wissenschaftler experimentierten damit. Der Clou ist die chemische Zusammensetzung der bi-ION genannten Flüssigkeit. Und die Überbleibsel des Bio-Sprits stellten kein Problem dar: »Das Wasser wird in einem feinen Nebel versprüht und die Salz-Reste des Elektrolyts in einem Sieb gefangen, das man selbst wechseln kann«. Auch der Verschleiß soll gering sein: Die Flusszellen-Batterie soll 10.000 Ladezyklen vertragen, ehe die Membran gewechselt werden muss. Aufgrund von Testergebnissen und Computersimulationen waren die Quantino-Konstrukteure zuversichtlich, was die Haltbarkeit der Flusszelle anbelangt, und versprachen eine Lebensdauer der nanoFlowcell von 50.000 Betriebsstunden. Mit dem Quantino 48VOLT präsentierte die nanoFlowcell Holdings ein Fahrzeugkonzept, das Skeptiker wie Befürworter der Elektromobilität zum Umdenken herausfordern sollte. Der Quantino verfügte nicht nur über einen schnellen Antritt, sondern überzeugte auch mit Langstreckenläufer-Qualitäten. 2017 legte ein Testfahrzeug eine Strecke von 1000 Kilometern in 8:21 Stunden zurück: non-stopp – das war ein Weltrekord für ein Elektroauto.

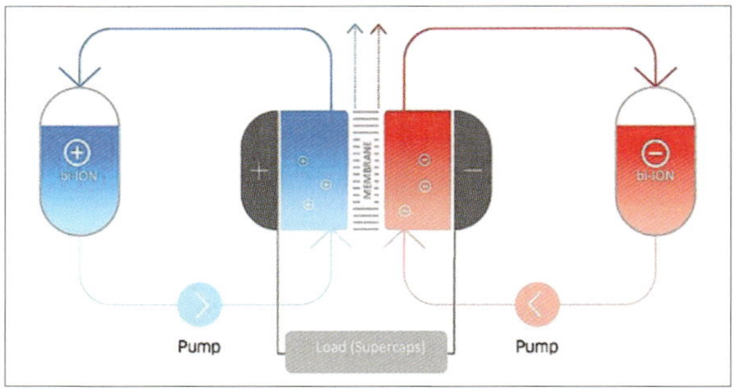

Gegründet wurde die nanoFlowcell AG von Nunzio La Vecchia 2013; mit seinem Engagement für die Flusszellentechnologie wollte der Unternehmer zeigen, dass Elektrofahrzeuge alles andere als bescheiden auftreten müssen. Mit einer Beschleunigung in 2,8 Sekunden auf 100 km/h und einer Spitzengeschwindigkeit von 280 km/h soll der Antrieb der Version Quant FE renntauglich sein. Der Quantino hingegen mit Platz für vier Personen, 200 km/h Spitze und einer Reichweite über 1000 Kilometer mit einer Flusszellenladung beweise die Alltagstauglichkeit des Systems, so hieß es. Indes, einer praxisorientierten und damit breitflächigen Umsetzung des Flusszellen-Batteriekonzepts standen 2018 noch zahlreiche Hürden entgegen.

Auffallend unauffällig

Progressive Antriebe, progressives Design: Oben links BMW i3, daneben ein Opel Ampera mit E-Kennzeichen.

Links: Elektro-Taxis an einem Warteplatz in Barcelona.

Unten links: Peugeot 3008 Hybrid von 2014.

Unten: Kurz angebunden – Ladestation für E-Taxis in Budapest. Der überdimensionale Stecker auf dem Wagendach deutet auf die Besonderheit der Fahrzeuge hin.

Atomantrieb – Spielen mit den Kräften der Natur

Vergessen – oder verdrängt? Die Atombombe, die auf Hiroshima im August 1945 fiel, war zwar nur eine von mehreren Anwendungen, aber die furchtbarste, mit der die freigesetzte Energie der Kernspaltung demonstriert wurde. Neben einer nie zuvor dagewesenen Dominanz auf dem militärischen Sektor sollte nach der Vorstellung visionärer Ingenieure diese Energiequelle auch Kraftfahrzeugen ermöglichen, Tausende von Meilen zurückzulegen. Genährt wurden solche Visionen durch Zeitungsartikel wie jenem in einer britischen Zeitung, wonach in London ein Atomauto unterwegs sei. Auch das war 1945. Das waren vielleicht gar nicht einmal »fake news«: Ein Dr. John Wilson aus Harrow wollte im Dezember 1945 ein Atomautomobil auf Basis eines Singer Nine ausgesuchten Journalisten und dem Energieminister (Minister for Fuel and Power) Emanuel Shinwell vorstellen. Am vereinbarten Tag erschien er vor den versammelten Personen mit der Nachricht, dass sein Fahrzeug über Nacht einer Sabotage zum Opfer gefallen sei; die wichtigsten Komponenten seiner Erfindung seien verschwunden. Wilson berichtete, er habe mit seinem Singer eine Strecke von 1000 Meilen zurückgelegt, und das mit dem Dreifachen der üblichen Reisegeschwindigkeit. Beweisen konnte er diese Behauptungen nicht. Sein Motor wurde angeblich von einem Kraftstoff aus einer Mischung aus schwerem Wasser, Uran und einer weiteren, geheim gehaltenen chemischen Substanz gespeist. Bereits im Januar 1941 hatte die amerikanische Fachzeitschrift *Popular Mechanics* einen Bericht über die Atomkraft veröffentlicht und darin von einer »neuen Ära der Wissenschaft« gesprochen. Der Autor Dr. R. M. Langer meinte, dass es dank dieser Energie bald Straßenfahrzeuge geben werde, die mehr als fünf Millionen Meilen ohne Aufladung zurücklegen könnten. Ähnliche Berichte erschienen auch in anderen Zeitschriften – und wurden nur zu gerne gelesen.

Doch je mehr man sich mit diesem Thema beschäftigte, desto größer wurde auch das Unbehagen: Diejenigen, die über die Risiken der Kernspaltung Bescheid wussten, kämpften vergeblich gegen die Euphoriker an. Zu denen zählte auch Benson Ford (aus der Familie von Henry Ford), der die Mitglieder der renommierten Society of Automotive Engineers aufforderte, Nuklearfahrzeuge zu entwerfen, denn mit ihnen stünde die Zukunft vor der Tür.

Im April 1951 publizierte die amerikanische Zeitschrift *Motor* Trend einen vierseitigen Beitrag mit dem Titel »Nuclear Power in Your Car«. Der Verfasser Harry Cushing behauptete: »Schon heute wird die Atomenergie von der Automobilindustrie verwendet, um bessere Autos zu bauen, morgen schon könnte sie das wichtigste Produktions- und Forschungsobjekt für die Hersteller werden …« Wie ein Atomauto aussehen könnte, zeigte das Titelblatt der Zeitschrift *Motor Trend*. Von der technischen Seite her müsse der Nuklearantrieb über einen Elektromotor erfolgen, da nur so die Energie sofort ohne Verluste in Kraft umgesetzt werden könne. Der Autor war der Meinung, dass man schon in Kürze ein Material finden werde, das die Passagiere vor den gefährlichen Strahlen der Kernkraft schützt; auch ein Energiefeld um den Atommotor käme dafür infrage.

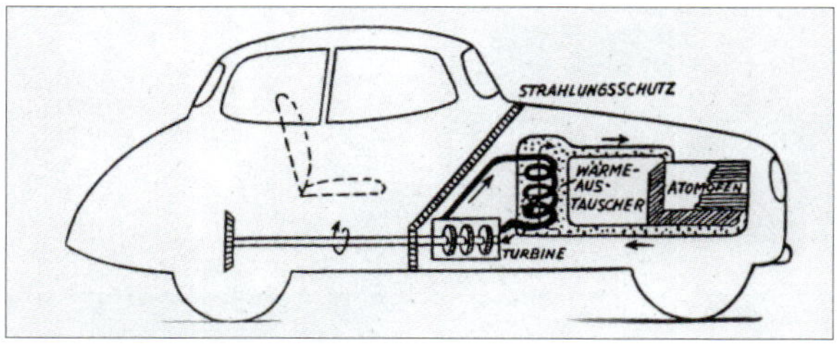

Im April 1951 publizierte die Zeitschrift *Motor Trend* einen vierseitigen Beitrag mit dem Titel »Atomkraft – In deinem Automobil«.

Oben rechts: Der Nucleon von Ford sollte im Heck einen Fusionsreaktor bekommen.

Unten: Russische Zeichnung eines Atomfahrzeugs; sie vermochte die westliche Welt aufzuschrecken, wo man 1955 glaubte, dass die Sowjets auf diesem Sektor weiter seien als der Westen.

Privat finanzierte Initiative

In jenen Tagen wurde das ambitiöse Michigan Memorial Phoenix Project gestartet, ein Programm, das Anfang der 1950er Jahre anlief, um die Kernkraft für friedlichen Nutzen anzuwenden. Private Spenden summierten sich auf 6,5 Millionen Dollar, womit es zum größten nichtstaatlichen Nuklearprojekt wurde. Die Atomenergie sollte nicht nur das Transportwesen perfektionieren, sondern auch für Materialprüfungen und Herstellung verwendet werden. Ford finanzierte 1953 mit einer Million Dollar den Bau eines Atomreaktors für Forschungen, der drei Jahre später in Ann Arbor fertiggestellt wurde. Er sollte Arbeiten auf dem Gebiet der Medizin, der Botanik, des Ingenieurswesens und in vielen anderen Sektoren unterstützen.

1955 sorgte eine Zeichnung aus der UdSSR für Unruhe. Es hieß, russischen Wissenschaftlern sei es gelungen, das erste Atomautomobil zu konstruieren. Wie man sich den Ablauf des Energieflusses vorstellte, zeigte eine primitive Zeichnung, die in Ostdeutschland veröffentlicht wurde: Ein Atomofen sollte über einem Wärmetauscher Wasserdampf erzeugen, der eine Turbine antrieb.
In Amerika gab es immer wieder Diskussionsbeiträge zum Atommotor für Straßenfahrzeuge. George Walker, 1955 bis 1961 verantwortlich für das Design bei Ford, zeigte 1958 seinen Chefs das Modell seines Nucleon mit Atommotor. Der lange Pick-Up im Maßstab 3:8 besaß einen Fusionsreaktor zwischen den Hinterrädern, der Wasserdampf für zwei Turbinen erzeugen und auswechselbar sein sollte. Man sprach nicht mehr von einer Reichweite von Millionen von Meilen, sondern von einem Auswechseln des Kernbrennstoffs in Wechselstationen, die das ganze Land überziehen sollten, nach etwa 5000 Meilen. Die Kabine lag vor den Vorderrädern als Gewichtsausgleich zum Reaktor.

Verstrahlte Visionen

1958 stand auf dem Genfer Autosalon ein Vorschlag von Studebaker-Packard, das Modell Astral als Blick in eine weit entfernte Zukunft. Es war ein einrädriges Modell, stabilisiert von einem Kreiselelement, mit dem Aussehen einer fliegenden Untertasse. Das Atommobil der Zukunft sollte von einem kleinen Reaktor in Bewegung gesetzt werden. Der Astral war immerhin in Originalgröße zu bewundern, komplett aus Glasfiber hergestellt.
Es ist erstaunlich, dass noch 1958 auch auf dem Pariser Autosalon mit der Atomkraft geworben wurde. In Frankreich war 1951 ein revolutionäres Automobil unter dem Namen Symetric präsentiert worden, das einen Vierzylindermotor

Im Katalog machte der Arbel den Eindruck eines gewöhnlichen US-Straßenkreuzers.

mit einem Generator und vier Elektromotoren (in jedem Rad einen) verband. Die Kunststoffkarosse bestand aus einem Zentralrohrrahmen mit drei daran befestigten Stahlringen, dadurch entstand ein hoher, halbrunder Aufbau mit Platz für sechs Personen. Das Fahrzeug verschwand schnell wieder in der Versenkung … und erschien erneut 1958 als Arbel Symetric Paris. Neben dem Komfort – auf Knopfdruck glitten die Türen elektrisch nach oben unter das Dach und boten Zugang zum Innerraum – und der Sicherheit – gebremst

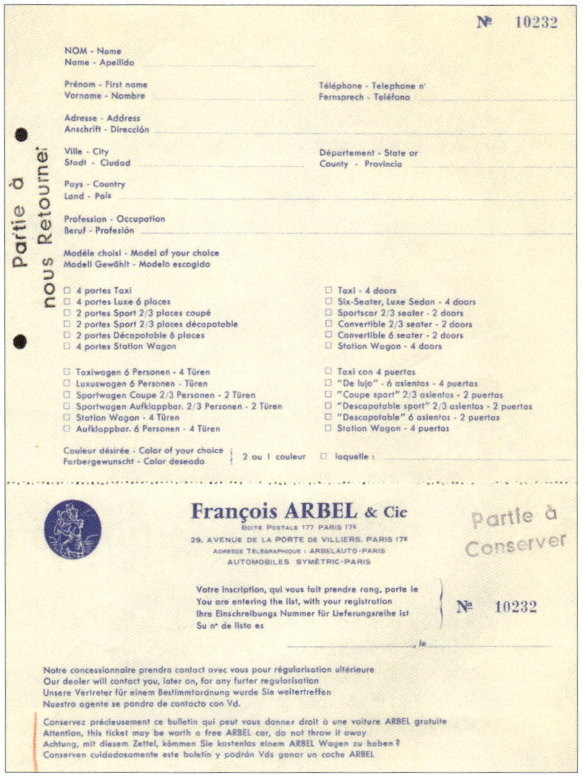

№ 10232

Partie à nous Retourner

NOM - Name
Name - Apellido

Prénom - First name
Vorname - Nombre

Téléphone - Telephone n°
Fernsprech - Teléfono

Adresse - Address
Anschrift - Dirección

Ville - City
Stadt - Ciudad

Département - State or
County - Provincia

Pays - Country
Land - Pais

Profession - Occupation
Beruf - Profesión

Modèle choisi - Model of your choice
Modell Gewählt - Modelo escogido

- ☐ 4 portes Taxi
- ☐ 4 portes Luxe 6 places
- ☐ 2 portes Sport 2/3 places coupé
- ☐ 2 portes Sport 2/3 places décapotable
- ☐ 2 portes Décapotable 6 places
- ☐ 4 portes Station Wagon

- ☐ Taxi - 4 doors
- ☐ Six-Seater, Luxe Sedan - 4 doors
- ☐ Sportscar 2/3 seater - 2 doors
- ☐ Convertible 2/3 seater - 2 doors
- ☐ Convertible 6 seater - 2 doors
- ☐ Station Wagon - 4 doors

- ☐ Taxiwagen 6 Personen - 4 Türen
- ☐ Luxuswagen 6 Personen - Türen
- ☐ Sportwagen Coupe 2/3 Personen - 2 Türen
- ☐ Sportwagen Aufklappbar. 2/3 Personen - 2 Türen
- ☐ Station Wagon - 4 Türen
- ☐ Aufklappbar. 6 Personen - 4 Türen

- ☐ Taxi con 4 puertas
- ☐ "De lujo" - 6 asientos - 4 puertas
- ☐ "Coupe sport" 2/3 asientos - 2 puertas
- ☐ "Descapotable sport" 2/3 asientos - 2 puertas
- ☐ "Descapotable" 6 asientos - 2 puertas
- ☐ Station Wagon - 4 puertas

Couleur désirée - Color of your choice
Farbergewunscht - Color deseado
2 ou 1 couleur ☐ laquelle :

François ARBEL & Cie
Boite Postale 177 Paris 17e
29, Avenue de la Porte de Villiers, Paris 17e
Adresse Télégraphique : ARBELAUTO-PARIS
AUTOMOBILES SYMÉTRIC-PARIS

Partie à Conserver

Votre inscription, qui vous fait prendre rang, porte le
You are entering the list, with your registration
Ihre Einschreibungs Nummer für Lieferungsreihe ist
Su n° de lista es
№ 10232

, le

Notre concessionnaire prendra contact avec vous pour régularisation ultérieure
Our dealer will contact you, later on, for any furter regularisation
Unsere Vertreter für einem Bestimmtordnung wurde Sie weitertreffen
Nuestro agente se pondra de contacto con Vd.

Conservez précieusement ce bulletin qui peut vous donner droit à une voiture ARBEL gratuite
Attention, this ticket may be worth a free ARBEL car, do not throw it away
Achtung, mit diesem Zettel, kömmen Sie kostenlos einem ARBEL Wagen zu haben ?
Conserven cuidadosamente este boletin y podrán Vds ganar un coche ARBEL

Um Realitätsnähe zu suggerieren, ließ man Ausstellungsbesucher Anträge für eine Testfahrt mit einem Atom-Arbel ausfüllen. Es stellt sich die Frage, ob François Arbeil selbst an die Durchführbarkeit seines Projekts geglaubt hat – oder nur scharf auf PR war.

wurde mit einem ABS-System namens Electric-Drive – stand der Antrieb im Mittelpunkt. Drei Modelle, drei Energiequellen, drei Typen und drei Generatoren: So stand es im Pressetext. Der Antrieb erfolgte über den so genannten Génesta, ein schwarzer Zylinder, dessen offene Seite von einem Ventilator ausgefüllt wurde. Die Konstruktion basierte auf einer Art thermoelektrischen Batterie, die zur Stromversorgung funktionieren sollte: Erwärmung auf der einen Seite, Abkühlung per Ventilator auf der anderen. Um die nötige Temperatur zu erreichen, waren wahlweise Benzinmotoren von 50 bis 75 PS vorgesehen, die über den rotierenden Generator automatisch und kontinuierlich die Kraft auf die vier Räder verteilen sollten – ohne mechanische Kupplung, ohne Gelenkwelle noch Kardan. Beim Génestafuel übernahm die Arbeit ein Gasgenerator – sehr leise, da die einzigen beweglichen Elemente die Leistungspumpen und der Ventilator zur Kühlung darstellten.

Arbel ging noch einen Schritt weiter und zeigte den Génestatom, ein Antriebsaggregat, das die Wärme über atomare Patronen erzeugen sollte. Wie auf dem Salon erklärt, würden diese Patronen mit Nuklearenergieabfällen gespeichert und über fünf Jahre lang die nötige Energie liefern. Antworten auf viele Fragen blieb man schuldig, denn die Firma Arbel Symetric Paris verschwand nach dem Salon auf Nimmerwiedersehen. Was blieb, waren einige noch unbezahlte Rechnungen. Und bunte Prospekte.

Schwebendes Vergnügen

1959 gab es erneut eine Überraschung auf dem Genfer Autosalon – das war der Simca Fulgur, eine Mischung aus Hovercraft und Raumgleiter. Das »Auto der Zukunft« sollte über Elektromotoren angetrieben werden. Sechs Akkus im Heck sollten für die Bord-Energie sorgen, und ein nuklearer Energiespeicher gewährleiste angeblich einen Aktionsradius von 5000 Kilometern. Und auf Autobahnen sei die Energieversorgung durch elektromagnetische Induktion sichergestellt. Oberhalb von 150 km/h würden die Vorderräder eingezogen und das dahinschwebende Gefährt über einen Kreisel sowie zwei Heckflossen stabilisiert.

Von Simca, eher im unauffälligen Segment zuhause, hätte man solche Sensationen nicht erwartet … umso größer war daher der Überraschungseffekt. Dem Projekt konnte man nur eins wünschen: Bon voyage!

So stellten sich Science-Fiction-Autoren in den Fünfziger Jahren einen transkontinentalen Reisezug mit Atomantrieb vor. Eine Illustration aus dem Magazin *hobby*, 1956.

Unten rechts: Spekulation um mögliche Entwicklungen – eine weitere Illustration aus dem Magazin *hobby*, 1955.

So stellen sich Ausflüge in eine vermeintlich bessere, uns in absehbarer Zukunft erfreuende Mobilitätswelt dar, manchmal auch mit schön-schauerlichem Grusel geschildert und mit dem nicht ausgesprochenen Trost zwischen den Zeilen »… naja, noch ist es nicht so weit …«

»Baut Moskau das erste Atom-Auto?« fragte Karl-Heinrich von Eichsfelde 1955 die Leserschaft des Magazins *hobby*. »Es gäbe dabei allerdings eine große Schwierigkeit: Bei einem im Fahrzeug mitgeführten Reaktor ergibt sich, dass der Umgebung, dem Bedienungspersonal und den Fahrgästen eines Atom-Verkehrsmittels ein sicherer Schutz vor nicht verbrauchten Neutronen und radioaktiven Strahlungen der Spaltprodukte gewährt werden muss … Allein zum Schutz eines nur einen Kubikmeter großen Reaktors benötigt man einen Panzer von mehr als 100 t Gewicht …

Sollten solche Reaktoren in ein Auto eingebaut werden, müssten sie kleiner sein, würden aber immer noch mindestens 20 bis 40 t wiegen. Hinzu käme das Gewicht des Wärmetauschers und der Dampfturbine ... Um die Mitnahme kleiner Uran-235-Reaktoren in Fahrzeugen von der Größe moderner Autos möglich zu machen, muss also als erstes das Problem gelöst werden, Metalle oder Werkstoffe zu finden und zu entwickeln, die bei einem sehr geringen Eigengewicht die Funktion schwerer Bleipanzer übernehmen könnten ...« Im August 1954 habe ein Mitglied der Sowjetischen Akademie der Wissenschaften berichtet, dass man mit Versuchen zum Bau atombetriebener Kraftfahrzeuge begonnen habe.
Aber: »Sensationell aufgemachte Zeitungsberichte, denen zufolge in der Sowjetunion bereits das erste Atomauto unterwegs sei, dürften den Tatsachen nicht entsprechen«.
Im Augustheft 1958 stellte *hobby* seinen Lesern ein Concept Car aus dem Hause Ford USA vor, das angeblich »für einen Atomkraftantrieb« vorgesehen« sei. Aber es stünde noch nicht fest, wann man für das bestaunte Heckflossen-Monster »einen so kleinen Reaktor zu bauen vermag, dass man ihn ohne Schwierigkeiten in einem Personenwagen unterbringen kann«.

Der Simca Fulgur, in Genf 1959 vorgestellt. Es blieb das Geheimnis der Designer, aufgrund welcher aerodynamischen Erkenntnisse sie ihren »Zukunftsautos« damals solche Heckflügel gaben.

Atomkraft-Karawanen in der Sahara?

Ein knappes Jahr später ging das Projekt eines Atom-Lastzuges durch die Presse, dessen zwölf Anhänger Güter und Fahrgäste über lange, unwegsame Strecken, zum Beispiel quer durch die Sahara, befördern sollte. An jedem der vier Räder eines der Waggons arbeitete ein Elektro-Radnabenmotor (Ferdinand Porsche ließ grüßen). Ein einziger Mann sei im Stande, so hieß es, vom Kopfwagen aus den Tausendfüßler zu bedienen. Das Kernkraft-Antriebsaggregat, Turbine und Generator seien im letzten Wagen untergebracht. Ja, es sei eine Vision, ein Zukunftsbild, wurde eingeräumt ... doch vorstellbar sei dieser Atom-Multi-Bus durchaus. Noch hatte die Katastrophe von Tschernobyl nicht stattgefunden, das Atomkraftwerk in der Ukraine ging erst 1978 in Betrieb. Und niemand vermochte sich vorzustellen, was sich am 11. März 2011 in Fukushima abspielen würde. Die nicht-militärische Nutzung der Kernkraft schien auszuschließen, dass sie Risiken katastrophaler Ausmaße bergen könnte, die auch nur entfernt an Hiroshima und Nagasaki erinnerten ...

Der Studebaker-Packard Astral, im Januar 1958 in Amerika gezeigt, stand im März desselben Jahres auf dem Genfer Autosalon. Die fliegende Untertasse mit Atomantrieb sollte das Auto der Zukunft vorwegnehmen, hätte aber auch gut in jeden Sience-Fiction-Comic gepasst. Bemerkenswert auch hier wieder die unverzichtbaren Schwanzflossen sowie die längs und quer über dem Cockpit verlaufenden Schädelspalter.

Eine Kraftmaschine, wie sie im Schulbuch steht:

Alles dreht sich um die Drehung

Der Elektromotor, so steht im *Großen Brockhaus* von 1893, sei eine »als Kraftmaschine benutzte Umkehrung der Dynamomaschine, bei welcher nicht wie bei letzterer Arbeitsenergie in elektrische Energie umgesetzt, sondern vielmehr Stromenergie in mechanische Energie umgewandelt« werde. Diese Aussage basiert auf der Anwendung physikalischer Gesetze, und diese gelten heute wie schon seit eh und je.

zwischen den beiden Polen des Stators. Er wird von einer Welle gehalten, die drehbar gelagert ist. Um den Rotor herum ist eine Spule mit zahlreichen Windungen gewickelt, die von einem elektrischen Strom durchflossen wird. Die Stromversorgung erfolgt über die Bürsten, die am Rotor angebracht sind.
Der Stator ist meist ein Dauermagnet, der ein konstantes Magnetfeld erzeugt.

Patentzeichnung zu Nikola Teslas 1888 in den USA angemeldetem Elektromotor.

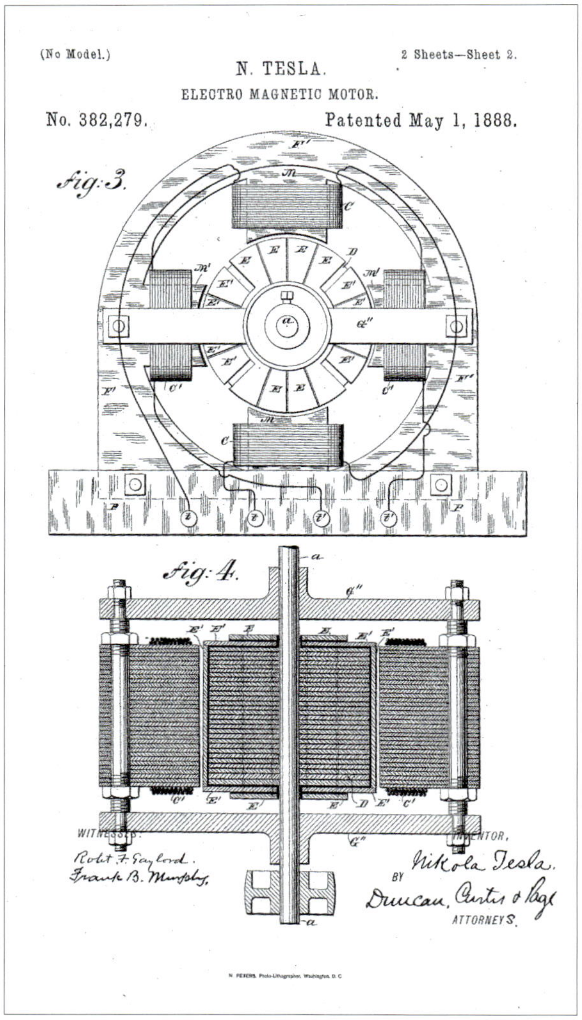

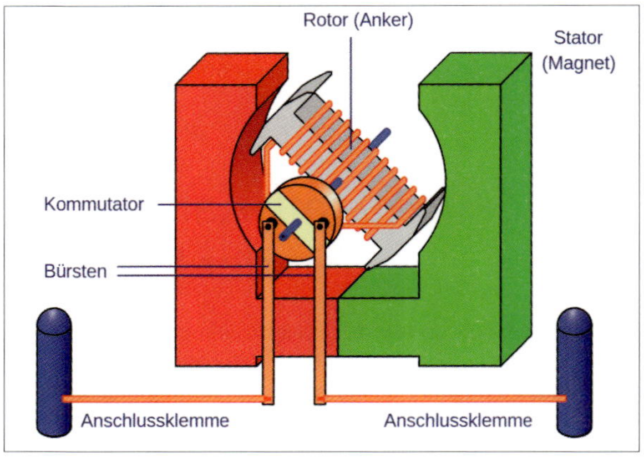

Oben: Schema eines Wechselstrom-Elektromotors.

Unten: Elektromotor-Bauteile im Detail. Einzige Verschleißartikel sind die Kohle- bzw. Graphitbürsten.

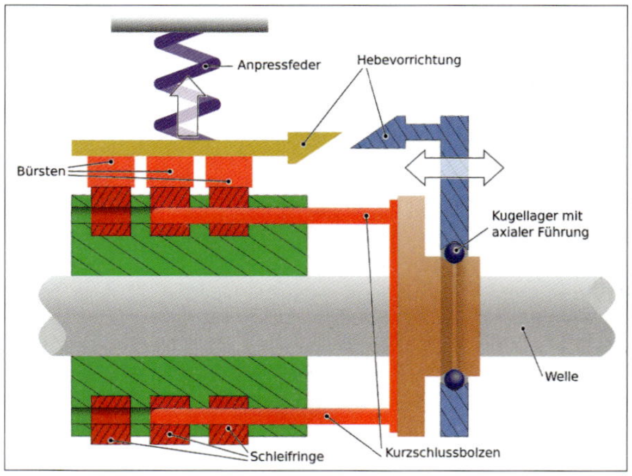

Ein Elektromotor kann auf verschiedene Art und Weise gebaut und betrieben werden. In jedem Fall besteht er aus einem Rotor, einem Stator, einem Kommutator, ferner Bürsten, einer Welle – und einer Stromquelle, notabene.
Der Rotor (lat. *rotare* = kreisen, auch Läufer oder Anker genannt) ist der bewegliche Teil des Motors und bewegt sich

Die Stromquelle versorgt den Motor mit Strom. Beim Gleichstrommotor muss der Strom mithilfe eines Kommutators umgepolt werden. Der Kommutator ist also ein Stromwender und dient der Umpolung im Elektromotor.
Die Welle ist ein stabförmiges Maschinenelement, das im Elektromotor zur drehbaren Lagerung des Rotors dient.

Links: E-Motor im Hyundai Hybridwagen, 2017.

Oben: Schnittmodell des Antriebsaggregats im Chevrolet Volt, 2011.

Die Bürsten bzw. Kohlebürsten (oder auch Schleifkohle oder Motorkohle genannt) sind Gleitkontakte und stellen den elektrischen Kontakt zum Kollektor beziehungsweise zu den Schleifringen des rotierenden Teils der Maschine (Rotor oder Läufer) her. Sie versorgen den Rotor also mit Strom. Meist werden Kohlebürsten aus Graphit verwendet.

Gleichstrommotor, Wechselstrommotor

Die Funktionsweise des Elektromotors richtet sich nach Prinzipien der Physik. Das erste Prinzip beruht darauf, dass ein Leiter, der von einem Strom durchflossen wird, ein Magnetfeld erzeugt. Im Aufbau des Elektromotors ist dieser Leiter die Spule des Rotors. Diese wird vom Strom durchflossen und erzeugt ein Magnetfeld.
Das zweite Prinzip beruht darauf, dass gleichnamige Pole (Nordpol, Südpol) sich abstoßen – nach der alten Weisheit: Gegensätze ziehen sich an. Stehen sich also zum Beispiel der Nordpol des Dauermagneten im Stator und der Nordpol des Elektromotors im Rotor gegenüber, so stoßen sich diese voneinander ab, und der drehbar gelagerte Rotor gerät in eine Drehbewegung. Da aber der Rotor bei Erreichen des Südpols des Stators stehen bleiben würde, muss das Magnetfeld des Rotors umgehend geändert werden. Hierzu wird der Kommutator (Stromwender) benötigt. Dieser ändert die Richtung des Stroms und somit auch das entstehende Magnetfeld. So kann sich der Rotor weiterdrehen und die elektrische in mechanische Energie umgewandelt werden.
Beim Betrieb eines Elektromotors mit Wechselstrom kann auf einen Kommutator verzichtet werden, wenn die Umdrehungszahl im Takt des Wechselstroms erfolgt. Bei Wechselstrom (englisch AC: alternating current) ändern sich Spannung und Strom in einem regelmäßigen, vom Stromgenerator vorgegebenen Rhythmus. Bei normalem Netzstrom ändert sich die Spannung 50 Mal pro Sekunde von +230 Volt auf -230 Volt und zurück. 230 bzw. 220 Volt beträgt die Netzspannung so gut wie überall in Europa; in Japan beträgt sie 100, in den USA und Kanada 120 Volt, in Mexiko sowie einigen anderen mittelamerikanischen Ländern 127 Volt.
Entsprechend der Spannungsänderung variiert der Strom in Stärke und Flussrichtung. Wer im Physikunterricht aufgepasst hat, weiß: Wechselstrom erzeugt elektrische und magnetische Felder, deren Feldstärken sich im Takt der Wechselspannung und der Wechselstromstärken ändern (man spricht von Wechselfeldern).

Funktionsweise des Motors im Elektroauto

Antriebsseitig werden in praktisch allen gegenwärtig angebotenen Elektroautos Drehstrommotoren verwendet. Drehstrom, korrekter bezeichnet als Dreiphasen-Wechselspan-

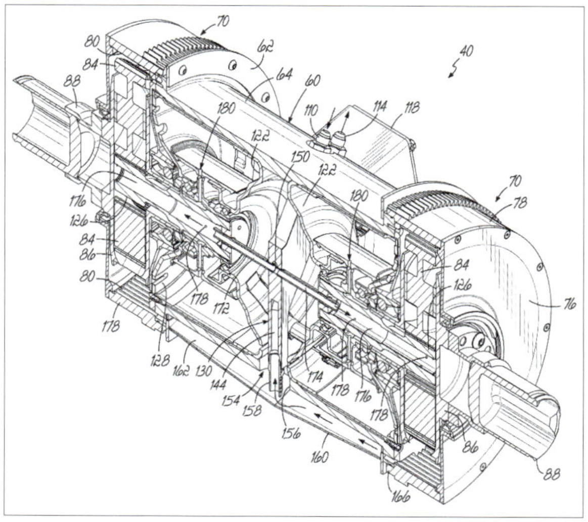

Aufbau des Tesla-Elektromotors von 2017. Mit dem Ingenieur Nikola Tesla aus dem 19. Jahrhundert haben die Elektrofahrzeuge aus Amerika bis auf den Namen nichts gemein.

nung, kennt man im Haushalt beispielsweise vom Anschluss eines Küchenherdes. Die im Fachterminus »umrichtergeführte permanentmagneterregte Dreiphasen-Synchronmaschine« genannte Bauart hat gegenüber Gleichstrommotoren unter anderem Vorteile durch geringeren Verschleiß, da keine Schleifkontakte benötigt werden. Ein Umrichter hat dabei zwei Aufgaben: Im Schubbetrieb wandelt er die Energie aus dem Traktionsakku in Wechselstrom um, und während der

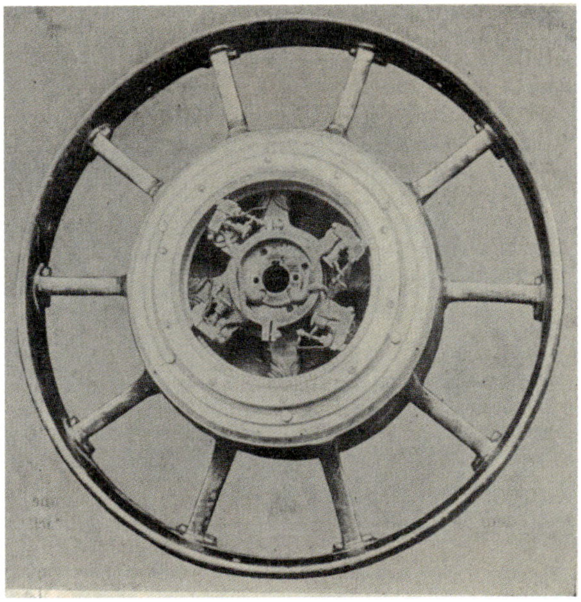

Ferdinand Porsche am Steuer eines Lohner-Porsche mit vorderen Radnabenmotoren, 1902.

Rechts: Abgenommene Felge mit Innenansicht des Radnabenmotors.

Rekuperation, wenn der Elektromotor als Generator arbeitet, dient er wiederum als Gleichrichter für den Ladestrom zum Akkumulator.
Andere Motorkonzepte (Gleichstrommotor, umrichtergeführter Asynchronmotor) spielen so gut wie keine Rolle im Elektroauto. Der Unterschied zwischen Synchron- und Asynchronmotoren liegt in der Arbeitsweise des Läufers, also des rotierenden Teils des Motors. Bei Asynchron-Motoren folgt der Rotor je nach Funktion als Generator oder Motor dem Statordrehfeld zeitverzögert, also asynchron. Beim Synchronmotor läuft der Rotor entsprechend sofort synchron zum Statordrehfeld.

Porsches Radnabenmotor

Nachdem der junge Elektrotechniker Ferdinand Porsche 1898 von der Firma Bela Egger zur Wagenbauanstalt Lohner gewechselt hatte, konstruierte er dort den berühmt gewordenen Radnabenmotor. Je in einem der beiden Vorderräder installiert, ergaben zwei Aggregate eine Leistung von 3,7 kW (5 PS) ab.
Was ist eine Nabe? Im Maschinenbau bezeichnet dieser Begriff ein Werkstück, das auf eine Welle oder auf eine Achse geschoben wird. Im klassischen Wagenbau bestanden Radnaben bei eisenbereiften Speichenrädern aus Hartholz und wurden von zwei Eisenschellen zusammengehalten und wiesen eine eingepresste Gleitlagerbüchse auf. Mit ihrer Nabe wurde das Wagenrad auf den leicht konischen und etwas nach unten geneigten Achsstummel eines mehrspurigen Fahrzeugs gesteckt.

Die Idee, die Radnabe als Elektromotor auszubilden, bestand darin – wie Wilhelm Lohner in der Chronik seines vorväterlichen Unternehmens 1989 (H. Weishaupt Verlag, Graz) erläuterte –, dass das Rad mit dem Motor eine konstruktive Einheit bildete und ohne Zwischenschaltungen oder Transmissionen das Fahrzeug antrieb. »Durch diesen Direktantrieb war ein besserer Wirkungsgrad die Folge«, ist in der Chronik zu lesen.

Porsches Motor war ein so genannter Innenpolmotor, direkt auf der Radnabe sitzend. »Er besaß zehn bis sechzehn Pole. Damit man den Elektromotor in die Radnabe integrieren konnte, wurde das Motorengehäuse, das die Radnabe bildete, als Ringankerkörper ausgebildet; es rotierte mittels Kugellager um den auf dem Achsstummel festsitzenden Magnetstern. Der Strom wurde über einen Ringkollektor zugeführt«.
Sechs Jahre lang wurden bei Lohner solche Motoren gebaut und dabei ständig optimiert. Ausgestattet wurden mit ihnen kleine und große Personenwagen sowie Nutzfahrzeu-

Dreiphasen-Wechselstrommotor. Im Vergleich zum Motor eines »Verbrenners« weist der des »Stromers« den Vorteil einer kompakteren Bauform (keine Nebenaggregate) auf.

ge, die Motorleistungen betrugen zwischen 1,5 und 12 PS. Stets war das Gewicht das große Handicap der Fahrzeuge, bei denen je nach Motorleistung das einzelne Rad bis zu 235 Kilogramm wog und die Batterien noch einmal ein Vielfaches dessen. Übrigens: Radnabenmotoren gab es auch in Form von Verbrennern, zum Beispiel beim 1920 bis 1924 gebauten Megola-Motorrad mit Fünfzylinder-Sternmotor im Vorderrad. Wilhelm Lohner: »Die 42- bis 44-zelligen Batterien (300 Ah / 80 Volt) waren für die ersten Motortypen T und II (Personenwagen) bestimmt … Die Akkumulatorenhersteller gaben 1900 Ladezeiten von nur 1 bis 2 Stunden an, was bei manchen Kunden falsche Erwartungen weckte …«
Zu der relativ geringen Speicherkapazität der damaligen Akkus und damit der nur geringen Reichweite, die im Schnitt bei maximal 40 Kilometern lag, und der langen Aufladezeit bis zu acht Stunden kamen eine aufwändige Wartung und das hohe Gewicht. Lohner: »Das betrug je nach Fahrzeug- und Motortyp zwischen 250 und 1200 Kilogramm …« – und bei einem Wagen mit Vierradantrieb verdoppelte sich das Eigengewicht. Die Energiedichte pro Kilogramm ist noch immer das größte Problem der reinen E-Fahrzeuge. Deshalb ist die Optimierung der Energiedichte das Hauptziel aller Forschungsaktivitäten.
Vom Lohner-Porsche mit Radnabenmotoren wurden im ersten Jahr zwar nicht mehr als fünf Stück verkauft, doch bis einschließlich 1906 waren es 200. Knapp weitere 100 entstanden bis 1910, und von 1898 bis 1910 waren es 52 in Hybridausführung mit einem Verbrennungsmotor.

Neuer E-Motor mit axialem Konzept

Auch die TEXA SpA in Treviso, 1992 von Bruno Vianello gegründet, arbeitet seit langem an der Entwicklung elektrischer und hybrider Antriebe und konzipierte 2019 einen ersten eigenen Elektromotor nicht mit dem herkömmlichen Konzept des radialen Flusses, sondern einen mit axialem Fluss, bei welchem das Magnetfeld in axialer Richtung zwischen den Rotoren und Statoren fließt. Diese Technologie ist charakterisiert durch deutlich bessere Drehmomentwerte, einen höheren Wirkungsgrad bei gleichzeitig sehr viel kleineren Abmessungen – sie betragen nahezu die Hälfte gewöhnlicher Radialmotoren. Mit dem TEXA-E-Motor können leichtere Fahrzeuge gebaut oder, bei gleichem Gewicht, höhere Leistungen erzielt werden. TEXA ist mit einem ganzen Arsenal elektronischer Geräte und Instrumente in der Kfz-Branche bereits weltweit präsent und Partner zahlreicher Automobilhersteller.

High Torque Drive System

In rascher Folge wird über immer neue Entwicklungen auf dem Sektor des Elektroantriebs berichtet. So präsentierte etwa unter dem Motto »Drehmoment statt Drehzahl – das Elektroauto energie-effizient formuliert« die Schweizer Gesellschaft High Torque Drive Systems (HTDS) in Thun 2017 ihren neuen Multipol-Motor. »Direct Drive, alternative Fahrsysteme und Sicherheitskonzepte, reduziertes Gewicht durch kompakte Motorbauweise, markant reduzierter Energieverbrauch und höhere Reichweite, verbessertes Batteriemanagement und Rekuperation der Bremsleistung in Verbindung mit neuen Perspektiven in der Innenraumnutzung: Dies ist die Zukunft der Elektromobilität, vereint im neuen Multipol-Motor von High Torque Drive Systems.«
Kilowatt (kW) oder gar Pferdestärke (PS) seien nicht mehr ihre Messgrößen in der elektrischen Mobilität, »denn P = u x i nimmt mit steigender Geschwindigkeit exponential zu. Ein Elektromotor entnimmt die Leistung aus der Energiequelle. Eine hohe Leistungsabfrage erfordert hohe Ströme, die zu schneller Entladung der Akkus führen. Aktuelle elektrische Antriebssysteme bestätigen dies mit kurzen Reichweiten. Fahrzeuge sollten jedoch mit hoher Effizienz eine möglichst große Reichweite haben. Dafür bedarf es neuer Werte und Umdenkens in der Automobilindustrie.«
Eine Schwachstelle beim Elektroauto, so hieß es im HTDS-Protokoll, sei der eingeschränkte Aktionsradius, verbunden mit einer langen Ladezeit der Batterie. »Es gibt viele Konzepte, diese Nachteile zu verringern, aber kein System hat dieses bisher vollständig erreicht.« Das Entwicklungsprojekt »HTDS extreme« habe den Elektromotor neu formuliert – für eine Generation von Elektro-Fahrzeugmotoren mit Eigenschaften, die für die Zukunft der Elektromobilität unumgänglich seien, wobei ein hoher Grad an Effizienz durch den Direktantrieb pro Rad ohne Verluste durch ein Getriebe gewährleistet sei, als Front- oder Heckantrieb oder als 4x4 ohne Achsen und Differenzial. »Ohne Getriebe steht mehr Innenraum zur Verfügung, damit eröffnen sich neue Perspektiven bei der Gestaltung von Raumkonzepten«.

Seltene Erden, kostbare Minerale

Der seit längerem diskutierte Einsatz von fremd erregten Synchronmotoren, wie ihn beispielsweise die Firma ZF 2012 in einem Prototyp vorstellte, könnte vor allem durch den Verzicht auf die seltenen Erden für die Permanenterregung künftig eine Rolle spielen. Zum Verständnis: Bei permanent erregten Elektromotoren wird für die Herstellung des benötigten, über starke Magnete erzielten Magnetfeldes das zu den seltenen Erden zählende Neodym benötigt. Da sowohl die Liefersituation (fast ausschließlich aus China) als auch der umweltbelastende Abbau der seltenen Erden wie etwa im Kongo in der Kritik steht, entstand Interesse an fremd erregten Motoren. Deren Nachteile gegenüber permanent erregten Elektromotoren sind ihre höhere Drehzahl mit der Notwendigkeit eines zusätzlichen Untersetzungsgetriebes, ihre größere Bauform sowie ein schlechterer Wirkungsgrad, also ein höherer Stromverbrauch.

Amnesty International und andere Institutionen machen darauf aufmerksam, dass für die Gewinnung von Mineralien wie Kobalt und »seltene Erden« in Afrika Kinder beschäftigt werden.

Was über Energiespeicher zu wissen lohnt

Saft und Kraft: Batterie oder Akku?

Akkuherstellung für den Chevrolet Volt von General Motors in den USA, den Opel als Ampera-e anbot. Ein 360-Volt-Akku-Pack (16 kWh) bestand aus insgesamt 288 Lithium-Ionen-Zellen zu je sechs Modulen. Deren Gesamtgewicht betrug ca. 200 kg.

Um dem Stirnrunzeln der Fachleute zuvorzukommen: Im Rahmen der vorliegenden Dokumentation werden die Begriffe Batterie und Akkumulator nicht immer konsequent und technisch korrekt verwendet. Das ist auch im Behördendeutsch der Fall und selbst in der Terminologie der meisten Elektroautohersteller, zumal im umgangssprachlich Englischen das Wort «battery« sowohl für Batterie als auch für Akkumulator steht.
Der Unterschied zwischen Akku(mulator) und Batterie ist mit wenigen Worten zu erklären: Eine Batterie bezeichnet die Aufbauform eines Sammlers/Speichers aus mehreren Zellen; sie ist nicht aufladbar. Ist sie einmal leer (entladen), muss man sie entsorgen, weil sie nicht mehr zu gebrauchen ist. Ein Akku(mulator) ist je nach Typ immer wieder, beinahe unendlich oft positiv und negativ aufladbar. Genau genommen gehören in den meisten Fällen die Begriffe »Batterie« oder »batteriebetrieben«, »Batterieherstellung« oder »Batterieladegerät« nicht zum Kraftfahrzeug-Vokabular. Umgangssprachlich haben sich diese Wörter aber nun einmal verankert, und so möge man ihren Gebrauch auch in diesem Buch weiterhin tolerieren, wie auch in der Automobilwerbung und in technischen Beschreibungen die »Batterie«, die ja ein Akku ist, ihren angestammten Platz nicht mehr aufgibt.

Strom kann man speichern

Durch die Erfindung eines Italieners namens Giuseppe Antonio Anastasio Volta haben wir heute die Möglichkeit, ein Radiogerät, eine Taschenlampe, einen Reisewecker, ein Mobiltelefon, ein Hörgerät oder eben auch ein Elektroauto ohne externe Energiezuführung zu verwenden. Volta entdeckte im frühen 19. Jahrhundert, dass man durch chemische Prozesse elektrischen Strom erzeugen und speichern kann. Seine »Volta'sche Säule« lieferte Strom, dessen Spannung sich je nach Anzahl der in Reihe geschalteten Säulen variieren ließ. Die erste Batterie war entstanden. Der Akku war es noch nicht. Den verdankt die Welt Johann Wilhelm Ritter, der ihn 1803 erfand. So, wie ältere Generationen den 6- oder 12-Volt-Bleiakku mit aufschraubbaren Stopfen zum Nachfüllen destillierten Wassers für die Schwefelsäure noch in Erinnerung haben, entwickelte ihn 1854 der Mediziner und Physiker Wilhelm Josef Sinsteden.

Was geht im Akkumulator vor sich?

Ein einzelnes im Akku befindliches und wiederaufladbares Speicherelement wird Sekundärelement oder Sekundärzelle genannt, im Gegensatz zur nicht (oder nur sehr begrenzt) wiederaufladbaren Primärzelle der Batterie. Sekundärzellen lassen sich – wie Primärzellen und auch andere elektrische Energiequellen – zusammenschalten, entweder in Reihe zur Steigerung der nutzbaren Spannung, ausgedrückt in Volt (V), oder aber in Parallelschaltung zur Steigerung der nutzbaren Kapazität bzw. Stromstärke, ausgedrückt in Ampere (A). Beide Schaltungsvarianten führen zur entsprechenden Erhöhung des Gesamt-Energiehaushalts: Produkt aus Kapazität und Spannung, angegeben in Wattstunden oder Kilowattstunden (Wh, kWh).

Akkuproduktion für den weltweit operierenden Hersteller Johnson Controls in China (oben) und Gigaom in Kalifornien. Europa ermangelt es einer vergleichbaren Industrie.

Je höher die Energiedichte ist, desto mehr Energie kann in einem Akku je Volumen- bzw. Masseneinheit gespeichert werden. Die auf die Masse bezogene Energiedichte wird oft auch als spezifische Energie bezeichnet. Bezogen auf marktübliche Typen, haben Akkumulatoren (Sekundärzellen) meist eine oftmals deutlich geringere Energiedichte als Primärzellen.

Beim Laden wie beim Entladen vollzieht sich der chemische Vorgang der Elektrolyse, bei dem durch Stromzufuhr bzw. Stromentnahme die Platten und der Elektrolyt ihre chemische Zusammensetzung ändern. Weist der Elektrolyt die erforderliche Dichte auf, ist der Akku geladen. Ein zu schwach geladener oder längere Zeit gänzlich entladener Akku kann sich selbst zerstören und unbrauchbar werden.

Der herkömmliche Blei-Säure-Akku, der als Starterbatterie mit einer Anzahl von 2-Volt-Zellen für einen »normalen« Kraftfahrzeugmotor seit jeher seinen Dienst versieht, besteht aus Bleiplatten mit Plus- und Minus-Bleipolen und verdünnter Schwefelsäure als Elektrolyt.

Nur die Luft ist kostenlos

Kenndaten wie Zellenspannung, Temperaturempfindlichkeit, Lade- und Entladeschlussspannung sowie der maximal erlaubte Lade- oder Entladestrom variieren bauartbedingt und sind wesentlich vom eingesetzten Elektrodenmaterial und Elektrolyt abhängig. Die Angabe des genauen Typs, beispielsweise Lithium-Eisenphosphat-Akkumulator, ist aus diesem Grund informativer als die unspezifische Angabe des Oberbegriffs Lithium-Ionen-Akkumulator. Allen Lithium-Ionen-Akkumulatoren gemeinsam ist, dass die Zellen hermetisch versiegelt sind und lageunabhängig betrieben werden können.

Der Lithium-Ionen-Akku bildet in jedem Fall die Basis für vielversprechende Weiterentwicklungen der Batterietechnik mit noch größerer Leistungsfähigkeit. So peilen Forscher

1909: »Die Akkumulatoren dürfen den Fahrgästen nicht zugänglich sein«

Ein Blick ins Gesetz über den Verkehr mit Kraftfahrzeugen vom 3. Mai 1909. Dort wird im Abschnitt XIII die Beschaffenheit von Akkumulatoren und deren Hauptschalter in Elektrofahrzeugen vorgeschrieben: »Akkumulatorenzellen elektrischer Fahrzeuge können auf Holz aufgestellt werden, wobei eine einmalige Isolierung durch nicht Feuchtigkeit anziehende Zwischenlage ausreicht. Für nicht Feuchtigkeit anziehende Zwischenlagen gilt auch ein zweimaliger Lackanstrich des Holzes. Soweit nur unterwiesenes Personal in Betracht kommt, braucht die Möglichkeit, dass eine Person Teile verschiedener Spannung gleichzeitig berührt, nicht ausgeschlossen zu sein. Die Akkumulatoren dürfen den Fahrgästen nicht zugänglich sein. Es ist für ausreichende Lüftung zu sorgen.

Der Motorwagen muss eine Hauptabschmelzsicherung oder einen selbsttätigen Ausschalter haben. Es muss ein vom Führersitz aus bedienbarer Haupt-(Not)Ausschalter vorhanden sein, der das Ausschalten des Fahrstromkreises unabhängig vom Fahrschalter gestattet. Dieser Notausschalter kann mit dem selbsttätigen Ausschalter verbunden sein.«

Frage: »Speichern wir in einem Akkumulator Elektrizität?« Antwort: »Nein. In einem Akkumulator wandelt man als solche nicht aufbewahrbare Elektrizität in chemische Energie um und macht die Ladung bei Bedarf wieder rückgängig, d.h. man verwandelt die chemische Energie wieder in elektrischen Strom.«

Aus einem Gesellenprüfungs-Handbuch für das Kfz-Gewerbe, 1937

»Akkus bestimmen den Wert eines Autos bald mehr als Motorleistung und Ausstattung!«

Bernd Freytag, *FAZ* 17. Juli 2016

»Den Kaufwillen für ein Elektroauto hemmt derzeit vor allem die Reichweite (73,8 %), der hohe Preis (65,9 %), das Ladenetzwerk (58,6 %) und die Lebensdauer der Batterie (56,3 %).«

Mathias Morscher zu einer in *Future Mobility* veröffentlichten Umfrage, Wien, im Januar 2019

Akkumulatortypen

Die unterschiedlichen Akkumulatortypen bezeichnet man nach den verwendeten Materialien:

Li-Ion (Lithium-Ionen-Akkumulator, 2–3,7 Volt Nennspannung/Zelle) ist der Oberbegriff für verschiedene Lithium-Ionen-Akkumulatortypen:
- **$LiCoO_2$** (Lithium-Cobaltdioxid-Akkumulator, 3,6 Volt/Zelle), erste verfügbare Technologie
- **LiPo** (Lithium-Polymer-Akkumulator, 3,7 Volt Nennspannung/Zelle) mit Polymer als Elektrolyt
- **Li-Mn** (Lithium-Mangan-Akkumulator, 3,6 Volt Nennspannung/Zelle)
- **$LiFePO_4$** (Lithium-Eisenphosphat-Akkumulator, 3,3 Volt Nennspannung/Zelle)
- **$LiFeYPO_4$** Lithium-Eisen-Yttrium-Phosphat-Akkumulator (Yttrium-Dotierung zur Verbesserung der Eigenschaften)
- **LiTi** (Lithium-Titanat-Akkumulator, 2,4 Volt Nennspannung/Zelle)
- **Lithium-Luft-Akkumulator** (in der Entwicklung)
- **Lithium-Schwefel-Akkumulator** (in der Entwicklung)
- **Na/NiCl** Natrium-Nickelchlorid-Hochtemperatur-Batterie (Markenbezeichnung: Zebra-Akkumulator, 2,58 Volt Nennspannung/Zelle)
- **NaS** (Natrium-Schwefel-Akkumulator (Hochtemperatur-Akku mit 2 Volt Zellspannung)
- **Na-Ion** (Natrium-Ionen-Akkumulator, 1,6–1,7 Volt Nennspannung/Zelle)
- **NiCd** (Nickel-Cadmium-Akkumulator, 1,2 Volt Nennspannung/Zelle)
- **NiFe** (Nickel-Eisen-Akkumulator, 1,2–1,9 Volt Nennspannung/Zelle)
- **NiH_2** (Nickel-Wasserstoff-Akkumulator, 1,5 Volt Nennspannung/Zelle)
- **NiMH** (Nickel-Metallhydrid-Akkumulator, 1,2 Volt Nennspannung/Zelle)
- **NiZn** (Nickel-Zink-Akkumulator, 1,65 Volt Nennspannung/Zelle)
- **Pb** (Bleiplatten-Akkumulator, 2 Volt Nennspannung/Zelle)
- **PTMA** (2,2,6,6-Tetramethylpiperidinoxy-4-methylmethacrylat-Plymer, organisch)
- **RAM** (Rechargeable-Alkaline-Manganese-Akkumulator, 1,5 Volt Nennspannung/Zelle)
- **SnC/Li_2S** (Zinn-Schwefel-Lithium-Akkumulator)
- **Silber-Zink-Akkumulator** (1,5 Volt Nennspannung/Zelle)
- **Vanadium-Redox-Akkumulator** (1,41 Volt Nennspannung/Zelle bei 25 °C)
- **Zink-Brom-Akkumulator** (1,76 Volt Nennspannung/Zelle)
- **Silizium-Luft-Akkumulator** (in der Entwicklung)

des US-Konzerns IBM zum Beispiel mit einem Lithium-Luft-Akku Energiedichten von über 5000 Wattstunden (Wh) an – das ist rund 30 Mal mehr als die besten Li-Ion-Akkus gegenwärtig erreichen. Bei der Lithium-Luft-Batterie wird die Umgebungsluft genutzt, um die chemische Reaktion zu unterstützen. Vorteil: Die Luft ist kostenlos und muss nicht in einem Tank transportiert werden. Im Labor funktioniere die Superbatterie bereits, doch vor 2020 sei nicht mit einem Serieneinsatz im Elektroautomobil zu rechnen, sagte die Firma IBM – und das war eine zutreffende Prognose.

Wie im richtigen Leben entscheidet die Chemie

In der *Frankfurter Allgemeinen* veröffentlichte der Chronist Bernd Freytag am 17. Juli 2016 einen aufschlussreichen Beitrag zur Batterie-Herstellungspolitik global operierender Großunternehmen unter dem Motto: »Die Batterie entscheidet über das E-Auto – und die Chemie«. Sowohl Politiker als auch Unternehmer würden das unterschätzen.

»Im Mai (2017) hat die EU eine Sorgfaltspflicht für den Import von Konfliktmineralien beschlossen. Die vorgeschriebene Sorgfalt gilt für die Lieferketten von Zinn, Tantal, Wolfram und Gold. Kobalt steht nicht auf der Liste. Dessen Wege sind angeblich schon heute kaum nachzuverfolgen. Die Wahrheit ist: Ohne Kobalt aus dem Kongo müssten die Europäer ihre Autoenergiewendepläne eindampfen. Das meiste kongolesische Kobalt wandert schon heute nach China, wird dort weiterverarbeitet und weiterverkauft, auch nach Europa. Die Chinesen, stramme Schrittmacher der Elektromobilität, haben sich früh den Zugang zu afrikanischen Quellen gesichert. Bau von Infrastruktur gegen Rohstoffe heißt der Deal …«

Kobalt wird in Zukunft immer stärker nachgefragt werden. Derzeit ist BASF weltweit einer der größten Zulieferer für Akku-Chemikalien, auch für Kobaltoxyde. »Allein in einem BMW i3 sind einige Kilogramm Kobalt verbaut«, so der Autor Joachim Rehg vom ARCD (April 2018), »damit lässt sich erahnen, welche Dynamik die steigende Nachfrage nach Elektroautos auslösen wird». Sehr aufwändig wird deshalb nach Möglichkeiten für eine Reduzierung des Kobalt-Anteils geforscht, im Blick sind möglichst nur noch zehn Prozent der heutigen Werte. Andere Richtungen streben an, sogar völlig ohne Kobalt auszukommen.

Beteiligung der Hersteller an Minengesellschaften

Elektroantriebe mit Lithium-Ionen-Akkus benötigen aber nicht nur Kobalt. Auch das namensgebende Lithium ist knapp. Lithium kommt zwar, anders als das rare Kobalt, häufig vor (in Finnland, Österreich, Spanien, Portugal), aber die Abbaukapazitäten sind begrenzt. Entdeckt wurde es 1818 vom deutschen Wissenschaftler Christian Gmelin. Neue Projekte zur Lithium-Gewinnung sind teuer. Zudem verbraucht der Abbau in ehemaligen Salzseen im »Lithium-Dreieck« Argentinien, Bolivien und Chile große Mengen Grundwasser, um das gewünschte Lithiumkarbonat durch Verdampfen zu bekommen.

Freytag: »Dass solch soziale und ökologische Verwerfungen bei ideologischen Lobreden auf die Autowende ausgeblendet werden: geschenkt. Dass der damit einhergehende fundamentale Wandel in der Wertschöpfungskette Auto selbst in Teilen der Wirtschaft offensichtlich unterschätzt wird, ist bemerkenswert«. Im Prinzip gilt für Lithium das Gleiche wie für Kobalt, nur ist dieses Material relativ häufig vorhanden, wenngleich der Abbau noch eingeschränkt und noch nicht hochgefahren ist. Joachim Rehg: »Um den Lithiumbedarf z. B. von Volkswagen langfristig zu decken und die Preise stabil zu halten, will VW-Strategiechef Thomas Sedran eine direkte Beteiligung des Konzerns an Minengesellschaften nicht ausschließen«.

Rohstoff-Abhängigkeiten

Zwei Befunde sind es, deren Tragweite häufig noch verkannt wird. Der erste: Die Autoindustrie wird zunehmend von einer Vielzahl teurer Spezialrohstoffe abhängig sein. Nicht allein von Kobalt und Lithium, sondern auch von Kupfer, Graphit, Nickel, Mangan, Neodym. »Wenn die Autobauer die Hoheit über die Batterie behalten wollen, müssen sie diese Rohstoffmärkte verstehen, absichern und zugleich an Batterien forschen, die Autos zukunftsfähig machen und parallel neue Geschäftsmodelle entwickeln. Von der Erzmine in Kongo bis zum Car-Sharing in Kopenhagen ist es ein weiter Weg«.
Der Kobaltpreis hat sich seit Anfang 2016 verdreifacht, der für Lithium verdoppelt. Wenn eine gigantische Batteriefabrik

Nickel-Eisen-Hybrid-Akku von Varta. Darunter der klassische Blei-Säure-Starter-Akku und ein Lithium-Ionen-Akku jüngerer Bauart von Bosch.

wie die von Tesla geplante erst unter Volllast läuft, wird die Nachfrage weiter steigen. Weitere große Fabriken, vor allem in Asien, sind in Planung. Schon gibt es Spekulationen, Tesla könne zu den geforderten Preisen überhaupt nicht genug Lithium bekommen. Den begehrten, bislang allein aus China bezogenen Rohstoff Neodyn (in Australien wird er ebenfalls gewonnen) kennt man seit 1885. Es wird benötigt, um stake, verschleißresistente Permanent-Magnete herzustellen. Als Metall eignet es sich besonders gut in der Legierung mit Eisen-Bor. Ein Kilogramm pro Motor fallen an. Rehg: »Es steht außer Frage, dass eine wachsende Elektromobilität die weltweite Rohstoffnachfrage drastisch verschieben und auch zu ganz neuen Umweltbelastungen führen wird. Während die Luft in unseren Städten sauberer wird, werden andere Regionen der Erde zusätzlich belastet …«
Bernd Freytag: »Die Batterie wird zur spielentscheidenden Größe – das ist der zweite Befund. Akkus bestimmen den

Akkusysteme im Vergleich

System	Blei-Säure-Akku $PbPbO_2$	Nickel-Metall-Hybrid-Akku NiMH	Natrium-Nickel-chlorid-Akku $Na/NiCl_2$	Lithium-Ionen-Akku Li-Ion
Nennspannung pro Zelle	2,0 Volt	1,2 Volt	2,6 Volt	3,6 Volt
Elektroden				
Minuspol	Blei	Metallhydrid	Natriumchlorid	Lithium-Metalloxid
Pluspol	Bleidioxid	Nickelhydridoxid	Nickel/Nickelchlorid	Graphit
Elektrolyt	verdünnte Schwefelsäure	20-prozentige Kalilauge	Keramikmaterial	Lithiumsalz in Lösungsmittel
Energiedichte	30–40 Wh/kg	50–70 Wh/kg	100–120 Wh/kg	95–190 Wh/kg
Eigenschaften	geringe Energiedichte, preisgünstige Materialien	hohe Belastbarkeit, aber Leistungseinbußen durch Trägheitseffekt bei unvollständiger Entladung; etwa 30-prozentige Selbstentladung pro Monat	erforderliche Betriebstemperatur von 270–350 °C, keine elektrochemische Selbstentladung,Gesamt-Wirkungsgrad bei ca. 80 Prozent	hohe Energiedichte, kein Memory- oder Trägheitseffekt, thermisch stabil, geringe Selbstentladung, Hitzeentwicklung bei starker Entladung, Gesamt-Wirkungsgrad bei 90 Prozent
Verwendung	Starterakku für alle Kfz, Antriebsakku für Elektro-Fahrzeuge	Akku für Hybridautos der Marken Toyota und Lexus	Antriebsakku für Elektrofahrzeuge	Antriebsakku für Hybrid- und Elektrofahrzeuge

Wert eines Autos bald mehr als Motorleistung und Ausstattung. 40 Prozent der Kosten eines E-Autos entfallen auf den Stromspeicher!« Die Notwendigkeit, wegen Totalausfall einen Akkupack ersetzen zu müssen, wäre ein größerer wirtschaftlicher Verlust für den Fahrzeugbesitzer als ein Motorschaden. Der Akku bestimmt also den Wert eines Elektroautos in erheblichem Maße mit.

Ein geringwertiger Akku mindert den Wert des Autos

Je geringwertiger (und älter) der Akku, desto niedriger der Wiederverkaufswert. Aber Akkus sind Chemie, kleine chemische Kraftwerke, bei weitem nicht so trivial, wie der Gedanke an eine Knopfzelle für die Armbanduhr nahelegen könnte. Freytag: »Es verwundert schon, mit welcher Selbstverständlichkeit einige Autobauer über Batterieproduktion reden, als handle es sich nicht um eine milliardenteure Wette auf die Zukunft, sondern nur um die Erweiterung einer Motorenfabrik«.

Die London Electric Vehicle Company, Hersteller von Elektrotaxis, liefert solche Fahrzeuge auch nach Norwegen. Um hierfür zu werben, hat die LEVC auf die übliche schwarze Lackierung ihrer Taxis verzichtet.

Akku-Produktion bei der EAS Nordhausen, Thüringen.

»Geplant war bei EAS, stärker in die Autoindustrie einzusteigen mit Batterien für Taxis und Busse in London.«

Manager Magazin
April 2018

VW-Chef Matthias Müller: »Eigene Batteriezellenfertigung wäre ein Witz«

Automobilwoche
August 2016

Die Autobauer würden nicht umhinkommen, ein Stück des Kuchens an Chemieunternehmen und Zellenhersteller abzutreten, ist Bernd Freytag überzeugt: »Daher ist es besser zusammenzuarbeiten, als eine überholte Wertschöpfungskette mit stark steigenden Risiken zu konservieren. Nur mit Spezialisten wird es gelingen, die nötigen Effizienzfortschritte in der Batterietechnik zu erreichen. Das ist schwer genug, wanderte doch die Elektrochemie vor Jahren nach Asien ab. Akkus waren ein Geschäft für kleine elektronische Geräte, mehr nicht. Heute ist die deutsche Industrie deshalb im Hintertreffen und muss das Wissen entweder in Asien einkaufen oder mühsam nacharbeiten.
Den Druck von Politik und Gewerkschaften, bald auch in Deutschland Batteriefabriken zu bauen, sollte man in diesem Licht kritisch sehen. Das können Asiaten heute besser und billiger, eine Kooperation mit Japanern, Südkoreanern oder Chinesen zum Start in den Massenmarkt wäre risikoärmer und effizienter. Die gute Nachricht für die Autobauer lautet, dass die deutsche Chemie aufholt. Etliche Forschungsinitiativen lassen hoffen. Nur mit einem echten Entwicklungsvorsprung wäre der Bau eigener Batteriefabriken wirklich sinnvoll. Vielleicht sogar mit einer Fertigung, die ganz ohne Kobalt auskommen kann …«
Solche Fabriken gibt es bereits oder sind im Entstehen. In kurzen Abständen kommen aus der Industrie Nachrichten, denen zufolge deutsche Automobilhersteller sich zwar überwiegend im Ausland am Bau von Batterie-Produktionsstätten engagieren und Milliarden in Joint-Ventures investieren – ist *made in China* wirklich »besser und billiger«? Aber auch in Deutschland sollen künftig mehr Batterien fabriziert werden. Etwa eine Milliarde Euro will beispielsweise der Daimler-Konzern in einen globalen Batterie-Produktionsverbund investieren, und etwa die Hälfte soll nach Sachsen fließen, wo in Kamenz die Daimler-Tochter Deutsche Accumotive seit 2012 Batterien für die Elektro- und Hybridfahrzeuge von Mercedes und Smart herstellt. Allerdings handelt es sich in Kamenz nicht um eine Fabrik, wo die Zellen produziert, sondern nur für Elektroautobatterien zusammengepackt (»Akkupacks«) werden.
Doch es gibt auch Negativschlagzeilen. Ende Mai 2018 meldete das *Manager Magazin* eine Hiobsbotschaft für den Elektroauto-Standort Deutschland: »Der letzte relevante Hersteller von Lithium-Ionen-Zellen für Pkw, die Firma EAS aus Nordhausen in Thüringen, hat Insolvenz angemeldet«. Ein herber Rückschlag für die deutsche Industrie bei dem Versuch, eine schlagkräftige Batteriebranche aufzubauen. Die Batterien von EAS aus Thüringen gelten als sehr hochwertig, aber sie waren auch mindestens doppelt so teuer wie die Ware aus Asien. Mit einem großen Anteil Handarbeit entstanden auf dem Areal einer alten Nordhausener DDR-Gewerbeimmobilie Zellen, die eine besonders hohe Zyklenfestigkeit aufweisen: Es heißt, sie ließen sich 7000-mal be- und entladen, dreimal mehr als bei anderen Fabrikaten.
Die EAS Batterie GmbH war eine Nachfolgefirma der 1996 gegründeten GAIA Akkumulatorenwerke GmbH und ging im Juni 2017 in den Besitz der MONBAT über, ein Blei-Säure-Batteriehersteller mit Börsennotierung in Bulgarien.
In Deutschland gibt es zwar weiterhin einige kleine Batteriezellen-Fertigungen, die sich indessen auf Akkus für Kleingeräte oder stationäre Anwendungen in der Industrie spezialisiert haben. Bislang kommen Zellen für Elektroauto-Batterien hingegen aus Asien nach Europa, von Herstellern wie LG Chem, Samsung oder Panasonic. Diese Firmen beliefern auch deutsche Autobauer wie BMW, Daimler und die Volkswagen-Gruppe, in deren Regie die Akkus in Europa zu Batteriemodulen zusammengesetzt werden.

Im Namen des Herrn Professor Porsche

Mit einem Preis in Höhe von 50.000 Euro hat die Technische Universität in Wien im Jahr 2009 die Entwickler des Lithium-Ionen-Akkus geehrt: Er wurde an Dipl.-Ing. Michael Keller von der Temic Automotive Electric Motors GmbH, einer Conti-Tochter in Berlin, und Prof. Dr. Herbert Kohler von der Daimler AG in Stuttgart vergeben. Beide haben den Lithium-Ionen-Akku für das Mild-Hybrid-Antriebssystem der Unternehmen Daimler AG und Continental AG entwickelt und serientauglich gemacht. Damit war ein Meilenstein in der Praxisnutzung dieser derzeit bestmöglichen elektrischen Speichertechnik im Fahrzeug unter Großserienbedingungen gesetzt. Dieser »Professor Ferdinand Porsche Preis« zählt zu den höchstdotierten Auszeichnungen für wegweisende Forschungs- und Entwicklungsleistungen auf dem Gebiet der Fahrzeugtechnik.

Die großen Hersteller von Elektroauto-Akkus

A123 SYSTEMS
A123 Systems, Inc. ist ein 2001 gegründeter, amerikanischer Hersteller von Rundzellen-Akkumulatoren (Lithium-Eisenphosphat), der nach seiner Insolvenz 2012 von dem chinesischen Hersteller Wanxiang übernommen wurde.

AKASOL
Die Akasol GmbH in Darmstadt ist ein 2008 gegründeter Hersteller von Batteriesystemen für Fahrzeuge aller Art (auch Nutzfahrzeuge, Schienenfahrzeuge, Schiffe) und ging aus der 1989 gegründeten Akademischen Solartechnikgruppe der TU Darmstadt hervor.

AMPEREX
Die Amperex Technology Limited (ATL) ist ein chinesischer Hersteller von Lithium-Ionen-Akkumulatoren mit Sitz in Hongkong. Das Unternehmen wurde 1999 gegründet und 2005 von der TDK-Gruppe übernommen.

AUTOMOTIVE ENERGY
Die japanische Automotive Energy Supply K.K. ist ein 2007 gegründetes Gemeinschaftsunternehmen von Nissan und NEC; Geschäftsgegenstand ist die gemeinsame Entwicklung und Herstellung von Lithium-Ionen-Akkumulatoren als großformatige Einzelzellen, Zellmodulen und Batteriepacks.

BAE · VARTA
Die BAE Batterien GmbH (ehemals: Akkumulatorenfabrik-Aktiengesellschaft / AfA) mit Sitz in Berlin stellt seit ihrer Gründung im Jahr 1899 Batterien und Akkumulatoren her. Zum aktuellen Sortiment gehören vor allem Akkumulatoren für Flurförderzeuge, Schienenfahrzeuge, IT-, Solar-, Telekom- und stationäre Anlagen. Das Unternehmen ist heute in mehr als 80 Ländern tätig. 1904 erfolgte die Gründung der Vertriebsgesellschaft VARTA GmbH (Vertrieb, Aufladung, Reparatur transportabler Akkumulatoren). 1905 übernahm die Accumulatoren Fabrik AG des Investors Quandt das Werk und begann mit der Fertigung transportabler Bleiakkumulatoren. Die VARTA AG besteht heute aus den Tochterunternehmen VARTA Microbattery und VARTA Storage GmbH; die Gruppe gehört zum Industriekonzern Montana Tech Components in der Schweiz.

BANNER
Die Firma Banner Batterien wurde 1937 in Rankweil/Vorarlberg von Artur Bawart gegründet. Das Unternehmen siedelte 1953 nach Linz über. 1965 gingen Geschäftsführung und Kapitalanteile 1965 an Bawarts Söhne Norbert und Roland über. Banner produzierte als einer der ersten Europas vorgeladene Starterbatterien (1968), entwickelte Fertigungstechnologien für verschweißte Polypropylen-Batterien (1976) und führte wartungsfreie Batterien auf Blei-Calcium-Zinn-Basis auf dem Markt ein (1980).

BOSCH
Die Robert Bosch Battery Systems GmbH mit Sitz in Stuttgart ist eine Tochtergesellschaft der Robert Bosch GmbH, die Batteriesysteme für unterschiedliche Fahrzeugtypen von Hybridfahrzeugen bis zu rein batteriebetriebenen Elektrofahrzeugen entwickelt, fertigt und vertreibt. Hervorgegangen ist die Robert Bosch Battery Systems GmbH aus einer Neuordnung innerhalb der Bosch Gruppe im Jahr 2012. Die Produktion findet unter anderem in einem Werk in Springboro, USA, statt; beliefert werden u. a. die Automobilhersteller BMW, Fiat und Daimler.

BYD
Die BYD Company Ltd. ist ein chinesischer Hersteller von Batterien und batteriebasierten Speicherkraftwerken. 2018 war das Unternehmen der weltweit größte Produzent von Akkumulatoren und baut auch Elektroautos.

DEUTSCHE AUTOMOTIVE
In Daimler-Besitz befindliche Batteriefabrik in Kamenz, Sachsen.

EXIDE
Die US-amerikanische Exide Technologies mit Sitz in Milton, Georgia, gehört mit Niederlassungen in mehr als 80 Ländern zu den weltweit größten Herstellern und Recyclern von Bleiakkumulatoren. Gegründet wurde die Firma 1888 durch William W. Gibbs unter dem Namen Electric Storage Battery Company. In den 1990er Jahren hat Exide Technologies einige namhafte europäische Batteriehersteller übernommen, so auch die französische CEAC (Compagnie Européenne d'Accumulateurs), die ihrerseits im Jahr 1991 die deutsche Accumulatorenfabrik Sonnenschein geschluckt hatte.

GS YUASA
Die japanische Firma GS Yuasa, 2004 in Kyoto gegründet, hat sich auf die Herstellung von Lithium-Ionen-Akkumulatoren für Elektro- und Hybridautos spezialisiert. Mit den Autobauern Mitsubishi und Honda hat das Unternehmen Joint-Ventures zur Entwicklung und Produktion dieser Technik gegründet und mehrere Fabriken eingerichtet; das Unternehmen ist auch der größte Hersteller von Autobatterien in den USA.

HOPPECKE
Die Accumulatorenwerke Hoppecke Carl Zoellner & Sohn, 1927 gegründet, haben sich zu einem bedeutenden deutschen Batteriehersteller entwickelt (der Firmensitz befindet sich in Brilon) mit 27 Tochterunternehmen im In- und Ausland. Hoppecke ist auch die Markenbezeichnung als Wort- und Bildmarke zahlreicher Produkte wie Nickel-Cadmium-Batterien und Geräten zur Herstellung und Wartung von Akkumulatoren.

JOHNSON CONTROLS
Johnson Controls International plc (JCI) ist ein irischer, weltweit operierender Mischkonzern, zu dessen Hauptgeschäftsfeldern die Batterietechnik zählt. Seit 1978 gingen in JCI zahlreiche weitere Firmen auf wie Hoover Universal Inc. (Hersteller für Autositze), die Becker Group einschließlich Happich (Kunststoff-Spritzguss, Armaturentafeln, Türverkleidungen) sowie Hoppecke, VARTA und Delphi (Autobatteriesparten).

LG CHEM
Die 1947 in Seoul gegründete LG Chem Ltd. ist ein südkoreanisches Chemieunternehmen der in ganz Asien operierenden LG-Firmengruppe. Die Akkumulatorenproduktion ist eines seiner zahlreichen Geschäftsfelder.

SAMSUNG
Die Samsung SDI Co., Ltd. ist ein weiterer südkoreanischer Hersteller u. a. von Batterien und Akkumulatoren Das Unternehmen wurde 1970 als Samsung-NEC Co. Ltd. gegründet und ist ein Tochterunternehmen der Samsung Group. 2014 übernahm Samsung SDI das ebenfalls zur Samsung-Gruppe gehörende Unternehmen Cheil Industries (ehemals Everland). Nach Navigant Research gehört Samsung SDI neben LG Chem und Panasonic zu den drei führenden Akkuherstellern für Elektroautos hinsichtlich Strategie und Durchführung.

SB LI MOTIVE
Im Sommer 2008 nahm die SB LiMotive ihre Tätigkeit in Südkorea auf, und im Oktober 2008 wurde die SB LiMotive Germany GmbH gegründet. Im Juli 2009 übernahm SB LiMotive den US-amerikanischen Batteriehersteller Cobasys und begann mit dem Bau einer Akkumulatorenfertigung in Südkorea. Samsung SDI und die Robert Bosch GmbH teilten sich zu je 50 Prozent den Besitz des Gemeinschaftsunternehmens.

TESLA
Die Tesla Gigafactories sind vom Elektroautohersteller Tesla errichtete bzw. im Bau befindliche Fabriken, wo in Kooperation mit dem japanischen Konzern Panasonic Lithium-Ionen-Akkumulatoren für Elektroautos sowie Akkupacks für stationäre Stromspeicher produziert werden.

WINSTON
Die chinesische Winston Battery Ltd. fertigt eine große Bandbreite an Lithium-Ionen-Akkumulatoren. Es werden Zellen von 20 Ah für Elektro-Scooter sowie solche bis 1000 Ah für batterieelektrische Busse produziert, ferner Zellblöcke bis 30.000 Ah für die Speicherung von elektrischer Energie aus regenerativen Quellen. Winston Battery Ltd. ist nicht nur Zulieferer von Akkuzellen, sondern hält auch Beteligungen an diversen Elektroauto- und Omnibus-Herstellern.

Mehrere Erfinder hatten die gleiche Idee

Radnabenantrieb und Vorspannachse

Wenn wir einem Genius im Verlauf der Frühgeschichte des Automobils ungewöhnlich oft begegnen, dann ist es Ferdinand Porsche. Er kam 1894 als Praktikant zur österreichischen Firma Béla Egger, wo er innerhalb von vier Jahren zum Leiter des Prüfraums (Versuchsabteilung) aufstieg. Mit großem Interesse beobachtete er die Entwicklung des Elektrofahrzeugs – und er war an ihr schließlich auch unmittelbar beteiligt.

Ferdinand Porsche, Jahrgang 1875: Als Achtzehnjähriger kam er zum Elektrizitätswerk Egger nach Wien.

1898 wurde Porsche zur Probefahrt des ersten verkauften Elektromobils von Lohner beordert, um zur Stelle zu sein, falls etwas schief laufen sollte. Vor Ort konnte Porsche dann auch einige Kleinigkeiten am Fahrzeug korrigieren, das anschließend hervorragend lief. Nicht zufrieden war Porsche über die geringe Leistung bei hohem Gesamtgewicht des Fahrzeugs durch schwere Übertragungselemente. Er überraschte seinen Chef wenig später mit einer brillanten Idee: Sie betraf einen speziellen Elektromotor, direkt in die Radnabe eingebettet, womit er das Fahrzeug bei geringerem Gewicht und weniger Verlusten von Übertragungskräften effizienter antreiben konnte.

Porsche konstruierte und baute einen solchen Wagen mit je einem Motor von 1,87 kW (2,5 PS) bei 120 Umdrehungen in jedem Vorderrad; zum Einsatz kamen Bleiakkumulatoren mit 60 bis 80 Volt und 300 Amperestunden. Der kleine Zweisitzer wog knapp 980 kg, jedes Antriebsrad etwa 115 kg; fast 500 kg wogen die Akkus. Die Motoren in den Radnaben wurden vom Fahrtwind gekühlt, was eine kurzfristige Überbelastung mit bis zu 7 PS Leistung erlaubte. Dank variabler Widerstände zwischen Akkus und Motoren konnte man auf ein kompliziertes Übertragungssystem verzichten. Der Radnabenmotor war ein Innenpolaggregat mit 10 bis 16 Polen und mit einem als Ringankerkörper ausgebildetem Motorgehäuse, welches die Radnabe bildete. Den Strom übertrug ein Ringkollektor.

Ein weiterer Vorteil dieser Konstruktion ergab sich von selbst: Das Fahrzeug bremste mit allen vier Rädern. Die mechanischen Bremsen griffen an die Hinterräder, dank der Kurzschlusstechnik der Elektromotoren konnten aber auch die vorderen Räder getrennt gebremst werden. Die meisten Automobilkonstrukteure betrachteten gebremste Vorderräder noch als Risiko, weil bei »Überbremsung« der hinteren Räder ein Überschlag die Folge sein konnte...

Das Lohner-Porsche-Fahrzeug stand 1900 auf der 5. Pariser Weltausstellung; die »Exposition universelle« fand vom 15. April bis zum 12. November statt und zählte über 48 Millionen Besucher. Sie gehört damit bis heute zu den erfolgreichsten Ausstellungen ihrer Art. Im Rahmen der Weltausstellung fanden auch die Olympischen Spiele statt, die sich über einen Zeitraum von Mai bis Oktober erstreckten,

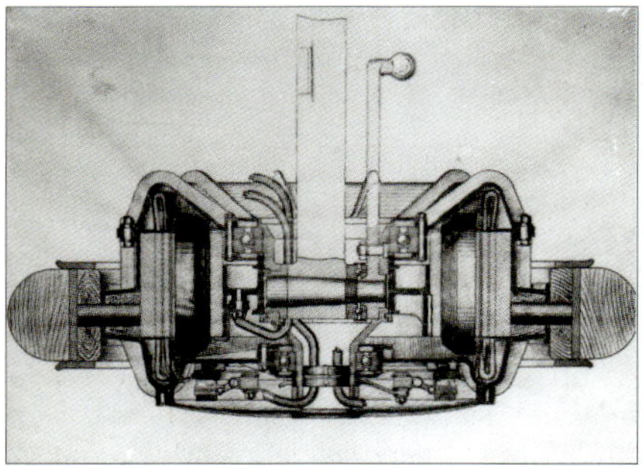

Rechts: So stand der Lohner-Porsche auf der Weltausstellung.

Der Radnabenmotor von 1900 – eine geniale Konstruktion.

Im Lauf des Jahres 1900 aufgenommene Serienherstellung des Radnabenmotors System Porsche beim Wagenbauer Lohner in Wien.

jedoch nur wenig Beachtung fanden. Die Paris-Besucher interessierten sich mehr für Messeneuheiten, und Porsches Automobil fand gebührende Beachtung. Das österreichische Auto war Mittelpunkt zahlloser und durchweg positiver Zeitungsberichte.
Die Serienproduktion des in Paris gezeigten Lohner-Porsche mit Radbnabenmotoren begann im selben Jahr. Lohner bot verschiedene Modelle an, die sich durch die Kraft ihrer Motoren unterschieden. Die Leistungen reichten dabei von 3 bis beachtlichen 24 PS, mit Gesamtgewichten ab 750 kg bis zu drei Tonnen. Ohne Frage waren es die Akkumulatoren, die so hoch zu Buche schlugen.

Monsieur Mercedes mischt mit

Die ersten Wagen erhielten noch kleinere Vorderräder, um etwas Gewicht zu sparen, denn jedes Rad wog einschließlich Motor zwischen 100 und 230 kg. Nur Luftreifen konnten das schwere Rad mit dem Motor gut abfedern, noch sehr neu und nicht ausgereift. Und ein Reifenwechsel im Fall einer Panne war kompliziert, denn Rad, Motor und Achse bildeten eine konstruktive Einheit.

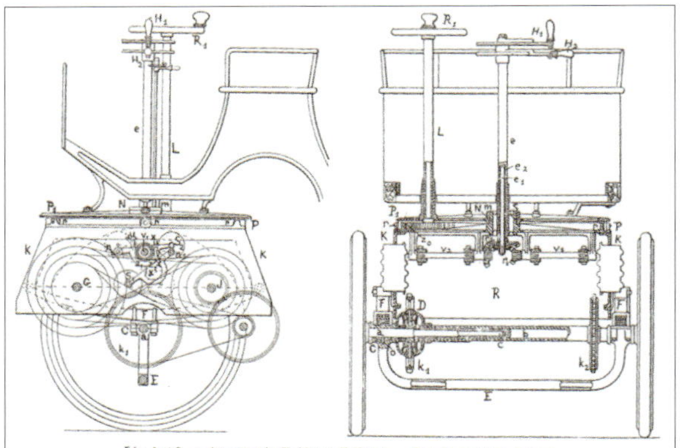

Fig. 1 et 2. — Avant-train Kühlstein-Vollmer. — Vue de profil et de bout

Die Vorspannachse von Kühlstein-Vollmer aus dem Jahr 1898.

Oben: Ein Lohner-Porsche alias Mercédès Electrique von 1906; daneben ein Mercédès Electrique aus demselben Jahr mit in den Hinterrädern liegenden Radnabenmotoren.

Rechts: Kühlstein-Vollmer Briefzustellwagen.

Zwischen 1900 und 1910 verkaufte Lohner 301 Exemplare dieser Bauart, die in zahlreiche Länder exportiert wurden. Lohner und Porsche suchten weiterhin gemeinsam bessere Lösungen, denn durch die komplexe Technik stieg der Endpreis der Fahrzeuge, auch waren die Akkus immer noch zu schwer. Porsche experimentierte auch mit einem Modell mit einem Motor in jedem Rad, womit das erste Automobil mit vier angetriebenen Rädern entstand.

1906 kam es zu einer Liaison zwischen Ferdinand Porsche, Ludwig Lohner und dem Mercedes-Generalvertreter an der Côte d'Azur Emil Jellinek, der den Vornamen seiner Tochter zum Bestandteil seines Familiennamens gemacht hatte. Die Herren gründeten unter Federführung Jellineks die Société Mercédès-Electriques mit Sitz in Paris, eine Vertriebsgesellschaft, die die Lohner-Porsche-Patente unter der Technischen Leitung von Ferdinand Porsche weltweit vermarkten wollten. Die Firma war kein Hersteller, sondern Verkäufer; die Fahrzeuge stammten aus den Lohner-Werken in Wien. Die Bestellungen in den ersten Monaten häuften sich, in Deutschland zeigten vor allem Taxiunternehmer Interesse, und eine große Nachfrage kam auch aus Frankreich. Man sprach von mehr als 1200 Bestellungen. Doch Zwistigkeiten zwischen den Partnern führten zu einer frühen Trennung. Jellinek-Mercédès stellte unerfüllbare Forderungen, Ferdinand Porsche sah seine Kompetenzen beschnitten. Er verließ Lohner und trat als Technischer Direktor bei der neugegründeten Austro-Daimler AG ein, und Lohner versuchte auf einem anderen Sektor, nämlich im Karosseriebau, Fuß zu fassen.

Zurück in die Zukunft

Die Société Mercédès-Electriques wurde 1908 aufgelöst und alle Rechte an Austro-Daimler verkauft; dort entstanden noch Jahre lang zahlreiche Elektrofahrzeuge, auch Lastwagen, die teilweise unter dem Markennamen Elektro-Daimler verkauft wurden. Nur ein Problem gab es – und gibt es noch immer – bei dieser Konstruktion: das der ungefederten Massen durch das verhältnismäßig hohe Gewicht der motorbestückten Räder, das verstärkte Federungssysteme und andere Reifen erforderte. Auch das Lenksystem musste perfektioniert werden. Schwierig war und ist die Abdichtung der Antriebskomponenten, da ein in der Radnabe montierter Motor Schmutz, Steinschlag sowie Schnee und Nässe exponiert ist.

Seit einigen Jahren wird das Thema Radnabenmotor wieder aufgegriffen, und – wieder einmal – wird diese Antriebsart als mögliche Lösung für Elektrofahrzeuge in Erwägung gezogen. Die heutigen Radnabenmotoren haben eine höhere Leistung und ein geringeres Gewicht als die damaligen Konstruktionen von Porsche, weisen aber immer noch Probleme mit dem Anstieg der ungefederten Massen, mit Umwelteinflüssen sowie mit hohen Temperaturen auf, denen einige Bauteile ausgesetzt sind. In naher Zukunft könnten Radnabenmotoren mit mehr als 100 kW Leistung und einem Gewicht von unter 30 kg auf den Markt kommen, und vermutlich hat man dann wohl auch diese Probleme gelöst.

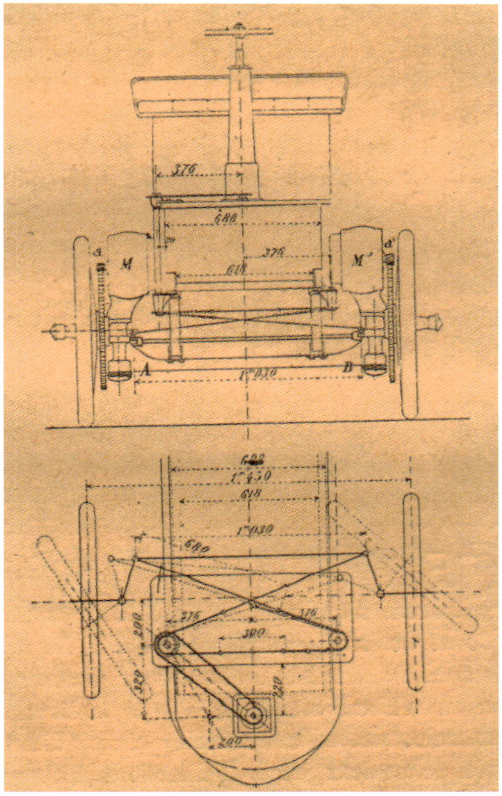

Links: Das Avant-Train-System von Kriéger, das in Gestalt vieler Lizenzen Verbreitung fand.

Oben links: FRAM Cantono mit Vorspannachse von 1901. Oben rechts das private Fahrzeug von Vollmer aus dem Jahr 1898.

Der elektrische Vorspannwagen mit Radnabenmotoren von Justus Christian Braun mit einem Müllsammler-Anhänger vom Schweizer Hersteller Ochsner, Modell Zürich.

Vorspannen und Auswechseln

1895 baute der französische Ingenieur Louis Kriéger eine Kutsche der Marke Abeille in ein elektrisches Fahrzeug um. Er benutzte dazu ein System, das später unter dem Namen »Avant-Train« bekannt wurde. Es bestand aus einer speziellen zusätzlichen Antriebsachse mit Motor, die die Drehschemel-Lenkachse der Kutsche ersetzte. Mit dieser Idee hatte Kriéger so großen Erfolg, dass er zwei Jahre später zusammen mit einem kubanischen Kapitalgeber namens Severino de Heredia eine Firma zur Herstellung solcher Antriebsachsen gründete.

Der elektrische Avant-Train wurde komplett mit Starrachse, zwei Rädern, Motor, Akku und Lenksystem geliefert, die an jede Art von Kutsche installiert werden konnte, im Tausch gegen die Drehschemel-Vorderachse mit deren Deichselwerk. So entstand gleichzeitig der Vorderradantrieb.

Parallelität der Gedanken

Joseph Vollmer von der Firma Ernst Kühlstein in Berlin entwickelte 1898 ein ähnliches System für lizenzfreie Elektrofahrzeuge. Die Vorspannachse wurde auch im Nutzfahrzeugsektor verwendet; sie stand viele Jahre bei Liefer- und Lastwagen und auch bei Omnibussen im Einsatz – konnten doch mit der gleichen Antriebsachse mehrere Einheiten zusammengesetzt werden. In Italien war Eugenio Cantona ab 1900 mit dem Konzept erfolgreich, die Firma FRAM (Fabbrica Rotabili Avantreni Motori) war Hauptabnehmer und blieb bis 1911 im Geschäft. Ein vergleichbares Patent wurde auch nach Frankreich und Amerika verkauft.

Klasse 63c. verfallen Ausgegeben am 27. März 1905.

KAIS. KÖNIGL. PATENTAMT.

Österreichische

PATENTSCHRIFT Nr. 19645.

FERDINAND PORSCHE UND LUDWIG LOHNER, BEIDE IN WIEN.

Antriebslenkrad mit Elektromotor.

Angemeldet am 27. Mai 1902. — Beginn der Patentdauer: 1. November 1904.

Elektrisch angetriebene Lenkräder mit auf dem Achsstummel sitzenden Feldmagneten wurden bisher nur in der Weise ausgeführt, daß der Achsstummel einen vollen zylindrischen Querschnitt hatte, wie dies z. B. in der brit. Patentschrift Nr. 18099, A. D. 1900 beschrieben ist. Dem Bestreben, für solche elektrisch angetriebene Lenkräder die Lenkachse derart anzuordnen, daß ihre Verlängerung die Auflagerfläche des Rades trifft, stand das Hindernis entgegen, daß man die Lenkachse nicht in die Mittelebene des Rades legen konnte, da sich dort der die Feldmagnete tragende Achsstummel befand. Es ließe sich wohl der Schnittpunkt der Lenkachse in das Auflager des Pneumatiks dadurch bringen, daß man die Lenkachse entsprechend schräg stellt. Bei seitlich außerhalb des angetriebenen Lenkrades angeordneter Lenkachse (brit. Patentschrift Nr. 18099, A. D. 1900) würde jedoch diese Schrägstellung eine so große werden, daß dadurch die leichte Lenkbarkeit des Fahrzeuges beeinträchtigt würde.

Um nun die Lösung dieser Aufgabe für Elektromotorlenkräder mit auf dem Achsstummel sitzenden Feldmagneten zu ermöglichen, wird nach vorliegender Erfindung der die Feldmagnete tragende Achsstummel hohl ausgeführt, um den die Lenkachse tragenden Lagerkopf möglichst nahe der Radebene bringen zu können.

Es ist wohl für gewöhnliche Lenkräder bereits bekannt, den Lagerkopf der Achse in dem hohlen lenkbaren Achsstummel zu lagern (siehe z. B. amerikanische Patentschrift Nr. 11760, Orig. Nr. 620968). Die Anwendbarkeit dieser bekannten Konstruktion für Elektromotorräder schien jedoch durch die den zentralen Teil der Nabe einnehmenden Feldmagnete bisher ausgeschlossen.

Die Zeichnung zeigt ein solches Automotorlenkrad, und zwar in Fig. 1 im Schnitt nach *A—A* der Fig. 2 und in Fig. 2 im achsialen Schnitt.

Der die Feldmagnete *11* tragende Achsstummel *1* ist hohl ausgebildet und mit der Achse *2* durch ein Gelenk verbunden, dessen Verlängerung in die Auflagerfläche des Rades *4* bezw. des Luftreifens *5* trifft. Die Achse *2* ist mit einer Bohrung *6* versehen, an deren erweiterten Enden Lagerpfannen *7* angeordnet sind. In die Achsbüchse sind oben und unten Konusse *8* eingeschraubt, welche die Kugeln *9* in den Lagerpfannen halten und welche zur Erhöhung der Sicherheit durch eine Schraube *10* miteinander verbunden sind.

Auf dem hohlen Achsstummel *1* ist der Feldmagnetenstern *11* aufgekeilt und das den Anker *12* tragende Gehäuse *13* mittels Kugellager *14*, *15* gelagert. Demzufolge stehen die Feldmagnete fest, während sich das Gehäuse *13* mit den Teilen *4*, *5* um diese herum bewegt und derart die Fortbewegung des Fahrzeuges bewirkt. Die Zuführung des elektrischen Stromes zu den Kollektorsegmenten *16* erfolgt durch Schleifbürsten, die durch eine abnehmbare Kappe *17* überdeckt und somit gegen Witterungseinflüsse geschützt sind.

So sah die Vorspannachse aus. Das Modell von Kühlstein-Vollmer von 1898 links, in der Mitte die italienische Cantono-Achse, patentiert von Eugenio Cantono, und rechts das Aggregat beim deutschen Elite in den 1920er Jahren, mit welchem auch Lastwagen und Busse ausgestattet wurden.

Links: Lohner-Porsche aus dem Technischen Museum Wien; die Radnabenmotor-Patenturkunde stammt von 1904.

Rechts: So praktisch wurde in den 1920er Jahren die Vorspannachse verwendet. Sie diente zum Ziehen mehrerer Aufbauten für die Stadtreinigung. Abbildung aus einem Original-Katalog.

In Frankreich war es die Compagnie de Voitures Electriques de Saint-Ouen, in den USA nahm die Cantono Tractor Co. im New Jersey eine Lizenzfertigung auf. 1908 wurde eine Lizenz an die Deutsche Elektromobil GmbH in Düsseldorf vergeben.

In Deutschland war Hentschel der größte Hersteller von den »Wechselachsen«, bis sich die Firma mit dem Unternehmen Elite aus Berlin zusammenschloss, die das System unter dem Namen »Eisernes Pferd« verkaufte. Sie standen bei kommunalen Betrieben lange Jahre im Einsatz. In Paris gab es noch 1913 eine Hundertschaft dieser umgebauten Fahrzeuge nach FRAM-System als Straßenkehrmaschinen und als Müllwagen, die noch bis in die 1930er Jahre verwendet wurden.

Ab 1906 nutzte die österreichische Tochter der DMG Patente von Lohner-Porsche für Elektro- und Hybridfahrzeuge mit Radnabenmotoren. Dazu zählten Kleintransporter und Lastwagen bis zu 4000 kg Nutzlast. Eine Akkuladung reichte für eine Strecke bis zu 70 km bei einer maximalen Geschwindigkeit von 18 bis 20 km/h. In den Folgejahren fertigte auch die DMG in Berlin elektrisch angetriebene Feuerwehrfahrzeuge und Elektro-Lastwagen sowie Oberleitungsbusse.

1909 baute die deutsche Namag-Lloyd einen zweiachsigen elektrischen Schlepper, der einen langen Müllsammler-Anhänger ziehen und somit die Entsorgung in den Städten leise in der Nacht erfüllen konnte. Wenig später bot auch Justus Christian Braun ein ähnliches Gefährt an, basierend auf einem elektrischen zweiachsigen Vorspannwagen, der in den vorderen Rädern Radnabenmotoren besaß. Dieser zog einen Müllsammelwagen von Ochsner (Schweiz) mit vorderem Drehschemel, mit 28 Einheitsgefäßen zu 50 Liter Volumen. Das Gleiche gab es auch als kleineres Gefährt mit einem einachsigen Vorspannwagen und hinteren einziehbaren kleinen Stützrädern.

Übernahme einer genialen Konstruktion

Mit einem »eAchse« genannten Frontantriebs-System für den elektrischen Fahrzeugantrieb will die Sparte Elektromobilität der Robert Bosch GmbH die Technik in absehbarer Zeit massentauglich machen. Die 2017 präsentierte eAchse ist Motor, Leistungselektronik, Getriebe und Achse in einem. Aufgrund ihrer Skalierbarkeit von 50 bis 300 Kilowatt kann die Antriebsachse von verschiedenen Fahrzeugen genutzt werden. Ihre kompakte Bauweise spart Platz und ermöglicht mehr Freiheit beim Fahrzeugdesign. Da die

eAchse eine Komplettlösung darstellt, könnten Fahrzeughersteller sie als Modul verwenden und ihre damit konfektionierten Autos schneller auf den Markt bringen.
Der britische Hersteller GKN hat eine ähnliche Konstruktion entwickelt. Der Antriebsspezialist mit Entwicklungsschwerpunkt in Deutschland hat bereits große Erfahrungen sammeln können im Bereich der Plug-in-Hybride etwa in Zusammenarbeit mit Jaguar sowie der BMW AG, für die GKN die elektrische Hinterachse für den 2er liefert und damit aus dem Fronttriebler im E-Fahrmodus einen Allradler macht.

»Avant train« – zwei Mal das gleiche System

In gewisser Hinsicht hat es das Prinzip der elektrischen Antriebsachse schon einmal gegeben – vor mehr als hundert Jahren. Der Franzose Georges Latil und sein Partner Aloïs Korn gründeten 1897 in Marseille die Société Korn et Latil, um ein Gerät zu produzieren, das aus einer Pferdekutsche ein Motorfahrzeug machte. Latil meldete die »Avant-train« genannte Einheit von Motor und angetriebener Achse zum Patent an. Doch ein deutscher Ingenieur hatte um die gleiche Zeit die gleiche Idee: Joseph Vollmer (1871–1955). Die von ihm erfundene Motor/Antriebseinheit gab es zunächst mit Elektro-, ab 1898 auch mit einem 4-PS-Benzinmotor. Die mit den Vorderrädern fest verbundene, in der vorderen Fahrzeugmitte als Drehschemel ausgeführte Einheit ließ sich im Tausch gegen die Vorderachse unter eine beliebige Pferdekutsche am Deichseldrehpunkt montieren, wodurch ein Motorwagen mit Frontantrieb entstand. Eine Innovation, der seitens der Fachwelt zunächst einiger Widerstand entgegengebracht wurde.
In Paris übernahm die Société Kriéger die Herstellung solcher »Vorspannwagen« mit Elektroantrieb. Latil produzierte seinen »Avant-train« mit Benzinmotor sowie komplette

Ein bei den Petter Brothers in Yeovil, England, 1897 hergestellter Elektrowagen mit Avant-train-Antriebsachse System Kriéger.

Fahrzeuge mit Vorderradantrieb ab 1902 in Levallois-Perret und ab 1914 in einer neuen Fabrik in Suresnes. Der Ingenieur Cantono in Rom war einer der ersten, der um 1900 Antriebseinheiten mit einem Elektromotor in Italien herstellte, die sich gegen die Vorderachse von Pferdekutschen austauschen ließen. Es gab Versionen für kleinere Wagen als auch für Kutschen in Omnibusgröße. Die Produktion fand bis 1905 bei den Firmen F.R.A.M. (Fabbrica Rotabili Aventreni Motori) in Rom und bis 1911 in Genua statt. Es gab auch eine Cantono Electric Tractor Co. in den USA, die von 1904 bis 1907 den italienischen Avant-train produzierte.

Beschreibung Georges Latils Motorachse in einem Brevier von 1901. Der Avant train ließ sich mit einem Verbrennungsmotor ebenso anwenden wie mit einem Elektromotor.

Joseph Vollmer hatte seine Ausbildung bei der Maschinenfabrik Esslingen absolviert und ging danach zum Technikum Mittweida, Sachsen. Nach einer Anstellung als Ingenieur bei Bergmann in Gaggenau, wo er u. a. einen Motorwagen namens Orient-Express konstruierte, wurde er 1897 Teilhaber von Kühlstein in Berlin und baute dort verschiedene Motorfahrzeuge, die auf der Pariser Weltausstellung 1900 mit hohen Preisen ausgezeichnet wurden.
Da sein Vorspannwagen sich in etlichen Details von Latils Erfindung unterschied, konnte niemand des anderen Patent anfechten. Vollmer wurde Mitglied der Technischen Kommission des Mitteleuropäischen Motorwagenvereins und wurde in Berlin, Potsdam und Frankfurt/Oder zum Amtlichen Sachverständigen berufen. Auch setzte er sich für die Einführung des metrischen Systems im Kraftfahrzeugbau ein. 1902 wurde Vollmer Technischer Leiter bei N.A.G., wo er auch den ersten Lastzug der Welt baute, genannt »Durch«. 1906 verließ Vollmer die N.A.G. und gründete mit

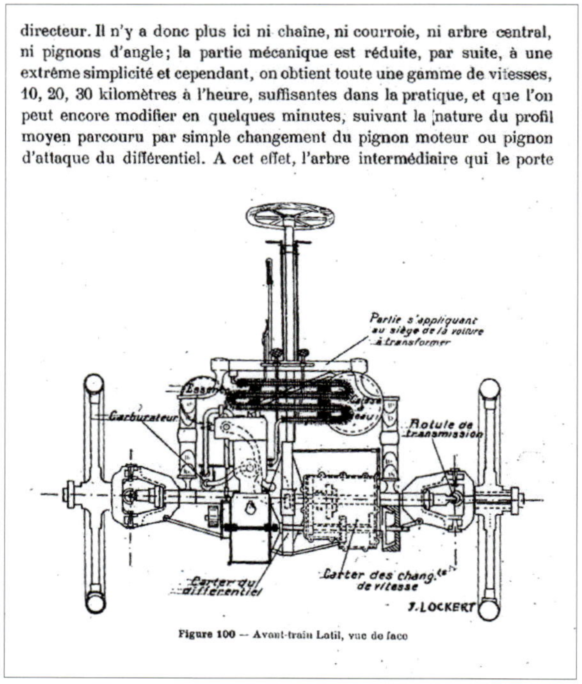

directeur. Il n'y a donc plus ici ni chaîne, ni courroie, ni arbre central, ni pignons d'angle; la partie mécanique est réduite, par suite, à une extrême simplicité et cependant, on obtient toute une gamme de vitesses, 10, 20, 30 kilomètres à l'heure, suffisantes dans la pratique, et que l'on peut encore modifier en quelques minutes, suivant la nature du profil moyen parcouru par simple changement du pignon moteur ou pignon d'attaque du différentiel. A cet effet, l'arbre intermédiaire qui le porte

Figure 100 — Avant-train Latil, vue de face

Ernst Neuberg die Deutsche Automobil-Constructionsgesellschaft (DAC). Zu deren Kunden zählte eine große Zahl von Firmen wie Hanomag und Komnick, aber auch weniger bekannte Hersteller.
Boschs eAchse tritt also ein prominentes Erbe an. Da die Antriebstechnik in einem Gehäuse mit kurzen Kabelwegen unterkommt, lässt sich einiges an Gewicht sparen: Eine E-Achse mit 150 kW wiegt mit rund 90 Kilogramm etwa halb so viel wie ein gleich starker Benziner mit Automatik und ist dank des Wirkungsgrads von bis zu 94 Prozent doppelt so effizient. Da die einzelnen Teile bereits aufeinander abgestimmt sind, reduziert sich zudem der Testaufwand für die Entwickler.
Die E-Achse gibt es mit 50 bis 300 kW Leistung. Dadurch lässt sie sich in vielen unterschiedlichen Fahrzeugklassen einsetzen. Zukünftig soll die E-Achse sogar noch effizienter und leichter werden – mit Halbleitern auf Basis von Siliziumcarbid (SiC). Diese leiten den Strom besser und haben einen höheren Wirkungsgrad. Die Leistungselektronik –

quasi der Fahrtregler des Motors – kann somit kompakter ausfallen.
2021 startete auch der Zulieferer Schaeffler mit der Herstellung von Elektromotor-Modulen. Nach der Gründung eines eigenen Geschäftsbereichs für E-Mobilität 2018 nahm Schaeffler die Serienproduktion von E-Motoren für Hybridmodule, Hybridgetriebe und rein elektrische Achsantriebe auf. Dabei hatte der Zulieferer neben dem Pkw- auch den Lkw-Bereich im Visier.
Schaeffler gedachte sich im eMobility-Zuliefermarkt als Allrounder zu positionieren: Mit einem Sortiment von Komponenten bis hin zu kompletten Antriebssystemen und mit einem Angebot über alle Elektrifizierungsgrade hinweg. Die Grundlage für die E-Motoren-Fertigung bildet dabei eine »neue Technologieplattform, die modular und hochintegriert« ist. Die Schaeffler-Gruppe mit Sitz in Herzogenaurach ist seit 1982 ein börsennotierter Zulieferer der Automobil- und Maschinenbauindustrie.

Elektrischer Motor mit Planetengetriebe und automatischen Kupplungen in einer Einheit von GKN Plc. GKN (Guest, Keen and Nettlefolds) ist ein an der Londoner Börse notierter britischer Zulieferer hoher Reputation, dessen Ursprünge bis in das Jahr 1759 zurückreichen.

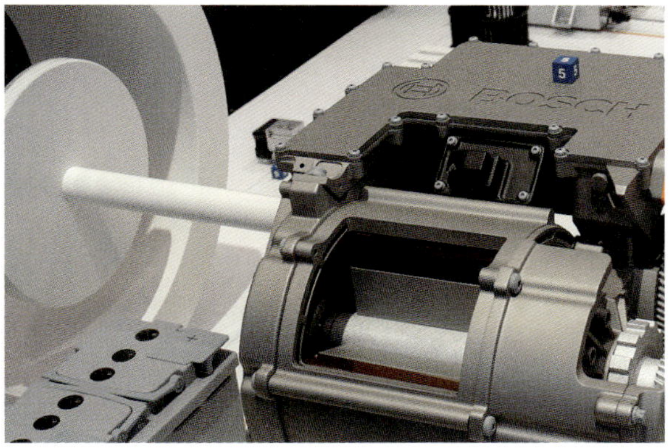

Rechts und unten:
Die Bosch eAchse bietet einen Wirkungsgrad von 94 Prozent und ist in verschiedene Fahrzeugarchitekturen integrierbar. Die All-in-One-Lösung lässt sich in der Leistung von 1000 bis 6000 Nm skalieren und in zahlreiche Anwendungen implementieren; sie kann sowohl an Front- als auch an Hinterachsen verbaut werden.

Der Jaguar i-Pace weist an jeder Achse einen GKN-Elektromotor auf, dessen Drehmoment über ein Verteilgetriebe elektronisch gesteuert und anforderungsgerecht auf die beiden Räder einer Achse aufgeteilt wird.

Früher sprach man von einem Misch- oder Mixte-System

Hybrid: Ideale Koalition oder nur ein Kompromiss?

In der Kraftfahrzeugtechnik ist »Hybrid« eine Bezeichnung für die Kombination der Systemkriterien verschiedener Motoren für den Fahrzeugantrieb. Die Motoren können auf unterschiedliche Weise zusammenarbeiten.
Zum Beispiel parallel: Die Antriebe wirken gleichzeitig auf den zu bewegenden Teil. Oder seriell: Nur ein Antrieb wirkt unmittelbar auf den zu bewegenden Teil. Der andere Antrieb stellt Leistung bereit, die umgewandelt und dem direkt wirkenden Antrieb zugeführt wird.

Einer der ersten Lohner-Porsche mit »windschnittiger« Frontpartie – ein Rennwagen, der nach seinem Erfolg zum ersten Hybridfahrzeug der Firma unter dem Namen »Semper Vivus« dank Einbau zweier DeDion-Bouton Benzinmotoren wurde.

Hybriden gab es bereits lange vor dem Ersten Weltkrieg, meist in Form von Nutzfahrzeugen. Man sprach vom Misch- oder Mixte-System, so bei Lohner-Porsche und bei den Mercédès-Hybriden (s. Seiten 256 und 257). 1925 entstanden bei der Nürnberger Firma Faun ebenfalls benzin-elektrische Omnibusse und Kommunalfahrzeuge; sie hatten wie viele ihrer Vorgänger Radnabenmotoren an den Hinterrädern, deren Strom ein Generator durch einen Sechszylinder-Maybach-Motor (5740 ccm, 70 PS) erzeugte.
Es ist müßig, darüber zu befinden, welches Hybridfahrzeug das nachweislich erste gewesen sei mag. Die Société des Etablissements Pieper in Nessonvaux bei Lüttich war ein Hersteller von Handfeuerwaffen und Fahrrädern, der 1899 bis 1903 auch Automobile anbot. Das erste Modell erhielt man mit einem 3,5-PS-Einzylinder- oder einem 6-PS-Zweizylindermotor; es waren Zweisitzer mit Riemenantrieb. Auch wurden Elektro-Automobile sowie Fahrzeuge mit Mischantrieb hergestellt; die Kombination von einem 3,5-PS-Benzin- mit einem Elektromotor befand sich unter der Sitzbank. Technische Einzelheiten dieses interessanten Fahrzeugs sind nicht bekannt.
1902 folgte ein 12 PS Vierzylinder-Tonneau mit Kettenantrieb; ein Jahr später stellte Pieper die Fertigung ein.
Zu den ebenfalls sehr frühen Hybrid-Konstruktionen zählt jener »Mischwagen« im niederländischen Louwman Museum (Den Haag), der von 1896 stammen soll. Es ist ein amerikanischer Armstrong. Dem Historiker G. N. Georgano zufolge trat die Kutschwagenfirma M. Armstrong Manufacturing Co. in Bridgeport, Connecticut, allerdings erst 1902 in Erscheinung. Sie fertigte – soweit bekannt – zwei Elektro-Hybridmobile mit 6,5-Liter-Zweizylindermotor und Willard-Akkumulatoren. Ob eine geschäftliche Verbindung zu einer gleichnamigen Handelsgesellschaft in New Haven bestand, ist nicht nachzuweisen.
Moderne Hybrid-Nutzfahrzeuge kamen wieder ab 2014 – zunächst versuchsweise – von MAN, Mercedes-Benz, Volvo sowie von einigen Japanern und Koreanern zum Einsatz. Der Lion's City Hybrid von MAN beispielsweise wurde von zwei durch ein Summiergetriebe gekoppelten, elektrischen Fahrmotoren mit jeweils 75 kW Leistung angetrieben. Die beiden Elektromotoren erreichten zusammen ein Drehmoment von 3000 Nm über einen breiten Drehzahlbereich, daher kam der Lion's City Hybrid ohne ein konventionelles Stufengetriebe aus.
Volvo hatte 2015 einen Hybridmotor für schwere Lkw bis 26 t entwickelt. Gut 35 Prozent Kraftstoff sollten sich durch das parallele Hybrid-Konzept einsparen lassen. Dabei wurde nur mit dem Elektrobetrieb angefahren und bis auf 20 km/h beschleunigt; danach übernahm der Dieselmotor den Antrieb, wobei gleichzeitig die Batterien für den Elektromotor aufgeladen wurden. Wie bei anderen Hybridfahrzeugen wurde die beim Bremsen frei werdende Energie vom Elektromotor, der dann als Generator agiert, in elektrische Spannung umgewandelt und gespeichert. Mit diesem Strom wird auch die gesamte Bordelektrik versorgt.
Bei den jüngeren Hybrid-Personenwagen sind die Unterscheidungskriterien oftmals schwer abzugrenzen, zumal viele Hersteller eigene Bezeichnungen verwenden. Generell gilt die nachfolgende Einstufung.

»Hybridantriebe sind eine Vergewaltigung der Physik.«

Dipl-Ing. Fritz Indra, Konstrukteur und Motorenentwickler, in der *ADAC Motorwelt*, 11/2005

Vollhybrid heißt *echter* Hybrid

Vollhybridfahrzeuge sind mit ihrer Leistung von meist mehr als 20 kW/t in der Lage, auch rein elektromotorisch zu fahren (einschließlich Anfahren und Beschleunigen) und stellen daher die Grundlage für einen Seriellen-Hybrid dar. Es findet keine externe Aufladung statt. Beispiele: Der BMW ActiveHybrid X6, der rein elektromotorisch gefahren etwa 60 km/h erreichen kann, oder der Toyota Prius, der etwa 70

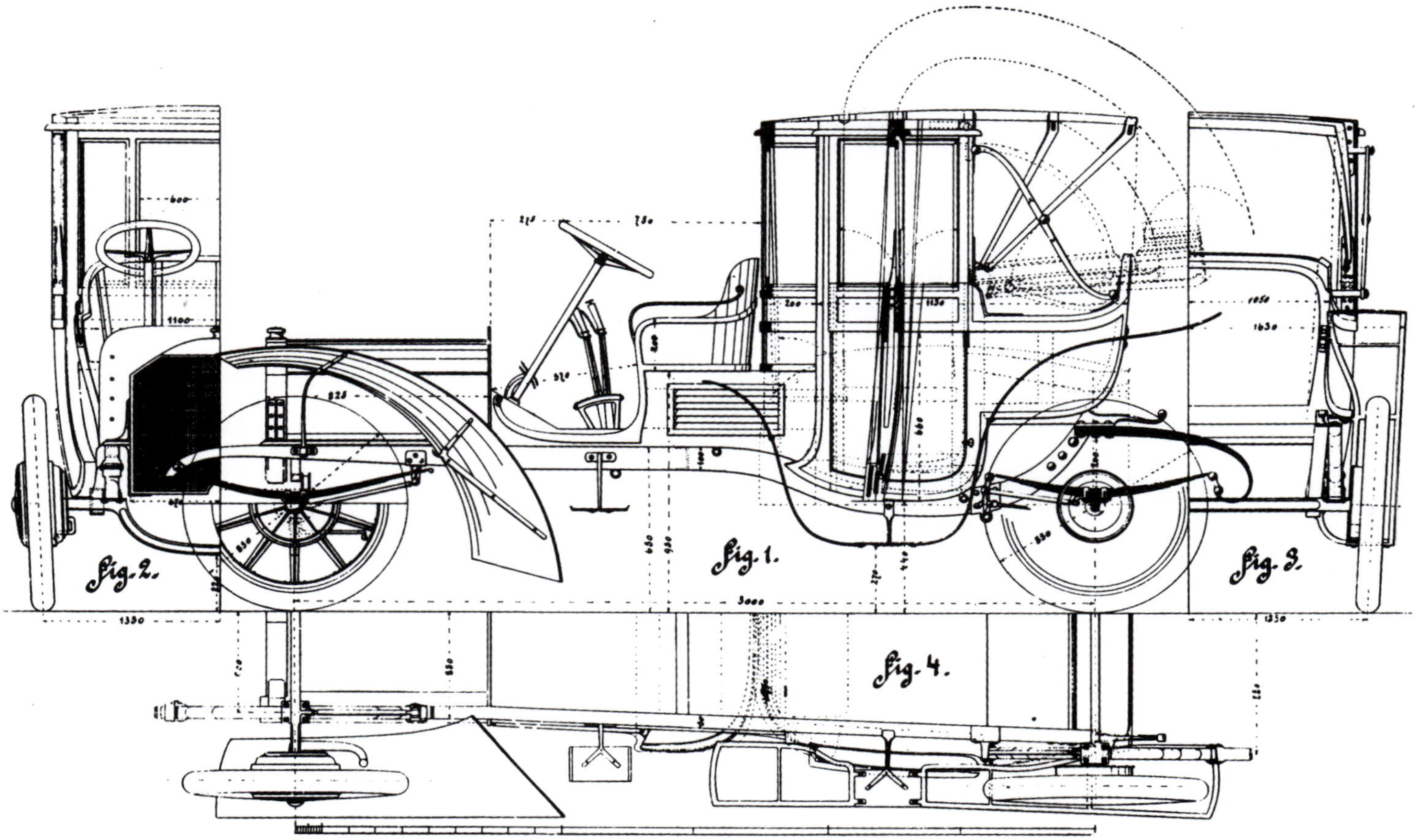

Konstruktionsplan zu Elektro-Benzin-Auto 3/4 Landaulet No. 78.

Diesen Plan im Massstab 1:5 versendet das technische Atelier der Deutschen Fahrzeug-Technik T. Golde, Gera-Reuss, zum Preise von M. 12,—.

Ce dessin reproduit au 1/5, est envoyé par le „technisches Atelier der Deutschen Fahrzeug-Technik T. Golde, Gera-Reuss", au prix de 16 francs.

This plan on a scale 1:5 can be received from „Technisches Atelier der Deutschen Fahrzeug-Technik T. Golde, Gera-Reuss", at the rate of 12 sh.

Erschienen 1924 in der *Deutschen Fahrzeug-Technik.* Die Konstruktion selbst dürfte aber noch aus der Zeit von 1905–1907 stammen.

km/h erreicht. Allerdings über nur kurze Strecken. Der Vorteil des Vollhybrid ist seine Genügsamkeit. In der Regel spart er bis zu 15 Prozent Kraftstoff und produziert damit weniger CO_2-Emissionen, was speziell in der Stadt mit Stop and Go zum Tragen kommt. Wenn hier der Vollhybrid rein elektrisch gefahren wird, bleiben Verbrauch und CO_2-Ausstoß bei Null. Ein systembedingter Nachteil des Vollhybridantriebes sind die notwendigen größeren Energiespeicherkapazitäten, die durch höhere Akkugewichte das Nutzgewicht verringern. Das kann jedoch durch Einsparungsmöglichkeiten an anderer Stelle (zum Beispiel durch expliziten Leichtbau, vereinfachtes Getriebe, Entfallen der Lichtmaschine und des Anlassers) teilweise kompensiert werden. Es ist allerdings auch zu erwarten, dass die Weiterentwicklung moderner Akkumulatoren und Kondensatoren diesen Nachteil kontinuierlich verringert.

Plug-in-Hybrid als Mischform

Der Plug-in-Hybrid ist ein Vollhybrid mit wählbarem rein elektrischem Fahrmodus und der Möglichkeit zur externen Akkuaufladung. Meist hat er einen größeren Akkumulator als ein reiner Hybrid und stellt so eine Mischform zwischen letzterem und einem reinen Elektroautomobil dar.
Eine häufig verwendete Abkürzung ist PHEV (für englisch plug-in hybrid electric vehicle). Die Entwicklung des PHEV mit einem Reichweitenverlängerer (Range Extender, abgekürzt REX) erfolgte aus einer anderen Motivation heraus. Hier sollte auf der Basis eines Elektrofahrzeugs die Möglichkeit geschaffen werden, die Fahrt bei erschöpfter Batterie fortzusetzen und sie gegebenenfalls auch während einer Fahrt aufladen zu können, wenn der Ladezustand eine Weiterfahrt sonst unmöglich gemacht hätte. Beim BMW i3

beispielsweise kann der 650-ccm-Zweizylindermotor (38 PS, im Heck eingebaut, Trockensumpfschmierung) zwar den Akku aufladen, aber nicht mechanisch die Räder antreiben, wodurch der i3 kein Hybridfahrzeug im eigentlichen Sinne ist.

Bei der hohen Reizüberflutung, der sich der Konsument im 21. Jahrhundert ausgesetzt sieht, stellen besonders auffallend gestaltete Anzeigen Ausnahmen dar.

Hier einige positiv assoziierte, Elektroautomobile betreffende Inserate als interessante Beispiele unterschiedlicher Konzepte und Designrichtungen.

I HY BRID
by TOYOTA

THE EDGY HYBRID ELECTRIC SUV
THE LEXUS NX 300h
Redefine your perspectives and drive away from the ordinary. Designed, styled and engineered to bring about an amalgam of bold styling, hybrid power, amazing agility and sophisticated luxury, the NX 300h is here to disrupt the cliche. Meet the new Hybrid Electric SUV in town.
Hybrid Electric Vehicle
Available in 2 variants
NX 300h Luxury - INR 53.18* lakhs
NX 300h F Sport - INR 55.58* lakhs
LEXUS
EXPERIENCE AMAZING

CITROËN
OUI, ELLE RESSEMBLE
À UN GRILLE-PAIN.
C'EST POUR ÇA QUE VOUS
POUVEZ L'ACHETER CHEZ DARTY.
♦ ÉLECTRIQUE ♦ SANS PERMIS ♦ DÈS 14 ANS
ami

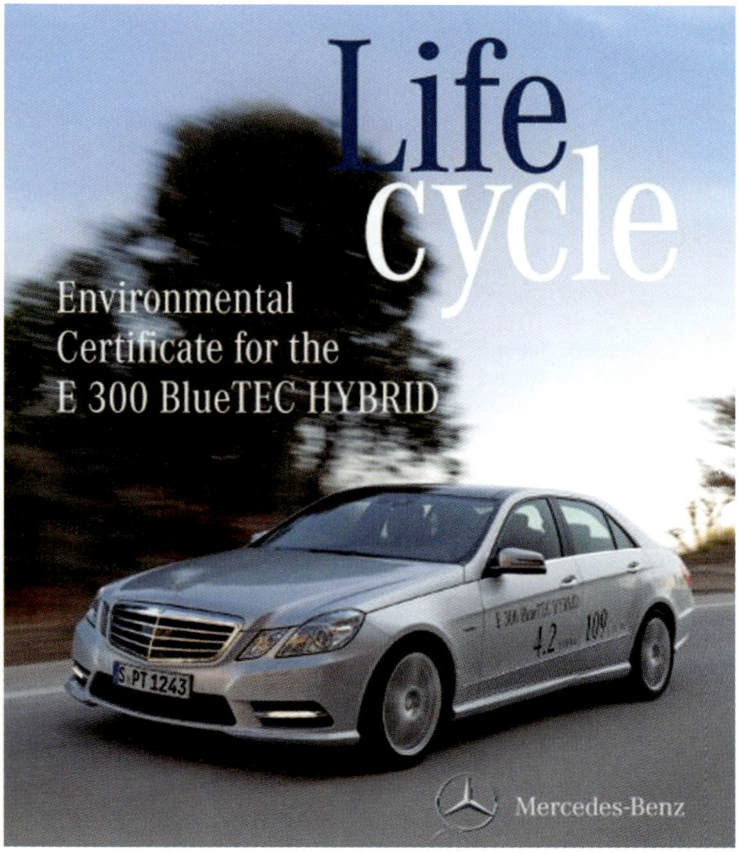
Life cycle
Environmental Certificate for the E 300 BlueTEC HYBRID
S PT 1243
Mercedes-Benz

Im Chevrolet Volt und im baugleichen Opel Ampera ist der Verbrennungsmotor primär als Stromerzeuger für den elektrischen Antrieb vorgesehen, wenn der Ladezustand des Akkus zu niedrig geworden ist; dabei dient der zweite Elektromotor, der bei höheren Geschwindigkeiten zugeschaltet wird, als Generator. Er trägt über diesen indirekt auch zum Vortrieb bei, wenn der jetzt als Generator arbeitende zweite Elektromotor im höheren Geschwindigkeitsbereich dem größeren Elektromotor hinzugeschaltet wird. Der den Generator antreibende Verbrennungsmotor hat jedoch den di-

Ganz oben: Ochsner Contena Hybrid-Lastwagen im Dienst der Müllabfuhr in Meilen, Kanton Zürich. Rechts daneben Audi A7 Sportback Hybrid, 2018.

Oben: Renault Zoé Plug-in-Hybrid, 2017.

Funktionsdarstellung einer Brennstoffzelle des Herstellers Elcore GmbH, München.

rekten Kontakt zum Planetengetriebe des sogenannten Voltec-Antriebsstrangs. Der große Elektromotor ist immer der Hauptantriebsmotor.

Plug-in-Hybrid-Fahrzeuge verbinden Vorteile – aber auch Nachteile – von Batteriefahrzeugen und Fahrzeugen mit Verbrennungsmotor. Auf kürzeren Strecken und bei Verkehrseinschränkungen für Verbrennungsmotoren kann das Auto mit dem elektrischen Antrieb leise, lokal emissionsfrei und sparsam mit Strom aus dem Akku fahren, während durch den zweiten Antrieb (den Verbrenner) das Auto auch dann noch fahren kann, wenn der Akku leer ist.

Mild-Hybrid

Beim sogenannten Mild-Hybrid ist kein rein elektrischer Fahrmodus wählbar. Der Elektroantriebsteil unterstützt lediglich einen Verbrennungsmotor zur Leistungssteigerung. Die zum Bremsen aufgewendete Energie kann in einer Nutzbremse teilweise wiedergewonnen werden (Rekuperation). Als elektromotorische Leistungen werden in der Regel etwa 6 bis14 kW/t angegeben. Oft werden parallel arbeitende Hybridantriebe als Mild-Hybrid ausgeführt.

Brennstoffzellen-Hybrid

Schon im 19. Jahrhundert waren Wissenschaftler von der Entdeckung der Brennstoffzelle als ein Wandlermedium fasziniert, mit welchem sich elektrische Energie in chemisch gebundener Form anwenden lässt. 1875 – als die kohlequalmende Dampfmaschine Hochkonjunktur hatte – prophezeite der Schriftsteller Jules Verne in seinem Buch *Die geheimnisvolle Insel* über die Brennstoffzelle:

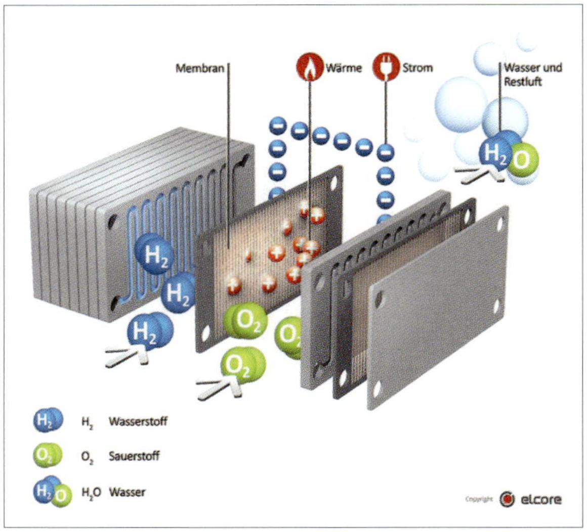

»Das Wasser ist die Kohle der Zukunft. Die Energie von morgen ist Wasser, das durch elektrischen Strom zerlegt worden ist. Die so zerlegten Elemente des Wassers, Wasserstoff und Sauerstoff, werden auf unabsehbare Zeit hinaus die Energieversorgung der Erde sichern«.

Eine erste Brennstoffzelle wurde 1838 von Christian Friedrich Schönbein in Basel erstellt, indem er zwei Platindrähte in Salzsäure mit Wasserstoff bzw. Sauerstoff umspülte und zwischen den Drähten eine elektrische Spannung feststellte. Er erkannte die Umkehrung der Elektrolyse sowie das Erzeugen von Strom in diesem Phänomen und wandte diese Erkenntnisse in mehreren Versuchen an. Schönbein gilt auch als Entdecker des Ozons.

Ford Responder Hybrid 2018 im Polizeidienst, Chicago. Der Auftritt der »Sheriff Cars« hat sich im Verlauf der Jahrzehnte stark verändert.

»... das wird uns dereinst ein großes Vergnügen sein ...«

Zwischen 1905 und 1914 erschienen in den damals kursierenden Automobil-Fachzeitschriften immer wieder Berichte über Elektrowagen. Seitenlang wurde über sie gefachsimpelt, neue Fabrikate wurden vorgestellt. Häufig begannen die Beiträge mit Erläuterungen zu den Grundsätzlichkeiten, mit denen sich Elektro- von Benzinautos unterschieden, wie in der Mai-Nummer 1906 des in Paris erscheinenden Blattes *La Vie Automobile*: »Der Lebensorganismus eines elektrischen Fahrzeugs umfasst drei wesentliche Teile. Das sind die Quelle der elektrischen Energie, ein Motor oder ein System, durch welches die Räder angetrieben werden, sowie ein Apparat zur Regelung der Fahrzeuggeschwindigkeit, der sich zwischen Energiequelle und Motor befindet..

Der Autor Richard de Valbreuze vermerkte, dass dem Elektromobil allein nicht die Aufmerksamkeit der Automobilwelt gebühre, sondern gleichermaßen dem »voiture mixte« (das wir heute als Hybrid bezeichnen). Dieses System noch weiterzuentwickeln »und mit Applaus zu beehren, wird uns dereinst ein großes Vergnügen sein!«

E-POSTBRIEF
GRAN TURISMO
REAL DRIVING SIMULATOR
ZURICH
9
FALKEN
hybrid

Eine Weiterentwicklung der Brennstoffzelle ist die reversible Brennstoffzelle (engl. reversible fuel cell, RFC), in der Stromerzeugung und -speicherung kombiniert werden. Sie besteht im einfachen Fall aus der Kombination einer Wasserstoff-Brennstoffzelle mit einem Elektrolyseur. Neuere Modelle kombinieren den Verbrennungs- und Elektrolyse-Prozess, um Gewicht zu sparen und die Komplexität zu vermindern. Damit eignen sich reversible Brennstoffzellen für Energiespeicher und als Ersatz von Akkumulator-Systemen. Wenn wir von Verbrennern weg wollen, ist die Brennstoffzelle die Antwort, denn Wasserstoff wird aus »Erneuerbaren« erzeugt. Bei zu starkem Wind müssen Windturbinen heute oft abgeschaltet werden. Der erzeugte Strom kann dann per Elektrolyse Wasserstoff erzeugen, dabei spielt der Wirkungsgrad keine Rolle. Einige mittelgroße Anlagen produzieren bereits.

Fahren wir bald mit Wasser?

Mehrere große Automobilhersteller wie Daimler, Ford, General Motors, Toyota, Volkswagen erforschen seit geraumer Zeit Prozesse, in denen sich Wasserstoff als Treibstoff für Kraftfahrzeuge verwenden lässt, und wie man diese zur Energieumwandlung in Brennstoffzellen plus Elektromotor zum Antrieb nutzen kann.
Beispiele hierfür sind die Fahrzeuge NECAR-1 bis NECAR 5 sowie das Konzeptfahrzeug F125 der Daimler AG. Es folgten von MAN gebaute Brennstoffzellen-Stadtbusse in Berlin. Der Brennstoffzellen-Hybridbus Citaro FuelCell von Mercedes-Benz 2016 war ebenfalls nur ein Prototyp und kombinierte Elemente des bereits erprobten Mercedes-Benz Brennstoffzellenbusses, nämlich des dieselelektrischen Citaro G BlueTec Hybrid.
Bei von BMW durchgeführten Versuchen war die Brennstoffzelle nicht originär zur Erzeugung elektrischer Antriebsenergie gedacht. Das Konzept der Münchner sah vor, weiterhin einen Verbrennungs-Kolbenmotor einzusetzen, dessen Kraftstoff dann allerdings Wasserstoff ist, der flüssig bei sehr tiefen Temperaturen zu speichern ist. Das Konzeptfahrzeug hierfür war ein Typ E68 (7er Baureihe) mit einem speziellen Tank, wo der permanent verdunstende Wasserstoff als Gas in einer Brennstoffzelle genutzt wurde, um die Stromversorgung des Fahrzeuges sicherzustellen. Ansonsten hätte der gasförmige Wasserstoff von Zeit zu Zeit ins Freie abgeblasen werden müssen.
Durch den verstärkten Einsatz emissionsfreier Straßenfahrzeuge in Ballungszentren und Großstädten wird eine Verbesserung der dortigen Luftqualität erwartet. Ein Nebeneffekt wäre allerdings, dass die Emissionen vom Ort der Fahrzeugnutzung dorthin verlagert werden, wo der Wasserstoff hergestellt wird – soweit das nicht aufgrund klimaneutraler Verfahren erfolgt.

Gegenüberliegende Seite: Mit der Vorstellung des 911 GT3 R begann Porsche ein neues Motorsport-Kapitel zu schreiben. Sein Renndebüt gab der Hybrid beim 24-Stunden-Rennen auf dem Nürburgring 2010. Motorisierung: zwei 60-kW-Elektromotoren und ein 480 PS starker 4,0 Liter Sechszylinder.

Für den breiten Einsatz der mobilen Wasserstoffanwendungen wäre zudem der gleichzeitige Aufbau eines Netzes von Wasserstofftankstellen erforderlich. Energetisch beim mobilen Einsatz wäre auch der hohe Energiebedarf für die Komprimierung (bis 700 bar) oder die Verflüssigung (etwa -250 °C) zu beachten, der den Gesamtwirkungsgrad der Fahrzeuge mit Wasserstoffspeichern deutlich senkt.
Trotz des hohen Wirkungsgrades der Brennstoffzelle gestaltet sich auch die Abfuhr der Abwärme auf dem vergleichsweise niedrigen Temperaturniveau der Brennstoffzelle von etwa 80 °C als problematisch, denn im Gegensatz zum Verbrennungsmotor beinhaltet das relativ kalte Abgas (Wasserdampf) nur eine vergleichsweise geringe Wärmemenge.
Demzufolge ist man bestrebt, die Betriebstemperatur der Brennstoffzelle auf über 100 °C anzuheben, um Leistungsstärken von mehr als 100 kW realisieren zu können. Ferner kann bei Temperaturen unterhalb des Gefrierpunkts die Startfähigkeit der Brennstoffzelle aufgrund gefrierenden Wassers beeinträchtigt sein. Es muss sichergestellt sein, dass die elektrochemische Reaktion, insbesondere die Diffusion der Brenngase, nicht durch Eisbildung behindert wird. Das kann beispielsweise durch eine geeignete Elektrodenstruktur erzielt werden. Verschiedene Hersteller haben 2003 und 2004 bereits nachgewiesen, dass der Gefrierstart von Brennstoffzellen bei Temperaturen von bis zu –20 °C möglich ist; die Startzeiten seien mit denen von Verbrennungsmotoren vergleichbar.

Brennstoffzellen-Plug-in

Als bisher einziger Fahrzeughersteller verfügte Daimler 2019 über eine komplette eigene Fertigungsfabrik für Brennstoffzellen und lieferte in Serie hergestellte Brennstoffzellenfahrzeuge in Deutschland, Asien und vorwiegend nach Kalifornien aus. Es handelte sich damit um die ersten Brennstoffzellenfahrzeuge, die seit 2015 entstanden und verkauft wurden. Der Preis lag etwa 20 bis 30 Prozent über dem eines Fahrzeugs mit Verbrennungsmotor. Um die Alltagstauglichkeit des Wasserstoffantriebes und der Infrastruktur nachzuweisen, hat die Daimler AG eine Weltumrundung mit mehreren Brennstoffzellenfahrzeugen der B-Klasse erfolgreich abgeschlossen. 200 Vorserienfahrzeuge dieses Typs waren bereits 2010 an Kunden in den USA geliefert worden. Ein in Kalifornien betriebenes Tankstellennetz unterstützte die Alltagstauglichkeit durch Sicherstellung einer minimalen Infrastruktur.
Der Versuch zeigte auch nach mehreren Jahren eine hohe Zufriedenheit der Anwender und Zuverlässigkeit der Fahrzeuge. Vorbereitet wurde daraufhin die breite Markteinführung des GLC F-Cell für Ende 2018. Bei diesem Plug-in-Hybrid handelte es sich erstmals um eine Kombination aus einem großen Lithium-Ionen-Akku (ca. 9 bis 10 kWh) mit einer Brennstoffzelle, weshalb diese auch als Brennstoffzellen-Plug-in-Hybrid bezeichnet wird. Die Fahrzeuge verfügten über eine Reichweite von mehr als 500 Kilometer bei Tankzeiten von nur drei Minuten.

> »Wir müssen uns von den fossilen Brennstoffen unabhängig machen, und deshalb begrüße ich es, dass General Motors beschlossen hat, eine Milliarde Dollar in die Entwicklung der Brennstoffzellen-Entwicklung zu investieren!«
>
> Albert Wynn, Senior Executive General Motors, 2017

Fragwürdige Verbrauchsangaben für Elektro-Hybrid-Fahrzeuge

Nullwert-Emissionen im E-Modus beim Hybridwagen?

»Kohlendioxid (CO_2), ein farbloses Inertgas, ist geruchlos und schmeckt süßlich. Es entsteht u. a. durch die Verbrennung von Kraftstoff. Von der Wissenschaft wird CO_2 als Hauptverursacher der Klimaerwärmung und damit des Treibhauseffekts genannt. Während der vergangenen 100 Jahre nahm die Konzentration der Treibhausgase zu, und die globale Temperatur stieg seither an.«

Ehrhardt Raschke in *Welt der Physik*, 2008

Rechnet sich Elektromobilität gesamtvolkswirtschaftlich? Und stimmt es, dass Autos mit elektrischem oder gemischtem Antrieb zur Schonung fossiler Ressourcen und zur Verbesserung unserer Lebensbedingungen beitragen? Bewirkt die Einsparung von Vergaser- bzw. Dieselkraftstoff, mehr Lebensqualität in der Gegenwart und erst recht in der Zukunft zu gewährleisten? Oder werden bestimmte Fakten nicht oder nur ungern kommuniziert, weil sie politisch nicht opportun sind?
Um über Fragen der Ressourcenschonung und Schadstoffemissionen befinden zu können, haben kluge Kommissionen in jahrelanger Arbeit versucht, Parameter zu erarbeiten, die als Definitionshilfen dienen sollen und die der Kraftfahrzeugindustrie Standards bei der Kategorisierung von Verbrennungsmotoren vorgeben. So entstanden Methoden der Verbrauchsmessungen, wie man sie im Rahmen des »Neuen Europäischen Fahrzyklus« – abgekürzt NEFZ – vereinheitlicht hat. In der Europäischen Union einigte man sich auf den Begriff New European Driving Cycle oder NEDC. Festgeschrieben sind sie in Richtlinien sowohl für Fahrzeuge mit Verbrennungsmotor als auch für solche mit Elektrohybrid-Antrieb sowie für reine Elektrofahrzeuge.
Angesichts der stark zunehmenden Motorisierung in den 1960er Jahren hat man damals in Deutschland und dann auch in Frankreich erste Abgasgrenzwerte festgelegt, wie sie in einer gemeinsamen Richtlinie 70/220/EWG vom März 1970 veröffentlicht wurden.
Infolge der Ölpreiskrise 1972–73 erfolgte dann seitens der Wirtschaftskommission der Vereinten Nationen für Europa eine Überarbeitung der Methode zur Messung des Kraftstoffverbrauchs, die zur Grundlage der DIN-Norm 70030 im Jahr 1978 wurde. Nach ihr war seitens der Autohersteller ein Stadtverkehr-Fahrzyklus auf dem Rollenprüfstand zu simulieren, ferner eine Überlandfahrt mit konstanten Geschwindigkeiten von 90 km/h und 120 km/h, ebenfalls auf einem Rollenprüfstand. Vor Einführung dieser Drittelmix-Berechnung wurden Verbrauchs- und Abgaswerte nach DIN 70020 ohne Fahrzyklen bei nur einer Geschwindigkeit gemessen.
Mit der »Euro 1« genannten Norm wurde ab Juli 1992 der Fahrzyklus der Richtlinie 70/220/EWG über den Stadtverkehr hinaus erweitert. Beraten wurde die Europäische Kommission (EC) von einem Gremium namens Motor Vehicle Emissions Group (MVEG). Dieser erweiterte Fahrzyklus wurde jetzt Neuer Europäischer Fahrzyklus (NEFZ) bzw. New European Driving Cycle (NEDC) genannt, und die Wertermittlung findet auch für Kraftfahrzeuge mit alternativer Antriebstechnologie Anwendung. Aber gerade für diese sei die Norm unfair oder zumindest irreführend, argumentieren Kritiker. So führte *AutoBild* in der Ausgabe 32/2011 aus:
»In dieser Norm ist für Plug-in-Hybridautos ein elf Kilometer langer Fahrzyklus festgelegt: eine Stadt- und eine Überlandfahrt, die die Plug-ins zweimal durchfahren – mit vollen und mit leeren Akkus. Also zuerst mit dem Elektromotor, anschließend auch mit dem Verbrenner. Über eine Formel werden beide Werte kombiniert.
Problem: Weil im E-Betrieb kein Sprit verbraucht wird, fließt dieser Wert mit null ein, obwohl bei der Produktion einer Kilowattstunde 575 Gramm CO_2 entstehen (Ökostrom: 40 g/kWh) und der Autofahrer den Strom bezahlen muss. Diese Werte liegen zwar vor, die EU-Zauberformel aber verschleiert sie. Die Verbrauchsmessung müsse generell verändert werden, forderte Nikolaus Steininger von der zuständigen EU-Behörde.«
Das Problem bei dieser Art der Berechnung ist nämlich, dass das Plug-in-Fahrzeug im E-Betrieb keinen Kraftstoff verbraucht, sondern elektrische Energie, Angaben zum elektrischen Verbrauch in kWh pro 100 km wären daher wesentlich aufschlussreicher. Dieser Energiebedarf wird bei der Emissionsbestimmung des Fahrzeugs jedoch mit dem Faktor Null eingerechnet. Das trifft lediglich auf die direkte Emission des Fahrzeugs zu, während der Kunde die Energie zusätzlich bezahlen muss – außerdem sollte, je nach gewähltem Stromvertrag, nach dem Grad des Ausbaus von regenerativer Stromerzeugung und dazu auch von der Netzauslastung, auch die jeweilige CO_2-Emission bei der Erzeugung durch den Energieversorger dem Kundenverbrauch zugerechnet werden. Das ist in der EU-Norm jedoch bislang nicht abgebildet und auch nicht so ohne Weiteres errechenbar.

Nicht einbezogene Faktoren

Der Fehler liegt also in der Nichtberücksichtigung der Erzeugungs-, Verteilungs- und Speicherkosten der vorher eingeladenen elektrischen Energie. Und dieser systemische Fehler führt zu Angaben sehr niedriger »Norm-Verbrauchswerte« bei Hybriden.
»Die Autoindustrie hat den Plug-in-Hybrid für sich entdeckt. Und das, obwohl er teuer und ineffizient arbeitet. Der Grund dafür ist simpel: Mit dem Konzept können die Konzerne schön beim Spritsparen schummeln,« schrieb Michail Hengstenberg im April 2015 in *SPIEGEL online*: »Der Plug-in ist ein fauler Kompromiss!«
Auf dem Papier stünde am Ende des Testzyklus ein wahrlich fabelhafter Verbrauchswert. Aber er sei fiktiv, und das im doppelten Sinne: »Zum einen, weil auch bei der Herstellung des Stroms CO_2-Emissionen anfallen – zumindest dann, wenn dieser nicht aus regenerativen Quellen stammt.

Den Mercedes EQS (oben) und den Toyota RAV4 PHEV ermittelte ein britisches Expertenteam als die qualitativ besten Hybriden der Oberklasse des Jahrgangs 2022.

Diese Emissionen müssten berücksichtigt werden. Doch der aktuelle Testzyklus unterschlägt sie. Zum anderen schlicht deshalb, weil auch ungeachtet dessen der Realverbrauch mit dem errechneten Wert nicht einmal ansatzweise übereinstimmt.«
Ab September 2018 gilt eln neuer Testzyklus namens WLTP (World Harmonized Light Vehicle Test Procedure) – Kritiker sehen in dem Aufschlag, der bei den vom Hersteller genannten CO_2-Werten nun ohne jegliche Umrechnungsformel in zukünftige Steuerberechnungen eingeht, nur Nachteile für den Autobesitzer und dafür aber Vorteile für den Fiskus.

Zu jenen Herstellern, deren Premiummodelle ab 2022 ausschließlich als Plug-in-Hybriden gebaut werden, zählt Mercedes-Benz. Der S 580 e war ab Anfang 2022 mit kurzem und langem Radstand zu Listenpreisen ab 123.736 Euro bestellbar. In AMG-Spezifikation und Allradausführung kam man auf gut 200.000 Euro. Die rein elektrische Reichweite von über 100 Kilometern gemäß WLTP nahm sich etwas bescheiden aus. Für das dreiphasige Laden am Wechselstromnetz befand sich serienmäßig ein 11-kW-Ladegerät an Bord, für das Schnellladen mit Gleichstrom war ein 60-kW-DC-Lader verfügbar. Mit Letzterem soll die Aufladung der Batterie rund 30 Minuten dauern.
Der PHEV-Antrieb setzt sich aus einem Sechszylinder-Reihenmotor mit 270 kW aus der aktuellen Motorengeneration von Mercedes-Benz und besagter 110-kW-E-Maschine mit einem Drehmoment von 480 Nm zusammen. Die Höchstgeschwindigkeit im Fahrprogramm Electric beträgt laut Hersteller 140 km/h. Die Version AMG 53 EQS beschleunigt auf 250 – ob derlei Tempi in Abwägung mit der Geamtökobilanz vertretbar sind, darüber darf debattiert werden.

Ob Droschke, Taxi oder Cab – das Kilowatt löste das Hafer-PS ab

… nur ein leises Summen: Elektrische Taxis

Das Taxi war nicht immer schon ein Taxi, sondern vielmehr ein Taxameter, und selbst dieses dem Griechischen entlehnte Wort stand ursprünglich nicht für ein Fahrzeug, sondern für den Wegstreckenmesser an Bord desselben. Und während sich im englischen Sprachraum das Taxicab etablierte, kurz Cab, stand im Deutschen der Begriff Droschke (der wiederum aus dem Russischen kam) für eine Pferde- und später auch Motorkutsche (Kraftdroschke), die man samt Kutscher beziehungsweise Chauffeur für einen bestimmten Zeitraum oder eine Wegstrecke mietet.
Die Großstädte dies- und jenseits des Atlantiks boten dem Taxigewerbe ein immenses und sich ständig erweiterndes Betätigungsareal. Und mit Zunahme der sich in den Metropolen bewegenden (oder in einem Stau stehenden) Taxis stieg proportional auch die Zahl der Elektrofahrzeuge.
In New York liefen die ersten Elektro-Taxicabs ab November 1896; es waren zwölf Wagen mit Hansom-Karosserie von der Firma Morris & Salom, die ein Jahr vorher ihr erstes elektrisches Fahrzeug vorgestellt hatte. Diese elektrischen Taxis wurden fröhlich gefeiert, schienen sie doch die optimale Lösung jener Probleme zu sein, die sich aus der starken Umweltbelastung durch immer mehr Pferdefuhrwerke ergab. Einem Zeitungsbericht aus jenen Jahren zufolge war bei diesen Fahrzeugen die Hinterachse lenkbar, während der Antrieb über zwei 0,5 PS starke Elektromotoren auf die Vorderräder erfolgte. Fahrzeughersteller war die Electric Carriage & Wagon Company.

Big Business

Die erfolgreich operierende Firma wurde, wie einem Leserbrief der beiden Besitzer in der Zeitschrift *Horseless Age* 1897 zu entnehmen ist, an einen Mr. Isaac L. Rice verkauft, der mit seiner Electric Vehicle Company eine Monopolstellung aufzubauen anstrebte, zu diesem Zweck mehrere Firmen erwarb und sie zu einer Holding zusammenschloss. Das Taxigeschäft war lukrativ und brachte gute Rendite – zumindest für den Betreiber einer Flotte; Chauffeure wurden mit geringen Löhnen abgespeist und waren auf Trinkgelder angewiesen.

Noch war der Dampfwagen aktuell

Der Kundschaft gefiel das elektrische Taxicab, denn es war leise, bequem und schüttelte nicht. Rice erweiterte seine Flotte um den Electrobat, ein Fahrzeug, das bereits in Serie gebaut wurde. Angesichts des Erfolges in New York etablierten sich in anderen Städten ebenfalls Taxidienste mit Elektrofahrzeugen. Bei der Mehrzahl der 4200 um 1900 in den USA in Verkehr gesetzten Neufahrzeuge handelte es sich zwar um Dampfwagen, aber 38 Prozent waren Elektromobile.

Morris-Salom-Taxi mit hoch gelegenem Arbeitsplatz.

Columbia-Taxi als Kleinbus …

… und als Hansom – alle zwischen 1899 und 1903.

Zwei Jeantaud Taxis im 1898er Wettbewerb, links das Landaulet Drowsky mit der Nummer 23, rechts das Hansom Cab, Teilnehmer Nr. 25, mit dem Fahrer hinten, beide in der Rue de Magdebourg, 16. Pariser Arrondissement.

Die Unterbringung der Teilnehmer am Taxi-Wettbewerb erfolgte nachts in einer bewachten Halle, wo die Fahrer der 14 Elektrofahrzeuge auch ihre Akkus nachladen konnten.

Für 1898 standen in Frankreich nicht nur verschiedene Automobilrennen (Marseille-Nice, Périgueux-Bergerac-Périgueux und Paris-Bordeaux) im Veranstaltungskalender, sondern auch zwei weitere vom Automobile Club de France organisierte Events. So der erste Automobilsalon, der am 15. Juni im Jardin des Tuileries eröffnet wurde, und ein Concours des Voitures de Place, ein Leistungswettbewerb für Taxis. Für diesen sah das Reglement vor, dass jeder Teilnehmer mit seinem Fahrzeug zwölf Tage lang im Zentrum von París im Einsatz stand und pro Tag mindestens 60 Kilometer zurücklegte, bei einer Mindestgeschwindigkeit von 20 km/h. Am letzten Tag sollte eine gemeinsame Ausfahrt nach Versailles stattfinden.

Von den 26 Teilnehmerfahrzeugen waren 14 mit Elektro- und 12 mit Benzinmotor unterwegs. Alle Benzinfahrzeuge bis auf einen Peugeot zogen sich aber vorzeitig vom Wettbewerb zurück. Letzlich blieben sieben Fahrzeuge übrig, drei Krièger, zwei Jeantaud, ein Jenatzy und der Peugeot.

Kriéger Vis-à-vis, die Nr. 3, mit Louis Kriéger am Steuer.

Zwei Krièger-Taxis neben einem Jeantaud Hansom auf dem »Concours des Taxis« in Paris 1898, hier bei der Abnahme in Versailles.

Die benötigte Elektrizität fürs nächtliche Laden der Taxi-Akkus stellten drei Dampflokomobile über Generatoren bereit.

Oben rechts der Kriéger Nr. 16, der den Pariser Taxi-Wettbewerb 1898 in seiner Kategorie gewann.

Rechts: Ein elektrischer Stoewer von 1902.

»Was wir am Riker Elektrowagen besonders schätzen, ist die stählerne Kapsel, die den Motor schützt und ihn vor Verschmutzung und Eindringen von Straßenstaub bewahrt …«

The Automotor, 15. September 1898

Drei Lokomobile als Generatoren

Sowohl Louis Kriéger als auch Charles Jeantaud gaben sich die Ehre, ihre Fahrzeuge selbst zu fahren. Alle Fahrzeuge wurden täglich getestet, nicht nur was Reichweite und Geschwindigkeit anging, sondern auch den Verbrauch und die Steigfähigkeit; häufig fuhren die Tester als Passagiere mit. Über Nacht wurden die Akkus der sechs Elektrofahrzeuge gemeinsam in einer für den Wettbewerb zur Verfügung gestellten Halle der Automobilfirma Clement in Levallois-Perret aufgeladen. Um die benötigten 415 kWh bei 110 Volt zur Verfügung zu stellen, baute die Organisation ein System auf, das aus drei stationären Dampfmaschinen bestand, jede mit 100 PS Leistung, die den Strom über Generatoren lieferte. Alle Fahrzeuge waren mit den modernen Fulmen-Akkus ausgerüstet; Spezialisten der Firma überwachten dabei täglich die Leistungen ihrer Akkumulatoren und die Resultate der Nachladungen. Die Kontrollen ergaben, dass der Durchschnittsverbrauch der Fahrzeuge während der zwölf Tage 10 bis 13 kWh betrug.
Während der Wettbewerbsfahrten hatten alle verbliebenen Fahrzeuge einen hohen Grad an Zuverlässigkeit bewiesen, und die meisten fuhren sogar weitaus mehr als die vorgeschriebenen 60 Kilometer pro Tag. Nur die durchschnittliche Schnittgeschwindigkeit konnte wegen der vielen Steigungen nicht eingehalten werden, sie betrug zwischen 11 und 13 km/h.

Die Preisverteilung war einfach; die Fahrzeuge waren in drei Kategorien eingeteilt. Die erste Kategorie betraf Fahrzeuge mit Handschaltung – hier traf der Jenatzy auf den Peugeot, wobei das Benzinfahrzeug am Ende disqualifiziert wurde. Die zweite Kategorie war für Fahrzeuge mit einem automatischen Gang, also für die zwei Jeantaud, während in der dritten Kategorie die drei Kriéger fuhren, denn sie besaßen je zwei elektrische Motoren.
Ein Blick auf die Karosserien lässt erkennen, dass die Pferdekutsche in den meisten Fällen Pate gestanden hatte. Auch waren die vorderen Räder kleiner als die hinteren, und bei einigen fehlten nur die Deichsel und der Warmblüter. Aber es gab auch Ansätze zu anderen Konstruktionen, wobei das Hansom aus dem Rahmen fiel.
Der helle Jeantaud war solch eine Ausführung mit dem Chauffeur am Heck über dem Dach thronend, von dort aus lenkte er die Vorderachse. Zwei Passagiere fanden in der Kabine Platz. Bei diesem Typ lagen die Batterien unter der »Motorhaube«, während der Elektromotor hinten direkt an der Antriebsachse saß.
Im Gegensatz zu Jeantaud baute Louis Kriéger seine Motoren in die Vorderräder ein, entweder zentral oder je einen pro Rad, womit die Vorderräder sowohl gelenkt als auch angetrieben wurden, was zur damaligen Zeit neu war und nicht frei von Problemen. Auf dieser Basis baute Kriéger auch Hybridfahrzeuge, indem er die Elektromotoren in den Rädern mit einem benzinbetriebenen De-Dion-Bouton-Motor unter der Fronthaube koppelte.
In einer Sammlung in Spanien steht heute ein spezielles französisches Elektrotaxi, ein dreirädriger Thouvenin-Tollin

Ganz links: Bersey Taxi von 1897.

Links: Dieser französische Thouvenin-Tollin von etwa 1910 (obwohl mit der Jahreszahl 1895 versehen), befindet sich heute in spanischem Besitz.

Mehrere elektrische Taxis in London an einer Taxihaltestelle.

von etwa 1910. Dieses seltene Gefährt stammt aus einer kleinen Serie, die damals vom Louvre in Paris für den Transport von Persönlichkeiten von und zum Bahnhof diente, aber auch für andere Zwecke innerhalb des Museums bewegt wurde. Dieses einzig bekannte Vehikel wurde noch im Zweiten Weltkrieg eingesetzt und kam später nach La Rochelle. Die Jahreszahl 1895 stimmt allerdings nicht.

Wie der Gesang eines Kolibris

In England startete Walter Bersey 1897 mit zwölf elektrischen Taxis seine London Electrical Cab Co. Ltd. Die junge Firma hatte mangels Erfahrung anfangs Probleme, ihre »Humming Birds« (Kolibris) effizient zu betreiben (Reichweiten, Ladezeiten). Berseys Fahrzeuge gehörten zu jenen, die einen Johnson-Lundell-Motor mit 1,6 kW Leistung hatten. Bersey versuchte, für seine bald 100 Fahrzeuge umfassende Flotte ein eigenes Netz von Ladestationen aufzubauen, was sich als kostspieliges Unterfangen erwies. Ein Tausch leerer Akkus gegen volle stellte eine bessere Lösung dar. Die Fahrzeuge waren mit Luftreifen ausgerüstet, was die Fahrt zwar bequemer machte, doch für das hohe Gewicht von knapp zwei Tonnen erwiesen sie sich als unterdimensioniert, was zu zahlreichen Reifenpannen führte.
Eine Metropole wie London bot auch weiteren Betreibern von Taxiflotten Raum. Gut vertreten war die Electromobile Company, die ihre Fahrzeuge speziell für den Einsatz als Taxis baute. Zunächst arbeitete die Firma mit französischen Lizenzen, machte sich aber kurz darauf mit eigenen Ideen unabhängig. 1907 gewann ein Elektromobil eine Goldmedalle, verliehen vom englischen Automobil-Club für das am besten geeignete Fahrzeug für die Stadt. Auch konnte man die Fahrzeuge zu einem festen Preis für die Dauer eines ganzen Jahres leasen.
Noch 1917 befanden sich in London 120 elektrische Taxis der Firma Heilford Street Motors im Dienst, die dem Kriéger Electric Carriage Syndicate mit 36 Taxis und der Firma Landaulette Co. aus Chelsea mit 20 Cabs Konkurrenz machte. 1927 wurde in England ein Kriéger ausgezeichnet, der 24 Jahre im Taxidienst stand, insgesamt 180.000 Meilen (etwa 288.000 Kilometer) zurückgelegt hatte und immer noch gut funktionierte. Die Akkumulatoren der Firma D.P. Kathanode waren nie ausgewechselt worden.

Elektrische Taxis in Deutschland

In Berlin wurde 1899 die erste elektrische Autodroschke in Betrieb genommen. Es war ein Modell der Firma Hentschel & Co, ein Umbau einer Pferdekutsche mit einfachen Mitteln. Der Batteriekasten saß auf einem Eisengestell unterhalb der Karosserie, der Motor befand sich unter dem Fahrersitz. Die Kraftübertragung erfolgte über ein gegen Staub und

»Wie wir erfahren haben, werden nach dem Londoner Vorbild auch in Leeds die amerikanischen Cabs von Morris & Salom mit Elektromotoren in den beiden Vorderrädern angeschafft, nachdem das sprichwörtliche britische Phlegma es nicht zuwege gebracht hat, eigene Konstruktionen zu entwickeln.«

The Autocar, 1. Januar 1898

Oben: Ein DEW Taxi im Einsatz; insgesamt sollen mehr als 500 Fahrzeuge gebaut worden sein.

Rechts daneben: Renault Celtaquatre Electrique 1937 in Paris.

Rechts: Ein spanischer David, umgebaut zum Elektrofahrzeug und auch als Taxi verwendet, etwa 1942.

Nässe geschütztes System aus biegsamen Wellen, die über eine Vorgelegewelle und Ketten die Kraft auf die Hinterräder übermittelten. Die Reichweite lag bei 45 Kilometern, genug für die meisten Fahrten.
Stoewer aus Stettin, einst drittgrößter Automobilhersteller Deutschlands, bot zwischen 1899 und 1905 mehr als 20 Modelle mit Elektromotor an: Taxis, Krankenwagen, Feuerwehren, Omnibusse und Lastwagen. Das erste Elektromobil besaß zwei Motoren, einen im jeden Hinterrad, wo sich auch die schweren Akkus befanden. Aus diesem Grund waren die hinteren Räder und Reifen größer als die vorderen. Die Presse hob die Verkapselung aller elektrischen Leitungen in speziellen Holzkanälen hervor. Das Taximodell hatte eine Reichweite von etwa 60 Kilometern.
1903 erschien die erste N.A.G. Autodroschke, die Tag und Nacht im Einsatz stand und mehr als 500.000 Kilometer zurücklegte. Siemens war nach Übernahme der Firma Schuckert ab 1903 ebenfalls im Kraftfahrzeugbau aktiv, vorerst ausschließlich unter Verwendung von elektrischen Motoren. Schuckert hatte schon 1899 eine Kutsche in ein Elektromobil umfunktioniert, aber erst unter dem Szepter von Siemens wurde eine Serienproduktion aufgezogen. Eine neue Fabrik am Nonnendamm bei Berlin produzierte ab 1906 Taxis, Lieferwagen und Feuerwehrfahrzeuge. »Der Motor ist als Nebenschlussmotor ausgebildet,« hieß es in einer Werbeschrift, »er ist durch ein Stützrohr mit der Hinterrad-Achse starr verbunden, durch einen Ring, der am Rahmen drehbar befestigt ist, festgehalten. Der Motor leistet dauernd 4,2 PS bei normaler Erwärmung und ist zwischen 600 und 1200 Touren regulierbar, was einer Geschwindigkeit von 15 bis 30 km/h entspricht...Im Inneren der Hinterradachse befinden sich die Antriebskegelräder mit dem Ausgleichsgetriebe; das kleine Kegelrad wird vom Motor in Drehung versetzt und steht mit dem großen Kegelrad im Eingriff. Der Fahrschalter wird mittels eines Handhebels von der Steuersäule aus durch Kegelräder bedient, er besitzt 11 Anlass- und 12 Regulierstufen, um ein stoßfreies Anfahren und sanftes Beschleunigen des Wagens zu erzielen.«

Das schlechte Pflaster ist schuld

1905 berichtete die *Automobil-Welt* über die Verhältnisse in Köln in Bezug auf Elektrodroschken. »Der Betrieb liegt ausschließlich in den Händen der Allgemeinen Betriebs-AG für Motorfahrzeuge (ABAM). Der Benzinbetrieb hat hier eine völlige Niederlage erlitten, wohl nicht zuletzt durch das stellenweise minderwertige Pflaster, das unbedingt zur Schonung der Motoren Luftreifen erfordert; diese wurden schnell unbrauchbar, so dass häufige Störungen und Ausbesserungen die Betriebskosten übermäßig erhöhten. Deshalb sind jetzt ausschließlich elektrische Fahrzeuge System Kriéger eingeführt. Sie sind auf vier Haltestellen in der inneren Stadt verteilt, fahren nach dem Kölner Tarif der Taximeterdroschken erster Klasse und sollen sich, nachdem in den ersten Jahren mangels Erfahrungen dabei zugesetzt worden ist, seit zwei Jahren gut bewähren, da sie bei gleichen

Betriebskosten wie die Benzinwagen wegen der geringeren Abnutzung einer niedrigeren Amortisation bedürfen. Es sei noch erwähnt, dass zum Preis von 18 Mark Kuponbücher von einjähriger Gültigkeit ausgegeben werden, die dem Publikum die Benutzung dieser Wagen zu einer nicht unbedeutenden Ermäßigung gestatten.«
In diesem Zeitraum entstanden Unternehmungen wie die Bedag in Berlin und die Hedag in Hamburg, Aktiengesellschaften, die sich ausschließlich elektrische Droschken zulegten. Gesellschaften wie die Allgemeine Berliner Omnibus AG (ABOAG) sowie AFA richteten Ladestationen ein, wo auch Akkumulatoren gewechselt wurden.

Elektrisch nach dem Krieg

1915 wurde in Detroit, Chicago und New York wieder einmal über den Aufbau größerer Flotten von elektrischen Taxis debattiert; dort gab es sie noch in den Zwanziger und frühen Dreißiger Jahren, wenngleich in geringer Zahl. Da war die Firma Rauch & Lang, die sich 1915 mit Baker zusammengeschlossen hatte und noch Hunderte von Elektromobilen produzierte. Ihre Taximodelle wurden unverändert zwischen 1922 und 1927 gebaut.
Auch in Europa standen in den 1920er Jahren noch vereinzelt elektrische Taxis im Einsatz. Obwohl nach der Erfindung des elektrischen Anlassers für Benzinfahrzeuge die Weiterentwicklung des Elektrofahrzeugs in den Hintergrund gedrängt worden war, setzten viele Ingenieure und Wissenschaftler ihre Arbeit fort.
In Deutschland übernahm der dänische Industrielle Jörgen Skafte Rasmussen, Gründer der DKW-Werke, die pleitegegangene Firma Slaby-Behringer, die ein Kleinstmobil als Benziner und als Elektrofahrzeug gebaut hatte, und stellte in diesem Betrieb unter der Leitung des Technischen Direktors Dr. Rudolf Slaby ein Elektromobil her. Es war in Leichtbauweise gehalten; die Karosserie bestand aus Sperrholz, so dass das betriebsfertige Fahrzeug nur 900 kg wog. Die Sperrholzkonstruktion ersetzte den Rahmen und saß direkt auf den gefederten Achsen. Der 4,6 PS (3, 5 kW) starke Motor von AEG lag am Boden der Karosserie, die dort mit Kupferblech verstärkt war. Der Antrieb erfolgte über ein Vorgelege und Kardanwelle auf das Differenzial der Hinterachse. Von diesem Auto gab es auch eine Taxi-Version.

Heimischer Treibstoff?

In Deutschland gab es damals in jeder größeren Stadt ein Netz von elektrischen Kommunalfahrzeugen und Taxis mit elektrischem Antrieb, und noch in den Dreißiger Jahren wurde der elektrische Antrieb positiv beurteilt, Man sprach während der Zeit des Nationalsozialismus von den »heimischen Treibstoffen« Holzgas (Verheizung des deutschen Waldes) und Elektrizität (überwiegend durch Braunkohle-Kraftwerke erzeugt), die dem Benzin aus Erdöl vorzuziehen seien – auch dem synthetischen Leuna-Benzin, das primär der Luftwaffe vorbehalten blieb. Die Zeitschrift *Das Elektrofahrzeug* berichtete 1939 von zahlreichen Flotten elektrischer Taxis sowie Liefer- und Lastwagen.
Inzwischen kam man vom Zweimotorenantrieb ab und baute in die Fahrzeuge nur noch einen Motor mit Differenzialgetriebe ein, meistens am Rahmen aufgehängt und durch Abfederung gestützt. Bei Gleichstrom variierten die Spannungen zwischen 40 und 220 Volt.
Weltausstellungen waren immer wieder ein Anlass für die Präsenz von elektrischen Fahrzeugen. So standen in Paris zur Weltausstellung 1937 einige Renault Celtaquatre mit Elektroantrieb als viersitzige Cabriolets zur Verfügung, auf 15 km/h Höchstgeschwindigkeit beschränkt.
Die Firma David in Barcelona baute verschiedene Citroën B14 Limousinen auf elektrischen Antrieb um, die als Taxifahrzeuge zum Einsatz kamen. Auf das gleiche Chassis setzte David elegante Karosserien im amerikanischen Stil, deren Design dem Katalanen Pedro Serra zugeschrieben wird.

Immer mehr E-Taxis

Seit etwa dem Jahr 2015 nimmt die Zahl der Elektrotaxis weltweit zu und nähert sich dem prozentualen Anteil, den er schon einmal hatte – vor mehr als einhundert Jahren. Hohe staatliche Zuschüsse bei der Anschaffung von Elektroautos spielen dabei eine gewisse Rolle. In Großstädten wie Los Angeles, Shanghai, Sydney, Singapur, London oder Oslo sind die Chancen am größten, elektrisch ans Ziel gebracht zu werden. Und nur wenige Nostalgiker trauern dem guten alten Mercedes 180 D als Transportmittel für ihre Fahrten nach.

Ab dem 1. Juli 2021 können Berliner Taxibetriebe eine Förderung von bis zu 15.000 Euro für die Anschaffung eines batterieelektrischen Elektrotaxis oder eines Modells mit Brennstoffzellen-Antrieb beantragen.

Links: Eine Taxigesellschaft in Sydney, Australien, stellte Anfang 2022 eine Flotte von 120 chinesischen Elektrikfahrzeugen in Dienst.

Rechts: Londoner E-Taxi von 2021 – gesichtet in Berlin.

For WIFE or DAUGHTER MOTHER or SISTER
BABCOCK ELECTRICS
¶ What more acceptable Gift than a Babcock Electric?
¶ The Automobile that Women and Children Can Operate with Ease and Safety.
¶ Adapted for Any Kind of Service in City or Suburbs.
Model 6, Victoria, Price $1700.
"When you build right, IT IS right and works right."—BABCOCK.
FIVE MODELS. SEND FOR CATALOGUE.
BABCOCK ELECTRIC CARRIAGE CO., Builders
230 West Utica Street, Buffalo, N. Y.
New York Branch, 1591 BROADWAY, Corner 48th St.

Kein Ankurbeln, kein kochender Kühler, keine Ölflecken auf der Garderobe:

Damenwahl – Entscheidung des klugen Frauenverstands

Als bekannt vorausgesetzt werden darf die Tatsache, dass Bertha Benz im Jahr 1888 mit einem Motorwagen ihres Ehemanns, begleitet von ihren Söhnen Eugen und Richard, eine Fahrt von Mannheim nach Pforzheim unternahm. Mit dieser Reise lieferte sie den Beweis, dass das Fahrzeug durchaus zu ausgedehnten Ausflügen taugte und nicht nur ein Männerspielzeug war – ein in vieler Hinsicht mutiges Unterfangen, das in der Gesellschaft nicht überall die verdiente Anerkennung fand. Was hätte unterwegs alles passieren können …

Die Franzosen reklamieren für sich als erste Fahrerin eines Automobils die Gattin von Emilie Levassor, die 1892 einen seiner ersten Wagen erprobte. Doch die erste »offiziell« erwähnte Frau am Steuer soll Marie Adrienne Anne Victurnienne Clémentine de Rochechouart de Mortemart, Herzogin von Uzès, gewesen sein, eine Aktivistin, die für die Rechte der Frauen kämpfte und 1897 mit 50 Jahren als erste Frau einen Führerschein erwarb. Ihr wird nachgesagt, als erste Frau auch eine Anzeige wegen zu schnellen Fahrens erhalten zu haben – ein Gendarm hatte sie mit 13 km/h ertappt, wo nur 12 km/h erlaubt waren (sollte es sich um eine Anekdote handeln, so spiegelt sie doch gut den Zeitgeist wider).

In den ersten Jahren des neuen Jahrhunderts erschienen viele Fotos – und Anzeigen – von Frauen am Steuer von Elektrofahrzeugen, elegant gekleidet und emanzipiert in ihrer Ausstrahlung. Solche Inserate sah man in *Harper's Magazine, McClure's, Cosmopolitan, Country Life* und im *Scientific American Magazine*.

Das bemerkenswerteste Foto als Dokument der Herrschaft der Dame über das Elektrofahrzeug enthält ein Prospekt des amerikanischen Herstellers Babcock von 1908; zu erkennen sind 36 von Frauen besetzte Runabouts. Autos dieses Fabrikats wurden von 1906 bis 1912 gebaut.

Auch in den Katalogen anderer Marken, unter denen Elektrofahrzeuge angeboten wurden, hat man die Frau als Fahrerin angesprochen. Es sei ihr Traum, solch ein Mobil zu besitzen, da es sehr leicht zu fahren sei.

Oder: »Der Pope-Waverly Electric ist ein Wagen für die ganze Familie und weitaus mehr als nur eine Maschine. Seine Bereitschaft, seine leichte Bedienbarkeit, die sanfte Geschwindigkeit, mit der er dich dorthin lockt, wo die Luft frisch und rein ist, und seine Art, zur puren Lebensfreude beizutragen, sind die Gründe der Zuneigung zum Pope-Waverly Electric …«

Links: Columbia von 1899.

Links: Anzeigenmotive von 1899 und 1910.

Rechts: Ein Studebaker Electric von Damen gesteuert, eine Anzeige aus *Cosmopolitan* von 1902.

Oben: Von zahlreichen Damen chauffierte Babcock Elektrofahrzeuge bei einem Treffen im Delaware Park in Buffalo.

Rechts: Werbung für den Pope-Waverly Electric um 1904.

Ganz rechts: Rauch & Lang Stanhope von 1909 – the Lady's Choice!

Ganz links: Pope-Waverly von 1904.

Links: Baker Victoria von 1908.

Unten links: Baker Electric – die »Aristokratin unter den Automobilen.«

Ohio kontert mit einem »besonderen Steuer- und Geschwindigkeit-Regulierungssystem«.

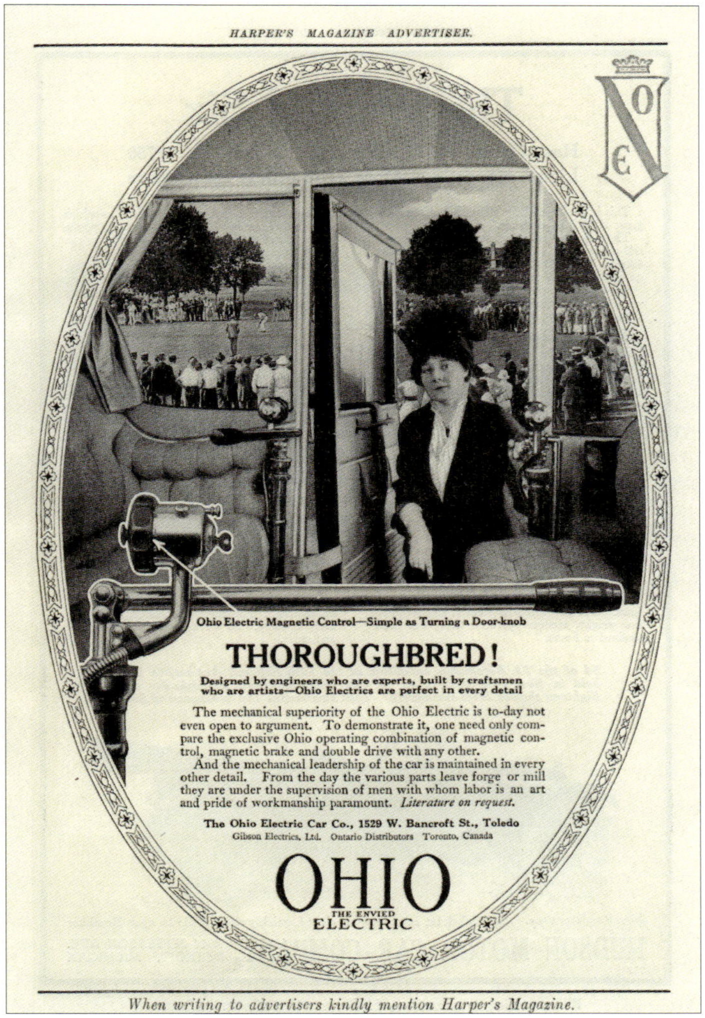

Die autofahrende Damenwelt hatte auch ihre Vorbilder, allen voran Clara Ford, die Frau von Henry Ford, die den Benzinkutschen ihres Mannes nur geringe Sympathien entgegenbrachte und gesagt haben soll, sie würde nie im Leben solch ein lautes und stinkendes Gefährt fahren! Henry stellte ihr deshalb immer ein Elektrofahrzeug zur Verfügung. Auch Mina, die Frau von Thomas Alva Edison, dem großen Protagonisten der Elektromobilität, war eine begeisterte Fahrerin von Elektrofahrzeugen. Oh happy days …

In den meisten Werbekatalogen von 1900 bis in die 1920er Jahre wird die einfache Handhabung der Elektromobile hervorgehoben, die nicht nur den Frauen, sondern auch Jugendlichen das Fahren erleichterte. Es ist erwiesen, dass es damals schon viele Frauen am Steuer gab, in der Mehrheit sogar auf elektrischen Fahrzeugen. In der Genreliteratur werden aber immer nur Begegenheiten erzählt, die Frauen mit Benzinfahrzeugen verbinden, mit jener Hochburg der männlichen Dominanz.

In einer Aussage stimmten alle Hersteller von Elektroautos überein: Deren unkomplizierte Bedienung wurde vor allem von Frauen geschätzt.

Rechts: Für Thomas Alva Edison und seine Gattin war das Benutzen eines Elektromobils selbstverständlich.

Die Dame von Welt verzichtete nicht auf ihren Hut beim Autofahren, weshalb sie das Coupé oder die Limousine bevorzugte, die genügend Höhe hatten (1915, 1917, aus der amerikanischen Fachzeitschrift *Electric Vehicles Magazine*).

Noch in den 1930er Jahren gab es Angebote für die Damenwelt, um in einem leisen Elektrofahrzeug beispielsweise stressfrei zum Shopping zu fahren.
Kleinere Elektrofahrzeuge, die als Prototypen vereinzelt in den 1960er bis 1980er Jahren auftauchten, waren speziell für den Stadtverkehr geplant, als Zweitfahrzeug, mit welchem die täglichen Besorgungen sauber und leise erledigt werden konnten. Doch keiner der großen Hersteller besaß den Mut, in diese Projekte ernsthaft zu investieren, auch General Motors nicht. Dabei hatte GM mit seinem attraktiven EV1 (vormals Impact) das erste Elektrofahrzeug entwickelt, das in hoher Stückzahl gebaut werden sollte. Das Laden der Akkus geschah über ein schmales Paddel, mit wasserfestem Plastikmaterial überzogen, das in eine Öffnung in der Motorhaube gesteckt wurde. Und obwohl die amerikanische Staatssekretärin Condolezza Rice damals als prominente Vertreterin ihres Geschlechts dieses revolutionäre Auto publikumswirksam vorführte, musste es weiterhin in der Warteschleife parken – auf Geheiß jenes aus Texas stammenden US-Präsidenten, dessen Interessen nun einmal anderen politischen Orientierungen galten.
Dass »die Gesellschaft« auch im 21. Jahrhundert noch Unterscheidungen zu treffen beliebt, nach welchen man prospektive Autokäufer in männliche und weibliche Kategorien einteilt, ist merkwürdig genug, aber gängige Praxis, wie die (nur zur internen Verwendung vorgesehenen) Verkäuferhandbücher der Marketingabteilungen prominenter Automobilhersteller erkennen lassen.

Frauen am Steuer auf den Titelseiten der amerikanischen Zeitschrift *Electric Vehicles* von 1913 bis 1917, Organ der Electric Vehicle Association of America. Links ein Baker Viria, in der Mitte ein Anderson Detroit Brougham (Detroit Electric) und rechts ein Ohio Electric, alle von 1913.

Links: Sportlich-elegant – der englische Wilson Electric Belisha Brougham von 1936.

Unten: 1921er Atlantic Lieferwagen. Das ideale Kleinauto für die berufstätige Amerikanerin.

Die ersten Wettbewerbe waren Zuverlässigkeitsprüfungen

Achtung Hochspannung: Rennen und Rekorde

Es war ein Elektrofahrzeug, das als erstes die unvorstellbar hohe Geschwindigkeit von 100 km/h erreichte – anlässlich eines Kräftemessens unter Männern, die über die Nerven und die Mittel verfügten, um sich diesem extravagenten Sport im ausgehenden 19. Jahrhundert widmen zu können. Der französische Graf Chasseloup-Laubat bemühte sich gemeinsam mit dem ersten Serienhersteller von Elektrofahrzeugen Charles Jeantaud, seinen Herausforderer Camille Jenatzy aus Belgien zu schlagen. Indes, Jenatzy verbesserte ständig seine Fahrzeuge und gab jedes Mal das Tempo vor.
Nachdem die Motor- und die Akkuleistungen an ihre Grenzen gekommen waren, bemühten beide Kontrahenten aerodynamische Parameter, ohne sie zu kennen, und erprobten neue Materialien, um ihre Fahrzeuge leichter zu machen. Rein empirisch entstand die Zigarrenform beim Jenatzy und die Keilform mit stumpfem Heck und Unterbodenverkleidung beim Jeantaud.
Der Jeantaud erreichte bald 90 km/h, aber Jenatzy gab nicht auf und vereinbarte eine Demonstration seines jüngsten Modells für Anfang April 1899. Jeantaud und Chasseloup-Laubat blieben Zuschauer. Besorgte Mediziner hatten die Warnung ausgesprochen, dass sich ab Tempo 100 die Körperflüssigkeiten verhärten würden, und gottesfürchtige Zeitgenossen waren überzeugt, dass der Allmächtige Blitz und Donner schicken werde ... Tatsache ist, dass bei der ersten Durchfahrt am 1. April die Geschwindigkeit nicht gemessen werden konnte, was vier Wochen später zu einem erneuten Anlauf führte. Und so wurde am 29. April 1899 der Rekord von 105,85 km/h aufgestellt. Der rotbärtige Jenatzy hat das Tempo unbeschadet überlebt. Es brauchte drei Jahre, bis ein Automobil wieder an diese hohe Geschwindigkeit herankam und sie überbot – es war ein anachronistischer Dampfwagen.
Es gab auch Langstreckenrekorde von Elektromobilen. Chasseloup-Laubat fuhr auf einem Jeantaud im Juli 1899 140 Kilometer weit, ohne die Akkumulatoren nachladen zu müssen; ein Kriéger erreichte ein Jahr später 162 Kilometer (Vincennes-Laroche-Migennes). Einen Monat danach erzielte ein französischer BGS sogar 262 Kilometer. 1901 fuhr

Mit diesem Elektrowagen nahm Jeantaud 1895 am Rennen von Paris nach Bordeaux teil – und wechselte alle 45 Kilometer an vorsorglich positionierten Depots seine Akkumulatoren. So kam er zwar spät, aber ohne Probleme ans Ziel.

Camille Jenatzy.

Gaston Chasseloup-Laubat.

Ganz links: Der Morris-Salom Electrobat 2, der 1895 in den USA eine Goldmedalle gewann.

Links: Das Providence Horseless Carriage Race von 1896 gewann dieser elektrische Riker.

Unten: 1901 fuhr dieser Kriéger von Paris nach Châtellerault (307 Kilometer) ohne die Akkumulatoren nachzuladen.

Rechts: Im August 1899 schaffte dieser französische BGS 262 Kilometer mit nur einer Akkuladung.

ein Kriéger von Paris nach Châtellerault: 307 Kilometer ohne Nachladung. Im August 1905 konnte der Kriéger die Strecke Paris-Trouville mit einer Durchschnittsgeschwindigkeit von 40 km/h hin und zurück bewältigen, genau 400 Kilometer, mit einer Zwischenladung in Trouville. Lange Reisen mi dem Elektromobil waren also durchaus möglich.

Camille Jenatzy auf »La Jamais Contente« bei der Rekordfahrt im April 1899.

Nur ein einziger Elektro-Rennwagen am Start

Als am 22. Juli 1894 auf der Landstraße von Paris nach Rouen das erste Autorennen der Welt ausgetragen wurde, kämpften die Lenker von 21 Fahrzeugen um Sieg, Ruhm und Anerkennung. Es waren 14 Wagen mit einem Verbrennungsmotor, sieben stellten Dampffahrzeuge dar. Im Verlauf der Veranstaltung erwies sich die Überlegenheit des Benzinautomobils.

Ein knappes Jahr später gab es in Frankreich ein zweites Straßenrennen; es führte jetzt über eine zehn Mal so lange Strecke, nämlich von Paris nach Bordeaux und zurück – das waren 1200 Kilometer, die an zwei Tagen auf Landstraßen unterschiedlichster Beschaffenheit bewältigt werden mussten. Dieses Mal hatten sich zwar 40 Teilnehmer angemeldet, doch nur 22 Fahrzeuge waren zum Start erschienen: 15 mit Verbrennungsmotor, sechs Dampfwagen sowie ein einsames Elektromobil.

Vor dem Schlosspark von Versailles wurde am 11. Juni 1895 gestartet. Am Lenker des elektrischen Wagens mit der Nummer 25 saß Charles Jeantaud, der Konstrukteur des Fahrzeugs lui-même. Doch abermals trug ein Benzingefährt den Sieg davon, ein Panhard-Levassor. Jeantaud

»Ich möchte einst in einem Mercedes sterben ...« (Camille Jenatzy, Renn- und Rekordfahrer, 1903)

Der schnellste Mann der Welt war elektrisch unterwegs

Im Jahre 1898 baute der als Sohn eines ungarischen Kautschukimporteurs nach Brüssel gekommene Reifenhändler Camille Jenatzy seinen ersten Elektrowagen. Der muss gut funktioniert haben, denn Jenatzy stellte anschließend drei weitere auf die Räder und konnte sie an die Compagnie Internationale des Transports Automobile in Paris verkaufen, eine Taxigesellschaft, an der er beteiligt war.
Im Parc Agricole d'Achères bei Paris etablierte der rotbärtige Jenatzy ein Jahr später am Lenker eines Elektromobils mit 66,66 km/h einen Weltrekord über die Distanz von einem Kilometer. Und am 29. April 1899 überschritt er als erster Automobilist der Welt mit seinem zigarrenförmigen, »La jamais Contente« (die niemals Zufriedene) genannten Einsitzer ein Tempo von 100 km/h. 1901 begann Jenatzy auch mit benzin-elektrischen Fahrzeugen zu experimentieren, gemeinsam mit dem Ingenieur Charles Schmidt von der Société d´Electricité et d´Automobiles Mors und der Firma Pieper. Henry Pieper hatte 1866 in Lüttich eine Waffenfabrik gegründet und 1883 mit der Herstellung von elektrischen Armaturen begonnen. 1903 entstanden Jenatzys Hybridfahrzeuge als 12/15 CV und 20/28 CV unter dem Markennamen Martini-Jenatzy, denn sie wurden nicht bei Mors oder Pieper, sondern bei der belgischen Tochterfirma der Schweizer Waffenfabrik Martini et Cie. gebaut. Charles Schmidt, der 1904 zu Packard wechselte, schien den Stadtvätern von St.-Ouen bei Paris bedeutend genug, um nach ihm eine Straße zu benennen. Den Namen Jenatzys trägt immerhin eine Berufsschule in Clignancourt im 18. Pariser Arrondissement, und eine Straße in seinem Geburtsort Schaerbeek, heute zu Brüssel gehörend.
Jenatzys Elektroauto-Weltrekord ging in die Automobilgeschichte ein, wie auch seine weiteren Aktivitäten: 1903 nahm Jenatzy, der »Rotbärtige Teufel«, am Straßenrennen Paris-Madrid teil und errang im gleichen Jahr einen spektakulären Sieg mit einem 60 PS Mercedes im Rennen um den Gordon-Bennett-Cup in Irland. Ein Jahr später wurde er Zweiter beim Gordon-Bennett-Rennen im Taunus. Bis 1910 bestritt der leidenschaftlich auf Mercedes eingeschworene Jenatzy noch etliche Rennen, konzentrierte sich dann aber mit seinen Brüdern auf die lukrativere Reifenherstellung in seiner Firma Pneu Jenatzy in Paris. Auf Plakaten und Inseraten seines Freundes Robert Bosch posierte Camille Jenatzy 1911 als Mephisto mit (schwarzem, nicht rotem) Spitzbart und warb für die Elektroerzeugnisse des deutschen Unternehmens.
Der draufgängerische Jenatzy, Jahrgang 1868, wurde am 17. Dezember 1913 Opfer eines Jagdunfalls (Fehlschuss durch Alfred Madoux, den Verleger der Zeitschrift *l'Étoile Belge*) in den Ardennen. Sein 1903 geäußerter Wunsch, dereinst in einem Mercedes zu sterben, erfüllte sich insoweit, als der Wagen, mit dem man den tödlich Verletzten ins Hospital fuhr, ein Auto seines favorisierten Fabrikats war. Es war allerdings kein Elektroauto. Und von welchem Weltrekordinhaber wird wohl je der Wunsch geäußert werden: »Ich möchte einst in einem Toyota Prius sterben ...«

Im Parc Agricole d'Achères bei Paris stellte Camille Jenatzy im Januar 1899 mit 66,66 km/h einen Weltrekord über einen Kilometer auf. Am 29. April des gleichen Jahres überschritt er als erster Automobilist der Welt mit seinem selbst konstruierten, torpedoförmigen Elektro-Einsitzer »La jamais Contente« die 100 km/h-Marke; er kam auf ein Tempo von 105,88 km/h – ein Rekord, der drei Jahre lang Bestand hatte.

hatte die Fähigkeiten seines Elektrowagens überschätzt. Zunächst war es flott vorangegangen; 24 Stundenkilometer waren ein vielversprechendes Tempo. Jeantaud stellte alle 40-45 Kilometer eine Mechanikergruppe auf, die in wenigen Minuten die erschöpften Akkus gegen frische austauschte. Das Fahrzeug war durchgehend mit vier Personen besetzt: mit Charles Jeantaud als Fahrer, einem Mechaniker, einem Elektriker und – für alle Fälle – einem Karosseriespengler; Personal, das auch beim häufig erforderlichen Wechseln der Akkumulatoren half.
Das Rennen verlief mit einigen Überraschungen. Ein Unfall mit einem Fußgänger, der das Nahen des Fahrzeugs nicht gehört hatte, verlief glimpflich. Schwieriger wurde es nach dem Brand an der Hinterachse durch eine defekte Sicherung, was die Kraft des Motors verminderte. Aber Jeantaud gab nicht auf, und nach einer stundenlangen Reparatur konnte er seine Ehre wahren; sein Fahrzeug kam in Bordeaux an und beendete das Rennen, was längst nicht alle Teilnehmer schafften.
Diese Tatsache, von einigen Quellen negiert, wird von J.A. Gregoire in seinem Buch *50 ans d'Automobile – La Voiture Electrique* bestätigt und steht auch in dem Buch *Voitures Automobiles – Electriques Volume 4* von 1899. Jeantaud war nicht der Schnellste und kam auch nicht als Erster ans Ziel, aber er war der leiseste Teilnehmer, der zudem ohne Punkteverlust in Bordeaux eintraf.

Amerikaner applaudieren dem Elektromobil

Seitenblick zur Konkurrenz: 1892 stellten Charles und Frank Duryea das erste in den Vereinigten Staaten kommerziell verwertbare Benzinmotor-Straßenfahrzeug vor. Es hatte einen 4 PS leistenden Einzylinder-Zweitaktmotor. Für das geräuschvolle Fahrzeug interessierte sich der Geschäftsmann Erwin F. Markham aus Peoria, Illinois, und finanzierte den Bau eines weiteren Prototyps, jetzt mit einem Viertaktmotor und Reibradgetriebe versehen. Es wurde die Firma Duryea Motor Wagon Company gegründet, später in Duryea Power Company mit Sitz in Waterloo, Iowa, und in Reading, Pennsylvania, umgewandelt.
Mit einem 1894er Modell beteiligte sich Frank Duryea am »Chicago Times & Herald Contest«. Sein Benzin-Automobil war das einzige mit vier Rädern, die anderen waren Dreiradwagen. Der von einem Zeitungsverlag veranstaltete Wettbewerb fand am 28. November 1895 in Chicago statt und war das erste Autorennen auf amerikanischem Boden. Es sollte auf einer Stadtstrecke von 52 Meilen ausgetragen werden. 83 Nennungen waren eingegangen, doch lediglich sechs Wagen nahmen teil. Einsetzendes Winterwetter hatten die meisten Aspiranten zum Anlass genommen, zu kneifen. Sich bei Minusgraden und Schneegestöber auf einer ungeschützten Motorkutsche freiwillig auf Fahrt zu begeben, konnte man als selbstmörderischen Wahnsinn bezeichnen – oder als eine Härteprüfung zur Ermittlung des Grenzbereichs, bis zu welchem Mensch plus Mechanik vorzudringen imstande sein würden.
Die anfälligen und zwischen Unterkühlung und Überhitzung variierenden Motoren – alles Einzylinder – blieben immer wieder stehen und zwangen die in lange Pelzmäntel gehüllten Fahrer wiederholt zum Absteigen, um der Ursache auf den Grund zu gehen.
Als ob die Umstände nicht schon widrig genug gewesen wären: Drei der sechs Teilnehmer waren beim Ansteuern des Startplatzes am Gelände der Weltausstellung von Polizisten gestoppt und gezwungen worden, sich vor ihre Fahrzeuge Pferde spannen zu lassen – in einigen Teilen Chicagos bestand ein Durchfahrverbot für Motorfahrzeuge. Bestimmt nicht aus Gründen des Umweltschutzes, denn wenn die Straßen und damit auch die Luft verunreinigt wurde, dann durch 'zigtausende Zug- und Reitpferde, wie in allen Städten der Alten und der Neuen Welt. Vielmehr bestand das Autoverbot gerade im Interesse der Reiter und Pferdekutscher, die befürchteten, ihre Tiere könnten bei der Begegnung mit einem Motorwagen durchgehen.
Die anderen Teilnehmer, zwei Benz und der Duryea, hatten den Cops entwischen können und vermochten pünktlich zu starten. Mindestens zehn Stunden, so hatten die Veranstalter kalkuliert, würde das Rennen dauern – doch der Sieger hatte nur sieben Stunden und 53 Minuten benötigt. Anderthalb Stunden (!) nach Charles Duryea traf Oscar Müller auf einem der Benz-Dreiradwagen als Zweiter ein. Herr Müller war Benz-Importeur.
Zwei der sechs Wagen waren Elektromobile: der Morris & Salom Electrobat 2 (der zweite Prototyp) sowie ein Sturges Electric Motocycle. Hinter diesen Bezeichnungen verbarg sich William Morrison, einer der Pioniere des Elektrofahrzeugs in den Staaten. Obwohl das Rennen von dem Duryea gewonnen wurde, erhielt der Electrobat die Goldmedaille »für die beste Leistung in den Tests, für Sicherheit, einfache Bedienung, Abwesenheit von Lärm, Vibrationen, Hitze oder Geruch, für Sauberkeit sowie Exzellenz der Konstruktion und Verarbeitung.«
Ein Jahr später gewann ein elektrischer Riker das Rundrennen von Providence – drei Tage lang bei schlechtem Wetter, wobei er ausdauernder als der Duryea war, der hinter einem elektrischen Morris-Salom nur Dritter wurde. Ein Riker gewann auch das erste New-York-Rennen, ausgetragen im Jahr 1900 auf der Landstraße zwischen Springfield und Babylon.
1901 etablierte ein speziell vorbereiteter Riker einen neuen Dauer-Geschwindigkeitsrekord – er durchmaß eine Meile (1,6 Kilometer) mit 92 km/h. Allerdings fand der Rekord keine offizielle Anerkennung, weil keine Kommissare anwesend waren. Das Fahrzeug besaß keine Karosserie, war nur ein Fahrgestell mit einem Rad an jeder Ecke und einem elektrischen Motor. Der Fahrer Walter Riker betätigte eine horizontale Stange zum Lenken, während sein hinter ihm sitzender Beifahrer für die Bremse zuständig war und den Energiefluss aus den Akkumulatoren kontrollierte. Dieses Fahrzeug existiert noch und steht heute im Owls Head Transport Museum in Maine.

Unterwegs mit Ferdinand Porsche

Am 23. September 1900 fuhr Ferdinand Porsche mit einem seiner bei Lohner in Österreich gebauten Fahrzeuge einen neuen Rekord auf der Semmering-Höhenstraße in Niederösterreich. Der Österreichische Automobilclub bestätigte die 14 Minuten und 52 Sekunden für die zehn Kilometer bei einer Steigung auf 400 Meter – ein neuer Rekord nicht nur für Elektrofahrzeuge, sondern allgemein, da der schnellste Benziner bisher 16,57 Minuten gebraucht hatte. Nach der Rekordfahrt wurde das rapide Fahrzeug zum Hybrid umgebaut.
1900 schuf Porsche einen 4x4-Rennwagen mit je einem 2,5 PS starken Elektromotor in jedem Rad. Auf diese Weise entstand auch eines der ersten Fahrzeuge mit Vierradbremsen dank Kurzschluss an den Motoren. Das Gefährt wurde dem Engländer E. W. Hart verkauft, der es bei Langstreckenrennen einsetzen wollte. Doch dafür erwies sich der Wagen als zu schwer.

Ferdinand Porsche am Lenker des Lohner, mit welchem er 1900 am Semmering einen neuen Bergrekord aufstellte.

Bakers Stromlinien-Rekordwagen

Die Nachricht von den Rekordfahrten des Belgiers Camille Jenatzy müssen auch die Amerikaner Andrew Riker und Walter C. Baker sehr beeindruckt haben. Wie Jenatzy war vor allem Baker davon überzeugt, dass der Elektrowagen einem Fahrzeug mit Verbrennungsmotor in jeder Beziehung überlegen war, und mit einer aerodynamisch noch konsequenter geformten Karosserie, so meinte er, müssten mit einem Elektrowagen noch weitaus höhere als die von Jenatzy gefahrenen Geschwindigkeiten zu erzielen sein. Den Beweis hierfür wollte er nicht schuldig bleiben.

Rikers Rekordwagen von 1901. Andrew Riker betätigte eine horizontale Stange zum Lenken, während sein hinter ihm sitzender Beifahrer die Bremsen und den Energiefluss aus den Batterien kontrollierte. Dieses Fahrzeug existiert noch und steht heute im Owls Head Transport Museum in Maine, USA.

Rechts: Der Baker Rekordwagen erreichte 1902 ein Tempo von 160 km/h. Ganz rechts: Derselbe Wagen ohne Karosserie.

Baker Torpedo Kid, 1903.

So baute Baker in den Jahren 1902–1903 drei Stromlinien-Rekordwagen; schon mit dem ersten kam er auf über 100 km/h. Doch mit diesem und auch mit dem zweiten der drei Fahrzeuge kam es zu Crashs. Den ersten überstanden er und sein Copilot unverletzt, weil sie Hosenträger-Sicherheitsgurte angelegt hatten. Es dürfte vermutlich das erste Mal gewesen sein, dass sich in einem Motorwagen solche Gurte befanden.
Und wie der Rekordfahrer Jenatzy, glaubte auch Baker an die aerodynamischen Vorteile einer stromlinienförmigen Karosserie. Zumindest war sie aufsehenerregend, und ausführliche Zeitungsberichte über Bakers Rekordwagen halfen, Interesse zu generieren und die Umsätze seiner Personenwagen zu steigern. Doch während Jenatzy 1899 noch auf seinem torpedoförmigen, vorn und hinten spitz zulaufenden Fahrzeug gehockt hatte, duckte sich Baker tief ins Cockpit seines Torpedos. Nur der Kopf schaute heraus, und der war von einer Glaskanzel überdeckt.

Die Antriebskraft für seine Rekordwagen (die Baker übrigens privat finanzierte) lieferten jeweils elf Akkumulatoren, die Elwell-Parker-Motoren von etwa 10 kW speisten. Die Motoren befanden sich bei allen drei Wagen hinter den Sitzen und trieben über Ketten die Hinterräder an. Zum Gewichtsausgleich waren die Akkumulatoren im Bug und im Heck verteilt.
Da die Akkuleistung nur für eine kurze Beschleunigung reichte, vermochte Baker keinen neuen Meilenrekord aufstellen. Doch für die Distanz über einen Kilometer reichte es. Baker und sein hinter ihm sitzender Beifahrer Edward E. Denzer (der nötigenfalls die Handbremse zu betätigen sowie den Tachometer im Auge zu behalten hatte) schafften die 1000 Meter in 36 Sekunden, was einem erreichten Tempo von 70 mph (106 km/h) entsprach.

Den Teufel beschworen?

»In seinem Renndress, mit einer dunklen Schutzbrille vor den Augen und einem verwegenen Schnauzbart gibt Mr. Baker eine beeindruckende Gestalt ab,« berichtete ein Reporter der *New York Times.* »Er hat eine athletische Figur, groß und drahtig, und er scheint bereit, den Teufel herauszufordern …«
Baker, einer der frühen Industriellen der amerikanischen Motorbranche, rangierte damals noch vor Henry Ford als eine landesweit bekannte Persönlichkeit. Mit seinen Elektroautos hatte er von Anfang an durch eine Reihe von Vorzügen punkten können. Sein erster Rekordversuch auf dem

Wie aus einer anderen Welt sah der kleine Baker Torpedo Kid von 1903 im Vergleich zu seinen Konkurrenten aus.

South Shore Boulevard in Grand City, Staten Island, hatte an die 20.000 Zuschauer angelockt. Die Strecke, auf welcher der Versuch stattfinden sollte, war nicht frei von Hindernissen: sie enthielt zwei Biegungen sowie eine Kreuzung, über die Straßenbahnschienen verliefen. Immerhin wurde der Tramverkehr während der Veranstaltung gestoppt, das hatte der örtliche Automobilclub veranlassen können. Badegäste, die zum Strand oder von dort zurück in die Stadt wollten, mussten ein Stück zu Fuß gehen.
»Baker kam herangeflogen,« berichtete die *New York Times*, »musste die Fahrt vor der Schienenkreuzung jedoch verlangsamen; durch ein abruptes Bremsmanöver katapultierte sich sein Fahrzeug in die Höhe, die Räder hatten keinen Bodenkontakt mehr, Baker verlor über sein Elektro-Torpedo die Kontrolle …«
Ein anderer Bericht gab den Hergang so wieder: »Zahlreiche Zuschauer, die sich trotz Absperrung auf der Fahrbahn drängten, konnten sich diese hohe Geschwindigkeit bei einem kaum hörbaren Fahrzeug nicht vorstellen. In der Absicht, ein Unglück zu verhindern, nahm Baker eine Notbremsung vor – zuerst eine Stromunterbrechung per Kurzschluss, um dann voll auf die mechanische Bremse zu steigen. Die Wirkung war so intensiv, dass Baker das Fahrzeug nicht auf Kurs halten konnte und es zur Kollision mit mehreren Personen kam. Zwei von ihnen starben an ihren Verletzungen. Baker und Denzer wurden verhaftet, wenig später jedoch gegen Kaution aus der Haft entlassen und vom Gericht freigesprochen. Die Justiz gab den Zuschauern die Schuld, da sie die Anordnungen der Polizei nicht befolgt hatten. Baker konnte nachweisen, dass sein Fahrzeug alle Sicherheitsvorkehrungen nicht nur erfüllte, sondern sogar übertraf …«
Andrew Fetherston und John Bogart wurden durch den Crash die ersten Todesopfer, die der Motorsport in den Vereinigten Staaten forderte. Die Presse reagierte auf den Vorfall mit dem Ruf nach Verbot solcher Veranstaltungen.

Torpedo Kids

Bakers Rekord fand wegen des Unglücks keine offizielle Bestätigung, zumal kein Vertreter der Sportbehörden zugegen gewesen war. Das Fahrzeug wurde nach dem fatalen Unfall instandgesetzt und noch zu einigen Rennen benutzt. 1903 baute Baker zwei weitere Stromlinienwagen, es waren etwas kleinere, »Torpedo Kids« genannte Einsitzer, ebenso schlank wie Wagen Nr. 1 und mit Elektromotoren aus Seri-

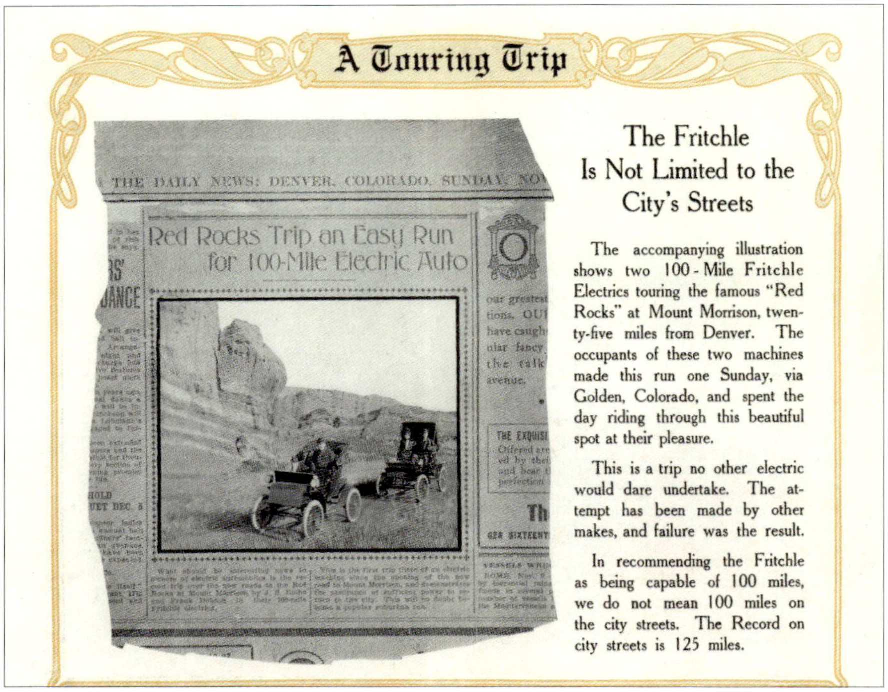

A Touring Trip

THE DAILY NEWS: DENVER, COLORADO, SUNDAY, NO

Red Rocks Trip an Easy Run for 100-Mile Electric Auto

The Fritchle Is Not Limited to the City's Streets

The accompanying illustration shows two 100-Mile Fritchle Electrics touring the famous "Red Rocks" at Mount Morrison, twenty-five miles from Denver. The occupants of these two machines made this run one Sunday, via Golden, Colorado, and spent the day riding through this beautiful spot at their pleasure.

This is a trip no other electric would dare undertake. The attempt has been made by other makes, and failure was the result.

In recommending the Fritchle as being capable of 100 miles, we do not mean 100 miles on the city streets. The Record on city streets is 125 miles.

Oben: Am 28. November 1908 kam Oliver Parker Fritchle nach mehr als 2880 Kilometern in New York an, ein überzeugender Leistungsbeweis für ein Elektrofahrzeug. Einen Monat war er unterwegs gewesen.

Rechts: Oktober 1913. Thomas Alva Edison mit seinem Fahrzeug und den von ihm entwickelten neuen Akkumulatoren. Die 1000 Meilen des Endurance Run (1600 Kilometer) beziehen sich auf die gesamte Tour, die Edison mit mehreren Nachladungen, aber ohne mechanische oder elektrische Probleme absolvierte.

enfahrzeugen versehen. Baker absolvierte auch mit diesen beiden einige Rekordversuche, über deren Verlauf aber keine verlässlichen Aufzeichnungen überliefert sind. Bekannt ist nur, dass er und ein Fahrer namens Chisholm im August 1903 auf dem Glenville Circuit bei Cleveland, Ohio, an einem Rennen speziell für Elektrofahrzeuge mit den beiden Baker Torpedos antraten. Leider wurde Chisholm von einem Konkurrenten abgedrängt – und abermals kam es zu einem Unglück, bei welchem Zuschauer zu Schaden kamen. Woraufhin Baker entschied, keine weiteren Wettbewerbe mehr zu bestreiten.

Reisen statt Rasen

Hinlänglich hatten Elektrofahrzeuge den Beweis geliefert, dass man mit ihnen außerordentich schnell unterwegs sein konnte. Der Chemiker und Spezialist für Akkuspeicherung und Windenergie Oliver Parker Fritchle wollte demonstrieren, dass Elektroautos langstreckentauglich waren.

Fritchle kündigte im September 1908 an, dass er mit einem Elektroauto seiner Konstruktion eine Fahrt von Lincoln in Nebraska nach New York zu absolvieren gedenke. Er lud andere Hersteller zur Teilnahme ein, aber niemand wollte diese Herausforderung annehmen. So startete Fritchle am 31. Oktober ganz allein mit einem serienmäßigen Victoria Zweisitzer. Er nahm nur das Nötigste mit: wetterfeste Kleidung, einen Reservereifen, Werkzeug, ein Ladekabel mit Polklemmen sowie Schwefelsäure und Ammoniak für die Akkumulatoren.

Das Wetter war schlecht. Regen hatte den Straßenstaub in Schlamm verwandelt. In Pittsburgh konnte Fritchle seine Akkus kostenlos aufladen, weil er half, einen Stromausfall in einem Nickelodeon-Theater zu beheben. In York zwang ihn ein Polizist, ein Nummernschild für Pennsylvania zu kaufen, um durch die Provinz fahren zu dürfen, dasselbe geschah in New Jersey. Während der gesamten Fahrt hatte Fritchle nur eine Reparatur vorzunehmen: Nach einer steilen Abfahrt aus der Bergwelt von Allegheny mussten die Bremsen neu belegt werden.

Am 28. November traf Fritchle nach 1790 Meilen (2880 Kilometer) in New York ein. Einen Monat war er unterwegs gewesen.

Edison als indirekter Förderer des Elektro-Motorsports

Thomas Alva Edison, einer der prominentesten Protagonisten der Elektromobilität, beteiligte sich 1910 an einem Langstreckentest für Fahrzeuge aller Art. Und obwohl die Kontrahenten auf Benzinmodellen überzeugt waren, dass er mit seinem elektrischen Bailey das Rennen nicht beenden würde, erreichte er problemlos das Ziel. Die Strecke beinhaltete auch eine Bergfahrt zum Mount Washington. Edison rüstete die Fahrzeuge der Firma Bailey mit seinen alkalinen Batterien aus (Eisen-Nickel) – ähnlich den späteren Nickel-Kadmium-Akkus mit einem Elektrolyt aus Kaliumhydroxit.

Im Oktober 1913 bewältigte E.W.M. Bailey mit einem seiner Roadster Model F aus der Serienproduktion, ausgerüstet mit einem Motor von General Electric und 60-Zellen-Akkus von Edison, eine Strecke von 2100 Kilometer mit Chicago als Ziel – eine Reise mit vielen Schwierigkeiten wegen starker Regenfälle und aufgeweichter Straßen. Trotzdem vermochte Bailey täglich bis zu 277 Kilometer zurückzulegen, mit einigen Stopps freilich, um die Akkus nachzuladen.

1914 absolvierte der Direktor der Philadelphia Storage Battery Company in einem speziell vorbereiteten Detroit Electric Roadster die Strecke von Boston nach Philadelphia, ebenfalls um zu beweisen, dass längere Fahrten mit einem Elektrofahrzeug durchaus möglich waren und dass auch hohe Geschwindigkeiten (im damaligen Vergleich) erreicht werden konnten, dass das Fahrzeug sicher war und auch größere Bergstrecken ohne nennenswerte Schwierigkeiten zu bewältigen waren.
In den folgenden Jahren wurden in den Vereinigten Staaten ein paar weitere Langstreckenfahrten mit Elektroautomobilen unternommen, über die in der amerikanischen Zeitschrift *Electric Vehicles* berichtet wurde. Reisen im Elektroautomobil war durchaus angenehm, das Aufladen stellte kaum noch ein Problem dar, und sowohl die Reichweite als auch die Leistung waren immer ausreichend für die vorgesehenen Strecken, wenn sorgfältig geplant wurde.

Formel E Grand Prix – ohne Verbrenner-Konkurrenz

Auf ein Straßenrennen eigens für Elektrofahrzeuge, von internationaler Bedeutung und ohne jegliche Verbrenner-Konkurrenz, mussten Freunde motorsportlicher Wettbewerbe hundert (!) Jahre warten. Und als es 2014 zum ersten Mal stattfand, führte es auch nicht – wie anno 1895 – über 1200 Kilometer, sondern dauerte, Qualifying und Beiprogramm nicht mitgerechnet, nur eine knappe Stunde.
Die Idee für eine FIA-Formel-E-Meisterschaft hatte Jean Todt, ein Mann, der sich im Rennbusiness so gut auskannte wie kaum ein Zweiter. Der Sohn polnischer Emigranten in Frankreich begann seine Motorsportkarriere als Beifahrer in der Rallye-WM auf Peugeot und zeichnet sich durch großes Organisationstalent aus. 1990 avancierte er zum Rennleiter des Peugeot-Teams, wo er drei Jahre bis zu seinem Wechsel zu Ferrari blieb. Jean Todt war es, der Michael Schumacher zu Ferrari holte, Ende 1996 auch den Konstrukteur Ross Brawn. Jean Todt gilt seither als Entdecker prospektiver Talente und hat ganz erheblich zu den Erfolgen Ferraris im Formel-1-Sport beigetragen.

Oben: Jens Knobloch in seinem Fahrzeug mit abgenommener Karosserie. Ihm gelang es 1981 auf dem Hockenheimring, eine Reihe neuer Rekorde für Elektrofahrzeuge aufzustellen.

Oben: 1991 in Amsterdam gesichtet – ein 1914er Baker Electric, auf Solarbetrieb umgerüstet.

Links: Der Knobloch-Renner als attraktives Ausstellungsexponat.

Weltrekorde

1994 präsentierte Nuccio Bertone sein ZER (Zero Emission Record), ein revolutionäres Rekordfahrzeug mit 34 zwischen den Rädern eingebetteten Blei-Akkus von FIAMM. Der Luftwiderstandsbeiwert des Fahrzeuges lag bei cw 0,12, die Stirnfläche maß knapp 0,62 qm, das Gewicht betrug 890 kg. Am 21. Mai 1995 war es soweit: Der ZER brach auf der NARDO Rennstrecke von Lecce mit Oscar De Vita am Steuer die 300 km/h-Marke mit einem Wert von 303,997 km/h.

In jener Zeit gab es zwei weitere Konkurrenten, die versuchten, neue Rekorde für Elektrofahrzeuge aufzustellen, nämlich ein englisches Team mit dem Piloten Donald Wales und verschiedenen Versionen ihres »Bluebird« genannten Renners, das seit Anfang der 1990er Jahre versuchte, die 300 km/h-Marke zu knacken (und jahrelang den britischen Rekord von 224 km/h hielt), sowie das ebenfalls britische Team von Mark Newby und Colin Fallows, die in Zusammenarbeit mit ABB ihren e=motion Renner mit über 500 PS Leistung auf über 450 km/h bringen wollten. Es war – und ist – alles andere als einfach, solch hohe Geschwindigkeiten mit einem elektrischen Antrieb zu erreichen, mit den gleichen Problemen wie 1899: Antriebsstrang, Energiespeicher und Handling in Einklang zu bringen. Seit 2016 liegt der Geschwindigkeitsrekord von einem Elektrofahrzeug offiziell bei 576 km/h (konstant über 1 Meile bei 549,43 km/h), erreicht vom französischen Venturi VBB-3 (Venturi Buckeye Bullet), eher eine Rakete als ein Automobil – aber auch der Jamais Contente von Jenatzy sah einer Rakete ähnlicher. So schließt sich der ewige Kreislauf der Wiedergeburt, das Samsara, wie die Inder dazu sagen.

Oben: Der Bluebird im Profil. Vor vielen Jahrzehnten hatte ein anderer Rekordwagen die gleiche Bezeichnung getragen.

Oben: 1994 präsentierte Nuccio Bertone seinen ZER (Zero Emission Record), ein revolutionäres Rekordfahrzeug mit 34 zwischen den Rädern eingebetteten Blei-Säure-Akkumulatoren.

Links: Seit 2013 versuchte Venturi wiederholt, den eigenen Geschwindigkeitsrekord auf dem Salzsee von Bonneville zu brechen. 2016 gelang es: Die neue Version VBB 3 konnte den Rekord des VBB 2.5 überbieten.

Donald Wales mit dem Bluebird genannten Monoposto, der seit Anfang der 1990er Jahre versuchte, die 300 km/h-Marke zu knacken.

ePrix-Rennwagen des Qualcomm-BMW-Teams 2017 in Rom.

Oben links Anfretti-BMW FE 2018; rechts daneben Formel-E-Fahrzeug von Porsche 2019.

Links: Virgin im E-Prix-Rennen in Miami, 2018.

Gleiche Autos, gleiche Chancen

In der ersten Saison 2014–15 traten alle Formel-E-Teams mit identischen Fahrzeugen, einem Spark-Renault SRT 01E mit einem Chassis der Rennwagenfirma Dallara an. Chassis und die Aerodynamik der Fahrzeuge waren vorgegeben, lediglich im Bereich der Batterien und der Motoren waren in der Folgezeit Weiterentwicklungen erlaubt.
Die von der Firma Spark Racing Technology gebauten Fahrzeuge wurden von einem Elektromotor angetrieben, der maximal 200 kW (272 PS) leistete. Die 200 kg schweren Akkus wurden von Williams Advanced Engineering zur Verfügung gestellt und lieferten bei maximal 1000 Volt eine Energie von 28 kWh. Die Höchstgeschwindigkeit der Fahrzeuge war auf 225 km/h begrenzt. Die Präsentation des Spark-Renault SRT 01E fand am 10. September 2013 im Rahmen der IAA in Frankfurt am Main statt.
Die Rennserie sollte jedoch ab der zweiten Saison keine Einheitsserie mehr sein, auch andere Hersteller konnten Fahrzeuge für die Teilnahme an der Meisterschaft homologieren lassen. Die Hersteller waren jedoch gezwungen, ihre Fahrzeuge auch mindestens zwei anderen Teams, sogenannten Kundenteams, zur Verfügung zu stellen.
Im Dezember 2014 wurde bekannt, dass mehrere Hersteller am Einstieg in die Formel E interessiert waren, die Entwicklungsmöglichkeiten in den Bereichen Aerodynamik und Chassis jedoch auch weiterhin reglementseitig eingegrenzt werden sollten. Im Februar 2015 gab die FIA acht Hersteller bekannt, die ab der Saison 2015–2016 selbst Weiterent-

wicklung betreiben durften, jedoch nur an den Antriebskomponenten Motor, Inverter, Getriebe und Kühlsystem. Danach sollten die Hersteller dann auch die Batterien weiterentwickeln dürfen, was aber wieder verworfen wurde; stattdessen kamen weiterhin Einheitsbatterien zum Einsatz. Jeder Hersteller musste dabei jedem Team seine selbst entwickelten Komponenten zur Verfügung stellen.
Für die Saison 2016–17 wurde die Energiemenge auf 33 Kilowattstunden erhöht. Für 2018–2019 hatte man die Energiemenge auf 54 Kilowattstunden gesteigert, dann sollten auch keine Fahrzeugwechsel zur Rennhalbzeit mehr notwendig sein.
Auch die Motorleistung im Rennen sollte gesteigert werden, in der zweiten Saison auf 170 kW und ab der dritten Saison auf 200 kW. Die ursprünglich für die dritte Saison vorgesehene Erhöhung der Maximalleistung auf 250 kW sowie die Erhöhung der Leistung im Rennbetrieb auf 200 kW wurde Anfang 2016 auf die Saison 2018–2019 verschoben. Stattdessen wurde die Maximalleistung bei der Rekuperation von 100 auf 150 Kilowatt erhöht.
Zur Saison 2016–2017 war ein neues »Bodykit« für die Fahrzeuge geplant. Die Änderungen beschränkten sich auf einen neuen Frontflügel, dessen Optik futuristischer wirken und das Fahrzeugdesign optisch somit noch weiter von anderen Formel-Fahrzeugen abheben sollte. Da die Endplatten nun mit zwei Streben an der Fahrzeugnase befestigt waren, war der Flügel zudem stabiler. In den ersten beiden Formel-E-Saisons war es mehrmals dazu gekommen, dass die Fahrzeuge nach Berührungen die Endplatten ihres Frontflügels verloren hatten.
Ende Januar 2018 wurde die zweite Fahrzeuggeneration unter dem Namen Spark SRT 05e präsentiert.

Die E-Prix-Rennen finden auf Stadtkursen in Großstädten statt, eine Strecke soll 2,5 bis 3 Kilometer lang sein. Der E-Prix Berlin 2015 beispielsweise fand auf dem Gelände des ehemaligen Tempelhofer Flughafens statt. Die Fahrer müssen zu einem beliebigen Zeitpunkt im Rennen ihr Fahrzeug tauschen, für diesen Boxenstopp galt eine Mindestzeit, die aus Sicherheitsgründen nicht unterschritten werden durfte. Seit 2018 entfällt diese Mindestzeit, außerdem wurde die Renndauer auf 40 Minuten gekürzt. Als taktisches Element sollte es zwei unterschiedliche Energiemodi geben, die beide innerhalb eines Rennens benutzt werden müssen. Der schnellere Modus soll dabei Rundenzeiten ermöglichen, die rund eine Sekunde schneller zu absolvieren sind.
Die Liste der Teams, die bis einschließlich 2018 in der Formel E angetreten waren, fiel erstaunlich groß aus. Sie umfasste zwölf Positionen, die sich wie folgt aufteilten:

Audi Sport Abt-Scheffler (D)	Trulli (I)
Renault / Nismo (F/J)	Mahindra (IND)
Venturi (MC)	NEXTEV-TCR (CHN)
Virgin (GB)	Techeetah (CHN)
Panasonic-Jaguar (GB)	Dragon (USA)
Super Aguri (GB)	Andretti / BMW (D/USA)

Für 2019 kündigte auch Porsche den Einstieg in die Formel E an. Sämtliche Antriebskomponenten sollten Eigenentwicklungen sein. Dieser Umstand ermöglicht es Porsche, bei der Entwicklung der Schlüssel-Technologien eigene Wege zu beschreiten. Dazu gehören Elektromotor, Umrichter, Brake-by-Wire-System, Getriebe, Differenzial, Antriebswellen, die tragende Struktur und Fahrwerksteile an der Hinterachse sowie Kühlsystem und Steuergerät. Die Ener-

Gleiche Autos, gleiche Chancen: Links ein Mahindra im E-Prix von Hongkong 2017, rechts daneben ein elektrischer Abt-Scheffler-Audi 2017 auf dem Tempelhofer Stadtkurs, Berlin.

Links: Duell Jaguar-Renault beim E-Prix in Zürich. Oben: Renault vor Audi in Monaco, 2017.

gieeffizienz des Antriebsstrangs spielt dabei eine entscheidende Rolle im Wettbewerb mit zahlreichen renommierten Automobilherstellern. Porsches Einstieg in die Formel E im März 2019 ging einher mit der Markteinführung der Serienversion der 2015 gezeigten Sportwagen-Konzeptstudie Mission E.
Der E-Prix (auch ePrix geschrieben) dürfte in den kommenden Jahren an Attraktivität gewinnen, wenn den Teams mehr Eigenkreativität zugestanden wird und so mancher Innovationsschub den Wettbewerb noch interessanter macht. Ob der Tourenwagensport ebenfalls eine breitflächige Elektrifizierung erfahren wird, bleibt abzuwarten. Hybridfahrzeuge mischen in Mittel- und Langstrecken-Rennen schon länger mit, wenn sie auch noch immer Ausnahmen von der Regel bilden. Aber jedoch Ausnahmen mit höchstem Beachtungswert, denn seit 2012 tragen Hybridwagen beispielsweise beim 24-Stunden-Rennen von Le Mans in schöner Regelmäßigkeit den Sieg davon.

Bei den 24 Stunden von Le Mans haben sich Hybridfahrzeuge längst die vordersten Plätze gesichert: Audi (unten), Porsche (unten rechts), Toyota (ganz unten).

Applaus vor großer Bühne

Für große Hersteller war Le Mans schon immer die beste Bühne, um einem ambitionierten Publikum neue Technologien zu präsentieren und zu beweisen, dass sie auch unter härtester Belastung funktionieren. Was die 24 Stunden von Le Mans übersteht, so die Botschaft, das ist auch im ganz normalen automobilen Alltag belastbar. Man muss es nur zur Kenntnis nehmen. In der Berichterstattung in den Medien genoss das Le-Mans-Rennen in früheren Jahrzehnten einen anderen, und zwar erheblich größeren Stellenwert als in der Zeit der heutigen Reizüberflutung.

In fahrzeugtechnischer Hinsicht verlief das 24-Stunden-Rennen 2012 besonders spannend. Zwei Fabrikate, präsentiert durch drei Teams, traten mit neuen Konzepten an, die sich beim Langstreckenklassiker bewähren sollten: Audi brachte zwei Diesel-Hybrid-Prototypen an den Start, der japanische Hersteller Toyota feierte mit zwei Benzin-Hybriden nach längerer Le-Mans-Abstinenz sein Comeback.
Die angewendeten Systeme arbeiteten verschieden. Bei Audi wurde die Bremsenergie an der Vorderachse durch eine so genannte Motor-Generator-Einheit (MGU) abgenommen und an einen Drehmassenspeicher weitergegeben: Ein Schwungrad, das neben dem Fahrer im Innenraum gekapselt platziert ist, sich mit bis zu 45.000 Umdrehungen pro Minute dreht und seine Energie bei Bedarf über die MGU wieder abgibt. Bis zu 200 zusätzliche PS bekam der Audi R18 e-tron quattro genannte Prototyp damit auf die Vorderräder und wurde somit zu einem Allradler, wenn auch nur für kurze Zeit. Denn das für Hybrid-Prototypen modifizierte Reglement gestattete den Einsatz der Bremsenergierückgewinnung (Rekuperation) nur in sieben Zonen der 13,6 Kilometer langen Rennstrecke.
Toyota setzte bei seinem Konzept TS 030 Hybrid auf Hinterradantrieb. Andere Wege gingen die Japaner auch in Sachen Energiespeicher. Sie verwendeten Kondensatoren statt eines Schwungmassenspeichers, um die beim Bremsen gewonnene Energie zu speichern. Kondensatoren funktionieren wie ein Akkumulator, nur dass sie sehr viel schneller geladen werden können und die Energie auch genauso schnell und ohne Verlust wieder abgeben.

Win on Sunday, sell on Monday: Gilt das noch immer?

Im 80. Jubiläumsjahr 2012 belegte einer der Audi TDI R18 e-tron quattro 3,7 Liter den ersten Platz im Gesamtklassement der 24 Stunden von Le Mans. Das Audi-Team Joest qualifizierte sich mit dem zweiten Hybriden auch für Rang 2. Ausgefallen waren die Toyota-Hybriden TS030. 2013 kamen Audi und Toyota auf die ersten fünf Top-Ränge. Auch 2014 reichte es für zwei Joest-Audi-e-tron zum Doppelsieg – und irgendwo im Mittelfeld machten jetzt auch Porsche-Hybriden auf sich aufmerksam. 2015, 2016 und 2017 hieß dann auch der Sieger Porsche. Die schwäbischen Hybriden durften den Beweis erbringen, dass auch die Ingenieure in Weissach verstanden hatten, was ihre Fans erwarteten. Erstaunlich nur, dass in Presse und Marketing diese Erfolge kaum benutzt wurden, um mit den Le-Mans-Sensationen für die doch neue, hochaktuelle Antriebstechnologie zu werben. Es schien, als sei keine Hybrid-Lobby zuständig, sich der Instrumentalisierung solcher Erfolge anzunehmen ... Wie hatte es doch einst im rennsportbegeisterten Amerika geheißen? »Win on Sunday, sell on Monday!«
Vielleicht hatte die bescheidene Rundenbilanz zumindest im Jahr 2012 die Euphoriker unter den PR-Managern gebremst. Die Joest-Team-Fahrer Allen McNish, Tom Kristensen und Loic Duval hatten es auf 348 Runden gebracht; so wenige waren es seit 1980 (Rondeau, 338 Runden) nicht gewesen. Zwar war kein anderer Teilnehmer 2012 auf eine höhere Zahl gekommen, doch statistisch gesehen waren Jahre wie 2010 (Audi R 15 TDI, 397 Runden) oder 2009 (Peugeot V12 Diesel, 382 Runden) schon spannendere Le-Mans-Jahre gewesen. Das 2015er Porsche-Werksteam hatte mit seinem 919-Hybrid rekordverdächtige 395 Runden geschafft bei einem Schnitt von 224,2 km/h. 2017 umkurvten die Sieger die Sarthe-Rennstrecke immerhin 367 Mal.
Da aber Wetter- und andere Einflüsse, etwa neutralisierte Zeiten (durch Pace-Car-Phasen), in jedem Jahr die Zahl der absolvierten Runden mitbestimmen, hinken solche Vergleiche etwas. Immerhin hatte der Temposchnitt der hybridmotorisierten Siegermannschaft von 2017 beachtliche 245,6 km/h betragen, während der des Peugeot-Diesel im Jahre 2009 noch bei 216,7 km/h gelegen hatte und der des Audi von 2013 bei »nur« 197,5 km/h.

Schneller als die Formel 1

Schnell, schneller, hybrid: Am 9. April 2018 stellte Porsche mit einer optimierten Version des Le-Mans-Siegerautos 919 Hybrid einen neuen Streckenrekord in Spa-Francorchamps auf. Dem Porsche-Werksfahrer Neel Jani gelang auf dem 7,004 Kilometer langen Grand-Prix-Kurs in den Ardennen eine Runde in 1.41,770 Minuten. Damit unterbot der Schweizer die Bestmarke von Lewis Hamilton im Mercedes Formel-1 W07 Hybrid um 0,783 Sekunden. Hamiltons Runde hatte 1.42.553 Minuten gedauert und ihm die Pole Position zum Großen Preis von Belgien gesichert. Jani erzielte auf seiner Rekordrunde eine Höchstgeschwindigkeit von 359 km/h und einen Schnitt von 245,61 km/h. Apropos 0,783 Sekunden Differenz: Ein mit menschlichen Sinnesorganen kaum wahrnehmbarer Wert. Doch wen würde es wundern, wenn sich das Komma schon morgen um eine weitere Stelle verschoben hat?

20 km, 1440 Höhenmeter – alles in knapp 9 Minuten. Das »Race to the Clouds« am Pikes Peak, das auf 2862 m ü. NN startet und bei 4302 m ü. NN endet, ist das spektakulärste Bergrennen in den USA. Volkswagen war 1987 mit einem Bi-Motor-Golf am Start und scheiterte knapp. 2018 galt die Revanche dem Ziel, die bisherige Bestmarke für Elektrofahrzeuge zu unterbieten.

Darunter: Solarfahrzeug des UNSW Racing Teams, Australien, 2016. Auf dem Fünften Kontinent finden die meisten Wettbewerbe für Solarmobile statt.

Rallye Monte-Carlo alternativ

Die Motorsportszene hat sich an von Hybridrennen absolvierte Bestzeiten in erstaunlich kurzer Zeit gewöhnt. Nur gering war deshalb wohl auch die Medien-Resonanz auf die Rallye Monte-Carlo für alternative Antriebe (Originaltitel: »Rallye Monte-Carlo des Énergies Nouvelles et Électriques«) von 2011.
Als Vorläufer zu dieser alternativen Rallye war 1995 die Rallye Monte-Carlo für Elektrofahrzeuge und 2005 die Rallye Monte-Carlo für Brennstoffzellen- und Elektroantriebe ausgerichtet worden. 2007 hat man die verschiedenen Klassen unter dem Titel Rallye Monte-Carlo des Énergies Nouvelles et Électriques vereint. Am Beispiel der Rallye Monte-Carlo alternativ 2011 ließ sich ablesen, wie eine solche Veranstaltung abläuft, damit sie einen guten PR-Effekt erzielt.

PR-Wirkung unterschätzt?

Die Strecke führte von den drei Startorten Clermont-Ferrand, Annecy-Le-Vieux (beide in Frankreich) und Lugano (Schweiz) über Valence (Frankreich) durch den Mont-Blanc-Tunnel und über die französischen Seealpen an die Cote d'Azur nach Monaco. Bis auf eine Ausnahmekategorie waren nur Fahrzeuge mit maximalen CO_2-Emissionen von weniger als 115 g/km zugelassen. Die Autos traten in Gleichmäßigkeits-, Verbrauchs- und Geschicklichkeitsprüfungen gegeneinander an. Mittels eines Quotienten aus Fahrzeuggewicht, CO_2-Ausstoß, Energiedichte des Kraftstoffs und Verbrauch errechneten die Organisatoren zwischen den Klassen vergleichbare Werte – und so auch die abschließende Gesamtwertung.

Ergebnisse der Gleichmäßigkeitsprüfung 2011

1	Durand / Vialar im Toyota Auris Hybrid
2	Aghem / Conti im Honda CR-Z
3	Beltrami / Merzari im Toyota Auris Hybrid
4	Pozzo / Vincent im Honda Jazz Hybrid
5	Thizy / Pavoux im Toyota Prius
6	Murguia / Urmeneta im Toyota Prius
7	Ponset / Pastor im Toyota Prius
8	Blondeau / Hasler im Renault 5 GT Turbo
9	Matas / Augier im Toyota Prius
10	Vaness / Brocourt im Honda Jazz Hybrid

Ergebnisse der Verbrauchsprüfung

1	Comas / Chol im Tesla Roadster 2.5
2	Capitaine / Cuif im Toyota Auris Hybrid
3	Liverani / Srada im Fiat Croma
4	Murguia / Urmeneta im Toyota Prius
5	Mencuccini / Gibier im Toyota Prius
6	Clais / Clais im Honda Insight
7	Beltrami / Merzari im Toyota Auris Hybrid
8	Brethon / Pont im Lexus CT 200h9
9	Bonneau / Coxhead im Toyota Prius
10	Apparicio / Capon im Fiat Punto

In der Gesamtwertung siegten Comas/Scholl auf Tesla 2.5. Der Roadster war das einzige Auto mit einer Reichweite, die sich mit der von Verbrennern vergleichen ließ. Insgesamt dominierten in den Top Ten aktuell aber doch Autos mit Hybridantrieb der Marken Toyota und Honda.

Ergebnisse der Gesamtwertung

1	Comas / Chol im Tesla Roadster 2.5
2	Liverani / Srada im Fiat Croma
3	Murguia / Urmeneta im Toyota Prius
4	Beltrami / Merzari im Toyota Auris Hybrid
5	Capitaine / Cuif im Toyota Auris Hybrid
6	Ponset / Pastor im Toyota Prius
7	Blondeau / Hasler im Renault 5 GT Turbo
8	Aghem / Conti im Honda CR-Z
9	Vaness / Brocourt im Honda Jazz Hybrid
10	Pozzo / Vincent im Honda Jazz Hybrid

Die Ergebnisse zeigten, dass es im Jahr 2011 nur sehr wenige Elektroautos gab, die sich auch unter den Anstrengungen einer solchen Rallye beweisen konnten. Zudem war der Tesla Roadster nicht nur aufgrund seines hohen Preises alles andere als ein Fahrzeug für die breite Masse. »Bis die großen Autohersteller bei der Produktion von reinen Elektroautos in die Gänge gekommen sind, scheinen Hybridfahrzeuge eine attraktive Übergangslösung zu sein«, kommentierte die Presse die Rallye.

Das Fürstentum Monaco besaß als Ziel im Hinblick auf die Elektromobilität aber auch symbolischen Gehalt: »Als Testbiotop für Elektrofahrzeuge fördert es mit 300 Ladestationen, Gratisparkplätzen und einer staatlichen Subventionierung (in Höhe von einem Drittel des Kaufpreises) die Durchsetzung dieser neuen Technologie«.

Ecorallye San Marino-Arezzo (Italien).

Einer der wenigen von einem britischen Team an den Start gebrachter Renault Zoé, 2017.

Dass die internationalen Motorsportmedien das »Testbiotop« nicht in ihrem Fokus hatten, lag nicht zuletzt an einer Zahl anders besetzter Prioritäten, etwa beim Grand Prix: Die Formel-1-Gladiatoren Sebastian Vettel, Jensen Button und Lewis Hamilton beherrschten die Schlagzeilen der Sportberichterstattung, und in der DTM gab es 2011 Aufregenderes über die publikumsaffinen Audi- und Mercedes-AMG-Teams zu berichten als über Rallyes mit noch allenthalben belächelten Elektroautos …

Rallyeautos ohne Fahrer

Das US-amerikanische Verteidigungsministerium veranstaltet seit 2004 eine Anzahl von Rallyes für autonom pilotierte Autos (siehe auch Seite 208–209). Die »DARPA Grand Challenge« notierte bei ihrer ersten Veranstaltung mehr als 100 Teilnehmer am Start. Doch keines der Teams sah sich im Stande, sein Fahrzeug ins Ziel zu bringen. Die Strecke von 150 Meilen (ca. 240 Kilometer) führte durch die Mojave-Wüste im Bundesstaat Nevada. Für den zweiten Wettbewerb im Oktober 2005 wurde das mit einer Million Dollar ohnedies enorm hoch dotierte Preisgeld für den Sieger verdoppelt und die Strecke auf 125 Meilen verkürzt. Jetzt vermochte sich ein Student der Universität Stanford mit einem modifizierten Volkswagen Touareg gegenüber 194 weiteren Wettbewerbern als Sieger zu qualifizieren. Die dritte Grand Challenge fand im November 2007 statt. Für das Team, das als erstes einen 60 Meilen langen und in drei Bereiche unterteilten Parcours innerhalb von weniger als 6 Stunden absolvierte, wurde ein Preisgeld von insgesamt 3,5 Millionen Dollar ausgeschrieben. Den Sieg errang das US-Team Tartan Racing.

Himmelblauer Hoffnungsträger Th!nk City in der Eco Rallye Vasco Navarro 2010.

FIA Weltmeisterschaft

Gleichwohl kümmerten sich die zuständigen Instanzen ernsthaft um den Alternaiv-Rallye-Sport. Um den von der internationalen Motorsportorganisation FIA (Fédération Internationale de l'Automobile) weltweit ausgeschriebenen Meisterschaftstitel für Fahrzeuge mit Elektro- und anderen alternativen Antrieben bewerben sich Aspiranten in acht Kategorien:

- 1 Solarfahrzeuge der Olympia-Klasse
- 2 Solar- und Elektro-Prototypen
- 3 Solar- und/oder Elektro-Serienfahrzeuge
- 3a Solar- und/oder Elektro-Privatfahrzeuge
- 4 Solar- und/oder Elektro-Leichtbaufahrzeuge
- 5 Elektro-Einsitzer
- 6 Rennsport-Elektro-Prototypen
- 7 Hybrid-Elektrofahrzeuge
- 8 Fahrzeuge mit sonstigen Alternativantrieben

In folgenden Veranstaltungen kam die Meisterschaft um den FIA Alternative Engines Cup bisher zur Austragung (Auswahl, Stand 2018):

- Rallye Monte-Carlo alternativ (Monaco)
- Eco Rallye Sanremo (Italien)
- Clean Week in Zolder (Belgien)
- Rallye Reykjavik (Island)
- eRallye Iceland (Island)
- Eco-Rallye Vasco Navarro (Spanien)
- Portugal Eco Rallye (Portugal)
- Hi-Tech EkoMobility Rally (Griechenland)
- Eco Energy Ralley Bohemia (Tschechien)
- New Engines RallyeCesky Krumlov (Tschechien)
- Rallye Poland New Engines (Polen)
- Eco Rallye Bulgaria (Bulgarien)
- Eco Targa Florio (Italien)
- Rallye vert de Montreal (Kanada)
- Ecorallye San Marino-Arezzo (Italien)
- Eco Rallye Valenciana (Spanien)

In der WM-Wertungsliste gab es bei Hybridfahrzeugen (FHEV, PHEV) bis 2016 folgende Champions:

- 2007 Giuliano Mazzoni (Opel)
- 2008 Giuliano Mazzoni (Opel)
- 2009 Raymond Durand (Toyota)
- 2010 Raymond Durand (Toyota)
- 2011 Massimo Liverani (Fiat)
- 2012 Massimo Liverani (Fiat)
- 2013 Massimo Liverani (Fiat-Abarth)
- 2014 Massimo Liverani (Fiat-Abarth)
- 2015 Artur Prusak (Toyota)
- 2016 Artur Prusak (Toyota)

Bei den reinen Elektrofahrzeugen (EV) gab es bis 2017 folgende FIA-Weltmeister:

- 2010 Claudio Cicero (Micro-Vett)
- 2011 Antonio Zarini Sara (Mitsubishi)
- 2012 Jesús Echave (Mitsubishi)
- 2013 James Morlaix (Tesla)
- 2014 Walter Kofler (Think City)
- 2015 Walter Kofler (Renault)
- 2016 Nicola Ventura (Renault)
- 2017 Walter Kofler (Tesla)

Elektrische Nordlichter

E-Motorsport auch in privater Regie: Der Club E-Mobility e.V. in Osdorf veranstaltete 2018 zum achten Mal eine Nordeuropäische E-Mobil Rallye über rund 300 Kilometer mit mehreren Klassen. So kommt unter anderem ein Hochschul-Cup zur Austragung, bei dem sich Studenten in einer eigenen Wertungsklasse messen können. Eine weitere Klasse bilden Teilnehmer aus Autohäusern, die um Pokale in einer eigenen Klasse und zusätzlich in der Gesamtwertung fahren. Ferner erhalten Journalisten die Möglichkeit, die Leistungsfähigkeit von Elektroautos im Wettbewerb zu erleben und sich mit den Teilnehmern über Elektromobilität auszutauschen.

»Es geht uns nicht in erster Linie um Schnelligkeit; wir prüfen, was gut funktioniert und was nicht so gut.«

Sabrina Kolbe, Studentin in Coburg, befragt zur Formula Student Germany

Die Formula Student

Die »Formula Student« der Technischen Universität Darmstadt setzt voll auf Elektroantrieb. 2005 wurde das TU Darmstadt Racing Team e.V. (DART) als gemeinnützig anerkannter Verein gegründet und ist seitdem eine offizielle Hochschulgruppe an der TU.
Im Rahmen eines Hochschul-Konstruktionswettbewerbs entwerfen, fertigen und fahren Studierende einen einsitzigen Rennwagen in Teamarbeit und treten gegen Konkurrenten aus aller Welt an. Es siegt aber nicht das Team mit dem schnellsten Formelfahrzeug, sondern vielmehr das Team mit dem besten Gesamtpaket. Dieses besteht aus den Aspekten Konstruktion, Performance auf der Strecke,

Die Monoposti der Formula Student sind aerodynamisch ausgefeilt.

Kostenplanung und anderen wirtschaftlichen Aspekten. Die Formula Student fordert somit interdisziplinäre Fähigkeiten von ihren Wettbewerbsteilnehmern.
Bei dem Konstruktionswettbewerb arbeiten die Teams unter der Annahme, dass sie Hersteller eines zu evaluierenden Prototyps sind. Die Zielgruppen sind nicht etwa Profis, sondern semiprofessionelle Wochenendfahrer. Dementsprechend muss der – jedes Jahr verbesserte – Rennwagen sehr gute Fahreigenschaften hinsichtlich Beschleunigung, Bremsweg und Fahrbarkeit aufweisen. Außerdem soll der Wagen zuverlässig funktionieren und darf nicht zu teuer sein.
Bei den Wettbewerben der seit 2011 geltenden Formula Student Electric für Elektrofahrzeuge (nicht für Hybriden, wohlgemerkt) wird zusätzlich besonderer Wert auf Sicherheit und Ressourceneffizienz des elektrischen Antriebs gelegt. Diese und weitere Kriterien werden in dynamischen und statischen Disziplinen von einer fachkundigen Jury beurteilt und bewertet.

Erstmals kam die E-Formel in der Rennsaison 2011 zur Austragung. DART Racing setzte auf einen elektrischen Antrieb mit zwei getrennten Synchronmotoren. Die Kraftübertragung zur Hinterachse wurde durch ein Getriebe mit zwei relativ zueinander beweglichen Radsätzen realisiert. Damit trug der Rennstall den zukünftigen Entwicklungen hin zu noch ressourcen-effizienteren und umweltfreundlicheren Fahrzeugen Rechnung.
Als angehende Ingenieure haben es sich die Studierenden zur Aufgabe gemacht, die Entwicklung von zuverlässigen Elektrofahrzeugen mit einem zukunftsfähigen Antriebskonzept aktiv voranzutreiben. Mit dem epsilon-E2011 hatte das TU Darmstadt Racing Team den ersten Schritt in Richtung Elektromobilität getan. Parallel zum konventionell angetriebenen zeta2011 wurde der delta2009 nach dem Reglement der Formula Student Electric zum ersten rein elektrischen Rennwagen des TU Darmstadt Racing Teams umgebaut. Hierzu zählten neben dem Umbau des Antriebssystems selbst auch die Entwicklung eines umfangreichen Sicherheitskonzepts, das in dieser Form für Formula Student Fahrzeuge die Grundlage und damit einen wesentlichen Bestandteil bildet.

Der DART 4 genannte Formelwagen der TU Darmstadt.

Mit diesem Vorentwicklungsprojekt wurde der Grundstein für die erfolgreiche Entwicklung aller weiteren FSE-Rennwagen des Vereins gelegt. Zum Einsatz gekommen ist der epsilon-E2011 an der Formula Student UK 2011 (7. Gesamtplatz) und den Baltic Open 2011 (9. Gesamtplatz).

Energieverbrauch des Rennwagens in die Gesamtwertung ein. Die Formula Student wird weltweit – bis auf geringfügige Ausnahmen – nach denselben Reglements ausgeführt. Sie ist eine zunehmend beliebte und ausbaufähige Nachwuchs-Rennserie.

Das an der Operation DART beteiligte Studententeam, 2018.

Die Formula Student ist indessen keine Darmstädter Erfindung. Die »akademische« Rennserie startete 1981 unter der Schirmherrschaft der SAE Inc. (Society of Automotive Engineering) in den USA zunächst mit miniaturisierten Grand-Prix-Verbrennern. 1998 fand das erste europäische Event in England unter der Bezeichnung »Formula Student« statt. Mit steigender Tendenz etablierten sich wenig später weitere Wettbewerbe in Deutschland, Italien, Japan und Brasilien. Bis zum heutigen Zeitpunkt werden jährlich zehn offizielle Wettbewerbe überall auf der Erde ausgetragen. Insgesamt sind es inzwischen mehr als 500 Universitäten und Hochschulen weltweit, die in dieser Rennserie gegeneinander konkurrieren.
Neben Sicherheitsvorschriften und diversen technischen Richtlinien ist Bedingung, dass alle Teilnehmer Studenten sind, um einen Leistungsvergleich zu ermöglichen. Neben dynamischen Disziplinen fließen die Qualität der Konstruktion, die Kostenplanung, das Verkaufskonzept und der

Oben: Rollout der Formel-Rennwagen der TU Darmstadt, 2018.

Links oben: Der Formel-Rennwagen der TU Freiberg, Sachsen, 2015 in Hockenheim.

Links: Amerikanischer Pravega-Wagen, 2018.

Elektrische Nutzfahrzeuge waren einst weit verbreitet

Die Haupt- und Nebenakteure der elektrischen Belle Epoque

Der für den Fuhrpark der Städtischen Feuerwehr von Berlin zuständige Direktor suchte im Jahr 1908 das ideale Fahrzeug für die nächsten Jahre. Die Flotte war stark überaltert und bestand zum Teil noch aus Pferdefuhrwerken. Die Entscheidung fiel zugunsten eines Fahrzeugtyps mit Elektromotor. Diese Flotte von elektrischen Feuerwehrwagen stand noch bis zum Zweiten Weltkrieg im Einsatz – weil Diesel und Benzin knapp waren. In Deutschland gab es zwischen den beiden Weltkriegen eine große Anzahl elektrischer Nutzfahrzeuge. Diverse Hersteller boten Liefer- und Lastwagen bis zu 10 Tonnen Nutzlast an, darunter auch sechsrädrige Modelle. In Berlin waren 1926 über 600 Bergmann 2,5-Tonner als Verteilerfahrzeuge in Betrieb, die letzten noch in den 1960er Jahren. Die Post hatte zeitweise mehr als 2400 elektrische Fahrzeuge im Dienst, hinzu kamen Flotten von Kommunalfahrzeugen für die Müllabfuhr, Kehrmaschinen sowie Kleintransporter jeglicher Art. Eine Besonderheit damals waren elektrische Schlepper, die Anhänger bis zu 10 Tonnen Gewicht ziehen konnten. Desweiteren gab es eine ganze Anzahl von elektrischen Personenwagen.

Oben: Inserat von 1904 und Gottfried Hagen auf einer Ausstellung 1905; in der Mitte drei Bergmann Milchwagen 1937.

Das AEG-Inserat stammt von 1936.

Rechts: Bleichert »Stromwagen«-Prospekt aus den 1930er Jahren.

Hagen und AEG

Die Firma Gottfried Hagen, in Kalk bei Köln 1827 als Metallhandelsfirma gegründet, produzierte ihre eigenen Akkumulatoren ab 1884, die mit ihrer überragenden Isolierung durch Hartgummi internationalen Ruhm genossen. Die Firma baute bis 1909 ihre eigenen Elektrofahrzeuge, die unter dem Markennamen Urbanus und KAW verkauft wurden. Laut Werksunterlagen wurden diese Akkumulatoren schon 1898 in den ersten deutschen Elektrofahrzeugen der Kölner Firma Heinrich Scheele verwendet. Nach Einstellung des Fahrzeugbaus widmete sich Gottfried Hagen noch lange Jahre der Akkuherstellung. 1925 wurde das Programm um Nickel-Cadmium-Speicher erweitert, die in vielen Elektrofahrzeugen Verwendung fanden.

1929 schrieb die Firma in ihrem Handbuch *Der KAW Accumulator für Elektro-Fahrzeuge*:»In neuerer Zeit ist zu diesen Last-, Lieferungs- und Personenwagen sowie Schleppern mit elektrischen Antrieb (bei der Reichspost, bei den Straßenreinigungsämtern zahlreicher Städte als Straßenwasch- und Kehrmaschinen, Spreng- und Müllabfuhrwagen, bei den Droschkenbetrieben und bei einer großen Anzahl Privatbetrieben) noch der sogenannte Elektrokarren getreten, dessen Verwendung im inneren und äußeren Dienst mit

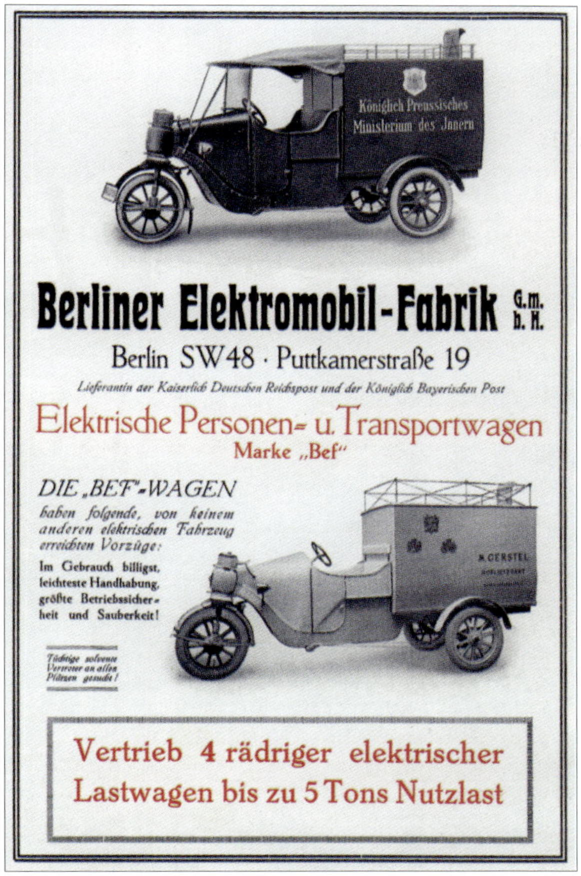

Links: Dreirad unter der Marke BEF von 1914 und oben als GeHa.

Oben rechts: Hansa-Lloyd Paketwagen von 1927.

Rechts: Postfahrzeuge der Marke Gottfried Hagen Uranus von 1904.

großer Schnelligkeit einen beachtenswerten Umfang angenommen hat, der noch immer, und zwar mit steigendem Tempo, im Wachsen begriffen ist«.
Die NAG, die Automobilsparte der AEG, widmete sich zwar hauptsächlich Fahrzeugen mit Benzinmotoren, baute aber bis weit in die Zwanziger Jahre auch elektrische Modelle. Die AEG hatte schon 1902 die Allgemeine Automobil-Gesellschaft (AAG) und die Firma Kühlstein, die unter Joseph Vollmer Elektrofahrzeuge baute, aufgekauft. Neben Droschken und privaten Personenwagen wurden auch Nutzfahrzeuge nach Stoll-Patenten gebaut. Bei der AEG und unter deren Markennamen gab es vor allen Dingen Elektrokarren, bis die Firma 1925 beschloss, auf der gleichen Basis elektrische Lastwagen als 1,5- und 2.5-Tonner zu bauen. 1935 erweiterte die Firma ihr Angebot um einen Dreitonner, ausgerüstet mit einem 13,5-kW-Motor, sowie um einen Sechstonner, der ein Aggregat von 20 kW erhielt.

Bergmann, Bleichert, BEF

Die Bergmann Elektrizitäts-Werke mit Sitz in Berlin begannen 1901 mit der Herstellung von Dreh- und Wechselstrommotoren, vier Jahre später folgten Zähler, Turbinen und Glühlampen. 1906 beschloss man in den Automobilbau einzusteigen; im Mittelpunkt standen elektrische Fahrzeuge. Nach 1918 wurde die Personenwagen-Abteilung nur noch einige Monate lang weiter geführt, die Produktion verlagerte sich auf ein komplettes Programm von elektrischen Nutzfahrzeugen. Der 4,5 t Bergmann besaß zwei 7,6-kW-Hauptschlussmotoren mit zwei Kollektorreihen. Sein kleiner Bruder, ein 2,5-Tonner, kam bei der Post als Paketwagen gut an. Unter der Motorhaubenattrappe lagen nicht die Akkus – die fanden unter dem Fahrersitz ihren Platz – sondern die Schalteinrichtung mit ihren Regelwiderstands-Walzen. Bei niedrigen Geschwindigkeiten ließ sich eine Reichweite bis zu 70 Kilometer erzielen.
Die Fahrzeuge wurden ständig verbessert, vielfach eingesetzt bei der Post, die einige Großaufträge vergab, wie auch bei Brauereien und anderen Privatbetrieben. Auch die Molkerei Bolle setzte eine Flotte von elektrischen Fahrzeugen ein. Angetrieben wurden die Modelle von zwei an der Hinterachse aufgehängten Hauptstrommotoren mit sechs Polen, je mit 5,7 kW Leistung bei 155 Volt sowie 650 U/min. Die Motoren lagen in einem zweiteiligen Gehäuse, gut gegen Nässe geschützt, das durch die Zweiteilung einen leichten Zugang zum Anker und dessen Kohlebürsten und Kollektor erlaubte. Ende der Zwanziger Jahre übernahmen Siemens-Schuckert und AEG einen Großteil der Firma. Später wurde auch der Bau eines Elektrokarrens aufgenommen, jahrelang ein lukratives Geschäft. 1945 wurde das komplette Werk von den Sowjets demontiert.
Die Leipziger Firma Bleichert indessen avancierte zum größten deutschen Elektrokarrenhersteller, dessen Plattformwagen überall auf Bahnhöfen, Flughäfen und bei der Industrie verwendet wurden. Ab 1925 bis in die Nachkriegszeit bot die Firma verschiedene elektrische Last- und Lieferwagen mit Nutzlasten von 1.5 bis 7.3 t Nutzlast an. Je nach Modell kamen bis zu vier Elektromotoren zum Einsatz; der schwerste Lastwagen war auch als Dreiachser erhältlich.

Prospekt von 1939.

Borgward baute auch Elektrokarren für alle möglichen Einsätze.

Oben: Bergmann Lastwagen 1907 in Berlin. Rechts daneben: Prospekt des elektrischen Borgward von etwa 1938

Oben: Zwei Elektrolastwagen (Frontlenker) der Maschinenfabrik Esslingen.

Links: Aus einem ME-Prospekt, 1930er Jahre.

Rechts: Die deutsche Marke Talbot hat nichts mit den Fahrzeugen gleichen Namens aus England und Frankreich zu tun.

Nach dem Krieg wurden weiterhin Fahrzeuge sowohl in Leipzig unter VEB Bleichert als auch in einem Werk in Köln gebaut.
1936 stand auf der Berliner Automobilausstellung ein elektrisches Cabriolet von Bleichert – ein Versuch, auch auf dem Pkw-Sektor ein Modell anzubieten. Leider erreichte es nur eine Geschwindigkeit von knapp 30 km/h.
Das dritte »B« bezieht sich auf die von Victor Harborn 1907 gegründete Berliner Elektromobil Fabrik (BEF), die kleine elektrische Dreiräder mit zwei Sitzen und Platz für Waren oder als Viersitzer baute, mit dem Motor über dem einzelnen Vorderrad. Die Kraft wurde mittels Kardanwelle direkt an dieses Rad übertragen. Wenig später wurden die Fahrzeuge unter dem Markennamen Gebhardt & Harborn (Geha) modernisiert. 1918 vereinigte sich die Geha mit den Elitewerken, die schon viele Jahre vorher die Berliner Firma Hentschel übernommen hatte, bekannt durch ihr erstes elektrisches Taxi und ihr großes Angebot auf dem Sektor der kommunalen Fahrzeuge, speziell im Straßenreinigungswesen. Das Angebot umfasste sowohl Modelle mit einer Vorspannachse als auch elektrische Dreiräder, die noch bis 1923 produziert wurden.
Einer der großen Kunden von Elite war die Post, die bis zu 1000 elektrische Fahrzeuge einsetzte. Schwerpunkte waren ein Lieferwagen mit 4,5-kW-Elektromotor, Vorspannachse und getrennt mitgeführtem Akku, ferner ein Lastwagen mit 2,0 t Nutzlast, die auf 2,5 t erweitert werden konnte, sowie ein Fünftonner, alle elektrisch und jahrelang in Produktion in Betrieb.
Eine Zeit lang wurde auch ein Pkw angeboten, mit offener oder geschlossener Karosserie, der bis zu sechs Personen Platz bot, zweien auf gegen die Fahrtrichtung montierten Klappsitzen. Die Fahrzeuge besaßen den Motor nahe der Hinterachse, der seine Kraft aber auf die Vorderräder über-

trug. Bei Tempo 30 km/h kam man etwa 80 Kilometer weit. Auf der gleichen Basis gab es auch ein Taximodell.
Die wechselvolle Geschichte dieser Marke währte bis 1931, als Elite unter dem Firmennamen Fahrzeugwerk Carl Richard mit Werk in Ronneburg das letzte Modell vorstellte, einen 5,0-Tonner mit 18,6 kW (25 PS) leistendem Hauptschlussmotor, der die Kraft über ein zweistufiges Wechselgetriebe auf die Räder brachte. Insgesamt sollen ca. eintausend Elite Nutzfahrzeuge gebaut worden sein; die Produktion wurde bis auf wenige Ausnahmen 1929 eingestellt.

Hanseatische Großfamilie

Die Norddeutsche Automobil- und Motorenfabrik AG (NAMAG) mit Sitz in Bremen-Hastedt, Vorläufer der Hansa-Lloyd, baute ab 1906 verschiedene elektrische Nutzfahrzeuge nach den Patenten der französischen Firma Kriéger, die von der ABAM (Allgemeine Betriebs-AG für Motorfahrzeuge) übernommen wurden. Darunter Schlepper, gut für diverse Aufgaben wie etwa für die Müllabfuhr und die Straßenreinigung.
Die NAMAG, auf Initiative des Generaldirektors des Norddeutschen Lloyd (Reederei) gegründet, nahm als Markennamen die Bezeichnung Lloyd auf. 1913 übernahm die NAMAG die Hansa-Werke in Varel, die Benzinautos baute. Von 1914 bis 1938 wurden alle Fahrzeuge unter dem Doppelnamen Hansa-Lloyd vertrieben; neben Benzinern stand auch weiterhin ein großes Angebot von elektrischen Nutzfahrzeugen zur Verfügung. In den 1920er Jahren fertigte man hauptsächlich die Modellreihe EH2 als Zwei- bis Dreitonner, ausgerüstet mit einem 7/14 PS Hauptschlussmotor, an der Kardanwelle angeflanscht, der die Hinterachse antrieb, sowie das Modell CL5 als Fünftonner mit quer eingebautem Elektromotor von 15/30 PS Leistung. Er trieb über Rollenketten die Hinterräder an. Auch gab es einen Vorspannwagen mit in der Vorderachse liegendem Motor und Direktantrieb. Dazu gab es das Einheitsmodell HL mit niedriger Pritsche und Vorderradantrieb, das in großer Zahl für die Post gebaut wurde.
Mitte der 1930er Jahre wurde das Programm nochmals erneuert; es gab jetzt den EL2 mit 20 PS, den EL3 mit 28 PS und den EL5 mit 40 PS, wobei die Zahlen nach den Buchstaben EL für die Nutzlast standen. Sie hatten alle eine Reichweite von zwischen 60 und 70 Kilometern bei einer Geschwindigkeit bis zu 30 km/h.
Anfang der 1930er Jahre hatte sich Carl F.W. Borgward an dem Unternehmen beteiligt. 1938 verschwand der Markenname Hansa-Lloyd – künftig hießen die Fahrzeuge Borgward, von der Carl F.W. Borgward Automobil- und Motorenwerke GmbH gebaut, wiederum mit einer Auswahl an schweren elektrischen Nutzfahrzeugen, darunter ein Schlepper, der mehrere Anhänger ziehen konnte.

Maschinenfabrik Esslingen

Die Maschinenfabrik Esslingen baute ab 1926 auch elektrische Nutzfahrzeuge. Die Firma verkündete damals in ihren Prospekten: »Auf dem innerbetrieblichen Transportsektor sind Elektrokarren, -Schlepper, -Niederhub- und -Hochhubkarren, Gabelstapler- und Spezialfahrzeuge nicht mehr wegzudenken. Doch nicht allein auf diesem bekannten, werksinternen Anwendungsgebiet, sondern auch im städtischen Straßenverkehr erfüllt das batteriegespeiste Fahrzeug eine Transportaufgabe. Das Elektrofahrzeug ist durch seine besonderen Eigenschaften dazu berufen, einen bestimmten Teil des Straßenverkehrs zu übernehmen und hier Vorteile zu bieten: Im städtischen Verkehr von Haus zu Haus, im ausgeprochenen Zustellverkehr mit vielen Haltestellen wirkt sich nachweislich der batterie-elektrische Antrieb so günstig aus, dass die mit ihm ausgerüsteten Fahrzeuge in ihrer Wirtschaftlichkeit nicht zu übertreffen sind.«
Die Firma hatte schon um die Jahrhundertwende Elektromobile und elektrisch betriebene Schienenfahrzeuge gebaut. 1923 standen die ersten Fahrerstand- und Fahrersitzkarren zur Verfügung. Deren Verwendungsgebiete waren fast unbegrenzt, sie wurden mit billigen Nachtstrom gespeist, waren in ihrer robusten Konstruktion jedem rauhen Betrieb gewachsen und stellten an die Wartung nur geringe Anforderungen.
1926 präsentierte ME ihren ersten 1,5 t Elektrotransporter für die Straße, versehen mit zwei Motoren von je 2,3 kW bei 1650 Umdrehungen, neben den Vorderrädern platziert. Dieses Fahrzeug fuhr nicht schneller als 18 km/h, konnte indessen bis zu 75 Kilometer ohne Nachladung zurücklegen. Wenig später entstand auch ein 5,0-Tonner.

Talbot – ein deutsches Fabrikat

Die deutsche Firma Talbot, erst 1935 gegründet, hat nichts mit dem britisch-französischen Automobilkonzern gleichen Namens zu tun. Sie gehörte zur Gruppe Richard Talbot aus Aachen, die Eisenbahnwaggons, Straßenbahnwagen, Aufbauten für Lastwagen und Omnibusse herstellte sowie Umbauten von Benzinfahrzeugen in elektrische vornahm. Lukrativ war auch das Geschäft mit Elektrokarren.
Produziert wurden ein 1,5- und ein 2,5-Tonner mit 9,0-kW-Motor (12 PS) – erstaunlich, dass man sich mit derart niedrigen Leistungen zufrieden gab. In den 1940er Jahren übernahm Talbot spezielle Borgward Elektrofahrzeuge und vertrieb sie unter eigenem Markennamen.

Zahlreiche Außenseiter

Die Aktiengesellschaft für Akkumulatoren- und Automobilbau aus Berlin (AAA), gegründet 1919 von Alex Fischer, baute Elektrofahrzeuge speziell für das Taxigewerbe. 1921 präsentierte die Firma ein Sport-Phaëton und eine große Limousine mit Elektromotor sowie eine ganze Palette von Lieferwagen mit Nutzlasten zwischen 600 und 2000 kg.
Bis zur Übernahme der NAMAG wurden Elektrofahrzeuge nach dem Kriéger-System von der Allgemeinen Betriebs-AG für Motorfahrzeuge in Köln gebaut. Besonderes Merkmal dieser Modelle waren zwei Motoren, seitlich von jedem Vorderrad schwingend aufgehängt. Jeder Motor bot etwa 1,86 kW (2,5 PS) Leistung und konnte in Reihe oder parallel geschaltet werden.
Auch die Wagenbauanstalt und Waggonfabrik für elektrische Bahnen, vormals W.C.F. Busch in Bautzen, fertigte neben dampfbetriebenen Feuerwehren einige elektrische Modelle. Und die Feuerlöschgeräte- und Maschinenfabrik

»Deutschlands Automobilindustrie befand sich ab Ende 1918 infolge des Investitionsstaus, mangels Rohstoffe und durch den Verlust ihrer Exportmärkte in einer schwierigen Lage und musste ums Überleben kämpfen.«

Dr. Otto Melbes in *Die Deutsche Automobilindustrie*, Berlin 1928

Prospekt von 1941.

Oben: ABAM Lizenz Kriéger, 1905.
Oben Mitte: WCF Busch Feuerwehrfahrzeug, 1902.

vorm. Justus Christian Braun in Nürnberg baute Feuerwehrfahrzeuge mit Benzin-, Dampf- und gemischtem Elektro-Benzinantrieb. 1910 präsentierte die Firma einen elektrischen Müllwagen mit vorderen Radnabenmotoren nach Lizenz Balachowsky & Caire (Frankreich). Die Akkus fanden ihren Platz unter der langen Motorhaube; die Aufliegerbremse saß über der Sattelkupplung.

Die Berliner Firma Hentschel hatte schon 1898 eine batteriebetriebene Straßenwaschmaschine entwickelt, die aber erst ab 1903 eingesetzt wurde. Diese Maschine befand sich über 40 Jahre lang im Betrieb. Die Firma baute auch die vom Ingenieur Paul Muchow entwickelte Vorspannachse, das »Elektrische Pferd«, eine komplette Achse mit Elektromotor, die man mit mehreren Anhängern kuppeln konnte. Später wurden diese Vorspannwagen von der Berliner Firma Elite gebaut.

Die Mühlenbau- und Industrie AG in Braunschweig (MIAG) baute zwar hauptsächlich Straßenzugmaschinen und Dieselmotorkarren, präsentierte auf der Wiener Herbstmesse 1941 aber auch einen Elektrolastwagen mit 3,0 t Nutzlast. Erfolgreich waren auch die elektrischen Karren jeglicher Art, unter ihnen ein so genannter Krankarren. Ab 1949 wurde ein elektrischer Klein-Lkw für kommunale Zwecke gebaut. Auch der Primus Elektroschlepper für 7,5 t Anhängelast war in den 1930er-Jahren ein erfolgreiches Produkt. Basis war ein Dieselschlepper, dessen Motor einem Doppelkollektor-Hauptstrommotor weichen musste, der 11 kW bei 1800 U/min leistete, bei 80 Volt Spannung. Ein Gitterplatten-Akku von 40 Zellen mit einer Kapazität von 300 Ah, hinter dem Führerhaus angeordnet, sorgte für relativ hohe Fahrleistungen. Motor und die Akkus saßen auf der Antriebachse, schon aus Gründen der Gewichtsverteilung. Die Elektroschlepper wurden bis weit in die Nachkriegsjahre gebaut. Konkurrent waren die Muchow-Elektroschlepper, die auf Elite Fahrzeugen basierten.

Der Ingenieur Paul Muchow, der als Technischer Leiter der Hentschel-Werke die Vorspannachse entwickelt hatte, übernahm in den Zwanziger Jahren die gesamten Elite-Werke und baute dort Kommunalfahrzeuge wie etwa eine selbstaufnehmende Kehrmaschine nach einem amerikanischen Patent. Elite-Elektrofahrzeuge wurden auch in verschiedene Länder exportiert. Später nannte sich die Firma Paul Muchow AG und baute bis in die Kriegszeiten verschiedene Lastwagen mit Elektromotor, aber auch einen Straßenschlepper mit kurzer Karosserie und heraushängenden Akkus. Er konnte 15 Tonnen ziehen. Sein elektrischer Motor leistete 30 kW, die Geschwindigkeit betrug maximal 30 km/h bei einer Reichweite von 125 Kilometern. Last but not least: Die Motorfahrzeug- und Motorenfabrik AG in Berlin (MMB) baute zwischen 1898 und 1902 verschiedene elektrische Fahrzeuge nach Lizenzen der amerikanischen Columbia Corp.; 1902 wurde das Werk von der Daimler Motoren-Gesellschaft übernommen.

Blick in die Schweiz und nach Österreich

Die Schweiz widmete sich schon früh dem Bau von elektrischen Fahrzeugen. Der bekannteste Hersteller war Tribelhorn, 1898 gegründet. Die Firma begann 1902 mit dem Bau solcher Modelle, erst Personenwagen, wenig später folgten Nutzfahrzeuge, Traktoren, Boote und Lokomotiven, alle mit Elektromotoren. Die Straßenfahrzeuge hatten Reichweiten bis zu 120 Kilometern bei Geschwindigkeiten von 25 km/h. Tribelhorn bot zwei Antriebssysteme an; die kleinen Fahrzeuge mit einem kleinen Elektromotor, Differenzial und nur einem Gang, während für den Gebrauch an Bergstrecken ein Duplexsystem bevorzugt wurde, bei welchem beide hintere Räder über ein Zweiganggetriebe ihre Kraft auf den Bo-

Unten links: Tribelhorn Elektro-Tourenlimousine von ca. 1925.

Unten Mitte: 1943er SIG Lieferwagen, ausgestellt im Pantheon Basel 2018.

Unten rechts: In diesem Austro-Daimler mit elektrischen Radnabenmotoren wurden Ferdinand Porsches Kinder Ferry und Louise zur Schule gefahren. Die Aufnahme stammt von 1914.

Links: Gräf & Stift Z1 E aus den 1930er Jahren.

Rechts: Oehler Elektro von 1940.

den brachten. Ein sogenannter Kriechgang ermöglichte das Bewältigen von Steigungen bis zu 18 Prozent.
Ein Spezialgebiet war die Herstellung von Hotelbussen; im Luzerner Raum beispielsweise verfügten alle Häuser von Rang über Tribelhorn-Omnibusse. Einer der größten Kunden war die Schweizer Post (PTT), die speziell die kleinen Dreiräder für die Zustellung und die Briefkastenleerung verwendete. Tribelhorn baute auch Lastwagen bis zu 4,0 t Nutzlast. Noch 1912 waren 121 Tribelhorn im Einsatz, auch bei einigen Elektrizitätswerken. Viel Aufwand trieb Tribelhorn mit der Bereitstellung von Aufladestationen, die das ganze Land überzogen. Die Firma zog 1918 nach Altstetten und wurde ein Jahr später dem Oerlikon-Konzern einverleibt.
Die zum Bau von Eisenbahnwagen gegründete Schweizerische Industrie-Gesellschaft (SIG), der 1860 eine Waffenfabrik angegliedert wurde, beschäftigte sich ab 1933 auch mit dem Bau von leichten Elektrotransportern, ab 1937 auch für die Straße. Interessant wurde diese Sparte im Zweiten Weltkrieg durch die Treibstoffknappheit.
In den 1940er-Jahren standen eine ganze Reihe kleiner Transporter bis 1,5 t Nutzlast sowie ein Frontlenker, der bis 2,5 t – und mit Zwillingsbereifung 4,0 t – laden konnte, im Programm. Alle SIG-Elektrofahrzeuge wiesen zwei Motoren auf, die ihre Kraft auf die Hinterräder übertrugen. Diese Fahrzeuge wurden bis 1953 gebaut, waren aber noch viele weitere Jahre im Einsatz.
Die schweizerische Firma Oehler in Aarau baute schon ab 1928 verschiedene Elektrofahrzeuge, hauptsächlich kleinere Modelle, die in vielen Fabriken ihren Einsatz fanden. Später wurden die Fahrzeuge vermehrt in solche Kantone verkauft, die nur Elektrofahrzeuge auf ihren Straßen duldeten und dulden. Noch heute stehen in Bergstädten wie Zermatt verschiedene Oehler-Modelle im Dienst.
Was die Aktivitäten im benachbarten Österreich betrifft, so wäre an erster Stelle Austro-Daimler zu nennen. Die Österreichische Daimler Motoren-Gesellschaft baute nach der Übernahme der Technischen Leitung durch Ferdinand Porsche jahrelang die elektrischen Mercedes-Modelle, sowohl Personenwagen als auch Lastwagen, später auch Oberleitungsbusse. Unter dem Namen Mixte-Electrique wurden Hybridfahrzeuge bis zum Ersten Weltkrieg hergestellt. Die in Paris eingetragene Société Mercédès-Electriques wurde 1908 aufgelöst und alle Rechte an die Österreicher verkauft. So ist es nicht verwunderlich, dass es noch jahrelang elektrische Daimler gab, fast alle ausgerüstet mit Radnabenmotor von Porsche. Dieser Radnabenmotor wurde grundsätzlich in die Hinterräder eingebaut, mit direktem Antrieb ohne weitere Übertragungselemente, während Lohner den Einbau in die Vorderräder vorgezogen hatte. Die Magnetsterne der Motoren saßen dabei fest auf der Achse; der Anker, in zwei Kugellagern geführt, bewegte sich um sie herum.
Auch die Firmen Gräf & Stift in Wien und Perl in Liesing bauten einige Elektrofahrzeuge, die hauptsächlich bei der österreichischen Post Verwendung fanden. Ende der Zwanziger Jahre legte die Post einen Erfahrungsbericht vor, der die zufriedenstellenden Erfahrungen mit diesen Fahrzeugen untermauerte: »Die Elektromobile erfordern weniger Reparaturen

Unten links: Ransomes, Sims & Jefferies Ltd. aus Ipswich baute 1842 ihre erste Dampfmaschine, um sich später, neben zahlreichen anderen Produkten, dem Bau von Dampf- und unter der Bezeichnung Orwell auch von Elektrofahrzeugen zu widmen.

Unten: Seiten aus einem Garrett Electric Originalkatalog.

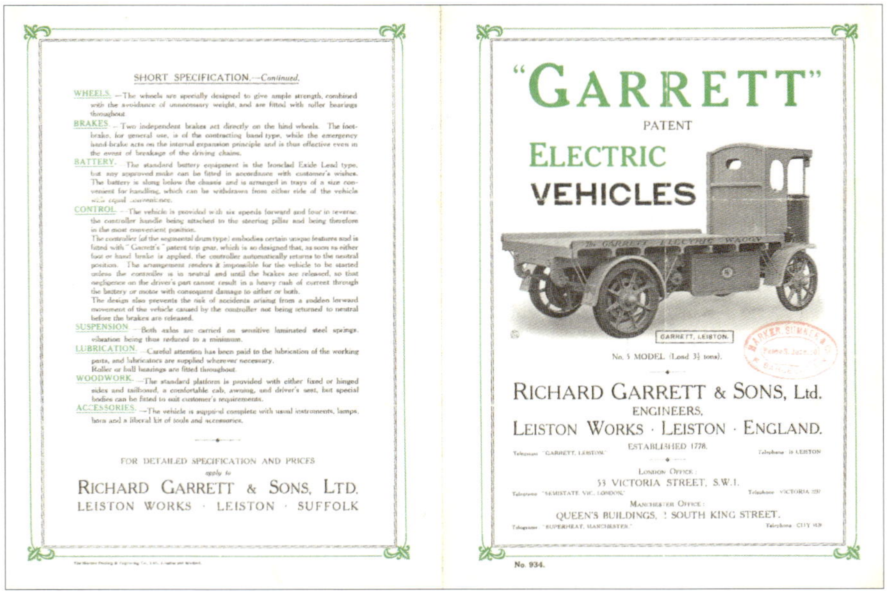

Oben: Betriebsausflug mit einem Garrett Elektrolastwagen um 1922.

Oben rechts: Prototyp des ersten Morrison Electricar 5,0-Tonner von 1934.

Rechts: G.V. Electric 15-20 cwt, der englische Amerikaner aus den 1930er Jahren.

als Benzinkraftwagen und stehen hinsichtlich der Wirtschaftlichkeit auf gleicher Stufe ...« Viele dieser Fahrzeuge taten mehr als 30 Jahre ihren Dienst.

Der Ausbruch des Krieges im Sommer 1914 führte in Großbritannien auch für Außenseiter keineswegs zum sofortigen Stillstand der Personenwagenproduktion. Noch 1916 baute die in Leeds ansässige Firma Electromobile ein elektrisches Fahrzeug mit eleganter, geschlossener Karosserie im amerikanischen Stil, mit Platz für vier Personen.

Unterschiedliche Nachfrage in Europa

Nach den ersten erfolgreichen Jahren des Elektromobils ging die Nachfrage in ganz Europa zurück. Während in den USA noch jahrelang viele elektrische Fahrzeuge angeboten und bis zu 40.000 Stück im Jahr neu registriert wurden, brach in Europa der Absatz eklatant ein – und verlagerte sich zum Teii zur Nutzfahrzeugindustrie.

In Frankreich war es die Firma Sovel, 1925 gegründet, die ein umfassendes Angebot an elektrischen Fahrzeugen bis 5,0 t Nutzlast bereitstellte, die in vielen Kommunen Verwendung fanden. In Großbritannien dagegen gab es schwere E-Lastwagen von den Firmen Garrett und Ransomes (Orwell), die beide aus der Dampfnutzfahrzeug-Branche kamen, sowie die G.V. Company, die amerikanische Modelle der gleichnamigen Firma in Lizenz baute. Nach den schweren Lastwagen rangierten die kleinen Transporter. Morrison baute die ersten leichten Verteilerfahrzeuge bis 10 cwt (508 kg) Last, hinzu kamen viele weitere Firmen, die Flotten von leichten Transportfahrzeugen in viele Städte verkauften, mit beachtlichem Zuwachs in den 1930er Jahren. 1938 waren 4340 kleine elektrische Transporter registriert, in den 1970er Jahren waren sogar noch mehr als 50.000 elektrische Verteilerfahrzeuge zugelassen.

In Großbritannien wie in anderen europäischen Ländern ebenfalls gab es Außenseiter, die eine Zukunft in elektrischen Personenwagen sahen mit den Vorteilen des leisen Laufs, der guten Leistung vom Start an und der fast grenzenlosen Haltbarkeit der elektrischen Teile.

▶ Noch 1916 baute die in Leeds ansässige Firma Electromobile ein elektrisches Fahrzeug mit eleganter, geschlossener Karosserie im amerikanischen Stil, mit Platz für vier Personen und mit ausstellbarer Windschutzscheibe. Der nur 3 PS schwache Motor drehte 1600 Touren mit 72 Ampere und 96 Volt; unter dem Chassis befand sich der 44-zellige Chloride-Exide-Akku mit einer Kapazität von 165 Ah, gänzlich wartungsfrei, und gut für eine Reichweite von 80 Kilometern. Bedient wurde das Auto über ein Fußpedal, wobei die Stromstärke über einen Hebel am Lenkrad geregelt werden konnte, Vermutlich blieb es bei einem Einzelstück.

▶ Der Chelsea Electric von den Londoner Wandsworth Engineering Works, 1922 vorgestellt und nur wenige Monate lang gebaut, war ein zweiplätziges Coupé mit langer Motorhaube, unter der ein Teil der Akkus Platz fand. Die elektrische Einheit von B.T.H lag oberhalb der Hinterachse. Mit Blick auch auf weibliche Kundschaft wurde das Fahrzeug für nur knapp 700 Pfund angeboten; der Wagen sollte der Frauenwelt den Einstieg in das Automobilwesen erleichtern.

▶ Mitte der 1930er Jahre baute die englische Firma Patridge, Wilson & Co. in Leicester eine Reihe verschiedener Elektromobile, hauptsächlich kleine Transporter für die Verteilung von Konsumgütern in den Städten. Die rührige Firma mit ihrem großen Angebot stellte 1936 auch ein elegantes Coupé auf die Räder, den Belisha Brougham, der zu seiner Zeit als einziger englischer Personenwagen mit Elektromotor angeboten wurde. Die Reichweite betrug etwas über 60 Kilometer, die Höchstgeschwindigkeit lag bei rund 40 km/h. Laut Prospekt kostete das Fahrgestell 220 Pfund, hinzu kam der Aufbau. Der Endpreis lag höher als für einen Morris Ten, so dass nur etwa 40 Fahrzeuge verkauft wurden.

Ganz links und links: Ein breites Angebot von Kleinlieferwagen bot die englische Firma Wilson an. Es gab sogar ein Modell mit stromlinienförmiger Karosserie.

Links: Smith's N.C.B. Elektromodelle aus den 1950er Jahren. Die Firma Victor baute 1927 ihren ersten Elektrolastwagen; die Anregung hierzu stammte von einem Brotlieferanten, der für die Verteilung seiner Ware kein geeignetes Fahrzeug fand.

Rechts: STELA Prospekt. Soweit bekannt existiert nur mehr ein elektrischer PKW dieser Marke im Museum von Henri Malartre in Rochetaillé-sur-Saone.

Die großen Lastwagen

Nach dem Ersten Weltkrieg boten in Großbritannien mehrere Firmen elektrische Lastwagen vielfältigster Art an; einige kamen aus der Dampf-Nutzfahrzeugbranche. Electricars, Garrett, Morrison und Ransomes (Orwell) waren die bekanntesten unter ihnen.

▶ Die Firma Ransomes, Sims & Jefferies Ltd. in Ipswich baute 1842 ihre ersten Dampfmaschinen. Unter dem Markennamen Orwell bot die Firma ein breites Spektrum von Modellen an: Lokomobile für die Land- und Bauwirtschaft, Transporter, Lastwagen und diverse Omnibusse, auch stationäre Maschinen. Frühzeitig zeigte man Interesse an elektrischen Fahrzeugen und begann 1917 mit dem Bau von Prototypen, Anfang des Jahres 1920 stand ein umfangreiches Angebot zur Verfügung. Die Lastwagen besaßen in den Vorderrädern installierte Elektromotoren, je einen pro Rad. Vier Jahre später startete man den Bau von Trolleybussen; die letzten Exemplare wurden 1946 nach Singapur geliefert.

▶ Auch die Richard Garrett & Son Ltd. in Leiston, Suffolk, gehörte seit 1856 zu den Herstellern dampfbetriebener Nutzfahrzeuge. Im Ersten Weltkrieg wurde ein elektrischer 3,5-Tonner für eine Bahngesellschaft gebaut; eine Produktion dieses Modells begann nach dem Krieg. 1924 wurde das Angebot um einen kleinen Eintonner sowie einen schweren 5,0- bis 6,0-Tonner für kommunale Dienste erweitert, wobei ihr Einsatz für die Müllabfuhr gedacht war. Mitte der Dreißiger Jahre entstand das Modell GTZ ebenfalls für die Müllabfuhr, eine leistungsstarke Einheit, bis 1939 gebaut.

▶ Die Firma Electricars war in Birmingham ansässig; ihr Ursprung war der britische Zweig der Edison Accumulators Ltd. 1920 hieß es, dass man den Bau von Fahrzeugen an die Electricars Ltd. abgegeben habe, die ein Nutzfahrzeugprogramm von 1,0 bis 5,0 t anbiete. Die Kooperation war perfekt, benutzten doch gerade die kleineren Modelle die Technik von Walker: der 1,0-Tonner mit Motor und Differenzial im Heck mit Antrieb auf die Hinterräder über ein Planetengetriebe, der 2,0-Tonner mit zwei Motoren zwischen den Achsen mit Antrieb der Hinterräder über Ketten, und der 5,0-Tonner mit nur einem Motor hinter der Hinterachse.
Ende der Zwanziger Jahre wurde das von Thomas Edison eingeführte Doppelmotor-System zu Gunsten von nur einem Aggregat aufgegeben; ein einziger Motor bedeutete Gewichtseinsparung und gleichmäßigere Spannung für den Antrieb. 1934 wurde ein Zweigwerk in Irland errichtet, zwei Jahre später wurde die Firma nach dem Zusammenschluss mit der Associated Electric Vehicle Manufacturers (AEVM) in Morrison-Electricar umbenannt. In die AEVM wurden auch die Firmen Young Accumulators und Hants Electric Chassis integriert. Crompton Parkinson übernahm die Firma 1941, später erhielt Austin einen 50-Prozent-Anteil. Weitere Firmen wurden eingegliedert, und so gab es zahlreiche Modelle – hauptsächlich kleine Transporter für die Haus-zu-Haus-Lieferung (Milk Floats genannt) – noch bis weit in die 1980er Jahre.

Sunbeam Electric Transporter 12 cwt von 1938.

Chassis eines Sunbeam Electric Transporter 12 cwt von 1943.

Prospekt des Satam Electrique aus Frankreich.

Prospekt des Mildé-Kriéger Elektro-Personenwagens von 1941.

The Electricity Council of England and Wales beschloss im Frühjahr 1967, einen Großversuch mit Elektrofahrzeugen in einigen Vorstadtregionen durchzuführen und erwarb zum Zweck von Lärm- und Schadstoff-Vergleichsuntersuchungen eine Flotte von 61 Lieferwagen vom Typ Enfield 8000.

▶ Zu erwähnen wäre auch die G.V. Electric Ltd., ein Zweigwerk der amerikanischen General Vehicle Co. mit Sitz in Long Island (New York). Die englische Tochter hielt sich bis 1935, während die Amerikaner nur bis 1920 existierten. In Birmingham beheimatet, bot die G.V. Electric Ltd. schwere Lastwagen an; mit dem dreiachsigen Giant kam einer der größten Elektrolastwagen auf den Markt. 10 Tonnen Nutzlast des als Sattelschlepper konzipierten Modells waren möglich, der Antrieb verlief über einen einzigen Motor mit außenliegender Übersetzung per Kette auf die Hinterräder. Der massive 500-Ah-Akku hatte seinen Platz hinter der Fahrerkabine.

▶ Weit verbreitet in England waren elektrische Kleintransporter wie zum Beispiel die der Firma Wilson, die es sogar in stromlinienförmiger Ausführung gab. Diese Modelle standen viele Jahre lang im Angebot. Desgleichen die der Smith's N.C.B. und die der Firma Victor, die 1927 ihren ersten Elektrolastwagen produzierte.

Innovatives aus Frankreich

Auf dem Pariser Autosalon von 1919 stand eine Limousine der französischen Firma Ateliers d'Automobiles & d'Aviation, die auf der Titelseite ihres Prospekts einen Vergleich ihres Elektroautos mit einem Benzinfahrzeug zog. Resultat: 50 Prozent weniger Kosten. Die Firma bot zwei fast identische Limousinen an, den 6A und den 10A, mit einem Radstand von 3,10 bzw. 3,50 m. Genannt wurde eine Geschwindigkeit von 45 km/h und eine Reichweite von 120 Kilometern, bei einem Preis von 55.000 Francs. Viel zu teuer, um erfolgreich zu sein, aber immerhin gab es eine Garantie für zehn Jahre auf alle mechanischen Teile, was sonst kein anderer Hersteller anbot.

▶ Dann die Société d`Appareils de Transports et de Manutentions Eléctriques (Satme): Sie spezialisierte sich auf Umbauten benzinbetriebener Liefer- und Lastwagen in Elektrofahrzeuge. Die Pariser Firma baute um 1922 auch einen einzigen Personenwagen, wohl nur zum Beweis, dass sie auch dazu fähig wäre. Der Motor lag vorn unter der langen Haube, auf beiden Seiten ein Teil der Akkumulatoren, von denen weitere unter der Sitzbank und je einer neben jedem Hinterrad Platz fanden. Der Motor leistete 4 PS, die Bleiakkumulatoren lieferten 56 Volt und 200 Amperestunden.

▶ Die Firma Applications Electro-Mécanique in Neuilly bot ab 1923 einen elektrischen Kleinwagen unter dem Namen Electrocyclette als Ein- oder Zweisitzer an, ausgerüstet mit einem 0,75 PS schwachen Motor. Die Reichweite lag bei 100 Kilometern, wenn man nicht schneller als 20 km/h fuhr. Das Fahrzeug wurde 1926 etwas verbessert, besonders an der Karosserie, die einen Kühler im Stil des damaligen Renault bekam. Auch ein Lieferwagen stand zur Wahl, beide mit Einzelaufhängung an Querblattfedern. 1927 wurde die Produktion eingestellt.

▶ Eines der interessantesten französischen Elektrofahrzeuge war der C.G.E. Tudor, 1942 mit Aluminiumrahmen konstruiert von Jean Albert Grégoire. Zwei Jahre lang konnte Gregoire zwei Autos pro Woche bauen, am Ende wurden etwa 200 Stück fertig. Das Fahrzeug basierte auf einer früheren Gregoire-Konstruktion, ein Cabriolet vollständig aus Aluminium mit zwei Türen. Der Elektromotor saß vor der Hinterachse, also fast zentral, die Akkumulatoren verteilten sich über der Hinterachse und unter der vorderen Motorhaube, was eine gute Gewichtsverteilung der immerhin 460 kg wiegenden Sammler ergab. Die Geschwindigkeit betrug etwa 60 km/h bei einer Reichweite von 90 Kilometern. Gregoire fuhr aber auch einmal die 260 Kilometer lange Strecke von Tours nach Paris ohne Nachladung. Das Fahrzeug wies einen Radstand von 2,35 m bei 3,7 m Gesamtlänge auf.
Gregoire gedachte auf gleicher Basis auch einen Lieferwagen sowie ein etwas größeres Fahrzeug mit vier Türen anzubieten, das auch als Taxi hätte Verwendung finden können; aber die Zeit war nicht besonders günstig für teure Fahrzeuge – sollte der Gregoire doch um die 105.000 Francs kosten, etwa dreimal soviel wie ein Citroën 11CV.
Die Benutzung von Benzin- und Dieselfahrzeugen war den Franzosen 1941 von den deutschen Besatzern verboten worden. Wer mobil bleiben wollte oder musste, suchte alternative Antriebskonzepte. Viele Benziner wurden zum Beispiel auf Holzgas (Gazogène) umgerüstet. Aber die Franzosen hatten auch gute Erfahrungen mit Elektrofahrzeugen, standen doch gerade die Modelle der Firma Sovel Jahre lang in hartem Einsatz.

Nutzfahrzeuge der Marke Sovel gab es ab 1925 in zahlreichen Ausführungen.

Links: FRAM mit Vorspannachse, 1907.

Kreative Vielfalt zeichnet die Franzosen aus

Bemerkenswert war der von der Lyoner Firma S.T.E.L.A. von 1941 bs 1944 in einigen Exemplaren gebaute Personenwagen, entworfen von Hubert Pascal, der als Taxi Verwendung fand. Das letzte dieser Fahrzeuge war noch Mitte der 1950er Jahre in Lyon im Einsatz. Das Auto mit seiner aerodynamischen Karosserie, auf einem Rohrrahmenchassis aufgebaut, wies einen in der Nähe des Fahrersitzes liegenden Elektromotor auf, wog knapp zwei Tonnen und kam auf 50 km/h. Die Firma bot auch einen elektrischen Lieferwagen mit 500 kg Nutzlast sowie eine Reihe leichter Lastwagen mit Nutzlasten zwischen 1,5 und 5,0 t an. Je nach Ausführung leistete der Motor zwischen 7 und 20 PS. Die 48 Elemente des Tudor-Akkus mit 96 Volt Spannung hatten eine Kapazität von 270 bis 330 Ah.

▶ Die Firma Satam, Hersteller von Benzintanks und Tankstellen-Equipment, sah sich in den 1940er Jahren ebenfalls veranlasst, ein Elektromobil zu bauen, Es entstand ein kleines zweisitziges Coupé mit quer eingebautem Motor vor der Vorderachse, gut für 35 km/h bei knapp 100 Kilometer Reichweite.

▶ In den Kriegsjahren sah man auch Fahrzeuge der traditionsreichen Hersteller Kriéger und Mildé wieder; sie bauten gemeinsam einen benzinbetriebenen La Licorne zum Elektrowagen um. Das Fahrzeug mit seiner Reichweite von 80 Kilometern fand auch als Taxi Verwendung. Größter Hersteller von Elektrofahrzeugen in jenen Kriegsjahren aber war Peugeot, wo man nach drei Prototypen am 28. März 1944 den kleinen VLV (Voiturette Légère de Ville) Stadtwagen vorstellte. Die hinteren Räder wiesen eine geringere Spur auf als die vorderen, die Einstiegstüren waren klein, dafür gab es ein aufklappbares Verdeck. Der Kleinwagen wog mit seiner Alukarosserie nur 365 kg. Der Motor leistete 3,5 PS bei 2400

Umdrehungen, das reichte für etwa 32 km/h und eine Reichweite von 80 Kilometer.
Im August 1941 konnten die ersten elf VLV ausgeliefert werden, 33 folgten im September. Danach war erst einmal Schluss, denn es fehlten Teile, und wenig später das Personal, da sich alle Männer bei der deutschen Wehrmacht melden mussten, um in der Rüstungsindustrie zwangsverpflichtet zu werden. Dennoch konnten 375 VLV gebaut werden. Einige liefen bei Peugeot in den Werkshallen von Sochaux, andere wurden verschiedenen Institutionen zur Verfügung gestellt, die dringend eine motorisierte Fortbewegung brauchten. Peugeot plante auch das Modell 202 mit Elektromotor anzubieten; ein Versuchsmodell erreichte damit 32 km/h.

▶ Zu den Spezialisten im Nutzfahrzeugsegment zählte die Firma Sovel, ab 1925 und bis weit in die Achtziger Jahre aktiv. Ihre Elektrofahrzeuge waren in vielen Städten Frankreichs im Einsatz, bei der Müllabfuhr, als Kipper bei Straßenarbeiten, als Transporter für den Haus-zu-Haus-Dienst. Auf den Bahnhöfen sah man sie als Transportkarren der Firma Transwatt.

… und auch die Italiener

Der Ursprung der italienischen Società Torinese Automobili Elettrici (STAE) war das 1905 gegründete Zweigwerk der französischen Firma Kriéger, doch zwei Jahre später wurden eigenständig entwickelte Elektrofahrzeuge unter dem Markennamen STAE gebaut. Neben einer kleinen Zahl von Personenwagen – heute befindet sich ein Duc de Dame von 1909 im Museo dell Àutomobile Biscaretti di Ruffia in Turin – gab es auch Lastwagen. Bei den Motoren handelte es sich weiterhin um Lizenzprodukte von Kriéger. Die Übertragung der Kraft verlief über Ketten auf die Hinterräder. Die Fahrzeuge fuhren zwar nicht schnell, wiesen aber eine hohe Nutzlast auf. Das Werk wurde 1913 geschlossen.

1941 veröffentlichter Prospekt – ausnahmsweise nicht Sportwagen betreffend …

▶ Weitaus bekannter war die Firma Turinelli, die ab 1909 Elektrofahrzeuge baute, und zwar Lastwagen aller Größen. In den 1930er Jahren gab es einen sechsrädrigen Lastwagen mit hinterer Zwillingsachse, der 12,0 t laden konnte und unter anderem im Baugewerbe eingesetzt wurde.

▶ Die Officine Meccaniche Stigler, 1859 zur Herstellung von Aufzügen gegründet, baute ab 1922 auch elektrische Transportfahrzeuge inklusive Bestattungswagen. Zu Beginn der 1930er-Jahre wurden auch Fahrzeuge für die Feuerwehr gefertigt. 1933 realisierte man zusammen mit der Firma Macchi einen Oberleitungsbus, der noch in den 1960er-Jahren in Mailand verkehrte.

▶ Lancia baute 1941–1942 das Elektromodell E290, versehen mit normaler Hinterachse und Leistungen von 8.8 bis 13.6 PS; anschließend erschien der Dreiachser E291, der immerhin 3500 kg laden konnte. Maserati und Moretti stellten ebenfalls Elektrowagen auf die Räder, als während der Kriegsjahre auch in Italien Benzinmangel herrschte.

Blick nach Spanien

Spanien gehörte zu den ersten europäischen Ländern, das unter der Benzinknappheit litt. 1936 hatte der Bürgerkrieg begonnen, importiertes Benzin stand nur für Militärfahrzeuge zur Verfügung. Mit Beginn des Zweiten Weltkrieges 1939 und der Abschottung Spaniens wurde das Thema noch akuter. Es war viel Improvisation nötig, um einige Transportmöglichkeiten aufrecht zu erhalten.

▶ Die Firma David in Barcelona baute seit 1907 Kleinstwagen, übernahm auch die Vertretung von Citroën und bot auf dieser Basis elektrifizierte Taximodelle an. Auf Bestellung baute David Fahrzeuge auf gebrauchten Chassis und Komponenten auf, aber mit neuer moderner Karosserie, wobei der Benzinmotor einem elektrischen weichen musste.

▶ Auch Hispano-Suiza präsentierte ein Elektrofahrzeug. Im französischen Werk der spanischen Firma wurde in den Kriegsjahren ein dreirädriger Transporter mit den Maßen 3,48 x 1,6 x 1,8 m und einem Gewicht von 1600 kg gebaut. Sein 48-Volt-Motor erreichte 3,7 kW (5 PS), während die Nickel-Eisen-Akkus 350 Ah abgaben, was für eine Reichweite von 90 Kilometer langen sollte. Das Fahrzeug wurde zur Erprobung nach Barcelona geschickt, eine Produktion wurde jedoch nicht aufgenommen.

▶ 1945 stand auf einer Technischen Messe in Valencia ein außergewöhnliches Elektrofahrzeug im Stil eines Van, in Frontlenkerausführung mit rundem Heck ohne Kofferraum, vom spanischen Ingenieur Rodriguez Iranzo entworfen. Ein darauf basierender Lieferwagen wurde einige Zeit lang gebaut. Das Fahrzeug stand auf der Madrider Elektroautomesse 1946 und wurde im spanischen Fernsehen gezeigt. Der Antrieb erfolgte über die Vorderräder, die Akkus fanden im Heck ihren Platz.

▶ Zu erwähnen ist ferner die Firma Vehículos Eléctricos Autarquia SA; sie wurde 1943 in Barcelona gegründet. Die Autarquía basierten auf umgebauten Ford-Fahrgestellen. Neben einem Transporter mit 500 kg Nutzlast gab es einen Bus und einen mit hinteren Zwillingsreifen versehenen Dreitonner. Weniger als 100 Stück wurden gebaut, sie standen aber jahrelang im Einsatz.

▶ In der damaligen Tschechoslowakei gab es in jenen Jahren ebenfalls elektrische Fahrzeuge, so das zweisitzige Elektromobil des Ingenieurs Frantisek Hönig aus der südmährischen Stadt Hodonin, 1925 präsentiert. Der Motor saß in der Hinterachse ohne Differenzial.

▶ Auch Josef Sousedik aus Mähren, Besitzer einer Fabrik für elektrische Teile, befasste sich in den 1920er Jahren mit Elektrofahrzeugen. 1932 präsentierte er einen Prototyp mit Radnabenmotoren in der Hinterachse. Später baute er einen Hybridantrieb in einem Tatra 75 ein.

Oben: Zwei schwere Lastwagen von STAE aus dem Jahr 1909.

Unten: Von Moretti hergestellter Prototyp eines elektrischen Lastwagens aus den 1940er Jahren. Giovanni Moretti hatte 1924 in Turin einen Tuningbetrieb für Motorräder gegründet.

Oben: Ein dreiachsiger Turinelli Frontlenker von 1932.

Links: Autarquia für 500 kg Nutzlast.

Unten: Auf Elektobetrieb umgebauter Ford A Roadster, wahrscheinlich von der Sociedad Eléctrica Lezcano in Madrid. Es gab auch andere Firmen, die Modelle von Ford, Opel und Citroën während der Kriegsjahre umbauten.

Oben: Das ungewöhnliche Gefährt von Rodriguez Iranzo 1945, seiner Zeit im Stil weit voraus (Fiat Multipla!)

Die Fülle der heute längst vergessenen Fabrikate und Modelle war einst enorm

Big Electrical Car Boom in den Vereinigten Staaten

»Elektrizität werden wir so billig machen, dass eines Tages nur die Reichen es sich leisten können, ihre Salons mit Kerzenlicht zu illuminieren …«

Thomas Alva Edison, 1905

In den Vereinigten Staaten von Amerika gab es zwischen 1898 und 1930 fast einhundert Hersteller, die elektrische Personenwagen und vor allem auch Nutzfahrzeuge anboten. Diese standen in vielen Städten im Einsatz, wo sie ohne Belästigung der Umwelt ihre Arbeit verrichteten, sei es das Transportieren von Baumaterial, Stückgut oder schweren Bierfässern, oder sie waren als flinke kleine Lieferwagen unterwegs, als Kommunalfahrzeuge oder mit sperrigem Langholz beladen, aber auch als Taxi, Hotelbus und als Fahrzeug für die Dame, die damit zum Einkaufen fuhr.

Die Hersteller von Elektrofahrzeugen boten ihre Modelle in aufwändigen Werbekampagnen an, in denen sie auf die leichte Handhabung hinwiesen. Vertreter von Elektromobilen unternahmen ausgedehnte Demonstrationsfahrten nicht nur mit Fuhrparkchefs großer Firmen, sondern auch mit reichen Privatkunden. Die Repräsentanten versuchten bei solchen Vorführungen, hohe Reichweiten zu erzielen. 1906 kam ein Anbieter aus Connecticut auf die Idee, elektrische Fahrzeuge ohne Akkus zu verkaufen, die über eine monatliche Pauschale geleast bzw. gemietet werden konnten. Ein Geschäftsmodell, das gut einhundert Jahre später seine

Oben: Elektrischer Schlepper im Dienst einer Eisenbahngesellschaft.

Links: Ein sehr früher amerikanischer Elektrolastwagen.

Rechts: Briefkasten-Leerung mit einem Woods Elektromobil, 1903.

Fleet of 46 Ward Electrics operated by Pilgrim Laundry, Brooklyn.

Renaissance erlebte. Akkus für Elektroautos wurden inzwischen immer leistungsfähiger, haben aber auch ihren Preis. Etliche Hersteller auch in Europa – beispielsweise Renault – bieten heute ebenfalls an, den Akku zu mieten. Die monatliche Rate der Miete richtet sich nach der jährlichen Laufleistung des Stromers. Das kann bei Vielfahrern teuer werden. Denn bereits bei einer geringen jährlichen Laufleistung fallen bei der Miete relativ hohe monatliche Kosten an: Wer sein Auto nur für Kurzstrecken nutzt und dabei unter einer jährlichen Fahrleistung von 7500 Kilometern bleibt, kann

Von manchen Unternehmen wurden Elektrolastwagen in größeren Flotten angeschafft.

EVC und Selden: Manipulationsversuch

1897 hatte sich die Electric Storage Battery Company aus Philadelphia, im Besitz verschiedener Batterie-Patente, mit der Electric Carriage and Wagon Company, Lieferant der meisten elektrischen Taxis von New York, zur EVC (Electric Vehicle Corporation) zusammengeschlossen. In der Absicht, ein Monopol zu errichten, kauften einige Unternehmer aus der Elektrobranche die neue Gesellschaft auf. William C. Whitney, einer der Teilhaber, entwickelte unter der Haube von EVC ein ambitiöses Projekt zur Einführung von rein elektrischen Taxis in amerikanischen Großstädten.
Das Geschäft lief langsamer an als erwartet. Die EVC verkaufte zwar in kurzer Zeit mehr als 2000 Fahrzeuge, der Geschäftsplan sah aber mindestens 12.000 Einheiten vor. Die Gesellschaft hatte die Rechnung ohne die steigende Nachfrage nach Benzinmodellen gemacht. Da kam ihnen ein kurioses Patent des Anwalts George B. Selden gerade recht, und die EVC verbündete sich mit ihm Ende 1899, um den Verkauf von Benzinfahrzeugen über Patentnutzungs- bzw. Lizenzzahlungen auszubremsen. Selden erhielt 1895 sein schon 1879 angefordertes Patent für eine »mit Verbrennungsmotor angetriebene Straßenlokomotive«, die dem Anwalt die Handhabe gab, Lizenzgebühren von jedem Automobilhersteller einzutreiben.
Mit diesem Patent in der Hand ging die EVC zuerst zum Hersteller Winton in Ohio und verlangte Zahlungen für jedes verkaufte Benzinauto. Winton sträubte sich zwar, gab aber ein Jahr später klein bei ... und zahlte.
Auch der Automobilhersteller Packard und Oldsmobile sahen unter gewissen Bedingungen Vorteile bei der Zahlung von Lizenzgebühren. 1903 schlossen sie sich mit der EVC zur Gesellschaft der Lizensierten Automobilhersteller (Asociation of Licensed Automobile Manufacturers ALAM) zusammen, der sich weitere 30 Hersteller anschlossen, die jeweils 1,25 Prozent vom Verkaufspreis für jedes abgesetzte Automobil an die ALAM abführten. Das Interesse der ALAM lag speziell an einer Kontrolle des Marktes, denn man ging gegen die zahlreichen neuen kleinen Hersteller vor, die wie Pilze aus dem Boden hervorschossen, ohne den Käufern Garantien nach dem Verkauf ihrer Fahrzeuge zu geben. Die EVC aber, die einen Teil dieses Geldes als Teilhaber erhielt, konnte mit diesen Erträgen ihren Verkauf von elektrischen Taxis intensivieren. Es war somit allen geholfen, glaubte man.
Im Jahr 1903 nahm aber Ford den Kampf gegen die Monopolstellung auf. Der Kampf dauerte bis 1911, bis ein Gericht klarstellte, dass sich das Selden-Patent auf ein Fahrzeug mit Brayton-Motor bezog, nicht auf einen Benzinmotor im Otto-Prinzip (Viertakter), den alle Hersteller vorzogen. Ford gewann den Kampf, und seither stand der Massenherstellung von Automobilen mit Verbrennungsmotoren nichts mehr im Wege.
Die EVC kämpfte weiter, versammelte um sich die meisten amerikanischen Hersteller von Elektrofahrzeugen und brachte 1913 bis 1917 sogar eine Zeitschrift für aktuelle und zukünftige Elektrofahrzeug-Besitzer heraus.

bei einem Kleinwagen je nach Hersteller mit einer Monatsmiete von weniger als 100 Euro rechnen. Der Amerikaner aus Conecticut bot damals Tarife ab 50 Dollar an.

Leistung, Lebensdauer, Laufruhe

Die Entwicklung der Elektrofahrzeuge verlangte eine enge Zusammenarbeit zwischen drei verschiedenen Herstellergruppen: dem Fabrikanten solider Fahrgestelle, dem Hersteller von Elektromotoren und dem Produzenten von leistungsstarken Akkumulatoren. Ihre Aufgabe war, Gewicht und Leistung in Einklang zu bringen. Daraus entstand eine viele Jahre lang funktionierende Industrie, die einfach aufgebaute Fahrzeuge mit guter Leistung, einer langen Lebensdauer und großer Laufruhe herstellte.
Die vehemente Verbreitung des Automobils veranlasste den amerikanischen Fiskus zum Erlass neuer Gesetze und der Erhebung neuer Steuern. Am Anfang wurden alle Antriebe gleich versteuert (noch im Jahr 1912 waren in den USA 34.000 elektrische Fahrzeuge registriert). Die Situation veränderte sich Anfang der 1920er Jahre. Eine neue Politik, von einflussreichen Lobbies unterstützt, machte die Jahressteuer für Automobile vom Gewicht abhängig; ein guter Schachzug zu Gunsten ihrer von der Ölwirtschaft bestimmten Interessen, waren doch gerade Dampfmobile und die elektrischen Fahrzeuge damit im Nachteil.
Die Electric Storage Battery Co. in Philadelphia erklärte 1920 in ihren Werbebroschüren, dass mehr als 10.000 elektrische Lastwagen in den amerikanischen Städten ihre Arbeit vorzüglich ausführen würden. Man sprach von einer Nutzzeit von zehn bis 15 Jahren ohne Probleme, eine Zeitspanne, die oft um viele Jahre übertroffen wurde.
Das elektrische Nutzfahrzeug machte sich durch seine Sauberkeit ohne Abgase speziell als Verteilerfahrzeug bei Bäckereien, Eisverkäufern, Wäschereien und Zeitungsausstellern beliebt, der leise Lauf wurde in der Produktwerbung gern erwähnt. Ein weiterer Vorteil war der Verkauf in größeren Stückzahlen.
Ein Elektromobil kaufte Unternehmen oft in ganzen Flotten. Es gab Firmen mit einer Hunderschaft elektrischer Lieferwagen, die Tag und Nacht im Einsatz standen. So ließ sich die lange Aufladungszeit der erschöpften Akkus mit in die Fahrzeugauslastung einplanen – und es stand immer frisch aufgeladener Ersatz zur Verfügung.

Die Firma Atlantic in Newark, New Jersey, produzierte 1912–1921 hauptsächlich Lastwagen bis 5,0 t Gesamtgewicht, gelegentlich aber auch größere Fahrzeuge wie diesen Brauerei-Laster.

Als Verkaufsargument wurden auch niedrigere Versicherungskosten angeführt, denn es galt als statistisch erwiesen, dass Elektromobile zu 50 Prozent weniger in Unfälle verwickelt seien als Pferdefuhrwerke und Nutzfahrzeuge mit Benzinmotoren. 1914 meinte ein amerikanischer Kommentator, dass innerhalb von zehn Jahren in den USA mehr als eine Million elektrische Fahrzeuge zirkulieren würden, da die Elektrik der einzige logische Antrieb für den Stadtverkehr der Zukunft sei.

Von Atlantic bis Broc

▶ Die Firma Atlantic in Newark, New Jersey, produzierte 1912–1921 hauptsächlich Lastwagen bis 5,0 t Gesamtgewicht. Sie wiesen doppelten Kettenantrieb auf, konnten bis zu 25 km/h schnell fahren und besaßen eine Reichweite

von knapp 100 Kilometern. Sämtliche Fahrzeugmodelle wurden mit dem neuen 44-zelligen Exide-Akkumulator ausgerüstet.

▶ Die Babcock Electric Automobiles Co. begann 1906 in Buffalo, New York, mit einer eigenständigen Produktion von Elektrofahrzeugen, nachdem sie vorher zur Firma Buffalo gehört hatte. In ihren Anzeigen hieß es, ihre Fahrzeuge seien absolut problemlos für den Besitzer und Fahrer.

▶ Einer der großen amerikanischen Anbieter war die Bailey Electric Automobile Co. in Amesbury. Dort wurden zunächst Kutschen gebaut, ab 1907 auch Elektrofahrzeuge. Der Inhaber der Firma, Colonel Bailey, fuhr mit einem seiner Fahrzeuge durch ganz Amerika, nur um zu beweisen, dass man mit Elektrofahrzeugen auch ausgedehnte Reisen unternehmen konnte. Der Bailey wurde mit den damals modernsten Akkus von Edison versehen, die eine Reichweite bis zu 190 Kilometern versprachen. Der Motor stammte von General Electric.

▶ Auch die Firma Baker in Cleveland, Ohio (1899 bis 1914), zählte zeitweise zu den großen Herstellern von Elektrofahrzeugen; bis zu 17 verschiedene Modelle standen zur Wahl. Die Firma hatte auch eine Abteilung für Nutzfahrzeuge, hauptsächlich Lieferwagen.
1905 stieg die Produktion auf über 400 Einheiten, ein Jahr später waren es schon 800. Als 1914 Detroit Electric zum bedeutendsten Anbieter aufstieg, schloss sich Baker mit dem Elektrofahrzeughersteller Rauch & Lang zusammen, um Paroli bieten zu können. Baker war bekannt für seine farbenfrohen Anzeigen in vielen Zeitschriften.

Oben: Babcock Stanhope 1906.

Links: Colonel Bailey mit Edison in einem seiner Elektrowagen. Darunter ein Bailey Phaeton von 1913.

Links: Katalog von 1913.

Beide Fotos rechts: Beardsley 1917.

Beardsley in Los Angeles war jahrelang der einzige Hersteller in Kalifornien. Zwischen 1914 und 1917 entstanden etwa 160 Elektromobile. Im April 1916 fuhren 100 Personen in 35 Wagen von Los Angeles zum Hotel Virginia in Long Beach, das waren mehr als 110 Kilometer.

Die Firma Borland baute ihre Elektrofahrzeuge in Chicago aus Komponenten anderer Hersteller. Die Rahmen stammten von A.O. Smith, die Vorderachsen von Liggett, die Akkus von Exide. Die Fahrzeuge hatten sechs Vorwärts- und drei Rückwärtsgänge.

Broc Brougham von 1912 (Modelle 29 und 31).

Broc fabrizierte seine Elektrofahrzeuge in Cleveland, Ohio. Die Produktion begann erst 1909, aber gleich mit vier Modellen. Die Fahrzeuge erhielten Motoren von Westinghouse und wurden unter dem Motto »Der luxuriöse Broc« präsentiert. Bedient wurde der elegant karossierte Broc vom Vordersitz oder vom Fond aus, bei einigen Modellen konnte man die seitlich angeflanschten Bedienungsaggregate nach unten kippen. Die Preise betrugen zwischen 2100 und 3500 Dollar.
1914 schloss sich Broc mit den Firmen Argo und Borland zur American Electric Car Company zusammen. 1916 stellte die Gruppe ihre Aktivitäten ein.

»Es ist dringend geboten, dass wir die Registrierung eines Motorwagens in sämtlichen Bundesstaaten mit einer Steuer belegen, wie es in New York bereits der Fall ist …«

Leslie M. Shaw, U.S. Secretary of Treasury, 1902

Von Columbia bis Edison

Bei der Firma Columbia Electric in Hartford, Connecticut, begegnen wir ein weiteres Mal dem Fahrradfabrikanten Colonel Albert A. Pope, der inzwischen auch eine Monopolstellung auf dem Gebiet elektrischer Fahrzeuge anstrebte. Der Sohn des Maschinengewehrerfinders Hiram Percy Maxim leitete das Konstruktionsbüro. Ab 1898 offerierte Columbia zahlreiche Fahrzeugmodelle vom kleinen Zweisitzer bis zum zwölfplätzigen Omnibus. Pope und Maxim zogen den elektrischen Antrieb vor, da man damals die Fahrzeugakkus an den im ganzen Land aufgestellten Lichtstationen aufladen konnte. Preiswerter und einfacher ging es nicht.
Columbia baute auch Fahrzeuge mit Benzinantrieb, übernahm von Riker die elektrischen Lastwagen und andere Geschäftszweige, musste aber 1913 die Tore schließen, wobei in den letzten zwei Jahren nur mehr Benzinfahrzeuge gebaut wurden. Colonel Pope hatte die Firma schon 1903 verlassen, um unter seinem Namen eine neue zu gründen: Pope-Waverly. Columbia ist nicht zu verwechseln mit dem in Columbus, Ohio, ansässigen Kutschwagenhersteller Columbus, der von 1903 bis 1915 ebenfalls Elektromobile baute.

Die Firma Couple-Gear in Grand Rapids, Michigan, konzentrierte sich ab 1905 auf den Bau von Lastwagen und Zugmaschinen, die entweder rein elektrisch liefen oder als Hybridfahrzeuge einen zusätzlichen Verbrennungsmotor mit Generatorfunktion aufwiesen. Die Elektroaggregate waren 2,3 bis 6,7 kW (3 bis 9 PS) leistende Radnabenmotoren an allen vier – lenkbaren – Rädern.

Eine weitere, einst weithin bekannte US-Firma für Elektronutzfahrzeuge war C.T. (Commercial Truck) in Philadelphia, die von 1908 bis 1927 existierte. Neben Liefer- und Lastwagen bis 5,0 t stand ein elektrischer Zugwagen für mehrere Anhänger im Programm, ferner ein Langholztransporter und ein Ausflugbus mit 30 Sitzplätzen. 1915 rüstete die Firma einige Elektrofahrzeuge mit zusätzlichen Benzinmotoren aus; diese Hybridlösung vermochte jedoch nicht zu überzeugen.
Auffälliges Merkmal der elektrischen C.T.-Nutzfahrzeuge war das doppelte Lenkrad: Das etwas kleinere diente zur Geschwindigkeitsregulierung. Die Ingenieure waren überzeugt, dass ihr System das Lenken erleichterte. Die schweren Lastwagen besaßen fast ausschließlich Vierradantrieb mit Radnabenmotoren. Ab 1915 wurden in den Fahrzeugen Schneckenradantriebe verwendet.
Wichtige Kunden waren die Saturday Evening Post und die Curtis Publishing Company, die mehrere Dutzend C.T.-Fahrzeuge in Betrieb hatten. Bis heute haben etwa zwei Dutzend dieser Trucks überlebt.

Die Firma Anderson Detroit baute unter dem Markennamen Detroit Electric zwischen 1907 und 1939 mehr als14.000 elektrische Fahrzeuge und war somit einer der größten Anbieter auf diesem Sektor. Gegründet als eine Unterabteilung der Anderson Carriage Company, die seit 1884 Kutschen und Buggies fertigte, stellte sie im Juni 1907 ihr erstes elektrisches Automobil vor, um im gleichen Jahr weitere 125 Einheiten zu komplettieren. Der Erfolg stellte sich dank guter Qualität und leichter Handhabung sofort ein. Schon im darauf folgendem Jahr wurden 400 Wagen abgesetzt, 650 im Jahr 1909, und ein Jahr später stieg die Produktion auf knapp 1500. 1914 wurde mit 4500 Stück der höchste Ausstoß erzielt. Zwei Jahre später fiel die Produktion zurück und pendelte sich bei jährlich 3000 Wagen ein. 1911 präsentierte Detroit Electric seine neue kettenlose Direktübersetzung und gab an, dass die Fahrzeuge jetzt über eine Reichweite von mehr als 130 Kilometer verfügten. Zur gleichen Zeit und sehr werbewirksam beteiligte sich die Firma an etlichen Wettbewerben, um das Standvermögen ih-

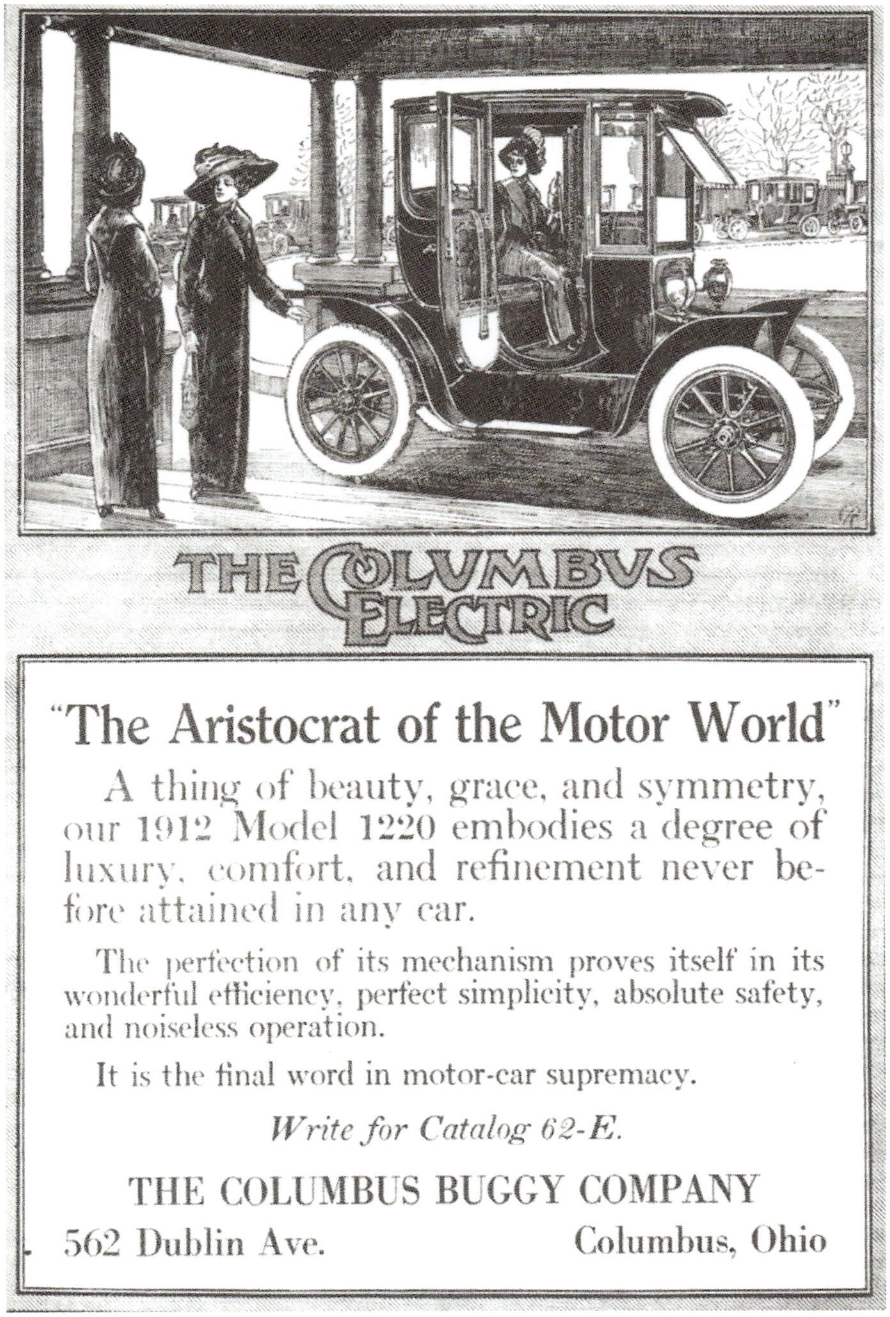

Beide Fotos oben: Columbia, 1908.

Links: Inserat der Firma Columbus aus Ohio von 1915.

rer Technik zu beweisen, und konnte sogar einen Reichweitenrekord von 340 Kilometern aufstellen. Auf diesen beachtlichen Wert wurde in der Werbung wiederholt Bezug genommen. Gleichwohl dürfte es sich um eine Ausnahme gehandelt haben.

▶ Thomas Alva Edison verkaufte zwar niemals Elektrofahrzeuge unter seinem Namen, baute aber mehrere Versuchsmodelle. In den Jahren 1903 und 1904 entstanden drei Prototypen zum Ermitteln optimaler Komponenten. 1914 baute Edison ein Elektrofahrzeug zusammen mit Henry Ford, welches aber dessen Namen trug – und 1927 erschien noch ein elektrischer Roadster, vorgestellt in New York.

Von Flanders bis Milburn

▶ Flanders war ein Hersteller von Benzinfahrzeugen, baute 1912–1915 aber auch einige elektrische Modelle. Die Idee zum Bau von Elektrowagen kam von LeRoy Pelletier, Werbemanager der Firma E.M.F., an der Walter Flanders vorher beteiligt gewesen war (übernommen von Studebaker). Der Preis des Flanders Electric betrug 1775 Dollar. Obwohl eine rege Nachfrage einsetzte, wurden keine 100 Autos fertiggestellt, denn Walter Flanders ging mit diesem Projekt in Konkurs; die Firma wurde anschließend in Pontiac, Michigan, neu gegründet, wo die Flanders Manufacturing Co. die Produktion bis 1915 fortsetzte.

Am 14. August 1912 erschien in der Neuseeländischen *Rodney and Otamatea Times* ein Beitrag mit dem Titel »Kohleverbrauch verändert Klima«. Darin wurde ausgeführt, dass die Öfen der Welt jährlich etwa 2 Milliarden Tonnen Kohle verbrennen, was sich in der Atmosphäre zu rund 7 Milliarden Tonnen Kohlendioxyd anreichert. Dadurch werde die Luft zu einer dichten Decke für die Erde und würde sie erwärmen. Die Auswirkungen in einigen Jahrhunderten würden »beträchtlich« sein.

Capacity 5 Tons

Abbildungen aus einem C,T.-Katalog von 1920: das Fahrzeugprogramm war vielgestaltig.

Links: Inserat aus dem Jahr 1912.

Unten: Detroit Electric Brougham, 1925.

▶ Oliver Parker Fritchle stellte schon 1905 Akkumulatoren her, die über hohe Kapazität verfügten. Der Verkauf elektrischer Fahrzeuge begann in bescheidenem Umfang. Als er 1911 seine Konkurrenten zur Teilnahme an einem Langstreckentest einlud, machte niemand mit – und so fuhr Fritchle allein die 3444 Kilometer von Lincoln in Nebraska nach New York, wobei die täglichen Reichweiten ohne Nachladung leicht die 100 Kilometer überschritten. Der Verkauf seiner Autos stieg von 187 in 1909 auf 323.

▶ Von 1906 bis 1920 baute die Firma G.V. Electrics, Long Island City, verschiedene Liefer- und Lastwagen mit elektrischem Antrieb, darunter dreiachsige 10,0-Tonner, die ihren Einsatz bei Brauereien, Behörden und beim Eisenbahnwesen fanden. Zeitweise kamen eigene Akkus zur Verwendung, während die Motoren von General Electric stammten. Eine Tochtergesellschaft in England bestand noch bis 1935.

▶ Ungewöhnliche elektrische Nutzfahrzeuge kamen von der Firma Lansden aus New York. Sie baute sowohl 0,5-t-Lieferwagen als auch Trucks mit 6,0 t Nutzlast; sie waren

Five-Ton Trucks

Our "five-ton truck" is a giant in service and a money-maker for the mover of heavy loads. Over one million dollars' worth in daily use.

24

G.V. Electric Trucks Fünftonner, 1911: »Ein Gigant, ein Geldmacher, mit dem täglich Dollarmillionen erwirtschaftet werden.«

Oben: Ein Lansden Frontlenker von 1922.

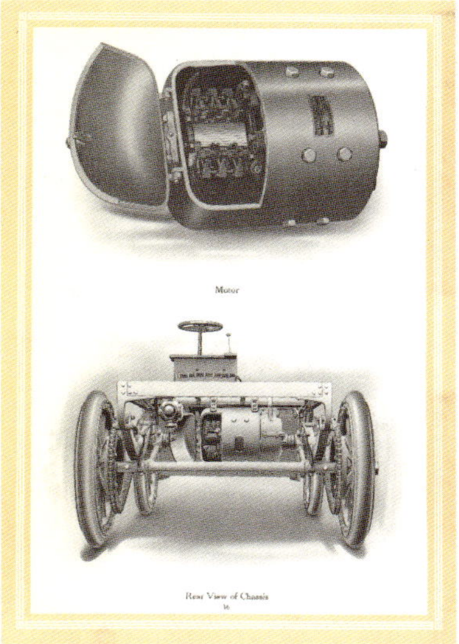

Links: Der elektrische Motor und das Fahrgestell des G.V. Electrics von 1911, aus einem originalem Katalog.

die einzigen auf dem Markt, die mit den neuen Alkalin-Akkus der Firma Edison ausgestattet waren. Diese waren den normalen Bleiakkus bezüglich Energiedichte und Langlebigkeit weit überlegen – einen großen Durchbruch bewirkten sie dennoch nicht.

Hupps Yeats in Detroit baute von 1911 bis 1919 Elektrofahrzeuge mit eleganten Linien, den französischen Renault-Modellen aus jenen Jahren ähnelnd. Sie besaßen einen Motor von Westinghouse, der seine Kraft über ein fünfstufiges Getriebe auf die hinteren Räder übertrug. Insgesamt dürften gut 1200 Fahrzeuge verkauft worden sein.

Obwohl die Firma Milburn in Toledo, Ohio, seit 1848 Kutschen baute, nahm sie nicht vor 1914 und damit reichlich spät die Produktion von Elektrofahrzeugen auf. Sie waren elegant und wurden als Coupé, als Sportwagen und als Lieferwagen angeboten. Die Akkus lagen unter der Motorhaube. Eine Zeit lang wurden jährlich mehr als 1000 Autos verkauft. Die Firma sprach von einer Höchstgeschwindigkeit von 24 km/h und einer Reichweite von knapp 100 Kilometern. Zu Milburns Kunden zählte der Sicherheitsdienst des amerikanischen Präsidenten Woodrow Wilson (1913–1921). Ein Großbrand vernichtete im Dezember 1919 einen Teil des Werks. Nach langen und erfolglosen Auseinandersetzungen mit der Versicherung geschah ein Neuanfang nicht vor 1921, ohne dass wieder Automobile hergestellt wurden. Milburn fabrizierte jetzt Karosserien im Auftrag der GM-Tochter Oldsmobile, und im Februar 1923 wurde die Firma für 2 Millionen Dollar dann auch von General Motors übernommen.

Von Ohio bis Woods

Ohio baute ab 1911 eine große Zahl von Elektrofahrzeugen mit eleganten Karosserien. Gelobt wurden die leichte Handhabung sowie einige technische Extras, die andere Elektrofahrzeuge nicht aufwiesen. Die Nachfrage stieg kontinuierlich und erreichte 1916 650 Wagen.

Bei Pope und Waverly handelt es sich um eine Geschichte wechselnder Marken- und Modellnamen. Die Firma Waverly vereinigte sich 1904 mit der Pope`s American

Rechts: Milburn Model 15 Light Coupé von 1915, von Sotheby's 2010 versteigert.

Electric Vehicle Company zu Pope-Waverly. Vier Jahre später wurde sie an eine Gruppe von Investoren abgegeben, die die Fahrzeuge wieder in Waverly umbenannten. Unter beiden Markennamen wurden auch Nutzfahrzeuge gebaut. Waverly war eine der ersten Firmen, die ein Bremssystem für Elektrofahrzeuge anbot, das in zwei Richtungen wirkte, also die erzeugte Bremsenergie zum Laden der Akkumulatoren nutzte.

Zu den erfolgeichsten Elektrofahrzeugherstellern gehörte Rauch & Lang in Cleveland, Ohio. Der deutschstämmige Jacob Rauch war 1849 in die Staaten ausgewandert, wo er vier Jahre später eine Kutschenfabrik aufbaute. Vater und Sohn Rauch schlossen sich 1854 mit Charles E. J. Lang zusammen. 1903 übernahmen sie den Vertrieb elektrischer Motoren der Firma Buffalo und begannen 1905 selbst mit der Herstellung von Elektrofahrzeugen. Motorenlieferant war jetzt die Firma Hermer, die zwei Jahre später von Rauch & Lang übernommen wurde.
In ihrem Katalog von 1909 wies die Firma Rauch & Lang darauf hin, wie einfach die Bedienung ihrer Fahrzeuge sei: Während die rechte Hand mit einem langen Hebel lenkt (der Hebel hatte zusammengeklappt seinen Platz an der Tür) – nur die größeren Modelle besaßen ein Lenkrad – bewegte

»Ich wünschte, ich könnte meine Lebenszeit verdoppeln, um zu sehen, welche technischen Wunder noch vor unserer Tür warten!«

Charles Holland Duell, Präsident des U.S. Patent Office, 1902

Links: Hupps Yeats Elektrowagen auf einer Ausstellung, 1911.

Rechts: Ein 4 Tonner Couple-Gear Hybrid Gas Electric mit Vierradlenkung von 1915.

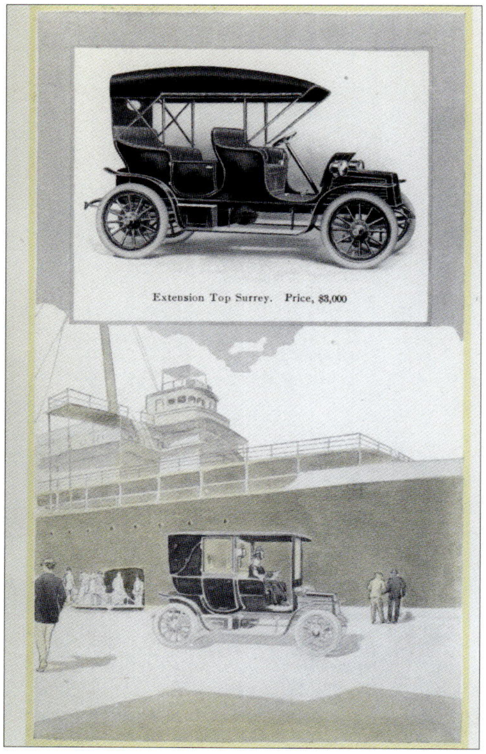

Oben: Seiten aus einem Katalog von Rauch & Lang, 1909.

Links: Elektrolastwagen von Steinmetz einer amerikanischen Großbäckerei, 1911.

man mit der linken Hand einen zweiten, kleineren Hebel nach vorn, um zu beschleunigen, oder nach hinten, wenn gebremst werden sollte. Mit dem Daumen konnte man gleichzeitig einen Knopf drücken, der eine Klingel ertönen ließ, um Fußgänger zu warnen.

▶ Der Elektroingenieur Charles P. Steinmetz aus Baltimore pries seine von 1922 bis 1926 gebauten elektrischen Nutzfahrzeuge als »die besten Fahrzeuge weltweit« an, als die schnellsten, langlebigsten und wirtschaftlichsten auf dem Markt, auch die mit der besten Reichweite. Der Elektromotor war mit einem zweigängigen Getriebe in einem Gehäuse gekuppelt, das in der Mitte der Vorderachse saß. Die Akkus wurden unter der Motorhaube und unter dem Fahrersitz mitgeführt.

▶ Ward war der größte Konkurrent von Walker, spezialisiert auf Elektrowagen für das Ausliefern von Milch. Der Fahrer konnte mit wenigen Handgriffen die Milchflaschen vor die Haustür des Kunden platzieren. Diese von 1910 bis 1934 gebauten Fahrzeuge verwendete man auch für die Postzustellung.
Ward stellte auch Lastwagen bis 7,5 Tonnen Gesamtgewicht her. Die ersten Modelle wurden mit Motoren von Wes-

Prospekt des Elektrowagen-Herstellers Steinmetz, Baltimore, 1922–1926.

STEINMETZ ELECTRIC MOTOR CAR CORPORATION
BALTIMORE, MD.

The Steinmetz Controller

The Controller of the Steinmetz Electric Truck is the perfection of engineering designing skill. It is so simple, so foolproof, that anyone of average intelligence can learn to operate it in a few minutes.

The Controller is a continuous torque, metal drum type, with four forward speeds and two reverse, mounted in a Controller Box which forms a leather padded rest for the driver's back. It is operated by driver's left hand.

All connections are in plain view and are readily accessible upon removing Controller Box cover. The Controller segments are mounted on metallic segment bases, properly insulated from each other and from Controller shaft, to prevent short circuits and possible burning of segment bases.

Important features are an ample contact, reversible fingers, tapped holes, and metal drum which eliminate the danger of burning that occurs in the commonly used wood drum controllers.

The Main Switch is double pole, double throw, rigidly constructed and of large capacity, with three positions; viz: "Running," "Off," and "Charging." It locks in "Off" position. When in "Charging" position the Switch isolates the Battery from Controller so that inspection or adjustments of Controller may be made with perfect safety.

Endwise View Steinmetz Chassis, Controller, Switch and Wiring to Motor.

Unten: Ward Electric Trucks, 1924.

Manewal Bread & Baking Company, St. Louis, uses 10 Ward Electrics.

Rechts: Elektrischer Lastwagen von Walker, 1924.

Unten: Anzeige von 1920.

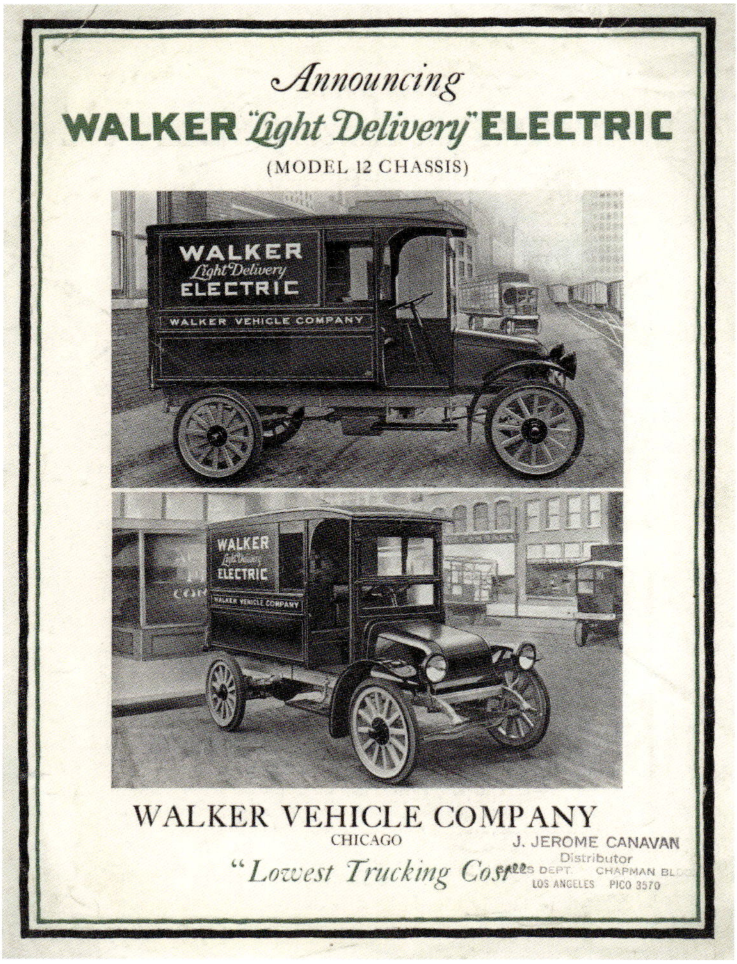

Von Walker für das Londoner Warenhaus Harrods angefertigter Elektro-Lieferwagen.

Gegenüberliegende Seite oben: Pope Waverly Victoria Electric von 1906; rechts daneben ein Woods Queen Victoria 1905, Fotos von rmauctions, die beide Modelle versteigerte.

tinghouse geliefert, später kamen Aggregate von General Electric zum Einsatz. Das 1886 von George Westinghouse zur Herstellung von elektrischer Beleuchtung gegründete Unternehmen Westinghouse Electric hatte seinen Hauptsitz in Monroeville, Pennsylvania, und lieferte Elektromotoren in alle Welt.

▶ Zu den sehr erfolgreichen Herstellern zählte auch Walker in Chicago, der zwischen 1906 und 1942 ein umfangreiches Programm von elektrischen Fahrzeugen fertigte. Die ersten hatten zwei Motoren, einen in jedem Vorderrad. Probleme bei der Synchronisierung ließen indessen die Verwendung eines zentralen Motors ratsamer erscheinen. Später kamen hybride Antriebe hinzu, der Elektromotor wurde mit einem Gasmotor gekoppelt.

Walker Elektromobile erlangten auch in Europa Bekanntheit, etwa durch das Londoner Kaufhaus Harrods of Knightsbridge, das eine Flotte dieser Vans für den Vertrieb unterhielt.

▶ Woods in Chicago war von 1899 bis 1919 ein weiterer großer Hersteller von Elektrofahrzeugen, der zeitweise bis zu 20 verschiedene Modelle anbot, so dass der Kunde immer das seinen Ansprüchen gemäße Fahrzeug fand. Um 1905 baute Woods auch Fahrzeuge mit Benzinmotor, doch sie waren teurer als die elektrischen und nicht so ausdauernd. So war es nicht verwunderlich, dass 255 verkaufte Benziner 1850 elektrischen gegenüberstanden. Später gab es auch hybride Modelle, die unter dem Namen Woods Dual Power verkauft wurden.

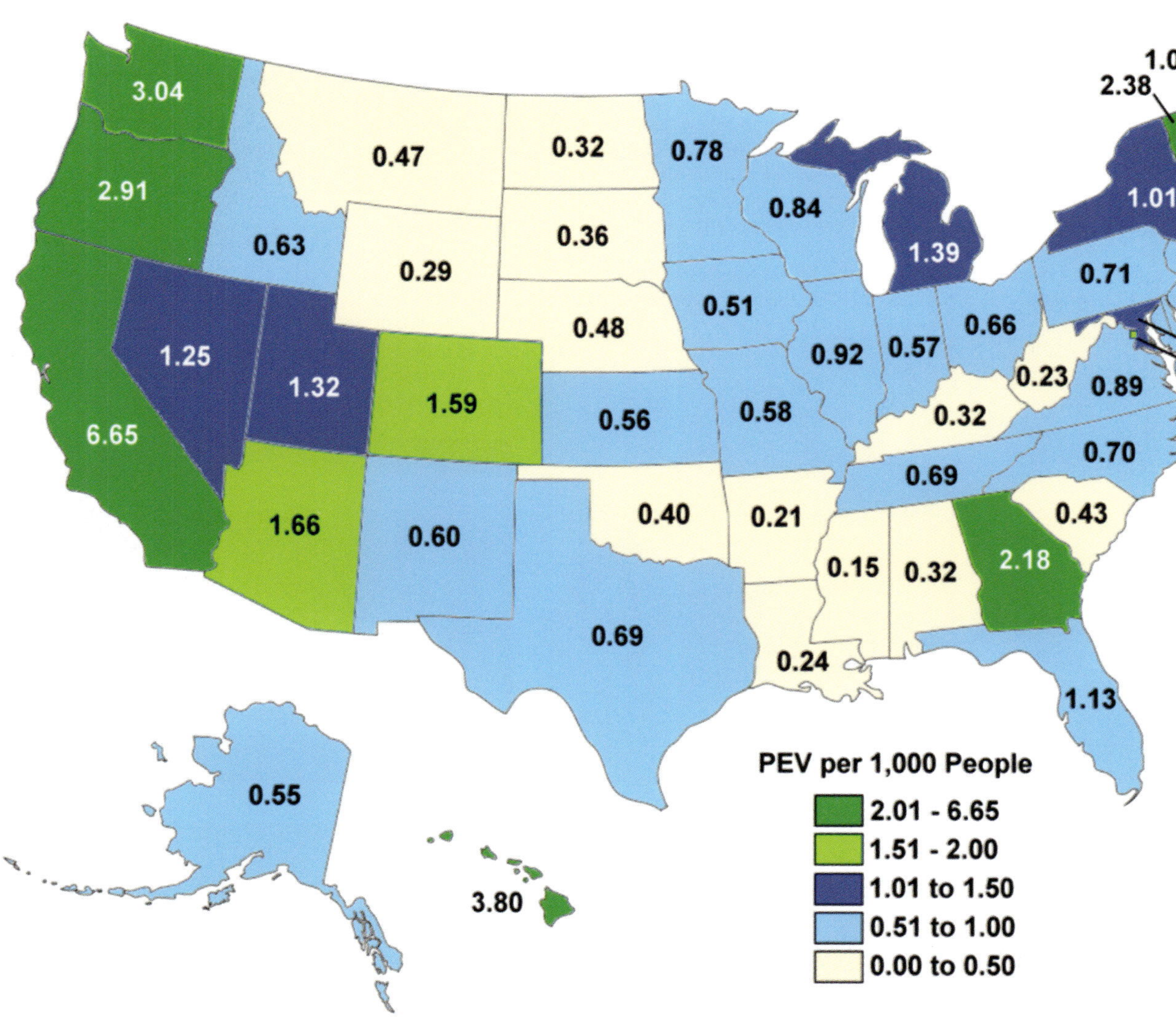

Verteilung der Neuzulassungen elektrischer Pkw und leichter E-Nutzfahrzeuge in den USA (Fahrzeuge pro 1000 Einwohner), Stand 2020. Eine Wiederholung des Booms zeichnet sich noch nicht ab.

Tüftlerboom zwischen 1945 und 1975 in Amerika

Kein Mangel an guten Ideen

Wie in Europa haben auch in den USA im Anschluss an die automobile Pionier-Ära zahlreiche Techniker und Tüftler ihren Ideenreichtum unter Beweis gestellt. Einige Firmen boten Umbauten für Benzinfahrzeuge in Elektromobile an, Lösungen, die sich nicht immer als zufriedenstellend erwiesen, während andere innovative Neuentwicklungen schufen. Die Ziele waren identisch: Die Darlegung von Beweisen, dass es nach wie vor ökologisch und ökonomisch sinnvolle Alternativen zum »Verbrenner« gab. Nachfolgend einige Spotlights.

Französisch elektrisiert

Ende 1958 erschien in Canisroga, NY, ein Viertürer namens Henney Kilowatt in Gestalt der Renault Dauphine, aber mit eigenständiger Technik. Die ersten Exemplare besaßen 18 in Serie geschaltete 2-Volt-Akkus, mit denen das Fahrzeug etwa 64 Kilometer zurücklegen konnte. Das System bewährte sich jedoch nicht, und für das Modelljahr 1960 wechselte man die 36 2-Volt in zwölf Akkumulatoren zu je 6 Volt um. Die Geschwindigkeit stieg auf 100 km/h bei 100 Kilometer Reichweite.
Das mit viel Aufmerksamkeit bedachte Projekt wurde zusammen mit der National Union Electric Company und der Firma Eureka Williams durchgeführt. Insgesamt standen 100 Autos für den Umbau zur Verfügung, aber nur 47 konnten vollendet werden; diese Fahrzeuge wurden bis 1964 zum großen Teil an Elektrokonzerne verkauft.
Warum man für das Projekt die Dauphine auswählte, hatte einen einfachen Grund: Die 100 für einen Umbau vorgesehenen Exemplare waren zum Schrottpreis wohlfeil. 1956 war als designierter Nachfolger des populären Renault 4CV die Dauphine erschienen, ebenfalls mit einem wassergekühlten Heckmotor, jedoch auf 845 ccm vergrößert und 28 PS leistend. Der glattflächige, im Barock der mittfünfziger Jahre gehaltene Stufenheckwagen ging 120 km/h und fand regen Zuspruch; allein im ersten Baujahr entstanden mehr als 110.000 Stück, und dieses Modell war auch das erste, das in erheblichen Mengen in den USA verkauft wurde. Es waren 200.000 in vier Jahren – was den Importeur verleitete, Folgebestellungen in einer Höhe zu ordern, die sich als fehlspekuliert erwies: Einige Tausend Dauphine standen dort auf Halde. Der Boom war vorüber, das französische Schmuckstückchen war zum Ladenhüter geworden.

Akku zum Leihen

1958 baute der kalifornische Unternehmer George Lippincott, Präsident der Nic-L-Silver Battery Co., ein sportliches Modell mit einer eleganten Karosserie aus Glasfiber, das das Angebot von elektrischen Fahrzeugen beleben sollte. Gleichzeitig entstanden neue Konzepte, wie Reifen mit

Unten rechts: Ein überlebendes Exemplar des Henney Kilowatt, mit nur wenigen Kilometer auf dem Tacho.

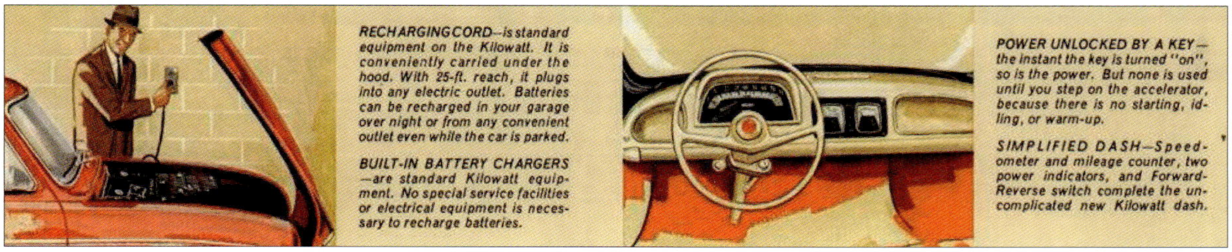

Gegen Ende des Jahres 1958 erschien in Illinois der Henney Kilowatt in Gestalt eines Renault Dauphine, aber mit elektrischer Antriebstechnik.

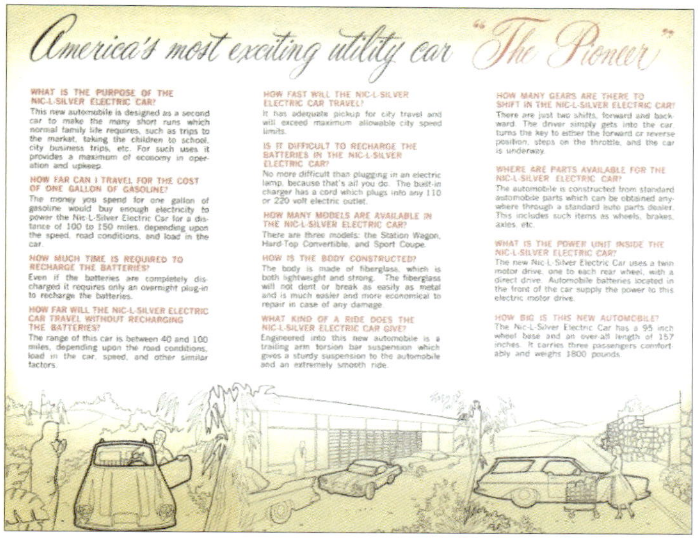

America's most exciting utility car "The Pioneer"

WHAT IS THE PURPOSE OF THE NIC-L-SILVER ELECTRIC CAR?
This new automobile is designed as a second car to make the many short runs which normal family life requires, such as trips to the market, taking the children to school, city business trips, etc. For such uses it provides a maximum of economy in operation and upkeep.

HOW FAR CAN I TRAVEL FOR THE COST OF ONE GALLON OF GASOLINE?
The money you spend for one gallon of gasoline would buy enough electricity to power the Nic-L-Silver Electric Car for a distance of 100 to 150 miles, depending upon the speed, road conditions, and load in the car.

HOW MUCH TIME IS REQUIRED TO RECHARGE THE BATTERIES?
Even if the batteries are completely discharged it requires only an overnight plug-in to recharge the batteries.

HOW FAR WILL THE NIC-L-SILVER ELECTRIC CAR TRAVEL WITHOUT RECHARGING THE BATTERIES?
The range of this car is between 40 and 100 miles, depending upon the road conditions, load in the car, speed, and other similar factors.

HOW FAST WILL THE NIC-L-SILVER ELECTRIC CAR TRAVEL?
It has adequate pickup for city travel and will exceed maximum allowable city speed limits.

IS IT DIFFICULT TO RECHARGE THE BATTERIES IN THE NIC-L-SILVER ELECTRIC CAR?
No more difficult than plugging in an electric lamp, because that's all you do. The built-in charger has a cord which plugs into any 110 or 220 volt electric outlet.

HOW MANY MODELS ARE AVAILABLE IN THE NIC-L-SILVER ELECTRIC CAR?
There are three models: the Station Wagon, Hard-Top Convertible, and Sport Coupe.

HOW IS THE BODY CONSTRUCTED?
The body is made of fiberglass, which is both lightweight and strong. The fiberglass will not dent or break as easily as metal and is much easier and more economical to repair in case of any damage.

WHAT KIND OF A RIDE DOES THE NIC-L-SILVER ELECTRIC CAR GIVE?
Engineered into this new automobile is a trailing arm torsion bar suspension which gives a sturdy suspension to the automobile and an extremely smooth ride.

HOW MANY GEARS ARE THERE TO SHIFT IN THE NIC-L-SILVER ELECTRIC CAR?
There are just two shifts, forward and backward. The driver simply gets into the car, turns the key to either the forward or reverse position, steps on the throttle, and the car is underway.

WHERE ARE PARTS AVAILABLE FOR THE NIC-L-SILVER ELECTRIC CAR?
The automobile is constructed from standard automobile parts which can be obtained anywhere through a standard auto parts dealer. This includes such items as wheels, brakes, axles, etc.

WHAT IS THE POWER UNIT INSIDE THE NIC-L-SILVER ELECTRIC CAR?
The new Nic-L-Silver Electric Car uses a twin motor drive, one to each rear wheel, with a direct drive. Automobile batteries located in the front of the car supply the power to this electric motor drive.

HOW BIG IS THIS NEW AUTOMOBILE?
The Nic-L-Silver Electric Car has a 95 inch wheel base and an over-all length of 157 inches. It carries three passengers comfortably and weighs 1800 pounds.

Auszüge aus dem Prospekt des-Nic-L -Silver-Pioneer von 1958.

Oben: Copper Electric Runabout von 1977.

Links: AMC Jeep, für die Post 1974 unter Strom gesetzt.

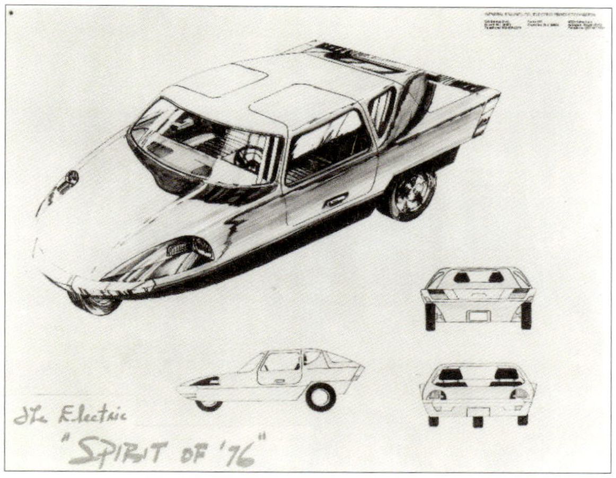

Links: Trotz guter Lösungen verschwand auch der Spirit von 1976 so schnell, dass sich kaum noch jemand an ihn erinnert.

niedrigem Rollwiderstand, eine Akkumiete. um den Endpreis niedrig zu halten, und die Aufstellung von Ladesäulen in den großen Einkaufszentren des Landes.
Auf der Suche nach einem technischen Grundprinzip bestellte Lippincott ein Fahrgestell bei dem Rennwagenhersteller Frank Kurtis, den Bau der Kunststoffkarosserie übernahm der kalifornische Spezialist Victress, bekannt für seine sportlichen Sondermodelle. Lippincott baute zwei elektrische Motoren von je 6 kW (8 PS) in das leicht veränderte Kurtis-Fahrgestell ein, die ihre bescheidene Kraft über doppelte Ketten auf die Hinterräder übermittelten. Der Prototyp wurde 1959 in Los Angeles präsentiert; das Publikum zeigte sich sehr interessiert, aber nach einigen Artikeln in der Fachpresse wurde es ruhig um dieses Projekt.
Lippincott machte gleichwohl weiter. Wenig später zeigte er zwei Karosserien von der Firma Alker, die auf einer modifizierten Plattform vom Volkswagen basierten; die Verbindung zu Kurtis und Victress war jedoch zu teuer. Dieses Modell hatte unter dem Markennamen Pioneer verkauft werden sollen. Es entstanden ein schöner Prospekt und das Versprechen, man werde umgehend mit dem Bau der ersten zehn Fahrzeuge beginnen. Doch daraus wurde nichts.

Elektrischer Jeep

Der United States Postal Service (U.S. Mail) vergab 1974 einen Auftrag über 350 elektrische Fahrzeuge für den Zustelldienst. Den Zuschlag erhielt der Jeep-Hersteller AM General, eine Tochterfirma der American Motors Corporation, die in dieses Geschäft mit dem auf Elektro- und Zweiradantrieb umgerüsteten CJ-5 Station Wagon einstieg. Das Projekt animierte einige kleinere Firmen, sich ebenfalls mit Elektrofahrzeugen zu beschäftigen.
Eine dieser Firmen war die Copper Development Association, ein Spezialist für Teile aus Kupfer und Messing, der Ende der 1970er Jahre ein elektrisches Fahrzeug mit einer attraktiven, aerodynamischen Karosserie vorstellte, das auch als Kleinlieferwagen angeboten werden sollte. Man nannte eine Reichweite von 160 Kilometern und eine Höchstgeschwindigkeit von 100 km/h, gute Werte in jenen Jahren. Dazu standen 18 Blei-Akkus zu je 6 Volt zur Verfügung, die insgesamt 544 kg wogen. Am meisten gefiel aber die Karosserie, deren Styling sich sehr von anderen Kreationen abhob.
Copper baute weitere Modelle wie den Runabout, ein kleines Fahrzeug mit vier Sitzplätzen, die hinteren rückwärts zur Fahrtrichtung. Die Karosserie war aus Kunststoff, das Fahrzeug wog komplett nur 980 kg.
Auch die Firma General Electric war mit von der Partie: Sie präsentierte zu ihrem hundertjährigen Jubiläum den Prototyp Centennial, der zahlreiche Komponenten der Firma aufwies, so einen elektrischen Motor mit 18 kW (24 PS) Leistung, das Steuergerät sowie weitere Teile. Zur Energiespeicherung dienten 18 Bleiakkus der Firma Globe-Union, die das Gesamtgewicht des Fahrzeugs auf 1500 kg brachten. 120 Ki-

Ladestation in einem der Holiday Inn Hotels am Rande der Interstate 94 zwischen Detroit und Chicago.

Rechts: 1969er Mars Van.

lometer Reichweite wurden bei einer konstanten Geschwindigkeit von 65 km/h garantiert. Beim Fahren mit Licht und bei Zuschaltung von Heizung und weiteren Verbrauchern dürfte sich der Aktionsradius halbiert haben.

Erwachen in einer neuen Ära?

1976 stand auf der Greater New York Automobile Show der Spirit of '76 – ein attraktives Dreirad, das als »Erwachen in einer neuen Ära« angekündigt wurde. Zwei elektrische Permanent-Magnetmotoren von 5,2 kW (7 PS) sowie ein Paket von zehn Exide-Akkus versprachen 130 Kilometer Reichweite bei 90 km/h Geschwindigkeit; am meisten aber beeindruckten das Fahren ohne Geräusche sowie die niedrigen Unterhaltskosten von nur 2 Cents für jede Meile (1.6 Kilometer).
In jener Zeit wurde die Forderung nach einer Verringerung der Emmissionen, verbunden mit dem Wunsch nach niedrigen Kosten und leisen und geruchsfreien Motoren immer öfter vorgetragen, man wollte der krass zunehmenden Luftverschmutzung und dem immensen Benzinkonsum und damit der Abhängigkeit von den Ölmultis entgegentreten. Eine Position, die in den Vereinigten Staaten zwar nur von wenigen Mitmenschen vertreten wurde, aber eine Bewegung war in Gang gekommen. Dennoch: Trotz guter Lösungen verschwand auch der Spirit of '76 so schnell, dass er in Vergessenheit geriet.

Encore la Dauphine

Auch die 1966 in New Orleans gegründete Firma Electric Fuel Propulsion Inc. rüstete eine Dauphine auf Elektrobetrieb mittels dreipoliger Blei-Kobalt-Akkus um. Der Mars 1 blieb zwar ein Prototyp, aber die Firma widmete sich der Herstellung von elektrischen Komponenten und dem Verkauf ihrer Akkus an andere Hersteller. 1967 erschien der Mars 2 auf Basis eines Renault 10 und konnte in 45 Einheiten hergestellt werden. Immerhin erreichte er 100 km/h und eine theoretische Reichweite von 200 Kilometern. Er besaß auch schon Bremsen, die die erzeugte Energie zurückspeisen konnten. Firmeninhaber Robert Aronson behauptete, dass seine Akkus über 800 Aufladungen aushalten würden, was etwa 100.000 km entsprach. Innerhalb von 30 bis 45 Minuten konnten bis zu 80 % ihrer Kapazität aufgeladen werden.
Aronson war überzeugt, dass sein Fahrzeug unter gewissen Umständen auch für lange Strecken tauglich sei und organisierte eine fünftägige Reise von Detroit nach Phoenix in Arizona, die sehr zufriedenstellend verlief. Daraufhin gründete er gemeinsam mit der Hotelkette Holiday Inn den World's First Electric Car Expressway, mit Ladestationen an allen Holiday Inn Hotels an der Interstate 94 zwischen Detroit und Chicago. Die elektrischen Fahrzeuge konnten die 480-km-Strecke problemlos zurücklegen, da sie an den Ladestationen die Akkus in 45 Minuten während einer Kaffeepause mit einem Spaziergang wieder nachluden. Holiday Inn war begeistert und verkündete, dass man sie in Zukunft in allen ihren Hotels die Ladestationen aufbauen könne.

Electric Fuel Propulsion

1969 präsentierte die Electric Fuel Propulsion den Mars Van, einen kleinen Lieferwagen, der auf dem DAF Kalmar aufbaute und in zwölf Einheiten angefertigt wurde. In jenen

Monaten baute die Firma auch das Fahrgestell für den Copper Electric und konzipierte den Voltair, der mit Brennstoffzelle und Wasserstoff arbeitete – Systeme, mit denen sich die Europäer ebenfalls intensiv zu beschäftigen begannen. Die rührige Firma entwarf auch Ladestationen, die bis zu vier Elektrofahrzeugen Strom geben konnten, sowie ein Servicefahrzeug mit Anhänger, der liegengebliebene elektrische Fahrzeuge mit Strom versorgen sollte. In zehn Minuten konnte Strom für 30 Kilometer »getankt« werden. Der Anhänger wurde auch als Range Extender angeboten mit

Oben: Einer der ersten Käufer des Transformer war Yehudi Menuhin.

Unten: Übergabe eines Transformer an den Schauspieler Lloyd Bridges.

einem benzinbetriebenen Generator, der an elektrische Fahrzeuge angehängt werden konnte.
Mitte der Siebziger Jahre entstand bei der Electric Fuel Propulsion ein luxuriöses »Transformer«-Modell auf Basis des Chevrolet Chevelle, das ab 30.000 Dollar auf der Liste stand. Das Fahrzeug erreichte eine Geschwindigkeit von 115 km/h, ausreichend für die amerikanischen Highways mit ihren Tempolimits. Es besaß einen 32-Volt-Motor und dreipolige Blei-Kobalt-Akkus von 180 Volt. Die Blei-Kobalt-Akkumulatoren konnten in 45 Minuten 80 % ihrer Kapazität über ein Schnell-Ladegerät aufladen, da sie ohne Probleme Stromstärken von bis zu 500 Ampere aushielten.

Und die Firma machte weiter. 1979 wurde mit dem Silver Volt das Elektrofahrzeug der 1980er Jahre vorgestellt, groß und bequem ganz im amerikanischen Stil mit Komponenten von General Motors. EFP sprach von einer Geschwindigkeit von 110 km/h, und einer Reichweite von 160 Kilometern.

Unten: Produktion des aus einem Chevrolet mutierten Transformer.

Oben: Aus dem Katalog des Silver Volt.

Links daneben: Der Transformer mit einem Benzingenerator im Anhänger.

Der Motor leistete 80 kW und übertrug seine Kraft über ein automatisches Dreiganggetriebe auf die Hinterräder; ein regeneratives Bremssystem konnte die Energie wieder zurückladen. Mit diesem Fahrzeug erhoffte die Firma den Durchbruch, jetzt stand einer Zukunft der Elektrofahrzeuge nichts mehr im Wege
Das wohl ungewöhnlichste E-Fahrzeug aus jenen Jahren war der 1977 vorgestellte rhombische Yale, mit je einem Rad hinten und vorn sowie zwei zu beiden Seiten in der Mitte. Das vordere und das hintere Rad waren lenkbar, der Antrieb erfolgte auf die Seitenräder. Der Motor erreichte 9 kW (12 PS) Leistung, zum Einsatz kamen zwölf Akkus zu 6 Volt, die Reichweite lag bei 80 Kilometern; das Fahrzeug sollte zu einem Preis unter 4000 Dollar angeboten werden. Die zweiteilige Karosserie sollte von einer Bootswerft hergestellt werden.

In den Zwanziger Jahren gab es sie auch in den USA und in Japan

Elektrische Klein- und Kleinstwagen – nicht nur ein Behelf

Es ist doch eigenartig, dass in der Geschichte des elektrisch angetriebenen Minimobils vorrangig zwei Fahrzeugkategorien im Fokus standen: Golf Carts und Versehrtenfahrzeuge. Bei den weniger auf diese Klientel abgestellten Autos – oder auto-ähnlichen Vehikeln – dominierte der Verbrenner im Moped-Genre. Schon wegen der Fahrerlaubnis Klasse IV. Doch gerade in Nachkriegszeiten war Benzin knapper als elektrischer Strom … »Der Hamburger Arbeitskreis des VDI«, so schrieb der Historiker Hanns-Peter Rosellen 1977, »hat im Oktober 1949 für die Konstruktion eines kleinen Zweisitzers plädiert, dessen Anschaffungspreis sechs Monatslöhne eines Arbeiters nicht übersteigen solllte.« Der Listenpreis für einen VW Käfer entsprach damals 22 Gehältern. Als Champion, Goggomobil. Brütsch und der Messerschmitt Kabinenroller entstanden, verpasste man indessen die Chance, sie alternativ elektrisch angetrieben auf die Räder zu stellen.
Ein analytischer Blick zurück hätte die Erkenntnis gebracht, wie sich vor gar nicht allzu langer Zeit die Minimal-Remobilisierung – und zwar auf elektrischem Wege – hatte in Schwung bringen lassen.

S.B. – Minimal-Mobilitätskonzept für Großstädte

Jahresende 1918. Der (erste) Weltkrieg war endlich vorüber, gleichwohl herrschten in vielen Regionen Mitteleuropas weiterhin Elend, politisches Chaos und Knappheit an allem Lebensnotwendigem. Auch an Benzin, um die Logistik zur Versorgung der Bevölkerung und um die Zivilwirtschaft wieder in Gang zu bringen.
Ein Mindestmaß an Mobilität wiederzuerlangen, forderte so manchen Erfindergeist und viel Improvisationsvermögen heraus. Dr. Rudolf Slaby, Sohn des Gründers der Telefunken-Gesellschaft, gehörte zu denen, die sich ingeniös zu helfen wussten: Er baute sich einen Holzkasten mit einem Fahrrad-Rad an jeder Ecke und einem Elektromotor, dessen geringe Leistung eines der hinteren Räder antrieb. Unter einer kleinen Fronthaube befand sich der Bleiakku.
Rudolf Slaby (1887–1953) wurde 1919 an der Technischen Hochschule Hannover promoviert; sein Vater Adolf Slaby war Professor an der TH Berlin und gilt als einer der Protagonisten der drahtlosen Telegraphie in Deutschland. Wie sein Vater war auch Rudolf Slaby ein erfinderischer Geist und mit hoher technischer Begabung ausgestattet. Schon als Student hatte er einen etwa 60 PS leistenden Flugzeugmotor konstruiert.
Gemeinsam mit dem Kaufmann Hermann Beringer gründete Slaby 1919 in Berlin-Spandau eine Firma zur Herstellung kleiner Motorfahrzeuge, wie sie in England als Cyclecars bezeichnet wurden. Vorher hatte Slaby bei den Bergmann Elektrizitätswerken, bei Daimler sowie bei der NAG gearbeitet und in der Motoren- und Fahrzeugkonstruktion Erfahrungen sammeln können.
Auch wenn Slabys simples Behelfsmobil Pate gestanden hatte: Er und Beringer betrachteten die von ihnen gebauten Fahrzeuge nicht als Behelf für eine Zeit, in der es für »richtige« Autos – zumindest im Nachkriegs-Deutschland – noch keine Perspektive zu geben schien. Sie glaubten fest an ein Wiederaufleben der deutschen Automobilindustrie, die vor Kriegsbeginn einen Höhepunkt zu verzeichnen gehabt hatte, sahen aber auch Verkehrsinfarkte in Großstädten voraus und waren davon überzeugt, dass wenig Verkehrsraum beanspruchende Fahrzeuge ausreichen müssten, den Erfordernissen der individuellen Mobilität zu genügen.
Für den von Dr. Slaby konstruierten und für den Serienbau durchaus geeigneten Einsitzer sahen sie Elektroantrieb als ideal an. Sie entwickelten auch Elektrokarren für den Warentransport. Eine zweisitzige Ausführung folgte 1921; einen Passagier konnte man aber auch in einem kleinen Einachs-Anhänger mitnehmen, was eine sechsrädrige Einheit

Unten links: S.B.-Wagen (Slaby & Beringer) von 1921. Mitte: Ein restauriertes Exemplar im Museum Speicher Einbeck; rechts die Version mit angehängter Tandem-Achse.

S.B.-Fahrzeuge auf unbereiften Felgen stehen für den Export nach Japan bereit. Das Geschäft nahm einen verlustreichen Ausgang.

Links: Heckansicht eines S.B. mit DKW-Zweitaktmotor, dem Betrachter entgegen fahrend die Version mit Elektromotor.

Ganz links: Für den schmalen S.B. benötigte man nur einen sehr bescheidenen Unterstellplatz.

ergab. Der Antrieb erfolgte durch einen 1,5 kW leistenden Motor, der über eine Kette das rechte Hinterrad antrieb. Mit seinen zwei sechszelligen 12-Volt-Akkus besaß der S.B. eine Reichweite von 60 km bei 25 km/h Schnitt. Der in selbsttragender Bauweise ausgeführte Aufbau mit starren Achsen und Querblattfederung bestand weitgehend aus Sperrholz mit einem Eschenholzrahmen; gelenkt wurde durch einen Steuerknüppel, später mit einem Lenkrad. Die Fußbremse wirkte auf die Zwischenwelle zur Kette, die Handbremse war eine Klotzbremse, gegen die hinteren Radreifen drückend. Die Höchstgeschwindigkeit betrug 40 km/h. Doch so schnell unterwegs zu sein, empfahl sich nicht, schon in Anbetracht der schwachen Bremse.

Obwohl die Situation nach einem interessanten Geschäft aussah, gab es mehr Probleme als befürchtet. Der Motorenlieferant Max Levy konnte in seiner kleinen Firma gar nicht soviele Aggregate fertigen wie bestellt wurden, zumal ein Arbeiterstreik die Produktion lahmlegte. Die Folge war eine Verzögerung bei der Auslieferung der Fahrzeuge. Hinzu kam die schlechte wirtschaftliche Lage Deutschlands mit Inflation und krasser Abwertung der deutschen Mark. Als die ersten 100 Wagen zur Lieferung bereitstanden, war der ausgehandelte Preis nicht mehr zu halten, deshalb verkaufte Slaby nur 60 Einheiten und behielt die restlichen 40 zurück, um sie zu einem höheren Preis vermarkten zu können.

Zwei haben überlebt

Was immer Alfred T. Kneese aus Hannover 1931 bewogen haben mag, nach Australien auszuwandern – in seinem Reisegepäck befand sich ein HAWA Elektrokleinwagen. Recherchen beim Department of Trade and Customs in Canberra zufolge wurde die Karosserie des Autos am 13. Juni 1931 im Hafen von Adelaide versenkt. Zu dieser traurigen Maßnahme sah sich Herr Kneese – der sich später Kay nannte – veranlasst, um hohen Einfuhrzoll zu sparen. In seiner Wahlheimat fertigte er sich eine neue Karosserie an und benutzte das umgestaltete Elektroauto aus Hannover noch viele Jahre.
In den späten 1940er Jahren kam Mr. Kay mit dem Fahrzeugsammler Eric Rainsford in Kontakt, der sich speziell für seinen American Milburn, ebenfalls ein Elektroauto, interessierte. Doch erst nach Mr. Kays Tod Ende der 1970er Jahre konnte Eric Rainsford von dessen Tochter Judy Pacher auch den HAWA erwerben; er entschloss sich, den Wagen möglichst originalgetreu wieder aufzubauen.
1988 kam eine Verbindung zum Historischen Museum Hannover zustande. Der damalige Direktor Dr. Waldemar R. Röhrbein konnte Rainsford Detailpläne des HAWA EM 3 von 1922 in Kopie zusenden, wodurch die Restaurierung des kleinen Elektrowagens perfekt gelang.
1991 kehrte das wiederauferstandene Fahrzeug zur Verkehrsausstellung »Hanno-Ver-Kehr« für einige Monate als Leihgabe in seine Heimatstadt zurück. 1993 gelang es einigen Enthusiasten der Oldtimer-Freunde Hildesheim, das Fahrzeug von Eric Rainsford in Adelaide zu übernehmen. Der damals 80-jährige Sammler hatte begonnen, seine Sammlung wertvoller Fahrzeuge zu veräußern bzw. an seine Kinder zu verteilen, aber: »Nobody wants the little electric runabout!«
So kam der EM 3 endgültig nach Deutschland zurück und konnte 2000 in den Bestand des Historischen Museums Hannover übergeben werden. 1903 gegründet, wurde der Museumsbau 1964 bis 1967 nach Plänen des bekannten Architekten Dieter Oesterlen als Neubau errichtet. Dabei hatte man den Beginenturm und den Überrest des Zeughauses am Platz eines im Zweiten Weltkrieg in Mitleidenschaft gezogenen Altstadtwohngebäudes integriert.

Selten genug kommt es vor, dass eine einmalige Rarität gar nicht einmalig ist. Es existiert nämlich ein zweiter HAWA.

Ab Mitte der 1920er bis Anfang der 1960er Jahre verfügten die Stadtwerke Braunschweig über eine ganze Flotte von Elektromobilen. Sie waren täglich im Einsatz, wenn sich die Fahrer um die Kabelnetzinstandhal-

Die Restaurierung eines kleinen Autos ist nicht weniger arbeitsintensiv als bei einem großen – nicht Dimensionen entscheiden, sondern die Hinwendung zum Detail.

Der Motor, die 20-Volt-Akkus, Markenplakette und das »Instrumentenbrett« des restaurierten HAWA im Besitz der Firma BS Energy, Braunschweig.

Rechts: Die Akkufracht befindet sich unter der Fronthaube des Autos.

tung und den Zählertausch kümmerten. Eine besondere Rolle spielten dabei die Kleinwagen der Hannoverschen Waggonfabrik, zumal es gelang, eines der bis zu sieben in Braunschweig eingesetzten HAWA-Fahrzeuge bis in die heutige Zeit zu erhalten. Sowohl Lieferwagen als auch offene Personenwagen gehörten zum Bestand der Gesellschaft. Die Pflege der Holzkarosserien oblag einer neben dem Elektrizitätswerk in der Braunschweiger Wilhelmsstraße gelegenen Tischlerei und Stellmacherei. Die Kabelnetzabteilung des Elektrizitätswerkes, der die Fahrzeuge zugeordnet waren, hielt die elektrischen Anlagenteile instand und wartete die Fahrzeuge.

Ab Anfang der 1960er Jahre mussten auch die schweren Akkus, die etwa die Hälfte des Fahrzeuggewichts ausmachten, bei der Abgabenberechnung mit versteuert werden. Hinzu kam der im täglichen Einsatz erweiterte Aktionsradius, dem die in die Jahre gekommene Technik nicht mehr gewachsen war. Der brave HAWA wurde ausgemustert.

Aber für den Kleinlaster Nr. 800, Kennzeichen B 2227, bot sich eine neue und dankbare Nebenbeschäftigung an – als Requisite im Staatstheater. Und nach mehr als 25 Jahren Theatereinsatz, der letztlich das Überleben des kleinen Lastwagens sicherte, kam das Fahrzeug zurück zum früheren Eigentümer.

In der Ausbildungswerkstatt wurde der EM 3 1987 mit Hilfe der HAWA-Nachrichten, in denen der Wagen 1921/22 ausführlich beschrieben war, weitestgehend in den Originalzustand zurückversetzt.

Anlässlich der nach großem zeitlichem Abstand vorgenommenen Wiederinbetriebnahme in der Obhut passionierter Mitglieder der Hanomag IG trat jedoch ein Defekt zutage, dessen Grund nicht auf Anhieb zu analysieren war – der Wagen rührte sich nicht von der Stelle. Doch die Ursache für seine Fahruntüchtigkeit war bald gefunden: Das Gehäuse des Walzenschalters, mit dem per Fußbetätigung die Geschwindigkeitsstufen gewählt werden, war ausgebrochen. Ursprünglich aus Gussmaterial hergestellt, wurde nun eine exakte Kopie aus Vollmaterial (Stahl) angefertigt – der Antrieb funktionierte nach der Montage auf Anhieb wieder. Anschließend diente der kleine HAWA auf Messen und Ausstellungen als mobiles und symbolisch wertvolles Aushängeschild für das heutige Unternehmen BS Energy.

Nach erfolgter Instandsetzung ist der Elektro-Zwerg jederzeit startklar.

Den HAWA gab es als offenen und als geschlossenen Personenwagen sowie als Lieferwagen.

Das Geschäft ging dann erst richtig los. 1920 wurden 257 Einheiten fertiggestellt und verkauft, die meisten schon mit einem eigenen Elektromotor ausgerüstet, um nicht mehr von anderen Firmen abhängig zu sein.

1924 musste die S.B. Automobilgesellschaft jedoch Konkurs anmelden. Die Firma hatte aus Japan – wo es in Osaka sogar eine S.B.-Vertretung gab, die German Electric Cyclecar Company – eine Bestellung über 500 Fahrzeuge hereingenommen, von denen 100 auch gebaut und geliefert, aber infolge des Erdbebens vom September 1923 in Yokohama (143.000 Tote) nie bezahlt wurden … Der Zahlungsausfall war nicht zu verkraften.

2005 Fahrzeuge sind insgesamt hergestellt worden, mit Elektroantrieb 257. Die übrigen wiesen einen kleinen DKW-Zweitaktmotor auf. 1150 Wagen wurden in zwei Lots nach Japan exportiert.

Als der Berliner Betrieb seine Aktivitäten einstellen musste, sprang Jørgen Skafte Rasmussen ein, Gründer der Motorradmarke DKW. Er hielt seit 1921 eine Beteiligung an S.B. und richtete in Spandau, nachdem er auch die benachbarten Deutschen Werke gekauft hatte, ein Zweigwerk seiner Zschopauer Firma ein, deren Leitung er Rudolf Slaby übertrug und auf dessen Mitarbeit er nicht verzichten wollte. Den kuriosen Kleinstwagen jedoch betrachtete er als nicht allzu zukunftsfähig.

Besser gut kopiert als teuer importiert …

Die Japaner sahen das anders. Sie ließen sich durch den S.B.-Wagen anregen, ein ähnliches Miniaturauto zu entwickeln. Recherchen haben ergeben, dass in Japan schon Ende 1922 eine Firma T & IL entstanden war, die kleine elektrische Ein- und Zweiplätzer sowie einen Transporter nach dem Muster aus Berlin baute. Die adaptierte Konstruktion stammte von einem Amerikaner namens William R. Gorham, der 1919 als Flugzeugingenieur nach Japan gekommen war und in der Maschinenfabrik Jitsuyo Jidosha Seizo ein dreirädriges Invalidenfahrzeug für seinen gelähm-

Das Fahrgestell des kleinen HAWA.

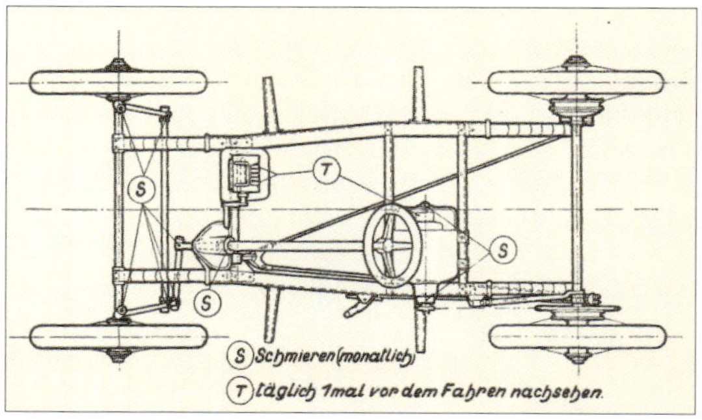

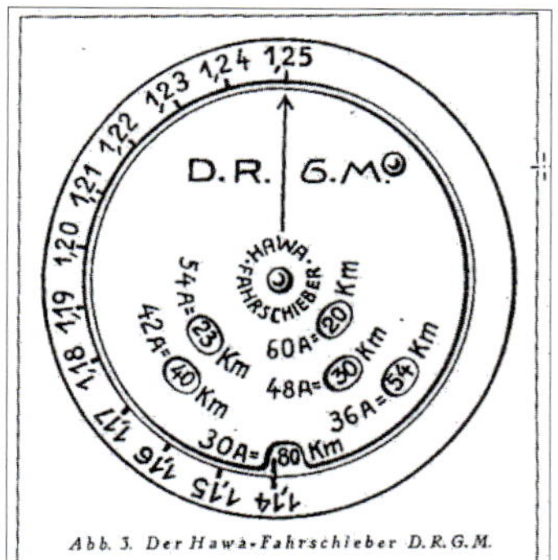

Abb. 3. Der Hawa-Fahrschieber D.R.G.M.

Rechts: Wartungsempfehlung für den HAWA von 1924 aus dem Buch »Das Elektrofahrzeug« von Luth Westerkamp, erschienen 1928.

»Der Automatic bietet dem Geschäftsmann einen sorgenfreien Transport jeder Art,« wurde in der Werbung behauptet.

ten Chef baute. Das Fahrzeug wurde von einem 8-PS-Zweizylindermotor angetrieben und sah dem S.B.-Wagen zum Verwechseln ähnlich.
T & IL bot ab 1923 ein volles Programm an. Die sich daraus ergebende Weiterentwicklung des Kleinstwagen-Projekts führte letztlich zur Entstehung der Marke Datsun.

HAWA – das billigste Fahrzeug der Welt

Die Hannoversche Waggonfabrik war eher bekannt durch ihre Straßenbahnen denn als Hersteller eines kleinen Elektrofahrzeugs. Von 1921 bis maximal 1925 – genau lässt sich dies heute nicht mehr ermitteln – wurden bei der HAWA einige hundert dieser nur 2,42 Meter langen Wagen gebaut und weltweit exportiert.
Aufgebaut auf einem U-Profil-Rahmen, trieb der nur 1,1 PS leistende, unterhalb des Fahrersitzes montierte Gleichstrom-Elektromotor das linke Hinterrad an und beschleunigte den kleinen Wagen bis auf 24 km/h.
20 Akkumulator-Zellen mit je 2 Volt unter der Fronthaube versorgten den als EM 3 bezeichneten Wagen mit 40 Volt / 120 Ah – Strom für rund 80 Kilometer. Hügelige Strecken ließen die Reichweite des Zweisitzers jedoch schrumpfen. Die Handbremse lag, wie bei vielen Autos jener Zeit, außerhalb der Karosse. Eine Fußbremse wirkte über ein Bremsgestänge auf das angetriebene linke Hinterrad. Beim Betätigen der Fußbremse wurde gleichzeitig der Elektromotor ausgeschaltet. Durch Umpolung des Motors konnte der Fahrer am Armaturenbrett die Fahrtrichtung bestimmen. Über den Fußschalter mit drei Fahrstufen ließen sich unterschiedliche Akku-Kapazitäten aktivieren, ein Getriebe war somit nicht erforderlich.
Der EM 3 verfügte über einen mittig in der Karosserie eingebauten Hauptscheinwerfer sowie über zwei seitliche Positionslampen und eine Begrenzungsleuchte. Die Karosserie bestand aus einem Buchenholzgerippe, mit Sperrholz verkleidet. Das Fahrgestell ruhte auf vier Blattfedern, an denen die beiden Starrachsen befestigt waren. Als Bereifung kamen 27 x 3 Zoll Pneus zum Einsatz, die Felgen waren als Vollscheibe oder Speichenrad ausgeführt.
Auf Wunsch, so hieß es in der Beschreibung des HAWA-Elektrowagens, werde das Gefährt mit einem Stecker für eine Handlampe mit langer Schnur ausgerüstet, die »für Ärzte bei Operationen in kleinen Ortschaften ohne elektrisches Licht nützlich sein kann«.
Der HAWA wurde als einsitziger Lieferwagen mit Kastenaufsatz oder als zweisitziger, offener Personenwagen angeboten. Den Lieferwagen bezeichnete das Unternehmen als »wirtschaftliches Beförderungsmittel für 100 kg Nutzlast« – für Apotheken und Konditoreien, Stadtküchen und Fleischereien, Modegeschäfte und Blumenhäuser, Nahrungsmittelgeschäfte, Tabak- und Textilwarenhändler.

»Untersuchungen ergaben, dass die Hälfte aller im Stadtverkehr eingesetzten Last- und Lieferwagen täglich nicht mehr als 60 km fährt. Hier könnte der elektrische Betrieb mit größtem Vorteil Anwendung finden.«

Stefan M. Zenzytzky, Publizist, 1951: *Das Kraftfahrzeug und seine Probleme*

Automatic – der Miniatur-Amerikaner

Die Idee eines elektrischen Kleinstwagen fiel auch in Amerika auf fruchtbaren Boden. 1921 erschien in Buffalo, NY, die Automatic Electric Transportation Co. mit einem kleinen Zweisitzer, Radstand 1,65 m. Der Verkaufskatalog der Marke ließ keinen Zweifel: »Die Leistungen unseres Automatic Electric übertreffen alles, was Ingenieure auf dem Sektor der Elektrofahrzeuge bis heute gebaut haben. Der Automatic gehört in die high-class-Kategorie, frei von Lärm und Vibrationen, einem Gewicht von nur 900 kg und ausreichend Platz für zwei Personen. Der Automatic bietet dem Geschäftsmann einen sorgenfreien Transport jeder Art, er kann auch als Fahrzeug für den täglichen Einkauf dienen und als Amüsement für die Damenwelt.«
Der Automatic war bis zu 40 km/h schnell und hatte eine Reichweite von knapp 100 Kilometern. Doch der Preis von 1200 Dollar war hoch und das Fahrzeug klein. Ein Jahr später befand sich der Winzling nicht mehr im Angebot.

Faure und Breguet: Autos von Flugzeugbauern

Die Flugzeugkonstrukteure Pierre Faure und Louis Breguet glaubten an formschöne Karosserien für kleine elektrische Wagen und machten sich in den Kriegsjahren Gedanken über eine lebensfrohe spätere Zeit.
Pierre Faures Kleinwagen fiel nicht nur durch seine aerodynamische Karosserie auf, sondern auch durch viel Reklame. Das Fahrzeug wurde in allen Zeitungen und Zeitschriften erwähnt; sein Auftritt entsprach dem Wesen der Franzosen, selbst in den Kriegswirren etwas Schönes und Interessantes zu kreieren. Die Karosserie war im Stil eines kleinen Flugzeugs gehalten, wobei das Heck mit nur 48 cm

Das unkarossierte Chassis des Automatic.

Angeblich erreichte der Automatic ein Tempo von 40 Kilometer pro Stunde, doch so schnell dürfte sich Mr. Jones am Sonntag nicht zur Kirche begeben haben …

Und wieder waren es die Damen, denen die Werbung die Anschaffung eines solch hübschen Spielzeugs empfahl …

Als Lieferwagen machte der Automatic durchaus Sinn.

Breite erheblich schmaler als der vordere Teil war – die Räder standen so nah beieinander, dass ein Differenzial entbehrlich war. Der sechsteilige Akku hatte seinen Platz direkt vor dem Fahrer. Das Fahrzeug maß 3,10 m in der Länge, war 40 km/h schnell und hatte eine Reichweite von 75 Kilometern. Das Gesamtgewicht soll bei etwa 550 kg gelegen haben, und sein Preis betrug knapp 20.000 Francs.
Ein ähnliches Modell war das elektrische Gefährt vom Flugzeugkonstrukteur Louis Bréguet aus Toulouse. Die runden Linien seines Kleinwagens mit dem schmalen Heck offenbarten ähnliche Konstruktionsideen. Monsieur Bréguet sprach von 100 Kilometern Reichweite bei einer Geschwindigkeit von etwa 45 km/h.

Überall auf dem Globus dürften Tüftler und Techniker interessante Kleinstwagen als Einzelexemplare auf die Räder gestellt haben, ohne dass darüber viel bekannt wurde. Es gab in jüngerer Zeit aber auch wieder elektrische Kleinstmobile, die in Serien gebaut wurden, wie den Pinguin in der Schweiz, den Hotzenblitz oder den italienischen Effedi, die alle in der Erkenntnis gebaut wurden, dass Verkehrsraum immer knapper wird und es absurd ist, ihn mit Monstren in SUV-Bauart zu verstopfen. Urbane Mobilität auf tatsächliche (und nicht durch ökonomisch gesteuerte Interessen suggerierte) Notwendigkeiten zu reduzieren, gehört zu den Herausforderungen kommender Jahrzehnte und ist ein Aspekt der Ressourcen-, Umweltschutz- und Stadtplanungspolitik.

Der vermutlich einzige überlebende Pierre Faure von 1941 wurde im unrestauriertem Zustand 2014 für 50.000 Euro von einem Sammler aus Lettland erworben.

Oben: Der Katalog von Pierre Faure lässt erkennen, dass die Firma ein zweites, längeres Modell plante, mit Schiebetür auf der einen Seite. Realisiert wurde es nicht.

Links: Mit nur 2,62 m Länge zählte der 1947er Tama zu den kleinsten Elektro-Taxis der Welt und war außerhalb Japans so gut wie unbekannt.

Oben: Schon vor dem Ersten Weltkrieg favorisierte Peugeot den leichten, preiswerten »Volks-Wagen«. Das kleine, von Ettore Bugatti konstruierte Modell Bébé hätte sich auch gut als Elektromobil herstellen lassen.

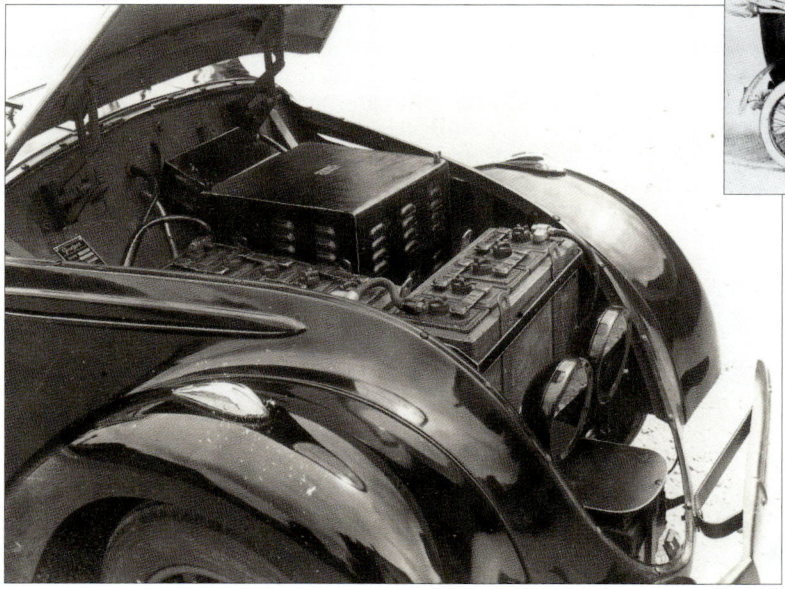

Links: 1942 versuchsweise zum Elektrofahrzeug umgerüsteter Peugeot 202.

Unten: So sieht es aus, wenn Flugzeugbauer Autos entwerfen (der Messerschmitt Kabinenroller hatte etwas mehr Pfiff).

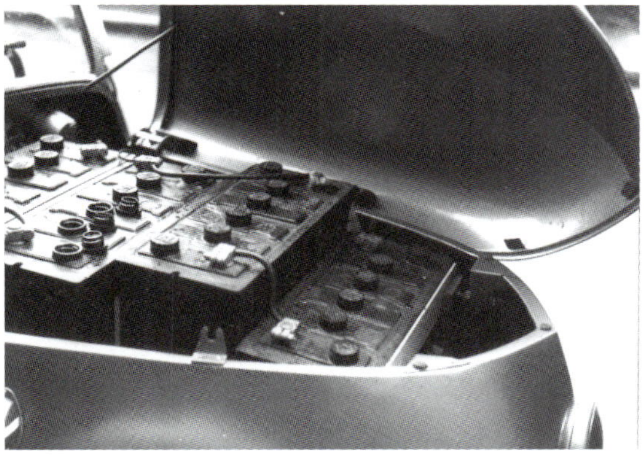

Peugeot VLV von 1941–45. Der 267 cm kurze Wagen hatte einen SAFI-Motor Tyg GL 49 sowie vier 12-Volt-Akkus mit 82 Ah, gut für 36 km/h.

Wo der Smart aufhört, fangen der Opel Rocks-e (oben) und der Citroën Ami an ... baugleiche Elektro-Minimobile aus der PSA-Gruppe, in Genf 2019 bzw. in Deutschland Ende 2021 vorgestellt, 45 km/h schnell mit 85 km Reichweite pro Akkuladung. Ähnlichkeit mit einem Toaströster soll kein Zufall gewesen sein.

Elektroauto mit Minimalabmessungen auch aus Polen

Elektroautos wie der Twizy oder der Microlino sähen zwar außergewöhnlich aus, schrieb der Motorjournalist Tobias Stahl im Mai 2021 auf seiner Homepage efahrer.com, »doch oft hapert es in der Umsetzung und die Autos kommen nie oder nur in sehr wenigen Stückzahlen auf die Straße. Wir hoffen, dass das bei dem Triggo aus Polen nicht passiert, schließlich bietet er ein spannendes Alleinstellungsmerkmal in der Stadt. Die Chancen für einen Marktstart stehen zumindest nicht schlecht - eine neue Finanzspritze gibt Schub auf die Produktion.«

Die Art und Weise, wie Menschen sich fortbewegen, ändere sich nicht nur hinsichtlich der gewählten Antriebsart, schrieb Stahl, sondern auch hinsichtlich unserer Ansprüche an Mobilität.

»Selbstfahrende Taxen in den Städten scheinen fast schon zum Greifen nahe, und Carsharing-Services gewinnen zunehmend an Beliebtheit – über Generationen und Gesellschaftsschichten hinweg. Um diesem sich verändernden Verständnis von Mobilität gerecht zu werden, hat das in Polen gegründete Ingenieurs- und Designunternehmen Triggo S.A. sein erstes elektrisches Urban Mobility Vehicle angekündigt. Der Triggo soll die Sicherheits- und Komfortmerkmale eines Autos mit der Manövrierfähigkeit und den Parkmöglichkeiten eines Motorrollers kombinieren.

Seit 2015 ist der Triggo in Entwicklung, 2022 schien er so gut wie marktreif zu sein. Das Unternehmen führte dazu Gespräche mit großen Autohändlern weltweit. Zudem erhielt das Unternehmen erst 2021 eine dicke Finanzspritze vom Staat. Mit Hilfe der 6,3 Mio. PLN, umgerechnet knapp 1,4 Millionen Euro, sollte Triggo die Pilotproduktion durchführen, die europäische Genehmigung einholen und an der Umsetzung der Serienproduktion arbeiten.

Was den Triggo so besonders macht, ist sein variables Fahrwerk mit veränderbarer Spurweite, das es dem Fahrer ermöglicht, zwischen zwei Modi zu wählen: dem Cruising Mode, einem Reisemodus für längere Strecken und Geschwindigkeiten bis zu 90 km/h, und dem Manövriermodus mit Geschwindigkeiten bis zu 25 km/h, mit dem man sich durch den Verkehr schlängeln und den Triggo wie einen Roller einparken kann.«

Praktizierte Elektromobilität muss sich nicht auf Automobile beschränken

Voll elektrisches Zweiradvergnügen – für Biker mit Prinzipien

Zwar hieß sie Electra Glide, die dicke Harley, doch ein Elektromotorrad war der von 1977 bis 1984 und 1989 bis 1993 in Milwaukee produzierte Kultschlitten nicht. Im Unterschied zur 2019 eingeführten Vespa Elettrica, die nicht nur so heißt, sondern ein veritabler E-Scooter ist. Mit 3,5–3,8 kW ein optimal motorisierter Stadtflitzer. Elektrisch angetriebene Roller produzieren auch andere Hersteller, der klassische Scooter aus dem Hause Piaggio sei hier stellvertretend für diese beliebte Spezies genannt.
Ein Elektrozweirad gibt es auch von der BMW Motorrad GmbH, den Scooter CE 04, im Motorradwerk Spandau seit 2014 gefertigt. 2021 wurde das Modell neu aufgelegt. Ein ADAC-Tester schrieb: »Immer und immer wieder möchte man es tun – den Stromgriff des BMW C evolution weit aufdrehen, um die impulsive Kraftentfaltung des Maxi-Rollers zu genießen.« Zahlen könnten das Erlebnis kaum beschreiben, wie der Elektro-Scooter seine Besatzung nach vorne beamt. »Wir versuchen es trotzdem: Von 0 auf 50 km/h in 2,8 Sekunden. Aber auch dieser Wert drückt nur annähernd aus, wie vehement das 275-Kilo-Bike loslegen kann, wenn man es drauf anlegt. Und das war längst nicht alles, was den C evolution zu einem vielversprechenden Elektromobil macht, wie ein ADAC Langzeittest zeigte. Hinter der Beschleunigung steckt ein Phänomen aller Elektromotoren: Ihr maximales Drehmoment liegt ab der ersten Umdrehung

Der elektrisch mobilisierte Fußgänger

Der 2018 ein zweites Mal erfundene (und in die Kritik geratene) E-Scooter und das vergleichsweise sinnvollere, überaus populäre und millionenfach benutzte Elektrofahrrad, kurz E-Bike genannt, sind keine Kreationen jüngerer Zeit. Und schon gar nicht Erfindungen der Chinesen, die inzwischen den größten Teil der Fahrzeuge mit elektrischem Assistenzsystem bewegen. Soweit dokumentiert, tauchte ein Elektrozweirad erstmals 1895 auf, zumindest darf ein diesbezügliches, in den USA erteiltes Patent hierfür als Anhaltspunkt dienen.
Es wurde von einem Mr. Ogden Bolton angemeldet und erhielt die Nr. 552271, gefolgt von einer Konstruktion des Ingenieurs Charles Theryc im Jahr 1896, die ein Fahrrad mit Radnabenmotor betraf. Ein Jahr später wurde Hosea W. Libby das US-Patent mit der Nummer 596272 zuerkannt, und zwar für ein Elektrofahrrad ohne Pedale. Denn hier gab es nichts mehr zu treten. George Hobsons E-Gefährt von 1897 war eine elektrische Draisine.
Ebenfalls 1897 entstand bei der englischen Fahrradfabrik Humber ein Elektrotandem, bei welchem die beiden Biker zwar zu treten hatten, aber einen Elektromotor mit vier Akkus zu ihrer Unterstützung zuschalten konnten. In Frankreich entstand zur fast gleichen Zeit ein solches Tandem bei der Firma de Clerc & Pingault.
Es sei auch das Elektrofahrrad des Amerikaners John Schnepf erwähnt, dessen Motor per Reibradantrieb seine Kraft an das hintere Rad abgab. Über eine Reduktion ließ sich die hohe Motordrehzahl auf die optimale Drehzahl untersetzen.

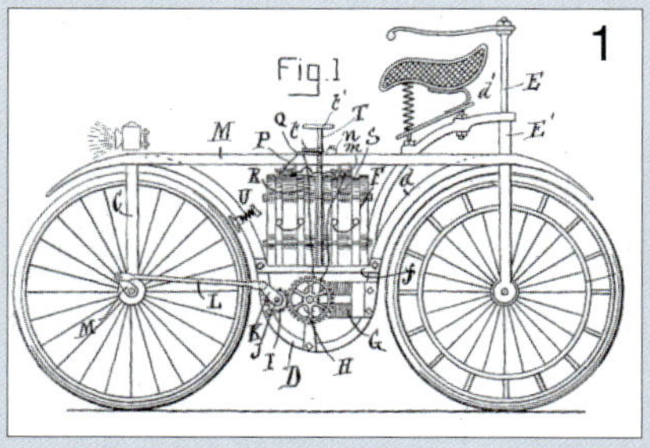

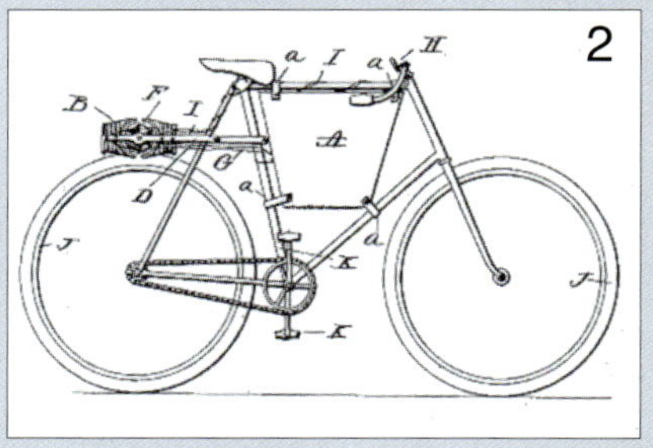

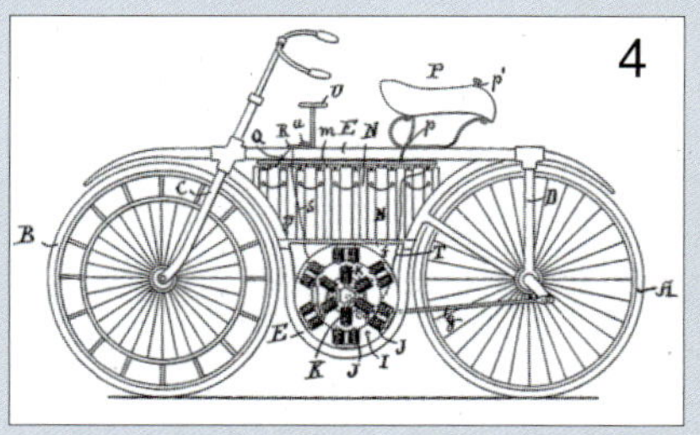

1 Hobsons E-Bike 1897.

2 Konstruktion Schnepf mit Reibradantrieb.

3 Boltons Elektrofahrrad.

4 Libbys Rad von 1897.

5 Humber Elektro-Tandem, 1898

Oben: Elektro-Vespa von 2021.

Rechts: BMW CE 04, Baujahr 2022.

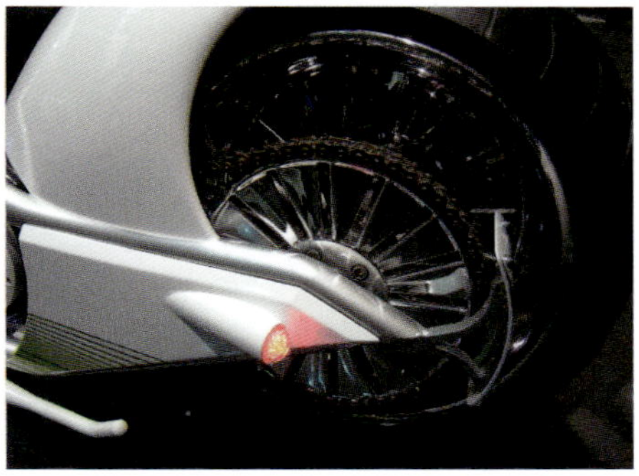

Links: Der von Siemens 2011 präsentierte eChopper stellte mehr als nur eine futuristische Designstudie dar.

an, während der Verbrenner seine höchste Schubkraft erst ab einigen 1000 U/min erreicht. Die ersten 20 Meter ist BMWs Maxi-Scooter deshalb ein nahezu konkurrenzloser Sprinter. Der Überraschungseffekt ist enorm beim Motorradfahrer-Nachbarn an der Ampel. Kommt man als C-evolution-Pilot mit so einem Biker ins Gespräch oder lässt ihn gar eine kurze Proberunde drehen, ist das ungläubige Staunen groß – über die Leistungsentfaltung des permanenterregten Synchronmotors und besonders über die eigene Wahrnehmung.«

Dabei ist der BMW-Roller ein klassischer Tiefstapler: Die offizielle Nennleistung beträgt harmlos klingende 11 kW/15 PS. An Schnellladestationen (16 A Ladestrom) reichen bei leerem Akku rund drei Stunden zur vollen Aufladung. An haushaltsüblichen Steckdosen dauert dies zwar deutlich länger, aber mit Voraussicht ist auch diese Ladezeit zumutbar. Konkret: »Wir hängten den Elektroroller um 14:43 Uhr bei 48 Prozent und 61 km Restreichweite ans Stromnetz. Gut zweieinhalb Stunden später um 17:16 Uhr waren 96 Prozent und 111 km erreicht.«

Als einen bemerkenswerten Beitrag zur Designgeschichte des Motorrades präsentierte Siemens 2011 auf der Ideen-Expo den eChopper, gebaut von einem amerikanischen Team junger Konstrukeure rund um einen 20 kW starken Siemens-Motor. Elektrotechnische Einzelheiten des 2,80 m langen Fahrstuhls wurden nicht verraten. Überhaupt ging es etwas geheimnisvoll zu, nachdem die Maschine ihren vielbewunderten Auftritt absolviert hatte: Sie verschwand in einem der konzerneigenen Depots, nur wusste 2022 niemand zu sagen, in welchem …

Kalifornisches Vollprogramm

Angesichts der zunehmenden Bedeutung der Elektromobilität in jüngerer Zeit ergriffen Neal und Lisa Saiki in Santa Cruz, Kalifornien, 2006 die Initiative zur Gründung eines Unternehmens, das ausschließlich Elektro-Motorräder produziert, so das Straßenmotorrad Zero S, die Dualsport-Maschine Zero DS, die Motocrossvariante Zero MX, das Geländemodell Zero X und das Urban-Cross-Bike Zero XU. Allen Zero Motorrädern gemeinsam ist ein Lithium-Ionen-Akku als Energiespeicher. Ein von einem Controller über

Links: Die elektrische Münch TTE gab 2010 auf der Isle of Man ihr Debüt.

Rechts: Zero S, Jahrgang 2022.

Der Energiespezialist Enel liefert den Strom, der die 110 kW (147 PS) starken Zero Elektromotorräder antreibt und eine Geschwindigkeit von 250 km/h erreichen lässt.

Leistungselektronik angesteuerter bürstenloser Elektromotor mit Permanentmagnetrotor treibt über einen Zahnriemen aus Carbonfaser das Hinterrad an. Laut Werksangabe sind 3000 Ladezyklen möglich, bevor die Kapazität auf 80 Prozent des Nennwerts sinkt. Die Akkus weisen ein integriertes Zellenmanagementsystem sowie ein passives Kühlsystem auf, das Wärme nur über die Rippen des hermetisch verschlossenen Alugehäuses ableitet.
Auch der Motor ist eine gekapselte Einheit, die nur über außenliegende Alu-Kühlrippen gekühlt wird. 2021 wurden die Permanentmagnete des Rotors durch eine hitzeresistentere Ausführung ersetzt.

Münch Mammut: Comeback einer Legende

Münch war ein kleiner deutscher Hersteller leistungsstarker, individuell und aufwendig gebauter Motorräder. Sie entstanden in Einzelfertigung unter Verwendung eines getunten Automotors (NSU) und zahlreicher von dem Firmengründer Friedel Münch gesondert entwickelter Komponenten. Zwischen 1966 und 1976 baute Münch knapp 500 Motorräder.
In den Jahren 2008 bis 2012 entwickelte der neue Münch-Chef Petsch mit seinem Konstrukteursteam die elektrogetriebenen Straßenrennmotorräder Münch TTE-1 sowie das Nachfolgemodell TTE-2. Der erste TTXGP fand im Juni 2010 auf der Isle of Man statt als Auftakt einer Weltmeisterschafts-Serie mit Motorrädern, die mit elektrischem Strom angetrieben werden. Auf TTE-2-Maschinen errang die Münch Racing GmbH mit den Fahrern Matthias Himmelmann und Katja Poensgen in den Jahren 2010, 2011 und 2012 mehrere Weltmeistertitel in den Fahrer- und Konstrukteurswertungen der beiden internationalen Straßenrennmeisterschaften für elektrisch angetriebene Motorräder, des TTXGP (eGrandPrix) sowie der e-Power International Championship der Fédération Internationale de Motocyclisme (FIM).

Ruckfrei, emissionfrei und leise

Elektrische Omnibusse im städtischen Verkehrsbild

Dieses Mal war den Europäern ein Amerikaner zuvorgekommen: 1889 wurde in den USA Radcliffe Wards »exciting Electrobus« vorgestellt. Die *Financial Times* berichtete ihren Lesern in der Alten Welt davon. Angeblich bewegte sich das Gefährt mit einem Tempo von sieben Meilen pro Stunde von der Stelle – ob es aber überhaupt eine Stunde lang fuhr, ist nicht dokumentiert, zumal es niemals zur kommerziellen Personenbeförderung verwendet wurde. 1897 verkaufte Mr. Ward sein Fahrzeug der Electrive Motive Power Company in London, die damit aber auch nicht glücklich wurde.
Doch auch in Europa wurde schon in den 1890er Jahren sowohl mit kleinen Hotelbussen als auch mit größeren Stadtbussen im Elekrobetrieb experimentiert. So verkündete 1896 die Electric Omnibus Company, sie werde in London einen exklusiven Service mit 125 elektrischen Omnibussen aufnehmen. Indessen kamen nur vier zum Einsatz, die ihre Passagiere obendrein kostenlos befördern mussten, weil das Transportunternehmen keine Genehmigung zur Inverkehrssetzung erhalten hatte.
Auf dem Kontinent kam man ohne derlei Handicaps zur Sache, zum Beispiel in Berlin. Dort lancierte die Allgemeine Berliner Omnibus-Aktien-Gesellschaft (ABOAG) 1898 ihre ersten Elektrobusse. Eher notgedrungen, denn die neuen Straßenbahnen und die Vorbereitungen zur Untergrundbahn drängten den Stadtbus allmählich in eine Marktlücke, in der man sich nur durch niedrige Preise halten konnte. In Zusammenarbeit mit der Union-Elektrizitäts-Gesellschaft – der späteren AEG – und der Gülcher Akkumulatorenfabrik schuf die ABOAG einen großen elektrischen Stadtbus, der im Mai 1898 probegefahren wurde. Die Leistungen konnten das Prüfungskomitee befriedigen.
Auch die Konkurrenz der ABOAG, die Neue Berliner Omnibus-Aktiengesellschaft (NBOAG), führte Ende des Jahr-

Ganz links: Reizvolle Gravüre von Radcliffe Wards »patentiertem Electric Omnibus«, der jedoch nur als Versuchsfahrzeug existierte.

Links: Der große Bus der ABOAG, 1898.

Oben: ABAM-Kriéger Elektrobus von 1905 der Kaiserlichen Post in Köln.

Links: Die Neue Berliner Omnibus AG (NBOAG) präsentiert ihren Doppeldecker-Elektrobus von 1898, gebaut von der Firma Lange und Gutzeit.

Unten: Tribelhorn Elektro-Hotelomnibus von 1913.

Oben: Siemens-Schuckert Elektro-Omnibus von 1905/06 auf einem Chassis des Lastwagens Typ P.

Elektrischer Omnibus der Berliner Gesellschaft für Verkehrsunternehmungen (GfV) von 1899.

zehnts Versuche mit elektrischen Omnibussen durch. Die Busse besaßen einen 3,4 kW (4,5 PS) starken Motor an jedem Hinterrad, mit den Akkus, die für zwanzig Kilometer Strom lieferten, unten den Sitzen. Experimentiert wurde mit größeren Akkumulatoren, die sogar bis zu achtzig Kilometer Reichweite liefern konnten. Die Busse mit der geringeren Reichweite hatten vier Kontaktbügel auf dem Dach, die sich am Ende der Fahrstrecke an eine Oberleitung einhängten und Strom für die Rückfahrt in die Akkus einspeisten. Dazu wurde in Berlin die erste Ladestation für Omnibusse schon 1899 aufgebaut.

Um weitere Buslinien in Betrieb nehmen zu können, gründeten mehrere Betriebe 1899 in Berlin die Gesellschaft für Verkehrsunternehmungen, die Elektrobusse nach Patenten

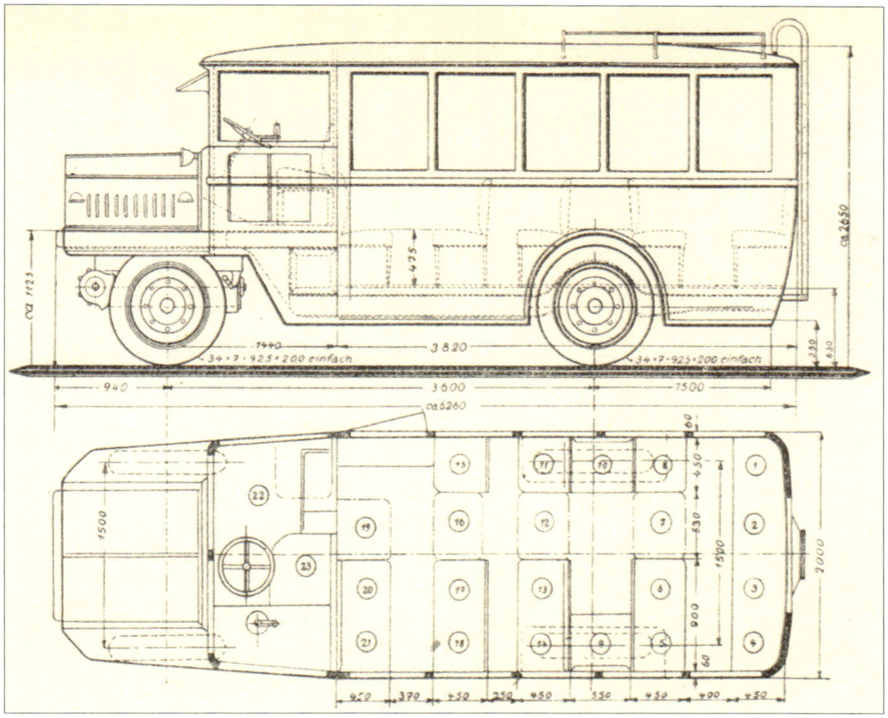

Links: Hansa-Lloyd baute noch in den späten Zwanziger Jahren Elektrobusse auf Lastwagen-Fahrgestellen.

Unten: Elite von 1921 als sogenannter Vorspann-Omnibus mit elektrisch angetriebener, blattgefederter Vorderachse.

Links: Lohner Porsche 1903.

Oben: Elektrischer Lohner-Porsche in Berlin 1907.

der amerikanischen Firma Columbia in Deutschland bauen wollte. Dieser Gruppe gehörten folgende Firmen an: Akkumulatorenwerke System Pollak, Deutsche Gesellschaft für elektrische Unternehmungen, Elektrizitäts-Aktiengesellschaft vorm. W. Lahmeyer in Frankfurt, Gesellschaft für elektrische Unternehmungen in Berlin, Motorfahrzeug- und Motorenfabrik Marienfelde, Siemens-Halske Berlin (die schon mit Oberleitungsbussen seit geraumer Zeit experimentierten), Union Elektrizitäts-Gesellschaft, Wagenbauanstalt und Waggonfabrik für elektrische Bahnen vorm. W.C.F Busch Hamburg sowie eine Finanzgruppe aus Frankfurt und Berlin.

Das war ein potentes Konglomerat, das auf der Motorfahrzeug-Ausstellung in Berlin im selben Jahr zahlreiche elektrische Fahrzeuge vorstellte, offene und geschlossene Omnibusse, Taxis, Paketwagen für die Post, Lieferwagen, Hotelbusse, Sport- und Jagdkutschen sowie ein elektrisch angetriebenes Boot.

Wie das Polytechnische Magazin von 1899 berichtete, waren sämtliche elektrischen Fahrzeuge dieses Konglomerats »vorzüglich durchgebildet und wie aus einem Guss hergestellt. Jedes Detail ist für sich und in Verbindung mit den anderen erwogen und abgemessen. So ist ein Ganzes entstanden, das höchsten Anforderungen an solide und dau-

erhafte Konstruktion, einfache Handhabung, sicheres Fahren und Lenken, leichte Instandhaltung und billigen Betrieb gerecht wird.« Ein besseres Plädoyer hätte sich die Branche nicht wünschen können.
Auf der ersten Internationalen Motorschau von Berlin im Jahr 1899 präsentierten sich nur sieben Benzinfahrzeuge, aber 22 elektrische Fahrzeuge, davon acht Busse, sieben Lastwagen sowie sieben Personenwagen verschiedener Ausführungen. Auf derselben Messe wurden auch verschiedene Schnell-Ladesysteme vorgeführt. Auch zeigten Aussteller auf der Messe den schnellen Akkuwechsel an vorbereiteten Austauschstationen: Die leeren Speicher wurden aus dem Fahrzeug geschoben und neue eingepasst. In wenigen Minuten war das Fahrzeug wieder startklar. Ein elektrischer Bus für Berlin erreichte eine Geschwindigkeit von 25 km/h und hatte eine Reichweite von 180 Kilometern, bevor die Akkus erschöpft waren. Ausgezeichnete Werte für die damalige Zeit.
Deutschlands Hauptstadt stellte ab 1895 eine Metropole der Elektroindustrie dar, die noch 1913 etwa 25 Prozent aller auf dem Weltmarkt angebotenen elektrischen Produkte herstellte. Nicht verwunderlich, dass auf den Straßen Berlins auch viele Elektrofahrzeuge unterwegs waren, allein mehr als 550 elektrische Taxis.
Siemens baute ab 1905 eine Reihe größerer Elektrobusse, unter ihnen einen Doppeldecker, sowie kleinere Hotelbusse.

Unten: Elektrischer Austro-Daimler Bus mit Anhänger im winterlichen Wien, 1912.

Ganz unten; Elektrischer Austro-Daimler Ausflugsbus (Charabanc) von 1922.

Der bekannteste Typ war Modell P, das auch als Lastwagen gebaut wurde. Die Akkus der Akkumulatorenfabrik AG aus Berlin befanden sich unter der Haube vor dem Führersitz; mit 40 Zellen und einer Kapazität von 244 Ah bei fünfstündiger Entladungsdauer. Man konnte die Akkus innerhalb weniger Minuten auswechseln. Der Hauptstrom-Elektromotor war in einem Ring gelagert, der drehbar im Untergestell aufgehängt war. Durch eine in einem Stahlrohr gebettete Welle war der Motor starr mit dem von einem Stahlgehäuse umschlossenen Differenzialgetriebe verbunden, von dem aus eine zweite Welle zu den auf die Hinterräder wirkenden Stirnräder-Vorgelegen führte. Er leistete 5,2 kW (etwa 7 PS), konnte für eine kurze Zeit jedoch höher belastet werden, was dem Fahrzeug das Bewältigen von Steigungen bis zu acht Prozent ermöglichte.

Akkus nur noch für U-Boote

Zwischen 1918 und 1943 bauten in Deutschland die Firmen A.A.A., AEG, Bergmann, Bleichert, Borgward, Elite, Esslingen, Faun, Hansa-Lloyd, Scheele, Schulz, Siemens-Schuckert und Talbot elektrische Omibusse; nach 1943 wurden alle verfügbaren Akkumulatoren für die Ausrüstung der deutschen U-Boote gebraucht und die Produktion von elektrischen Fahrzeugen eingeschränkt. Bei Tauchfahrt fahren Unterseeboote bekanntlich voll elektrisch und benötigen für längere Strecken entsprechend hohe Akkureserven. Doch im zivilen Dienst wurden während der Kriegsjahre wieder Elektrobusse vermehrt eingesetzt, teilweise sogar Modelle, die seit mehr als dreißig Jahren ihren Dienst versahen und eigentlich schon ausgemustert waren. Die betagten Akkus dieser Fahrzeuge waren natürlich ganz anderer Bauart als die für die Kriegsmarine hergestellten.

Lohner-Porsche Busse mit Radnabenmotoren

Auf dem Gebiet des gemischten Antriebs stellte Porsche-Lohner seinen ersten Hybridwagen 1900 vor, der mit zwei in den Radnaben installierten Elektromotoren und einem kleinen Benzinaggregat ausgestattet war. Ab 1906 wurde die Herstellung bei Austro-Daimler fortgesetzt, zunächst unter dem Markennamen Mercédès-Electriques für die rein elektrischen Modelle, während Mercédès-Mixte für die Hybridfahrzeuge stand. Waren bei den Lohner-Porsche-Fahrzeugen die Motoren in den Vorderrädern platziert, so befanden sie sich bei den Austro-Daimler-Omnibussen in den hinteren Rädern.
1907 konnten auf der Automobilausstellung in Wien auf dem Stand der Daimler Motoren-Gesellschaft die Electrique- und die Mixte-Modelle bewundert werden. Nebenan standen die Stuttgarter Mercedes Benzinmodelle. Das Publikum staunte über die elektrischen Fahrzeuge mit ihrem »Knödl« in jedem Hinterrad. Auf dem Stand wurde besonders über einen für Ägypten bestimmten Mixte-Bus viel gesprochen. Fachleute meinten, dass der elektrische und der gemischte Antrieb für Omnibusse die beste Antriebsart sei, da die starken Beanspruchungen von Kupplung und Getriebe entfielen, die bei den Benzinmodellen häufig Reparaturen erforderten.

TRIBELHORN A.-G.
ALTSTETTEN-ZÜRICH

TRIBELHORN S. A.
ALTSTETTEN-ZURICH

Elektrischer Hotel-Omnibus für 6—8 Sitzplätze. Leistung ca. 60 km pro Ladung.
Omnibus d'hôtel électrique pour 6 à 8 places, capacité env. 60 km par charge.

Tribelhorn Elektrobus von 1913.

Die Radnabemmotoren waren direkt in die Räder eingebaut, eine Übertragung durch andere mechanische Elemente erübrigte sich somit. Die Fahrzeuge verfügten über drei Bremssysteme, zwei mechanische und eine Kurzschlussbremse, die den Fahrzeugen ein hohes Maß an Sicherheit verliehen.
Die Gemeinde Wien nahm noch 1912 eine Buslinie nur für Elektrofahrzeuge in Betrieb, und zwar vom Stephansplatz zur Volksoper, Sie war ein Riesenerfolg – die Fahrgäste stritten sich um die besten Plätze – und stellte ihren Dienst erst mit Kriegsbeginn ein. Zwar gab es in den Zwanziger und Dreißiger Jahren weniger Elektrobusse, aber gänzlich verschwanden sie aus den großen Städten nie.
1907 konnte die schweizerische Firma Tribelhorn ihren ersten elektrischen Hotelbus verkaufen; er ging an das Hotel Cecil in Lausanne. Daraufhin gab es in den folgenden Jahren einen regelrechten Boom: Alle großen Luxushotels in der Schweiz bestellten elektrische Busse für die Abholung ihrer Gäste vom Bahnhof oder von der Schiffsanlegestelle.

Der erste Bus in Spanien fuhr elektrisch

Im Jahr 1899 entstand in Barcelona die erste Konstruktion eines Elektrobusses unter Beteiligung von drei Schweizer Fachleuten. Emilio de la Cuadra, Besitzer eines Wasserkraftwerkes in Lérida, hatte sich mit dem Ingenieur Charles Vélino (in Spanien nannte er sich Carlos Vellino), Inhaber einer Akkumulatorenfabrik in Barcelona, zusammengetan, um Elektrofahrzeuge zu bauen. De la Cuadra bezog hierfür ausgedehnte Räumlichkeiten im Paseo de San Juan in Barcelona, an der Kreuzung zur Calle Diputación, mit Werkstatt, Pflegedienst, Herstellung von Batterien, Laboratorien und Verkaufsflächen für eine bislag noch unbekannte Spezies von Automobilen, die sich im benachbarten Frankreich bereits hoher Aufmerksamkeit erfreuten. Zugleich unterzeichnete de la Cuadra einen Vertrag mit der Firma E. Roerecke über den Vertrieb von deutschen Benz-Fahrzeugen mit Verbrennungsmotor.
Vorgesehen war der Bau von elektrischen Last- und Lieferwagen bis zu 5 Tonnen, Personenwagen und Omnibussen. Interessant war ein Lieferwagen mit zweiplätziger Kabine, der 300 kg laden, sich aber auch in eine viersitzige Limousine verwandeln lassen konnte. Zwei Elektromotoren von je 2 kW übernahmen den Antrieb, die Akkumulatoren versprachen eine Reichweite von 30 Kilometern. Der Wagen war auch als Hybrid mit einem Verbrennungsmotor samt Dynamo erhältlich; sein Preis betrug 13.500 Pesetas.
Die Firma De la Cuadra bot auch größere Lastwagen sowie verschiedene Omnibusse mit 12 bis 20 Sitzplätzen an. Die große Version, bei welcher zwei 15 kW leistende Elektromotoren die Hinterräder antrieben, sollte mit ihren neuartigen Akkus mit einer Kapazität von 450 Ah und 110 Volt gut sein für eine Reichweite von 85 Kilometern. Um nicht von den zentralen Kraftwerken abhängig zu sein – noch gab es kaum Ladestationen – konnte zusätzlich ein Verbrennungsmotor installiert werden, der verbrauchsgünstig in konstanter Tourenzahl drehte und die Akkus mit Energie versorgte.
Die junge Firma erhielt Ende 1899 von der Stadt Barcelona einen Auftrag für einen Bus. Vélino gedachte, das Fahrzeug mit seinen neuen Akkumulatoren auszustatten, die aus mit Blei gefüllten Holzkübeln bestanden – aber nicht wie geplant funktionierten. Deshalb suchte Vélino Hilfe bei seinen

Der erste in Spanien gebaute Omnibus war auch als Hybrid mit Elektro- sowie mit Verbrennungsmotor samt Dynamo erhältlich.

Links: Reklame für den ersten elektrischen Bus von De la Cuadra 1899/1900.

Rechts: Werbung für den De la Cuadra um 1900, darunter der Bus von 1901 aus einem Original-Katalog.

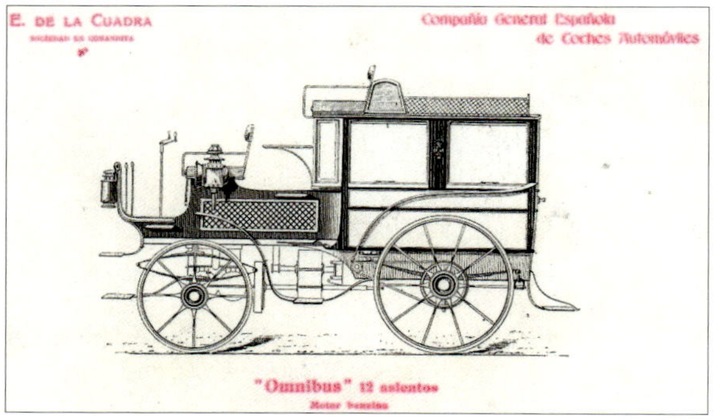

Schweizer Kollegen Emile Bouvier (einige Quellen nennen ihn Georges) und Marc Birkigt. Im August 1900 sollte der Bus vor der Presse seine erste Fahrt absolvieren. Im letzten Moment mussten die neuen, aber nicht funktionierenden Akkus gegen schwerere ausgetauscht werden – durch das Mehrgewicht kam der Bus aber nicht in Schwung. Nach einigen Metern leiser Fahrt blieb er stehen und musste abgeschleppt werden.

Damit war die Geschichte des ersten spanischen Elektrobusses noch nicht beendet. Am 6. Dezember 1900 veröffentlichte das katalanische Tageblatt *La Dinastia* auf seiner zweiten Seite folgenden Bericht:

»Gestern am Nachmittag fand die Vorstellung des ersten Omnibus der Compañia General Española de Coches Automóviles statt, deren Geschäftsführer Don Emilio de La Cuadra ist. An der Einweihung nahmen angesehene Automobilisten und Pressevertreter teil. Das Fahrzeug ist für den Straßentransport von Passagieren und Gepäck von einem Ort zum anderen vorgesehen und ersetzt mit diesem einzigartigen Fortschritt die alten Postkutschen, die der Öffentlichkeit so viel Ärger und Frust bereiten.

Die Compañia General Española de Coches Automóviles hat gestern eine Vorstellung gebracht, die ihr den vollen Respekt und Beifall des Publikums bescherte, da sie mit diesem Fahrzeug die Pferdekutsche endgültig verbannen

Amerikanischer Walker Elektro-Überlandomnibus mit Luftbereifung, 1920/21 von der Firma Teisa in Spanien eingesetzt.

De Dion-Bouton Elektrobus in Paris, 1905.

»Ohne das Engagement des Taxiunternehmers Bixio hätte das elektrische Cab in Paris ab 1898 keine so große Verbreitung gefunden … zu Bixios Flotte gehörten drei französische Fabrikate aus den USA importierte Columbia.«

James M. Laux in *In First Gear*, Liverpool Press, 1976

wird. Es handelt sich um einen selbstfahrenden Omnibus, einen herrlich konstruierten Prachtwagen mit drei Abteilungen: die vordere für den Fahrer, der Limousinentrakt für sechs Sitze, und den Haupttrakt mit Platz für zehn weitere Passagiere. Daneben kann das Fahrzeug bis zu 400 kg Gepäck oder Waren transportieren. Seine Geschwindigkeit liegt bei 22 km/h bei einem Verbrauch von weniger als 20 Cents pro gefahrenem Kilometer.

Das System ist ohne Zweifel das Beste. Die elektrischen Akkumulatoren liegen in zwei Kisten auf der Unterseite des Fahrzeugs; die Funktionsweise könnte nicht einfacher und sicherer sein. Die gestern Abend durchgeführten und kontrollierten Tests könnten keine besseren Resultate aufweisen. Das Fahrzeug fuhr zweimal über die Rondas, und bei einer Fahrt fuhr es die Ramblas hinauf, ohne den geringsten Zwischenfall trotz der Präsenz zahlreicher Pferdekutschen, Pferdebusse und der Straßenbahn. Unser Lob gilt vor allen Dingen dem technischen Personal und dem Verantwortlichen Emilio de la Cuadra für sein rein spanisches Werk, da im Bus ausschließlich spanische Materialien verwendet wurden. Unsere aufrichtigsten und enthusiastischsten Glückwünsche richten sich an Herrn de la Cuadra, den Ingenieur Herrn Vellino, den Projektleiter Marc Birkigt, den Mechaniker Herrn Dufaux und den Schreiner und Dekorateur Herrn Agut.«

In diesen Ausführungen fallen zwei Aussagen auf: Erstens war der Bus höchstwahrscheinlich ein Hybrid, wobei die beiden Elektromotoren von einem wohl deutschen Benzinmotor unterstützt wurden (es gab in jenen Jahren keinen spanischen Benzinmotor für solch ein Fahrzeug). Zweitens fällt der Name Dufaux auf – ein weiterer Schweizer? Wohl eher nicht, vermutlich war Herr Bouvier gemeint.

Auch das Magazin *Industria e Invenciones* vom 29. Dezember 1900 bestätigte auf Seite 33 den Erfolg dieser Probefahrt in einem kurzen Bericht: »Vor einigen Tagen hatten wir die Gelegenheit, an den Testfahrten des ersten in Spanien gebauten Automobils von der Firma E. de la Cuadra aus dieser Stadt teilzunehmen. Es ist ein Fahrzeug mit Innenraum, Coupé und Frontplatz, genau wie bei einer Pferdekutsche – und für Fahrten auf Straßen mit leichten Steigungen geeignet. Der Motor ist elektrisch; den Strom leitet eine Batterie weiter. Dieses Fahrzeug hat ein Gesamtgewicht von 7700 kg und kann eine Geschwindigkeit von 18 km/h erreichen. Bei den Probefahrten konnten wir die gute Funktionsweise loben, nicht nur was die Bequemlichkeit angeht, sondern besonders auch, mit welcher Leichtigkeit das Fahrzeug die Kurven nahm und auch zum Stillstand kam. Und obwohl das Fahrzeug nicht speziell für diese Anforderung gebaut wurde, vermochte es ohne Probleme eine Steigung von 12 Prozent zu erklimmen.« Der elektrische Bus wurde wenig später nach Valencia verkauft, kam aber nie an seinem Bestimmungsort an, da auf dem Transportschiff ein Feuer ausbrach und der Bus verbrannte.

Unten: Die Ramblas in Barcelona um 1900. In dieses Paradies der Fußgänger mit einem Motorfahrzeug einzudringen, setzte viel Selbstvertrauen voraus.

Englischer Electrobus von 1908 für 34 Passagiere.

Französischer De Dion-Bouton Elektrobus von 1925.

Englischer Elektrobus von 1908 für 34 Passagiere.

Zweimotoriger Orwell Elektrobus mit 40 Plätzen von Ransomes, Sims & Jefferies auf dem Chassis eines Lastwagens. Das Fahrzeug stammt aus dem Jahr 1920.

Vélino gründete am 10. März 1900 zusammen mit de la Cuadra die Firma Vellino & Cia. zur Herstellung von elektrischen Akkumulatoren sowie für die Lieferung von Elektrizität. Etwa gegen 1903 übernahm die Firma die Vertretung des Akkuherstellers Tudor. Emilio de la Cuadra baute zusammen mit Marc Birkigt den La Cuadra Centauro, ein Fahrzeug mit 4,5 PS, und wenig später eine Version mit 7,5 PS starkem Benzinmotor. Der größere Wagen ist bis heute erhalten geblieben und somit das älteste Automobil Spaniens. Aus der Automobilfirma de la Cuadra wurde die Firma Castro – und 1904 Hispano-Suiza mit Marc Birkigt als Mitinhaber und Technischem Direktor.

Noch Anfang der Zwanziger Jahre verkehrten in Spanien einige elektrische Busse, wie das Modell eines amerikanischen Walker von der Firma Teisa (Transportes Eléctricos Interurbanos S.A.). Teisa existiert noch heute und besaß damals hydroelektrische Stationen, deren Nachtstrom die Busse kostenfrei nutzen durften. So rentierte sich das kleine Unternehmen, das in jener Zeit noch schwer gegen die Eisenbahn-Konkurrenz anzukämpfen hatte.

HARPER'S MAGAZINE ADVERTISER.

COLUMBIA AUTOMOBILES

MARK XI OPERA BUS. ONE OF THE MANY STYLES THAT WE MANUFACTURE

OVER one thousand Columbia Automobiles are in constant and satisfactory use. No more conclusive argument as to the superiority of our vehicles could be offered than this. We have made and sold more electric vehicles than have been produced by all other firms in the country, and we have the most completely equipped automobile factory in the world. The vehicle illustrated is one of our most desirable patterns. It is peculiarly adapted for opera and theatre service. Many of our automobiles are equipped with either electric or gasolene motive power, and long distance batteries are furnished if desired. Write for catalogue, or call on us, or any of the following agencies:

STATE OF NEW YORK: New York Electric Vehicle Transportation Co., Sales and Show Rooms, 8th Avenue and 49th Street, New York City
STATE OF PENNSYLVANIA: Pennsylvania Electric Vehicle Co., 250-256 N. Broad St., Phila.
STATE OF ILLINOIS: Illinois Electric Vehicle Transportation Co., 173 Michigan Ave, Chicago
NEW ENGLAND STATES: New England Electric Vehicle Transportation Co., 541 Tremont Street, Boston
DISTRICT OF COLUMBIA: Washington Electric Vehicle Transportation Co., Panorama Building, Fifteenth Street and Ohio Avenue, Washington, D. C.
STATE OF NEW JERSEY: New Jersey Electric Vehicle Transportation Co., 100 Broadway, New York City
CALIFORNIA OFFICE: Parrott Building, Market Street, San Francisco, Cal.
EUROPEAN OFFICE: 54 Avenue Montaigne, Paris, France
MEXICO: Mexican Electric Vehicle Co., Primera Humboldt, No. 12, Mexico City, Mexico

ELECTRIC VEHICLE COMPANY
HARTFORD, CONN. 100 BROADWAY, N. Y.

108

Oben: Stadtrundfahrt im elektrischen Charabanc, New York 1904.
Rechts daneben: Inserat für einen Columbia »Opernbus« von 1900.

Rechts: Columbia Hotelbus aus einem Katalog von 1904.

Oben: Riker Hotelomnibus von 1900, der Gästen für Ausflugsfahrten zur Verfügung stand.

Links: Commercial Truck Hotelbusse auf Basis von 5,0-t-Lastwagen, 1913.

Je länger, je lieber! Eine amerikanische Spezialanfertigung von 1926 für Besucher der Sesquicentennial Exposition, der Weltausstellung in Philadelphia, die zum 150. Jubiläum der Amerikanischen Unabhängigkeitserklärung stattfand.

Links: Fuso Frontlenker 1951. Rechts ein weiterer japanischer E-Bus – Hersteller unbekannt – auf einem Foto von 1941.

Transportwesen in Frankreich und England

In Frankreich war es die Firma Kriéger, bekannt für ihre elektrischen Taxis, die sich auf den Markt der Elektrobusse wagte, allerdings lieber kleine Hotelbusse baute. Das Kriéger-System basierte auf Vorderradantrieb mittels zweier Elektromotoren, die dem Lenkeinschlag folgten. Sie übertrugen ihre Kraft über Ritzel und Zahnkranz, mit den Radspeichen verschraubt, auf die Räder. Diese Bauart entbehrte zwar ein Differenzial, nur war es nicht einfach, die beiden Motoren synchron laufen zu lassen.

Noch 1925 bis 1938 verkehrte in Lyon ein Elektrobus der Marke De Dion-Bouton, versehen mit je einem Motor von 9 kW (12 PS) des Herstellers Rognoni Balbo in den Vorderrädern. Er soll mehr als 300.000 Kilometer auf dem Tacho gehabt haben.

Die erste Erwähnung eines Elektro-Omnibusses in England stammt vom November 1896. Die London Electric Omnibus Company veröffentlichte die Abbildung eines Doppeldeckers mit senkrechter Lenksäule und langem Aufbau. Die Versuchsfahrten sollen unbefriedigend gewesen sein, das Fahrzeug hatte angeblich kaum Kraft zum Fahren. Ein Jahr später kaufte die Firma einen Radcliffe Ward Bus mit zehn Sitzplätzen, der zwar einige Probefahrten absolvierte, dennoch nicht zum Einsatz kam. Zur gleichen Zeit baute die Electric Motive Power Ltd. in Liverpool einen elektrischen Doppeldeckerbus.

1906 kündigte die London Electrobus Company die Aufnahme eines städtischen Liniendienstes mit 300 Fahrzeugen an, ein Modell mit französischen BTH-Motoren, 44-Zellen-Akkumulatoren von Oppermann und Aufbauten von der Karosseriefabrik T. H. Lewis. Es dauerte fast ein Jahr, bis die ersten fünf Busse zur Verfügung standen. Zwei weitere kamen Ende 1907 hinzu. 1909 umfasste der Fuhrpark zwei Dutzend Fahrzeuge. Diese wiesen zuerst einen zentralen Elektromotor auf, später hatten sie einen Motor in jedem Hinterrad. Insgesamt beförderten sie mehr als drei Millionen Personen. Einige Busse wurden an die Brighton, Hove & Preston United Bus Compnay in Brighton verkauft, wo der letzte elektrische Bus noch 1917 fuhr.

In Italien baute die Firma Ansaldo-Turinelli verschiedene Elektrobusse ab 1922. Ansaldo ist heute noch Spezialist für Elektroantriebe, und die Firma Turinelli war jahrelang einer der wichtigsten italienischen Hersteller von elektrischen Nutzfahrzeugen.

Elektro-Omnibusse in den USA und Japan

Zwischen 1898 und 1905 fuhren zahlreiche elektrische Taxis in Großstädten wie New York, Berlin, London und St. Petersburg. In New York war es die Fifth Avenue Coach Company, die 1900 erstmals elektrische Stadtbusse einsetzte, fünf Jahre später kamen hybride Ausführungen dazu. Zahlreiche Firmen boten schon elektrische Lastwagen an; auf deren Fahrgestellen entstanden auch größere Bus-Karosserien.

In Japan gab es mehrere Hersteller von elektrischen Bussen, besonders um die Zeit des Zweiten Weltkrieges, als Benzinknappheit herrschte. Zehn Firmen sollen auch schon in den Dreißiger Jahren Elektro-Omnibusse unterschiedlicher Leistungsklassen gebaut haben.

Oben: Ein russischer Romanov von 1901, unten ein in Moskau hergestellter Dux Hotelbus von 1906 (Hotel Bristol, St. Petersburg). Bei Dux wurden sowohl Benzinautomobile als auch Dampf- und Elektrowagen gebaut.
Rechts: Von MAN 1972 in München eingesetzter Elektro-Pressebus.

Elektro-Omnibusse im heutigen Nahverkehr

Das Städtebild des 21. Jahrhunderts ist im Begriff, sich signifikant zu verändern, wie die Autoren Peter Kleine-Möllhoff, Holger Benad, Frank Beilard, Mohammed Esmail und Martina Knöll in einer fundierten Analyse bezüglich der Herausforderungen, Potenziale und dem Ausblick der Batterie als Türöffner für die Elektromobilität der Zukunft darlegen. Auch wenn seither einige Jahre vergangen sind, haben ihre Ausführungen an Aktualität nicht verloren. Natürlich darf und wird man sich bei der »Transformation« nicht nur auf den Landverkehr konzentrieren. Die Schifffahrt beispielsweise ist ein großer Verschmutzer mit dem Verbrennen von Schiffsdiesel (Abfallprodukt der Raffinerien). Aber auch hier hat ein Umschalten bereits begonnen durch die Umstellung von Schiffsdiesel zu schwefelarmem Diesel in den Häfen mit landgestützten Anlagen. Fazit: »Man darf nicht eine Ebene allein stark negativ belasten, alle Ebenen müssen ökogerecht werden«.

Die »öffentliche« Elektrifizierung war ab 2018 auf dem Vormarsch – wenn auch nur zaghaft. Aber mit der ersten Bestellung von Elektro-Omnibussen startete die Stadt Hamburg in ein neues Zeitalter. Nach längerem Testbetrieb und einer europaweiten Ausschreibung hat die Hamburger Hochbahn (HHA) im Mai 2018 die ersten dreißig Serien-Elektrobusse geordert, vier sollten noch im Herbst desselben Jahres eingesetzt werden. 20 Busse vom Typ E-Citaro

hatten die Hanseaten bei der Daimler-Tochter EvoBus bestellt, zehn Fahrzeuge vom Typ Urbino nE12 beim polnischen Hersteller Solaris. Bis 2020 sollten die beiden Hersteller weitere 30 E-Busse liefern. Die Fahrzeuge der ersten Tranche würden eine Reichweite von 150 Kilometern erreichen, hieß es; bei der zweiten Tranche sollte die Reichweite mindestens 200 Kilometer betragen. Zu wünschen bliebe jedoch ein noch stärkeres Engagement seitens der Industrie, hieß es. Stuttgarts Oberbürgermeister Fritz Kuhn im September 2017: »Wir benötigen mehr vollelektrische Busse … Es gibt zur Zeit nur einen Hersteller in Polen und einen in China. Die Heizung dieser Busse geschieht aber über Dieselverbrennung. Das heißt: Manchmal reden wir in der Öffentlichkeit über Optionen, die nicht wahrgenommen werden …«

In Deutschland wurden 2016 knapp 6700 Busse neu zugelassen. 99 Prozent erfüllten zwar die Abgasnorm Euro VI, aber fast alle hatten Dieselantrieb oder waren bestenfalls Hybriden. Die Null-Emissionen bei Fahrzeugen im Öffentlichen Personennahverkehr bleiben ein Ziel, das zu erreichen noch etwas dauern wird, so laut die Forderungen danach auch vorgetragen werden.

Fahrerloser Navia-Bus auf Sylt. Im Öffentlichen Personennahverkehr werden zunehmend Elektrofahrzeuge eingesetzt, vor allem dort, wo – wie auf einigen Nordseeinseln – Verbrenner tabu sind.

Links: Mobile Omnibus-Ladestation.

Unten: Ein Kompromiss: Mitführen der Akkus in einem Anhänger (MAN).

Umweltministerium fördert Anschaffung von Elektrobussen

Das BMU gab am 26. Februar 2018 bekannt, im Rahmen des Sofortprogramms »Saubere Luft« ab sofort Fördergelder für die Beschaffung von Elektrobussen bereitzustellen.

»Entsprechend der Förderrichtlinie können bis zu 80 Prozent der Investitionsmehrkosten übernommen werden. Die EU-Kommission hat der Förderrichtlinie des BMU zugestimmt. Damit können Verkehrsbetriebe, die mehr als fünf Elektrobusse bestellen wollen, beim BMU eine Projektskizze einreichen.«

Die seinerzeitige Bundesumweltministerin Barbara Hendricks: »Elektrobusse fahren ohne Abgase und sind besonders leise. Damit tragen sie zu sauberer Luft und weniger Lärm in den Städten bei. Außerdem leisten sie einen Beitrag zum Klimaschutz. Da die Fahrzeuge derzeit noch teuer sind, unterstützen wir Verkehrsunternehmen und Kommunen bei der Anschaffung. Damit machen wir diese zukunftsweisende Technologie schon jetzt attraktiv.« Das BMU stellte vorerst kurzfristig 35 Millionen zur Verfügung, eine weitere Aufstockung war zeitnah vorgesehen. Hendricks' Nachfolgerin als Bundesministerin für Umwelt, Naturschutz und nukleare Sicherheit wurde am 14. März 2018 Svenja Schulze.

Indes, ein Elektro-Stadtbus ist in der Anschaffung (rund 790.000 Euro für einen rein elektrisch angetriebenen Gelenkbus) mehr als doppelt so teuer wie ein entsprechendes Dieselfahrzeug mit Euro-VI-Motor. Und auf einen Dieselmotor verzichten auch die meisten E-Busse nicht: Zum Betrieb der Heizung im Winter. Auch ist in der kalten und dunklen Jahreszeit der Strombedarf beträchtlich höher als im Sommer, so dass ein E-Bus, der um 6:00 Uhr morgens seinen Dienst aufnimmt, spätestens um 11:00 Uhr wieder an die Ladestation muss. Oberleitungsomnibusse kennen derlei Handicaps nicht …

Seit Dezember 2016 ist in Osnabrück auf acht Linien ein System aus Elektrobussen und Ladeinfrastruktur im Einsatz. Die teils auf separaten Spuren rollende Flotte besteht aus 43 vollelektrischen Fahrzeugen.

Die Geschichte vom Oberleitungs-Omnibus

Trolley: Bestens bedient von oben herab

Unter einem Oberleitungs-Omnibus, auch als Obus oder Trolleybus bezeichnet, versteht man einen elektrisch angetriebenen und nicht wie die Straßenbahn an Schienen gebundenen Omnibus für den Personen-Nahverkehr. Ein erstes Fahrzeug dieser Art baute Werner v. Siemens 1882; er nannte es» Elektromote«. Weitere Trolley-Buslinien folgten, zum Beispiel entwickelt von Carl Stoll und Max Schiemann zunächst in Dresden, danach auch in anderen Städten Europas. Zu erwähnen wären in diesem Zusammenhang ferner die Konstrukteure Willis G. Caffrey (1897) und Harvey D. Dibble (1898) in den USA, ferner Louis Lombard-Gérin (1899) in Frankreich und dessen Compagnie de Traction par Trolley Automoteur, bevor Siemens & Halske in Berlin mit dem elektrischen »Straßenbahn-Omnibus« erneut ein Fahrzeug für den Betrieb abseits jeglicher Schieneninfrastruktur präsentierte. Es handelte sich hierbei um eine Mischform (Hybrid) zwischen Straßen-Schienenbahn und Elektro-Omnibus – ohne »Fahrdraht« beziehungsweise Oberleitung.

In Deutschland hatte insbesondere der Ingenieur Max Schiemann mit seiner »Gesellschaft für gleislose Bahnen« Pionierbedeutung für die Entwicklung des Oberleitungsbusses, die er in Zusammenarbeit mit der Firma Siemens betrieb. Dem wie seinem Konkurrenten Stoll in Dresden arbeitenden Ingenieur Schiemann gelang es, das bei der Stromabnahme relativ sichere und bis in die Gegenwart gebräuchliche Schleifschuh-System bei O-Bussen einzuführen. Hierbei bediente er sich einer Erfindung des Briten Alfred Dickinson, der bereits Mitte 1893 einen elastischen Stangenstromabnehmer für Straßenbahnen geschaffen hatte. Die maximal mögliche Abweichung der Wagen von der durch die Oberleitung bedingten Ideallinie war damit zwar etwas geringer als bei den Systemen mit Kontaktwägelchen

Rechts: Radnabenmotor-Trolley von 1909 in Drammen, Norwegen.

Untere Reihe: Ein Bild aus Eberswalde nordöstlich von Berlin, 1902. Rechts daneben: Trolleybusse verkehrten auch in La Spezia, 1905.

Unten: Carl Stolls Patent für eine doppelpolige Omnibus-Oberleitung, 1901.

Oben: Trolleybus System Lohner-Stoll, 1909.

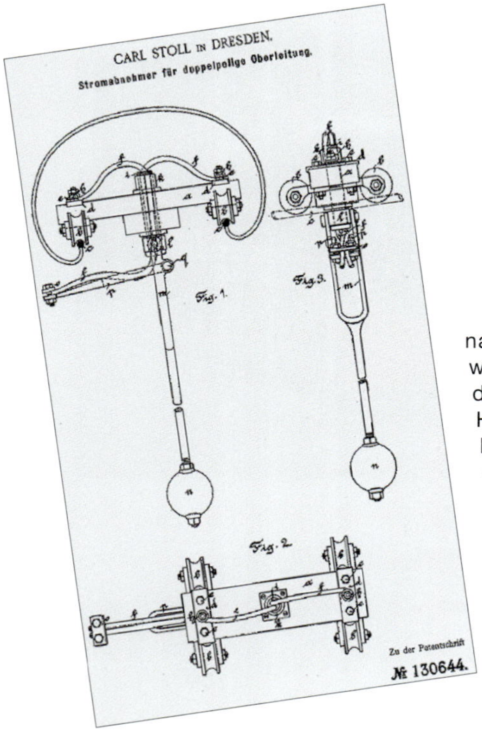

Obus-Fuhrpark der Chicago Transit Authority, 1937. Die Gesellschaft betrieb ihr Trolleybus-Netz von 1930 bis 1973.

nach dem System Stoll, doch in Anbetracht der vielen damals meist ohnehin schmalen Straßen wirkte sich dies kaum aus.
Im Gegensatz zum heutigen Prinzip waren die beiden Stromabnehmerstangen bei Schiemann hintereinander und nicht nebeneinander angeordnet, auch waren sie unterschiedlich lang. Dadurch war es den Fahrzeugen möglich, an jeder beliebigen Stelle ohne fremde Hilfe beziehungsweise ohne die Inanspruchnahme einer Wendeanlage (wie sie in Solingen noch existiert) umzukehren.
Die erste Obus-Strecke nach dem System Schiemann war die zunächst 2,5 Kilometer lange Bielatalbahn in der Sächsischen Schweiz, die am 10. Juli 1901 eröffnet und als »Gleislose Bahn« bezeichnet wurde. Insgesamt errichtete Schiemann acht solcher Bahnen mit Personenverkehr, einige wurden zusätzlich im Güterverkehr betrieben. Rosenthal-Bielatal ist eine Gemeinde im Landkreis Sächsische Schweiz-Osterzgebirge im Süden Sachsens an der Grenze zur Tschechischen Republik, seit jeher ein beliebtes Ausflugsziel. Doch die Strecke erwies sich dennoch kommerziell als unrentabel, der Trolleybusverkehr wurde ab Oktober 1903 nicht weiterbetrieben.

Berlin schon immer auf Draht

Vom Weihnachtstag 1933 an bis Anfang Februar 1973 verkehrten in Berlin – mit zeitweilig kriegsbedingter Unterbrechung – Obusse in verschiedenen Stadtteilen. In jenen, die ab 1945 zu den Westsektoren zählten, gab es bis Ende Februar 1973 anfangs zwei Obus-Teilnetze, in denen die BVG Fahrzeuge verschiedener Hersteller einsetzte. Alle Obusse hatten Aufbauten aus Stahlblech und ähnelten den damals eingesetzten »normalen« Motor-Omnibussen.
Die ältesten Wagen der Spandauer Linie gehörten zunächst nicht der Berliner Verkehrsgesellschaft BVG, sondern waren von der AEG ausgeliehen, der auch die Streckenbetreuung oblag. Die Fahrgestelle stammten von der Firma Büssing. Nach dem Kriege war der Lokomotiven- und Nutzfahrzeughersteller Henschel in Kassel Lieferant.
Für den Betrieb des Netzes im Stadtteil Steglitz gab es drei weitere Obusse mit Fahrgestellen von MAN und eins von Mercedes-Benz, die jedoch im Zweiten Weltkrieg zerstört wurden. Auch diese Fahrzeuge liefen mit AEG-Technik, 1941 kamen nochmals acht Mercedes-Benz-Obusse hinzu, die eine Weiterentwicklung der Wagen von 1938 darstellten. Sie wurden bis 1963 eingesetzt.
Für die Spandauer Linie war 1941 eine Bestellung von sechs doppelstöckigen Obussen (Odobus) vorgesehen, deren Fahrgestelle von Siemens-Schuckert (SSW) beziehungsweise von Henschel hergestellt werden sollten. 1943 wurden drei Obusse auch geliefert, 1944 kamen drei Wagen des italienischen Herstellers Alfa Romeo hinzu.
Weitere 15 Obusse waren während des Kriegs bei Daimler-Benz bestellt, wurden aber erst nach 1945 geliefert. Die elektrische Ausrüstung der ersten sechs Fahrzeuge stammte wieder von der AEG, die der übrigen von SSW. Da SSW aufgrund der damals herrschenden Materialknappheit nicht ausreichend Fahrmotoren liefern konnte, wurden hier teils ebenfalls AEG-Motoren eingebaut. Einige dieser Fahrzeuge waren bis 1965 im Einsatz.

In der neuseeländischen Stadt Christchurch verkehrten Trolleys schon in den 1930er Jahren; das Foto zeigt ein restauriertes Modell von 1955.

Gegenüberliegende Seite: Oben links ein Berliner BVG-Bus von 1964, rechts daneben ein IVECO »Aleofilo« von 2009. Unten links ein Skoda-Obus von 1976, daneben ein in St. Petersburg, Russland, 2010 fotografiertes Arbeitsfahrzeug.

Die jüngste Fahrzeugserie wurde ab 1956 geliefert. Die Wagen hatten selbsttragende Aufbauten, die Achsen lieferte Henschel, die elektrische Ausrüstung die AEG, die Aufbauten stammten vom Berliner Hersteller Gaubschat.
Für die Wiederaufnahme des Obus-Verkehrs in Ost-Berlin standen zunächst Trieb- und Beiwagen vom VVB LOWA zur Verfügung. Die ersten fünf Triebwagen waren Eindecker, die bis 1965 liefen. Die Anhänger kamen ebenfalls von der LOWA, die 40 Stück lieferte. 1966 kamen nochmals elf Triebwagen hinzu, die ältere LOWA-Wagen ersetzten.
Nach der Einstellung des Betriebs wurden sämtliche älteren LOWA-Wagen ausgemustert und teilweise als Geräteschuppen und dergleichen zweckentfremdet.
Nicht nur Metropolen wie Berlin richteten nach und nach Obus-Linien ein. Zahlreiche große und auch kleinere Städte im In- und Ausland elektrifizierten ab etwa 1920 ihre Buslinien, und einige blieben bis in die Gegenwart in Betrieb.
Weitaus größere Verbreitung als in Deutschland fand der im Gegensatz zur Straßenbahn von Schienen unabhängige Oberleitungs-Omnibus in Italien, Großbritannien, in der Schweiz, in Österreich, Belgien und in vielen Städten der USA. 1930 wurde u. a. eine Linie zwischen Mettmann und Gruiten bei Düsseldorf eingerichtet; man sprach von einem »Fahrdrahtbus«. Den offiziellen Begriff »Oberleitungsbus« führte der Bahnausschuss des Verbandes deutscher Verkehrsverwaltungen im September 1937 ein.
In seiner Fahrzeugarchitektur entspricht der Oberleitungsbus dem als Frontlenker ausgelegten Verbrennungsmotor-Omnibus, hat auf dem Dach jedoch zwei flexible Stromabnehmer, über die ähnlich wie bei der Straßenbahn die für den Antrieb benötigte Energie aus der über der Straße gespannten doppelten – zweipoligen – Fahrleitung bezogen wird. Als Fahrspannung sind zwischen 400 und 750 Volt Gleichstrom üblich.

300 Betriebe in 47 Ländern

Die meisten heute verwendeten Oberleitungsbusse besitzen einen zusätzlichen Verbrennungsmotor, um auch ohne Strom mit verminderter Geschwindigkeit weiterfahren zu können, etwa bei Baustellen, Stromausfällen oder im Depot. 2018 existierten weltweit noch knapp 300 Oberleitungsbus-Betriebe in 47 Staaten, sowohl in Spanien, Italien und Frankreich als auch in Russland, in der Ukraine, in der Volksrepublik China und Nordkorea. Ebenso in Kanada und in den USA, wo Trolleybusse einst in 65 Städten von 34 US-Staaten unterwegs waren. In der ganzen Welt erlebten O-Buslinien eine Blütezeit. Seit sieben Jahrzehnten ununterbrochen verkehren noch heute Trolleybusse in Lausanne und Genf. Das Verkehrsunternehmen Transports publics genevois – bis 1976 Compagnie Genevoise des Tramways Électriques – betreibt in der Stadt und den Nachbargemeinden Bernex, Cologny, Confignon, Le Grand-Saconnex, Lancy, Meyrin, Onex und Vernier sechs Trolleybus-Linien.

Obus-Veteranen in Aktion

In zahlreichen Ländern existieren Vereine und Museen, die sich der Erhaltung und Restaurierung historischer Trolleybusse widmen. So wie der 1999 in Solingen gegründete Verein »Obus-Museum Solingen e.V.«, der sich zum Ziel gesetzt hat, sich vorzugsweise um historische Obusse und Gerätschaften des Solinger Obus-Betriebes (Stadtwerke) zu kümmern. Aber auch die Archivierung alter Schriften und Bilder zum Nahverkehr der »Klingenstadt« hat sich der Verein zur Aufgabe gemacht. Von April bis Oktober startet sonntags ein Vereins-Obus am Solinger Hauptbahnhof zur Stadtrundfahrt und in die Wupperberge bis nach Burg an der Wupper. Zum Einsatz kommt ein Fahrzeug des Typs Henschel (Uerdingen) ÜH IIIs. Weitere historische Obus-Modelle existieren u. a. in Eberswalde bei Berlin, wo heute noch eine Obus-Linie betrieben wird, wie auch in Esslingen am Neckar und in Salzburg.

Henschel/Uerdingen Obus von 1959 (Solinger Stadtwerke)

Der gute alte Trolleybus hat noch immer eine Zukunft

Eine Flotte amerikanischer Mack-Trolleybusse im Trambahndepot von Allentown, Pennsylvania, 1922.

Das sah schon der Unternehmer und Erfinder Werner Siemens vor 140 Jahren so. Aber oft genug wurden Zweifel an der Zweckmäßigkeit des Oberleitung-Omnibusses geäußert, wie auch Dipl.-Ing. Wolfram Huber von der Kiepe Electric GmbH, Düsseldorf, 2018 in einem historischen Zitat zum Ausdruck brachte:
»Wohl selten ist ein Verkehrsmittel so umstritten wie der elektrische Oberleitungsomnibus. Das ist verständlich; handelt es sich doch um ein zwischen Straßenbahn und Benzinomnibus liegendes Fahrzeug, das alle Vorzüge der elektrischen Straßenbahn und des Benzinomnibusses in sich vereinigt, ohne jedoch die Nachteile, insbesondere die des Benzinomnibusses, zu besitzen. Man ist überrascht, dass trotz der Vervollkommnung des Straßenbahn- und Kraftfahrwesens dieses vergessene Fahrzeug jetzt wieder zur Geltung kommt und mit Straßenbahn und Benzinomnibus sogar in Wettbewerb zu treten beginnt.«
Dies hat 1930 der Betriebsdirektor des RWE Essen (Rheinisch-Westfälisches Elektrizitätswerk) geschrieben, und es das mit großer Aufmerksamkeit zur Kenntnis und wiesen darauf hin, wie viel geräumiger, sauberer und leiser die modernen Fahrzeuge im Vergleich zu ihren Vorgängern doch seien. Und durch zusätzliche Akkupacks seien sie auch im Stande, sich außerhalb der Fahrdrahtstrecken zu bewegen. Täglich benutzten (Stand Ende 2018) 200.000 Fahrgäste

Oberleitungsomnibus in Helsinki, 1967.

regt zum Nachdenken an, welche Gültigkeit die Worte des Herrn Direktor heute noch oder wieder haben. Denn der gute alte Trolleybus scheint en vogue.
In den USA beispielsweise sind viele Stadtväter der Überzeugung, dass der Trolleybus ein geradezu ideales Verkehrsmittel darstellt. Die Stadt Seattle an der Pazifikküste stellte erst im August 2015 fünf neue Xcelsior Low-floor Trolleys in den Dienst und sah die Beschaffung weiterer 159 (!) vor, davon 64 in Sattelzugbauweise. Eine Gesamtinvestition in Höhe von 186 Millionen Dollar. Die Medien nahmen die neuen Trolleys, das waren 50 Prozent der Benutzer öffentlicher Verkehrsmittel in jenem Distrikt namens King County, das an die zwei Millionen Einwohner zählt und in welchem sie eingesetzt wurden.
Eine Vielzahl der für den urbanen Verkehr zuständigen städtischen Behörden in den USA ist zum Einsatz von Trolleys zurückgekehrt. Versuche mit Hybridbussen oder solchen mit Brennstoffzellen verliefen nicht überzeugend. »Trolleybusse sind langfristig wirtschaftlicher, vor allem ist ihr emissionsfreier Betrieb ihr großes Plus,« ist eine Kommission

überzeugt, die in Großbritannien eine internationale Studie im Auftrag der Electric T-Bus Group, London, ausgearbeitet hat. »Kein anderes System im Personennahverkehr kann da mithalten.«
Man verwies auf einige Millionenstädte, in denen sich Oberleitungs-Omnibusse seit jeher bewährt haben, wie etwa Shanghai oder Moskau, wo heute 2000 Trolleys in Betrieb sind. »Rom hat sie wieder eingeführt; Philadelphia, Riga und Mailand modernisierten ihre Trolleyflotten ebenso wie Athen, Beijing und Vancouver... Heute sind weltweit schätzungsweise 40.000 solcher Fahrzeuge im Dienst.«

figer im Linienbetrieb zu beobachten. Allerdings liegt der Obus im Vorteil mit seiner langjährig erprobten und ausgereiften Technologie und unschlagbaren Einsatzdauer: Ein Obus muss nur zur Inspektion auf den Betriebshof. Die Flüssiggas-Versuche scheitern noch immer an der geringen Kilometerfahrleistung aufgrund der im Vergleich zum Dieselbus geringen Kraftstoffmenge auf dem Fahrzeug. Der Obus liegt hier klar im Vorteil, da seine Energie nicht im Fahrzeug lagert. Diese Eigenschaft macht sich auch im Gewicht des Fahrzeuges bemerkbar, was wiederum Energie einspart«.

Dem Dieselbus und der Straßenbahn überlegen

Das Online-Forum »Obus Berlin« brachte es 2004 auf den Punkt: »Der Trolleybus steht in Bezug auf die Wirtschaftlichkeit und auf die betrieblichen Eigenschaften zwischen der Straßenbahn und dem Dieselbus, in Bezug auf Anfahrvermögen und mithin auf die Reisegeschwindigkeit ist er überlegen. Die Straßenbahn ist von den beiden bisherigen Oberflächenverkehrsmitteln im Betrieb am billigsten, aber im Aufbau am teuersten. Der Fahrweg und die Anpassungen im Straßenleitsystem (Verkehrszeichenanlagen) treiben bei der schienengebundenen Straßenbahn die Kosten enorm in die Höhe.
Der Trolleybus, der keine Schienen benötigt, ist etwa mit einem Drittel der Kosten, die ein Straßenbahnbau erfordert, einzurichten. Er hat trotzdem die günstige elektrische Kraft als Antriebsenergie zur Verfügung und kostet in der Unterhaltung bedeutend weniger als der Dieselomnibus. Der Obus entnimmt zwar die Energie einer besonderen Fahrleitung, setzt sie aber mit höherem Wirkungsgrad als der Dieselbus in Bewegungsenergie um.«
Der Autor Jurziczek hob hervor, dass als betriebliche Vorteile das Entfallen eines eigenen Bahnkörpers, das betriebssichere Arbeiten des elektrischen Antriebes, seine

einfache Unterhaltung und die elektrische Anfahrsteuerung angeführt werden könnten sowie dass die bei Verbrennungsmotoren erforderliche Getriebeschaltung vollständig entbehrlich sei, was eine Gewichtseinsparung bewirke.
»Für die Zukunft stellen neue Antriebstechniken dem Elbus (elektrischer Omnibus, so nannte Siemens dieses Verkehrssystem 1935) eine hohe Konkurrenz. Wasserstoffbetriebene oder mit Flüssiggas betriebene Omnibusse sind immer häu-

Schweiz: Obus-Investitionen in Millionenhöhe

Im Dezember 2017 stellte die Gesellschaft Bernmobil den Bürgern der Stadt Bern das erste von 24 Fahrzeugen einer neuen Trolleyflotte vor, mit denen eine neue Ära des urbanen Verkehrs in der Hauptstadt Helvetiens begann. Mit den neuen Fahrzeugen, so hieß es, komme Bernmobil dem Ziel näher, ausschließlich mit erneuerbaren Energiequellen wie Wasserkraft zu fahren, schrieb Bernmobil in einer Pressemitteilung. »Die Stadt Bern möchte einen emissionsfreien öffentlichen Verkehr«. Es gelte, die alten Diesel- und Gasbusse durch strombetriebene Fahrzeuge baldmöglichst zu ersetzen.
Auf den Hauptverkehrsstraßen Berns gibt es Oberleitungs-Omnibusse sei dem Jahr 1940. Für die 17 neuen Gelenk- und sieben Doppelgelenk-Trolleybusse, bestellt bei der Carrosserie Hess AG in Bellach, musste die Stadt 26,5 Millionen Franken locker machen.
Die Busse verkehren inzwischen an Stelle der bisherigen 20 Trolleybusse, die aus Altersgründen ersetzt wurden. In der Schweiz gelten die Berner als langsam und zögerlich – was sie hiermit überzeugend widerlegen konnten, denn die Entscheidung für die Fuhrparkerneuerung fiel ohne langes Bedenken.

In einem Interview sagte Norbert Schmassmann von den Verkehrsbetrieben Luzern: »Die Trolleybus-Technologie ist nicht veraltet – im Gegenteil. Es gibt sogar Städte, die jetzt wieder neue Trolleybusse einführen. Wir haben zu diesem Zweck Fahrzeuge beispielsweise nach Salzburg oder Lyon ausgeliehen. Entscheidend ist, dass sich diese Technologie bewährt hat, und genau das brauchen wir auf Hauptachsen«. In Luzern verkehren Trolleybusse seit 1941.

»In Odessa gibt es ein dichtes Netz von Trolleybussen. Sie stammen aus der Sowjetzeit und sind in einem eher schlechten Zustand. Während der Fahrt rumpelt es heftig, die Sitze sind abgenutzt – dafür kostet eine Fahrt nur 50 Kopeken (das entspricht etwa 7 Euro-Cent). Senioren fahren umsonst.«

Andreas Schepers, Journalist, 2016 über einen Besuch in Odessa

Links: Trolleybus in Pjöngjang, Nordkorea, 2014.

Rechts: Trolleybus in Malatya, Ostanatolien, 2017.

Zweifel an der umweltverträglichen Öko-Gesamtbilanz

Auf der Überholspur oder in der Sackgasse?

»Es deutet alles darauf hin, dass bis 2020 eine Million Elektrofahrzeuge auf unseren Straßen im Einsatz sind. Bis 2030 könnten es sogar sechs Millionen sein.«

Dr. Angela Merkel, Bundeskanzlerin, auf der Konferenz *Elektromobilität bewegt weltweit* am 27. Mai 2013 in Berlin

»Um das Klimaziel 2030 im Verkehrssektor zu erreichen, müssten sieben bis zehn Millionen E-Autos auf die Straße gebracht werden.«

Stefan Kapferer, Geschäftsführer des BDEW auf elektrive.net, am 8. April 2019

Wer sich mit Automobilgeschichte beschäftigt, darf auch eine Bewertung wagen, wie sich die Technik von heute auf die Mobilität der nächsten Generationen auswirken wird. Rund 150 Jahre nach Erfindung des Automobils gibt die Politik Rahmenbedingungen vor, die es wert sind, hinterfragt zu werden – denn es geht bei der Durchsetzung neuer Mobilitätskonzepte schließlich um die Gestaltung unserer Zukunft.

Am 16. Mai 2011 übergab die »Nationale Plattform Elektromobilität« der Bundeskanzlerin Dr. Angela Merkel ihren zweiten Bericht. Sie traf sich daraufhin mit Vertretern aus Wissenschaft, Industrie und Politik, um über weitere Schritte auf dem großen Marsch zur Abkehr vom Verbrennungsmotor im Personenwagen zu diskutieren. Ziel der Bundesregierung sei es, so sagte sie, »dass bis 2020 eine Million Elektrofahrzeuge auf unseren Straßen im Einsatz sind«. Bis 2030 könnten es »sogar sechs Millionen Fahrzeuge« werden. Sechs Millionen Elektroautos bis 2030: Angela Merkel schien an diesem ambitionierten Ziel festzuhalten. »Das ist machbar«, sagte sie auf der Konferenz »Elektromobilität bewegt weltweit«, die auf Einladung der Bundesregierung am 27. Mai 2013 stattfand.

Johannes Hübner, Verkehrshistoriker und langjähriger Pressechef des AvD, wies im Frühjahr 2017 darauf hin, dass die Produktion des E-Mobils keineswegs umweltfreundlicher als die eines Wagens mit Verbrennungsmotor sei, »seine nachhaltige Entsorgung erst recht nicht, auch kann man die Physik nicht überlisten. Und mit der Physik müssen wir nun mal leben.« Hübner rechnete vor: »Will man ein Auto mit noch nicht vollends leerer 50-Ah-Batterie in nur einer Stunde schnell-laden, müssen mindestens 40 Amperestunden bereitgestellt werden. Das bedeutet 40.000 Watt in einer Stunde, 20.000 Watt bei einer 2-h-Ladung, 10.000 Watt bei einer 4-h-Ladung und immer noch 5000 Watt bei einer 8-h-Ladung. Frage: woher kommt der Ladestrom? Wie und durch wen wird er erzeugt?«

Drei E-Personenwagen am Ladestrom eines Mehrfamilienhauses machen einen 380 V-Drehstromanschluss mit entsprechender Kapazität notwendig – die deutschen Energieversorger rechnen mit einer Nachrüstung von einem Drittel aller Haushalte. »Dazu werden ebenfalls enorm viel Energie und große Ressourcen benötigt. Doch warum zu Hause laden? Man füllt doch auch keine Getränkeflasche nach! Warum nicht einfach Tauschakkus von der Stromtankstelle? Weil die Infrastruktur dazu fehlt und ihr Aufbau auch nirgendwo geplant wird.«

Tatsache ist, dass die deutsche Autoindustrie die einzig vernünftige Batterie-Ladestation-Idee »Better Place« boykottiert hat, um ihre individuellen Lösungen zu platzieren. Fazit: eine Fülle unterschiedlicher Ladestationen an beliebigen Plätzen, die, wenn man mal aufs Laden angewiesen ist, vermutlich immer grad besetzt sind. »Better Place«, ein vom Software-Wissenschaftler und SAP-Mitgründer Shai Agassi geplanter Verbund der französischen und asiatischen Hersteller, ging davon aus, dass an den Tankstellen sogenannte »Stacks« stehen, an die man andockt, seine leeren Akkus automatisch herausziehen und durch geladene tauschen lässt, was nicht länger dauern würde als jeder Tankvorgang auch. Wenn wir ein Getränk kaufen, bringen wir doch auch nicht unsere Flasche zum Nachfüllen. »Better Place« wäre logisch und richtig. Nur Israel und Dänemark waren bereit, einen Start zu wagen. Partner Renault-Nissan sprang wieder ab. Eine brillante Idee wurde gekippt.

Strom laden könnte so teuer werden wie Sprit tanken

Hübner: »Zum Strompreis traut sich auch niemand die Wahrheit zu sagen. Die von der EU vorgeschriebenen so genannten Smart-Meter sollen künftig die herkömmlichen Stromzähler ersetzen. Seit etwa 2009 befindet sich in jedem Elektrogerät ein Chip mit IP-Adresse, die meldet, in welchem Gerät mit welcher Wattzahl er sitzt. Ab etwa 2020 soll dann jeder individuelle Verbrauch gemessen und zu Umwelttarifen abgerechnet werden. Dabei ist vorgesehen, Ladestrom für E-Autos analog zum Benzinpreis bereitzustellen. Das heißt, spätestens 2025 ist ein E-Auto laden genauso teuer wie Benzintanken. Darüber hüllt sich die Regierung in Schweigen, weil angesichts einer solchen Perspektive fast niemand mehr ein E-Auto kaufen würde. Doch der Finanzminister muss die Anpassung des Ladestroms an die jeweils gültigen Kraftstoffpreise nun einmal durchsetzen, weil ihm sonst Steuereinnahmen aus der Mineralölsteuer verloren gehen würden.«

In der Tat: Wenn eine Million Autos jährlich je 10.000 Kilometer fahren und im Mittel 7 Liter Benzin brauchen, werden pro Auto 700 Liter, das heißt für eine Million Fahrzeuge 700 Millionen Liter Kraftstoff verbraucht. An denen hat der Finanzminister bei einem Preis von 1,20 Euro/Liter rund 630 Millionen Euro Steuereinnahmen. Hübner: »Wenn die Tankfüllung (also Ladung) eines E-Autos weiterhin 2,50 Euro kosten und jedes E-Auto für die 10.000 km etwa 75-mal für diese 2,50 Euro geladen würde, ergibt das einen Umsatz von rund 188 Millionen, von denen etwa 90 Millionen als Steuern ans Finanzamt gingen. Jährlich also nur 90 statt 630 Millionen, wenn die 2013 geäußerte Vision der Bundeskanzlerin von einer Million E-Fahrzeugen bis 2026 Wirklichkeit werden sollte. Diesen Ausfall kann kein Finanzminister akzeptieren.

Verständlicherweise verkompliziert der deutsche Finanzminister deshalb die Förderung des E-Mobil-Kaufs mit einer staatlichen Prämie von 5000 Euro, denn eine Million solcher Autos würden den Steuerzahler 5 Milliarden kosten. Eine der wichtigsten Steuer-Einnahmequellen, das Auto, würde also nur noch zu einem Bruchteil zum Staatshaushalt beitragen, während es derzeit rund 50 Milliarden Euro jährlich sind.«

Die Zahlen bezogen sich auf das Jahr 2016.

Hübner weiter: »Sobald der Ladestrom ebenso viel wie der herkömmliche Kraftstoff kosten wird, sind alle Anreize, sich das teure Elektroauto zu kaufen, erloschen. Hinzu kommt, dass es keine verlässlichen Aussagen zur Lebensdauer der Batterien gibt. Experten weisen darauf hin, dass spätestens nach 10 Jahren ein neuer Satz Akkus fällig ist, dessen Preis den Wert des restlichen Fahrzeuges übertreffen wird und den Gebrauchtwagenkäufer noch mit den Entsorgungskosten belastet. Bis jetzt kann man den Zustand gebrauchter Batterien auch nicht zuverlässig testen».

Und: »E-Autos benötigen etwa doppelt so viel Energie zu ihrer Herstellung und in der Entsorgung als vergleichbare Personenwagen mit Verbrennungsmotor«.

Nach Hübners Einschätzung »nützt die Augenwischerei nichts: Das Elektroauto ist physikalisch, energetisch, ökologisch, wirtschaftlich und technisch nicht in der Lage, etwas Sinnvolles zum Klimawandel beizutragen. Der Verbrennungsmotor kann jedoch binnen kurzem noch weiter dahingehend entwickelt werden, dass Feinstaub-, Emissions- und CO_2-Problemen Rechnung getragen wird. Auch bei großen Motoren und Antriebsmaschinen im obersten Leistungsbereich. Dahingehende Forderungen sind nur noch nicht ernsthaft genug erhoben worden.

In Bezug auf den Individualverkehr liegt der Schlüssel zur Umweltfreundlichkeit derzeit bei einem Kompromiss, nämlich im Hybrid-Fahrzeug nach Art der Toyota Prius und anderer, denn sie gehen mit Energie so wirtschaftlich um, dass man maximal 4 Liter pro 100 km verbraucht oder sogar mit 2 bis 3 Liter auskommt. Das ärgert den Finanzminister zwar auch, bietet aber physikalisch, energetisch, ökologisch, wirtschaftlich und technisch die Vorteile, die dem reinen E-Auto fehlen, ganz gleich, welche Batterie kommen wird.

E-Autos, wie der technisch durchaus überzeugende Tesla S, werden ihren Markt haben – mit Menschen, denen es nicht so wichtig ist, ob die E-Lösung deutlich mehr kostet als vergleichbare Benziner. Elektroautos sind eine Bereicherung, so wie der pfiffige Renault Twizy oder der Mitsubishi Mi-EV, aber eben keine Lösung, die der Umwelt messbar helfen wird. Deshalb berechtigen diese Konzepte weder zur Schaffung von Sonderparkplätzen in den Städten, noch zu Ladesäulen an jeder beliebigen Ecke. Autos mit Verbrennungsmotor gegen E-Autos einfach zu tauschen ist nicht machbar und wäre auch sinnlos. Aber politisch als Mainstream-Thema angesagt. Deshalb ist es Ziel der Politik, den verwöhnten Kunden der Individualgesellschaft die Lust am Komfortauto mit mehr als 100 kW und sinnlosem Schnickschnack zu nehmen – und weil das derzeitige Käuferverhalten danach nicht aussieht, wird die Politik es deshalb wohl erzwingen.

Doch warum eigentlich? Wenn es stimmt, dass der Straßenverkehr weltweit und in Europa insgesamt 20 Prozent der Emissionsbilanz ausmacht und sich dieser Prozentsatz in 12 Prozent Güterverkehr und 8 Prozent Pkw-Verkehr aufteilt, würde der komplette Stillstand des Pkw-Verkehrs theoretisch regional eine Verringerung der Schadstoffe um 8 Prozent bewirken. Doch diese Schadstoffe verstecken sich in der Zusammensetzung der Atmosphäre in dem 1 Prozent der sogenannten Restgase, die bei einer unbestrittenen Luftzusammensetzung aus 77 Prozent Sauerstoff und 22 Prozent Stickstoff übrig bleiben. 8 Prozent in einem Prozent Restgase sind 0,08 Prozent Anteil an Emissionen, die sich theoretisch aus der gesamten Verbannung des Verbrennungsmotors aus dem Pkw-Verkehr ergeben könnten. Und käme man auf die Idee, das Kind mit dem Bade ausschütten zu wollen und die Einstellung aller Formen gegenwärtig praktizierter Logistik durchzusetzen, würden sich die Menschen mit anderen, durch gespeicherte Energie mobilisierten Verkehrsmitteln bewegen wollen und müssen. Wodurch neue Umweltbelastungen entstehen, deren Dimensionen niemand voraussagen kann. Wobei davon auszugehen ist, dass die Transportleistung an Gütern, jetzt schon bei 85 Prozent auf der Straße, seit Jahrzehnten kontinuierlich zunimmt – errechnete, theoretische Vorteile werden von der Praxis aufgehoben.

Mit entscheidend für einen flächendeckenden Durchbruch des Elektrofahrzeugs ist die uneingeschränkte Verfügbarkeit von Ladestationen außerhalb der eigenen Garage.

Wir werden von der Zukunft lernen, ob und wie der Mensch auf das Klima einwirken kann. Doch selbst wenn sein Einfluss größer sein sollte, als die größten Pessimisten heute annehmen, wird das Elektroauto keine Reduzierung dieses Einflusses bewirken – man hat zu spät erkannt und will es nur nicht zugeben, dass man 130 Jahre nach Erfindung des Automobils mit dem Versuch, einen Energie-Umstieg zu erzwingen, in eine Sackgasse eingebogen ist.

Elektro-Personenwagen als Beitrag zu praktizierbarem Umweltschutz, zum Stopp des Klimawandels sind also eine Illusion. Ebenso illusionär wäre es zu fordern, dass der gesamte Straßen-Güterverkehr sich vom Diesel abkehren und innerhalb absehbarer Zeit elektrisch vonstatten gehen sollte. Von einer Änderung des Wohlstands-Tourismus' ganz zu schweigen, etwa dem maritimen. Die gigantischen Kreuzfahrtschiffe, vertikalen Wolkenkratzern gleich, gehören zu den mächtigsten Dreckschleudern (und Plastikmüllerzeugern) dieser Welt... Nur der Betrieb von Großflugzeugen ist in Bezug auf die Umweltbelastung noch schlimmer. Die massenhafte Fern-Touristik gleich welcher Art verursacht mehr Umweltschäden als der terrestrische Individualverkehr.«

»Wer sich in einem modernen Industriestaat an der Verteufelung des Autos beteiligt, muss sich entweder volkswirtschaftlichen Ignorantentums oder peinlicher Mätzchen zeihen lassen.«

Dr. Franz-Josef Strauß, Bayerischer Ministerpräsident, in einem Interview, 1975

Sind fünfzig neue Kraftwerke erforderlich?

Wie viele andere Wissenschaftler und Experten teilt auch der deutsche Solar-Ingenieur Wolfgang Seemann die von Johannes Hübner artikulierten Bedenken. Er führte am 12. Juli 2008 auf einer Internet-Plattform aus: »Unsere Strominfrastruktur kann gegenwärtig etwa eine Million Elektrofahrzeuge verkraften. Allerdings nur, wenn kein Atomkraftwerk abgeschaltet wird und zusätzlich neue Kraftwerke gebaut werden ... Würden innerhalb der nächsten 20 Jahre alle Personenwagen auf Elektroantrieb umgestellt, bräuchten wir zwischen 40 und 50 neue Kraftwerke mit jeweils 1300 Megawatt Leistung. Die Genehmigung für ein neues Kraftwerk, egal ob Kohle, Gas, Öl oder Atom, dauert etwa zehn Jahre und deren Bau weitere zehn Jahre. Ich habe noch nichts davon gehört, dass Genehmigungsverfahren in diesem Umfang beantragt worden sind oder kurz bevorstehen. Der Vollständigkeit halber will ich hinzufügen, dass die Genehmigung für weitere Atomkraftwerke bei uns wohl auch in den nächsten 100 Jahren nicht erteilt werden wird. Das Gleiche gilt für Kohlekraftwerke. Gas und Öl sind sowieso zu teuer. Es können zur Zeit zwar schon zehn Hersteller jeweils bis zu 100.000 Elektrofahrzeuge jährlich bauen, das ist kein Problem, aber insgesamt ist das Elektroauto nicht die Lösung.«
Elektromobilität dürfte weiter an Bedeutung gewinnen, doch mit unterschiedlichen Auswirkungen.

Smog in London, 1952. Verursacher der in jenen Jahren permanenten Luftvergiftung waren allerdings nicht allein der immense Kraftfahrzeugverkehr, sondern die zahlreichen Industriebetriebe und Kohlekraftwerke sowie die Passion der Briten für offene Kaminfeuer in Einfamilienhäusern. Erst vier Jahre später trat ein Gesetz in Kraft, das in London Kaminbefeuerung verbot.

Wenige Gewinner – dafür aber viele Verlierer

Elektromobilität ist nicht allein aus ökologischen Gründen vielerorts politisch gewollt, obwohl die Umweltbilanz eines Elektro- oder Hybridautos 2018 schlechter ausfiel als die eines Autos mit Verbrennungsmotor. Doch nicht die gern angeführten ökologischen, sondern vor allem ökonomische Aspekte werden den Ausschlag für das Tempo geben – und nur wirtschaftliche Parameter werden bestimmen, wer am Ende zu den Gewinnern und wer zu den Verlierern zählt. Mit oder ohne Elektroauto steht einer der mutmaßlichen Verlierer sowieso schon fest (und das eigentlich seit Beginn der ersten Industriellen Revolution): Das, was wir mit dem Sammelbegriff »Umwelt« bezeichnen, also die Lebensqualität nachfolgender Generationen.
So genannte »Marktteilnehmer« und Analytiker gehen davon aus, dass alternative Antriebe den klassischen Verbrennungsmotor über kurz oder lang ablösen oder zumindest hochgradig ergänzen werden. Sollte das Konzept der Elektromobilität sich letzten Endes durchsetzen, so wird spekuliert, dass elektrisch betriebene Fahrzeuge bis 2030 bereits rund 30 Prozent des globalen Automarktes ausmachen könnten. Bundeskanzlerin Merkel vertrat bereits 2011 eine ähnliche Vision – deren Zeitrahmen erwies sich allerdings als zu kurz geschätzt.
Eine 2018 im Auftrag der Deutschen Bank erstellte Studie kam zu dem Schluss, dass eine solche Entwicklung tief greifende Umwälzungen in vielen Wirtschaftsbereichen zur Folge haben könnte – von denen nicht alle Sektoren gleichermaßen profitieren dürften. Sie formulieren alles im Konjunktiv, um sich später bei Bedarf korrigieren zu können... Wer also wird sich auf der Seite der Verlierer befinden, wer gehört zu den Gewinnern?

Herausforderung für die Energiebranche

Für Teile der Energiebranche könnte der Trend zum elektrischen Antrieb lukrativ werden, denn eine signifikante Abkehr vom Verbrennungsmotor lässt die Nachfrage nach Benzin bzw. Dieselkraftstoff und damit die Preise für Rohöl sinken – sofern die politischen Kräfteverschiebungen vom Frühjahr 2022 nicht gänzlich neue Langzeit-Konstellationen schaffen,
Klassische Nur-Autohersteller, die nach wie vor ihre Gewinne mit Verbrennungsmotor-Fahrzeugen generieren, dürften eher zu den Verlierern des Elektrobooms gehören, sofern sie nicht imstande sind, hohe Milliardenbeträge zu investieren (die sie gegenwärtig zu einem großen Teil unter ihre Vorstände und Aktionäre zu verteilen bevorzugen). Denn um langfristig wettbewerbsfähig zu bleiben, müssten sie zumindest einen Teil ihrer Produktionsanlagen und -infrastrukturen auf die Herstellung von Elektrofahrzeugen umstellen, deren Produktion sich deutlich vom Bau eines herkömmlichen Fahrzeugs unterscheidet. Im sogenannten After-Sales-Geschäft, also bei Reparaturen oder beim Verkauf von Ersatzteilen, könnten den Autobauern ebenfalls Erlöse wegbrechen. Anders als Autos mit Verbrennungsmotor verfügen Elektrofahrzeuge über wesentlich weniger bewegliche Teile im Antriebsstrang. Insgesamt gehen Experten davon aus, dass die Wartungskosten eines »Stromers« rund 35 Prozent unter denen ihrer kraftstoffbetriebenen Pendants liegen. Ein Ausfall, den die Industrie durch Aufnahme neuer Geschäftsfelder zu kompensieren bemüht sein dürfte. Die größte Herausforderung aber stellt die Entwicklung der Akkumulatoren dar, dem Herzstück eines jeden Elektrofahrzeugs. Das Thema der Energiespeicherung

Akkuherstellung für Hybridfahrzeuge bei Nissan in Japan. In Zusammenarbeit mit der Firma NEC hat man einen neuen Lithium-Ionen-Akku entwickelt, der die doppelte Menge an Energie speichern kann.

Unten: Wenn mit einem Elektrofahrzeug ein folgenschwerer Unfall geschieht wie hier mit einem in Brand geratenen Tesla in der Schweiz 2018, gibt es heftige Diskussionen um den Mangel an Sicherheit bei E-Fahrzeugen.

sei noch immer nicht zufriedenstellend gelöst, haben auch die Verfasser der Deutsche-Bank-Studie erkannt. Erst wenn hier elementare Fortschritte gemacht werden, dürften die großen deutschen Hersteller bereit sein, auch in diese Produktion zu investieren. Derzeit werde in Deutschland zwar an effizienteren Akkus geforscht, die Produktion finde aber überwiegend in China und Südkorea statt. »Insgesamt droht Deutschland ein entscheidender Teil der Wertschöpfungskette verloren zu gehen – was im Umkehrschluss auch den Verlust von Arbeitsplätzen und Sozialprodukt bedeuten könnte.«

Halbleiterindustrie und Versorger dürften profitieren

Zu den wenigen europäischen Profiteuren des Trends Elektromobilität dürften hingegen Maschinen- und Anlagenbauer gehören, welche die Autobauer mit entsprechender Produktionsinfrastruktur versorgen. Ebenfalls zu den Gewinnern wird die von regionalpolitischen Monopolen geprägte Versorgerbranche (wie E-ON oder RWE) zählen. Denn mit der Verbreitung von Elektrofahrzeugen dürfte der Bedarf an Strom und damit verbundener Infrastruktur wie Netzen und Ladestationen gewaltig zunehmen. Zunehmende Nachfrage lässt Preise steigen: Die bei Stromversorgern angedockten Kapitalanleger dürften mittelfristig von einem interessanten Shareholder Value profitieren.
Da gleichbedeutend mit der Stromversorgung die Notwendigkeit der Stromspeicherung einen weiteren und ebenso wichtigen Wachstumsfaktor darstellt, gehören zu den Gewinnern zunehmender E-Mobilität auch die Investoren in bestimmte Rohstoffe. Nämlich solche, die für die Herstellung von Elektroaggregaten und Akkumulatoren benötigt werden, zum Beispiel Nickel oder Kupfer. Das dürfte schon sehr bald ein neues »Nachfrage- und damit Preispotenzial« bedeuten, wie die Deutsche Bank vorsichtig formuliert. Man könnte auch sagen: Durch oktroyierte Elektromobilität werden nicht nur privates und beruflich bedingtes Autofahren, sondern auch mobil erfolgende Dienstleistungen (Handwerk, Post, kommunale Versorgung), Transportlogistik und nicht zuletzt die urbane Personenbeförderung in ÖPNV-Systemen kontinuierlich teurer.

»Autos mit Benzin- oder Dieselmotor werden in naher Zukunft hoffentlich in keiner Stadt mehr fahren, auch nicht in Berlin!«

Regine Günther, Verkehrssenatorin von Berlin, im März 2019 in der *BZ*

»Bevor die Senatorin über Fahrverbote für 99 Prozent aller Autos in Berlin nachdenkt, sollte die Stadt ihren ÖPNV so ausbauen, dass er den heutigen Bedarf bedienen kann.«

Bernhard Mattes, VDA-Präsident

»Ich bin davon überzeugt, dass Brennstoffzellen die mehr als 100-jährige Dominanz des heutigen Verbrennungsmotors ablösen können.«

William Clay Ford, Jr., Vorsitzender und Generaldirektor der Ford Motor Company, 2008

»Per saldo werden 76.000 bis 109.000 Arbeitsplätze allein in Deutschland wegfallen, bereits eingerechnet jene 25.000 Stellen, die durch die Herstellung neuer Komponenten in der Batterie- oder Leitungstechnik entstehen werden.«

ELAB-Studie, Juni 2018

Der Internationale Kupferverband (ICA, International Copper Association) geht von der Tatsache aus, dass für den Bau eines Elektro-Hybridfahrzeugs rund 40 bis 60 Kilogramm Kupfer notwendig sind – während es bei einem Auto mit Verbrennungsmotor rund 23 Kilogramm sind. Die zunehmende Nachfrage nach dem Roten Metall wird für immer neue Börsenhöchstnotierungen sorgen.
Kupfer ist eines der ersten vom Menschen entdeckten Metalle. Wegen seiner leichten Bearbeitung wird es zu verschiedenen Zwecken verwendet. 2016 wurde in Deutschland mehr als eine Million Tonnen zu Leitmaterial und Halbzeug verarbeitet. Die größte Menge an Kupfer wird in Chile gefördert, rund 5,3 Millionen Tonnen waren es 2016. Die weltweite Nachfrage nach Kupfer betrug in jenem Jahr 24 Millionen Tonnen – 2011 waren es 19,7 Millionen gewesen.
Positiv in den Bilanzen könnte sich zunehmende Elektromobilität auf die Autozulieferer aus der Halbleiterindustrie auswirken. Da in einem durchschnittlichen Elektroauto doppelt bis dreimal so viele Chips verbaut werden wie in einem traditionellen Auto, prognostiziert die Deutsche Bank – und nicht nur sie – hier überdurchschnittliches Wachstumspotenzial bei entsprechend aufgestellten Elektronik-Unternehmen.

Akku-Technologie: Betrachtungen zum Umweltschutz und zur Sicherheit

Probleme entstehen, wenn das Elektroauto einmal ausgedient hat. Wie *The Guardian online* im Februar 2018 berichtete, werden in der EU nur etwa fünf Prozent der Lithium-Ionen-Akkus recycelt. »Selbst hoch entwickelte Recycling-Verfahren haben bislang vor allem Schwierigkeiten damit, reines Lithium wieder zu gewinnen... weltweit sind etwa zwei Millionen Elektroautos unterwegs, Tendenz steigend. Jedes dieser Autos fährt einen mehrere hundert Kilogramm schweren Akku mit sich herum«.
Zwar seien die Akkumulatoren relativ langlebig; der Akku eines Elektroautos sollte nach acht Jahren noch 80 Prozent seiner Leistungsfähigkeit aufweisen. »Früher oder später müssen die Akkus jedoch entsorgt werden. Wertvolle Rohstoffe gehen dabei verloren«. *The Guardian* bezeichnete die Frage nach der Entsorgung der Akkus sogar als Kernfrage der Elektroauto-Bewegung.
Eine 2016 durchgeführte Untersuchung im Auftrag der Staatlichen Schwedischen Energieagentur ergab, dass bei der Produktion eines Akkus pro speicherbarer Kilowattstunde zwischen 150 und 200 Kilogramm CO_2 oder ein Äquivalent anderer Treibhausgase entsteht. Die Schweden rechneten aus, dass ein Fahrzeug mit einem herkömmlichen Verbrennungsmotor acht Jahre gefahren werden kann, bevor es die Umwelt so stark belastet habe wie die Akkuproduktion für ein einziges Tesla Model S, »wobei der Stromverbrauch beim Fahren gar nicht berücksichtigt ist«. Bei einem kleineren E-Fahrzeug wie dem Nissan Leaf wären es noch etwa drei Jahre. Deshalb forderten die Forscher, dass Hersteller und Verbraucher mit kleineren Akkus auskommen müssten – »ein starker Gegensatz zur Jagd nach immer größerer Reichweite,« die nur mit größeren Akkus erkauft werde. In einer gemeinsam durchgeführten und 2012 veröffentlichten Untersuchung über »Die Batterie als Schlüsseltechnologie für die Elektromobilität der Zukunft« haben Peter Kleine-Möllhoff, Holger Benad, Frank Beilard, Mohammed Esmail und Martina Knöll von der ESB Business School (Universität Reutlingen) ebenfalls die Batterie-Problematik als eine der größten Herausforderungen in naher Zukunft analysiert: »Kritisch zu sehen ist der Bedarf an Kobalt für die Herstellung der Batterietechnologie.« Sie haben errechnet, dass der Bedarf an Kobalt für die Herstellung von einer Million Lithium-Ionen-Batterien die heutige Jahresproduktion um 17 Prozent überschreiten dürfte. Und: »Die hohe Energiedichte von Lithium-Ionen-Batterien birgt nicht nur Vorteile. Je mehr Energie auf engstem Raum gespeichert wird, desto höher ist auch die Gefahr, dass diese unkontrolliert und unter Umständen auch schnell freigesetzt wird... Der mobile Einsatz von Lithium-Ionen-Technik ist daher mit einer Reihe sicherheitskritischer Aspekte verbunden«.
Eine nicht zu unterschätzende Gefahr gehe von einer möglichen thermischen Belastung des Batteriesystems aus. »Lithium-Ionen-Batterien reagieren äußerst empfindlich, wenn sie nicht innerhalb des definierten Temperaturfensters betrieben werden (empfohlen: 0 °C bis 65 °C) ... Sinkt die Temperatur zu weit in den Minusbereich, leidet darunter die Leistungsfähigkeit, da der Elektrolyt nicht mehr optimal leitet. Auch Tiefentladungen sollten wegen auftretender Korrosion vermieden werden.« Lithium-Ionen-Batterien bestehen zum Großteil aus brennbaren und leicht entzündbaren Materialien. Die thermische Energiemenge aller Komponenten entspricht ungefähr dem Zehnfachen der gespeicherten elektrischen Energie. »Demzufolge sind Beschädigungen aufgrund einer Überhitzung ab 100 °C kritisch zu betrachten. Diese kann durch externe Wärmezufuhr wie beispielsweise Feuer sowie auch intern durch Überschreiten der zulässigen Zellspannung (> 4,2 V) und Überentladung der Zelle verursacht werden. Auch ein Kurzschluss in Folge eines Zellfehlers bei der Fertigung oder einem Crash kann die Zelltemperatur erhöhen. Im günstigsten Fall kommt es lediglich zu einem Defekt der Zelle. Im ungünstigsten Fall führt die Wärmeeinwirkung zur Selbsterwärmung der Zellen.«

Unfallgefahren durch überhitzte Akkus

Als Thermal Runaway bezeichnet man den Prozess eines unkontrollierten Temperaturanstiegs bei einer exothermen chemischen Reaktion innerhalb der Zelle. Das Team Kleine-Möllhoff-Benad-Beilard-Esmail-Knöll führt aus: »Dabei reagiert das Graphit mit dem hochreaktiven Lithium, was in der Folge weitere Komponenten erhitzen und eine zerstörerische Kettenreaktion auslösen kann. Schmilzt der Separator, kann dies einen inneren Kurzschluss zur Folge haben. Durch die Temperaturerhöhung besteht einerseits die Gefahr eines Batteriebrands sowie einer Explosion aufgrund eines entstehenden Überdrucks innerhalb der Zelle.«
Dass bezüglich der Sicherheitsvorkehrungen noch erheblicher Forschungs- und Entwicklungsbedarf bestehen, zeigten im Dezember 2011 Negativschlagzeilen über einen durchgeführten Crashtest durch die NHTSA mit einer sehr guten Bewertung bezüglich der Sicherheit. Drei Wochen später fing das im Depot abgestellte Autowrack jedoch plötzlich Feuer. Die Ermittler fanden heraus, dass der durch den Seitenaufprall beschädigte Lithium-Ionen-Akkupack infolge fehlender Kühlung sich allmählich überhitzt hatte.

Aufgrund des Vorfalls verzögerte sich die für November 2011 geplante Markteinführung des baugleichen Elektroautos Ampera von Opel in den Januar 2012.«
Seitem wurde in der Presse über weitere Unfälle mit Elektrofahrzeugen berichtet, bei denen es zu Bränden infolge überhitzter Batterien gekommen war – oder gekommen sein soll. So schrieb Sebastian Viehmann im Mai 2018 im Nachrichtenmagazin *FOCUS* über einen weiteren E-Autocrash in der Schweiz: »Dass Benzinfahrzeuge nach Unfällen in Brand geraten können, ist bekannt. Bei Elektroautos geht das allerdings auch – im schlimmsten Fall sehr schnell.«
Der tödliche Unfall eines deutschen Tesla-Fahrers hat erneut Fragen über die Sicherheit von Elektroautos aufgeworfen, denn es war der zweite tödliche Feuer-Crash innerhalb weniger Tage. Brände von Benzinfahrzeugen passieren nahezu täglich, doch dort hat man reichlich Erfahrung. Bei Bränden von E-Autos betritt nicht nur die Feuerwehr Neuland, sondern auch die Unfallforschung. Die Feuerwehr hatte beim Vorfall in der Schweiz in einer ersten Nachricht bei Facebook gepostet, es habe sich womöglich ebenfalls um einen Thermal Runaway gehandelt, ein Durchgehen der Batteriezellen des Tesla Model S. Ein Polizeisprecher hatte gegenüber *dpa* allerdings geäußert, dass im konkreten Fall (noch) nichts darauf hindeute, dass der Akku die Ursache für den Brand gewesen sei.

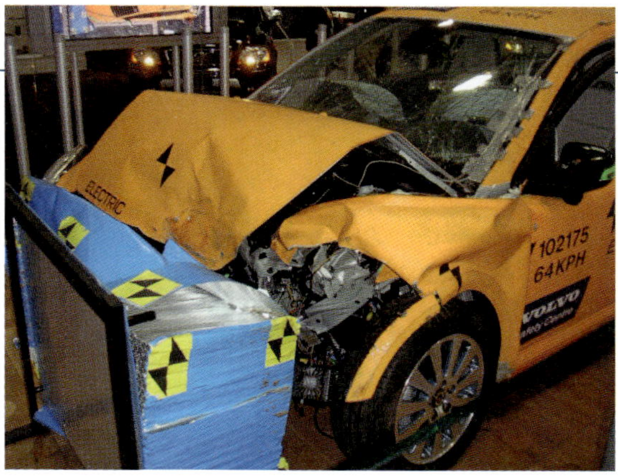

2011 an einem elektrifizierten Volvo C30 durchgeführter Crashtest.

Bei Unfällen mit Elektroautos gelten für die Feuerwehr besondere Verhaltensregeln. Vor dem Einschreiten muss der Fahrzeugtyp identifiziert werden.

»In ökologischer Sicht rollende Atomkraftwerke im Miniaturformat«

1900: In einem vom Elektrowagenhersteller Andrew L. Riker in Brooklyn, New York, selbst gestalteten Inserat heißt es: »Riker Elektrofahrzeuge sind der letzte Schritt auf dem Wege zur Perfektion des Automobils. Es gibt keine Vibrationen mehr, denn Antrieb und Wagenkörper sind voneinander getrennt. Geschwindigkeit und Lenkung lassen sich vollkommen beherrschen. Erreicht wurde hohe Langlebigkeit bei geringsten Unterhaltkosten. Für jeden Bedarf, ob zum Vergnügen oder fürs Geschäft, sind beim Riker Elektrowagen Nutzen und Schönheit vereint. Das perfekte Automobil!«

1988: Der renommierte Automobilbuch-Autor Werner Oswald gehörte zu jenen, die der Elektromobilität zeitlebens kritisch gegenüberstanden. 1988 schrieb er in seiner Nutzfahrzeug-Enzyklopädie: »... es wird versucht, die erhofften oder tatsächlichen Vorzüge des Elektro-Automobils immer dann zu akzentuieren, wenn das Benzin knapp wird ... und die Luftverschmutzung wird durch den Einsatz von Elektro-Automobilen ja auch nicht beseitigt, sondern nur verlagert, Abgase und Gestank entstehen nicht mehr am Fahrzeug, sondern beim E-Werk«.

2008: Mercedes-Forschungs-Vorstand Thomas Weber: »Der Markt ist für das Elektroauto einfach noch nicht reif«. Das schwächste Glied in der Kette sei keineswegs die Batterie, sondern die Elektronik-Peripherie, konstatierte der *SPIEGEL*-Fachautor Jürgen Pander im Dezember 2008. Die Batterie gelte als die größte Schwachstelle in der Elektroautoentwicklung. Doch das sei nur vorgeschoben, behauptete sein Kontrahent Christian Voy. Der promovierte Kraftfahrzeugingenieur leitete die Fahrzeugforschung bei VW: »Die Batterie ist nur der plakative Buhmann«. Mitte der 1990er Jahre sei die deutsche Industrie bei der Stromspeicherung im Auto führend gewesen, sagte Voy. Nach dem Rügen-Test änderte sich das: »Das kommerzielle Interesse am Elektroauto ließ schlagartig nach, die Hersteller stürzten sich auf sportliche Fahrzeuge – und die Kunden kauften sie ... In aller Stille wickelten Mercedes und Volkswagen 1995 das stark in die Batterietechnik involvierte Gemeinschaftsunternehmen Deutsche Automobilgesellschaft ab ... aber ein reines Elektroauto kann aus meiner Sicht die Benzin- und Dieselfahrzeuge nicht flächendeckend ersetzen«.

2018: Markus Schön, Gastautor des *Manager Magazins*, schloss sich genau 30 Jahre später Werner Oswalds Meinung an und schrieb im Mai 2018: »Die Fokussierung auf Elektromobilität ist ein politischer Irrweg, der Innovationen verhindert und zu einem Risiko für die Zukunftsfähigkeit der für Deutschland so wesentlichen Automobilindustrie werden kann. Wenn man jetzt nicht zügig reagiert, wird die deutsche Volkswirtschaft sowohl politisch als auch wirtschaftlich Gefahren ausgesetzt, deren langfristige negative Auswirkungen jetzt noch gar nicht abzuschätzen sind ... Elektrofahrzeuge sind aus ökologischer Sicht rollende Atomkraftwerke im Miniaturformat. Sie verbrauchen während ihres Produktionsprozesses so viel mehr Energie, dass man damit mit einem konventionellen Fahrzeug 30.000 bis 40.000 Kilometer fahren könnte. Zudem ist der Abbau der für die hochgiftigen Batterien benötigten Rohstoffe extrem umweltschädlich, und das Problem der Entsorgung der begrenzt haltbaren und ökologisch extrem nachteiligen Batterien ist wie beim Atommüll völlig ungelöst«.

Wasser predigen, Wein trinken ...

... allein mir fehlt der Glaube

»Dass die Wagenflotten der Regierungsbehörden, der Sicherheitskräfte und der Polizei in absehbarer Zeit elektrisch fahren werden, ist so gut wie undenkbar. Noch sind alle Voraussetzungen dafür völlig unzureichend.«

Deutsches Greenpeace-Büro, Januar 2022

Zahlreiche Bundesbürger sowie viele auf praktizierten und nicht nur gepredigten Umweltschutz bedachte Kommunalbehörden machen E-Mobilität zu ihrem Anliegen und sind bereit, in diese Politik zu investieren. Sie haben es nicht leicht, ihre Position zu verteidigen, zumal die Bundesregierung nur halbherzig bei der von ihr so überzeugend vorgetragenen Sache zu sein scheint.

Die Bundesregierung hatte sich 2011 zum Ziel gesetzt, mit Hilfe eines Umweltbonus den Absatz neuer Elektrofahrzeuge zu fördern; dadurch sollte eine möglichst rasche Verbreitung elektrisch betriebener Fahrzeuge im Markt unterstützt werden. Die Bundeskanzlerin war optimistisch: Sie verkündete, dass bis 2020 auf Deutschlands Straßen eine Million E-Autos rollen würden. »Das ist machbar«, behauptete sie auf der Konferenz *Elektromobilität bewegt weltweit*, die auf Einladung der Bundesregierung am 27. Mai 2013 stattfand. Die Botschaft hör' ich wohl, ließ Goethe einst Dr. Faust sprechen ... Doch nach etlichen Experten, auf deren Prognosen sie sich bezogen hatte, verabschiedete sich 2017 auch die Bundesregierung von dieser Prophezeiung. »So, wie es im Moment aussieht, werden wir dieses Ziel nicht erreichen«, sagte die CDU-Vorsitzende Dr. Angela Merkel bei einer Veranstaltung der Unions-Bundestagsfraktion Anfang Mai 2017 in Berlin. Die Bundes- und auch die Landesbehörden gingen in Sachen Elektromobilität mit gutem Beispiel leider nicht gerade voran, wie Manuel Mohr vom Bayerischen Rundfunk (BR) ausführte: »Das Elektroauto als moderner, umweltfreundlicher Dienstwagen: Viele Bundesminister setzen sich öffentlichkeitswirksam als nachhaltige Retter der Umwelt in Szene. Schaut man hinter diese Fassade, zeigt sich ein völlig anderes Bild.

Zehn Prozent: So lautete die Quote, die sich die Bundesregierung 2011 im *Regierungsprogramm Elektromobilität* selbst auferlegt hatte. Zehn Prozent der neu angeschafften oder neu angemieteten Dienstfahrzeuge in den Fuhrparks der Bundesministerien sollen künftig weniger als 50 Gramm CO_2 pro Kilometer ausstoßen. Zum Vergleich: Ein Auto mit herkömmlichen Benzinmotor hat einen mindestens doppelt so hohen Ausstoß. Ursprünglich sollte das Ziel bereits 2013 umgesetzt werden.«

Premium-Verbrenner noch immer bevorzugt

Nur zehn Prozent: Warum nicht 50 der 70? »Nach Recherchen von BR Data und des BR-Hauptstadtstudios wurde die Bundesregierung ihrer Selbstverpflichtung zum Einsatz von Elektroautos auch im Jahr 2016 noch nicht gerecht. Das ging aus einer schriftlichen Frage des Bundestagsabgeordneten Stephan Kühn (Bündnis 90/Die Grünen) hervor. Aus der Antwort ließ sich lesen, dass die meisten Bundesressorts die Neuanschaffungsquote nicht einhielten. »Folglich konnten nur sechs von 17 Bundesressorts mehr als zehn Prozent emissionsarme Fahrzeuge im Fuhrpark vorweisen.«

Zur gleichen Thematik schrieb *FOCUS-Online*-Redakteur Sebastian Viehmann am 27. April 2017: »Die Bundesregierung nimmt ihre eigenen Ziele nicht ernst. Wie will die Bundesregierung die Bundesländer, die Kommunen oder auch Unternehmen und die Bürger überzeugen, Elektroautos anzuschaffen, wenn der Bund nicht seine Vorbildwirkung wahrnimmt? Elektroautos sollen gefördert werden – natürlich vor allem mit Steuergeldern. Peinlich für hochrangige Politiker: Stromer gibt es in ihren eigenen Dienstwagen-Flotten nur wenige, stattdessen Premium- und Luxusfahrzeuge en masse.«

Warum es kaum Elektroautos in Regierungs-Fuhrparks gibt

Während in den Fuhrparks der Bundesministerien – wenn auch mit Verzögerung – ein paar Elektroautos inzwischen Einzug gehalten haben, sieht es in den Behörden, die den verschiedenen Ministerien nachgeordnet sind, flächendeckend düster aus. Sebastian Viehmann: »Denn hier gilt die selbst auferlegte 10-Prozent-Quote bei Neuanschaffung und -vermietung nicht. Anfang 2017 verfügten von 56 Behörden 41 über gar keine E-Fahrzeuge. Zwar haben einige Bundesbehörden auch gute Gründe, denn Elektroautos eignen sich nicht für jeden Zweck. Jedem leuchtet ein, dass die Bundespolizei oder der Zoll nur an wenigen Stellen auf Elektroautos setzen können: Die Reichweite ist begrenzt und es gibt immer noch viel zu wenige Ladesäulen. Aber Tatsache ist auch: Selbst die Elektroautos, die es gibt, werden gemieden. In den Ministerien ist zu hören – natürlich nur hinter vorgehaltener Hand – dass vor allem die Fahrer die E-Fahrzeuge regelrecht hassen. Denn angesichts der Tatsache, dass die Fahrer oft stundenlang auf der Straße auf ihre Politiker oder Beamten warten müssen, seien Oberklasse-Fahrzeuge mit Standheizung und Fernseher erheblich angenehmer als die momentan eingesetzten Akku-Autos ...«

Gerald Traufetter hat im November 2017 in *SPIEGEL Online* sekundiert: »Ministerien beschweren sich über Hybrid-Dienstwagen ... Staatssekretäre im Bundesverkehrs- und Finanzministerium klagen über ihre Plug-in-Hybriden. Die Limousinen mit teilweisem Elektrobetrieb entpuppen sich als Spritfresser ...« – vor allem entsprächen die elektrisch erzielbaren Reichweiten nicht den Werksangaben.

Als Dieter Kempf, Präsident des Bundesverbands der deutschen Industrie (BDI), auf der jährlichen Pressekonferenz seines Verbands am 17. Januar 2019 auf das Thema Elektroautos angesprochen wurde, da wurde er schnell persönlich. Denn Kempf fuhr ein BMW i3 Elektroauto. Und daher

wusste er genau, warum der Großteil der Menschen im Land sich von dieser Technik noch fernhält.
»Wenn ich in München an eine Ladesäule andocke, muss ich für mindestens sieben Euro Strom holen«, machte Kempf seinem Unmut Luft. »Das lohnt sich aber nur, wenn die Batterie schon so gut wie leer ist.« Und er erzählte, wie er einmal mit seinem i3 so mutig war, von seinem Heimatort Nürnberg nach München und wieder zurück zu fahren. Zum Schluss sei er mit Tempo 80 im Windschatten der Lkws geschlichen, um – trotz eingebautem Range Extender – nicht liegenzubleiben. Mit dem letzten Rest Strom habe er es gerade noch nach Hause geschafft, berichtete Kempf: »Entspanntes Fahren geht anders.« Ganz abgesehen davon, dass der Nervenkitzel seinen Preis hat: Knapp 40.000 Euro kostet ein BMW i3 mit Range Extender ohne weitere Extras.

Was Daimler-Chef Zetsche natürlich nicht gesagt hat: »Solange ich den Stecker in der Hand halte, Frau Bundeskanzlerin, bleibt der Akku leer.«

Schwachstrom

Zusammensetzung der Fuhrparks der Bundesministerien und des BND vor dem im Dezember 2021 vollzogenen Regierungswechsel mit einhergehender Änderung einiger Ressorts:

Bundesministerium (BM) für Verkehr und digitale Infrastruktur: 11 E-Autos und PHEV (2017: nur noch 5), 4 Oberklasseautos (geleast), 19 Autos der oberen Mittelklasse (mit einem Gesamt-Anschaffungswert von 507.776 Euro ohne geleaste Fahrzeuge)

BM für Arbeit und Soziales: 4 E-Autos oder PHEV (2 gekauft für 55.837 Euro, 2 geleast), 1 Brennstoffzellen-Fahrzeug (gemietet), 8 Oberklasseautos, 11 Autos der oberen Mittelklasse (Wert 322.430 Euro)

BM für Bildung und Forschung: 4 E-Autos und PHEV (2017: 1), 5 Oberklasseautos (Wert 177.995 Euro), 10 Autos der oberen Mittelklasse (Wert 294.044 Euro)

BM für Gesundheit: 4 E-Autos und PHEV (2017: 1), 5 Oberklasseautos, 7 Autos der oberen Mittelklasse

BM für Justiz und Verbraucherschutz: Für 2015 keine Angaben (2017: 3)

BM für Umwelt, Naturschutz, Bau und Reaktorsicherheit: 4 E-Autos und PHEV (2017: 3), 3 Oberklasseautos, 14 Autos der oberen Mittelklasse

BM für Wirtschaft und Energie: 3 E-Autos und PHEV (2017: 1), 7 Oberklasseautos, 9 Autos der oberen Mittelklasse

BM des Innern: 2 E-Autos und PHEV, 5 Oberklasseautos (Anschaffungswert 215.904 Euro), 7 Autos der oberen Mittelklasse (Wert 345.302 Euro)

Auswärtiges Amt: 2 E-Autos und PHEV (2017: 4), 5 Oberklasseautos, 10 Autos der oberen Mittelklasse

Bundeskanzleramt: 1 Elektro-Golf, 6 Oberklasseautos, 10 Autos der oberen Mittelklasse (Buchwert 2020: 299.364 Euro)

BM für wirtschaftliche Zusammenarbeit und Entwicklung: 1 E-Auto / PHEV, 4 Oberklasseautos, 7 Autos der oberen Mittelklasse

BM für Ernährung und Landwirtschaft: 1 E-Auto / PHEV, 5 Oberklasseautos, 8 Autos der oberen Mittelklasse

BM der Finanzen: 1 E-Auto / PHEV (2017: 2), 5 Oberklasseautos (Wert 132.600 Euro für zwei Autos, zwei wurden geleast), 12 Autos der oberen Mittelklasse (geleast)

BM für Familie, Senioren, Frauen und Jugend: 0 Elektroautos oder PHEV (2017: 1), 4 Oberklasseautos. 11 Autos der Oberen Mittelklasse

BM der Verteidigung (alle Fahrzeuge angemietet bei der Bundeswehr-Fuhrpark-Service GmbH): 0 Elektroautos oder PHEV, 6 Oberklasseautos, 21 Autos der oberen Mittelklasse, 7 gepanzerte Zivilfahrzeuge

Der Bundesnachrichtendienst (BND) hat einen Fuhrpark mit 614 Fahrzeugen, darunter sind 113 Geländewagen, 80 Kleinbusse, 120 Kompaktklasse-Autos, 13 Lkw und 3 Wohnmobile. 0 Elektroautos oder PHEV

Quelle: FOCUS Online und Deutsche Umwelthilfe e.V.

Falsch akzentuierte Förderung?

Die Irritation in der Bundesregierung sei auch deshalb so groß, weil man die Plug-in-Hybride mit in die Elektromobilitätsförderung aufgenommen habe, was den Kunden einen Umweltbonus von 3000 Euro sicherte, führte Gerald Traufetter aus. Denn »um in den Genuss der Elektro-Privilegierung zu kommen, müssen die Plug-in-Hybride weniger als 50 Gramm Kohlendioxid pro Kilometer ausstoßen. In die Berechnung dieser Werte bei den Zulassungstests fließen Anteile ein, die der Elektromotor bei überwiegend geringen Geschwindigkeiten fährt, und jene, die der Verbrennungsmotor übernimmt«. Die Bemessung sei für den Elektrobetrieb derart günstig gewählt, dass bei normalem Fahrverhalten der Durchschnittsverbrauch bei Plug-in-Hybriden noch realitätsferner sei als bei Verbrennern.
Ende 2015 befanden sich in ministeriellen Fuhrparks insgesamt weniger als 40 E- oder Plug-in-Hybrid-Personenwagen. Selbst wenn die Zahl sich bis zum Jahr 2030 verzehnfacht haben sollte, wäre sie noch immer niedrig. Und wie die Deutsche Umwelthilfe e.V. ermittelt hat, verlief die Tendenz eher im Rückwärtsgang: 2017 waren es nur 23 Dienstwagen in den Minister-Fuhrparks, die gelegentlich elektrisch-hybrid unterwegs waren – wenn sie sich nicht gerade an den Ladesäulen befanden. Übrigens: Das Bundesministerium für Wirtschaft und Energie und andere Ministerien gaben bei ihren Hybridautos den abgefragten durchschnittlichen CO_2-Ausstoß mit 0 Gramm pro Kilometer an. Ob das stimmte? Oder lag da ein Missverständnis vor?

»Durch den Kauf eines Elektroautos glaubten Sie sich vom Ölpreis unabhängig zu machen. Was Sie nicht bedacht haben: Sie müssen höhere Versicherungsprämien bezahlen. Denn im Schadenfall sind die Reparaturkosten immens.«

NerdWallet, amerikanischer Versicherungs-Beratungsdienst in einem Kundenbrief

Ein Professor der TH Ingolstadt bezeichnet den Hype um das Elektroauto als einen »Alibi-Krieg«

Autoindustrie und Politik überbieten sich seit einigen Jahren in ihren Zielvorgaben, wann wie viele E-Autos auf den Straßen unterwegs sein sollen. »Dabei ist die heilsbringende elektrische Zukunft purer Schwachsinn«, schrieb der investigative Autor Michael Schmatloch im Januar 2019 in einem Internet-Beitrag der *Ingolstadt News*. »Viele an den Stellschrauben der mobilen Zukunft wissen das, aber nur wenige sagen es so deutlich wie Jörg Wellnitz, Professor an der Technischen Hochschule Ingolstadt und Inhaber einer Professur in Melbourne. Der Leiter des Lehrstuhls für Leichtbau hat sich akribisch mit allen Aspekten der E-Mobilität auseinandergesetzt. Und das Ergebnis: Sie kann und wird nie so kommen, wie von Industrie und Politik prognostiziert. Für ihn ist das Ganze ein Alibi-Krieg.«
E-Mobilität scheine eine tolle Sache zu sein, so der Professor, aber sie mache keinen Sinn, wenn man sich alle Aspekte des Themas vor Augen führt. In der Tat gibt es keinen Aspekt, für den Wellnitz nicht ernüchternde Zahlenwerke parat hat, seriöse Untersuchungen zitieren kann oder schlicht eins und eins zusammenzählt: »Für 84 Prozent des klimaschädlichen Kohlendioxidausstoßes ist der Autoverkehr nicht verantwortlich. Viel belastender ist nämlich die Massentierhaltung und die landwirtschaftliche Monostruktur. Von den großen Containerschiffen auf den Weltmeeren ganz zu schweigen.«
330 Mega-Containerschiffe gebe es. Und 15 von ihnen produzierten jährlich so viel CO_2 wie 750 Millionen Verbrenner-Autos. Für den Flugverkehr und große Kreuzfahrtschiffe gelten ähnliche Werte. Und selbst wenn die Autos der größte Verursacher für den Kohlendioxidausstoß wären, selbst dann wäre das E-Auto für die Verbesserung der Umweltbilanz wertlos. »Bis die Batterie für einen Tesla produziert ist, könnte man acht Jahre lang mit einem Verbrennungsmotor fahren, ehe die gleiche Umweltbelastung entstanden wäre«, so Wellnitz. Und seiner Meinung nach ist es eine Frage der Zeit, bis der Strom zum Aufladen der Akkus – der zudem alles andere als sauber produziert werde – ebenso besteuert wird wie Benzin oder Dieselkraftstoff. Dann lägen die Kosten für einen elektrischen Pkw bei durchscchnittlich 800 Euro pro Monat. Und der hat in Anbetracht der begrenzten Ladezyklen eines Akkus in acht Jahren nur noch Schrottwert.
»Alle wissen das,« sagte Wellnitz. Der Grund, warum Hersteller wie Audi, BMW und andere Milliarden in diese Technologie investieren, liege ganz wo anders. »Zum einen lassen sich Milliarden an EU-Fördergeldern kassieren. Daneben bewahren E-Autos die großen Hersteller vor Strafzahlungen wegen Nichterreichens der europäischen Klimavorgaben, da sie mit angeblichen Zero-Emissionsmodellen den Flottenmix nach unten drücken. Und es geht auch um das Markenimage, um ein grünes Mäntelchen und um Technologiekontrolle.« Man baue die E-Autos im Wissen, dass sie alles andere als die automobile Zukunft seien.
»Das Elektroautogeschäft stößt an seine Grenzen, wenn es um die benötigen Rohstoffe für den Bau von Akkus geht, deren Abbau in Chile (Lithium) und Zentralafrika (Kobalt) nicht nur extrem umweltunverträglich ist und in weiten Teilen mit unvertretbarer Kinderarbeit einher geht ... Würde Audi beispielsweise den A4 in großer Serie rein elektrisch bauen, müssten sie den halben Weltmarkt an Kobalt leerkaufen.« Und die meisten Schürfrechte liegen in China. »Die Chinesen haben sich in Afrika weitgehende Schürfrechte gesichert. Und man braucht zudem Graphit, Mangan und Lithium. Bei all diesen Themen begeben wir uns voll in chinesische Abhängigkeit, wir müssen das alles von Chinesen kaufen.« Wie für Jörg Wellnitz liefert auch für Dipl.-Ing. Fritz Indra das Elektroauto in einer gesamtheitlichen Betrachtung keinen Beitrag zum Klimaschutz.
In einer Studie des Bundesumweltamtes hatte es im September 2014 geheißen: »Beim Klimaschutz ist der Verkehrssektor besonders problematisch. Er folgt nicht dem Emissionsvermeidungstrend anderer Bereiche (Industrie, Hausbrand) und droht, die in anderen Sektoren mit hohem Aufwand erreichten Emissionsminderungen zu kompensieren. Noch stärker zunehmen wird der Handlungsdruck im Verkehrssektor, wenn man von den mittel- und langfristigen CO_2-Minderungszielen her zurückrechnet ...«

»Die uns vorgegaukelte reine E-Mobiliät ist keine taugliche Alternative.«

Gerhard Lustig, Herausgeber *Auto & Wirtschaft*, März 2019

Unerträglicher Smog über den Straßen großer Städte

Bedingt durch seine geografische Lage und die damit einhergehende Inversionswetterlage, aber auch durch einen besonders hohen Motorisierungsgrad, hat der US-Bundesstaat Kalifornien seit langem mit zunehmender Luftverschmutzung durch Abgase zu kämpfen. Deshalb gelten dort besonders strenge Grenzwerte für Fahrzeuge, und aus diesem Grund sollen ab 2030 keine Autos mit Verbrennungsmotoren mehr zugelassen werden. Schon 2018 waren mehr als 20 Prozent der in Kalifornien zugelassenen Autos mit Elektroantrieb ausgestattet.
»Grüne Gesetzgebung« hat in Kalifornien seit 1967 Tradition. Weil die Ballungszentren an der US-Pazifikküste – vor allem der Großraum Los Angeles – extrem smoganfällig sind, wurde das Californian Air Resources Board (kurz: CARB) gegründet, eine Behörde, deren Hauptaufgabe die konsequente Durchsetzung der Luftreinhaltung ist. Schon in den 1970er Jahren mussten Fahrzeuge, die in Kalifornien zugelassen werden sollten, strengere Emissionsvorgaben – unter anderem durch Katalysatoren – erfüllen als in allen anderen US-Bundesstaaten.
Im Jahr 1990 führte die CARB ihr »Zero Emission Program« ein, das den Autoherstellern vorschrieb, bis 1998 mindestens zwei Prozent aller Neuwagen so auszustatten, dass sie abgasfrei betrieben werden können; bis 2003 sollte die Quote auf zehn Prozent steigen. Dass dieses Ziel nicht erreicht wurde, lag vor allem an der Lobbyarbeit der Konzerne, die sich vehement gegen die CARB-Vorschriften sträubten. Die Folge: Die scharfen Abgasbestimmungen wurden aufgeweicht, aus den ursprünglich geforderten »Zero Emission Vehicles« wurden »Low Emission Vehicles«, zu denen auch Autos mit Hybridantrieb oder mit sehr sparsamen Verbrennungsmotoren zählen. Um Elektroautos begann die Industrie sich erst einige Jahre später wieder zu kümmern – doch diesmal waren gestiegene Rohölpreise der Hauptgrund für das neuerliche Interesse an alternativen Antrieben.

Oben: Der tägliche Verkehrsinfarkt zur Rush Hour; Chicago 1928.

Links: 70 Jahre später protestieren junge Amerikaner gegen die zunehmende Luftverunreinigung durch das immense Verkehrsaufkommen in den Großstädten; New York 1998.

Ein paar Pleiten und Pannen: Elektromobilität 1992–1996 auf Rügen zur Probe

Noch nicht reif für die Insel?

»Kein Motorenbrummen, kein Gehupe, kein Rauschen von Autorädern auf dem Asphalt in der Ferne. Ein Erlebnis der ganz anderen Art auf den autofreien Inseln in der Nord- und Ostsee ...«

Bianca Schilling, Reisejournalistin, im Magazin *Merian*, 2016

Inseln eignen sich gut für Untersuchungen von überschaubarer Dimension, ohne wesentliche externe Einflüsse. So fand von 1992 bis 1996 auf der Ostseeinsel Rügen ein Langzeit-Test mit Elektro-Prototypen statt, von dem sich alle Teilnehmer zukunftsweisende Ergebnisse versprachen.

In den Medien fand der Start des so genannten Rügen-Projekts ein lebhaftes Echo. Es handelte sich bei diesem Projekt zur Erprobung von Elektrofahrzeugen der neuesten Generation um eine von sechs Kraftfahrzeugherstellern und dem Bundesforschungsministerium unter Heinz Riesenhuber durchgeführte Untersuchung der Alltagstauglichkeit von Elektrofahrzeugen. Sie erstreckte sich über einen Zeitraum von 43 Monaten vom 2. Oktober 1992 bis Mitte Juni 1996. Beteiligt hatten sich BMW, Fiat, Mercedes-Benz, Opel, Volkswagen sowie der Omnibushersteller Neoplan. Viel Prominenz fand sich zum Auftakt ein, auch Angela Merkel war in ihrer Funktion als Bundesumweltministerin zum Start erschienen.

Die Fahrzeugflotte bestand wechselnd aus 36 bis 60 Fahrzeugen und legte insgesamt 1,3 Millionen Kilometer zurück; die Gesamtkosten der Operation bezifferten sich auf 60 Millionen D-Mark. Die teilnehmenden Autos wiesen unterschiedliche Energiespeicher auf. Zum Einsatz kamen Natrium-Schwefel-, Blei-Gel-, Zink-Luft-, Nickel-Metallhydrid- und Lithium-Ionen-Akkus. Die Auswertung des Langzeittests brauchte ihre Zeit; der wissenschaftliche Abschlussbericht des damit beauftragten Ifeu-Instituts erschien ein Jahr nach Ende des Versuchs.

Insbesondere hinsichtlich der Energiespeichertechnik hat man wichtige Erkenntnisse gewinnen können. Alle Akkumulatoren hatten sich mit Ausnahme der Natrium-Schwefel-Akkus bewährt. Diese erlaubten Reichweiten bis zu 200 Kilometer, aber sie wurden als zu feuergefährlich eingestuft. Am zuverlässigsten erwiesen sich Bleiakkumulatoren. Wegen ihres spezifischen Gewichtes konnte mit ihnen aber lediglich eine Reichweite von 60 Kilometer erzielt werden. Auch waren die Ladezeiten mit drei Stunden und mehr überdurchschnittlich lang.

Es überrascht nicht, dass im Abschlussbericht des Instituts insgesamt die geringe Ladekapazität der Energiespeicher angemerkt wurde. Zwar konnte durch Hochtemperaturspeicher eine Verbesserung der Energiedichte um das Fünffache erzielt werden, jedoch betrug damit die rechnerische Masse eines Energiespeichers mit einer Ladung von 500 kWh dem vergleichbaren Energieinhalt von 60 Liter Diesel. Nur durch Schnellladetechniken konnten Ladezeiten von 30 Minuten erreicht werden. Die Reichweiten der auf den Straßen Rügens natürlich nur mit mäßigem Tempo verkehrenden Fahrzeuge betrugen 80 bis 100 Kilometer, teilweise wurden aber auch bis zu 300 Kilometer erreicht.

Bemängelt wurde die unzulängliche Einsatzfähigkeit der Fahrzeuge. So waren gleichzeitig nur zwischen einem und 14 der insgesamt 60 Fahrzeuge im Einsatz. So wies der eingesetzte Mercedes-Benz 190 hohe Ausfallzeiten auf, und die Busse fielen zwischen 29 und 80 Prozent des Versuchszeitraums aus. Nicht durch motorische Pannen, sondern durch in immer kürzeren Abständen erschöpfte Batterien sowie aufwändige Prüf- und Messarbeiten, die in kurzen Abständen durchgeführt wurden.

Unbefriedigende Ökobilanz

Die Gesamt-Ökobilanz bezüglich Kohlendioxid, Schwefeldioxid- und Methan-Emissionen war aufgrund des Strom-Mix, der einen Großteil aus Kohlekraftwerken produzierten Strom enthielt, schlechter als bei konventionellen Antrieben. Ebenso war der Verbrauch an Primärenergie um 25 Prozent höher als bei Diesel- oder Benzin-Fahrzeugen.

Zwiespältig fiel die Bilanz bei den Schallemissionen aus. Hier hatten Elektrofahrzeuge bis zu einer Geschwindigkeit von 50 km/h einen Vorteil durch deutlich niedrigere (eigentlich ja gar keine) Motorgeräusche. Oberhalb dieser Geschwindigkeit jedoch hatten sie infolge der durch das höhere Gewicht vergrößerten Rollgeräusche angeblich höhere Schallemissionen als konventionelle Kraftfahrzeuge. Bei den Emissionswerten wie Stickoxiden und Kohlenwasserstoffen fiel die Bilanz zugunsten von Elektrofahrzeugen aus.

... und noch viel Arbeit

Die Informationszentrale der Elektrizitätswirtschaft merkte zum Versuch an, dass keine speziellen Elektrofahrzeuge, sondern lediglich konventionelle, auf Elektroantrieb umgerüstete Serienfahrzeuge im Einsatz gewesen waren. Auch seien, wie ein Sprecher des Energiekonzerns RWE konstatierte, die Nebenverbraucher wie Batterieheizungen die Ursache für einen unerwartet hohen Energieverbrauch gewesen. Diese Werte waren teilweise erheblich höher als für die eigentliche Antriebsfunktion.

Als im Juni 1996 der Großversuch beendet wurde, blieb triumphaler Jubel aus. Doch die Automobilindustrie hatte verstanden – und setzte, wenn auch mit zunächst leicht gedämpfter Euphorie, ihre Forschungsaktivitäten fort. Es würde noch viel Arbeit zu bewältigen sein, dessen waren sich alle Beteiligten bewusst.

Die *Berliner Zeitung* widmete dem Rügen-Projekt viel Raum und berichtete über das Fazit: »Zum Ende des Großversuchs mit Elektrofahrzeugen auf der Insel Rügen bringt

Volkswagen jetzt seine Flotte von Forschungsfahrzeugen nach fast vierjähriger Projektdauer zur Versuchsauswertung nach Wolfsburg zurück. Das Unternehmen beteiligte sich seit Projektbeginn im Oktober 1992 mit einer der größten Fahrzeugflotten an dem vom Bundesministerium für Bildung und Forschung geförderten Großversuch. Zur Erprobung kamen dabei zehn Elektro-Vans auf Basis des Transporters T4 und neun Elektrofahrzeuge auf der Basis des VW-Golf mit Blei-Gel-, Nickel-Cadmium und Hochtemperatur-Akkumulatoren.
Die Autos liefen unter den verschiedensten Bedingungen, so bei einem Arzt auf der Insel Hiddensee, im Biosphären-Reservat auf Rügen und im Nationalpark Jasmund. Die Laufleistung betrug im Durchschnitt 25.000 Kilometer, erreichte in Einzelfällen aber auch über 40.000 Kilometer pro Auto. In den nächsten Wochen werden die Fahrzeuge auf die Auswirkungen ihres mehrjährigen Feldeinsatzes eingehend untersucht. Die Ergebnisse der Analysen, die statistischen Auswertungen sowie die Erfahrungsberichte mit verschiedenen Batterietypen wird Volkswagen mit den anderen Teilnehmern des Großversuchs in der zweiten Jahreshälfte bekanntgeben.
Schon während des Großversuchs hat Volkswagen wertvolle Erfahrungen für die Weiterentwicklung des Golf CitySTROMer gesammelt. Dieses Elektroauto wird seit 1994 als einziges deutsches Kleinserienfahrzeug im sächsischen Mosel gebaut.«
Die Adam Opel AG, so berichtete die *Berliner Zeitung* weiter, werde den Test ihrer zehn auf Rügen eingesetzten Astra Impuls 3 auch nach der offiziellen Beendigung des Elektrofahrzeug-Großversuchs fortsetzen. »Ziel ist es, weitere Erfahrungen zu sammeln sowie die Lebensdauer der Batterien und Antriebssysteme zu demonstrieren. Bis jetzt haben die Elektro-Astra insgesamt über 300.000 Kilometer zurückgelegt und sich dabei in allen Jahreszeiten sowie bei jeder Temperatur bewährt.
Der Impuls 3 basiert auf dem Astra Caravan und steht dem Serienfahrzeug mit Verbrennungsmotor hinsichtlich der Praxistauglichkeit in nichts nach: Er bietet Platz für fünf Personen, hat einen großen variablen Laderaum sowie eine hohe Zuladung – von 400 oder 450 Kilogramm je nach Batterietyp. Fünf Elektro-Astra sind mit einer Nickel/Cadmium (Ni/Cd)-Batterie, fünf weitere mit einer Natrium/Nickelchlorid (Na/$NiCl_2$)-Hochenergiebatterie ausgerüstet. Der Drehstrom-Asynchronmotor entwickelt eine Leistung von 45 bzw. 42 kW. Eine Batterieladung reicht für 70 bis 90 (Ni/Cd) beziehungsweise 120 bis 140 (Na/$NiCl_2$) Kilometer.« Soweit der Bericht der *Berliner Zeitung*.

Nur wenige E-Autos auf den Nordseeinseln

Insulaner wie die auf Wangerooge oder Helgoland setzten schon früh auf Emissionsfreiheit auf ihren wenigen Straßen und Wegen. Transporte, Taxi- und Gepäckdienste auf der Insel Wangerooge beispielsweise werden grundsätzlich von Elektrofahrzeugen besorgt, und auch die Insel Spiekeroog ist bis auf Feuerwehr- und Rettungsfahrzeuge frei von Autos mit Verbrennungsmotor. Auf Norderney ist der Kfz-Verkehr erlaubt, jedoch saisonal eingeschränkt.

Auch Helgoland ist – fast – autofrei. Die Insel (zur Gemeinde Pinneberg gehörend) liegt 60 Kilometer von der Küste entfernt in der Deutschen Bucht und hat sich in den letzten Jahren zunehmend als Arbeits- und Versorgungsstandort für Offshore-Windenergieanlagen etabliert. Das für die Notfallrettung und den Krankentransport in Zusammenarbeit mit der Helgoländer Paracelsus-Klinik zuständige Rote Kreuz in Schleswig-Holstein entspricht diesen logistischen Herausforderungen schon seit Jahren und hat seine Arbeitsweisen entsprechend angepasst, so dass die notfallmedizinische Vorsorge gesichert ist. Hierzu gehört die Vorhaltung geeigneter Rettungsfahrzeuge, vor allem solchen mit Elektroantrieb. Da Auto- und sogar Fahrradfahren auf Helgoland eigentlich verboten sind, gibt es hier generell nur sehr wenige Fahrzeuge. Bei den Lastkarren, bei der Müllabfuhr und den Taxis handelt es sich um Elektrofahrzeuge, die nur mit einer Ausnahmegenehmigung betrieben werden dürfen.
Auch die Nordseeinsel Juist ist nicht nur autofrei, sondern sogar Kfz-frei. Nicht nur Gäste und Einheimische, sondern auch Lebensmittel, Möbel und Baustoffe werden per Pferdewagen transportiert. Über Autos verfügen auf Juist nur Ärzte, das Rote Kreuz und die Feuerwehr. Die Post darf nur Elektrofahrzeuge benutzen.

Oben links: Auf der Insel Helgoland gibt es nur ein einziges Auto – den VW E-Golf der Polizei.

Mitte: Ein Mercedes-Benz 190 als Teilnehmer am Rügen-Elektroauto-Projekt 1992–1996.

Oben: Auf der Insel Wangerooge begegnet man gelegentlich Elektrotransportern wie diesem betagten Exemplar.

Schon zu Kaisers Zeiten bewegten sich elektrische Zustellwagen lautlos von Haus zu Haus

Stille Post: Historische Logistikformate

Es gibt gute Gründe für elektrische Zustellfahrzeuge. Bereits vor dem Ersten Weltkrieg nahmen die Postverwaltungen in Deutschland, in der Schweiz und in Österreich Elektrofahrzeuge für den Zustell- und Briefkastenleerungsdienst in Betrieb. Elektrisch motorisierte Dreiräder der Fabrikate B.E.F., Schuckert oder GeHa gab es bei der Reichspost bis in die 1920er Jahre, dann waren es vermehrt Vierradfahrzeuge. Für das Jahr 1921 verzeichnete die Reichspost 504 E-Fahrzeuge, 1930 sogar 696. Bei Ausbruch des Zweiten Weltkrieges machten sie zehn Prozent des gesamten Kraftfahrzeugbestands der Post aus. Positiv vermerkt wurde stets der geringe Wartungs- und Reparaturaufwand im Vergleich zu Benzinmotorfahrzeugen.

Die Firma Tribelhorn baute Elektrofahrzeuge für die Schweizer Postbehörden schon in den 1920er Jahren.

»Ausschlaggebend für die Entscheidung, den Postdienst mit elektrischen, nicht mit benzinbetriebenen Fahrzeugen durchzuführen, waren ökonomische Gründe,« schrieb Walter Blasi 2014 in einem Beitrag zur Österreichischen Technikgeschichte in Austro Classic. Außerdem fiel das lästige Ankurbeln des Motors weg. Auch ersparte man sich den »üblen Geruch der Auspuffgase«, denn wie in einem Bericht festgestellt wurde, »ist das Elektromobil unter den selbstbeweglichen Vehikeln das reinlichste«.
Auch im Omnibus-Liniendienst, der in vergangenen Jahrzehnten überall in Europa unter die Zuständigkeit der Postbehörden fiel, hat man schon früh Elektrofahrzeuge eingesetzt, vor allem in Österreich. Der Historiker Franz Farkas hat recherchiert, dass es vornehmlich in Wiener-Neustadt hergestellte Daimler-Busse vom Typ Tudor waren: »Sie wurden von zwei 15 PS starken Radnabenmotoren angetrieben, nach dem System Lohner-Porsche. Dabei erreichten sie eine Höchstgeschwindigkeit von 18,5 km/h bei einer Reichweite von 45 Kilometer. Da die verlangte Tageskilometerleistung jedoch länger war, mussten die Akkus getauscht werden. Sie waren unterhalb des Wagenbodens in Holzkisten aufgehängt und konnten mit einem raffinierten unterirdischen Aufzugsystem schnell gewechselt werden. Diese und ähnliche Vorrichtungen waren bis zum Ende des Einsatzes der E-Fahrzeuge in Betrieb. Der Anschaffung der Tudors war eine fast einjährige Probezeit vorausgegangen, bei der sich das Elektroauto gegenüber einem benzinbetriebenen Fuhrpark als um 20 Prozent wirtschaftlicher herausstellte«.
Nach dem erzwungenen Anschluss an das Deutsche Reich wurde 1938 auch die österreichische Post eingegliedert. Das bedeutete, dass jetzt Elektrofahrzeuge aus deutscher Produktion in Österreich zum Einsatz kamen.
Es handelte sich um Lastwagen der Bergmann-Werke in Berlin. Autor Farkas: »Die Reichspost hatte damals bereits 2500 elektrisch betriebene Fahrzeuge im Einsatz, vorzugsweise Bergmanns. Auch in Österreich bewährten sich diese Autos im Postdienst, das letzte wurde erst 1977 außer Betrieb gestellt.

Rechts: Lloyd Paketwagen Typ EL 2500, wie er 1951 bis 1954 von Borgward an die Deutsche Bundespost geliefert wurde. Die Aufnahme entstand vor dem Hauptpostamt in München.

Doch schon 1949 waren wieder 42 E-Fahrzeuge in Betrieb, und im Geschäftsbericht der Post wurde stolz auf die beträchtliche Einsparung hinsichtlich Wartung und Betrieb hingewiesen. Wohl auch aus diesem Grund entschloss sich die Post 1950 zur bislang größten Beschaffung von E-Fahrzeugen. Bis 1955 wurden 160 Elektro-Paketwagen in Dienst gestellt. Neun kamen von der Firma Dostal und 25 große und 135 kleine von ÖAF aus Wien-Floridsdorf. Einer der Gründe für den Einsatz war übrigens auch die Lautlosigkeit im Nachtbetrieb.
Bei der Deutschen Bundespost liefen 1952 immerhin noch – oder wieder – 753 Elektrofahrzeuge, 1967 waren es nur noch 256. Ab 1958 waren keine neuen Elektrofahrzeuge mehr beschafft worden. Ende der Sechziger waren die ›gelben Schnecken‹, die sich zum Beispiel den Gaudenzdorfer Gürtel in Richtung Wiener Südbahnhof hinaufquälten, oft

ein Ärgernis für viele Autofahrer. Ein paar Jahre später sah man das schon entspannter. Erstens war die Durchschnittsgeschwindigkeit wegen des höheren Verkehrsaufkommens gesunken und zweitens brachte die Ölkrise Anfang der Siebziger viele Zeitgenossen zum Nachdenken.« Mit dem Resultat, dass immerhin eine Anzahl von Versuchen mit Elektrofahrzeugen unternommen wurde, in Deutschland

Arrival Paketwagen der Royal Mail in Großbritannien, 2018.

zum Beispiel mit Mercedes-Benz Kleinlastern, modifizierten Volkswagen LT-Hochdach-Lieferwagen und einem in München eingesetzten BMW Personenwagen vom Typ 325 ix. In Anbetracht der jüngsten Entwicklungen auf dem Elektrofahrzeugsektor und der intensiv geführten Diskussion um Emissionsbelastungen in Städten sind die Postbehörden in Sachen E-Mobilität um 2010 wieder aktiv geworden. Die aus der Deutschen Post hervorgegangene DHL Group ging an die Konstruktion von Elektrofahrzeugen in Eigeninitiative: Es entstand der StreetScooter. Ende 2017 betrieb DHL mit seinen selbst entwickelten, bei Talbot in Aachen produzierten StreetScooter-Fahrzeugen sowie rund 10.500 E-Bikes und E-Trikes die größte Elektroflotte in Deutschland. Mittelfristig möchte DHL »im Interesse der Umwelt und der Kunden« seine gesamte Brief- und Paketzustellflotte durch Elektrofahrzeuge ersetzen, die mit Strom aus regenerativen Energien betrieben werden«. DHL baute den StreetScooter nicht nur für sich selbst: »Das gestiegene Umweltbewusstsein sowie strengere Vorschriften für die Abgasemission bei Verbrennungsmotoren machen StreetScooter bei kommunalen Einrichtungen, Logistikunternehmen oder dem Deutschen Mittelstand immer interessanter!« Eine Feststellung, die allerdings der Korrektur bedurfte: Die DHL befand den StreetScooter nach längerer Erprobung doch nicht als einen superlativen Ersatz für ihre bewährten Verbrenner.
Doch in vielen anderen Ländern setzt die Post seit Jahrzehnten auf Elektrofahrzeuge für die Zustellung und Verteilung von Paketen und Briefen, so auch in Großbritannien, wo man seit 2017 Lastwagen mit Elektroantrieb testet. Dabei setzt die Royal Mail auf die Fahrzeuge des Unternehmens Arrival. Erste Tests waren auf ein Jahr ausgelegt und beschränkten sich auf ein Verteilerzentrum in London. Von Arrival werden Fahrzeuge mit möglicher Zuladung für 3,5, 6,0 und 7.5 t zur Verfügung gestellt, die für die Royal Mail unterwegs sind. Für die Zustellung zum Endkunden hatte die Royal Mail Ende 2017 eine Flotte von 100 Elektrofahrzeugen bei Peugeot bestellt. Doch das Projekt verlief enttäuschend. Wegen der bis zu 800 Mal am Tag fälligen Stop-and-Go-Manöver waren die Akkus alle zwei Stunden leer. auch hatte es viele technische Pannen gegeben.
Mit dem Einsatz von StreetScootern wollte man eine »Beschleunigung der Erfolgsgeschichte des elektrisch betriebenen Zustellfahrzeugs« schaffen, erklärte ein Post-Sprecher. Nach den Plänen von Post-Konzern-Chef Frank Appel

hatte sich der frühere Staatskonzern eine Art konzerneigenen »Brutkasten« für neue Geschäftsmodelle und technologische Innovationen schaffen wollen. Post-Mitarbeiter sollten weitere Ideen entwickeln und visionäre Ansätze nach der Art einer Startup-Schmiede zur Geschäftsreife bringen. Das Unternehmen experimentierte bereits bei der Paketzustellung per Drohne, mit selbstfahrenden Roboterwagen für Briefzusteller und 3D-Druckern für benötigte Ersatzteile.

Ganz oben: Fahrerloser Navia E-Kleinbus in der Schweiz, 2016.

Oben: Mit dem StreetScooter elektrifizierte die Deutsche Post 2018 einen Teil ihres Fuhrparks.

Teils kritische, teils euphorische Test- und Erfahrungsberichte in den Medien

E-Pedal statt Gaspedal

Es mag in der Vergangenheit manchem Motorjournalisten nachgesagt worden sein, gegenüber dem einen oder anderen Objekt seiner Beurteilung zu wenig kritische Distanz gewahrt zu haben – aus Gründen, die hier zu untersuchen der falsche Platz ist. Doch beim Testen von Elektrofahrzeugen und Hybridwagen ist zu konstatieren, dass die Presse von Anfang an ohne Ausnahme eine gewisse Skepsis erkennen ließ.
Das Fahren mit einer neuen Autogeneration war mit ganz neuen Maßstäben zu beurteilen, und für vieles, über das es zu kommunizieren galt, mussten neue Fachausdrücke bemüht werden. An diese hat man sich mittlerweile gewöhnt, man braucht sie nicht mehr durch Fußnoten zu erklären. Gelegentlich spricht man aber noch vom »Gasgeben« und vom »Gaspedal«, wobei gar kein Gas mehr im Spiel ist …

Kleine Räder: Nissan Leaf

Seitdem die Anschaffung eines als BEV oder PHEV bezeichneten Personenwagens als Alternative zum inzwischen salopp »Verbrenner« genannten Autos immer stärker in den Vordergrund gerückt ist, finden die Beurteilungen von Fachleuten in den Medien auch immer größere Beachtung, etwa wie jene von *FOCUS Online* im September 2017, um ein Beispiel von vielen heranzuziehen. Sie galt dem neuen Elektro-Nissan Leaf.
Ein Tritt aufs Pedal, und der 1,5 Tonnen schwere Stromer zische los, hieß es da. Dabei habe er Probleme, seine Kraft über die durchdrehenden Fronträder auf den Boden zu bekommen. Er fahre sich angenehm entspannt, zurückhaltend und auch bei höheren Tempi leise.
Deutlich blasser als außen zeige sich der Nissan Leaf im Innern: »Der elektrische Japaner bietet nicht viel mehr Extravaganz als ein Kompaktklassemodell mit Verbrennungsmotor. Unverändert sitzt es sich etwas zu hoch, da das Akkupaket im Fahrzeugboden verbaut ist.«

Nissan Leaf der ersten Generation 2010–2017.

Rechts daneben ein Leaf Baujahr 2018. Der Wagen ist weitgehend baugleich mit dem Renault Zoé.

Nissan-Entwickler verweisen darauf, dass sich der neue Leaf beinahe komplett mit seinem E-Pedal fahren lasse. Die Bremse werde nur dann gebraucht, wenn vor einer Kurve oder einer Gefahrensituation stark gebremst werden müsse, »sonst verzögert das Elektromobil bereits stark, wenn man den Fuß vom Gaspedal nimmt.«
Das Akkupaket mit seinen 192 Zellen im Fahrzeugboden sorge für einen niedrigen Schwerpunkt und ein entsprechendes Fahrverhalten. »Eine etwas breitere Spur und größere Räder würden dem elektrischen Kompaktklassemodell gut tun, wenn man es flotter angehen lässt. Die meisten Kunden werden ihn jedoch weniger ambitioniert fahren und dann gibt es nichts zu meckern. Viel wichtiger ist, dass der Wagen Bodenunebenheiten souveräner wegfedert.«

Opel Ampera-e: Zeigt den anderen die Rücklichter

Mit nominell 520 (wenn auch realistisch 400 Kilometer) Reichweite sei der Opel Ampera-e ein harter Gegner für den Leaf, schrieb der *FOCUS*-Tester. »Das Problem: Opel kann den Wagen nur in kleinen Stückzahlen nach Deutschland liefern. So verlieren die Rüsselsheimer bei der E-Mobilität erst einmal an Boden …«
In dem ausführlichen Bericht über den elektrischen Opel hieß es weiter, VW E-Golf, Nissan Leaf, BMW i3, Renault Zoé – allen könne der Opel Ampera-e bei der Reichweite die Rücklichter zeigen. Ein weiterer Vorteil des rein elektrischen Opel Ampera-e im Vergleich zum Plug-In-Hybrid Ampera: Der Akku nehme keinen Platz mehr im Innenraum weg, denn er befände sich komplett im Unterboden.
Die Bedienung des Autos sei eingängig, ausgenommen von einer Tasten-Flut bei der Klimaautomatik. Die Instrumente seien komplett digital. Das zentrale, 10,2 Zoll große Display

könne man frei konfigurieren, also zum Beispiel den Screen in vier Bereiche einteilen und auswählen, was dort jeweils angezeigt werden soll.
Simpel sei das Fahren: Start-Knopf drücken und auf geht's. Der Ampera-e surre los, leise zwar, aber dennoch hörbar – ganz bewusst, damit man den Stromer nicht überhöre.

Elektrisierende Farbgebung: Opel Ampera-e alias Chevrolet Volt. Sein Interieur überzeugt durch funktionale Sachlichkeit und Eleganz.

»Der Elektromotor des Ampera-e leistet 150 kW (204 PS) und sorgt für 360 Newtonmeter Drehmoment. Angetrieben wird die Vorderachse. Quietschende Reifen gibt's nicht und die Beschleunigung aus dem Stand ist vom Raketenstart eines Tesla weit entfernt«. Trotzdem vergingen für den Sprint von 0 auf 50 km/h nur 3,2 und von 0 auf 100 km/h nur 7,3 Sekunden. Beim Überholen habe der Wagen einen enormen Durchzug, ein echter Sicherheitsgewinn. »Bei Tempo 150 wird abgeregelt, obwohl der 204 PS-Stromer locker mehr schaffen würde. Dann wäre aber der Energieverbrauch überproportional hoch.«
Prima gelungen sei Opel die Fahrwerksabstimmung. Der Ampera-e, dessen Schwerpunkt dank der Akkus sehr niedrig sei, wanke nicht und habe trotzdem einen hohen Federungskomfort. Versatz auf Bodenwellen oder Trampeln kenne der Opel nicht – da sei man von amerikanischen Autos anderes gewohnt. Einziges Manko: Die gefühllose Lenkung, die starke Antriebseinflüsse aufweise. Doch mit seiner Reichweite schaffe der Ampera-e den Sprung vom Zweit- zum Erstwagen. Täglich zur Arbeit und zurück, dann noch Einkaufen fahren und abends ins Kino – kein Problem. »Selbst für Pendler, die jeden Tag 100 Kilometer zur Arbeit fahren, wird die Elektromobilität nun eine Option!«, so der *FOCUS*-Bericht.

Renault Zoé: Herausforderung aus Frankreich

Interessant auch die Beurteilung des Testers Hans Appel von der *FAZ (Frankfurter Allgemeine Zeitung)* des Renault Zoé vom Februar 2017: »Er ist das meistverkaufte Elektroauto in Deutschland. Wie weit kommt er mit seinen Akkus?« Renault war als erster und bislang einziger Hersteller diesseits der für die meisten Menschen unbezahlbaren und wegen ihrer Größe für den Stadtverkehr ungeeigneten Modelle von Tesla ernsthaft angetreten, die so häufig geäußerten Reichweite-Sorgen zu zerstreuen. »In ihrem von Grund auf als Elektrofahrzeug konstruierten Zoé verstauen die Franzosen eine große Batterie, die mit ihren 41 kWh Kapazität eine alltagstaugliche Normreichweite von 400 Kilometern verspricht. Das wollten wir genauer wissen und haben uns mit dem Renault-Partner unseres Vertrauens auf eine Probefahrt verabredet. Was wir dem freundlichen Herrn aus taktischen Gründen erst ein wenig spät erzählen: Die Fahrt soll bis zum bitteren Ende dauern. Wir wollen entkräftet liegenbleiben. Man muss nicht irre sein, um das im Januar zu tun, aber es hilft. Schließlich würden wir mit dem Auto, wäre es unser eigenes, jetzt auch ins Büro pendeln wollen...«
»Köln, 8 Uhr. Das Thermometer zeigt minus 3 Grad. Es schneit. Der rote Zoé steht frisch befüllt in der Halle, sein Bordcomputer meldet statt der erwarteten 400 nur 382 Kilometer. Bei den niedrigen Temperaturen lässt sich die Batterie nicht vollständig laden. Das hat sicherheitstechnische Gründe, sagt der das Auto übergebende Mechaniker. Über die zugehörige App auf dem Smartphone sind wir zudem ständig online im Bilde über den Gemütszustand unseres Gefährts und die Orte möglicher Ladepunkte«. Aber laden unterwegs komme keinesfalls in Frage. Zur Not würde ohne Heizung gefahren werden.
Erste Überraschung: Dem war nicht mehr so. »Der Renault hat eine Wärmepumpe, deren Energieverbrauch der Fahrbatterie nichts Gravierendes anhaben kann. Wir stellen die Klimaautomatik auf Empfehlung des Mechanikers auf 24 Grad ein. Der Mann weiß, warum. Um es vorwegzunehmen: Diese Innenraumtemperatur schafft die Heizung nie, am Ende werden sich unsere Zehen anfühlen wie nach einem langen Skitag, aber wir fahren ohne Jacke und ohne Handschuhe. Zweite Überraschung: Der Innenraum ist deutlich freundlicher eingerichtet als bisher, der Zoé muss sich hinter anderen, konventionell befeuerten Kleinwagen nicht mehr verstecken.
Der Zoé ist auf 135 km/h begrenzt, wir fahren auf der Autobahn konstant 100 km/h und ansonsten den ganzen Tag über so, wie es der Verkehrsfluss erlaubt. Nicht schnell, aber ohne die übrigen Teilnehmer zu behindern. 46 Kilometer Autobahn zwingen die Reichweitenanzeige um 70 Kilometer in die Knie. Dann Landstraße, bergauf, der Streuwagen von der Straßenmeisterei gibt uns Deckung, die Sicht ist schlecht. Licht an, Gebläse an, Scheibenwischer an, Navigation an.«
Im Spätherbst 2016 hatte Renault den erstarkten Zoé der Presse erstmals vorgestellt. In Portugal bei 20 Grad. Wer dabei gewesen ist, war voll des Lobes. Die *Frankfurer Allgemeine* schrieb, die Reichweite-Sorgen führen jetzt nicht mehr mit. Die Kollegen von der Fachzeitschrift *Auto Bild* verstiegen sich gar zu der Aussage, wären sie Pendler, gingen sie nun zum Renault-Händler.

»Das Elektroauto erschien Ende des vorletzten Jahrhunderts und verschwand wieder, kehrte in den 1950ern zurück, verschwand wieder, tauchte in den 1970ern erneut auf und verschwand wieder – aber diesmal investieren wir alle verfügbaren Mittel, um es nicht abermals verschwinden zu lassen.«

Carlos Ghosn, CEO Groupe Renault, 5. Oktober 2017

Testfahrt mit dem Renault Zoé, 2017.

Toyota Prius, 2018.

300 Kilometer pro Akkuladung hatten es sein sollen, »271,8 Kilometer wurden geschafft. Unter widrigsten Bedingungen ... Zuletzt bewegte sich der Zoé noch einige Kilometer normal. Dann meldete er ›Reduzierte Leistung‹ und fuhr höchstens 50 km/h schnell. Schließlich einige Kilometer mit 15 km/h, dann mit 6. Er kapitulierte nach 28 (!) Kilometern hinter Normalnull an einer Fahrbahnschwelle. Das Licht blieb an, die Anzeigen innen auch, weder Lenkung noch Bremse waren ausgefallen, denn es gibt dafür einen separaten Stromkreislauf. Man hätte ihn ohne Gefahr rechtzeitig abstellen können«. Für Langstrecken sei das Elektroauto zwar noch immer nichts, aber für Pendler habe sich der Zoé das Prädikat »alltagstauglich« verdient. Hans Appel: »Es gibt derzeit vermutlich kein besseres, finanziell erreichbares Elektroauto auf dem Markt. Allerdings bleibt es dabei: Elektromobilität muss man wollen!«

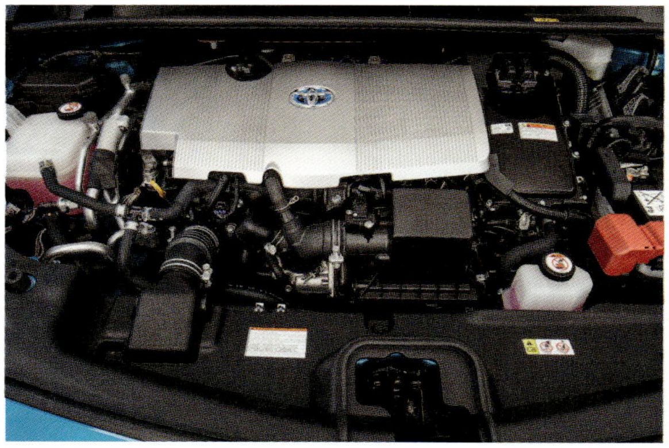

Blick unter die Motorhaube des Toyota Prius. Vorbei die Zeiten, als man sie nur öffnete, um Ölstand und Kühlwasser zu kontrollieren.

Der Toyota Prius schnurrte den Verbrennern davon

Interessant auch ein Bericht von *AutoBild* vom Test eines Toyota Prius Hybrid der 2017er Generation. Dirk Branke schrieb: »Leise und sanft gleitet der Prius über die Straße. Freundlich summt der Elektromotor, reagiert spontan aufs Gaspedal – und sorgt an der Ampel immer wieder für diesen kleinen Spaß-Moment, wenn er sämtlichen Verbrennern einfach davonschnurrt. Entspanntes Fahren, wie von einem E-Auto gewohnt.

Zunächst ein Eindruck von der Hardware: 8,8 kWh haben die Akkus an Bord, Toyota gibt dafür eine Reichweite von 50 Kilometer an. Die Batterien liegen hinter der Rückbank unter dem Kofferraum, der schluckt noch 360 bis maximal 1204 Liter. Das Aufladen dauert an einer normalen 230-Volt-Haushaltsteckdose drei Stunden und zehn Minuten, an einer Ladestation zwei Stunden. Neu ausgelegt hat Toyota das Hybrid-System für den Plug-in. Dazu gehören der Benziner, ein 1,8-Liter-Vierzylinder mit 98 PS, ein E-Motor mit 72 PS und wie stets das raffiniert verzweigte Planetengetriebe. Die Systemleistung gibt Toyota mit 122 PS an. Neu ist jetzt aber, dass im Elektro-Modus auch der Generator des Hybridsystems zusätzlichen Schub liefert – dann stehen im E-Modus insgesamt 92 PS zur Verfügung. So schafft der Plug-in rein elektrisch immerhin auch eine Spit-

Arbeitsplatz im Renault Zoé.

Mercedes-Benz B-Klasse Hybrid, 2014.

zengeschwindigkeit von 135 km/h. Mit den beiden E-Triebwerken fährt sich der Plug-in als Stromer zügig, angenehm und entspannt. Im Test sprang dann bei Kilometer 38 zum ersten Mal der Benziner an, die Hybrid-Batterie war fast leer.«

Fahre man mit dem Verbrenner, sei auch der Plug-in wieder ein normaler Prius, schrieb der Tester Dirk Branke. Und: »Trotz spürbarer Verbesserungen gibt es immer noch einen Gummiband-Effekt: Nach dem Tritt aufs Gas steigt zunächst die Drehzahl, erst danach und mit leichter Verzögerung die Geschwindigkeit. Streichelt man das Gaspedal nur, fällt das nicht weiter auf, alles bleibt friedlich, der Benziner brummt zurückhaltend. Aufgeregt und lauter wird er nur, wenn es schneller vorangehen soll.«

Toyota sei spürbar um hohe Verarbeitungsqualität bemüht, setze »viel Klavierlack« ein ... die Sitzposition vorn passe auch Großgewachsenen, das Platzangebot gehe auch auf den hinteren Plätzen in Ordnung – »hier fehlt es nur etwas an Platz über dem Scheitel, Größere müssen den Kopf einziehen«, was sie ja auch von vielen anderen Fahrzeugen gewohnt sind.

Suche nach Argumenten für den Hybrid-Mercedes

Einer eingehenden Betrachtung unterzogen die Tester von *FOCUS Online* im Herbst 2017 den C 300 BlueTec Hybrid in der Ausführung als T-Modell: »48.671 Euro kostet der Wagen. Eine Menge Holz, zumal der Preis mit den klassenüblichen Optionen die 50.000 Euro-Marke ganz automatisch und die 60.000 Euro-Marke sehr schnell überspringt. In jedem Fall gönnen sollte man sich zwei Extras: Die Luftfederung Airmatic und den Abstandsregeltempomat Distronic Plus, der auf Langstrecken den Ruhepuls des Fahrers noch einmal um ein paar Zähler senkt«.

Die verschiedenen Programme der adaptiven Airmatic würden sich zwar nur gering unterscheiden, weil der Wagen fast immer gleich komfortabel unterwegs sei, auch die Lenkung sei gemütlich ausgelegt. »Die Mercedes-Ingenieure mögen in ihren Alpträumen einen Hybrid mit Stern gesehen haben, der mit stufenlosem Getriebe und phlegmatischem Mini-Vierzylinder ab Tempo 120 so angestrengt klingt, als wolle er gleich durch die Spritzwand springen und den Fahrer erwürgen. Nichts sollte den Fahrer stören... und das tut es auch nicht, insofern ist der Plan aufgegangen. Aber ein Argument zum Kauf des Hybriden haben wir nicht gefunden. Unsere Empfehlung: Lieber für den gleichen Preis die Allrad-Version C 250 4Matic wählen – die liefert trotz etwas zahmerer Beschleunigung gleich noch ein Plus an Fahrdynamik und Wintertauglichkeit«.

Die C-Klasse sei ein sehr gutes Auto, böte in ihrer Klasse den höchsten Fahrkomfort, habe einen sparsamen 2,2-Liter-Dieselmotor und ein vergleichsweise gutes Platzangebot. Doch ob nun ein Hybridmodul an Bord sei oder nicht, mache kaum einen Unterschied. »Die Verbrauchsersparnis ist in der Praxis bescheiden, rein elektrisch kann der schwere Kombi mangels Akku-Power nur ganz kurze Strecken fahren. Wäre nicht der breite Hybrid-Schriftzug an der Heckklappe montiert, würde man vom Hybridherz fast gar

Audi A6 Hybrid, 2017. Ein Hybrid-Modell in der Business-Klasse »mit toller Beschleunigung und modernstem Lithium-Ionen-Akku. Doch er kann eigentlich nichts besser als der Diesel,« urteilten die Tester von *SPIEGEL Online*.

nichts merken.« Ein Argument zum Kauf des Hybriden habe man nicht gefunden. Eine Alternative für den Strom-Liebhaber sei nur der C 350e als Plug-in-Hybrid mit mehr Elektro-Power und höherer Akku-Kapazität.

Audi-Hybrid: »Das Bremsgefühl erfordert Gewöhnung«

Wie ökonomisch verhält sich der Audi A6 Hybrid mit seinem Vierzylinder-TFSI-Motor gegen die etablierten Sechszylinder-Konkurrenten? Dieser Frage ging der Autotester Dirk Gulde im Juli 2012 im Auftrag von *auto, motor und sport* nach. Er und seine Kollegen absolvierten mit Fahrzeugen verschiedener Marken mehr als 70 Verbrauchsfahrten über eine Distanz von rund 12.000 Kilometer: Der Aufwand für einen Hybrid-Vergleich könnte kaum größer gewesen sein. Hier einige Notierungen zum Audi A6 Hybrid:

»Anstatt einen Sechszylinder auf Elektro-Diät zu setzen, nutzt Audi beim A6 Hybrid gleich einen sparsameren Vierzylinder,« war zu erfahren. »Der aufgeladene Zweiliter mit 211 PS wird dabei von einem 40-kW-Elektromotor unterstützt, der zusammen mit einer automatisierten Kupplung im Getriebegehäuse an Stelle des Drehmomentwandlers sitzt. Mit einer Systemleistung von 245 PS überflügelt er seinen konventionellen Verbrenner-Kollegen um stramme 65 PS, da der 2.0 TFSI im Audi A6 nur in einer auf 180 PS gedrosselten Variante angeboten wird. Erfreulich, dass es Audi geschafft hat, die Hybrid-Batterie so flach in den Kofferraum zu integrieren, dass ein Teil der Durchreiche erhalten blieb. Dass der 1,3 kWh fassende Akku 155 Liter vom Standard-Gepäckraum schluckt, dürfte für Hybrid-Interessenten damit leichter zu akzeptieren sein«. Audi-Verkäufer konnten das bestätigen.

Das geringe Sparpotenzial der Hybrid-Variante wiege hingegen schwerer. Auf der äußerst moderat gefahrenen *auto motor und sport*-Verbrauchsrunde genehmigte sich der Audi A6 Hybrid zwar nur 6,1 Liter/100 km und unterbot damit sogar seinen NEFZ-Normverbrauch um ein Zehntel. Der Basis-Benziner absolvierte die Runde mit 7,1 Liter jedoch ebenfalls sehr genügsam. »In der Stadt schmolz der Verbrauchsvorteil sogar auf 0,8 Liter – umso erstaunlicher, da es gerade im städtischen Stop-and-go-Verkehr viel zu rekuperieren gibt.«

Wer elektrisch anfahren wollte, wurde zum Schleicher. Allerdings mache der Audi Hybrid erstaunlich wenig von seinem Elektroantrieb Gebrauch, hieß es. »Selbst bei gedrückter EV-Taste, die den E-Modus arretieren soll, eilt der Benziner bereits bei mäßig gedrücktem Gaspedal zur Hilfe. Wer rein elektrisch anfahren möchte, wird unweigerlich zum Schleicher. Auf der Autobahn, wo beide Varianten mit rund acht Liter nahezu gleichauf liegen, ist es mit dem Sparen dann ganz vorbei.«

Das ließe sich aber noch am ehesten verschmerzen. Weniger hingegen, dass es oft zu lange dauere, »bis sich der

Motor mit seinem Strom-Gehilfen auf Schub geeinigt hat, was von spürbarem Ruckeln begleitet wird. Das künstliche, nicht immer optimal zu dosierende Bremsgefühl beim Rekuperieren erfordert ebenfalls Gewöhnung...«
Indes, das war 2012, und seither sind entwicklungsintensive Jahre vergangen. Alle namhaften Hersteller haben ihre EV- und PHEV-Modelle in den letzten Jahren weitgehend optimiert. Die Zyklen des technischen Updating sind immer kürzer geworden.

Tesla Model S: »... eines der besten Autos, das wir je gefahren haben!«

Ein Tester des amerikanischen Magazins *Consumer Report* schrieb im März 2018, der Tesla S sei eine ganz andere Art von Auto – wie von einem anderen Planeten. Und dieser Planet heiße Silicon Valley. »Er ist eines der besten Autos, die wir je gefahren haben!«
Es sei kinderleicht, von einem herkömmlichen Wagen auf dieses Elektroauto umzuschalten. »Für eine volle Akku-Aufladung benötigt man etwa sieben Stunden, und das reicht für 235 Meilen (ca. 380 km). Einmal Aufladen kostet zehn Dollar. Das Fahren ist ein angenehmes Erlebnis mit hoher Lenkpräzision, der Wagen gleitet flüsternd dahin, und in der D-Version (= Dual-Motor) bekommt man das Auto auch mit Vierradantrieb.
Einen Anlasser gibt es nicht. Ein Antippen des Bremspedals, und der Wagen setzt sich in Bewegung. Auch muss man keine Handbremse lösen. Alle Funktionen lassen sich auf dem großen 17-Zoll-Bildschirm überwachen und regulieren, von der Stoßdämpferhärte bis zur Radiolautstärke. Und tritt man aufs Beschleunigungspedal, zieht das Fahrzeug mit einer Vehemenz ab, um die Sie so mancher Sportwagenfahrer beneidet. Alles das kann nicht billig sein. Das Model S mit 75-kWh-Motor kostet mehr als 80.000 Dollar, und das Hochleistungsmodell P1000 kommt mit guter Ausstattung auf mehr als 150.000 Dollar. Dabei kann das Interieur allerdings nicht ganz mithalten im Vergleich zur Qualität bei Audi, BMW oder Mercedes-Benz... vor allem die Rücksitze sind nicht allzu einladend.«

Damit sich ein Tesla Model S ökologisch rechnet

Die Online-Ausgabe des Nachrichtenmagazins *FOCUS* betrachtete Anfang Juni 2017 das Erfolgsphänomen Tesla von einer anderen Warte: »Eine kürzlich veröffentlichte schwedische Studie machte deutlich, dass die Produktion der Akkus für Elektroautos erheblich umweltschädlicher sein könnte als bisher angenommen. Damit sich ein Elektroauto wie der Tesla Model S ökologisch rechnet, muss man acht Jahre damit fahren. Das sagt zumindest eine Studie des schwedischen Umweltministeriums, welche die Produktion der Lithium-Ionen-Akkus von Elektroautos genauer unter die Lupe genommen hat. Demnach fallen bei der Herstellung pro Kilowattstunde Speicherkapazität rund 150 bis 200 Kilogramm Kohlendioxid-Äquivalente an. Umgerechnet auf die Akkus eines Tesla Model S wären das rund 17,5 Tonnen CO_2. Das ist enorm viel, betrachtet man den jährlichen pro-Kopf-Ausstoß an CO_2 in Deutschland von rund zehn Tonnen.«
Die zitierte Studie rechnete vor: Ein Fahrzeug mit einem herkömmlichen Verbrennungsmotor könne acht Jahre gefahren werden, bevor es die Umwelt so stark belastet habe

„Wenn du morgens aufwachst und an eine bessere Zukunft denkst, wird das ein schöner Tag. Andernfalls wird er es nicht. Es ist wichtig, dass die Menschen sich darauf freuen, morgens zur Arbeit zu kommen und dass ihnen das Arbeiten Spaß macht.«

Tesla-Gründer Elon Musk, befragt zu seiner Philosophie, 2016

Tesla Model S auf Testfahrt in der Schweizer Alpenregion, 2017.

wie die Akku-Produktion für ein einziges Fahrzeug vom Typ Tesla Model S, zumal der Stromverbrauch beim Fahren dabei noch gar nicht berücksichtigt sei. Bei einem kleineren E-Fahrzeug wie dem Nissan Leaf wären es noch etwa drei Jahre.

Mehr Reichweite, gößere Akkus. *FOCUS*: »Daher fordern die Forscher, dass Hersteller und Verbraucher mit kleineren Batterien auskommen müssten – ein starker Gegensatz zur Jagd nach immer größerer Reichweite, die meist nur mit größeren Akkumulatoren erkauft wird...«
Allerdings mache die Produktion von E-Auto-Akkus durchaus Fortschritte. So wiesen heutige Akkus in Elektroautos eine deutlich höhere Energiedichte auf als ihre Vorgänger. Ebenfalls beachtet werden müsse die Tatsache, dass Elektroautos im Gegensatz zu Benzin- und Dieselfahrzeugen zumindest lokal keine Schadstoffe ausstoßen, etwa Stickoxide oder Kohlenmonoxid.

Mitsubishi Outlander Hybrid 2018. Erst ab 65 km/h schaltet sich der 2,4-Liter-Benziner mit 135 PS hinzu.

Größtes Gebäude der Welt Die Aussicht auf die Möglichkeit zur Herstellung immer effizienterer und dabei die Umwelt weniger belastender Akkus war auch Gegenstand einer Betrachtung des Themas in den *VDI-Nachrichten* im Juli 2018. »Die Produktionskapazitäten bei den Zellenherstellern haben die Hauptabnehmer aus der Automobilbranche mittelfristig schon längst reserviert,« heißt es da. Und: »Das Geschäft mit der Produktion von Lithium-Ionen spielt sich allerdings vor allem in Asien und in den USA ab. Deutschland und Europa sind derzeit als Fertigungsstandort für die Zelltechnik abgehängt.« Daher habe die EU den Aufbau von mehreren Gigafactories inzwischen zum industriepolitischen und strategisch vorrangigen Ziel erklärt. Spätestens 2020, so prophezeien Wissenschaftler, könnten zwei von drei Akkuzellen aus chinesischer Fertigung stammen. Da auch die Tesla-Manager sich dieser Erkenntnis nicht verschließen, arbeiten sie mit Hochdruck an ihrem Gigafactory-Projekt in den USA. »Wir bemühen uns um die ständige Verbesserung unserer Speichertechnologie«, heißt es, »aber auch, um Energiespeicher kostengünstiger herstellen zu können. Unsere Fabrik umfasst derzeit bereits 455.000 Quadratmeter Betriebsfläche, verteilt auf fünf Etagen, und wenn die Erweiterung des Baus abgeschlossen ist, wird er das größte Gebäude der Welt darstellen.«

Mitsubishi Outlander: Upgrade mit mehr Power

Einen Erfolgsgaranten nennt das in Wien erscheinende Magazin *AUTO aktuell* den neuen Mitsubishi Outlander PHEV Modell 2019 in ihrer zweiten Jahresausgabe 2018. Die österreichischen Tester vermerkten bei diesem Wagen deutlich mehr Leistung und eine erhöhte Reichweite – dank größerer Akkus im Vergleich zum Vormodell.
»Da Mitsubishi diesen PHEV als Elektroauto betrachtet, fährt der Wagen bei niedrigem Tempo immer nur rein elektrisch. Für eine agilere Beschleunigung erhöhten die Japaner die Leistung des hinteren Elektromotors auf 95 PS. Rein elektrisch sind nun 135 km/h möglich. Dazu verpassten sie dem Plug-in-Hybrid einen stärkeren Akku mit 13,8 statt 12 kWh. Ab 65 km/h schaltet sich der 2,4-Liter-Benziner mit 135 PS hinzu. Der Übergang erfolgt sanft und kaum hörbar«. Gelobt wurden ferner das sportlich straffe Fahrwerk im Sport-Modus und die griffige Lenkung. »Auch einen Snow-Modus gibt's, damit der Outlander auch auf schneebedeckter und vereister Fahrbahn seine Qualitäten ausspielen kann.«

Hyundai Ionic: Drei Autos in einem

Die Kompaktlimousine Hyundai Ioniq gab es 2017–18 nur elektrisch motorisiert, entweder als Hybrid, als Plug-in oder als reines E-Auto. Schon das Modell mit der leichtesten Unterstützung bietet ein neues Fahrerlebnis – sofern der Fahrer mitspiele, wie der *SPIEGEL*-Tester Jürgen Pander im Oktober 2017 schrieb, und er fragte:
»Warum ist noch kein deutscher Hersteller auf die Idee gekommen? Warum hat noch keiner von ihnen einen familientauglichen Allround-Kompaktwagen gebaut, der ausschließlich mit elektrifizierten Antrieben angeboten wird? Und zwar mit drei unterschiedlichen – Hybrid-, Plug-in-Hybrid- und reinem Elektroantrieb?« Und er führt aus: »Weil es die einzig wahre Lösung für alle möglichen Fahrprofile nicht gibt, ist es nur logisch, eine Auswahl anzubieten, sodass für jeden Anspruch das Passende dabei ist«.
Der koreanische Hersteller Hyundai habe mit dem Modell Ioniq genau so ein Auto im Angebot. 4,47 Meter lang, mit fünf Sitzplätzen, ordentlichem Laderaum und eben der Wahl zwischen drei elektrifizierten Antriebsformen. »Wir fuhren jetzt die mildeste Variante, den Ioniq Hybrid, der zugleich das billigste und leichteste Modell des Trios ist.
Unter der Haube stecken ein 1,6-Liter-Benzinmotor sowie eine Elektromaschine, die zusammen eine Systemleistung von 141 PS entwickeln. Unter der Rücksitzbank ist ein Lithium-Polymer-Akku mit einer Speicherkapazität von 1,56 kWh platziert. In den Akku wird immer dann Energie gespeist, wenn der Fahrer vom Gaspedal geht und das Auto ausrollt. Oder wenn es bei gedämpfter Fahrt besonders effizient ist, einen Teil des Drehmoments des Benziners zum Aufladen des Akkus abzuzweigen. Das Prinzip ist von anderen Hybridautos bekannt«.
Äußerlich erkennbare Unterschiede gebe es allein beim Volumen des Laderaums der kompakten Limousine: »Bei der Elektro- (350 Liter) und der Plug-in-Hybrid-Variante (341 Li-

ter) des Ioniq ist das Kofferraumvolumen aufgrund der größeren Akkus (und des zusätzlichen Tanks beim Plug-in-Hybrid) geringer – dafür aber bieten sie einen noch größeren Elektrifizierungsgrad. Wer jedoch keine oder nur eingeschränkte Lademöglichkeiten hat, ist mit dem Hybrid ziemlich gut bedient…«.

Hyundai Ionic 2016 – ganz nach Wunsch elektrisch motorisiert, entweder als Hybrid, als Plug-in oder als reines E-Auto.

Ja, so ein Auto sei eben ein Kompromiss. Es gebe schnellere Modelle, und es gebe solche mit noch weniger CO_2-Ausstoß. »Aber wer sich auf den Hybrid-Kompromiss einlässt, kann mit dem Ioniq ziemlich sparsam und weitgehend ohne Einschränkungen unterwegs sein. Und zwar in einem Auto, das zwischen fadem Standard-Design und skurriler Öko-Optik elegant die Kurve kriegt.«
Es sei wirklich merkwürdig, dass noch kein anderer Hersteller auf diese Formel gekommen ist.

Panamera 4 E-Hybrid: Fährt sich wie ein Porsche 911

Porsche hat den Panamera 4 E-Hybrid per Jahresende 2016 neu aufgelegt. Die zweite Generation der großen Limousine sei so schnell wie ein Basis-911, ermittelte *Auto-Bild* in einem im Januar 2017 unternommenen Fahrtest.
»Den Panamera gibt es künftig mit zwei Gesichtern. Sportlich war er schon vorher, aber der Hybrid kann auch richtig öko sein«. 36 bis 50 Kilometer ohne Benzin fahren, aber mit Elektro-Boost an der Ampel die anderen stehen lassen – beides ginge mit Porsches Elektro-Limo.
»Stück für Stück arbeitet sich Porsche wieder an seine einstige Hybrid-Ikone, den 918 Spyder heran, dessen Produktion nach 918 Einheiten 2015 eingestellt wurde und seine Super-Technik in die Großserie scheibchenweise abgibt … Der Panamera 4 E-Hybrid ist das jüngste Produkt dieses Technologie-Transfers. In nahezu allen Bereichen hat Porsche beim Panamera 4 E-Hybrid eine Schippe draufgelegt. Beispiel Akku: Dessen Kapazität ist von 9,4 auf 14,1 Kilowattstunden gestiegen. Bei gleichem Gewicht und gleicher Größe. Der E-Motor leistet nun 136 PS (Vorgänger 95 PS), und der neue, drei Liter große Turbobenziner bringt es auf 330 PS (Vorgänger: 321 PS). Ergebnis: Von 0 auf 100 km/h sprintet die 2170 Kilogramm (DIN-Leergewicht ohne Fahrer) schwere Limousine jetzt in 4,6 Sekunden und ist damit so schnell wie ein Basis-911.«
Im Sport-Modus lasse sich der Akku am besten während der Fahrt aufladen. »Jetzt ist Schluss mit Schleichfahrt, es darf auch flott ums Eck gehen. Und das macht richtig Spaß mit dem Elektro-Panamera. Die serienmäßige Dreikammer-Luftfederung stabilisiert das schwere Geschoss zuverlässig. In Millisekunden werden die Dämpfer auf die aktuelle Straßenlage abgestimmt. Beachtlich, wie der Panamera mit dieser Technik fast wie ein 911er auf der Straße liegt. Dazu trägt auch der Allradantrieb bei. Die ebenfalls neu abgestimmte Achtgang-Automatik bringt dabei mit kurzen Schaltvorgängen die Kraft zügig auf die Straße. Wird E-Hold gewählt, behält der Panamera 4 E-Hybrid die Ladung bis zum gewünschten Zielort, beispielsweise während der letzten Kilometer durch die Stadt. Wird E-Charge gewählt, so lädt der Panamera die Batterie, bis sie komplett mit Energie versorgt ist. Mit einem Kickdown des Gaspedals lässt sich allerdings jeder Modus übersteuern, zum Beispiel für ein flottes Überholmanöver.«

Porsche Panamera 4 E-Hybrid 2018. *Auto-Bild* freute sich: »Flott ums Eck gehen macht richtig Spaß …«

Volkswagen E-Golf: »35 kWh Akkukapazität sind einfach zu wenig«

Es sei zwar kaum zu glauben, doch die Zulassungsstatistiken lügen nicht, schrieben Friedhelm Greis und Werner Pluta in ihrem Testbericht über den VW E-Golf, veröffentlicht im November 2017 in *Golem.de*: »Der elektrische Golf von Volkswagen ist derzeit eines der beliebtesten Elektroautos in Europa. Selbst in Norwegen, wo Elektroautos boomen, hat der E-Golf im Oktober die Konkurrenz mit fast 1200 verkauften Exemplaren weit abgehängt. In Deutschland wurde er mit rund 400 Verkäufen nur knapp vom Smart Fortwo geschlagen. Ist der e-Golf tatsächlich ein so attraktives Elektroauto?«
Nun, der E-Golf fahre sich schön »wie alle Elektroautos, welche die Autoren bisher testeten. Vorausgesetzt, der Fahrer bekommt den Wagen dazu, sich zu bewegen. Wer das Fahren mit Schaltwagen gewöhnt ist, kann dabei Mühe haben. Mehr als einmal weigerte sich das Fahrzeug, den Tritt

aufs Gaspedal in Vortrieb umzusetzen. Nur wer die Choreografie aus Bremspedal treten, Zündknopf drücken und

Volkswagen E-Golf, 2018.

den Schalthebel in die Stellung D oder B ziehen exakt einhält, bekommt das Auto zum Laufen. Dann aber schnurrt der Golf los.
Was als erstes auffällt: Nichts fällt auf. Es ist praktisch nichts zu hören – bis andere Autos neben dem Golf auftauchen. Dann sind diese zu hören. Auch an der Ampel heult nichts auf, ein schönes Cruising-Gefühl. Für ein Beschleunigungsduell mit einem Verbrenner – eigentlich die Domäne des Elektroautos – eignet sich der Golf aber nicht: Die Vorderräder neigen dazu, beim festen Tritt aufs Gaspedal schnell durchzudrehen.«
Hier zeige sich, dass der E-Golf kein eigens konstruiertes Elektroauto auf einer neuen Plattform sei, sondern nur ein umgebauter Verbrenner. »Die 345 kg schweren Lithium-Ionen-Akkus sitzen zwischen den Achsen. Trotz Antriebsschlupfregelung bringt der E-Golf die 100 Kilowatt (136 PS) mit dem Frontantrieb nicht so problemlos auf die Straße wie Teslas Model S seine vier bis fünf Mal so große Leistung. Doch die entscheidende Frage beim E-Golf ist nicht die der Leistung, sondern der Reichweite.« Hier mache sich die Schwäche des E-Golf bemerkbar: 250 Kilometer zeigte der Reichweitenanzeiger. Man könne es nicht anders sagen: 35 Kilowattstunden Akkukapazität seien für ein Elektroauto einfach zu wenig.

BMW i3: Viel Fahrspaß durch kraftvolles Beschleunigen

Dass die Tester des in München beheimateten ADAC mit besonderem Interesse sich des BMW i3 Hybriden annahmen, kann man nachvollziehen. Zum Auftakt hieß es in einem im September 2016 veröffentlichten Report: »Hätte der i3 nicht einige typische Designmerkmale von BMW, würde man ihn der bayerischen Traditionsmarke sicher nicht zuordnen. Der Wagen kommt mit einer Van-artigen Erscheinung daher, bietet aber ganz traditionell nur vier Sitzplätze und einen überschaubaren Kofferraum. Vielmehr wird ein doppelter Boden im i3 für die neue Technik benö-

Wenn Kritiker etwas am BMW i3 zu bemängeln hatten, dann eine etwas zu nervöse Lenkung und das ungewöhnliche Türkonzept, bei welchem man in den Fond nur gelangt, wenn zuerst die vordere Tür geöffnet wurde.

MW i3 in winterlicher Erprobung.

tigt: ein Elektromotor und ein Batteriepack. Und im Falle unseres Dauertestwagens zusätzlich ein Benzinmotor und ein kleiner Tank. Da die Technik schon viel Gewicht mitbringt, geht BMW bei der Karosserie andere Wege und verbaut Carbon und Aluminium in bisher ganz neuem Umfang. So hält sich das Fahrzeuggewicht trotz der zwei Antriebsquellen in Grenzen.«

Als positiv wurden im Verlauf des ADAC-Dauertestes vermerkt, dass es während 30.000 Kilometern keinerlei Störungen gab, ferner die vielseitigen Lademöglichkeiten: »12 A, 2,7 kW am Schukostecker, 3,6 kW mit Typ 2 Stecker. Optional wird eine 4,6 kW Ladung per Typ 2 Stecker und eine Schnellladung nach Combo2/CCS an DC Schnellladestationen angeboten (20 bis 50 kW, 60 bis 30 min für 80 Prozent Ladung).« Gelobt wurde auch die Standheizungsfunktion: Das Klimatisieren des Innenraums (per Timer oder Smartphone-App) während des Ladevorgangs schone beim Ladevorgang die Batteriekapazität und ermögliche eine höhere Reichweite. Und: »Dank 250 Nm Drehmoment und 170 PS sehr gute Fahrleistungen, gleichmäßige Beschleunigung ... Hohe Rekuperation: Vorausschauende Fahrer können einen hohen Anteil der Bewegungsenergie wieder in die Batterie zurückspeichern, das erhöht die Reichweite ... Die Reichweitenanzeige ist sehr genau.«

Negativ bewertet wurde das »unpraktische Türkonzept. Besonders in Garagen und Parkhäusern erweisen sich die gegenläufig zu öffnenden Türen als nachteilig. Zudem besteht die Gefahr, sich an den Fangbolzen der Fondtüren den Kopf anzuschlagen. Die Seitenscheiben der Fondtüren können nicht geöffnet werden.« Neben dem satten Aufpreis von 4500 Euro für den Rangeextender gebe es weitere Nachteile, so sei eine Wärmepumpe, die mehr Reichweite durch effizientere Wärmegewinnung ermöglicht, nicht lieferbar, und die Motorabwärme im REX-Betrieb werde nicht für die Innenraumheizung genutzt. »REX Betrieb: Der 25 kW starke REX-Motor geht nicht besonders sparsam mit Benzin um. Die Stromerzeugung mittels Verbrennungsmotor benötigt in etwa 7,5 Liter auf 100 Kilometer.«

BMW untypisch sei die Lenkung des i3, sie wirke sehr nervös und übermotiviert. Bei Autobahngeschwindigkeit sei der Fahrer immer am Korrigieren. Bemängelt wurden auch die langen Ladezeiten mit 12 A-Schukostecker (»bis zu acht Stunden bei leerer Batterie«). Fazit: »Für Strecken bis zu 120 Kilometer wird der i3 gern eingesetzt. Er bietet bis zu vier Personen Platz, vorne geräumig, hinten etwas beengt. Zuverlässige Technik und viel Fahrspaß durch geräuscharmes, ruckfreies und kraftvolles Beschleunigen stehen auf der Habenseite«.

Auf 13 von 17 in Deutschland erhältlichen E-Automodellen mussten die Käufer bei Vertragsabschluss im Jahr 2019 fünf, zehn oder auch zwölf Monate warten.

ADAC Motorwelt/ carwow, Juli 2019

»Kein anderes Auto als der Smart Fortwo ist so praktisch bei der Parkplatzsuche und so unkompliziert im Stadtverkehr ... ruckzuck in die kleinste Parklücke! Dass er unpraktisch ist, wenn man mehr als zwei Personen oder Gepäck transportieren will: Geschenkt.«

Heiko Dilk, *Motor Talk*, Dezember 2017

Smart ED: Kompakter und ökonomischer Stadtwagen

Die Autokritiker von *MeinAuto.de* nahmen sich Ende 2017 des Smart ED (electric drive) an und befanden, dieses Fahrzeug sei geradezu prädestiniert für die Elektromobilität. Erstaunlich sei, dass der »quirlige Stadtfloh« offiziell erst ab 2012 mit einem E-Antrieb angeboten werde – das allerdings mit Erfolg. Denn der Smart ED gehört in Deutschland inzwischen zu den meistverkauften E-Autos.
Auf der Test-Tour war man an zwei Fragen besonders interessiert. Wie flott und wie weit fährt der Smart electric drive? Und wie würde er sich preislich im Vergleich mit den herkömmlich angetriebenen Modellen ausnehmen?
»Um eine Antwort auf die erste Frage zu finden, müssen wir uns den Elektromotor und vor allem die Batterie genauer ansehen. Den Motor finden wir beim Daimler-Däumling traditionell im Heck, eine Tradition, die auch die jüngste ED-Version fortführt. Der Elektroantrieb – ein fremderregter Drehstrom-Synchronmotor – hat seit seiner Einführung 5 kW und 30 Nm zugelegt. Die Hinterachse wird damit mit 82 PS und maximal 160 Nm Drehmoment (Energieverbrauch: 12,9 kWh auf 100 km, 0 g/km CO_2 und Energieeffizienzklasse A+) angetrieben. Da letzteres schon ab der ersten Umdrehung anliegt, legt der elektrifizierte Smart los wie die sprichwörtliche Feuerwehr. Seine Paradeübung ist der Ampelstart respektive der Sprint auf der Kurzstrecke. In weniger als 5 Sekunden surrt der electric drive fortwo leise mit Tempo 60 dahin; der gut zwei Zentner schwerere forfour braucht nur etwa anderthalb Sekunden länger...«

Smart Fortwo electric drive (ED) 2018.

Der ansatzlose Antritt – es musste ja nicht geschaltet werden – bis auf 100 km/h mit 11,5 respektive 12,7 Sekunden wurde ebenfalls positiv vermerkt. »Bei 130 km/h regelt der E-Motor ab. Strom sparen lautet die Devise – und flotter muss ein Cityflitzer auch nicht sein. Das Thema Stromsparen führt uns direkt zur Batterie. Der Hochvolt-Lithium-Ionen-Akku wird, anders als der gemeinsam mit Renault hergestellte E-Motor, weiter im Haus produziert: namentlich von der Daimler-Tochter Accumotive.«

Was nicht verschwiegen wurde: Die Grundbausteine, die insgesamt 96 Einzelzellen, kommen vom südkoreanischen Zulieferer LG Chem. Unverändert ist in der neuen Generation zudem, dass die Batterie bis zu 17,6 kWh an elektrischer Energie speichert. »Allerdings reicht der Strom jetzt – laut Smart – für 160 statt 145 Kilometer« – und das trotz der Tatsache, dass der E-Smart der jüngsten Generation fast zweihundert Kilo zugelegt habe.
Was beim Akku aber die Frage sei: Wie lange reicht der Strom in der Praxis? Wie viele Jahre speichert die Batterie die versprochene Kapazität? Und wie lange braucht man, um den Akku wieder aufzuladen? »Wie weit der Smart electric drive mit einer vollgeladenen Batterie kommt, hängt stark davon ab, wie und unter welchen Bedingungen er genutzt wird. Ist die Klimaanlage und das Infotainment in Vollbetrieb; oder ist es außen recht kalt, dann können aus den versprochenen 160 Kilometern weniger als 100 werden. Im Mittel schaffen wir im Test aber zwischen 110 und 130 Kilometer – völlig ausreichend für ein E-Auto, das ganz im Ballungsraum zuhause ist. Hier fährt man selten mehr als 30, 40 Kilometer an einem Tag. Die Akkufüllung reicht theoretisch somit gut drei Tage. Und in der Praxis ist man dazwischen schon zigmal an einer Stromtankstelle stehen geblieben. Wie lange das Stromtanken dort dauert, hängt von der Ladestation selbst ab. Wer den Smart zuhause an der normalen Haushaltssteckdose lädt, muss fürs Laden zwischen 6 und 8 Stunden einplanen.«
Wer über eine spezielle Wandladestation (Wallbox) zu Haus verfüge oder an einer öffentlichen Ladestation Halt macht, könne seinen Smart indes bedeutend schneller aufladen: »Je nach Anschlussstärke dauert es zwischen 1 und 3,5 Stunden. Damit ist noch die Frage offen, wie lange der Akku dieses beständige Laden und Entladen mitmacht. Die Daimler AG garantiert beim neuen E-Smart, dass der Lithium-Akku auch nach acht Jahren oder 100.000 Kilometern noch 70 Prozent seiner Kapazität habe. Dafür wird sogar ein eigenes Batteriezertifikat ausgestellt. Da wir es im Test keine 100.000 Kilometer geschafft haben, wollen wir den Stuttgartern an dieser Stelle einfach glauben.«

Koreaner und Chinesen auf den internationalen Märkten

Elektroautos aus Korea, aber auch made in China, die in Europa (noch) weitgehend unbekannt sind, befinden sich in den Vereinigten Staaten seit längerer Zeit im Vormarsch. Zumindest waren sie es, bevor höhere Einfuhrzollabgaben in den USA den Import zu bremsen begannen.
Wie werden diese Fabrikate beurteilt? Im März 2018 schrieb der Kritiker Steve Loveday im US-Magazin *InsideEV*: »Die Marketingstrategie soll über den Preis stattfinden. So kostete letztes Jahr der Chery eQ bei uns 8655 US-Dollar. Der von General Motors auf der Detroit Auto Show präsentierte Bolt EV kostet 30.000 US-Dollar, und das ist bereits der um 7500 Dollar Staatsprämie reduzierte Preis...« Man könnte annehmen, dass es für einen amerikanischen Großserienhersteller doch möglich sein müsste, meinte Steve Loveday, mit den Chinesen gleichzuziehen. Doch das sei für die US-Industrie nicht machbar, schon weil es in den Staaten keinen Massenmarkt für die in Asien üblichen, kleineren E-Autos gebe.

BYD e6 Elektrotaxis auf einem Warteplatz in Shenzhen, China.

»An der Haushaltssteckdose dauert das Nachladen des Akkus zehn Stunden, an der Ladesäule 2,5 Stunden.«

ARCD Automagazin in einem Test des Kia Niro Plug-in Hybrid, April 2019

Oben: Chery eQ1, das chinesische Gegenstück zum Smart.

Links: Kia Soul EV 2015.

Anders in Europa, wo zum Beispiel die Marke Kia gut vertreten ist. Das Londoner Magazin *Autocar* testete einen 2018er Kia Soul aus koreanischer Produktion und lobte dessen Gesamtkonzept und die Fahrqualitäten. »Der 27 kWh starke Lithium-Ionen-Polymer-Akku befindet sich unterhalb des Wagenbodens, das Aufladen per Haushaltsstrom dauert bis zu 13 Stunden... Allerdings bietet Kia Käufern in Großbritannien eine Wallbox an, mit der das Aufladen nur fünf Stunden beansprucht, und mit einem japanischen und als Sonderzubehör lieferbaren Schnellladesystem lassen sich 80 Prozent Ladeleistung in sogar nur 30 Minuten erzielen.«

Positiv vermerkt wurde auch, dass der Kia Soul in nur 10,8 Sekunden für die Beschleunigung von Null auf 60 mph (ca. 97 km/h) benötigte und dass der Wagen über ein Heizsystem verfüge, das mit der Energie so sparsam umgeht, dass die Batterieladung für eine Strecke von 132 Meilen (ca. 212 km) reiche. Für den Stadtverkehr genug, wenngleich sich in der kalten Jahreszeit dieser Wert beträchtlich verringern könnte. Dennoch: Gemessen an Ausstattung und Preis, sei der Kia Soul »weder der E-Wagen mit den besten Fahreigenschaften noch stellt er den besten Gegenwert fürs Geld dar... Ihm würde ein wenig mehr liebevolle Zuwendung seitens des Herstellers gut tun, dann könnte er die sich ständig vergrößernde Marktlücke füllen, die von den bisher angebotenen Elektrofahrzeugen offen gelassen wird.«

Verhalten beurteilte auch das *ARCD-Automagazin* den Kia Niro Plug-in-Hybrid im April 2019: »Wer bereit ist, ab 32.750 Euro für die Version Euro 7 auszugeben, findet Spaß an diesem Wagen (rein elektrisch maximal 55 km), doch beim Thema Verbauch und Kosten liegt der Diesel gleichauf, und die kleine Batterie erfordert ein häufiges Nachladen.«

»Martin Winter, wissenschaftlicher Leiter des Batterieforschungszentrums an der Uni Münster, schätzt, dass die Kosten für eine neue Batterieproduktion in Deutschland mit 100 bis 200 Millionen Euro pro Gigawattstunde (GWh) veranschlagt werden müssen. Zum Vergleich: Tesla und Panasonic bauen gemeinsam eine Giga-Batteriefabrik in den USA mit 35 GWh.«

VDI Nachrichten, Juli 2018

Taugt das Elektroauto als Zugwagen?

Wer sich in Deutschland 2018 ein Elektroauto kaufte, erhielt vom Staat einen Zuschuss. Diese Förderung kam aber nur E-Autos mit einem Listen-Basispreis unter 60.000 Euro als Hybrid oder rein elektrisch angetrieben zugute. Die Crux für Caravaner: Bis 2018 hatte noch kein rein elektrisch fahrendes Auto außer dem Tesla X eine Anhängelast homologiert. Besser sah es bei den Hybriden aus, da gab es inzwischen eine wachsende Zahl, wie eine von der Zeitschrift *Caravaning* im April 2018 aufgestellte Tabelle zeigt, die außerdem erkennen lässt, welche Fahrzeugmodelle nicht in den Prämiengenuss kamen. Das waren bedauerlicherweise genau die, mit denen sich ein komfortabler Caravan am besten ziehen lässt.

Im Zugzwang

Der Autotester Ingo Wagner hat im Oktober 2017 für die Fachzeitschrift *Caravaning* mit einem Tesla X als Zugwagen einen Wohnwagen von München über die Alpen Richtung Dolomiten gezogen. »Wer je die Alpen per pedes oder Bike überquert hat, liebt die Gefühlsachterbahn zwischen Verzweiflung, Erschöpfung und purem Glück – und weiß, dass der Erfolg eines Alpencross maßgeblich von Ausdauer und Routenplanung abhängt. Mit Ausnahme des Faktors körperliche Erschöpfung lässt sich dieses Abenteuer aber auch hinter dem Lenkrad eines Autos erleben. Man muss es nur mit einem Tesla Model X samt Caravanwagen,« begann er seinen Bericht. Der gezogene Wohnanhänger war ein 1400 kg schwerer Dethleffs Beduin 500 FR.

Das Modell X sei (gegenwärtig) nicht nur das einzige Elektroauto von Tesla, das Anhänger ziehen dürfe, schrieb Wagner, sondern könne mit 2250 kg Anhängelast mit den Verbrennern bestens mithalten. Auch gehöre die Anhängevorrichtung zur Serienausstattung.

»90 Prozent Batterieladung zeigt das 17 Zoll messende Zentraldisplay des Tesla vor dem Start. Im Idealfall, also bei gleichmäßiger Solofahrt, sollte das für 300 Kilometer reichen. Unter Berücksichtigung des durchschnittlichen Energieverbrauchs der letzten 50 Kilometer prognostiziert der Bordcomputer allerdings nur noch 246 Kilometer.«

Beim Andocken des Caravans ergab sich eine unerwartete Schwierigkeit bei der Steckdose: »Sie sitzt so tief und weit rechts hinter dem Stoßfänger, dass man den Stecker nur knieend und mit Gewalt ein Stück weit drehen und sichern kann. Noch ahnen wir nicht, wie oft wir diesen Kniefall vollführen würden.«

»Auf Basis von Google-Software und der darin implementierten Tesla-Supercharger-Schnellladestationen suchen wir unser Tagesziel. Einige Sekunden später steht die Route: Zu unserer Überraschung führt sie über Kitzbühel und den dortigen Supercharger, Mittersil, Matrei, Lienz und Innichen nach Sexten statt über den Brenner. Das verkürzt die Strecke von 307 auf 275 Kilometer und die Etappe zur ersten Schnellladestation von 230 (Brenner-Passhöhe) auf 127 Kilometer.«

Von 42 Prozent Batteriefüllung und 20 Minuten Ladezeit in Kitzbühel gab das System (noch ohne Kenntnis vom angehängten Caravan) an, mit elf Prozent Restenergie in Sexten anzukommen. Der Caravan sei beim Beschleunigen kaum zu spüren, hieß es: »Selbst die knackige Steigung am Irschenberg fliegt das Elektro-Gespann förmlich hinauf. Dabei züngelt die Leistungsanzeige erstmals längere Zeit über 100 kW.«

Caravan überrumpelt Computer

Doch schon nach 46 Autobahnkilometern stand die Batterie bei 66 Prozent, und die Linie für die aktuelle Restreichweite sank immer schneller unter die eingeblendete Normreichweitenberechnung. »Von 42 Prozent ist die Akkuprognose bereits auf 28 gefallen. Solange der Strom bis Kitzbühel reicht, messen wir Elektro-Greenhorns dieser Entwicklung keine größere Bedeutung bei und gleiten weiter leise und (zu) schnell gen Süden.«

An der Ladestation in Kitzbühel meldete die Elektronik noch 58 Kilometer Reichweite. »Kaum pumpt der Supercharger Strom mit 24 Ampere durch das fette Ladekabel in die Unterflurbatterie, errechnet das Elektronik-Hirn des Tesla, dass 30 Minuten Ladezeit für die Weiterfahrt bis zum Ziel genügen. Doch weil es der örtliche Betreiber gut mit seinen Ladegästen meint und ihnen ein rustikales Automatencafé hinter einem Kühlhausvorhang eingerichtet hat, gönnen wir dem Schwarzen noch einen zehnminütigen Extraschluck aus der Strompulle.«

Doch die Restreichweite sank durch Anstiege in den Bergen deutlich schneller als vermutet und vorhergesagt. »Die Nervosität steigt mit jedem Höhenmeter. Dann die Gewissheit: Kurz nach der Meldung: Unter 70 km/h fahren, um Ziel zu erreichen, korrigiert der Bildschirm auf der Gemarkung Assling: Laden erforderlich, um Ziel zu erreichen. Da kein Supercharger mehr auf dem Weg liegt, tippen wir auf das Blitz-Symbol im Navigationsbildschirm, das sämtliche Nicht-Supercharger auf der Karte einblendet.

Die Adressliste weist ausschließlich Hotels als Betreiber aus. Jetzt sorgen wir uns doppelt: Wie werden die Hoteliers reagieren, wenn ein Camper um Energie fleht? Was, wenn wir abblitzen? Doch Sabine von der Dolomiten Residenz Sporthotel in Sillian erlöst uns am Telefon. Sie verspricht: Der Herbert schaltet euch die Ladestation frei. Zehn Minuten später kuppeln wir den Dethleffs auf dem Parkplatz der gegenüberliegenden Seilbahnstation ab und rollen hinüber zum Hotel. Zwar treffen wir keinen Herbert, doch fließt direkt nach dem Anstöpseln Strom aus der 22-kW-Wallbox in den 90-kWh-Akku des Tesla … und so starten wir mit 39 Kilometer Reichweite und mulmigem Gefühl auf die letzte Etappe von 26 Kilometer.«

Batterietod im Gebirge

Es wurde kritisch. »Wieder schlägt der Schlussanstieg von 1160 auf 1520 Meter Meereshöhe so stark ins Kontor, dass der Tesla, die Platzeinfahrt schon in Sichtweite, die Leistung drosselt. Mit einem Kilometer Reserve und dem Warnhinweis, dass die Batterie bei Kälte weniger Energie liefert, rollen wir vor die Rezeption. Doch auf die Frage, wo sich der versprochene Ladeanschluss befindet, weiß die junge Dame nicht Bescheid und schickt uns auf den Reisemobilstellplatz. Eine fatale Entscheidung. Denn die Sicherung hält dem Anlaufstrom des Ladegeräts nicht stand. Direkt nach der Ankunft muss sie hinter unserem Rücken herausgesprungen sein.«

Morgens um sieben Uhr war der Tesla mausetot. Wiederbelebungsversuche mittels Starkstrom scheitern daran, dass auch der 12-Volt-Batterie zur Versorgung des Bordsystems der Saft ausgegangen war.

»Das Internet verrät, dass der Front-Kofferraum geöffnet werden muss, um an die Pole der Bordstromversorgung zu gelangen. Wie genau das geht, erklärt uns die Tesla-Notfall-Hotline. Man müsse, so der Berater, die Kotflügel-Innenverkleidungen lösen und dann bis zum Stoßfänger nach vorn greifen. Das werde etwas weh tun. Tut es auch. Auf beiden Seiten sollen Schlaufen zu ertasten sein, die den Deckel entriegeln. Nur: rechts ist keine. Alternativ könne man eine Abdeckung im Kühlergrill öffnen und von dort aus die Reißleinen betätigen, verrät ein zweiter Servicemann am Pannendraht, während wir nach einer Stunde vergeblicher Fummelei unsere zerkratzten Arme betrachten. Bingo!
Wir schafften zwar unsere Tour, waren aber fix und fertig. Der Rückweg nach München verlief glatt. Was sind wir glücklich.«
Ingo Wagners Fazit: Der Tesla X P90D sei eines der besten Zugfahrzeuge, die er je gefahren habe. »Enorme Leistung gepaart mit fettem Drehmoment machen unvergleichlich souverän. Allerdings fehlt dem Fahrer dadurch fast jegliche Rückmeldung darüber, wie energieintensiv der Fahrzustand gerade ist. Anders als ein Verbrenner schaltet der getriebelose Tesla nicht zurück, wird an steilen Rampen weder laut noch langsam und beschleunigt selbst bei sanftem Gasfuß vehement. Und das kostet Reichweite. Wer Energie sparen will, reiht sich auf der Autobahn hinter einem Lkw ein. Mein Fazit ist ambivalent: Das Auto funktioniert, bürdet dem Camper aber Einschränkungen auf.«
Wagners geschilderte Zugerfahrung mit dem Caravan lässt sich auf jeden anderen Trailer übertragen, zum Beispiel einen Pferde- oder Bootsanhänger.

Da muss der Motor richtig arbeiten

Ein anonymer Autor veröffentlichte im September 2015 auf der Homepage der Initiative Solarmobil Ruhrgebiet e.V. einen Bericht über den Mitsubishi Outlander Plug-in-Hybrid. »Er zieht rein elektrisch, da der Verbrennungsmotor erst bei Tempo 120 eingekoppelt wird. Beim Fahren in den Bergen mit ca. vier Tonnen wird selbstverständlich viel Energie gebraucht, da muss der Generatormotor bergauf richtig arbeiten, und das hört man natürlich. Wenn einem das zu laut ist, fährt man etwas langsamer, das macht viel aus. Leiser und sparsamer zockelt man da mit 60 km/h.« Auf der Autobahn sei das nicht wirklich schön. Also sei man gehalten, doch wieder Strom zu geben und müsse das Geräusch des Motors halt ertragen. »Wenn es runter geht, gleitet man lautlos und bremst durch Rekuperation, was sehr gut funktioniert. Mit den Schaltwippen kann man die Geschwindigkeit wählen, das macht Freude. Die mechanische Bremse braucht man dabei nicht, und die elektrische Motorbremse arbeitet geräuschlos.... Geladen haben wir ausschließlich nachts auf Campingplätzen, das klappt problemlos, Steckdosen sind vorhanden, und über Nacht reichen auch sechs Ampere, da kann nichts anbrennen, auch bei langer Leitung (50 m) funktioniert das, 12 kWh Batteriekapazität sind ja nicht so viel, außerdem braucht man die gar nicht (max. an die 9 kWh nach eigener Messung).«
Im Juni 2017 warb Nissan für die Verwendung des Hybridmodells e-NV200 als Zugwagen: »Das Fahrzeug nimmt fast eine halbe Tonne an den Haken...« Im Falle des E-Lieferwagens mit 4,2 Kubikmeter Laderaum gab Nissan 460 Kilogramm Anhängelast an: »Für einen kleinern Einachser reicht das locker. Für umweltbewusste Handwerker mit viel Material bedeutet das, dass sie häufig mit einem statt zwei Fahrzeugen zur Baustelle fahren können, was Zeit und Geld spart. Selbst Camper unter Strom kommen damit auf ihre Kosten – gibt es doch schon den ein oder anderen kompakten Wohnanhänger, der weniger als 460 Kilogramm wiegt.«
Für den e-NV200 gab Nissan eine Gesamtleistung von 109 PS und eine E-Reichweite von 170 Kilometer mit einer Akkuladung an. Wer sich mit der Nutzen/Kostenrechnung beschäftigte, hatte allerdings zu berücksichtigen, dass der Nissan zu jenen Fahrzeugen zählt, bei denen der Akku im Kaufpreis nicht enhalten ist: Der wurde nur vermietet.

Die staatlich geförderten Zugwagen
(Auszug)

Modell	Zuglast	Preis (Stand 2018)
Toyota RAV4 Hybrid	1650 kg	ab 37.500 Euro
Mitsubishi Outlander PHEV	1500 kg	ab 40.000 Euro
Mercedes-Benz E C350e	1600 kg	ab 51.000 Euro
Mercedes-Benz E 350e	2100 kg	ab 59.500 Euro
Volkswagen Golf GTE	1500 kg	ab 36.900 Euro
Volkswagen Passat GTE	1900 kg	ab 44.250 Euro
Volvo V60 D6 Twin Engine	1800 kg	ab 57.000 Euro

Diese Modelle sind im Grundpreis für eine Förderung zu teuer

Audi Q7 e-tron 3.0 TDI w	2800 kg	ab 80.500 Euro
Mercedes S 500 Hybrid	2200 kg	ab 110.000 Euro
Lexus GS 450h	2000 kg	ab 72.500 Euro
Lexus RX 450h	2000 kg	ab 76.500 Euro
Porsche Cayenne S Hybrid	3500 kg	ab 86.000 Euro
Tesla X	2250 kg	ab 86.000 Euro

»Es gibt Anhängerkupplungen für Hybrid- und Elektroautos, aber das Sortiment, mit dem Sie einen Anhänger, Wohnwagen, Boots- oder Pferdetrailer ziehen dürfen, ist begrenzt. In den meisten Fällen hat nämlich der Fahrzeughersteller festgelegt, dass Ihr Hybrid- oder Elektroauto keine Objekte ziehen darf.«

Brink Towing Systems B.V. Staphorst/ Niederlande, 2018

Mitsubishi Outlander Hybrid als Caravan-Zugwagen.

Überraschungen für 2021/22: Dacia Spring (links) und VW T7 Multivan auf der Basis des Elektro-Golf (rechts).

BMW-Besonderheiten, die man kennen muss

Im Juli 2021 veröffentlichte ams einen Vergleichstest mit sechs neuen »Vollwert-Stromern«: BMW iX3, Ford Mustang Mach-E, Tesla Model Y, Volvo XC40 Recharge Pure Electric, Jaguar I-Pace und Mercedes EQC. Herausgegriffen sei nur das Kompliment, das dem Bajuwaren zuteil wurde. »Der iX3 ist ein echter BMW, ein wahres Ingenieursauto … mit der gleichen Kunstfertigkeit, mit der sie bisher Doppel-Vanos oder Twin-Scroll-Turbolader erdachten, elektrifizierten sie nun den X3. Zusatzfunktionen wie Vorklimatisierung oder Lade-Timing sortieren sich ebenso diskret in das brillante Bediensystem ein wie weitere Besonderheiten, die man kennen muss, um die Stärken des iX3 ganz zu nutzen.«

Dacia Spring: Solide Renault-Technik für kleines Geld

Elektromobilität sei für viele bisher unerschwinglich, konstatierte das Internetportal car-wow.de, doch der Dacia Spring könnte das jetzt ändern. »Mit einem Preis abzüglich aller Förderungen von etwa 12.000 Euro ist das SUV unschlagbar günstig. Dafür muss die Kundschaft Abstriche machen: Schwaches Fahrwerk und hohe Geräuschentwicklung, geringe Reichweite außerhalb der Stadt.«
Weiter heißt es: »Nachdem er lange herbeigeredet wurde, ist der Elektroauto-Boom endlich da. Kein anderes Segment legte im Jahr 2021 so zu wie das der Stromer. Was viele dabei allerdings übersehen: Trotz Förderungen von bis zu 9000 Euro sind die meisten Modelle immer noch teuer und im besten Fall so günstig wie ein vergleichbarer Verbrenner. Wer nicht mindestens 20.000 Euro investiert, kommt auf dem Markt für Elektroautos nicht weit. Zumindest bis jetzt. Denn mit Dacia wagt sich ein Hersteller in dieses Segment vor, der vor allem für eine radikale Preispolitik steht. Keiner verkauft billigere Autos in Europa als der rumänische Ableger von Renault.« Doch der Sparkurs zeige sich überall beim Dacia Spring, dem ersten Elektroauto der Marke. Das sei natürlich, wie nicht anders zu erwarten, ein SUV. Wobei es SUVchen wohl besser treffe.
»Der Dacia Spring ist baugleich mit dem seit 2019 in China verkauften Renault K-ZE und wird sicher keinen Schönheitspreis gewinnen, zumindest im Vergleich mit dem knuffigen Renault Twingo aus dem Konzern, der ähnlich bepreist ist. An der Front dominieren die serienmäßigen LED-Scheinwerfer, es gibt schwarze Kunststoffelemente an den Flanken, die den rustikalen SUV-Charme unterstreichen. Wer die vorherigen Modelle von Dacia noch in Erinnerung hat, dürfte aber positiv überrascht sein.
Auch beim Fahren müssen Interessierte des Dacia Spring Abstriche machen. Das Elektro-SUV gibt es nur in einer Ausführung mit 45 PS. Das ist selbst für konventionelle Kleinwagen deutlich untermotorisiert. Der aktuelle Renault Twingo startet bei 65 PS. Die geringe Leistung ist dem Dacia Spring im Alltagsbetrieb aber nicht anzumerken. Klar, die beeindruckenden Sprints vieler Elektroautos sind nicht drin, aber mit einem vergleichbaren Einstiegsbenziner der Kleinwagenkonkurrenz kann der Dacia Spring locker mithalten.
Bis Tempo 70 geht es flink voran, danach wird es zäher, dafür sind 45 PS einfach zu wenig. Die Autobahn dürfte eh nicht das bevorzugte Einsatzgebiet des E-SUVs werden. Mit einer Reichweite im Schnitt von 230 Kilometer qualifiziert sich der Spring eher als klassisches Stadtauto oder für einen Kurztrip am Wochenende.
Der Federungskomfort ist in Ordnung, manchmal fühlt es sich im Dacia Spring aber arg rumpelig an. Jeder Schlag wird direkt an die Reisenden wiedergegeben, und die Geräuschdämpfung im Inneren lässt zu wünschen übrig. Da sollte Renault in Zukunft nachbessern. Die Lenkung vermittelt wenig Gefühl zur Fahrbahn und ist arg leichtgängig, der Dacia Spring unterscheidet sich hier aber wenig von anderen aktuellen Fahrzeugen im Niedrigpreis-Segment. Rekuperieren, also durch Fuß vom Gas Energie in die Batterie zurückführen, kann das SUV, allerdings nur in einer Stufe. Zu einem echten Ein-Pedal-Stromer macht das den Dacia Spring nicht.
Geladen wird das erste Elektroauto der Marke an der Front. Das Logo im Kühler aufklappen, dahinter verbirgt sich der Anschluss für Wallbox und Ladesäule. Die Batterie des SUVs ist mit 27,4 kWh relativ klein, dafür verbraucht der kleine Stromer mit 13,9 kWh auf 100 Kilometer nicht sonderlich viel Energie. Größere Stromer pendeln sich eher bei 20 kWh ein. Im Stadtmodus kommt der Dacia Spring immerhin auf bis zu 305 Kilometer Reichweite.

Wer über gewisse Mankos hinwegsehen kann, für den bietet der Dacia Spring den Einstieg in die Elektromobilität mit solider Renault-Technik für kleines Geld.«
Die Marke Dacia gehört zwar zu den Außenseitern auf den westeuropäischen Märkten, aber gerade das trägt zu einer erhöhten Aufmerksamkeit bei, wie sie Exoten zuteil wird, wenn es um Überraschungen an der Preisfront geht.

Entspannt cruisen mit dem VW Multivan

Den habe man schon lange vermisst, las man im Februar 2022 in AutoBild – gemeint war der elektrische Bulli, der Volkswagen T7. »Der T7 Multivan steht künftig auf der MQB-Evo-Plattform als erster VW Bus, der als Plug-in-Hybrid erhältlich ist... Der Multivan eHybrid bringt es auf 218 PS Systemleistung, erzeugt aus einem 1,4-Liter-TSI (150 PS) und einem Elektromotor (85 kW/116 PS). Eine 13 kWh große Batterie soll vollelektrisches Fahren in der Stadt ermöglichen, die Reichweite liegt bei 50 Kilometern.«
Der neue VW T7 Multivan werde der größte Golf aller Zeiten, heißt es weiter, denn »zur siebten Generation wechselt der VW Bus als Multivan nämlich seine Plattform und nutzt in Zukunft den Evo-Baukasten. Der Wechsel der Bodengruppe ermöglicht den Ingenieuren die Elektrifizierung des neuen Bullis, konventionelle Antriebe bleiben aber das Rückgrat des vielseitigen Hannoveraners.«
Der Neue fahre sich handlich wie ein Tiguan: »Auf der Straße präsentiert sich der Multivan äußerst überzeugend. Handlich wie ein Pkw wieselt der von uns gefahrene Plug-in-Hybrid trotz seiner bescheidenen 1,4-Liter durch die Gegend. Nur unter Last oder am Berg verlangt das Sechsgang-DSG dem Motor hohe Drehzahlen ab, was nicht sonderlich zum ansonsten so gemütlichen Charakter des Multivan passen will. Also lieber entspannt cruisen, dann nerven auch die Abroll- und Windgeräusche im Heck nicht so sehr.«

Wie wintertauglich ist ein Elektroauto? Zwölf Stunden am Stück absolvierte der amerikanische Autotester Alex Lauer im Januar 2022 am Steuer eines Elektro-Ford Mustang Mach E bei Temperaturen zwischen minus 12 bis minus 24 Grad C. »Ich wollte wissen, wo das System kapituliert, bei voll aktivem Heizgebläse, Beleuchtung und Radio. Meine skeptischen Erwartungen trafen nicht zu ... ein voll getankter Verbrenner hätte gewiss nicht besser abgeschnitten.«

Durch verfremdende Camouflage getarnter Ford Prototyp auf winterlicher Versuchsfahrt, Dezember 2021.

Viele gute Ideen haben so manchen Haken

Better Place – eine vertane Chance

Aus einer Studie, die der schwedische Technologiekonzern ABB im Mai 2018 veröffentlichte, geht hervor, dass im Jahr 2030 bis zu 2,5 Millionen Ladepunkte für Elektrofahrzeuge an privaten und mehr als ebenso viele an öffentlichen Plätzen in Deutschland erforderlich sein müssen, sollten sich die Prognosen für eine zunehmende E-Mobilität erfüllen.

Für ein 2007 in Palo Alto, Kalifornien, ins Leben gerufenes Unternehmen hatte man sich einen einprägsamen Namen ausgedacht: Better Place – besserer Platz. Besser als was?
Der von einer vielversprechenden Vision begeisterte Firmengründer Shai Agassi plante eine flächendeckende Infrastruktur für die Versorgung und den Austausch von Elektroauto-Batterien, an Stationen, die eines fernen Tages die Tankstellen für flüssige Treibstoffe ersetzen sollten. Dass es, wann in der Zukunft auch immer, dazu ganz bestimmt kommen würde, davon war schon 1955 der amerikanische Futurologe Wesley Griswold überzeugt, nachdem er einen Elektroauto-Prototyp namens Charly Town-About der Stinson Aircraft Tool & Engineering Corporation gefahren hatte. Der Zweisitzer, angeblich in 100 Exemplaren gebaut, war eine mit Heckflossen verschlimmbesserte Kopie des VW Karmann-Ghia. Nur alle 80 Meilen (130 Kilometer), so freute sich Mr. Griswold, müsse der Town-About mal eben an eine E-Tanke andocken, und das Akkunachladen koste dann nur umgerechnet 80 Pfennig. »Selbst wenn der Wagen auf offener Straße absterben will, haben die Akkumulatoren eine Notreserve. Der Hersteller rät dem Fahrer in einem solchen Fall, fünf Minuten bei abgeschaltetem Strom zu warten. In dieser Zeit sollen sich die Akkus so weit erholen, dass sie bei etwa 50 km/h noch zehn Kilometer weit schaffen«.Ein ziemlich schwacher Trost für Benutzer amerikanischer Highways.
Der Aktionsradius vieler Elektrowagen der jüngeren Generation erstreckt sich schon etwas weiter, und in Erwartung immer größerer Reichweiten moderner Akkus musste Shai Agassi auch nicht davon ausgehen, im Rahmen seines Projekts E-Tankstellen in Abständen von maximal einhundert Kilometern übers Land verteilen zu müssen. Und es ging ihm ja auch nicht um das »Tanken« im Schnellverfahren, sondern um einen Austausch von Energiespeichern aus einem stets zur Verfügung gehaltenen Vorrat, der sich quasi immer wieder erneuerte. Je mehr Kunden an dem System partizipieren würden, desto geringer das Risiko, mal länger warten zu müssen.

Wechseln der Akkus im versuchsweise elektrifizierten Mercedes-Benz LE 303 von 1972. Eine Tauschaktion nahm knapp 20 Minuten in Anspruch.

Agassis Idee fand viele Befürworter, dennoch generierte sie letzten Endes nicht die Resonanz, die er erwartet und die das System auch verdient gehabt hatte. Nicht nur in Nordamerika, auch in Dänemark sowie in Israel und danach in vielen weiteren Ländern gedachte er das Projekt anzusiedeln. Dort hatte er noch den meisten Zuspruch gefunden – doch leider ohne die erforderliche Nachhaltigkeit.
Der Visionär Agassi war nicht der Erste, der ein Netz von Nachlade- oder Tauschstationen für Elektroautos aufbauen wollte. Schon in den frühen 1970er Jahren hatte der Energieversorgerkonzern RWE die gleiche Absicht, seine Tochter namens »Stromversorgung elektrisch angetriebener Kraftfahrzeuge« (SELAK) sollte ein Netz von Ladestationen aufbauen. Es blieb bei der Absicht. Im Oktober 2012 legte ein enttäuschter Agassi seine Funktionen nieder. Am 26. Mai 2013 stellte das Unternehmen (in Israel) einen Insolvenzantrag, um eine geordnete Abwicklung einzuleiten, nachdem letzte Finanzierungsgespräche gescheitert waren.
Dabei schien das Better-Place-Geschäftsmodell wirklich interessant zu sein:

- Der Kunde kauft ein Elektroauto ohne Akku von einem beliebigen Fahrzeughersteller, der Akkumulator sollte Eigentum von Better Place sein und bleiben.
- Die für das Fahren benötigte Energie sollte von Better Place angeboten werden. Mit der Unterstützung einer ausgefeilten Software hätte der Kunde nur gefahrene Kilometer analog zu einem Mobilfunk-Vertrag zu bezahlen.
- Geplant waren Akkus mit einer Reichweite von ca. 160 km. Die Akkus sollten beim Kunden zuhause, am Arbeitsplatz oder auf öffentlichen Parkplätzen mit eigens dafür errichteten, einheitlich ausgestatteten Better-Place-Stationen aufgeladen werden.
- Entlang längerer Überlandstrecken sollten vollautomatische Akkumulatorwechsel-Stationen aufgebaut werden, in denen der erschöpfte Akku durch einen geladenen ersetzt wird.
- Die Aufladung der Fahrzeugbatterien sollte grundsätzlich durch umweltfreundlich erzeugten Strom (Solar- und Windkraftanlagen) erfolgen.

Förderlich für das Geschäftsmodell war die Ausgliederung der hohen Preise für Akkus aus den Fahrzeug-Anschaffungskosten. Geht man davon aus, dass die Wechselstationen eine größere Anzahl von wenigen Akkutypen bereitzuhalten hätten, so hätten diese eine wichtige Rolle für die Pufferung von Leistungsspitzen im Stromnetz spielen können. Die Abrechnung der ausgetauschten Energie wäre in diesem Fall einfach gewesen. Für den Endnutzer wären der rasche und automatisierte Strom-Ladevorgang und die Gewissheit, auch lange Strecken per E-Mobil zurücklegen zu können, sehr attraktiv gewesen.
Hemmend für ein weltweit gleichermaßen funktionierendes Geschäftsmodell waren die notwendige Festlegung auf ei-

nen oder wenige Akkumulatortypen sowie die Lagerhaltung und der notwendige einheitliche Tauschmechanismus im Fahrzeug, wodurch die Konstruktionsfreiheit der Hersteller und deren Einfluss auf den Akku als teuerstes Einzelbauteil und dessen Platzierung im Wagen infolge einer gewissen, nicht vermeidbaren Vereinheitlichung stark eingeschränkt worden wäre. Viele Milliarden wären zu investieren gewesen, um einen ausgedehnten Modellversuch durchzustehen, das System nach ökonomischen Gesichtspunkten in Gang zu halten und letzten Endes für die Investoren profitabel zu machen. Koordinierungsmaßnahmen staatlicher und privatwirtschaftlicher Interessen und Kompetenzen hätten Stoff für endlose Konflikte geliefert. Als Shai Agassi das erkannt hatte, war es zu spät, um dem Projekt zu einem Erfolg zu verhelfen. Agassi war zwar beim Software-Entwickler und -Hersteller SAP ein erfolgreicher Manager gewesen, doch er verfügte über keine Erfahrungen in der Kraftfahrzeugwirtschaft.

Wenn nicht »better place«, dann ein ökonomisch besser durchsetzbares Konzept. Helmut Kersten: »Bei der Weiterentwicklung der Ladestromlogistik wird China es uns per *Ordre de Mufti* vormachen. Audi, BMW, Daimler, Porsche, VW und Ford planen, bis zum Jahr 2020 ein großes, offenes Netz mit Tausenden von starken Ladestationen zu installieren. Das ist ein wichtiges Indiz, dass in der Industrie der Elektroweg konsequent begangen wird.«

»Wir haben einen autonomen Stillstand … Der unfehlbare Roboter auf vier Rädern ist noch lange nicht serienreif, und auch der Batterieantrieb ist ökobilanztechnisch keine Allternative zum Verbrennungsmotor.«

DER SPIEGEL, Februar 2019

Links: Better Place Akkutauschstation in Dänemark.

Zwei Perspektiven vom Lithium-Ionen-Akku im Wagenboden des BMW i3, 2013.

Das Privileg kostenlosen Parkens genießt man in vielen Städten dort, wo sich öffentlich zugängige Ladesäulen befinden. Schwerpunktmäßig sollen entsprechend ausgestattete Autobahnraststätten und Parkplätze von Discountern in Ballungsgebieten und auch in Autobahnnähe zu neuen Orientierungen im »Shopping« bei gleichzeitigem Stromtanken beitragen.

Da bekanntlich alles schon mal dagewesen ist (das soll einst der hebräische Rabbiner Ben Akiba gesagt haben), ist auch das System des Akkuwechselns statt einer Aufladung fest installierter Packs bereits mehr als einmal praktiziert worden – zum Beispiel 1972 bei Versuchen mit Elektro-Transportern im Hause Daimler-Benz.
Inzwischen geben die Elektroautohersteller immer größere Reichweiten pro Akkuladung an, teils bis zu 400 Kilometer.

Stop-Switch-Go: Bedienerfreundliche Akku-Tauschprozedur an einer Better-Place-Station.

Angestrebt sind 700, vergleichbar mit einer Tankfüllung bei einem sparsamen Diesel entsprechender Größenordnung. Agassis Projekt war letztlich ein theoretischer Ansatz, doch nur ein Fahrzeughersteller hat mitgemacht. Die Weiterentwicklung in der Speichertechnik hat die Idee ebenfalls obsolet werden lassen: Bei den modernen Akkus sind die Herausforderungen indes sehr groß: Die Leitungen müssen für 400 Volt (mindestens) ausgelegt sein, die Akkupacks müssen gekühlt werden, im Winter muss geheizt werden, die Kupplungen unterliegen starker Belastung.
Der Better-Place-Partner Renault ging den Weg einer guten Alternative: Man kauft einen Zoé (Z.E.) ohne Akku – der wird gemietet. Renault versprach: »Die Batterie des Renault Z.E. bieten wir zur Miete an. Sie erhalten einen passenden Vertrag je nach gewünschter jährlicher Kilometerlaufleistung. Während der Vertragsdauer besteht die Möglichkeit die Laufleistung anzupassen. Ein individuell angepasstes Angebot für Ihre Fahrleistungen für eine jährliche Mindestlaufleistung von 7500 km ... Dieses Angebot ermöglicht volle Flexibilität durch Anpassungsoptionen Ihres Tarifs bei schwankender Fahrleistung. Hierbei gilt das Pay as you drive Prinzip, welches Ihnen Schutz vor Fehleinschätzungen Ihrer Laufleistung bietet: Die Kosten für 2500 Mehrkilometer entsprechen nahezu denen des nächsthöheren Batteriemiettarifs. Wenn Sie die Gesamtkilometerleistung überschreiten, betragen die zusätzlichen Kosten pro Kilometer 0,05 Euro.«
Mit Garantie- und Serviceleistungen seitens der Akkuhersteller könnte das Vertrauen in die E-Mobilität vor allem bei jenen Kunden geweckt werden, die eine höhere Pannen- bzw. Ausfallhäufigkeit als bei einem Verbrenner befürchten,

Renault Laguna Hybrid beim Nachladen an einer Station in Tel Aviv, Israel.

zumal immer wieder Nachrichten von solchen Fällen für Schlagzeilen sorgen und nicht gerade zur positiven Einstellung beitragen, wie sie von den Protagonisten der Elektromobilität angestrebt wird.
Agassi wollte durch sein Projekt für ein mindestens ebenso gutes System sorgen, wie es die seit mehr als 100 Jahren bewährten und ständig optimierten Kraftstoff-Tankstellen-Netzwerke praktizieren – zumindest für Personenwagen. Über eine vergleichbare Prozedur für Elektro-Nutzfahrzeuge ist von Agassis Seite nichts verlautbart worden.

Verordnungen, Förderprogramme & Co.

Der Gesetzgeber möchte alles reglementieren

Mit der zunehmenden Präsenz von Elektrofahrzeugen sah sich der Gesetzgeber veranlasst, die Straßenverkehrszulassungsordnung (StVZO) in etlichen Punkten zu ergänzen. Und auch in anderer Hinsicht war dem Trend zur E-Mobilität Rechnung zu tragen. Nicht nur verkehrspolitisch, sondern auch in Bezug auf die zunehmende Erfordernis der Energiebereitstellung.

Spät genug, nämlich erst am 17. März 2016, trat in Deutschland eine Verordnung über technische Mindestanforderungen an den sicheren und interoperablen Aufbau und Betrieb von öffentlich zugänglichen Ladepunkten für Elektromobile (Ladesäulenverordnung, kurz LSV) in Kraft. Sie enthält Regelungen für die technische Ausführung (Ladestandards und die Errichtung sowie den Betrieb von öffentlich zugänglichen Ladesäulen). Und der eNOVA Strategiekreis Elektromobilität als Zusammenschluss von großen deutschen Unternehmen der Schlüsselbranchen Automobil, Batterien, Halbleiterkomponenten, Elektrotechnik und Materialien für den Leichtbau hat bereits im Februar 2011 eine »Road Map« vorgelegt, in welcher die Schwerpunkte von Forschung und Entwicklung für das Gesamtsystem Elektrofahrzeug und dessen Schnittstellen zum Stromnetz benannt und in den Kontext der zu erwartenden Technologieentwicklungen eingeordnet sind.

Übrigens: Elektrofahrzeuge im Sinne des geänderten Kraftfahrzeugsteuergesetzes sind nur Fahrzeuge, die ausschließlich mit Elektromotoren angetrieben werden, die ganz oder überwiegend aus mechanischen oder elektrochemischen Energiespeichern (Batterien) oder aus emissionsfrei betriebenen Energiewandlern (wasserstoffbetriebene Brennstoffzellen) gespeist werden.

Hybridfahrzeuge, die neben einem Elektromotor auch durch einen Verbrennungsmotor angetrieben werden, gelten nicht als Elektrofahrzeuge im Sinne des Kraftfahrzeugsteuergesetzes. Diese Fahrzeuge sind im Gegensatz zu reinen E-Fahrzeugen nicht steuerbegünstigt. Dazu gehören auch Elektrofahrzeuge, die mit einem Verbrennungsmotor als Reichweitenverlängerer ausgestattet sind (sogenannte Range-Extender/REX-Fahrzeuge).

Elektroauto-Kennzeichen

Nach dem 2015 verabschiedeten Elektromobilitätsgesetz (EMoG) wurden im September des gleichen Jahres in der Bundesrepublik spezielle Kennzeichen für Elektrofahrzeuge, Plug-in-Hybrid- und Brennstoffzellenfahrzeuge eingeführt, um Sonderregeln für solche Fahrzeuge umsetzen und kontrollieren zu können. Halter von Elektroautos können ein solches Kfz-Kennzeichen mit einem »E« bei ihrer Zulassungsstelle beantragen und damit bestimmte Privilegien in Anspruch nehmen. So dürfen Fahrer von Autos mit E-Nummernschild gebührenfrei parken oder auf der Busspur fahren, sofern die jeweilige Gemeinde vor Ort auch die Voraussetzungen dafür schafft.

Das zusätzliche E im Kenzeichen – analog zum H-Kennzeichen für Historische Fahrzeuge – geht auf einen Vorschlag des 2009 in Berlin gegründeten Bundesverbandes eMobilität e. V. (BEM) zurück, dem mehr als 200 Unternehmen angehören. Voraussetzung für die Erteilung: Grundsätzlich dürfen Kohlendioxidemissionen von höchstens 50 Gramm je gefahrenen Kilometer ausgestoßen werden, oder die Reichweite unter ausschließlicher Nutzung der elektrischen Antriebsmaschine muss mindestens 40 Kilometer betragen. Als Nachweis dieser Fähigkeit gelten die jeweiligen Herstellerangaben.

Zu den Aufgaben des BEM zählen der Ausbau und die Pflege von kontinuierlichen Kontakten zu den im Deutschen Bundestag vertretenen Parteien sowie die Erhöhung des Wissenstransfers zwischen Industrie und Politik im Bereich Elektromobilität. In regelmäßig stattfindenden Sitzungen des Parlamentarischen Beirats erörtert der BEM gemeinsam mit den beteiligten Akteuren die politische Agenda und diskutiert künftige Initiativen.

In vielen Ländern gibt es für Elektrofahrzeuge besondere Kennzeichen.

Auch in anderen Staaten gibt es solche Aktivitäten und für E-Autos spezielle Kennzeichen, die den damit versehenen Fahrzeugen Privilegien zugestehen, so beispielsweise in Norwegen, Österreich, Indien, China und in den USA.

Förderungen und Erwartungen weltweit

Frankreich Die französische Regierung hat am 9. Februar 2009 einen »Pacte Automobile« veröffentlicht, in welchem sie ihre Absichten und Ziele in der Entwicklung der Elektromobilität konkretisiert. Neben der Gründung einer Arbeitsgruppe zum Ausbau der Infrastruktur enthält das Papier Zahlen zu den geplanten Fördergeldern. Es sollten insgesamt 250 Millionen Euro an Krediten für die Entwicklung »Grüner Produkte« bereitgestellt werden, außerdem wurden sofort 50 Millionen Euro in den »Fonds démonstrateur« gezahlt, der bis 2012 insgesamt 400 Millionen Euro für die Entwicklung von Prototypen und Vorführmodellen von Elektroautos bereitstellen sollte. Als Ziel des Plans mit Gewährung hoher Kaufzuschüsse sah die französische Regierung die Zahl von 2 Millionen Elektroautos auf französischen Straßen im Jahr 2020. Eine Fehleinschätzung …

Großbritannien Am 26. Juli 2017 gab die Regierung des Vereinigten Königreichs bekannt, dass ab 2040 in Großbritannien keine Fahrzeuge mit Verbrennungsmotor mehr verkauft werden sollen. Im Stadtbereich London dürfen dann auch keine mehr gefahren werden. Ziel ist, bis 2050 den Verkehr vollständig emissionsfrei zu gestalten.

Sonderparkplatz für Elektro-Kleinwagen in Oslo.

Japan Hohe Kaufanreize und eine gute verfügbare Lade-Infrastruktur haben in Japan zu einer hohen Akzeptanz der Elektromobilität geführt; dort sind Elektroautos weit verbreitet. Dabei sind private Elektrofahrzeuge aufgrund des knappen Parkraums eher klein dimensioniert. In den Städten stehen – statistisch gesehen – nur 580 öffentliche Parkplätze für 10.000 Pkw zur Verfügung.
Nach dem schweren Reaktorunglück in Fukushima im März 2011 wird in Japan vermehrt auf den Einsatz erneuerbarer Energien und eine weitere Steigerung der Energieeffizienz gesetzt. Dabei spielen Akkus von Plug-in-Hybrid- und Elektrofahrzeugen im Rahmen einer dezentralen Stromversorgung eine wichtige Rolle als Zwischenspeicher für lokal und regional erzeugten Strom aus erneuerbaren Energiequellen.

Die Zukunft des Elektrofahrzeuges

Die konstruktiven Probleme des Elektrofahrzeuges sind gelöst und seine absolute Betriebszuverlässigkeit kann nicht bezweifelt werden; die Hauptschwierigkeit ist sein geringer Fahrbereich, verglichen mit anderen Transportmitteln. Dazu kommt das Problem des Ladens der Batterie, das nur zu lösen ist durch kapitalkräftige Gesellschaften, die die nötigen Ladestationen in ausreichender Zahl aufstellen, wobei an die Tankstellenorganisationen der großen Benzinfirmen erinnert sei. Verfasser diskutiert dann die möglichen Einwände gegen diesen Vorschlag.

Im Jahre 1936 wurden in Großbritannien 819 Elektrofahrzeuge neu zugelassen, wodurch ihre Gesamtzahl auf 2600 stieg mit einem Stromverbrauch von 5000 kWh je Fahrzeug und Jahr oder 13 000 000 kWh im Jahr. Gegenüber 1935 stieg die Zahl der neu zugelassenen Fahrzeuge um 30 vH, und für 1937 rechnet man mit 1250 Neuzulassungen, gleich etwa 20 000 000 kWh im Jahr. *A. E. Th.* [2884]

Notiz in der *Automobiltechnischen Zeitschrift*, Oktober 1937.

Niederlande Das Parlament in den Niederlanden hat im März 2016 eine Strategie zu entwickeln beschlossen, ab 2025 – wie in Norwegen – nur noch rein elektrische Neuwagen zu erlauben. Mit einem Aktionsplan soll der Übergang bis dorthin gestaltet werden. Neben finanziellen Anreizen durch den Staat verfügt das Land bereits jetzt über eine sehr gute Ladeinfrastruktur; 2018 gab es 6000 öffentliche und ebenso viele halböffentliche Ladestationen.

Norwegen Dieses Land zählt zu den Leitmärkten für Elektromobilität. Doch auch hier basiert die Hinwendung zum E-Auto nicht auf privaten Initiativen: Es ist gesetzlich verfügt, dass ab 2025 alle neu zugelassenen privaten Personenwagen, Busse und leichten Lastwagen Nullemissionsfahrzeuge sein müssen.

Österreich Hier wurden 2009 diverse Programme zu Energieforschung, Automobilentwicklung und Marktvorbereitung begonnen. Jährlich wollen das Ministerium für Umwelt und das für Verkehr, Innovation und Technologie (BMVIT) 150 Millionen Euro an Fördergeldern bereitstellen. 2009 wurde auch die Initiative e-connected für Elektromobilität und nachhaltige Energieversorgung gegründet. Sie soll allen potenziellen Marktteilnehmern Information bereitstellen und Erfahrungsaustausch erleichtern. Mehrere Expertengruppen arbeiten an Lösungsansätzen zur Einführung landesweiter Elektromobilität.

Portugal Ein Schwerpunkt liegt in Portugal auf der Förderung von Elektromobilität beim Aufbau einer landesweiten Ladeinfrastruktur. Hierzu wurde 2010 das Projekt Mobi.E gestartet, das durch einen marktorientierten und nutzungsnahen Ansatz privaten Investoren die Errichtung von öffentlich zugänglichen Ladeanschlüssen erleichtern soll.

Schweiz Um die Akzeptanz von Elektrofahrzeugen zu erhöhen, engagierten sich in der Schweiz eine Reihe von Verbänden und Interessensgruppen für die Elektromobilität. Mit dem Schweizer Forum Elektromobilität wurde 2011 vom Bundesamt für Straßen und vom TCS ein neues Kompetenzzentrum für Elektromobilität geschaffen. Ferner wurde im November 2012 der Verband Swiss eMobility gegründet. Mit dem Projekt EVite wurde zugleich der privat finanzierte Aufbau eines flächendeckenden, schweizweiten Schnellladenetzes für Elektroautos begonnen.

USA In den Vereinigten Staaten lassen sich Elektroautos nur mit staatlich gewährten Anreizen verkaufen. Seit 2010 erhalten Käufer von Plug-in-Hybriden oder batterieelektrischen Fahrzeugen mit mindestens fünf Kilowattstunden Akkukapazität dort eine Einkommenssteuer-Gutschrift von 2500 Dollar. Diese Summe steigt mit zunehmender Batteriekapazität bis zu 7500 Dollar an. Allerdings sehen die Re-

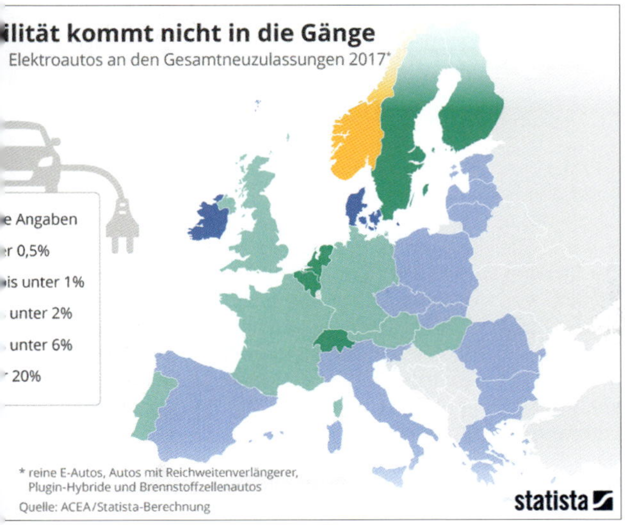

gelungen vor, dass die Gutschrift nur so lange gewährt wird, bis ein Hersteller insgesamt 200.000 E-Fahrzeuge in den USA verkauft hat.
Gleichwohl sind die Absatzzahlen in den USA – relativ gesehen – weit von einem Boom entfernt: Bis Anfang 2018 lag der Marktanteil der Elektroautos noch bei unter einem Prozent mit Kalifornien als Schwerpunkt. In kleineren Städten und auf dem Lande spielte der Absatz von Autos mit alternativer Antriebstechnik so gut wie überhaupt keine Rolle.

Links: Die Europakarte mit der Dichte der in den einzelnen Ländern neu zugelassenen Elektro- und Hybridfahrzeuge zeigte 2017 ein recht uneinheitliches Bild. Einige skandinavische Länder, die Niederlande und die Schweiz führten die Statistik an (Grafik: ACGA/Statistica).

Vorschriften zu Ladestationen für Elektroautos

Am 19. Dezember 2017 haben sich die Verhandlungsführer des Europäischen Parlaments, des Rates und der Europäischen Kommission auf neue Vorschriften zur Steigerung der Energieeffizienz von Gebäuden politisch geeinigt. Mit dieser Einigung wurde der Abschluss der Verhandlungen zu den ersten von acht Legislativvorschlägen markiert, die die Europäische Kommission im Rahmen ihres »Winterpakets« am 30. November 2016 vorgelegt hatte.
Mit der Überarbeitung der Richtlinie über die Gesamtenergieeffizienz von Gebäuden wurde unter anderem die För-

Smart ED an einer RWE-Ladesäule.

derung des Aufbaus der erforderlichen Infrastruktur für Elektromobilität in allen Wohn- und auch Geschäftsgebäuden als Ziel verfolgt, ferner die Einführung eines »Intelligenzindikators«, der die Fähigkeit eines Gebäudes misst, neue Technologien und elektronische Systeme zu nutzen, um seinen Betrieb und die Interaktion mit dem öffentlichen Netz zu optimieren.
In diesem Sinne haben sich Vertreter des Europäischen Parlaments und des Europarates über einen gemeinsamen Text für die von der Europäischen Kommission initiierte Reform der Richtlinie über die Gesamtenergieeffizienz von Gebäuden verständigt. Diese Einigung wurde zwischenzeitlich von den EU-Botschaftern bestätigt. Damit ging ein Teil des Pakets »Saubere Energie« auf die Zielgerade. Demnach müssen bei neuen Wohngebäuden sowie bei Wohngebäuden, die einer größeren Renovierung unterzogen werden, die Mitgliedstaaten dafür sorgen, sofern solche Gebäude über mehr als zehn Parkplätze verfügen, dass die Leitungsinfrastruktur, also Leitungsschächte für elektrische Kabel, installiert wird, um zu einem späteren Zeitpunkt die Einrichtung von Ladepunkten für Elektrofahrzeuge für jeden Parkplatz zu ermöglichen.
Zum Zweck der Begriffsdefinition verweist der aktuelle Richtlinienentwurf auf die Richtlinie 2014/94/EU. Ein »Ladepunkt« ist demnach eine Schnittstelle, mit der zur selben Zeit entweder ein Elektrofahrzeug aufgeladen oder ein Akku eines Elektrofahrzeugs ausgetauscht werden kann. Eine Ladestation kann also aus mehreren Ladepunkten bestehn. Als »Elektrofahrzeug« gilt demnach ein Kraftfahrzeug mit einem Antriebsstrang, der mindestens einen nichtperipheren elektrischen Motor als Energiewandler mit einem elektrisch aufladbaren Energiespeichersystem enthält, das extern aufgeladen werden kann.

Gesellschaftliche Akzeptanz ist eine der Voraussetzungen für die Durchsetzung der E-Mobilität – doch an erster Stelle steht eine gesicherte Energieversorgung

Abhängigkeit vom Stromlieferanten

Tesla-Kunden können überall in Europa auf das Tesla-eigene Ladenetz zugreifen. Allein im Frankfurter Raum gab es 2022 mehr als zwanzig Hochvolt-Tesla-Ladestationen. Die ersten Kaufverträge von Tesla beinhalteten noch zwölf Monate kostenloses Akkuladen.

Wohin der Weg der Elektromobilität führt, vor allem, wie schnell auf ihm vorangeschritten wird, entscheidet nicht zuletzt die Preisentwicklung beim Strom und erst recht bei den Stromspeichern und deren Optimierung hinsichtlich Leistung und Gewicht. Für den gewerblichen und privaten Langstreckenverkehr könnten durchaus weiterhin Verbrennungsmotoren (mit reduzierten Schadstoff-Emissionen) sowie Hybridsysteme mit Stromerzeugung durch Benzinmotoren oder Brennstoffzellen einen breiten Raum einnehmen.

Vor allem im Nutzfahrzeugbereich hat auch der Diesel noch längst nicht ausgedient. Langfristig jedoch dürften »Stromer« den »Verbrenner« ersetzen, vorausgesetzt, wir können ihn ökologisch vertretbar produzieren und auch dorthin transferieren, wo er jeweils gebraucht wird – zu bezahlbaren Bedingungen. Wirtschaft und Regionalpolitik ziehen da keineswegs überall am gleichen Ende des Strangs, etwa beim Bau neuer Trassen.

Anschaffungsprämien nach dem Windhundprinzip

Mittlerweile werden in allen Ländern, in denen Elektroautos angeboten werden, der Kauf solcher Fahrzeuge durch staatlich ausgelobte Prämien gefördert. Teils genießen sie auch Steuervorteile oder sind von Zulassungsgebühren ausgenommen.

Bis zu 4000 Euro erhielt man in Deutschland bis einschließlich 2017 fürs Unterzeichnen eines E-Auto-Kaufvertrages. »Windhundprinzip« nannte die Bundesregierung das Vergabeverfahren bei der staatlichen Kaufprämie für Elektroautos und Hybriden mit Ladestecker. Das bedeutete: Beeilung! Wer zu spät kam, kriegte von der Förderung nichts ab, weder von der Hybridprämie noch vom Elektroauto-Zuschuss. Vorgesehen war die Förderung aber auch nur für Fahrzeuge mit einem Basislistenpreis von maximal 60.000 Euro. Wer sich für einen teureren Wagen entschied, der als Basismodell über 60.000 Euro kostete, erhielt keine Prämie. Die Förderung fürs Elektroauto sank ab 2018 auf 3000 Euro – immer noch lohnenswert.

Mit immerhin insgesamt 1,2 Milliarden Euro war der Bundes-Etat recht ordentlich, das hätte für mehr als 300.000 Fahrzeuge gelangt. Doch die Mittel, die bis Ende Juni 2019 nicht abgeschöpft waren, verfielen. Das Prämiengeschenk schien ein erhoffter Anreiz für eine E-Auto-Kaufentscheidung nicht zu sein, denn zu Beginn des Jahres 2016 wies das Kraftfahrtbundesamt lediglich 25.502 batterie-elektrische Autos im Bestand aus. Etliche davon waren in Deutschland einmalig kurz zugelassen worden, um dann in Länder wie Norwegen als Gebrauchtwagen weiterverkauft zu werden.

Ähnliche Regeln mit variierenden Förderprämien, teils mit proportional besseren statistischen Werten, melden Deutschlands Nachbarländer. Allein in den skandinavischen Staaten stiegen die Zulassungszahlen für Elektro- und Hybrid-Autos seit 2012 enorm. Entsprechend gab es im »kleinen« Dänemark 2018 bereits 2050 von diversen Betreibern eingerichtete öffentliche Akku-Lade- und Tauschstationen (gegenüber 2028 Sprit-Tankstellen).

In Europa nahm Norwegen, wo wie in einigen anderen Ländern und Regionen für Elektrofahrzeuge eigene Nummernschilder ausgegeben werden, zu Jahresbeginn 2018 den Spitzenplatz in der Tabelle der PHEV- und BEV-Zulassungen ein. Mit zusammengenommenen 220.000 Fahrzeugen machte der Bestand dort 39,2 Prozent Marktanteil aus. Bei den Schweden addierten sich die Zulassungen seit 2011 auf 36.405 Plug-in-Hybriden und 13.900 Elektrofahrzeuge. Von der Gebührenfreiheit bei der Zulassung eines PHEV oder EV profitierten auch die Niederländer beim Kauf solcher Fahrzeuge. Bis zum Jahr 2025 erwartet man dort eine volle Million Elektro- bzw. Hybridfahrzeuge auf den Straßen; Anfang 2018 waren es insgesamt 121.542, wovon 31.115 reine E-Personenwagen darstellten.

Die Sorge, mit leerem Akku liegen zu bleiben

Im Kurz- und Mittelstreckeneinsatz der immer weiter wuchernden Ballungszentren stehen die Zeichen hierzulande langfristig auf Strom, wobei künftig auch das Car-Sharing eine wesentliche Rolle für die flächendeckende Verbreitung der Stromer spielen wird. Entscheidend gerade im urbanen Bereich wird hier jedoch auch das Entwicklungstempo der Ladestationen-Infrastruktur sein. Denn wenn es beim Bürger derzeit noch einen Vorbehalt gegenüber dem Elektroauto (außer einem trotz Prämie vergleichsweise hohen Anschaffungspreis) gibt, dann ist es die Sorge, irgendwo unterwegs mit leeren Akkus zu stranden und bei deren Wiederaufladen lästige Wartezeiten in Kauf nehmen zu müssen. Sofern eine Ladestation überhaupt gefunden wird. Doch dieser Sorge wird der Elektromobilist in Deutschland schon bald enthoben sein Die Bundesnetzagentur zählte per Jahresanfang 2022 in Deutschland 10.440 Ladepunkte (davon 1774 für schnelles Laden vorgesehen) an 5053 öffentlich zugänglichen Stationen (ein Klick auf dem Smartphone lässt erkennen, wo sich die nächstgelegene befindet, eine App informiert über optimale Ladezeitpunkte und Tarife). In Österreich waren per Jahresende 2017 knapp 3240 Ladestationen in Betrieb, in der Schweiz 2588, Tendenz in einigen Ländern langsam, in anderen schnell steigend – siehe Dänemark und Norwegen. In Oslo existierte 2018 die größ-

Mobile Ladestation in Gestalt eines als Generator dienenden Ford T-Modells, 1916.

Oben links: Ladestation für ein Elektro-Taxi, 1911.

te E-Ladestation in ganz Europa mit 28 Plätzen, an denen zugleich ebenso viele E-Fahrzeuge andocken können.
Eine der Herausforderungen bei der Einrichtung landesweit positionierter Elektro-Ladestationen ist dann auch logistischer Natur. Nämlich die einer engmaschigen Verteilung, die von der ausreichenden Stromversorgung abhängt. Und zwar von einer quantitativ möglichst gleichmäßigen nicht nur dort, wo besonders viele E-Autos unterwegs sind. In der Sammelgarage einer Wohnanlage, bei einem Supermarkt, an einem Sportcenter, an personalintensiven Arbeitsplätzen, aber auch bei einem Ausflugslokal auf dem Lande – oder auch nur bei jedem dritten – eine Ladestation zu installieren, verlangt Investitionen, die nicht jeder private Unternehmer oder Immobilienverwalter ohne Förderung stemmen kann.

Was die eigene Ladestation kostet

Für den Besitzer eines Elektroautos ist ein Stromanschluss auf dem eigenen Grundstück wie auch bei einem Mietobjekt zum Laden des Akkus unerlässlich, ganz gleich, wo sich der Abstellplatz für sein Fahrzeug befindet. Der gesicherte Abstellplatz – das sind nicht ganz so gute News für notorische Laternenparker. In der Theorie reicht die bei uns übliche Haushaltssteckdose mit 230-Volt-Versorgung aus, um den Akku des eigenen Gefährts nach Bedarf aufzuladen. Aber das heißt, lange Ladezeiten zu akzeptieren, auch warnen Experten vor der Möglichkeit eines erhöhten Überhitzungsrisikos und Brandgefahr, weil normale Leitungen und Steckdosen der Haushaltsstromversorgung nicht auf mehrstündige Dauer-Hochbelastungen ausgelegt sind.
Unabhängiger ist der Besitzer eines Elektroautos mit einer speziellen Ladestation (Wallbox) – sofern er über einen permanenten Stellplatz für sein Fahrzeug verfügt. Den Preis dafür beeinflussen zwei Aspekte: die Anschaffungs- und Installationskosten. Eine Elektroladestation kann unterm Strich zwischen 500 und 5000 Euro kosten, je nach Leistung und Ausstattung. Laut Internetplattform *Share&Charge* gilt es folgende Faktoren zu berücksichtigen:

- **Ladeleistung**: Ausschlaggebend für die Ladedauer ist neben dem Ladegerät im Auto (On-Board Charger) die Art der Ladestation. Hier gilt: Je höher die kW-Leistung, desto kürzer die Ladezeiten.
- **Verkabelung**: Auch das Ladekabel bestimmt, wie schnell der Akku wieder aufgeladen wird.
- **Lastenmanagement-System:** Wenn ein Fuhrpark aus mehreren Elektroautos besteht, deren Akkus gleichzeitig geladen werden sollen, wird eine Stromtankstelle mit Lastmanagement-System benötigt, das den Strom je nach Bedarf auf die Fahrzeug-Akkus verteilt. Dasselbe gilt für parallel zu nutzende E-Ladepunkte etwa für Bewohner einer Mietanlage oder für eine größere Zahl von Mitarbeiter- bzw. Kundenparkplätzen.
- **Fehlerstrom-Schutzschalter:** Jeder Anschlusspunkt muss durch eine eigene Fehlerstrom-Schutzeinrichtung abgesichert sein. Je nach Stationsmodell ist die Schutzvorrichtung bereits integriert oder muss von qualifizierten Fachleuten eingebaut werden.
- **Schnittstellen:** Zur Steuerung und Kontrolle des Ladevorgangs sind intelligente Ladestationen mit entsprechenden Kommunikationsschnittstellen ausgestattet, wie Wi-Fi, GSM, Ethernet mit seriellen Schnittstellen wie RS485, PLC oder OCPP.
- **Montageart:** Hinsichtlich des Aufbaus unterscheiden sich Standsäulen von meist kostengünstigeren Wandmontagen (»Wallbox«).
- **Schutzklasse:** Ladestationen unterscheiden sich auch hinsichtlich der Schutzklasse. Sie sind beispielsweise gegen Berührungen durch Drähte oder gegen Spritzwasser geschützt. Je nach Schutzklasse eignen sie sich für den Innen- oder Außenbetrieb.
- **Zusätzliche Ausstattung:** Je nach Modell kann eine Station weitere Extras besitzen, wie beispielsweise einen kWh-Energiezähler zur Abrechnung je Ladevorgang.

Das Bundesministerium für Verkehr und Digitale Infrastruktur gewährte ab 2018 einen Zuschuss für Anschaffung, Errichtung und Modernisierungsmaßnahmen betr. Norm-Ladepunkten in Höhe bis zu 60 Prozent und maximal 3000 Euro. Schnell-Ladepunkte unter 100 kW werden bis zu 60 Prozent und maximal 12.000 Euro bezuschusst, ab 100 kW

Unten: Eine ASFINAC-Ladestation, von der es mehrere an den Autobahnen in Österreich gibt.

bis zu 30.000 Euro. Für Netzanschlüsse an das Niederspannungsnetz gibt es maximal 5000 Euro und für Netzanschlüsse an das Mittelspannungsnetz in Höhe bis zu 60 Prozent und maximal 50.000 Euro. Die deutsche Regierung

Eine Herausforderung ist jedes Mal die Bezahlung an öffentlichen Stromtankstellen, zumal je nach Region verschiedene E-Werke den Strom liefern. Der Kunde muss sich ausweisen und möchte am liebsten mit seiner Kreditkarte bezahlen.

Oben rechts: EON-Ladestation mit Steckern für verschiedene Systeme.

beschloss deshalb, den Aufbau eines Ladenetzes mit 300 Millionen Euro zu subventionieren. Noch bestehen Detailprobleme, die es zu lösen gilt. So konnten sich die Hersteller von Elektro- bzw. Hybridautos bislang nicht auf international einheitlich genormte Ladestecker einigen; zur Zeit sind sechs verschiedene Systeme im Gebrauch:

Typ 1: Veraltete Norm, die seit 2017 zwar nicht mehr angeboten wird, aber bei frühen E-Autos noch vorhanden ist.

Schuko: Damit ist das Laden an der 230-Volt-Haushaltssteckdose möglich; Leistungsabgabe maximal 3,7 kW.

CCE: Drehstromstecker für 400 Volt Leistung, die maximale Leistung beträgt 22 kW.

Typ 2: Europäischer E-Auto-Standardstecker, den z. B. auch Tesla verwendet und der 120 kW Leistung schafft.

CCS: Super-Schnellladestecker für 50 kW Ladeleistung (bis 350 kW geplant).

CHadeMO: Von japanischen E-Fahrzeugherstellern favorisierter Stecker mit 50 kW Ladeleistung.

Wie die Gesamtenergiebilanz unter dem Gesichtspunkt zunehmender E-Mobilität aussieht, ist eine Frage der Betrachtungsweise und Statistikinterpretation. Klar ist: Je mehr Strom wir aus unseren Netzen ziehen, desto kräftiger muss eingespeist werden, notfalls ergänzend durch Lieferungen aus dem Ausland. Österreich ist in der glücklichen Lage,

annähernd die Hälfte seines Strombedarfs aus erneuerbaren Energien (Wasserkraft, Biomasse) decken zu können. Das flächenmäßig und bezüglich Kraftfahrzeugbestand sehr viel größere Deutschland muss 60 Prozent seines Strombedarfs noch aus Braun- und Steinkohle- sowie Atomkraftwerken und Erdgas decken (Stand 2018). Der intensive

»Die deutschen Autohersteller können nur verlieren«

Warum in Deutschland so wenig Elektroautos gebaut werden, fragte Dr. Christian Voy, Chef der Fahrzeugforschung bei Volkswagen, im Dezember 2016 und lieferte selbst die Antwort darauf: »Die deutschen Autohersteller haben es nicht leicht – egal, für welchen Antrieb sie sich entscheiden, sie können nur verlieren. Denn solange die EU und die Bundesregierung weiterhin Millionen Euro an Fördergeldern für Forschungszwecke vergeben, ist eine Elektroauto-Produktion uninteressant. Warum sollten sie auch ihre bewährte Technologie, nämlich den Verbrennungsmotor, der ja aus tausenden beweglichen Teilen besteht und somit ständig gewartet werden muss, aus dem Rennen nehmen? Im Vergleich dazu hat der Elektroantrieb, je nach Auslegung, gerade mal 200 bewegliche Teile und ist, je nach Beschaffenheit, nahezu wartungsfrei …« wird Dr. Voy vom *Internetportal Bauplan Elektroauto* zitiert.

Ausbau von Windkraftanlagen und eine flächendeckend ausgebaute, länderübergreifende Stromlogistik könnten die Bilanz signifikant verbessern helfen.

eMobility in Deutschland - Elektro

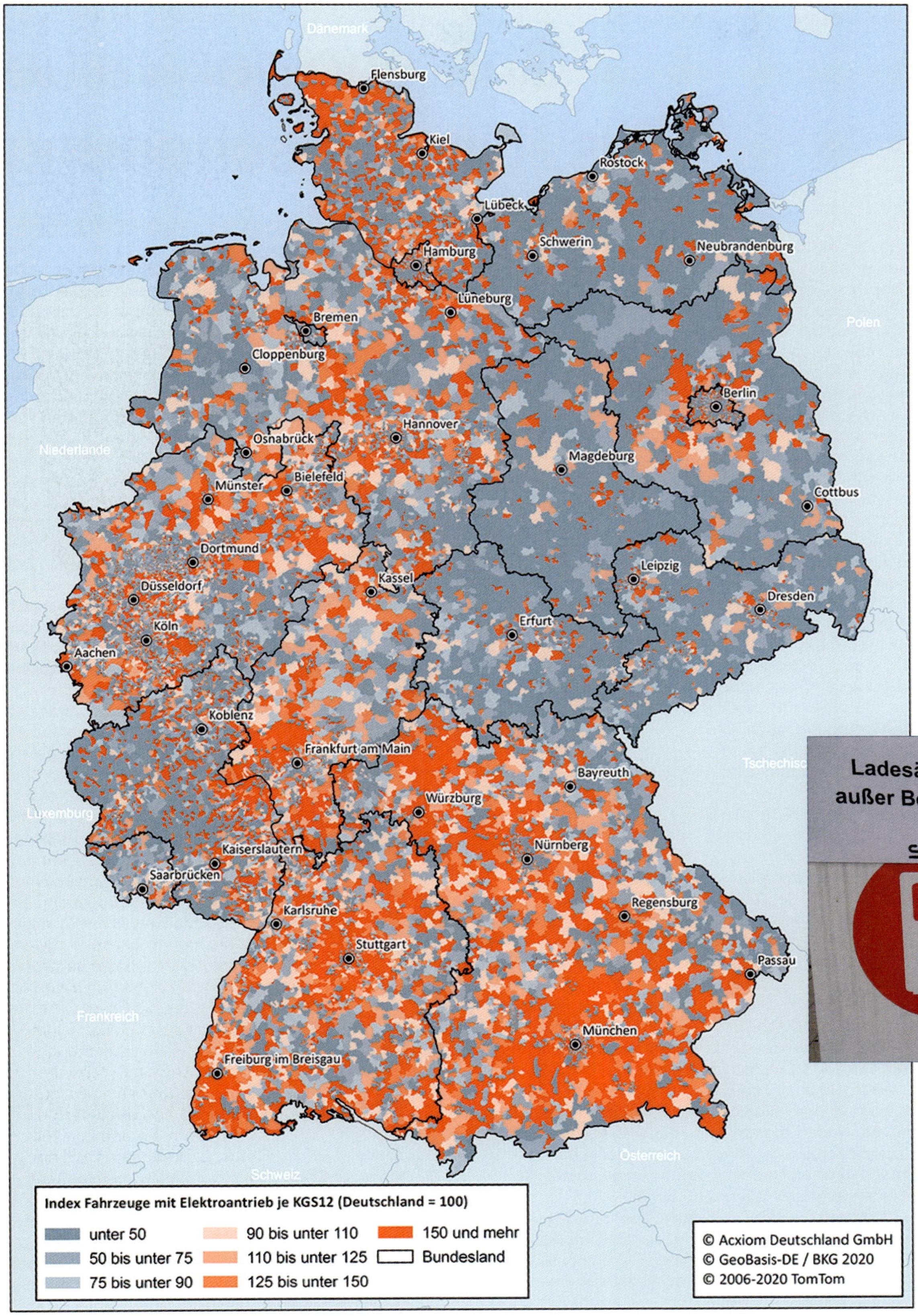

Bei Wohnungen in Eigentumsanlagen muss jeder der Anteilseigner zustimmen, will einer von ihnen in der Sammelgarage eine Wallbox installieren. Der ADAC konnte bei einem Test von 12 Wallboxen nur jeder zweiten das Prädikat GUT oder SEHR GUT zuerkennen.

Wenn auch die dritte unterwegs angesteuerte Ladestation verschnupft sein sollte, kann die Weiterfahrt zu einem Abenteuer werden.

Thema Flottenverbrauch

Shareholder Value vs. Umweltschonung

Werte des häufig zitierten »Flottenverbrauchs« werden herangezogen, um die Effizienz von Fahrzeugen in Bezug auf den Kraftstoffverbrauch zu vergleichen. So kann ein Unternehmen beispielsweise anhand des Flottenverbrauches abschätzen, ob neu angeschaffte Fahrzeuge im Fuhrpark eine Senkung des durchschnittlichen Kraftstoffverbrauchs pro gefahrenen Kilometer und der damit verbundenen Kosten ermöglichen.

Betrachtet man den Flottenverbrauch aller Fahrzeuge in einem Land, so haben einerseits die Entwicklung der Größe und der Motorisierung und andererseits die Effizienz der Fahrzeuge einen gegeneinander gerichteten Einfluss. Die Senkung des Flottenverbrauchs gilt als ein Parameter, um den durchschnittlichen Kraftstoffverbrauch auch in Bezug auf Umweltschutz und Schonung der Ressourcen zu bewerten.

Der Flottenverbrauch ergibt sich, indem der Gesamtkraftstoffverbrauch durch die Summe der Kilometerleistung aller Fahrzeuge innerhalb der Gruppe bzw. eines Herstellers geteilt wird. In Bezug auf den Umweltschutz verfolgt die Europäische Union das Ziel, den CO_2-Ausstoß von Kraftfahrzeugen zu verringern. Die Verordnung (EG) Nr. 443 von 2009, mit Änderung durch die Verordnung (EG) Nr. 333 von 2014, setzt für den Hersteller-Flottenverbrauch einen Grenzwert von 130 g CO_2/km fest. Dieser wird bis 2021 auf 95 g CO_2/km gesenkt. Die Berechnung des Flottenverbrauchs hat man den Automobilherstellern überlassen. Für Elektroautos wurden so genannte »Super Credits« ausgehandelt, damit senken der Verkauf und die damit bezweckte Inbetriebnahme eines Elektroautos den gesamten Hersteller-Flottenverbrauch überproportional.

Im RP-Energielexikon führt Dr. Rüdiger Paschotta aus: »Der Flottenverbrauch kann nicht auf der Basis tatsächlicher Verbrauchswerte berechnet werden, da die Verbrauchsdaten der Fahrzeuge nach dem Verkauf vom Hersteller kaum ermittelt werden können. Deswegen basieren solche Berechnungen auf Normwerten für den Kraftstoffverbrauch, wie sie mit offiziellen Messverfahren für Kraftstoffverbrauch und Abgaswerte ermittelt wurden. Allerdings sind solche Normwerte für den Praxisverbrauch nicht sehr aussagekräftig, da die Hersteller eine Reihe von Tricks entwickelt haben, um relativ günstige Normverbrauchswerte zu erzielen, die häufig weit unter dem Praxisverbrauch liegen ... Mitunter wird behauptet, der Flottenverbrauch eines Fahrzeugherstellers ergebe sich als ein Durchschnitt über die angebotenen Fahrzeugmodelle. Dies ist irreführend, da natürlich die Verkaufszahlen der jeweiligen Modelle berücksichtigt werden müssen; es muss also ein gewichteter Mittelwert berechnet werden mit den Verkaufszahlen als Gewichtsfaktoren«.

Die relativen Verkaufszahlen verschiedener Fahrzeugmodelle sind also wichtig für den real erzielten Flottenverbrauch. Ein Hersteller kann den Flottenverbrauch also auch ohne jegliche technische Verbesserung der angebotenen Modelle senken, indem er durch entsprechendes Marketing und eine geeignete Preisgestaltung die Verkäufe der sparsamsten Modelle besonders fördert. »Leider scheint in der Praxis häufig das Gegenteil zu geschehen, da beispielsweise mit viel Kraftstoff verbrauchenden SUVs viel Geld verdient werden kann.«

Der Flottenverbrauch ergibt sich, indem der Gesamtkraftstoffverbrauch durch die Summe der Kilometerleistung aller Fahrzeuge innerhalb einer Gruppe geteilt wird. Je nach Rechtsgrundlage sind jedoch weitere Faktoren bei der Berechnung zu berücksichtigen. Grundsätzlich wird der Flottenverbrauch beim Kraftstoff in Liter je 100 Kilometer und beim CO_2 in Gramm je Kilometer angegeben. Für die Berechnung der gesetzlich festgelegten Obergrenzen des Flottenverbrauchs werden unterschiedliche Verfahren angewendet, die den Einfluss von Modellen mit besonders hohem Verbrauch auf das Rechenergebnis mindern.

Kritisch wird in Fachkreisen die Bewertung von Elektroautos gesehen, die bisher mit einem höheren Faktor in die Flotte eingerechnet wurden, und zwar bis 2013 mit dem Faktor 1,3 und danach bis zum Jahr 2020 mit dem Faktor 2,5. Auch werden für Plug-in-Hybride Boni gewährt, indem schon bei der Ermittlung der Normverbrauchswerte mittels Fahrzyklus die vorab geladene elektrische Energie bei der Verbrauchsangabe unberücksichtigt bleibt.

»Strafen für die Überschreitung des Flottenverbrauchs sind vernünftige Maßnahmen, durch die Verbraucher geschützt werden und die zudem den CO_2-Ausstoß verringern helfen, der den Klimawandel verstärkt.«

Generalstaatsanwalt Eric Schneiderman nach dem Urteil des US-Berufungsgerichts, New York, 23. April 2018

»Fluch und Segen zugleich«

Starken Einfluss auf die Flottenverbrauchswerte nehmen die SUVs. Der *sid-Pressedienst* vermerkte im August 2017: »Experten fürchten schon lange, dass sich der SUV-Trend für die Hersteller in dieser Hinsicht bitter rächen könnte. Die großen Fahrzeuge sind zwar extrem gefragt und versprechen oft höhere Margen für die Firmen, sind aber schwerer und weniger windschlüpfig als andere Fahrzeuge. Die Fortschritte, die die Techniker beim Verbrauch (und

damit beim CO_2) motorenseitig erzielen, werden so wieder zunichtegemacht.
Verstärkend wirkt womöglich der Rückgang bei der Diesel-Nachfrage. Selbstzünderfahrzeuge sind wegen ihres niedrigeren Verbrauchs für die Flottenbilanz der Hersteller extrem wichtig, werden aber angesichts drohender Fahrverbote aktuell deutlich weniger gekauft …«
Für die Hersteller sei die Entwicklung Fluch und Segen zugleich – aber auch ein echtes Problem: »Erreichen sie die Vorgaben nicht, drohen empfindliche Strafzahlungen an die EU. Und die Autoindustrie muss mit einer Verschärfung der Limits rechnen. Obwohl derzeit die Lastenhefte für die Modelle geschrieben werden, die nach 2020 erscheinen, ist noch nicht klar, welche Grenzwerte sie ab 2025 einhalten sollen. In der Öffentlichkeit kursieren Zahlen von 68 oder 78 g/km … Es dürfte für die Industrie schwer werden, die nächste Stufe der CO_2-Gesetzgebung zu erreichen.«

Auf Käufer wartende BMW i3 Limousinen (oben) und ein Fahrzeug dieses Modells an der Ladesäule.

max. 95 Gramm CO_2 pro km

Wie auch das *Hamburger Abendblatt* im Mai 2018 darlegte, habe eine Analyse der jüngst ermittelten CO_2-Daten gezeigt, dass sich durchaus nicht sämtliche Autohersteller auf Klimaschutz-Kurs befänden. Die niedrigsten Flottenemissionen habe man bei Fahrzeugen der Peugeot-Citroën-Gruppe feststellen können.
»Die europäische Umweltorganisation Transport & Environment (T&E) bescheinigt derzeit Herstellern wie Nissan, Volvo und Daimler einen Vorsprung, rügt aber gleichzeitig mehrere Hersteller für deren langsames Vorankommen. Hintergrund der Analyse: Seit 2021 darf die Flotte, also die Gesamtheit der von einem Konzern verkauften Autos, gemittelt nicht mehr als 95 Gramm CO_2 pro Kilometer emittieren, sonst drohen Strafzahlungen.«
T&E hat zum zehnten Mal die Erfolge des vergangenen Jahres bewertet. Die Daten erhält die Organisation von der Europäischen Umweltbehörde EEA. »Mit den niedrigsten Flottenemissionen liegt zurzeit Peugeot-Citroën im Ranking ganz oben. Die 2014 in Europa verkauften 1,36 Millionen Neuwagen hatten im Schnitt einen CO_2-Ausstoß von 110 g/km. An zweiter und dritter Stelle folgen Toyota (112,8 g/km) und Renault (113,6 g/km). Erster deutscher Hersteller ist Ford auf Platz sechs (121,7 g/km), der Volkswagen-Konzern liegt auf Rang acht (125,8 g/km), Daimler (131,5 g/km) und BMW (131,7 g/km) auf Platz 12 und 13. Laut Prognose werden fünf Hersteller das Klima-Ziel vor 2021 erreichen, sieben nach Stand 2018 indes verfehlen.«

»Freude am autonomen Fahren« – Gibt es so etwas?

Kein Lenkrad, kein Gaspedal – kein Lustgewinn

Fifth Avenue, New York City. Im September 1925 wurde hier erstmals ein »autonom pilotiertes« Auto getestet, eine präparierte Fernlenk-Limousine der Marke Chandler.

»Auf Knopfdruck konnte man vom zweiten Wagen aus die Hupe im ersten ertönen lassen …«

Wie bedauerlich, dass wir nicht Zeuge der Präsentation so mancher Erfindung wurden, die unseren Großeltern ein ungläubiges Staunen bescherte. Wie zum Beispiel ein Automobil, das sich vor 95 Jahren wie von Geisterhand souverän durch das Verkehrsgewühl der Fifth Avenue im Zentrum von Manhattan fortbewegte – ohne dass jemand am Volant saß.

Am technischen Fortschritt interessierte Amerikaner, die das nicht mit eigenen Augen gesehen hatten, erhielten eine Vorahnung auf die autopilotierte Zukunft in der Novemberausgabe 1925 des Elektronik-Magazins *Radio News*, als sie erfuhren, was der Reporter Herndon Green über ein »Radio-controlled Automobile« zu berichten hatte.

Begleitet war Herndon Greens Artikel von zwei Fotos und einem Schaltplan, aus dem hervorging, wie die Fernsteuerung per Radiowellen bei dem American Wonder genannten Auto – es war ein 1925/26er Chandler Modell 6-65 – funktionierte. Die Technik kam von der Firma Houdina Radio Control. Der Rundfunktechniker Francis P. Houdina und der Chandler-Autohändler Ache aus Milwaukee hatten das Experiment gemeinsam realisiert und finanziert. Für Houdinas Geschäft, erst ein halbes Jahr zuvor in New York eröffnet,

eine brillante Reklame. Der Erfinder hatte zuvor in einem kleinen, weithin unbekannten Ort namens Kaukauna im fernen Wisconsin gelebt und gearbeitet. Offenbar kein geeigneter Platz, um Karriere zu machen.
Wie die *New York Times* zu berichten wusste, habe es Beinahe-Kollisionen mit einem Feuerwehrwagen und mit dem Gefährt eines Milchmanns gegeben. Auch touchierte der ferngelenkte Chandler ein Fahrzeug, das mit mehreren Fotografen besetzt war. In ein paar weiteren Städten wie etwa in Boston – die Presse sprach in euphorischer Übertreibung von einer »transcontinental tour« – gab es ebenfalls »driverless«-Vorführungen, so auch im Dezember 1926, als die Firma Achen Motors den von Houdina präparierten Chandler in Milwaukee als »Phantom Car« präsentierte. Eine letzte Demonstration fand im Juni 1932 zur Belustigung von Farmern und Viehhändlern auf einem Bauernmarkt in Fredericksburg, Virginia, statt.
Für das Spektakel auf der New Yorker Fifth Avenue und dem Broadway hätte es keine bessere Bühne als diese stark belebte Verkehrsader geben können. Zwei Sender und zwei Empfänger auf verschiedenen Kurzwellen ließen das sorgfältig präparierte, mit Batterien und Gestängen bewehrte sowie über und über verkabelte »Wunderauto« starten, fahren, lenken und bremsen. Es war ein offener Tourer mit einer großen, rhombusförmigen Richtantenne. Die Distanz zum Operateur mit seinem Schaltkasten in einem hinterher fahrenden Wagen betrug rund zehn Meter.
»Auf Knopfdruck konnte man vom zweiten Wagen aus auch die Hupe im ersten ertönen lassen, das Licht ein- und ausschalten, die Kupplung betätigen und die Getriebegänge wechseln ...« Elf Operationen waren programmiert.
Wenig später erschien der berühmte, ebenfalls in New York lebende Magier und Entfesselungskünstler Harry Houdini im Labor seines Fast-Namensvetters und forderte ihn auf, seine Arbeit unter einem anderen Namen zu vermarkten, was dieser brüsk ablehnte. Daraufhin soll es zu einer tätlichen Auseinandersetzung gekommen sein, bei der einiges Mobiliar und eine elektrische Tischlampe zu Bruch gingen... Houdini, Sohn ungarischer Emigranten, befürchtete Namensverwechslungen zu seinen Ungunsten.
Ganz von selbst, und zwar auch auf Umfeldeinflüsse selbsttätig reagierend und nicht allein durch menschliche Fernlenkung agierend, fuhr Houdinas American Wonder also nicht. Ähnliche Fahrzeuge gab es gelegentlich auch in den 1930er Jahren, und nach dem Krieg waren es abermals amerikanische Techniker und Wissenschaftler, die sich mit einem elektrischen »Auto-Guide-System« dem autonomen Fahren schon dicht näherten: Spulen an den Vorderrädern eines GM-Versuchswagens nahmen Signale von Kabeln im Straßenbelag auf und hielten damit das Auto in der Spur.
»Das Steuerrad entwickelt sich immer deutlicher zu einem Zentralgehirn, von dem aus alle Glieder des Automobils gebändigt werden. Auf dem Lenkrad wird man in naher Zukunft wie auf einem Instrument spielen können!« Zu dieser Erkenntnis gelangte man 1921, wie ein Aufsatz in der *Deutschen Export-Revue* verdeutlicht. Geringfügig verschätzt hatte sich der amerikanische Futurologe James H. Cocker, der 1963 schrieb: »Ich denke, im Jahr 1990 wird das Lenkrad ebenso überflüssig sein wie das Gas- und das Bremspedal!« – eine Prophezeiung, auf deren Erfüllung wir wohl noch etwas warten müssen. Gleichwohl ist das Auto, das ohne Lenker und ohne Lenkrad auskommt, heute keine Utopie mehr.

Vision vom autonomen Fahren, 2016.

Realitätsnahe Prognosen von General Motors

»So wird man in Zukunft überall reisen«, hieß es in einem General-Motors-Werbefilm 1958. Nur weil sie eine Weile zurück liegt, ist diese Prognose keineswegs als Schnee von gestern abzutun. Im Gegenteil, sie erlebt jetzt, nach sechzig Jahren, eine von Applaus begleitete Reaktivierung. Denn nun gehört die Gegenwart endlich der Vergangenheit an, die lang erwartete Zukunft hält Einzug und mit ihr die Erwartung an eine ganz neue, uns noch tiefer ergreifende Freude am Fahren – nein: Am Gefahrenwerden durch intelligente Roboter.
Wie *n-tv.de* 2017 berichtete, gilt in Deutschland der Robotiker Ernst Dieter Dickmanns als einer der Wegbereiter für das autonome Fahren. Als Professor an der Bundeswehruniversität München erarbeitete er das PROMETHEUS-Programm für ein »europäisches Transportwesen mit höchster Effizienz und unerreichter Sicherheit auch autonom fahrender Forschungsfahrzeuge«.

»Die nächste Generation des Chevrolet Volt wird weder ein Lenkrad noch Pedale haben!«

Dan Amman, Präsident General Motors, Januar 2018

Aus einem General-Motors-Werbefilm von 1958 mit dem Versprechen: »So wird man in Zukunft überall reisen!«

Die Stufen der automatisierten Automobilität. (Grafik Peter Bruder)

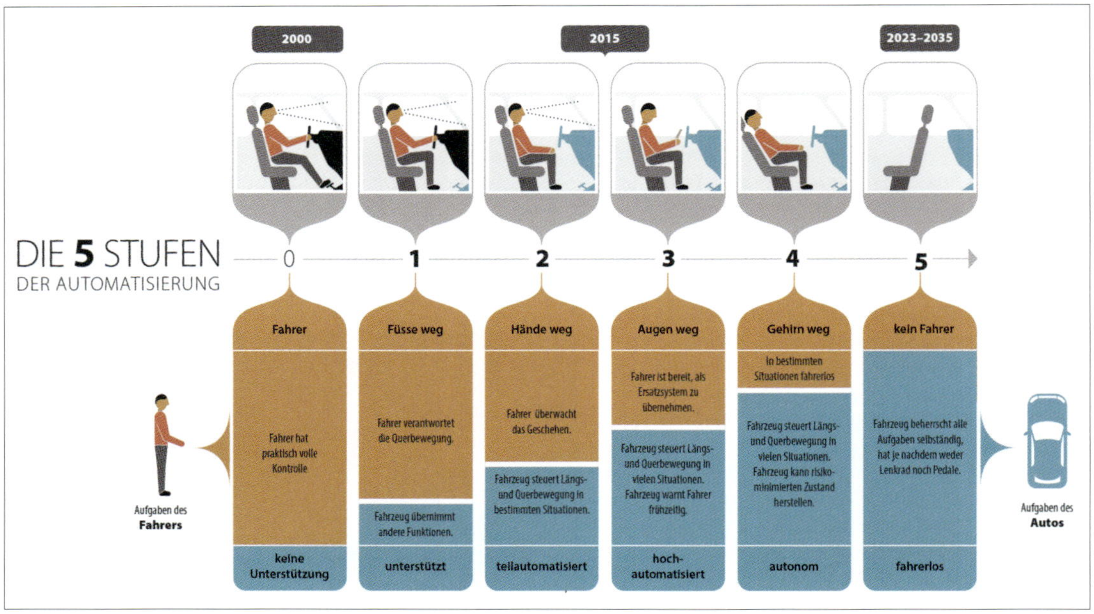

Der in Bundeswehrdiensten stehende und für das Projekt PROMETHEUS von Daimler-Benz umgerüstete Kastenwagen.

»Automatisiertes Fahren ist einer der Megatrends des kommenden Jahrzehnts für die Fahrzeug- und die Infrastrukturentwicklung sowie für das Nutzerverhalten.«

Lutz Eckstein, Direktor des Instituts für Kraftfahrzeuge der RWTH Aachen, 2018

Dieses PROMETHEUS-Projekt (PROgraMme for a European Traffic of Highest Efficiency and Unprecedented Safety) von 1986–1994 kam nicht zuletzt auch auf Initiative von Ferdinand Panik – damals bei Daimler-Benz – und seinen Kollegen aus den Konzernforschungen weiterer europäischer Fahrzeughersteller zustande. In den Fachmedien und in wissenschaftlichen Abhandlungen wurde über das Projekt PROMETHEUS eingehend diskututiert, doch es scheint, als sei das alles in Vergessenheit geraten.
Als erstes Ziel der Kooperation der Daimler-Benz AG mit der Bundeswehr-Universität München (UniBwM) wurde definiert, dass ein Versuchsträger »Vision Technology Application« (VITA, später VITA I) in Gestalt eines 7,0-t-Kastenwagens aus dem Hause Mercedes-Benz für autonomes Fahren präpariert werden sollte. Die »visuelle« Software hierfür sollte so weit ausgebaut werden, dass neben der Fahrbahn- und Fahrstreifen-Erkennung auch noch weitere Fahrzeuge auf der Straße entdeckt und ihr Verhalten verfolgt werden konnten. Der Abstand zu einem vorausfahrenden Fahrzeug sollte rein visuell (kein Radar) fortlaufend bestimmt werden. Darauf aufbauend wurde die Fähigkeit zum autonomen Konvoifahren in einer sicheren geschwindigkeitsabhängigen Entfernung bis zum Stillstand entwickelt.

Autonomes Fahren auf der Autobahn um Paris

Die Ergebnisse der ersten Tests wurden der Automobilindustrie zur Kenntnis gegeben. Der Erfolg führte auf den Führungsetagen zu einer gewissen Akzeptanz der Absicht, einen »Gesichtssinn« für Straßenfahrzeuge zu entwickeln. Für die PROMETHEUS-Abschlussdemonstration 1994 in Paris wurde daraufhin ein wesentlich weiter gestecktes Ziel definiert: Zwei Fahrzeuge der Mercedes-Benz S-Klasse sollten im normalen dreispurigen Verkehr einer Autobahn in Frankreich voll autonom mit ausschließlich visueller Wahrnehmung mitfahren können. Einer der Wagen lief unter Daimler-Benz-Verantwortung, die Präparierung des zweiten oblag der UniBwM unter Ernst Dieter Dickmanns. Der hatte Luft- und Raumfahrttechnik an der RWTH Aachen und Regelungstechnik an der Princeton University studiert; von 1961 bis 1975 arbeitete er bei der Deutschen Forschungs- und Versuchsanstalt für Luft- und Raumfahrt (DFVLR). Für ihn lag die größte Herausforderung beim autonomen Fahren mit hoher Geschwindigkeit in den schnell wechselnden Ansichten von Straßenszenen. Zur Zeit von Dickmanns' Versuchen waren Computer viel langsamer als heute, weshalb ausgefeilte Strategien zum Rechnersehen notwendig waren, um bei allen Situationen in Echtzeit reagieren zu können.
Die beiden Mercedes-Limousinen wurden mit entsprechenden Sensoren und Aktuatoren sowie den erforderlichen Rechnersystemen ausgebaut. Daimler-Benz bezeichnete ihr Fahrzeug als VITA II, die UniBwM das ihre als VaMoRs-Pkw oder kurz VamP. Gleichwohl war die Daimler-Benz AG für die aufwändigen Umbauten beider Fahrzeuge zuständig, während das »Fahrzeugauge« und das neue Transputer-System zur Bildfolgenauswertung sowie die gesamte Software zur visuellen Wahrnehmung und zur Verhaltenssteuerung im Verantwortungsbereich der UniBwM lagen.

Folgende Fähigkeiten des Systems konnten im Oktober 1994 im öffentlichen dreispurigen Autobahnverkehr in der Nähe des Flughafens Charles-De-Gaulle mit Gästen an Bord demonstriert werden:

- Freies Spurfahren bis zur maximal zugelassenen Geschwindigkeit in Frankreich von 130 km/h
- Übergang in das Konvoi-Fahren hinter beliebigem vorausfahrenden Fahrzeug mit Geschwindigkeitsabhängigem Abstand
- Entdeckung und Verfolgung von bis zu sechs Fahrzeugen mit bifokalem Sehen je in der vorderen und der hinteren Hemisphäre in der Eigenspur und den direkt benachbarten Nebenspuren
- Eigenständige Entscheidung zum Spurwechsel und dessen autonome Durchführung, nachdem der Sicherheitsfahrer durch Blinkersetzen die Freigabe erteilt hatte

Insgesamt wurden über 1000 Kilometer auf den dreispurigen, hoch frequentierten Autoroutes in der Region Paris unfallfrei gefahren. Bei der retrospektiven Betrachtung ist zu berücksichtigen, dass die damals verfügbaren Rechenleistungen von Mikroprozessoren etwa um den Faktor 100 000 kleiner waren als heute. Die Kosten eines solchen Systems waren sehr hoch. Dies war auch einer der Gründe dafür, weshalb die Industrie sich für Radar und Lidar als Sensoren beim nächsten Entwicklungsschritt zur serienmäßigen Kollisionsvermeidung per Abstandshaltung entschied.
Die beiden genannten Fahrzeuge waren die einzigen im PROMETHEUS-Projekt (sogar weltweit), die damals die erwähnten Leistungen unter guten Umweltbedingungen vorführen konnten. Bei fast allen anderen europäischen Teilnehmern an der Abschlussdemonstration diente eine Bildfolgen-Auswertung nur speziellen Einzelaufgaben wie Fahrbahn-, Spur-, Einzelobjekt- und Schildererkennung.
Das unmittelbar anschließende *International Symposium on Intelligent Vehicles* erlaubte eine Beurteilung des internationalen Standes der Entwicklung: Durch das PROMETHEUS-Projekt hatte sich Europa eine führende Stellung auf dem Gebiet sehender Straßenfahrzeuge erarbeitet. Diese Erkenntnisse gehörten zu den Grundlagen für die erst später definierten Zielsetzungen für selbstfahrende Kraftfahrzeuge. Der heute populäre Abstandshalte-Tempomat und der Notbremsassistent haben in diesem Projekt ihren Ursprung.

Das »Gehirn« der PROMETHEUS-Limousine hatte die Entscheidung zum Spurwechsel zu treffen und ihn autonom durchzuführen, nachdem der Sicherheitsfahrer durch Blinkersetzen die Freigabe erteilt hatte.

Dass es ein Vergnügen sei, am Steuer eines Autos zu sitzen und vor allem, dass man über dieses Medium ganz nach Belieben (oder fahrerischem Können) frei verfügen könne, darf heute angezweifelt werden. Uneingeschränkte »Freude am Fahren« zu empfinden, war ein vom Automobilhersteller BMW vor Jahrzehnten suggeriertes Versprechen, dessen Einlösung zu verhindern sich der auto-mobile Teil der Gesellschaft selbst erfolgreich bemüht. Nicht nur in den – vom so gern zitierten demografischen Wandel betroffenen – urbanen Ballungsgebieten dieser Welt.

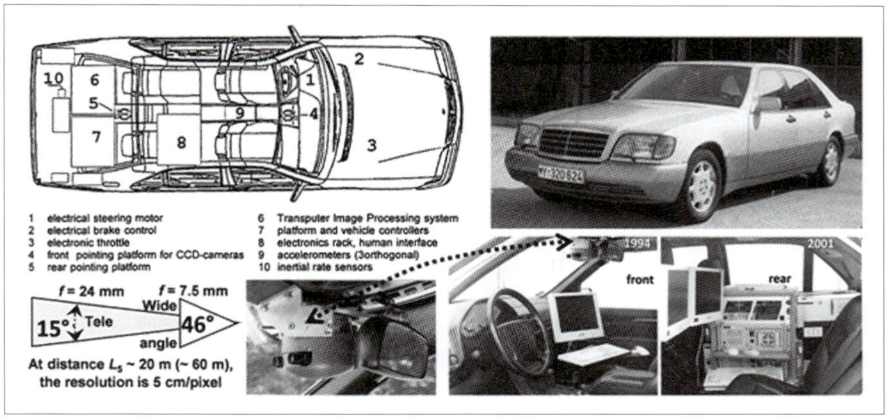

Eine der beiden autonom gesteuerten Meredes-Benz S-Klasse-Limousinen; sie wurden im Oktober 1994 über 1000 Kilometer auf dreispurigen, hoch frequentierten Autoroutes in der Region Paris bewegt.

Bitte recht deutlich: Zielansteuerung per Spracherkennung

Autofahren ist trotz aller Assistenzsysteme anstrengend, verlangt in Anbetracht der zunehmenden Verkehrsdichte vom Fahrer hohe Konzentration. Wenn Autofahren denn nun keinen Spaß mehr macht oder wir eines Tages einfach überfordert sind, das Auto mit seinen multifunktionalen Fähigkeiten noch sicher zu beherrschen, hören wir dann die Botschaft gern, dass wir uns nur noch hineinsetzen müssen und alles andere genial programmierter High-Tech-Elektrik und intelligenter Elektronik überlassen dürfen? Autos, die dank Spracherkennung quasi auf Zuruf von ganz allein ihr Ziel erreichen, ohne dass ein Mensch sie steuern oder navigieren muss, sind längst in der Erprobung.
Alle großen Autokonzerne bedienen sich in ihren Konstruktions- und Produktionsprozessen seit langem diverser Robotertechniken. Roboter im digitalen Zeitalter auch fürs Bedienen eines Autos einzusetzen, ist ein naheliegender Gedanke, also selbstfahrende Autos auf die Straße zu bringen – möglichst ohne Kompromisse. Von 2021 an will beispielsweise Ford Serienautos anbieten, die keinen Fahrer mehr benötigen, zumal »die Fahrzeuge kein Lenkrad und keine Pedale mehr haben«. Allerdings könnten dann Konflikte zwischen Mensch und Auto zu seelischen Belastungen führen, die manchem Psychiater eine neue Klientel bescheren: »Meine Limousine und ich – wir verstehen uns nicht mehr. Ich kann sagen was ich will, sie ist nicht zu bremsen. Was mache ich nur falsch?«
Zunächst sollen autonome, digital-intelligent programmierte Fahrzeuge in Großstädten fahren. Vielleicht aber auch

schon bald auf der Autobahn, wie 1953 prognostiziert. Sie werden vollelektrische oder Hybrid-Antriebe haben, die uns die nötigen Reichweiten ohne unplanmäßige Unterbrechungen garantieren. Die Ford-Zentrale in Dearborn verkündete im Januar 2018, man habe schon jetzt alle Bausteine zusammen, um ein komplett autonomes Fahrzeug zu fertigen und in Betrieb setzen zu können.

Zielführend: Sichere, keinem Verkehrsinfarkt ausgesetzte Straßen

Schon 1953 hieß es in der Zeitschrift *Mechanics Illustrated:* »Wenn dem Autofahrer eine automatische Steuerung seines Wagens zur Verfügung stünde, wären alle Unzulänglichkeiten des Fahrers ausgeschaltet … unsere Fernverkehrsstraßen wären praktisch unfallsicher. Das Kurshalten oder auch Wechseln auf der Fahrspur könnte durch ein System erfolgen, das nach einem magnetischen Prinzip arbeitet; auch würde ein kleines Radargerät benötigt.« Die Redakteure der amerikanischen Zeitschrift sahen 1953 das autopilotierte Fahren zunächst auf Autobahnen als sinnvoll an: »Welch eine Erleichterung würde dieses System den Bus- und Lastwagenfahrern sowie allen anderen bringen, die lange Strecken zurücklegen müssen!«

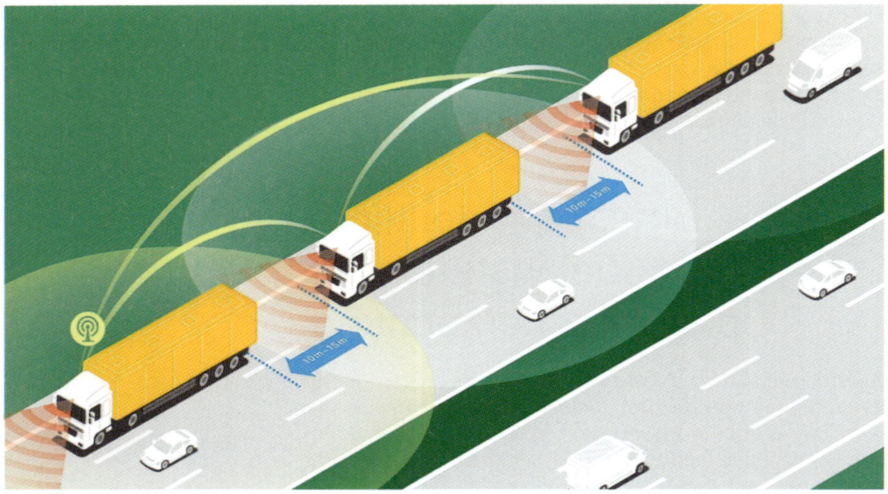

Schema eines autonom gefahrenen Lkw-Konvois (»Platooning«), bei welchem es keine Auffahrunfälle mehr geben soll.

Das »Autonome Fahren« ist inzwischen keine Zukunftsmusik mehr. Es bezeichnet die Benutzung von Fahrzeugen, die im Autopilotmodus alles selber machen können: Sich mit größtmöglicher Sicherheit im Verkehr bewegen, also Lenk-, Blink-, Beschleunigungs- und Bremsmanöver längs- und quer der Fahrspur ohne menschliches Zutun durchführen. Die ein eingegebenes Fahrtziel ansteuern, einen Parkplatz finden, sich dort auch wieder ausfädeln können – alles voll programmiert und autonom, ohne Eingriffe durch einen Fahrzeugführer.
Die ersten seriennahen, autonom fahrenden Fahrzeuge stellte Audi im Januar 2015 auf der Consumer Electronics Show (CES) in Las Vegas unter dem Begriff »pilotiertes Fahren« vor. Sie fuhren mehrere hundert Kilometer auf der Autobahn durch die Wüste von Nevada – ohne jeglichen Eingriff durch die Person am Lenkrad. Immerhin besaßen die Testfahrzeuge ein solches noch. Auch der Elektrofahrzeughersteller Tesla gehörte – noch – zu denen, die sich bereit erklärten, hohe Beträge in moderne »Driverless-«Technologie zu investieren.
Das fahrerlose Fahren hatte 2004 Auftrieb durch einen Wettbewerb in den USA erhalten, wo auch deutsche Automobilhersteller Preise gewannen.
Nicht nur Autohersteller im herkömmlichen Sinne beschäftigen sich seitdem mit diesem Thema: Der Internet-Goliath Google Inc. ist seit 2016 ebenfalls dabei, sich der »Driverless«-Technologie zu widmen. Nach einer Studie der Management- und Unternehmensberatung Oliver Wyman in München könnten bis zum Jahr 2035 teil- und vollautomatisierte Fahrzeuge zwischen 20 und 35 Prozent der globalen Fahrzeugproduktion ausmachen. Und das renommierte Fraunhofer-Institut prognostizierte im November 2015 in einer Studie im Auftrag des Bundeswirtschaftsministeriums, autonomes Fahren werde sogar »bereits vor 2025 technische Reife erlangen« und danach eine Wertschöpfung am Standort Deutschland in Höhe von 8,8 Milliarden Euro« ausmachen. Beide Prognosen konnten noch 2020 als vermutlich etwas zu euphorisch bewertet werden.

Roboter sind nicht imstande, kognitive Fähigkeiten des Menschen abzubilden

Elektromobilität und autonomes Fahren blieben kontrovers diskutierte Themen. »Die Autokonzerne investieren Milliarden, IT-Riesen ebenfalls«, führte Helmut Becker im März 2019 aus und fügte hinzu: »Diese Milliarden könnten sich allerdings als aus zum Fenster hinaus geworfenes Geld erweisen.«
Helmut Becker ist kein Laie. Er schreibt für das Internetmagazin *n-tv.de* eine monatliche Kolumne rund um den Automarkt. Er war 24 Jahre als Chefvolkswirt bei den Bayerischen Motoren Werken in München tätig und leitete ab 2016 das Institut für Wirtschaftsanalyse und Kommunikation (IWK). Er berät eine Reihe von Unternehmen in automobilspezifischen Fragen.
»Für die Vision vom autonomen Fahren wird in Deutschland die Einführung des umweltschädlichen und milliardenteuren 5G-Mikrowellen-Netzstandards gefordert, weil ohne dieses Netz autonomes Fahren in der notwendigen Echtzeit-Datenverarbeitung nicht möglich ist. Und das bei maximal 2 Millionen Fahrzeugen jährlichem Inlandsabsatz made in Germany, während die restlichen 14 Millionen Autos aus deutschen Fabriken im Ausland (Stand laut VDA 2017) ohne solche Netze fahren können oder müssen? Aus ökonomischer Sicht rausgeworfenes Geld für eine Technologie, die die Menschheit außerhalb von Fabriktoren und Sonderanwendungen so wenig braucht wie ehemals die Concorde.«
Die Schwierigkeiten, den Menschen am Volant teilweise oder vollständig in seiner sensorischen Komplexität durch GPS, Ultraschall, Kameras, Laser oder Radar zu ersetzen, erweisen sich angesichts zunehmender Verkehrsdichte als immens, führt Becker aus. »Die Zulassungsbehörden in den USA verweigern nicht ohne Grund den Roboterautos die Betriebserlaubnis. Tesla & Co treten auf leisen Pneus den Rückzug an. Die deutschen Premium-Hersteller als Erfinder

des Automobils nicht. Im Gegenteil, die wollen sogar in Kooperation in diese Sackgasse brausen.«
Tatsache: Die Erkennungstechnik eines vollelektrischen Roboterautos funktioniert selbst in meteorologischen Schönwettergebieten nicht fehlerfrei; starker Regen, Nebel, Schneefall, wie in unseren Breiten nicht unüblich, lässt sie »erblinden«.
Glatteis sowie unbekannte Objekte auf der Straße werden nicht erkannt. Roboterautos sind bei engen Straßen, die Fahrbahn überquerenden Fußgängern sowie Hindernissen am Straßenrand überfordert; auch wäre eine strikt kontrollierte Geschwindigkeitsbegrenzung wie auf US-Highways unabdingbar; bei uns also vor allem auf Autobahnen Tempo 110. Und selbst das wäre nach Aussagen von Experten bereits eine grenzwertige Höchstgeschwindigkeit.
Es sind laut Helmut Becker zwei gewichtige Gründe, die den Traum vom selbstfahrenden Auto bei den IT-Konzernen platzen ließen: »Zum einen ist der Autoroboter unfähig, die kognitiven Fähigkeiten des Menschen als autofahrendes Individuum in seiner Gesamtheit abzubilden. Dafür müsste der genormte Mensch als Autofahrer her (in Shenzhen in China arbeitet man allerdings daran). Zum anderen die anscheinend unausrottbaren Mängel in Qualität und Zuverlässigkeit der Automobiltechnik, Elektronik und IT ...«
Wer je in der Autoindustrie gearbeitet habe, wisse aus eigener Erfahrung: Eine automobile Null-Fehler-Qualität gibt es nicht. »Auch wenn ein Roboterauto keinen Airbag braucht, weil es ja unfallsicher ist – die jährlichen millionenfachen Automobilrückrufe wegen Qualitäts- und Sicherheitsmängeln legen Zeugnis von der Unverlässlichkeit der Technik ab.«
Nach Berechnungen des CAM (Center of Automotive Management in Bergisch Gladbach) wurden 2017 allein auf dem Referenzmarkt USA über 25,5 Millionen Pkw wegen Sicherheitsproblemen zurückgerufen (2016 waren es 51,1 Millionen). Und in Deutschland hat das Kraftfahrzeugbundesamt 2018 wegen Sicherheitsmängeln 3,7 Millionen Autos in die Werkstätten zurückbeordert. Mehr Rückrufe als Neuzulassungen!

»Absolute Sicherheit bleibt eine Utopie«

Ein absolut sicheres Roboterauto gibt es nicht. Becker: »Selbstfahrende Autos garantieren weder unfallfreies Fahren noch erhöhen sie den Fahrkomfort. Der Straßenverkehr wird unsicherer, weil das Korrektiv eines Autolenkers ausbleibt. Es geht ja nicht nur um die eigene Sicherheit, sondern auch um die der anderen. Und der Komfort nimmt ab, nicht zu! Denn anders als bei den heutigen Normal-Autos muss der Lenker unentwegt auf höchstem Niveau wachsam und händisch zum Eingriff bereit sein ...« Im Falle eines Defektes bleibt das selbstfahrende Auto mitten auf der Straße stehen, muss ganz konventionell auf Behebung der Panne warten oder von einem »Nicht-Roboter« abgeschleppt werden – derweil behindert es den gesamten übrigen autonomen Verkehr.
Die Verkehrssicherheit wird durch Roboterautos also eher vermindert, solange die Automobiltechnik weiterhin unvermeidbare Qualitätsmängel haben wird. Und jeder noch so bedeutungslos erscheinende Mangel vermehrt das Unsicherheitsgefühl und die Vorbehalte gegen das mit soviel Vorschusslorbeer geschmückte Roboterauto.

Platooning: Lastwagenkonvois nach Science-Fiction-Art

In diesem Zusammenhang sei auf das im April 2018 auf der A9 zwischen München und Nürnberg gestartete Forschungsprojekt verwiesen, das der Lkw-Hersteller MAN und der Logistikdienstleister DB Schenker unternahmen. Sie schickten zwei Lastzüge im »Platoon« auf die Straße, das heißt, in einem digital vernetzten Konvoi. Die Fahrzeuge wurden per Funk gekoppelt und fuhren im Abstand von 12 bis 15 Meter hintereinander her. Der Fahrer im ersten Truck steuerte den Folge-Lkw quasi mit; der Fahrer hinten überwachte nur noch die Technik – und sollte im Notfall eingreifen können. Personal ist also unentbehrlich und trägt hohe Verantwortung.
Irgendwann, so die Erwartung der Ingenieure, könnten nicht nur zwei, sondern drei, vier oder fünf Lkw zusammengespannt werden, aufgereiht wie an einer Schnur. »Autonomes und vernetztes Fahren wird den Straßengüterverkehr in Zukunft grundlegend verändern«, sagte MAN-Vorstand Frederik Zohm. Dem Test-Konvoi sollten weitere Schritte folgen. »Hier ist der Gesetzgeber gefragt, denn das kann wirklich eine Lösung für eine effektive Verbesserung des Autobahnverkehrs sein.«

»Noch dürfen wir die Hände nicht vom Steuer nehmen, das ist gesetzlich nicht erlaubt. Aber wenn die Technik ausgereift ist, soll sich Platooning für alle Verkehrsteilnehmer lohnen.«

Tito Tang, Platooning-Trucker in *Die Welt*, 2. Juli 2018

Auch DAF beschäftigt sich mit Zukunftsfragen der Logistik und erprobt seit 2018 autonom fahrende Lastwagen-Konvois.

Keineswegs waren Lastwagen von MAN die einzigen, die in Platooning-Projekten eingesetzt wurden. Gleiche Versuche gab und gibt es unter Beteiligung von DAF, Mercedes-Benz, IVECO, Scania und Volvo. Es ist nicht auszuschließen, sagen Verkehrsexperten, dass autonomes Fahren im Gütertransport Realität wird – wie im Einsatz bei Shuttle-Bussen, der schon länger auf dem Londoner Flughafen Heathrow praktiziert wird.

Markenkatalog der Alternativ-Automobile seit 1881

Nach Abschluss der Arbeiten zu diesem lexikalischen Teil des Buches ergab sich die Notwendigkeit, ihn um einige Einträge zu ergänzen – Sie finden diese in alphabetischer Reihenfolge auf den Seiten 378 bis 397.

A

Zwischen 1905 und 1914 erschienen in den damals kursierenden Automobil-Fachzeitschriften immer wieder Berichte über Elektrowagen. Seitenlang wurde über sie gefachsimpelt, neue Fabrikate wurden vorgestellt. Häufig begannen die Beiträge mit Erläuterungen zu den Grundsätzlichkeiten, mit denen sich Elektro- von Benzinautos unterschieden, wie in der Mai-Nummer 1906 des in Paris erscheinenden Blattes *La Vie Automobile*:

»Der Lebensorganismus eines elektrischen Fahrzeugs umfasst drei wesentliche Teile. Das sind die Quelle der elektrischen Energie, ein Motor oder ein System, durch welches die Räder angetrieben werden, sowie ein Apparat zur Regelung der Fahrzeuggeschwindigkeit, der sich zwischen Energiequelle und Motor befindet«.

Der Autor Richard de Valbreuze vermerkte, dass dem Elektromobil allein nicht die Aufmerksamkeit der Automobilwelt gebühre, sondern gleichermaßen dem »voiture mixte« (das wir heute als Hybrid bezeichnen). Dieses System noch weiterzuentwickeln »und mit Applaus zu beehren, wird uns dereinst ein großes Vergnügen sein!«

AAGLANDER (D)

Durch die Installation eines Motors in eine Pferdekutsche entstand im ausgehenden 19. Jahrhundert jene Fahrzeuggattung, für die sich später der Begriff Automobil einbürgerte. Den umgekehrten Weg, um einen Motor herum einen Kutschwagen nach historischem Vorbild zu bauen, kam dem schwäbischen Ingenieur Roland Belz 2002. »In der Geschichte des Automobils ist der Rückbau moderner Hightech-Fahrzeuge zu einer mechanisch angetriebenen Kutsche technisch gesehen ein Rückschritt,« gestand Belz gegenüber einem Reporter von *Spiegel Online*. »Und auf den ersten Blick ist das vielleicht auch gegen jede Vernunft«, sagte der Erfinder. Das große Echo auf seine Motorkutsche im ersten Halbjahr nach der Weltpremiere auf dem Genfer Salon 2003 veranlasste ihn, mit seiner Arbeit fortzufahren.

Die Fortführung des Projekts lag in den Händen des Hindelanger Prototypenbauers Richard Schalber und seiner Partner Richard Gebert sowie Peter Schmeller, als sie ihre Aaglander Kutsche auf die hohen Räder stellten. Als Antrieb diente anfänglich ein Dreizylinder-Diesel von 900 ccm, und alternativ entstand eine Kutsche mit einem 600-Volt-Akkupack (bestehend aus 384 Lithium-Ionen-Elementen) und zwei 10-kW-Servomotoren. Gelenkt wird mit Lenkstangen, die wie Zügel zu halten sind. Die Höchstgeschwindigkeit beträgt 20 km/h. Beim Bremsen und beim Bergabfahren wandelt der Elektroantrieb die Roll- und Bremsenergie in Strom zurück; die Aaglander Elektrokutsche rekuperiert mit hohem Wirkungsgrad.

Zwei Modelle werden gebaut: Der Duc ist eine offene Kutsche mit zwei Sitzplätzen und Verdeck, der Mylord ist ähnlich gestaltet, hat aber bis zu sechs Sitzplätze. Die Motoren werden von je einem Kasten-Längslenker als Triebsatzschwinge getragen. Zwei zusätzliche Motoren an der Vorderachse, und die Aaglander Elektrokutsche hätte Allradantrieb. Der Preis für ein solches Gefährt kann bis zu 95.000 Euro betragen.

Eine Ableitung der von Aaglander entwickelten Antriebstechnik ist ein Alu-Fahrschemel, der von unten mit einer beliebigen Karosserie verschraubt werden kann, wobei die

Unten: Reichspost-Briefträgerwagen mit Kriéger-Elektroantrieb, eingesetzt von der A.B.A.M., 1905.

Rechts: Aaglander Elektrokutsche, 2016.

beiden elektrischen Antriebsmotoren zu den gefederten Massen gehören. Dieses der e-Achse von Bosch ähnelnde Fahrmodul mit Namen Connected Dual Servo-Drive hat Gebert zusammen mit der Schweizer Firma Inmares in Binningen (Management, Forschung und Entwicklung internationaler Mobilitätskonzepte und spezialisiert auf die Kooperation mit innovativen Start-up-Unternehmen) auf dem Genfer Salon 2014 gezeigt.

A.B.A.M. (D)

In den späten 1890er Jahren verkaufte der französische Elektroapparate- und Fahrzeughersteller Kriéger Nutzungsrechte seiner Konstruktionen an zahlreiche Firmen, so auch an die Allgemeine Betriebs-AG für Motorfahrzeuge (A.B.A.M.) in Köln. Dieses Unternehmen stellte neben Personenwagen auch elektrisch angetriebene Lastwagen und Omnibusse her. Beim Kriéger-System wurde die Leistung zweier Elektromotoren über Ritzel und Zahnräder auf die vorderen Räder übertragen; es galt als eines der fortschrittlichsten seiner Zeit. Ein letztes, von der Reichspost Ende 1905 in Dienst gestelltes A.B.A.M.-Elektromobil war ein Güterpostwagen.
siehe auch KRIÉGER

ABOAG (D)

Die Allgemeine Berliner Omnibus-Gesellschaft (ab 1928: Berliner Aktien-Verkehrsgesellschaft, BVG) stellte ab 1897 ihre Omnibusse in eigener Regie her, anfänglich auf Elektroantrieb umgerüstete Pferde-Omnibusse. 1913 begann man mit dem Bau von Fahrzeugen mit Benzin- bzw. Hybridmotor, die meisten waren Doppeldecker. 1928–1929 entstanden in Zusammenarbeit mit der Voran-Automobil AG in Berlin-Wilmersdorf, gegründet von Richard Bussien, zwei Omnibusse mit Maybach-Sechszylindermotor und Vorderradantrieb. Bussien verkaufte Lizenzen seiner Konstruktion auch an die Pkw-Hersteller Brennabor und DKW.
1930 wurde der Voran-Automobilbau von der A.E.G. übernommen und ihrer Automobil-Tochter N.A.G. angegliedert. Büssing übernahm 1931 den N.A.G.-Nutzfahrzeugbau, und mit Motoren von Büssing entstanden Mitte der 1930er Jahre weitere ABOAG-Omnibusse. Zur Gänze von Büssing produzierte Busse machten ab 1938 den überwiegenden Teil der Berliner Linienbus-Flotte aus. Nach 1913 sind für die ABOAG keine Elektro-Omnibusse mehr hergestellt worden.

ACCUMULATOR INDUSTRIES (GB)

Die Accumulator Industries Ltd. in Woking, Surrey, bestand 1902–1903 und stellte elektrisch angetriebene Kutschen mit einer Batteriekapazität für etwa 80 Meilen Fahrstrecke her. Die Fahrzeuge hatten 1,8 kW starke Lundell-Motoren und waren denen der US-Hersteller Riker und Columbia ähnlich.

A.E.M. · ELECTROCYCLETTE (F)

Die Société d´Application Electro-Mécanique in Asnières, ab 1926 Neuilly/Seine, stellte 1921 bis 1927 Elektroautomobile her, die unter der Markenbezeichnung A.E.M. sowie unter dem Namen Electrocyclette vertrieben wurden. Die Fahrzeuge wiesen Frontantrieb, vordere Querblattfederung und eine Motorhaube à la Renault auf.

Doppeldecker-Hybrid-Omnibus von Daimler-Marienfelde der ABOAG, mit dem im November 1905 in Berlin der Linienverkehr eröffnet wurde.

A.F.A. (D)

Die Aktiengesellschaft für Accumulatoren und Autobau (A.F.A.) in Berlin war ein bedeutender Batteriehersteller, der in den Jahren 1890 bis 1910 elf von zwölf Unternehmen der gleichen Branche übernahm. Die A.F.A. lieferte damals rund achtzig Prozent aller in Deutschland gefertigten Akkumulatoren. Die Firma forcierte im Verein mit Berliner Droschkenherstellern den Einsatz von Taxifahrzeugen mit Elektroantrieb. Zahlreiche Ladestationen wurden geschaffen, und 1912 verlieh man Batterien gegen eine Kilometerpauschale. Mit dem Kilometergeld waren die Kosten für Anschaffung, Ladung und Unterhalt abgegolten. Viele Wagenbesitzer schlossen Batterie-Instandhaltungsabkommen mit Großgaragen ab. Der reibungslose Batteriewechsel war besonders für die zahlreichen Droschken wichtig, deren Reichweite auf 50 bis 60 Kilometer beschränkt war. Ihre Zahl stieg in den Jahren 1908 bis 1911 von 400 auf 1700. Zu Beginn des Ersten Weltkrieges existierten elf große Droschkenfirmen in Berlin, die Elektro-Taxis in Betrieb hatten. In den Jahren 1918 bis 1936 gab es auch elektrisch angetriebene 1,5- bis 2,0-t-Lastwagen der Marke A.F.A., und elektrische Taxis wurden zeitweilig gemeinsam mit der Firma D.E.W. in Berlin-Spandau, dem ehemaligen Slaby-Beringer-Betrieb (S.B.), produziert.

A.A.A. (F)

Die Ateliers d'Automobile et d'Aviation aus Paris zeigten 1920 eine große viertürige Limousine als Vier- bis Sechsplätzer mit 14-PS-Elektromotor, der kurzfristig bis 30 PS leisten konnte. Die Geschwindigkeit lag bei 45 km/h, und die Reichweite betrug 120 Kilometer.

AGT (CDN)

Die kanadische Firma AGT Electric Cars, gegründet 2009 in Richmond Hills, Ontario, hat sich auf die Herstellung so genannter Low Speed Vehicles (LSV), Neighborhood Electric Vehicles (NEV), Utility Task Vehicles (UTV) und anderer elektrischer Kleinfahrzeuge spezialisiert, wie sie vorzugsweise zu kommunalen Aufgaben (Park- und Sportplatzpflege) wie auch im Hotelservice eingesetzt werden. Die Karosserien lässt AGT in China fertigen, was sich aus der Tatsache erklärt, dass die Firma ein Tochterunternehmen der Suzhou Eagle Co. darstellt, die vergleichbare Fahrzeuge in China in einer jährlichen Größenordnung von etwa 20.000 produziert.

»Als 1896 in Berlin alle Pferdedroschken mit einem Taxameter für eine einheitliche Fahrpreisgestaltung ausgestattet wurden, war der Name für die neue Motordroschke gefunden: Taxi.«

Dr. Immo Sievers, Archiv für Technikgeschichte, 2002

Anzeige für den Ajax Runabout, 1901. Mit 850 Dollar war der Wagen vergleichsweise günstig – andere Elektroautos dieser Größe kosteten mehr als 1000 Dollar.

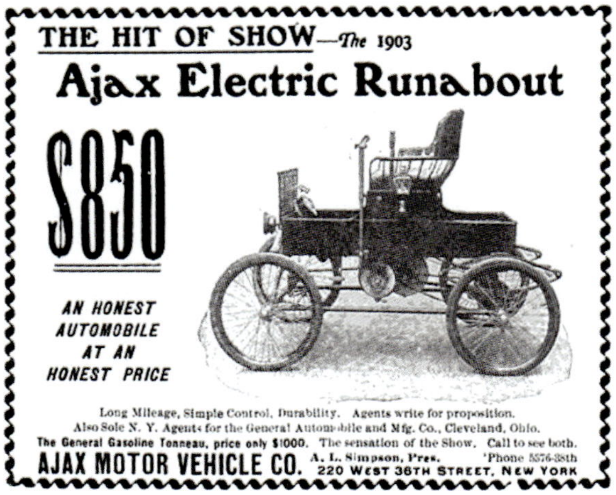

AJAX (USA)

1901 bis 1903 stellte eine Ajax Motor Vehicle Company in New York unter ihren Besitzern – das waren die Simpson Brothers – Benzin- sowie Elektroautomobile her. Nähere Einzelheiten von deren Beschaffenheit sind nicht überliefert.

Rechts: Der AMG-Mercedes-Benz SLS »Electric Drive« schaffte Anfang Juni 2013 die Nürburgring-Nordschleife (20,232 km) in 7:56.234 Minuten. Damit erwies sich das mit vier Elektromotoren bestückte Allrad-Coupé als das schnellste Voll-Elektro-Straßenauto in der Nürburgring-Geschichte.

ALEXANDRA (GB)

Die Phoenix Carriage Company in Birmingham war ursprünglich eine Kutschenfabrik und produzierte von 1901 bis 1910 Automobile, die unter der Marke Alexandra vertrieben wurden. Es waren überwiegend Elektrowagen, doch es wurden auch einige Fahrzeuge mit Benzinmotor gebaut.

ALFA ROMEO (I)

Die 1910 in Mailand gegründete Firma Alfa, 1915 von Nicola Romeo übernommen, erwarb sich einen weltberühmten Namen für ihre Sport- und Tourenwagen und begann in den frühen 1930er Jahren auch mit der Herstellung von Lastwagen von 3,0 bis 10,0 t Nutzlast. Es waren Fahrzeuge mit Sechszylindermotor, die in großen Stückzahlen das italienische Militär abnahm. Nach dem Zweiten Weltkrieg wurden bei Alfa Romeo moderne Frontlenker und auch zahlreiche, aufwändig karossierte Stadt- und Reiseomnibusse gebaut. Der am weitesten verbreitete Typ war der 800 8,0-Tonner mit 130 PS starkem 9,5-Liter-Motor; der Nachfolger hieß 900, während ein 4,5-Tonner als 450 rangierte. Beide gab es als Benzinmotor-Omnibus sowie als Trolleybus, der im Verkehrsbild von Mailand und anderen großen Städten Italiens eine dominante Rolle spielte. Während der Kriegsjahre wurden drei Alfa Romeo Trolleys auch nach Berlin geliefert, weil die deutschen Hersteller sämtlich Rüstungsaufgaben zu erfüllen hatten.

ALLEN & CLARK (USA)

Albert F. Clark baute in Toledo, Ohio, 1908–1909 Elektro-Motorwagen, die unter verschiedenen Bezeichnungen in den Handel kamen: als Clark bzw. Clark Electric sowie als Allith und Allen & Clark. Technische Einzelheiten sind nicht überliefert.

AMERICAN ELECTRIC (USA)

siehe ARGO, BORLAND *und* BROC

AMERICAN JUVENILE (USA)

Im November 1906 zeigte die American Metal Wheel & Auto Co. aus Toledo, Ohio, auf der National Automobile Show im New Yorker Grand Central Palace ein Elektroautomobil. Der Juvenile Electric kostete 800 Dollar, besaß eine Hebellenkung und eine Reichweite von etwa 20 Meilen.

AMG (D)

Die Firma AMG wurde 1967 in Burgstall bei Stuttgart von Hans-Werner Aufrecht und Erhard Melcher als Tuningbetrieb für Mercedes-Fahrzeuge gegründet. Der Unternehmensname ergab sich aus den Anfangsbuchstaben der Nachnamen der Firmengründer und Aufrechts Heimatort Großaspach. Melcher schied bei der Verlegung des Ingenieurbüros zur Entwicklung von Rennmotoren nach Affalterbach aus. 1999 wurde aus der AMG Motorenbau und Entwicklungsgesellschaft mbH die Mercedes-AMG GmbH, wobei die Mehrheitsanteile bei der damaligen Daimler Chrysler AG lagen. Ein weiterer Schritt war am 1. Januar

2005 die komplette Übernahme des Unternehmens durch DaimlerChrysler. Damit wurde die Firma Mercedes-AMG ein hundertprozentiges Tochterunternehmen der DaimlerChrysler AG und später der Daimler AG.
Auf der NAIAS in Detroit im Januar 2018 wurden drei AMG-Modelle in Mild-Hybrid-Ausführung präsentiert. Die Fahrzeuge der neuen Baureihe AMG 53 wurden von einem 3,0 Liter-Mercedes-Motor mit doppelter Aufladung durch einen Abgasturbolader und einen elektrischen Zusatzverdichter angetrieben. Der Reihensechszylinder leistete 320 kW (435 PS) bei einem maximalen Drehmoment von 520 Nm. Der Startergenerator lieferte kurzzeitig zusätzliche 16 kW (22 PS) Leistung sowie 250 Nm Drehmoment und speiste außerdem das 48-Volt-Bordnetz.

ANTHONY (USA)

Im Jahr 1897 baute der Techniker Earle C. Anthony in Los Angeles ein Elektroautomobil mit einem 0,3-kW-Motor, der die hinteren Räder antrieb. Das Auto blieb ein Einzelstück. Im Übrigen nahm Earle C. Anthony für sich in Anspruch, 1903 das erste Tankstellennetz der Welt eröffnet zu haben. Seine Red and White Filling Stations waren zugleich Vertretungen für Packard-Automobile.

January 31, 1912. THE HORSELESS AGE. 7

ARGO

The Silent, Chainless Electric Wagon

AS A BUSINESS PROPOSITION consider the Argo Electric Wagon—the new, light delivery truck, built as carefully as our high-grade pleasure cars. Here is a 1,000-pound or 2,000-pound electric wagon, with the Argo Herringbone gear direct drive—chainless, noiseless, oil-tight and dust-tight from motor to wheels. We believe that this is as important for a business vehicle as for an electric coupé. This modern power plant and enclosed transmission system mean far longer life—far less upkeep expense—practically no noise—and economy in mileage and operation. Aren't these important things to the business man? You bet they are!

Business Houses are Turning to the Simple Electric

It is not a trained and high-salaried machinist that is placed in charge of the light delivery truck; that is why the Argo Electric Wagon, which does away with all complication, and all the numerous troubles of the gas car, has been welcomed everywhere it is shown.

Just think, there are no tire troubles—no ignition problems—no cooling system to freeze in winter. The crank, the carburetor, the dry cells, magneto and spark plugs—the air pump and the water pump, are all unknown; even the greasy oil lamps, or the expensive acetylene gas, is unnecessary. There are no gears to shift—no clutch to slip—no ill-smelling exhaust. Do you wonder that electricity appeals to the hard headed business man as better than gasoline?

The Argo Interlocking Control—"Fool Proof"

It is impossible to apply power with the brakes set, or set the brakes with the power on, when driving an Argo Electric Car or an Argo Electric Wagon. The braking device is "fool-proof" and absolutely safe. You can't stop the car and leave it without shutting off the current. This feature pleases every man who *knows*—it convinces every man who stops to reason.

An Opportunity for Dealers in 1912

We are closing contracts with a limited number of live agencies for the Argo Electric Brougham and the Argo Electric Wagon for 1912. Write us if you are interested in either or both lines. We have a splendid proposition to make. The distinctive features of the Argo construction and control costs you or your customers no more than other cars without them. Write today to

Argo Electric Vehicle Company
1205 S. JEFFERSON AVENUE SAGINAW, MICH.

SEE THE ARGO ELECTRIC BROUGHAM AND ELECTRIC WAGON AT

CHICAGO, in our new Sales Rooms, 2412-2414 Michigan Avenue.

In writing to advertisers please mention THE HORSELESS AGE.

1912 veröffentlichtes Inserat der amerikanischen Lastwagenfirma Argo, die damit auch Händler zu akquirieren versuchte.

ARBEL (F)
Die Firma Automobiles François Arbel wurde 1951 in Paris gegründet und bestand bis etwa 1958. In Zusammenarbeit mit den Brüdern Loubières entstanden Kleinserien von Fahrzeugen mit Kunststoff- und Holzkarosserie, teils mit symmetrischer Front- und Heckpartie sowie Schiebetüren. Casimir Loubières hatte bereits ein Automobil mit benzin-elektrischem Antrieb konstruiert, das 1951–1953 von der Compagnie Normande d´Etudes gebaut wurde.
1952 entstand der Arbel Symétric 58 mit einem 1100-ccm-Vierzylindermotor von Simca, der über einen Generator vier Elektromotoren antrieb, die ihren Platz in den vier Rädern hatten – ein Prinzip, das Ferdinand Porsche bei Lohner bereits um 1900 angewendet und das den Nachteil hoher ungefederter Massen hatte. Geplant war eine Serie von 100 Exemplaren, die in Paris als Taxis eingesetzt werden sollten. Doch über das Versuchsstadium kam das Projekt nicht hinaus.

ARGO (USA)
Die von 1910 bis 1916 in Saginaw, Michigan, existierende Argo Electric Vehicle Company bot ab 1912 Personen- und verschiedene Lieferwagen mit Westinghouse-Motor an. Ab 1914 wurde in der gleichen Firma auch der American Electric gebaut, entstanden durch den Zusammenschluss der Elektro-Automobilmarken Borland (Borland-Grannis Co.) und Broc (Broc Electric Vehicle Co). 1916 ging das Unternehmen bankrott, die Nutzfahrzeugfertigung wurde bis 1924 von der Nelson Motor Truck Co. fortgesetzt, die dort 5,0-Tonner der Marke Nelson-LeMoon mit Benzinmotor baute.
siehe auch BORLAND *und* BROC

ARRIVAL (GB)
Bei der Arrival Ltd. in Banbury, Oxfordshire, handelt es sich um eine Herstellerfirma von elektrisch angetriebenen Nutzfahrzeugen, geleitet von Investoren, die mit Entwicklern in Russland kooperieren. Es werden verschiedene Kastenwagen von 3,0 bis 7,5 t Nutzlast hergestellt mit Elektromotoren, die durch Generatoren zur Aufladung der Traktionsakkus (Rekuperation) ergänzt werden und damit die Ladeintervalle verlängern. Ende 2017 haben die britischen Postbehörden eine Anzahl von Fahrzeugen für einen Langzeitversuch im Paketdienst eingesetzt. Geplant war die Entwicklung von Zustelldiensten im autonomen Fahrsystem.

ARROL-JOHNSTON (GB)
Gemeinsam mit dem Ingenieur und Architekten Sir William Arrol gründete George Johnston 1895 in Bluevale, Camlachie (Schottland), die Mo-Car Syndicate Ltd., in der ab 1907 Doppeldecker-Busse sowie Lastwagen bis zu 3,0 t mit Unterflurmotor und Kettenantrieb gebaut wurden. Bis 1913 waren die Motoren Zweizylinder-Zweitakter, erst 1913 gab es auch Vierzylinder-Viertakter. In jenem Jahr gründeten Sir William Arrol, George Johnston und der Konstrukteur T. C. Pullinger eine neue Gesellschaft unter der Firmenbezeichnung Arrol-Johnston Ltd., der Sitz des Unternehmens wurde nach Heathhall bei Dumfries verlegt. Hier entstanden auch Fahrzeuge mit batterie-elektrischem Antrieb, sie tru-

gen die Bezeichnung Arrol-Johnston-Edison und waren Nachbauten des amerikanischen Detroit Electric. Ein Arrol-Johnston war übrigens der erste Motorwagen, der in der Antarktis bewegt wurde. und zwar auf der Shackleton-Expedition 1907–1909.

2017 setzten die britischen Postbehörden eine Anzahl solcher Arrival Elektrofahrzeuge für einen Langzeitversuch im Paketdienst ein.

ARTEGA (D)
Der in Delbrück bei Paderborn 2006 entstandene Artega GT gab auf dem Genfer Salon 2007 als Prototyp sein Debüt. Der Zweisitzer war eine Konstruktion des Ingenieurs Klaus-Dieter Frers, Inhaber einer großen Elektronikfirma; sein Design stammte von Henrik Fisker, der auch am BMW Z8 maßgeblich beteiligt gewesen war. Für den Artega V6

Artega GT in der Innenstadt von Erlangen und an einer privaten Ladestation.

wurde im April 2007 eigens ein neues Werk gebaut, das im Herbst des gleichen Jahres seine Produktion aufnahm. Für die Vermarktung des Artega hatte Frers die Firma Paragon gegründet. Nachdem ein mexikanischer Investor 2009 die Mehrheit von Artega übernommen hatte, musste das Unternehmen 2012 Insolvenz anmelden. Frers kaufte die Vermögenswerte aus der Insolvenz, holte sich damit seine ehemalige Firma wieder zurück und veräußerte die Produktionslinie samt Werkzeugen des Artega GT an den amerikanischen Autobauer Saleen. Mit dem Erlös plante Frers den 300 km/h schnellen Scalo Superelletra zu bauen, ein dreisitziges Elektro-Supercar mit 750 kW (1020 PS). Die Leistung sollten vier Elektromotoren im Heck bereitstellen, je zwei pro Achse. Ein Lithium-Ionen-Batteriesystem sollte 120 kWh abgeben, eine Nominalspannung von 800 Volt liefern und eine Reichweite von rund 500 Kilometer garantieren. Mit einem für 2020 geplanten, eigenen Gleichstromladenetz stellte Frers 17 Minuten fürs »Einsaugen« von 80 Prozent der Kapazität in Aussicht.

ARTON (D)

Das 1994 auf der AAA in Berlin gezeigte Arton Cabriolet, in Stahnsdorf bei Berlin von der Arton Automobil-Produktions- und Vertriebs-GmbH gebaut, war ein Elektro-Zweisitzer. Die Karosserie des Arton Birdie bestand aus glasfaserverstärktem Kunststoff, der Motor leistete 60 kW. Ein weiteres Elektro-Autoprojekt entstand in Zusammenarbeit mit Renault und basierte auf dem Twingo, das Projekt wurde aber nicht weiterverfolgt.

ASEA (S)

siehe ELEKTROMOBIL · ASEA

ASPINWALL (USA)

Der Amerikaner Louis M. Aspinwall stellte 1892 in Washington, D.C., einen Elektro-Dreiradwagen vor, der im Heck einen großen Kasten für die Batterien (30 Volt) und in der Fahrzeugmitte den Motor aufwies. Die Presse berichtete allerdings erst 1911 von erfolgreichen Probefahrten »mit diesem Fahrzeug, welches das erste seiner Art in diesem Lande gewesen sein dürfte«, wie im *Cycle and Automobile Trade Journal* zu lesen war. Zu einer Serienherstellung kam es offenbar nicht; über Aspinwalls Aktivitäten sind keinerlei weitere Veröffentlichungen bekannt.

ATF (NL)

Die Transportmiddelen-Fabriek in der niederländischen Kleinstadt Assen war 1974 aus der Firma Cock hervorgegangen, die seit 1958 Lieferwagen mit Elektroantrieb gebaut hatte, und produzierte unter der Bezeichnung ATF bis 1984 Kommunalfahrzeuge sowohl mit Elektro- als auch mit Benzinmotoren.

ATLANTIC (USA)

Zu den vielen amerikanischen Herstellern von Elektrofahrzeugen in der Frühzeit zählte auch die Atlantic Electric Vehicle Co. in Newark, NJ, die von 1912 bis 1918 existierte und leichte Lastwagen anbot. Ein benzin-elektrischer Hybrid kam über das Prototypenstadium nicht hinaus.

ATLAS (S)

Die Maschinenfabrik AB Atlas in Stockholm stellte 1900 einen von Harald Hakansson konstruierten Elektrowagen vor. Das Fahrzeug besaß die damals üblichen Blei-Säure-Akkumulatoren sowie zwei 0,75-kW-Motoren an den Vorderrädern; die gesamte Antriebseinheit ließ sich in unterschiedlichen Fahrzeugen – das waren in erster Linie Pferdekutschen – als »Avant train« einbauen. Hakanssons Wagen erreichte eine Geschwindigkeit von etwa 25 km/h.

AUDI (D)

Die seit 1910 bestehende Marke Audi hat eine große Reihe von Meilensteinen zu verzeichnen. Genannt sei hier nur der Allradantrieb im Serienpersonenwagen, eingeführt nach mehr als dreijähriger Erprobung im Juli 1980.
Audi war auch erster Anbieter von Hybridfahrzeugen, und zwar mit dem Audi 80 duo im Jahr 1994. Dieses Modell war jedoch so teuer, dass es praktisch unverkäuflich war. 1997 folgte der Audi A4 duo mit 66-kW-TDI- und 21-kW-Elektromotor, von dem 90 Exemplare gefertigt wurden. Der Verkaufspreis lag bei 60.000 D-Mark. Die Konzernmutter Volkswagen zog aus der geringen Resonanz damals den Schluss, dass ein Markt für Hybridantriebe nicht vorhanden sei, und konzentrierte sich auf die Diesel-Direkteinspritztechnik. Vom SUV-Audi Q5 gibt es seit 2011 ebenfalls eine Hybridausführung.
2018 stellte Audi auf dem Genfer Autosalon den Prototyp des ersten rein elektrisch angetriebenen Modells dieser Marke vor. Der Audi e-tron präsentierte sich als sportlicher SUV, der den Raum und Komfort eines Oberklasse-Automobils mit einer alltagstauglichen Reichweite verband. Bis der e-tron in Serienfertigung gehe, so wurde verlautbart, würden an die 250 Entwicklungsfahrzeuge weltweit Tests unter extremen Bedingungen bestehen müssen.
Im e-tron Prototyp fanden fünf Personen und reichlich Gepäck Platz. Die Serienversion des Audi e-tron-Prototypen sollte an Schnelllade-Stationen mit bis zu 150 kW Ladeleistung Strom tanken können; damit wäre der SUV innerhalb von 30 Minuten für die nächste Etappe bereit. Bereits Ende 2018 sollte die Serienversion auch in einer quattro-Ausführung auf den europäischen Markt kommen. Produziert wird das Fahrzeug in einem Werk in Brüssel.
»Audi setzt mit seinem ersten rein elektrisch angetriebenen Modell einen wichtigen Meilenstein für die Zukunft des Unternehmens. 2020 werden wir drei vollelektrische Automobile im Angebot haben – neben dem sportlichen SUV einen viertürigen Gran Turismo, die Serienversion des Audi e-tron Sportback concept, sowie ein Modell im Kompaktsegment. Noch vor 2025 bringen wir mehr als 20 Elektroautos und Plug-in-Hybride auf den Markt – verteilt über alle Segmente und alle Konzepte«, sagte Rupert Stadler, Vorstandsvorsitzender der Audi AG. Audi fuhr hinsichtlich Elektroautos jedoch zweigleisig und brachte erst einmal Hybridmodelle auf den Markt. Beim 24-Stunden-Rennen von Le Mans konnten Audi-Hybriden 2012, 2013 und 2014 spektakuläre Siege erringen. Anlässlich der IAA 2015 wurde dann das Konzept Audi e-tron quattro concept vorgestellt. Dass die Entwicklungsarbeiten im Konzernverbund mit VW und Porsche erfolgen, liegt auf der Hand. »Wenn jeder für sich eigenständig unterwegs wäre, würden 30 Prozent höhere Kosten anfallen«, sagte Porsche-Chef Oliver Blume. Die beiden VW-Töchter wollen im Konzernverbund die Fahrzeugarchitektur – also Fahrwerk, Akkupakete, Elektromotoren, Elektronik und Software – auch weiterhin gemeinsam entwickeln.
Audi plant, ab 2026 überwiegend vollelektrische Modelle zu bauen. Zudem sollen in zahlreichen Plug-in-Hybrid Mo-

1900 von Harald Hakansson konstruierter, bei der Maschinenfabrik Atlas in Stockholm gebauter Elektrowagen. Das Fahrzeug besaß vier leistungsstarke Akkus und zwei 0,75-kW-Motoren an den Vorderrädern.

Oben: Ein 2012 auf der Bremen Classic Motor Show gezeigter, in privater Initiative auf Elektroantrieb umgebauter Audi 100 von 1969.

Ganz oben: Audi A1 e-tron Dual-Hybrid, 2018. Darunter: Antriebsstrang eines Audi Mild-Hybrid. Rechts daneben: Blick unter die Motorhaube des Audi A3 e-tron Hybrid.

dellen die Vorteile eines klassischen Verbrennungsmotors mit einem Elektromotor verbunden werden. An vollelektrisch operierenden Modellen bot Audi 2022 acht Baureihen an: e-tron Standard, e-tron Sportback, e-tron GT quattro, RS e-tron GT, e-tron S, e-tron S Sportback sowie den SUV e-tron Q4. Auch im Export (asiatische Länder, Nordamerika, Südamerika) begannen diese Fahrzeuge an Bedeutung zuzunehmen.

AUSONIA (I)

1899 gründete der italienische Ingenieur Gino Turrinelli in Mailand die Società Italiana Vetture Elettriche Turrinelli & C. (S.I.V.E.). Unter diesem Firmennamen bestand das Unternehmen bis zum Jahre 1903, als aus ihr die Firma Camona Giussani Turrinelli wurde. Hergestellt wurden Elektroautomobile, auch so genannte Hotelomnibusse, unter dem Markennamen Ausonia. Die Fahrzeuge wiesen Radnabenmotoren von je 3,9 kW auf.

Im Jahr 1906 kam es zu einer weiteren Umfirmierung. Die Gesellschaft nannte sich nun Società Anonima Camona Giussani Turrinelli, ab 1908 Società Anonima di Costruzione Elettriche e Meccaniche, già Turrinelli & Co., die sich auf die Herstellung von Fahrzeugen mit elektrischem Vorderradantrieb (vermutlich System Kriéger) spezialisierte. Ausonia-Elektrofahrzeuge sollen mit einer Batterieladung 150 Kilometer weit gekommen sein, was ein guter Wert gewesen wäre.

AUSTRO-DAIMLER (A)

Die Österreichische Daimler-Motoren-Gesellschaft, Wiener Neustadt, stellte unter der Marke Austro-Daimler vor dem Ersten Weltkrieg u. a. Fahrzeuge mit Mischantrieb her (Verbrennungsmotoren als Antrieb für Aggregate, die Elektromotoren in den Radnaben aktivierten) und baute 1914–1918 auch schwere Lastwagen und Zugmaschinen mit dieser Technik für den Überlandtransport von Geschützen. 1913 war Karl Ritter von Skoda, Generaldirektor der Skodawerke A.G. in Pilsen (damals zur k. u. k. Monarchie gehörend), in den Vorstand berufen worden; seine Firma hatte sich an Austro-Daimler finanziell beteiligt. Diese Kooperation hatte den Bau des von Porsche konstruierten Landwehr-Trains ermöglicht, eine Art von motorisiertem Tausendfüßler für den Nachschub auf kurvenreichen und engen Gebirgsstraßen, benannt nach dem österreichischen Generalstabsmajor Ottokar Landwehr v. Pragenau. Das Leitfahrzeug war mit einem großvolumigen Sechszylinder-Verbrennungsmotor von 100 PS und einem Generator ausgestattet, der Strom zu den Radnabenmotoren in jedem der vielen angehängten Wagen lieferte, ein Prinzip, das man auch für den Schienenbetrieb anwendete. Der erste so genannte A-Zug entstand 1909 für zehn einachsige Hänger zu je 2,0 t; der B-Zug von 1914 (auch für Schienenbetrieb gedacht) wies eine 150-PS-Sechszylindermaschine auf, die Anhänger trugen je 4,0 bis 5,0 t. Der von Skoda und Austro-Daimler gemeinsam gebaute C-Zug wies vierachsige Anhänger auf. Porsches Lastzüge waren allerdings nicht die ersten dieser Bauart; Siemens mit Büssing, Daimler-Coventry und Rába hatten ähnliche Konstruktionen schon vorher erprobt. Alden-Sampson baute 1910 einen Dreiachszug nach diesem System, und später gab es von Kässbohrer einen solchen Zug mit fünf Hängern und einem 350-PS-Motor im Kopfwagen. Le Tourneau in den USA schließlich baute 1990 für die Armee einen 190 m langen 4000-PS-Mixte-Zug, der aus 13 Teilen bestand …
Nach Kriegsende wurden bei Austro-Daimler Ackerschlepper gebaut, ehe man die Nutzfahrzeugproduktion einstellte.

Austro-Daimler Landwehr-Train 1914 mit einem als Generator arbeitenden Benzinmotor im ersten Wagen und Radnabenmotoren in den Anhängern.

Die Zugmaschine mit ihrem 100 PS leistendem Benzinmotor »zog« ihre Anhänger nicht; diese bewegten sich durch Radnabenmotoren aus eigener Kraft.

Die stark motorisierte (Generator für die Radnabenmotoren in den Anhängern) quasi-Zugmaschine von Austro-Daimler gab es 1914–16 in verschiedenen Ausführungen sowie mit Spurkranzrädern für Schienenbetrieb.

Erst durch die Gründung der Steyr-Daimler-Puch AG im Jahre 1935 kam Austro-Daimler erneut ins Nutzfahrzeuggeschäft, jedoch nicht mehr unter der bisherigen Firmenbezeichnung.

AUTO-DYNAMIC (USA)

Die Auto-Dynamic Co. mit Sitz in New York stellte zwischen 1900 und 1902 kleine Elektrofahrzeuge mit unterschiedlichen Aufbauten her. Die Firma produzierte auch ihre eigenen Batterien und besaß Patente auf diverse Elektroartikel.

AUTO-ELECTRIC (GB)

Die Murphy Cars & Trucks Ltd. stellte in den Cordwallys Works in Maidenhead, Berkshire, von 1924 bis 1939 Elektrolieferwagen bis 1,0 t Nutzlast her. Mit Kriegsausbruch wurde die Produktion beendet.

AUTOETTE (USA)

Die Autoette Electric Car Co. in Long Beach, Kalifornien, baute in den Jahren 1952 bis 1968 kleine Elektro-Dreiradwagen, die Golfplatz-Fahrzeugen ähnelten und zum Shopping gedacht waren. Das Einzelrad befand sich an der Frontseite.

AUTOLET (USA)

siehe HOLSON · AUTOLET

AUTO-MIXTE (B)

Die Société Anonyme Auto-Mixte in Herstal stellte von 1905 bis 1910 Automobile mit benzin-elektrischem Antrieb System Pieper unter dem Markennamen Auto-Mixte her. Man verwendete einen 3,5 PS starken Benzinmotor mit Dynamo zum Aufladen eines 48-Volt-Akkus. Im Batteriebetrieb hatte der Wagen einen Aktionsradius von etwa 50 Kilometern.

AUTOMODULE (F)

Der französische Bildhauer Bernard Palissy schuf 1970 im Alter von 66 Jahren einen Stadtwagen namens Automodule. Das kleine, kugelförmige Fahrzeug war mit einem Hybridantrieb versehen: Ein Drehstrom-Generator, der zwei 12-Volt-Batterien speiste, wurde von einem Zweitaktmotor angetrieben. Der Batteriestrom floss zu zwei Elektromotoren, deren Kraft Rollen unter dem Wagen in Bewegung setzte. Im Fahrmodus wurde das einzelne hintere Standrad angehoben.

AUTO UNION · DKW (D)

Von 1955 bis 1962 produzierte die Auto Union GmbH in Ingolstadt den DKW Schnelllaster, von dem 100 Stück als Elektro-Lieferwagen gebaut wurden. Abnehmer waren Energieunternehmen, Stadtwerke und Batteriehersteller. Ein Exemplar fand seinen Weg zur Nordseeinsel Wangerooge, dort sind Autos mit Verbrennungsmotoren verboten. Der von der Audi Traditionsabteilung restaurierte DKW Elektro-Schnelllaster beförderte dort bis Ende der 1970er Jahre Feriengäste und deren Gepäck zu den Pensionen. Die Elektro-Schnelllaster waren mit einem 5 kW (knapp 7 PS) leistenden Reihenschlussmotor versehen. Die seitlich in zwei Kästen untergebrachten Bleibatterien hatten eine Nennspannung von 80 Volt und eine Kapazität von 200 Amperestunden, ausreichend für eine Fahrstrecke von maximal 80 Kilometern. Nur von zwei der insgesamt etwa 100 gebauten Elektro-Schnelllastern ist der Verbleib bekannt.

Auto Union DKW Schnelllaster, wie er 1955 bis 1962 gebaut wurde und von dem 100 Stück Elektroantrieb erhielten.

AVERLY (F)

Die in Lyon ansässige Firma G. Averly baute von 1899 bis 1901 in vermutlich sehr geringer Zahl kleine elektrisch angetriebene Automobile. Nähere Informationen liegen über diesen französischen Hersteller nicht vor.

Nur ein Exemplar des elektrischen Auto Union DKW existiert noch heute.

AYRTON & PERRY (GB)

Ende 1881 konstruierten zwei Wissenschaftler in England, William Edward Ayrton und John Perry, ein dem Trouvé-Dreirad gleichendes Elektromobil, das sie wenig später erstmals auf der Queen Victoria Street in London vorführten. Sie verwendeten für ihr Elektrofahrzeug ein Dreirad der Firma Howe mit zwei großen Rädern an der Vorderachse und einem kleinen Rad hinten. Der Motor leistete 0,37 kW und wurde von einem Akku von 20 Volt Spannung gespeist, der sich auf einem Brett unter der Sitzbank befand. Die Geschwindigkeit ließ sich durch Zu- und Abschalten einzelner Akkumulatorzellen regeln.

siehe auch TROUVÉ

B

BABCOCK (USA)

Im Jahre 1903 stellte Frank A. Babcock ein Elektromobil vor, das mit Batterien eigener Herstellung bestückt war. Eine weitere Version folgte 1906; mit diesem Fahrzeug nahm Babcock an einer Wettfahrt von New York nach Philadelphia teil.
Nach der Übernahme der Werksanlagen der Buffalo Electric Carriage Company gründete Frank A. Babcock die Babcock Electric Carriage Company. Babcock übernahm anschließend auch die Clark Motor Company und die Buffalo Automobile Station Company. Durch diesen Zusammenschluss entstand die Buffalo Electric Vehicle Company, die bis 1915 Elektrofahrzeuge produzierte. Bei Babcock wurden auch Karosserien für verschiedene Automobilhersteller angefertigt, u. a. für Duesenberg, Dodge und Franklin. Frank A. Babcock verstarb im Februar 1921.

Oben rechts: Thomas Alva Edison, Gründer der General Electric Corp., posiert neben einem Bailey, der 1907 mit seinen Batterien eine 1000-Meilen-Werbetour absolviert hatte.

BACHELLE (USA)

Der deutsche Einwanderer Otto von Bachelle war als Elektroingenieur in Chicago tätig und präsentierte im Herbst 1900 einen Elektrowagen, von dem bis 1902 einige weitere Exemplare entstanden. 1903 kam es zur Gründung der Bachelle Automobile Company. Der Bachelle Electric bot zwei Personen Platz; jedes der beiden Hinterräder wurde durch einen eigenen Motor angetrieben. Der Aktionsradius wurde mit 35 Meilen angegeben.

Der Baker Electric ging als »der« Elektrowagen in die amerikanische Automobilgeschichte ein. Von 1900 bis 1916 entstanden zahlreiche unterschiedliche Modelle; besonders beliebt waren die Coupés.

BAILEY ELECTRIC · SRB (USA)

Die Firma S. R. Bailey & Company, Inc. in Amesbury, Massachusetts, war ein Kutschenbau- und Karosseriehersteller und produzierte von 1907 bis 1916 auch Elektrofahrzeuge wie das Queen Victoria Phaeton, das im Auftrag der Edison Storage Battery Company entstand. In den Jahren 1908 bis 1913 gab es neben weiteren Ausführungen des Phaetons auch verschiedene Roadster. Die Fahrzeuge wurden auch unter der Markenbezeichnung SRB vertrieben. 1916 meldete die Firma Konkurs an.
F. E. Bailey war Präsident der Manheim Electric Light Co. in Manheim, Pennsylvania, auf dessen Veranlassung entstand bereits im Jahre 1902 ein eigenartig aussehender Elektrowagen, der eine Einzelanfertigung blieb.

BAKER ELECTRIC (USA)

Walter C. Baker, an der Case School of Applied Science in Cleveland, Ohio, zum Ingenieur ausgebildet, gehörte 1891 zu den Mitarbeitern am Electrobat, den die Firma Morris & Salom 1893 auf der Columbian Fair ausstellte. Im folgenden Jahr war er kurzzeitig für die Cleveland Machine Screw Co.

tätig, anschließend machte er sich selbständig und gründete die American Ball Bearing Co. und er war auch Mitinhaber der White Sewing Machine Co. (Frederic R. und Rollin C. White). 1898 beteiligte sich Baker am Bau der im gleichen Betrieb hergestellten Dampf- und Benzinmotorwagen.

Baojun E 100 Kleinwagen, 2017. Die Zahl 100 soll aussagen, dass der Aktionsradius des Fahrzeugs 100 Meilen, also gut 160 Kilometer beträgt.

Noch im selben Jahr gründete Baker in Cleveland die Baker Motor Vehicle Co., in der sein Schwiegervater Rollin H. White als Präsident fungierte. Gemeinsam mit der Rauch & Lang Carriage Co. wurden hier bis 1916 leichte Elektrowagen hergestellt, die man auch in Sprintrennen erfolgreich einsetzte.
Der erste Baker Electric wurde 1900 auf der National Automobile Show im Madison Square Garden, New York, gezeigt; ihn erwarb kein Geringerer als Thomas Alva Edison. Bakers drei elektrische Rekordwagen, deren erster 1902 vorgestellt wurde, besaßen zigarrenförmige Karosserien mit spitz zulaufendem Heck und Bug sowie überdimensionalen Rädern, die höher als der Aufbau waren. Die Fahrzeuge erhielten die Bezeichnung »Torpedo«.
1906 gab es eine Reihe unterschiedlicher Baker Elektromobile, vom leichten Zweisitzer mit dem Namen Imperial bis zum großen Outside Brougham; ein Jahr später folgten Lastwagen mit Kettenantrieb bis 5,0 t Nutzlast. Der Baker Electric von 1908 wies einen von General Electric (GE) bezogenen Gleichstrom-Hauptschlussmotor von 1,0 kW Leistung auf; zwei 48-Volt-Batterien befanden sich im Bug und im Heck des Fahrzeugs (Gründer der General Electric Corp. war Edison). Die Höchstgeschwindigkeit des Baker Electric lag bei etwa 30 km/h. Um 1912 besaßen mehr als 200 Unternehmen in ihren Wagenparks Elektrofahrzeuge der Marke Baker, und zu den Kunden zählten auch der König von Siam und die Gattin des amerikanischen Präsidenten, Mrs. William Howard Taft.
Im Juni 1915 verband sich Walter C. Baker mit der Rauch & Lang Carriage Co. (Raulang), und im Dezember desselben Jahres entstand das neue Unternehmen Baker, Rauch & Lang, das auch im Karosseriebau aktiv war und Autohersteller wie Biddle, Franklin, Jordan, Lexington, REO, Stanley und Wills Sainte-Claire belieferte. Kurze Zeit später übernahm man den angeschlagenen Automobilhersteller R. M. Owen, der den Owen Magnetic produzierte.
Nach 1916 wurden keine Elektrofahrzeuge mehr hergestellt, und 1919 übernahm Walter C. Baker einen Vorstandsposten bei der Automobilfirma Peerless.
siehe auch ELECTROBAT; MORRIS & SALOM; RAUCH & LANG · RAULANG

BAOJUN (CHN)

In Kooperation mit General Motors, USA, entstand 2014 bei der Firma SAIC-GM-Wuling in China ein kleiner, als Baojun E100 bezeichneter Elektro-Personenwagen mit einem 30-kW-Motor, gut für 90 km/h. Die Reichweite soll mehr als 160 Kilometer betragen. Das in chinesischen Großstädten inzwischen häufig anzutreffende Fahrzeug wird auch in den USA angeboten.

BARROWS (USA)

Charles H. Barrows, Frederick W. Dunton und William H. Boynton gründeten 1895 in New York die Barrows Vehicle Company. Gebaut wurden dort Wagen mit Elektroantrieb, bei denen sich der Motor zwischen den eng beieinander stehenden Vorderrädern befand, die einen größeren Durchmesser als die Hinterräder aufwiesen. Es entstanden Ein-, Zwei- und Viersitzer. Gelenkt wurde der Barrows Electric mittels einer Fahrrad-Lenkstange. 1896 erwarben die Lengert Company in Philadelphia sowie die New England Vehicle Company Rechte an der Lizenzfertigung dieses Wagens.

BEARDSLEY (USA)

Der von 1914 bis 1917 erst in Los Angeles, dann in Culver City hergestellte Beardsley war nach dem Vorbild des Columbia Electric entstanden, ein Fabrikat, für das Volney S. Beardsley vorher eine Gebietsvertretung gehabt hatte. Den Autos war einige Eleganz nicht abzusprechen, und um die Zuverlässigkeit der Wagen zu demonstrieren, wurde eine 14-tägige Dauertestfahrt unternommen mit jeweils nur einem Batteriewechsel pro 90-Meilen-Tag. Doch nachdem die USA in den Ersten Weltkrieg eingetreten waren, bekam Beardsley wie zahlreiche andere Industriebetriebe die einsetzende Materialknappheit zu spüren und musste die Produktion einstellen.

BEEBEE (F)

Zu den in Frankreich sehr populären Kleinstwagen, die man mit einem Mopedführerschein fahren darf, zählen auch Kabinenfahrzeuge wie der BeeBee XS, den man als 20- und 30-kW-Elektrofahrzeug bekommt. Der 3,50 m lange Zweisitzer mit einer Reichweite bis zu 140 Kilometer pro Akkuladung wird seit 2014 von einer Firma Mottay in Ramonchamp (Vogesen) angeboten.

Abbildungen aus einem B.E.F.-Katalog von 1907.

B.E.F. (D)

Die Berliner Electromobil- und Akkumulatorenfabrik Fiedler & Co. KG stellte Elektro-Kleinwagen sowohl unter der Markenbezeichnung B.E.F. als auch unter dem Markennamen Fiedler her, auch wurden elektrisch angetriebene Lastwa-

1910 veröffentlichte Anzeige, mit der Harhorn für seine eigenen Fahrzeuge warb, nachdem er die B.E.F. verlassen hatte. Kurze Zeit später wurden sie unter dem Namen GeHa (Gebhardt + Harhorn) angeboten.

Oben rechts: Bentley Bentayga Hybrid, 2018.

gen gebaut. Das im Jahre 1900 gegründete Unternehmen war eine der vielen kleinen Firmen, die damals Elektrofahrzeuge anboten, meldete 1913 jedoch Konkurs an. Der dreirädrige B.E.F. zeichnete sich durch Einfachheit der Konstruktion, Fortfall des Differenzials und Wechselgetriebes, wettersichere Einkapselung des Elektromotors und federnde Kardanübertragung aus, die den Motor vor Erschütterungen schützen sollte. Der Motor erbrachte eine Leistung von 1,5 kW (ca. 2 PS) und ließ den Wagen eine Geschwindigkeit von etwa 25 km/h erreichen. Der Elektromotor saß über dem Vorderrad in dessen Lenkachse, damit blieb das Fahrgestell frei von allen Antriebskomponenten. Diese Grundidee wurde übrigens später beim Tempo-Dreirad aufgegriffen. Das Fahrzeug war eine Konstruktion von Victor Harhorn, der 1913 auch die Reste der in Konkurs geratenen Firma übernahm. Viele Wagen wurden bei der Deutschen Reichspost eingesetzt.
Victor Harhorn gründete die Elektromobilfabrik Gebhardt & Harhorn in Berlin-Schöneberg; die dort gebauten Fahrzeuge erhielten die Markenbezeichnung GeHa. Anfang 1919 wurde der Betrieb von den Elite-Werken in Brandenburg übernommen, diese bauten Automobile noch bis 1923 unter der Bezeichnung Elite (Elitewerke AG, Zweigniederlassung Berlin-Schöneberg). Die meisten Fahrzeuge wurden als Lieferwagen karossiert.
siehe auch GEHA

BELMONT (USA)
Der 1916–1917 in Wyandotte, Michigan, hergestellte Belmont war ein Wagen mit benzin-elektrischem Antrieb, gebaut nach Plänen des Ingenieurs J. H. Bishop. Die Belmont Electric Auto Co. produzierte vier- und sechssitzige Modelle, ihre Preise lagen zwischen 985 und 1600 Dollar.

BENTLEY (GB)
Der Hersteller der britischen, seit 1998 zur Volkswagen-Gruppe gehörenden Traditions-Luxusmarke Bentley ließ 2017 verlautbaren, dass vom SUV-Modell Bentayga eine Hybridversion in Vorbereitung sei. Der hierfür vorgesehene Elektromotor, der im urbanen Verkehr die alleinige Antriebskraft darstelle, finde sein Äquivalent in einem neu konstruierten V6-Verbrennungsmotor mit »besonders geringen« Emissionswerten. Die Technologie der Batterienachladung, so hieß es weiter, sei mit dem bekannten Experten Philippe Starck entwickelt worden, was auch die Bezeichnung »Bentley x Starck Power Dock« aussage.
Den Prototyp des Bentayga hatte Bentley 2012 erstmals als Studie EXP 9F gezeigt. Die Serienversion, die 2015 auf der Frankfurter IAA zu sehen war, fand als erstes SUV von Bentley gute Aufnahme; 2016 hatte der Bentayga (mit V8- und W12-Bezinmotor sowie mit V8-Diesel erhältlich) bereits einen Anteil von rund 47 Prozent der gesamten Bentley-Fahrzeugproduktion. Bis Ende des Jahres 2017 wurden allein in Deutschland mehr als 600 Exemplare verkauft.

BERGMANN (D)
Die Bergmann-Elektricitäts-Werke A.G. im Berliner Vorort Wilhelmsruh zählte in den 1920er Jahren zu den bedeutendsten Herstellern von Elektro-Lastwagen in Deutschland, doch es wurden ab 1909 auch Nutzfahrzeuge mit Benzinmotor von jener Firma gebaut, die ursprünglich ein Unternehmen zur Herstellung von Stahlrohren war.
Sigmund Bergmann gründete die Bergmann-Elektricitäts-Werke A.G. im Jahre 1899, den Fahrzeugbau begann er 1901. Die Benzinmotorwagen entstanden als Lizenz aus Belgien und hießen Bergmann-Métallurgique. Ihre Vermark-

tung betrieb eine Tochtergesellschaft in Berlin-Reinickendorf. Während des Ersten Weltkrieges wurde bei Bergmann-Métallurgique ebenfalls die Herstellung von Lastwagen aufgenommen, während die Personenwagenfertigung ruhte.

Ganz links: Servicefahrzeug der Berliner BEWAG, ein Bergmann von 1935.

Die Nachkriegsproduktion währte nur so lange, wie noch vorhandene Teile zur Verfügung standen: Die belgische Mutterfirma hatte den Deutschen die Lizenz entzogen. Zugleich nahm man bei Bergmann den Bau von Elektro-Lastwagen wieder auf. Großen Erfolg erzielte man mit den Modellen BELK 2500 und BEM 2500 mit 10-kW-Motor. Die Deutsche Reichspost war der größte Abnehmer dieser Fahrzeuge, die als 2,0-Tonner bis September 1939 gebaut wurden und von denen einige noch bis in die späten 1950er Jahre hinein ihren Dienst versahen.

Links: Bersey Elektrofahrzeuge von 1896–97.

BERSEY (GB)
Der Bersey war ein von etwa 1895 bis 1899 in London hergestellter Elektrowagen. Walter Bersey hatte 1894 bereits einen elektrischen Omnibus vorgestellt. Der Bersey besaß Kettenantrieb und einen Aufbau von der Kutschenfabrik Arthur Mulliner. Es entstanden bei Bersey auch eine Anzahl elektrischer Taxis. Der damalige Prince of Wales besaß 1897 ein solches Electric Cab, das er für Fahrten vom Marlborough House zum Buckingham Palace benutzte. Für kurze Zeit stellte die Compagnie Générale des Voitures in Paris Bersey-Elektrowagen in Lizenz her. Nach der Einstellung der Automobilproduktion betätigte sich Walter Bersey als Importeur französischer Autos.

BERWICK (USA)
Die Berwick Auto Car Co. entstand 1903 in Hastings, Michigan, und wurde noch im gleichen Jahr nach Grand Rapids verlegt. Der dort gebaute Berwick war ein Elektromobil, das für 750 Dollar angeboten wurde. Für die Batterien hatte der Kunde allerdings 250 Dollar zusätzlich zu zahlen. Länger als ein Jahr existierte die Marke nicht.

B.G.S. · GARCIN (F)
Die Société de la Voiture Bouquet, Garcin et Schivre in Neuilly bei Paris stellte Elektroautomobile her, überwiegend Lieferwagen. Ein Fahrzeug nahm 1899 an der Wettfahrt von Paris nach Ostende teil, und im Jahre 1900 erzielte ein B.G.S. Elektrowagen einen Langstreckenrekord von 262 Kilometer ohne Nachladung der Akkumulatoren. Einige 1904

Links: Bergmann Paketpostwagen, 1952. Das Auto ist ein Exponat im Museum für Kommunikation, Frankfurt am Main.

gebaute Elektrowagen wurden auch unter der Marke Garcin vertrieben. Sie besaßen Frontmotoren und Kardanantrieb; sie sahen wie Benzinmotorwagen aus.

BLAKESLEE (USA) *siehe* DE MARS

BLEICHERT (D)
Über die Herstellung von Förderseilbahnen und Anhängern kam die Leipziger Firma Adolf Bleichert & Co. zum Bau von Elektrofahrzeugen. Anfang der 1920er Jahre erschien der vollgummibereifte Elektrokarren »Eidechse«; der auf einer Trittplatte stehende Fahrer lenkte den Karren durch Verlagerung seines Körpergewichts. Es gab den Bleichert-

Von Bleichert hergestellte Elektro-Lieferwagen von 1936 (links oben) und eine Flotte von »Eidechsen«, 1953.

Stromwagen mit zahlreichen Aufbauvarianten sowie als Schlepper mit 2,0 Tonnen Anhängelast. 1925 entstand ein 1,5-Tonner, und 1935 wurde das Programm bis zum 7,3-Tonner ausgedehnt. 1936 bis 1939 baute Bleichert auch kleine Elektroautomobile als Personen- und Lieferwagen. Nach dem Zweiten Weltkrieg setzte Bleichert den Bau von Elektrofahrzeugen in Köln-Mülheim fort; es wurden wieder Elektrokarren und Elektrostapler hergestellt. Im Januar 1987 ging das Elektro-Fahrzeugprogramm an die MAFI-Transport-Systeme GmbH über, wobei der Name »Eidechse« übernommen wurde. MAFI in Schwieberdingen, später Tauberbischofsheim, war Produzent von Sonder- und Schwerlastfahrzeugen.

BLUEBIRD (GB)

Bluebird Automotive ist ein Hersteller von Elektro-Nutzfahrzeugen wie dem Kleintransporter QEV70 von 1,5 bis 2,2 Tonnen Nutzlast. Die Reichweite mit einer Batterieladung beträgt je nach Batteriebestückung 40 bis 100 Meilen (64 bis 160 km). Der 73-Volt-Motor des Bluebird leistet maximal 11,9 kW. Die Modelle QEV90 mit QEV120 (10,0 t) sind Kleinlaster, die über größere Leistung und Reichweite verfügen und bis zu 105 km/h schnell sein können.

B.M.A. (GB)

Von 1952 bis 1957 bot die Battery Manufacturing Association (B.M.A.) in Hove, Sussex, zweisitzige Elektro-Kleinwagen von 2,80 m Länge mit vierpoligem 1,0-kW-Motor an. Der B.M.A. Hazelcar war rund 32 km/h schnell und hatte eine Reichweite von etwa 80 Kilometern. Es gab auch eine Ausführung mit Ford-Benzinmotor. Der hohe Preis von 535 Pfund Sterling stand dem Markterfolg im Wege, es fanden nur sechs Fahrzeuge einen Käufer.

BMW (D)

Erste Versuche mit elektrisch angetriebenen Fahrzeugen startete man bei BMW 1967. In einer eigens hierfür eingerichteten Abteilung unter Dipl.-Ing. Günter Hofele entstand ein intern als E7 bezeichneter Elektro-Zweitürer auf Basis des damals aktuellen Modells 1602 der Nullzwei-Reihe. Mit einer Spitze von 80 km/h gab man sich zufrieden, denn das Mehrgewicht durch die Akkus von 350 kg bewirkte eine gewisse Behäbigkeit und diktierte zugunsten eines optimalen Aktionsradius die Limits. Man hatte die Akkus unter der Fronthaube untergebracht, während der Motor an der Stelle des Schaltgetriebes seinen Platz fand. Über eine Kardanwelle wurden die Hinterräder angetrieben. Der Kofferraum erfuhr keine Einschränkungen. Es wurden zwei solcher Versuchswagen gebaut.

Nachträgliche Elektrifizierung eines Oldtimers Die mehr politisch als ökonomisch begründete Ölpreiskrise von 1973 veranlasste zahlreiche Automobilhersteller, sich mit den technischen Möglichkeiten eines geringeren Kraftstoffverbrauchs zu befassen – und mit der Entwicklung von Konzepten zu beginnen, die zum Verbrennungsmotor und seiner Abhängigkeit von der Verfügbarkeit fossiler Brennstoffe langfristig eine Alternative bieten könnten.
Unter diesem Gesichtspunkt ist auch das BMW-Projekt zu sehen, in welchem 1975 ein älterer Gebrauchtwagen in den Mittelpunkt rückte: Die Münchner rüsteten einen »Oldtimer« Baujahr 1965 vom Typ BMW 700 (in Serie produziert von 1959 bis 1964) mit einem Elektromotor aus in der Absicht, den Prototyp eines kompakten Stadtwagens zu schaffen. Weit gediehen die Arbeiten an diesem E29 nicht, obwohl von der Firma Varta besonders leistungsfähige Batterien zur Verfügung gestellt worden waren, sie hatten eine neunmal höhere Lebensdauer ohne Gewichtszunahme. Der E-Motor stellte eine Entwicklung von Bosch dar. Wie beim Original-700 saß der Motor im Heck, während sich die Batterien unter der Fondsitzbank befanden.
Der kleine Wagen mochte vielleicht nur ein nicht entwicklungsfähiges Einzelexperiment dargestellt haben – doch er gab die Anregung zur Entwicklung eines Elektro-BMW in gleicher Konzeption auf aktueller Grundlage und mit modernem Design. Er entstand 1976 als Projekt E29/2. Aber auch dieses Modell blieb ein Versuchsträger. Nicht zuletzt, weil man – wie überall in der Automobilwirtschaft – zu jener Zeit noch keine allzu dringende Veranlassung sah, hohe Beträge in die Elektromobilität zu investieren. Die Ölpreiskrise war erst einmal kein Thema mehr.

Projekte E1 und E2 Doch keineswegs verschlossen sich die Futurologen bei BMW der nicht erst seit 1973 auch der in der Öffentlichkeit diskutierten Erkenntnis, dass der Vorrat an fossilen Kraftstoffen begrenzt sein würde und man beginnend mit dem 21. Jahrhundert alternative Antriebskonzepte bereitzustellen habe.
Auf der IAA 1991 vermochte die BMW AG der Öffentlichkeit dann auch ein neues, serienreifes Elektroauto zu präsentieren: den E1. Obwohl nur 3,40 m lang, war der ansprechend gestaltete Wagen ein geräumiger Viersitzer mit einem 300-Liter-Kofferraum. Der 32-kW-Motor war für 120 km/h gut, und als Reichweite wurden 150 bis 200 Kilometer angegeben. Die Karosserie des E1 bestand aus Aluminium.

BMW 3er (E30) mit Elektroantrieb, 1987. Ein Projekt, für das man Leopold Prinz von Bayern als PR-Botschafter gewinnen konnte (ganz rechts).

In einer Pressemitteilung hieß es: »Der E1 hat den Weg in die Zukunft gewiesen, mit dem E2 wird er konsequent weiter beschritten ... Noch nie waren wir dem praxistauglichen, voll einsatzfähigen Elektroantrieb so nah wie heute.« Der auf Basis des E1 entwickelte BMW E2 unterschied sich von dem für den städtischen Verkehr in Europa entwickelten Vorgängermodell dadurch, dass er in den Abmessungen und in der Leistung auf amerikanische Verkehrsverhältnisse zugeschnitten war.

Alternativen zu den Alternativen Dennoch blieb es keineswegs bei Show-Car-Projekten. Im Forschungs- und Innovationszentrum (FIZ) der Bayerischen Motoren Werke entstanden seither weitere alternative Mobilitätskonzepte und Antriebstechnologien. Ihnen gingen »Rollende Labors« wie der von Paul Bracq geschaffene BMW Turbo von 1972 oder Prototypen mit Kreiskolbenmotor voraus, ebenso zahlreiche Fahrzeugstudien für Photovoltaik-Betrieb, die man medienwirksam dem Publikum vorführte, oder jene Elektro-Autos, die BMW anlässlich der Olympischen Spiele in München 1972 als Shuttle-Mobile einsetzte.
Die Beschäftigung mit elektrischer Energie stellte jedoch nur einen von mehreren wissenschaftlich-technischen Ansätzen dar. So präsentierte BMW im August 1999 einen 5er mit Erdgas-Technologie. »Der 523g fährt sauberer als ein Auto mit Elektroantrieb,« erklärte Thomas Steffes, Pressesprecher für den Bereich Forschung und Entwicklung.
Der für den Gasbetrieb modifizierte Motor leistete 140 PS (als Serien-Benziner: 170 PS) bei 5500 Touren. Mit zwei insgesamt 145 Liter fassenden Drucktanks ergab sich ein Aktionsradius von 400 Kilometern. Nachteil: Für das Mitführen von Erdgas benötigte man ein zweieinhalb Mal so großes Reservoir, was zu Lasten des Kofferraumvolumens ging. Immerhin unterschritt der 523g als Prototyp alle von den Amerikanern als Maßstab gesetzten EZEV-Werte (Equivalent Zero Emission Vehicle). Die Bezeichnung stand für Fahrzeuge, die in ihrer Gesamtenergiebilanz, also vom Energie-Rohstoff bis zum rollenden Rad, nicht mehr Schadstoffe ausstoßen als die Kraftwerke in Kalifornien bei der Stromversorgung für ein Elektroauto. Damit war der Erdgas-Wagen auch einem Brennstoffzellen-Auto überlegen, das mit Methanol betrieben wird. Denn Methanol wird aus Erdgas oder Erdöl erst durch chemische Prozesse gewonnen und muss in Wasserstoff umgewandelt werden. Beim 523g wurde also Primärenergie eingesetzt, ein ökologisch wie ökonomisch günstiger Ansatz. Es folgte ein bivalenter 518g Touring, der mehr als ein Jahr lang in Serie gebaut wurde.

Oben: BMW Elektrowagen-Studie Z13, 1993.

Links oben: BMW Prototyp Z1, 1991; darunter BMW Z2, 1992.

BMW 518g Touring mit Erdgasmotor, 1995.

Shuttles bei der Expo 2000 in Hannover BMW Serienautos mit Wasserstoffantrieb und Brennstoffzelle taten als Shuttles bei der Expo 2000 in Hannover ihren Dienst. »Wir bringen den alternativen umweltfreundlichen Antrieb vom Labor in die Städte«, führte Dr. Burkhard Göschel aus, Entwicklungsvorstand der BMW Group. Und er gab ein Versprechen ab: »Bis zum 11. Mai des Jahres 2005 wird im Umfeld einer jeden BMW Niederlassung in Deutschland eine Wasserstoff-Tankstelle zur Verfügung stehen.« Die Hannover-Autos waren über permanenten Datenfunk mit dem Servicecomputer in München verbunden; alle übertragenen Werte wurden kontinuierlich wissenschaftlich ausgewertet. Der 750hL mit seinem V12-Motor (150 kW / 240 PS) beschleunigte von Null auf 100 km/h in 9,6 Sekunden, war 226 km/h schnell und hatte eine Reichweite von 350 Kilometern. Besondere Sicherheitsvorkehrungen sorgten dafür, dass auch bei stärksten Crashs die Stahltanks dicht blieben und selbst bei einem eventuellen Leck keine Explosion stattfinden konnte. Denn in die Tanks vermochte durch den hohen Wasserstoff-Innendruck keine Luft einzudringen.

Wasserstoff statt Benzin: BMW 750 hL des Projekts Hydrogen 7, 2010.

Projekt CleanEnergy Unter dem Begriff »CleanEnergy« wurde das von BMW intensiv verfolgte Konzept des Wasserstoffantriebs in Zusammenarbeit mit der Linde Gas AG und BP in eine weltweite und viel beachtete Kampagne umgesetzt. Und zwar auf einer Tour rund um die Welt, an der 15 BMW-Fahrzeuge teilnahmen. Getankt wurde der flüssige, minus 250 Grad Celsius kalte (die Wissenschaftler bezeichnen diesen Zustand als kryogen) Wasserstoff per Roboter. Für einen der Wagen betrug die Tankdauer jeweils knapp fünf Minuten. Doch dann wurde es erst einmal still um diese Autos. In der Entwicklung des Automotors der Zukunft war das Wasserstoff-Antriebssystem 2009 in die zweite Reihe gerückt.

E-Mobilität statt H-Mobilität Bei BMW waren Zweifel an der praktischen Durchführbarkeit dieses Antriebskonzepts entstanden. Deshalb führten die Münchner ihren Feldversuch mit wasserstoffbetriebenen Luxuslimousinen zunächst nicht weiter. Andere Automobilhersteller steckten in einem ähnlichen Dilemma. Sie alle investierten wie BMW in verschiedene Entwicklungsprojekte, die alternativen Antriebskonzepten galten.
BMW und Daimler hatten Wasserstoff- und Elektroantriebe parallel entwickelt, und beiden schien gegen 2009 die E-Mobilität realitätsnäher als die H-Mobilität. Während Daimler Wasserstoff in Brennstoffzellen zu elektrischem Strom für den Antrieb verwandelte, verbrannte BMW den Stoff in herkömmlichen Motoren wie Benzin. Mit dem Concept 7 Series ActiveHybrid präsentierte BMW 2008 einen ersten »Mild-Hybrid«. Das Konzeptfahrzeug feierte auf dem Pariser Automobilsalon Premiere. Ab Ende 2009 wurde dieser Siebener in Serie gefertigt. In dieser Limousine kam neben einem V8-Verbrennungsmotor, der auf dem Twin Turbo mit High Precision Injection aus dem BMW 750i (dort mit 407 PS) basierte, zusätzlich ein Elektromotor zur Unterstützung des Verbrennungsmotors zum Einsatz. Der Elektromotor war zwischen Motor und Getriebe integriert und hatte eine motorische Leistung von 15 kW und 210 Nm Drehmoment bis 2800 U/min. Im Rahmen des Mild-Hybrid-Konzepts steigerte der Elektroantrieb das fahrdynamische Potenzial des Achtzylinder-Benzinmotors und reduzierte – vorwiegend im Stadtverkehr – durch Rekupertion (Bremsenergie-Rückgewinnung) den Benzinverbrauch und den CO_2-Ausstoß. Ab Oktober 2009 wurde auch der Crossover X6 als ActiveHybrid angeboten. Bei ihm unterstützten zwei Elektromotoren mit 91 bzw. 86 PS einen V8-Turbo-Benziner, der aus dem xDrive 50i stammte. Sein so genanntes Two-Mode-Aktivgetriebe war ein stufenloses Getriebe und konnte in zwei leistungsverzweigten Betriebszuständen arbeiten: ein Modus speziell fürs Anfahren und für niedrige Geschwindigkeiten, der andere für das Fahren bei höherem Tempo. Beim Anfahren arbeitete nur einer der beiden Elektromotoren; bis Tempo 60 konnte der X6 rein elektrisch fahren. Wurde mehr Leistung abgefragt, startete der zweite E-Motor den Verbrennungsmotor und agierte anschließend als Generator.

BMW i – Revolution mit Langzeiteffekt Neue wissenschaftliche Erkenntnisse und ökonomische Berechnungen des Machbaren führten auch bei BMW zu Alternativen – wie den ActiveHybrid. So wurden Anfang 2011 die Weichen gestellt für die Submarke BMW i für nachhaltige Mobilitätslösungen, sie steht für eine neue Art von »Premiummobilität«. Mit der Einführung der neuen Submarke beabsichtigte die BMW Group ihre Position als innovativer und nachhaltiger Automobilhersteller zu akzentuieren. Die Nachfrage nach

Rechts: Der vollelektrische BMW i3, 2017.

15 BMW 750hL nahmen 2010 an einer Promotion-Tour rund um die Welt teil. Getankt wurde der flüssige, minus 250 Grad Celsius kalte Wasserstoff per Roboter. Pro Fahrzeug betrug die Tankdauer knapp fünf Minuten. Das Foto entstand in Mailand.

alternativen Antriebsformen, wie Elektroantrieb oder Hybriden, nahm mit Beginn des 21. Jahrhunderts progressiv zu. In Megastädten suchen viele Menschen nach Angeboten, die die Vorteile verschiedener Mobilitätsformen intelligent kombinieren. BMW plante zwei Fahrzeuge ab 2013 unter der neuen Submarke an den Start zu bringen. Darüber hinaus wollte die BMW Group zukünftig ihr Angebot an Mobilitätsdienstleistungen ausbauen, wofür die Beteiligungsgesellschaft BMW i Ventures gegründet wurde.
Das BMW-Projekt i3 ging Ende 2013 in Produktion. Es sollte eine »Revolution« werden, wie der damalige BMW Chef Dr. Norbert Reithofer sagte. Im Frühjahr 2014 verließen bis zu 70 BMW i3 pro Tag die Werkshallen. Die Nachfrage stieg kontinuierlich: Auf das eigenwillig gestylte, aus Karbon, Aluminium und Kunststoff gebaute Auto mussten Kunden mindestens ein halbes Jahr warten.
Anders als viele Konkurrenten, die 1992 auf der Insel Rügen zu einem ersten, mehrjährigen E-Auto-Dauertest angetreten waren, hatte BMW nicht einfach einen Elektromotor und eine Batterie in ein bestehendes Modell implantiert. Die Bayern konzipierten mit Milliardenaufwand ein komplett neues Auto und gingen dabei sehr gründlich zu Werke. Für die Türverkleidungen wurden Naturfasern verwendet, die Sitzbezüge bestanden aus recycelten Materialien. Die Energie, die für die Herstellung des Autos notwendig war, stammte aus erneuerbaren Quellen.

Ganz oben: BMW i3, 2017.

Darunter: Hybrid-Synchronmotor des BMW-Zulieferers Kreisel, bei dem auch E-Prototypen in eigener Regie sowie im Kundenauftrag gebaut werden.

Unten: BMW 330e Plug-in-Hybrid, 2017.

Redakteure des *manager magazin* testeten 2014 einen i3 und fassten zusammen: »Der i3 führt einem vor Augen, wie einfach und stressfrei Autofahren in der Stadt ablaufen kann. Das wohl Beeindruckendste an BMWs Elektroauto ist die fast schon surreale Ruhe während der Fahrt. Nur ein leises Surren erklingt, wenn der i3 beschleunigt, mehr nicht. Entspannender lässt es sich kaum durch die Stadt gleiten – und das beeindruckt nicht nur Fahrer, sondern auch Mitfahrende. Etwas genervt haben im Praxistest allerdings ein paar konstruktionsbedingte Details. So lassen sich die Hintertüren des i3 nur bei bereits geöffneten Vordertüren öffnen. Leider lassen sich die Vordersitze des i3 aber nicht umklappen. Wer also vor der Abfahrt noch rasch eine Jacke auf der Rückbank zu verstauen hat, muss entweder gelenkig sein oder umständlich beide Türen öffnen. Unter der kurzen Motorhaube hat BMW ein Fach eingebaut, in das die Ladekabel samt Adapter exakt hineinpassen ...«

Hybrid mit Schmetterlingstüren Auf der IAA 2013 folgte die Präsentation des BMW i8 in seiner Ausführung als Serienmodell, ein Coupé, das erstmals im September 2009 als Concept Car zu sehen gewesen war. Der Zweisitzer sollte 126.000 Euro kosten. Das von der BMW Group entwickelte und gefertigte Plug-in-Hybrid-System des BMW i8 bestand aus einem kompakten, in Steyr gefertigten Dreizylinder-Benzinmotor mit BMW TwinPower-Turbotechnik, einem Elektroantrieb und einer auch an der herkömmlichen Haushaltssteckdose aufladbaren Lithium-Ionen-Batterie. Der Verbrennungsmotor leistete beachtliche 170 kW (231 PS) und trieb die Hinterräder an, zwei zusammen 96 kW (131 PS) starke, vorn installierte Elektromotoren leiteten ihre Kraft an die Vorderachse. Die Gesamtleistung betrug somit 266 kW (362 PS), die das Fahrzeug in 4,4 Sekunden von Null auf 100 km/h beschleunigte und eine Spitzengeschwindigkeit von 250 km/h ermöglichte. Dabei sollte es nur 49 g/km CO_2 ausstoßen und 2,1 Liter Benzin verbrauchen. Als Energiespeicher dienten 98 Polymer-Batteriezellen. Die Reichweite des Fahrzeugs sollte bei ausschließlicher Verwendung des Ottomotors nach Werksangabe 550 Kilometer betragen. Durch Zuschaltung der Elektromotoren erhöhte sich die Reichweite um weitere 50 Kilometer. Der BMW i8 wies einen Luftwiderstandsbeiwert von cw = 0,26 auf. Eine Roadsterversion wurde im Herbst 2017 vorgestellt.

Seit der Markteinführung des i3 im Jahre 2013 hat BMW bis Mitte 2018 über 210.000 elektrifizierte Fahrzeuge auf die Straße gebracht. Besonders gefragt waren die Stromer-Modelle in Westeuropa und in den USA, wo ihr Anteil am Gesamtabsatz der Marke BMW jeweils bei sieben Prozent liegt. In Skandinavien ist bereits jeder vierte verkaufte BMW elektrifiziert und der i3 dort seit 2016 das meistverkaufte BMW-Modell überhaupt. In Deutschland erreichten die Neuzulassungen von vollelektrischen und Plug-in-Hybrid-Fahrzeugen von BMW 2017 mehr als 10.000 Einheiten.

Bis 2025 will BMW 25 voll- oder teilelektrische Modelle weltweit vermarkten. Mit der jüngsten Generation der elektrischen Antriebs- und Batterietechnik könnten »ab 2021 alle Modellreihen mit jeder Antriebsart ausgestattet werden,« hieß es euphorisch in einem Pressetext.

BOLLACK (F)

Die Firma Lucien Bollack bestand von 1920 bis 1924 in Paris und stellte Automobile mit Ballot-Viertaktmotor her, die unter den Markennamen Bobby-Alba und Bollack angeboten wurden.

Der französische Journalist Lucien Bollack war zunächst Korrespondent der englischen Zeitschrift *Light Car & Cyclecar* gewesen sowie Vizepräsident des Cyclecar Club de France, dem auch der Bankier René Netter angehörte. Bollack hatte eine Ausbildung als Mechaniker bei Saurer absolviert; während des Ersten Weltkrieges arbeitete er bei Hispano-Suiza in Paris im Flugmotorenbau. Mit Netter gründete er 1919 die Firma Bollack, Netter et Cie. (BNC), die kleine Sportwagen herstellte und der Bollack bis 1928 angehörte. Anschließend wurde er Vertreter der amerikanischen Motorenfirma Lycoming. Mit amerikanischen Komponenten baute Bollack noch einen Achtzylinder-Sportwagen, der aber ein Einzelstück blieb. Während des Zweiten Weltkrieges stellte er in Marseille einen Elektrowagen auf die Räder, der 1946 dem ACF zu Testzwecken zur Verfügung gestellt wurde und eine Reichweite von 120 km hatte. Auch dieses Auto blieb ein Unikat.

BORGWARD (D, CHN)

1924 konstruierte Carl F. W. Borgward sein erstes Automobil: Es war ein Dreirad-Lieferwagen, zu dessen Herstellung er die Goliath Werke, Borgward & Co. GmbH in Bremen

gründete. Mit seinem »Blitzkarren« hatte er großen Erfolg. Es wurden weitere Dreiradfahrzeuge entwickelt, und nachdem Borgward 1929–1930 die traditionsreiche, aber abgewirtschaftete Automobilfabrik Hansa-Lloyd aufgekauft hatte, startete er dort die Produktion einer neuen Generation von Hansa-Automobilen. Gemeinsam mit seinem Partner Tecklenborg vereinigte er zwei Jahre später beide Unternehmen, die sich in unmittelbarer Nachbarschaft befanden, zur Firma Hansa-Lloyd und Goliath-Werke Borgward & Tecklenborg.
Zu Beginn der 1930er Jahre bot die Firma ein umfangreiches Nutzfahrzeugprogramm mit Lastwagen von 1,5 bis 5,0 t an. Die Übernahme der Hansa-Lloyd Motorenwerke (einst eine Tochter des Norddeutschen Lloyd) führte dazu, dass Carl F. W. Borgward – ab 1937 alleiniger Firmeninhaber – ein neues Werk errichtete. Es entstand in Sebaldsbrück und galt als die modernste Automobilfabrik Deutschlands. In geringer Zahl wurden in Fortführung der Hansa-Lloyd-Produktion auch Elektrolastwagen hergestellt.
Im Omnibus- und Lastwagengeschäft war Borgward auch in den 1950er Jahren wieder gut vertreten. Allein im Jahre 1959 waren 14 verschiedene Nutzfahrzeug-Basismodelle im Programm. Die bis zum Frühjahr 1961 bestehende Firma produzierte bis 1954 auch Elektro-Nutzfahrzeuge, von denen diverse Ausführungen im Kommunal- und im Postdienst eingesetzt wurden. Der Bau der Elektrolastwagen erfolgte im Lloyd-Werk.
Im Mai 2015 gründete Christian Borgward – ein Nachkomme aus der Gründerfamilie – eine neue Borgward Group AG mit Sitz in Stuttgart, ein Jahr später wurde die Borgward China Co. Ltd. gegründet. Die Produktion der ersten Fahrzeuge mit dem traditionsreichen Markennamen lief 2016 in einem neuen Werk in Peking an; es handelte sich um SUV-Modelle, von denen für 2019 auch Plug-in-Hybridversionen geplant waren.

BORLAND (USA)

Die Ideal Electric Vehicle Co. in Chicago begann 1911 mit der Herstellung des Borland, einem Elektrowagen, den es auch als leichtes Nutzfahrzeug gab. 1912 wurde der Firmenname in Borland-Grannis Co. geändert. Der Borland Electric besaß einen Motor von General Electric und war mit Ketten- oder Kardanantrieb erhältlich.
1914 wurde der Firmensitz nach Saginaw, Michigan, verlegt. Um die gleiche Zeit verband sich Borland-Grannis mit den Herstellern des Argo und des Broc; gemeinsam gründete man die Firma American Electric, die nur noch Personenwagen und keine Lastwagen mehr anbot.
siehe auch BROC

BOSCH (D)

Die Robert Bosch GmbH ist kein Hersteller kompletter Kraftfahrzeuge, gehört jedoch zu den weltweit erfolgreichsten Zulieferern im Kfz-Elektro- und Elektronikbereich. Als elftes von zwölf Kindern wurde Robert August Bosch am 23. September 1861 in Albeck, einem Dorf bei Ulm, geboren. Von 1869 bis 1876 besuchte Robert die Realschule und absolvierte danach eine Mechanikerlehre; nach seinem Militärdienst arbeitete Bosch sieben Jahre lang bei verschiedenen Unternehmen in Deutschland, in den USA (bei Edison) sowie in England bei der dortigen Filiale der Firma Siemens.
Im November 1886 eröffnete Bosch in Stuttgart eine Werkstätte für Elektrotechnik. 1887 verbesserte er dort einen nicht patentierten Magnetzünder für die Motorenfabrik Deutz, mit dem das Gasgemisch in einem stationären Verbrennungsmotor zur Explosion gebracht wurde. 1897 fand ein solcher Zünder erstmals an einem Automotor Anwendung; damit hatte Bosch der noch jungen Automobiltechnik zu einem entscheidenden Fortschritt verholfen.
Doch erst als 1901–1902 Robert Boschs erster Ingenieur Gottlob Honold den Hochspannungs-Magnetzünder entwickelt hatte, wurde der Bau von schnell laufenden Benzinmotoren möglich; vor allem lieferte der Magnetzünder seinen Zündstrom nach dem Starten des Motors ohne Batterie. Zu deren Aufladung man im Übrigen einen Dynamo (Lichtmaschine) benötigte, der aber erlebte seine Einführung im Kraftwagen nicht vor 1912.

Oben: Borgward Hybrid-Prototyp, 2018.

Links oben: Bollack Elektro-Versuchswagen, 1948.

Links: Borgward Elektro-Lkw BE3000, in geringer Zahl 1946–1949 gebaut.

Borland-Anzeige von 1913.

Bosch-Reklame, gestaltet vom Künstler Prof. Lucian Bernhard, 1912 bzw. 1914.

Schon vor der Jahrhundertwende dehnte Bosch seine Geschäftstätigkeiten ins Ausland aus. Zunächst gründete er 1898 mit Frederick R. Simms in Großbritannien eine Firma zum Bau von Zündapparaten. Aus der Liaison mit Bosch entstand 1907 in London die Simms Magneto Company Ltd., und auch in den USA fasste Bosch bald Fuß. 1906, als bei Bosch der 100.000ste Magnetzünder hergestellt wurde, reiste der Bosch-Verkaufsingenieur Gustav Klein in die USA, wo er die Robert Bosch New York Inc. mit Zweigniederlassungen in Chicago und San Francisco gründete. 1908 wurde daraus die Bosch Magneto Company.
Das Magnetzünder-Geschäft entwickelte sich auf dem amerikanischen Markt mit seiner rasch wachsenden Fahrzeugindustrie schneller als in Europa. 1910 entstand eine neue Fabrik in Springfield, Massachusetts, um im Land selbst produzieren zu können, und eine weitere Fabrik kam 1914 in Plainfield, New Jersey, hinzu. Um 1913 erwirtschaftete das Unternehmen bereits 88 Prozent seines Umsatzes außerhalb Deutschlands. Schon 1906 hatte man bei Bosch den Achtstundentag eingeführt; auch auf sozialem Gebiet setzte Bosch neue Maßstäbe.
In rascher Folge brachte Bosch auch auf anderen Sektoren Innovationen auf den Markt. Das Unternehmen produzierte Anlasser, Lichtmaschinen, ab 1913 Beleuchtungsanlagen und 1927 die erste Diesel-Einspritzanlage. Zwei Jahre vorher hatte sich Bosch die Rechte an der Acro-Einspritzpumpe sichern können. Sie war eine Erfindung des Ingenieurs Franz Lang (1873–1956), der in den frühen Zwanziger Jahren in München die Acro AG gegründet hatte, auf deren Namen 190 Patente lauteten.

In wenigen Jahren hatte Bosch es geschafft, sein Unternehmen vom handwerklich produzierenden Automobilzulieferer zu einem weltweit aktiven Elektrotechnik-Konzern umzubauen, der auch eine Vielzahl von Sparten der Haushalts-, Sicherheits- und Industrietechnik umfasste. 1932 erfolgte die Übernahme der Junkers & Co. GmbH, der Motorenbau-Kernsparte des berühmten Flugzeugherstellers, der 1932 die Zahlungen einstellen musste. Die Kompetenzfelder weiteten sich aus, erstreckten sich auf Kommunikations- und neue Lichtsysteme. 1995 wurde das ESP-System entwickelt, 2001 die elektrohydraulische Bremse. Die Bosch-Gruppe wurde 2004 erstmals weltweit umsatzstärkster Automobilzulieferer mit einer Fertigung an 80 Standorten. Bosch produziert und vertreibt auch elektrische Fahrzeugmotoren für diverse Elektro-Kfz-Hersteller, zum Beispiel Fiat. Insgesamt hat Bosch bis 2018 rund 500.000 Elektroautos und Hybride mit Komponenten ausgestattet, und mit einem »eAchse« genannten System für den elektrischen Fahrzeugantrieb hat sich die Sparte Elektromobilität der Robert Bosch GmbH darauf eingestellt, dieses System massentauglich zu machen. Die eAchse verkörpert Motor, Leistungselektronik, Getriebe und Achse in einem Gesamtmodul.
siehe auch Seite 56–63

BRAUN · BRAUN-PREMIER (D)

Die seit 1898 bestehende Firma Justus Christian Braun, Premier-Werke Nürnberg – sie stellte Kommunalfahrzeuge und Feuerlöschgeräte her – übernahm 1909 den Betrieb der in Konkurs gegangenen Firma Maurer-Union. Für kurze Zeit setzte man bei Braun die Herstellung der von Ludwig Maurer konstruierten Personenwagen mit Reibradantrieb fort, und 1910 begann man mit dem Bau von Fahrzeugen eigener Konstruktion. Unter dem anspruchsvollen Namen »Kaiserwagen« entstanden einige Vier- und sogar Sechszylinder. 1914 meldete die Firma Braun Zahlungsunfähigkeit an. Die Restbestände wurden als Einzelposten verkauft.
Als Hersteller von Feuerlöschgeräten war Braun erfolgreicher und stellte ab 1906 auch Feuerwehr- und andere Fahrzeuge mit benzin-elektrischem Radnabenantrieb (Patent Balachowsky & Caire) her; später kamen Lastwagen hinzu. Der Krieg verzögerte die Abwicklung des Konkurses, der in die Übernahme der Firma durch die Fahrzeugfabrik Ansbach GmbH, ein seit 1906 bestehender Nutzfahrzeughersteller, mündete. So entstand Ende 1918 die Firma FAUN – ein Name, der sich aus den Initialen der Worte »Fahrzeugfabriken Ansbach und Nürnberg« zusammensetzte und künftig für qualitätvolle Nutzfahrzeuge stand.

BredaMenarinibus mit Siemens-Antriebstechnik. Der italienische Hersteller gehört mit 80 Prozent zur chinesischen King-Long-Holding.

BREDAMENARINIBUS (I)

BredaMenarinibus ist ein seit 1989 in Bologna ansässiger Omnibushersteller, der auch elektrisch angetriebene sowie Hybrid-Fahrzeuge baut. Zu 80 Prozent gehört das Unternehmen zur chinesischen King-Long-Gruppe. In jüngerer Zeit produzierte BredaMenarinibus den siebensitzigen Elektrobus Zeus sowie verschiedene Diesel-Hybridbusse vom

Typ 240 EL mit 20 und mehr Sitzplätzen. Angetrieben werden die Fahrzeuge durch einem Elektromotor von Siemens mit 67 kW Dauerleistung und 150 kW Spitzenleistung. Ein weiterer Siemens-Elektromotor von 20 kW versorgt Hilfsaggregate beispielsweise für Lenkung und Druckluft.

BREGUET (F)

Louis Breguet (1880–1955) war einer der bekanntesten französischen Flugzeughersteller schon vor dem Ersten Weltkrieg. Er baute 1907 auch einige Sechszylinder-Automobile, konzentrierte sich aber anschließend auf den Flugzeugbau. Seine Maschinen erzielten zahlreiche Rekorde. 1942 entstanden in der Sté. des Ateliers d'Aviation Louis Breguet in Toulouse noch einmal Autos unter diesem Markennamen: Es waren kleine Zweisitzer mit einem Elektroaggregat im Heck. Angeblich reichte eine Batterieladung für 100 Kilometer Fahrstrecke. Breguet baute auch Hubschrauber, entwickelte Elektromotoren für U-Boote und war einer der Mitgründer der Air France.

Sieht aus wie ein BMW – und ist eigentlich auch einer: In China gebauter Brilliance Hybrid. Hergestellt werden seit 2016 auch voll-elektrische Fahrzeuge wie das Modell V3 (unten).

BRILLIANCE (CHN)

Im September 2003 hat die BMW Group mit ihrem Joint Venture Partner Brilliance China Automotive Holdings Ltd. ihr internationales Produktionsnetzwerk um einen Standort im Nordosten Chinas erweitert. Seitdem laufen im Werk Dadong in der Stadt Shenyang (Provinz Liaoning) BMW Automobile vom Band. Aktuell wird hier die BMW 5er Limousine in einer Langversion produziert.
Am 24. Mai 2012 fand die Einweihung des zweiten Produktionswerkes in der Stadt Shenyang statt: Im neuen Werk Tiexi werden der BMW X1 und die BMW 3er Limousine – ebenfalls in einer Langversion – hergestellt, die es nur in China gibt.
Die beiden Partner haben zusätzlich in Shenyang an einem dritten Standort die Produktion von 2,0-Liter-Vierzylinder-Ottomotoren aufgenommen. Mit dem Start der Motorenfertigung werden die Produktionsstandorte des Joint Ventures in Dadong und in Tiexi regional beliefert.
Die in China sehr erfolgreiche Firma Brilliance hat 2016 mit dem Modell V3 auch ein reines Elektrofahrzeug herausgebracht, das gute Aufnahme gefunden hat. Damit wollte man den Anschluss an den E-Boom im Lande halten.

BRM (GB)

siehe ROVER · ROVER-BRM

Broc Electric, 1909.
Es ist kein Zufall, dass auf solchen Fotos meist Damen zu sehen sind: Mit Elektrofahrzeugen wandten sich die Hersteller vorzugsweise an eine weibliche Klientel.

BROC (USA)

Die seit 1904 existierende Karosseriefirma Broc Carriage & Wagon Co. stellte von 1909 bis 1914 in Cleveland, Ohio, und anschließend bis 1916 in Saginaw, Michigan, Elektro-Automobile her, die unter dem Markennamen Broc und Broc Electric vertrieben wurden. Die Firma verband sich 1914 mit der Argo Electric Vehicle Co. sowie mit der Borland-Grannis Co., die beide ebenfalls Elektrofahrzeuge herstellten, zur American Electric Vehicle Co. Die gemeinsam produzierten Fahrzeuge nannte man ab Ende 1914 American Electric. Bereits ein knappes Jahr später endete die Produktion.

BROCKWAY (USA)

Der Amerikaner George H. Brockway stellte ab 1910 so genannte Highwheeler mit Zweitaktmotor her, mit denen die Farmer ihre Produkte in die Stadt brachten. Ab 1914 baute Brockway größere Fahrzeuge mit Continental-Vierzylindermotor. Die Brockway Motor Co., Inc. in Cortland, New York, entwickelte sich zu einem bedeutenden Nutzfahrzeughersteller; in den 1920er Jahren war Brockway mit jährlich 5500 Fahrzeugen einer der größten unabhängigen Lkw-Produzenten in den USA. Ab 1933 entstanden auch Lastwagen von 1,0 bis 7,0 t mit elektrischem Antrieb.

BRUNN (USA)

siehe CLARK

BRUSH · BRUSHMOBILE (GB)

Ende 1880 entstand in London die Anglo-American Brush Electric Light Corp., aus der 1904 die Brush Electrical Engineering Co. Ltd. in Loughborough, Leicestershire, hervorging. Die Firma Brush importierte 1909 den Sage aus Frankreich und stellte im März 1902 ein Fahrzeug eigener Konstruktion vor; es besaß einen französischen Zweizylindermotor von Abeille mit 10 PS Leistung, Dreiganggetriebe und Kettenantrieb. 1903 folgten Vierzylindermodelle mit 12, 16 und 20 PS. In Lambeth (London) stellte Brush auch Fahrgestelle für Busse und Lastwagen her.
Im Jahr 1904 kam es zu einer kurzzeitigen Einstellung der Automobilproduktion im Londoner Werk, bedingt durch den Umzug nach Loughborough. Nachfolgende Fahrzeuge bekamen die Bezeichnung Brushmobile, doch noch im glei-

Buddy Kleinstwagen aus Norwegen, Modell 2010.

chen Jahr wurde die Produktion von Personenwagen eingestellt. Brush-Nutzfahrzeuge gab es noch bis 1919. Ein Zweigunternehmen war die Brush Coach Ltd., die bis 1967 Aufbauten für zahlreiche Omnibusfirmen anfertigte. 1946 bis 1968 entstanden bei Brush drei- und vierrädrige Fahrzeuge als Kleinlieferwagen mit batterie-elektrischem Antrieb. Die meisten taten als Milchwagen im Tür-zu-Tür-Betrieb ihren Dienst.

BUDDY (N)

Beim norwegischen Buddy Elektrowagen handelt es sich um den Nachfolger des Kewet aus Dänemark, dessen Baurechte 1998 von der Firma ElBil Norge AS (damals: Kollega Bil AS) erworben wurden. Ende 2008 fanden die ersten von den Norwegern selbst entwickelten und in Økern hergestellten Elektrofahrzeuge den Weg zum Kunden. Ein neues Modell war der 2010 vorgestellte, dreisitzige 13-kW-Metro-Buddy von 2,44 m Länge und einer Reichweite von max. 150 Kilometer. In Norwegen gehört der Buddy zu den beliebtesten E-Fahrzeugen seiner Kategorie.

BUFFALO I (USA)

Die Buffalo Electric Carriage Co. in Buffalo, New York, stellte in den Jahren 1901 bis 1906 Elektro-Automobile mit den unterschiedlichsten Karosserien her. 1906 wurden die Fahrzeuge durch die Übernahme der Firma F. A. Babcock in Babcock umbenannt.

Von 1912 bis Ende 1915 kam es zum Bau weiterer jetzt wieder Buffalo Electric genannter Fahrzeuge. Es gab ein Model 20, ein Model 30 und ein Model 30 B Brougham.

BUFFALO II (USA)

Die Buffalo Gasoline Motor Co. in Buffalo, New York, wurde im Jahre 1899 mit einem Kapital von 25.000 Dollar von L. Belle Conrad, Louis A. Fisher und Louis Langen gegründet und war die zweite Firma, die unter dem Namen Buffalo Elektrofahrzeuge anbot. Zunächst hatte man Benzinmotoren hergestellt, und es entstanden 1901 auch Autos eigener Konstruktion mit Einzylindermotor; die meisten Komponenten wurden von Zulieferern bezogen. 1906 erfolgte eine Übernahme durch die Selden Motor Vehicle Company.

BUGATTI (F)

Während in der Automobilliteratur sämtliche Sport-, Touren- und Luxuswagen der Marke Bugatti in aller Ausführlichkeit beschrieben werden und die großartigen Rennerfolge der »pur sangs« ihre verdiente Würdigung erfahren haben, so spärlich sind die Informationen zu Ettore Bugattis kleinem Privatwagen, mit welchem er sich auf dem Werksgelände und auf seinem Privatgrundstück in den 1930er

Bugatti Elektrowagen Typ 56, von dem 1931–1933 zehn Stück entstanden sind.

Jahren zu bewegen beliebte. Es war dies ein knapp zweisitziges, an ein Dogcart erinnerndes Elektromobil mit Hebellenkung, das die interne Typennummer 56 bekam und in nur einem einzigen Exemplar gebaut werden sollte. Doch dann folgten weitere neun.
Der 1931 entstandene Prototyp war schmal, mit 146 cm Radstand recht kurz, kinderleicht zu handhaben (im Unterschied zu Bugattis Rennwagen) und für die geringen Distanzen auf dem Werksgelände geradezu ideal. Als Antrieb diente ein elektrischer 0,8-kW-Anlassermotor auf der Hinterachse, gespeist von sechs 6-Volt-Batterien, die sich unter der Sitzbank befanden. Vierzig Minuten soll man mit einer Ladung unterwegs gewesen sein können. Es gab ein leichtes Leinwandverdeck, wohl eher als Schutz vor der Sonne als vor Regen gedacht.
Der Wagen war mit Seilzug-Trommelbremsen an den hinteren Rädern und mit Blattfedern versehen sowie mit einem Vierganggetriebe, das für Vor- und Rückwärtsfahrt gleichermaßen benutzt werden konnte.
Obwohl das bis zu 30 km/h schnelle und 350 kg wiegende Gefährt nur für den persönlichen Gebrauch des »Patron« vorgesehen und nicht für die Serienherstellung gedacht war, wurde es auf der Pariser Automobilausstellung 1931 gezeigt – jedoch nicht verkauft. Aber es gab Bugatti-Kunden, die bei einer Besichtigung des Molsheimer Werkes den originellen Elektrowagen entdeckten und Bugatti bedrängten, ihnen ein gleiches Fahrzeug zu bauen. Zu ihnen zählte Astrid, die Gemahlin des Königs Leopold von Belgien. So wurden bis 1933 neun weitere Elektrobuggys auf Kundenwunsch angefertigt; der bekannte Rennfahrer und Bugatti-Verkäufer Louis Chiron verfasste sogar eine Bedienungsanleitung zum Typ 56. Der Verkaufspreis betrug 10.000 Francs. Und soweit bekannt, sind immerhin vier Wagen erhalten geblieben. Das Exemplar Nummer 1 steht als Exponat im Nationalen Automobilmuseum zu Mulhouse (ehemalige Collection Schlumpf) und befindet sich bis auf den Batteriesatz, eine neue Lackierung und neue Bereifung so gut wie im Originalzustand.

Einer der vier erhalten gebliebenen Bugatti Typ 56 Elektrowagen von 1931–1933, ein Exponat im Nationalen Automobilmuseum zu Mulhouse im Elsass.

BUGGYMOBILE (USA)

Buggymobile war die Bezeichnung für einen Highwheeler mit Elektroantrieb, den eine Firma namens Columbus Buggy Co. in den Jahren 1907–1908 in Columbus, Ohio, in geringer Stückzahl baute. Technische Einzelheiten sind nicht überliefert.

BUSCH (D)

Die aus der 1846 in Bautzen gegründeten Eisengießerei Petzold & Center und der Hamburger Wagenbauanstalt C. F. W. Busch hervorgegangene Wagenbauanstalt und Waggonfabrik für elektrische Bahnen vorm. W. C. F. Busch stellte eine Vielzahl elektrischer Schienenfahrzeuge (Trambah-

> »Für Roland, seinen jüngsten Sohn, ließ Ettore Bugatti 1927 eine elektrisch motorisierte Miniaturausgabe des Typ 43 bauen. Das Projekt wurde unter seinem größeren Bruder Jean realisiert.«
>
> Hugh Conway
> Bugatti-Historiker,
> 1975

Den kleinen Elektro-Bugatti gab es zehn Mal. Die große Royale nur sieben Mal.

Auf die 1913 an Ettore Bugatti gerichtete Frage eines Arztes, der zu seinen Kunden zählte und sich von ihm einen großen, schnellen Achtzylinderwagen wünschte, antwortete der im damals zu Deutschland gehörenden Elsass lebende Italiener: »Ja, solch einen Wagen plane ich zu bauen. Er wird größer sein als ein Rolls-Royce, aber sehr viel leichter, und mit seiner geschlossenen Karosserie wird man 150 Kilometer schnell fahren können, und er wird sehr leise sein. Wenn ich das erste Exemplar fertig gestellt habe, werde ich nicht versäumen, Sie mit dem Fahrzeug zu besuchen, lieber Herr Doktor, damit Sie Ihr Urteil abgeben können.«

Der große Reisewagen, wie er Bugatti vorschwebte, wurde jedoch nicht vor 1928 gebaut. In seiner Ausführung als Prototyp wies der als Typ 41 oder auch »La Royale« bekannt gewordene Gigant einen Reihenachtzylinder von 14 Liter Hubraum auf. Der Versuchswagen war ein offener Tourer, dessen Karosserie von einem Packard stammte. Ausgerechnet zur Zeit der Weltwirtschaftskrise kam Bugatti mit diesem extrem teuren Auto auf den Markt, als nicht einmal mehr der bisher in Saus und Braus lebende Hochadel genügend Geld für die Anschaffung von Luxusautomobilen aufbrachte und Europas letzte Monarchen es vorzogen, sich ihren Untertanen in weniger spektakulären Gefährten zu zeigen.

Die Royale entstand von 1928 bis 1933 in nur sieben unterschiedlich karossierten Exemplaren. Der Dreiventilmotor leistete 300 PS. Der Spritverbrauch betrug an die 50 Liter auf 100 Kilometer. Immerhin lief das 3,2 Tonnen schwere Auto 200 km/h.

Entweder vier oder acht Zylinder: Von Sechszylindermotoren hielt der »Patron« nichts. Den Konstrukteuren des Rolls-Royce riet er, vom Sechszylinder unbedingt abzugehen, ein solches Triebwerk könne niemals harmonisch arbeiten. Bei Rolls-Royce mag man über das Ansinnen höflich gelächelt haben. Bugatti vertrat eben seine eigenen Ansichten über das, was funktional zu sein hatte und was nicht – und die ästhetische Komponente war ihm nicht weniger wichtig. Unter der Motorhaube gewahrt der Betrachter eines Bugatti eine künstlerische Skulptur von einem Triebwerk, nicht etwa bloße Technik.

Manche Besucher Molsheims mokierten sich über den Tropenhelm, den Monsieur Bugatti in Kolonialisten-Attitüde als Ergänzung seines Reiter-Kostüms zu tragen pflegte. Und sie rätselten über seine Maßschuhe, die an den Kappen den Zehen entsprechend abgesteppte Nähte aufwiesen. Ihr Geheimnis: Sie wiesen tatsächlich fünf einzelne Zellen auf, und um solche ungewöhnlichen Schuhe tragen zu können, ließ Bugatti sich auch Socken mit einzeln ausgeführten Schlüpfen für die Zehen anfertigen.

Er tue stets nur das, was ihm gefalle, war Ettore Arco Isidoro Bugattis Leitmotiv. Zu jeder beliebigen Stunde wünschte er dinieren zu können, vorzugsweise italienische Gerichte »mit den besten Zutaten, die in Frankreich und in Europa zu bekommen sind«. Er baue seine Autos ausschließlich nach eigenem Gutdünken. »Wenn es Leute gibt, die sie mir abkaufen wollen – nun, darüber lasse ich mit mir reden.« Er empfing nur Kunden, bei denen er voraussetzte, sie würden ihm sympathisch sein; das galt auch für Rennfahrer.

Der legendäre Exzentriker, Jahrgang 1881, verstarb 1947.

---

nen) her, baute 1902 im Werk Bautzen aber auch einen Feuerwehrwagen mit je einem elektrischen Radnabenmotor von 8,6 kW in den hinteren Rädern; das Fahrzeug erwarb die Städtische Feuerwehr Hannover. Die Spritze arbeitete mit einem Dampfmotor. Soweit bekannt, wurden bei Busch zwei weitere elektrisch angetriebene Fahrzeuge gebaut.

Die Firma Busch ging 1928 an die Linke-Hofmann-Gruppe über. In Baudiß, Schlesien, hatte Gottfried Linke 1839 eine Fabrik zur Herstellung von Eisenbahnwagen gegründet; 1858 wurden die Werkstätten nach Breslau verlegt. 1897 wurde aus der Firma die AG Breslauer Aktiengesellschaft für Eisenbahnwagenbau, sie übernahm die Fabrikanlagen von Linke und fusionierte mit weiteren Unternehmen der Branche, wodurch die Linke-Hofmann-Werke als Maschinen- und Lokomotivenfabrik entstanden, die im Ersten Weltkrieg auch Flugzeuge baute.

1920 erfolgte die Angliederung der 1854 gegründeten Maschinenfabrik H. Füllner in Warmbrunn bei München und der Waggonfabrik J. P. Goossens, Lochner & Co. in Brand bei Aachen, es folgten ein Zusammenschluss mit der AEG und die Übernahme der Wagenfabrik (Karosseriebau) Schumann in Werdau. Im Stammwerk Breslau, von Junkers übernommen, erfolgte 1935 bis 1945 die Herstellung von Raupenschleppern.

1949 erfolgte zwischen LHB und der Waggon- und Maschinenfabrik AG und der Stahlwerke Braunschweig GmbH (Salzgitter) ein Interessengemeinschaftsvertrag. Die im Osten Deutschlands, in Bautzen und Werdau gelegenen Betriebsstätten wurden »volkseigen«. Nach der Wiedervereinigung Deutschlands ging LHB an die Preussag über und 1998 im Alstom-Konzern auf, sie firmiert seither als Alstom LHB GmbH; die Firma stellt weiterhin Schienenfahrzeuge her.

siehe auch LOWA

BUSHBURY (GB)

siehe PARKER

BYD (CHN)

Der BYD EV300 ist mit 135 kW (180 PS) und einer Spitze von 150 km/h eines der potentesten Elektroautos made in China. Seit 2013 gibt es den Wagen auch als Hybridmodell. Die BYD Automobile Co. in Shenzhen existiert seit 2003 und produzierte anfangs einen kleinen Viertürer, der technisch identisch mit dem Citroën C1 bzw. Peugeot 107 war, sowie einen Mittelklassewagen unter der Bezeichnung F3 mit Quermotor (1,6 Liter Mitsubishi, 100 PS) und Vorderradantrieb. Enge Kooperationen gibt es ferner mit BMW und Daimler. Seit 2010 ist auch eine Stufenhecklimousine im Programm mit etwa gleicher Motorisierung, genannt G3, auch gibt es ein Oberklassemodell namens F6 (2,0 Liter, 2,4 Liter) und ein als F8 figurierendes 2,0-Liter-Cabriolet,

eingeführt Anfang 2008. Die Produktion von Elektro- und Hybridfahrzeugen genießt bei BYD seit 2014 Vorrang.
siehe auch DENZA

BYRIDER (USA)

Von 1907 bis 1910 stellte die in Cleveland, Ohio, ansässige Byrider Electric Automobile Co. Elektroautomobile her, die den Markennamen Byrider erhielten. Mit nur geringen Modifikationen gab es identische Fahrzeuge auch unter den Markennamen De Mars, Blakeslee und Williams.

Oben: BYD e6 Crossover Hybrid, wie er 2010 auf der Automobilausstellung in Detroit gezeigt wurde.

Links oben: BYD Hybrid, Modelljahrgang 2015.

Blick unter die Motorhaube des BYD e6 Crossover Hybrid, 2010.

CALIFORNIA · CALIMOBILE (USA)
Der von 1900 bis 1902 in San Francisco hergestellte California glich dem französischen De Dion-Bouton und hatte einen luftgekühlten Zweizylindermotor unter dem Sitz, Kettenantrieb sowie Grifflenkung. In derselben Firma wurden auch einige Elektro- sowie Dampfwagen gebaut. Die frühen Benzinmotorwagen wurden unter dem Namen ihres Konstrukteurs B. L. Ryder bekannt, während der Dampf- und der Elektrowagen unter den Bezeichnungen California und Calimobile angeboten wurden.

CAMILLO (SP)
Bei der Firma Automovil-Electrico Camillo in Condal, Barcelona, wurden 1945 unter José Maria Camps Versuche mit Elektrofahrzeugen durchgeführt. Es waren Dreiradwagen mit einer Nutzlast von 2,0 bis 3,0 t, die in Häfen, Bahnhöfen und Gewerbebetrieben eingesetzt werden sollten.

CARDINET (F)
Die Compagnie Française des Voitures Electromobiles in Paris bestand von 1900 bis 1906 und baute Elektroautomobile unter dem Namen Cardinet.1907 folgte ein Benzinmotorwagen, der den Namen Cardina erhielt, doch noch im gleichen Jahr stellte man die Produktion wieder ein.

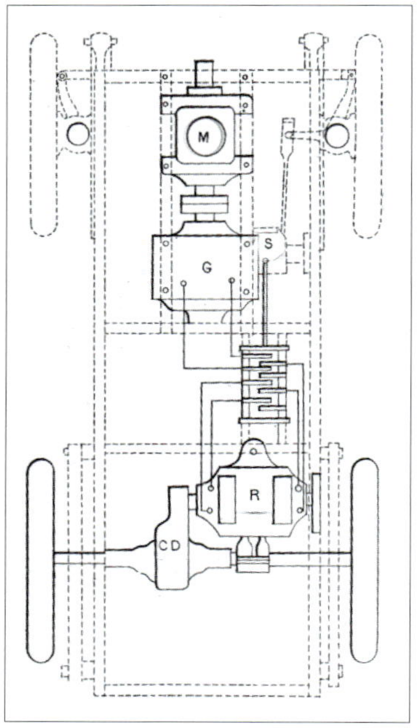

Champrobert Électrogénia Hybridwagen, 1903.

CARVILLE (CH)
Der 1979 von Victor Perremond in Neuchâtel vorgestellte Carville war der Nachfolger des Elektrowagens Pilcar, hatte Einzelradaufhängung und hydraulische Trommelbremsen. Der Elektromotor des viersitzigen Stadtwagens wurde durch ein 84-Volt-Batteriepack gespeist und trieb die Hinterräder an, der zweitürige Aufbau bestand aus Kunststoff. Der Vertrieb des Carville erfolgte über die Firma A.C.A. (Ateliers de Construction Automobiles Sbarro) in Les Tuileries-de-Grandson.
siehe auch PILCAR

CEDES (GB)
siehe STOLL

C.G.V. · G.E.M. (F)
Der Franzose Fernand Charron (1866–1928) gründete mit Léonce Girardot und Emile Voigt im Jahr 1901 in Puteaux die Société Charron-Girardot-Voigt (C.G.V.), ein Unternehmen, das bis 1906 bestand und der die Société des Automobiles Charron nachfolgte. Girardot beteiligte sich an zahlreichen internationalen Autorennen in Frankreich und hatte auch großartige Erfolge zu verzeichnen.
1906 endete die Partnerschaft der drei Automobilpioniere. Girardot widmete sich einem neuen Unternehmen namens G.E.M., das benzin-elektrische Fahrzeuge herstellte; Voigt trat eine Position in den USA an. Fernand Charron gründete eine neue Firma und gab seinen Autos künftig seinen eigenen Namen, verließ aber das Unternehmen bereits ein Jahr später ebenfalls und schloss sich Clément-Bayard an; er war Adolphe Cléments Schwiegersohn.
Die Besonderheit des G.E.M. war sein Hybridantrieb. Er war ein Elektrowagen mit einem 20 PS starken Vierzylindermotor, der bei Bedarf über einen Generator die Antriebsbatterien auflud. Spätere Modelle erhielten einen Vierzylindermotor System Daimler-Knight. Léonce Girardot liierte sich 1912 mit der Firma Daimler in Coventry, um deren Fahrzeuge in Frankreich zu verkaufen; 1913 baute er einige Automobile unter eigenem Namen, versehen mit Charron-Fahrgestellen und Motoren von Panhard-Levassor.

CENTAUR (USA)
Bei der Centaur Motor Vehicle Co. in Buffalo, New York, wurden 1902–1903 eine Anzahl von Personenwagen gebaut, die der Kunde wahlweise mit Benzinmotor oder mit Elektroantrieb bekommen konnte. Obwohl besonders für die Elektrofahrzeuge viel Werbung gemacht wurde, blieben die Verkäufe weit hinter den Erwartungen zurück; Die Besitzer J. C. Eccleston, H. C. Wilcox und Fisher Atherton stellten im Herbst 1903 die Produktion des Centaur ein.

CENTURY ELECTRIC (USA)
In Detroit entstand unter der Leitung von John Gillespie 1912 bis 1915 der Century Electric in sechs Varianten. Doch in den USA war der Elektroautoboom bereits vorüber, und die Umsätze waren zu gering, um die Firma halten zu können. Trotz Hereinnahme neuer, investitionsbereiter Teilhaber musste die Century Electric Motor Car Co. Insolvenz anmelden.

CHAMPROBERT · ÉLECTROGÉNIA (F)
Die Firma De Champrobert & Cie in Levallois-Perret bei Paris stellte von 1902 bis 1904 Automobile mit zunächst 8, später 12 PS starkem De Dion-Bouton-Motor und benzin-elektrischem Antrieb her. Die letzte Ausführung von 1905 hatte einen 18-PS-Aster-Motor. Die Fahrzeuge wiesen fünf Vorwärtsgänge und einen Rückwärtsgang auf. Ab 1903 wurden sie auch unter dem Markennamen Électrogénia verkauft.

Chang Jiang eCool EV 160, 2017.

CHANG JIANG (CHN)
Der in China seit 2017 verhältnismäßig preisgünstig angebotene kleine Elektro-Pkw eCOOL (25,3 kW, 136 km/h) ist nur ein Nebenprodukt dieser Firma, die vor allem Motorradgespanne, Kleinbusse und Lieferwagen herstellt. Die Reichweite des eCOOL wird mit mehr als 200 Kilometer angegeben.

CHAPEAUX (F)

Der Ingenieur Emile Chapeaux in Lyon schuf 1940–1941 einige Zweisitzer mit Elektromotor, für die zum Teil Fahrgestelle ausrangierter Gebrauchtwagen (Amilcar, Salmson) Verwendung fanden. Komplettiert wurden die Autos in der Motorradfabrik Ultima, die Aufbauten fertigte die Karosseriefirma Delerieux an. Materialknappheit im besetzten Frankreich ließ eine Ausweitung der Produktion nicht zu.

CHAPMAN (USA)

1899–1901 stellte die Belknap Motor Company in Portland, Maine, Elektroautomobile mit dem Markennamen Chapman her; die Fahrzeuge wurden auch als Elektromobile und zeitweise als Belknap verkauft. Der Name Chapman bezog sich auf den Konstrukteur, der für Belknap tätig war. Das Elektromobil bot zwei Personen Platz (auf schlechten Wegen, so wurde empfohlen, möge man auf einen Beifahrer besser verzichten) und erreichte mit seinen zwei Elektromotoren – je einer für jedes Hinterrad – eine Geschwindigkeit von rund 60 km/h.

CHELSEA (GB)

1922 stellte die Wandsworth Engineering Works Ltd. in London Elektroautos unter dem Namen Chelsea her. Es waren zweisitzige Coupés mit einer Fronthaube, unter der sich die Akkumulatoren befanden und die den Wagen wie ein Auto mit Benzinmotor aussehen ließ; der Motor und weitere Batterien befanden sich in einer Art Kofferraum über der Hinterachse. Der Preis des Chelsea betrug 700 Pfund Sterling.

CHERY (CHN)

Der chinesische Automobilehrsteller Chery gehört seit 2009 ebenfalls zu den Elektroauto-Anbietern und hat sich zum Ziel gesetzt, eine Großserienproduktion aufzuziehen, und zwar in Zusammenarbeit mit dem 2013 in Konkurs gegangenen Projektentwickler Better Place (USA). Der Prototyp wurde als Modell S18 bezeichnet, das 2010 in Serie ging. 2012 umfasste das Programm drei zusätzliche Hybriden. Die Chery Automobile Co. in Wuhu hatte 1999 mit der Lizenzproduktion des Seat Toledo unter Anleihen auch vom Daewoo Matiz begonnen. Der Chery QQ3 hatte einen 68 PS starken 1,1-Liter-Dreizylinder unter der Haube; es gab jedoch auch einen 1,3-Liter Vierzylinder QQ6. Mit einer modernisierten Bertone-Karosserie erschien 2009 der Chery A1. Weitere Modelle waren der Cowin mit BMW-1,6-Liter-Motor (Varianten mit 1,8 und 2,0 Liter) sowie der im November 2004 präsentierte Tiggo mit einem Mitsubishi-Motor und Allradantrieb als SUV-Crossover. Die Elektro- und Hybridmodelle haben mit diesen Fahrzeugen keine konstruktiven Gemeinsamkeiten.

CHEVROLET (USA)

siehe GENERAL MOTORS · CHEVROLET

CHORO Q (J)

Das als CQ bezeichnete, einsitzige Choro Q Elektromobil wurde von 2002 bis 2010 von der japanischen Firma CQ Motors produziert, einer Tochtergesellschaft des Spielwarenherstellers Takara Co. Ltd. in Tokio. Es entstand aus einem millionenfach verkauften Kinderauto und kostete 2003 umgerechnet 12.000 Euro. Ein weiteres Modell, ebenfalls mit Straßenzulassung, lief unter der Bezeichnung Keita Sato (»Moderne Zeiten«) und kostete umgerechnet 7500 Euro. Die Reichweite der Einsitzer wurde mit 80 km angegeben.

Chrysler Gasturbinenwagen von 1955. Obwohl das Projekt als nicht praxistauglich beurteilt wurde, setzte man die Entwicklung aus PR-Gründen fort.

Oben: Letzte Version des Chrysler Turbinenwagens mit einer Karosserie von Ghia, 1963.

Links: Chery Faira, 2008.

CHRYSLER (USA)

Auf spektakuläre Art hat der 1923 gegründete amerikanische Hersteller Chrysler in den 1950er Jahren den Versuch unternommen, die vermeintliche Zukunft des Automobils in die Gegenwart zu projizieren.

Citroën Saxo Électrique von 1996, von dem identischen Modell mit Verbrennungsmotor kaum zu unterscheiden.

Bei der Chrysler Corporation in Detroit entstanden 1955 einige Fahrzeuge mit Turbinenantrieb, die man über Tausende von Erprobungsmeilen schickte. Aber sie wurden als nicht praxistauglich beurteilt. Dennoch ging die Entwicklung aus Prestigegründen weiter; 1963 legte man eine Serie von 50 Stück auf, die man nacheinander mehr als 200 Familien in den USA zur Verfügung stellte, um deren Erfahrungen auswerten zu können. Einige Exemplare erhielten eine Coupékarosserie von Ghia in Turin.
Eine praktische Anwendung des Prinzips, strömende Gase von hoher Temperatur in mechanische Arbeit umzusetzen, blieb jedoch weiterhin der Luftfahrt und der Raumfahrt vorbehalten. Gasturbinenwagen wurden von Rover-BRM und Howmet zwar sogar im Rennsport getestet, aber allein die Umwandlung von flüssigen in gasförmigen Kraftstoff war ein komplizierter Prozess, für den ein sogenannter Gemischerzeuger notwendig war – groß, schwer und konstruktiv sehr aufwändig. Die Gasturbine hat den doppelten, die Dampfturbine sogar den zweieinhalbfachen Raumbedarf im Vergleich zu einem Ottomotor, der Bauaufwand beträgt mindestens das Vier- bis Fünffache. In punkto Lebensdauer, Leistung, Geräusch und Abgasverhalten wäre die Gasturbine zwar jedem anderen Antriebsprinzip überlegen, doch so lange der Raum-, Kosten- und Gewichtsvergleich den Ausschlag für eine Großserienproduktion gibt, rangiert die Pkw-Gasturbine im Abseits. Chryslers Versuchsfahrzeuge konnten deshalb auch nie ernsthaft zur Entscheidung für den Großserienbau stehen.

CIEM (CH)

Der CIEM Stella war das Produkt der Cie. de l'Industrie Électrique et Mécanique in Genf. Es handelte sich um einen von 1904 bis 1913 gebauten Elektrolastwagen mit Reibradantrieb bis zu 2,0 t Nutzlast.

CITI-CAR · COMUTA-CAR (USA)

1977 tauchte in den USA ein kantiger Kleinwagen mit der Bezeichnung Citi-Car auf, einem Golf Cart ähnelnd und mit einem 6-Volt-Elektromotor von 2,8 kW versehen. So gering die Abmessungen des Wagens waren, wog er durch die Batteriefracht doch an die 800 kg. Man war mit dem Zweisitzer etwa 70 km/h schnell, und nach spätestens 90 Minuten musste man acht Stunden an die Ladestation. Nur ein Exemplar des ersten Citi-Car wurde verkauft, und ein zweites mit mehr Batterien und 4,8 kW entstand immerhin drei Mal. Erst 1979 ging es weiter, nachdem eine Commuter Vehicles Co. die Konstruktionsrechte erworben hatte, das kleine Auto als Comuta-Car noch einmal auflegte und unter der Bezeichnung Vanguard City Electric anbot. Ein Van mit 9 kW (12 PS) wurde ebenfalls gebaut. Die Produktion endete im Frühjahr 1982.

CITROËN (F)

Citroën, seit seiner Gründung im Jahr 1919 zur automobilen Avantgarde zählend und seit 1975 mit Peugeot die Group PSA bildend, hat 2009 mit einem serienreifen, elektrisch angetriebenen Kompakt-Viertürer für Aufsehen gesorgt. Das Modell nannte sich D-Zero und hatte einen Aktionsradius von 150 Kilometern; der 49-kW-Motor wartete mit einem Drehmoment von 196 Nm auf. Ende 2010 begann die Serienproduktion. Ungewöhnlich war, dass der D-Zero Hinterradantrieb hatte, denn seit 1934 ist der Name Citroën so gut wie gleichbedeutend mit Frontantrieb. Die Karosserie weist weitgehende Übereinstimmung mit der des Peugeot iOn auf, dessen Antriebstechnik und Design gemeinsam mit Mitsubishi entstanden ist.
Doch schon lange vorher hat es elektrische Citroën gegeben, so die 1989 vorgestellten Lieferwagen auf Basis C15 und C25. Erfahrungen aus dem Praxisbetrieb der in kleiner Serie gebauten Exemplare beider Modelle flossen in den Ende 1993 präsentierten Citroën AX Électrique ein. Mit diesem Modell positionierte sich die Marke auch als kompetent in Sachen moderner Elektromobilität. Die elektrische

Der City-El wurde 4500 Mal gebaut. Seine Reichweite betrug bis zu 50 Kilometer. Es gab jeden Komfort und auch eine hydraulische Zweikreisbremse.

Version des kompakten Kleinwagens aus Frankreich verfügte über eine Reichweite von achtzig Kilometern und erzielte eine Höchstgeschwindigkeit von 91 km/h. Damit hatte man sich erst einmal zufrieden zu geben.
Der Citroën AX Électrique war mit einem Gleichstrommotor ausgerüstet, der von einem Blei-Säure-Antriebsakku mit Strom versorgt wurde. Ein elektronisches Steuergerät registrierte, steuerte und überwachte die Befehle des Fahrers und die Verwendung der elektrischen Energie. Es sorgte zudem für die Ladung der Antriebsbatterie durch ein eingebautes Ladegerät und begrenzte die Fahrzeugleistung,

»In wenigen Jahren wird niemand mehr das Wort Automobil verwenden, sondern ausschließlich das Wort Citroën!«

André Citroën, Paris 1934

wenn die Energie zur Neige ging oder die Temperaturgrenze erreicht wurde. Der AX Électrique verfügte weder über ein Schaltgetriebe noch über Neutralstellung und Kupplung. Beim Loslassen des Fahrpedals ergab sich eine wirksame Motorbremse, die zur Energie-Rückgewinnung im Akku genutzt wurde.
Laut Amicale Citroën & DS Deutschland wurde der Citroën AX Électrique von Dezember 1993 bis 1996 insgesamt 374 Mal produziert, der nachfolgend angebotene Elektro-Saxo und ab 1997 ein entsprechender Berlingo in E-Version brachten es auf 1750 bzw. 2174 Stück.
siehe auch BYD, DONGFENG *und* MITSUBISHI

CITY BEE (N)

siehe PIVCO

CITY-EL (DK, D)

Der in Dänemark entwickelte City-El war ein Elektromobil, das 1987 eingeführt und in größerer Serie produziert wurde. Es handelte sich um den Nachfolger des Mini-El, der wegen etlicher Mängel schlecht verkäuflich gewesen war. Der City-El war ausgereifter und zuverlässiger, er wurde 4500 Mal gebaut. 1995 wurde die Fertigung im dänischen Randers jedoch eingestellt, nachdem eine schwedische Investorengruppe die Produktion in der Nähe von Göteborg ansiedeln wollte. Aus kartellrechtlichen Gründen scheiterte dies.
Auch in Deutschland war der City-El erhältlich, und zwar durch die Firma Karl Nestmeier in Aub, Unterfranken. Als die Herstellung des Fahrzeugs in Dänemark endete und in Schweden nicht fortgeführt wurde, organisierte er einen Transfer nach Deutschland und begann hier mit der Produktion. Der Vertrieb des City-El wurde 1996 bundesweit neu strukturiert. Gebietshändler mit entsprechender technischer Erfahrung nahmen in Zusammenarbeit mit ausgewählten Bosch-Diensten regional Handel und Service vor.
Das Kunststoff-Chassis des nur 238 cm langen City-El war High-Tech pur: Die Vorteile seiner Sandwichbauweise waren hohe Stabilität und Langlebigkeit bei geringem Gewicht. Die Nennleistung des Elektromotors (drei 12-Volt-90 Ah-Spezialbatterien, in Serie geschaltet; Betriebsspannung 36 Volt) betrug 2,5 kW, die maximale Leistung 3,6 kW; die Motorkraft wurde per Riemenantrieb auf die Hinterachse übertragen. Die Reichweite betrug bis zu 50 Kilometer. Es gab jeden Komfort und auch eine hydraulisch betätigte Zweikreisbremse.
Der City-El wurde als Hardtop und als Cabrio geliefert; die Preise bewegten sich zwischen 11.000 und 15.000 D-Mark. 1997 verlegte Nestmeier sein Unternehmen nach Kitzingen, wo es unter CityCom GmbH und später als Smiles AG firmierte. Im Februar 2012 stellte die Smiles AG einen Antrag auf Eröffnung des Insolvenzverfahrens. Seither werden die City-El-Elektroautos wieder von der Citycom GmbH produziert, deren Firmeninhaber Nestmeier 1996 die City-El bzw. Mini-El-Produktion aus Dänemark nach Unterfranken geholt hatte.

CITYMOBIL (D)

Der Ingenieur Hans Eberhard Kratzer, Jahrgang 1937, konstruierte 1986 im Labor für Elektrotechnik und Elektronik in den Übungs- und Versuchsanlagen der Fachhochschule Rosenheim einen solargestützten Elektro-Stadtwagen. Es handelte sich um einen Zweisitzer mit Kunststoff-Karosserie und einem Gewicht von 480 kg. Solarzellen auf dem Dach sorgten bei Sonnenschein dafür, dass die Spannung an der Gleichstrommaschine konstant blieb und damit auch die Leistung, Ein Regler ermöglichte es, Energie bei Bergabfahrt in die Batterien einzuspeisen. Kratzers Citymobil erreichte eine Spitzengeschwindigkeit von 60 km/h und musste erst nach etwa 100 Kilometern Strom nachladen. Die Dynamik der Auf- und Entladung der acht Batterien mit 48 Volt Betriebsspannung bei insgesamt 160 Ah erwies sich durch die Aufladung per Sonnenenergie insoweit als günstig, als die Energiereserven im unteren Plattenbereich der Batterien nicht ungenutzt blieben.

Citroën e-Méhari, 2017. Mit dem Ur-Méhari, gebaut 1968–1987, hat das Elektrofahrzeug nicht viel gemeinsam. Der Wagen gibt ein permanentes akustisches Signal ab, das unter einer Geschwindigkeit von 30 km/h aktiv ist, um Fußgänger aufmerksam zu machen.

CITY-STROMER (D)

siehe RWE · GES

CLARK (USA)

Die Brunn´s Carriage Mfg. Co. in Buffalo, New York, stellte in den Jahren 1906 bis 1910 einige Automobile her, die den Markennamen Clark trugen, benannt nach einem Kunden, der sie sich bei Brunn speziell anfertigen ließ. Es handelte sich um Elektrofahrzeuge mit 2,8-kW-Westinghouse-Motor und einer 28-Zellen-Niagara-Batterie. Der dreisitzige Clark Runabout hatte Wellenantrieb und Schraubenfederung. Brunn machte sich auch einen Namen als Hersteller luxuriöser Karosserien für Lincoln, Cadillac und Duesenberg.

CLECO (GB)

Von 1936 bis 1940 stellte die Cleco Electric Industries Ltd. in Leicester Elektroautomobile her. Das Unternehmen spezialisierte sich auch auf die Herstellung von Batterien und Elektromotoren. Der kleine, bullige Wagen wartete mit einem Aktionsradius von 120 km auf, war aber kaum an den Mann zu bringen, denn er kostete das Dreifache eines gleichgroßen Benzinautos. Die Elektrofirma Cleco existierte bis 1957.

COHENDET (F)

1898 wurde in Paris die Firma A. Cohendet et Cie. gegründet, die bis 1914 existierte. Sie produzierte mechanische Teile für die Kraftfahrzeugindustrie und nahm 1905 auch den Bau von Personen- und Nutzfahrzeugen auf. Es gab sie mit Benzinmotor, aber auch mit Dampf- und Elektroan-

»Wenn all die großen Geister der amerikanischen Industrie mit ihren herausragenden Begabungen ihre Intelligenz bündeln würden, könnten sie echte Wunder vollbringen!«

Walter P. Chrysler, 1935 anlässlich der Übernahme von Dodge

trieb. Einer der ersten Cohendet-Lastwagen war ein Frontlenker mit großvolumigem Zweizylindermotor und Kettenantrieb, dem Drei- und Vierzylinder-Versionen mit Nutzlasten bis zu 3,5 t folgten. Mit Ausbruch des Ersten Weltkriegs wurde die Fahrzeugproduktion zugunsten anderer Aktivitäten eingestellt.

COLENTA (D, IRL)

1961 gründete Heinrich Huss die Colenta Labortechnik GmbH zur Herstellung von Papier- und Film-Entwicklungsmaschinen mit Sitz in Waldkirchen und zwei weiteren Betriebsstätten in Dreisbach sowie in Irland. Die Idee, Elektroautos herzustellen, kam Huss Anfang der 1970er Jahre, doch nicht vor 1986 entstand das erste Fahrzeug, zunächst ein dreirädriges Gefährt. Der Preis für den Colenta betrug je nach Ausführung und Ausstattung zwischen 15.000 und 20.000 D-Mark. 1988 ging Heinrich Huss auf den Bau eines Vierrad-Elektroautomobils über und gründete die Colenta Elektromobile GmbH mit Sitz in Rodgau bei Frankfurt a.M., danach Dreisbach. Das schnell expandierende Unternehmen entwickelte weitere Elektrofahrzeuge wie Busse, Pritschenwagen und Personenwagen, die für Kurzstreckenverkehr über ausreichende Fahrleistungen verfügten. Basisfahrzeuge waren in Taiwan produzierte Mitsubishi-Modelle. Vom zweisitziges Elektro-Kleintransporter mit großem Laderaum für sperrige oder wetterempfindliche Güter bis zum sechs- bis siebensitzigen Kleinbus und Sonderfahrzeug für Kommunalzwecke war das Programm sehr umfangreich.

COLUMBIA (USA)

Colonel Albert A. Pope galt als Amerikas bedeutendster Fahrrad-Produzent. Die Räder wurden in der Pope Mfg. Company in Hartford, Connecticut, hergestellt und unter dem Markennamen Columbia vertrieben. Pope stellte auch Pferdekutschen und ab 1895 Elektro- sowie Benzinmotorfahrzeuge her; auch diese Fahrzeuge trugen den Markennamen Columbia. 1897 war der Maschinengewehr-Erfinder Hiram Percy Maxim Technischer Leiter bei Pope.

1899 erwarb der Bankier William Collins Whitney aus New York City die Konkursmasse der Electric Vehicle Co. von einem Mr. Isaac Rice und plante die Serienherstellung von elektrischen Taxifahrzeugen. Whitney suchte einen Partner für dieses Vorhaben und fand ihn in Albert A. Pope; sie gründeten eine Firma namens Columbia Automobile Co. mit der Electric Vehicle Company als Holding. Die Gesellschaft erwarb auch eine Baulizenz für den (nur auf dem Papier bestehenden) Selden-Benzinmotorwagen; die hinter ihr stehende Finanzgruppe um Pope kaufte Selden sogar das Patent ab und kassierte nun ihrerseits in der Branche Lizenzgebühren für die dubiosen Selden-Rechte, die bis 1912 gehalten werden konnten.

In den Jahren 1900 bis 1905 entstanden bei der Columbia Motor Co. in Hartford nicht nur Automobile, sondern ebenfalls Columbia genannte Motorräder mit Ein- und V-Zweizylindermotor. Die Autos mit Benzinmotor wurden unter dem Markennamen Pope-Columbia vertrieben. 1900 erwarb Pope die Riker Electric Vehicle Co., die bisher ebenfalls Elektrowagen gebaut hatte.

Der Columbia kam mit einigen Modifikationen auch als Pope-Hartford in den Handel. Die 1,2-kW-Elektromotoren lieferte die General Electric Company (GEC); als Energiequelle dienten 20 in Reihe geschaltete 2-Volt-Batteriezellen. Der Fahrzeugrahmen bestand aus armiertem Eschenholz. Es wurden auch Omnibusse hergestellt, als Columbia Wagonette bezeichnet, ferner baute Columbia bis 1907 Lastwagen mit elektrischem Antrieb auf alle vier Räder. Insgesamt wurden angeblich 7000 bis 8000 Fahrzeuge pro Jahr produziert.

Als Maxim das Unternehmen verließ, nahm seine Position Frederick A. Law ein, der neue Benzinmotorwagen konstruierte, ferner entstanden 1907–1908 in seiner Regie einige Motorfahrzeuge, die benzin-elektrischen Antrieb aufwiesen. 1909 wurde der Firmenname erneut geändert, er lautete nun Columbia Motor Car Co.; ein Jahr später wurde die Gesellschaft von der United States Motor Co. übernommen. Im Jahr 1911 wurde ein Columbia mit Knight-Motor (Drehschieberventile) vorgestellt; der Columbia-Knight war ein 6,3-Liter-Wagen, der bis 1913 angeboten wurde. Er war das letzte neue Modell, bevor die Firma im gleichen Jahr die Fertigung einstellte.

Nach Großbritannien exportierte Columbia Elektrofahrzeuge unter dem Markennamen City & Suburban; nach Frankreich gelieferte Modelle wurden als l'Électromotion verkauft.

Werbung für Columbia Elektrofahrzeuge aus dem Jahr 1903.

Columbia Omnibus von 1903 mit luftigen Extra-Sitzplätzen auf dem Wagendach.

Rechts: Columbia Surrey, 1902.

COLUMBIA ELECTRIC (USA)
siehe ELECTRIC CARRIER

COMMERCIAL (USA)
In den USA existierten vor dem Ersten Weltkrieg vier Unternehmen, die Lastwagen mit der Markenbezeichnung Commercial herstellten, von denen aber nur die Commercial Truck Co. of America in Philadelphia Elektrofahrzeuge anbot. Es gab sie in verschiedenen Ausführungen von 1908 bis 1928 auch unter der Markenbezeichnung C-T.
siehe auch C-T

COMMINICATION · KLASEN (D)
Andreas Klasen konstruierte 1993 auf der Basis eines englischen Mini ein originelles Elektromobil, nachdem er zuvor drei Jahre lang für die Horlacher AG in der Schweiz tätig gewesen war. Auf der Bodengruppe des Frontantrieb-Klassikers baute Klasen eine Kunststoff-Karosserie von 270 cm Länge mit Platz für vier Personen. Klasens »Mini-Evergreen« entstand in einer dafür 1994 eigens gegründeten Firma, der COMminiCATION Elektrofahrzeuge GmbH mit Sitz in Ibach. Es war geplant, eine Serie von 50 Fahrzeugen zu bauen. Der Elektrokleinwagen wies einen Drehstrom-Asynchron-Motor mit gekoppeltem, einstufigem Differenzialgetriebe von 31 kW auf, was ein Schalten erübrigte, und wog 760 kg; mit einer Batterieladung kam man rund 100 Kilometer weit. Das Auto kostete 40.000 D-Mark. Auch als Bausatz war das Auto zu bekommen, was den Preis auf 10.000 D-Mark reduzierte.

COMMUTER (USA)
Die in Sebring, Florida, ansässige Commuter Vehicle, Inc. übernahm 1979 den Elektrofahrzeughersteller Sebring Vanguard Inc. und setzte die Produktion unter dem Namen Commuter bis 1982 fort. Angeboten wurden ein Van und ein zweisitziges Coupé mit Heckklappe.

COMUTA-CAR (USA)
siehe CITI-CAR

COPPER (USA)
Die Copper Development Association, Inc. in New York baute zahlreiche unterschiedliche Fahrzeuge, auch Elektroautomobile. Beim Copper Town Car handelte es sich um einen 1978 vorgestellten Zweisitzer mit Schiebetüren, Schrägheck und steiler Frontpartie. Mit seinen 18 6-Volt-Batterien erreichte er eine Geschwindigkeit von etwa 64 km/h bei einer Reichweite von 160 km.

COUPLE-GEAR (USA)
Die Couple-Gear Electric Truck Co. in Grand Rapids, Michigan, stellte von 1904 bis 1918 Elektrofahrzeuge mit Radnabenmotoren her. Von 1918 bis 1922 entstanden auch Lastwagen mit Verbrennungsmotor.

CRÉANCHE (F)
Der von 1899 bis 1905 von der Société Louis Créanche in Courbevoie produzierte Dreiradwagen besaß ein von der Firma B.G.S. bezogenes Chassis, in welchem sich der Motor in der Querachse verschieben ließ – dadurch lockerte oder spannte sich der Antriebsriemen und machte eine Kupplung entbehrlich. Die Voiturette besaß einen 4-PS-Motor von De Dion-Bouton, wahlweise mit 6, 9 oder 12 PS. Ab 1902 wiesen die nun vierrädrigen Fahrzeuge Kardanantrieb auf, und 1904 gab es auch ein 30-PS-Modell mit Kettenantrieb. Einige Fahrzeuge entstanden mit Elektromotor.

Columbia Electric Brougham, 1899. Die Nähe zur Pferdekutsche ist unverkennbar.

CROCHAT (F)
Die Etablissements Henri Crochat in Dijon produzierten von 1911 bis 1923 Lastwagen mit Mischantrieb (Benzinmotoren als Generator für einen Elektromotor, der über eine Kette die Hinterachse antrieb: Hybrid). Crochat baute auch Fahr-

Crochat Hybridwagen von 1912 für Personen- und Frachtbeförderung. Der Benzinmotor befand sich platzraubend in der Fahrzeugmitte.

zeuge nach dem Vorbild des Austro-Daimler Landwehr-Train, bei welchem eine Anzahl Anhänger eigene Elektro-Antriebsmotoren aufwiesen. Sie hatten wie das Leitfahrzeug mit Vierzylinder-Ballot-Motor Kettenantrieb und Vollgummi-Bereifung. Der Kühler war kreisrund wie bei den von Schneider in Le Havre gebauten Nutzfahrzeugen – oder bei einer Lokomotive. Etliche Crochat wurden 1914–1918 von der französischen Armee als Ambulanzfahrzeuge eingesetzt. Mit der Pariser Lokomotivenfabrik Henri Crochat war die Firma nicht identisch.

C-T Commercial Truck von 1912, der fünfzig Jahre ununterbrochen in Diensten stand.

CROWDUS (USA)

Die in Chicago ansässige Crowdus Automobile Co. stellte von 1899 bis 1903 leichte Elektroautomobile her. Der Aktionsradius des Crowdus Runabout betrug etwa 50 Meilen. Das Fahrzeug wies einen Rohrrahmen und Kutschenräder nach Art der damaligen Highwheeler auf.

C-T (USA)

Von 1908 bis 1928 existierte in Philadelphia, PA, die Commercial Truck Co. of America, die unter der Kurzbezeichnung C-T zunächst verschiedene 1,5- bis 3,5-Tonner herstellte. Die Fahrzeuge hatten Elektroantrieb mit Motoren von General Electric. Ab 1921 gab es auch größere Fahrzeuge mit 3,5 bis 6,0 t Nutzlast, die den vollen Herstellernamen erhielten. 1928 wurde die Firma von der Walker Vehicle Co. übernommen.

siehe auch WALKER II

CUMMINGS ELECTRIC (USA)

Der von George K. Cummings 1894 in Chicago vorgestellte Elektrowagen war eins der ersten Automobile mit einem Lenkrad statt einer Hebelstange sowie einem Pedal zur Regulierung der Geschwindigkeit über einen Regelwiderstand. Per Kette übertrug der 1,5-kW-Motor seine Kraft auf die Hinterachse des zweisitzigen Buggys. Vorne und hinten stützte sich der spartanische Aufbau über quer angeordnete Vollelliptikfedern ab. Ob Mr. Cummings noch weitere Fahrzeuge anfertigte, ist nicht überliefert.

CUNNINGHAM (USA)

Nicht weniger als fünf Hersteller hat es in den USA gegeben, die ihre Fahrzeuge unter der Marke Cunningham auf die Straße stellten. Einer von ihnen war die Kutschenbaufirma Cunningham in Rochester, NY. Sie war bereits 1838 gegründet worden; die letzten Pferdewagen baute sie 1915. Mit dem Tode des Firmengründers 1886 übernahmen seine Söhne das Unternehmen und gründeten die James Cunningham Sons & Co., bei der man kurz vor der Jahrhundertwende mit Elektro-Automobilen zu experimentieren begann, nachdem Mr. Cunningham auf einer Versteigerung für 25.000 Dollar die Konstruktionsrechte an einem Elektrowagen namens General Electric erworben hatte. Ab 1907 entstanden aber nur mehr Fahrzeuge mit Verbrennungsmotoren, die man von den Firmen Buffalo und Continental bezog. Erst ab 1909 baute man komplette Fahrzeuge mit eigenen ohv-Motoren, entwickelt von Volney Lacey. 1915 wurde der erste Cunningham mit V8-Motor vorgestellt. Andere Produktionszweige der Firma waren Sportflugzeuge, Panzerwagen und Ballonwinden. 1936 stellte man die Produktion ein; die James Cunningham Sons & Co., Inc. spezialisierte sich anschließend auf den Bau und die Installation elektrischer Anlagen.

Die allmorgendliche Arbeit mit dem Starten des Benzinmotors

Betrachtungen eines Schweizer Mechanikers, 1923

Zwar müsse man zugeben, dass der Motorlastwagen einen Stand hoher Vollkommenheit erreicht habe, schrieb Paul Humbert aus Brugg an die Redaktion des 1916 in Zürich gegründeten Fachblatts *Der Motor-Lastwagen* im Januar 1923. Jedoch falle ihm auf, dass beispielsweise das Andrehen des Lastwagenmotors, eine anstrengende Arbeit, fast überall noch mit Muskelkraft erfolge. »Das liegt an den hohen Anschaffungskosten eines automatischen Anlassers, andererseits an dessen Unvollkommenheit für starke Motoren. Es ist bekannt, dass viele Motorlastwagen in ungenügend geschützten Räumen untergebracht werden oder die Nacht im Freien verbringen müssen. Bei kalter Witterung wird dann jeden Morgen viel Zeit verschwendet, um den Motor zum Laufen zu bringen. Die Fabriken sollten daher alle ihre Wagen mit Anlassern ausrüsten.« Elektrische Anlasser gab es schon seit 1912, und ab 1919 waren sie in den Autos aller renommierten Marken serienmäßig eingebaut – nur in den meisten Lastwagen nicht. Leider auch 1923 noch nicht.

Herr Humbert brachte weitere Kritik hervor: »Größere Aufmerksamkeit muss stets dem Schmiersystem eines Motors geschenkt werden, auch könnte eine günstiger geformte Explosionskammer eine bessere Verbrennung bewirken, oder eine Mehrleistung des Motors bei gleichem Benzinverbrauch. Erst recht sollten rassige Motoren in Lastwagen eingebaut werden, wenngleich man heute schwere Fahrzeuge sieht, die unverantwortlich schnell fahren können!«

Die Kollegen von der Elektrolastwagen-Zunft hatten diese Sorgen nicht, vor allem solche nicht, die das Procedere des morgendlichen Motorstartens betrafen. Voll aufgeladene Akkus vorausgesetzt.

DAEWOO (ROK)

Der Name Daewoo bedeutet übersetzt in etwa »allumfassendes Universum« und wurde für eine 1967 in Südkorea gegründete Firma gewählt, die zum drittgrößten Unternehmen des Landes aufstieg, ehe dieses den Absturz in die größte Pleite Asiens vollzog und 1998 unter das Dach von General Motors kam.

Im Frühjahr 1995 lief die mit GM vereinbarte Sperrfrist aus, nach der sich Daewoo nicht auf dem europäischen Markt engagieren durfte. Doch später kamen Amerikaner und Koreaner wieder zusammen, als im Juni 2000 der Wettlauf um den angeschlagenen koreanischen Hersteller Daewoo Motors begonnen hatte. Gebote für das mit etwa 16 Milliarden Dollar verschuldete Unternehmen wurden von drei Interessenten abgegeben: DaimlerChrysler bot zusammen mit Hyundai Motors, General Motors gemeinsam mit seinem damaligen Partner Fiat, und Ford war ebenfalls mit von der Partie. Im Oktober 2001 erhielt General Motors – Daewoo partnerschaftlich ohnedies seit langem verbunden – den Zuschlag. Für eine 67-prozentige Beteiligung zahlte GM 400 Milliarden Dollar.

Daewoo hatte sich aus einem kleinen Handelsunternehmen zur Unternehmensgruppe mit einem vielfältigen Produktangebot und Dutzenden von Tochtergesellschaften in aller Welt entwickelt. Durch die Zusammenarbeit mit einer Vielzahl anderer Hersteller wie Holden, Honda, Isuzu, Nissan, Opel, SsangYong oder Suzuki entstanden viele Dutzend Modelle teils in Lizenz, teils als Kopien, und ebenso viele Eigenkonstruktionen ergaben insgesamt eine verwirrende Vielzahl unterschiedlichster Typen. Es wurde auch mit Elektroantrieben experimentiert, vorrangig bei Kleinwagen nach Art des 1996 eingeführten Daewoo Matiz (nachdem General Motors Ende 2004 in Europa alle Daewoo-Fahrzeuge als Chevrolet bezeichnet hatte, war auch der Matiz ohne Veränderungen in Chevrolet Matiz umbenannt worden).

DAIHATSU (J)

Daihatsu war zu Beginn der 1970er Jahre ein Außenseiter, heute ist die Marke ein Global Player und produziert inzwischen an neun Standorten in Japan sowie an weiteren zehn im Ausland: in China, Italien, Indonesien, Kolumbien, Malaysia, Pakistan, Portugal, Venezuela und Vietnam.

Die Daihatsu Motor Co. Ltd. mit Sitz in Osaka wurde 1907 von Yoshiaki Yasunaga, dem Vorstand des Osaka Institute of Technology, Masahiro Tsurumi, dem Leiter der Maschinenbau-Abteilung, sowie den Unternehmern Saneyasa Oka, Masashi Kuwabara und Zenjiro Takeuchi gegründet. Kurze Zeit später wurde sie in Osaka Hatsudoki Seizo Company Ltd. umgewandelt.

1951 erhielt die Firma den neuen Namen Daihatsu Kogyo Co. Ltd., der bis 1974 beibehalten wurde. Ein Jahr danach erschien der erste dreirädrige Personenwagen namens Daihatsu Bee (Biene); er hatte einen luftgekühlten, 540 ccm großen Zweizylinder-ohv-Motor. Vierrädrige Fahrzeuge erschienen nicht vor 1958; das erste Modell trug den Namen Daihatsu Vesta.

Eine starke Expansion zeichnete sich ab; 1977 feierte man bei Daihatsu den Verkauf des 5-millionsten Automobils. Zwei Jahre später wurde der erste Daihatsu in die Bundes-

Daihatsu Elektro-Van, 2011, als Ausstellungsobjekt.

»Das Unternehmen Daihatsu gibt es jetzt seit 109 Jahren, und ich glaube, wir haben alle Voraussetzungen geschaffen, auch die nächsten 100 Jahre erfolgreich zu meistern!«

Daihatsu-Vorstandsvorsitzender Masanori Mitsui am 29. Januar 2016

Bei der Daimler Motor Co. in Coventry gebauter Hybrid-Omnibus, 1906.

republik Deutschland eingeführt; hier entstand binnen Kurzem ein Netz von etwa 350 Händlern.
Seit geraumer Zeit beschäftigt man sich bei Daihatsu mit Elektrofahrzeugen. So schuf man für die Weltausstellung in Osaka 1970 elektrisch angetriebene »pavillion cars«, mit denen Besucher umherfahren durften, ebenso stellte Daihatsu Elektrowagen für Golfplätze oder den DMC-1 als Industriefahrzeug her, gefolgt 1973 vom BCX-III, aus dem der Prototyp EV1 wurde. Der EV1 hatte zwei 5,6-kW-Elektromotoren im Heck, gespeist von einem Akkupack mit der Leistung bis zu 11,2 kW (15 PS). Es hieß, der Versuchswagen sei an die 90 km/h schnell gewesen.
In Mild-Hybrid-Ausführung bietet Daihatsu (seit 1990 zu Toyota gehörend) verschiedene Kleinwagen und Kleintransporter an. Als Hijet sind letztere baugleich mit dem Piaggio Porter, dem Subaru Sambar und dem Toyota Pixis.

Oben: Daimler (Lizenz Mercédès Électrique) Löschzug der Berliner Feuerwehr, 1908.

Bei Daimler 1907 im Werk Berlin-Marienfelde gebaute Mercedes Hybrid-Lieferwagen des Kaufhauses Hermann Tietz, 1933 umbenannt in HERTIE.

DAIMLER I (D)

Aus der Allgemeinen Motorwagen GmbH in Berlin, 1897 gegründet, entstand ein Jahr später die Motorfahrzeug- und Motorenfabrik Marienfelde AG, die ihrerseits 1902 von der Daimler Motorengesellschaft übernommen wurde. Die Herstellung der in Stuttgart bereits ab 1898 gebauten Daimler-Lastwagen fand in Marienfelde ihre Fortsetzung auf breiterer Basis. Die hier hergestellten Lastwagen bis zu 8,0 t Nutzlast und Omnibusse gab es schon früh auch mit Sechszylindermotor sowie mit benzin-elektrischem Misch- und Vierradantrieb: die Vermarktung dieser sowie bei Austro-Daimler in Österreich hergestellten, identischen Fahrzeuge erfolgte jedoch separat unter den Namen Mercédès-Électrique und Mercédès-Mixte.
1923 ging der erste Diesellastwagen in Serie. Der Daimler aus Marienfelde genoss international einen hervorragenden Ruf, und als es 1925 zu einer Kooperation mit dem bisherigen Rivalen Benz kam, profitierten beide Hersteller durch den Austausch von Erfahrungen. Nach der 1926 erfolgten Fusion kam es zu einer Aufteilung des Programms und Einführung der Markenbezeichnung Mercedes-Benz.
siehe auch MERCEDES-BENZ · MERCEDES

DAIMLER II (GB)

Die britischen Geschäftsleute Frederick R. Simms (seit 1891 Vertreter für Daimler-Motoren in Großbritannien) und Harry Lawson erwarben 1893 von Gottlieb Daimler eine Lizenz zum Bau und Vertrieb (1895) von Motorfahrzeugen Bauart Daimler sowie das Recht, diese Erzeugnisse und auch eigene Weiterentwicklungen unter der Markenbezeichnung »Daimler« verkaufen zu dürfen. Schon Ende 1896 brachte die von ihnen gegründete Daimler Motor Company, Coventry, eigene Konstruktionen heraus, u. a. einen Wagen mit liegendem Zweizylindermotor. Seit 1896 bestand eine Gesellschaft, die als Lizenz-Produzent (anfangs nur für Motoren) tätig wurde und vom British Motor Syndicate alle Daimler-Rechte, auch die der Namensführung, erwarb und an der auch Gottlieb Daimler selbst Anteile besaß. Nur die Weitergabe von Baurechten an Dritte blieb untersagt. Die Einkünfte aus England benötigte Gottlieb Daimler dringend zur Weiterführung seiner Arbeiten in Bad Cannstatt.
Der erste in England gebaute Daimler-Lastwagen entstand 1899. Seitdem wurde in Coventry die Nutzfahrzeugproduktion intensiv weiterbetrieben, vor allem der Bau von Omnibussen, auch mit benzin-elektrischem Antrieb (System Mercédès-Mixte). Im März 1908 hatte man auf der Olympia Show ein erstes solches Fahrzeug als Doppeldecker-Stadtbus vorgestellt, entstanden für die Gearless Motor Omnibus Co. Ltd. in London. 1910 erschien das Busmodell KPL, ebenfalls eine ungewöhnliche Konstruktion: Es besaß zwei Motoren, für jedes Hinterrad einen. Der Nutzfahrzeugbereich firmierte als separates Unternehmen und nannte sich Daimler Co. Ltd,, ab 1906 Transport Vehicles (Daimler) Ltd. 1972 ging die Gesellschaft an British Leyland (BL) über.

DARRACQ (F)

Alexandre Darracq beteiligte sich 1891 an der Firma Aucoc, die Kellereigeräte vertrieb, und in der Société Aucoc et Darracq produzierte man auch Fahrräder. 1896 gründete Darracq in Suresnes eine neue Firma und begann mit dem Bau eines elektrisch angetriebenen, 60 km/h schnellen Dreirades, genannt Triplette Darracq-Gladiator, sowie von Motorrädern mit Sternmotor. Auch der Einstieg ins Autogeschäft erfolgte 1896 mit einem Elektrofahrzeug, einem Coupé, das aber nur wenig Interessenten fand. Anschließend wandte man sich dem Bau von Fahrzeugen mit Benzinmotor zu. Eine Ausnahme bildete ein 1903 im Auftrag der Soc. Française des Trains Renard gebauter Hybrid-Lastzug.

DE DION-BOUTON (F)

In geringer Zahl baute auch der französische Motoren- und Automobilhersteller De Dion-Bouton in Puteaux an der Seine Elektro- sowie einige zwei- bzw. viersitzige Hybridfahrzeuge. Sie entstanden 1901–1902 und wiesen an den beiden Hinterrädern Elektromotoren auf. Die Akkus befanden sich unterhalb der Sitzbänke. Geschäftlich waren diese Fahrzeuge – ganz im Gegensatz zu denen mit Benzinmotor aus gleichem Hause – kein Erfolg.

DELAUNAY-BELLEVILLE (F)

Die S.A. Des Automobiles Delaunay-Belleville in St.-Denis bei Paris wurde für ihre luxuriösen Luxuswagen berühmt, Konstruktionen des Technikers und späteren Rennfahrers Marius Barbarou, die auch außerhalb Frankreichs von vermögenden Herrschaften und Königshäusern gekauft wurden, doch ebenso bekannt waren die in der gleichen Firma ab Ende 1912 hergestellten Lastwagen, auch solche mit Elektroantrieb. Kettengetriebene 4,0- und 6,0-Tonner wurden noch bis Mitte der 1920er Jahre gebaut. Der letzte Personenwagen wurde 1948 gebaut, Nutzfahrzeuge produzierte Delaunay-Belleville noch bis Anfang 1950.

DE MARS · BLAKESLEE (USA)

Der 1905–1906 von der De Mars Electric Vehicle Co. in Cleveland, Ohio, hergestellte Elektrowagen war eines der ersten amerikanischen Autos mit einem elektrischen Scheinwerfer, das als »Zyklopenauge« an der Front des Fahrzeugs montiert war.

William Oliver de Mars hatte schon 1902 erste Versuche unternommen, eine Pferdekutsche mit einem Elektromotor zu versehen. Im Februar 1906 wurde seine insolvent gewordene Firma durch Mars' Partner J. R. Blakeslee übernommen; es kam zu einer Neugründung unter dem Namen Blakeslee Electric Automobile Co.; William de Mars indessen gründete am gleichen Ort die Oliver Electric Vehicle Co., die sich mit der Reparatur und dem Service von Elektrofahrzeugen beschäftigte (und ebenfalls einen Elektrowagen als Prototyp baute). Der in Blakeslee umgetaufte De Mars entstand in 20 Exemplaren, bevor die Familie Byrider sowie J. F. Townsend und H. A. Williams die Firma erwarben, die nun Williams Motor Carriage Company genannt wurde und ab 1906 die Fahrzeuge als Williams Electric anbot. Ab Mai 1907 führten die Brüder John und William A. Byrider das Unternehmen ohne weitere Partner – jetzt vertrieb man die Fahrzeuge unter der Marke Byrider, gebaut von der Byrider Electric Automobile Company, die bis 1910 bestand, als sie Konkurs anmeldete.

DEMISSINE (B)

1901 bis 1903 stellte die Firma O. de Ruyter Demissine in Brüssel Elektroautomobile her, die 1902 auch auf dem Brüsseler Automobilsalon gezeigt wurden. Nähere Einzelheiten sind nicht überliefert.

DENZA (CHN)

In Zusammenarbeit mit den Firmen BYD und Daimler entstand bei Shenzen Denza New Energy Automotive in Phingshan (Provinz Guangdong) 2012 ein elektrischer Ver-

Denza 400 von 2014.

Wie bei vielen anderen Plug-in-Hybriden wird beim Denza zum Nachladen das Mittelstück des Kühlergrills geöffnet.

Links: Detroit Electric, 1912.

suchswagen, der 2014 Serienreife erlangt hatte. Das chinesische Design Center von Mercedes-Benz bewies mit der fünftürigen Limousine Denza EV, mit welch hoher technologischer wie stilistischer Kompetenz dieses Projekt seine Realisierung fand. Der Motor des Wagens leistete 86 kW und wurde von einer Lithium-Polymer-Batterie gespeist. Die Reichweite des knapp 2,2 t schweren Wagens wurde mit 350 Kilometer angegeben.

DETROIT ELECTRIC (USA)

Von 1909 bis 1927 gab es in den USA Fahrzeuge der Marke Detroit Electric, unter welcher sowohl Elektro-Personenals auch Lastwagen von 1,2 bis 2,0 t Nutzlast angeboten wurden. Der Detroit Electric war in den 1910er und 1920er Jahren der meistgekaufte Elektrowagen in den Staaten. Hersteller war die Anderson Carriage Co. in Detroit, die ab 1911 Anderson Electric Car Co. und ab 1919 Detroit Electric Car Co. hieß. William C. Anderson hatte die Firma 1884

Detroit Electric Brougham Modell 82, Baujahr 1920, der 2014 durch das Auktionshaus Sotheby's versteigert wurde.

Detroit Electric Modell 75 von 1918. Die Stoßstangen wurden vermutlich erst im Zuge einer Restaurierung hinzugefügt.

in Port Huron, Michigan, als Kutschenbaubetrieb gegründet. 1907 nahm er die Herstellung von Elektrofahrzeugen auf, konstruiert von George M. Bacon. Schon 1908 gab es den Detroit Electric als so genanntes »inside drive coupé« mit einer relativ geräumigen, geschlossenen Karosserie. Diese elektrische Sänfte erwarben gut betuchte Kunden, denn mit seinem Preis von 2400 Dollar war das Elektrocoupé sehr teuer. Gesteuert wurde mit einer Lenkstange, die durch einen Schlitz in der Front des Aufbaus reichte; zum Aus- und Einsteigen ließ sie sich hochklappen.

1908 konnte Anderson schon 400 Fahrzeuge, 1909 sogar 650 Exemplare verkaufen. 1910 waren es bereits 1100. Im Rekordjahr 1914 wurden 4669 Stück abgesetzt.
1909 erwarb Anderson die in Cleveland, Ohio, ansässige Elwell-Parker Electric Company, ein Unternehmen, das seinen Hauptsitz in England hatte und neben Fahrzeugen auch elektrische Komponenten herstellte. Durch die Verbindung nach Großbritannien kam es zur Lizenzproduktion des Detroit Electric bei der schottischen Firma Arrol-Johnston, doch eine größere Verbreitung fand der Wagen weder in Großbritannien noch auf dem europäischen Kontinent.
Nach dem Ersten Weltkrieg ging der Verkauf von Elektroautomobilen in den USA zurück. Inzwischen war dort die kriegsbedingte Benzinrationierung von 1917 aufgehoben worden, nicht zuletzt deshalb konnten sich die Benzinautos wieder durchsetzen. 1924 wurden vom Detroit Electric lediglich noch 70 Fahrzeuge verkauft. Ab 1927 erfolgte der Bau von Elektrofahrzeugen nur noch auf Bestellung. 1930 kam es zu einer Verbindung mit der Autofirma Willys-Overland, von der man Karosserien bezog. Es gab in den frühen 1930er Jahren unter Jamieson Handy einen neuen Aufschwung, und 1938 erhielt das Unternehmen sogar einen Auftrag über mehrere hundert Elektrofahrzeuge, erteilt von der spanischen Regierung. Für eine derartige Produktion war man bei Detroit Electric jedoch nicht mehr eingerichtet, daher konnte der Auftrag nicht ausgeführt werden.
siehe auch ARROL-JOHNSTON

D.E.W. (D)

Die Zschopauer Motoren-Werke J.S. Rasmussen (DKW) brachten in Zusammenarbeit mit den Firmen AEG und A.F.A. (Akkumulatoren-Fabrik AG) 1926–1927 einige Elektro-Droschken unter der Bezeichnung D.E.W. auf den

Markt, konstruiert von Prof. Klingenberg. Hergestellt wurden die Fahrzeuge im früheren S.B.-Werk (Slaby-Beringer) in Berlin-Spandau. Der rahmenlose Aufbau des D.E.W. bestand aus Sperrholz, der Boden war mit Kupferblech verstärkt; einschließlich Batterien wog das betriebsfertige Fahrzeug knapp 900 kg. Als Antrieb diente ein 3,4 kW starker AEG-Elektromotor.

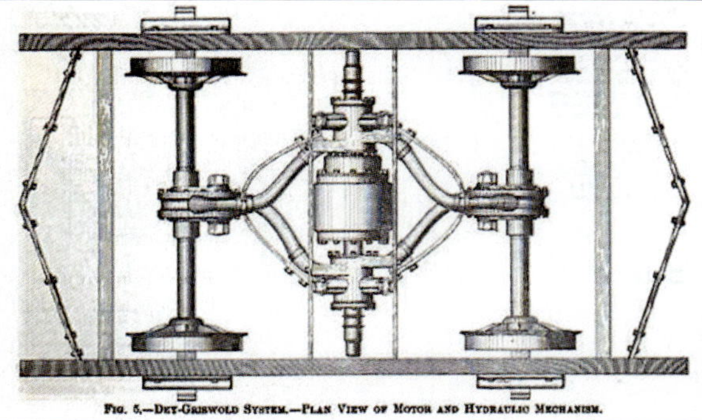

FIG. 5.—DEY-GRISWOLD SYSTEM.—PLAN VIEW OF MOTOR AND HYDRAULIC MECHANISM.

ELECTRIC PHAETON. DEY-GRISWOLD CO., NEW YORK.

Antriebsschema des Dey-Griswold mit Flüssigkeitsgetriebe und zwei angetriebenen Achsen, hier bei einem elektrischen Schienenfahrzeug. Beim Straßenfahrzeug erfolgte der Antrieb auf die beiden Hinterräder.

Links: Dey-Griswold Elektro-Phaeton, 1895.

DEY-GRISWOLD (USA)

Von 1895 bis Ende 1897 bot die Firma Dey-Griswold & Co. in New York City einen von Harry E. Dey konstruierten Elektrowagen an. Dieser Wagen stellte vermutlich das erste Auto dar, an dem eine Kombination von einem Elektromotor mit einem Flüssigkeitsgetriebe verwendet wurde. Es handelte sich um eine Ölpumpe mit zwei Turbinenrädern, die beim Einschalten des Stroms in den Hinterrädern in Aktion traten. Nach drei Jahren experimenteller Arbeit verkaufte Dey dieses System an die Pawtucket Motor Carriage Co. Hydraulischer Antrieb ist heute in vielen Baumaschinen für Fahrwerk und Arbeitsgeräte gebräuchlich.
Erst 1917 unternahm Dey einen zweiten Einstieg in das Elektroautomobil-Geschäft, diesmal gemeinsam mit einem Dr. Charles Steinmetz. Sie gründeten das Dey Electric Vehicle Syndicate, finanziert von den Investoren J. W. Guthrie und H. W. Hayden. Zu einer Serienfertigung kam es nicht.

DININ (F)

Die Firma Alfred Dinin et Cie. in Puteaux bei Paris stellte 1904 kleine Elektroautomobile her, zweisitzige Fahrzeuge, deren Form noch immer stark an Kutschwagen erinnerte.

DIVCO (USA)

Divco ist die Abkürzung für Detroit Industrial Vehicle Company, eine 1926 gegründete Nutzfahrzeugfirma, die sich auf die Herstellung von Benzin- und auch Elektro-Lieferwagen spezialisierte. Vor allem im Haus-zu-Haus-Service großer Molkereibetriebe war der Divco über Jahrzehnte überall in den USA zu sehen. Die Besonderheit war, dass der Fahrer das – für niedrige Geschwindigkeiten ausgelegte – Auto auch auf dem Trittbrett stehend bedienen konnte. 1936 übernahm Divco die Twin Coach Co. in Kent, Ohio, die ähnliche Fahrzeuge herstellte; bis 1944 wurden die Lieferwagen als Divco-Twin bezeichnet. Größere, stärker benzinmotorisierte (Vier- und auch Sechszylinder von Hercules, Continental und Nash) Fahrzeuge mit Kühlaggregaten und konventionellen Fahrerhäusern folgten in den 1950er Jahren. Größter je gebauter Divco war ein 6,5-Tonner, den es mit unterschiedlichen Kühlaufbauten gab. Ab 1972 firmierte das Unternehmen als Divco Truck Mfg. Co. mit Sitz in Delaware, Ohio; 1986 endete die Produktion.

Divco Milchlieferwagen, 1956.

DKW (D)

siehe AUTO UNION · DKW

DONGFENG (CHN)

Mit dem kompakten Modell S500-EV ist der chinesische Großserienhersteller Dongfeng seit 2017 auch auf dem Markt für Elektro-Personenwagen vertreten. Der geräumige Siebensitzer basiert auf der Limousine Fengxing S500. Beim ersten Dongfeng (»Ostwind«) handelte es sich um einen Personenwagen, der 1958 unter sowjetischer Mithilfe Chinas Automobilindustrie ins Rollen brachte. Die chinesische »Automobilfabrik Nr. 1«, die 1957–1958 in Chang Chun (Mandschurei) für den Pkw-Bau erweitert wurde und

Dongfeng Elektro-Stadtwagen, 2006.

»Die technischen Dinge des Alltags sind es, mit denen wir ständig in Berührung kommen und die uns die Erkenntnis vermitteln, welch eine Fülle phänomenaler Gedanken in der Technik ihre Verwirklichung erfahren hat!«

Prof. Dr. Dr. Hermann Oberth, 1965

ursprünglich eine Fabrik für Militärmaterial war, stellte Limousinen mittlerer Größe her, die dem amerikanischen Ford der frühen 1950er Jahre glichen. Zum Einbau kam ein 2,0-Liter-Vierzylinder-ohv-Motor mit 70 PS.
Unter dem Markennamen Dongfeng folgten in den 1960er Jahren Nutzfahrzeuge und Lastendreiräder. Die im Pkw-Bereich ab 1992 mit PSA (Peugeot-Citroën) liierte Firma Dongfeng zählt zu den bedeutendsten Kraftfahrzeugherstellern auf dem chinesischen Markt, ihre Produkte prägen seit 1992 das Verkehrsbild der Städte in China, auch in Gestalt zahlreicher Taxis. Als besonders erfolgreiches Dongfeng-Citroën-Modell wurde 2001 der Van Picasso eingeführt. Der Dongfeng EQ 71OU ist eine chinesische Variante des in Europa weit verbreiteten Citroën Lieferwagens C-15. Auf dem Sektor der großen Lastwagen ist das Staatsunternehmen seit 1975 ebenfalls aktiv, zunächst mit 1,5- bis 3,0-Tonnern nach Vorbild des KamAZ. Erst ab 1992 wird die Markenbezeichnung Dongfeng auch für Lkw verwendet und steht seither für mehr als drei Viertel aller in China produzierten mittelschweren Lkw (Baureihen Kingrun und Kinland, teils mit Nissan- oder mit Cummins-Motoren) als auch für Traktoren.
Der heute weltweit zu den größten Lastwagenproduzenten (nach Stückzahlen) zählende Hersteller Dongfeng hat 2016 angekündigt, in einem neuen Werk in Wuhan in einem Joint Venture mit Honda Elektrofahrzeuge zu produzieren. Das Werk mit einer Jahres-Produktionskapazität von 120.000 Einheiten sollte 2019 in Betrieb gehen. Es hieß, dass man sich darauf einstelle, in absehbarer Zeit nur noch vollelektrische und keine Hybrid-Fahrzeuge mehr zu bauen. Mit einem Anteil von 14 % ist Dongfeng an der PSA-Gruppe (Peugeot-Citroën-Opel-Vauxhall) beteilgt.

DORÉ (F)
In den Jahren 1898 bis etwa 1900 baute die Société G. Doré, die 1899 in Doré & Bouissou umbenannt wurde, in Levallois-Perret bei Paris Fahrzeuge mit elektrischem Vorderradantrieb (»Avant train«). Technische Einzelheiten sind nicht überliefert, Ab 1899 stellte Doré auch Benzin-Motorwagen her. Die meisten Automobile dieser Marke wurden als Taxi verwendet.

DOW ELECTRIC (USA)
Der Ingenieur Douglas Dow entwickelte 1960 in seinen Dow Testing Laboratories (DTL), Detroit, einen Elektrowagen mit drei 12-Volt- und vier 2-Volt-Akkus; die Reichweite betrug 30 Meilen.

DURIEZ (F)
Die Pariser Karosseriefirma Duriez gehörte zu denen, die während der Kriegsjahre kleine Lieferwagen der 1930er Jahre auf Elektrobetrieb umrüstete, als Benzin für die Zivilwirtschaft in Frankreich nicht erhältlich war. Ab Ende 1945 spezialisierte sich Duriez auf den Umbau von ausrangierten Militärfahrzeugen der US Army zu Lieferwagen. Nach dem Krieg waren von den Amerikanern defekte Fahrzeuge in Europa zurückgelassen worden, deren Reparatur oder Heimtransport in die USA sich nicht lohnte.

DYKE (USA)
Der in Dykesville, Louisiana, 1875 geborene Lee Dyke gründete 1899 die erste Firma in den USA, die konfektionierte Fahrzeugteile für Benzin- und auch für Elektrowagen fabrizierte und Autoherstellern anbot. Da es zu jener Zeit anfangs nur wenige Abnehmer gab, entschloss sich Dyke zur Aufnahme einer eigenen Autoproduktion. Mit seinen Elektrofahrzeugen warb er erfolgreich für seine Zuliefer-Erzeugnisse, die Nachfrage nach seinen Produkten stieg immens. Dykes St, Louis Electric Automobile Co. vermarktete die Wagen sowohl unter dem Markennamen St. Louis als auch Dyke. 1901 verkaufte er sein Unternehmen an die Scott Automotive Co., anschließend gründete er mit seinem Partner Robert Britton eine neue Firma, die Benzinmotorwagen herstellte. Der Dyke-Britton glich dem französischen Renault und war vergleichsweise teuer. Lee Dyke verfasste auch eine Anzahl von Fachbüchern, in denen er Reparatur- und Pflegetipps gab (*Dr. Dyke's Anatomy of the Automobile*), auch bot er Abonnement-Fernkurse per Post an, in denen er Autobesitzern theoretischen Fahrunterricht erteilte.
siehe auch St. LOUIS ELECTRIC *und* SCOTT

DYNA-GEIST · DYNAMOBIL (D)
1900 entstand bei der Ernst Heinrich Geist Elektrizitäts-AG in Köln ein Dynamobil genannter Hybridwagen mit einem 30-PS-Benzinmotor und zwei Elektromotoren. Zehn Jahre zuvor hatte der Ingenieur Ernst Heinrich Geist in Köln-Zollstock ein Unternehmen zur Herstellung von Dynamomaschinen gegründet, das 1901 zu einer Aktiengesellschaft umgewandelt wurde und auf allen Gebieten der Elektrotechnik tätig war. Das Benzinaggregat seines Hybridwagens trieb über eine elastische Lederkupplung einen Dynamo an, der den Gleichstrom für die beiden elektrischen Antriebsmotoren lieferte. Über Zahnräder wirkten sie auf jeweils ein Hinterrad. Der Dynamo war an zwei kräftigen Armen zwischen den Hauptlängsträgern aufgehängt, wo auch der Benzintank angeordnet war.
Hergestellt wurden auch viele unterschiedliche Elektromotoren, die von anderen Nutzfahrzeugherstellern gekauft wurden. 1905 wurde eine Anzahl benzin-elektrischer Lastwagen unter der Markenbezeichnung Dyna-Geist hergestellt, die einen 28-PS-Motor von Argus aufwiesen; ihre Nutzlast betrug 3,0 bis 4,0 t. 1906 erschien ein weiteres Modell, jetzt mit 16 PS starkem Fafnir-Motor. Der Zweizylinder saß über der vorderen Achse; der über einen Dynamo erzeugte Strom hatte 110 Volt Spannung und wurde an Elektromotoren an allen vier Rädern abgegeben. Eine Schaltungstechnik ermöglichte eine Parallel- und Reihenschaltung zur bestmöglichen Nutzung der Energie.
Geist lieh einen Omnibus der Stadt Köln für ihre erste Buslinie, die am 20. Dezember 1907 eröffnet wurde. Dass der Bus nur für zwei Jahre geliehen wurde, ist auf die Sparsamkeit der Stadtväter zurückzuführen, denn ein Kauf hätte den Etat zu stark belastet.

DYNAMO JUNIOR (USA)
1959 präsentierte die Dynamo Electric Co. in Los Angeles, Kalifornien, ein Elektromobil mit Kunststoffaufbau, genannt Dynamo Junior, gedacht als Golfplatz- und Einkaufswagen.

EAGLET (UK)
1948 stellte die Silent Transport Ltd. in Woking, Surrey, ein Elektroauto unter dem Markennamen Eaglet vor. Das kleine Coupé hatte drei Räder und einen Elektromotor, dessen Akkukapazität für 40 bis 50 Kilometer Reichweite langte. Sechs oder sieben Stück wurden gebaut. Die Firma nahm auch Umrüstungen von Personenwagen von Benzin- auf Elektromotor vor.

EASTMAN (USA)
Henry F. Eastman war ein in der Fahrradbranche tätiger Techniker, der auch mit Alexander Winton an dessen erstem Motorwagen arbeitete. Dann beschäftigte sich Eastman mit Elektro- und Dampffahrzeugen. In seiner 1899 gegründeten Eastman Automobile Co. in Cleveland, Ohio, entstanden zunächst dreirädrige Elektrowagen mit einem einzelnen Vorderrad.

Links: Edison mit einem seiner vier Electric Runabouts genannten Wagen, die 1903 entstanden und als Versuchsfahrzeuge für die von ihm erfundenen Nickel-Eisen-Akkumulatoren dienten.

Im Jahr 1900 verband sich Eastman mit H. Jay Hayes, der für Eastmans Elektrofahrzeuge die meist nur einsitzigen Karosserien anfertigte. Dem Eastman Cycle folgten etwas größere Vierradwagen, auch entstanden solche mit Dampfmotor und drei Sitzen. Ab November 1900 konzentrierte sich Eastman nur mehr auf die Herstellung von Bauteilen für Kutschen und verkaufte seine Dampfwagen-Konstruktionen an einen A. M. Benson, der daraufhin die Benson Automobile Co. gründete. Der Benson Steamer wurde in geringer Zahl bis 1903 gebaut.

EATON (USA)
Die Eaton Electric Motor Carriage Co. in Boston, Massachusetts, stellte 1898 auf der Boston Motor Cycle Show sowie auf der Mechanics Fair einen leichten, zweisitzigen Elektrowagen vor, konstruiert vom Ingenieur Howard F. Eaton. Angeblich war der Wagen in nur sechs Wochen entstanden. Im Herbst 1900 ging die Eaton Motor Carriage Co. in Liquidation.

ÉCLAIR (F)
Die Société des Constructions d´Automobiles Éclair in Paris stellte 1907–1908 sowohl Vierzylinderwagen als auch Elektrofahrzeuge her. 1907 waren beide Modelle auf dem Pariser Automobilsalon zu sehen. Über Details liegen keine Informationen vor.

EDISON (USA)
Thomas Alva Edison (1847–1931), amerikanischer Ingenieur und Erfinder auf zahlreichen Gebieten der Physik und Inhaber von mehr als 2000 Patenten, verlieh auch dem Automobilbau einige entscheidende Impulse, namentlich solchen mit Elektroantrieb. Für seinen eigenen Gebrauch entstanden in seiner Werkstatt in West Orange, New Jersey, 1903 vier Electric Runabouts genannte Wagen als Testfahrzeuge für die von Edison erfundenen Nickel-Eisen-Akkumulatoren. 1914 wurden zwei weitere Versuchswagen in Zusammenarbeit mit Henry Ford gebaut, und in der inzwischen gegründeten New York Edison Company wurden 1926 zu Versuchszwecken auch eine Reihe von elektrisch angetriebenen Lastwagen angefertigt.

EFAG (CH)
Die Elektrische Fahrzeuge AG (EFAG) mit Sitz in Oerlikon stellte ab Ende 1919 elektrisch betriebene Fahrzeuge als Nachfolger der Tribelhorn Elektrowagen her. Hauptabnehmer waren die Schweizer Post sowie Kommunalbetriebe. 1937 wurde aus der Firma EFAG die NEFAG.

Effedi Maranello Stadtwagen, 2008.

EFFEDI (I)
Die italienische Nutzfahrzeugherstellergruppe Effedi (IVECO-Konzern) stellte 2014 einen zweisitzigen Elektrostadtwagen namens Maranello4 vor, der aber auch mit einem kleinen Lombardi-Diesel- oder Benzinmotor zu bekommen war. Das nur 2,64 m lange Auto lief unter den Modellbezeichnungen SCB, SCD, SCE und SGB. Der elektrische SCE wies einen 48-Volt-Akku (220 Ah) auf, gut für eine Motorleistung von 4,6 kW bei 45 bis 100 Kilometer Reichweite, sowie eine stufenlose Kraftübertragung auf alle vier Räder.

E.F.P. · E.A.C. (USA)
1972 begann die Electric Fuel Propulsion Corp. in Troy, Michigan, mit dem Bau verschiedener Prototypen eines Elektro-Automobils; die Serienfertigung nahm im Juli 1975 ihren Anfang. Diese Fahrzeuge wurden zunächst unter der Markenbezeichnung E.F.P., später E.A.C. verkauft. Die ersten Autos stellten modifizierte AMC Hornet Kombiwagen dar. Ein Transformer I genannter Wagen war ein zweitüriges, viersitziges Hardtopcoupé und hatte eine Reichweite von

»Im innerstädtischen Verkehr dürften Elektrofahrzeuge an Bedeutung stark zunehmen – auch wenn sie den Markt nicht gleich im Sturm erobern werden ...«

Carlos Ghosn, der 1999 die Fusion Nissan-Renault vollzog

160 Kilometern bei 85 bis 110 km/h Schnitt. Eine Version wies zusätzlich einen 4,2-Liter-Chevrolet-Motor als Generator auf.
1979 folgte eine weitere Version, basierend auf einem sechssitzigen Cadillac, während das Modell Silver Volt ein Schrägheck-Zweisitzer auf Buick-Basis war. Der Wagen verfügte über einen Zweizylinder-Hilfsmotor. Die Electric Auto Corporation verlegte 1978 ihren Firmensitz nach Caparrain, Puerto Rico.

EGGER-LOHNER (A)

siehe LOHNER

EKSTROMER (GB)

1905 baute ein englischer Batteriehersteller namens Ekstrom auch eine Reihe von Elektroautomobilen unter dem Markennamen Ekstromer. Es waren leichte Zweisitzer, die mit voll aufgeladenen Batterien eine Reichweite von 100 Meilen aufwiesen.

ELCAR (USA)

1975 bis 1977 stellte die Illinois Electric Car Corp. in Northlake, Illinois, Elektro-Automobile mit dem Namen Wagonette Electric und Elcar Cinderella her. Der Wagonette Electric war ein zweitüriger Viersitzer mit Stahlrahmen und einer modernen Kunststoffkarosserie, entworfen von Zagato; als Antrieb diente ein 48-Volt-5,0-kW-Elektromotor. Der Elcar Cinderella hingegen war ein Nostalgie-Auto und dem Duryea Electric aus dem Jahr 1903 nachempfunden. Dieser Wagen lief mit einem 24-Volt-1,6-kW-Motor. Die Illinois Electric Car Corp. vertrieb in den USA auch den Zagato Zele, einen Elektro-Kleinwagen aus Italien.

In Birmingham von 1920 bis 1939 produzierter Electricar-Lieferwagen.

ELEC · ELECTRACTION (GB)

Von 1976 bis 1980 baute die ElecTraction Ltd. in Maldon, Essex, Elektrofahrzeuge, die unter den Bezeichnungen Tropicana, Town Coupé, Rickshaw und EVR-1 Precinct vorgestellt wurden. Der Tropicana war ein Sportcoupé, das Town Coupé besaß eine Vauxhall-Chevette-Front, das Modell Rickshaw war für die Freizeitverwendung gedacht. Der EVR-1 Precinct wies eine aerodynamische Karosserieform auf und blieb ein Prototyp.

ELECTRA I (USA)

Von 1913 bis 1915 baute die Electra Manufacturing Company Inc. unter William Piddington Elektroautomobile, die den Markennamen Electra trugen. Hergestellt wurden diese Fahrzeuge in Los Angeles. Das Modell B kostete knapp 750 Dollar und hatte mit voll aufgeladenen Akkumulatoren eine Reichweite von rund 70 Kilometern. Das Modell C war größer, wurde für 1250 Dollar angeboten und besaß eine Reichweite von etwa 120 Kilometern. 1915 gab man die Fahrzeugproduktion auf und beschränkte sich auf die Herstellung von Batterien.

ELECTRA II (USA)

Auch die Storage Battery Power Co. in Chicago, Illinois, gehörte zu den Herstellern eines Elektromobils unter dem Namen Electra. Der 750 Dollar teure Wagen war als Coupé oder Roadster erhältlich und wies einen 1,9 kW leistenden Motor auf, der die Hinterachse antrieb. Nach der Aufgabe des kurzzeitigen Fahrzeugbaus konzentrierte sich die Firma auf die Herstellung von Batterien.

ELECTRA III (D)

Im August 1921 stellte eine in Stuttgart ansässige Gesellschaft für den Bau elektrisch betriebener Land- und Wasserfahrzeuge namens Eiermann & Weber einen Electra genannten Elektro-Kleinwagen vor. Sein Reibscheibengetriebe hatte man zum Patent angemeldet. Der Aufbau des Zweisitzers bestand aus Sperrholz, seine Länge betrug 275 cm, der Radstand 175 cm, die Spurweite 110 cm und sein Gewicht 350 kg.

ELECTRIC CARRIER (USA)

Die 1896 in New York gegründete Electric Carriage & Wagon Co. plante die Herstellung von Kutschen, Lieferwagen und Omnibussen, ferner sollten Elektro-Hansoms und Coupés unter der Bezeichnung Electric Carrier entstehen. Die Herstellung sollte in New York City und in Philadelphia erfolgen.
Hinter dem Projekt standen Henry G. Morris und Pedro G. Salom, die auch Elektro-Automobile unter ihrem eigenen Namen produzierten (Morris-Salom 1894–1897). Die Electric Carriage & Wagon Co. realisierte ihre Pläne nicht und wurde im Herbst 1897 von der Electric Vehicle Co. übernommen, die bis 1912 Elektrotaxis auch nach einer Konstruktion der Speciality Motor Co. in Cincinnati herstellte und sie Columbia Electric nannte.
siehe auch SPECIALITY

ELECTRIC SHOPPER (USA)

Eine Electric Car Company in Long Beach, Kalifornien, bot ab 1956 Kleinwagen mit dem Namen Electric Shopper an. Sie wiesen eine gewisse Ähnlichkeit mit den Elektroautomobilen der B & Z Electric Car Co. auf, die ihre Wagen als Electra King verkaufte. Der Electric Shopper besaß drei Räder und eine Plastik-Karosserie. Einigen Quellen zufolge wurde er bis 1962 gebaut, andere nennen 1960 bis 1973 als Herstellungszeitraum.

ÉLECTRICAR I (F)

Die Firma Couillet in St.-Ouen bei Paris produzierte 1920 bis 1924 einsitzige Cyclecars (Monocars) mit 1,8 kW starkem Elektromotor unter dem Markennamen Électricar. Das dreirädrige Auto-Bijou mit ungefedertem Vorderrad war auf eine maximale Geschwindigkeit von 12 km/h ausgelegt und konnte sich mit einer Batterieladung 50 km weit bewegen.

ELECTRICAR II (GB)

Von 1920 bis 1939 existierte in Birmingham eine Electricar Ltd., die Baurechte an Elektrofahrzeugen der britischen Edison Accumulators Ltd. übernommen hatte und Lastwagen diverser Größen bis zu 5,0 t mit Elektroantrieb produzierte. Der Antrieb erfolgte über ein Vorgelege per Kette auf beidseitig außenliegende Übertragungswellen und Zahnradsätze auf den Radnaben. Es wurden auch andere unorthodoxe Antriebe praktiziert, ferner gab es sechsrädrige Starrachs-Zugmaschinen für 18,0 t Zuglast, ebenso Ausflugs-Omnibusse und Kommunalfahrzeuge in Zusammenarbeit mit Scammell. Alle Fahrzeuge waren Frontlenker.
Ab 1934 gab es ein Zweigwerk in Irland, und 1936 fusionierte die Firma mit der A. E. Morrison in Leicester (Morrison-Electric) und der Associated Electric Vehicles Manufacturers Ltd., wodurch ein Unternehmen entstand, dessen Elektro-Lieferwagen von 0,5 bis 2,0 t Nutzlast in England bis zum Kriegsausbruch eine marktbeherrschende Position einnahmen; viele Fahrzeuge blieben bis in die 1960er Jahre in Betrieb.
siehe auch MORRISON

ELECTRIC MOTIVE POWER (GB)

1897 entstanden in England Elektroautomobile in der damals beliebten Phaëton-Ausführung unter dem Markennamen Electric Motive Power. Die Batterien erlaubten eine Reichweite von etwa 35 Kilometern. Zum Wagen liegen keine näheren Informationen vor.

ELECTROBAT (USA)

Die 1896 in New York gegründete Electric Carriage & Wagon Co. plante die Herstellung von elektrischen Kutschen, Lieferwagen und Omnibussen unter der Bezeichnung Electrobat. Die Herstellung sollte in New York City und in Philadelphia erfolgen. Doch die Electric Carriage & Wagon Co. realisierte ihre Pläne nicht und wurde im Herbst 1897 von der Electric Vehicle Co. übernommen.

ELECTROCAR (USA)

Joseph Angladas in kleiner Zahl gefertigte Electrocars wurden 1922 in einigen amerikanischen Städten als Taxifahrzeuge eingesetzt. Das Antriebsaggregat stammte von General Electric und befand sich unter einer Fronthaube. Der Preis des von der Electrocar Corporation in New Brunswick, New Jersey, gebauten Fahrzeugs betrug 2975 Dollar. Ein Exemplar wurde 1922 in den Räumen der New York Edison Co. in New York City ausgestellt; im April des gleichen Jahres wurde ein weiteres auf der Annual Electric Automobile Show gezeigt. Der Boom der Elektrofahrzeuge war indessen vorüber, und den verbliebenen Markt beherrschte der Detroit Electric.

ELECTROCICLO (E)

Gegen Ende 1945 begann die Firma Electrociclo SA in Eibar, Guipuzcoa, ein Automobil unter dem Markennamen Electrociclo herzustellen. Es handelte sich um einen kleinen Zweisitzer mit Elektromotor, der mit staatlichen Fördermitteln entwickelt worden war. Die Benzinknappheit in jenen Jahren hatte in vielen Ländern Europas ähnliche Projekte entstehen lassen.

ELECTRONOMIC (USA)

Die Firma Hood unter ihrem Gründer und Inhaber Ralph Otho Hood mit Sitz in Danvers, Massachusetts, baute in den Jahren 1899 bis 1901 zwei ungewöhnliche Dampfautomobile, die unter dem irritierenden Namen Electronomic angeboten wurden. Der Dampfmotor bestand aus vier mit dem Kessel zusammengegossenen Zylindern; die Zufuhr des Dampfes erfolgte über elektromagnetische Ventile. Diese Vorrichtung war es, auf die der Name Electronomic Bezug nahm. Es fanden sich für die beiden Fahrzeuge keine Käufer, aber sie existieren noch heute im Besitz der Familie Hood.

ELECTRO MASTER (USA)

1962 begann die Nepa Manufacturing Co. in Pasadena, Kalifornien, mit der Herstellung von kleinen Elektro-Automobilen mit 1,4-kW-Motor und sechs 6-Volt-Batterien unter dem Markennamen Electro Master. Der Aufbau bestand teils aus Stahlblech, teils aus Kunststoff. Mit aufgeladenen Batterien ließ sich bei 30 km/h Schnitt eine Wegstrecke von etwa 65 Kilometer zurücklegen.

ÉLECTRO-RENARD (F)

Als es im besetzten Frankreich kein Benzin für Privatfahrzeuge gab, stellte eine Firma in Lyon 1943 bis 1946 kleine, zweisitzige Elektrofahrzeuge unter dem Namen Électro-Renard her. Nähere Einzelheiten sind nicht bekannt.

ELECTROBILE (USA)

1951 stellten in Chicago zwei Konstrukteure den Prototyp eines dreirädrigen Elektrowagens unter der Bezeichnung Electrobile vor. Der Zweisitzer war als Einkaufsfahrzeug gedacht und wies eine Kunststoffkarosserie auf; als Antrieb diente ein Gleichstrommotor. Ein Ladegerät war im Wagen eingebaut. Ob der Wagen eine Serienproduktion erlebte, ist nicht nachgewiesen.

ELECTROMOBILE (GB)

In den Jahren 1916 bis 1933 stellte die Electromobile Ltd. in Otley, Yorkshire, Automobile mit Elektromotoren her. In erster Linie war die Firma jedoch Importeur amerikanischer Elektro-Lastwagen der Marke C-T. (die es teils auch mit Buda-Benzinmotor gab). Die schwereren Fahrzeuge bis zu 5,0 t Nutzlast wiesen vier Motoren, je einen pro Rad auf. Beim Lenken der Vorderräder schwenkten die Motoren mit. Je nach Beladung betrug der Aktionsradius bis zu 60 Kilometer. 1933 wurde die Firma von der Electricars Ltd. in Birmingham übernommen.
siehe auch C-T

ELECTRONIC (USA)

In Salt Lake City, Utah, experimentierte eine Electronic Motor Car Co. 1955 mit der Konstruktion eines Sportwagens in Kunststoff-Bauweise und mit einem Elektromotor als Antriebsaggregat, das seine Kraft aus einer von einem kleinen

»Mit jeder Art und Weise, mit der wir elektrischen Strom erzeugen, Solar-, Wasser- und Kernkraft ausgenommen, wird CO_2 freigesetzt. Wenn wir das künftig vermeiden wollen, müsste global ein gänzlich neues System in Funktion treten, also ein energietechnisches Wunder geschehen …«

Bill Gates, Gründer des Unternehmens Microsoft, 2008

Dieselmotor als Generator gespeisten Batterie bezog. Die Ladekontrolle funktionierte über Fernsteuerung (angeblich transkontinentalweit), um auch ohne den »Verbrenner« den E-Motor in Aktion treten lassen zu könnnen. Bewährt hat sich das System nicht.

Electric Monocar »Auto-Bijou« von der Pariser Firma Couillet, 1920.

ELECTROVAIR (USA)

1966 stellte General Motors einen Elektrovair genannten Elektrowagen als Versuchsfahrzeug vor. Es handelte sich um einen umgebauten Chevrolet Corvair mit Wechselstrom-Induktionsmotor im Heck, der seinen Strom aus Silber-Zink-Batteriesätzen bezog. Die Anlage machte das Automobil um 400 kg schwerer – der Kofferraum war bis zum Rand mit Batterien gefüllt. Das Fahrzeug war etwa 130 km/h schnell. Wegen der hohen Drehzahl von 13.000 U/min wies der Elektromotor Ölkühlung auf.

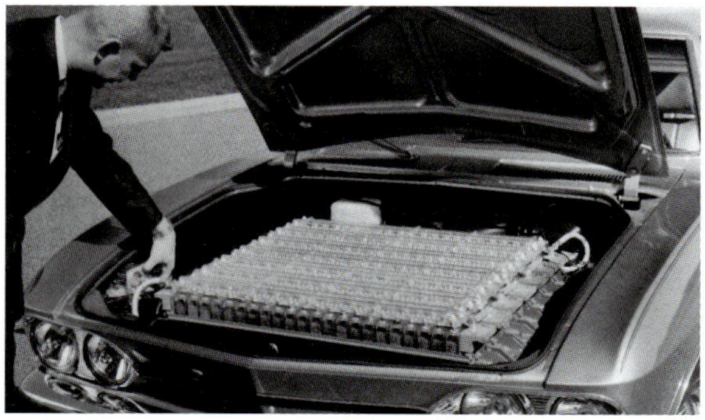

Blick unter die Fronthaube des Electrovair, 1966.

ELECTROVAN (USA)

Wie der Electrovair war auch der Electrovan ein Versuchswagen, der bei General Motors entstand, und zwar auf Basis eines GMC Handivan. Der Wagen hatte 32 Brennstoffzellen, die aus großen Behältern Wasserstoff und Sauerstoff saugten. Durch die chemische Verbindung entstand eine

Lewis Electruk, 1948.

elektrische Leistung von 125 PS, die über einen Wechselstrommotor auf die Räder übertragen wurde. Die Höchstgeschwindigkeit lag bei 115 km/h, die Reichweite je nach Fahrweise zwischen 160 und 240 Kilometern.

ELECTROVIA (E)

Der Electrovia genannte Oberleitungs-Omnibus, 1905 bis 1909 von der S.A. Azarloa in Madrid gebaut, entstand in Lizenz der deutschen Firma Schiemann in Wurzen, Sachsen (heute ein Spezialist für Flüssiggas). Einige Elektro-Lastwagen wurden ebenfalls hergestellt.

ELECTRUC (GB)

Der in London von der Lewis Ltd. von 1937 bis 1961 fabrizierte Electruk gehörte zur Kategorie der kommunalen Versorgungsfahrzeuge, die Milch und Lebensmittel ausfuhren. Die ersten Fahrzeuge hatten drei Räder und eine 12-Volt-Batterie; sie wurden von einem Begleiter, der als Fußgänger nebenher schritt, von außen gesteuert. Spätere Ausführungen wiesen einen überdachten Sitzplatz auf, Die nach dem Kriege hergestellten Vierradfahrzeuge bis zu 1,0 t waren Frontlenker mit zwei Sitzplätzen und einer 32-Volt/161-Ah-Batterie, die einen Aktionsradius von etwa 20 Kilometern erlaubte.

ELEKTRA KING (USA)

In der 1961 von den Unternehmern Billard und Zarpe gegründeten B & Z Electric Car Co. in Long Beach, Kalifornien, entstanden Drei- und Vierrad-Elektromobile unter dem Markennamen Elektra King. Sein 0,7-kW-Gleichstrommotor wurde von vier 6-Volt-Batterien gespeist, die Reichweite des kleinen Wagens lag bei etwa 65 Kilometern. Der Dreiradwagen hatte das Einzelrad vorne. 1972 übernahm der Ingenieur Robert E. McCoy Billards Anteile und konstruierte ein neues Fahrzeug mit Motoren von 2,5 kW. Das Design

Werbung für den Elieson Elektrowagen, 1897.

hatte sich im Laufe der Jahre nicht wesentlich verändert. 1974 kostete der jetzt in Signal Hill, Kalifornien, gebaute Elektra King zwischen 2270 und 2900 Dollar.

ELEKTRIC (D)

Die Automobil- und Akkumulatoren-Bau-GmbH in Berlin und Driesen-Vordamm baute in den Jahren 1922 bis 1924 Elektro-Automobile unter dem Markennamen Elektric als Nachfolger des A.A.A.; hergestellt wurden Personen- und Lieferwagen.
siehe auch A.A.A.

ELEKTROMOBIL · ASEA (S)

1919 wurde in Schweden die Svenska Elektromobil AB gegründet und stellte Elektrofahrzeuge verschiedener Bauart her, die zum Teil den Markennamen Elektromobil erhielten. Nachdem das Unternehmen 1944 von der Firma ASEA aufgekauft worden war, erhielten die Fahrzeuge – meist Oberleitungs-Omnibusse – auch den Markennamen ASEA.

ELIESON (GB)

Die Elieson Lamina Accumulator Syndicate Ltd. in London baute 1897–1898 kleine Viersitzer mit Elektromotor, die sowohl als Elieson als auch unter dem Markennamen Swan verkauft wurden; es entstanden auch Taxi- und Lieferfahrzeuge.

Im Oktober 1921 veröffentlichte Anzeige der Elitewagen A.-G. Für die Elektrofahrzeuge wurde die Bezeichnung »das elektrische Pferd« verwendet.

ELITE (D)

Fahrzeuge der Marke Elite aus Brand-Erbisdorf zählten in den 1920er Jahren zur Oberklasse des deutschen Automobilbaus. Die Elite-Motorenwerke AG entstand im Jahr 1914 und ging aus der 1904 gegründeten Maschinenfabrik für Automobilbau Emil Lüders KG in Berlin hervor. Zum Kundenkreis der Marke gehörte der spätere Reichspräsident Paul von Hindenburg ebenso wie der König von Afghanistan. Sie schätzten den Komfort und die Eleganz der Nobelkarossen. 1918 startete man bei Elite mit der Produktion von Elektro-Automobilen, zu denen eine Konstruktion von der Firma GeHa zählte. Diese Wagen wurden meist als Taxis und als Lieferwagen eingesetzt. Bei der Elektrofahrzeugfabrik Gebhardt & Harhorn waren seit 1910 Motorwagen mit drei Rädern und einem Elektromotor in der Radnabe des Vorderrads entstanden. Später gab es auch kleine Lastwagen mit vier Rädern und zwei Radnabenmotoren. Die Konstruktion des GeHa stammte von Victor Harhorn, der bereits in der Berliner Elektromobil-Fabrik (B.E.F.) GmbH einen ähnlichen Wagen – jedoch mit einem Motor oberhalb des Vorderrades – entwickelt hatte. Der Batteriesatz des GeHa bestand aus 40 Zellen zu 150 Amperestunden, ausreichend für eine Geschwindigkeit von 20 bis 25 km/h und einen Aktionsradius von 80 Kilometern.
Bei der Firma Elite trugen die Fahrzeuge die Zusatzbezeichnung »Das elektrische Pferd« – die Werbung pries die Wagen als »Hilfe in der Brennstoffnot« an. Benzin war kurz nach dem Ersten Weltkrieg nicht nur in Deutschland knapp. 1920 kam ein neuer Elite heraus, der Typ 12/40 PS mit 3,1-Liter-Vierzylindermotor; ihm folgte der 18/70 PS mit 4,7-Liter-Sechszylindermotor. 1921 gliederte man die Diamant-Werke in Siegmar ein. Ab 1927 hieß das Unternehmen Elite-Diamant-Werke AG. Im August 1929 wurde der Personenwagenbau jedoch zugunsten der Herstellung eines leichten Lastwagens eingestellt. Im gleichen Jahr kam es zu einer Beteiligung durch die Adam Opel AG und zeitweiligen Fabrikation von Opel- und Elite-Opel-Motorrädern. Das Jahr 1935 brachte für die Elite AG die endgültige Schließung der Werkstore. In Berlin gab es ferner eine Elitewagen AG, die 1921 bis 1923 Lastwagen mit Benzin- und mit Elektromotor anbot

ELLIS ELECTRIC (USA)

1900–1901 entstanden bei der Triumph Motor Vehicle Co. in Chicago in geringer Zahl Elektromobile, die unter der Marke Ellis Electric, aber auch als Triumph angeboten wurden.

ELTRA (CZ)

Der 1991 in der Tschechischen Republik entstandene Eltra 151 baute auf einem Skoda Favorit auf und war ein Elektromobil mit 14 6-Volt/145 Ah-Batterien. Es gab den Wagen als viertürige Limousine und als Pick-up; die Geschwindigkeit lag bei rund 80 km/h und die Reichweite betrug etwa 50 bis 80 Kilometer. Das in kleiner Serie gebaute Auto wurde in Deutschland durch die JME Mittnacht GmbH in Heidelberg vertrieben, die auch Elektrofahrzeuge anderer Hersteller importierte.

ELWELL-PARKER (USA)

Von 1905 bis 1908 produzierte die Elwell-Parker Electric Co. in Cleveland, Ohio, Motoren, Fahrgestelle, Achsen und andere Bauteile im Auftrag von Elektrofahrzeugherstellern. Der in wenigen Exemplaren gebaute Elwell-Parker Electric diente nur zu Demonstrationszwecken der hergestellten Komponenten. 1909 wurde die Elwell-Parker Electric Co., deren Muttergesellschaft sich in Großbritannien befand, von der Anderson Carriage Co. in Detroit aufgekauft, die Elektromobile unter dem Markennamen Detroit Electric herstellte.

EMP (GB)

Von 1897 bis 1900 betätigte sich eine Electric Motive Power Co. im Londoner Stadtteil Balham mit dem Umbau von Pferdekutschen in elektrische Motorwagen. Der viersitzige E.M.P. Victoria mit seinem 1,6 kW leistenden Motor hatte Holzspeichenräder mit Vollgummibereifung; es gab auch dreirädrige Versionen.

»Das Elektroautomobil beansprucht zwar unmittelbar keinen Benzin- oder Dieselkraftstoff, verbraucht aber keineswegs weniger Energie als jedes andere Kraftfahrzeug. Der elektrische Strom zum Aufladen der Batterie, der aus der Steckdose entnommen wird, muss ja ebenfalls unter Energieaufwand im E-Werk erzeugt werden.«

Werner Oswald, Buchautor, 1988

ENFIELD (GB)

1969 stellte die dem griechischen Reeder Goulandris gehörende Enfield Automotive Ltd., London, einen ungewöhnlichen Elektro-Kleinwagen mit kurzer Frontpartie unter der Modellbezeichnung 465 vor. Die Reichweite des mit großen Fensterflächen, Heckklappe und Schiebetüren versehenen Stadtwagens wurde bei voll aufgeladenen Batterien mit etwa 45 km angegeben, die Spitze mit 65 km/h.
Der Enfield 465 war ein 2+2-Sitzer und hatte eine Royalex-Kunststoffkarosserie; es gab auch eine Version, die wie ein verkleinerter Land Rover aussah und Bikini Utility hieß, sowie einen offenen Strandwagen nach Art des Mini Moke. 106 Einheiten wurden hergestellt, von denen der British Electricity Council (eine staatliche Energieversorgungsgesellschaft) 60 Stück abnahm.
1974 baute man bei Enfield zwei größere 4x4-Prototypen mit der Bezeichnung Chicago, angefertigt aus Komponenten vom Range Rover. Nach der Verlegung des Firmensitzes nach Syros in Griechenland wurde die Endmontage in Cowes, Isle of Wight, vorgenommen. Diese Phase währte nur kurz; Ende 1976 wurde die Produktion eingestellt.

»Verleihe niemals – aber wirklich niemals! – deinen Motorwagen, denn mit deiner Geliebten oder deiner Ehefrau würdest du das auch nicht tun!«

Louis Baudry de Saunier, erster Automobilbuch-Autor der Welt, 1893

EPC (USA)

1978 bot die Electric Passenger Car, Inc. (EPC) in San Diego, Kalifornien, Automobile an, die auf Elektroantrieb umgebaute VW Golf (in den USA: Rabbit) darstellten. Der EPC Hummingbird Hybrid Mk I wurde als Zwei- und als Viertürer verkauft und besaß einen 8,0-kW-Balder-Motor, der von 36 2-Volt-Akkus gespeist wurde. Die Höchstgeschwindigkeit des Fahrzeugs lag bei 96 km/h. Auch mit einem Wasserstoffmotor wurde experimentiert

ESSLINGEN (D)

Die 1846 gegründete Maschinenfabrik Esslingen (ME), ein weltweit bekannter Lokomotiven- und Straßenbahnbauer, hatte 1924 auch die Herstellung von Elektrokarren aufgenommen und begann zwei Jahre später auch erfolgreich mit dem Bau von 1,5-, 2,5- und 5,0-t-Elektrolastwagen für die Reichspost und Abnehmer in der Industrie. Auch die Deutsche Bundesbahn war ein langjähriger Kunde, der vor allem den als Gepäckbeförderer eingesetzten Elektrokarren EK 1002 abnahm, ausgerüstet mit einem 2,0- oder 2,75-kW-Motor für eine Tonne Nutzlast. Daneben gab es den EK 2002 mit zwei Tonnen Nutzlast. In wenigen Exemplaren entstanden nach Vorgaben der Postbehörden der EL 3001 sowie die Vier- und Fünftonner EL 4001 und EL 5001 mit einer Fahrerkabine des Mercedes-Benz-3,5-Tonners. Verbliebene Exemplare dieser elektrischen Transporter stehen im Museum für Kommunikation in Frankfurt am Main (ehem. Postmuseum) und im Deutschen Technikmuseum in Berlin.
Die Herstellung von Elektrofahrzeugen wurde – wenn auch in geringem Umfang – bis 1963 fortgeführt, und die letzte Dampflok baute man 1965, bevor ME 1968 von der Daimler-Benz AG übernommen wurde.

Lastwagen Typ EL302 der Maschinenfabrik Esslingen, 1952.

ÉTOILE FILANTE (F)

Etoile Filante (Sternschnuppe) war die Bezeichnung für einen Weltrekordwagen, ein futuristisch gestyltes Coupé mit einer 270 PS starken, 28.000 Touren drehenden Gasturbine, gebaut im Auftrage Renaults bei der Firma S.N.E.C.M.A in Paris. Jean Hébert erreichte mit dem Étoile Filante auf der Piste eines der Salzseen im US-Staat Utah am 5. September 1956 eine Geschwindigkeit von 308.850 km/h. Verantwortlich für das PR-Projekt war Renault-Pressechef Robert Sicot.
siehe auch RENAULT

E-TUKTUK (NL, CH)

Die vor allem in Thailand, aber auch in China, Vietnam, Myanmar und Indien weit verbreiteten Autorikschas oder Tuk-Tuks haben drei Räder – eins vorn und zwei hinten – und eine seitlich offene Kabine aus Blech mit einer oder zwei Sitzbänken für je zwei bis drei Fahrgäste und davor den Platz des Fahrers. Als Antrieb dient in der Regel ein kleiner Zweitaktmotor. Es gibt sowohl industriell hergestellte Modelle etwa von Daihatsu, Mahindra und Suzuki als auch in lokalen Betrieben gebaute Fahrzeuge. Die oft üppigen Verzierungen, wie sie beim thailändischen Tuk-Tuk zu finden sind, weisen die indischen und chinesischen Autorikschas nicht auf.
Ein niederländischer Importeur in Amsterdam versieht die Tuk-Tuks mit Elektroantrieb. Auch gibt es in der Schweiz einen Vertrieb (M.1eTukTuk Zürich) für solche Elektro-Autorikschas. Die Firma importiert diese direkt aus China, bietet

In der Schweiz zugelassnes M.1eTukTuk, 2017.

sie auch zur Vermietung sowie mit einem Kastenaufbau zum individuellen Ausbau an. Die Autorikschas unterscheiden sich in der Größe mit nur drei Sitzplätzen wie auch in der Form. Diese Elektro-Tuktuks erreichen eine Höchstgeschwindigkeit bis 50 km/h und haben eine Reichweite von etwa 60 km. Sie verfügen über fünf Bleisäurebatterien mit 130 Ah, der 60-Volt-Gleichstrommotor hat eine nominelle Leistung von 4 kW.

Niederländisches E-Tuktuk als mobile Caféteria, 2018.

EVA (USA)

Der EVA Delta Pacer entstand 1978 bei der Firma Electric Vehicle Associates in Brook Park, Ohio, als in jenen Jahren zahlreiche Autohersteller als Reaktion auf die Ölpreiskrise Elektroautos zu entwickeln begannen, so auch American Motors (AMC). Der Viersitzer war eine Variante des Modells Pacer, umgerüstet auf Elektroantrieb und im Auftrage des Verkehrsministeriums des US-Bundesstaats Ohio gebaut. Der 15 kW-Gleichstrommotor wurde von 18 6-Volt-Akkus gespeist; die Reichweite des Wagens betrug knapp 90 km.

EVEX (D)

Die Firma Evex Fahrzeugbau GmbH in Langenfeld war ein Sportfahrzeughersteller in den 1970er und 1980er Jahren, der neben einem eigenen Rennstall eine Fahrzeugentwicklungsabteilung unterhielt (Porsche-Prototypenbau 908, 910, RSR), wobei der Porsche 910 als Coupé bzw. Bergspyder nur 35mal gebaut und 1966 bis 1973 ausschließlich in Rundstrecken- und Bergrennen eingesetzt wurde. Bei Evex begann man mit dem Nachbau dieses Modells. Doch nach nur vier Exemplaren kam die Produktion zum Erliegen – bis 2017. Sein in Zusammenarbeit mit der Firma Kreisel Electric im österreichischen Rainbach entstandener Nachbau mit Elektroantrieb (365 kW / 490 PS, 770 Nm) erlebte 2017 seine Weltpremiere. In dem Gesamtgewicht des 910e von 1100 kg ist der Lithium-Ionen-Akku mit einer Kapazität von 53 kWh enthalten.

Von Evex in Zusammenarbeit mit der Firma Kreisel Electric in Rainbach entstandener Nachbau des Porsche 910 mit Elektroantrieb.

EXPRESS (D)

Jahrzehnte lang warben die Express-Werke in Neumarkt, Oberpfalz, mit dem Slogan »Älteste Zweiradfabrik des Kontinents«, denn die Firma war 1882 gegründet worden. Indes, Michaux in Paris hatte schon 14 Jahre früher mit der serienmäßigen Vélociped-Herstellung begonnen...
Der Produktion von Express-Fahrrädern folgten Motorräder. 1900 kam es zur Umbenennung in Express-Fahrradwerke A.G., Automobil-Fabrik, denn Express hatte die Patente und die Vertriebsrechte für die von Robert Schwenke geschaffenen Elektrofahrzeuge der Berliner Firma Vulkan erworben. 1905 bis 1909 setzte man die Fertigung von Elektrofahrzeugen aus, dafür entstanden Benzinmotorwagen mit 16- und 25-PS-Motoren von Fafnir. Doch bereits Anfang 1910 kam es zur Einstellung der Automobilproduktion; man konzentrierte sich jetzt wieder zur Gänze auf die Herstellung von Zweirädern.

E-Z-GO (USA)

Die Firma E-Z-GO wurde 1954 in Augusta, Georgia, zur Herstellung von Golfcarts und elektrischen Mehrzweckfahrzeugen gegründet. 1961 wurde sie ein Teil der Textron Corp., einem seit 1923 bestehenden, aus der Textilbranche hervorgegangenen Multikonzern im Luftfahrtbereich.
Die Fahrzeuge wurden auch mit kleinen Benzinmotoren oder Gasantrieb angeboten; es gab Ausführungen von vier bis elf Sitzen. In den 1990er Jahren produzierte E-Z-GO eine breite Palette an Fahrzeugen für den Einsatz im Logistikbereich; elektrisch angetrieben (mit Motoren von 1,3 bis 5,0 kW und 24 bzw. 36 Volt Spannung) wurden die Modelle XI-300 Electric, XI-500 Electric, XI-775 Electric, XI-875 Electric und XI-875P Electric.

E-Z-GO 2008, der inzwischen in den unterschiedlichsten Ausführungen angeboten wird.

F

FAAM (I)
1993 präsentierte die italienische Firma FAAM in Monterubbiano zwei kleine Elektrofahrzeuge mit den Bezeichnungen NU 90 und NU 91. Es waren 1,0-t-Lieferwagen mit 24-kW-Motor. Auch eine Version des Piaggio Kleintransporters wurde von FAAM zum Elektrowagen umgerüstet und hieß Jolly 600 bzw. Jolly 1200 (in Deutschland von der Firma Trans-Ex angeboten) für bis zu 1430 kg Nutzlast.

FAM (F)
siehe FRANCE CRAFT

FAUN (D)
1919 fusionierten die Nürnberger Feuerlöschgeräte & Fahrzeugfabrik Karl Schmidt und die Fahrzeugfabrik Ansbach AG Justus Christian Braun zur FAUN-Werke AG. Während die liquidierte Feuerlöschgeräte- und Maschinenfabrik Braun noch ihre volle Firmenanschrift auf den von ihr gebauten Feuerwehr- und Kommunalfahrzeugen anbringen ließ, ging Schmidt bereits 1918 dazu über, seinen Fahrzeugen den Markennamen FAUN zu geben.
1920 erschien die erste neue FAUN-Konstruktion, ein 3,0-Tonner mit Benzinmotor. Ein Jahr danach entstand der erste Doppelstock-Omnibus mit 55 Sitzplätzen. 1925 war FAUN in finanzielle Turbulenzen geraten, man stand kurz vor dem Konkurs. Zwei Drittel der Aktien gingen in den Besitz von Krupp über, das restliche Drittel blieb bei Karl Schmidt. 1926 trennten sich die Werke Nürnberg und Ansbach: Das Nürnberger Werk entwickelte sich zu dem Unternehmen FAUN-Werke GmbH Kommunalfahrzeuge und Lastkraftwagen; die Fabrikation in Ansbach lief unter Fahrzeugfabrik Ansbach AG weiter, musste aber zwei Jahre später die Produktion einstellen.
Ab 1928 entstanden weitere Omnibusse, darunter zahlreiche Doppeldecker, deren Aufbauten die Karosseriefabrik Hubertia anfertigte. Fahrzeuge für die Deutsche Reichspost wurden teils mit benzin-elektrischem Antrieb versehen.

Der von Pierre Faure 1941 gebaute Elektro-Kleinwagen.

FAURE (F)
Pierre Faure entwickelte 1940 bei der aerodynamischen Versuchsanstalt von St.-Cyr in Paris einen Kleinwagen mit Mittelträgerrahmen, Elektromotor und Kettenantrieb zu den beiden eng beisammen stehenden Hinterrädern. Die Karosserie des Zweisitzers mit der steil ansteigenden Frontpartie und Spitzheck bestand aus einem mit Sperrholz verkleideten Holzgerippe. Faure hatte vorher in den Breguet-Werken, Toulouse, gearbeitet, wo um die gleiche Zeit ebenfalls ein Elektroauto entstand.
Wie der Breguet wurde der infolge der Benzinknappheit entwickelte Faure Elektrowagen in nur geringer Stückzahl bis 1946 hergestellt.

FIAT (I)
Mit alternativer Antriebstechnik für Personenwagen beschäftigte sich Italiens multilateraler Großkonzern Fiat schon 1948. Damals begann man mit der Arbeit an der Gasturbine. Verantwortlich dafür war Dante Giacosa, der bei Fiat unter anderem Flugzeugmotoren entwickelt hatte. Giacosa konstruierte mit einem Team von ehemaligen Flugzeugmotoren-Entwicklern eine ganz spezielle, kompakte

Fiat Turbinenwagen, 1950.

Turbine. Im Herbst 1950, nach gut zwei Jahren Arbeit, lief die für den Einsatz im Auto konzipierte Gasturbine erstmals im Test.
Ihre zweistufige Wellenturbine verfügte über drei Brennkammern und einen zweistufigen Kompressor. Für die Kraftabgabe sahen die Entwickler eine einstufige Getriebereduktion vor. 300 PS erzeugte die Turbine bei 22.000 Umdrehungen pro Minute. Damit lag der Antrieb auf dem Niveau damaliger Supersportwagen wie dem Ferrari 342 America.
Anschließend bauten Giacosa und seine Leute rund um die Turbine das passende Auto mit stromlinienförmiger Karosserie. Mit einem Luftwiderstandsbeiwert von nur 0,14 setzte sie einen Bestwert, der immerhin dreißig Jahre Bestand haben sollte.
Am 10. April 1954 war das Fahrzeug startklar; der Fiat Turbina absolvierte den ersten Test ohne Probleme. Fiat ließ den Turbina drei Wochen später auch am Flughafen von Turin fahren. Bei dieser Gelegenheit erreichte der Testpilot ein Tempo von fast 200 km/h. In den kommenden Jahren arbeiteten die Entwickler weiter an dem Fahrzeug und der Turbine. Es gab Tests in Monza und auf anderen Strecken. Gleichwohl verzichtete Fiat darauf, zu offiziellen Rekordfahrten anzutreten. Denn Renault hatte inzwischen mit einem ähnlich konzipierten Wagen die Rekorde von Rover überboten. Fiat stellte die Arbeiten am Turbina 1956 ein.
Sinnvoller, als einen Turbinen-Sportwagen zu bauen, erschien das knapp sechzig Jahre später realisierte Projekt Fiat 500e Electric. Das kleine Auto im trendigen Look wurde 2013 eingeführt und sollte ausschließlich für den US-Markt

produziert werden. In Europa gesichtete Exemplare wurden als Gebrauchtwagen importiert. Besonders in der Schweiz etablierte sich ein florierender Markt, wo die Firma Auto Vetterli in Embrach mit der Luxusversion Abarth viele Kunden warb. Als Argumente wurden der Wegfall von Verkehrsabgaben (je nach Kanton) ins Feld geführt, eine Reichweite von 160 bis 200 Kilometer, und dass sich der 24-kW/h-Lithium-Ionen Akku in nur vier Stunden aufladen lasse. »Die Antriebstechnik von Bosch verspricht hohe Qualität und ist auf dem neuesten Stand. Aktuelle Features wie adaptives, regeneratives Nachladen beim Bremsen, zuverlässige Reichweitenberechnung und programmierbare Ladezeit sind alle vorhanden«, hieß es. Gleichwohl sei der 500e für den Hersteller ein Verlustgeschäft, gab CEO Sergio Marchionne im Oktober 2017 in einer Diskussion bekannt. Allein die der Automobilindustrie auferlegten niedrigen Flottenverbrauchswerte hätten den Konzern veranlasst, ein Auto wie den 500e auf den Markt zu bringen.
siehe auch WAYMO

Fiat 500e Elektrowagen, 2017.

FISCHER I (D)

Die Firma Westautohaus Alex Fischer & Co. in Berlin stellte 1912–1913 leichte Elektrofahrzeuge als Personen- und Lieferwagen her. Alex Fischer war auch Gründer der Autofirmen A.A.A. und Alfi.

FISCHER II (USA)

Die Fischer Motor Vehicle Co. in Hoboken, New Jersey, stellte von 1901 bis 1905 Lastwagen mit Benzin- und auch Elektromotor her. Gebaut wurden ferner Stadt-Omnibusse mit Platz für zwölf Personen.

FISKER (USA)

Der ehemalige Aston-Martin-Designer Henrik Fisker gründete 2004 in Kalifornien einen Karosseriebetrieb. Seine dort eingekleideten Supersportwagen à la Aston Martin, Lamborghini, Ferrari trugen ein eigenes Markenzeichen, das für Fisker Coachbuild stand. Die erste Neuschöpfung Fiskers, auf der IAA 2005 in Frankfurt am Main vorgestellt, bekam die Modellbezeichnung Fisker Tramonto und war ein Karbon-Monocoque-Roadster mit 600-PS-Motor. Anschließend wandte sich Fisker auch dem Bau von Hybridfahrzeugen zu. Es entstand das Modell Karma, angetrieben von zwei 150 kW (202 PS) leistenden Elektromotoren. Im Sport-Modus lieferte zur Steigerung der Leistung und zur Verlängerung der Reichweite von 81 km um 400 km ein Generator Strom zu, der von einem 156 kW (212 PS) starken 2,0-Liter-Ecotec-Benzinmotor von GM angetrieben wurde.
Ab Juni 2011 bis Ende 2014 wurde der Wagen in kleiner Serie beim Auftragsfertiger Valmet in Finnland hergestellt, der auch schon im Auftrag von Porsche diverse Modelle baute. Fisker wurde 2015 von der chinesischen Firma Wanxiang übernommen und in Karma Automotive umbenannt; die Fertigung fand wieder in Kalifornien statt.

FLANDERS (USA)

Walter E. Flanders gehörte zu den ersten Autoherstellern, die in den USA die Großserienproduktion einführten. 1908 war er Produktionsleiter bei E.M.F. (Everitt-Metzger-Flanders) gewesen, bevor er sich selbständig machte, und gleichzeitig für Studebaker als Konstrukteur tätig. Für den Bau seines Flanders 20 erwarb Flanders mit finanzieller Unterstützung Studebakers die Werksanlagen der in Konkurs gegangenen De Luxe Motor Co, in Chelsea. Sowohl E.M.F. als auch Flanders gingen 1912 in Studebaker auf.
Ab 1912 produzierte Flanders in eigener Regie Elektroautomobile, ging mit diesem Projekt jedoch in Konkurs. 1913 übernahm LeRoy Pelletier den Betrieb der Firma Flanders und baute hier für kurze Zeit den Tiffany Electric. Vom Flanders 20 wie auch von den Elektrowagen gab es Nutzfahrzeugversionen.

FLOCKEN (D)

Der Ingenieur Andreas Flocken (1845–1913) war in den 1870er Jahren aus Abersweiler in der Pfalz nach Coburg gekommen und reüssierte dort als ideenreicher und erfolgreicher Unternehmer. Er gründete eine Maschinenfabrik,

Andreas Flocken und sein 1888 gebautes Elektromobil.

richtete Coburgs erstes Kraftwerk mit dem dazu gehörenden Stromnetz ein und fügte 1906 seinem Betrieb eine Eisengießerei hinzu. Nicht viel bekannt wurde über seine 1888 begonnenen Experimente mit einem hochrädrigen Kutschwagen mit Elektromotor, dessen Kraft per Lederriemen auf die Hinterachse übertragen wurde. Flocken hatte dafür eigens eine Abteilung für Elektrotechnik gegründet. Andreas Flocken baute nicht nur das erste Elektroauto in Deutschland, sondern lieferte auch die regenerative Energie dazu. 1890 trat er ferner als Mitpächter der städtischen Schleifmühle auf, die sich in der Nähe seiner Fabrik befand: Flocken betrieb dort einen durch Wasserkraft angetriebenen Dynamo.
Es blieb nicht bei jenem einen Fahrzeug von 1888 (das in den Jahren 2008-2009 rekonstruiert worden ist), denn es existiert das Foto eines weiteren Flocken-Elektrowagens, entstanden um 1903. Der Zweisitzer wies eine Achsschenkel-Hebellenkung auf, ferner Luftbereifung, Vollelliptikfedern und einen Batteriekasten über der Vorderachse. Ein Novum dürften auch die elektrischen Scheinwerfer des kompakten Zweisitzers gewesen sein.

1998 bis 2000 verkaufte Ford in geringer Zahl den Ranger Pick-up mit Elektroantrieb. Vorgesehen war die Verwendung dieses Modells in Nationalparks und anderen Botanischen Schutzarealen.

FORD (USA, GB, D)

Mit verschiedenen Projekten kleiner Stadtwagen, versehen mit Elektroantrieb, machte Ford UK in den 1960er- und 1970er Jahren Schlagzeilen, doch es kam zu keiner Weiterentwicklung. Erst mit der Vorstellung Focus Electric gewann die Ford Motor Company im Herbst 2011 an Profilierung in der Reihe der Elektro-Autohersteller. Es handelte sich um einen in den USA gebauten Schrägheck-Fünftürer, der dem nicht allzu bekannt gewordenen Ford Ranger EV folgte. Die Serienfertigung des elektrischen Focus begann im Dezember desselben Jahres. Als Focus BEV war auf der Frankfurter IAA 2009 eine attraktive Konzeptstudie zu sehen gewesen.
Zur Anwendung beim Focus Electric kam die gleiche Karosserie (»glider«) wie beim identischen Modell mit Verbrennungsmotor. Das Energiespeichermedium war ein 23 kWh Lithium-Ionen-Akku, beim Modell 2017 auf 33,5 kWh vergrößert. Damit hatte man die Reichweite auf 185 Kilometer ausdehnen können.
Ein Kompaktwagen auf der technischen Basis des Minivan Ford Global C wurde von Ford im Jahr 2013 unter der Bezeichnung Focus als reines Elektro- und auch als Hybridfahrzeug vorgestellt. Den Antrieb der Vorderräder des E-

Ford Mondeo PHEV von 2017 als Polizeifahrzeug in den USA.

Ford übernahm ein Motor von 107 kW (143 PS) mit einem Drehmoment von 250 Nm. Das Werk gab einen Aktionsradius von 185 Kilometer an. In Optimierung dieser Misch-

Ford Comuta, 1968.

Rechts: Ford Focus Hydrogen, 2012.

Darunter: France Craft Pixel Y Stadtfahrzeuge, 2011.

Technologie wurde von Ford der kombinierte Verbrauch mit 4,0 Liter pro 100 Kilometer angegeben. Der Verbrennungsmotor im Hybrid-Mondeo war ein 2,0-Liter Vierzylinder, kombiniert mit einem Automatikgetriebe.
Um mit dem verschärften Wettbewerb auf diesem Sektor weiterhin mithalten zu können, wollte Ford nach einer Reuters-Meldung vom Januar 2018 in die Entwicklung weiterer Elektrofahrzeuge bis zum Jahr 2022 bis zu 11 Milliarden Dollar investieren. Chairman William Ford sagte, es sei vorgesehen, bis dahin 16 Elektro- und 24 Plug-in-Hybridmodelle auf die internationalen Märkte Amerikas, Europas und im pazifischen Raum zu bringen.

FOTON (CHN)

Die Beiqi Foton Motor Co., Ltd. ist ein 1996 gegründeter Nutzfahrzeughersteller mit internationalen Verflechtungen. Gefertigt werden auch landwirtschaftliche Maschinen und andere motorisierte Geräte. In Zusammenarbeit mit der Daimler AG und dem Motorenhersteller Cummins baut man Dieselmotoren sowie mittelschwere und schwere Lastwagen. In Moskau befindet sich seit 2010 eine europäische Repräsentanz. Gemeinsam mit der Firma Hanergy nahm man 2017 die Entwicklung von elektrisch angetriebenen Omnibussen auf, für die man eine eigene Batterieproduktion ins Leben rief; an ihr ist die Pulead Technology Industry Co. beteiligt.

FRANCE CRAFT (F)

Die Firma Marc Chevreau in Grigny in der Nähe des Flughafens Paris-Orly produziert seit 2010 ein Nachfolgemodell zum FAM Elektromobil aus gleichem Hause. Der France Craft Pixel Y ist ein Stadtfahrzeug von 2,50 m Länge, dessen Akkus eine Reichweite von 200 Kilometer ergeben. Die Markenbezeichnung FAM durfte nicht weiterverwendet werden, weil sich der Nutzfahrzeugproduzent Poclain diesen Namen hatte schützen lassen.

FRAZER NASH (GB)

Der Namir war das Ergebnis einer Kooperation der Firma Italdesign mit dem britischen Unternehmen Frazer Nash. Ende 1922 gegründet, war dieser Automobilhersteller weltbekannt für seine (in den 1930er Jahren in Zusammenarbeit mit BMW) entstandenen Sportwagen. Der letzte Frazer Nash war der Ende 1959 erschienene Typ Continental mit einem Original-BMW-V8-Motor. Heute steht der Name für eine neue Frazer Nash Research Limited, seit den 1990er Jahren aktiv auf dem Gebiet der Entwicklung und Fertigung von Hybridsystemen für Fahrzeuge. Für den im März 2009 präsentierten, Namir genannten Prototyp eines Hybrid-Sportwagens schuf Italdesign (Giugiaro) eine aufsehenerregende Karosserie. Die Struktur der Karosserie bestand aus einem Karbonfaserchassis in Schalenbauweise, das auch die Aufnahme der Hinterradaufhängung einschloss. Damit betrug das Gesamtgewicht des Fahrgestells nur knapp 110 kg, insgesamt wog der Namir 1450 kg. Der Verbrennungsmotor war ein Zweischeiben-Wankel-Aggregat, das im Verbund mit zwei E-Motoren 370 PS abgab und den zweiplätzigen Keil auf 300 km/h zu beschleunigen vermochte.

Fridez Puli alias Pinguin, 1990.

FREIBAHN (D)

Das Kaiserliche Militär konnte sich erst verhältnismäßig spät mit dem Gedanken anfreunden, die Truppe zu motorisieren – Seine Majestät setzte auf das Pferd. Als jedoch die Franzosen im Herbst 1903 einen von der Soc. Française des Trains Renard entwickelten und bei Darracq gebauten Lastzug vorstellten, der schweres Artilleriegerät und anderes Material durchs Gelände bewegen konnte, schauten deutsche Generäle genau hin und regten den Bau eines ähnlichen Motorzuges an.
So entstanden in Regie des Maschinenbauingenieurs Ernst Wendeler 1905 bis 1910 Dampf-Straßenzugmaschinen enormer Größe, entwickelt bei der Freibahn GmbH in Spandau-Seegefeld bei Berlin. Die Firma gehörte dem Großindustriellen Arthur Koppel, der mit Aufträgen durch das Militär (Heereswaffenamt) rechnen konnte. Mit Benno Orenstein hatte er 1876 die Firma Orenstein & Koppel gegründet.
Der Freibahn-Vorspannschlepper war jedoch keine Kopie des Train Renard, denn dieser wies (allerdings mit ein paar Ausnahmen) einen Vierzylinder-Benzinmotor auf, der über ein System von Gelenkwellen jeweils die mittlere Achse seiner vier dreiachsigen Anhänger antrieb. Der Train Renard wurde von Daimler-Coventry von 1905 bis 1913 in Lizenz hergestellt und fand eine ganze Reihe von Interessenten – vor allem Minengesellschaften – in Kanada, Südamerika, Indien, Australien und Afrika.
So erfolgreich war Wendelers Konstruktion nicht. Bei ihr zog die Dampf-Kopfmaschine vier bis sechs einachsige Hänger, die jeweils bis zu 5,0 t Nutzlast vertrugen. Es gab verschieden starke Zugmaschinen bis zu 30 PS, wobei nicht wie beim Train Renard die Anhänger per Motorkraft gezogen wurden; vielmehr wurde die Motorkraft über einen Generator in elektrische Energie umgewandelt, mit der die vier Räder der Zugmaschine sowie die beiden Räder des ersten Anhängers angetrieben wurden. Doch Wendelers Dampf-Elektrozüge waren schwerfällig und bewegten sich nur langsam voran, mit maximal 15 km/h. Auf den damals noch häufig unbefestigten Landstraßen richteten ihre schweren Eisenräder allerhand Schäden an. 1908 ersetzte man die Dampfmotoren durch Benzinmotoren. Es gab auch Versuche, die Dampfelektrischen Zugmaschinen in der Landwirtschaft einzusetzen. Die Anfertigung der Maschinen erfolgte bei der Berliner Lokomotiven- und Maschinenfabrik GmbH vorm. L. Schwartzkopff.

FRIDEZ (CH)

Gegründet wurde das Schweizer Unternehmen Fridez Solar AG mit Sitz in Münchenstein zur Entwicklung und Produktion von Solarmobilen bereits 1986 von Bruno Fridez. Mit einem solarelektrisch betriebenen Dreirad nahm er erstmals an der Tour de Sol teil, und 1988 erhielt sein »Pinguin« die Typprüfung der schweizerischen Verkehrsbehörde.
Ab 1989 hieß die Firma Fridez Solar AG, und im gleichen Jahr beteiligten sich bereits sechs Pinguin-Fahrzeuge erfolgreich an der Tour de Sol. Im Anschluss daran wurde der 2+2-sitzige Pinguin 7 Family eingeführt sowie der Generalvertrieb für den in Dänemark hergestellten Kabinenroller Mini-El übernommen.
1990 nahm Fridez die Herstellung von Elektrofahrzeugen auch in Ungarn auf; hier entstand der zweisitzige Pinguin 4 Euromobil (dort Puli genannt). Der kleine Wagen hatte ein Leergewicht von 700 kg, die Nennleistung des Motors betrug 7,4 kW, die Höchstgeschwindigkeit rund 65 km/h. Die Reichweite wurde mit 90 Kilometer angegeben. Der Batteriesatz war jedoch bis zu einer Reichweite von 300 Kilometer aufrüstbar, auch gab es eine Energierückgewinnung beim Bremsen.
Die weitere Entwicklung der Pinguin E-Mobile erfolgte mit dem deutschen Kfz-Spezialisten Freimut Maass. Der Stuttgarter veranlasste im Frühjahr 1990 die ABE-Abnahme bei gleichzeitiger Erfüllung der geforderten ECE-Normen und wurde Importeur des Fridez-Elektromobil-Programms in Deutschland.

Frazer Nash Namir Hybrid, 2009 als Prototyp vorgestellt.

FRITCHLE (USA)

Oliver P. Fritchle war ein Ingenieur, der 1897 in Denver, Colorado, mit der Herstellung von Akkumulatoren begann. 1903 erhielt er für eine von ihm entwickelte Bauart mit großer Kapazität ein Patent. Die Fritchle Electric Storage Battery Co. stellte ab Ende 1905 auch Elektroautomobile her, die als Torpedo Roadster für 2500 Dollar verkauft wurden. 1908 absolvierte ein Fritchle eine Fernfahrt von Lincoln, Nebraska, nach New York City; die 2140 Meilen bewältigte der Wagen in 28 Tagen. Eine Batterieladung reichte für jeweils 100 Meilen.
Fritchle verkaufte seine Autos anschließend als »The 100 Mile Electric« und änderte den Firmennamen in Fritchle Automobile & Electric Storage Battery Company. Bis 1916 konnte Fritchle etwa 800 Fahrzeuge unterschiedlicher Ausführung absetzen. Man bot auch einen Wagen mit benzinelektrischem Antrieb an; der luftgekühlte Vierzylinder arbeitete als Generator. Dieses Modell fand indessen nicht viele Abnehmer. Die letzten Fritchle Elektrowagen wurden 1920 gebaut.

FULGURA (D)

Fulgura (lat. *fulgur* = Blitz) war der Markenname für ein Elektroautomobil, das 1908 kurzzeitig von den Bergmann-Electricitäts-Werken AG in Berlin gebaut wurde, aber sich nicht durchzusetzen vermochte. Die von Bergmann seit 1901 betriebene Verkaufsagentur für Fahrzeuge der belgischen Marke Métallurgique operierte erfolgreicher – ein Grund, warum die Bergmann-Elektriker eine Lizenzversion des belgischen Qualitätswagens favorisierten. Mit Elektro-Nutzfahrzeugen hingegen, die jedoch nicht unter der Marke Fulgura, sondern Bergmann liefen, war man wesentlich erfolgreicher.
siehe auch BERGMANN

GALLIA · GALLIETTE (F)

siehe REGINA

GALT (CDN)

Die Galt Motor Company in Galt, Ontario, übernahm 1913 den Betrieb der Canadian Motors Ltd., in der vorher Fahrzeuge mit Benzinmotor ebenfalls unter der Marke Galt produziert worden waren. Das unter neuen Inhabern geführte Unternehmen bot jetzt Automobile mit benzin-elektrischem Antrieb an; es waren Fahrzeuge mit Zweizylinder-Zweitaktmotor und einem Westinghouse-Generator. Die Idee zu einem solchen Wagen hatten die Ingenieure Moffat St.Claire und Edward Fleming gehabt, als sie noch bei der Vorgängerfirma tätig gewesen waren. Doch nur zwei solcher Fahrzeuge wurden gebaut; eins blieb bis 1927 in Betrieb.

GARCIN (F)

siehe B.G.S. · GARCIN

Von Gaubschat gebaute Elektro-Postfahrzeuge, 1951.

GARRETT (GB)

Die 1856 von Richard Garrett in Leiston, Suffolk, gegründete Dreschmaschinen-Fabrik war eine der ersten in Großbritannien, deren Geräte mit Dampfkraft arbeiteten, und ab 1903 wurden auch Dampfschlepper gebaut. Verbesserte und leistungsfähigere Dampftraktoren erschienen 1907; sie wurden bis 1930 hergestellt und fanden weite Verbreitung. Von 1919 bis 1939 baute man in Leiston auch Elektrolastwagen verschiedener Tonnagen und Ausführungen, die zumeist im Stadtreinigungsdienst Verwendung fanden. Ferner entstanden bei Garrett bis Anfang 1931 Trolleybusse, teils als Doppeldecker mit drei Achsen.

GAUBSCHAT (D)

Gaubschat war ein Hersteller von Omnibusaufbauten, Spezialfahrzeugen und Anhängern. Die Firma wurde 1904 in Berlin-Neukölln von Fritz Gaubschat (1877–1945) gegründet und bestand bis 1976. Von 1951 bis 1955 gab es als Tochtergesellschaft auch eine Helmut Gaubschat Elektrowagen GmbH, die 1,0-t-Paketwagen (diese nach Vorgaben der Postbehörden und baugleich mit den E-Fahrzeugen der Maschinenfabrik Esslingen und Borgward) sowie Straßenreinigungs- und Pritschenwagen für den Kommunaldienst baute. Die Fahrzeuge hießen »Elektrische Berliner« und hatten einen 7-kW-Hauptschlussmotor an der Hinterachse.

GEELY (CHN)

Geely ist seit 1998 ein expansiver Auto- und Motorradhersteller mit Sitz in Hangzhou, und seit Anfang 2018 ist der Gründer Li Shufu auch ein bedeutender Aktionär der deutschen Daimler AG. Sein Unternehmen verfügt inzwischen über sieben Standorte zur kompletten Fahrzeugproduktion. Eine für den Export und Import zuständige Geely International Corporation wurde im Jahr 2002 in Shanghai gegründet. Neben Lizenzprodukten wie den Fiat Panda stellt man bei Geely auch Eigenkonstruktionen her, die z. B. unter den Modellnamen Emgrand und Englon angeboten werden. Bereits 2009 verkaufte Geely 325.413 Automobile. Ein Jahr später übernahm Geely von Ford den schwedischen Hersteller Volvo und baut ab 2021 Daimlers Elektro-Smart.

Gaubschat Kommunalfahrzeug (Stadtreinigung), Frankfurt am Main 1952.

Im Herbst 2014 wurde der Geely EK-2 mit reinem Elektroantrieb mit 70-kW-Elektromotor (93 PS) und Lithium-Polymer-Eisen-Akku auf dem chinesischen Markt eingeführt. Das Fahrzeug wurde bei der taiwanesischen Firma Tobe produziert. Die anfänglich gewählte Markenbezeichnung Global Eagle wurde nicht fortgeführt. Eine Kleinwagen-Submarke läuft unter der Bezeichnung ZhiDou.

Dreirädriges GEHA Cabriolet von 1912 mit »Schwiegermuttersitz«.

GEHA (D)

Bevor im Jahr 1917 die Elitewerke AG die Elektrofahrzeugfabrik Gebhardt & Harhorn übernahm, waren bei dieser Firma in Berlin seit 1910 Motorwagen mit drei Rädern und einem Elektromotor in der Radnabe des Vorderrads entstanden. Die Konstruktion des GeHa stammte von Victor Harhorn, der bereits in der Berliner Elektromobil-Fabrik (B.E.F.) GmbH einen ähnlichen Wagen entwickelt hatte. Der Batteriesatz des GeHa bestand aus 40 Zellen zu 150 Amperestunden, gut für eine Geschwindigkeit von 20 bis 25 km/h und einen Aktionsradius von 80 Kilometern.
Es gab auch vierrädrige 7,5-kW-Lastwagen von GeHa mit zwei vorderen Radnabenmotoren sowie Droschken-Limousinen, bei denen der Radnabenmotor 4,5 kW leistete und im linken Hinterrad installiert war. Bei der Firma Elite, die das Harhorn-Auto ab 1919 anbot, trugen die Fahrzeuge die Zusatzbezeichnung »Das elektrische Pferd« – die Werbung pries die Wagen als »Hilfe in der Brennstoffnot« an.

Links: GEM e4, 2007 – in Kalifornien zum Straßenverkehr zugelassen, obwohl als Golfcart konzipiert.

GEM (USA)

Die Markenbezeichnung GEM steht für den Golfcart-Hersteller Global Electric Motors, eine seit 1997 bestehende, auf Elektromobile spezialisierte Firma in Fargo, North Dakota. GEM-Modelle mit Straßenzulassung gibt es als Zwei- und Viersitzer sowie als Pick-up. In Kalifornien zählt der kleine GEM e2 zu den emissionsfreien ZE-Personenwagen (»zero emisson«).

GENERAL ELECTRIC I (USA)

Begonnen hat die Firmengeschichte der General Electric Company im Jahr 1879 mit ihrer Gründung durch die Initiative Thomas Alva Edisons, dem Erfinder der elektrischen Glühlampe und vieler anderer Dinge. Unter der Marke General Electric (GE, GEC) entstand 1894 auch ein erster Elektrowagen, ihn konstruierte der amerikanische Professor Elihu Thomson gemeinsam mit dem emigrierten Schweizer Techniker Hermann Lemp. Als Antrieb für die GE Wagonette verwendeten sie einen 2,3 kW (3 PS) leistenden 75-Volt-30-Ampere-Motor. Das in Lynn, Massachusetts, gebaute Fahrzeug soll eine Geschwindigkeit von etwa 25 km/h erreicht haben. GE-Motoren wurden von vielen der damaligen ame-

1977 entstand bei General Electric Global Research der GE-100 EV. Neben dem Fahrzeug der Abgeordnete Sam Stratton, Bürgermeister von Schenectady, New York.

rikanischen Elektro-Fahrzeughersteller als Antriebsaggregate verwendet. Die Zahl der von 1894 bis 1898 gebauten General-Electric-Fahrzeuge beträgt nach unterschiedlichen Quellenlagen zwischen 9 und 18 Exemplaren, von denen eins noch existiert.
1898 bauten Thomson und Lemp einen Vierrad-Wagen mit einem Uniflow genannten Vierzylinder-Dampfmotor. Ihm folgte im Jahr 1900 ein Runabout, ein Jahr später ein so genannter Surrey. Alle Fahrzeuge blieben Einzelstücke und entstanden zu experimentellen Zwecken, an einen Verkauf war nicht gedacht. Auch einige später gebaute Elektro-Versuchsfahrzeuge blieben Unikate. Eins stellte man anlässlich des 100. Firmenjubiläums 1979 als Replikat auf die Räder, versehen mit einem 18-kW-Motor, der aus 18 Bleibatterien gespeist wurde. Ein modernes E-Fahrzeug entwickelte man studienhalber als Hybridwagen gemeinsam mit VW im Jahr 1983 (Projekt H.T.V.).
Der Technologie-Mischkonzern GE und seine zahlreichen Tochtergesellschaften in den USA, in Asien und Europa entwickelten sich im Laufe der nachfolgenden Jahrzehnte zu bedeutenden Zulieferern der Automobilindustrie.
siehe auch BAOJUN

Inserat der General Electric Co. von 1902.

General Motors Chevrolet Volt, 2016. Identische Modelle werden unter den Marken Opel, Vauxhall und Holden angeboten.

VOLT
BOOKS

General Motors Sunracer Solarfahrzeug, 1963.

GENERAL ELECTRIC II (USA)

Die General Electric Automobile Co., gegründet 1898 in Philadelphia, Pennsylvania, baute Elektromobile unter dem Markennamen General Electric bzw. G.E.C., ohne dass eine Verbindung zu dem gleichnamigen Konzern General Electric (GE) bestand. In ihrem Werk in Manyunck produzierte sie neben Trambahnen und elektrischen Aggregaten auch leichte Runabouts, noch stark an Pferdekutschen erinnernd. Sie hießen »The Doctor's Car«, und die Fahrgäste saßen einander gegenüber. Im Juni 1900 erfolgte die Liquidation des Unternehmens, und im Juli desselben Jahres wurden die Patente der Firma auf einer Auktion von James W. Cunningham aus New York erworben, der in seiner Kutschenmanufaktur den Bau von Elektromobilen fortsetzte.

General Motors Turbinenwagen, 1953, im damals populären Raketen-Look.

Rechts: Chevrolet Volt mit britischer Zulassung, 2012.

»Was für General Motors gut ist, dürfte auch für unser Land gut sein, und was für unser Land gut ist, ist auch für General Motors gut.«

Charles E. Wilson, US-Verteidigungsminister, zuvor GM-Präsident, am 15. Januar 1953

GENERAL MOTORS · CHEVROLET (USA)

Wie bei allen großen Automobilherstellern wurde auch bei General Motors intensiv mit der Brennstoffzelle als Antriebalternative experimentiert. Die deutsche GM-Tochter Opel trug dazu maßgeblich bei. Der dort entstandene HydroGen3 basierte auf einem Opel Zafira A und wurde weltweit in verschiedenen Demonstrationsprojekten eingesetzt. Die Fahrzeuge hatten eine Brennstoffzelle von GM mit 200 Zellen und einer Leistung von 94 kW. Der Drehstrom-Asynchronmotor lieferte 60 kW Dauerleistung.

Es gab vom HydroGen3 zwei Ausführungen, die sich in der Wasserstoffspeicherung unterschieden. Die erste Version hatte einen 68 Liter fassenden Tank für 4,8 kg flüssigen Wasserstoff, ausreichend für ca. 400 Kilometer Fahrstrecke. Die zweite Version hatte Wasserstoffdrucktanks, die bei 700 bar Druck etwa 2,8 kg Wasserstoff fassten, was für etwa 270 Kilometer Fahrstrecke reichte. Zwei Exemplare legten 2004 eine Rekordfahrt über fast 10.000 Kilometer vom Nordkap nach Lissabon zurück. Mit einem anderen Exemplar gewann Heinz-Harald Frentzen 2005 die Rallye Monte-Carlo für Fahrzeuge mit alternativen Antrieben.

2006 präsentierte General Motors mit dem HydroGen4 ein Nachfolgemodell. Dessen Antriebseinheit basierte auf der Konzeptstudie Chevrolet Sequel von 2006. Hauptbestandteil ist eine von General Motors hergestellte Polymer-Elektrolyt-Brennstoffzelle mit 440 Zellen und einer Leistung von 93 kW. Die Brennstoffzellen-Einheit wog 240 kg und wies eine Leistungsdichte von 1,44 kW/l beziehungsweise 0,83 kW/kg auf. 2007 und 2008 wurden 170 solcher Fahrzeuge hergestellt, von denen 119 Exemplare an Kunden ausgeliefert wurden, verteilt auf die Länder USA, Deutschland, Korea und Japan.

Volt und Ampere Der erste vor breiter Öffentlichkeit erfolgte Schritt zur Elektromobilität vollzog sich bei General Motors 1996 unter der GM-Tochtermarke Saturn. Nach längerer Pause erschien dann der Chevrolet Volt, vorgestellt im Januar 2016 und seit Anfang November 2016 in den Vereinigten Staaten produziert. Das Fahrzeug wird seit 2017 in Europa unter dem Namen Opel Ampera-e vertrieben.
Ende November 2017 meldeten die Medien aus Detroit, dass neue Projekte vor der Realisierung stünden. Auf der Plattform des Chevrolet Volt sollten 18 weitere E-Wagenmodelle aller GM-Marken in Serie gehen; die ersten plante man als SUVs unter der Marke Buick zu vermarkten.

300 Meilen am Stück. Über Erfahrungen mit dem Chevrolet Volt ist in den USA viel berichtet worden. Nach amerikanischem EPA-Fahrzyklus betrug die Reichweite des Volt 238 Meilen (383 Kilometer); dies wurde Mitte September 2016 offiziell bestätigt. Die EPA-Reichweite im Stadtverkehr betrug 255 Meilen. Auf der Autobahn sank sie auf 217 Meilen.
Mark Phelan, ein Journalist von Detroit Free Press, fuhr bei einer Außentemperatur von ca. -10 °C 90 Meilen und hatte anschließend eine Restreichweite von 103 Meilen. Dabei hatte er die Klimaanlage auf 17 °C gestellt und die Lenkrad-, Sitz- und Windschutzscheibenheizungen eingeschaltet. Dem Volt-Fahrer Glenn Williams gelang es, mit einer vollen Ladung sogar 300 Meilen zurückzulegen. Die Temperatur betrug 16° C, so dass er auf das Einschalten der Klimaanlage verzichten konnte.

Turbinenwagen als Show Cars. General Motors gehörte auch zu denen, die in den 1950er Jahren Versuche mit turbinengetriebenen Personenwagen unternahmen. Sie entstanden eigentlich nur zu Demonstrationszwecken für die Motorama Auto Show der Jahre 1953, 1956 und 1959. Alle diese Autos waren voll fahrfähig, wenn auch wenig praxistauglich. Im Aussehen entsprachen die vom Stardesigner Harley Earl gestalteten, mit extremen Heckflossen und Finnen versehenen Objekte dem seinerzeitigen Raketen- und Düsenjäger-Look des beginnenden Space Age. 1964 wurde von GM auf der New York World Fair noch einmal ein Gasturbinenauto präsentiert; als Firebird IV (intern: XP790) bildete es den Abschluss dieser Concept-Car-Reihe.
siehe auch OPEL *und* SATURN

GLOBAL EAGLE (CHN)
siehe GEELY

GLOBAL ELECTRIC (USA)
siehe GEM

GLOBE UNION ENDURA (USA)
1978 entstand bei der McKee Engineering Corp. ein Elektroauto unter dem Namen Globe Union Endura. Bob McKee hatte einen Namen als Rennwagenkonstrukteur und war zugleich Hersteller von Autobatterien. Im gleichen Jahr übernahm die Johnson Controls, Inc., das Unternehmen, in welchem McKee weiterhin Elektrofahrzeuge baute. 20 sechszellige Akkus lieferten die Energie für den Antrieb des Globe Union, dessen Reichweite etwa 180 km betrug und der eine Geschwindigkeit bis 96 km/h erreichen konnte.
siehe auch SUNDANCER

GMÜR (CH)
Berthold Gmür stammte aus St. Gallen und hatte an der Universität Dresden studiert. Er war in Paris als Konstrukteur für Schiffsmotoren tätig und reiste 1882 nach New York, um dort für Thomas Alva Edison zu arbeiten. Seine Beschäftigung galt Projekten für die Beleuchtung von Großstädten. Nachdem er 1884 wieder in seine Heimat zurückgekehrt war, richtete er auf dem väterlichen Anwesen eine elektromechanische Werkstatt ein. Gmür war der erste, der in der Schweiz Webstühle und Strickmaschinen mit Elektromotoren versah.
Das Gmür Elektroautomobil wurde im Jahr 1914 im Pavillon der Automobilindustrie auf der Landesausstellung in Bern vorgestellt. Der 9,0-kW-Motor nahm eine Stromstärke von 12 Ampere auf; die Geschwindigkeit des Fahrzeugs wurde mit 45 km/h angegeben. Sie konnte mit einem Hebel am Lenkrad oder dem Pedal reguliert werden. Der Wagen hatte eine Reichweite von 120 bis 140 Kilometer, doch er blieb ein Einzelstück, obwohl für die elektrischen Autos bereits Werbung erschienen war. Gmür war im Jahr 1913 verstorben, ein knappes Jahr vor der Fertigstellung seines Elektrowagens.
Bei der Firma Gmür konzentrierte man sich anschließend wieder auf die Produktion von elektrischen Anlagen für die Industrie. Im Jahr 1924 kam es zur Liquidation des Unternehmens.

Google Driverless Elektro-Kleinwagen als Prototyp, 2014.

GOOGLE (USA)
Im Mai 2012 erhielt der Internet-Dienstleister Google in den USA die erste Zulassung eines autonomen Fahrzeugs für den Test auf öffentlichen Straßen des US-Bundesstaates Nevada, doch erst im Mai 2014 stellte Google das inzwischen gründlich erprobte Roboterauto erstmals einer Gruppe von Journalisten vor, die im Vergleich zwischen menschlichem Fahrer und selbstfahrendem System keinen Unterschied im Fahrzeugverhalten feststellen konnten. Die Technik hatte Google in Kooperation mit Audi entwickelt. Der Prototyp basierte allerdings nicht auf einem bestehenden Serienmodell, sondern stellte eine originäre Entwicklung in eigener Verantwortung von Google dar. Google erklärte jedoch, dass das Fahren bei Regen und Schnee nach wie vor Probleme bereite und auch Anweisungen von Verkehrspolizisten nicht wahrnehmbar seien. Als Start für den Massenmarkt hatte Google etwas voreilig das Jahr 2017 angegeben. Diese Prognose wurde später revidiert.
Google hatte auch vergeblich versucht, für sein Projekt Driverless Car mit Lexus (Toyota) und Honda ins Geschäft zu kommen, begann dann schließlich, eigene Elektro-Testfahrzeuge zu bauen und erste Prototypen ohne Lenkrad, Bremse und Gaspedal u. a. von Personen mit körperlichen Behinderungen testen zu lassen.
siehe auch WAYMO

»Die Burschen bei Google schauen so unschuldig drein in ihren mit Spielzeug, Müslibechern und Tüten voller Gummibärchen vollgestopften kleinen Büros, mit ihren beheizten Toilettensitzen, Kräutergärtchen und Parkplätzen, an denen Ladekabel für Elektroautos herumhängen ...«

Maureen Dowd, Amerikanische Journalistin, 2016

GRAF CARELLO (A)
In Nestelbach, Steiermark, gründete Siegfried Graf 1976 einen Betrieb zur Herstellung von Elektro-Versehrtenfahrzeugen. Die Graf Carello genannten Ein- und Zweisitzer gab es ab 2000 auch als Minitransporter sowie als Arbeitsfahrzeuge im Kommunal- und Hotelservice. Die Akkubestückung ermöglicht eine Reichweite bis zu 40 Kilometer.
siehe auch unter ORTHO-SCHILK · SCHILK

GRAVES (USA)
Ein amerikanischer Techniker namens Charles H. Graves und sein Partner Van Noy im kalifornischen San Diego reklamierten 1958 die »Erfindung« eines Elektro-Automobils für sich, das aus einem umgerüsteten VW Karmann-Ghia bestand und sich mit minimaler Motorleistung begnügte. Das als Charly Town-About bezeichnete Fahrzeug wurde in ihrem Auftrag von der Stinsons Aircraft Tool & Engineering Co. mit Sitz in Detroit in angeblich 100 Exemplaren für die Eastern Electric Works (ein Stromversorger) gebaut, wobei sich die Umrüstkosten pro Fahrzeug auf nur 2800 Dollar belaufen haben sollen. Die Reichweite wurde mit 80 Meilen beziffert. Nach Angaben des Sportflugzeugherstellers betrug die Leistung der beiden Gleichstrommotoren im Heck des Autos nur je 1,5 kW, das Höchsttempo des Coupés aber immerhin 70 Meilen pro Stunde.
Die bisherigen Erfahrungen der Firma Stinsons im Bau von Elektrofahrzeugen hatten sich auf Golfcarts beschränkt.

GUY (GB)
1914 wurde von Sydney Slater Guy in Wolverhampton, Midlands, die Guy Motors Ltd. zur Herstellung von Nutzfahrzeugen gegründet. Guy war vorher Werksmanager bei der Sunbeam Motor Company gewesen. Von 1919 bis 1925 produzierte man Lastwagen sowie Ein- und Doppeldecker-Omnibusse, auch Personenwagen sowie diverse Fahrzeuge mit Elektroantrieb.

Amerikanischer G.V. Electric Truck, 1916.

G.V. I (USA)

Die amerikanische General Vehicle Company (G.V. Electrics) in Long Island City, New York, existierte von 1906 bis 1920 und produzierte Elektro-Lastwagen für 0,35 bis 5,0 t Nutzlast sowie Schlepper in Hybridbauweise. Die Elektromotoren saßen in der Fahrzeugmitte vor der hinteren Achse; man bezog sie von der Firma General Electric, während die Akkumulatoren in eigener Regie produziert wurden. Der Antrieb der Hinterräder erfolgte über Rollenketten.

G.V. II (GB)

1916 begann die britische Tochter General Vehicle Co. in Birmingham mit der Herstellung von Elektrofahrzeugen nach einer amerikanischen Konstruktion (G.V. Electrics, die 1913–1915 auch britische Daimler-Lastwagen in Lizenz baute) aus dem Jahr 1906. Es waren Lastwagen von 0,5 bis 5,0 t Nutzlast mit einer Batteriekapazität bis zu 450 Ah. Als Frontlenker führte der G.V. seine Batterien in einem großen Kasten im Chassis unterhalb der Ladefläche mit, der Elektromotor befand sich vor der Hinterachse und trieb die hinteren Räder über Ketten an. Die Fahrzeuge waren bei Brauereien und Kommunalbetrieben beliebt, und 1924 gab es Dreiachser für 10,0 t als Aufliegertyp. 1930 stellte G.V. einen dreiachsigen Kipper mit Kardanantrieb vor, als Elektrofahrzeug eine einmalige Konstruktion. Dieses Modell, aber auch kleinere Last- und Lieferwagen (bei denen der Fahrer das Fahrzeug vom Heck aus im Stehen bediente) wurde noch bis 1935 produziert, 15 Jahre länger als die Fahrzeuge der liquidierten amerikanischen Muttergesellschaft.

GfV (D)

Die Gesellschaft für Verkehrsunternehmungen (GfV) wurde am 11. März 1899 in Berlin gegründet. Noch im gleichen Jahr wurde mit der Errichtung einer Fabrikationsstätte für jährlich 400 Fahrzeuge begonnen. Zu den Gründern gehörten prominente deutsche Firmen, die im Elektromobil eine Zukunft sahen: Akkumulatorenwerke System Pollak; Deutsche Gesellschaft für elektrische Unternehmungen; Elektricitäts-A.G. vorm. W. Lahmeyer & Co.; alle Frankfurt/Main; Motorfahrzeug- und Motorenfabrik Berlin A.-G. (MMB); Siemens & Halske; Union-Elektrizitäts-Gesellschaft; alle Berlin; Wagenbauanstalt und Waggonfabrik für elektrische Bahnen vorm. W.C.F. Busch; Hamburg und Bautzen.
Zweck der Gründung waren: 1) Herstellung, Kauf, Eigenbetrieb und sonstige Verwertung von Motorfahrzeugen und Motorbooten sowie Teilen derselben, insbesondere elektrotechnischer Konstruktionen dieser Art. 2) Errichtung, Übernahme und Betrieb von Verkehrsunternehmungen jeder Art, welche die Beförderung von Personen und Gütern zum Gegenstand haben. 3) Erwerb und Verwertung aller auf Motorfahrzeuge Bezug habenden Erfindungen, Konstruktionen, Patente und Patentlizenzen.
Die Gesellschaft war im Besitz der damals wichtigsten Patente und Gebrauchsmuster, insbesondere jedoch Mitinhaberin der Lizenz für elektrische Motorfahrzeuge der Columbia & Electric Vehicle Company in Hartford, Connecticut/USA, für Deutschland und Österreich-Ungarn. Die amerikanische Firma war Teil des Automobil-Imperiums des Colonel Albert Pope. Unter Direktor Max Meyer und Oberingenieur Mühlberg konstruierte, betrieb und vertrieb die GfV Hotel-Omnibusse (10 bis 20 Personen), Ausflugsbusse bis zwölf Sitzplätze (Breaks und Gesellschaftswagen) und Gepäckwagen für Nutzlasten von 0,3 bis 1,5 t. Die Reichspostverwaltung erprobte einen Paketwagen mit 1,0 t Nutzlast und orderte 1900 noch zwölf weitere als Ersatz für ihre zweispännigen Pferde-Güterpostwagen. Der Antrieb der Wagen erfolgte durch zwei Elektromotoren von je 1,9 kW (2,5 PS), die je ein Hinterrad mittels einfacher Zahnradübertragung in Bewegung setzten.
Eine Besonderheit waren die mit wenigen Handgriffen auszuwechselnden Aufbauten auf standardisierten Chassis, die die H.F. Eckert AG, Berlin, fertigte. Die an der Gesellschaft beteiligten Firmen lieferten die Wagenkästen, die elektrischen Ausrüstungen und die Akkumulatoren.
Zur 1. Internationalen Motorwagen-Ausstellung im September 1899 in Berlin wurde von der ABOAG mit vier von der GfV gelieferten Omnibussen zur Erprobung ein Zubringerdienst eröffnet, dem ab dem 15. Februar 1900 auf der Strecke Stettiner Bahnhof – Anhalter Bahnhof ein fahrplanmäßiger Probebetrieb mit acht Fahrzeugen folgte. Am 27. Juli 1900 eröffnete man eine weitere Linie (Askanischer Platz – Stettiner Bahnhof) mit sechs Wagen. Die von der Wagenbauanstalt und Waggonfabrik für elektrische Bahnen vorm. W.C.F. Busch mit Chassis und Wagenkasten ausgestatteten Fahrzeuge entsprachen in ihrer Ausstattung weitgehend dem Standard der Berliner Straßenbahnwagen und fassten 18 Fahrgäste. Auf dem Dach trugen die Omnibusse Ladebügel, die sich an den Ladestationen am Stettiner bzw. Anhalter Bahnhof während des regelmäßigen Aufenthalts automatisch gegen spezielle Kontaktbahnen legten. Alle elektrischen Teile dieses Systems außer den Akkus hatte Siemens & Halske beigesteuert. Der Betrieb wurde im Dezember 1900 wieder eingestellt, da die Konstruktion nicht ausgereift war. Doch zur Pariser Weltausstellung 1900 verkehrten immerhin zwölf Fahrzeuge der GfV als zwölfsitzige Hotel- und Ausflugsbusse für ein deutsches Touristen-Büro zwischen Paris und Versailles. Optimistisch hatte man sich in Ungarn durch Beteiligung an der städtischen Verkehrsunternehmens-Aktien-Gesellschaft ein 30jähriges Monopol für den Omnibusbetrieb in Budapest gesichert. Im April 1900 übernahm die Motorfahrzeug- und Motorenfabrik Berlin AG die Konstruktion und Herstellung der Fahrzeuge und kurze Zeit später das gesamte Aktienkapital. Am 29. Oktober 1901 beschloss man die Auflösung der Gesellschaft.

HAKANSSON (S)
siehe ATLAS

HANERGY (CHN)
Das von Li Hejun 1994 in Beijng gegründete Privatunternehmen Hanergy hat sich auf die Anwendung erneuerbarer Energien spezialisiert und kündigte 2016 Pläne zur Großserienherstellung von Elektrofahrzeugen mit Solarenergie in Zusammenarbeit mit der Foton Motor Co. an. Erste Prototypen wurden im Juli 2017 präsentiert.

Links: Hansa-Lloyd Elektrolastwagen, 1914.

HANSA-LLOYD (D)
Unter der Bremer Marke Hansa-Lloyd wurden ab 1914 in Fortführung der Lloyd-Produktion Lastwagen bis zu 10,0 t Nutzlast gebaut, die man mit Benzin- oder Elektromotoren erhalten konnte. Hergestellt wurden auch Militärfahrzeuge, die im Ersten Weltkrieg sowie bei der Reichswehr Verwendung fanden. Schlepper für den Aufliegerbetrieb stellte Hansa-Lloyd ebenfalls her. Diese Nutzfahrzeuge waren in den 1920er- und 1930er Jahren im Straßenbild häufig zu sehen. Ab 1936 wurden Hansa-Lloyd-Lastwagen auch mit Junkers-Gegenkolben-Dieselzweitaktern versehen.
Von 1935 bis 1938 produzierte Hansa-Lloyd in großer Zahl Militärfahrzeuge mit drei Achsen, teils als Halbkettenfahrzeuge gebaut. Elektrowagen entstanden in geringer Zahl für die Reichspost. Als die Nutzfahrzeugproduktion bei Borgward 1948 einen Neuanfang erlebte, wurde der Name Hansa-Lloyd nicht mehr verwendet, beide Marken erhielten wieder ihre eigene Individualität.

Harrods Lieferwagen aus den 1930er Jahren.

HARBILT (GB)
Die Harborough Construction Co. Ltd. in Market Harborough nahm 1947 die Herstellung von Elektrofahrzeugen auf, die als Milchwagen (»milk floats«), Transporter im Gewerbebetrieb oder als Kommunal- und Arbeitsfahrzeuge Verwendung fanden. In den USA wurden eine Anzahl Harbilt (»built in Harborough«) in den 1970er Jahren in San Francisco assembliert und dort im Postdienst (United Parcel Service = UPS) eingesetzt. Das englische Stammhaus nennt sich heute Harbilt Electric Vehicle Co. mit Sitz in Manchester.

Chassis eines Hansa-Lloyd Elektrolastwagens Typ EL3 2500, 1939.

HARRODS / WALKER (GB / USA)
Das im 19. Jahrhundert gegründete Londoner Warenhaus Harrods of Knightsbridge unterhielt eine Zeitlang eine Reihe von speziell gebauten Auslieferungswagen mit Elektroantrieb und 1,0 t Nutzlast.
1903 hatte man bei Harrods allmählich die von Pferden gezogenen Lieferwagen gegen motorisierte Vans auszuwechseln begonnen. 1904 entstand auch bei der Firma Dennis ein speziell für Harrods gebauter Lieferwagen mit einem 12-PS-Vierzylindermotor; ein Jahr später führte Harrods Lieferwagen mit elektrischem Antrieb ein, ideal für den Stadtbetrieb und geräuschlos.
1921 ließ Harrods bei Albion Motors, wo auch Ein- und Doppeldecker-Stadtomnibusse gebaut wurden, einen Lieferwagen mit Benzinmotor und Kastenaufbau herstellen, und um 1924 entstand auf einem Fiat-Fahrgestell ein ähnlicher Wagen. Automobile der Marke Fiat waren zeitweilig sogar im Warenangebot des Hauses Harrods enthalten, denn man unterhielt dort eine Automobilabteilung (ebenso wie ein Beerdigungsinstitut).

1928 beauftragte Harrods einen weiteren Nutzfahrzeughersteller mit der Anfertigung einer Reihe spezieller Vans: Guy Motors Ltd., doch die größte Flotte eigens gebauter Wagen im Harrods-Fuhrpark waren jene 60 dunkelgrün lackierten Elektrolieferwagen des amerikanischen Herstellers Walker, eine der bekanntesten Firmen dieser Branche in den USA. Der Walker besaß zwei Akku-Sets; nur Hinterradbremsen standen zur Verfügung. Aber bei bescheidenen 2,6 kW (3,5 PS) war der Lieferwagen nicht schneller als 30 km/h. 1936 bis 1939 gab es 60 solcher Fahrzeuge; einige blieben sogar bis in die 1960er Jahre im Dienst.
Im Besitz der Firma Harrods befindet sich noch einer der Walker Electric von 1919 sowie die Nachbildung eines im Jahr 1939 hergestellten Vans.

HART (GB)

Der Londoner Autohändler Ernest W. Hart war britischer Repräsentant der Firma Lohner, Wien, später auch von Austro-Daimler, und bot in England deren elektrisch- und benzin-elektrisch angetriebenen Automobile an. Von 1900 bis 1903 baute er unter eigenem Namen, aber auch als Lutonia oder La Toujours Contente bezeichnet, ebenfalls Elektro- sowie Hybridfahrzeuge.
siehe auch unter LUTONIA

Hawa Elektrowagen in Lieferwagenausführung von 1922. Wahlweise war ein Tandem-Zweisitzer mit einem Steuerknüppel oder einem Lenkrad zu bekommen.

HAWA (D)

Der Elektro-Kleinwagen Typ EM 3 der 1898 gegründeten Hannoverschen Waggonfabrik AG (HAWA) wurde vorwiegend Landärzten empfohlen und konnte mit einer elektrischen Handlampe geliefert werden, gedacht für »Operationen, wo es kein ausreichendes Licht gibt«. Der Wagen erhob sogar Anspruch auf das Prädikat »Volks-Automobil«. Er wurde 1921 vorgestellt, hatte einen 40-Volt-Elektromotor von 0,8 kW unter dem Sitz und wurde mit vier 16-Element-Akkumulatoren unter der Fronthaube betrieben; wahlweise war der Tandem-Zweisitzer mit einem Steuerknüppel oder einem Lenkrad zu bekommen. Die Geschwindigkeit des Hawa, der die Form einer eckigen Badewanne besaß, betrug 20 bis 24 km/h, der Aktionsradius etwa 70 Kilometer. Der Hawa war 243 cm lang, 115 cm breit und wog 320 kg, hatte schmale 26-Zoll-Reifen, ein Segeltuchverdeck und einen Scheinwerfer an der Front. Angeboten wurde das Auto auch als Lieferwagen mit nur einem Sitz.
1925 stellte die Hannoversche Waggonfabrik, deren Werk sich neben dem Gelände der Firma Hanomag befand, den Bau des Kleinwagens ein. Das Unternehmen produzierte weiterhin Straßenbahnwagen, landwirtschaftliche Maschinen und Traktoren, befasste sich im Ersten Weltkrieg auch mit dem Flugzeugbau, wozu sogar ein eigener Werksflughafen gebaut wurde; HAWA fertigte auch Automobil- und Omnibuskarosserien.
Die Braunschweiger Elektrizitätswerke besaßen einen HAWA-Lieferwagen, der bis 1961 im Betrieb war, anschließend überließ man ihn dem Fundus des Staatstheaters von Braunschweig, wo er gelegentlich als Bühnenrequisite diente. 1987 fand das Gefährt zu seinem ursprünglichen Eigentümer zurück und wurde in der betriebseigenen Ausbildungswerkstatt restauriert. Ein weiteres Exemplar wurde 1925 von einem Auswanderer nach Adelaide/Australien mitgenommen und dort rekarossiert. In privater Initiative wurde der Wagen nach Deutschland zurückgeholt und ist heute ein Exponat im Historischen Museum Hannover.

HAWTAI (CHN)

Im Jahr 2000 in Peking gegründetes Unternehmen mit Namen Rongcheng Hawtai Automobile Co. Ltd., das anfangs ein Fahrzeugimporteur war, dann auch Autos zu produzieren begann. Es waren hauptsächlich Personen- und Nutzfahrzeuge in Hyundai-Lizenz. Seit 2017 gibt es auch Hawtai Elektrofahrzeuge wie den EV160 mit 30-kW-Motor. Die Firma betreibt inzwischen drei große Fabriken und ist für Hyundai ein bedeutender Kooperationspartner. Anfang Mai 2011 versuchte der Konzern als strategischer Partner auch beim schwedischen Hersteller Saab einzusteigen, der damals zur Disposition stand, musste aber wenig später von diesen Plänen Abstand nehmen. Hawtai war nicht in der Lage, notwendige staatliche Genehmigungen für den Deal beizubringen.

HELVETIA (F)

Von 1898 bis 1900 bot die Compagnie des Voitures Électriques Fischer in Combs-la-Ville, Departement Seine-et-Marne, Elektrowagen unter dem Markennamen Helvétia an, entwickelt von dem Schweizer Konstrukteur Jacques Fischer-Hinnen aus Zürich. Ende Juli 1899 war sein erstes Elektro-Taxi fertiggestellt. Mit dem Motor, den er nicht selbst konstruiert hatte, war er indessen nicht zufrieden, er zeigte zahlreiche Mängel. Er baute die fehlerhaften Teile um und konnte bald darauf einen perfekt funktionierenden Wagen vorstellen, der eine Höchstgeschwindigkeit von etwa 20 km/h erreichte. Dieses Fahrzeug besaß Holzräder mit Vollgummireifen sowie Kettenantrieb. In Paris machte Jacques Fischer-Hinnen die Bekanntschaft von Frantisek Krízik, einem Industriellen aus Prag. Dieser interessierte sich sehr für die Arbeiten des Schweizer Konstrukteurs und warb ihn für seine Firma ab, in der bereits ebenfalls Elektrofahrzeuge hergestellt wurden. Ein Krizig-Motorwagen war 1895 das erste Automobil auf den Straßen Prags.
siehe auch KRIZIG

HENSCHEL I (D)

Die Elektromobil- und Maschinenfabrik Henschel & Co. GmbH in Berlin-Charlottenburg, Schillerstraße 97, war nach Daimler das zweite Unternehmen, das 1899 in der Hauptstadt eine elektrische Motortaxe auf die Straße brachte. Es handelte sich um eine umgebaute Pferdekutsche, bei welcher der Batteriekasten in einem Eisengestell unterhalb des Aufbaus hing. Der Motor befand sich unter dem Kutschbock, der Antrieb der hinteren Räder erfolgte über ein System aus biegsamen Wellen und Ketten. Diese Henschel-Droschke hatte eine Reichweite von 45 Kilometern und blieb jahrelang im Einsatz. Ab 1900 bot Henschel auch elektrisch angetriebene Lastwagen mit zwei Motoren an, die 3,5 oder 6,5 PS leisteten und in den Naben der Hinterräder saßen. Die Fahrzeuge wiesen Klotzbremsen auf, auch konnte durch ein Reversieren der Elektromotoren eine Bremswirkung erzielt werden. 1918 wurde der Betrieb von der Elite-Werke AG übernommen, die am gleichen Platz ihre Berliner Vertretung etablierte.

HENSCHEL II (D)

In Zusammenarbeit mit der Waggonfabrik Uerdingen – seit 1899 einer der bedeutendsten Hersteller von Schienenfahrzeugen in Deutschland – entstanden von 1951 bis 1955 beim Nutzfahrzeughersteller Henschel & Sohn GmbH in Kassel 106 Oberleitungsomnibusse vom Typ ÜHII und ÜHIII, gefolgt vom HS 160/OSL, der in 73 Exemplaren bis 1963 gebaut wurde. Die geräumigen Fahrzeuge hatten Luftfederung, die Karosserie bestand weitgehend aus Aluminium. 1932 hatte man bei Henschel auch Versuche mit Dampflastwagen vorgenommen, von denen bis 1937 in verschiedenen Größen 25 Stück gebaut wurden.

Ballard Antriebstechnik

Ballard Power Systems, Inc. ist ein 1979 von Geoffrey Ballard gegründetes Unternehmen zur Herstellung von Brennstoffzellen. 1993 wurde der erste mit auf Wasserstoff-Technologie basierenden Brennstoffzellen angetriebene Bus als Prototyp vorgestellt. 2001 kam das erste serienreife Produkt auf den Markt. Neben Brennstoffzellen-Stacks, den Kernkomponenten, wurden weitere Subsysteme zur Energieumwandlung entwickelt. 2005 wurde das Systemgeschäft von Daimler Chrysler und Ford/USA im Rahmen eines Joint Venture übernommen. Die NuCellSys GmbH hatte die Aufgabe, Brennstoffzellenantriebe serienreif weiterzuentwickeln. Im Jahr 2009 übernahm die Daimler AG den 50-prozentigen Anteil der Ford Motor Company an der NuCellSys GmbH. Sie wurde somit zu 100 Prozent eine Tochtergesellschaft der Daimler AG. Das Unternehmen konzentriert sich auf die Perfektionierung von Brennstoffzellen sowie von elektrischen Antrieben für Brennstoffzellenfahrzeuge für Auftraggeber aus aller Welt. Seit 2003 haben zum Beispiel Busse vom Typ Mercedes-Benz Citaro BZ mit Ballard-Technik Millionen von Kilometern störungsfrei zurückgelegt.

HENTSCHEL (D)

Das Spezialgebiet der in Berlin SW angesiedelten Maschinenfabrik Hentschel & Co. war 1906–1914 die Herstellung elektrisch angetriebener Straßenkehrmaschinen mit Wasserbespülung, Schneepflüge und Müllwagen, von denen die Firma zahlreiche Exemplare an die Berliner Stadtverwaltung lieferte. Gebaut wurden auch mittlere Nutzfahrzeuge mit Benzin- und Petroleummotor sowie elektrische Vorspannwagen für Kommunalfahrzeuge.

HERCULES ELECTRIC (USA)

Den sieben Mal auftauchenden, der römisch/griechischen Mythologie entlehnten Markennamen Hercules verwendete auch eine Firma James McNaughton Co. in Buffalo, New York, 1907 für ihre Elektrowagen mit Kettenantrieb. Den Hercules Electric gab es als Zwei- und als Viersitzer.

HEULIEZ (F)

siehe MIA

HEWITT-LINDSTROM (USA)

Von 1900 bis Anfang 1902 stellte die Hewitt-Lindstrom Motor Co. in Chicago Elektroautomobile her. Es waren Personenwagen sowie Lieferwagen und offene Omnibusse für zwölf Personen. Einzelheiten sind nicht überliefert.

HOLSON · AUTOLET (USA)

Auf der Chicago Automobile Show von 1901 zeigte der Amerikaner A. B. Holson einen Dreiradwagen mit einem 0,4 kW leistenden Elektromotor. Mit seinem Partner M. B. Church gründete er wenig später die Holson Motor Patents Co. mit Sitz in Grand Rapids, Michigan. Angekündigt wurde die Herstellung eines benzin-elektrischen Automobils unter der Marke Autolet, das aber ebenso wenig in Produktion ging wie der dreirädrige Holson.

HONDA (J)

Der 1999 präsentierte EV Plus war Hondas erstes batterie-elektrisch betriebenes Auto – es blieb jedoch ein Versuchsprojekt. Man verwendete erstmals bleilose Batterien, die später im Hybridmodell Honda Insight zum Einsatz kommen sollten. In erster Line gedachte Honda mit dem EV Plus zu ermitteln, ob man die strengen Auflagen des California Air Resources Bord zu erfüllen imstande war.

Das Auto war ein Viersitzer mit Vorderradantrieb; der Motor arbeitete mit 288 Volt (24 x 12) und leistete 49 kW. Es gab sogar einen offiziellen Listenpreis, er betrug 53.900 US-Dollar. Doch die wenigen Plus-Versuchswagen waren für einen Verkauf gar nicht vorgesehen.

Inzwischen gehört Honda, teils in Kooperation mit Nissan, zur Gruppe jener Hersteller in Fernost, die für einen An-

»Besonderen Eindruck würde ein eigenständiger, fortschrittlicher japanischer Stil machen … Da scheint Honda auf dem richtigen Wege zu sein …«

Dr. Paul Simsa, *mot*, November 1973

Honda Jazz Hybridwagen von 2011.

Per 1. Oktober 2019 verzeichnete Österreich Elektrofahrzeug-Ladestationen an 450 Standorten mit 4640 Ladepunkten; deren Zahl betrug in Deutschland zum gleichen Zeitpunkt 17.500.

schluss an die junge Elektro-Elite hart kämpfen und für die Jahre bis 2025 eine Fülle neuer, innovativer Fahrzeugkonzepte versprechen.
Auch in der Brennstoffzellen-Technologie hat Honda Akzente zu setzen versucht, so durch das Projekt FCX. 1999 bis 2001 wurden vier verschiedene Versionen dieser kleinen Kombilimousine auf der Basis des Honda EV mit Ballard-Antriebstechnik vorgestellt. Anschließend legte man eine Kleinserie mit verbesserten Brennstoffzellen auf, die von 2003 bis 2006 an verschiedene Regierungsorganisationen und Unternehmen verleast wurden. Es folgte der 2007 vorgestellte FCX Clarity, der ab 2008 in den USA und Japan geleast – nicht gekauft – werden konnte. 2015 präsentierte Honda ein Nachfolgemodell, das seit Herbst 2017 als Plug-in-Hybrid und als EV-Auto in Gestalt der Modelle Shuttle und Clarity auch in Europa angeboten wird.

HORLACHER (CH)

Die Horlacher AG in Möhlin, Kanton Basel, entwickelte zahlreiche Solarmobile, aber auch Karosserien für Rennwagen. Der erste durch Solarzellen angetriebene Wagen entstand bei Horlacher 1985, bei dem die gesammelte Energie der Sonnenstrahlung in zwei Batterien gespeichert wurde; der am Vorderrad angebrachte Bosch-Elektromotor schaffte 50 km/h. Die Reichweite betrug etwa 40 Kilometer. Die einsitzige Leichtbau-Kabine des Horlacher Soli besaß eine gläserne Schiebetür; das Hinterrad wurde über einen Zahnriemen angetrieben. Im März 1990 wurde ein vierrädriges Fahrzeug mit zwei nebeneinander angeordneten Sitzen präsentiert. Der 5,8-kW-Motor war gut für etwa 80 km/h, die Reichweite lag bei 80 bis 100 Kilometern. Im Jahr danach kam das Citymobil zur Vorstellung, es bot Platz für zwei Personen, hatte eine Reichweite von 120 Kilometern und war bis zu 80 km/h schnell. Noch schneller voran ging es mit dem Horlacher Sport genannten Solarmobil, ein windschlüpfriges Gefährt, das eine Spitzengeschwindigkeit von 120 km/h erreichte. Im Mai 1992 stellte Max Horlacher den Typ NaS-Sport vor – ein Rekordfahrzeug, das 450 Kilometer mit nur einer Batterieladung zurücklegen konnte. Im April 1994 berichtete die Presse von einem neuen Modell namens Horlacher Consequento California; es war ein nur 2,80 m langes Gefährt, entworfen von Designern des Transfer-Zentrums in Pforzheim, das zusätzliche Crash-Sicherheit bieten sollte. Den Prototyp haben die Schweizer Spezialisten bei Horlacher gebaut.

Hotzenblitz Elektro-Kleinwagen, 2013. Manche Fahrzeuge dieser Kategorie erinnern an die Rollermobile der Fünfziger Jahre.

Auch außerhalb der Schweiz, so in Deutschland und in Thailand, fanden Horlachers Alternativ-Fahrzeuge reges Interesse und wurden dort in Lizenz hergestellt.

Horlacher Saxi, 1996.

HOSKYNS (GB)

Der Engländer Karl Joe Schwarzkopf-Bowers von der Hoskyns Group plc (Computersysteme) war am 5. Juli 1988 der erste, der den gelungenen Versuch unternahm, die rund 200 km lange, London umschließende Autobahn M25 mit einem Elektroauto abzufahren, ohne die Akkus nachladen zu müssen. Der als Hoskyns Alto Duo bezeichnete Vierradwagen mit 10-kW-Motor war von Schwarzkopf-Bowers konstruiert worden und ermöglichte eine Durchschnittsgeschwindigkeit von etwa 65 km/h. Der Zweisitzer war ein kompakter Kleinwagen mit einer im Crashtest geprüften Fahrgastzelle; die 80-Volt-Säure-Akkus waren gegen Auslaufen gesichert. Das eingebaute Ladegerät konnte an jede Netzstrom-Steckdose angeschlossen werden.

HOTZENBLITZ (D)

Thomas Albiez, Rainer Schmid, Thomas Schwarz und Peter Zumkeller gründeten am 13. April 1988 in Ibach, Baden, die Hotzenblitz-Mobile GmbH zur Konzeption und Herstellung von Elektrofahrzeugen. Ihr erster Prototyp wurde nach 19-monatiger Arbeit fertiggestellt. Sponsor des Projekts war Alfred Ritter, Inhaber der Schokoladenfabrik Ritter Sport. Das Magazin *auto, motor und sport* bescheinigte dem Hotzenblitz den gleichen Rang wie den Versuchsfahrzeugen BMW E 1 und Volkswagen Chico.
Am 12. April 1991 kam es zur Gründung einer neuen Gesellschaft Hotzenblitz-Mobile GmbH & Co. KG. Der ein knappes Jahr später bis zur Serienreife entwickelte, drei- bis viersitzige Hotzenblitz EL Sport war nur 2,70 m lang, wog 600 kg und wurde von einem Asynchronmotor von wahlweise 6 oder 12 kW angetrieben. Seine Kraft bezog er aus einer wartungsfreien Zink-Brom-Batterie (144 Volt, 15 kW/h); in fünf Stunden ließ sie sich an der Steckdose aufladen. Das Elektromobil erreichte eine Geschwindigkeit von rund 120 km/h und hatte in der Stadt eine Reichweite von etwa 200 Kilometer. Der Preis des EL Sport sollte 50.000 bis 60.000 D-Mark betragen.
Mit wenigen Handgriffen ließ sich der EL Sport in ein Cabrio oder einen Pritschenwagen verwandeln, ideal für Handwerker und kommunale Dienstleistungsbetriebe. Die Heckschublade ließ sich vollständig herausziehen und als Ein-

kaufswagen durch den Supermarkt schieben. Das pfiffige Auto aus dem Schwarzwald verfügte über Einzelradaufhängung und ein hydraulisches Zweikreisbremssystem mit vier Scheibenbremsen; die Karosserie bestand aus pflegeleichtem Kunststoff.
Der Hotzenblitz sollte ab Herbst 1993 vom Band laufen, und zwar bei den ehemaligen Simson-Werken in Suhl, Thüringen. Das Land Thüringen bürgte für einen Kredit von 8 Millionen Mark. Den Preis des Ökoflitzers konnte man auf 35.000 D-Mark reduzieren; bei Großserienproduktion kalkulierte man ihn auf 15.000 D-Mark. Mindestens 800 Fahrzeuge gedachte der Schwarzwälder Elektromeister Albiez noch 1995 an den Kunden zu bringen. Inzwischen gab es den Hotzenblitz auch als zweisitzigen Buggy. Doch 1996 war nach nur 150 gefertigten Autos die Firmenbatterie erschöpft, und die ließ sich nicht mehr aufladen. Hotzenblitz meldete Konkurs an. Rund fünf Millionen D-Mark fehlten, um wieder auf die Räder zu kommen. Die Hotzenblitz Mobile Thüringen GmbH stellte ihre Tätigkeit ein. Viel Geld eingebüßt hatten nicht nur der Schokoladen-Sponsor und eine Reihe von Zulieferern, sondern auch das Bürgschaftsland Thüringen.
Im März 1998 schien es, als ob der Hotzenblitz eine neue Chance hätte. Eine Finanzierungsgesellschaft wollte den Wagen in Duisburg bauen lassen. Nach Angaben der dortigen Treffpunkt Zukunft GmbH sollte ein ehemaliges Postverteilzentrum im Duisburger Gewerbegebiet Neuenkamp als Standort für die Herstellung dienen. Doch 2005 suchte man (vergebens) noch immer nach Kapitalgebern, die eine Serienfabrikation zu finanzieren bereit waren.

HOWMET TX TURBINE (USA)

Vom Howmet Turbinen-Sportwagen sind 1967–1968 zwei Exemplare entstanden. Ihre Konstrukteure waren die Amerikaner Ray Heppenstall und Bob McKee, Auftraggeber die Howmet Corporation, ein Firmenkonglomerat der Metallbranche. Die gut 300 PS leistende Flugzeugturbine saß im Heck eines weitgehend aus Aluminium bestehenden Chassis. Zum Einsatz kamen die zu PR-Zwecken gebauten Howmet TX Zweisitzer in der Prototypenklasse bei einigen Rennen in Daytona, Sebring und Le Mans, auch wurden 1970 einige Rekordversuche unternommen, um die vom englischen Rover Turbinenwagen 1963 aufgestellten Zeiten zu unterbieten.

H.T.V. (USA)

1983 begann der General Electric-Konzern (GE) in Zusammenarbeit mit der Volkswagen AG eine dreijährige Versuchsreihe mit einem Hybridfahrzeug. Das Projekt lief unter der Bezeichnung H.T.V. (Hybrid Test Vehicle); die Testfahrten fanden in Kalifornien statt. Mit Verbrennungsmotor wurde der H.T.V.1 auf den Highway geschickt, in der Stadt bewegte er sich als Elektrowagen. Der verwendete 30-kW-Elektromotor war eine GE-Spezialentwicklung; der 80-PS-Benzinmotor stammte vom VW Passat. Ein Computer entschied über die Motorenwahl, die auch parallel erfolgen konnte. Verwendung fanden zehn 12-Volt-Batterien der amerikanischen Firma Johnson Controls.
siehe auch GENERAL ELECTRIC

HUB (USA)

Auch die Hub Motor Co. in Chicago vertrieb in den Jahren 1899–1900 Elektrowagen. Die Firma gehörte dem Grundstücksmakler Charles Berg und seinem Partner H. L. Irwin, einem Rechtsanwalt. Berg verfügte angeblich über die Konstruktion eines Elektromotors, dessen Baurechte er später der Westinghouse Company verkaufte. Etwas mysteriös scheint dabei die Rolle eines jungen österreichischen Ingenieurs namens Joseph Ledwinka, der an der Entstehung des Hub-Wagens mitgearbeitet hatte, später zur Karosseriefirma Budd ging und dort Karriere machte. Er war ein Verwandter des späteren Tatra-Chefkonstrukteurs Hans Ledwinka, hatte in Wien eine Wagenbaulehre absolviert und ging anschließend nach Chicago, wo er ein Patent auf einen allradgetriebenen Elektrowagen beantragte. Offen ist die Frage, ob Ledwinka seine Lehre bei Lohner absolviert und dort Kenntnis des Lohner-Egger-Porsche-Projekts erlangt hatte, um daraus im fernen Amerika Nutzen zu ziehen. 1914 erhielt Ledwinka ein Patent auf die erste geschweißte Ganzstahlkarosserie der Welt, die anschließend der Karosseriefirma Budd in Philadelphia eine Vorrangstellung auch außerhalb der USA verschaffte. Edward G. Budd und Joseph Ledwinka blieben ein Leben lang einander verbunden. Auch der erste, von William Muller entwickelte Frontantrieb-Ruxton von 1929–1931 war unter Mitarbeit Ledwinkas entstanden, der bei Budd zum Chefingenieur avanciert war. Im April des Jahres 1935 erhielt Ledwinka das US-Patent Nr. 2.000.000 für die Konstruktion einer Sicherheitsfelge; zahlreiche weitere Patente im Karosseriebau gingen auf Ledwinkas Konto. Es blieb bisher ungeklärt, welche Zusammenhänge zwischen dem amerikanischen Hub und dem so gut wie baugleichen österreichischen Lohner bestanden.

Hupp-Yeats Stadtcoupé von 1912 mit einem Elektromotor von Westinghouse. Mit großzügigen Aufbauhöhen kam man den Gepflogenheiten feiner Herrschaften entgegen, denen, ohne ihre Kopfbedeckungen abnehmen zu müssen, bequem ein- und auszusteigen beliebte.

HUPP-YEATS (USA)

Nachdem Robert Craig Hupp die von ihm 1908 in Detroit gegründete Hupp Motor Car Co. verlassen hatte, gründete er 1911 die R.C.H. Corporation, die Benzinmotorfahrzeuge herstellte und auch den Elektrowagen Hupp-Yeats herausbrachte. Wofür der Zusatzname Yeats stand, ist nicht überliefert. Den Hupp-Yeats gab es als Drei- oder Viersitzer mit einem Elektromotor der Firma Westinghouse mit fünf Gangstufen. Die Fahrzeuge der ab 1912 angebotenen Modellreihe trugen klangvolle Namen wie Patrician, Regent und Regina. Mit voll aufgeladenen Akkumulatoren konnte der Hupp-Yeats 120 bis 150 Kilometer zurücklegen.
1913 verließ Hupp auch diese wegen Unterkapitalisierung sich hart am Konkurs bewegende Firma und gründete eine neue, die Autos unter der Marke Monarch baute. Die R.C.H. Corp. wurde von einem Finanzkonsortium übernommen, das die Hupp-Yeats Electric Car Co. gründete, die Ferti-

»Bislang machen die meisten Plug-in-Hybride nach 30 oder 40 Kilometern elektrisch schlapp. Batterie leer, es springt der Verbrennungsmotor an. Diese geringe Distanz reicht kaum bis zum Büro und zurück nach Hause …«

Michael Specht, *SPIEGEL Online*, September 2019)

Seit dem Frühjahr 2017 verkehren vollelektrisch angetriebene Busse, gebaut von der Firma Hybricon Bus System AB in Holmsund, in der nordschwedischen Stadt Umea. Die Fahrzeuge sind mit zwei 113-kW-Motoren versehen und können durch ein Hochleistungs-Ladesystem ihre Akkus innerhalb von nur sechs Stunden für zwölf Betriebsstunden nachladen lassen.

gung der Benzinmotormodelle einstellte und nur die Fabrikation der Elektrowagen fortsetzte. Doch die rückläufige Nachfrage nach solchen Fahrzeugen führte schließlich auch zu deren Produktionseinstellung. Etwa 1200 Hupp-Yeats sind bis 1919 hergestellt worden.

HYBRICON I (USA)

Der 1978 in North Hollywood, Kalifornien, entstandene Hybricon mit der Technik des Honda 600 war ein Werk des amerikanischen Designers George Barris, der vor allem Monsterautos für Filmserien schuf. Der Hybricon war ein Hybridwagen, bei dem ein Benzinmotor zum Antrieb eines Dynamos zur Akkuladung fungierte. Das Auto stellte einen der in den USA infolge der Ölpreiskrise zahlreichen, frühzeitig aber abgebrochenen Versuche dar, die Energie elektrischen Stroms zum Antrieb zu verwenden.

HYBRICON II (S)

Seit dem Frühjahr 2017 verkehren vollelektrisch angetriebene Linienbusse, gebaut und in Betrieb genommen von der Firma Hybricon Bus System AB in Holmsund, in der nordschwedischen Stadt Umea. Die Fahrzeuge sind mit zwei 113-kW-Motoren versehen und können durch ein Hochleistungs-Ladesystem ihre Akkus innerhalb von sechs Stunden für zwölf Betriebsstunden nachladen lassen.

HYUNDAI (ROK)

Das bescheidene Unternehmen, 1947 gegründet, entwickelte sich zu einem Konzern mit Aktivitäten auf zahlreichen Gebieten. Die Hyundai Engineering & Construction Co. Ltd. baute sowohl Industriehäfen in Saudi-Arabien als auch Hochhäuser in Singapur. Das Engagement der Hyundai-Gruppe betraf alle wichtigen Bereiche der Schwerindustrie, den Schiffs-, Dock-, Anlagen- und Werkzeugmaschinenbau, die Automobilindustrie, Elektronik, Petrochemie, Holzwirtschaft, Freizeitindustrie und auch den Betrieb von Warenhäusern, Finanz- und Versicherungsgesellschaften. 1967 wurde in Ulsan die erste Hyundai Automobilfabrik errichtet. Aus zugelieferten Teilen entstand hier zunächst als Lizenzbau der englische Ford Cortina. Ab 1974 folgten Eigenkonstruktionen mit Mitsubishi-Lancer-Mechanik (Mitsubishi war in den frühen 1980er Jahren am Hyundai-Konzern beteiligt, wie anschließend auch DaimlerChrysler) und italienischem Design; es stammte von Giugiaro. Der Hyundai Pony brachte es bis 1982 auf 100.000 Exemplare, und Hyandai war 2003 der erste koreanische Autohersteller, der in einem Jahr mehr als eine Million Autos exportierte. 1990 wurde in Korea das Modell Elantra eingeführt, das es seit 2009 auch als Mild-Hybrid-Modell gibt, bei dem ein Elektroantrieb ei-

Hyundai Ionic Hybrid Limousine, 2016. Ein ähnlich konzipiertes Frontantriebsmodell namens Nexo wird mit Brennstoffzellen-Technologie angeboten.

nen erdgasgetriebenen Ottomotor unterstützt. Der 185 km/h schnelle Hyundai Ioniq, seit 2016 auf dem Markt, ist ein Frontantriebs-Hybridmodell (E-Motor permanent erregt) mit einem 1,6-Liter-Vierzylinder, wahlweise bekam man den Wagen ab 2017 als reines Elektrofahrzeug mit 88 kW. Die Elektroversion gilt als eines der effizientesten alltagstauglichen Elektroautos, wobei die günstige Aerodynamik mithilft. An der Entwicklung von Fahrzeugen mit Brennstoffzellen-Technik ist Hyundai seit 2013 mit anderen Partnern in Asien ebenfalls beteiligt.
Die Hyundai Motor Co. ist einer der am schnellsten wachsenden Automobil-Großkonzerne der Welt. Zusammen mit der Tochter Kia steigerte das Unternehmen 2009 den Ab-

satz um 14,4 Prozent auf 4,76 Millionen Fahrzeuge. Für 2010 ergab sich ein Absatz von 5,4 Millionen Autos. 2016 wurden allein in der Bundesrepublik 197.227 Personenwagen verkauft – und 2013 bis 2019 auch 250 mit Brennstoffzellen-Technologie (Wasserstoffmotor). Der damit ausgestattete Hyundai Nexo war 2019 mit 78.000 Euro allerdings auch ein extrem teurer Mittelklassewagen.

IDEAL ELECTRIC (USA)

1910 bis 1911 baute die Ideal Electric Company in Chicago Elektroautomobile – Coupés und Broughams, die 1875 bis 2200 Dollar kosteten. Deren Elektromotor ließ sich in vier Schaltstufen fahren. Die Firma gehörte John H. Ryerson und Carl J. Holdredge. 1911 war sie finanziell am Ende und wurde von Bruce Borland übernommen.

IKARUS (H)

Die Wurzeln des ungarischen Unternehmens Ikarus reichen in das Jahr 1895 zurück, als Imre Uhry in Budapest eine Schmiede- und Wagenbauwerkstatt eröffnete. Den Markennamen Ikarus brachte die im Jahr 1916 gegründete Ikarus-Kühlerfabrik ein, aus der die Maschinen- und Metallwerke Ikarus AG hervorgingen und die sich mit der Karossier Uhry verband. 1920 begann man mit der Herstellung von Lastwagenaufbauten auf Fahrgestellen von Ford und Berliet, 1924 folgten Pkw- und Omnibus-Karosserien. Ab 1930 wurden in Kleinserien auch Reisebusse hergestellt, hauptsächlich auf Fahrgestellen der ungarischen MÁVAG Werke in Budapest, aber auch Frontlenker auf Gräf & Stift-Chassis.
Erste Neukonstruktion nach dem Kriege war ein gemeinsam mit Csepel und Steyr entwickeltes Busmodell, das 1951 als Ikarus 30 in Serie ging. Mit der ab 1968 schrittweise eingeführten Typenreihe 200 verwirklichte man das Prinzip der Einheitsbaureihe für alle Einsatzzwecke. Vom 8,5 m langen Clubbus bis zum Schubgelenk-Stadt- und Überlandreisebus von 15 m Länge gab es alle erdenklichen Ausführungen mit Luft- oder Blattfederung, mit Unterflur- oder Heckantriebsaggregaten. Mitte der 1980er Jahre verließ man bei Ikarus das Prinzip des einheitlichen Grundtyps und baute seither getrennte Reihen für urbanen Linienverkehr (Baureihe 400) und Reisebusse (Baureihe 300). Neben Großserienfahrzeugen wurden weiterhin Sonderaufbauten gefertigt, u. a. auf Fahrgestellen von Scania, Volvo, DAF, MAN und Renault. Für verschiedene Städte baute Ikarus auch Oberleitungs-Omnibusse.

IMMISCH (GB)

Die Acme & Immisch Electric Works Ltd. in London stellten in den Jahren 1894 bis 1897 auf Wunsch einiger Kunden drei- und vierrädrige Elektrowagen her. Einen solchen dreirädrigen Wagen sowie einen vierrädrigen Dos-à-dos erwarb 1896 der türkische Sultan. Elektromotoren von Acme & Immisch fanden sich auch in Fahrzeugen anderer Hersteller, so in einem Volk Electric, der 1895 in Brighton von der Volk Electric Tramway Ltd. als Einzelstück gebaut wurde.

IMPERIAL (GB)

The Anti-Vibrator Co. Ltd. in Croydon, Surrey, bot 1904–1905 ein Elektro-Landaulet unter dem Namen Imperial an. Der Antrieb erfolgte über je einen 2,1-kW-Motor an den Hinterrädern.

INTERNATIONALE (NL)

Die Internationale Automobiel Mij. in Den Haag stellte 1942 einige leichte Dreiradwagen mit Elektromotor her, die infolge der Benzinknappheit auch in den Niederlanden während der Kriegsjahre eine behelfsmäßige Mobilität im urbanen Bereich gewährten.

INTERURBAN (USA)

Die Francis A. Woods Auto Co. in Chicago bot um 1905 einsitzige, frontgetriebene Elektromobile unter dem Markennamen Interurban an. Wie es in der Werbung hieß, ließ sich der Motor innerhalb weniger Minuten auch gegen ein 8-PS-Zweizylinder-Benzinaggregat auswechseln. Woraus sich schließen lässt, dass Mr. Woods nicht sicher war, ob er mit seinem Elektromobil auf den richtigen Trend gesetzt hatte, Wie viele Fahrzeuge gebaut wurden, ist nicht bekannt, nur, dass Woods 1914 ein anderes Cyclecar-Projekt startete, das den Namen Woods Mobilette trug. Die Fahrzeuge hatten elektrische Scheinwerfer und einen Anlasser. 1916 wurde die Fertigung beendet; die letzten Fahrzeuge bot man Anfang 1917 an, meist als Lieferwagen ausgeführt und unter der Bezeichnung Sheridan verkauft.

Ikarus Obus in Budapest, 1985.

Links: Immisch Dreiradwagen von 1895.

Rechts: 1896 erwarb der türkische Sultan einen solchen Immisch Dos-à-dos Vierradwagen mit Achsschenkellenkung.

IVANHOE (CDN)

1903 bis 1906 produzierte die Canada Cycle and Motor Co. in Toronto Elektromobile unter dem Markennamen Ivanhoe, konstruiert von dem Ingenieur Hiram Percy Maxim, Sohn des Maschinengewehr-Erfinders Sir Hiram Stevens Maxim und Pionier des Amateurfunks in Amerika, der aber auch Verbrennungsmotoren (u. a. für Albert A. Pope) konstruierte. Die Batterien waren im ganzen Fahrzeug verteilt, um die Achsen gleichmäßig zu belasten. Der Westinghouse-Motor übertrug seine Antriebskraft über eine Rollenkette auf die hinteren Räder.

JAC (CHN)

Die Jianghuai Automobile Co. existiert unter diesem Namen seit 1999 und produziert Kleinwagen, SUVs, Lieferwagen und auch größere Nutzfahrzeuge der Marke JAC primär für den chinesischen Inlandsmarkt. Die Jianghuai (auch Chiang Huai geschrieben) Automobile Co. war 1964 als Staatsbetrieb gegründet worden und nahm Ende 1968 den Bau von Lastwagen mit Sechszylindermotor auf. Es handelte sich zunächst um einen Nachbau des russischen ZIS-Lkw der 1940er Jahre. Man begann 2010 auch mit der Herstellung von Elektrofahrzeugen und startete eine Zusammenarbeit auf diesem Sektor 2017 mit der Volkswagen AG.

JAGUAR (GB)

In der an motorsportlichen Highlights seit den Dreißiger Jahren überaus reichen Geschichte der britischen Marke Jaguar (die seit Ende 2007 zur indischen Tata-Gruppe gehört) stellte der F-Type Sportwagen insoweit einen weiteren und ganz besonderen Meilenstein dar, als er die Grundlagen für den ersten Jaguar mit Hybrid-Antriebstechnik aufwies. Seine Weltpremiere feierte der F-Type auf der Pariser Automobilausstellung im Oktober 2012 als Cabriolet, das Coupé folgte sieben Monate später. Doch bereits im Jahr zuvor hatte Jaguar das Konzept einer Weiterentwicklung dieses Luxus-Sportwagens gezeigt, genannt C-X16.

Die Plattform und die Karosserie des C-X16 bestand wie beim F-Type Serienmodell aus Aluminium. Das Studienmodell hatte einen 3,0 Liter großen und von einem Kompressor aufgeladenen V6-Motor mit 280 kW (380 PS) und einen Elektromotor mit 70 kW und 235 Nm. Der Elektromotor bezog seine Energie aus einem 1,6 kWh großen Lithium-Ionen- Akkumulatorenpaket und unterstützte den Benzinmotor mittels Rekuperations-Boost-Funktion. Geladen wurden die Akkus durch ein elektrohydraulisches System an der Hinterachse beim Bremsen. Bis zu 80 Kilometer weit sollte der C-X16 rein elektrisch fahren können.

Etwas realitätsnäher und kommerziell interessanter indessen schien Jaguars Ankündigung im März 2018 auf dem Genfer Autosalon, mit dem Modell I-Pace auch ins Elektro-SUV-Segment einsteigen zu wollen. Ab Sommer 2018 war dieser Wagen lieferbar. Und mit dem Modell I-Pace, das in Deutschland bei einem Preis von 77.850 Euro startete, trat Jaguar gegen die Elektro-Boliden von Tesla an. Die Briten zeigten 18 Monate nach ihrer ersten Studie die Serienausführung und ließen durch den Chefdesigner Ian Callum zuversichtlich verkünden: »Damit schlagen wir ein neues Kapitel unserer legendären Marke auf!«

Der I-Pace sah mit seiner relativ weit nach vorn gerückten Kabine, mit dem flachen Dach und dem keilförmigen Heck futuristisch aus, und mit einem cw-Wert von 0,29 war er auch sehr strömungsgünstig, was nicht zuletzt der Reichweite zugute kam.

Andrea Leitner-Garnell, Direktorin Presse- und Öffentlichkeitsarbeit bei der Vorstellung des neuen Jaguar: »Wir wollen die britische Traditionsmarke Jaguar um den Aspekt E-Mobilität erweitern und neue Zielgruppen ansprechen.«

Weil die 90-kWh-Akkupacks als Paket im Wagenboden verschwinden und die beiden kompakten Elektromotoren in den Achsen integriert sind, hat der I-Pace einen flachen Un-

Jaguar I-Pace Hybrid, 2017. Zehn Exemplare in vollelektrischer Bauart traten im August 2018 ihren Dienst als »Premium-Taxis« in München an. ADAC Südbayern und die Bayerische Landeshauptstadt traten im Rahmen des Projekts »eTaxi« als Ideengeber und Förderer auf.

In dichter Folge entstanden bei Jaguar zahlreiche Versuchswagen wie dieser X75 Hybrid Prototyp, 2016.

terbau. Obwohl mit 4,68 m etwas kürzer als der seit 2015 gebaute Superlativ-F-Pace, bietet der Elektro-SUV mit 2,99 m Radstand fast so viel Innenraum wie der große Range Rover. Die beiden Elektromotoren liefern je 150 kW (200 PS) und bringen je 350 Nm Drehmoment auf die Straße. Von der Elektronik zu einem sehr schnell reagierenden Allradantrieb gekoppelt und dank der Batterie im Boden mit einem zwölf Zentimeter tieferen Schwerpunkt versehen, beschleunigt der Jaguar I-Pace in nur 4,8 Sekunden von Null auf 100 km/h.
Die um werbewirksame Auftritte selten verlegen gewesene Firma Jaguar hat im Juli 2018 dem Münchner Taxi-Zentrum eine Flotte von zehn vollelektrischen Fahrzeugen zur Verfügung gestellt, um die Ernsthaftigkeit ihrer Bemühungen praktizierten Umweltschutzes zu demonstrieren. Fast zeitgleich kündigte Jaguar die Serienfertigung eines Replikats des legendären E-Type Sportwagens mit Elektromotor an – ein Luxusauto mit Nostalgie-Appeal, auf das vermutlich niemand gewartet hat. Der 1961 eingeführte und bis 1973 produzierte E-Type war als Nachfolger des XK150 eines der erfolgreichsten Jaguar-Modelle gewesen.

JEANNEAU (F)

Der oder das Jeanneau Microcar gehörte bis vor kurzem zu den am weitesten verbreiteten Kleinstwagen für das führerscheinlose Rentnerheer in Frankreich. Die Constructions Jeanneau in Les Herbiers an der Atlantikküste waren ursprünglich ein Werftbetrieb, und dessen Boote mit GFK-Rumpf erfreuten sich bester Reputation. Der Einstieg in die Autobranche erfolgte 1980 durch Erwerb einer Baulizenz des ebenfalls mit Kunststoffkarosse versehenen Mini-Cat von Serge Aziosmanoff, der seine Kleinstwagen 1978–1980 in Valence produziert hatte. In Deutschland wurden die Mikromobile des Herstellers Jeanneau von der Firma ATW Jeanneau in Bad Rappenau vertrieben.
Die ersten Microcar RJ 49 hatten einen 49-ccm-Peugeot-Mopedmotor. Es gab nachfolgend verschiedene Modelle mit unterschiedlichen Antriebsaggregaten, so z.B. das Modell L und den Typ GL mit Benzinmotoren sowie die Modelle LD und GLD mit Dieselmotoren. Der Typ 125 GL war der am stärksten motorisierte Zweisitzer und erreichte mit seinem Benzinmotor eine Geschwindigkeit von 75 km/h; die anderen liefen maximal 40. Auch gab es Wagen mit deutschem 50-ccm-Fichtel & Sachs-Motor sowie mit Elektroantrieb. Der ULD war ein Microcar mit Kastenaufbau für den Kleintransport. Weitere Modelle wie der Microcar Light mit Elektroantrieb folgten in den 1990er Jahren, in Deutschland vertrieben von der EMC Elektro-Mobil AG in Münchenstein.

Die erste von Charles Jeantaud gebaute Elektrokutsche, 1881.

JEANTAUD (F)

Der Franzose Charles Jeantaud, geboren 1843 in Limoges, stellte im Jahr 1881 seine erste elektrische Kutsche auf die Räder. Bis 1893 entstanden einige weitere Fahrzeuge mit dieser Antriebsart. Er beschäftigte sich aber auch mit Konstruktionen des Dampfautomobil-Pioniers Léon Serpollet. Jeantaud betrieb in Paris ferner ein Taxiunternehmen und eine Kutschwagenmanufaktur.
1895 beteiligte sich Jeantaud mit einem voluminösen Sechssitzer am zweiten offiziellen Autorennen der Welt, das von Paris nach Bordeaux und zurück führte. Der 4,8-kW-Elektromotor in seinem Fahrzeug ermöglichte eine Durchschnittsgeschwindigkeit von 24 km/h. Die hinteren Räder hatten einen Durchmesser von 1,40 m, die Vorderräder von 1,00 m. Der Elektromotor befand sich unter dem Fahrersitz und war eine Konstruktion des Ingenieurs Rechniewski von der Société Postel-Vinay. Motor und Antrieb befanden sich in einem Drehschemel (»Avant train«) vorn im geschweißten Stahlchassis.
Allerdings musste Jeantaud alle 40 Kilometer die 850 kg schweren 70-Volt-Batterien wechseln. Die entsprechenden Depots an der zweimal 600 Kilometer messenden Strecke einzurichten, muss einen immensen logistischen Aufwand bedeutet haben. 48 Stunden und 48 Minuten war der Sieger Emile Levassor auf seinem Panhard unterwegs, was einem Schnitt von 24,14 km/h entsprach. 22 Benzin- und Dampfmobile hatten sich zum Start am 11. Juni am Arc de Triomphe eingefunden, Jeantaud erschien als Einziger mit einem Elektrofahrzeug am Start. Und dieses gehörte zu den 13, die das Rennen nicht zu beenden vermochten. Elektrisch saftlos und kraftlos … was Jeantauds Zuversicht jedoch nicht schmälerte.
1897 verband sich Jeantaud mit F. H. Gaillardets Société Française d´Automobiles. Für Comte Gaston de Chasseloup-Laubat baute er dort einen Elektrowagen, mit welchem dieser den ersten Geschwindigkeits-Weltrekord in der Geschichte des Automobils aufstellte: In einer Zeit von 57 Sekunden absolvierte er den Kilometer mit fliegendem Start, das entsprach einer Geschwindigkeit von 63,149 km/h. 1893 gründete Jeantaud eine Firma zum Bau und Vertrieb von Elektrofahrzeugen.
Nach mehreren Duellen mit dem Belgier Jenatzy, die sich über Monate hinauszogen, erreichte Jenatzy im März 1999 schließlich 99,696 km/h. Jeantaud gab bei 99 km/h auf. Am 1. Mai 1899 erreichte Jenatzy mit seiner »La Jamais Contente« eine Geschwindigkeit von 105.876 km/h, damit hatte er alle bestehenden Rekorde gebrochen.
1899 erwarben die Brüder Henderson aus Somerville, Massachusetts, die Herstellungsrechte am Jeantaud Elektroautomobil, stellten aber keine Fahrzeuge her. Die Brüder C. P. und R. P. Henderson arbeiteten bis Anfang 1912 für die Cole Motor Car Co. in Indianapolis, Indiana, ehe sie sich selbständig machten, um für das hoch dotierte 500-Meilen-Rennen ein Fahrzeug zu bauen – jedoch mit einem Benzinmotor. Die Henderson Motor Car Company sollte aber auch einen billigen Serienwagen nach Vorbild des Cole herstellen, konstruiert von Chester Riker. Der Henderson 4,6-Liter-Vierzylinder wurde in der Werbung als »The Car of Your Dreams« bezeichnet. Der Roadster kostete nicht mehr als 1300 Dollar, der Fünfsitzer nur 100 Dollar mehr. Die

»Nachdem Jeantauds Wagen liegen geblieben war, stand für Jedermann fest: Nach dem Dampf war auch die Elektrizität vom Benzin besiegt worden.«

Historiker James M. Laux über den Ausgang des Rennens von Paris/Versailles nach Bordeaux im Juni 1895.

Fahrzeuge besaßen sogar schon elektrische Scheinwerfer und elektrische Starter. 1914 offerierte man auch einen preisgünstigen Sechszylinder. Doch die Stückzahlen blieben wider Erwarten gering. William G. Henderson, Sohn einer der Brüder, hatte mit seinen Produkten mehr Erfolg: Er gründete die Henderson Motor Cycle Company, die für ihre großen Vierzylinder-Motorräder Weltruhm erlangte und bis 1931 im Geschäft blieb.
Im Jahr 1901 kam es durch Jeantaud zum Bau von Motorwagen, bei denen die Batterien für den elektrischen Antrieb sich an der Frontseite des Fahrzeugs befanden. Neben elektrischen Bremsen (Retarder) hatte der Wagen fünf Fahrstufen sowie einen Rückwärtsgang. Von 1903 und 1904 baute Jeantaud auch Benzinmotorwagen mit zwei, drei und vier Zylindern.1906 verübte er aus ungeklärten Gründen Selbstmord.

JENATZY (B)

Im Jahr 1898 baute der als Sohn eines ungarischen Kautschukimporteurs nach Brüssel gekommene Reifenhändler Camille Jenatzy seinen ersten Elektrowagen. Der muss gut funktioniert haben, denn Jenatzy stellte anschließend weitere auf die Räder und konnte sie an die Compagnie Internationale des Transports Automobile in Paris verkaufen, eine Taxigesellschaft, an deren Gründung er beteiligt war.
Auf einer Allee im Parc Agricole d'Achères bei Paris etablierte Jenatzy ein Jahr später am Lenker eines Elektromobils mit 66,66 km/h einen Weltrekord über die Distanz von einem Kilometer. Und am 29. April 1899 überschritt er als erster Automobilist der Welt mit seinem zigarrenförmigen, »La Jamais Contente« (die niemals Zufriedene) genannten Einsitzer ein Tempo von 100 km/h. 1901 begann Jenatzy auch mit benzin-elektrisch angetriebenen Fahrzeugen zu experimentieren, gemeinsam mit dem Ingenieur Charles Schmidt von der Société d'Électricité et d'Automobiles Mors und der Firma Pieper. Henry Pieper hatte 1866 in Lüttich eine Waffenfabrik gegründet und 1883 mit der Herstellung von elektrischen Armaturen begonnen. 1903 entstanden Jenatzys Hybridfahrzeuge als 12/15 CV und 20/28 CV unter dem Markennamen Martini-Jenatzy, denn sie wurden nicht bei Mors oder Pieper, sondern bei einer Tochterfirma der Schweizer Waffenfabrik Martini et Cie. gebaut.
1903 nahm Jenatzy, der »Rote Teufel«, am Rennen Paris-Madrid teil und errang im gleichen Jahr einen spektakulären Sieg mit einem 60 PS Mercedes im Rennen um den Gordon-Bennett-Cup in Irland. Ein Jahr später wurde er Zweiter beim Gordon-Bennett-Rennen im Taunus. Bis 1910 bestritt Jenatzy noch etliche Rennen, konzentrierte sich dann aber mit seinen Brüdern auf die Reifenherstellung in seiner Firma Pneu Jenatzy in Paris. Auf Plakaten und Inseraten seines Freundes Robert Bosch posierte Camille Jenatzy 1911 als spitzbärtiger Mephisto und warb für die Erzeugnisse des deutschen Elektrik-Unternehmens.
Der draufgängerische Jenatzy, Jahrgang 1868, wurde am 17. Dezember 1913 Opfer eines Jagdunfalls.

Der Jenatzy-Wagen von 1900 ließ sich wahlweise mit einem Gepäckkasten im Heck bestücken oder mit einer zusätzlichen Sitzbank.

1900 erschienene Anzeige für Jenatzys Elektrowagen.

Rechts: Von Jenatzys »La Jamais Contente« existiert ein funktionsfähiger Nachbau. Die Karosserie des Originals bestand aus Partinium, eine in Frankreich erfundene Legierung aus Aluminium, Kupfer, Eisen und Zink. Die kalt geformten Bleichteile hatte man durch Kupfernieten miteinander über einem Holzrahmen verbunden.

JOEL (GB)

Die National Motor Carriage Syndicate Ltd. in London bot von 1899 bis 1902 Elektrowagen unter dem Markennamen Joel an, benannt nach ihrem Konstrukteur Henry N. Joel. Als Antrieb dienten zwei Motoren von je 1,5 kW an den hinteren Rädern.
Es gab den Joel in offener und geschlossener Form. Ein 1901 vorgestellter offener Zweisitzer erhielt die Bezeichnung Brighton, nachdem er die Fahrt von London zu dem englischen Seebad Brighton (90 Kilometer) ohne Nachladen der Akkumulatoren geschafft hatte.

KAHA (D)

Der von der Elektromobilwerke KaHa GmbH im schwäbischen Wasseralfingen 1921–1922 gebaute einsitzige Kleinwagen hatte einen Elektromotor und stellte eine der in damaliger Zeit zahlreich angebotenen Konstruktionen dieser Art dar. Ungewöhnlich war der stromlinienförmige Aufbau des von dem Flugzeugkonstrukteur Hans Keitel (KaHa: Keitel, Hans) konstruierten Fahrzeugs, dem zwei weitere, etwas größere Wagen folgten, bekannt geworden als Keitel Luftstromwagen.

KARMA (USA)

Unter Karma Automotive firmiert in Costa Mesa, Kalifornien, ein Tochterunternehmen der chinesischen Firma Wanxiang, das in Asien Elektro- und Hybridbusse sowie Batterien herstellt. Der in den USA gebaute Plug-in-Hybride Karma ist der Nachfolger des identischen Supersportwagens Fisker Karma.
siehe auch FISKER

Links: Gottfried Hagens Elektromobil als Tonneau, ca. 1904.

KAW · URBANUS (D)

Der Urbanus genannte Elektrowagen der Kölner Automobil-Werke (KAW) hatte zwei E-Aggregate und wurde vom Batteriefabrikanten Gottfried Hagen gebaut. Das Fachblatt *Der Radmarkt und das Motorfahrzeug* beschrieb 1905 Hagens Elektrowagen so: »Die Fahrzeuge verfügen über eine direkte Kupplung des Elektroantriebes. Der Vorteil des elektrischen Antriebes wird in vollkommener Weise bei den Zweimotorwagen ausgenutzt. Bei diesen erfolgt die Regulierung zumeist in der Weise, dass in der ersten Stellung die Hauptstrommotoren in Reihe mit Vorschaltwiderstand, in der zweiten Stellung ohne Vorschaltwiderstand, in der dritten Stellung die Anker der Motoren parallel, die Magnetschenkel hintereinander und in Stellung vier die Motoren ganz parallel geschaltet werden. Bei Defekt eines der beiden Motoren kann der Antrieb des Wagens auch nur durch den einen im Betrieb befindlichen Motor erfolgen. Dieser Zweisitzer hat 250 kg Batteriegewicht, 64 Amperestunden mit 44 Zellen, 30 km/h maximale Geschwindigkeit und 100 km Weglänge mit einer Ladung«.
Vom Urbanus wurden etwa 1500 Exemplare gebaut. Er war auf vielen Ausstellungen zu sehen; so standen Gottfried Hagens Elektrowagen auch 1907 in Berlin. Es wurden eine elektrische Droschke, ein Coupé, ein Mylord, ein Cabriolet und ein Tonneau mit direktem Radantrieb ohne Zahnradübersetzungen gezeigt. 1908 wurde die Fahrzeugherstellung bei Hagen jedoch wieder eingestellt; die Überlegenheit des Autos mit Benzinmotor ließ dem Elektromobil kaum mehr eine Chance.
Köln hatte nach dem Krieg 1870/1871 einen großen wirtschaftlichen und industriellen Aufschwung erfahren, nicht zuletzt auch im Verkehrswesen. Das Volumen des Eisenbahn-Güterverkehrs betrug 1885 mehr als 1.300.000 Tonnen. Im Kalenderjahr 1886 liefen 4859 beladene Schiffe mit 4.656.561 Zentnern Fracht den Kölner Rheinhafen an, 3190 beladene Schiffe mit 2.626.841 Zentnern verließen ihn. Entsprechend lebhaft ging es auf Kölns Straßen zu. Eine Motorisierung der Fuhrwerke war geradezu zwingend geboten...Bis 1894 war in Köln Fahrradfahren – wie in vielen anderen deutschen Städten auch – verboten. 1898 wurde der Rheinhafen in Betrieb genommen. 1900 übernahm die Stadt das Straßenbahnnetz und elektrifizierte es. Nachdem im Hafen seit einigen Jahren elektrische Ladekräne arbeiteten, schienen nun auch elektrische Lastwagen und Omnibusse Sinn zu machen.

KEW (D)

Der Elektroingenieur Louis Welter in Köln erwarb 1898 von dem französischen Erfinder Louis Antoine Kriéger eine Lizenz zum Nachbau des Kriéger-Elektrowagens mit Vorderradantrieb und gründete 1906 die Allgemeine Betriebsaktiengesellschaft für Motorfahrzeuge, kurz A.B.A.M., die in Köln einen Droschkenbetrieb unterhielt. Aus der A.B.A.M. entstand ein Jahr später die Kölner Electricitäts AG, vormals Louis Welter & Co., die bis etwa 1908 elektrisch angetriebene Fahrzeuge, hauptsächlich Lastwagen, herstellte.
An der Firma beteiligt waren die Ehrenfelder Waggonfabrik P. Herbrand & Co. sowie die Accumulatorenwerke Gottfried Hagen in Köln-Kalk. Hergestellt wurden Motordroschken,

Rudolf Hagens KEW Elektrolastwagen von 1902–03.

Landaulets, Hotelomnibusse, Geschäfts- und Postwagen, deren äußere Form offensichtlich von der Pferdekutsche abgeleitet war. In einer Werkshalle der Electricitäts-AG in Zollstock wurden die kleineren, in der Waggonfabrik die schwereren Fahrzeuge gebaut – durchwegs in Handarbeit, was in langen Lieferzeiten resultierte.
Man unterschied beim Elektrowagen zwischen Rahmenmotor und Radnabenmotor; letzterer wurde bei A.B.A.M. bzw. KEW (Kölner Elektromobil Werke) eingesetzt. Der Radnabenmotor, wie ihn auch der österreichische Lohner-Porsche aufwies, war direkt in oder an den Vorderrädern und auch an den Hinterrädern eingebaut und daher mit allen seinen Komponenten den Erschütterungen und harten Stößen direkt ausgesetzt. Die Folge waren häufige Störungen und ein überdurchschnittlicher Verschleiß.

Insgesamt war die Herstellung dieser Fahrzeuge nicht lohnend. Die A.B.A.M.-Lizenz wurde an die Compagnie Parisienne des Voitures Électrique zurückgegeben, die darauf in Berlin die Kriéger-Automobil-Aktiengesellschaft gründete. Diese Lizenzgesellschaft veräußerte 1905 die Konstruktion und die Patentrechte an die Firma Welter und später an die NAMAG. Die A.B.A.M. wurde am 16. November 1907 im Handelsregister gelöscht.

KEWET (DK)

Die Abkürzung KEW verwendete auch Knut Erik Westergaard für seine Produkte, der in den 1960er Jahren in Hadsund, Dänemark, mit der Herstellung von Hochdruckreinigern begann. Durch den Verkauf seiner Firma im Jahr 1990 finanzierte er sein Elektromobil-Projekt Kewet. Es handelte sich um ein zweisitziges Fahrzeug mit einem 7,5-kW-Reihenschlussmotor und einem Panzerrohr-Blei-Akku von 175 Ah und 48 Volt Spannung. Der Energieverbrauch betrug ca. 20 kW/h auf 100 Kilometer. Der Kunststoffaufbau saß auf einem Stahlrohrrahmen mit Einzelradaufhängung vorn und hinten sowie vier Scheibenbremsen. In Deutschland kostete das 244 cm lange, 143 cm breite und 143 cm hohe Fahrzeug 24.895 D-Mark. 1995 entwickelte Westergaard als neues Projekt den Kewet El-Jet 4, eine modernere Version (10-kW-Motor, 205 Ah, 60 Volt) mit größeren Türen und Heckklappe. Die Karosserie war konsequent auf Sicherheit entwickelt und in Gitterbauweise hergestellt. Das Fahrzeug war den gleichen Tests und Prüfungen wie Fahrzeuge der großen Autohersteller unterzogen worden, so auch dem ECE-Crash-Test. Ende Dezember 1995 hieß es, dass die dänische Kewet Industri ihr Produkt künftig mit deutschen Partnern in Nordhausen herstellen wollte, ein Vorhaben, das mangels Finanzierung jedoch scheiterte.

»Ein Elektroauto darf nicht mehr kosten als ein vergleichbarer Benziner oder Diesel!«

Roland Ziegler, Sprecher Bundesverband Elektromobilität Österreich, 2019

KIA (ROK)

Der erste Personenwagen entstand bei Kia in Seoul 1974 unter dem Firmennamen Kia Industrial Co. Ltd., das Auto trug die Bezeichnung Brisa B-1000 und war eine Lizenz von Mazda. Ab 1975 exportierte Kia den Viertürer sowie Pickup-Versionen auch ins benachbarte Ausland. 1978 begann die Fertigung von Dieselmotoren.

1981 war Kia zum Spezialhersteller kleiner und großer Lastwagen sowie von Omnibussen avanciert; 1982 konnte Kia den Erfinderpreis vom koreanischen Staat für hervorragende Leistungen in Forschung und Entwicklung entgegennehmen. 1983 verdichtete sich die Zusammenarbeit in Form einer gegenseitigen Beteiligung mit der Firma Mazda und deren damaligen Partnergesellschaft Ford. Die Koreaner lieferten Motoren nach Japan, produzierten dafür die Mazda-Modelle 1000 und 1300 in Lizenz. 1998 wurde Kia von Hyundai übernommen.

Ab 2014 bot Kia Motors auch eine Elektroversion seines Subcompact namens Soul an. Zunächst erschien der Soul EV nur in Südkorea, dann in den USA. Im Januar 2016 konnte das 10.000. Exemplar ausgeliefert werden. Den größten Anteil im Export hatte Deutschland. 2013 hatte Kia die ersten Versuchswagen hergestellt. Die 30-kWh-Akkus des 2018er Modells gehören zum Lithium-Eisen-Polymer-Typ und vertragen Schnellladung mit 100 kW, wobei nach EPA-Standard eine Reichweite von 167 Kilometern erzielt wird. Als Nennleistung des Elektromotors nannte Kia 81,4 kW (109 PS). Als Parallel-Hybrid und auch als Plug-in-Hybrid bot Kia 2018 ferner die vierte Generation des seit 2000 gebauten Optima (2,0 Liter) sowie das seit 2016 hergestellte Modell Niro (1,4 Liter) an.

Kia Soul Elektrowagen, 2018. Die 30-kWh-Akkus des 2018er Modells gehören zum Lithium-Eisen-Polymer-Typ und vertragen Schnellladung mit 100 kW.

KIMBALL (USA)
Die Firma C. P. Kimball & Co. in Chicago war eine Klavierfabrik, in der aber auch Kutschen und Elektroautos gebaut wurden. Den Kimball Electric gab es in zwei- und viersitziger Version; seine Hinterräder wurden von zwei 80-Volt-Motoren über doppelte Ketten angetrieben. Die Fahrzeuge hatten Lenkradsteuerung und Vollgummireifen.

KINGSBURGH (GB)
1900 wurde in Edinburgh die Kingsburgh Motor Construction Co. Ltd. gegründet, die den Betrieb des Kutschen- und Elektrowagen-Herstellers Madelvic Carriage Co. Ltd. übernahm. Nachdem einige Exemplare des Madelvic Brougham sowie eines Kingsburgh 12 hp Zweizylinders hergestellt worden waren, wurde schon ein Jahr später die Firma weiterverkauft. Neuer Besitzer war die Stirling's Motor Carriages Ltd.

KLIEMT (D)
Die C. Kliemt Wagenfabrik in Berlin-Charlottenburg konnte für sich die Auszeichnung in Anspruch nehmen, der erste Lieferant von Motorfahrzeugen für die Deutsche Reichspost gewesen zu sein. In den Jahren 1895 bis 1903 stellte Kliemt eine Reihe elektrisch angetriebener Liefer- und Lastwagen her. Das später als Wagen- und Automobilfabrik C. Kliemt firmierende Unternehmen bestand als Karosseriefabrik bis zum Ende der 1920er Jahre.

KLINGLER (CH)
Die W. Klingler Fahrzeugtechnik AG wurde 1980 in Unterentfelden bei Aarau, Schweiz, als Nachfolgefirma der Oehler AG zur Herstellung von kleinen Elektro-Nutzfahrzeugen gegründet. Das Programm umfasst vor allem Kommunalfahrzeuge im individuellen Auftrag, man importiert und konvertiert aber auch Fahrzeuge anderer Hersteller. Umbauten leichter Nutzfahrzeuge auf Elektroantrieb unternahm Klingler bereits 1928.

KREISEL (A)
siehe EVEX

KRIÉGER (F, D, I)
Kriéger war einst die am weitesten verbreitete Marke bei den Elektrofahrzeugen in Europa, vor allem im Taxigewerbe. Die von dem Franzosen Louis Antoine Kriéger (1868–1951) im Jahr 1897 in Puteaux gegründete Société des Voitures Électriques stellte anfangs Vorspannwagen nach einer Latil-Lizenz mit Vorderrad-Elektromotoren (Avant-trains) für Pferdekutschen her, ab 1898 auch komplette Fahrzeuge. Die Firma Kriéger verkaufte auch Lizenzen dieser Konstruktion ins Ausland, so an die British Electromobile Co. in London sowie an die A.B.A.M. in Köln und an die Norddeutsche Automobil- und Motoren AG (NAMAG) in Bremen. Die Fahrzeuge wiesen Vorderradmotoren von je 3 kW auf, und bei Bergabfahrt wirkten sie als Generatoren zur Wiederaufladung der Batterien. Im Allgemeinen betrug die Reichweite einer Batterieladung 60 Kilometer. Auch Kriéger-Lastwagen, die bis zu 4,0 t befördern konnten, sowie Hybridfahrzeuge sind bis 1909 gebaut worden.
Auch einige bei der Kriéger Automobil AG in Berlin 1905–1906 gebaute Hybrid-Omnibusse wiesen elektrischen Vorderradantrieb (Mixte-System) auf; hergestellt wurden aber auch andere Fahrzeuge wie z. B. Scheinwerferwagen fürs Militär. Ferner existierte eine Kriéger Società Italiana Automobile, gegründet im Mai 1905 in Turin für den Vertrieb von Elektro- und Mixte-Fahrzeugen der französischen Muttergesellschaft. Als Kriéger 1907 bankrott war, wurde in Turin eine neue Gesellschaft unter dem Namen Società Torinese Automobili Elettriche (S.T.A.E.) gegründet, die bis zum Jahr 1913 existierte und Personenwagen mit 6-PS-Elektromotor herstellte. Sie hatten Tudor-Akkumulatoren und ein Dreiganggetriebe mit Rückwärtsgang.
Der elektrische Wagen böte so viele Vorteile, dass es zu verwundern sei, »dass die Automobilkonstrukteure dieses Gebiet längere Zeit vernachlässigt« hätten, wie im November 1905 in der *AAZ* zu lesen war. Man setzte diese Feststellung einem Artikel über ein Kriéger Elektromobil voran, dessen Leistung große Bewunderung erregt hatte: Ein Elektromobilist hatte mit seinem Wagen die Strecke von Paris nach Trouville in nicht ganz fünf Stunden zurückgelegt, »ob-

Oben: George Witmore und Gemahlin im Kriéger Landaulet, 1905. Auch das Bedienungspersonal demonstriert Würde. Das Foto ist nachträglich koloriert worden.

Links: Postkarte mit einer Kriéger 4-kW-Elektro-Kraftdroschke, System Latil, ca. 1901 in Paris. Neben dem Wagen die 1873 geborene Schauspielerin Cécile Sorel von der Comédie Française (1901–1933).

wohl sie 200 Kilometer beträgt und die Batterien nicht nachgeladen wurden«. Hervorgehoben wurde der große Vorteil des elektrischen Autos, weil dessen Motor der »einfachste in seiner Bedienung ist«. Und vor allem laufe er praktisch geräuschlos. Auch verlange der Elektromotor nicht mehr Schmierung als eine Nähmaschine.

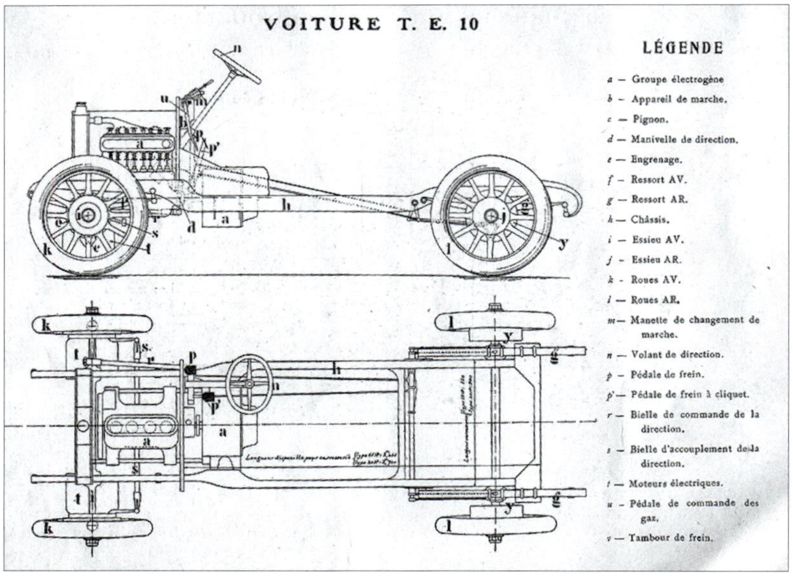

Beschreibung eines Hybrid-Elektroautos System Kriéger mit E-Motoren an den Vorderrädern. Der wassergekühlte Vierzylindermotor dient als Generator für die Batterien, deren Lage unter a im mittleren Chassisbereich eingezeichnet ist, und was wie eine Kardanwelle aussieht, ist das Bremsgestänge zu den hinteren Trommelbremsen (aus einem Technischen Handbuch von 1907).

»Doch sein Hauptvorzug ist die Dehnbarkeit der Kraftleistung. Auch braucht der Motor nicht angekurbelt zu werden; vielmehr läuft er, wenn man den Kontrollhebel auf *Fahrt* stellt, selbsttätig an. Alle komplizierten Mechanismen wie Kühlung mit Ventilator, Vergaser, Zündapparat wie auch Wechselgetriebe mit Kupplung kommen beim Kriéger Elektromobil in Fortfall.
Außer in der Stammfabrik in Puteaux bei Paris werden elektrische Wagen mit dem patentierten Kriéger-Vorderradantrieb in fast allen Industriestaaten gebaut. Auch in Deutschland hat der Wagen große Verbreitung gefunden... Der Kriéger-Wagen hält den Weltrekord in bezug auf Leistung mit nur einer Ladung, wofür er vier Mal mit einer Goldenen Medaille prämiert worden ist.«

KRIZIK (A)

Der Ingenieur Frantisek Krízik (1847–1941) aus Planic in Böhmen gehörte zu den ersten Konstrukteuren von Elektrofahrzeugen im österreichisch-ungarischen Kaiserreich, wenn nicht gar in Europa. In Pilsen richtete er seine erste Werkstätte ein, wo er für elektrische Bogenlampen einen automatischen Regulator entwickelte, den er zum Patent anmeldete. Später siedelte er nach Prag über. Er schuf in Böhmen die ersten Elektrizitätswerke, führte in vielen Städten elektrische Beleuchtung ein und baute im Jahr 1891 in Prag die erste elektrische Bahn, der weitere im ganzen Land folgten. 1901 nahm seine erste elektrische Lokomotive ihren Betrieb auf.
Im Jahr 1895 hatte Krizík auch ein elektrisches Automobil fertiggestellt. Es hatte einen 3,7-kW-Motor, kombiniert mit einem Planetengetriebe; die Kraftübertragung erfolgte auf die Hinterachse. Gelenkt wurde mittels Handhebel. Die Akkumulatoren befanden sich im Heck des Fahrzeugs. Nach erfolgreichen Testfahrten begann Krizík mit dem Bau eines

Krupp-Daimler Hybrid-Geländelastwagen Typ KD1 mit Radnabenmotoren, insgesamt 100 PS leistend, 1917.

zweiten Modells mit Lenkradsteuerung. Eine Bandbremse wirkte auf das Schwungrad. Danach entstand ein drittes Elektromobil, das mit je einem 2,2-kW-Motor an den hinteren Rädern ausgestattet war. Schließlich baute Krizík einen Motorwagen mit benzin-elektrischem Antrieb, dessen 28-PS-Motor von Laurin & Klement stammte. Dieses Fahrzeug wurde u. a. 1908 auf der Jubiläumsausstellung der Prager Handelskammer gezeigt.

KRUPP (D)

Der deutsche Rüstungs-, Lokomotivenbau- und Schwerindustriekonzern Fried. Krupp in Essen begann 1905 auch mit der Herstellung von Lastwagen. Die erste von Krupp Motoren- und Kraftwagen-Fabriken GmbH gebauten Straßenfahrzeuge waren Dampfwagen, die als Schleppfahrzeuge auf dem Gelände der Germania-Werft in Kiel ihren Dienst taten. Anfang 1911 stellte Krupp einen Schlepper für 10,0 t Zuglast mit Vierradantrieb vor, ein versuchsweise benzin-elektrisch motorisierter Gigant, der gemeinsam mit Daimler entwickelt worden war. 1914 folgten Zugmaschinen für das Militär – für die im gleichen Hause fabrizierten Geschütze. ebenfalls gemeinsam mit Daimler gebaut. Erst 1919 begann auch eine Lastwagenproduktion für zivile Zwecke, ebenso stellte Krupp Dreirad- und Vierradwagen für Kommunalbetriebe her, etwa für die Straßenreinigung in vielen deutschen Städten, die noch in den frühen 1960er Jahre benutzt wurden.

Kriéger-Anzeige aus dem Jahr 1908.

Die in den 1930er- und 1950er Jahren auch für ihre robusten Zweitakt-Diesel-Lkw weltbekannt gewordene Fried. Krupp AG stellte im Juni 1968 die Nutzfahrzeugproduktion ein. Das Vertriebsnetz wurde von der Daimler-Benz AG übernommen, lediglich Autokräne, hergestellt in Wilhelmshaven, blieben im Programm.

KRUSE (D)

Die Wagenfabrik Gebr. Kruse in Hamburg produzierte in den Jahren 1899 bis 1901 einige Elektro-, Benzin- und Dampfautomobile, wobei der Elektrowagen zwei Motoren zu je 1,5 kW an der Hinterachse besaß. Die Produktion blieb minimal; erfolgreicher war die Firma als Karosseriehersteller.

KÜHLSTEIN (D)

Bei der Kühlstein Wagenbau GmbH in Berlin-Charlottenburg begann man um 1898 mit Experimenten, Kutschen per Elektromotor anzutreiben statt sie von Pferden ziehen zu lassen. 1899 folgte der Bau von einigen Fahrzeugen mit Verbrennungsmotor. Eine Spezialität waren die so genannten Vorspannwagen – komplette Motor-Antriebseinheiten, die man an der Stelle der Vorderachse in einen Pferdewagen montieren konnte. Die Idee dieser Konstruktion war vom Ingenieur Joseph Vollmer entwickelt worden. Vollmer

hatte bei den Bergmann Industriewerken in Gaggenau den Orient-Express konstruiert, bevor er zu Kühlstein nach Berlin ging. Durchgesetzt hat sich der Vorspannwagen allerdings nicht. Es gab eine in den USA gegründete Gesellschaft zur Verwertung der Patente, doch mehr als zwei Versuchsmodelle wurden dort nicht angefertigt. Auch andere Hersteller solcher »Avant-trains« kamen von solchen Konstruktionen bald wieder ab.
Es ist leicht nachvollziehbar, warum Joseph Vollmer sich gerade mit Kühlstein zusammentat: Dieses bereits seit fast 70 Jahren bestehende Berliner Unternehmen war führend im Pferdedroschkenbau und ließ früher als andere Kutschenhersteller Interesse erkennen, in das Geschäft mit Motordroschken einzusteigen. In anderen großen Städten Europas vollzogen sich ähnliche Entwicklungen. Der Einsatz von Pferdewagen bei rasch zunehmender Verkehrsdichte war in den Metropolen an seine Grenzen gelangt; schon die Verschmutzung der Straßen war Grund genug, dem Motorwagen Interesse entgegenzubringen. Das Taxigewerbe hatte damals, als nur wenige Haushalte über ein eigenes Automobil verfügten und nur wenige öffentliche Verkehrsmittel in einem verlässlichen Liniendienst liefen, in den Städten Hochkonjunktur.
Vollmer war nicht der einzige Konstrukteur, dessen Idee von einem Vorspannwagen bei Kühlstein realisiert wurde. Um 1900 entstanden dort auch Fahrzeuge in Lizenz der französischen Firma Charles Jeantaud, die 1893 in Paris ihre ersten Elektrotaxis eingesetzt hatte (im Juni 1898 stellte ein Jeantaud mit 66,62 km/h auch den ersten Automobil-Weltrekord auf).
Doch die bei Kühlstein gebauten Taxen in Jeantaud-Lizenz setzten sich in Berlin ebenso wenig durch wie der von Joseph Vollmer entworfene Elektrowagen, schon wegen der geringen Zahl an Ladestationen. Dennoch gab Eduard Kühlstein, der an die Zukunft des Elektromobils glaubte, so schnell nicht auf; er unternahm diverse weitere Versuche, auch im Nutzfahrzeugbereich, bis der Kühlstein-Betrieb 1902 von der AEG übernommen wurde. Vollmer ging mit und wurde bei der AEG-Tochter N.A.G. (Neue Automobil-Gesellschaft) Chef des Konstruktionsbüros.

KYBURZ (CH)

Im Jahr 1991 begann Martin Kyburz, Hersteller von Elektrodreirädern in Motorrad-Konfiguration für den Postdienst in der Schweiz, in Luxemburg, Deutschland und einigen anderen Ländern, mit der Entwicklung von Prototypen und Solarfahrzeugen. Die in Freienstein angesiedelte Firma stellte 2016 ferner einen Elektro-Roadster mit 45-kW-Motor (96 Volt, 140 Nm) in zwei Versionen vor, für die eine erzielbare Höchstgeschwindigkeit von 120 km/h genannt wurde sowie eine Reichweite von 130 Kilometern.

Oben: Kyburz E-Roadster Fun Car, 2016.

Links: Bei Kühlstein in Berlin hergestellter Elektrowagen als Droschke, Konstruktion Joseph Vollmer, 1901.

KINDER-ELEKTROAUTOS

Die Gerätschaften der Großen als miniaturisiertes Spielzeug für die Kleinen: Nicht nur als Tretautos standen sie schon in den Jahren vor dem Ersten Weltkrieg unter dem Weihnachtsbaum jener Kinder, die das Glück hatten, einer vermögenden Familie anzugehören. Denn als richtig motorisiertes Kleinstauto – mit einem 6- oder 12-V-Elektromotor – gab es seit jeher zahlreiche, den Originalen mehr oder weniger genau nachgebildete Kinderautos. Die wenigsten allerdings wurden, wie der 1928 vorgestellte Klein-Bugatti Typ 52, von den Herstellern der Originale selbst gefertigt. Es waren meist Spielzeughersteller, die aufgrund einer Lizenz zur verkleinerten Nachfertigung solche Gefährte produzierten.

Kinder-Elektroautos kosteten einst viel Geld, dennoch wurden sie in größeren Stückzahlen produziert, wenn ein weltweiter Vertrieb den Absatz einer hohen Auflage ermöglichte. Ettore Bugattis Miniatur-Rennwagen, eine exakte Verkleinerung des berühmten Typ 35, wurde zwar »nur« 90 Mal aufgelegt, doch in jüngerer Zeit hergestellte Elektro-Kinderautos bringen es auf größere Stückzahlen, wie zum Beispiel der als Choro Q bezeichnete, einsitzige Elektrozwerg, den die japanische Firma CQ-Motors produziert. Sie ist eine Tochtergesellschaft des Spielwarenherstellers Takara Co. Ltd. in Tokio. Es entstand aus einem millionenfach verkauften Tretauto und kostete als E-Mobil 2003 umgerechnet 12.000 Euro. Wie einst der kleine Bugatti – der inzwischen Preise zwischen 80.000 und 100.000 Dollar erzielt – und viele andere Luxus-Weihnachtsgeschenke dieser Spezies, lassen sich die meisten der besonders teuren Vehikel in den USA, aber auch in den Golfstaaten und in Japan verkaufen.

Ein lebhafter Wettbewerb und rationelle Fertigungsmethoden haben aber zu einem großen Angebot auf einem internationalen Markt geführt, auf dem erstaunlich viele und attraktiv aufgemachte Kinder-Elektroautos heute für weniger als 400 Euro zu bekommen sind. Zu ihren erfolgreichen Herstellern zählen Firmen wie Actionbikes-Motors, Carromoco, Es-Toys, Feber, Homcom, Jamara, KSR, My Toys, MIWEBA, Peg Perego und Toylander. Dass sie überwiegend in Asien hergestellt werden, bedarf kaum der Erwähnung. Klassische Tretautos aus den Kindertagen unserer Eltern und Großeltern mögen einen größeren Liebhaberwert verkörpern, doch im Zeitalter zunehmender E-Mobilität kann man Kindern mit einem blechernen Pedal-Ferbedo keinen großen Gefallen erweisen, wenn die Nachbarkids mit einem elektrisch surrenden AMG-Micromercedes über die Kieswege ihres Gartens fegen …

Anzeige von 1904, USA.

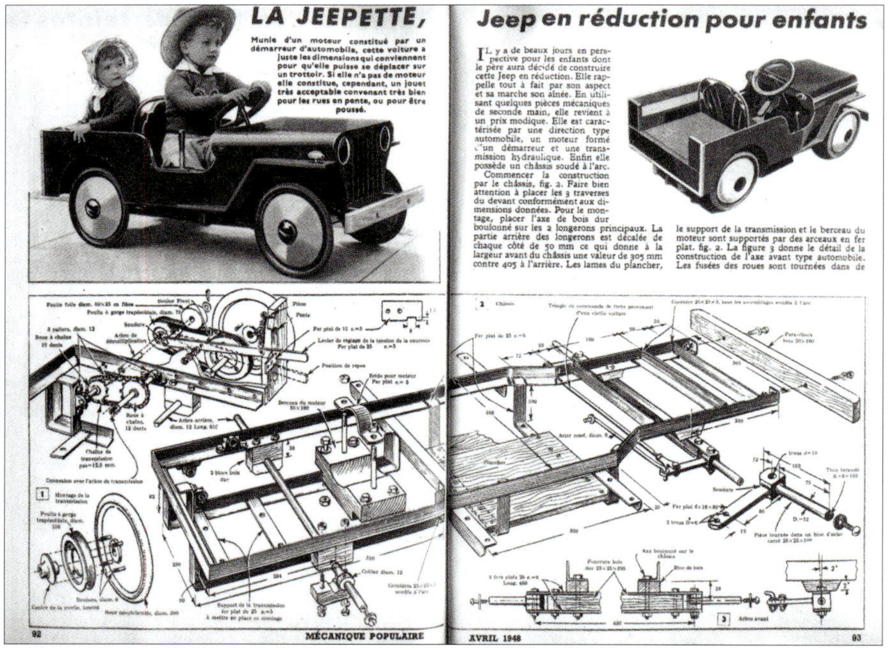

LA JEEPETTE,

Munie d'un moteur constitué par un démarreur d'automobile, cette voiture a juste les dimensions qui conviennent pour qu'elle puisse se déplacer sur un trottoir. Si elle n'a pas de moteur elle constitue, cependant, un jouet très acceptable convenant très bien pour les rues en pente, ou pour être poussé.

Jeep en réduction pour enfants

IL y a de beaux jours en perspective pour les enfants dont le père aura décidé de construire cette Jeep en réduction. Elle rappelle tout à fait par son aspect et sa marche son aînée. En utilisant quelques pièces mécaniques de seconde main, elle revient à un prix modique. Elle est caractérisée par une direction type automobile, un moteur formé d'un démarreur et une transmission hydraulique. Enfin elle possède un châssis soudé à l'arc.

Commencer la construction par le châssis, fig. 2. Faire bien attention à placer les 3 traverses du devant conformément aux dimensions données. Pour le montage, placer l'axe de bois dur boulonné sur les 2 longerons principaux. La partie arrière des longerons est décalée de chaque côté de 50 mm ce qui donne à la largeur avant du châssis une valeur de 305 mm contre 405 à l'arrière. Les lames du plancher, le support de la transmission et le berceau du moteur sont supportés par des arceaux en fer plat. fig. 2. La figure 3 donne le détail de la construction de l'axe avant type automobile. Les fusées des roues sont tournées dans de

92 MÉCANIQUE POPULAIRE AVRIL 1948 93

Bauanleitung für einen Elektro-Kinderjeep, 1948, erschienen in Frankreich.

Oben: Bugatti 52 Elektroauto für Kinder, 1928. Das teure Spielzeug wurde 90 Mal gebaut.

Mini Beachcomber als Dunebuggy.

Firefly Kids Car, 2016.

Links: Avigo Mini Cooper.

Audi Q7 Miniatur-SUV von Duplay.

Land Rover Oldie für Kids traditionsbewusster Farmer von Toylander.

Links: Auch Väter hatten Spaß am 1964er 12-Volt-Miniatur-Thunderbird ihrer Söhne.

Beim BMW-Händler zu bekommen: Elektro-Cabrio im Kleinformat.

L

LACRE (GB)

Die Lacre Motor Car Co. war aus einer Kutschenbaufirma am Londoner Long Acre entstanden; sie produzierte später Karosserien für Personenwagen und Nutzfahrzeuge, stellte auch komplette Kommunalfahrzeuge her (wie noch bis 1952 die Bedford-Lacre Straßenkehrmaschine). Der 1904 angebotene Lacre Brougham war ein Elektrowagen mit je einem 3-kW-Motor an den hinteren Rädern. 1910 zog die Firma nach Letchworth in Hertfordshire um, wo sie ihre Nutzfahrzeugproduktion bis 1952 als Lacre Lorries Ltd. fortsetzte. Lacre Kommunalfahrzeuge hatten jetzt meist Meadows-Benzinmotoren, bei den Lastwagen waren es 20-PS-Vierzylinder bzw. 40-PS-Sechszylinder.

LA CUADRA (E)

Emilio de la Cuadra betrieb in Barcelona eine Firma zur Herstellung von Elektromotoren, ehe er 1898 eine Vertretung für Fahrzeuge und Motoren der Marke Benz übernahm. In der von ihm gegründeten Compañia general de coches-automóviles Emilio de la Cuadra stellte er auch Fahrzeuge eigener Konstruktion her; es waren Omnibusse mit Elektroantrieb, auch einige Hybridwagen.
Im Jahr 1900 lernte Emilio de la Cuadra in Paris den Schweizer Ingenieur Marc Birkigt kennen und bot ihm die Stelle eines Chefkonstrukteurs an. Unter dessen Leitung entstanden jedoch keine weiteren Elektrofahrzeuge, sondern zwei Versionen eines Einzylinder-Wagens, einer mit 4,5 und einer mit 7,5 PS. Sechs Fahrzeuge wurden aufgelegt, zwei jedoch nur fertiggestellt, denn de la Cuadra waren unterdessen die Mittel ausgegangen. Seine Firma wurde noch 1901 von einem Gläubiger-Konsortium unter Juan Castro übernommen, für den Marc Birkigt die Arbeit fortsetzte. Als Nachfolgeunternehmen entstand 1904 die Firma Hispano-Suiza.

LA DRÔLETTE (CH)

Im März 1969 wurde auf dem Genfer Automobilsalon ein kleiner Elektro-Stadtwagen gezeigt, der den Namen La Drôlette (»die Drollige«) trug. Das einsitzige Dreirad mit Elektromotor im Vorderrad und halbkreisförmigen Drehtüren war eine Konstruktion des Schweizer Ingenieurs André Thaon und blieb ein – durchaus nicht drolliges – Einzelstück.

LAND ROVER · RANGE ROVER (GB)

Vereinzelte, nur in geringer Zahl verkaufte Hybridmodelle von Land Rover gab es zuerst 2014–2015. Doch 2018 erschien mit dem Range Rover P400e erstmals eine Plug-in-Version. Weil die Fahrzeuge dieses Fabrikats vergleichsweise groß und schwer sind, liegt der Flottenverbrauch von Land Rover weit oberhalb der CO_2-Vorgaben der EU. Ein Plug-in-Vierzylinder-Hybrid sollte dem entgegenwirken. Bis 2020 würde es in jeder Land-Rover-Baureihe eine elektrifizierte Variante geben, sagte Projektmanager Lynfel Owen. Der erste Plug-in-Hybrid kostete knapp 120.000 Euro. Kombiniert wurde ein 2,0 Liter großer Benzin-Vierzylinder mit 300 PS Leistung und 400 Nm Drehmoment mit einer in der Achtgang-Automatik integrierten E-Maschine, die 86,5 kW (116 PS) leistete und mit 250 Nm Drehmoment zu Werke ging. Zusammen ergab das eine Systemleistung von 404 PS und 640 Nm, mit denen sich der P400e nominell auf dem Niveau eines V8-Motors bewegte. Man hatte den Elektroantrieb im Getriebe integriert, so dass der Range Rover seine volle Geländetauglichkeit behielt.
Der 13,5 kWh große Akku reichte (theoretisch) für 51 Kilometer rein elektrischer Fahrt. »Real allerdings ist der Akku nach 20, spätestens 30 Kilometern leer. Erst recht, wenn andere elektrische Verbraucher eingeschaltet sind«, konstatierten Testfahrer von SPIEGEL Online. Noch knapper fiel die Reichweite jenes Range Rover aus, den Kollegen im Sommer 2015 in Österreich probegefahren hatten. Mit ihrem Range Rover Sport Hybrid HSE V6 Diesel schafften sie es, im E-Modus bei 50 km/h gerade einmal einen Kilometer zurückzulegen.

Land Rovers großer Bruder Range Rover e400 Plug-in-Hybrid, 2018. Der Urvater aller europäischen geländetauglichen SUVs bekannte sich erst relativ spät zur Elektromobilität.

LANSDEN (USA)

Von 1901 bis 1903 existierte die von John M. Lansden und William M. Little gegründete Birmingham Electric Manufacturing Co. in Birmingham, Alabama, aus der 1906 die Lansden Company hervorging, die ihren Sitz nun in Newark, New Jersey, hatte. Der zweisitzige Lansden war ein Elektrowagen mit einem 2,6-kW-Antriebsmotor (3,5 PS),

Unit Rig Lectra Haul M100 mit Radnabenmotoren von General Electric, 1995.

gebaut als Limousine, Tourenwagen und Roadster; es gab auch eine Nutzfahrzeugvariante. Seinen ersten Elektro-Truck verkaufte Lansden an die Adams Express Company. Ende 1911 gab man die Herstellung von Personenwagen auf und konzentrierte sich auf die Produktion von Nutzfahrzeugen unter der Bezeichnung Maccar; die Firma war von einem der Brüder Mack übernommen worden.

LAREL · LEV (CH)
Auf Basis des Fiat Panda entstand 1989–1990 bei der Larag AG in Wil, Schweiz, ein zweisitziges Elektromobil mit 14-kW-Motor für eine Reichweite von 30 bis 60 Kilometer. Der LEV bzw. LAREL (Larag Electric Vehicle) war von Luigi Colani gestylt und wurde für 34.500 Schweizer Franken angeboten.

LATIL (F)
siehe LVI · LATIL

Lauster FM 1969 Hybrid als Exponat im Technik Museum Sinsheim. Seine Achsen sind eine von Erhard Lauster entwickelte Sonderform des Radantriebs, bei der zwischen den Antriebsrädern eine absenkbare Trommel angebracht ist. Im abgesenkten Zustand verringert die Trommel den Bodendruck des Fahrzeugs und verbessert die auch bei schlechten Bodenverhältnissen übertragbare Zugkraft.

LAUSTER (D)
Die Stuttgarter Naturstein-Abbau- und Verarbeitungsfirma Lauster begann in den frühen 1940er Jahren mit der Entwicklung von Speziallastwagen für Arbeiten im Steinbruch und schuf u. a. die so genannte Lauster-Achse, die eine zwischen den Antriebsrädern angebrachte, absenkbare Trommel aufweist. Im abgesenkten Zustand verringert die Trommel den Bodendruck des Fahrzeugs und unterstützt die Traktion der Antriebsräder. Der Vorteil dieser Anordnung gegenüber einem Kettenlaufwerk besteht darin, dass das Fahrzeug die Trommel anheben und unter normalen Umständen allein mit den Rädern auf der Straße fahren kann. Auch ist die gegenüber dem herkömmlichen Radantrieb übertragbare Zugkraft wesentlich größer.
1944 entstand als Militärfahrzeug der Lauster Wargel LW 5 als Zugmaschine, die u. a. als Grabenpflug eingesetzt wurde. 1969 wurde im Bundeswehr-Auftrag ein Prototyp unter der Bezeichnung FML (Funktions-Modell Lauster-Achse) zur militärischen Erprobung gebaut; dieses Fahrzeug war ein dieselelektrischer Hybrid.

LECTRA HAUL (USA)
1935 wurde die Unit Rig & Equipment Co. in Tulsa, Oklahoma, zur Herstellung von Bohraggregaten für die Erdölindustrie geschaffen. Mit zahlreichen Spezialfahrzeugen war Unit Rig schon vor dem Zweiten Weltkrieg auf dem Markt; ab 1963 trugen die schweren 85- bis 200-Tonner den Markennamen Lectra Haul. Die großen Kipper mit ihren 700 bis 1100 PS starken V12-Motoren von Cummins oder Detroit Diesel und bis zu 3,50 m hohen Rädern besitzen elektrische Radnabenmotoren von General Electric; sie gehören zu den größten Fahrzeugen dieser Bauart. Lectra Haul stellt auch Gabelstapler sowie Zugmaschinen für Flugzeuge her. Die Marke gehört zum 1968 von General Motors gegründeten Unternehmen Terex (Herstellung von Baumaschinen und dieselelektrischen Muldenkippern), das seit 2001 auch Mobilkräne unter der Marke DEMAG im Programm führt.

LECTRIC (USA)
1971 begann die U.S. Electricar Corp. in Athol, Massachusetts, mit der Herstellung des Lectric Leopard. Spätere Ausführungen des Elektrofahrzeugs wie der 953 A von 1981 basierten auf einem umgerüsteten Renault 5, der 964 A auf dem Fiat Strada, der 876 auf dem Fiat 127.

LE DAUPHIN (F)
André L. Dauphin in Paris gehörte zu jenen, die während des Zweiten Weltkriegs kleine Tandem-Zweisitzer mit Pedalantrieb bauten, als Benzin knapp und rationiert war. Hergestellt wurden aber auch einige Exemplare mit einem 100- oder 175-ccm-Zuercher-Motorrad- oder einem Elektromotor. Die Blechkarosserien fertigte die Firma Kellner an.

LEFERT (B)
Unter dem Namen Lefert entstanden bei der Karosseriefirma J. Lefert in Gent 1898 bis 1902 einige Omnibusse mit Elektroantrieb, gebaut im Auftrag einer Hotelgesellschaft. Im Jahr 1902 wurde ein Fahrzeug letztmalig auf dem Brüsseler Automobilsalon gezeigt; danach kam es zu keiner weiteren Produktion mehr.

LEGROS (F)
Die ersten von René Legros in den Jahren 1900 bis 1913 in Fécamp an der französischen Kanalküste hergestellten Automobile – bezeichnet als »La Plus Simple« – hatten einen luftgekühlten 4-PS-Einzylindermotor und Riemenantrieb. Legros stellte anschließend auch Elektrofahrzeuge her, konstruiert von seinem Partner Albert Meynier (nicht identisch mit dem gleichnamigen Historiker). Es waren massive, nicht sehr elegante Fahrzeuge mit einer Motorhaube nach Art des Panhard-Levassor, unter der sich die Batterien befan-

den. 1904 erschien wiederum eine neue Konstruktion, jetzt mit einem Zweizylinder-Zweitaktmotor. Nach dem Kriege setzte Legros die Fabrikation nicht fort, sondern engagierte sich für die Einrichtung einer Radiostation an der Normandieküste.

Vom London Electro-Mobile Syndicate im Frühjahr 1903 veröffentlichtes Inserat für den LEMS Runabout.

LEMS (GB)

Der 1903–1904 vom London Electro-Mobile Syndicate Ltd. angebotene LEMS war ein leichter Vierradwagen mit einem 1,2 kW leistenden 24-Volt-Elektromotor, Kettenantrieb und Grifflenkung. Die Geschwindigkeit betrug etwa 18 km/h. Mit voll aufgeladenen Batterien konnte der Wagen eine Strecke von etwa 65 Kilometer zurücklegen. Ein Fahrzeug der Marke LEMS ist bis heute erhalten geblieben und befindet sich im Larz Anderson Auto Museum, Brookline, Massachusetts/USA.

Lexus NX 300h Sport Sedan von 2017.

LEVC (GB)

Die in Coventry beheimatete London Electric Vehicle & Taxi Co. (LEVC TX) ging aus der Firma TX5 hervor und ist eine Tochter des chinesischen Herstellers Geely. Die in ihrem Design typisch englischen Taxifahrzeuge haben eine Leichtmetall-Plattform und sind REX-Plug-in-Hybriden, die Abnehmer auch außerhalb Großbritanniens finden. Der Verbrennungsmotor ist ein 80 PS leistender Dreizylinder-Benziner 1,5-Liter von Volvo.

LEXUS (J)

Lexus ist eine 1988 von Toyota eingeführte Marke für die Fahrzeuge des Spitzensegments dieses japanischen Herstellers, der damit vor allem in den USA antrat. Das erste Modell war eine geräumige viertürige Stufenheck-Limousine, entstanden in rund sechsjähriger Forschungs- und Testzeit. In Deutschland ist Lexus seit September 1990 ebenfalls vertreten.
Auf dem Pariser Automobilsalon im Oktober 2004 sorgte das Lexus-Modell RX 400h für Aufsehen: der erste Lexus mit Benzin-Elektro-Hybridantrieb. Es handelte sich um einen anspruchsvollen Offroad-SUV, bei dem die Hinterräder durch einen 3311-ccm-V6-Benzinmotor und die Vorderräder, wenn vom Fahrer zugeschaltet, durch einen 123-kW-Elektromotor mit 288 Volt Spannung angetrieben wurden. 2007 folgte das Modell LS 600h als Vollhybrid. Als weitere Modelle erschienen 2011 die kompakten CT 1.8 und 2.4, 2014 der RC 2.5 und 2017 der LC 3.5. Im technischen Aufbau sind die Lexus-Hybriden mit Toyota-Modellen weitgehend identisch.

LIGIER (F)

Guy Ligier war ein bekannter Hersteller von Rennwagen, aber auch in anderen Sparten aktiv und baute ab 1978 z. B. Traktorkabinen für Renault. Zwei Jahre später begann man mit der Herstellung von kleinen Stadtwagen mit Rohrrahmen, 50-ccm-Motobécane-Motor und Getriebeautoma-

Arbeits- und Stadtfahrzeug Ligier Professional Pulse-4, 2018.

tik. Die Fabrikation dieser Kleinstwagen erfolgte geschäftlich separat von den Aktivitäten im Motorsport. Ligiers Voituretten gehörten zu den formschönsten ihrer Art. Deutscher Importeur war damals die in Bad Rappenau ansässige Firma ATW GmbH.
Unter der Marke Ligier sind auch Elektrofahrzeuge entstanden, so gab es 1992–1993 das Modell Optima Sun mit einem von der Firma Scholl Sun Power in Vernier entwickelten Asynchronantrieb. Der zweisitzige Ligier JS16 war wahlweise auch mit Benzin- oder Dieselmotor zu bekommen. Seine Karosserie bestand aus Verbundwerkstoff, das Chassis aus Edelstahl. Eine Vollautomatik war in allen Modellen erhältlich, serienmäßig war ein Seitenaufprallschutz vorhanden. 1996 entstand als weiterer Kleinwagen der Ligier 162, 1997 folgte der Ligier Ambra. Den Ligier Ambra Électrique vertrieb auf dem deutschen Markt die Firma E. Manthey Eco Compact Car in Berlin.

LIMPIOS ZACUA (MEX)

Im August 2018 wurde in Mexiko der erste dort zu 100 Prozent entwickelte und bei der Motores Limpios SA in kleiner Auflage hergestellte Elektro-Personenwagen Zacua vorge-

Elektrisches Limpios Zacua Coupé aus Mexiko, 2018.

stellt. Das nur 306 cm kurze Zweisitzer-Coupé wird in zwei Versionen gebaut und weist einen 34-kW-Motor auf, der die Vorderräder antreibt.

LIQUID AIR (USA)

Von 1899 bis Mitte 1901 warb eine Liquid Air Power & Automobile Co. in Boston und Cambridge, Massachusetts, für ihre Automobile, die angeblich »bis etwa 100 Meilen mit flüssiger Luft fahren« konnten. Der Einzylindermotor arbeite nach dem Prinzip einer Dampfmaschine, hieß es; eine genauere Beschreibung des Arbeitsvorgangs blieb die Firma ihren Interessenten schuldig. Um flüssige Luft nutzen zu können, hätte der Wagen eine Vorrichtung aufweisen müssen, die Luft von Wasserdampf, Staub und Kohlendioxid befreit, sowie einen Kompressor, der die Luft auf einen Druck von 200 bar verdichtet. Anschließend hätte die Luft über eine Turbine entspannt und auf minus 25°C abgekühlt werden müssen. Ein Prozess, der sich mehrmals wiederholen muss, um die Luft soweit herunterzukühlen, bis sie sich bei 20 bar verflüssigt. In der Praxis ein als »System Linde« bekannter Vorgang, der jedoch in einen so geringen Wirkungsgrad resultierte, dass flüssige Luft als Antriebsmittel für einen Hubkolbenmotor letzten Endes nicht in Frage kam.
Der für den Antrieb von flüssiger Luft vorgesehene Versuchswagen war ein umgebauter Locomobile Steamer, über dessen Funktionstüchtigkeit aber keine Hinweise bekannt geworden sind. Im Juli 1901 kam die Firma unter Konkursverwaltung, existierte jedoch noch ein weiteres Jahr unter der Technischen Leitung eines Hans Knudsen. Zur gleichen Zeit gab es in New York eine Tripler Liquid Air Company, eine Chemiefabrik, die unter ihrem Chefingenieur G. A. Bolrich ähnliche Versuche wie die Liquid Air Power & Automobile Company anstellte und wie diese ihre Aktivitäten ergebnislos abbrach.

LIUZHOU (CHN)

siehe ZAP

LLOYD · NAMAG (D)

Die Automobile mit der Markenbezeichnung Lloyd haben, was nicht überrascht, etwas mit dem Norddeutschen Lloyd zu tun, jener berühmten, 1857 gegründeten Reederei in Bremen, die im Atlantikverkehr einst eine führende Position einnahm (der Name ist schottischer Herkunft und bezog sich auf das 1760 gegründete Lloyd's Schiffsregister). Dass die Gesellschaft 1906 in den Automobilbau einstieg, war auf eine Initiative des Generaldirektors Heinrich Wiegand zurückzuführen, der dem Reedereigeschäft weitere Betätigungsfelder zuführen wollte, um es krisenfester zu machen. Zu diesem Zweck hatte er 1902 die Norddeutsche Maschinen- und Armaturenfabrik gegründet, und im Mai 1906 kam die Norddeutsche Automobil- und Motoren AG (NAMAG) hinzu. An ihr war die Compagnie Électrique in Puteaux bei Paris beteiligt, die nach dem System Kriéger Elektrofahrzeuge herstellte und der neuen Firma Lizenzrechte an ihren Konstruktionen einräumte.
Schon 1906 baute die NAMAG in Bremen ihre ersten Kriéger-Elektrowagen. Unter dem Markennamen Lloyd wurden sie 1907 auf der Internationalen Automobilausstellung in Berlin gezeigt. In Bremen-Hastedt entstanden derweil neue Fabrikanlagen für die Herstellung von Fahrzeugen in größerem Umfang, auch für solche mit Benzinmotor. Doch auch Elektrofahrzeuge, insbesondere Droschken (Taxis), erfreuten sich noch großer Beliebtheit; im Oktober 1908 hatte die Hamburger Elektro-Droschken AG (Hedag) 37 Lloyd-Kriéger in Betrieb und bestellte weitere 15 hinzu. Nach Berlin war Hamburg die Stadt mit den meisten Elektroautos.
Für die Konstruktion neuer Fahrzeuge mit Benzinmotor konnte die NAMAG den bekannten Konstrukteur Joseph Vollmer gewinnen. Der erste von ihm entworfene Lloyd-Wagen war ein 15/35 PS Vierzylinder, mit dem sich Vollmer 1908 an der Prinz-Heinrich-Fahrt beteiligte. Der Lloyd überstand die lange und schwierige Prüfung ohne Defekte und erreichte strafpunktfrei das Ziel. Vollmer unterhielt in jener Zeit ein Konstruktionsbüro in Berlin, das mit großem Erfolg arbeitete: Hier entstanden auch Entwürfe für Ackerschlepper sowie eine große Zahl von Lastwagenkonstruktionen. Diesem ersten Lloyd folgten zwei weitere Vierzylinder, der 10/25 PS und der 22/50 PS. Aus ihnen entwickelten sich der 10/30 und der 22/60 PS. Alle Modelle glichen sich in ihrer technischen Charakteristik, wie sie auch jene Fahrzeuge aufwiesen, die der Ingenieur Joseph Vollmer für N.A.G. und für Podeus konstruierte.
Vollmer setzte seine Beratertätigkeit für die Kraftfahrzeugindustrie bis 1941 fort, wobei Nutzfahrzeuge immer wieder im Vordergrund standen. Vollmer gehörte dem Deutschen Normenausschuss an, ließ sich zahlreiche Erfindungen schützen (mehr als 500 Patente und Schutzrechte lauteten auf seinen Namen), entwickelte Holzgas-Generatoren und schuf noch 1948 einen Kleinwagen, wenngleich dieser auch nicht mehr in Serie ging. Als einer der zehn größten Automobilpioniere wurde Joseph Vollmer 1954 vom deutschen Erfinder-Verband mit der Goldenen Dieselmedaille geehrt. Vollmers Enkelin Gisela Zincke hat das Lebenswerk ihres genialen Großvaters in einem 2001 erschienenen Buch festgehalten.
Entgegen der Erwartungen, die man bei Lloyd auf das Automobilgeschäft gesetzt hatte, blieben die Verkaufserfolge jedoch gering. Im Jahr 1911, so ist belegt, verließen das Werk nicht mehr als drei Wagen pro Woche.
1914 kam es zur Fusion mit den Hansa-Werken in Varel. Hansa war erfolgreicher als Lloyd, und so einigte man sich bald auf eine neue Programmpolitik, die eine Konzentration

1907 veröffentlichtes Inserat in der *Allgemeinen Automobil-Zeitung* für den Lloyd »Kaiserwagen« der NAMAG.

des Personenwagenbaus künftig in Varel vorsah, während in Bremen nur mehr Nutzfahrzeuge hergestellt werden sollten, darunter auch elektrische Paketwagen für die Post.
Als eigenständige deutsche Personenwagenmarke trat Lloyd erst 1950 wieder in Erscheinung. Die Kleinwagen dieser Marke entstanden in Borgwards Lloyd Motoren-Werke

Oben: Lohner-Porsche Elektrocoupé von 1903.

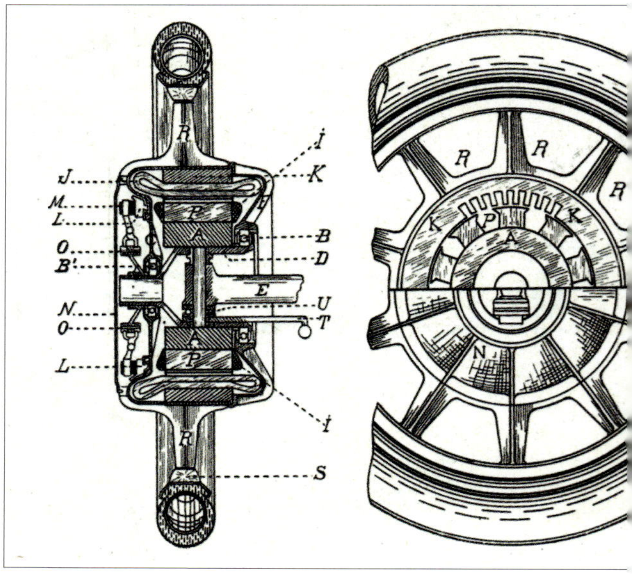

Rechts: Lohner-Porsche Radnabenmotor.

Erster Lohner-Porsche mit benzin-elektrischem Antrieb, September 1900. Die Akkus wurden von zwei De-Dion-Bouton-Motoren in der Wagenmitte über Generatoren aufgeladen. Man konnte den Wagen wahlweise mit diesen Benzinmotoren oder elektrisch fahren.

GmbH. Im Verein mit den Marken Borgward und Goliath war die Rolle der Marke Lloyd die des Einsteigermodells in einer Zeit, als in Deutschland Kleinwagen mit geringvolumigen Motoren aus wirtschaftlichen Erwägungen sehr gefragt waren.

LOHNER · LOHNER-PORSCHE (A)

Zu den bekanntesten Technikern, die sich in der frühesten Automobil-Ära mit dem elektrischen Fahrzeugantrieb beschäftigten, zählt Ferdinand Porsche. Er war bei der Firma Bela Egger, Kremenetzky & Co. in Wien als Elektriker angestellt, bevor ihn Ludwig Lohner 1898 in seine Wagenbauanstalt holte. Lohner und Porsche bauten gemeinsam ihre ersten drei Automobile: einen Kraftwagen mit einem 6 PS starken Benzinmotor (vermutlich war es der von Lefèbre-Fessard), ein elektrisches Phaeton und ein elektrisches Coupé. Begonnen hatte Lohner die Arbeiten bereits 1897, noch ohne Porsche.
Der Motor des Benzinautomobils besaß keine elektrische Zündung, sondern eine Glührohrzündung sowie Thermosyphon-Wasserkühlung mit einer zusätzlichen Zentrifugalpumpe. Doch Porsches Interesse galt den Elektrofahrzeugen. Sie waren mit einem 1,86 kW (2,5 PS) starken, von Egger bezogenen Motor bestückt. Die Übertragung der Kraft des parallel zur Vorderachse eingebauten Motors erfolgte mittels eines Differenzialgetriebes und Zahnräder auf innenverzahnte Zahnkränze an den Rädern. Die Akkumulatoren, die den Motor mit Strom versorgten, wiesen 42 Elemente auf und wurden von der Firma Winter & Rupprecht in Baden bei Wien bezogen. Die Leistungsregulierung erfolgte mittels Widerständen und zweier Kollektoren, eine Konstruktion, die sechs Vorwärtsgangstufen hatte. Seine Bezeichnung Egger-Lohner hatte der Wagen erhalten, weil die elektrischen Bauteile von der Vereinigten Electricitäts-Actiengesellschaft, vorm. Bela Egger & Co. – Porsches erstem Arbeitgeber in Wien – stammten.

Porsches Radnabenmotor Bei der ersten Ausfahrt des Lohner-Elektroautomobils am 26. Juni 1898 war das Fahrzeug die Steigung der Bergstraße im 9. Wiener Bezirk nicht hinaufgekommen; erst nach Auswechseln von vielen Bleisicherungen wurde die Höhe der Ringstraße erreicht. Ferdinand Porsche erhielt daraufhin die Aufgabe, den Motor zu verstärken. Er erkannte die Schwächen dieser Konstruktion und diskutierte mit seinem Chef eine ganz andere, interessante Idee. Sie galt dem berühmt gewordenen Radnabenmotor, der daraufhin entstand. Je in einem der beiden Vorderräder installiert, ergaben zwei solcher Aggregate eine Leistung von zusammen 3,7 kW (5 PS) ab.
Die Idee des Radnabenmotors bestand darin, wie Wilhelm Lohner in der Chronik seines vorväterlichen Unternehmens 1989 (H. Weishaupt Verlag, Graz) erläuterte, dass das Rad selbst als Motor wirkte und ohne Zwischenschaltungen oder Transmissionen das Fahrzeug antrieb. »Durch diesen Direktantrieb war ein besserer Wirkungsgrad die Folge.« Porsches Motor war ein so genannter Innenpolmotor, direkt

auf der Radnabe montiert. »Er besaß zehn bis sechzehn Pole. Damit man den Elektromotor in die Radnabe integrieren konnte, wurde das Motorengehäuse, das die Radnabe bildete, als Ringankerkörper ausgebildet; es rotierte mittels Kugellager um den auf dem Achsstummel festsitzenden Magnetstern. Der Strom wurde über einen Ringkollektor zugeführt.«

Frühe Modellpflege Die bei Lohner gebauten und nicht mehr von Egger bezogenen Motoren wurden ständig optimiert. Ausgestattet wurden mit ihnen kleine und große Personenwagen sowie Nutzfahrzeuge, die Motorleistungen betrugen zwischen 1,1 und 9,0 kW (1,5 – 12 PS). Stets war das Gewicht das große Handicap der Fahrzeuge, bei denen je nach Motorleistung das einzelne Rad bis zu 235 kg wog und die Batterien noch einmal ein Vielfaches dessen. Wilhelm Lohner: »Die 42- bis 44-zelligen Batterien (300 Ah / 80 Volt) waren für die ersten Motortypen I und II (Personenwagen) bestimmt ... Die Akkumulatorenhersteller gaben 1900 Ladezeiten von nur 1 bis 2 Stunden an, was bei vielen Kunden oft falsche Erwartungen weckte ...«
Zu der geringen Speicherkapazität der damaligen Batterien und damit der nur geringen Reichweite, die damals bei maximal 40 Kilometer lag, und der langen Auflagezeit bis zu acht Stunden kamen eine aufwändige Wartung und das hohe Gewicht der Akkus: »Das betrug je nach Fahrzeug- und Motortyp zwischen 250 und 1200 Kilogramm...« und bei einem Wagen mit Vierradantrieb verdoppelte sich das Batteriegewicht.
Vom Lohner-Porsche mit Radnabenmotoren wurden im ersten Jahr zwar nicht mehr als fünf Stück verkauft, doch bis einschließlich 1906 waren es 200. Knapp weitere 100 entstanden bis 1910, und von 1898 bis 1910 waren es 52 in Hybridausführung. Im Auftrag der Stadt Wien wurden 1903–1905 auch diverse Hybrid-Feuerwehrfahrzeuge gebaut, die obendrein mit einer Dampfmaschine (Fabrikat Knaust) versehen waren: für die Hochdruckspritze.

Geklont in Amerika? Interessant in diesem Zusammenhang ist die in amerikanischen Dokumentationen festgehaltene Existenz eines Wagens mit elektrischen Innenpolmotoren an allen vier Rädern, der 1899 von der Hub Motor Car Exchange Co. in Chicago angeboten wurde. Die Firma gehörte dem Grundstücksmakler Charles Berg und seinem Partner H. L. Irwin, einem Rechtsanwalt. Berg verfügte angeblich über die Konstruktion eines Elektromotors, dessen Baurechte er später der Westinghouse Company verkaufte.

Etwas mysteriös scheint dabei die Rolle eines jungen österreichischen Ingenieurs namens Joseph Ledwinka, der an der Entstehung des Hub-Wagens mitgearbeitet hatte, später zur Karosseriefirma Budd ging und dort Karriere machte. Er war ein Verwandter des späteren Tatra-Chefkonstrukteurs Hans Ledwinka, hatte in Wien eine Wagenbaulehre absolviert und ging anschließend nach Chicago, wo er ein Patent auf einen allradgetriebenen Elektrowagen beantragte. Offen ist die Frage, ob Ledwinka seine Lehre bei Lohner absolviert und dort Kenntnis des Lohner-Egger-Porsche-Projekts erlangt hatte, um daraus im fernen Amerika Nutzen zu ziehen. 1914 erhielt Ledwinka ein Patent auf die erste geschweißte Ganzstahlkarosserie der Welt, die anschließend der Karosseriefirma Budd in Philadelphia eine Vorrangstellung auch außerhalb der USA verschaffte. Edward G. Budd und Joseph Ledwinka blieben ein Leben lang einander verbunden. Auch der erste, von William Muller entwickelte Frontantrieb-Ruxton von 1929–1931 war unter Mitarbeit Ledwinkas entstanden, der bei Budd inzwischen zum Chefingenieur avanciert war. Im April des Jahres 1935 erhielt Ledwinka das US-Patent Nr. 2.000.000 für die Konstruktion einer Sicherheitsfelge; zahlreiche weitere Patente im Karosseriebau gingen auf Ledwinkas Konto. Es blieb bisher ungeklärt, welche Zusammenhänge zwischen dem österreichischen Lohner und dem baugleichen amerikanischen Hub bestanden.

Ideen, Impulse, Interessen Die Firma Lohner gehörte auch zu den ersten, die ein Auto mit Dieselmotor bauen wollten. Zu diesem Zweck wandte sich Ludwig Lohner an den Erfinder Rudolf Diesel (1858–1913), der an einem solchen Projekt verständlicherweise großes Interesse hatte. Die Maschinenbau-Aktiengesellschaft Nürnberg-Augsburg (MAN) wurde mit der Anfertigung eines entsprechenden Fahrzeugmotors beauftragt. Sie ließ Lohner im Mai 1898 jedoch wissen, dass man sich leider außerstande sehe, einen kleinen, leichten und wirtschaftlichen Motor System Diesel für ein Straßenfahrzeug anzufertigen.

Lohner-Porsche Mixte (mit Ferdinand Porsche am Steuer), ca. 1906.

Links: Mit Radnabenmotoren an allen vier Rädern war der um 1900 von Ferdinand Porsche im Auftrag eines Kunden in England konstruierte und bei Jacob Lohner & Co. in Wien gebaute Elektrowagen der erste 4x4 der Welt.

Links: Mit Radnabenmotoren versehener Lohner Lastwagen von 1904.

Gegenüberliegende Seite: Werbeanzeige und ornamentreicher Briefkopf aus dem Jahr 1900.

Unten: MIt nach Lohner-Porsche-Patenten angefertigten Radnabenmotoren an den hinteren Rädern ausgestatteter Mercédès Mixte (Hybrid) von 1909.

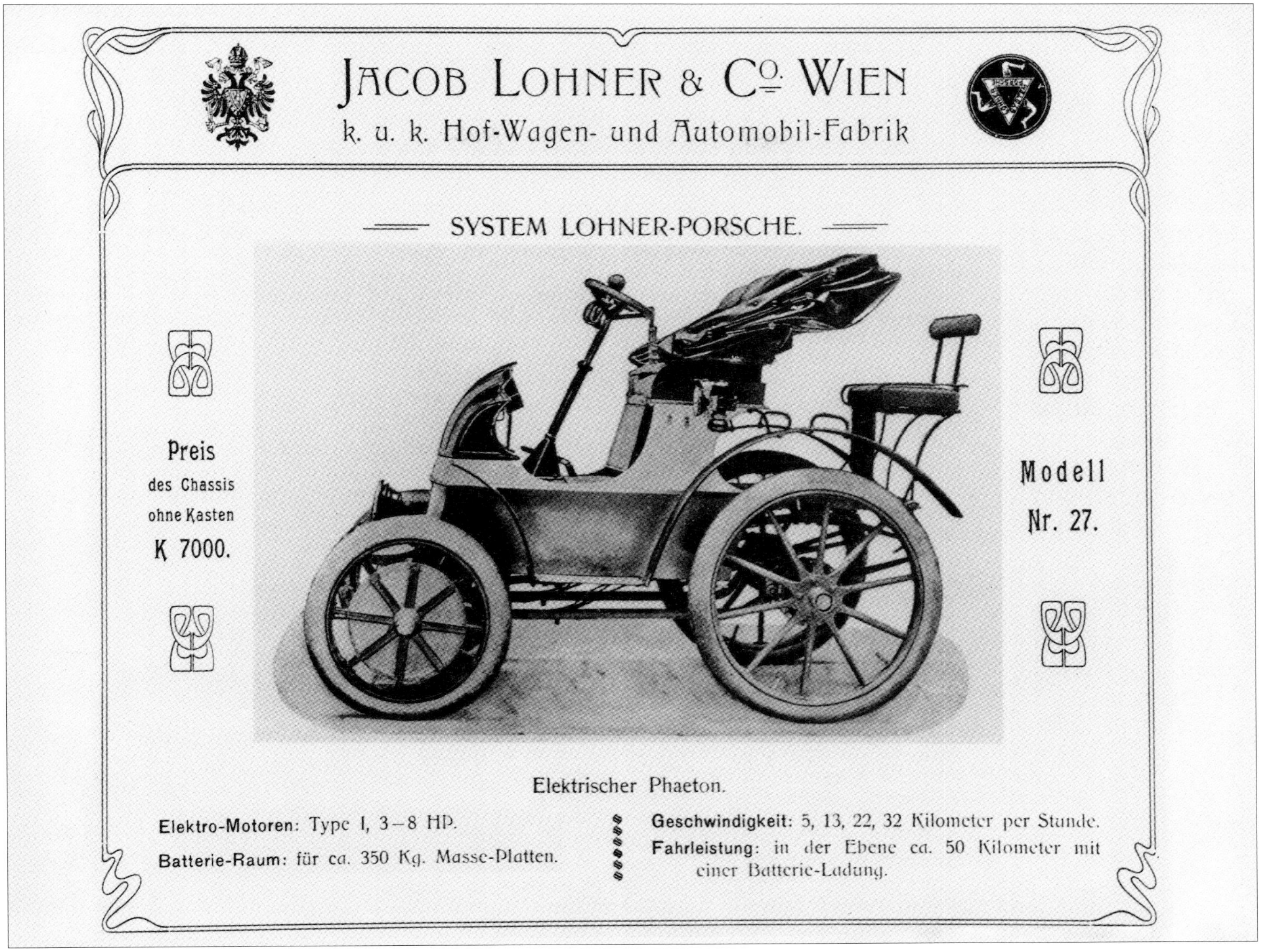
JACOB LOHNER & Co. WIEN
k. u. k. Hof-Wagen- und Automobil-Fabrik
SYSTEM LOHNER-PORSCHE.
Preis
des Chassis
ohne Kasten
K 7000.
Modell
Nr. 27.
Elektrischer Phaeton.
Elektro-Motoren: Type I, 3–8 HP.
Batterie-Raum: für ca. 350 Kg. Masse-Platten.
Geschwindigkeit: 5, 13, 22, 32 Kilometer per Stunde.
Fahrleistung: in der Ebene ca. 50 Kilometer mit einer Batterie-Ladung.

GEGRÜNDET 1821.
25 AUSZEICHNUNGEN
Wr. AËROPLAN u. CARROSSERIE WERKE
JACOB LOHNER & Co.
K. u. K. HOF WAGEN FABRIK
HOFLIEFERANTEN
Sr. M. D. KÖNIGS v. SCHWEDEN u. NORWEGEN.
UND Sr. M. D. KÖNIGS v. RUMÄNIEN.
IX. PORZELLANGASSE 2.
WIEN,
Oest. Postspark.-Konto 2526 · Ungar. Postspark.-Konto 2939
Telephon 13.559 · A.B.C. Code used.

»Die geringe Umdrehungszahl des Elektromotors ermöglichte den Direktantrieb ohne Getriebe und den Einbau in das Rad. Der Motor arbeitete ohne Transmission, ohne Ketten und dergleichen.«

Wilhelm Lohner über Ferdinand Porsches Radnabenmotor in seinem 1989 veröffentlichten Buch *Lohner Automobile.*

Die von Porsche favorisierte Antriebsart über Radnabenmotoren gab es, wie erwähnt, auch in der hybriden Kombination mit einem Vierzylinder-Benzinmotor, der einen Generator zur Aufladung der Batterien antrieb. 1901 verkaufte Lohner die Patente für seine Elektroautomobile nach dem System Lohner-Porsche an die Österreichische Daimler-Motoren Gesellschaft, die ihre danach gebauten Fahrzeuge – neben jenen mit Benzinmotor Bauart Daimler – unter dem Namen Mercédès-Électrique und Mercédès-Mixte verkaufte. Der Geschäftsmann Emil Jellinek, der berühmte Mercedes-Namensgeber, sicherte sich die Nutzungsrechte außerhalb Österreichs und gab sie mit großem Aufschlag an eine Société Mércedes Électrique in Paris weiter, an der er mehrheitsbeteiligt war und zu deren Kunden auch Kriéger zählte. Bei Lohner wurden jedoch weiterhin ebenfalls Hybrid-Automobile gebaut, wobei Nutzfahrzeuge überwogen. Ein wichtiger Abnehmer war die Wiener Feuerwehr. Sie kaufte insgesamt 96 derartige Wagen, von denen viele bis Ende der 1920er Jahre im Dienst standen; in Baden bei Wien war einer sogar noch im Jahr 1965 vorhanden. Weitere Lohner-Porsche-Fahrzeuge entstanden als Oberleitungsbusse mit vorderen Radnabenmotoren; diese Fahrzeuge konkurrierten natürlich mit denen der Marke Mercédès-Mixte. Beide wurden in vielen Städten Europas eingesetzt.

Das Jahr 1906 war das erfolgreichste des Lohner-Automobilbaus. 78 Elektromobile gingen nach Deutschland, davon allein 48 als Taxis für die Berliner Automobil-Droschken AG; zehn wurden nach Frankreich und ein Elektrobus nach Dänemark exportiert. Als das Geschäft mit solchen Fahrzeugen abnahm, suchte Lohner nach Alternativen; so entstand mit dem Ingenieur Ludwig Stoll (1877–1925) der Oberleitungs-Omnibus Lohner-Stoll. Er wurde bis 1912 gebaut und in Österreich, Böhmen, Ungarn, Deutschland, Frankreich und in der Schweiz eingesetzt.

1923 gründete Ludwig Lohner gemeinsam mit der Fabrik für Feuerwehrgeräte und Spezial-Landmaschinen Konrad Rosenbauer KG in Linz die Rosenbauer-Lohner KG als Feuerwehrgerätefabrik. Diese Verbindung wurde 1925 jedoch wieder aufgelöst.1939 kam es zur Erweiterung des Programms durch den Bau von Militärfahrzeugen, und 1949 entstanden erstmals Straßenbahnwaggons in Ganzstahlbauweise. 1970 wurde Lohner von der kanadischen Bombardier-Gruppe übernommen.

LOTUS (GB)

Lotus Engineering Ltd., ein Derivat der ursprünglich britischen Lotus Cars Ltd. mit Entwicklungsprojekten in Europa, in den USA und Asien, arbeitete 2017 an Elektro- und Hybrid-Fahrzeugkonzepten. So entstand die Studie Evora 414E, ein Prototyp, dessen Reichweite unter Hybridpower angeblich mehr als 460 Kilometer betrug. Anzumerken wäre, dass auch der Elektrofahrzeughersteller Tesla mit einer Lotus-Chassiskonstruktion arbeitet.

LOTUS ELEKTRIC (D)

Im Stil des englischen Lotus Super Seven Sportwagens brachte die Firma Welm in Hamburg 1989 einen Elektro-Roadster zum Preis von rund 18.000 DM heraus. Der Zweisitzer erreichte mit seinem Hochleistungs-Drehstrommotor eine Geschwindigkeit von rund 100 km/h. Hinter den Sitzen befanden sich Solarzellen, die die Bordelektrik speisten. Das Fahrzeug besaß einen Rohrrahmen, angefertigt bei der Firma Dutton in England, und wog leer 620 kg. Ohne Untersetzung wurde die Motorkraft direkt an den Eingang des Differenzialgetriebes abgegeben, das die Hinterräder antrieb.

Konstrukteur des Lotus Elektric war Peter Welm. Er hatte sich als Fluglehrer betätigt, bevor er 1989 mit der Konstruktion elektrisch betriebener Fahrzeuge begann. Mit seinem Lotus Elektric nahm Welm im selben Jahr an der 1. Frankfurter Solarrallye teil und gewann vier Goldmedaillen. Geplant war der Bau weiterer Fahrzeuge als Personenwagen und Kleinbus.

LOWA (DDR)

Der gesamte Lokomotiven- und Waggonbau in Ostdeutschland (damals sowjetische Besatzungszone) wurde 1945 unter der Kurzbezeichnung VEB LOWA zusammengefasst und unter eine gemeinsame Verwaltung gestellt. Mehr als 20

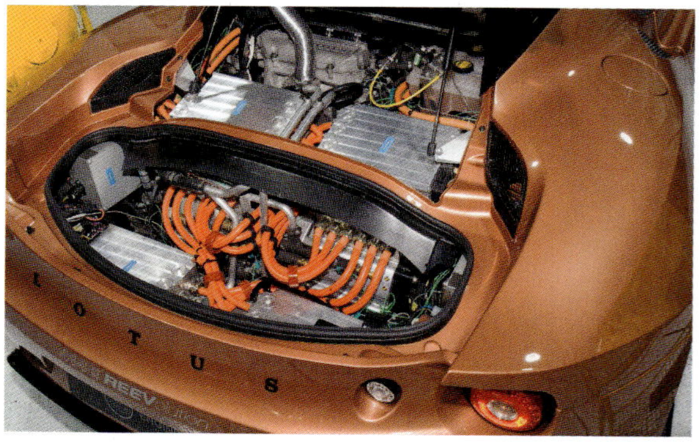

Lotus Evora 414E Hybrid Sportwagen von 2018. Während Mittelmotor-Hybrid-Sportwagen von mehreren Herstellern angeboten wurden, blieb der Evora bis 2020 der einzige viersitzige Vertreter dieser Art.

Firmen und Zulieferer waren davon betroffen. Neun Jahre nach ihrer Gründung als VEB LOWA erfolgte 1954 die Umbenennung in VEB Schienenfahrzeugbau. Später wurde sie in das »Volkseigene Kombinat Schienenfahrzeugbau der DDR« umgewandelt.

Im dazugehörigen Lausitzer Werk VEB Waggonbau Werdau, vormals Linke-Hofmann-Busch, befasste man sich auch mit der Herstellung von Oberleitungs-Omnibussen. Der erste in der Lausitz gebaute LOWA-Obus wurde im Sommer 1950 in Erfurt in Dienst gestellt. 91 LOWA-Busse wurden für die BVG in Ost-Berlin gebaut, hinzu kamen 17 vom Hersteller Skoda.

LOWA Oberleitungsomnibus in Berlin, Mitte der 1950er Jahre.

Die ersten fünf LOWA-Elektrotriebwagen waren Eindecker vom Typ W601, die bis 1965 liefen. Bei den anschließend bis 1956 gelieferten Bussen handelte es sich um die Typen W602 und W602a. Die Anhänger kamen ebenfalls aus dem Betrieb Werdau, der 40 Stück an die »Hauptstadt der DDR« lieferte. Der letzte BVG-Obus von LOWA wurde 1970 außer Betrieb gestellt.
In LOWA-Regie gab es auch den Versuch, eine Dampf-Zugmaschine herzustellen. Das in Werdau entwickelte Fahrzeug – geplant waren eine 65- und eine 125-PS-Version – sollte mit Braunkohlenbriketts befeuert werden. Unter anderem ließ nicht beherrschbarer Funkenflug das Projekt scheitern. Der einzige öffentliche Auftritt eines 65 PS starken LOWA Dampf-Schleppers erfolgte 1951 auf der Leipziger Frühjahrsmesse, für die sogar ein Prospekt gedruckt worden war.
siehe auch BUSCH

LUCAS (GB)

Der Markenname Lucas gehört zu den bekanntesten im Sektor der Autoelektrik. Joseph Lucas, geboren 1834 in Birmingham, war zunächst im Handel mit Metallgerätschaften, Lampen und Lampenöl aktiv. 1875 entwickelte er Schiffslaternen, die in Tom Bowlings T. B. Globe Ltd. produziert wurden. Im gleichen Jahr gründete Lucas mit seinem Sohn Harry eine Firma zur Herstellung von Fahrradlampen der Marke »King of the Road«. 1882 entstand in Birmingham die Firma Joseph Lucas & Sons, die sich auf die Herstellung von elektrischen Komponenten für die Automobilindustrie konzentrierte.
Die Firma Lucas stellte 1973–1974 auch eine Anzahl von Lieferwagen und Vans (z. B. vom Typ Ford Transit) auf Elektrobetrieb um. Der Lucas CF Electric Van, das Lucas Taxi II und die Lucas Electric Limousine erschienen als Reaktion auf die Ölkrise. Teils wichen die Karosserien der Autos vom Original ab, vor allem das Taxi, das dank seiner kubischen Form ein großes Platzangebot aufwies. Den fünfsitzigen Aufbau hatte die Designfirma David Ogle Ltd. entwickelt. Der 45 kW starke E-Motor arbeitete mit einer Spannung von 216 Volt und trieb die Vorderräder an.
Als Basisfahrzeug für ein Hybridfahrzeug diente ein Bedford CG Van, der einen Wasserstoffmotor in Verbindung mit Säure-Blei-Batterien aufwies. Auf der Rennstrecke von Brands Hatch stellte dieses Auto 1976 einen Rundenrekord für Alternativfahrzeuge auf. Etwa 30 Vans dieser Spezifikation wurden hergestellt und zu Versuchszwecken noch bis 1980 verwendet. Ferner entstand ein Elektro-Omnibus mit 34 Sitzen, der in Manchester zum Einsatz kam.

LOWA Oberleitungsomnibus vom VEB Waggonbau Werdau, eingesetzt in Eberswalde.

Von der Firma Lucas auf Elektroantrieb umgerüsteter Bedford CG Van, 1979.

Lucas Elektrotaxi 1975 mit einer Karosserie vom Designer David Ogle.

LUNANT (F)

Die Société des Constructions de Cycles et Automobiles Lunant stellte anfänglich Fahrräder her, bevor sie 1900 den Automobilbau aufnahm. Erst waren es Elektrofahrzeuge, deren Produktion man 1902 angesichts zunehmender Konkurrenz von Seiten der Firma Krieger wieder aufgab. Jetzt bot man nur mehr zwei Modelle mit Zweizylinder-Benzinmotor an, einen 8 HP und einen 10 HP. 1906 gab es den Lunant auch als 16, 24 und 40 HP Vierzylinder, und 1908 wurden ein 8/10 und 16/20 HP gebaut. 1913 kam ein 10/12

HP Vierzylinder Tourenwagen ins Programm, der statt des bisherigen Antriebs per Ketten Wellenantrieb aufwies. Mit Kriegsausbruch 1914 wurde die Fertigung eingestellt.

LUNAR ROVING VEHICLE · LRV (USA)

Während der letzten drei der so genannten J-Klasse-Apollo-Missionen der NASA (Apollo 15 im Juli 1971, Apollo 16 im April 1972 und Apollo 17 im Dezember 1972) wurde jeweils ein Elektroauto mitgeführt, das auf dem Mond bewegt wurde. Die vierrädrigen und elektrisch betriebenen Fahrzeuge wurden eingesetzt, um die Beweglichkeit der Astronauten zu erhöhen und auf dem Mond technische Nutzlast zu transportieren.

Oben: Lunar Roving Vehicle Nummer 1 Apollo 15, 1971. Mitte: Lunar Roving Vehicle Nummer 2, von Apollo 16 auf dem Mond gefahren und wie Nr. 1 und Nr. 3 dort zurück gelassen. Rechts: Eines der in den USA vorab erprobten LRV, von dem Varianten in diversen Museen zu besichtigen sind.

Unter dem Eindruck seiner Exkursion zum Mond wurde der LRV-Fahrer James Benson Irwin christlicher Prediger. Er unternahm mehrere Reisen in die Türkei zum Berg Ararat, um Fragmente der Arche Noah zu suchen.

Die Entwicklung begann 1969 unter der Leitung des ungarischen Physikers Ferenc Pavlics im Forschungsinstitut von General Motors in Santa Barbara im Auftrag von Boeing Aerospace Corporation und dauerte 17 Monate. Speziell den von Pavlics entworfenen Rädern war es zu verdanken, dass sich das LRV – von dem alle drei Exemplare auf dem Mond zurückgelassen wurden – unter widrigen Bedingungen leicht bewegen konnte.

Das erste LRV war 3,10 m lang und hatte einen Radstand von 2,30 m. Es bestand hauptsächlich aus Aluminium und wog 210 kg. Auf dem Mond konnten 490 kg zugeladen werden, davon entfielen 353 kg auf die Astronauten und ihre Lebenserhaltungssysteme, 45,4 kg auf Kommunikationsausstattung, 54,5 kg auf wissenschaftliche Nutzlast und 27,2 kg auf Gesteinsproben. Das Chassis war zusammenlegbar konstruiert, so dass es außen an der Mondlandefähre transportiert werden konnte. Der Aufbau dauerte ungefähr 20 Minuten und wurde von den Astronauten über Seilzüge gesteuert, die eigentliche Entfaltung erfolgte durch Federkraft.

Angetrieben wurde das LRV von je einem 180-W-Elektromotor pro Rad, der mit diesem über ein mit 80:1 untersetztes Harmonic-Drive-Getriebe verbunden war. Die Lenkung wurde über je einen 72-W-Elektromotor pro Achse geregelt; der Fahrer steuerte das LRV per Joystick, der mittig positioniert und von beiden Sitzen erreichbar war. Für die Stromversorgung waren zwei von Varta entwickelte 36-Volt-Silberoxid-Zink-Batterien mit einer Kapazität von 121 Ah zuständig; damit waren eine Höchstgeschwindigkeit von 13 km/h und eine Reichweite von maximal 92 Kilometer möglich. Navigiert wurde mittels eines Gyroskops und eines Kilometerzählers. Der Computer berechnete aus deren Daten die aktuelle Position relativ zum Landemodul (LM). Die Kommunikationsausrüstung sowie zwei Kameras, davon eine fernsteuerbare Fernsehkamera, waren an der Front des LRV befestigt, während die Geräte zur Monderkundung in einem kleinen Gestell an der Rückseite Platz fanden. Die schirmförmige Richtantenne für die Fernsehbildübertragung im S-Band musste von den Astronauten mittels einer optischen Visiereinrichtung manuell auf die Erde ausgerichtet werden, so dass während der Fahrt nur eine Daten- und Sprechfunkverbindung bestand.

Die Exkursionen mit dem Lunar Roving Vehicle unterlagen verschiedenen Einschränkungen. Die Astronauten sollten immer zu jedem Zeitpunkt in der Lage sein, bei einem Ausfall des Rovers die Mondfähre zu Fuß zu erreichen, bevor die Sauerstoffreserven ihrer Lebenserhaltungssysteme zur Neige gingen. Der Astronaut mit einem ausgefallenen System hätte sein Notsauerstoffsystem sowie, falls notwendig, auch noch dasjenige seines Kollegen benutzen können und so für etwa zwei Stunden Sauerstoff zur Verfügung gehabt. Im Vorfeld der Missionen wurde auch diskutiert, ob der gleichzeitige Ausfall des LRV und eines Lebenserhaltungssystems berücksichtigt werden sollte. Dies hätte jedoch eine so weitgehende Einschränkung des Aktionsradius bedeutet, dass man angesichts der nur äußerst geringen Eintrittswahrscheinlichkeit eines solchen Ereignisses das Risiko in Kauf nahm.

Apollo 15, 1971 Gefahrene Strecke: 27,9 Kilometer; größte Entfernung von der Mondfähre: 5 Kilometer Fahrer: David Scott und James Irwin. Obwohl der Aufbau des LRV mehr Zeit als geplant in Anspruch genommen hatte und die Steuerung der Vorderachse nicht funktionierte, wurde während der ersten Ausfahrt zur Hadley-Rille das neue Gefährt ausgiebig getestet. Insbesondere das Navigationssystem erwies sich dabei als sehr exakt. Während zweier weiterer Exkursionen besuchte man den Mont Hadley und ein weiteres Mal die Hadley-Rille und sammelte insgesamt 76,8 kg an Gesteinsproben.

Apollo 16, 1972 Gefahrene Strecke: 26,7 Kilometer; größte Entfernung von der Mondfähre: 4,5 Kilometer; Fahrer: John Young und Charles Duke. Während zweier Exkursionen erkundete man den Stone Mountain sowie den North-Ray-Krater. Beim Rückflug wurde erstmals versucht, mit der auf dem LRV befestigten Kamera die startende Aufstiegsstufe der Mondlandefähre aufzunehmen. Auf dieser Mission versagte die Hinterachslenkung des LRV.

Apollo 17, 1972 Gefahrene Strecke: 35,9 Kilometer; größte Entfernung von der Mondfähre: 7,6 Kilometer; Fahrer: Eugene Cernan und Harrison Schmitt. Besucht wurden das Nord- und Südmassiv in der Nähe des Littrow-Kraters. Am zweiten Tag musste ein abgerissener Kotflügel repariert werden. Dazu standen nur an Bord der Mondfähre vorhandene Mittel wie Klebestreifen, zusammengefaltete Mondkarten und Klammern zur Verfügung. Es ist bis heute die einzige erfolgte Reparatur eines Fahrzeugs außerhalb der Erde. Dem LRV von Apollo 17 hat man auch Aufnahmen des Rückstarts vom Mond zu verdanken. Bereits bei der Vorgängermission war getestet worden, ob es möglich sei, den Rückstart mit der auf dem LRV montierten Fernsehkamera aufzunehmen.

LUNOCHOD (SU)

Lunochod war der Name des Mondautos, das die Sowjets 1970 mit der unbemannten Raumsonde Luna 17 auf den Erdtrabanten befördert hatten. Das vierrädrige Elektrofahrzeug konnte von der Erde aus ferngesteuert werden, nahm Gesteinsproben auf und übertrug Bilder. Das sich per Solarenergie bewegende Fahrzeug landete auf dem Mond am 17. November 1970; ein zweites Fahrzeug (Lunochod 2) schossen die Sowjets am 8. Januar 1973 auf den Mond, Beide sind dort verblieben.

LUTONIA (GB)

Von 1900 bis 1903 baute Ernest W. Hart in Luton bei London als »Lutonia« oder »La Toujours Contente« bezeichnete Elektrowagen mit Lohner-Radnabenmotoren gemäß dem Vorbild Lohner-Porsche aus Österreich. Hart pflegte enge Beziehungen zur Familie Porsche und war es auch, der bei Lohner 1900 einen Wagen mit vier Radnabenmotoren in Auftrag gegeben hatte. Das Fahrzeug wurde gebaut und nach England verbracht, wo es von Hart getestet wurde, doch weil die Versuchsfahrten unbefriedigend verliefen, sah man vom Bau weiterer 4x4-Fahrzeuge ab.

LUX (D)

Der in Ludwigshafen gebaute Lux kam aus einer Fabrik für Gasbeleuchtungsanlagen. Im Jahre 1897 hatte Friedrich Lux sich auch mit Kraftfahrzeugen zu beschäftigen begonnen – sein erster Viersitzer wies einen Zweizylinder-Boxermotor von 604 ccm unter der Sitzbank auf, die Kraftübertragung erfolgte über einen Riemen. Es folgten Varianten mit stärkeren, vorn eingebauten Motoren, einige auch mit Elektromotor. Ein Lux erreichte 1902 bei der vom Rheinischen Automobil-Club veranstalteten Bergfahrt den zweiten Platz nach einem Benz. Gebaut wurde auch ein Lastwagen für 2,0 bis 3,0 t Nutzlast. Ende des Jahres 1902 stellte die Lux'sche Industrie-Werke AG die Fahrzeugherstellung wieder ein.

LVI · LATIL (F)

Der Franzose Auguste Georges Latil (1878–1961) zählt zu den Pionieren des Frontantriebs. Im Pariser Vorort Suresnes baute er 1898 sein erstes frontgetriebenes Dreirad. Für die finanzielle Basis der Unternehmung sorgte Latils Partner Charles Blum. Latils Traction Avant-System wurde durch den Ingenieur Alois Korn perfektioniert, eignete sich auch für Elektroantrieb und fand viele Lizenznehmer.
Es folgten mittlere und schwere Lastwagen mit vier Rädern, die ab 1914 in einem eigenen Werk hergestellt wurden. Die Cie. des Latil Véhiculs Industriels existierte von 1914 bis 1957, als die Firma in der Saviem-Gruppe aufging. Das Nutzfahrzeuggeschäft ging 1978 an die RVI (Renault Véhicules Industriels) über, doch die Markenbezeichnung Saviem sowohl für Lastwagen als auch für Omnibusse behielt man bis 1982 bei.

In einem 222 Seiten umfassenden, am 19. April 1971 veröffentlichten Handbuch bot die NASA Informationen über den Aufbau des Lunar Roving Vehicle, seine Bedienung und Maßnahmen für eventuelle Fehlfunktionen.

Lunochod in der Ausführung als Versuchsmodell, wie es als Museumsobjekt zu bewundern ist. Das Original befindet sich seit dem 1. November 1970 auf dem Mond. Der große Sonnenlichtkollektor versorgte die Antriebsmotoren mit der erforderlichen Energie.

Mahindra e20-plus, Modelljahrgang 2016.

M & M · MAHINDRA (IND)

Die Mahindra & Mahindra Ltd. (M&M) entstand 1945 in Bombay zur Einfuhr amerikanischer Jeeps. Aus der Verbindung zu Willys-Overland und deren Nachfolge-Unternehmen Kaiser Jeep Corporation und American Motors (AMC) ergab sich ab 1954 stufenweise eine eigene Produktion, nachdem die Firma Nachbau-Lizenzen erworben hatte. Bereits 1956 wurden etwa 25.000 Geländewagen produziert, die dem amerikanischen Original wie dem CJ-3 B mit kurzem und dem CJ-4 A mit langem Radstand entsprachen. Als Nutz- und Arbeitsfahrzeuge besaßen sie eine offene Stahlblechkarosserie mit Planenverdeck. 1966 übernahm Mahindra die Konstruktion und die Werkzeuge des amerikanischen Frontlenker-Jeeps F-150/F-170; der nun als FC-160 hergestellte 1,0-t-Pick-up bzw. Kleinbus war der Vorgänger der Mahindra-Frontlenkermodelle FJ-460 und FJ-470, die bis 1999 gebaut wurden. 1985 kamen japanische Mitsubishi-Benzin- und französische Peugeot-Dieselmotoren zum Einsatz.
Das Fahrzeugwerk Werdau GmbH in Werdau, Sachsen, stellte ab 1993 Mahindra-Fahrzeuge im CKD-System her; 1996 umfasste das Programm einen Classic (62 PS), einen CJ-500 D und MM-540 (72 PS), einen Commander 750-DP (62 PS) und einen zehnsitzigen Armada (62 oder 72 PS). Es gab Ausführungen als 4x2 und 4x4.
Seit Mai 2010 gehört Mahindra & Mahindra mit der Tochterfirma Mahindra Electric Mobility Ltd., hervorgegangen aus der Reva Electric Car Co., auch zu den Elektrofahrzeugherstellern. Das erste Modell nannte sich REVAi und wurde in 4000 Exemplaren international vermarktet. In rascher Folge entstanden weitere Modelle wie der CitySmart, eVerito und eSupro.

Madelvic Elektrokutsche 1898.

MADELVIC (GB)

In der Madelvic Carriage Company Ltd. in Edinburgh, einer Kutschenmanufaktur, wurden 1898–1900 einige von William Peck konstruierte Elektrowagen angefertigt. Der Vorderbau des als Madelvic Brougham bezeichneten Kutschwagens bestand aus drei Rädern, wobei das dritte, sehr kleine Rad die elektrische Antriebskraft auf den Boden brachte. Diese Variante des damals von etlichen Firmen praktizierten

Avant-Train-Systems übernahm auch die Kingsburgh Motor Construction Co., nachdem sie Madelvics Betrieb im Jahr 1900 übernommen hatte.

MAFI (D)

Die Fahrzeuge der Marke MAFI galten als Nachfolger jener Firma Bleichert, die bis 1939 in Leipzig Elektrofahrzeuge hergestellt hatte. Nach dem Ende des Zweiten Weltkrieges setzte Bleichert die Produktion in Köln-Mülheim fort, jetzt mit Elektrokarren und Staplern. Die Bleichert-Transportanlagen GmbH gehörte zur PHB-GmbH (Pohlig, Heckel und Bleichert), die den Produktbereich »Bleichert Eidechse« übernommen hatte.

Anfang 1987 ging das Elektro-Fahrzeugprogramm von der PHB auf deren Tochter MAFI Transport-Systeme GmbH über, die seit 1966 ihren Firmensitz in Renningen hatte und Zugmaschinen für den industriellen Einsatz sowie Spezialfahrzeuge für den Werft- und Containerbetrieb herstellte. Die Firma MAFI etablierte sich als Spezialist für den Sonderfahrzeugbau, heute mit dem Hauptwerk in Tauberbischofsheim, wo Schwerlasttransporter bis 63 t Nutzlast, Cargo-Trailer-Systeme zur Verwendung durch Terminal-Sattelzugmaschinen sowie Gabelstapler, Kippmulden, Bügelhubwagen, Elektrotransporter und Dieselzugmaschinen hergestellt werden.

Einer der in Zusammenarbeit mit dem Energie-Anbieter RWE 1970 entstandenen MAN-Elektro-Omnibusse mit von Bosch entwickelten Motoren. Im angehängten Nachläufer befanden sich die Akkumulatoren. Eingesetzt wurden die Fahrzeuge in München, Koblenz und Düsseldorf.

MAFI Elektrotransporter auf der Nordseeinsel Wangerooge.

MAHINDRA (IND)

siehe M & M · MAHINDRA

MAN (D)

Bei der traditionsreichen Nutzfahrzeugfirma MAN entstanden in Zusammenarbeit mit dem Energie-Anbieter RWE 1970 Elektro-Omnibusse, deren von Bosch entwickelte Motoren ihre Energie aus Varta-Akkus bezogen. Die 1,4 Tonnen schwere Akku-Fracht wurde in einem einachsigen Anhänger mitgeführt. Nachdem dieser Bus im Liniendienst in Düsseldorf, in Koblenz und 1972 in München (während der Olympischen Spiele) erprobt worden war, wurden unter der Bezeichnung MAN SL-E weitere Elektrobusse auf Basis des MAN SL 200 gebaut. Insgesamt gab es 22 dieser Fahrzeuge, davon acht in Mönchengladbach, 14 weitere bei der Düsseldorfer Rheinbahn. Nachdem die Mönchengladbacher Elektrobuslinie 1981 eingestellt wurde, verkaufte man die dortigen Wagen ebenfalls an die Rheinbahn. In Düsseldorf schied der letzte Elektrobus 1988 aus dem Bestand. MAN stellte auch Oberleitungs-Omnibusse für elektrisch-hydraulisch-mechanischen Antrieb her. Die 17,6 Tonnen

1996 stellte MAN den weltweit ersten Wasserstoffbus mit Flüssigwasserstoff-Speicherung der Öffentlichkeit vor. Anschließend folgte ein zwei Jahre langer Probelauf im regulären Nahverkehr in München und Erlangen. Ferner begann MAN im Juni 1999 mit der Erprobung von drei Niederflur-Gelenkbussen mit Druckwasserstoffmotor. Sie wurden auf dem Vorfeld des Flughafens München eingesetzt und absolvierten 300.000 km.

schweren und 180 kW starken Wagen besaßen zusätzlich einen Dieselmotor und liefen u. a. in Basel und Lausanne. 2018 startete MAN Praxisversuche mit autopilotierten Lastzug-Konvois auf der Autobahn.

MARKETOUR (USA)

1964 begann eine Marketour Electric Cars Co. in Long Beach, Kalifornien, mit dem Bau von dreirädrigen Kleinst-Elektrofahrzeugen (36 Volt) mit einzelnem Vorderrad unter dem Markennamen Marketour. Es gab auch eine Version als Pick-up.

Marmon-Herrington Trolleybus, 1952.

MARMON-HERRINGTON (USA)

In der von 1931 bis 1963 in Indianapolis, Indiana, existierenden Marmon-Herrington Inc. wurden zunächst Tankwagen für Flughäfen in 4x4-Bauweise gebaut. Allradantrieb kennzeichnete seither fast alle Marmon-Herrington, auch gab es Modelle mit Allradlenkung, gebaut vor allem im Auftrag der Armee. Im Zweiten Weltkrieg gehörte Marmon-Herrington zu den wichtigsten Ausstattern der U.S. Army (Kampf- und Aufklärungspanzer, Schwertransportfahrzeuge). Nach dem Krieg waren es vor allem mittelgroße Omnibusse, die M-H baute, auch Trolleybusse, denen ab 1950 wieder schwere Zugmaschinen folgten.

MÁVAG (H)

Die Magyar Királyi Állami Vas-, Acél- és Gépgyárak wurde 1870 in Budapest zur Herstellung von Eisenbahnwagen und anderen Schienenfahrzeugen gegründet. 1919 übernahm die Mávag den ungarischen Fiat-Lizenzbetrieb aus einer Banken-Treuhänderschaft und setzte den Bau von Lastwagen und Omnibussen fort. 1926 erwarb man eine Lizenz von N.A.G. zur Herstellung von Nutzfahrzeugen, 1928 auch von Mercedes-Benz. Unter dem Label Mávag-Mercedes entstanden Lastwagen, Omnibusse und Personenwagen.
Nutzfahrzeuge wurden nach dem Kriege weitergebaut, genannt Máros und identisch mit dem ungarischen Rába. Unter der Bezeichnung Ganz-Mávag produzierte man bis 1990 auch Elektrofahrzeuge für die Industrie, ferner Oberleitungs-Omnibusse, E-Loks und Straßenbahn-Gelenkwagen.

MAXWERKE (D)

In den Maxwerken, einem eisenverarbeitenden Betrieb, der zur Kölner Elektrizitäts- und Automobilgesellschaft Harff & Schwarz AG gehörte, entstanden von Ende 1899 bis 1903 Motorwagen verschiedener Größen, teils mit Elektro-, teils mit Benzinmotoren oder beiden im Hybridsystem, die Radnabenmotoren aufwiesen. Der Absatz war gering und beschränkte sich auf die Region Köln. Die hochrädrigen, zwei- oder dreisitzigen Motorkutschen hatten Hebellenkung, Vollelliptikfederung und eine gewölbte Spritzwand nach Art des »Curved Dash« von Oldsmobile. Die Maxwerke bauten auch einen Hybrid-Omnibus mit zwölf Sitzplätzen.

MAZDA (J)

Im Januar 1920 wurde in Japan die Toyo Cork Kogyo Co. Ltd. gegründet, die zunächst eine Reihe von Produkten aus Kork herstellte. Im März 1921 wurde Jujiro Matsuda Präsident des Unternehmens, das im September 1927 seinen Firmennamen Toyo Kogyo Co. Ltd. erhielt, der erst 1984 in Mazda Motor Corp. geändert wurde. Im April 1929 begann man bei Mazda im Werk Hiroshima mit der Herstellung von Maschinen und Großwerkzeugen, und ab 1931 auch dreirädriger, konstruktiv dem Motorrad verwandter Lieferwagen unter dem Markennamen Mazda, Fahrzeuge, wie sie in Japan einst jahrzehntelang das allgemeine Verkehrsbild beherrschten.
1940 stellte man den Prototyp einer Limousine vor, es war der erste vierrädrige Wagen dieser Firma. Doch der Wagen blieb ein wegen des Krieges nicht weiter entwickeltes Versuchsmodell; nach wie vor produzierte Mazda nur Lastendreiräder, meist mit einem 360- oder 482-ccm-Zweizylindermotor, in erheblichen Stückzahlen.

2003 stellte Mazda das Modell RX-8 Hydrogen RE vor, bei welchem der Zweischeiben-Kreiskolbenmotor (System Wankel) wahlweise mit Wasserstoff oder Benzin zu betreiben war.

Im Juni 1958 nahm man bei Mazda auch den Bau vierrädriger Last- und Lieferwagen auf, sie blieben ebenfalls weiterhin eine wichtige Sparte im Produktionsprogramm. Der erste serienmäßig gefertigte Personenwagen unter der Marke Mazda erschien im Jahr 1960. Es war ein kleiner, flott gestalteter Zweitürer mit der Bezeichnung R-360. Sein Motor im Heck war ein luftgekühlter Twin von 356 ccm und 16 PS Leistung.
Schon bald nach der Aufnahme der Pkw-Produktion begann bei Mazda das Interesse am Wankelmotor zu erwachen. Im November 1961 erwarb Mazda von NSU eine Lizenz zum Bau des Wankelmotors sowie die Rechte zur Weiterentwicklung dieses von Dr. Felix Wankel erfundenen Kreiskolben-Aggregats. Weniger als zwei Jahre danach lief Mazdas erster Wankel-Wagen im Versuch. Inzwischen hat die Firma Mazda bewiesen, dass nicht nur ihr Festhalten am Kreiskolbenmotor (wiewohl man auch Fahrzeuge mit Hubkolbenmotor herstellt) Sinn machte, sondern dass sie auch in anderen Bereichen einen hohen Grad an Innovationsmut besitzt. Doch inzwischen lässt man sich mehr Zeit mit echten Sensationen.

Im November 2016 erfuhr die Presse, dass Mazda an einem ZEV (zero-emission vehicle) arbeite, das speziell auf den nordamerikanischen Markt zugeschnitten und mit dem 2019 zu rechnen sei. Insider wussten, dass Mazda bereits 2015 mit Toyota ein entsprechendes Projekt gestartet hatte. Toyota sollte seine Hybrid-Erfahrungen einbringen. Doch wenn es ein Hybrid sein würde, dann in Verbindung mit einem Kreiskolbenmotor, das ließ der Mazda-Entwicklungschef Kiyoshi Fujiwara durchblicken. Auch an reinen Elektrofahrzeugen sowie an einer Version mit Brennstoffzellen-Antrieb werde intensiv gearbeitet, hieß es.
Mazda hat auch mit Wasserstoffmotoren experimentiert. So wurden 1991, 1993 und 1999 diverse Modelle versuchsweise mit solchen Motoren getestet. 2003 stellte Mazda das Modell RX-8 Hydrogen RE vor, bei welchem der Zweischeiben-Kreiskolbenmotor (System Wankel) wahlweise mit Wasserstoff oder Benzin zu betreiben war. Der Wasserstofftank hatte 110 Liter Fassungsvermögen bei 350 bar und speicherte damit bis zu 2,4 kg Wasserstoff, während der Benzintank 61 Liter fasste. 2005 hat Mazda für dieses Fahrzeug die japanische Straßenzulassung bekommen. Im Jahr darauf wurden die ersten Fahrzeuge an die Flottenkunden Idemitsu und Iwatani ausgeliefert.
Mazda weitete im Jahr 2008 seine Aktivitäten mit der Teilnahme am HyNor-Projekt aus und stellte diesem norwegischen Wasserstoff-Experimentt die ersten Einheiten des weiterentwickelten RX-8 Hydrogen RE zur Verfügung. Bei einem Fahrtest 2009 bezeichnete die Presse die Fahrzeuge als »ingeniöse Fingerübung« (ams) und bemängelte den extrem niedrigen Gesamtwirkungsgrad der Hydrogen-Fahrzeuge: »Es wäre viel sinnvoller, gleich ein E-Auto auf die Räder zu stellen und auf den Umweg über den Wasserstoff-Hybriden zu verzichten.« 2010 nahm ein Mazda RX-8 Hydrogen RE am Demonstrationsrennen »Le Mans vers le future« in Frankreich teil.

MMB (D)

Der Konzern Messerschmitt-Bölkow-Blohm ging aus einer Vielzahl von Firmen und Fusionen hervor. Bölkow und Messerschmitt fusionierten 1968 und verschmolzen ein Jahr später mit der Hamburger Flugzeugbau GmbH (HFB) zur Firma Messerschmitt-Bölkow-Blohm GmbH (MBB) und damit zum größten Luftfahrt- und Raketen-Konzern in der Bundesrepublik Deutschland (Airbus).
Auch Automobilentwicklungen gehörten zum Kompetenzbereich des Konzerns. So stellte MBB 1971 einen Elektrotransporter vor; er hatte eine selbsttragende Kunststoff-Karosserie. Die Entwicklung des Wagens vollzog sich in Ottobrunn unter der Leitung von Hans Georg Raschbichler von der Hubschrauber-Projektabteilung. Prototypen wurden im MBB-Werk Donauwörth angefertigt. Beteiligt waren die Robert Bosch GmbH, Varta, die Chemiefirma Bayer und die Rheinisch-Westfälischen Elektrizitätswerke (RWE). Vier der Prototypen liefen bei den Münchner Stadtwerken im Dauereinsatz. Die selbsttragende Bodengruppe war in Polyurethan-Sandwich-Bauweise mit GFK-Schalen hergestellt. Für die Aufbauten hatte man ein Baukastensystem entwickelt. Je nach Fahrweise und Belastung betrug der Aktionsradius des MBB Elektrotransporters bis 100 Kilometer; mit seinem 45 kW starken Bosch-Nebenschlussmotor erreichte er eine Höchstgeschwindigkeit von 80 km/h. Er war 490 cm lang, 210 cm breit und hatte einen Radstand von 270 cm. Der erste Prototyp wies Fahrwerksteile vom Ford Transit auf, die nachfolgenden vom VW Transporter. Insgesamt entstanden zehn Prototypen, von denen einige 1972 bei den Münchner Olympischen Spielen eingesetzt wurden. 1989 übernahm die Daimler-Benz-Tochter DASA Anteile an der MBB, die zu diesem Zeitpunkt ca. 40.000 Mitarbeiter aufwies. Die Messerschmitt-Bölkow-Blohm GmbH wurde 1992 zur Gänze in die DASA integriert.

Melex Elektromobil aus Polen, 2017.

MELEX (PL)

Der in Polen hergestellte Melex Elektrowagen fand weite Verbreitung, vor allem in westlichen Ländern. Ab 1970 wurde der Melex in Mielec zuerst als Drei- und wenig später auch als Vierradwagen gebaut; innerhalb kürzester Zeit wurden allein mehr als 20.000 Exemplare in die USA geliefert. Flughäfen und Golfplatzbetreiber waren die Abnehmer. Einsatz fand der Melex aber auch im Werkschutz, auf Messe- und Ausstellungsarealen, in kommunalen Bereichen, in Freizeit- und Vergnügungsparks. Angetrieben wurden die ersten Fahrzeuge von einem 1,54-kW-Motor, den sechs 6-Volt-Batterien speisten. Später folgten stärkere E-Motorisierungen, die einen größeren Aktionsradius ermöglichten. Der Motor saß vor der Hinterachse. Der blattgefederte und mit Stoßdämpfern versehene Rohrrahmen des Melex wurde mit GFK-Aufbauten für zwei bis sechs Personen bestückt oder mit einer Plattform für Gepäck. Die Hinterräder wiesen Scheibenbremsen auf, und die Handbremse wirkte automatisch, sobald der Fahrersitz unbelastet war.

MENOMINEE (USA)

Die Menominee Electric Co. in Menominee, Michigan, stellte sowohl 1902 als auch 1912 je einen Elektrowagen her. Der erste war ein einzelnes Versuchsfahrzeug, mit welchem man Batterien testete, das zweite ein Kinderauto, von dem einige Exemplare angefertigt wurden. In einem dritten, 1915 erfolgten Anlauf kam es zu einer etwas größeren Auflage von Elektro-Personenwagen. Dieser Menominee war ein etwa 30 km/h schneller Zweisitzer. Das Menominee Cabriolet von 1915 kostete 1250 Dollar.

MERCEDES-BENZ · MERCEDES (D)

Dass man sich auch bei Daimler-Benz intensiv mit dem Thema des elektrischen Antriebs beschäftigte, wurde von der Öffentlichkeit erst im Sommer 1992 wahrgenommen, nach-

> »Es wäre viel sinnvoller gewesen, gleich ein E-Auto auf die Räder zu stellen und auf den Umweg über den Wasserstoff-Hybriden zu verzichten!«
>
> *auto, motor und sport* in einem Bericht über den Mazda RX-8 Hydrogen, 2009

1973 hatte man bei Daimler-Benz einen L 307 Kleinbus auf Elektroantrieb umgerüstet, eines der zahlreichen Konzepte, die infolge der Ölpreiskrise von der Automobilindustrie geprüft wurden.

dem die Stuttgarter ihre Teilname mit zwanzig Mercedes-Fahrzeugen am »Rügen-Projekt« zugesagt hatten. Doch bereits auf der IAA 1991 in Frankfurt am Main war auf dem Mercedes-Stand ein feuerrot lackierter W 201 (allgemein als Modell 190 bezeichnet) als E-Limousine zu sehen gewesen. Und neu war der elektrische 190er auch nicht. Er war seit 1990 im Versuch und Nachfolger einiger Fahrzeuge, die Daimler-Benz 1987 unter Strom gesetzt hatte. In einer Pressemitteilung hatte es geheißen, dass diese Fahrzeuge dadurch entstanden seien, indem man aus ihnen den Verbrennungsmotor und den gesamten Antriebsstrang entfernt und durch »zwei über Steckwellen direkt auf die Hinterräder wirkende, sehr drehmomentstarke Elektromotoren ersetzt« habe. Der Fahrer habe nur noch über Vorwärts- oder Rückwärtsfahrt zu entscheiden. Und: »Der Strom kommt aus zwei Hochenergie-Batterien, von denen eine im Motorraum, die andere an Stelle des Kraftstofftanks untergebracht ist.«
Die abrufbare Leistung wurde mit 32 kW (entsprechend 44 PS), die Höchstgeschwindigkeit mit 115 km/h beziffert. Das Werk sprach ferner von einem Aktionsradius bis zu 150 Kilometer. Auch von Gewichtseinsparungen, um das Batteriegewicht zu kompensieren, war die Rede. Man könne Teile der Karosserie aus Aluminium anfertigen und wegen der geringen Höchstgeschwindigkeit schmaler dimensionierte Reifen verwenden.

Keine Eignung für die Serie An eine Serienherstellung des elektrischen W201 war nicht gedacht. Nicht zuletzt, wie das Werk mitteilte, weil »wartungsfreie Bleiakkumulatoren noch so groß und schwer sind, dass bei ausreichender Reichweite praktisch kein Nutzraum mehr bleibt«. Den Einsatz leichterer, mit höherer Energiedichte versehener Nickel-Cadmium oder Natrium-Schwefel-Batterien schloss man wegen eines exakt einzuhaltenden Temperaturbereiches um die 300 Grad Celsius aus. Gleichwohl war das Fazit verhalten positiv: »Zu erwarten ist, dass die nächste Generation deutlich bessere Ergebnisse erzielt …«

Die Arbeiten wurden fortgesetzt, doch erst im Oktober 2010 hörte man wieder etwas Konkretes in Sachen E-Mobilität, wobei die Versuchsträger jetzt Exemplare der A-Klasse waren. Die E-Cell genannten Autos wurden an ausgewählte Kunden in ganz Europa vermietet, nicht verkauft.
Der Autotester Markus Jordan bewegte einen E-Cell gut eintausend Kilometer durch Deutschland und veröffentlichte seine Eindrücke darüber im Internet wie folgt:
»Die Fakten der A-Klasse E-Cell: Permanent erregter Synchronelektromotor, 290 Nm Drehmoment und eine Dauerleistung von 68 PS. Spitzenleistung per Boost-Funktion (Kick-Down) von 95 PS. Beschleunigung in 5,5 Sekunden von Null auf 60 km/h – Höchstgeschwindigkeit 150 km/h. Auf dem Papier vielversprechende Leistungswerte, womit man im normalen Alltagsverkehr eigentlich problemlos rein elektrisch und emissionsfrei unterwegs sein sollte. Doch wie schlägt sich das Fahrzeug denn nun wirklich im Alltag, an verschiedenen Ladesäulen oder an der 08/15-Steckdose im Eigenheim? Unser Alltagstest mit insgesamt über 1000 km zurückgelegter Wegstrecke führte bei unserem Testprogramm nicht nur auf dem täglichen Berufsweg über die Bundesstraße, sondern auch auf die Autobahn und zur Wochenende-Einkaufs-Tour nach München. Viel sieht man auf den ersten Blick an der E-Cell nicht, was sie von einer normalen Serie-A-Klasse mit Benzin- oder Dieselmotor unterscheiden könnte. Gut, abgesehen von der auffälligen Beklebung und einer untypischen Reifenkombination mit 195/60 R16 anstelle der sonst üblichen 195/55 R16, wirkt das Fahrzeug im Großen und Ganzen ziemlich normal. Lediglich ein wenig hochbeinig kommt die A-Klasse E-Cell im Vergleich daher – was den Batterien im Unterboden und einem etwas erhöhtem Fahrwerk geschuldet ist. Bei genauer Betrachtung finden wir dann doch noch das eine oder andere kleine Detail: Da ist zum Beispiel ein anderer Heckstoßfänger, der ohne Endrohr-Ausschnitt für den Auspuff auskommt. Auch einen Tankdeckel finden wir, der aber statt einem Einfüllstutzen für Kraftstoff nur einen Stecker freilegt und später bei Ladung grün blinkt …«
Der Start der E-Cell erfolge eigentlich ganz gewöhnlich, hieß es weiter: »Zündschlüssel reinstecken und drehen. Was nun folgt, ist dann aber keinesfalls mehr gewöhnlich und führt bisweilen bei vielen zu einem Aha-Erlebnis.

Mercedes-Benz A-Klasse E-Cell, 2017.

Mucksmäuschenstill bleibt es im Innenraum – sofern Radio und Lüftung ausgeschaltet sind. Lediglich ein kleines kurzes Summen vom Arbeitsgeräusch der Unterdruckpumpe für den Bremskraftverstärker ist zu hören. Eine Form von Motorengeräusch möchte sich aber nicht einstellen, nur das Powermeter im Kombiinstrument geht in die mittige 0-Stellung.

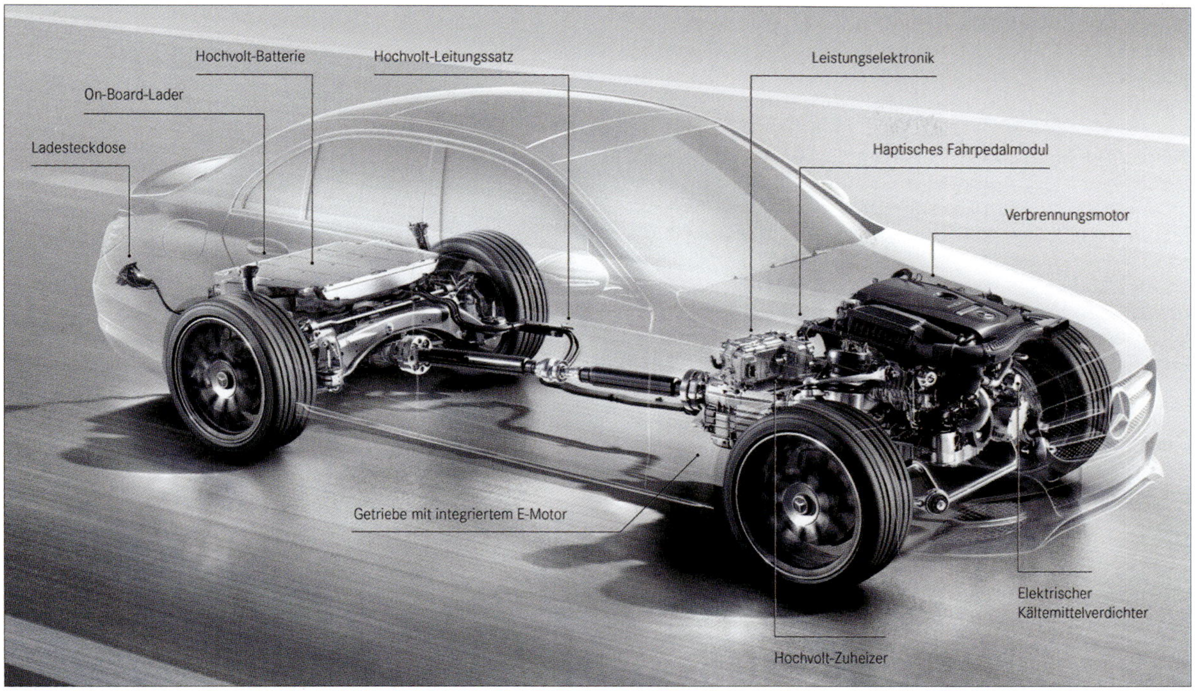

Antriebssystem des Mercedes-Benz C-Klasse Hybrid im Röntgenblick.

Ein Blick auf die Tankuhr, die nun ja Batterieuhr heißt – 100 Prozent Energieladung. Gut so, schnell noch einen Kontrollblick in den Kofferraum, dann kann es losgehen. Im Unterboden des Kofferraums der A-Klasse führen wir die notwendigen Kabel mit, etwa ein 220-Volt-Kabel mit eingebautem FI-Sicherheitsschalter sowie ein 16-Ampere-Kabel (das rund 1000 Euro Wert darstellt).«

Umschalten beginnt im Kopf Wer ein Elektrofahrzeug fährt, müsse seine Fahrten im Gegensatz zu Fahrzeugen mit normalen Antrieben ganz anders planen, konstatierte Markus Jordan. »Recht schnell findet man dabei heraus, welche Fahrten überhaupt notwendig sind und auf welche verzichtet werden könnte... Die A-Klasse E-Cell begeistert, fällt im Straßenverkehr jedoch eher selten auf – zu unserer Verwunderung. Es fehlen Geräusche des Fahrzeuges bei der Anfahrt, erst ab 25-30 km/h tritt das Reifenabrollgeräusch auf und macht das Fahrzeug dann für Fußgänger hörbar. Unsere Tests in abgelegenen Seitenstraßen fanden sehr wenig verwunderte Gesichter, lediglich das lautlose Anfahren verwunderte oftmals. Solange kein anderes, normal mit Verbrennungsmotor angetriebenes Fahrzeug in der Nähe ist, fällt man auf – anders jedoch nicht.

Blick unter die Motorhaube eines Mercedes-Benz C-Klasse Hybrid.

Mercedes-Benz C350 Plug-in Hybrid Kombiwagen, 2018. Der Kombi (T-Modell) war 1996 erschienen, mit ihm bot Mercedes erstmals einen kompakten, mittelgroßen Sportkombi an, der sich rasch zunehmenden Zuspruchs erfreute.

Die E-Cell hat uns begeistert – aber auch genervt, wobei das Fahrzeug und auch der Hersteller nicht unbedingt etwas dafür können. Uns fehlte einfach die Infrastruktur am Startpunkt. Mit Wallbox und Starkstrom selbst wäre und ist die A-Klasse Elektro, wie Mercedes die A-Klasse auf den Überstellungspapieren zu uns bezeichnete, ein ideales Fahrzeug für den urbanen Verkehr, für den das Fahrzeug auch nur gedacht ist. Die maximale Reichweite des Fahrzeugs lag nach unseren Erkenntnissen bei rund 200 km maximal (und über 1000 km einen Schnitt von 11,5 kW durchaus sparsam, sonst hatten wir meist einen Spitzenwert von 18-20 kW im normalen Alltagsverkehr – ohne den Energieverlust bei der Ladung mit einzurechnen).
Mercedes-Benz bemüht sich verstärkt, Elektromobilität allen Autofahrern näher zu bringen und Vorurteile zu beseitigen. Wir hatten ebenso unsere Vorurteile – was das Thema betrifft, aber nach mehr als 1000 Kilometer Testfahrt mit der A-Klasse E-Cell können wir sagen, dass diese unbegründet waren. Die E-Cell hat uns überzeugt und uns genau das ge-

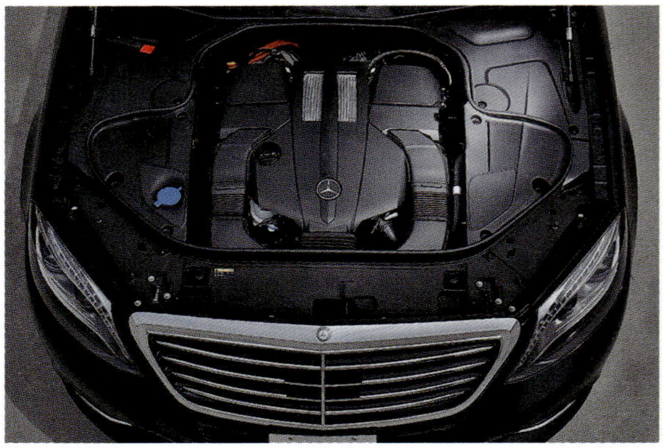

Wie man sieht, sieht man nichts: Blick unter die Fronthaube des Mercedes-Benz S500e Plug-in-Hybrid, 2013.

Ein Paket Akkuzellen des Mercedes Citaro Elektro-Omnibusses.

liefert, was sie soll: Einfaches und unkompliziertes lokal emissionsfreies Fahren. Wir freuen uns, auf die nächste – noch bessere – Generation der batterieelektrischen Antriebstechnik …«

Neue »Ära Mercedes« ? Im Jahr 1901 schrieb der Generalsekretär des Automobile Club de France, Paul Meyan, in einem Zeitungsartikel euphorisch: »Wir sind in die Ära Mercedes eingetreten!« Er bezog diese fundamentale Aussage auf einen neuen, von Wilhelm Maybach konstruierten 35 PS Sportwagen, der als erstes Auto den Namen Mercedes bekam. Mit einer Spitze von 86 und einem Schnitt von 51 km/h qualifizierte sich Emil Jellinek am Steuer des ersten Exemplars als Sieger im Turbie-Bergrennen – im weißen Anzug und mit Tropenhelm. Auch hinsichtlich Straßenlage und Lenkbarkeit hatte sich der erste Mercedes-Wagen der Konkurrenz als überlegen gezeigt.

Der kompakte, leistungsstarke Vierzylinder gilt als der Wendepunkt in der gesamten Automobiltechnik. In der Tat markierte der Mercedes den Anbruch eines neuen Zeitalters,

Versuchsweise eingesetzter Mercedes 25 t-Elektrotruck auf dem Daimler-Werksgelände in Stuttgart-Untertürkheim, 2017.

das von jetzt an von einem neuen Automobiltyp in hohem Maße beeinflusst und beherrscht wurde.

Von einer neuen »Ära Mercedes« war auch 2012 die Rede, nachdem breit angelegte Versuche mit Fahrzeugen der B-Klasse sowie mit Vito-Transportern abgeschlossen worden waren. Daimler-Benz: »Der Elektroantrieb gilt auch im gewerblichen Güterverkehr als Schlüssel für die umweltbewusste und individuelle Mobilität der Zukunft. Vor allem für den Stadt- und Verteilerverkehr sind batteriebetriebene Transporter eine vielversprechende Lösung: Sie weisen weder Kohlendioxid- noch Schadstoffemissionen sowie deutlich geringere Geräuschemissionen auf als Fahrzeuge mit konventionellem Antrieb.

Da sie lokal emissionsfrei fahren, d. h. am Einsatzort keinerlei Schadstoffe ausstoßen, können elektrifizierte Transporter in vielen Fällen auch dort eingesetzt werden, wo konventionell angetriebene Fahrzeuge häufig draußen bleiben müssen: In Innenstädten mit Einfahrbeschränkungen, in umweltsensiblen Bereichen wie Fußgängerzonen, Kurorten und Parkanlagen oder in geschlossenen Messehallen«. Mit dem Vito E-Cell läutete Mercedes-Benz nach eigenen Angaben »eine neue Ära der Elektromobilität« ein. Sein Antriebskonzept war rein auf den elektrischen Betrieb ausgelegt und verzichtete auf den für Verbrennungsmotoren ausgelegten Antriebsstrang. Damit zielte er auf gewerbliche Kunden, die ihre Transporter hauptsächlich im städtischen Bereich und auf Kurzstrecken einsetzen. Dazu zählen in erster Linie Flottenbetreiber, öffentliche Institutionen, Lieferunternehmen. Im Rahmen der vom Bundesverkehrsministerium geförderten Forschungsinitiative Modellregion Elektromobilität Stuttgart befand sich schon seit Mitte 2010 eine Kleinserie des Vito E-Cell zur realen Erprobung bei ausgewählten Testkunden.

Schwäbische Komforthybriden Plug-in-Hybrid-Modelle bietet Daimler in der jüngsten C- und E-Klasse an (350e) mit einer Systemleistung von 210 kW und 600 Nm Drehmoment. Der Benzinmotor unter der Fronthaube ist ein 1991-ccm-dohc-Vierzylinder. Ein entsprechendes Modell in der S-Klasse (S400h) als »milder Hybrid« war 2015 vorgestellt worden. Der Elektromotor war hier auch Anlasser und Lichtmaschine, womit das einzige Mehrgewicht für den Hybridantrieb die Batterie darstellte. Ein rein elektrisches Fahren über eine längere Strecke war nicht vorgesehen: »›Mild Hybrid‹ ist schließlich ein Konzept, das nur eine begrenzte elektrische Unterstützung fürs Fahren vorsieht und dafür wenig bauliche Kompromisse erfordert«, wurde seitens der Daimler AG betont.

EvoBus Mercedes Citaro Die EvoBus GmbH mit Sitz in Stuttgart ist eine 100-prozentige Tochtergesellschaft der Daimler AG. Sie entwickelt und produziert Omnibusse und bietet Dienstleistungen rund um diesen an. Gegründet wurde sie 1995 als Zusammenschluss der Omnibussparten von Daimler-Benz und den übernommenen Kässbohrer-Werken, Hersteller des Setra-Busses. Bei EvoBus experimentiert man seit geraumer Zeit mit Elektro- sowie Wasserstoffan-

trieben, seit 2009 auch mit Brennstoffzellen-Hybrid-Stadtbussen. Die Akasol GmbH steuert die Batteriesysteme für den elektrischen Citaro bei. Beim Citaro E-Cell kamen bis zu zehn Batteriepakete vom Typ Akasystem OEM mit einer Gesamtkapazität von bis zu 243 kWh zum Einsatz. Akasol GmbH ist aus der 1989 gegründeten Akademischen Solartechnikgruppe der TU Darmstadt hervorgegangen und seit 2008 ein Hersteller von Batteriesystemen für Nutzfahrzeuge, Schienenfahrzeuge und Schiffe.
2018 begann die Serienfertigung vollelektrischer Citaro-Busse, von denen die Hansestadt Hamburg als einer der ersten Kunden 20 Stück bestellte.

E-Lastwagen mit Stern In den USA erprobte Daimler im Frühjahr 2018 große Lkw-Elektro-Sattelzüge gemeinsam mit diversen US-Firmen. Die eCascadia genannten Lastwagen verfügten über 559-kWh-Akkupacks, gut für 544 kW (730 PS) bei einer Reichweite von 400 Kilometer. Unter der zu Daimler gehörenden amerikanischen Marke Freightliner wurden bereits seit 2016 eM2 genannte Lastwagen mit 325 kWh Batterieleistung im Stadtverkehr erprobt. Als Energieverzehrer im großen Stil erwiesen sich Kühlaggregate: Sie schränken den Aktionsradius ein und erfordern von den betreffenden Fahrzeugen ein Nachladen der Akkus in dichten Zeitintervallen. Vom Daimler-Vorstand hieß es, das Unternehmen werde 2,5 Milliarden in die E-Sparte schwerer Nutzfahrzeug investieren, für die in Portland/Oregon, USA. ein eigenes Forschungszentrum eingerichtet wurde.

MERCÉDÈS-ÉLECTRIQUE (F, A)

Der in Nizza lebende österreichische Konsul Emil Jellinek (1853–1917), dort auch für seine automobilsportlichen Aktivitäten in Zusammenarbeit mit der Daimler Motoren-Gesellschaft (D.M.G.) und als »Mercedes«-Namensgeber bekannt geworden, gründete 1906 zwei Gesellschaften, die Mercédès-Mixte und die Mercédès-Électrique, beide mit Sitz in Paris. Jellinek hatte sich für seine Verkaufsabsichten

»Essen auf Rädern« 1908: Als Speisetransportwagen eingesetzter Mercedes-Mixte-Wagen.

spezieller Mercedes-Wagen weitreichenden Gebietsschutz zusichern lassen. Es handelte sich nicht um die Cannstatter Fahrzeuge, sondern um die aus Wiener-Neustadt in Österreich (Austro-Daimler).
Diese speziellen Wagen basierten auf Patenten und Fabrikationsrechten von Elektro-Automobilen nach dem Lohner-Porsche-System (Mixte-System) sowie für mittels Akkumulatoren angetriebene Elektromobile mit Innenpolmotoren an den Radnaben, die 1906 von Lohner an die Österreichische Daimler-Motoren-Gesellschaft (Austro-Daimler) übergegangen waren. Bevor auch Porsche zu Austro-Daimler ging, war er Konstruktionschef bei Lohner gewesen.
Das Mixte-System, nach welchem ein Benzinmotor über einen Generator die elektrischen Antriebsmotoren mit Energie versorgte, fand vor allem in Nutzfahrzeugen Anwendung, etwa bei Feuerwehrwagen, schweren Brauereifahrzeugen oder während des Ersten Weltkrieges bei Militärkonvois (auch auf der Schiene): Im Zugwagen befand sich der Benzinmotor plus Generator, und in den Radnaben der Anhänger die durch starke, geschützte Kabel verbundenen Innenpolmotoren. Der Leitwagen zog also nicht, denn jeder Wagen im Konvoi lief mit eigener Kraft. Emil Jellinek stieg 1908 aus beiden Gesellschaften wieder aus – sie brachten ihm keine Rendite. Austro-Daimler lieferte nach dem Ersten Weltkrieg keine Mischwagen mehr.
Die Firma Lohner indessen war erfolgreicher und stellte ihren Mixte noch bis Ende der 1920er Jahre her. Das Hybridsystem hat seine konsequente Weiterentwicklung erfahren und findet seine Anwendung heute in der dieselelektrischen Kraftübertragung, bei welcher die von einem Dieselmotor erzeugte mechanische Energie wie schon bei Lohner – dort mit einem Benzinmotor – durch einen Generator in elektrische Energie umgewandelt und auf das Antriebssystem eines Fahrzeugs übertragen wird. Am häufigsten angewendet wird dieser Hybridantrieb mit großvolumigen Dieselaggregaten bei Güterzuglokomotiven und Schiffen sowie in Schwerlastwagen (großen Muldekippern) und Militärfahrzeugen. Der Mercedes-Benz Midibus Cito O520 bekam ebenfalls einen dieselelektrischen Antrieb.
siehe auch LAUSTER

MEYNIER-LEGROS (F)

siehe LEGROS

MEYRA (D)

Der Markenname Meyra steht für Invalidenfahrzeuge und für einige wenige Kleinwagen, gebaut in Vlotho an der Weser. Der Firmengründer Wilhelm Meyer, Jahrgang 1909, begann 1937 mit der Herstellung von Zimmerfahrstühlen, Krankenschiebewagen und Handbetrieb-Selbstfahrern; auch baute er ein erstes Invalidenfahrzeug mit 98-ccm-Benzinmotor.
1948 ergänzte Meyer sein Programm durch Elektrowagen, eine durch ihn verbesserte Entwicklung des Oeynhausener Elektrikers Heidemeyers, dessen Produktion er übernommen hatte. Es entstanden jetzt vor allem kleine, überdachte Motorwagen für Kriegsversehrte, denen 1950 ein weiteres Modell folgte, bei dem der Motor jetzt nicht mehr außenbords, sondern im Innenraum lag. Der Prototyp erhielt die Bezeichnung Meyra 22. Es war ein Zweisitzer, dem 1953 ein Wagen mit Sperrholz- statt Blechkarosserie folgte, wiederum für Versehrte gedacht und als Coupé konzipiert, bei welchem sich die rechte Hälfte der Front öffnen ließ.
Ein weiteres Fahrzeug war der 1955 entstandene Meyra 200-2 mit GFK-Karosserie, der auf der IAA auf dem Stand des Kunststoffherstellers BASF gezeigt wurde. Doch das Rennen auf dem Sektor der Kleinstwagen fürs Wirtschaftswundervolk machten die Isetta und das Goggomobil. Nur unter großen Anstrengungen vermochte Meyra die bereits erteilten Aufträge zu erfüllen. Bis Mitte 1956 montierte man in Vlotho die vorproduzierten Teile zu kompletten Wagen. International als Präzisionsprodukte anerkannte elektrische Invalidenfahrzeuge stellt die Wilhelm Meyer GmbH & Co. KG unter dem Motto »Wir bewegen Menschen« auch im neuen Jahrtausend noch her.

Elektromobilität ist ein hochgradig vernetzender Industriezweig, der sich auf das Erfüllen von Mobilitätsbedürfnissen unter Nachhaltigkeitsaspekten fokussiert und dafür Fahrzeuge nutzt, die einen Energiespeicher mitführen sowie einen Elektroantrieb verwenden, der im Grad der Elektrifizierung variieren kann.

Wikipedia

MG (PC)

Die 2005 in China wieder zum Leben erweckte britische Sportwagenmarke reüssierte ebenfalls mit einem Elektroautomobil, doch dessen Erscheinen zog sich lange hin.
Auf der Guangzhou Auto Show im November 2018 wurde mit dem MG eZS endlich das erste in China produzierte Voll-Elektroauto dieser Marke vorgestellt; seit März 2019 wurde es in China verkauft. Im Januar 2020 debütierte die batterieelektrische Version auf der Vienna Autoshow und wurde seitdem in Österreich als MG ZS EV angeboten
Der eZS wurde von einem 110 kW (150 PS) starken Elektromotor angetrieben. Die elektrische Reichweite gab der Hersteller mit 335 Kilometer an.
Ab Oktober 2020 kam dieser MG auch in Deutschland in den Handel. Dieser SZ EV war kein Roadster oder Sportcoupé. Die Marke mit den britischen Wurzeln demonstrierte ihre Wiedergeburt durch einen trendigen Kompakt-SUV mit batterieelektrischem Antrieb, der den Autobau aus dem Reich der Mitte auch in Deutschland endgültig salonfähig machen sollte.

Mia Heuliez, 2017.

Der Chef Frankreichs einst berühmtester Elektrofirma glaubte nicht an das Elektroauto

Alles elektrisch – nur die Autos nicht

Die Geschichte eines der bekanntesten Automobilfabrikate des frühen 20. Jahrhunderts geht auf das Jahr 1851 zurück, als ein gewisser Monsieur Mirand in einer Werkstatt in der Rue Saint-Martin zu Paris die Herstellung von künstlichen Blumen aufnahm. Über die Jahre perfektionierte er seine Drahtwickelmaschinen für die Blumenstiele aus Papier, dann begannen er und seine Partner Louis und Eugène Mors mit der Produktion von elektrischen Klingeln und Zubehör für die Telegrafie. 1874 wurde die Firma Mirand von Louis Mors übernommen, der ihre Leitung seinen Söhnen Louis jr. und Emile anvertraute, beide Ingenieure der Elektrotechnik. Sie erweiterten das Produktionsprogramm um Signaleinrichtungen für die Eisenbahn, Dynamos, Telefone und Blitzableiter; 1885 verlegten sie den Betrieb in den Pariser Vorort Grenelle. Dort baute Emile Mors (1859–1952) zusammen mit einem Ingenieur namens Charles-Henri Brasier auch elektrische Inspektionsfahrzeuge für die Eisenbahn sowie ein Dreirad mit Dampfmotor. 1895 entstand bei Mors auch ein erstes Benzin-Automobil. Es wies einen luftgekühlten Zweizylindermotor in Boxerbauweise auf.
Dank seiner Kenntnis der Elektrotechnik gelang Emile Mors die Entwicklung eines Abreißzünders. Auch gehörten er und Braser zu den ersten, die einen Vierzylinder-V-Motor im 90-Grad-Winkel schufen und der ein großer Erfolg wurde. Von ursprünglich 4,2 Liter wuchs der Hubraum auf 7,3 Liter mit einer Leistung, durch die es Mors mit den Rennwagen anderer prominenter Hersteller aufnehmen konnte.
Doch der von der Anwendung der Elektrizität geschäftlich enorm profitierende Emile Mors ließ sich nicht auf das Experiment ein, auch einen elektrischen Motorwagen für die Straße zu bauen. Elektrische Draisinen für die Bahn stellte man bis 1914 her, ansonsten vertraute Mors einzig dem »Verbrenner«.
1900 war das Jahr, in welchem die Académie Française befand, dass das Wort »l'automobile« ein Maskulinum sei. Pierre Levegh belegte auf einem 7,3 Liter-Mors Kettenwagen den ersten Platz im Rennen Bordeaux-Périgueux-Bordeaux und auch in dem über 1350 Kilometer führenden Rennen Paris-Toulouse-Paris. Henri Fournier gewann 1902 auf Mors das Rennen von Paris nach Berlin.
Von 1900 bis 1907 trug die Firma Mors die etwas irritierende Bezeichnung Société d'Électricité et d'Automobiles und von 1908 bis 1915 den Namen Société Nouvelle des Automobiles Mors, unter welchem sie bis 1943 firmierte. Den Elektrosektor hatte man ausgegliedert.
Brasiers Nachfolger bei Mors wurde ein junger Mann namens André Citroën. Unter dessen Leitung entstanden Ende 1907 neue Modelle mit Kardanantrieb, relativ kleine 10 und 15 HP Vierzylinder, die sich gut absetzen ließen. Doch ein großer V4 mit 9,2 Liter Hubraum und Kettenantrieb war noch 1912 im Mors-Programm. In den Jahren 1906 bis 1909 gab es eine Marke American Mors. Die Fahrzeuge entstanden bei der Kobusch Automobile Co. in St. Louis, Missouri, in Lizenz der Société d'Electricité et d'Automobiles Mors. Drei Vierzylinder-Modelle wurden angeboten, 1908 folgte ein Sechszylinder. Ein Jahr später gingen bei Kobusch Eigenkonstruktionen in Serie, die unter dem Markennamen Standard angeboten wurden. Der von Mors gebaute Sechszylinder hatte 3,6 Liter Hubraum und bildete das Mittelklasse-Modell der Marke.
Nach dem Kriege besaßen alle von Mors gebauten Autos einen Minerva-Schiebermotor, da Minerva an Mors finanziell beteiligt war. Das Programm hatte sich auf einen 14/20 CV 3,3 Liter (ab 1922; 3,6 Liter) und einen 12/16 CV (2,0 Liter) reduziert. 1925 verließ der letzte Mors das Werk, das nun der ehemalige Geschäftsführer André Citroën übernahm. Citroën besaß bereits seit 1919 die Mehrheit bei Mors und befand sich auf dem Wege zum Höhepunkt seiner Karriere als Autohersteller.
Später tauchte der Name Mors an Straßenfahrzeugen noch einmal auf: Ihn trugen 1952 bis 1956 angebotene Motorroller, die in dem 1907 separierten Elektrozweig des Unternehmens hergestellt wurden. Diese Firma entwickelte sich zu einem Produzenten von Haushaltsgeräten und fusionierte in den 1960er Jahren mit Jean & Bouchon, einer großen Elektrofirma im Osten Frankreichs, aus der das Unternehmen zu Mors Jean Bouchon (MJB) wurde. 1970 übernahm die französische Holding UEER eine Reihe von Firmen, so auch MJB und mutierte 1984 zur Société Générale de Travaux et d'installations électriques (GTIE), die heute zum Konzernbereich Energie-Information der VINCI-Gruppe gehört.

MIA · HEULIEZ (F)

Die Elektroauto-Sparte des französischen Karosserieherstellers Heuliez übernahm 2007 das privat gestartete Projekt Mia. Unter der Leitung des Designers Murat Günak entstand daraus ein kompaktes, geräumiges und praktisches Elektroauto. Drei Jahre später hatte das Fahrzeug Serienreife erlangt.

Augenfällige Merkmale des Mia sind sein zentraler Fahrersitz sowie Schiebetüren auf beiden Fahrzeugseiten. Es gab eine 287 cm kurze sowie zwei 319 cm lange Varianten als Viersitzer Mia L (mit drei Rücksitzen) und als Kastenwagen. Mit der Standardbatterie wog das Fahrzeug 825 kg. Der 18 kW starke Motor sorgte für eine Höchstgeschwindigkeit von 110 km/h (8-kWh-Lithium-Eisenphosphat-Batterie. Reichweite bis zu 100 Kilometer möglich). Der Preis für die Basisversion des Dreisitzers betrug 19.500 Euro.

MICROCAR (F)

siehe JEANNEAU

MICROLINO (I)

Der Schweizer Visionär und Ingenieur Wim Ouboter verfolgte seit langem Konzepte zur urbanen Mobilität. Gemeinsam mit seinen Söhnen hatte er die Idee, ein platzsparendes und umweltfreundliches Verkehrsmittel für zwei Personen zu entwickeln.

In Zusammenarbeit mit der Zürcher Hochschule ZHAW und der Firma Designwerk entstanden mehrere Studien, um die ideale Balance zwischen den Vorteilen eines Autos und denen eines Motorrades zu finden. Ein erster Prototyp entstand in der zweiten Jahreshälfte 2015 in China, und im April 2016 startete Ouboter ein Joint-Venture mit dem italienischen Hersteller Tazzari in Imola für die Entwicklung und Produktion des Microlino genannten Elektro-Kleinwagens.

Der dem einstigen BMW Isetta-Coupé ähnelnde Microlino hat ein Leergewicht von 450 kg, eine Reichweite von 120 oder 215 Kilometer (je nach Batterie) und eine Maximalgeschwindigkeit von 90 km/h, was mehr als genug für den Einsatz in der Stadt ist. Mit nur 240 cm Länge eignet sich der Microlino zum Querparken, der Fronteinstieg ermöglicht dabei ein Aussteigen auf den Bürgersteig.

Oben: Mia Heuliez, 2017.

MICRO-Vett (I)

1989 präsentierte man in Italien ein Solarautomobil mit Elektroantrieb (4,7 kW, 48 Volt, vier 120-Ah-Batterien) unter dem Markennamen Micro-Vett. Dem in Voltana bei Ravenna hergestellten Micro-Vett-Modell Smile Lady bescheinigte man eine Reichweite von 70 Kilometern bei einer Geschwindigkeit von rund 60 km/h. Das Fahrzeug war 242 cm lang, 125 cm breit und 133 cm hoch. Bei einem Wettbewerb in Turin errang ein solches Fahrzeug 1989 in der Klasse der Solarfahrzeuge bis 1000 kg den Gran Premio.

MILBURN ELECTRIC (USA)

Die Milburn Wagon Company in Toledo, Ohio, war eine 1848 gegründete Kutschwagenfabrik, die Ende 1909 einen Teil ihrer Betriebsgebäude einer Gruppe von Geschäftsleuten vermietete, die hier Elektrowagen bauen wollten. Es waren James Brown Bell, Henry P. Dodge, Rathbun Fuller, Robert E. Lee sowie Henry E. Marvin von der Ohio Electric Car Co., die erst im September 1911 wieder auszog und in größere Räumlichkeiten übersiedelte.

Den wieder zur Verfügung stehenden Werkstrakt benutzte man seitens Milburn nun ebenfalls zur Herstellung von Elektrofahrzeugen, und sie erlangte eine hohe Reputation. Man hatte von der Arbeit der langjährigen Untermieter offensichtlich etwas gelernt. Gebaut wurden offene und geschlossene Autos sowie Lieferwagen. Die Limousine 36L von 1919 erhielt im Gegensatz zu den vorherigen Modellen eine Motorhaube wie ein Benzinfahrzeug, doch diese Form fand weniger Anklang als die der Coupés mit ihrem kurzen, gewölbten Bug. Zu den Milburn-Kunden gehörte auch der amerikanische Präsident Thomas Woodrow Wilson. Rund 7000 Fahrzeuge waren bis zum Dezember 1919 hergestellt worden, als ein Feuer das Werk fast zur Gänze vernichtete. Die ab 1917 jedoch rapide zurück gegangenen Verkäufe – elektrische Autos hatten ihre besten Zeiten hinter sich – ließen eine Wiederaufnahme der Produktion nicht sinnvoll erscheinen. Vielleicht war der Brand zu einem sehr günstigen Zeitpunkt ausgebrochen. Der Ohio Electric verschwand zur gleichen Zeit vom Markt.

Nach langen und von keinem nennenswerten Erfolg gekrönten Auseinandersetzungen mit der Versicherung geschah ein Neuanfang nicht vor 1921, ohne dass Automobile

Der dem BMW Isetta-Coupé ähnelnde Microlino hat eine Reichweite von 120 oder 215 Kilometer (je nach Akkugröße) und eine Maximalgeschwindigkeit von 90 km/h.

»Das Tauschen leer gefahrener Batterien ist ebenso leicht wie das Fahren unseres Wagens. Die leeren Batterien rollen auf Schienen heraus, die vollen hinein. Fertig!«

Werbung für den Milburn Electric, 1918

hergestellt wurden. Milburn fabrizierte jetzt nur mehr Karosserien im Auftrag der Firma Oldsmobile, und im Februar 1923 wurde die Firma für 2 Millionen Dollar von General Motors übernommen.

MILDÉ · MILDÉ-GAILLARDET (F)

Charles Mildé gehörte vor dem Ersten Weltkrieg neben Kriéger zu den erfolgreichsten Herstellern von Elektro-Automobilen in Frankreich. In Levallois-Perret bei Paris gründete er 1898 die Firma Mildé et Cie., und sein erstes Produkt war ein 2,2 kW starker Elektromotor zur Montage an eine Pferdekutsche. Im November 1898 stellte Mildé seinen

Von Mildé 1904 gebauter Elektrowagen für die Pariser Postbehörden. Es soll fünfzig Stück gegeben haben.

ersten kompletten Elektrowagen vor, ein Lieferfahrzeug für den Postdienst, dem weitere folgten. Auch Taxis und Omnibusse mit Elektroantrieb wurden gebaut, ferner Dreiradwagen mit zwei Motoren für die beiden Hinterräder; dieses Fahrzeug trug die Bezeichnung Mildé et Mondos, nachdem Mildé den Elektroingenieur Robert Mondos als Partner in seine Firma aufgenommen hatte. Ab 1903 gab es eine Reihe von so genannten Stadtwagen in geschlossener und in offener Version. Eine Besonderheit war ein stufenweise schaltbarer Regelwiderstand, der sechs Rasten für Vorwärtsfahrt und vier für Rückwärtsfahrt aufwies.
Wie sein Konkurrent Kriéger nahm Mildé auch die Herstellung von Fahrzeugen mit gemischtem Antrieb auf. Für die Konstruktion des hierfür benötigten Verbrennungsmotors engagierte er Frédéric Henri Gaillardet, der in Paris als gefragter Ingenieur galt und bereits die La Française und die Doctoresse entworfen hatte. Sein Mildé-Gaillardet genannter Wagen hatte einen Vierzylindermotor, nachdem ein Wagen mit einem De Dion-Bouton-Einzylindermotor von 6 PS keine Käufer gefunden hatte. Ein 1907 vorgestellter 30/35 HP Mildé-Gaillardet war kein Mischwagen, sondern ein konventionelles Benzinauto mit Kardanantrieb. 1911 folgten zwei Sechszylinder als 18/20 und 35/40 HP.
1912 wurde die Produktion eingestellt. Mildés Firma ging in die Hände seiner Söhne über und wurde in Société Ch. Mildé fils et Cie. umbenannt, und als der Erste Weltkrieg ausbrach, wurde sie geschlossen. Erst 1918 nahm sie wieder die Herstellung elektrischer Geräte auf, vor allem für das Post- und Telegrafiewesen.
Der Name Mildé tauchte in den Kriegsjahren 1941–1942 noch einmal auf, als im besetzten Frankreich Lastwagen

Mildé Phateon von 1898. Der Elektromotor unter dem Sitz trieb die beiden hinteren Räder an, die Akkus gruppierten sich um das Vorderrad.

von Chenard-Walcker und La Licorne auf Elektroantrieb umgerüstet wurden und deren Motoren den Namen Mildé-Kriéger trugen. Gemeinsam mit Louis Kriégers Compagnie Parisienne de Voitures Électriques entstanden in einer Aéric genannten Firma 150 Fahrzeuge, deren auf 1,2 t ausgelegte Nutzlast durch 250 kg Akkugewicht zwar eingeschränkt war, die aber bis zu 100 Kilometer Reichweite hatten.

MINI (GB)

Kurz vor der IAA 2017 in Frankfurt am Main wurde den Medien ein elektrischer MINI vorgestellt. Es war die dritte Konzeptstudie dieser Art seit 2008, als in einem Großversuch 200 MINIs umgerüstet worden waren – die aber Versuchsträger für den Elektro-BMW i3 darstellten und ihre Fahrprogramme mehr oder weniger inkognito abspulten. Die Konzernmutter BMW versprach eine Serieneinführung eines MINI-E für 2019.

MITSUBISHI (J)

Der Mitsubishi-Konzern entwickelte sich aus einer 1870 gegründeten Reederei (der Name Mitsubishi bedeutet »drei Diamanten«). Eine Fülle von Tochtergesellschaften entstand

Mitsubishi MIEV Stadtwagen, 2017. Die Abkürzung steht für »Mitsubishi Innovative Electric Vehicle«.

im Verlauf der Jahrzehnte, von denen eine die Mitsubishi Kobe Dockyard Works in Kobe war; hier baute man 1917 das erste in Serie hergestellte japanische Automobil, genannt Modell A. Seine Konstruktion basierte auf der des italienischen Fiat Tipo 3 mit Vierzylindermotor, doch wurden alle Teile in Japan angefertigt. Bis 1921 entstanden zwanzig Fahrzeuge, dann gab man die Herstellung auf, weil aus den USA sehr viel preisgünstigere Autos importiert werden konnten.

1946 nahm Mitsubishi den Bau von motorisierten Lastendreirädern auf, Mizushima genannt, ebenso von Silver Pigeon genannten Motorrollern. Erst 1959 begann im Zuge einer Reorganisation auch die Personenwagenproduktion. In eigener Regie, aber auch durch Impulse vonseiten anderer Hersteller, mit denen Mitsubishi im Lauf der Jahre Verbindungen einging (Chrysler, Volvo, Mercedes-Benz), entstanden unendlich viele Modellreihen, von denen hier aber nur der Outlander interessiert, ein seit Anfang 2001 produzierter SUV. Auf asiatischen Märkten wird er unter dem Namen Mitsubishi Airtrek verkauft, seit Mai 2003 auch auf dem nordamerikanischen Markt.
Seit dem Frühjahr 2003 ist der Outlander auch in Deutschland erhältlich. Er basiert auf der Plattform des Mitsubishi Lancer, wurde gemeinsam mit Daimler-Benz entwickelt und kann seit November 2012 auch als Plug-in-Hybrid geliefert werden. Der Outlander war damit der erste Plug-in-Hybrid-Allrad-SUV der Welt. Seine rein elektrisch erzielbare Reichweite betrug maximal 52 Kilometer.
Seit 2010 führt Mitsubishi einen vollelektrischen Viertürer im Programm, der als i-MiEV bezeichnet wird und mit den PSA-Modellen Citroën C-Zero und Peugeot identisch ist. Der quer eingebaute Mittelmotor (Hinterradantrieb) arbeitet im Modell des Jahrgangs 2018 mit 330 Volt, leistet 49 kW (67 PS) und wartet mit einem Drehmoment von 196 Nm auf.

M.M.B. · MARIENFELDE (D)

Im Jahr 1879 gründete der Ingenieur Adolf Altmann (1850–1905) in Berlin eine Maschinenbaufabrik zur Herstellung von Stationärmotoren für die Industrie und Landwirtschaft; 1896 kam auch die Produktion von Lokomobilen hinzu, die die Bezeichnung »Trakteur« trugen. 1897 wurde Altmanns Firma von einem Konsortium übernommen, zu welchem u. a. Heinrich Ehrhardt, Emil Rathenau und der Engländer Frederick Richard Simms gehörten; sie gründeten die Allgemeine Motorwagen GmbH mit Sitz in Berlin-Marienfelde und begannen dort mit dem Bau von Motorfahrzeugen mit Elektro- und Benzinmotoren.
Einige der Gründer des Unternehmens waren auch an der Daimler Motoren-Gesellschaft (DMG) in Stuttgart beteiligt, so deren Aufsichtsratsvorsitzender und Rüstungsindustrielle Max von Duttenhofer. 1899 wurde aus der Firma die Motorfahrzeug- und Motorenfabrik Berlin AG, kurz M.M.B.; sie kaufte Gottlieb Daimler Patentrechte ab, teils um sie für eine geplante neue Fahrzeugreihe selbst zu nutzen, teils um sie weiterzugeben.

Von der Firma M.M.B. (Motorfahrzeug- und Motorenfabrik Berlin) im Jahr 1901 veröffentlichtes Inserat.

Aber man umging auch (kostensparend) Daimler-Patente durch Änderungen an der Konstruktion. In Marienfelde entstand ferner eine Lizenzversion des Elektrowagens der Columbia Electric Corp. aus Hartford, Connecticut/USA.
Erste M.M.B. Nutzfahrzeuge Bauart Daimler, auch unter der Bezeichnung »Marienfelde« angeboten, erschienen bereits 1899. Es waren Fahrzeuge mit Holz- und Eisenrahmen, Holzrädern mit Eisenbereifung und Ritzelantrieb, die verwendeten Zweizylindermotoren leisteten 12 bzw. 14 PS. Auch entstanden Omnibusse, so für die Königlich Bayerische Post und für Kunden in England. Elektro-Omnibusse, Lastwagen und Feuerwehrwagen baute man nach Muster des österreichischen Daimler (Mercédès-Électrique mit Radnabenantrieb) und nach dem System Stoll.
1902 übernahm die Firma Daimler in Stuttgart 75 Prozent des Aktienkapitals, und es kam zum Zusammenschluss beider Werke. Der Berliner Betriebsteil firmierte fortan als Daimler Motoren-Gesellschaft, Berlin-Marienfelde und diente ausschließlich zur Produktion von Nutzfahrzeugen. Als 1926 die Fusion von Daimler und Benz erfolgte, konzentrierte man die Nutzfahrzeugproduktion auf Mannheim und Gaggenau; das Marienfelder Werk wurde zum Teile- und

2015 startete Mitsubishi eine erste Offensive mit Hybridversionen der Modelle Lancer, Lancer Sportback, Lancer Evo, Outlander Sport, Outlander und Mirage. Die Akkupacks im Fahrzeugboden trugen zu einem tiefen Wagenschwerpunkt bei.

Motorenhersteller und 1934 in die Rüstungsproduktion eingegliedert. Jetzt entstanden in den M.M.B.-Hallen Geländewagen und Flugmotoren.

MORGAN (GB)

Die seit 1795 in London bestehende und 1886 nach Leighton Buzzard, Bedfordshire, umgesiedelte Kutschenfabrik Morgan & Co. baute 1904 einen Elektrowagen, genannt Electric Motor Phaeton, dem Fahrzeuge mit Benzinmotor von der französischen Firma Mutel folgten. Der Vierzylinder hatte 5,8 Liter Hubraum. Eine Besonderheit war die hydraulische Sparks-Boothby-Kupplung, die vermutlich nicht gut funktionierte, denn nach den ersten fünf Fahrzeugen wurden die weiteren mit der damals üblichen Lederkonuskupplung versehen. Es lagen zwar weitere Bestellungen für Elektrofahrzeuge vor, die aber nicht mehr ausgeführt wurden.
1907 übernahm die Firma Morgan, deren Hauptgeschäft die Karosserieherstellung darstellte und die mit dem Sportwagenhersteller gleichen Namens in Malvern Link nicht identisch ist, den Import der deutschen Adler Automobile, versah sie jedoch mit Aufbauten eigener Herstellung. Eines dieser Modelle war der Morgan-Adler Carette auf der Basis des Adler 6/16 PS Typ KL mit 1,5-Liter-Motor. Mit Beginn des Ersten Weltkrieges verzichtete man auf die Bezeichnung Adler und verkaufte die letzten Modelle unter dem Namen Morgan, bevor man in Leighton Buzzard Flugzeug-

Morris & Salom Electrobat, 1895. Es war das erste straßentaugliche Elektromobil amerikanischer Fertigung und als Taxifahrzeug für New York gedacht.

rümpfe für Maschinen der Royal Air Force herzustellen begann. Den Autohandel nahm man nach 1918 nicht wieder auf, und 1929 endete auch die Karosserieproduktion.

MORRIS & SALOM (USA)

Der Ingenieur Henry G. Morris, geboren 1840, und der Elektrotechniker Pedro G. Salom, Jahrgang 1856, meldeten am 19. Januar 1894 gemeinsam ein Patent für einen von ihnen entwickelten Elektrowagen an. Ihr 1893 in Philadelphia gebauter Prototyp, dessen Fertigung 1895 als Morris-Salom Electrobat anlief, war das erste brauchbare Elektromobil

Mowag Fourgon (Paketwagen) der PTT, 1951.

Englischer Morrison Elektroschlepper, 1948.

aus amerikanischer Fertigung und als Taxifahrzeug für New York gedacht. Beim zweiten Modell saß der Fahrer in der typischen Hansom-Art erhöht hinter den Passagieren, gelenkt wurden die hinteren Räder.

Eins dieser Elektrofahrzeuge nahm im November 1895 am Chicago-Times-Herald Contest teil. Das Fahrzeug besaß zwei Lundell-Motoren, die die Vorderräder antrieben; sie waren größer als die hinteren. Die Akkus kamen von der Electric Storage Battery Co. in Philadelphia. Leider erreichte das Fahrzeug bei Schnee und Kälte nicht das Ziel und musste nach elf Meilen aufgeben. Anschließend baute man bei Morris & Salom einige Fahrzeuge mit gleich großen Rädern, doch schon 1897 stellte man die Fertigung mangels Nachfrage wieder ein.

MORRISON I (USA)

William Morrison, Inhaber von 87 Patenten, dürfte der Erste gewesen sein, der in den Vereinigten Staaten ein Elektromobil baute. Es entstand 1888 in Des Moines, Iowa, als vierrädriges Fahrzeug mit einem 3 kW leistenden Motor, der von 14 Batteriezellen unter den Sitzen gespeist wurde.

Einen von Morrison um 1890 gebauten Wagen erwarb für den Preis von 3000 Dollar Harold Sturges von der American Battery Company in Chicago und stellte ihn im Jahr 1895 auf der World´s Columbian Exposition aus, auch plante er mit dem Fahrzeug am *Chicago-Times-Herald* Contest teilzunehmen, was für das Fabrikat von großem Werbewert gewesen wäre. Doch er trat wegen ungünstigen Wetters nicht an. Einige Modelle, darunter Elektrowagen, wurden anschließend auch unter der Marke Sturges verkauft. William Morrison stellte nach 1895 keine weiteren Fahrzeuge mehr her, sondern widmete sich der Verbesserung von Akkumulatoren.

MORRISON II (GB)

Die 1933 eingeführten Elektro-Vans der Marke Morrison wurden im Verlauf der nachfolgenden Jahre in ähnlicher Ausführung von verschiedenen Herstellern angeboten, zuerst von der Fahrrad- und Motorradfabrik A.E. Morrison & Sons in Leicester. Die Fahrzeuge eroberten sich einen breiten Markt und wurden in vielen Gewerbezweigen eingesetzt, es gab sie von 0,5 bis 2,0 t Nutzlast. Die Batterien befanden sich auf beiden Seiten unter dem Chassis, der Elektromotor trieb die Hinterräder an. In den ersten 15 Jahren änderte sich das kastenförmige Aussehen der Wagen wenig. 1948 erschien eine neue Baureihe mit den Modellen Airline, Airstream und Airflow, deren Aufbauten etwas gefälliger waren.

1936 fusionierte Morrison mit Electricars Ltd, Young Accumulators und Hants Electrics; die Gruppe wurde 1941 von Crompton-Parkinson übernommen, die 1948 ihrerseits 50 Prozent an Austin abgab. In den 1950er Jahren gab es die Liefer- und Verkaufswagen in mehr als 20 Ausführungen. 1969 wurde Crompton-Parkinson und somit die Marke Morrison eine Marke der British-Leyland-Gruppe, formierte sich nach dem BL-Zusammenbruch aber in Hawker-Siddeley-Regie neu als Crompton Electricars Ltd. und setzte in Tredegar, Monmouth, die Fertigung fort, wohin sie 1966 von Leicester und Birmingham verlegt worden war. 1982 gab der Hawker-Siddeley-Konzern das Geschäft an M & M Electric Vehicles in Indien weiter.

MOWAG (CH)

Seit 1948 baute die Motorwagen AG (Mowag) in Kreuzlingen leichte Lieferwagen für die Post, denen 1951 Fahrzeuge mit Vierradantrieb folgten. Sie hatten einen Sechszylinder-Dodge-Motor und wurden vorwiegend für die Sanitäts- und Transporttruppen der Schweizer Armee hergestellt. Es entstanden jedoch auch Frontlenker für den zivilen Bedarf und für Feuerwehren, versehen mit liegenden Unterflur-Dieselmotoren. Bis 1963 verwendete man bei Mowag schweizerische SLM-Motoren mit vier, sechs und acht Zylindern, auch in vertikaler Bauart. Omnibusse und vierachsige Schwerlastwagen als 8x4 auch mit Chrysler-V8-Motor folgten. Das Hauptgeschäft bildeten jedoch weiterhin Militärfahrzeuge, so auch gepanzerte Rad- und Raupenfahrzeuge. Elektrofahrzeuge für den Kommunaldienst oder für den Einsatz auf Bahnhöfen wurden ebenfalls hergestellt.

Den Elektrowagen hatte es in der City von Chicago eiskalt erwischt …

Das erste Automobil-Rennen auf dem Boden der USA fand am 2. November 1895 statt und sollte auch Elektrofahrzeugen die Chance geben, sich zu profilieren. Doch es wurde kein allzu publikumswirksamer Wettbewerb, denn der Favorit Frank Duryea musste aufgeben, und nur Oscar Mueller auf einem Roger-Benz erreichte als einziger Fahrer nach 8 Stunden und 44 Minuten das Ziel. Auch wenn die Zuschauer den erschöpften Mueller bejubelten, diese Veranstaltung war nur ein Präludium. Der Zeitungsverleger des *Chicago-Times-Herald* hatte nämlich erst einmal das Interesse seiner Leserschaft wecken wollen, um ein wenig später ein zweites Rennen mit erheblich größerem Aufmerksamkeitswert zu veranstalten.
Dieses zweite Rennen, welches unter dem Namen »Chicago-Times-Herald Contest« in die Geschichtsbücher eingehen sollte, wurde am 28. November 1895 gestartet. Verleger Kohlsaat hatte für dieses Ereignis intensiv geworben und etliche Sponsoren gesucht. Viel Mühe hatte es ihn schon vor seinem ersten Rennen gekostet, die städtischen Behörden davon zu überzeugen, wie wichtig ein Wettbewerb von Fahrzeugen ohne Pferde sei.
In den letzten Novembertagen war es in Chicago allerdings schon Winter geworden. Es lag eine vier Zentimeter hohe Schneedecke, und ein eisiger Sturm wehte vom Michigansee herüber. So hatten die meisten angemeldeten Fahrer den Startplatz erst gar nicht erreichen können. Ihre Fahrzeuge versagten offensichtlich bei niedrigen Temperaturen, oder sie blieben im Schnee stecken. So standen dann am 28. November unter diesen widrigen Witterungsbedingungen statt der gemeldeten 83 Starter nur sechs Fahrzeuge an der Startlinie am Chicagoer Palast der Schönen Künste. Außer Frank Duryea mit seinem Wagen standen drei Fahrzeuge der Marke Benz. Neben dem Sieger der ersten Fahrt, Oscar Mueller auf einem französischen Roger-Benz, waren weitere zwei Benz-Wagen aus deutscher Produktion am Start. Dazu wollten sich diesem Wettbewerb noch zwei Elektrofahrzeuge stellen, von denen aber nur eins erschien. Es war ein Morris & Salom Electrobat von 1894. Elf Meilen legte der tapfere Pilot im eisigen Schneegestöber zurück, dann waren seine Batterien leer. Immerhin war dies der erste wirklich einsatzfähige Elektrowagen amerikanischer Herkunft, und man ehrte ihn in Anerkennung der auf sich genommenen Strapaze mit einer goldenen Ehrenmedaille.
Übrigens: Nach Kohlsaats Aussage wollte »hierzulande niemand einen pferdelosen Wagen Automobil nennen, das klingt viel zu französisch …« deshalb setzte der *Chicago-Times-Herald* eine Prämie von 500 Dollar für eine alternative Namensfindung zu »the horseless carriage« aus. Ein Leser schlug Motocycle vor … und bekam die Prämie ausbezahlt. Dieses Wort wiederum gefiel auch den Franzosen sehr gut, nur bezeichneten sie damit fortan – das Motorrad.

Inspiriert von der Ankündigung des *Chicago-Times-Herald*-Rennens beschloss der Geschäftsmann Edward E. Goff, eine Fachzeitschrift für Automobilinteressierte herauszugeben – die erste in den Vereinigten Staaten. Die Nr. 1 erschien im Oktober 1895 unter dem Namen *The Motocycle*.

Im Januar 2000 übernahm die Tony Brändle AG den Fabrikationszweig Ambulanzfahrzeuge, die letzte Zivilfahrzeugsparte, denn drei Jahre später ging die Mowag AG in den Kontrollbereich des internationalen Rüstungskonzerns General Dynamics Inc. mit Hauptsitz in Wien über.

MÜLLER (D)

Wilhelm Adolf Theodor Müller genoss das Privileg, von der Königl. Preußischen Versuchsanstalt auf Anweisung der Verkehrstruppen 1908 den Auftrag zu bekommen, einen Straßen-Motorzug mit elektrisch angetriebenen Anhängern nach dem System Landwehr zu bauen. In Müllers Maschinenbauanstalt in Steglitz bei Berlin entstand in der Zeit bis 1910 zunächst ein Prototyp mit je einem 20,0-Liter-Motor zu je 180 PS vorne und hinten. Diese trieben nicht etwa die Räder des Schleppers an – vielmehr handelte es sich wie beim österreichischen Landwehr-Train um Sechszylinder-Benzolmotoren von Austro-Daimler zum Antrieb eines Generators für 400-Volt-Gleichstrom-Elektromotoren, mit denen sowohl die Räder des Zugwagens als auch die der Anhänger – jeder vertrug eine Zuladung von 5,0 t – in Gang zu setzen waren. Doch es wurden nur sieben weitere dieser immens teuren, monströsen und im Felde viel zu schwerfälligen »Austral-Züge« hergestellt, und Müller ließ diese Doppelender auch nicht im eigenen Betrieb bauen, sondern bei der Lokomotivenfabrik Linke-Hofmann in Breslau. 1913 wurde das letzte Exemplar in Dienst gestellt.
Eine tropentaugliche Version für den Einsatz in den afrikanischen Kolonialgebieten kam nicht mehr zur Ausführung, zumal sich dieses Thema mit Ausbruch des Weltkrieges erledigt hatte.
siehe auch LINKE-HOFMANN-BUSCH · LHB

MUNSON (USA)

Der Munson dürfte das erste in Amerika angebotene Fahrzeug mit benzin-elektrischem Mischantrieb gewesen sein. Gebaut wurde 1896 zunächst ein von John W. Munson in Chicago konstruierter Elektrowagen, die Hybridfahrzeuge entstanden ab 1897 bei der Munson Electric Motor Co. bis etwa 1900 in La Porte, Indiana. Man erhielt diese Wagen mit einem Zwei- bzw. Vierzylindermotor.

Klassischer amerkanischer Buggy der Zeit um 1900: Munson Electric aus La Porte, Indiana.

N.A.G. (D)

Die Geschichte der Marke N.A.G. gehört zu den interessantesten Kapiteln der deutschen Automobilhistorie. N.A.G.-Wagen galten als technisch ausgereift, qualitativ hochwertig und zuverlässig. Dass sich N.A.G. nicht zu einer der großen Marken wie Mercedes entwickelte, lag am Fehlen einer zielorientierten Führung des Unternehmens mit klaren Produktions- und Vermarktungskonzepten.
Die Gründung der Neuen Automobil-Gesellschaft, kurz N.A.G., erfolgte auf Initiative des Generaldirektors der AEG, Emil Rathenau. Der Chef des Elektrokonzerns hatte die Bedeutung des Automobils und die Rolle, die es in absehbarer Zeit spielen würde, schon früh erkannt.
1865 hatte der an allen technischen Neuerungen interessierte Ingenieur gemeinsam mit einem ehemaligen Schulfreund in Berlin eine kleine Maschinenfabrik erworben. Sie zogen die Produktion von transportablen Dampfmaschinen auf, mit der sie anfangs viel Geld verdienten. Als 1873 der Betrieb jedoch in Liquidation geriet, schied Rathenau aus. Es folgte eine lange schöpferische Pause, bis er sich 1882 erfolgreich um die Rechte zur wirtschaftlichen Nutzung der Patente von Thomas Alva Edison in Deutschland bewarb – mit dieser Pfründe gründete Rathenau die Allgemeine Electricitäts Gesellschaft (AEG). Dies geschah nach einer Absprache mit Werner von Siemens; ein Vertrag sah eine Interessenabgrenzung und teilweise Zusammenarbeit vor. Rathenau wurde zum Millionär.
Doch mehr und mehr wurde das Verhältnis Rathenaus gegenüber Siemens von Konfrontation anstelle von Kooperation bestimmt. AEG und Siemens wurden streitbare Konkurrenten.
In Rathenaus AEG-Kabelwerk Oberspree in Berlin-Oberschöneweide fanden um 1900 erste Versuche im Automobilbau statt. Auch in dieser Branche sich zu profilieren, verstand Rathenau geradezu als seine Pflicht. Mangels eigener Erfahrungen griff er auf eine Konstruktion zurück, die ein Hochschulprofessor namens Georg Klingenberg geschaffen hatte. Man zog den Zivilingenieur Robert Conrad hinzu und stellte ihm die Aufgabe, den Klingenberg-Wagen zu prüfen und, wo nötig, zu verbessern. Sein Urteil fiel positiv aus – die AEG übernahm die Konstruktion Klingenbergs fast unverändert und auch die Firma, in der er gebaut worden war, die Allgemeine Automobil-Gesellschaft. Im Dezember 1901 erfolgte die Eintragung der Übernahme im Handelsregister unter der Bezeichnung »Neue Automobil-Gesellschaft«.
Der Klingenberg-N.A.G. ist etwa ein Jahr lang hergestellt worden, bis der Ingenieur Joseph Vollmer das Konstruktionsbüro übernahm und neue Modelle schuf. Die von ihm geschaffenen N.A.G.-Typen erschienen 1903, ein Zweizylindermodell A mit 10 PS und ein Vierzylinder B mit 20 PS. Die Wagen besaßen den runden, goldbronzierten Röhrenkühler mit aufgesetztem Dampfdom. Ab 1905 wurden die Kanten des Kühlers abgerundet. Das Erscheinungsbild eines N.A.G. war sehr auffällig. Die Herstellung von Personen- und Lastwagen nahm schon bald größeren Umfang an, daneben entstanden Taxifahrzeuge sowohl mit Benzin- als auch mit Elektromotor. Der Krieg 1914–1918 unterbrach die Weiterentwicklung der Personenwagen zugunsten der Produktion von Lastwagen, Zugmaschinen und Flugmotoren. 1915 wurde die Neue Automobil-Gesellschaft in Nationale Automobil-Gesellschaft umbenannt. Elektrofahrzeuge wurden nicht mehr gebaut. Im August 1934 stellte man bei N.A.G. die Personenwagenproduktion ein; die Nutzfahrzeugsparte hatte man bereits 1931 an Büssing (Büssing-N.A.G.-Nutzkraftwagen AG Braunschweig) abgegeben.

N.A.G. Elektrowagen, 1907.

Rechts: NAW Trolleybus der Transportbetriebe Lausanne.

NAMAG (D)

siehe LLOYD · NAMAG

NATIONAL (USA)

Bevor unter dem Namen National in Indianapolis, Indiana, Benzinmotorwagen hergestellt wurden, produzierte die dortige, von Louis S. Dow und Philip Goetz gegründete National Automobile & Electric Vehicle Company von 1900 bis 1902 kleine, zweisitzige Elektrowagen unter der Bezeichnung Electrobile. Vereinzelte Fahrzeuge wurden noch bis 1906 produziert, doch ab 1903 gebaute Wagen mit Verbrennungsmotor fanden beim Kunden größeres Interesse.

NATIONAL ELECTRICITY (GB)

Ein Auto dieses Namens ist nur in einem einzigen Exemplar entstanden, und zwar durch die 1962 in Großbritannien gegründete National Electricity Council. Hierbei handelte es sich um eine Organisation zur Entwicklung und Verbreitung von Elektro-Stadtwagen. Sie präsentierte 1964 den Prototyp eines Fahrzeugs, dessen vier Räder in Rhombusform angeordnet waren und bei dem das vordere wie auch das hintere Einzelrad zum Lenken dienten; der Wagen konnte auf der Stelle gewendet werden. Jedes der beiden Seitenräder wies einen Elektromotor auf. Auf der mittleren Achse saßen die Akkumulatoren, darüber gab es zwei Rücken an Rücken angeordnete Zweiersitzbänke, ähnlich wie beim Zündapp Janus. Die Reichweite des Wagens wurde mit etwa 100 Kilometer angegeben.

NAVIA (F)

In Villeurbanne bei Lyon entwickelt und baut die Sté. Induct Technology seit 2016 elektrische Taxis und zehnsitzige Shuttlebusse für fahrerlosen Betrieb. Die sich nicht schneller als mit 20 km/h bewegenden Fahrzeuge navigieren sich autonom per Lidar-System (»LIght raDAR«) und wurden bisher in Frankreich, Kanada, Singapur, England sowie 2018 auf der Insel Sylt und in der Schweiz erprobt.

NAW (CH)

Die Nutzfahrzeuggesellschaft Arbon & Wetzikon (NAW) wurde 1982 von Saurer und FBW mit Sitz in Wetzikon gegründet; 1992 wurde die NAW eine hundertprozentige Mercedes-Benz-Tochter. Nach dem Ende der Fahrzeugproduktion in Wetzikon 1995 wurde der Unternehmensname in NAW Nutzfahrzeuge AG geändert. Die Firma bestand bis 2008 und baute in Zusammenarbeit mit den Karosserieherstellern Hess, Lauber, Ramseier & Jenzer sowie FHS Omnibusse, von denen es auch Trolleybus-Ausführungen gab.

N.C.B. (GB)

Die Karosseriefabrik Northern Coachbuilders Ltd. in Newcastle-on-Tyne nahm Ende 1945 die Herstellung von Elektrofahrzeugen auf. Die als N.C.B. angebotenen Kastenwagen gab es für Nutzlasten von 0,7 bis 1,5 t und ab 1949 auch als Dreiräder. Sonderausführungen für den Kommunaldienst folgten (Müllwagen, Straßenreinigungsfahrzeuge). Ab Ende 1956 rangierten die Fahrzeuge unter Smiths N.C.B. und wurden jetzt in Gateshead-on-Tyne hergestellt; viele wurden ins Ausland verkauft, überwiegend in die USA. Die Firma Smith gehörte zu einer Firmengruppe, die 1905 durch Samuel Smith gegründet wurde und zu der auch die Teefirma Rington zählt. Die Ringtons Holdings Co. hat den Bau der Elektrofahrzeuge noch bis in die 1990er Jahre fortgesetzt. 1990 konnte die Gruppe einen Umsatz von 31,5 Millionen Pfund verbuchen, an dem die Electric Vehicle Division mit immerhin 15 Prozent beteiligt war.

NEALE (GB)

Die von Douglas Neale 1897 in Edinburgh gebauten Dogcarts waren viersitzige Dos-à-dos mit Elektroantrieb auf eins der Hinterräder. Doch lediglich vier Fahrzeuge fanden Käufer.

NEBULA (IND)

Vom Golfcart bis zum Ackerschlepper, aber auch ATV-Quads und Freizeitmobile: Fahrzeuge aller Kategorien gehören zum Programm der Nebula Pty. Ltd. in Pune, Indien, die seit 2016 auch Elektro-Kleinbusse für den innerstädtischen Verkehr herstellt. Sie weisen 14 Sitzplätze auf, sind seitlich offen, haben zwölf 6-Volt-Akkus und einen Aktionsradius von etwa 60 bis 80 Kilometer. Die von Nebula verkauften Fahrzeuge sind in Indien sämtlich führerscheinfrei – dürfen dort aber nicht auf öffentlichen Straßen gefahren werden, sondern nur »offroad« bzw. auf privatem Terrain.

NEFAG (CH)

Die Neue Elektrische Fahrzeuge-AG (NEFAG) in Zürich-Oerlikon ging 1937 aus der 1919 gegründeten EFAG hervor. Hergestellt wurden kleine Drei- und Vierradwagen mit Elektroantrieb für ambulante Lebensmittelhändler und Postbehörden, aber auch Schlepper und Transporter für innerbetriebliche Verwendung bei der Industrie. Nach dem Krieg wurde die Nutzfahrzeugproduktion bis 1984 fortgesetzt. Die Schweizer Bundesbahn (SBB) kaufte noch 1980 Fahrzeuge des Typs EKT 3073 E mit 1,0 t Nutzlast und 3,5 t Anhängelast. Dreirad-Schlepper mit 2-kW-Motor dienten im Einsatz auf Bahnhöfen als Gepäckfahrzeuge. Unter der Markenbezeichnung NEFAG wurden später Behinderten-Rollstühle mit Elektroantrieb hergestellt.

N.C.B. Elektro-Van, 1950.

Links: Autonom pilotierter Schönwetter-Shuttle von Navia.

Unten: NEVS 9-3 Car auf Saab-Basis, vorgestellt 2017.

NETAM (NL)

Auch In den Niederlanden gab es während der Kriegsjahre wie in anderen Ländern Europas Versuche, kleine Elektrofahrzeuge herzustellen, nachdem Vergaserkraftstoff im freien Handel nicht mehr erhältlich war. So baute die Anhänger-, Tank- und Maschinenfabrik Netam in Rotterdam 1941–1942 einige Netam-L-Car genannte Lieferwagen mit einem 6-Volt-Elektromotor (Fabrikat Smit-Slikkerveer) für 750 kg Zuladung, deren Reichweite etwa 60 Kilometer betrug. Der Einstieg in die Kabine erfolgte an der Frontseite. Einer der Wagen wurde als viersitziger Pkw gebaut.

NEVS (S)

Die National Electric Vehicle Sweden AB, abgekürzt NEVS, ist eine im April 2012 mit chinesischen Partnern gegründete Holding zum Erwerb der Konkursmasse der schwedischen

»Wir haben inzwischen gelernt, uns mit dem scharfen Wettbewerb aus Fernost auseinanderzusetzen …«

Leon Brittan, Vorsitzender der Europäischen Wettbewerbs-Kommission, 1991.

Werbung für den in Indien produzierten Nebula, der dort allerdings nur auf privaten Straßen fahren darf.

Automobilfirma Saab. Langfristig vorgesehen war die Produktion eines Elektroautos auf Basis des Saab 9-3. Doch ab 2014 standen NEVS nicht mehr die Rechte an der Nutzung des Markennamens Saab zu; die Gesellschaft kündigte im Juni 2016 an, ein neu entwickeltes Fahrzeug ab Mitte 2018 unter eigenem Namen zu vermarkten. Zielmärkte sollten zunächst die Länder China und Schweden sein. Doch im April 2018 meldete NEVS einen Entwicklungsstopp: Der Investor Didi Chuxing hatte sich aus dem Projekt zurückgezogen zugunsten einer ihm attraktiver scheinenden Partnerschaft mit der chinesischen BAIC-Gruppe.

NEW ENGLAND (USA)

Die New England Electric Vehicle Co. in Boston, Massachusetts, ging wie die New England Electric Vehicle Transportation Co. in Camden, New Jersey, aus der Electric Vehicle Co. in Hartford, Connecticut, hervor. In Hartford wurde der jetzt New England genannte Elektro-Personenwagen produziert, während Nutzfahrzeuge in Boston und Camden gebaut wurden. Einige der von 1899 bis 1902 angebotenen Fahrzeuge entstanden unter Verwendung von Patenten des Konstrukteurs Charles Barrows, dessen Wagen ein Threewheeler mit angetriebenem vorderen Einzelrad war.

NEW FLYER (CDN, USA)

Die New Flyer Industries Inc. stellt Stadtbusse her und betreibt Werke am Stammsitz in Winnipeg (Kanada) sowie in einigen Städten in den USA. 2017 war New Flyer der größte Omnibushersteller in Nordamerika. Das Unternehmen wurde von John Coval 1930 gegründet; damals operierte die Karosseriebaufirma als Western Auto and Truck Body Works Ltd. In den 1960er Jahren konzentrierte man sich auf städtische Autobusse. Nachdem 1971 das Unternehmen in finanzielle Schwierigkeiten geraten war, wurde es an die Manitoba Development Corp. verkauft. Seit 2005 werden vermehrt Elektro- und Hybridfahrzeuge gebaut, auch solche mit Brennstoffzellen sowie Trolleybusse.

NEWTON-DERBY (GB)

1920 bis 1926 produzierte die Elektromotorenfabrik Newton Brothers Ltd. in Derby Elektro-Lastwagen, deren Besonderheit je ein Motor pro Hinterrad war. Hergestellt wurden 2,5-, 3,0- und 5,5-Tonner. Die Fahrzeuge fanden allerdings nur geringe Verbreitung.

NIAGARA ELECTRIC (USA)

Die seit Ende 1900 bestehende Niagara Automobile Company in Buffalo, New York, stellte ab 1901 Elektrofahrzeuge her, die jedoch nur wenig Beachtung fanden. Erst als im Dezember 1901 der aus Schweden stammende Ingenieur Charles (Carl) Lindstrom von der Firma Hewitt-Lindstrom in Chicago zu Niagara wechselte, entstand dort eine besser verkäufliche Konstruktion. Den Niagara Electric erhielt man als Runabout, Road Wagon und als Lieferwagen. Wegen mangelnder Finanzierung musste die Produktion bald wieder aufgegeben werden; am 25. Februar 1904 wurden die Anlagen und Einrichtungen auf einer Auktion versteigert. Lindstrom und einer seiner Mitarbeiter namens Edward Winckes gingen nach Towanda, Pennsylvania, und konstruierten dort einen neuen Motorwagen, der als Towanda angeboten wurde.

NISSAN (J)

Die Geschichte der Marke Nissan begann im Jahr 1912 mit der Gründung der Kwaishinsha Motor Car Works in Tokio, aus der im Dezember 1933 durch die Ingenieure Den, Aoyama und Takeuchi die Nissan Motor Company entstand (Nippon Sangyo Kabushiki Gaisha: Japan-Industriegesellschaft). Die Initialen der drei Gründer wurden zur Markenbezeichnung ihrer Produkte, nämlich DAT, aus der dann Datson (Sohn des DAT) und schließlich Datsun wurde. Als Nissan bezeichnete man vor dem Zweiten Weltkrieg nur wenige Fahrzeuge, so einen in Lizenz produzierten Graham Sechszylinder mit 85 PS von 1937 bis 1940 und einen etwas kleineren 50-PS-Vierzylinder von 1940 bis 1942. Nur zehn 12-Volt-Batterien, gut für eine Geschwindigkeit von etwa 60 km/h. Wie alle Versuche in dieser Richtung, vorgenommen von namhaften wie auch weniger bekannten Herstellern in jener Zeit, hatte der Wagen damals keine Chancen, größere Stückzahlen zu erleben; ein ebenfalls lediglich zu Studienzwecken angefertigter Wagen blieb der Nissan ESV (Experimental Safety Vehicle) von 1972, als »Sicherheits«-Fahrzeugkonzepte populär und bald auch Crahtests nach genormten Standards obigatorisch wurden. Einige

New Flyer Trolleybus XT40 von 2015, aufgenommen in Seattle, USA.

Nutzfahrzeuge trugen schon seit 1934 das Nissan-Label. In den 1960er Jahren erhielten dann einige Datsun-Modelle wieder den Namen Nissan, zum Beispiel die Autos der Baureihen Cedric und Silvia sowie der 4,0-Liter-V8-Wagen President. Erst ab Januar 1984 bekamen sämtliche Datsun-Personenwagen die Herkunftsbezeichnung Nissan.

Anfang 1999 verhandelte Renault mit Nissan über eine Beteiligung. Der französische Autokonzern, noch fast zur Hälfte in Staatsbesitz, erwog den Kauf von 34 Prozent an seinem japanischen Konkurrenten. Nissans Position war schwach; die Japaner waren mit 40 Milliarden Dollar verschuldet. Die Franzosen waren bereit, 4 bis 6 Milliarden Dollar in den drittgrößten japanischen Autohersteller zu investieren.

1970 entstand im Nissan-Werk Yokohama der Prototyp eines Elektroautomobils. Es war ein kleiner Stadtwagen mit Details des in Washington der Öffentlichkeit vorgestellten Nissan-Prototyps flossen später in die Serienfertigung ein (Knautschzonen, Airbags). Der Wagen war mit einem Kostenaufwand von 6,5 Millionen Dollar entstanden; zehn weitere Exemplare wurden bis Ende 1973 im Auftrag der japanischen Regierung zu Zwecken intensiver Unfallforschung gebaut.

Nissans Brennstoffzellen-Fahrzeug Im April 2001 startete Nissan im US-Bundesstaat Kalifornien einen Praxistest mit einem Brennstoffzellen-Fahrzeug. Die in einen Nissan Xterra FCV (Fuel Cell Vehicle) eingebaute Antriebstechnik unterschied sich von den Systemen anderer Hersteller dadurch, dass sie über eine Lithium-Ionen-Batterie für eine Energierückgewinnung beim Verzögern verfügte. Beim Beschleunigen wurde dann neben der elektrischen Energie

Nissan Leaf, 2017. Dieses Modell avancierte zum welweit meistverkauften Elektrofahrzeug.

Nissan ZEOD RC Nismo Hybrid für den Rennsport, erstmals 2014 in Le Mans eingesetzt und auch im Elektromodus 300 km/h schnell. Um das angeblich kopierte Design hatte 2013 eine juristische Auseinandersetzung begonnen, die 2016 außergerichtlich geregelt wurde.

Rechts: 2017 in den USA erschienene Anzeige.

aus der Brennstoffzelle auch Strom aus der Batterie zum Antriebsmotor geleitet. Dieser Hybrid-Brennstoffzellen-Antrieb ermöglichte insbesondere im Stadtverkehr eine bessere Energienutzung.
Der N-Xterra FCV war damit das erste Fahrzeug von Nissan, das mit Wasserstoff betankt wurde. Um die Wasserstoffversorgung im Rahmen dieses Tests sicherzustellen, bediente sich Nissan der Tank-Infrastruktur der California Fuel Cell Partnership (CaFCP), die ihrerseits aus diesem Praxistest Erkenntnisse und Erfahrungen bezüglich der Alltagstauglichkeit von Wasserstoff-Fahrzeugen und deren Betankung ziehen konnte. Das japanische Unternehmen hatte bereits Tests mit methanolbetriebenen Brennstoffzellenfahrzeugen durchgeführt und Erkenntnisse sammeln können. Nissan plante umgerechnet 880 Millionen Euro in Forschung und Entwicklung von wasserstoff- bzw. brennstoffzellenbetriebenen Fahrzeugen zu investieren. 300 Ingenieure und Techniker sollten sich im Rahmen dieses Programms mit neuen Antriebstechnologien beschäftigen. Der Einsatz erster Serienwagen erfolgte 2005.

Projekt Leaf Mit der Entwicklung rein batterieelektrisch betriebener Personenwagen befasst man sich bei Nissan ebenfalls seit langem. Seit 2000 wird vor allem die Forschung an der Akkutechnik vorangetrieben, und in Zusammenarbeit mit der Firma NEC gelang es, die Lithium-Ionen-Akkus in einer neuen Bauform herzustellen. Ein kompakter, laminierter Typ wurde entwickelt, der die doppelte Menge an Energie bei gleicher Größe speichern konnte und die bis dato verwendete zylindrische Form ersetzte. Die schnelle Weiterentwicklung der Akkus ist den Elektrogeräten und

insbesondere dem Handy-Boom zu verdanken, da immer kleinere Geräte mit längerer Laufzeit verlangt wurden. Die daraus gewonnenen Erfahrungen wurden auch auf den Automobilbau angewendet und flossen in Konzeptfahrzeuge wie den Pivo (2005, 2007), den Mixim (2007) und den Nuvu (2008) ein, alles Technologieträger für den Elektroantrieb. Die Erkenntnisse wurden auch für das Projekt Nissan Leaf genutzt. Das E-Auto unter dieser Bezeichnung wurde im August 2009 in Yokohama vorgestellt und steht seit Dezember 2010 im Verkaufsprogramm.
Der Nissan Leaf ist ein Fahrzeug der Kompaktklasse und bietet neben fünf Sitzplätzen ein Kofferraumvolumen von 355 bis 370 Liter. Das große Raumangebot wurde durch die Unterbringung der Akkus im Fahrzeugboden erreicht. Außerdem konnte damit der Schwerpunkt des Fahrzeugs tief gehalten werden. Als Antrieb dient ein Wechselstrom-Synchronmotor, dessen maximales Drehmoment von 254 Nm anders als bei Verbrennungsmotoren bereits im Stand zur Verfügung steht. Der Motor leistet maximal 80 kW (109 PS). Als Energiequelle dient eine aus 48 Modulen zusammengesetzte Batterie mit einer Nennspannung von 360 Volt.

Retourkutsche Seit 2012 bietet Nissan seinen Kunden in Japan eine »EV Power Station« an, mit welcher der Autoakku nicht nur schneller geladen wird, sondern auch Energie aus der Traktionsbatterie ins Hausnetz bzw. in eine Photovoltaik-Anlage zurückgespeichert werden kann.
Die Reichweite des jüngsten, 110 kW starken Leaf-Modells gab Nissan 2018 mit 370 Kilometer an. Neue Funktionen sind unter anderem die Einpark-Funktion ProPILOT Park, ein teilautonomes Fahren auf der Autobahn oder das One-Pedal-Driving, bei dem die Bremse seltener benutzt werden muss, da die Eigenbremsleistung durch Rekuperation gesteigert wurde.
Im Verlauf des Jahres 2018 kam eine E-Plus-Variante mit einem 160 kW (218 PS) starken Elektromotor hinzu, der mit 60 kWh Kapazität eine Reichweite von bis zu 500 Kilometer ermöglichen sollte.
Inzwischen avancierte der (mit dem Renault Zoé weitgehend identische) Leaf zum weltweit meistverkauften Elektrofahrzeug: 350.000 Exemplare Stand September 2018. Hauptabsatzmärkte sind die USA, gefolgt von Japan, Norwegen und Großbritannien.

NU-KLEA (USA)

Die Nu-Klea Automobile Corp. in Lansing, Michigan, bot 1959–1960 einen zweisitzigen Elektrowagen an, bei dem jedes der beiden hinteren Räder einen eigenen Motor aufwies. Die Karosserie auf dem Stahlrohrchassis des Nu-Klea Starlight bestand aus Kunststoff; es gab das Auto in offener Ausführung und auch mit einem Hardtop. Das Design orientierte sich am Zeitgeschmack der 1950er Jahre, fand aber schon damals wenig Zustimmung, was nachvollziehbar ist an einem überlebenden, unrestaurierten Exemplar, das sich heute als Exponat im Lane Motor Museum zu Nashville, Tennessee/USA befindet – übrigens neben einem tadellosen Adler Trumpf Junior und anderen Alt-Klassikern aus Deutschland.

NWF (D)

Im Oktober 1946 wurde die Nordwestdeutsche Fahrzeugbau GmbH (NWF) gegründet, deren Betrieb sich auf dem Gelände eines ehemaligen Marine-Artillerie-Arsenals in Wilhelmshaven-Mariensiel befand. Zunächst stellte man dort Lastwagenanhänger her. Ab 1948 entstanden jedoch auch Omnibusse auf Fahrgestellen von Ford, Borgward, Opel Blitz und Büssing.
Ein Sonderfahrzeug wurde 1948–1951 nach Entwürfen von Professor Henrich Focke, Mitgründer der Focke-Wulf Flugzeugwerke, entwickelt. Es entstand als Heckmotor-Bus in

Nissan Rogue Hybrid, 2017.

selbsttragender Leichtmetall-Bauweise, Stromlinienform und glattem Unterboden. Von ihm wurden 53 Exemplare hergestellt, gebaut bei der Maschinen- und Waggonbau-Gesellschaft in Donauwörth. Der Antriebsmotor war ein Klöckner-Humboldt-Deutz-Diesel von 120 PS. Krauss-Maffei in München stellte 1951 ebenfalls einen Kleinbus vor, der eine NWF-Entwicklung war.
1924 hatte der vielseitig talentierte Focke seine erste Flugzeugfabrik gegründet, 1931 ernannte der Senat der Stadt Bremen ihn zum Professor. Er hielt in der Folgezeit Vorlesungen an der Technischen Lehranstalt in Bremen. 1933 musste Focke auf Druck politischer Widersacher aus der Leitung der von ihm gegründeten Focke-Wulf AG ausscheiden, durfte den Bau seiner »Drehflügler« jedoch fortsetzen. Als Ergebnis konnte am 26. Juni 1936 in Bremen der erste leistungsfähige Hubschrauber abheben. Dieses Fluggerät vermochte im Gegensatz zum Tragschrauber senkrecht zu starten und zu landen.
Nach dreijähriger Internierung in Frankreich richtete Henrich Focke 1948 in Bremen ein Ingenieurbüro ein. In seiner Regie entstand bei den NWF 1951 ein für Ford in Köln entwickelter Versuchsbus in selbsttragender Bauweise, versehen mit einem amerikanischen 90-PS-Hercules-Dieselmotor. Als »Flugzeug der Landstraße« bezeichnete die NWF-Werbung den Ford-Schnellbus. Weitere Fahrzeuge dieser Art folgten; auch bei ihnen stammten die grundlegenden Konstruktionsprinzipien aus dem Flugzeugbau.
In den Jahren 1952–1953 wurden bei NWF auch dreiachsige Oberleitungsbusse gebaut. Sie entstanden im Auftrag des Nutzfahrzeugherstellers Henschel in Kassel. Ungewöhnlich beim Trolleybus Typ II 6500 war die zwillingsbereifte Vorderachse.
Der Nordwestdeutsche Fahrzeugbau gehörte damals mit 720 Beschäftigten zu den größten und noch expandierenden Arbeitgebern Wilhelmshavens. Doch Nachfragerückgänge und ein kostenintensives Experiment mit dem Lizenzbau des Fuldamobil-Kleinwagens bescherten NWF wirtschaftliche Probleme. Im Dezember 1955 musste das mittlerweile 1200 Mitarbeiter umfassende Unternehmen Insolvenz anmelden; die Fertigung wurde eingestellt, das Werksgelände von der noch jungen Bundeswehr für militärische Zwecke genutzt.

»Albtraum aller Albträume ist der Zusammenbruch des Stromnetzes, insgesamt oder in großen Teilen. Dann würde die gesamte Informationstechnik und Telekommunikation kollabieren, jeglicher Transport und Verkehr, die Energieversorgung, Nahrungsketten und die Verlässlichkeit unseres Gesundheitswesens.«

Michael Stürmer in *DIE WELT*, August 2013

ÖAF (A)
Die Marke ÖAF entstand aus der Österreichischen Austro-Fiat Gesellschaft, ein durch den Wiener Fiat-Importeur Ladislaus Jonasz 1907 gegründetes Unternehmen zur Lizenzherstellung der italienischen Fahrzeuge. Die zunächst als Österreichische Fiat-Werke AG in Wien-Floridsdorf firmierende Gesellschaft begann mit der Produktion von Personenwagen- und Nutzfahrzeugaufbauten, und ab 1910 erfolgte auch die Herstellung von Motoren und Getrieben in eigener Regie. Lastwagen und Omnibusse erhielten zunehmende Bedeutung.
Nach dem Ersten Weltkrieg wurde die Automobilproduktion mit Vorkriegsmodellen fortgeführt. 1919 erfolgte auch die Wiederaufnahme geschäftlicher Beziehungen mit Turin; es kam zu einer erweiterten Beteiligung Fiats an der österreichischen Gesellschaft. 1921 verkaufte Fiat die Mehrheit seiner Beteiligung an die Österreichische Creditanstalt; 1939 ging die Majorität der ÖAF an MAN. Eine große Zahl von Omnibussen der Marke ÖAF wurde als Trolleybusse gebaut sowie als Elektrofahrzeuge in zwei Größen für die österreichischen Postbehörden.

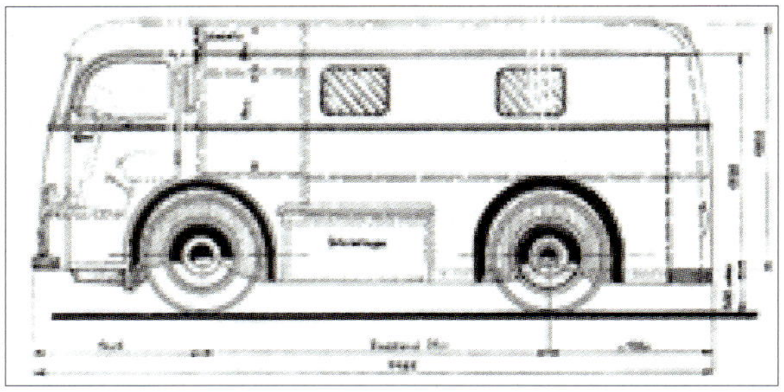

ÖAF Elektro-Paketwagen, 1939. Wie in Deutschland standen auch im annektierten Österreich zahlreiche Elektrofahrzeuge im Post-Zustelldienst.

Oehler Lieferwagen, 1951. Erfahrungen im Bau von Elektro-(Schienen)fahrzeugen besaßen die Schweizer seit 1894.

OEHLER (CH)
Alfred Oehler und Robert Zschokke gründeten 1881 in Wildegg einen eisenverarbeitenden Betrieb, der 1894 nach Aarau verlegt wurde und dort auch mit der Herstellung von Elektrozügen für den Bergbau begann. Später produzierten die Eisen- und Stahlwerke Oehler & Co. AG auch Seilbahnen und Industrieaufzüge. Von 1921 bis 1978 (ab 1971: Oehler Aarau AG) wurden Elektrofahrzeuge hergestellt, für deren Konstruktion von 1930 bis 1955 der Schweizer Konstrukteur Leo Tribelhorn verantwortlich war. Die Elektrolastwagen waren für Nutzlasten bis zu 5,0 t ausgelegt, dabei wurden vor allem im Kriege zahlreiche Benzinfahrzeuge auf Elektrobetrieb umgebaut. Neben Fahrzeugen in Haubenbauart wurden in der Nachkriegszeit vor allem Frontlenker mit geschlossenem oder halbgeschlossenem Fahrerhaus hergestellt. Die Produktion endete 1978. Nachfolger wurde die W. Klingler Fahrzeugtechnik AG am gleichen Platz.

OHIO ELECTRIC (USA)
Im September 1909 gründeten James Brown Bell, Henry P. Dodge, Rathbun Fuller, Robert E. Lee und Henry E. Marvin in Toledo, Ohio, die Ohio Electric Car Co., die ihre Produktion in den Anlagen der Milburn Wagon Co. aufnahm. Erst 1911 bezog man neue, eigene Fabrikationsräume, wonach die Kutschenfabrik Milburn nun ihrerseits die Produktion von Elektrowagen aufnahm. Die ersten zwölf Ohio Electric wurden in der Saison 1910 hergestellt, 1915 waren es bereits 300 und 1916 sogar 650. Die Fahrzeuge hatten einen Crocker-Wheeler-Motor, Hebellenkung und Luftbereifung. Doch dann war der Boom des Elektrowagens in den USA vorüber; die Firma meldete Konkurs an.

OMNOBIL (D)
Die Deutsche Elektromobil- und Motoren-Werke in Wasseralfingen stellten 1922 einen Kleinwagen mit Elektroantrieb her; es gab ihn wahlweise als Ein- oder Zweisitzer. Nach einem Konkurs wurde die Firma 1925 neu als AG gegründet. Der oder das bis 1926 angebotene Omnobil war ein Nachfolger des in Wasseralfingen vorher fabrizierten KaHa-Kleinwagens, Konstruktion Hans Keitel.
siehe auch KAHA

OPEL (D)
Bei der Aufnahme ihrer Motorfahrzeugproduktion im Jahr 1899 war die im hessischen Rüsselsheim beheimatete Firma Adam Opel selbstverständlich ein deutsches Unternehmen. Längst ist auch ein Opel ein »kosmopolitisches« Fabrikat geworden, nachdem es 1929 in amerikanischen Besitz übergegangen war. Autos der Marke Opel werden heute an mehreren Standorten gefertigt, und ab 2017 wird das Unternehmen durch die Einverleibung in den PSA-Konzern von Franzosen regiert. Der erste serienmäßig produzierte Elektro-Opel entstand 2009 als ein Beispiel erfolgreich praktizierter Globalisierung in den USA.

Nicht nur »elektrisch« bedeutet »alternativ« Ein Blick zurück ins Jahr 1928, als die Rüsselsheimer mit ihrem Raketenwagen für Schlagzeilen sorgten. Das RAK 2 genannte Fahrzeug war ein im Heck mit 24 Sander-Feststoffraketen (120 kg Sprengstoff) versehener Monoposto, mit dem Fritz von Opel (1899–1971) am 23. Mai 1928 auf der Berliner Avus eine Geschwindigkeit von 230 km/h erreichte. Das Vorgänger-Auto mit der Bezeichnung RAK 1 war nur auf der Opel-Testbahn erprobt worden und hatte nach 150 Metern seine Fahrt beendet. Pilot des RAK 1 war der Ingenieur und Amateurrennfahrer Kurt Volkhart.
Die beiden Raketenwagen waren in gemeinsamer Arbeit mit Friedrich Sander, einem Fabrikanten von Seenotrettungsgeräten, entwickelt worden. Die roten Einsitzer wiesen die Karosserieform eines Torpedos auf. Es gab auch einen RAK 3, eine Schienenrakete, die bei ihrer zweiten (unbemannten) Fahrt jedoch explodierte.
Angefangen hatte das Raketen-Abenteuer durch eine Initiative Max Valiers. Fasziniert von den Möglichkeiten des

Opel Raketenwagen RAK 2 kurz vor dem Start. Im Heck befanden sich 24 Sander-Feststoffraketen (120 kg Sprengstoff). Fritz Opel erzielte mit dem Fahrzeug am 23. Mai 1928 auf der Berliner Avus eine Geschwindigkeit von 230 km/h.

Raketenantriebs auch im Raumflug, hatte sich der österreichische Schriftsteller und Weltkriegs-Flugpilot an Fritz Opel mit dem Vorschlag gewandt, ein Forschungszentrum einzurichten. Doch bei der Firma Opel war man eigentlich nur am Bau eines Rekordwagens interessiert, mit dem sich Werbe-Effekte erzielen lassen konnten – eine Erwartung, die sich durchaus erfüllte. Dass der Raketenantrieb für normale Landfahrzeuge chancenlos bleiben musste, war allen Beteiligten klar.
Bezug nehmend auf den seinerzeitigen Raketenwagen entstand 2011 bei Opel ein RAK e genanntes vollelektrisches Konzeptfahrzeug. Entwickelt wurde das zweisitzige Coupé in Zusammenarbeit mit der Firma KISKA, den Designern des KTM X-Bow.
Das Besondere am RAK e war zum einen die Cockpithaube, die sich beim Ein- und Ausstieg automatisch öffnete bzw. schloss. Zum anderen war die Hinterachse wesentlich kürzer als die Vorderachse: Die beiden Hinterräder lagen so dicht nebeneinander, dass man beim RAK e beinahe von einem Threewheeler sprechen konnte.

Transatlantische Partnerschaft Als realitätsnäher erwies sich das Projekt Ampera. Bei diesem 2009 in Genf erstmals öffentlich gezeigten Opel handelte es sich um einen viersitzigen Plug-in-Hybrid von der Konzernmutter General Motors, basierend auf dem Chevrolet Volt mit so genanntem »Voltec«-Antrieb. Auch die Schwestermodelle, zu denen auch die Holden Volt in Australien und Vauxhall Ampera in Großbritannien gehörten, wurden von Juli 2011 bis 2014 im Hamtrack-Werk von Cadillac/Chevrolet in Detroit hergestellt. Nach der Wahl zum »Auto des Jahres« 2012 gewann der Ampera auch bei seiner ersten Teilnahme die 13. Ausgabe der Internationalen Rallye Monte-Carlo für Elektroautos und alternative Antriebe.

Bezugnehmend auf den Raketenwagen entstand 2011 bei Opel ein RAK e genanntes vollelektrisches Konzeptfahrzeug. Entwickelt wurde das zweisitzige Coupé in Zusammenarbeit mit der Firma KISKA, Designer auch des KTM X-Bow.

Der in den USA entwickelte Elektromotor des ersten Opel Ampera Hybrid hatte eine Leistung von 111 kW (150 PS) und ein Drehmoment von 360 Nm, die maximale Beschleunigung von Null auf 100 km/h gab Opel mit neun Sekunden an, die abgeregelte Höchstgeschwindigkeit mit 161 km/h. Bei niedrigem Ladezustand des Akkus wurde durch den Verbrennungsmotor – ein 63 kW leistender Vierzylinder-Ottomotor wie im Opel Astra – ein Generator angetrieben, der dann den weiteren Fahrstrom lieferte (serieller Modus).
Ende 2020 präsentierte die inzwischen zur PSA-Tochter mutierte Firma Opel das spartanische Fahrgerät Rocks-e, baugleich mit dem Citroën Ami. Sein Antriebsakku erfüllt mit 5,5 Wh nur Minimal-Ansprüche. So soll der Rocks-e mit einer Akkuladung 75 Kilometer weit fahren können. Der Zweisitzer steht aber nicht nur für eine nachhaltige Mobilität in der Stadt, sondern auch für eine preiswerte Form von

Oben: Opel Ampera e, Sieger der Rallye Monte-Carlo 2012 für Fahrzeuge mit alternativer Antriebstechnik.

Unten: Opel Ampera e, 2017.

Mobilität generell, doch für die große Reise ist der Rocks-e nicht gedacht. Er versteht sich als reines Kurzstreckenmobil, das nur halb so lang ist wie ein Mittelklasseauto und entsprechend wenig Parkraum beansprucht. Als Basispreis für den Rocks-e nannte Opel 7999 Euro.

OPEL Brennstoffzellen-Projekte

siehe GENERAL MOTORS · CHEVROLET

OPPERMANN (GB)

Im Jahr 1898 begann Carl Oppermann in London mit dem Bau von Elektroautomobilen mit Chassis und Karosserien des Kutschenherstellers Arthur Mulliner. Die Batterien und der 2,6-kW-Motor befanden sich unterhalb des Wagenkörpers. Fahrzeuge mit einem selbst konstruierten Rohrrahmen baute Oppermann ab 1901; es gab sie als Zwei- und als Dreisitzer mit Radlenkung und Schneckenantrieb. Auch wurden Ausführungen mit Frontantrieb angeboten. Die benötigten Batterien wurden im eigenen Haus hergestellt. Die Marke Oppermann war recht bekannt, selbst der König von Siam war Besitzer eines solchen Elektrowagens. Eine größere Anzahl Oppermann-Automobile taten in London als Taxis ihren Dienst.

ORTHO-SCHILK · SCHILK (D)

Die ab 1997 unter dem Namen Schilk bzw. Ortho-Schilk vertriebenen Elektrofahrzeuge waren Umbauten des in Österreich hergestellten Graf Carello, ein seit 1976 hergestelltes Fahrzeug für Gehbehinderte. Der kleine Schilk Elektro-Lkw ließ sich zur Pflege von Parkanlagen, zum Transport von Hotelgepäck und auf Flughäfen einsetzen. Der Antrieb erfolgte auf die Hinterräder durch zwei 48-Volt-Motoren.

ORWELL (GB)

Orwell war die Exportbezeichnung der 1917–1923 gebauten Elektro-Lastwagen von Ransomes, Sims & Jefferies.
siehe RANSOMES

OWEN MAGNETIC (USA)

Die Geschichte des Owen Magnetic nahm ihren Anfang bei der Rauch & Lang Carriage Company in Cleveland, Ohio, 1883 als Kutschwagenhersteller gegründet; 1905 begann man dort mit dem Bau von Elektro-Automobilen. Sie erhielten eine von Raymond M. Owen konstruierte elektromagnetische Kraftübertragung nach einem bereits 1898 angemeldeten Patent des Ingenieurs Justus Bulkley Entz. Seine Erfindung basierte auf der Nutzung elektromagnetischer Kräfte durch Wicklungspakete, die das Schwungrad des Motors ersetzten. Dieses System wurde auch bei Columbia und sogar bei einem Schlachtschiff der US Navy, der »New Mexico«, angewendet.
Weitere Fahrzeuge erhielten einen Motor in Gestalt eines konventionellen Verbrennungstriebwerks. Für die Produktion dieser Autos mit Entz-Antrieb gründeten die Brüder Raymond und Ralph Owen Ende 1914 in New York die R. M. Owen Company; ihr erster Owen Magnetic erschien 1915. Der große Tourer hatte einen 48 PS leistenden 5973-ccm-Sechszylindermotor von Buda; die Karosserie entstand bei Rauch & Lang, die ab 1915 Baker, Rauch & Lang Co. hieß. Owens neuer Partner Baker, Gründer der Baker Electric Vehicle Co., hatte die Entz-Patentrechte erworben. Der Vertrieb der ab jetzt bei der Baker, Rauch & Lang Company gebauten Fahrzeuge erfolgte zum großen Teil durch die R. M. Owen Co.
1918 folgte ein noch größeres Modell, jetzt mit einem 6798-ccm-Motor von Weidely. Kolben und Kurbelwanne des ohv-Sechszylinders bestanden aus Aluminium. Die Produktion wurde Ende 1919 nach Wilkes-Barre in Pennsylvania verlegt, der dortige Betrieb nannte sich Owen Magnetic Motor Car Corporation. Für eine britisch-amerikanische Importfirma namens J. L. Crown Ltd. entstanden 1920–1921 einige Fahrzeuge unter dem Namen Crown-Magnetic, doch die weiterhin rückläufigen Umsätze führten bald zur Firmenschließung: sie erfolgte im März 1922.

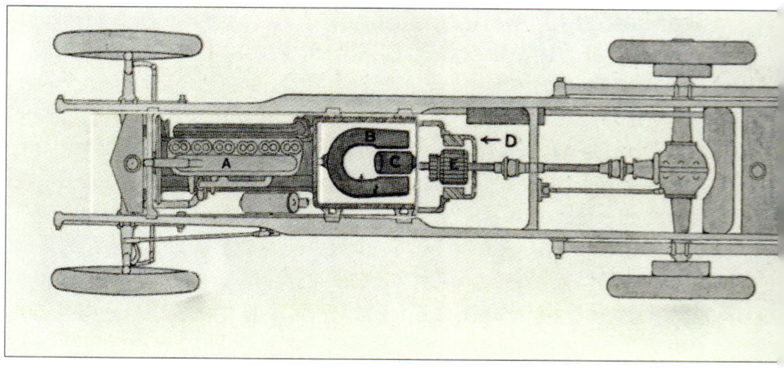

Owen Magnetic, 1915.

PANTILA (T, CH)
Der thailändische Ingenieur Pantila Rojrit Debhakam aus Bangkok entwickelte 1996–1997 mit dem Schweizer Max Horlacher das Projekt eines High-Tech-Prototyps, der als kompaktes Elektromobil mit dem Namen Pantila realisiert wurde. Der mit einem Asynchronmotor von AEG versehene Wagen wog inklusive der ZEBRA-Hochenenergiebatterien 935 kg. Die Reichweite betrug rund 160 Kilometer. Der Aufbau des viersitzigen Coupés bestand aus faserverstärktem Verbundwerkstoff. Der Wagen wies elektrische Fensterheber, Airbags, Servolenkung, Bordcomputer, Klimaanlage und Zentralverriegelung auf. Das Design stammte von Richard Gresens, der auch den VW Sharan gezeichnet hatte.

PARKER · BUSHBURY (GB)
In den Jahren 1901–1902 stellte Thomas H. Parker in seiner Wearwell Cycle Co. (Wearwell war eine bekannte Fahrradmarke) in Wolverhampton, Staffordshire, auch Automobile sowohl unter dem Namen Parker als auch Wearwell her; Motorräder wurden dort ebenfalls gebaut. Das Auto war ein Dampfwagen, doch Thomas H. Parker hatte auch verschiedene Elektromobile konstruiert, so den Bushbury Electric Cart. Den 1897 von der Fahrradfabrik Star Cycle Factory in Wolverhampton vorgestellten Electric Cart hatte es als Dreirad- und als Vierradfahrzeug gegeben.

PARRY (USA)
Die Parry Manufacturing Co. in Indianapolis war im späten 19. Jahrhundert einer der größten Kutschenhersteller der Welt. 1892 begann David M. Parry einen Wagen mit Elektroantrieb zu bauen, zu dessen Fertigstellung er vier Jahre benötigte. Erst ab Sommer 1909 erfolgte die Herstellung in Serie – jetzt jedoch mit Verbrennungsmotor. Ab 1906 war die Willys Overland Automobile Co. in Indianapolis an der bis 1911 bestehenden Firma zu einem Drittel beteiligt, bevor sie von John North Willys ganz übernommen wurde.

PARVILLE (F)
Edouard Parville baute 1927 bis ca. 1929 in Paris in geringer Zahl Elektroautomobile mit einem 3,8-kW-Motor und Frontantrieb.

PATIN (F)
1898 bis 1900 entstanden bei der Cie. Électrique O. Patin & Requillard in Paris Elektrofahrzeuge als Tandem-Zweisitzer sowie fünfsitzige Victorias; auch eine dreirädrige Voiturette mit Vorderradantrieb wurde angeboten.

PAWTUCKET ELECTRIC (USA)
Die Pawtucket Motor Carriage Co. war eine Tochtergesellschaft der Campbell Machine Co. in Pawtucket, RI., und übernahm Ende 1897 von Harry E. Dey die Konstruktion eines Elektrowagens, der vorher als Dey-Griswold angeboten worden war. Nur wenige Fahrzeuge sind hergestellt worden. *siehe auch* DEY-GRISWOLD

PEFRA (D)
1939 gründete Franz Peschler in Moosburg an der Isar die Pefra Transportgerätefabrik; er stellte zunächst Sackkarren her. Nach einem bescheidenen Neuanfang nach dem Kriege verlegte sich Peschler auf die Produktion von Elektro-Flurfördermitteln aller Art für den innerbetrieblichen Transport. 1967 zählte das Unternehmen zu den erfolgreichsten Betrieben der Branche. Im Jahr 1977 wurde die F. Peschler GmbH & Co. Fahrzeugfabrik gegründet, die mit der Herstellung von Schwerlast-Anhängern und Elektrofahrzeugen für die Industrie begann. Abnehmer waren Flughafenbetriebe, die Auto-, Chemie- und Glasindustrie.

PETTER (GB)
Die Familie Petter betrieb in Yeovil, Somerset, eine Gießerei, in der 1895 eine Hochdruck-Dampfmaschine entstand. Kurz danach bauten Percival und Ernest Petter auch einen Einzylinder-Verbrennungsmotor, der von der Karosseriefirma Hill & Boll in eine Kutsche eingebaut wurde. Das Fahrzeug wurde mittels einer waagerechten Lenkstange gesteuert. Anschließend wurde die Yeovil Motor Car & Cycle Co. gegründet, deren Motoren 1897 auf der Royal Smithfield Show in London gezeigt wurden. Zwischen 1895 und 1897 entstanden zwölf Petter-Motorwagen. Es wurden auch einige Fahrzeuge mit elektrischem Antrieb im Avant-train-System sowie Elektrotraktoren hergestellt.

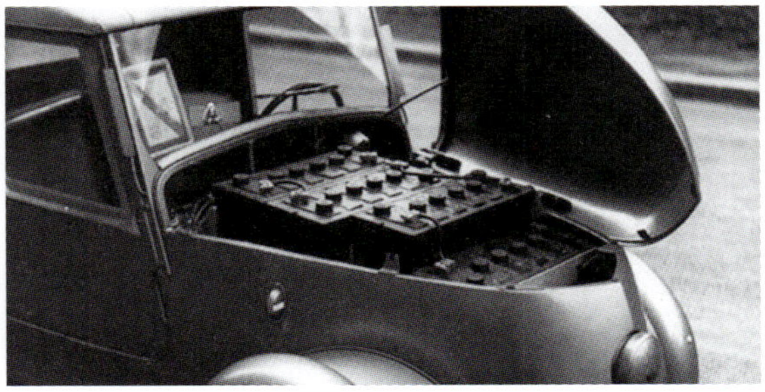

Peugeot VLV Elektro-Kleinwagen, der 1941–1945 in einer Zeit der Benzinknappheit hergestellt wurde.

PEUGEOT (F)
Wie viele europäische Hersteller kooperiert auch PSA mit Partnern im Fernen Osten und hat unter der französischen Traditionsmarke Peugeot gemeinsam mit Mitsubishi eine Elektro-Limousine entwickelt, die als Modell i0n im Jahr 2012 Premiere hatte. Es handelte sich um einen relativ kleinen Wagen von knapp 1100 kg zul. Gesamtgewicht und einem 49-kW-Motor sowie Hinterrad-Direktantrieb. Das Mittelmotor-Auto ist 347 cm lang und 148 cm breit; Zur Ökonomiebilanz gab der Hersteller an, der Stromverbrauch entspreche 1,5 Liter Benzin auf 100 Kilometer bei einem vergleichbaren Verbrennungsmotor.
Ebenfalls 2012 brachte Peugeot als erster Autohersteller einen Dieselhybrid in der Großserie. AutoBild schrieb: »Die Hybrid4 genannte Kombination aus Zweiliter-Selbstzünder und 27 kW starkem Elektromotor tingelte mehrere Saisons über die Autosalons. Die lange Entwicklungszeit lohnte, PSA setzt mit dem Antrieb einen neuen Maßstab … Der 3008 macht den Hybriden für Europa tauglich.«
Der von den Journalisten ermittelte Testverbrauch betrug 6,5 Liter Diesel auf 100 Kilometer im Schnitt, 5,4 Liter minimal. »Das klingt nicht überragend, angesichts der Werte eines Toyota Prius. Bedenkt man aber, dass der subjektiv unwesentlich temperamentvollere Audi Q5 Hybrid kaum unter zehn Liter Super/100 km zu bringen ist, zeigt das die neue Qualität des Dieselhybridantriebs. Allrad kann das System auch noch. Ansonsten ist es ein ganz normaler

Vom portugiesischen Designer Andre Costa entworfenes Elektromobil Moovie, das Peugeot 2005 auf der IAA präsentierte.

3008, der auch hier mit viel Platz, guter Variabilität, weniger mit Agilität oder Federungskomfort aufwartet. Der 3008 Hybrid4 ist ein überzeugendes Auto – wenn man einen 200 PS starken, 1,8 Tonnen schweren Hybrid als Lösung betrachtet, nicht als eine andere Form des Problems.«
1941–1945 hatte es übrigens schon einmal einen Elektrowagen von Peugeot gegeben: Ein als Typ VLV bezeichnetes Kleinfahrzeug mit zwei Sitzen, u. a. von den Postbehörden verwendet, als wegen des Krieges im besetzten Frankreich Benzinknappheit herrschte.
siehe auch MITSUBISHI

»Wir alle wissen, wie schnell Staus auch bei Schnee und Eis zum Alltag gehören können. Licht ist Pflicht. Zudem zieht die Heizung die Batterie leer. Niemand hilft Ihnen mit einem Ersatzkanister, wie wir das bei einem leeren Tank kennen. Da schlägt für das Elektroauto die Stunde der Wahrheit.«

Dr. Franz Indra in einem Interview mit der *Automobilwoche*, am 5. September 2011

PFLÜGER (D)

Zu den zahlreichen Firmen, die sich an der Schwelle zum 20. Jahrhundert in Berlin mit der Herstellung von elektrisch betriebenen Fahrzeugen beschäftigten, gehörten auch die Vereinigten Accumulatoren- und Elektrizitätswerke Dr. Pflüger & Co. Mit in eigenem Werk produzierten Batterien stattete man um 1900 eine Reihe leichter Voituretten aus, die unter Verwendung von Fahrradteilen entstanden.

PHB (D)

siehe MAFI

PHIPPS · PHIPPS-GRINNELL (USA)

Joel G. Phipps war ein junger Ingenieur, der sich 1911 in Detroit mit dem Bau von Elektroautomobilen beschäftigte und zur Finanzierung seines Unternehmens Ira und C. A. Grinnell gewinnen konnte, die Musikinstrumente herstellten. Der Phipps-Grinnell genannte, zweisitzige Motorwagen wurde in nur wenigen Exemplaren gebaut, weil die Partner sich wieder trennten. Phipps fand in der Person eines C. W. Whitson einen neuen Partner, der ihm beim Bau seiner Motorwagen zur Seite stand. Die 1912 gegründete Phipps Electric Co. existierte aber auch nur wenige Monate; mehr als 15 bis 20 Fahrzeuge wurden nicht auf die Räder gestellt. Nachdem Joel G. Phipps 1913 die Firma verlassen hatte, setzten die Geschwister Grinnell den Fahrzeugbau noch bis 1916 fort.

Piaggio Porter 2016, weitgehend identisch mit dem Daihatsu Hijet. Die Elektromodelle wurden mit 9,2 und 10,5-kW-Motor angeboten.

PIAGGIO (I)

Der italienische Fahrzeughersteller Piaggio präsentierte 1992 mit der Baureihe Porter eine neue Nutzfahrzeugversion, die ab 1995 auch mit Elektroantrieb zu bekommen war. Die Konstruktion des Porter stellte keine Eigenentwicklung dar, sondern basierte auf dem Daihatsu Hijet. Die Benzin- und Dieselmotoren wurden in Indien fabriziert. Angeboten wurden die Bauformen Kleinbus, Kastenwagen, Pritschenwagen, Kipper und Big Deck (Pritschenwagen mit vergrößerter Ladefläche 140 × 232 cm) und für Sonderaufbauten Chassis/Kabine.
Die Elektromodelle wurden mit 9,2 und 10,5-kW-Motor gebaut. Die Nutzlast betrug hier je nach Aufbaugewicht zwischen 440 kg (Kombi) und 560 kg (Pick-up). Die Höchstgeschwindigkeit lag je nach Motor zwischen 48 und 57 km/h. Der Porter Elektro hatte eine Reichweite bis zu etwa 135 Kilometer.
siehe auch DAIHATSU *und* FAAM

PIEPER (B)

Die Société des Établissements Pieper in Nessonvaux bei Lüttich war ein Hersteller von Handfeuerwaffen und Fahrrädern, der 1899 bis 1903 auch mit Automobilen auf den Markt kam. Das erste Modell erhielt man mit einem 3,5-PS-Einzylinder- oder einem 6-PS-Zweizylindermotor; es waren Zweisitzer mit Riemenantrieb. Auch wurden Elektromobile sowie Fahrzeuge mit Mischantrieb hergestellt; die Kombination von einem Einzylinder-Benzin- mit einem Elektromotor befand sich unter dem Sitz.

PILCAR (CH)

Der Pilcar entstand Anfang 1977 durch die l´Électricité Neuchâtel S.A. und die Société Romande d´Électricité in Clarens, Kanton Waadt. Das Auto hatte einen Elektromotor mit einer Leistung von 14,2 kW und Batterien von 140 kW Kapazität. Als Wegstrecken-Reichweite wurden 120 Kilometer genannt, als Reisegeschwindigkeit etwa 60 km/h. Das Design des Pilcar stammte von Franco Sbarro. Im Frühjahr 1977 etstand eine Vorserie von neun Exemplaren; 1979 wurde aus dem Pilcar der über die Firma A.C.A. Sbarro angebotene Carville.

PIVCO (N)

Die Personal Intelligent Vehicle Co. AS, 1991 (ab 1998: Pivco Industries) in Oslo gegründet, produzierte unter mehrmals wechselndem Management einen kompakten Elektro-Zweisitzer namens City Bee mit Brusa-Motor von 27 kW. Das Design des Coupés war beim Sportwagenhersteller Lotus in England erarbeitet worden. Bei Pivco entstand auch der Think, der mit finanzieller Unterstützung von Ford weitergebaut werden sollte, nachdem Pivco Ende 1998 aufgegeben hatte.

PLATTNER · VITA-MOBIL (CH)

1985 präsentierte die in Horw ansässige Firma Solar Technik Fritz Plattner den Prototyp eines Solarmobils, das Ende des Jahres auch die eidgenössische Zulassung erhielt. Mit dieser Zulassung wurde das Fahrzeug Vita-Mobil genannt. Es hatte vier Räder, wies zwei Plätze auf und absolvierte ein Reisetempo von 50 km/h; als Reichweite wurden 120 Kilometer genannt.
Fritz Plattner stellte weitere Solarmobile her, so den Undo und den Sulky Solar, von dem zwei Exemplare 1986 an der Tour de Sol teilnahmen. Die Solarzellenfläche auf dem Dach des Sulky Solar war minimal bemessen. Die Schweizer Fir-

ma produziert außer Solarmobilen auch Selbstbauanlagen sowie Solarzellen für die verschiedensten Anwendungsbereiche. Das Unternehmen firmiert inzwischen als Plattner Engineering GmbH in Bubendorf.

PÖHLMANN EL (D)

siehe RWE · GES

POPE (USA)

Die Pope-Firmengeschichte beginnt im Jahr 1888. Die Pope Manufacturing Co. in Hartford, Connecticut, produzierte die damals weithin bekannten Columbia-Fahrräder; 1890 galt Pope bereits als der größte Fahrradhersteller in den USA. Albert Augustus Pope (1843–1909) war nach dem amerikanischen Bürgerkrieg zum Großindustriellen avanciert, dessen Unternehmen rasch wuchs. Als der Fahrradumsatz zurückging, nahm Pope zunächst Verbindung mit dem Waffenfabrikanten Hiram P. Maxim auf, der nicht nur Maschinengewehre produzierte, sondern 1895 auch ein Dreirad mit einem Explosionsmotor gebaut hatte. Vorübergehend war Maxim Technischer Leiter bei Pope. Maxims Motor ließ Pope in eine Crawford-Kutsche einbauen. Dieses Gefährt war das erste motorisierte Fahrzeug des Pope-Imperiums. Die Konstruktion des Wagens stammte von dem dänischen Einwanderer Mathias Peter Möller. Robert S. Crawfords Kutschenmanufaktur war 1900 von der Firma Pope übernommen worden.

Colonel Pope lehnte jedoch bereits kurze Zeit später den Verbrennungsmotor mit der Begründung ab, dass man nicht gerne auf einer »Explosion« sitzen wollte. Er wandte sich dem Bau von Elektromobilen zu, die wie seine Fahrräder die Markenbezeichnung Columbia erhielten.

Die Anregung zum Bau von elektrischen Wagen hatte Pope von seinem Bankmanager William Collins Whitney erhalten, der 1899 die Konkursmasse der Electric Vehicle Co. von einem Mr. Isaac Rice übernommen hatte; Whitney suchte ei-

Pope-Waverley Electric, 1905. Auf Fotos wurden bevorzugt Damen am Steuer gezeigt, was verdeutlichen sollte, wie problemlos Elektrofahrzeuge zu bedienen waren.

nen Partner für die Herstellung von elektrischen Taxifahrzeugen. Gemeinsam mit Pope gründete er die Columbia Automobile Co. mit der Electric Vehicle Company als Holding. Die Gesellschaft erwarb gleichwohl eine Baulizenz für den Selden-Benzinmotorwagen.
Popes erste Fahrzeuge fanden in den USA nur wenige Abnehmer, deshalb verschiffte Pope eine Anzahl nach England, um sie dort anzubieten. Das Schiff versank im Atlantik, mit ihm die Pope-Columbia-Automobile. Man darf sagen, dass Popes erster Profit aus dem Autogeschäft die ausbezahlte Summe von 3000 Dollar seiner Versicherungsgesellschaft war.

Pope Waverley, 1906.

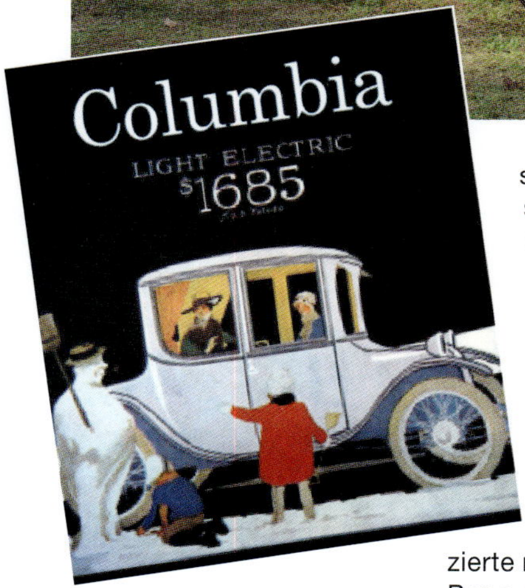

Werbung für den Pope-Columbia.

Aus dem Columbia-Geschäft zog sich Pope 1902 zurück, als er die Robinson Co. in Hydepark, Massachusetts, erwarb, dazu die International Motor Car Co. und die American Bicycle Co., aus denen die neue Pope Manufacturing Co. mit Sitz in Hartford entstand; in Hagerstown, Maryland, errichtete Pope eine Zweigfirma. Von 1904 bis 1907 baute man dort Autos unter der Marke Pope-Tribune.
Zum Benzinmotorwagen zurückgekehrt, produzierte man 1903 bis 1914 Autos unter den Bezeichnungen Pope-Hartford, Pope-Toledo sowie Pope-Tribune, alles – bis auf den in Toledo hergestellten, großen und schnellen Luxuswagen – hervorragende Fahrzeuge, dennoch überlebte keins dieser Fabrikate das Jahr 1914. Die Fabrik in Toledo hatte auch die Elektrofahrzeuge hergestellt.
Der Pope-Hartford wurde zunächst als Zwei- und Viersitzer mit 10-PS-Einzylindermotor und Kettenantrieb hergestellt; 1905 folgten Zweizylinder-Modelle. Ab 1912 bot die Firma Pope auch Vier- und Sechszylindermodelle an, so einen 6,4 Liter mit 50 PS und einen 7,7 Liter mit 60 PS.
Bei Pope baute man die Autos in aufwändiger Handarbeit, was Lieferfristen von drei Monaten ergab. Doch wer sich in den USA ein Auto kaufte, wollte es möglichst gleich haben – Henry Ford trug dem Rechnung und lieferte seine Automobile sofort. Dies bedeutete für den Pope-Hartford das frühe Ende, zumal auch eine Wiederbelebung des Geschäfts mit Elektroautos sich als unrentabel erwiesen hatte, nachdem Baker und Detroit diesen inzwischen recht begrenzten Markt für sich reklamierten.
So ging das zeitweise so erfolgreiche Pope-Imperium vier Jahre nach dem Ableben seines Gründers in Konkurs; die Fabrikationsstätten wurden vom Flugmotorenhersteller Pratt & Whitney übernommen.
siehe auch COLUMBIA, WAVERLEY · POPE-WAVERLEY

PORSCHE (D)

Mehr als ein Jahrhundert ist es her, seit ein junger Techniker namens Ferdinand Porsche in Wien einen viersitzigen Elektrowagen auf die Räder stellte und damit ein Antriebssystem präsentierte, das seine Nachfahren mit einem erheblichen Zeitversatz wieder aufgriffen. Wenn auch freilich nicht mit Radnabenmotoren in den Felgen, was schon damals viel zu hohe ungefederte Massen in Kauf zu nehmen bedeutete und man durch starke Schraubenfedern zu kompensieren versuchte.
Das, was seinerzeit als das »System Porsche« bezeichnet wurde, hat jüngst eine andere Interpretation erfahren, wie die Hybridversionen des Porsche Panamera verdeutlichen. Die Modelle Panamera 3.0 V6 Biturbo mit 462 PS und 4.0 V8 Biturbo mit 480 PS gibt es seit Herbst 2016 nämlich auch in Hybrid-Ausführung, bei denen die 2,5 bis 2,8 Tonnen Fahrzeuggewicht per Plug-in-Technologie (Parallel-Hybrid, permanent erregter Synchronmotor) wirtschaftlicher als im Benzinmodus zu bewegen sind. Beide Wagen verfügen über Allradantrieb, dessen jüngste Generation als Porsche Traction Management (PTM) bezeichnet wird: Es verteilt die Antriebskräfte des Motors mittels einer Lamellenkupplung variabel zwischen Vorder- und Hinterachse. Im Normalfall wird das Motormoment ausschließlich an die Hinterräder geschickt, je nach Fahrsituation können aber auch bis zu 50 Prozent an die Vorderräder geleitet werden. Der rein elektrische Antrieb begrenzt die Reichweite auf maximal 50 Kilometer, die Lithium-Ionen-Traktionsbatterie hat eine Spannung von 385 Volt. Wer mit 300 km/h unterwegs sein möchte, hat im Panamera Executive oder Sport Turismo Shooting Break gute Chancen, dank Hybridsystem mit weniger als 5 Liter Benzin auf 100 Kilometer auszukommen, wobei der elektrische Energieverbrauch bei 16,2 kW liegt. Dass man bei Porsche besonders potente Hybriden zu bauen versteht, bewiesen die Gesamtsiege solcher Boliden 2016 und 2017 in den 24-Stunden-Rennen von Le Mans, der härtesten Langstreckenprüfung der Welt.
Für 2019 war die Markteinführung der Serienversion der 2015 auf der IAA vorgestellten Konzeptstudie Mission E vorgesehen. Als erster rein elektrisch fahrender Porsche sollte dieses Fahrzeug das technisch fortschrittlichste in seinem Segment werden.

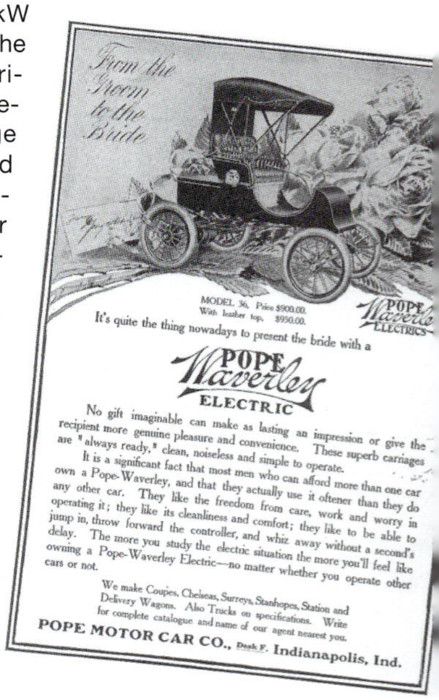

Pope-Inserat aus dem Jahr 1902.

Porsche-Studie Taycan Mission E, 2019, erstes voll elektrisch betriebenes Modell aus Zuffenhausen.

»Schade, dass man beim Anblick des Taycan erst einmal enttäuscht war. Manche Karosseriefugen wirken so willkürlich, dass man sich fragt, wie das Profi-Designern passieren konnte.«

DER SPIEGEL,
IAA-Nachese 2019

Im Juni 2018 wurde der Cayenne als Plug-in-Hybrid präsentiert: »Er verbindet klassenbeste Fahrdynamik mit höchster Effizienz,« hieß es vonseiten des Herstellers. »Ein Dreiliter-V6-Motor (250 kW/340 PS) und ein Elektromotor (100 kW/136 PS) generieren gemeinsam eine Systemleistung von 340 kW (462 PS). Bereits knapp über Leerlaufdrehzahl steht das maximale Drehmoment von 700 Nm zur Verfügung; die Boost-Strategie entspricht der des Supersportwagens 918 Spyder. Der Plug-in-Hybridantrieb des Cayenne sorgt für eine Beschleunigung von Null auf 100 km/h in 5,0 Sekunden und für eine Höchstgeschwindigkeit von 253 km/h. Rein elektrisch fährt der neue Cayenne E-Hybrid bis zu 441 Kilometer weit und bis zu 135 km/h schnell.«

Der flüssigkeitsgekühlte, unter dem Ladeboden im Heck des Fahrzeugs installierte Akku besteht aus acht Zellmodulen mit je 13 prismatischen Lithium-Ionen-Zellen. Binnen weniger als acht Stunden sei die Hochvolt-Batterie über einen 230-Volt-Anschluss mit 10-Ampere-Absicherung vollständig geladen. »Werden alternativ zum serienmäßigen 3,6-kW-Ladegerät der optionale 7,2-kW-On-Board-Lader und ein 230-Volt-Anschluss mit 32 Ampere genutzt, ist die Batterie bereits nach 2,3 Stunden aufgetankt«, versprach das Haus Porsche.

Der Ladevorgang könne über das Porsche Communication Management (PCM) und aus der Ferne mittels der Porsche Connect App gesteuert beziehungsweise überwacht werden. »Via Smartphone lässt sich außerdem die serienmäßige Standklimatisierung individuell steuern, also das Heizen und Kühlen des Fahrzeugs bei ausgeschalteter Zündung. Über Porsche Connect können zudem Ladesäulen gesucht, sortiert und direkt als Navigationsziel übernommen werden. Der neue Porsche Charging Service ermöglicht darüber hinaus den anbieterübergreifenden Zugang zu öffentlichen Ladesäulen – ohne zusätzliche Anmeldung beim jeweiligen Anbieter. Die Abrechnung erfolgt direkt über den Porsche ID Account.«

Mission E: Porsche Taycan Für 2019 war der Serienanlauf des ersten rein elektrisch betriebenen Porsche vorgesehen. Sein Name Taycan bedeutet sinngemäß »lebhaftes, junges Pferd«. Das Coupé verfügt über zwei permanent-erregte Synchronmotoren (PSM) mit einer Systemleistung von mehr als 440 kW (600 PS), damit beschleunigt der Elektro-Sportler in deutlich weniger als 3,5 Sekunden auf Tempo 100 und in knapp zwölf Sekunden auf 200 km/h. Hinzu kommt eine von Elektrofahrzeugen bisher unerreichte Dauerleistung: Mehrere Beschleunigungsvorgänge direkt hintereinander sind ohne Leistungsverlust möglich. Die maximale Reichweite gab Porsche mit über 500 Kilometer gemäß NEFZ-Standard an. Der Allradler verfügt über eine 800-Volt-Architektur und ist für das Laden am Schnellladenetz vorbereitet, hier lässt sich in rund vier Minuten Energie für 100 Kilometer Reichweite »tanken«.

Bis Ende 2022 plante Porsche mehr als sechs Milliarden Euro in den Ausbau der Elektromobilität zu investieren.

Porsche Panamera Hybrid, 2018.

PRITCHET (GB)

Der Akkumulatoren-Hersteller Pritchet & Gold Ltd. in Feltham, Middlesex, produzierte 1902–1903 auch Elektroautomobile sowie Wagen mit Benzinmotor, die unter der Bezeichnung P & G oder dem Namen Pritchet Meteor verkauft wurden.

PROCÉDÉS (F)

Nach Patenten des Elektrowagenherstellers Kriéger unternahm die Compagnie Parisienne des Voitures Electriques Mercédès, die 1905 auf Initiative von Emil Jellinek gegründet, aber 1907 von ihm wieder verlassen worden war. den Versuch, das Geschäft fortzuführen. Man schuf die Wortmarke Procédés, die aber binnen Kurzem wieder verschwand, nachdem Jellinek gegen deren Verwendung geklagt hatte. Kriéger musste auf die verbale Mercedes-Nähe verzichten.

siehe auch unter KRIÉGER

PROMETHEUS (D)

Prometheus lautete die Bezeichnung eines Programms für ein europäisches Transportwesen mit höchster Effizienz und unerreichter Sicherheit auch autonom fahrender Forschungsfahrzeuge auf Basis eines Mercedes-Transporters und später einer S-Klasse, die mit Hilfe des sogenannten »Rechnersehens« Unfälle vermeiden konnten. 1994 legte die Mercedes-Limousine auf einer mehrspurigen Autobahn im normalen Verkehr mit bis zu 130 km/h mehr als 1000 Kilometer zurück.

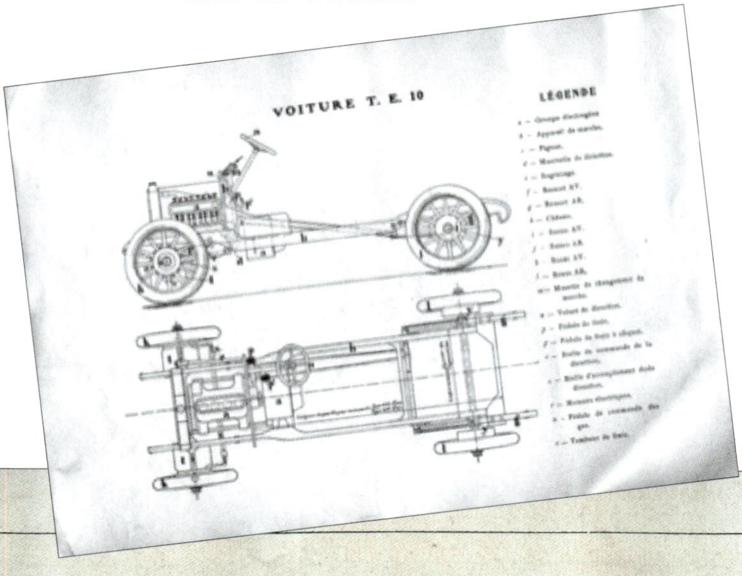

Seiten aus einem 1907 veröffentlichten Procédés-Katalog.

Ferdinand Porsche und Emil Jellinek waren einander nicht gerade freundschaftlich verbunden, aber durch Lohner-Porsche-Patent-Nutzungsverträge doch geschäftlich liiert. Als Personenwagen setzten sich der Mercédès-Electrique und der Procedes-Kriéger jedoch nicht durch. Lediglich Taxis dieser Bauart sowie einige Feuerwehrwagen und Omnibusse wurden hergestellt. Emil Jellinek stieg 1908 aus der Pariser Gesellschaft wieder aus; sie brachte keine Rendite. Damit endete sein automobilorientiertes Interesse, und er konzentrierte sich auf seine konsularische Tätigkeit in Monaco, wo er auch Konsul von Mexiko war.

Q-ELECTRIC (GB)

Der Elektrowagen mit der Kurzbezeichnung Q entstand 1938 in Sunderland (Nordengland) und basierte auf einer Lizenz des deutschen Bleichert. Es gab 1,5- bis 6,0-Tonner, auch als Dreiachser, mit den unterschiedlichsten Aufbauten versehen und im Kommunaldienst eingesetzt. Auch während der Kriegsjahre wurde ihre Herstellung (bei der Garner Motors Ltd. in Birmingham) fortgesetzt, weil die britische Armee an diesen Fahrzeugen interessiert war. Die Fertigung endete 1952. In Cardiff, Wales, stellt eine Q Electric Vehicles Ltd. seit 2005 ebenfalls wieder Elektro-Vans her.

Q-Electric Lieferwagen, 2005.

QOROS (PC)

Es sind nicht nur kleine bis mittlere »Volks«-Autos, die in China mehr und mehr in Form von Elektrowagen auf die Straße kommen, sondern auch große Modelle wie der elegante, 160 km/h schnelle 3 Q-Lectric. Er wurde 2016 vorgestellt und basierte auf einer vom gleichen Hersteller gebauten, ähnlich aussehenden Cross-Limousine mit Verbrennungsmotor, ein Hybridmodell war bereits 2013 zu bekommen. Das Unternehmen wurde im Dezember 2007 als Joint Venture zwischen dem israelischen Mischkonzern Israel Corporation und dem chinesischen Hersteller Chery Automobile unter dem Namen Chery Quantum Automotive Corp. gegründet, der im November 2011 in Qoros Auto Co. Ltd. geändert wurde.

Qoros 3-Q-Lectric von 2016; er basierte auf einer ähnlich aussehenden Cross-Limousine mit Verbrennungsmotor.

QUADRU (USA)

Auf der Detroit Auto Show von 1911 zeigte ein Aussteller namens Robert Fuller einen großen Hybrid-Lastwagen mit Anhänger für 15,0 t Nutzlast mit einem 32 PS starken Vierzylinder-Benzinmotor, der über einen Dynamo Radnabenmotoren an allen vier Rädern mit Strom versorgte (System Porsche). Die schweren Akkus des Quadru genannten Zuges ließen sich durch einen Kran, der sich auf der Plattform befand, aus dem Fahrzeug holen bzw. einsetzen. Schon in Anbetracht seiner hohen Gestehungskosten blieb der Quadru ein Einzelstück, zwar von der Presse gerühmt, aber ohne Chancen, in Serie zu gehen.

QUANTINO (CH)

Im März 2015 wurde von der Schweizer nanoFlowcell Holdings das Konzeptfahrzeug Quantino der Öffentlichkeit vorgestellt – als weltweit erstes straßenzugelassenes 48-Volt-Niedervolt-Elektrofahrzeug mit Flusszellen-Technologie. Statt einer Batterie mit vielen Zellen kommt hier die Kraft aus zwei Elektrolyt-Flüssigkeiten, eine positiv, die andere negativ geladen, die über eine Membran Elektrizität erzeugt, die dann in sogenannte Super-Caps (Hochleistungs-Kondensatoren) fließt und von dort aus den Elektromotor aktiviert. Mit ihrem Engagement für die Flusszellentechnologie will das von Nunzio La Vecchia gegründete Unternehmen den Beweis liefern, dass man Elektrofahrzeuge als vollwertige Sportwagen – wie den Artega, den BMW i8 oder den Tesla S – konzipieren kann. Mit einer Beschleunigung in 2,8 Sekunden auf 100 km/h und einer Spitzengeschwindigkeit von 280 km/h soll der Antrieb der Version Quant FE rennwagentauglich sein. Der Quantino hingegen mit Platz für vier Personen, 200 km/h Spitze und einer Reichweite von mehr als 1000 Kilometern mit einer Flusszellenladung beweise die Alltagstauglichkeit des Systems, so hieß es.
siehe auch Seite 103, Artega

QUINBY (USA)

Die seit 1834 bestehende Kutschwagenfabrik J. M. Quinby & Sons in Newark, New Jersey, brachte 1899–1900 auch einige »electric carriages« auf den Markt, die im Kundenauftrag entstanden waren. In Bezug auf das frühe Gründungsjahr der Firma setzte die Zeitschrift *The Horseless Age* in einem im März 1899 erschienenen Beitrag große Erwartungen in die Qualität der Fahrzeuge. 1917 verkauften Quinbys Erben die Fabrik für 400.000 Dollar an einen Investor einer anderen Branche.

Quantino Coupé, 2015. Mit seinem Engagement für die Flusszellentechnologie will das von Nunzio La Vecchia in der Schweiz gegründete Unternehmen den Beweis liefern, dass Elektrofahrzeuge wie der Artega, der BMW i8 oder der Tesla S als vollwertige Sportwagen konzipiert sein können.

RAE (USA)

1898 zeigte man in Chicago den Prototyp eines Elektrowagens, der von einem Mr. F. B. Rae konstruiert war. Ihm gehörte die Rae Motocycle Co., die bis 1902 bestand. 1909 stellte Mr. Rae erneut einen Elektrowagen vor, gebaut in seiner Rae Electric Vehicle Co., jetzt in Springfield, Vermont. Geplant war die Herstellung der unterschiedlichsten Fahrzeuge, doch auch dieses Mal blieb es bei einem einzigen Prototyp.

RANGE ROVER (GB)

siehe LAND ROVER · RANGE ROVER

RANSOMES (GB)

Die Firma Ransomes, Sims & Jefferies Ltd. in Ipswich, Suffolk, ging auf die 1789 gegründete Eisengießerei Orwell Works zurück, in der 1832 auch ein patentierter Rasenmäher und 1842 eine erste Lokomobile gebaut wurden. Weitere Dampfschlepper entstanden als Einzelstücke im Verlauf der folgenden Jahrzehnte bis 1922. Gegen Ende des Ersten Weltkrieges wurden bei Ransomes Elektrolastwagen verschiedener Größen hergestellt und unter der Marke Orwell auch exportiert. 1921 nahm man den Bau von Elektrobussen auf, danach auch von Trolleybussen, eine Sparte, die bis 1946 beibehalten wurde. Eine letzte Serie von 50 Oberleitungs-Omnibussen entstand für die Stadt Singapur. Mit der Produktion von Rasenmähern, Gabelstaplern und elektrischen Kleinfahrzeugen blieb Ransomes ein erfolgreicher Hersteller, der 1998 von der Textron Group übernommen wurde. 2001 erfolgte eine Umfirmierung in Ransom Jacobsen Ltd.

RAUCH & LANG · RAULANG (USA)

Der aus Deutschland in die USA ausgewanderte Jacob Rauch eröffnete 1853 in Cleveland, Ohio, eine Wagenschmiede und begann 1860 mit der Herstellung von Kutschwagen. Mit dem Grundstücksmakler Charles E. L. Lang gründete er 1884 die Firma Rauch & Lang, die zum bedeutendsten Kutschenhersteller in Cleveland wurde. Durch die Übernahme der Vertretung für Elektromobile der Marke Buffalo, die sich gut verkaufen ließen, kamen Rauch und Lang auf die Idee, solche Fahrzeuge auch selbst herzustellen. Die ersten 50 Elektro-Buggys entstanden 1905, einige davon als Lieferwagen mit einer geschlossenen Fahrerkabine. Die Motoren bezog man von der Firma Hertner, die sie 1907 übernahmen, zusammen mit ihrem Inhaber John Hertner, der bei Rauch & Lang die Position eines Chefingenieurs bekam.
Die Standardausführung des Elektrowagens versah man mit einer viertürigen Luxuskarosserie und einen 1,8 kW-Elektromotor mit 30 Akkumulatoren-Zellen. Die Fahrzeuge besaßen eine von Raymond M. Owen konstruierte elektromagnetische Kraftübertragung nach einem bereits 1898 angemeldeten Patent des Ingenieurs Justus Bulkley Entz. Die Höchstgeschwindigkeit dieser Fahrzeuge lag bei 30 km/h, und mit voll geladenen Akkumulatoren schaffte man eine Distanz von etwa 160 Kilometern.
Schon 1908 wurden 500 Fahrzeuge hergestellt. Die meisten von ihnen waren jetzt Coupés. Der Absatz nahm weiterhin zu, verringerte sich aber ab 1913, als in den USA Benzin-Motorwagen Elektrofahrzeuge generell zu verdrängen begannen. 1915 fusionierte die Rauch & Lang Carriage Co. mit dem ebenfalls in Cleveland ansässigen Konkurrenten Baker, woraus die Baker, Rauch & Lang Co. entstand und zunächst Fahrzeuge unter beiden bisherigen Namen anbot; erst ab 1916 gab es keinen Baker mehr. Charles Lang hatte inzwischen die Firma verlassen und ein neues Karosseriebau-Unternehmen, die Lang Body Company, etabliert.
Aus der Kutschenherstellung bei Rauch & Lang war ein bedeutender Karosseriebau entstanden, der auch Kunden wie Biddle, Franklin, Jordan, Lexington, Reo, Stanley und Wills Sainte-Claire belieferte. 1916 bis 1919 wurde auch der Owen Magnetic bei Baker, Rauch & Lang gebaut; die New Yorker Niederlassung des Automobilherstellers R. M. Owen fungierte zugleich als Repräsentanz von Rauch & Lang. Owen und Baker waren bereits seit 1915 liiert.
1920 übernahm Ray S. Deering, Präsident der Firma Stevens-Duryea, die Majorität des Firmen-Konglomerats und verlagerte die Personenwagenherstellung in eines seiner Werke in Chicopee Falls, Massachusetts. Die hier gebauten Elektrowagen wurden unter der Markenbezeichnung Raulang und ab 1922 als R&L verkauft; es waren hauptsächlich Taxiwagen. Einige wurden auch mit Benzinmotoren ausgestattet. Ab 1924 gab es neben den Taxi-Landaulets nur mehr ein einziges Modell namens B-58 mit einem Vierzylinder von Buda, der 2475 Dollar kostete, und ab 1928 entstanden noch einige Mixte-Wagen mit einem Knight-Schieberventil-Benzinmotor von Willys und einem Elektromotor von General Electric.
Im Winter 1928–29 endete die Produktion des R&L. Den Karosseriebau setzte man indes fort, so produzierte man zum Beispiel Aufbauten für Ford (einen Station Wagon für das A-Modell) und für diverse Nutzfahrzeugfirmen, eine Sparte, die bis 1948 bestand. Auch die Lang Body Company gab es weiterhin, sie produzierte Lkw-Aufbauten, nach dem Kriege auch elektrisch betriebene Golfplatz- und Postlieferfahrzeuge sowie Elektrofahrzeuge für den Flughafenbetrieb. Im Jahr 1954 kam es zur Änderung des Firmennamens in Baker Industrial Trucks, nachdem die Aufzugfirma

Rauch & Lang J6 Electric Coach, 1916. Große Unterschiede zum Detroit Electric, Pope oder Woods bestanden nicht; die Coupés ähnelten einander sehr.

Otis das Unternehmen übernommen hatte. Ab 1976 fertigte man bei Baker Elektro-Gabelstapler, ein Jahr später verkaufte die Otis Elevator Corp. das Gabelstapler-Geschäft an die deutsche Kältemaschinen-Fabrik Linde AG in Wiesbaden.
siehe auch BAKER ELECTRIC

RED BUG · AUTO RED BUG (USA)

Der Name Red Bug war eine von mehreren Bezeichnungen, die der kleine, auch »Buckboard« genannte Einsitzer (was soviel wie primitiver Ziegenkarren bedeutet) aus Lafayette, Indiana, erhielt. Der Kleinstwagen war 1916 von einem A. O. Smith in der American Motor Vehicle Company nach einem Patent seines Kollegen Julius Walters entworfen worden und hatte zunächst einen Smith-Motorradmotor. Smith war auch der Konstrukteur des Smith Flyer, ein vierrädriger Karren, den ein separat montiertes, fünftes Rad mit einem 200-ccm-Zweitaktmotor antrieb.
Als die Automotive Electrical Service Co. in Newark, New Jersey, die Nachbaurechte am Smith Flyer erwarb, bekam das Fahrzeug den Namen Auto Red Bug, wurde aber nun mit einem Elektromotor versehen. Anschließend übernahm die Standard Automobile Corporation in North Bergen, New Jersey, den Bau des Red Bug und setzte ihn bis 1928 fort.

Ganz rechts: Regina Gallia Chassis, 1906.

Rechts: Regina Gallia Coupé-Landaulet, 1906.

REGINA (F)

Die Société l'Electrique in Paris baute in den Jahren 1903–1908 Autos in Wartburg- bzw. Dixi-Lizenz. Hergestellt wurden sowohl Benzin- als auch Elektromotorwagen, die unter den Markennamen Regina (Benzinmotor) und Gallia bzw. Galliette (Elektromotor) vertrieben wurden. Bei den Elektromobilen handelte es sich um Lizenzkonstruktionen aus Italien.
Die Société l'Electrique, die 1908 den Automobilbau wieder aufgab, produzierte auch Fahrräder, Motorräder und Motordreiräder.

Renault Fluence, 2010.

Gegenüberlegende Seite: Renault Scénic Hybrid, 2017.

RENAULT (F)

Die ersten um 1900 entstandenen Renault-Automobile wiesen Abmessungen auf, die sie zu idealen Stadtwagen machten: Sie waren kurz, schmal, wendig und einfach zu bedienen. Wie auch der kleine Typ 4CV, der nach dem Zweiten Weltkrieg zu einem französischen »Volks-Wagen« avancierte.
Wenn ein französischer Elektro-Stadtwagen 2018 die gleichen Parameter aufwies, handelte es sich um einen Renault Twizy. Der 2010 eingeführte Z.E. Zweisitzer (zero émission) wurde in zwei Motorisierungen angeboten. In Deutschland wurde bis Ende 2016 die offene Version nach Richtlinie 92/61/EWG wie ein »Quad« eingestuft und unterlag damit nicht den zulassungsrechtlichen Hürden für einen Pkw. Diese Richtlinie erfasste vierrädrige Leichtkraftfahrzeuge mit mehr als 45 km/h und mehr als 50 ccm bzw. mit einer Leistung von maximal 15 kW bei Elektroantrieb und einem Leergewicht (ohne Akku und Fahrer) von maximal 400 kg.
Am 1. Januar 2017 wurde in Deutschland eine gesamteuropäische Regelung geltendes Recht. Dies führte dazu, dass der Twizy in der bisherigen Form so nicht mehr verkauft werden konnte. In dieser Verordnung wurde die Grenze von 15 kW durch in der Bauartzulassung fest definierte Leistung (auch mehr als 15 kW) und Höchstgeschwindigkeit (maximal 90 km/h) ersetzt.
Das Einsteigermodell war der Twizy Urban 45 mit einer Höchstgeschwindigkeit von 45 km/h. Dessen E-Motor hatte eine maximale Leistung von 4,0 kW (5,4 PS) und ein maximales Drehmoment von 33 Nm. Die Version mit 13 kW (18

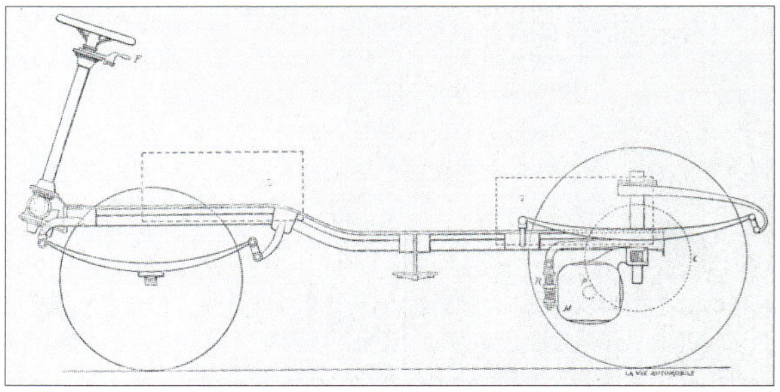

PS) starkem Drehstrom-Asynchron-Elektromotor wurde in drei Ausstattungsvarianten (Urban, Color und Technic) angeboten und hatte eine Höchstgeschwindigkeit von 80 km/h, das maximale Drehmoment liegt bei 57 Nm. Ab Juni 2013 bot Renault den Twizy auch als einsitziges Nutzfahrzeug unter dem Namen Twizy Cargo an.
Mit dem Twizy versuchte Renault, eine einzigartige umweltfreundliche Energielösung für das Leben in der Stadt auf die Räder zu stellen. In nur 3,5 Stunden kann der (98 kg wiegende) Akku an einer Haushaltssteckdose geladen werden, ihre Reichweite beträgt 120 Kilometer nach innerstädtischem Regelzyklus.
Der Twizy ist ein Elektrofahrzeug im aktuellen Programm, bei dessen Entwicklung diverse Versionen eines E-Twingo vorangegangen waren. Zu erwähnen wären der Kangoo Z.E. als leichter Lieferwagen, der als erstes Elektrofahrzeug 2012 den Titel »International Van of the Year« zuerkannt bekam, sowie der SM3 Z.E., hervorgegangen aus der Limou-

REN 110

sine Fluence Electrique. Das Auto gab sein Debüt auf der Pariser Autoausstellung 2010 und zeichnete sich durch eine erstaunliche Geräumigkeit aus.
Allen Renault-Z.E. vom Twizy bis zum Master EV Transporter ist gemein, dass die Fahrzeuge nur bei gleichzeitigem Abschluss eines Mietvertrages für die Antriebsbatterie mit der Renault Leasing verkauft werden; die Batterie bleibt somit Eigentum der Renault Bank. Der Grenzwert für die Leistungsfähigkeit der Traktionsbatterie ist mit 75 Prozent der zu Beginn vorhandenen Kapazität definiert. Danach gilt die Batterie als verschlissen und wird ausgetauscht, selbst falls sie noch funktionsfähig sein sollte.

Teurer PR-Gag für die Dauphine Renault hatte schon einmal mit einem alternativ angetriebenen Auto für Schlagzeilen gesorgt. Etoile Filante (Sternschnuppe) lautete die Bezeichnung für einen Weltrekordwagen, ein futuristisch gestyltes Coupé mit einer 270 PS starken, 28.000 Touren drehenden Gasturbine, gebaut im Auftrage der Régie Renault bei der S.N.E.C.M.A in Paris. Jean Hébert erreichte mit dem Etoile Filante auf der Piste eines der Salzseen im US-Staat Utah am 5. September 1956 eine Geschwindigkeit von 308,850 km/h.
Ein wenig sinnvoll scheinendes, dafür aber teures Unterfangen, doch dieses war in anderem Zusammenhang zu sehen: Renault hatte zur gleichen Zeit für das neue Modell Dauphine (sie war der Nachfolger des 4CV) für den US-Exportmarkt eine große Werbekampagne laufen. Der rundlich geformte Viertürer fand in- und außerhalb Frankreichs eine dankbare Käuferschaft. Heckmotor-Automobile hatten ihre große Zeit, und ihre Verfechter führten ebenso viele Argumente für dieses Konzept ins Feld wie die überzeugten Frontantriebs-Fanatiker. Doch die Dauphine schaffte es trotz Turbinenauto-PR nicht, dem Volkswagen Paroli zu bieten, zumindest nicht in Nordamerika. Nach anfänglichem Erfolg standen Tausende von Fahrzeugen auf Halde, bis der Rost sie gänzlich unverkäuflich machte, während VW nicht genug Käfer zu seinen US-Händlern schaffen konnte.

Renault EZ-Go Concept Car.

Renault Twizy an einer Ladesäule, 2017.

REVA (IND)

Von 2001 bis 2012 gab es die indische Elektroautomarke Reva. Die in Bangalore gebauten Kleinwagen basierten auf einer Konstruktion aus der Schweiz. Die Firma wurde von Mahindra & Mahindra übernommen und firmiert seither als Mahindra Reva Electric Vehicles Pvt. Ltd. Der Vertrieb der Fahrzeuge auch in Deutschland wurde im Mai 2009 von der Firma Smiles in Aub als Generalimporteur übernommen. Die Smiles AG war auch Hersteller des City-EL.
siehe auch M & M · MAHINDRA

Reva Team-Electro BHP von 2011–12. Der in Bangalore gebaute Kleinwagen basierte auf einer Konstruktion aus der Schweiz.

REVELLI (I)

Der italienische Konstrukteur Mario Revelli di Beaumont, geboren 1907, beschäftigte sich mit dem Entwurf kompakter Einvolumenkarosserien, zum Teil für die Verwendung mit Unterflurmotor. Patente erhielt er u. a. für einen von innen verstellbaren Rückspiegel (1927) und die Zentralverriegelung aller Türen (1935). 1941 baute Revelli in Turin zwei kleine Elektro-Stadtwagen, von denen der erste ein Dreiradwagen mit Kettenantrieb auf das einzelne Hinterrad war und der zweite ein Vierradwagen. Die Reichweite der Fahrzeuge betrug etwa 60 Kilometer bei einem Schnitt von 20 km/h, was sie als reine Stadtwagen für verkehrsberuhigte Zonen auswies. Die Akkus und der Motor saßen im Fahrzeugheck.
Im Frühjahr 1946 plante man die nur als Prototypen existierenden Kleinwagen in Serie herzustellen, was aber an mangelnder Finanzierung scheiterte, zumal in Italien eine andere Art von Stadtfahrzeug in den Vordergrund rückte: der Motorroller. Revelli arbeitete als Konstrukteur auch für Fiat, General Motors, Pininfarina und zuletzt für Simca.
siehe auch M & M · MAHINDRA *und* CITY-EL

RIMAC, BUGATTI-RIMAC (CRO)

Die Firma Rimac Automobili mit Sitz in Sveta Nedelja in Kroatien wurde 2009 von Mate Rimac gegründet zur Herstellung elektrischer Supersportwagen. Sein erstes Modell mit Namen Concept One galt als das weltweit schnellste serienhergestellte Elektrofahrzeug. Die Firma entwickelt und baut auch Batteriesysteme, Antriebe und komplette Fahrzeuge für andere Unternehmen. Auf dem Genfer Salon im März 2018 stellte die Firma ihr zweites Modell als C_Two vor. Das auf ihm basierende Serienmodell Nevera wurde im Juni 2021 präsentiert.

Ein von dem damals 19-jährigen Mate Rimac umgebauter BMW M3 von 1984 war der erste Prototyp. »Bei einem Rennen explodierte mir der Verbrennungsmotor, Ursache unbekannt. Deshalb habe ich beschlossen, ein Elektroauto zu bauen. Nach einem Jahr konnte das Auto fahren, aber ich war noch nicht mit dem Ergebnis zufrieden. Das Auto war schwer, nicht sehr stark und die Reichweite war sehr begrenzt. Aus diesem Grund habe ich begonnen, ein Team von Experten zu bilden, um unsere eigenen Komponenten zu entwickeln, da ich der Meinung war, dass der elektrische Antrieb im Vergleich zu dem, was auf dem Markt erhältlich ist, viel mehr geben könnte. Zu dieser Zeit hatte ich bereits eine klare Vorstellung von meinem ultimativen Ziel.«

Der Prototyp war ab 2011 mit einer Beschleunigung von 0 auf 100 km/h in 3,3 s das Elektrofahrzeug mit der schnellsten Beschleunigung in der Kategorie A, Gruppe VIII (Elektrofahrzeug) und Klasse 3 (über 1000 kg). Das »Grüne Monster« entwickelte eine Leistung von 442 kW (601 PS), ein Drehmoment von 900 Nm, erreichte 100 km/h aus dem Stillstand in 3,3 Sekunden und eine Höchstgeschwindigkeit von 280 km/h. Nach fünf weiteren Entwicklungsupdates hat der e-M3 den FIA-Rekord gebrochen und gilt bisher (2021) offiziell als das Elektrofahrzeug mit der größten Beschleunigung.

Der Rimac Concept_One ist ein zweisitziger Elektro-Sportwagen. Mit einer Leistung von 800 kW (1088 PS) und 1600 Nm Drehmoment beschleunigt er von 0 auf 100 km/h in 2,8 Sekunden und wird als erster elektrischer Supersportwagen bezeichnet, wie auch als das seit 2013 am stärksten beschleunigende Elektroauto überhaupt. Bis Oktober 2014 wurden acht Fahrzeuge verkauft.

2016 wurde in der endgültigen Version die Leistung auf 900 kW (1224 PS) verbessert und die Beschleunigung von 0 auf 100 km/h auf 2,5 Sekunden. Die Höchstgeschwindigkeit des Concept_One beträgt dabei 355 km/h.

Den Nachfolger Rimac Concept_S präsentierte Rimac auf dem Genfer Salon 2016. Er leistete maximal 1018 kW (1384 PS), das maximale Drehmoment lag bei 1800 Nm. Für die Beschleunigung von 0 auf 100 km/h brauchte der Wagen 2,5 Sekunden, auf 200 km/h 5,6 Sekunden und auf 300 km/h 13,1 Sekunden. Die Geschwindigkeit hatte man elektronisch auf 365 km/h begrenzt.

2018 zeigte Rimac in Genf das Nachfolgemodell C_Two. Von dem auf 150 Stück limitierten Fahrzeug zu einem Verkaufspreis von über einer Million Euro waren Mitte 2019 alle verkauft. Das Fahrzeug hat einen Elektromotor pro Rad, alle vier zusammen erreichen 1408 kW (1914 PS) sowie ein Drehmoment von 2300 Nm. Das Fahrzeug soll von 0 auf 100 km/h in unter 2 Sekunden beschleunigen (mit Rennbereifung) und von 0 auf 300 km/h in unter 12 Sekunden

Die Höchstgeschwindigkeit soll 412 km/h betragen. Der Lithium-Mangan-Nickel-Akku befindet sich im Mitteltunnel und hat eine Kapazität von 120 kWh, was für eine Reichweite nach NEFZ von 650 km reichen soll. Er kann in weniger als 30 Minuten von leer auf 80 Prozent geladen werden. Des Weiteren soll das Fahrzeug autonomes Fahren der Stufe 4 beherrschen. Das Serienmodell wurde schließlich Ende Mai 2021 als Rimac Nevera präsentiert.

»Bei einem Rennen explodierte mir der Verbrennungsmotor, Ursache unbekannt. Deshalb habe ich beschlossen, ein Elektroauto zu bauen.«

Mate Rimac

Der Hersteller Rimac aus Kroatien gehört zu den jüngsten Herausforderern im Segment der Supersportwagen.

Rimac-Bugatti mit je einem E-Motor pro Rad – zusammen 1400 kW leistend.

»Rimac heiratet Bugatti, Porsche ist Trauzeuge ... Die VW-Marke Bugatti muss perspektivisch weg vom CO_2-Monster mit W-16-Motor und hin zum E-Antrieb. Dabei wird der kroatische Spezialist Rimac helfen, der das elektrische Hypercar Nevera auf den Markt bringt ...«

auto, motor und sport
Juli 2021

Links: Rimac-Bugatti Nevara 2021 – ein elektromobiler Superlativ für Liebhaber, denen 300 km/h nicht genug sind ...

Rimac E-two Concept Car, 2020.

Kooperation mit Porsche Im Juni 2021 einigten sich Porsche und Rimac auf die Gründung eines Joint Venture unter Einbindung von Bugatti. Die Gründung des Gemeinschaftsunternehmens mit Hauptsitz in Zagreb war für das vierte Quartal 2021 vorgesehen. Zuvor mussten die Kartellbehörden in mehreren Ländern zustimmen. An dem Joint Venture Bugatti-Rimac halten Rimac 55 Prozent und Porsche 45 Prozent der Anteile. Außerdem ist Porsche mit 24 Prozent direkt an Rimac beteiligt. Bugatti wurde über den aktuellen Eigentümer Volkswagen in das Joint Venture eingebracht. Unter dem Dach des neuen Unternehmens sollten die Marken Bugatti und Rimac zunächst zwei Hypercar-Modelle produzieren: Den Bugatti Chiron und den rein elektrischen Rimac Nevera. Bugatti Automobiles S.A.S. blieb unter dem neuen Joint Venture weiter bestehen. Porsche nahm in dem Joint Venture eine starke Rolle als strategischer Gesellschafter ein: Oliver Blume und Lutz Meschke (stellvertretender Vorstandsvorsitzender und Vorstand für Finanzen und IT der Porsche AG) wurden Mitglieder des Aufsichtsrats von Bugatti-Rimac. Das Joint Venture hatte bei der Gründung etwa 430 Mitarbeiter: 300 am Firmensitz in Zagreb und 130 am traditionellen Bugatti-Standort in Molsheim.

RIKER (USA)

Andrew Lawrence Riker baute als Versuchsmodell ein erstes Elektro-Dreirad im Jahr 1884. In seiner vier Jahre später gegründeten Riker Electric Motor Co. in Brooklyn, New York, begann Riker mit dem Bau von Elektro-Automobilen in Serie. Auch Lastwagen von 1,0 bis 2,5 t Nutzlast und Hotel-Omnibusse wurden ab 1900 gebaut; die Motoren kamen von der Firma Overman in Chicopee Falls. Die Produktion währte jedoch nur bis 1902, als Riker selbst als Chefingenieur zum Motoren- und Pumpenhersteller Overman wechselte.

Riker Elektrowagen, 1901.

ROCHESTER ELECTRIC (USA)

In Rochester, New York, existierte um 1900 eine Rochester Electric Motor Co., von der es zwar einen Eintrag im Handelsregister gibt, aber keine Aufzeichnungen über ihre Aktivitäten. Außer dieser Firma gab es drei weitere Unternehmen, die unter der Marke Rochester Motorfahrzeuge bauten; zwei von ihnen stellten Dampfwagen her.

Mit minimalen Unterhaltskosten und hoher Zuverlässigkeit warb Riker für seine Fahrzeuge.

ROVER · ROVER-BRM (GB)

Im Jahr 1948 entstand bei Rover in England ein Versuchswagen, der die Bezeichnung Jet-1 trug und der erste Turbinenwagen der Welt war. Nachdem Rover schon während des Krieges mit Gasturbinen für den Antrieb von Flugzeugen experimentiert hatte (ein Projekt, das die Regierung dann Rolls-Royce übertrug), absolvierte der Jet-1 1950 seine ersten öffentlichen Fahrten. Die im Heck eines Personenwagens vom Typ P4 eingebaute Turbine beschleunigte das Auto auf 200 km/h. Ende Juni 1952 erfolgten mit einem verbesserten Modell Testfahrten auf einem belgischen Autobahnabschnitt bei Ostende; man kam auf 244,5 km/h. Zur Entwicklung dieser und nachfolgender Turbinenwagen gründete man 1953 die Rover Gas Turbines Ltd., in der Turbinen auch für Feuerlöschpumpen und andere Zwecke entstanden. In dieser Firma baute man 1953 auch den T3 genannten Turbinenwagen mit Vierradantrieb und einer Karosserie aus Kunststoff sowie 1961 eine T4 genannte Frontantriebs-Limousine. Konstrukteur dieser Fahrzeuge war der Ingenieur Noel Penny. Seine Wagen wiesen zwei von einander unabhängig arbeitende Turbinen auf. Ein Kompressor im Gasgenerator saugte Luft an; er wurde von der ersten Turbine angetrieben. Die zweite, regelbare Turbine trieb die Räder des Wagens an, der mit nur einem Vorwärts- und einem Rückwärtsgang ausgerüstet war.

Es war eine Sensation, als Graham Hill und Richie Ginther mit einem Rover-BRM-Turbinenwagen 1963 am Start der 24 Stunden von Le Mans erschienen. Sie waren BRM-Grand-Prix-Vertragsfahrer, fuhren jedoch außer Konkurrenz mit und erhielten einen Sonderpreis. Es erwies sich allerdings, dass die Verbrennungsturbine zu viel Kraftstoff verbrauchte, technisch zu komplex und der Wagen schwer zu beherrschen war. Das Auto wäre theoretisch auf den achten Platz gekommen, sein Durchschnittstempo hatte 172,5 km/h betragen.

Ganz links: Rover-BRM Turbinenwagen, der 1963 am 24-Stunden-Rennen von Le Mans teilnahm, hier mit Graham Hill am Steuer.

Links: Rover-BRM Rennsportcoupé in der Ausführung von 1965.

Für das Jahr 1964 wollte man einen weiteren Wagen einsetzen, der jedoch nicht rechtzeitig fertiggestellt wurde, und erst 1965 war ein neuer Rover-BRM unter den Fahrern Jackie Stewart und Graham Hill in Le Mans am Start. Dieses 145-PS-Fahrzeug trug die Bezeichnung 2 S/150/R und hatte wie sein Vorgänger ein bei der Rennwagenfirma BRM hergestelltes Fahrgestell. Die Wärmetauscher bestanden aus Keramik, gebaut wie eine Bienenwabenstruktur mit über 750.000 feinen Durchgängen. Die Verwendung von Keramik erlaubte Weißglut-Temperaturen, wie sie in der Antriebsturbine auftraten. Der Rover-BRM kam trotz einer längeren Reparatur bei diesem Rennen ebenfalls ins Ziel und wurde Zehnter in der Zweiliter-Klasse – dieses Mal in offizieller Wertung.
Fiat, Chrysler, Renault und General Motors experimentierten ebenfalls mit Gasturbinenwagen, doch auch ihre Prototypen dienten mehr der Publicity als dass sie im Personenwagenbau Akzente setzten. Das Hauptproblem blieb immer der hohe Treibstoffverbrauch. Bis 1963 hatte man den Verbrauch zwar um die Hälfte reduzieren können, so dass er sich mit dem eines herkömmlichen Alltagsautos messen ließ, und man war (nicht nur bei Rover) der Meinung, dass der Traum eines Serienautomobils mit Gasturbinenwagen sich eines Tages realisieren ließe. Aber es kam anders. Weltweit verschwand die Gasturbine aus den Schlagzeilen. Sie konnte ihre Tauglichkeit als Serienprodukt nicht unter Beweis stellen.
siehe auch Seite 33-34

ROYAL ELECTRIC (USA)

Bei dem 1904–1905 in Chicago gebauten Royal Electric handelte es sich um einen leichten Zweisitzer von der Royal Automobile Co., gegründet von Warren N. Akers, Louis B. Dailey und K. K. McLaren. Einige Fahrzeuge wurden mit Benzinmotor versehen und bekamen den Namen Princess. Den Royal Electric gab es als Viktoria und Runabout, beide mit Hebellenkung und Vollelliptikfederung. Im November 1905 war die Royal Automobile Co. bankrott.

Die VW-Golf-Testflotte der RWE, 1981.

RWE · GES (D)

1898 wurde RWE als Rheinisch-Westfälisches Elektrizitätswerk AG in Essen gegründet. Inzwischen erhielt die energiepolitische Festlegung Deutschlands zum Ausbau der erneuerbaren Energien und der CO_2-Reduktion einen entscheidenden Einfluss auf das Geschäftsmodell der RWE AG. Der Konzern gehört in den Niederlanden ebenfalls zu den führenden Energieversorgern und ist auch in anderen Märkten (z. B. Großbritannien, Belgien, Österreich, Tschechien, Türkei) vertreten.

RWE und das Elektroauto RWE reklamiert in Sachen Elektromobilität für sich eine lange Tradition. Unter dem Titel »Batteriegetriebene Elektrostraßenfahrzeuge« begann RWE 1969 mit Forschungs- und Entwicklungsarbeiten zur

Elektroautos konnte man bereits 2010 bei SIXT auch als Mietwagen im Rahmen des Projekts RWE eMobility bekommen. Erhältlich waren der Fiat Micro-Vett 500 sowie der Karabag Micro-Vett Fiorino.

Elektromobilität. RWE suchte damals intensiv nach neuen Anwendungen für Strom, um den Absatz ihres wichtigsten Produkts langfristig zu sichern.
Die Forschungs- und Entwicklungsarbeiten konzentrierten sich zunächst auf Nutzfahrzeuge. Gemeinsam mit MAN, Bosch und Varta stellte RWE als erstes Arbeitsergebnis 1970 einen elektrisch angetriebenen Omnibus mit Batterieanhänger der Öffentlichkeit vor und erprobte ihn im Liniendienst. Im April 1971 präsentierte RWE den Prototyp eines von Messerschmitt-Bölkow-Blohm (MBB) komplett neu entwickelten Elektrotransporters.

Gesellschaft für Elektromobilität RWE stieg anschließend groß in die Entwicklungsarbeit in Sachen Elektromobilität ein. Dafür gründete man zwei Unternehmen: Die Gesellschaft für elektrischen Straßenverkehr mbH (GES) entwickelte in enger Zusammenarbeit mit der Automobilindustrie weitere Elektroautos und sammelte erste Betriebserfahrungen. Die »Stromversorgung elektrisch angetriebener Kraftfahrzeuge GmbH« (SELAK) sollte ein Netz von Elektrotankstellen aufbauen. Die ersten Ergebnisse der Zusammenarbeit waren der erste elektrisch angetriebene VW-Transporter und ein von Daimler-Benz entwickelter Kleintransporter, die in kleiner Stückzahl bei RWE im täglichen Einsatz als Firmenfahrzeuge erprobt wurden.
1981 präsentierte die GES den Prototyp eines weiteren alltagstauglichen Elektro-Pkw: den City-STROMer auf der Basis eines serienmäßigen VW Golf. Die Höchstgeschwindigkeit betrug fast 100 km/h, die Tagesreichweite 60 Kilometer, mit Nachladung 100 Kilometer. Erprobt wurden die ersten 20 City-STROMer auch im Privatbetrieb.
Neben der Modifizierung von Serienfahrzeugen beschritt RWE den Weg einer kompletten Neuentwicklung. Im Auftrag des Unternehmens entwickelte der Ingenieur Erich Pöhlmann 1981–1982 ein neues, konsequent als Elektroauto ausgelegtes Auto. Karosserie, Werkstoff und Fahrzeugkomponenten des Pöhlmann EL waren vollständig auf den Elektroantrieb ausgerichtet. Das Auto erreichte eine Höchstgeschwindigkeit von 120 km/h, seine Reichweite lag zwischen 60 und 90 Kilometer.

SAMPSON (USA)

Der erstmals 1905 unter der Marke Sampson präsentierte Lastwagen wurde von der Alden-Sampson Mfg. Co. in Pittsfield, Massachusetts, gebaut und war ein 5,0-Tonner mit Kettenantrieb. Später folgten kleinere Modelle von 0,5 bis 4,0 t, teils mit Kardanantrieb.
Sampson-Nutzfahrzeuge mit 30-PS-Continental-Motor wurden bis 1912 gebaut, unter anderem auch ein sich mit 12 km/h bewegender Road Train nach europäischem Vorbild, bei welchem ein Kopffahrzeug einen großen Benzinmotor und einen Generator aufwies, der Elektromotoren in den Naben der Räder diverser Anhänger mit Energie versorgte.

SATURN (USA)

Eine Aufsehen erregende Ouvertüre als Bekenntnis zur Elektromobilität setzte General Motors 1996 bis 2002 in Szene und wählte dafür die von ihr im November 1985 eingeführte Fahrzeugmarke Saturn.
GM hatte sich den Namen des Planeten als Markenbezeichnung für eine neue und für amerikanische Vorstellungen sehr kleine Baureihe ausgesucht. Die Initiative hierzu hatten der GM-Vizepräsident Alex C. Mair sowie Joe Joseph und Tom Ankeny gehabt. Der Prototyp, dessen Abmessungen zwischen denen eines Opel Kadett und eines Ascona lagen, erhielt einen 1,6-Liter-Reihenvierzylinder mit Benzineinspritzung. Das eigens am 7. Januar 1985 in Spring Hill, Tennessee. gegründete GM-Tochterunternehmen hieß Saturn Corporation. Das dort gebaute Werk war für eine Kapazität von jährlich 120.000 Wagen geplant; in einer zweiten Ausbaustufe 1991 sollte die Zahl verdoppelt werden.
Für das Jahr 2005 plante man einen Mittelklasse-Van mit besonders reichhaltiger Ausstattung, und im Sommer 2007 erfolgte die Einführung des Opel Astra in den USA ebenfalls unter der Marke Saturn. Die nicht für Nordamerika bestimmten Fahrzeuge wurden bis 2009 im GM-Werk in Antwerpen gebaut. Doch der Marke blieb ein Außenseiterdasein beschieden; im gleichen Jahr wurde die Einstellung der GM-Marke Saturn beschlossen, unter der auch ein Elektrofahrzeug entstanden war.
Der 1996 als Saturn vorgestellte General Motors EV war ein in Serie gebautes Elektroauto, das GM als Reaktion auf ein 1990 im Bundesstaat Kalifornien erlassenes Gesetz zur Emissionssenkung entwickelt hatte. Den Elektro-Saturn konnte man aber nur mieten, nicht kaufen, und bis 2002 wurden die Autos nach und nach wieder eingezogen und größtenteils verschrottet.
Auf Betreiben des California Air Resources Board war 1990 festgelegt worden, dass bis 1998 mindestens zwei Prozent und bis 2003 zehn Prozent der im US-Bundesstaat Kalifornien neu zugelassenen Autos gänzlich emissionsfrei sein sollten. Deshalb sahen sich GM wie auch andere Autohersteller gezwungen, die Entwicklung und Erprobung von Elektrofahrzeugen voranzutreiben. GM konnte dabei auf einem von Werksingenieuren selbständig entwickelten Versuchsfahrzeug aufbauen, das als Prototyp Impact in den USA schon 1990 mit großer Medienresonanz vorgestellt worden war.
Die Vorstellung des Impact zu einer Zeit, als das California Air Resources Board (CARB) das neue Low Emission Vehicle-Programm erarbeitete, war wahrscheinlich sogar der Auslöser, warum die Forderung nach »Null-Emissions-Fahrzeugen« aufgenommen wurde. GM entwickelte aus dem Impact den Akku-elektrisch angetriebenen Saturn EV1.
Bei der Entwicklung vom Concept Car bis zum Serienfahrzeug mussten etliche Zugeständnisse gemacht und einige Änderungen vorgenommen werden. So wurden die Schlitz-Scheinwerfer und Heckleuchten gegen konventionelle Produkte ausgetauscht. Die stark profilierte Frontschürze mit den markanten doppelten Öffnungen wich einer gefälligeren Form. Das Konzept des gesamten Fahrzeugs in Tropfenform blieb aber bestehen.
Je ein E-Motor trieb die Vorderräder an. Die Akkupacks waren zentral T-förmig angeordnet. Der EV1 erreichte eine Höchstgeschwindigkeit von 129 km/h (abgeregelt), bei einer Beschleunigung von Null auf 100 km/h in unter 9 Sekunden. Die Reichweite mit voll geladenen Batterien lag bei maximal 225 Kilometern. Der Wagen verfügte über eine Vorklimatisierung bei Netzanschluss, Klimaanlage, beheizte

Saturn Green Line Vue, 2009, ganz im Auftrittsmodus typisch amerikanischen SUV-Designs gehalten.

Front- und Heckscheibe, Fensterheber, CD-Radio, zwei Airbags sowie eine spezielle akustische Fußgängerwarnung. 26 Bleiakkus in Form von 12-Volt-Blöcken mit einer Blockkapazität von 53 Ah ergaben eine Gesamtkapazität von 16,5 kWh. Die Spannung der zusammengeschalteten Blöcke betrug 312 Volt.
Insgesamt wurden 1117 Saturn EV1 gebaut, von denen rund 800 an ausgewählte Kunden abgegeben wurden. GM schloss ausschließlich Mietverträge mit den EV1-Kunden. Diese ermöglichten es dem Unternehmen, die Fahrzeuge nach Ablauf von drei Jahren zurückzurufen und zu verschrotten. Die Verschrottung aller gebauten EV1 war angeblich notwendig, da GM die langfristige Sicherheit der Fahrzeuge aufgrund fehlender Ersatzteilproduktion nicht garantieren konnte. Die Einstellung der Produktion wurde damit begründet, dass die Nachfrage zu gering sei.

SCAMMELL (GB)

Als Kutschenhersteller existierte die Scammell & Nephew Ltd. in London bereits im 19. Jahrhundert, bevor man dort um 1905 Aufbauten für Foden-Dampflastwagen anzufertigen begann und 1921 auch die Herstellung von Zugmaschinen startete. Hierfür hatte man in Watford, Hertfordshire, eine neue Fabrik errichtet. Es gab einen aufnahmefähigen Markt für die Schlepper, die 10,0, 12,0 und 15,0 t bugsieren konnten und die vor allem in Häfen und in der Industrie Verwendung fanden. Schwerste Zugmaschine war 1926 ein Gerät für einen 20,0-t-Auflieger. Sie hatte einen 7,1-Liter-Vierzylindermotor eigener Produktion sowie Kardanantrieb, doch Kettenantrieb gab es auf Wunsch ebenfalls. 1926 folgten die ersten Dreiachser, 1929 auch mit Allradantrieb.

Eine ungewöhnliche Variante kam 1925 als Neukonstruktion auf den Markt, gedacht für kleinere und mittlere Betriebe. Der Scammell Auto-Van hatte einen Dreizylinder-Sternmotor mit Vorderradantrieb und war für maximal 2,5 t ausgelegt. Doch dieses Fahrzeug blieb ein Außenseiter; mehr Bedeutung hatten die immer größeren »articulated trucks«, wie die Zugmaschinen genannt wurden und die 1929 bei einer Schlepplast von 100 Tonnen angelangt waren. Den bisher verwendeten Benzinmotor löste 1931 ein Gardner-Diesel ab. Für Aufsehen sorgte aber auch das 1933 präsentierte »mechanical horse«. Hierbei handelte es sich um eine Dreirad-Zugmaschine für 3,0 t mit Benzin-, Diesel- oder auch Elektromotor.

SCHEELE (D)

Einer der ersten deutschen Hersteller von Elektro-Nutzfahrzeugen in größerer Stückzahl war Heinrich Scheele in Köln-Lindenthal. 1899 stellte er sein erstes Elektromobil vor, das es in verschiedenen Ausführungen und auch als Lieferwagen gab. Das ab 1906 nach Fusion mit der Allgemeinen Betriebsaktiengesellschaft für Motorfahrzeuge A.B.A.M. als Kölner Elektromobil-Gesellschaft Heinrich Scheele firmierende Unternehmen war aus einer Wagenbauerei hervorgegangen. Ihre Fahrzeuge trugen zeitweise auch das Kürzel KEW für Kölner Electromobil Werke. Verwendet wurden Radnabenmotoren von Schuckert oder Geist (bis 1909 ebenfalls Hersteller von Elektrofahrzeugen). Nach England exportierte Fahrzeuge trugen die Markenbezeichnung Imprimis. Die ausschließlich Lastwagen und Kommunalfahrzeuge bis 5,0 t herstellende Firma bestand bis 1925.

Scheele Ambulanzfahrzeug von 1903.

»Ich will mit allem Fleiße dafür sorgen, dass meine Schrift in jedem Monat besser wird. Nur Fleiß und Ausdauer führen stets zum Ziel.«

Eintrag im Schönschreibheft des 13-jährigen Sigmund Schuckert

SCHUCKERT · SIEMENS-SCHUCKERT (D)

1905 begannen die im Jahr 1903 gegründeten Siemens-Schuckert Werke GmbH am Nonnendamm bei Berlin mit dem Bau einer zusätzlichen Fabrik; sie bekam den Namen Automobilwerk Nonnendamm. Der Komplex erhielt später die Bezeichnung Siemensstadt.
Hier entstanden von 1906 bis 1910 Personenwagen sowie Nutzfahrzeuge der unterschiedlichsten Konzeption. Vorrangig waren es Elektrofahrzeuge, bei denen der 3,1 kW leistende Motor in der Fahrzeugmitte unterhalb des Wagenbodens saß. Je nach Drehzahl – zwischen 600 und 1200 Touren – ließen sich Geschwindigkeiten zwischen 15 und 30 km/h erzielen, für eine Kraftdroschke im Berliner Innenstadtverkehr ausreichend. Die Akkumulatoren (insgesamt 44 Zellen, 145 A/h) befanden sich in einem Trog unter einer Haube vor der Spritzwand und wogen 450 kg. »Das Laden der Batterie soll mit 30 Ampere erfolgen und nimmt etwa fünfeinhalb bis sechs Stunden in Anspruch«, hieß es in der Fahrzeugbeschreibung. Das Berliner Stadtnetz hatte damals eine Spannung von 110 Volt. »Eine Ladung reicht für

Herausheben der Akkus bei einem Siemens-Schuckert Elektrowagen per Flaschenzug, 1909.

80 bis 100 km Fahrstrecke. Die Stromkosten pro Kilometer betragen nur 3,2 Pfennig bei 16 Pfennig pro Kilowattstunde.« Gebaut wurden auch Lieferwagen, Lastwagen bis zu 20,0 t Gesamtgewicht sowie Omnibusse mit 16 Plätzen. Für den Briefsammeldienst der Post wurden spezielle Elektro-Dreiräder gefertigt. Feuerwehr- und Ambulanzfahrzeuge baute man ebenfalls.
Siemens lieferte an das Berliner Droschkengewerbe Hunderte von Fahrzeugen und stellte ab 1907 auch zahlreiche mit gemischtem, also benzin-elektrischem Antrieb sowie solche nur mit Benzinmotor her.
Die 6/10 PS Vierzylindermotoren bezog man anfangs von der Firma Körting. Für die Armee entstanden 15,0-t-Lastzüge ebenfalls im Mixte-System (wie auch bei Austro-Daimler praktiziert), deren Kopfmaschine einen Benzinmotor von 70 PS aufwies; die mit eigenem Antrieb ausgestatteten Anhänger zu je 3,0 t Nutzlast hatten je zwei vom Kopfwagen aus gespeiste Elektromotoren, die über ein doppeltes Vorgelege auf die Hinterräder wirkten. Die Anhänger besaßen eine Deichsel, damit sie bei Bedarf auch von Pferden gezogen werden konnten.
Der Bedarf an Elektrofahrzeugen nahm indes bald ab, und auch andere Fertigungssparten im Hause Siemens benötigten immer mehr Benzinmotoren, was dazu führte, selbst Verbrennungsmotoren zu bauen.
Um auch die Fertigung von Benzinmotorwagen auf eine breitere Grundlage zu stellen, übernahm Siemens-Schuckert im Herbst des Jahres 1908 die Motorenfabrik Protos in Berlin-Reinickendorf. Die Markenbezeichnung Siemens-Schuckert blieb den weiterhin hergestellten Elektrofahrzeugen vorbehalten, während die 1900 entstandene Marke Protos ebenfalls ihre Identität behielt. Unter der Markenbezeichnung Siemens-Schuckert wurde 1908 noch ein Übergangsmodell als 6/12 PS gebaut, dessen Vertrieb über die Firma Loeb & Co (LUC) lief.
Siemens-Schuckert produzierte auch in den 1930er Jahren noch kleine Elektrowagen wie den PF 2002 für Industriebetriebe und Bahnhöfe, der als 2,0-Tonner 1934 bis 1939 gebaut wurde; seine Motorleistung betrug 4 kW. Vergasermotoren für Fremdkunden (z. B. Rumpler) wurden bei der seit 1847 zu Siemens gehörenden Firma Siemens & Halske (S&H) produziert. Auch Flugmotoren stellte Siemens & Halske seit 1912 her; dieser Bereich ging 1926 in das eigenständige Siemens-Flugmotorenwerk in Berlin-Spandau über und wurde 1933 Teil einer neuen Siemens Apparate und Maschinen GmbH (SAM). 1936 stieg der Konzern aus dem Verbrennungsmotorenbau aus. Mit 187.000 Beschäftigten war Siemens 1939 größter Elektrokonzern der Welt.

Siemens-Schuckert Victoria Typ B, 1906.

Knapp 50 Millionen Euro gab das Umweltministerium für verschiedene Teststrecken 2017 bis 2019 aus, allein 15 Millionen davon für den e-Highway-Abschnitt auf der A5, um den Betrieb von Lastwagen mit Oberleitung-Stromzufuhr zu erproben.

SCHÜTZE (D)

Auch die Gießerei und Maschinenfabrik Oggersheim, Inhaber Paul Schütze, im pfälzischen Oggersheim bei Ludwigshafen gehörte bereits vor der Jahrhundertwende zu den Herstellern von Lastwagen mit Batteriebetrieb. Die Wurzeln der Gesellschaft liegen in einer 1825 gegründeten Salmiakfabrik, die später auch den Maschinenbau aufnahm. Am 12. November 1906 wurde die Gesellschaft als Gießerei und Maschinenfabrik Oggersheim Paul Schütze & Co. AG neu gegründet. Zweck des Unternehmens war die Anfertigung und der Vertrieb von Gussstücken, elektrischen Apparaten, Maschinen und Materialien aller Art. Das Polytechnische Journal veröffentlichte über ein Exemplar des Elektro-Lkw, das 1899 auf der Berliner Motorwagenausstellung zu sehen war, eine ausführliche Beschreibung obenstehenden Wortlauts, die einen guten Einblick in die Fahrzeugtechnik jener Zeit gewährt. Wie viele Elektrolastwagen von der Firma Schütze hergestellt wurden und wann die Fertigung endete, ist nicht zu ermitteln.

»... bei zweimaligem Laden der Batterie pro Tag ist eine Last von 100 Zentner zweimal 30 Kilometer zu befördern.«

»Die treibende Kraft dieses schweren Wagens liefert ein Elektromotor, welcher von Akkumulatoren mit dem notwendigen Strom gespeist wird. Der Wagen besteht im wesentlichen aus dem lenkbaren Vordergestell und der Pritsche (Plattform), deren Längsträger als Hohlräume ausgebildet sind und so einen sicheren und geschützten Raum für die Akkumulatoren bietet. Letztere sind nach Abnahme eines wasserdichten Holzdeckels von oben sofort zugänglich und man kann ohne Mühe stets die einzelnen Verbindungen der Zellen u.s.w. beobachten. Diese Art der Unterbringung der Batterien ermöglicht es, dem Wagen eine schöne Form zu geben, was durch untergehängte Kästen u.s.w. niemals erreicht werden kann.

Schütze Elektrolastwagen, 1899.

Die Pritsche ist an ihrem hinteren Teil auf Federn gelagert, welche direkt mit der Achse und den Rädern verbunden sind, während der vordere Teil desselben auf dem lenkbaren Vorderradgestell aufliegt, dessen Räder ebenfalls gefedert sind. Die Verbindung der Wagenplattform mit dem Vorderradgestell ist durch einen Spurzapfen mit Kugellager hergestellt, und diese Art der Konstruktion gestattet, das Vorderradgestell leicht in jede gewünschte Lage zu bringen, was vom Sitze des Wagenführers aus mittels des Steuer- oder Lenkrades geschieht. Dadurch, dass die Vorderräder die getriebenen sind und in jede schräge Lage zur Längswagenachse gebracht werden können, ist man im Stande, die kleinsten Kurven zu durchfahren und im Bogen gleich dem Radstande zu wenden. Ferner sind im Vorderradgestell der Elektromotor und das von diesem getriebene Planetenradgetriebe eingebaut, wodurch beide Teile staubdicht abgeschlossen sind. Die Kraft wird durch die geteilte Welle des Planetenradgetriebes einzeln durch Ketten auf jedes der beiden vorderen Laufräder übertragen. Die Inbetriebsetzung des Wagens geschieht durch einen Anlasser (Kontroller), welcher seinen Platz links vom Sitze des Führers hat, und von diesem durch einfaches Drehen an einer Kurbel betätigt wird. An dem Anlasser ist eine Skala angebracht, welche die zum Vorwärtsfahren, Retourfahren und Anhalten nötigen Marken enthält. Durch günstige Verteilung des Gewichtes auf die Vorderräder ist die nötige Reibung auf der Erde und die dadurch bedingte hohe Zugkraft vorhanden, so dass selbst bei nassem, schlechtem Boden oder Schnee der Wagen sicher anzieht.
Mit einer Ladung der Batterie kann man einen Weg von etwa 32 km zurücklegen, je nach Zustand der Strasse mehr oder weniger. Sehr gut läuft der Wagen auf Steinpflaster und eignet sich daher vorzüglich für den Stadtverkehr. Er kann ohne vorherige Manipulationen direkt gefahren werden, was den großen Vorteil hat, dass jeder gewöhnliche Wagenlenker in kurzer Zeit im stände ist, selbstthätig den Wagen zu führen, da keinerlei feine Mechanismen oder sonstige empfindliche Teile vorhanden sind.
Die Betriebskosten sind sehr gering und stellt sich z. B. bei einem Wagen für 100 Zentner Tragfähigkeit und für 35 km Weg, die Ladung nach Berliner Normen gerechnet, d.h. die Kilometerstunde zu 0,16 Mark, auf etwa 3,50 Mark, was für den Kilometer etwa 11 Pfennig ausmacht. Erzeugt man elektrischen Strom selbst, d. h. besitzt man eine Dynamo- und eine Dampfmaschine und ladet die Akkumulatoren selbst, so reduziert sich der Preis um die Hälfte.
Es dürfte interessieren, die Unkosten, welche die Anschaffung des elektrisch betriebenen Lastwagens von 100 Zentner Tragfähigkeit, die jährliche Ausgabe für den Betrieb dieses Wagens erheischt, denjenigen eines gewöhnlichen mit Pferden bespannten Lastwagens gegenüber gestellt zu sehen. Mit dem Motorlastwagen der Gießerei und Maschinenfabrik Oggersheim von Paul Schütze ist man im Stande, bei zweimaligem Laden der Batterie pro Tag eine Last von 100 Zentner zweimal 30 Kilometer zu befördern«.

SCOTT (USA)

Die Brüder Semple und Ashley Scott bauten in der St. Louis Electric Automobile Co. in St. Louis, Missouri, 1898 einen Elektro-Omnibus mit Platz für acht Fahrgäste. Betriebsleiter war Andrew Lee Dyke, der unter seinem Namen selbst Automobile produziert hatte und auch als Händler und Autor aktiv gewesen war. 1899 folgte ein elektrisch angetriebener Runabout, an dessen Vorbereitung zur Serienherstellung sich ein Investor namens Todd K. Cooper beteiligte; es kam im September 1900 zur Gründung der Scott & Cooper Manufacturing Co., die bis Ende 1901 existierte und nach dem Tode Ashley Scotts (er war in einen Fahrstuhlschacht gestürzt) in einer anderen, von Semple Scott mit Charles Drummond gegründeten Scott Automobile Co. aufging und die bis 1903 ebenfalls Elektro-Buggys anbot. Es gab noch zwei weitere Unternehmen, die unter der Marke Scott (Benzin-)Motorwagen anboten, sowie den berühmten Zweitakt-Motorradhersteller Alfred Angus Scott in Yorkshire, die aber alle mit der Firma in St. Louis nichts zu tun hatten.

SEAT (E)
Auf dem Genfer Salon Ende Februar 2018 gab Seat bekannt, dass Mitte 2019 – und damit ein halbes Jahr vor dem VW Golf 8 – der neue Seat Leon an den Start gehen sollte. Mit dem Modellwechsel, so wurde angekündigt, wird es den Spanier erstmals auch mit Hybridtechnik geben. Zwei Versionen sind geplant: Zuerst kommt ein Plug-in-Hybrid mit Golf-GTE-Technik, ein Mild-Hybrid-Benziner mit 48-Volt-Bordnetz sollte später nachgereicht werden. Gut ein Jahr nach dem Start plante Seat außerdem eine rein elektrische Version zu produzieren.

SEBRING-VANGUARD (USA)
Von 1972 bis 1978 produzierte die in Sebring, Florida, ansässige Sebring Vanguard, Inc. Kleinwagen mit elektrischem 3,5-PS-Motor, Rohrrahmen und einer keilförmigen Karosserie. Als Citi Car und Citi Car Vanguard kamen die 2,37 m kurzen Fahrzeuge auch nach Deutschland. Sie hatten eine Reichweite von 80 Kilometern, ihre Batterien ließen sich in zwölf Stunden nachladen. Importeur war die Sebring Vanguard GmbH in Frankfurt am Main.

SIEMENS (D)
siehe SCHUCKERT · SIEMENS-SCHUCKERT

SIG (CH)
Die Schweizerische Industrie-Gesellschaft (SIG) war 1853 in Neuhausen am Rheinfall als Waffenfabrik gegründet worden und nahm später auch die Herstellung von Eisenbahnmaterial, Drehgestellen für Bahnwaggons und vieler anderer Produkte auf. 1933 baute SIG die ersten Elektro-Nutzfahrzeuge. Diese Wagen waren zunächst für innerbetriebliche Gütertransporte konzipiert. Kurz darauf entstanden aus den einfachen Plattformwagen Fahrzeuge mit Hebebühnen, mit denen das Be- und Entladen von Waren aus Last- und Güterwagen vereinfacht und beschleunigt werden konnte. 1937 stellte SIG ein erstes straßentaugliches Elektromobil vor, einen EL 1500 genannten Lieferwagen für 1,5 t Nutzlast. Als Frontlenker bot man die 2,5- und 4,0-Tonner auch nach dem Kriege an, ferner einen Elektrowagen ELM 500 als Milchlieferungsfahrzeug. Auch die Schweizerische Post (PTT) gehörte ab 1939 zu den SIG-Kunden. Elektrowagen fanden infolge Benzinknappheit gerade in den Kriegsjahren weite Verbreitung. 1953 wurde deren Produktion eingestellt, als man die Fertigung von Industriefahrzeugen wie Hubstapler, Stollenlokomotiven usw. aufnahm.

Oben: Seat Leone Plug-in-Hybrid, 2018.

Oben links: Seat Elektro-Concept Car, 2011.

Sileo Elektrobus S10, 2017.

SILEO (D)
Die 1989 in Wolfenbüttel gegründete Sileo GmbH, heute in Salzgitter und zur deutsch-türkischen Bozankaya-Unternehmensgruppe gehörend, hat sich auf die Entwicklung von elektrischen Antrieben für Fahrzeuge im öffentlichen Nahverkehr spezialisiert. Es wurden dort verschiedene Modelle für alle im ÖPNV üblichen Fahrzeuggrößen (Midi- bis Gelenkbus) entwickelt. Hohe Reichweiten werden mit überdurchschnittlichen Rekuperationsraten erzielt: Rund 75 Prozent der abgerufenen kinetischen Energie wird in die Akkus zurückgespeist. Sileo garantiert Fahrstrecken von 350 bis 400 Kilometer.

SILVERTOWN (GB)

Die Silvertown Co. als Tochterfirma der India Rubber, Gutta-Percha & Telegraph Works Ltd. in Silvertown, einem Stadtteil Londons, bot von 1905 bis etwa 1910 Elektrofahrzeuge mit Karosserien von der W. & F. Thorn Ltd. an. Einige Fahrzeuge hatten Vierradantrieb durch die Verwendung von je einem Motor pro Achse.

SIG Lieferwagen, 1949.

Rechts: Sinclair C5 Elektromobil, 1985.

SINCLAIR I (GB)

Von 1899 bis 1902 stellte die Londoner Firma E. H. Clift & Co. kleinere Automobile unter dem Markennamen Sinclair her. Es handelte sich um elektrisch betriebene Wagen (Clift Victoria genannt) und auch solche mit Benzinmotor im Fahrzeugheck, letztere mit 5, 7 und 10 PS.

SINCLAIR II (GB)

Sir Clive Sinclair, Teilhaber der Computerfirma Sinclair Research in Cambridge, gründete 1983 ein weiteres Unternehmen, um das Projekt eines dreirädrigen Elektrofahrzeugs zu realisieren. Als Prototyp entstand ein C5 genannter Einsitzer mit einem von Lotus konstruierten Chassis, für dessen Anfertigung mehr als 8 Millionen Pfund Sterling aufgewendet worden waren und der im Januar 1985 der Presse vorgestellt wurde. Für den Fall, dass die Energie des 12-Volt-Akkus vorzeitig erschöpft war, gab es Pedale, um nicht stehen bleiben zu müssen. Es hieß, ein Viersitzer sei ebenfalls in Vorbereitung. Zu dessen Serienfertigung kam es indessen nicht, die Firma wurde im November 1985 gelöscht.

Der 2017 vorgestellte Sion Elektrowagen nutzt durch 330 Solarzellen auf dem Dach, auf der Fronthaube und an den Seitenflächen die Kraft des Sonnenlichts zum Laden seiner Akkus.

SION (D)

Der 2017 vorgestellte Sion aus München ist ein Elektromobil der anderen Art. Durch insgesamt 330 Solarzellen auf dem Dach, auf der Fronthaube und an den Seitenflächen nutzt der Sion zusätzlich die Kraft der Sonne, sofern sie scheint, zur Aufladung seiner Akkus. Sein 81 kW (109 PS) starker Motor bringt ihn auf eine Höchstgeschwindigkeit von 140 km/h, und ohne die Sonnenstromzufuhr hat er eine Reichweite von 250 Kilometern. Sonnenschein erweitert den Radius um weitere 50 Kilometer. Die Limousine vermag aber auch Strom an andere E-Fahrzeuge abzugeben und fungiert somit als mobile Stromquelle für elektrische Geräte. Auch ein System zur Bremsenergie-Rückgewinnung (Rekuperation) führt Energie in den Akku zurück. Im Prototyp der Firma Sono Motors steckte vier Jahre Entwicklungszeit. Ab Mitte 2019 wird der Sion in kleiner Serie hergestellt, wurde aber anfangs nur in der Schweiz angeboten.

SKODA (CS, CZ)

Die Skoda-Werke in Pilsen motorisierten in Zusammenarbeit mit Austro-Daimler im Ersten Weltkrieg die österreichisch-ungarische Armee mit Artillerie-Zugmaschinen, die seit 1905 auch als Hybridwagen mit Radnabenmotoren und großem Vierzylinder-Vergasermotoren gebaut und weiterentwickelt wurden.

Hybridfahrzeuge entstanden bei Skoda erst wieder in jüngerer Zeit. Im Februar 2018 kündigte das seit Mai 2000 zur Gänze der Volkswagen-Gruppe angehörende Unternehmen als »zentralen Eckpfeiler der Marken-Strategie 2025« einen Serienwagen an, der nach dem Kodiaq und dem Karoq der dritte SUV der Marke im stark wachsenden Segment der hochbeinigen «Softroader» sein sollte. Skoda nannte den durch die Studie Vision X vorweggenommenen SUV »Urban Crossover«, womit zum Ausdruck kam, dass der Wagen weder als Geländeauto noch als Reiselimousine positioniert werden sollte. Vielmehr stellte er neben dem kompakten Octavia und dem kleineren Fabia eine dritte Alternative im Kompaktwagensegment dar.

Beim Vision X sprach Skoda von einer Hybridstudie, nannte aber keine weiteren Details zum Antrieb. Doch bestätigte der Hersteller, dass er bis 2025 »neben rein elektrisch angetriebenen Automobilen auch Plug-in-Hybrid-Fahrzeuge im Programm haben« werde. Dann sollte jedes vierte weltweit ausgelieferte Automobil der Marke Skoda über einen Plug-in-Hybrid- oder einen reinen Elektroantrieb verfügen, teilte der tschechische Autobauer mit.

SLABY-BERINGER · S.B. (D)

Rudolf Slaby (1887–1953) wurde 1919 an der Technischen Hochschule Hannover promoviert; sein Vater Adolf Slaby war Professor an der TH Berlin; er gilt als einer der Protagonisten der drahtlosen Telegraphie in Deutschland und war 1903 Mitgründer der Firma Telefunken. Sie und ihre Nachfolgeunternehmen stellten Rundfunk-Sende- und

Empfangsgeräte her. Mehr als 20.000 Patente wurden dem Unternehmen im Verlauf seiner Existenz erteilt, das später auch entscheidend an der Entwicklung der Radartechnik und des Fernsehens beteiligt war. Wie sein Vater war Rudolf Slaby ein erfinderischer Geist und mit hoher technischer Begabung ausgestattet. Schon als Student hatte er einen etwa 60 PS leistenden Flugzeugmotor konstruiert.
Gemeinsam mit dem Kaufmann Hermann Beringer gründete Slaby Ende 1919 in Spandau bei Berlin eine Firma zur Herstellung kleiner Motorfahrzeuge, wie sie damals en vogue waren und als Cyclecars bezeichnet wurden. Vorher hatte Slaby bei den Bergmann Elektrizitätswerken, bei Daimler sowie bei der N.A.G. gearbeitet und in der Fahrzeugkonstruktion Erfahrungen sammeln können.
Slaby und Beringer betrachteten ihre Fahrzeuge aber nicht als Behelf für eine Zeit, in der es für »richtige« Autos – zumindest im Nachkriegs-Deutschland – keine Perspektive zu geben schien. Sie glaubten an ein Wiederaufleben der deutschen Autoindustrie, die vor Kriegsbeginn einen Höhepunkt zu verzeichnen gehabt hatte, sahen aber auch Verkehrsinfarkte in Großstädten voraus und waren davon überzeugt, dass kleine, wenig Verkehrsraum beanspruchende Fahrzeuge ausreichen müssten, den Erfordernissen der individuellen Mobilität zu genügen.
Für einen von ihnen konstruierten Einsitzer sahen sie Elektroantrieb als ideal an. Sie entwickelten auch Elektrokarren für den Warentransport. Eine zweisitzige Ausführung folgte 1921; einen Passagier konnte man aber auch in einem kleinen Einachs-Anhänger mitnehmen, was eine sechsrädrige Einheit ergab. Der Antrieb erfolgte durch einen 1,5 kW leistenden Motor, der über eine Kette das rechte Hinterrad antrieb. Mit seinen zwei 12-Volt-Batterien besaß der S.B. eine Reichweite von 60 Kilometern bei 25 km/h im Schnitt.
Der in selbsttragender Bauweise ausgeführte Aufbau mit starren Achsen und Querblattfederung bestand weitgehend aus Sperrholz mit einem Eschenholzrahmen; gelenkt wurde durch einen Steuerknüppel, später mit einem Lenkrad. Die Fußbremse wirkte auf die Zwischenwelle zur Kette, die Handbremse war eine Klotzbremse, gegen die hinteren Radreifen drückend. Die Höchstgeschwindigkeit betrug etwa 40 km/h. Doch so schnell unterwegs zu sein, empfahl sich nicht, schon in Anbetracht der schwachen Wirkung der Bremsen.
1924 musste die S.B. Automobilgesellschaft jedoch Konkurs anmelden. Die Firma hatte aus Japan – wo es in Osaka sogar eine S.B.-Vertretung gab, die German Electric Cyclecar Company – eine Bestellung über 500 Fahrzeuge herein-

S.B.-Kleinstwagen gab es in verschiedenen Ausführungen mit Elektroantrieb oder einem kleinen DKW-Zweitakt-Einzylinder.

Gelenkt wurde der S.B. mittels eines an der linken Bordwand herausragenden Hebels.

genommen, von denen 100 auch gebaut und geliefert, aber infolge des Erdbebens vom September 1923 in Yokohama (143.000 Tote) nie bezahlt wurden …
Etwa 1000 Fahrzeuge waren insgesamt hergestellt worden, mit Elektroantrieb aber nur 257. Die übrigen wiesen einen kleinen Zweitaktmotor auf. Der Betrieb wurde von Jørgen Skafte Rasmussen übernommen, Gründer der Motorrad-Marke DKW. Er hielt seit 1921 eine Beteiligung an S.B. und richtete in Spandau, nachdem er auch die benachbarten Deutschen Werke (ehemals ein Rüstungsbetrieb) gekauft hatte, ein Automobil-Zweigwerk seiner Zschopauer Firma ein, dessen Leitung er Rudolf Slaby übertrug. An Rasmussens Erfolg mit Kleinwagen der Marke DKW war Slaby maßgeblich beteiligt.

SLATTERY (USA)

Zu den frühesten in den USA gebauten Elektromobilen gehört das vom Ingenieur M. M. Slattery in Fort Wayne, IN. 1898 konstruierte Fahrzeug mit einem Fahrradlenker und einem 13-Zellen-Akku unterhalb vom Sitz. Das Dreirad hatte Slattery für seinen persönlichen Gebrauch in seiner Fabrik angefertigt, die Stromgeneratoren herstellte.

SMART (D)

Der Name Smart kam über Swatch-Mercedes-Art zustande. Das ursprünglich vom Uhrenhersteller Nicholas Hayek konzipierte Swatch-Auto sollte die Automobilwelt revolutionieren, hieß es in den frühen 1990er Jahren. Nicholas Georg Hayek, geboren in Beirut, aufgewachsen im Libanon, in Frankreich und in der Schweiz, war Besitzer von einem Dutzend Uhrenfabriken mit 16.000 Beschäftigten. Und wie die billige Swatch-Armbanduhr sollte auch das Swatchmobil ein Konsumartikel sein, preiswert, praktisch und vor allem kompakt, mit Platz für zwei Personen und zwei Kästen Bier – ein City-Coupé.

Smart Fortwo ED (electric drive) 2018. Sein Nachfolger, so war geplant, sollte bei Geely in China hergestellt werden.

Blick in den Motorraum des Smart Fortwo ED.

Im Juni 2019 gab die Daimler AG bekannt, dass ab 2020 kein Smart mehr mit Verbrennungsmotor gebaut werden sollte. Nur noch in China gefertigte Elektro-Smarts werde man anbieten. Den Verkauf in USA und Kanada stellte man 2019 bereits ein.

Mercedes-Benz interessierte sich für das Konzept und entwickelte das Auto bis zur Produktionsreife. Seine Grundstruktur bestand aus kurzen Deformationswegen um einen festen Metallrahmen-Rohbau, der Tridion-Sicherheitszelle. Die zwischen den Achsen verlaufende Sandwich-Plattform hob den Fahrgastraum über die Stoßebene eines eventuellen Unfallgegners. Effektive Knautschzonen im Front- und Heckbereich, zwei Fullsize-Airbags, Gurtstraffer und zahlreiche weitere konstruktive Merkmale hoben die passive Sicherheit des Smart auf ein in diesem Segment unerreichtes Niveau.
Eine besondere Smart-Qualität bestand in den vielfältigen Möglichkeiten, den Wagen der individuellen Lebensart seiner Besitzer anzupassen. Alle nichttragenden Karosserieanbauteile ließen sich ebenso leicht gegen andersfarbige Body Panels austauschen wie einzelne Funktionselemente im Interieur. Für den Antrieb des Smart standen zunächst vier Unterflurmotoren zur Diskussion: ein Dreizylinder-Benziner, ein Turbodiesel, ein Diesel-Elektro-Hybrid und ein reiner Elektromotor. Höchstgeschwindigkeit für alle: 130 km/h. Als Produktionsort war eine neue Fabrik in Hambach in Lothringen vorgesehen; später sprach man von Smartville. Die gemeinsam von Daimler-Benz und SMH (Hayek) gegründete MCC (Micro Compact Car AG) hatte ihren Verwaltungssitz in Renningen bei Böblingen und rechnete mit einem jährlichen Absatz von 200.000 Stück. Erste Prototypen entstanden 1993, doch die Weltpremiere des Smart erfolgte im September 1997 auf der IAA in Frankfurt am Main. Zur Markteinführung gab es ihn in drei Ausstattungsvarianten sowie in einer auf 5000 Exemplare limitierten Sonderserie »limited 1«.
Der Anteil der Fertigungsumfänge, die von Zulieferern kamen, war höher als bei anderen Herstellern. Man hatte den Systemlieferanten Betriebsstätten direkt auf dem Fabrikgelände zur Verfügung gestellt, sie produzierten dort und lieferten komplette Module wie ganze Türen unmittelbar ans Band und bauten sie dort zum Teil auch selbst ein. Damit minimierte die MCC ihre eigenen Investitionen.
Der Isetta-Nachfahr kam zunächst mit einem 55 PS starken 0,6-Liter-Turbomotor auf den Markt. Mit drei Zylindern, Doppelzündung und Ladeluftkühlung hatte man ein kompaktes, laufruhiges sowie sparsames und emissionsarmes Aggregat entwickelt. Der zweisitzigen Ausführung »Fortwo« wurden 2004 ein »Forfour« und ein Roadster zur Seite gestellt; beide Modelle werden jedoch seit 2006 nicht mehr gebaut. Eine neue Smart-Zweisitzer- und eine Viersitzerversion werden ab 2014 in Slowenien hergestellt, inzwischen in Zusammenarbeit mit Renault.
Ab Oktober 2007 wurde ein Modell namens Smart fortwo micro hybrid drive produziert, in welchem ein riemengetriebener Starter-Generator (rSG) als Start-Stop-System fungierte. Die schon lange geplante und ab Ende 2009 gebaute reine Elektroversion ED hatte einen 30-kW-Motor. Die Reichweite betrug 115 Kilometer, wobei zunächst ein Natrium-Nickelchlorid-Hochtemperatur-Akkumulator eingesetzt wurde. Die aktuelle Version hat einen Lithium-Ionen Akku mit einer Kapazität von 16,5 kWh. Die Spitzengeschwindigkeit betrug 112 Kilometer pro Stunde, der Energiebedarf lag bei 12 kWh/100 km. Der Smart ED wurde zunächst ausschließlich im E-Mobility Berlin genannten Flottenversuch (Leihwagen) in Zusammenarbeit mit RWE

eingesetzt. In London wurden in einem Großversuch ebenfalls 100 Smart mit Elektroantrieb getestet, erst 2012 begann der Verkauf. 2018 wurden angeboten: Smart fortwo, Smart fortwo Cabrio und Smart forfour, alle auch als Elektroversion – reine E-Stadtautos, die mit verschiedenen Ladegeräten zum Aufpreis verkauft werden.
Aus wirtschaftlichen Erwägungen und mit Rücksicht auf ihren Anteilseigner Geely International sollten künftig, so gab die Daimler AG im April 2019 bekannt, alle Smart-Modelle in China hergestellt werden, und es würden ausschließlich Elektrofahrzeuge sein. Geely bedeutet soviel wie »Glück verheißende Automobile« und ist der Name eines seit 1998 exisitierenden und stark expanierenden Auto- und Motorradherstellers mit Sitz in Hangzhou.

SMITH · W&E (GB, USA)

Die W & E Electric Vehicles in Shropshire und Shrewsbury gehört zum englischen Elektromobilhersteller Smiths Electric Vehicles Ltd. Co. mit Sitz in Gateshead-on-Tyne und war bis 1961 ein Teil der Ringtons Holdings. Unter der Bezeichnung W&E (Wales & Edwards Ltd.) waren die ersten Elektrofahrzeuge 1945 entstanden. Es waren zunächst die in

England typischen Lieferwagen für Milch und Lebensmittel, die an der Haustür verkauft wurden. Später entstanden Fahrzeuge für den Industrieverkehr sowie solche, die auf Flugplätzen eingesetzt wurden, ferner Ambulanzwagen. Lieferwagen und Kommunalfahrzeuge. 1961 wurde die Firma von Kennings Motors übernommen, eine der größten Autohandelsfirmen in England, die den Bau der W&E »milk floats« bis in die 1990er Jahre fortsetzte. 2004 erwarb die Tanfield Group in Kansas City, USA, die SEV Group, den Eigner von Smith Electric Vehicles. Hergestellt wurde jetzt ein Van namens Edison, basierend auf dem Ford Transit, als Kastenwagen, als Fahrgestell für beliebige Aufbauten und als Minibus mit 10 bis 16 Sitzen. Das Gesamtgewicht des Modells Edison beträgt 3,5 bis 4,6 Tonnen, als Zuladung sind 800 bis 2100 kg möglich, die Reichweite beträgt bis 160 Kilometer. Das Modell Newton ist ein 7,5- bis 10,0-Tonner, basierend auf dem tschechischen Avia-Lkw mit verschiedenen Radständen, während das Modell Faraday ein Paketzustellfahrzeug mit 7,5 Tonnen Gesamtgewicht ist.

SOFRAVEL (F)

1948–1949 stellte die Société Française de voitures electriques Kleinwagen sowohl mit Elektroantrieb als auch mit einem 150-ccm-Einzylindermotor und Motorrad-Ratschenschaltung unter dem Namen Sofravel Coccinelle vor. Es waren primitive, offene Viersitzer von 2,70 m Länge mit 10-Zoll-Rädern, Seilzugbremsen und Kettenantrieb auf die Hinterräder.

SOLARIS (PL)

Die Solaris Bus & Coach S.A. ist ein polnischer Straßenbahn-Gelenkwagen-, Trolleybus- und Omnibushersteller, der aus dem Neoplan-Lizenznehmer Neoplan Polska hervorgegangen ist. Das Unternehmen wurde 1994 unter dem Namen Neoplan Polska als Vertriebsbüro in Familienbesitz gegründet. Im September 2011 wurde der Prototyp des Stadtbusses mit elektrischem Antrieb Solaris Urbino electric vorgestellt. Ein Jahr später wurde während der IAA Nutzfahrzeuge 2012 in Hannover der Elektrobus in 12-Meter-Ausführung präsentiert. Solaris-E-Busse verkehren inzwischen in 26 Ländern.

SOLEC (CH)

Die Solec Solar- und Elektromobil AG in Zollikofen (Brand-Gruppe, Bern) stellte 1989 ein Solar-Elektroautomobil namens Solec Sulky Solar mit 100 Solarzellen auf dem Fahrzeugdach vor. Es gab eine zwei- und eine viersitzige Version, wobei die Reichweite 50 Kilometer und bei Sonne ca. 15 Prozent mehr betrug. Die Höchstgeschwindigkeit lag bei rund 40 km/h. Die Lenkung des Fahrzeugs erfolgte mittels einer elektronischen Impulssteuerung mit Rückwärtsgang und Nutzbremsmöglichkeit, auch gab es ein eingebautes 220-Volt-Ladegerät (»on-board«). Der Solec Sulky Solar kostete rund 16.900 Schweizer Franken. 1990 folgte die Version Solec Riva mit höherer Reichweite und 60 km/h Höchstgeschwindigkeit.

SOVEL (F)

Die Société des Véhicules Electriques in Villeurbane, Lyon (Sovel), baute von 1925 bis 1946 und anschließend unter der Bezeichnung Société Sovel Elektrofahrzeuge für den Kurzstreckenverkehr, Müllwagen und auch Omnibusse. Die ersten Fahrzeuge waren mit zwei Motoren der Firma Jacquet Frères versehen, je einer für eines der beiden Hinterräder. Nach 1945 entstanden auch kleine Transportfahrzeuge für den internen Werksverkehr. Eine große Zahl Sovel Transwatt genannter Fahrzeuge hatte die französische Staatsbahn SNCF in Diensten. Der Nutzfahrzeug-Karosse-

»In ganz Nordamerika werden wir zunehmend batterie-elektrische Omnibusse einführen. Wir sind der weltweit erste Hersteller, der auf seine Eisen-Phosphat-Akkus 12 Jahre Garantie gewährt.«

Macy Neshati, BYD Senior Vice President, Truck Division, am 1. Februar 2018 in Los Angeles

Ganz links: Solaris Urbino Neoplan Elektrobus, 2012.

Links: Sovel Elektrolastwagen einer Brauerei, 1940.

1946 veröffentlichtes Inserat für Sovel Elektrolastwagen.

riebau spielte bei Sovel eine ebenso große Rolle, zahlreiche Aufbauten entstanden für Hersteller wie Berliet, Latil, Renault und andere. 1973 wurde Sovel von Saviem übernommen.

SPECIALITY (USA)

Der im Juni 1898 in Cincinnati, Ohio, präsentierte Elektrowagen namens Speciality war ein Kutschencoupé mit erhöhtem Bock für den Fahrzeuglenker und angetriebenen

Still Elektrolastwagen einer Molkerei, 1950.

Vorderrädern, die sehr viel größer als die Hinterräder waren. Die Speciality Carriage Co. vermarktete die Fahrzeuge nicht selbst, dies übernahm eine Electric Vehicle Co. in New York, die etwa 100 Stück verkaufen konnte. Die Zusammenarbeit währte dennoch nur kurz, denn die New Yorker nahmen den Elektrowagenbau in eigener Regie auf und der Kutschenbauer in Cincinnati beschränkte sich wieder auf die Fertigung von Pferdewagen.
siehe auch ELECTRIC CARRIER

SPIJKSTAAL (NL)

Bei der Spijkstaal Elektro B.V. handelt es sich um ein niederländisches Unternehmen, das kleine Elektronutzfahrzeuge herstellt. Es wurde 1938 gegründet; in der Anfangszeit wurden hauptsächlich Fahrzeuge für die Auslieferung von Milch sowie Verkaufswagen gebaut. Die in der gleichnamigen Stadt ansässige Firma produziert seit 2015 jährlich rund 500 Fahrzeuge; die Produktpalette reicht von kleinen Transportfahrzeugen, die in Fabriken eingesetzt werden, bis zu kleinen Bussen. Gemeinsam mit dem italienischen Unternehmen BredaMenarinibus entwickelte Spijkstaal einen elektrisch angetriebenen Bus namens ZEUS (Zero Emission Urban System) für 32 Fahrgäste, dessen Batteriekapazität für einen Betrieb von vier bis fünf Stunden ausreicht.

SPOOK (USA)

Der von einer Firma namens Dynamic Developments in Pasadena, Kalifornien, 1968 präsentierte Spook Elektro-Kleinwagen wies einen 36-Volt-Gleichstrommotor und Kettenantrieb zur Hinterachse auf. Die Karosserie bestand aus Kunststoff und saß auf einem Stahlrohrrahmen. Die Spur des Spook verlor sich...

STANDARD G.E. (USA)

Im September 1909 wurde in Philadelphia, Pennsylvania, die Standard Gas Electric Power Co. zur Produktion von Personen- und Lastwagen mit benzin-elektrischem Antrieb gegründet. Initiator war Samuel S. Eveland, Präsident der Standard Roller Bearing Company. Der den Elektromotor des Standard G.E. (Gas Electric) genannten Wagens antreibende Benzinmotor war ein 3,7-Liter-Vierzylinder mit 28 PS. Bereits Anfang 1910 wurde die Produktion wieder eingestellt; die Fahrzeuge erwiesen sich als nicht ausgereift und waren obendrein zu teuer.

STEINMETZ (USA)

Bei der Steinmetz Electric Motor Car Co. in Baltimore, Maryland, entstanden in den Jahren 1922–1923 einige Elektrofahrzeuge. Charles (Karl) Prometus Steinmetz, geboren 1865, war nach seinem Ingenieurstudium in Breslau aus Deutschland ausgewandert; er hatte zunächst bei General Electric gearbeitet und auch einige Erfindungen gemacht. Seine Wagen wurden bei der Thorne Machine Tool Co. in Syracuse, New York, komplettiert. Charles Steinmetz war auch Professor am privaten New Yorker Union College, das ihm zu Ehren einem Trakt den Namen Steinmetz Hall gab, und erlangte für seine Leistungen als Physiker viel Anerkennung. Er verstarb am 16. Oktober 1923 in Schenectady, New York.

STELA (F)

Von 1941 bis 1948 produzierte die Firma Véhicules Electriques Stéla in Villeurbanne, Lyon, kleine Elektroautomobile, von denen die meisten Lieferwagen waren. Der Stéla RCA 42 allerdings war ein viertüriger Personenwagen mit fünf Plätzen. Nach dem Kriege setzte man die Produktion kleiner Lieferwagen bis zum Jahr 1948 fort.

STELLA (CH)

Der von 1904 bis 1906 von der Compagnie d'Industrie Electrique et Mécanique in Genf gebaute CIEM wurde anschließend unter der Markenbezeichnung Stella weitergebaut, jetzt aber nicht mehr mit benzin-elektrischem Antrieb. Den Stella gab es als 6/12 CV Zweizylinder mit 2285 ccm sowie als 16/24 CV Vierzylinder mit 4562 ccm Hubraum. Es wurden auch rein elektrisch angetriebene Lastwagen hergestellt. 1913 endete die defizitär gewordene Produktion. Etwa 200 Wagen hat es unter der Marke Stella gegeben.

STIGLER (I)

Die Officine Meccaniche Stigler SA in Turin brachte 1921–1925 einige elektrisch angetriebene zwei- bzw. viersitzige Kleinfahrzeuge und Lieferwagen heraus, unter deren Fronthaube sich die Akkus befanden. Bei einem Schnitt von 35 km/h reichte deren Kapazität für etwa 100 Kilometer.

STILL (D)

Ende 1946 begann man bei der 1920 in Hamburg entstandenen Motorenfabrik Still mit der Herstellung von Dreirad-Gabelstaplern und vierrädrigen Elektrowagen. 1950 präsentierte Still einen 1,5-t-Elektrolastwagen, der eine Reichweite von 70 Kilometern besaß und vor allem von Kommunalbetrieben gekauft wurde. Der Still EWL 1500 unterschied sich durch sein modernes Design von allen anderen damaligen Elektrotransportern.
1951 erwarb die Varta Batterie AG eine Beteiligung an der Hans Still AG, aus der 1965 eine GmbH wurde. Still-Elektromotoren wurden auch für die Installation im Tempo Matador 1,0 und 1,4 t angeboten, die Motorleistung betrug 5,5 kW. Die Produktion, vor allem auch an Gabelstaplern, nahm beachtliche Dimensionen an; 1966 wurde das 30.000. Elektrofahrzeug ausgeliefert. Still gliederte 1968 den Elektromaschinenbereich aus und widmete sich anschließend zusammen mit der Maschinenfabrik Esslingen ausschließlich dem Flurfördergeschäft. 1969 kam es zu einer 50-Prozent-Beteiligung durch die Daimler-Benz AG.
In den 1970er Jahren umfasste das Still-Programm neben Gabel-, Nieder- und Hochhubwagen mit Elektro- und auch Dieselmotoren diverse Stapler für Lasten bis 45,0 t, Elektroschlepper bis 15,0 t, Dieselschlepper bis 35,0 t und Elektro-Plattformwagen von 15,0 bis 45,0 t.
1973 wurde das Unternehmen an die Linde AG in Wiesbaden verkauft und firmierte ab 1976 wieder als Still GmbH. Tochtergesellschaften entstanden in Belgien, Dänemark, Frankreich, Großbritannien, Italien, in den Niederlanden, Österreich, Spanien und in der Schweiz. Mit einem Programm moderner Schlepper bis zu 20,0 t mit Fahrerkabine und Hybridantrieb für den innerbetrieblichen Transportbereich startete Still ins 21. Jahrhundert, und die Anwendungen umfassten eine große Vielfalt durch Kranaufbauten, Isolierbehälter, Winden, Schüttgutbehälter und Krankenwagen-Aufbauten.

ST. LOUIS ELECTRIC (USA)

Zu Beginn des 20. Jahrhunderts etablierte sich der erfolgreiche Geschäftsmann Andrew Lee Dyke im Automobilgeschäft; er gründete 1899 in St. Louis, Missouri, die St. Louis Electric Automobile Co. und produzierte Elektroautomobile, denen Fahrzeuge mit Benzinmotor folgten. Dyke avancierte zu einer prominenten Persönlichkeit in der Branche und gab auch die ersten Teilekataloge in den USA sowie umfangreiche technische Schriften heraus, die wir heute als Reparaturanleitungen bezeichnen würden.
siehe auch unter DYKE

STOLL (D)

Der Dresdner Wagenbauer Carl Stoll zählt mit Werner v. Siemens zu den Pionieren des Oberleitungs-Bussystems. 1902 ließ er zwischen dem nördlichen Stadtrand von Dresden und Klotzsche eine Trolleybuslinie einrichten. Die fünf von ihm konzipierten und im eigenen Betrieb angefertigten Fahrzeuge waren eine Art Sattelschlepper: Das vierrädrige Zugfahrzeug mit dem Fahrersitz und der elektrischen Ausrüstung – sie stammte von der AEG in Berlin – hatte eine lenkbare Vorderachse und eine von zwei Elektromotoren von je 11 kW angetriebene starre Hinterachse. Der Omnibusaufbau für die Fahrgäste lag mit seinem vorderen Teil drehbar auf dem Zugwagen auf und hatte hinten eine feste Achse mit großen Laufrädern. Im Winter konnten auf die Triebräder sogenannte Eisreifen aufgezogen und die Achse des Wagenkastens durch Kufen ersetzt werden. An eine Kupplung des Triebwagens ließ sich ein weiterer Wagen anhängen, der auch für den Gütertransport Verwendung fand. Das an der 550-Volt-Oberleitung entlang gleitende Kontaktwägelchen wurde nicht angetrieben, sondern lief auf zwei 30 Zentimeter voneinander entfernt gespannten Fahrdrähten. Um einen ruhigen Lauf zu sichern, war im Schwerpunkt eine 60 Zentimeter lange Stange angebracht, an deren unterem Ende sich eine Stahlkugel befand.
Für die Stromabnahme besaßen die Fahrzeuge an der linken Ecke des Führerstandes eine Stange, durch welche die Kabel vom Stromabnehmer zum Wagen geführt wurden. Begegneten sich zwei Fahrzeuge auf der Strecke, so wurden während eines kurzen Haltes die Zuleitungen der Kontaktpaare ausgetauscht. Dadurch konnten überall Wagenbegegnungen stattfinden, obwohl nur eine Oberleitung für

Nachdem die Regierung Russlands ihren Auftrag für den Bau einer Oberleitungs-Busline in St. Petersburg storniert hatte, geriet Stoll in Bedrängnis; er hatte das Projekt mithilfe fremder Geldgeber vorfinanziert. Der ruinierte Unternehmer beging Selbstmord.

Stoll-Cedes Omnibus System Lohner mit Radnabenmotoren in den Vorderrädern, Gmünd (Österreich), 1905.

beide Fahrtrichtungen vorhanden war. Letztendlich aber bewährte sich das Stoll-Konzept nicht, insbesondere das Sattelschlepperprinzip erwies sich als wenig praktikabel. Die von Stoll in Dresden eingerichtete Trolleybuslinie bestand bis 1907.
Nach dem Tode Carl Stolls vervollkommnete sein Sohn Hans-Ludwig die Konstruktionen seines Vaters zusammen mit Austro-Daimler in Wiener-Neustadt und der Hofwagenfabrik Jacob Lohner. Daimler war dabei für die Motoren und die elektrischen Ausrüstungen zuständig, Lohner stellte die Wagenkästen her. Das fortentwickelte Patent wurde in Anlehnung an das beteiligte Unternehmen Austro-Daimler System Elektro-Daimler-Stoll genannt. Vermarktet wurde es jedoch unter der französischen Bezeichnung System Mercédès-Électrique-Stoll, und in Großbritannien arbeitete Stoll mit dem Unternehmen Cedes Electric Traction Ltd. in Stamford Hill zusammen; dort wurde das neue Prinzip als

System Cedes-Stoll angeboten. Zur Anwendung kam es erstmals ab Juli 1907 in der österreichischen Stadt Gmünd, ferner wurde das System 1908 auf der Exposition Internationale des Applications de l'Électricité in Marseille der Öffentlichkeit vorgestellt, dort existierte von April bis November eine etwa 800 Meter lange Versuchsstrecke mit Fahrgastbeförderung.

STORMS · AMERICAN BEAUTY (USA)

Den 1915–1916 in Detroit hergestellten Storms Electric gab es als Zwei- und als Dreisitzer, der auch unter der Bezeichnung American Beauty verkauft wurde. Der Wagen war eine Konstruktion von William E. Storms, der im September 1914 auch das Mercury-Werk in Detroit übernahm und dort Cyclecars, ebenfalls mit Elektroantrieb, herstellte.

STORY (NL)

Der während der Besatzungszeit 1940–1941 in s'Gravenhage gebaute Elektro-Dreiradwagen namens Story entstand beim ehemaligen Studebaker-Importeur IAM. Der Zweisitzer mit Textilverdeck hatte einen 1,0-kW-Elektromotor, der das linke Hinterrad antrieb, und war knapp 30 km/h schnell. Infolge der herrschenden Materialknappheit konnten nicht mehr als 75 Fahrzeuge gebaut werden, wenngleich die Nachfrage groß war, denn das Benutzen von Privatfahrzeugen mit Verbrennungsmotor unterlag während der Kriegsjahre in den Niederlanden strikten Einschränkungen.

StreetScooter Lebensmitteltransporter, 2018.

StreetScooter Kommunalfahrzeug der Stadtwerke Halle/Saale.

STREETSCOOTER (D)

Die aus der Deutschen Post hervorgegangene DHL Group betreibt mit ihren selbst entwickelten und in Eigenregie produzierten StreetScooter-Fahrzeugen sowie rund 10.500 E-Bikes und E-Trikes die größte Elektroflotte in Deutschland. Mittelfristig, so hatte das Unternehmen 2017 verlautbart, möchte DHL »im Interesse der Umwelt und der Kunden« seine gesamte Brief- und Paketzustellflotte durch Elektrofahrzeuge ersetzen, die mit Strom aus regenerativen Energien betrieben werden. Die Initiative hierzu ging von Achim Kampker und Günther Schuh aus, die im Juni 2010 die Street Scooter GmbH (im August 2014 Umfirmierung in StreetScooter GmbH) gründeten, eine privatwirtschaftlich organisierte Forschungsinitiative an der Technischen Hochschule Aachen. Zusammen mit 80 mittelständischen Unternehmen und zahlreichen Forschungseinrichtungen konzipierte man hier ein Elektrofahrzeug für den Kurzstreckenverkehr.
Die Forschungsinitiative hat sich mittlerweile zu einem eigenständigen Unternehmen entwickelt. Nachdem ein Versuch, mit Volkswagen ins Geschäft zu kommen, gescheitert war, wurde im Mai 2011 das »Concept Zeitgeist« der Öffentlichkeit ohne Industrie-Backing vorgestellt, im Herbst folgte der erste Prototyp des StreetScooter Compact auf der IAA. Ihm folgte die Fahrzeugversion Work. 2012 gründete Kampker den gemeinnützigen Verein Netzwerk für bezahlbare und nachhaltige Elektromobilität.
Bereits 2014 fertigten etwa 100 Mitarbeiter auf dem Gelände der Waggonfabrik Talbot in Aachen 200 Fahrzeuge. Geplant war eine Vertriebs-Kooperation mit Ford in Köln. Im Mai 2014 wurde bekannt, dass die Stadt und die Region Aachen und die Städtische Sparkasse Elektrofahrzeuge des Unternehmens bestellt haben. Im Dezember 2014 übernahm dann die Deutsche Post AG das Unternehmen und gab im April 2016 bekannt, mit der Serienfertigung des StreetScooter Work zu beginnen. Das 1460 bis 1695 kg schwere Modell (fünf Ausführungen waren geplant) verträgt eine Zuladung von 585 bis 950 kg. Für den Antrieb ist ein von Bosch entwickelter Asynchronmotor mit einer Leistung von 48 kW zuständig. Der Lithium-Ionen-Akku hat eine Kapazität von 20,6 kW, damit soll der StreetScooter je nach Version 100 bis 200 Kilometer weit kommen. Allerdings wurde im Dezember 2017 Kritik von Zustellern und Betriebsräten bekannt, nach der die bisher ausgelieferten Fahrzeuge im Alltagsbetrieb in den Wintermonaten die Praxisanforderungen der DHL nicht vollständig zu erfüllen imstande seien. Insbesondere die elektrische Heizung verkürze die Reichweite auf 70 Kilometer, wodurch Betriebsabläufe beeinträchtigt würden. Diese Beeinträchtigung wurde von der DHL jedoch nicht bestätigt.
Anfang 2018 war den Medien zu entnehmen, dass die Deutsche Post DHL Group und die Alphabet Fuhrparkmanagement GmbH (ein Tochterunternehmen der BMW Group) den Verkauf des StreetScooter auch an Drittkunden aufgenommen habe. Beide Unternehmen wollten die Verbreitung der Lieferfahrzeuge bei Firmenkunden fördern.
Neben der batterieelektrischen Version beabsichtigte man auch eine Variante mit Brennstoffzellenantrieb herauszubringen, entwickelt in Zusammenarbeit mit Ingenieuren der Technischen Hochschule Aachen. Der Brennstoffzellen-StreetScooter sollte über eine Reichweite bis zu 500 Kilometer verfügen und bei der Post auf den Mittelstrecken zwischen den Ballungszentren eingesetzt werden. Doch

2020 stellte DHL die batterieelektrischen Fahrzeuge wieder außer Dienst: Dem permanenten Stop-and-Go (gefordert 800-mal am Tag) erwiesen sie sich als nicht gewachsen, auch hatte es zu viele technische Pannen gegeben.

STRONG & ROGERS (USA)

Nur zwei Jahre lang existierte die 1901 in Cleveland, Ohio, gegründete Marke Strong & Rogers Electric. Die Fahrzeuge hatten einen 40-Zellen-Akku unter der Sitzbank und einen im eigenen Hause hergestellten 2,0-kW-Motor an der Hinterachse, der über eine direkte Verbindung das rechte Hinterrad antrieb. Die qualitativ hochwertigen, teuren und reich verzierten Fahrzeuge fanden durchaus ihre Abnehmer, doch als Lewis Rogers aus gesundheitlichen Gründen aus dem Geschäft ausstieg, vermochte Edwin Strong den Betrieb ohne finanzielles Backing nicht weiterzuführen und gab auf.

STUDEBAKER (USA)

Die aus einer Firma für Kutschenbau hervorgegangene Studebaker Corp. in South Bend, Indiana, begann im Januar 1902 mit der Herstellung von Elektromobilen mit Westinghouse-Motoren und Kettenantrieb; angeboten wurden offene Ein-, Zwei- und Viersitzer sowie Nutzfahrzeuge. Es gab die elektrischen 1,0- bis 5,0-Tonner wie die Personenwagen bis Mitte 1912. Ab 1906 hat man auch viersitzige Elektro-Coupés angeboten. Die leichteren Modelle standen auf dünnen Stahlspeichenrädern, die größeren hatten Holzfelgen, beide Versionen vollgummibereift. Es waren nicht weniger als 28 verschiedene Ausführungen erhältlich; insgesamt wurden in der zehnjährigen Produktionszeit 1841

Fahrzeuge verkauft. Studebakers Werbeaussage lautete: »Unsere Wagen können an jedem Tag des ganzen Jahres gefahren werden – von jedem Mitglied der Familie!«
Alle nachfolgenden, bis 1964 hergestellten Fahrzeuge der einst sehr populären amerikanischen Marke Studebaker wiesen Verbrennungsmotoren auf.

STURGES (USA)

Ein 1890 von William Morrison, Inhaber von 87 Patenten, übernommenes Elektrofahrzeug wurde unter Harold Sturges' Namen zum Start im *Chicago Times-Herald* Contest gemeldet. Morrison dürfte der erste gewesen sein, der in den Vereinigten Staaten ein wirklich taugliches Elektromobil gebaut hatte. Es war 1888 in Des Moines, Iowa, als vierrädriges Fahrzeug mit einem 4 PS leistenden Motor entstanden, der von 14 Batteriezellen unter den Sitzen gespeist wurde. Die Teilnahme am *Chicago Times-Herald* Contest, dem ersten Autorennen in den USA, wäre für den Batteriefabrikanten Sturges von großem Werbewert gewesen – doch er gehörte zu jenen Fahrern, die wegen schlechten Wetters nicht antraten. Einige weitere Modelle wurden anschließend auch unter der Marke Sturges verkauft.
siehe auch MORRISON

Anzeige für Studebaker Elektrofahrzeuge, 1904.

SUNDANCER (USA)

Beim Sundancer handelte es sich um einen Versuchswagen, den der Rennwagen-Konstrukteur und Batteriefabrikant Bob McKee entwarf. Das zweisitzige GT-Coupé besaß eine Karosserie aus Kunststoff ohne Türen, das Dach wurde zum Einstieg angehoben und geschwenkt. Als Antrieb diente ein 8-PS-Elektromotor. Mit voll geladenen Akkus konnte das Coupé eine Strecke von etwa 180 Kilometer zurücklegen. Bereits 1975 hatte McKee in seiner McKee Engineering Corp. einen ähnlichen Elektrowagen gebaut, ferner 1968 den Howmet Turbinenwagen. McKees Firma wurde 1978 von der Globe-Union Inc. in Milwaukee, Wisconsin, übernommen. Es entstanden weitere Prototypen, ehe McKee zur Firma Guanci Automobiles Inc. in Woodstock, Illinois, ging und dort Sportwagen zu entwickeln begann.

Suzuki Swift Mild-Hybrid von 2018. Der Hybridantrieb unterstützt beim Beschleunigen, rein elektrisch fahren kann man nicht.

SUZUKI (J)

Suzuki war nach Toyota und Honda der dritte japanische Hersteller, der ein Serienfahrzeug mit Hybridantrieb entwickelte, auf den Markt brachte und in größeren Stückzahlen an Endkunden verkaufte. Der ab Januar 2003 gebaute Suzuki Twin ist das erste und bisher einzige K-Car (so bezeichnet man in Japan Microcars) mit Hybridantrieb und das kleinste bisher angebotene Hybridmodell. Er gilt damit als Demonstration der Möglichkeiten zur Verkleinerung der Hybridtechnik. Der zweisitzige Suzuki Twin hatte die Abmessungen von 274 cm Länge und 148 cm Breite. Hybrid- bzw. Mild-Hybrid-Versionen gängiger Großserienwagen – z. B. Suzuki Swift, Balero und Ignis – wurden ab 2017 sukzessive ebenfalls eingeführt.

SYNNESTVEDT (USA)

In den Jahren 1904–1908 entstanden bei der Synnestvedt Machine Co. in Pittsburgh, Pennsylvania, Fahrzeuge mit Lenkradsteuerung, Vollgummireifen und einem 6-kW-Elektromotor, der über eine Kette die Hinterachse antrieb. Motor und Kraftübertragung hatte Paul Synnestvedt bereits 1893 entwickelt; die Konstruktion wies Details auf, die sich der Firmengründer hatte patentieren lassen.
Den Synnestvedt gab es anfangs als zweisitzigen Stanhope, die meisten Fahrzeuge wurden anschließend als Lieferwagen, einige auch als Omnibus gebaut. Sie erreichten eine Geschwindigkeit von etwa 30 km/h und hatten einen Aktionsradius von 50 Meilen (80 Kilometer). In der Werbung hieß es, ein Synnestvedt könne Steigungen nehmen, die mit einem Benzinmotorwagen nicht zu schaffen seien.

TAKEOKA (J)

Die 1981 gegründete Takeoka Auto Craft Co. präsentierte 1990 einen kleinen Zweisitzer mit 49-ccm-Motor – der kleinste in Japan hergestellte Personenwagen. 1997 erschien er in etwas modifizierter Form und hieß Rookie. Es gab auch eine Ausführung als Elektromobil, 1998 unter dem Namen Takeoka Abbey vorgestellt; der Wagen besaß entfernte Ähnlichkeit mit der BMW Isetta.

TALBOT (D)

In der 1838 in Aachen gegründeten Waggonfabrik Talbot, der im Laufe ihres Daseins mehr als eintausend Patente zuerkannt wurden, begann man 1925 auch mit der Herstellung von Omnibussen. Auf Mercedes-Benz-Lkw-Chassis entstanden im Verlauf der 1930er Jahre auch aerodynamische Busse, die im Linienverkehr auf dem neuen Autobahnnetz zum Einsatz kamen. 1939 bestellte die Reichspost 18 solcher Stromlinien-Omnibusse, wobei auch Fahrgestelle von Henschel und Magirus-Deutz verwendet wurden.

In Berlin hergestellte Talbot Elektrolastwagen, gezeigt auf der Wiener Herbstmesse im September 1940.

Rechts oben: Restauriertes Tama Elektroauto E 4 S-47.

Rechts unten: Tata Tigor Elektro-Pkw, 2017.

Ein anderer Zweig der Familie hatte in Berlin 1937 die Firma Richard Talbot, Spezialfabrik für Elektro-Fahrzeuge GmbH gegründet, die Elektrowagen mit dem Markennamen Talbot herstellte. Sie fanden bei Elektrizitätswerken und Kommunalbetrieben Einsatz. Auch das Berliner Unternehmen griff auf Fahrgestelle anderer Hersteller zurück, die man mit einem speziellen Elektrotriebsatz versah; produziert wurden Lieferwagen von 0,5 bis 2,5 t Nutzlast sowie kleinere Elektrokarren. Der 2,5-t-Typ besaß einen Hauptschlussmotor, der bei 1000 U/min 8 kW erzeugte (das Fahrgestell kam vermutlich von Borgward aus Bremen). Bei Richard Talbot rüstete man im Kundenauftrag auch Benzinfahrzeuge auf Akkubetrieb um.

1940 entstand ferner eine Zugmaschine mit der Bezeichnung TF 5 mit zwei 5,5 kW-Doppelkollektor-Motoren, die von einer 80-Volt-Batterie versorgt wurden. Nach dem Zweiten Weltkrieg entstanden aus verbliebenen Komponenten noch einige Zugmaschinen, auch baute man einen Elektrokarren EK 2000, den es bis 1949 gab. Talbot produzierte in Berlin auch Straßenbahnwagen und Aufbauten für Lastwagen und Omnibusse. Das Friedrichshagener Werk – in der Sowjetischen Zone Deutschlands gelegen – wurde verstaatlicht (»volkseigen«) und anderen Fabrikationszwecken zugeführt, während der Aachener Betrieb 1995 von der kanadischen Bombardier-Gruppe übernommen wurde. Als Talbot GmbH & Co. KG war das Unternehmen noch im 21. Jahrhundert auf den Bau von ein- und doppelstöckigen Personenzug-Bahnwaggons spezialisiert. Eine weitere Unternehmung der Familie war die Berliner Roman Talbot GmbH (ErTee), die u. a. Autozubehör herstellte.

siehe auch STREETSCOOTER

TAMA (J)

Im Herbst 1947 begann die Tokyo Electric Motorcar Co. in Tachikawa, ein Zweig der ehemaligen und von den Amerikanern nach dem Kriege in kleine Betriebe aufgeteilten Tachikawa Aircraft Co., mit der Herstellung von kleinen Elektrowagen, die unter dem Markennamen Tama vertrieben wurden. Der Tama E 4 S-47 mit seinem 3,7-kW-Motor war eines der ersten Fahrzeuge, die nach 1945 in Japan produziert wurden und wies eine zweitürige Karosserie mit vier

Plätzen auf. 1948 folgten zwei neue Modelle mit Namen Junior und Senior; letzterer hatte einen 5,5-PS-Motor und bot fünf Personen Platz.

Ab 1949 firmierte der Hersteller als Tama Electric Motorcar Co.; dort erstellte man auch den Prototyp eines großen Viertürers mit Benzinmotor, der zu Ehren des japanischen Kronprinzen Akihito den Namen Prince erhielt. Ende 1951 wurde das Unternehmen in die neu gegründete Prince Motor Co. (PMC) überführt.

TATA (IND)

Die 1954 gegründete Tata Engineering & Locomotive Co. (TELCO) mit Sitz in Jamshedpur begann 1955 mit der Montage von Mercedes-Benz-Nutzfahrzeugen; erster Tata war ein dem L3500 entsprechender 3,5-Tonner, Die Montageproduktion ging 1969 bis 1971 in eine Fertigung eigener Konstruktionen über, wobei noch zahlreiche Mercedes-Komponenten Verwendung fanden. Tata-Lastwagen und Omnibusse wurden auch in zahlreiche andere Staaten Asiens exportiert. Tata Motors gehört seit den 1990er Jahren zu den bedeutendsten Industrieunternehmen Indiens und besitzt seit 2008 auch die britische Firma Jaguar-Land Rover. Im Dezember 2017 stellte Tata seinen ersten serienreifen Elektro-Pkw in Gestalt des viertürigen Tigor EV Frontlenkers vor, dessen Entwicklung im Rahmen eines staatlichen Entwicklungsprogramms (EESL) erfolgte. Eine erste Baureihe von 10.000 Exemplaren in den drei Komfortausführungen Base, Premium und High war für Ende des Jahres 2018 geplant.

Tata Magical Iris Elektro-Kleinwagen, 2017.

TAZZARI (I)

Der Tazzari Zero EM1 wurde 2008 als zweisitziges Elektroauto vorgestellt. Das in Imola in kleiner Serie gebaute Fahrzeug mit einem Rahmen aus Aluminiumguss hatte einen Motor mit einer Leistung von 15 kW (20 PS) und einem maximalen Drehmoment von 150 Nm. Der im 542 kg schweren Wagen verwendete Lithium-Ionen-Akku wies eine Kapazität von 12,3 kWh auf und bot damit bis zu 140 Kilometer Reichweite. Der Vortrieb des Fahrzeugs ließ sich in vier Stufen (Race, Rain, Standard, Economy) regeln. Der Motor befand sich in der Wagenmitte und trieb die Hinterräder an. Mit einem 230-Volt-Ladegerät im Fahrzeug und einer Ladeleistung von 1,8 kW konnten die Batterien in ca. neun Stunden aufgeladen werden. Schnellladung war möglich.
siehe auch MICROLINO

Tazzari Zero EM1, 2015.

TEMPELHOF (D)

Von der Berliner Motorwagen-Fabrik 1904 bis 1906 verwendete Bezeichnung für leichte Nutzfahrzeuge, die es wahlweise mit Elektromotor gab.
siehe auch B.E.F.

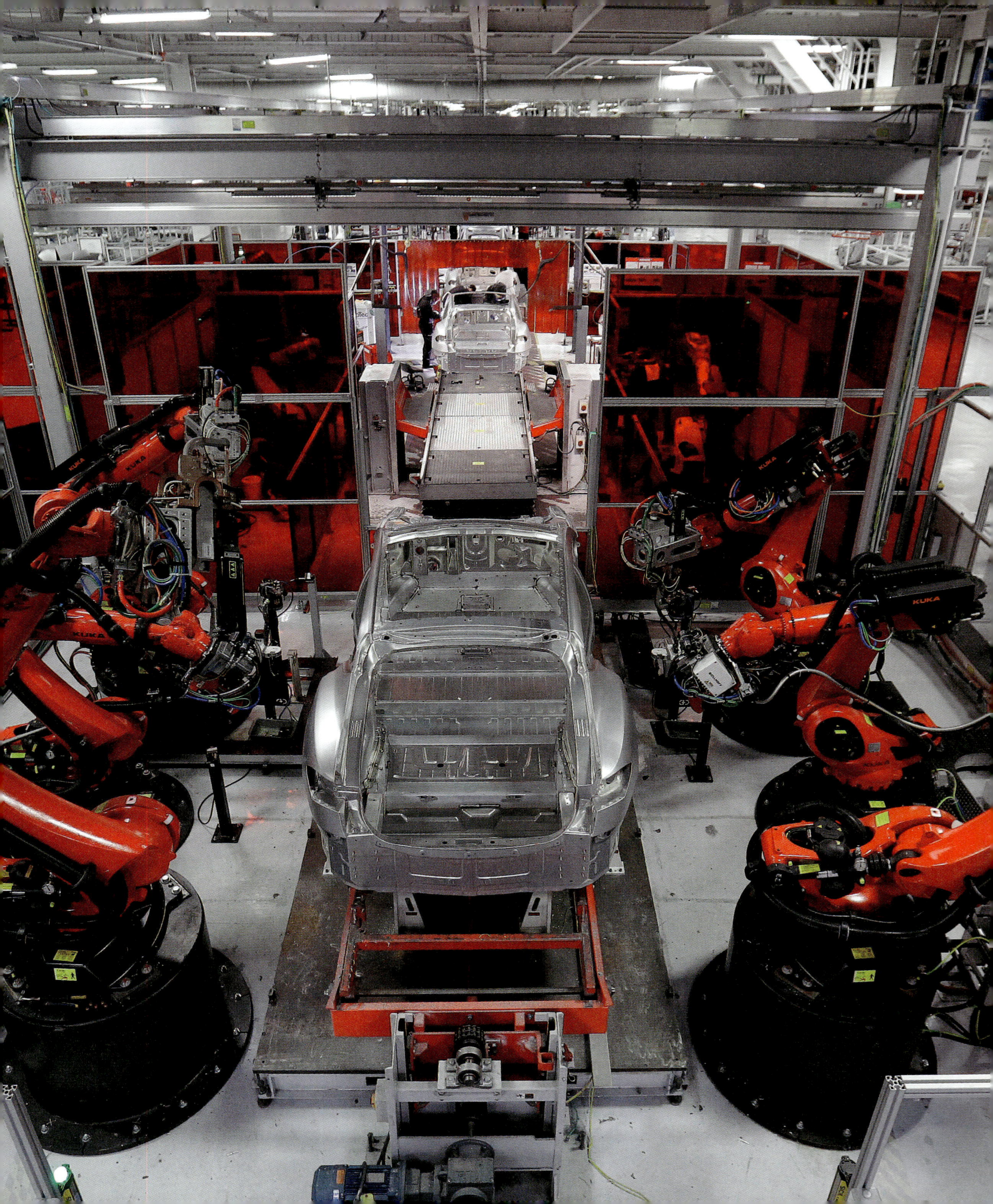
KUKA
KUKA
KUKA

TESLA (USA)

Tesla Motors wurde 2003 von einer Gruppe amerikanischer Ingenieure in Palo Alto, Kalifornien, gegründet. Im Verlauf von knapp fünf Jahren entwickelten sie einen Sportwagen mit Elektroantrieb, von dem bis Mitte 2010 bereits 1000 Stück gebaut und verkauft wurden. Das expansive Unternehmen beschäftigte Ende 2017 rund 37.500 Mitarbeiter, hat Hunderte von Patenten angemeldet und ist in mehr als einem Dutzend Ländern präsent, so auch in Deutschland. Eine Erfolgsstory ohnegleichen... Doch trotz der Publicity, die Tesla weltweit generierte, blieb die geschäftliche Operation jahrelang eine Gratwanderung. Mitte Juni 2014 erklärte der Tesla-Chef Elon Musk, die Patente von Tesla der Öffentlichkeit zu übergeben, um weitermachen zu können und zugleich der Entwicklung von Elektrofahrzeugen einen Schub zu verleihen. Einen Teil der Gewinne der letzten Jahre erzielte Tesla dann auch nicht mit dem Verkauf von Autos, sondern von Patenten, Quoten und Rechten (Zero Emission Credits); dadurch generierte das Unternehmen 2013 Einnahmen in Höhe von knapp 130 Millionen Dollar. In den ersten drei Monaten von 2015 konnte Tesla schließlich erstmals eine fünfstellige Auslieferungszahl in einem Quartal erreichen. Nach dreizehn Quartalsverlusten in Folge

wies Tesla im dritten Quartal 2016 endlich einen Gewinn in Höhe von 22 Millionen Dollar aus.
Im November 2016 wurde die Übernahme des deutschen Maschinenbauers und Zulieferers Grohmann Engineering GmbH bekannt gegeben. Spezialisiert auf Montage-Anlagenbau sollte Grohmann Schlüsseltechniken zur Steigerung der Produktionskapazität liefern. Unter dem Namen Tesla Advanced Automation Germany waren neben dem umfirmierten Tesla Grohmann Automation als Zentrale weitere Standorte in Deutschland mit zusätzlich 1000 Ingenieuren in den nächsten zwei Jahren geplant. Im Juni 2017 hatte Tesla erstmals den Börsenwert von BMW übertroffen. Am 24. Juli 2006 stellte Tesla den Roadster nach dreijähriger Entwicklungszeit einem ausgewählten Publikum vor. Der zweisitzige, 200 km/h schnelle Sportwagen wurde von einem im Heck installierten, 215 kW leistenden Elektromotor angetrieben. Die Energiequelle bestand aus 6831 kleinen, handelsüblichen Lithium-Ionen-Akkus mit einer Speicherkapazität von ca. 53 kWh und mit einer Spannung von 375 Volt. Ihr Gewicht betrug insgesamt 450 kg. Versprochen wurde eine Reichweite von 340 Kilometern, die Ladezeit gab man mit dreieinhalb Stunden bei 240 Volt US-Netzspannung und 70 Ampere an.
Etwas schneller als der Tesla Roadster war das Sportmodell mit einer Beschleunigung von 0 bis 97 km/h in 3,7 statt 3,9 Sekunden. Der Roadster Sport war ab 2009 erhältlich und blieb wie der Roadster 2.5 bis Ende 2011 im Programm.
Ende März 2016 wurde das Tesla Model 3 vorgestellt, die Markteinführung wurde für Ende 2017 versprochen. Angestrebt war eine 350-Kilometer-Reichweite. Das Mittelklassemodell rangierte in der Region des BMW 3er. Innerhalb

der ersten drei Tage nach der Vorstellung des Model 3 kletterte die Anzahl durch Online-Bestellungen auf mehr als 276.000, was einer Summe von über 276 Millionen US-Dollar an Anzahlungen entsprach.
Aufgrund dieser hohen Nachfrage wurde der Beginn der Serienproduktion vorverlegt. Anfang Juli 2016 entstand das erste Serienfahrzeug, binnen Kurzem wurden die ersten 30 bis 50 Serienmodelle an konzernnahe Kunden überreicht

und dabei einige Werte bekanntgegeben sowie Testfahrten ermöglicht. Im dritten Quartal wurden 260 Model 3 gefertigt und damit die geplante Stückzahl von über 1000 Fahrzeugen leider verfehlt. Grund hierfür waren laut Konzernangaben Produktionsengpässe.
Für den Bau seiner Fahrzeuge erwarb Tesla im Mai 2010 für 69 Millionen US-Dollar von Toyota ein Werk in Fremont, Kalifornien, das sich in der Nähe des Firmensitzes befindet. Seit 2012 wird dort das Model S, seit 2015 das Model X und seit 2017 das Model 3 in Serie produziert.
Es entstand 2016 gemeinsam mit Panasonic ein weiteres Werk, das in Reno, Nevada, zur Produktion von Batterie-

Gegenüberliegende Seite: Roboterunterstützte Tesla-Produktion in einem ehemaligen Toyota-Werk, Freemont/Kaliforne n.

Tesla Model S in China.

Links: Tesla Model S P100D in der Schweiz.

Unten: Eines der ersten Tesla Serienfahrzeuge, 2016.

»Was Tesla herstellt, ist die dümmste und obszönste Variante der Elektromobilität. Einen Drei-Tonnen-Wagen zu bewegen, noch dazu mit extremen Beschleunigungswerten, das ist weder ökologisch noch sozial.«

Wolfgang Lohbeck, *Süddeutsche Zeitung*, 16. Mai 2019

paketen, die bis 2020 etwa 500.000 Elektroautos versorgen sollen. Es ist Teil der Tesla-Strategie, »Elektroautos für Jedermann« zu bauen. Das auf 4 bis 5 Milliarden US-Dollar veranschlagte Projekt, in das Tesla selbst 2 Milliarden US-Dollar zu investieren plante, sollte 6500 Personen beschäftigen. Der Bau einer weiteren »Giga Factory« in Europa war geplant, in der nicht nur Akkus gefertigt werden, sondern auch Autos hergestellt werden sollten.

Weitere Modelle in rascher Folge Seither haben weitere Tesla-Modelle Serienreife erlangt. So erschien 2017 das Model S als eine sportliche Limousine mit fünf Sitzen und zwei optionalen Kindersitzen. Es zeichnet sich durch deutlich mehr Innenraum als der Roadster aus. Auch kann dieses Modell mit Allradantrieb bestellt werden.
Weitere Modelle unterschiedlichster Ausführung folgten und trugen dazu bei, Teslas Vorsprung auf dem E-Markt zu festigen. Auch hat Tesla ein Netz Stromtankstellen errichtet, die zunächst in den USA, Westeuropa und Ostasien an stark frequentierten Reiserouten gebaut wurden. 60 solcher Ladestationen befanden sich 2017 in Deutschland.

»Schlichtheit empfängt den Fahrer im Innenraum des Tesla: Es gibt ganze sechs Knöpfe, jeweils ein Rädchen rechts und links am Lenkrad sowie je einen an jeder Tür – ein klassischer Hebel wäre zu banal …«

SPIEGEL online, Mai 2018

Eine Giga Factory in Brandenburg Elon Musk und das Land Berlin-Brandenburg gaben im November 2019 bekannt, dass an der Peripherie von Berlin ein Werk für 500.00 Wagen jährlich entstehen und bereits 2021 in Betrieb genommen werden sollte. Gebaut werden sollten der SUV Typ 3 sowie Akkuzellen. Ein kühnes Unterfangen angesichts der Tatsache, dass Testa 2019 in Deutschland auf Platz 32 in der Zulassungsstatistik lag und von 44 Millionen insgesamt zugelassenen Pkw nur 50.000 Elektroautos waren – Tendenz stagnierend. Durch die Corona-Pandemie und Genehmigungsverzögerungen konnte die Inbetriebnahme der Fabrik in Neuenfelde erst im März 2022 erfolgen.

Keine Fremd-Akkus Teslas Ingenieure strebten bei ihrem Akkumulatorenkonzept eine hohe Energiedichte, unproblematisches Nachladeverhalten und günstige Anschaffungskosten an. Hohe Energiedichte und unproblematisches Nachladeverhalten wurden bisher vor allem von Lithium-Ionen-Akkumulatoren erreicht. Ihr Preis war aber auch 2020 nach wie vor sehr hoch, und die Handhabung kann wegen der hohen Energiedichte Probleme aufwerfen.
Gleichwohl sind Lithium-Ionen-Rundzellen die Basis des Energiespeichersystems von Tesla. Dabei handelt es sich um Zylinder von 18 mm Durchmesser und 65 mm Länge. Diese Größe wurde bisher schon milliardenfach für Laptops produziert. Die Rundzellen, in denen die Wirkschichten kostengünstig gewickelt werden, kosteten 2014 zwischen 190 und 200 Dollar pro kWh. Dagegen lagen 2020 die Kosten für großformatige Zellen, deren Wirkschichten aufwändig gestapelt werden, bei 250 US-Dollar pro kWh.
Beim Akkupack des Roadsters sind zum Beispiel 69 Zellen parallel zu einem Block verdrahtet. Neun Blöcke sind je Lage in Reihe geschaltet und zu elf Lagen in das Satzgehäuse eingefügt. Das Gesamtpaket wiegt etwa 410 kg, kann 56 kWh an elektrischer Energie speichern und liefert 215 kW an elektrischer Leistung als Spitzenwert. Für eine effektive Wärmeübertragung aus jeder Zelle wird Kühlflüssigkeit durch den Satz gepumpt. Das Kühlsystem ist so effektiv, dass auch voneinander entfernte Zellen innerhalb des Packs nur wenige Grad Temperaturunterschied aufweisen. Die Kühlung erfordert zwar Energie, bildet aber durch Bereitstellung der optimalen Betriebstemperatur und durch Einzelsteuerung der Zellen die Grundlage für das Erreichen einer hohen Lebensdauer des gesamten Pakets. Im Kühlsystem des Pakets sind Sensoren angebracht, die eine gezielte Steuerung der Kühlung ermöglichen. Bei Kälte wird das System umgekehrt zur Heizung der Zellen verwendet.

TH!NK (N)

Ende Dezember 1998 beteiligte sich die Ford Motor Co. mit 51 Prozent an der norwegischen Firma Pivco Industries, die den Stadtwagen City Bee mit Elektroantrieb produzierte. Die Amerikaner kündigten eine Neuentwicklung an, die unter dem Namen Th!nk im Sommer 1999 auf den Markt kommen sollte. Das Projekt zog sich bis 2002 hin, bevor die Produktion des für Europa geplanten Elektroautos Th!nk City oder der US-Version Th!nk Neighbour in dem geplanten Umfang begann. Die in drei Jahren gebauten 1000 Exemplare hatten Ford 123 Millionen Dollar gekostet, ehe man im März 2011 die unrentable Fertigung mangels Nachfrage stoppte.

THRIGE (DK)

1894 wurde in Odense die Thomas B. Thrige A/S zur Herstellung von Elektromotoren gegründet; dort entstanden auch Lastwagen mit Elektroantrieb, 1909 gefolgt von solchen mit Benzinmotoren System Knight (3,3 Liter, 44 PS) von Daimler aus Coventry. Ab 1912 verwendete Thrige Continental- und Hercules-Motoren aus den USA; alle Fahrzeuge erhielten Kardanantrieb.
Anfang 1918 fusionierte das Unternehmen mit Jan Hagemeister und H.C. Fredriksens Firma Anglo-Dane; es entstand die Forenade Automobilfabriker A/S, die nur noch Thrige-Konstruktionen herstellte und sie unter dem Namen Triangel anbot.

TIFFANY ELECTRIC (USA)

Der 1913–1914 von der Tiffany Electric Car Co. in Flint, Michigan, angebotene Elektrowagen war eine Konstruktion von LeRoy Pelletier. Im Oktober 1913 hatte Pelletier den Betrieb der Firma Flanders übernommen und baute hier seinen Elektrowagen. Im März 1914 verband er sich mit einem ehemaligen Mitarbeiter Flanders' und verlagerte mit ihm den Betrieb nach Chelsea, wo dieser als Flanders Electric Company firmierte. Doch schon im November 1914 stellte Pelletier die Produktion des Tiffany Electric mangels Rentabilität wieder ein und verkaufte den Betrieb an die Pontiac Chassis Company.

Tilling-Stevens Elektro-Omnibus, 1928.

TILLING-STEVENS · T.S. (GB)

Die W. A. Stevens Ltd. in Maidstone, Kent, nahm 1911 die Herstellung einer Serie von Omnibussen mit benzin-elektrischem Antrieb (Mixte-System) auf, in Auftrag gegeben

von der Thomas Tilling Ltd., einer Verkehrsgesellschaft in Südengland. Mit einer Beteiligung an der Firma Stevens kam es noch im gleichen Jahr zur Gründung der Tilling-Stevens Ltd., die bis 1930 bestand. Die Mixte-Fahrzeuge wurden auch als Lastwagen hergestellt; es gab sie bis Mitte der 1920er Jahre. Es folgten Omnibusse und Lastwagen verschiedener Größen, auch nur mit Benzinmotor.
1930 stieg Tilling aus dem Unternehmen aus, das darauf als T.S. Motors Ltd. reorganisiert wurde. Da die zu Tilling gehörenden Busflotten ihre Fahrzeuge nun auch von anderen Herstellern bezogen, kam es bei T.S. zu einem spürbaren Auftragsrückgang, der 1937 zu einer Fusion mit dem Nutzfahrzeughersteller Vulcan führte. Die Busproduktion nahm einen neuen Aufschwung, wobei die meisten Fahrzeuge jetzt einen Gardner-Dieselmotor mit fünf oder sechs Zylindern bekamen. Der größte, 1937 angefertigte Bus hatte einen Unterflurmotor als Achtzylinder-Boxer mit einem Getriebe von Maybach.
Im Kriege stellte man bei T.S. wieder Lastwagen in Mixte-Bauweise her, die größtenteils als mobile Scheinwerfer zur Flugabwehr dienten; sie hatten einen 78-PS-Vulcan-Motor. Ab 1947 wurden wieder Busse angeboten, jetzt mit Meadows-Benzinmotor oder auch einem Diesel von Perkins. 1949 ging T.S. in den Besitz der Rootes Group über, die in der Nutzfahrzeugsparte auch die Marken Karrier und Commer führte. Der letzte T.S. wurde 1952 ausgeliefert.

Yulon Tobe Luxgen 2017.

TOBE · YULON (RC)

Beim Tobe M'car handelt es sich um einen Kleinstwagen, dessen Produktion 2009 in der Stadt Miaoli auf Taiwan begonnen wurde. Es ist der erste Personenwagen der Yulon Motor Company, die mit mehreren Partnern in Ostasien zusammenarbeitet. Der Tobe basierte auf dem japanischen Nissan K11, den der chinesische Autobauer Geely übernahm; mit beiden Unternehmen arbeitet Yulon eng zusammen.
Das jüngste Serienmodell ist der EV, was bekanntlich für Electric Vehicle steht; dieser Wagen wird auch in der Volksrepublik China vertrieben. Aber auch in Europa fand der kleine Taiwaner Eingang: In Dänemark trägt die Elektroversion des M'car , die auf eine Zusammenarbeit zwischen Geely und dem 1988 gegründeten australischen Batteriespezialisten Lynx Technologies (LTO) zurückgeht, den Namen Lynx Nanoq. Die Elektroversion wird von einem 40 kW leistenden Elektromotor angetrieben; die Energie für den Antrieb wird in einem Lithium-Polymer-Akku mit einer Ladekapazität von 21 kWh von Lynx LTO gespeichert. Die maximale Reichweite soll bei 215 Kilometer liegen, während die mögliche Höchstgeschwindigkeit über 130 km/h betragen soll. Größere Modelle stellt Yulon ebenfalls her, überwiegend im Joint Venture mit Mercedes-Benz, Mitsubishi, Nissan und General Motors.

Yulon Tobe M'car EV, 2018, identisch mit dem Nissan K11.

TOWANDA (USA)

Der ab 1903 von der Towanda Motor Vehicle Co. in Towanda, Pennsylvania, unter George W. Kipp hergestellte Elektrowagen war eine Konstruktion des Ingenieurs Charles A. Lindstrom, der vorher Teilhaber der Hewitt-Lindstrom und anschließend bei der Firma Niagara als Konstrukteur tätig gewesen war. Mit ihm war Edward Winckes von Buffalo nach Towanda gegangen.

Toyota Prius, 2016.

Von Toyota gebautes Solarmobil, 2016.

Wie bei Niagara, wurde auch bei Towanda das Geld knapp, noch ehe die Produktion in Gang kam. Ab Anfang 1904 wurde der Towanda Electric nur noch ohne Motor und ohne Batterien ausgeliefert, jedoch versehen mit Getriebe, einer Kette zum Hinterrad, Rädern und Sitzen. Die Wahl eines Antriebsaggregates und des Akkulieferanten überließ man dem Kunden, eine Praxis, die auch weitere Hersteller übten. Durch den sich daraus ergebenden niedrigen Fahrzeugpreis ließen sich Kunden täuschen, die vorschnell Vergleiche zu anderen (kompletten) Wagen zogen.

TOWN ABOUT (USA)

siehe GRAVES

TOYOTA (J)

Toyota gehört zu den größten und erfolgreichsten Kraftfahrzeugherstellern der Welt. Der erste Personenwagen erschien unter dieser Marke 1935, und die Ende der 1940er Jahre wieder aufgenommene Fahrzeugproduktion verzeichnete in der Folgezeit zahlreiche Meilensteine.
Nach einigen vorangegangenen Anläufen hielt Toyota im Jahr 2017 die Zeit reif für reine Elektroautos. »Für die Entwickler in diesem Konzern sollte das mit ihrer Hybrid-Erfahrung ein Kinderspiel« sein, schrieb die Presse. Das stimmt: Kaum ein Autohersteller hat mehr Erfahrung mit Hybridantrieben als Toyota. Die erste Generation dieses Fahrzeugs kam in Japan Ende 1997 auf den Markt. Auch auf anderen »Baustellen« ist Toyota aktiv, so kam Anfang 2015 die Brennstoffzellen-Limousine Mirai auf den Markt.

12 Millionen Hybriden Von den Hybridautos der Marken Toyota und Lexus waren bis Mitte 2018 rund 12 Millionen gebaut und verkauft worden. Der Konzern ist damit Marktführer bei alternativen Antrieben. Allerdings bot Japans größter Automobilbauer seinen Kunden bis dato kein rein batterieelektrisches Fahrzeug an.

Von offizieller Seite hieß es schon 2012 dazu, man sehe den reinen Elektroantrieb eher für Roller und Mobilitätshilfen. Vorrang habe der Hybrid. Doch 2017 schien man die Sache zu überdenken; Toyota plante, bis 2020 über zehn rein elektrisch angetriebene Automodelle in seinem Angebot zu haben. Bis 2025 will das Unternehmen von jedem Modell eine elektrische oder hybrid angetriebene Variante aufweisen.

Im Dezember 1997 hatte der Verkauf der ersten Generation des Hybrid-Toyota Prius exklusiv in Japan begonnen. Der Ottomotor des bis 2003 gebauten Modells NHW10/NHW11 hatte 1,5 Liter Hubraum und leistete 43 bis 53 kW, der Elektromotor 30 kW (40 PS). Die Batterie war eine Baugruppe, die die ganze Wagenbreite ausfüllte, und bestand aus herkömmlichen runden Batteriezellen. Der Toyota Prius war das erste Großserienmodell mit Hybridantrieb. Mitte 2000 wurde eine überarbeitete Version des Prius als Typ NHW11 eingeführt, die auch außerhalb von Japan vermarktet wurde.

Ende 2003 wurde ein neuer Prius NHW20 eingeführt, der sich sowohl im Aussehen als auch in der Technik von den Vorgängern unterschied. Er wurde bis 2009 produziert. Die Scheinwerfer waren weiter nach oben gezogen, das Heck hatte man zu einem Schrägheck umgestaltet. Das System THS war dem als Hybrid Synergy Drive (HSD) vermarkteten THS-II gewichen.

Im Januar 2009 stellte Toyota die dritte Generation des Toyota Prius vor. Bis zum Februar 2010 wurden mehr als 300.000 Exemplare des ZVW30 in mehr als 60 Ländern verkauft. In Japan war es 2009 das meistverkaufte Fahrzeug. Das Hybridsystem war zu 90 Prozent neu entwickelt worden, wodurch es um 20 Prozent leichter wurde. Das Gesamtgewicht des Fahrzeugs lag allerdings – abhängig von der gewählten Ausstattung – etwa 70 kg über dem des Vorgängers. Toyota begründete dies mit Änderungen an der Karosserie, um die Crashsicherheit zu verbessern. Die meisten Elektrik- und Elektronik-Komponenten wurden neu entwickelt. Der mit einem neuen Kühlsystem ausgestattete Spannungswandler wurde leichter und die Effizienz der Leistungselektronik optimiert. Ein neu entwickelter Ottomotor wurde weiterhin im Atkinson-Zyklus betrieben und leistete statt vorher 58 kW nun 73 kW, was eine von 82 kW auf 100 kW (etwa 136 PS) gesteigerte Systemleistung ergab. Durch die Vergrößerung des Hubraums auf 1,8 Liter wurde das Drehzahlniveau und damit der Verbrauch insbesondere bei höheren Geschwindigkeiten gesenkt. Die Abgaswärme hat man zur Erwärmung der Motorkühlflüssigkeit verwendet, was die Dauer der Kaltlaufphase und damit den Kraftstoffverbrauch verringerte. Der Motor hatte keinen Keilriemen mehr, auch die Kühlwasserpumpe wurde elektrisch angetrieben.

Der Toyota Prius Plug-in Hybrid (Prius PHV) basierte auf dem aktuellen Toyota Prius XW30 und war im Gegensatz zum Standard Prius zwecks verbesserter Fähigkeit zur Energie-Rekuperation mit einem 4,4-kWh-Lithium-Ionen-Akku ausgestattet. Gegenüber dem normalen Prius III mit seiner rein elektrischen Höchstgeschwindigkeit von etwa 50 bis 67 km/h reichte das elektrische Geschwindigkeitsband des PHV bis 85 km/h. Darüber hinaus unterstützte der über ein Planetengetriebe an den Antriebsstrang gekoppelte Ottomotor nahtlos den Fahrzeugvortrieb des PHV bis zu seiner Höchstgeschwindigkeit von etwa 185 km/h.

Auf der IAA im September 2015 präsentierte Toyota die vierte Generation des Prius. Es war das erste Modell von Toyota, das auf der neuen Plattform TNGA (Toyota New Global Architecture) aufbaut. Mit einem cw-Wert von 0,24 hatte die vierte Generation einen der niedrigsten seiner Klasse. Die Karosserie war um 60 Prozent steifer als die des Vorgängermodells. Das beim Prius III eingeführte System, bei dem die Wärme der Abgase für eine schnellere Heizung des kalten Motors verwendet wird, hatte man verbessert. Daneben kam erstmals auch eine Kühlerjalousie – ein heutzutage nostalgisch anmutendes Element – zum Einsatz, die eine Anströmung des Kühlers in der Warmlaufphase verhindert. Die Kühlung des Motors wurde durch einen veränderten Verlauf der Kühlmittelleitungen optimiert. Veränderte Luftführungen bewirkten darüber hinaus eine effizientere Befüllung der Brennkammern mit einer daraus resultierenden optimierten Verbrennung. Reibungsverluste wurden durch veränderte Bauteile und durch die Verwendung eines besonders niederviskosen Schmiermittels um 20 Prozent verringert.

Neues Modell mit Feststoff-Akku Toyota ging daran, das Problem der Wiederaufladung mit einem neuen Feststoff-Akku zu ändern. Er war imstande, die dreifache Energiedichte aufzunehmen und verträgt 1200 Ladevorgänge ohne Verluste in der Leistung. Dank der festen Materialien sollen Schwierigkeiten der Nutzung bei tiefen Temperaturen der Vergangenheit angehören. Mit diesen Fertigkeiten soll ein Toyota-Elektrofahrzeug mit Benzinern mithalten können. Das mit der neuen Batterie versehene Elektroauto solle 2022 auf den Markt kommen, hieß es. Bis dahin bleibt der Blick der Toyota-Fans auf Langstreckeneinsätze der Japaner im Motorsport gerichtet, wo Toyota beispielsweise im 24-Stunden-Rennen von Le Mans durch hohe Rundenzeiten ihrer Hybriden in jüngster Zeit wiederholt auf sich aufmerksam gemacht hat.

Toyota Prius, 2018.

Mirai FCHV Der Brennstoffzellen-Technologie hat sich Toyota ebenfalls angenommen, als dieses Thema Ende der 1990er Jahre an Aktualität gewann. Es entstanden zwischen 2001 und 2011 verschiedene Versionen des Prototyps Toyota FCHV (Fuel Cell Hybrid Vehicle), teils in kleinen Serien gebaut, wobei im Jahr 2010 auch in Deutschland Versuchs- und Probefahrten durchgeführt wurden. Die Weiterentwicklung führte zum Bau des Serienmodells Toyota Mirai als serieller Hybrid, der ab Ende 2014 angeboten wurde. Bis Dezember 2016 wurden 2840 Exemplare hergestellt; 30 davon wurden in Deutschland verkauft, 1500 in Japan und 1200 in den USA, und bis zum Januar 2018 waren allein in Kalifornien mehr als 3000 Exemplare abgesetzt worden, womit Toyota bei den Brennstoffzellenautos in den USA einen Marktanteil von 80 Prozent erreicht hatte. Im Vergleich zum Absatz konventionell motorisierter Toyota-Fahrzeuge und des erfolgreichen Prius-Hybrid sind die FCHV-Stückzahlen minimal, doch mit dem Rückzug von Daimler-Benz und BMW aus diesem für sie unprofitablen Geschäft haben die Japaner ihre Chance erkannt, eine Marktnische zu besetzen.

Tribelhorn Ambulanzfahrzeug, 1921.

TRIBELHORN (CH)

1898 wurde in Olten die Mechanische Werkstätten A. Tribelhorn & Cie. AG gegründet, die nach ihrer Verlegung nach Feldbach am Zürichsee 1902 die Herstellung von Elektroautomobilen aufnahm. 1907 entstanden auch elektrisch angetriebene Omnibusse. Auch der vermutlich erste motorisierte Ambulanzwagen in der Schweiz war ein Tribelhorn, gebaut 1911.

Um der Kundschaft weitgehende Mobilität zu sichern, richtete Tribelhorn ein nationales Netz von Akku-Ladestationen ein; 1912 umfasste es 28 Plätze. Der Bau von Personenwagen trat in den Hintergrund, als das Geschäft mit Nutzfahrzeugen zunahm; es gab für sie auch viele Abnehmer im Ausland.

Im Jahr 1913 stellte die Schweizer Postgesellschaft PTT ihr erstes Tribelhorn-Zustellfahrzeug in den Dienst. Das mit einem geschlossenen Kastenaufbau versehene Fahrzeug mit einer Nutzlast von 2,0 t war wie alle Lastwagen vollgummibereift.

Nachdem Tribelhorn 1918 nach Altstetten umgezogen war, kam es zur Produktion eines weiteren Dreiradwagens mit vorderem Einzelrad; die Akkus befanden sich unter der Sitzbank. Die PTT setzte diese Wagen vor allem im Bahnpostdienst ein. Abnehmer für diese Fahrzeuge gab es auch seitens etlicher Gewerbebetriebe, etwa der Lebensmittel-Großhandelskette Co-op.

Tribelhorn Post-Dreirad, 1914.

Die von Johann Albert Tribelhorn gegründete und von seinem Sohn Léon Tribelhorn weitergeführte Firma wurde 1919 reorganisiert und nannte sich nun Elektrische Fahrzeuge AG (EFAG) mit Geschäftssitz in Oerlikon. Die letzten unter der alten Marke gebauten Lastwagen wurden von den Berner Kraftwerken beim Bau des Staudamms Mühleberg verwendet. Unter dem Markennamen EFAG entstanden überwiegend kleinere Lieferwagen, Kommunal- und Industriefahrzeuge, aber auch einzelne Straßenschlepper und Tankfahrzeuge für den Flughafeneinsatz. Aus der Firma EFAG wurde 1937 die NEFAG: Neue Elektrische Fahrzeuge AG. Weiterhin wurden elektrische Drei- und Vierrad-Schlepper für Post und Bahn sowie Kurzstrecken-Lieferwagen für den Hauslieferdienst hergestellt. Die Schweizer Bundesbahn kaufte noch 1980 Fahrzeuge des Typs EKT 3073 E mit 1,0 t Nutzlast und 3,5 t Anhängelast.

Eine Flotte von Tribelhorn Dreiradwagen der Schweizerischen Post (PTT), 1913.

TRIÉLEC (F)

1948 stellte der Franzose Henri Lanoy einen elektrischen Kleinwagen mit Heckmotor vor, der den Namen Triélec trug; ihm folgte 1951 der ebenfalls dreirädrige Tractavant, bei welchem der Fahrer in der Mitte des Fahrzeugs saß, hinter ihm gab es Platz für zwei Mitfahrer. Der Motor war ein 125-ccm-Zweitakt-Einzylinder von Aubier & Dunne; der Antrieb erfolgte über ein Dreiganggetriebe und Kette auf das vordere Einzelrad. Wahlweise wurde auch der Einbau eines 150-ccm-Motor von Fichtel & Sachs mit Viergang-Getriebe angeboten. Der Aufbau bestand aus Duralonix-Aluminium und saß auf einem Stahlrohrrahmen, bezogen von dem französischen Seitenwagenhersteller Simard in Lyon-Villeurbanne. Es gab nur an der rechten Seite eine Tür. In Serie gingen weder der Triélec noch der Tractavant. Henri Lanoy fand keinen Finanzier seiner Projekte.

TROUVÉ (F)

Die Diskussion um die Frage, wer das erste brauchbare Straßenfahrzeug mit elektrischem Antrieb auf die Räder gestellt hat, wird seit Jahrzehnten geführt. Voraussetzung für einen netzunabhängigen Betrieb war die Erfindung der elektrischen Batterie durch Alessandro Volta (1745–1827) im Jahr 1800 und des Gleichstrommotors durch Joseph Henry um 1830. Der Amerikaner Thomas Davenport (1802–1851) baute 1834 das erste Elektro(schienen)fahrzeug mit einer nicht wiederaufladbaren Batterie, es war ein Modell von etwa 445 Zentimeter Länge. Gaston Planté (1834–1889) erfand 1859 den wiederaufladbaren Blei-Akkumulator, der 1881 von Camille Favre weiterentwickelt wurde. 1882 folgte der Serbe Nikola Tesla (1856–1943) mit dem Wechselstrommotor.

Mit Siemens beginnt die Trouvé-Story. Siemens war nicht nur ein erfindungsreicher Geist, sondern auch ein erfolgreicher Unternehmer. Mit Johann Georg Halske gründete er 1847 die Telegraphen Bau-Anstalt von Siemens & Halske; die Firma entwickelte sich innerhalb weniger Jahrzehnte von einer kleinen Werkstatt, die neben Telegraphen auch Läutwerke für Bahnübergänge, Drahtisolierungen und Wassermesser herstellte, zu einem der weltweit größten Elektrounternehmen. Elektroaggregate (später auch Verbrennungs- bzw. Gasmotoren) aller Größen und für viele Anwendungsgebiete folgten. 1879 baute man bei Siemens in Berlin die erste elektrische Lokomotive und installierte die erste elektrische Straßenbeleuchtung, 1881 wurde in Berlin-Lichterfelde die erste elektrische Siemens-Straßenbahn in Betrieb genommen.

Das Unternehmen Siemens & Halske war schon früh im Ausland vertreten, vor allem in Russland und England. 1878 war unter der Bezeichnung Siemens Frères auch in Paris eine Niederlassung gegründet worden, und von dieser Repräsentanz bezog ein Techniker namens Gustave Trouvé (1839–1902) im September 1881 einen kleinen Elektromotor, um ihn in ein Velociped einzubauen. Vermutlich hat der damals 42 Jahre alte Ingenieur den Kontakt zu Siemens kurz vor der Pariser Elektrizitätsausstellung geknüpft, die am 15. August jenes Jahres eröffnet wurde. Für großes Aufsehen sorgte dort eine von Siemens & Halske installierte elektrische Bahn, die von der Place de la Concorde zum Ausstellungsgelände an den Champs Elysées führte – es war die erste Oberleitungs-Trambahn der Welt, wie auch das zeitgleich gezeigte Elektro-Dreirad Trouvés als das erste E-Mobil der Welt gelten darf. Weitere Highlights der Exposition Internationale de l'Electricité waren Alexander Graham Bells Fernsprecher, Thomas Alva Edisons Glühbirnen sowie diverse Blitzableiter. Unter den Ausstellern war auch der Erfinder Trouvé mit seinem Elektro-Veloziped, einem Mikrophon sowie einem Elektro-Außenbordmotor für ein Boot, das den Namen »Téléphone« trug.

Gustave Trouvé war in La Haye-Descartes (Dept. Indre-et-Loire) aufgewachsen. Seine Eltern schickten ihn auf ein Internat in Chinon an der Loire; später studierte er an der Ecole des Arts et Métiers in Paris. Danach begann Trouvé für eine Pariser Uhrenfabrik zu arbeiten und machte eine Reihe von Erfindungen.

Das von ihm 1881 gezeigte Elektromobil war aus Teilen eines englischen Starley-Fahrrades entstanden. Nach Art späterer Motorrad-Seitenwagen versah er das Velociped linksseitig mit einem Ausleger und einem daran befestigten linken Rad. Der von ihm modifizierte Siemens-Motor von weniger als 0,1 kW Leistung mit einem Gewicht von ca. 5 kg war unter der Achse des linken Rades eingebaut, das über ein Ritzel angetrieben wurde. Ein aus sechs Zellen bestehender Akkumulator hatte seinen Platz in einem Kasten unter dem Sitz des Fahrers in der Fahrzeugmitte. Am Griff des Lenkhebels, rechts im Handbereich des Fahrers, befand sich ein Schalter, mit dem sich die Stromzufuhr zum Motor unterbrechen und wieder herstellen ließ. Gelenkt wurde mit dem hinteren (kleineren) Einzelrad.

So beschrieb der Autor Alexis Clerc das Tricycle in seinem 1883 erschienenen Buch *Physique et Chimie populaires:* »Der Motor wurde von sechs Sekundärelementen oder Akkumulatoren des Planté-Typs angetrieben, er war perfekt konstruiert. Das Gesamtgewicht des Fahrzeugs inklusive Batterien, Motor und Fahrer betrug 160 kg und die effektive Leistung 70 Newtonmeter pro Sekunde. Das Dreirad setzte sich aus eigener Kraft in Bewegung, sobald der Stromkreis geschlossen wurde, und befuhr wiederholt die Rue de Valois in beiden Richtungen mit der Geschwindigkeit eines Pferdefuhrwerks. Das Experiment war überzeugend.«

Wenige Monate nach der Vorstellung des Trouvé-Dreirades präsentierten die englischen Ingenieure William Edward Ayrton und John Perry ein ähnliches Elektrofahrzeug. Ihr ebenfalls dreirädriges Velociped soll eine Reichweite von 40 Kilometer bei einer Höchstgeschwindigkeit von etwa 14 km/h aufgewiesen haben.

Anlässlich der Pariser Elektrizitäts-Ausstellung 1881 wurden übrigens die Einheiten Volt, Ohm und Ampère definiert und als international verbindliche Werte für Spannung, Widerstand und Stromstärke festgelegt.

Das Elektrodreirad von Ayrton und Perry entsprach weitgehend dem Trouvé Tricycle vom September 1881, besaß aber keine Pedale wie jenes. Das hintere Einzelrad wurde mit einem Hebel gelenkt: durch Drücken des Griffs ging es links herum, durch Emporziehen rechts herum. Der Antrieb erfolgte über einen Zahnkranz im linken Vorderrad.

Gustave Trouvé.

UERDINGER WAGGONFABRIK (D)

siehe HENSCHEL II

UNION (USA)

In Portland, Maine, stellte eine Union Electric Co. 1899 einige Fahrzeuge vor, deren Motoren mit komprimierter Luft betrieben wurden, auch ein Elektrowagen wurde angeboten.

UNION CARBIDE (USA)

1967 stellte die Union Carbide Corp., Ohio, ein von Dr. Karl Kordesch modifiziertes Puch-Motorrad mit ungewöhnlicher Kraftquelle vor. Es wies einen von einer Brennstoffzelle gespeisten Elektromotor auf. Auf einer Testfahrt über 200 Meilen wurden nur knapp 4,0 Liter Hydrazin verbraucht, ein mit Sauerstoff gemischter Treibstoff, wie er in der Raumfahrt Verwendung fand. Was beim Motorrad gelang, glückte auch beim Auto: Gemeinsam mit General Motors baute Kordesch kurze Zeit später einen Wagen mit dem bis dahin größten Brennstoffzellen-Aggregat. Ein mit Kalium-Hydroxyd als Katalysator gefüllter Speicher befand sich zwischen zwei Tanks, die flüssigen Sauerstoff und Wasserstoff enthielten. Zwischen den Achsen des Fahrzeugs befanden sich 32 Zellengruppen, verbunden mit insgesamt 183 m Gas- und Elektroleitungen. Der Wechselstrommotor gab eine Leistung von 125 PS ab und konnte über eine Strecke von 150 Meilen betrieben werden, bevor aufgetankt werden musste. Der Österreicher Dr. Karl Kordesch hatte in Wien Chemie und Physik studiert. 1953 kam er in die USA und leitete dort die Batterieabteilung in der U.S. Signal Corp., Fort Monmouth. Mit zwei Mitarbeitern, die ebenfalls aus Österreich kamen, nahm er 1955 bei der Union Carbide die Arbeit auf; er meldete allein in dieser Zeit 22 Patente an. 1970 stattete er seinen eigenen Austin A40 mit einer Brennstoffzelle und Wasserstoffmotor aus. So überzeugend Kordeschs Arbeiten waren – die Industrie zeigte wenig Interesse an der Brennstoffzellen-Technologie, 1977 kehrte der Wissenschaftler nach Österreich zurück und war von 1981 bis 1985 Generalsekretär der International Society for Electrochemistry (ISE). 1997 wurde er Vizepräsident von Apollo Energy Systems, Inc. und mit der Entwicklung von Brennstoffzellen beauftragt. Neben 120 Patenten, die er im Laufe der Zeit anmelden konnte, verfasste er auch zahlreiche Bücher, die alle dem Thema Batterie gewidmet sind.

1906 veröffentlichte Anzeige der Kölner Automobil-Werke Gottfried Hagen für den Urbanus-Elektrowagen, von dem etwa 1500 Stück gebaut wurden.

UNIQUE MOBILITY (USA)

Der 1980 von der Unique Mobility, Inc. in Englewood, Colorado, gebaute Electrek war mit 16 6-Volt-Batterien bestückt und erreichte kurzzeitig eine Höchstgeschwindigkeit von 120 km/h. Bei einer Durchschnittsgeschwindigkeit von 50 km/h konnte der Wagen eine Wegstrecke von 150 Kilometern zurücklegen. Es gab eine zweisitzige Coupéversion mit Hecktür sowie einen Viersitzer.

UNION POWER (USA)

Die Union Power Vehicle Co. in New York war die Nachfolgefirma der American Automobile Company. Sie veröffentlichte 1901 einen großen Katalog, der das geplante Modellprogramm zeigte: Runabouts, Dos-à-dos, Surreys und Victorias sowohl mit Benzin- als auch mit Dampfmotor. Auch Elektromobile wurden angeboten. Die Marke verschwand, noch bevor sie einen größeren Bekanntheitsgrad erreicht hatte.

URBANUS (D)

1827 waren in Köln die Accumulatorenwerke Gottfried Hagen gegründet worden; ab 1884 stellte die Firma auch Batterien her, die sich leicht transportieren ließen. Einige später bei Gottfried Hagen gebauten Elektroautomobile wurden unter den Markenbezeichnungen Hagen und KAW verkauft. »Hagen« durften sie nicht heißen; dies hatte die ebenfalls in Köln ansässige Lastwagenfabrik Rudolf Hagen juristisch durchsetzen können.

Elektrofahrzeuge wurden von Automobilen mit Benzinmotor jedoch schon bald an den Rand gedrängt. Eine Renaissance des Elektroantriebs gab es indes um 1906, als immer mehr Taxen (damals nannte man sie Motordroschken) in den Städten zugelassen wurden. Diesem Trend folgte auch Gottfried Hagen, der seinem Unternehmen 1904 eine Automobil-Abteilung angefügt hatte. Sein Programm an Elektrofahrzeugen umfasste Luxus- und Geschäftswagen, ferner Feuerwehr- und Krankenwagen. Die Nutzfahrzeuge liefen unter dem Namen Urbanus. Vom Urbanus-Wagen wurden etwa 1500 Exemplare gebaut. 1908 wurde die Fahrzeugherstellung bei Hagen jedoch wieder eingestellt; die Überlegenheit des Autos mit Benzinmotor ließ dem Elektromobil jetzt kaum mehr eine Chance.

siehe auch KAW

U.S. ELECTRIC (USA)

In den Jahren 1899–1900 entstanden in den mechanischen Werkstätten der Firma Frank Mossberg in Attleboro, Massachusetts, im Auftrag einer U.S. Automobile Co. einige Zwei- und Viersitzer als Elektrofahrzeuge mit der Markenbezeichnung U.S. Electric, anschließend baute man dort bis 1903 den Webster Runabout mit einem 16-PS-Vierzylindermotor.

VANGUARD CITY ELECTRIC (USA)

siehe CITICAR

VAUXHALL (GB)

1857 gründete der aus Schottland stammende Ingenieur Alexander Wilson im Londoner Stadtteil Lambeth an der Themse die Vauxhall Iron Works zur Herstellung von Schiffs-Dampfmaschinen, deren Hauptabnehmer die Royal Navy war. Es entwickelte sich daraus ein Werftbetrieb, der Raddampfer, Schlepper und andere Wasserfahrzeuge baute. 1896 entstanden bei Vauxhall erste Benzinmotoren für Barkassen, und ab 1903 auch Motorwagen. 1925 wurde Vauxhall von General Motors übernommen, Ende 1928 kam auch Opel zum GM-Konzern. Im Lauf der nachfolgenden Jahrzehnte gab es eine zunehmende Angleichung der Baureihen der Marken Opel und Vauxhall bis zur fast völligen Übereinstimmung (teils auch mit Holden in Australien). Im Rahmen der weltweiten GM-Verzweigung bestanden Vauxhall-Montagen auch in Antwerpen, Kopenhagen, Lissabon, Dublin, Singapur, Kuala Lumpur, Wellington/Neuseeland, Karachi/Pakistan, Manila auf den Philippinen, in Port Elizabeth/Südafrika und auf der Insel Trinidad.

Mit der 2017 wie Opel von General Motors an den PSA-Konzern verkauften britischen Traditionsmarke Vauxhall wurden in internationaler Kooperation auch Entwicklungen durchgeführt, die beispielsweise den Wasserstoffbetrieb (GM HydroGen) und den Opel Ampera e-REV Hybridwagen betrafen, der in Großbritannien als Vauxhall Ampera starke Medienbeachtung erfuhr. In *Top Gear* fand man das 2011 auf dem Markt eingeführte Auto »besser als jeden normalen Hybrid«. Das Schwestermodell zum Chevrolet Volt Plug-in zeichne sich im Vergleich mit der Konkurrenz vor allem durch eine höhere Reichweite durch den Range Extender (1,4-Liter ohc-Motor) aus. Sein einziger Nachteil sei der hohe Preis: er betrug 33.750 Pfund Sterling. Immerhin spendierte der Staat jedem Käufer eines E-Autos eine Prämie von 5000 Pfund.

siehe auch GENERAL MOTORS · CHEVROLET *und* OPEL

V.A.T.E. (F)

1908–1909 baute die Firma Voitures Automobiles de Transmission Electrique, (V.A.T.E.) in Puteaux bei Paris einige Automobile mit unterschiedlicher Motorisierung. Es gab den V.A.T.E mit einem 8-PS-Einzylindermotor, 10-PS-Zweizylinder- und 15-PS-Vierzylindermotor, die, wie es in der Werbung hieß, statt eines Getriebes eine elektrische Kraftübertragung aufwiesen. Über deren Funktion liegen keine Unterlagen vor, vermutlich handelte es sich um das Mixte-System.

V.E. · V.E.C. (USA)

Die Vehicle Equipment Co. wurde im Dezember 1900 in Brooklyn, New York, von Arthur H. Havemeyer und Robert Lloyd gegründet. Bis 1906 entstanden hier Elektrowagen unter der Markenbezeichnung V.E. und auch V.E.C. sowohl als Dreisitzer mit Wellenantrieb als auch in größeren Ausführungen für kommerzielle Zwecke mit Kettenantrieb. Elektrowagen mit schweren Batteriebehältern zwischen den Achsen wurden auch als Sightseeing-Omnibusse gebaut, ferner gab es Brauereiwagen, Ambulanzen und Spezialfahrzeuge, die schwere Lasten per Kran in obere Stockwerke von Geschäftsgebäuden hievten. Nach einem Großbrand am 5. Juli 1904 begann man in Long Island City mit dem Bau einer neuen Automobilfabrik, die aber bereits im März 1906 Bankrott anmeldete. Es erfolgte eine Neugründung als General Vehicle Co., deren Fahrzeuge unter der Bezeichnung G.V. verkauft wurden; diese Firma bestand bis 1920.

VÉDRINE (F)

Die Firma La Voiture Electrique Védrine in Neuilly bei Paris war ein Hersteller von Kutschwagen und später ein Karosserie-Zulieferer für Panhard et Levassor. Von 1904 bis etwa 1910 entstanden auch einige Automobile mit dem Markennamen Védrine; es waren Elektrofahrzeuge, die als Broughams und Landaulets angeboten wurden. Der Motor saß oberhalb der Hinterachse, während das Chassis im Mittelteil gekröpft war, um leichteren Ein- und Ausstieg zu ermöglichen.

VICTOR (GB)

Von 1927 bis 1961 baute die Victor Electrics Ltd. in Ormskirk, Lancashire, verschiedene Elektrolastwagen, anfangs unter Verwendung von Ford-T-Fahrgestellen. Kleine Frontlenker-Lieferwagen bis zu 250 kg Nutzlast für innerstädtischen Einsatz blieben in den 1930er- bis 1950er Jahren eine Spezialität, doch es gab auch einige Elektroschlepper für 3,0 bis 6,0 t Zuglast.

VITA-MOBIL (CH)

siehe PLATTNER · VITA-MOBIL

VOLK (GB)

siehe IMMISCH

VOLKSWAGEN (D)

Eine immense Zahl von Versuchs- und Konzeptfahrzeugen – auch mit alternativen Antriebssystemen – hat Volkswagen seit den 1970er Jahren (als der legendäre »Käfer« seine besten Zeiten schon hinter sich hatte) entstehen lassen und erprobt – und viele davon anschließend in diverse Museumsdepots geparkt. Auch in Fremdinitiative sind solche Autos auf VW-Basis gebaut worden wie zum Beispiel ein Elektro-Käfer durch den Batteriehersteller Hagen oder durch

Auf Elektroantrieb umgerüsteter VW Golf der ersten Serie, 1976.

Volkswagen will die Stromversorgung seiner Elektroautos stärker in die eigene Hand nehmen. Der Konzern plante im Juli 2021 den Bau zusätzlicher Fabriken für Akkumulatoren in Europa, den Ausbau eines eigenen Ladenetzes sowie eine generelle Vereinheitlichung der Batteriezellen.

den amerikanischen Erfinder und Zelectric-Chef David Bernardo. Seine Firma in der Nähe von San Diego an der kalifornischen Pazifikküste rüstet ältere Volkswagenmodelle auf Kundenwunsch zu Elektromobilen um. Im Heck eines Bully oder Käfer installiert Bernardo einen Elektromotor mit 65 kW (88 PS), doch wer einen Karmann Ghia elektrifizieren lassen möchte, erhält die Option auf einen größeren E-Motor von 90 kW (120 PS). Sind die überall im Auto verteilten 37 Lithium-Ionen-Akkus mit einer Kapazität von 22 kWh leer, kann an heimischen Steckdosen geladen werden, was rund 13 Stunden dauert. Die Umrüstung durch Zelectric kostete 2018 etwa 30.000 bis 40.000 Dollar; umgebaut wurden bislang Boxermodelle von Volkswagen aus den Jahren 1958 bis 1967. Mittlerweile kamen Porsche-Modelle vom 911er bis zum 914er hinzu.

Konzeptstudie L1 Was Zelectric in den USA im Auftrag betuchter Privatkunden mehr oder weniger als Liebhaberei handhabte, rangierte bei Volkswagen in der Konzernzen-

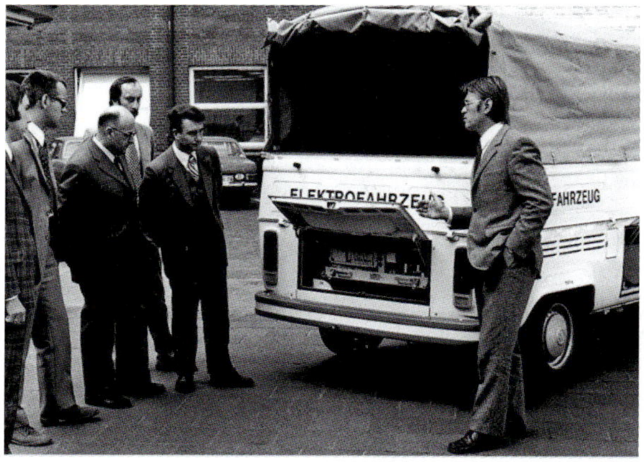

Dr.-Ing. Adolf Kalberlah demonstriert einen auf Elektroantrieb umgerüsteten VW Transporter interessierten Besuchern in Wolfsburg, 1974.

VW E-Golf in Wien, 2017.

trale als Chefsache. Nach Aufsichtsratschef Piëch bestätigte auch VW-Vorstandschef Winterkorn im Jahr 2007, dass VW das seit 2002 im Versuch befindliche Ein-Liter-Auto in Serie bauen würde, geplant für das Jahr 2010. Das war ein Dieselauto, aber ein ganz besonderes. Eine erste seriennahe Version wurde im September 2009 auf der Frankfurter IAA unter der Bezeichnung L1 vorgestellt. Durch Neuausrichtung hin zu einem Serienprodukt unterschied sich das jüngere Fahrzeug in vielen Punkten vom ersten

VW Golf Plug-in-Hybrid an der Ladesäule, 2018.

Konzept. Der Antrieb erfolgte jetzt hybrid aus einem Zweizylinder-Turbodieselmotor mit 800 ccm Hubraum plus einem Elektromotor. Der Verbrauch war jetzt mit 1,38 Liter Diesel auf 100 Kilometer angegeben (entsprechend 36 g/km CO_2) und die Endgeschwindigkeit mit 160 km/h. Die Fahrzeugmasse betrug 380 kg bei einer Länge von 3,81 m, einer Breite von 1,20 m und einer Höhe von 1,14 m. Der Dieselmotor war im Heck, der Lithium-Ionen-Akku für den Elektromotor in der Frontpartie des Fahrzeugs untergebracht. Die Leistung von 29 kW (39 PS) wurde auf die Hinterräder übertragen. Die Beschleunigung von 0 bis 100 km/h erfolgte beim Sportmodus in 14,3 Sekunden, die Reichweite sollte 720 Kilometer betragen.

Version XL1 Auf der Qatar Motor Show Ende Januar 2011 wurde eine größere Version als »seriennahe Studie« als XL1 vorgestellt. Es handelte sich um einen Plug-in-Hybrid, dessen Lithium-Ionen-Akku an der Steckdose aufgeladen werden konnte. Mit einer Tankfüllung (10 Liter Diesel) und einem in 90 Minuten geladenen Akku erreichte das Fahrzeug eine Reichweite von 550 Kilometer, wovon etwa 35 Kilometer nur elektrisch zurückgelegt wurden. Das entspricht einem Verbrauch von 1,82 Liter Diesel auf 100 Kilometer bei vollem und 1,94 Liter bei entladenem Akku. Bei diesem neu vorgestellten Modell waren die beiden Sitze im Unterschied zu den vorherigen Modellen nebeneinander statt hintereinander angeordnet.

Dem Zeitgeist entsprechend: Vollelektrischer VW id.6 Crozz. vorgestellt 2021.

Rechts: Ein 2017 auf Elektro-Heckantrieb umgebauter VW 181.

Rechts: Auch die Polizei in Paris hat einige E-Golfs im Fuhrpark.

»Wenn im Jahr 2025 hunderttausend Elektrowagen in Paris abends zum Nachladen an die Steckdose gehen, dürfte die Stromversorgung dort regelmäßig zusammenbrechen!«

Prof. Jérôme Valnès, Toulouse 2019

Aufsichtsratschef Ferdinand Piëch deutete an, dass Volkswagen den XL1 von 2013 an in Serie erstellen wolle. Im März 2012 berichtete die *Zeit*, dass VW für 2013 definitiv eine Kleinserie plane.
Doch im Februar war das Produktionsziel auf nur noch 50 Fahrzeuge gesenkt worden. Außerdem sollte diese Kleinserie nicht im freien Handel verfügbar sein, sondern nur geleast werden können. Seit März 2013 war wieder von nunmehr 250 Fahrzeugen die Rede. Diese Stückzahl wurde in einem Pressebericht vom September 2013 erneut genannt und der Preis mit 111.000 Euro (!) beziffert.
Ab März 2014 wurden 200 Exemplare des XL1 im Werk Osnabrück gebaut, und am 31. Mai 2014 wurde der erste XL1 an einen Kunden ausgeliefert. 2016 wurde die Produktion nach Erreichen der geplanten 200 Stück eingestellt.

Investitionen in Höhe von 44 Milliarden Euro. Offensiv präsentierte sich VW mit neuen E-Autoplänen erst wieder 2017 mit dem Projekt e-up!, das in Zwickau gebaut werden sollte. »e« bedeute nicht nur »elektrisch und emissionsfrei, sondern auch effizient«, hieß es in der Werbung. »So kombiniert der e-up! (Stromverbrauch kWh/100 km: 11,7; CO_2-Emission kombiniert, g/km: 0) einen fortschrittlichen E-Antrieb mit weiteren innovativen Technologien und bietet bis zu 160 Kilometer Reichweite ...«
Volkswagen setzte jetzt noch stärker auf E-Autos als bisher: Den tiefgreifenden Wandel der Branche sollte der weltgrößte Autobauer mit zusätzlichen Milliarden-Investitionen in Elektro-Mobilität bewältigen, die höher angesetzt wurden als erwartet. In die Entwicklung von E-Autos, autonomes Fahren, neue Mobilitätsdienste und Digitalisierung sollten von 2018 bis 2022 mehr als 44 Milliarden Euro fließen, sagte Aufsichtsratschef Hans Dieter Pötsch.

Der Standort Zwickau sollte zum reinen E-Auto-Werk werden. Insgesamt plante VW nach Konzernangaben in den kommenden acht Jahren Investitionen von 80 Milliarden Euro – zugleich aber auch einen massiven Stellenabbau.

90 neue Modelle bis 2025 Die Investitionspläne kämen »einem Kraftakt gleich«, hieß es aus der Wolfsburger Vorstandsetage: »Das Auto wird gerade neu erfunden ... 80 neue Elektromodelle sind bis 2025 geplant ...« Im März 2019 war sogar von 90 E-Modellen die Rede.
Gegenwartsnäher gab sich 2018 das VW-Programm bei den Hybriden, wie sie als Varianten zum Beispiel bei den Modellreihen Golf, Jetta, Passat und Touareg zur Verfügung stehen. So war eine Plug-in-Version des Touareg C2 erhältlich, deren Antriebssystem aus einem V6-TSI-Kompressormotor mit 245 kW (333 PS) und einem 34 kW starken Elektromotor mit einem 80 kg wiegenden Nickel-Metall-Hydrid-Akku besteht. Als Hybridvariante hat man einen Voll-Hybrid-Antrieb in Parallelbauweise gewählt; bei diesem Antriebskonzept liegen der Verbrennungsmotor, die E-Maschine und das Getriebe auf einer Welle. Der als Generator arbeitende Elektromotor gewinnt beim Bremsen durch die Rekuperation kinetische Energie zurück, die in dem Akku zwischengespeichert wird. Die Einzelleistungen des E-Motors und des Verbrennungsmotors addieren sich zu einer Gesamtsystemleistung von 279 kW. Bei Geschwindigkeiten bis zu 50 km/h ist es möglich, rein elektrisch zu fahren. In diesem Fall ist der ausgeschaltete V6 TSI über eine Trennkupplung von der Acht-Gang-Automatik abgekoppelt, um Schleppmomentverluste zu vermeiden.
Auch im ab September 2014 gebauten Golf 1,4 Liter GTE, der in Anlehnung an den GTI konzipiert war, wurde ein Plug-in-Hybridantrieb eingesetzt. Die kombinierte Maximalleistung lag bei 150 kW (204 PS). Das Fahrzeug konnte sowohl als Hybrid als auch rein elektrisch bewegt werden. Die elektrische Reichweite lag bei gut 50 Kilometern. Im Übrigen war die technische Basis mit der des 2013 vorgestellten Audi A3 e-tron identisch.
Vom Juli 2013 bis Mai 2016 gab es auch einen VW Jetta Hybrid in ähnlicher Konfiguration, aber mit 125 kW (170 PS)

bzw. mit 110 kW (150 PS) plus E-Antrieb von 20 kW (27 PS). Die gleiche Antriebstechnik fand sich 2018 im Hybrid-Passat GTE (Gesamtsystemleistung 160 kW).

Elektrifizierung der gesamten Modellpalette Mit der Eröffnung der Automobilausstellung in Peking (Beijing) Ende April 2018 gab VW bekannt, eine neue Marke lancieren zu wollen. Unter dem Namen »Sol« würden ausschließlich Elektrofahrzeuge hergestellt werden, und zwar in Zusammenarbeit mit dem chinesischen Joint-Venture-Partner JAC. China sei bereits jetzt der bedeutendste Markt für E-Fahrzeuge, hieß es, und es gehe darum, dass VW dort in besonderem Maße Präsenz zeige.
Zugleich kündigte Wolfsburg an, mit der Einführung innovativer Hybridsysteme in der achten Golf-Generation in eine »neue Antriebsepoche« einzusteigen. In weiteren Schritten werde nahezu die gesamte VW-Modellpalette elektrifiziert. »Durch die Elektrifizierung der konventionellen Antriebe werden wir den Verbrauch und die Emissionen weiter senken und gleichzeitig die Dynamik steigern«, sagte Dr. Frank Welsch, Vorstand Technische Entwicklung der Marke Volkswagen. »Diese umfassende Elektrifizierungsoffensive starten wir mit unserem traditionell wichtigsten Fahrzeug – dem Golf. Unser neu entwickelter und kostengünstiger 48V-Mild-Hybrid ebnet damit den Weg dieser Technologie in die breite Masse«.
Volkswagen kombinierte den Verbrennungsmotor mit einem sogenannten Riemen-Startergenerator und einem 48-Volt-Akku. Dr. Welsch: »Diese Allianz ist der Einstieg in die Welt der Volkswagen-Hybridmodelle ... der Mild-Hybrid macht es möglich, mit komplett abgeschaltetem Verbrennungsmotor zu segeln und dadurch Kraftstoff zu sparen. Darüber hinaus bietet dieser Mild-Hybrid durch das elektrische Boosten beim Anfahren ein deutliches Plus an Dynamik.« Kompromisslos vollelektrisch hingegen summten 2019 der VW id.3 und 2021 der zunächst nur für China gedachte id.6 als SUV daher – völlig neu konzipierte Baureihen.

Bora und Touran HyMotion Wie alle bedeutenden Automobilhersteller widmete sich auch VW der Entwicklung eines Wagens mit Brennstoffzellen-Wasserstoffmotor. Erster Prototyp war der 2000 vorgestellte Bora HyMotion, dem 2004 der Touran HyMotion folgte. Der Bora wurde mit Wasserstoff-Flüssiggas betankt. Eine von Siemens gelieferte 28-kW-Brennstoffzelle erzeugte die elektrische Energie, die einen 75-kW-Elektromotor (102 PS) für den Antrieb speiste. Als Puffer fungierte ein Nickel-Metallhydrid-Akku. Das Fahrzeug wies mit 50 Liter Flüssiggas einen verhältnismäßig großen Kraftstoffvorrat auf und verfügte damit über eine Reichweite von 350 Kilometern. In den folgenden Jahren wurde die Flüssiggastechnik nicht mehr eingesetzt, der Nachfolger Touran HyMotion (66 kW) arbeitete mit Wasserstoff-Druckgas. Das erste Fahrzeug wurde im September 2004 anlässlich der CaFCP Road Rallye in Kalifornien vorgestellt. 2007 wurde der Touran HyMotion einem Facelift unterzogen.

VOLTA (F)

Die Société Européenne Des Electromobiles Rochelaises in Perigny entwickelte in den späten 1980er Jahren ein Elektroautomobil, das unter dem Markennamen Volta angeboten wurde. Das Fahrzeug bot zwei Personen Platz und wies außerdem eine 2 qm große Ladefläche auf, es war 3,20 m lang und vertrug 500 kg Zuladung. Über ein Vierganggetriebe brachte der Gleichstrom-Reihenschluss-Elektromotor 12,7 kW auf die Straße. Der Volta besaß 16 Blei-Gel-Batterien für 50 bis 70 Kilometer Reichweite bei einer Höchstgeschwindigkeit von 73 km/h. Die Karosserie bestand aus Kunststoff und saß auf einem Chassis aus galvanisiertem Stahlrohr. Der Produktionsbeginn erfolgte 1990.

VOLTA-CAR (USA)

Von 1914 bis 1916 bot die Cyco Letric Car Co. in New York einen Elektrowagen unter dem Markennamen Volta-Car an. Der Zweisitzer hatte eine 12-Zellen-Batterie von General Electric sowie Wellenantrieb; die Reichweite betrug 50 Meilen. 1916 wurde die Produktion wieder aufgegeben.

VOLTOR (F)

Die Firma Constructions Electrique Voltor in Saint Etienne a. d. Loire stellte 1922 bis 1925 Elektrofahrzeuge her, die meist als Lieferwagen Verwendung fanden.

VOLVO (S, CHN)

Der seit 1926 existierende Hersteller Volvo vermochte seine wirtschaftliche Unabhängigkeit auf Dauer nicht zu bewahren. Im März 1999 wurde es offiziell, dass die Ford Motor Co. Volvos Personenwagen-Produktion übernehmen würde. Die Ehe war nicht von langem Bestand: Ende 2009 gab Ford bekannt, Volvo werde an den chinesischen Automobil- und Motorradhersteller Geely verkauft.
In Asien wurden erhebliche Mittel in Zukunftsprojekte investiert. Es entstand eine Vollelektro-Fahrzeugstudie, genannt C30 Electric, von der 250 Einheiten produziert wurden. Bereits 2011 stellte Volvo einen Plug-in-Hybrid (V60) vor. Durch die Wahl eines Dieselmotors war sehr häufiges Ein- und Abschalten allerdings nicht durchgängig möglich, ohne die Motorlebenszeit deutlich zu verkürzen. Ab 2015 angebotene Plug-in-Hybriden wie der XC90 T8 sowie die Modelle V90 T8 und S90 T8 waren deshalb mit Ottomotoren ausgestattet.
Die 2016 angekündigten neuen Modelle XC40, V40 und S40 erhielten in der Plug-in-Hybrid-Variante einen Dreizylinder-Ottomotor sowie einen kombinierten Generator/Motor mit 50 kW Leistung, gespeist durch einen Akku im Mittelgang mit bis zu 50 Kilometer rein elektrischer Reichweite. Bei den kleinen Modellen war das Doppelkupplungsgetriebe mit zwei getrennten Antriebssträngen für Elektro- sowie Benzinmotor ausgestattet; somit war ein individuelles Ein- und Auskuppeln beider Motoren möglich. Auch arbeitete der Elektromotor nicht direkt auf der Antriebsachse mit fester Übersetzung, sondern seine Leitung wurde durch das Getriebe mit variabler Übersetzung auf die Antriebsachse übertragen.

VULKAN (D)

1895 hatte Robert Schwenke (1873–1944), der später für zahlreiche Fahrzeugkonstruktionen bekannt wurde, bei der Vulkan Automobilgesellschaft in Berlin einen Posten als Ingenieur bekommen. Hier entwarf er Elektrofahrzeuge mit Vorderradantrieb, die hauptsächlich als Lieferwagen Verwendung fanden; der Motor leistete 2,5 kW. Anschließend wurde Schwenke Chefingenieur bei den Watt Akkumulatoren-Werken. Die Firma Vulkan wurde 1901 von den Nürnberger Express-Werken übernommen; 1904 gab man den Elektromobilbau dort wieder auf.

»Allein bei Volkswagen könnten durch eine überwiegende Fertigung von Batteriefahrzeugen weltweit 30.000 Arbeitsplätze wegfallen.«

ELAB-Studie, *Die Welt*, 28. Nov. 2018
PS: Vier Monate später wurde die Schätzung auf 55.000 Arbeitsplätze aktualisiert

»Bis zum Jahr 2025 werden wir eine Million Elektrofahrzeuge auf die Straße gebracht haben.«

Håkan Samuelsson, Präsident und CEO der Volvo Car Group, 2018 bei gleichzeitiger Ankündigung, Volvo werde alle Entwicklungsarbeiten am Diesel einstellen

3
VOLVO
MLB 060

WALES & EDWARDS (GB)

Wales & Edwards war ein britischer Hersteller der in England üblichen »milk floats« mit Elektroantrieb in den 1940er- bis zu den frühen 1990er Jahren. Das am weitesten verbreitete Modell war der Rangemaster.
siehe auch SMITH · W&E

WALKER ELECTRIC (GB)

Die Walker Brothers Ltd. in Wigan, Lancashire, stellten 1902 ihren ersten Lastwagen vor, einen 2,0-Tonner mit einem Zweizylindermotor von Daimler in Coventry. Eigene Motoren mit vier Zylindern entstanden ab 1910. Die Fahrzeuge trugen den Namen Pagefield nach den Pagefield Iron Works, eine Eisengießerei, die den Walkers gehörte.
Während des Ersten Weltkrieges und auch noch danach baute man bei Pagefield 3,5- bis 5,0-Tonner für die britische Armee, diese Fahrzeuge versah man mit Motoren der Firma Dorman. Spezialfahrzeuge für die städtische Müllabfuhr (sie hatten ein besonderes Hubsystem für das Leeren von Mülltonnen), Elektrowagen sowie einige Omnibusse folgten in den 1920er Jahren. Transport-Lastwagen in Frontlenkerbauweise, Mobilkräne und Werkstattfahrzeuge für die Eisenbahn produzierte man bis Ende der 1930er Jahre, wobei viele einen Gardner-Dieselmotor bekamen. 1947 ging die Firma Walker in den Besitz der Walmsley Ltd. über, die den Markennamen Pagefield nicht weiterführte, sondern die jetzt nur mehr als Kommunalfahrzeuge gebauten 6,0-Tonner mit Perkins-Dieselmotor unter dem Namen der Firmengründer Walker herstellte. Die Produktion der Walker Lorrys endete 1955.

WALKER (USA)

Die Automobile Maintenance & Manufacturing Co. in Chicago produzierte von 1906 bis 1911 Elektrolastwagen für 1,5 bis 5,0 t Nutzlast, ehe die Firma in Walker Vehicle Co. umbenannt wurde. Unter diesem Namen bestand sie bis 1942, Elektrofahrzeuge stellte sie bis zum Schluss her, teils bis zu 7,0 t tragend. In den 1930er Jahren kamen Frontlenker auf, auch gab es ab 1938 Fahrzeuge mit Mischantrieb, Dynamotive genannt, wobei der als Generator dienende Benzinmotor ein Sechszylinder von Chrysler oder ein Vierzylinder von Waukesha war. Nach dem Krieg wurde die Produktion nicht wieder aufgenommen.

WANXIANG (CHN)

Die aus einer Kette von Reparaturbetrieben für landwirtschaftliche Fahrzeuge hervorgegangene Wanxiang Group ist ein großer chinesischer Konzern, der vor allem als Zulieferer und seit 2006 als Hersteller von elektrischen Kleinwagen und Elektro- sowie Hybrid-Omnibussen auch international agiert. Das Unternehmen stellt in seiner Tochtergesellschaft Wanxiang Electric Vehicle auch Akkumulatoren her. In Linienbussen befinden sich bis zu 300 Akkus, die nach 250 Kilometern in einer Halle aufgeladen und mittels Roboter in nur sechs Minuten gewechselt werden. Neuere Lithium-Ionen-Akku-Packs bestehen aus 6 mal 88 Elementen mit je 100 Ah Ladekapazität und können bei Schnellladung in drei Stunden aufgeladen werden. Der Energieverbrauch je 100 Kilometer beträgt 98 kWh ohne und 142 kWh mit Betrieb der Klimaanlage.
siehe auch FISKER

Walker Electric Van, 1903.

Wanxiang Stadtwagen, 2007.

WARD (USA)

1910 nahm die Ward Motor Vehicle Co. in New York die Herstellung von Elektro-Lieferwagen auf, wie sie vor allem in der Hausbelieferung von Lebensmitteln Verwendung in Wohnvierteln fanden. Doch es wurden auch größere Lastwagen für 2,0 und 5,0 t Nutzlast gebaut, und 1925 gab es sogar einen elektrisch angetriebenen 10,0-Tonner. Motoren bezog man anfangs von Westinghouse, ab 1920 von General Electric. Die Fahrzeugproduktion endete 1934, doch bis 1965 wurden noch Lkw-Aufbauten angefertigt.

WARTBURG (D)

Im historischen Rückblick ist die Geschichte des Wartburg-Wagens ein Teil der des Unternehmers Heinrich Ehrhardt. Er, aber auch sein Sohn Gustav, leisteten einen bedeutenden Beitrag zur deutschen Automobilgeschichte.
Anfang Dezember 1896 erfolgte die Gründung der Fahrzeugfabrik Eisenach, deren Leitung Heinrich Ehrhardt seinem Sohn Gustav übertrug. Zunächst wurden hier Transport-Pferdewagen, Geschützprotzen und Fahrräder für das Kaiserliche Heer produziert.

Gegenüberliegende Seite: Volvo P60 Plug-in-Hybrid, 2018.

»Ehrhardts Aktionär Max Trinkaus, der in Düsseldorf ein Hotel betrieb, war besessen von der Idee einer pferdelosen Droschke zum Transport seiner Gäste und setzte voll auf den Elektrowagen.«

Matthias Doht, Historiker, 2016

Doch Gustav Ehrhardt gedachte, auch Motorfahrzeuge zu bauen. Der hierfür als Konstrukteur eingestellte Ingenieur Arthur Rebling, der vorher bei Ludwig Maurer in Nürnberg (Maurer-Union) gearbeitet hatte, operierte in zwei Richtungen. Eine seiner Konstruktionsgruppen beschäftigte sich mit Elektrofahrzeugen, eine andere mit benzingetriebenen Fahrzeugen. Gleichzeitig arbeitete er an einem Dreirad nach Muster des französischen Bollée. Größeres Interesse weckte beim Seniorchef allerdings der zugleich angefertigte Elektrowagen, nur missfiel ihm die altertümliche Pferdekutsche, in die Rebling den in England gekauften Motor installiert hatte.

Um rascher zum Ziel zu gelangen, entschlossen sich Vater und Sohn Ehrhardt, eine bereits bewährte Fahrzeugkonstruktion in Lizenz zu übernehmen. Sie entschieden sich für den Nachbau eines französischen Benzinmotorwagens, der 1898 unter der Bezeichnung Decauville-Aîné auf der Motorwagen-Ausstellung in Paris präsentiert worden war. Er wurde durch einen luftgekühlten 3,5-PS-Zweizylindermotor angetrieben, und zwar erfolgte der Antrieb über ein Dreiganggetriebe direkt auf die Hinterräder. Der Wagen, von Decauville als Voiturelle bezeichnet, war eine Konstruktion der Ingenieure Gustave Cornilleau und Joseph Guédon. Der ab Mitte Dezember 1898 in Eisenach gebaute Wartburg-Wagen löste zunächst weder das Dreirad noch Reblings Elektrowagen ab.

Die Übernahme der Decauville-Konstruktion erwies sich in der Tat als die richtige Entscheidung, wenngleich sie Arthur

Wartburg Elektrokutsche, 1902.

Rebling nicht behagte. Der neue »Wartburg-Wagen« fand auf der ersten Automobilausstellung 1899 in Berlin große Beachtung. Nicht weniger als zehn Fahrzeuge hatten die Eisenacher ausgestellt.

Der von Rebling konstruierte Dreiradwagen sowie die von Heinrich Ehrhardt anfangs so favorisierten Elektrofahrzeuge spielten nur mehr eine Nebenrolle. Aber noch hatte man die Möglichkeit nicht ausgeschlossen, dass sie sich vielleicht doch noch durchsetzen würden.

Als 1898 in Berlin der Mitteleuropäische Motorwagen-Verein ins Leben gerufen wurde, hatten viele Mitglieder die Reise an den Tagungsort mit der Bahn getätigt. Der Historiker Matthias Doht berichtet: »Zu den sieben benzingetriebenen Motorwagen, die Gustav Ehrhardt vom Balkon des Hotels gesehen hatte, war noch ein weiterer Wagen hinzugekommen, ein Elektrofahrzeug. Es war der so genannte Ungarische Jagdwagen vom Stellmacher- und Wagenbaubetrieb Eduard Kühlstein aus Berlin-Charlottenburg. Dieser Wagen zog Gustav Ehrhardt erst einmal in seinen Bann. Zu Hause in Eisenach beschäftigte er sich ja auch bereits mit Elektrofahrzeugen, zumal einer seiner Aktionäre, der Düsseldorfer Bankier Max Trinkaus besonders darauf drängte. Der nun in Berlin entstehende Kühlstein-Wagen hatte einen Elektromotor der Union-Electricitätsgesellschaft und bekam seine Energie von einem riesigen 60-Volt-Akkumulator mit 180 Ah Kapazität. Dadurch war das Fahrzeug natürlich sehr schwer und wog mit 1800 kg mehr als das Vierfache der vorgeführten Benzinmotorwagen von Benz …«

Nicht nur Gustav Ehrhardt, auch sein Vater Heinrich wurde immer mehr durch den Bankier Trinkaus bedrängt, baldmöglichst ebenfalls eine Elektrodroschke zu bauen. Trinkaus berichtete Heinrich Ehrhardt von einer Reise nach England, wo er selber auf solch einem geräuschlosen Gefährt mitgefahren sei. Doht: »Da Heinrich Ehrhardt auf Grund seiner anderen Projekte keine Zeit hatte, sich selber darum zu kümmern, beauftragte er nun seinen Schwiegersohn Paul Heye nach England zu fahren und bei der Firma John Lundell solch einen Elektromotor zu besorgen … doch beim Bau eines speziellen Fahrzeugs gab sich Arthur Rebling allerdings keine große Mühe … Er hatte einfach, wie einst Gottlieb Daimler, eine Pferdekutsche bestellt und begann in diese den Elektromotor und die 76-Volt-Akkumulatoren einzubauen. Dieser Victoria-Kutschenwagen wurde in kurzer Zeit fahrfertig. Doch das Gefährt entsprach nicht den Vorstellungen von Gustav Ehrhardt, der einen leichteren Motorwagen favorisierte. Ihm als Ingenieur schien der von Rebling vorgeführte Kutschenwagen als veraltet. Auch Vater Heinrich Ehrhardt war mit dem Ergebnis nicht zufrieden …«

Bei der erfolgreichen Fortführung aller automobiltechnischen Aktivitäten (von 1929 bis 1945 in BMW-Regie) sollten Elektrofahrzeuge keine Rolle mehr spielen.

WAVERLEY · POPE-WAVERLEY (USA)

Der Waverley Elektrowagen entstand aus einer Verbindung der American Electric Vehicle Co. in Chicago mit der Indiana Bicycle Co. in Indianapolis, Indiana, die bis 1908 zum Pope-Konzern gehörte. Der Waverley war ein Zweisitzer mit Griffsteuerung, einem einzelnen Hauptscheinwerfer und kostete 850 Dollar, sein Elektromotor leistete knapp 1,9 kW (2,5 PS). Die von Ende 1903 bis 1908 vom Waverley Dept. der Pope Motor Car Company gebauten Fahrzeuge trugen den Namen Pope-Waverley. 1908 erwarben einige Geschäftsleute namens H.H. Rice, W. B. Cooley und W. C. Johnson in Indianapolis die Rechte an der Marke Waverley und setzten den Bau des Elektrowagens fort. 1912 gab man ihm eine Motorhaube, die ihn wie ein Benzinauto aussehen ließ. 1915 gab es geschlossene, viersitzige Fahrzeuge, bei denen der Chauffeur entweder hinten oder vorne seinen Platz hatte, danach hießen die Autos Rear Drive Four bzw. Front Drive Four. Der letzte Silent Waverley wurde 1916 hergestellt.

siehe auch POPE

WAYMO (USA)

Wie die Presseagentur dpa im Juni 2018 meldete, mache »Waymo 62.000 Chrysler-Minivans zu Robotertaxis«. Zugrunde lag die Ankündigung der Google-Schwesterfirma Waymo, sie wolle ihre Flotte selbstfahrender Elektroautos mit 62.000 weiteren Minivans von Chrysler ausbauen. Allerdings blieb vorerst offen, über welchen Zeitraum diese Fahrzeuge in Verkehr gesetzt würden.

Elektrifizierte Minivans des Modells Chrysler Pacifica bilden bereits den Kern der Waymo-Flotte aus mehreren hundert

Fahrzeugen. Waymo plante, einen Robotertaxi-Service für Bewohner eines Vororts der Stadt Phoenix in Arizona zu starten und arbeitete auch an autonom fahrenden Lastwagen.
Google hatte mit der Präsentation seines Roboterwagen-Programms die Autoindustrie aufgeschreckt und die Entwicklung selbstfahrender Autos zu beschleunigen versprochen. Mit der Gründung des Dachkonzerns Alphabet wurde das Projekt in die neue Firma Waymo ausgelagert. Anfang 2018 hatte Google auch einen elektrischen Zweisitzer aus eigener Entwicklung auf die Straße geschickt, bei Waymo wurde dann jedoch beschlossen, Autos anderer Hersteller umzubauen.
Die Ankündigung von Google und der US-italienischen Fiat-Chrysler-Gruppe wurde in der Branche als ein weiterer Beleg dafür gewertet, dass sich das Tempo im Wettlauf um die Entwicklung selbstfahrender Autos beschleunigte.

WESTINGHOUSE (USA, F)

Der amerikanische Erfinder und Ingenieur George Westinghouse (1846–1914) wurde vor allem durch zwei Leistungen weltberühmt: Die Erfindung der Druckluftbremse und den Einsatz von Wechselstromspannung. Er war ein Konkurrent seines Zeitgenossen Edison und baute wie dieser ein Unternehmen auf, um seine Erfindungen – er war Inhaber von 360 Patenten – weltweit zu vermarkten. Westinghouse baute auch Dampfturbinen für den Antrieb großer Schiffe. Solche Turbinen waren bei ungefähr 3000 Umdrehungen pro Minute am wirksamsten, während eine effiziente Schiffsschraube mit nur 100 Touren lief – also schuf Westinghouse das dazu erforderlich Reduktionsgetriebe samt Schwingungsdämpfer. Auch die erste Endphasen-Wechselstrom-Elektrolokomotive wurde 1905 nach Westinghouse-Patenten gebaut. Westinghouse erwarb und verwertete auch Patente anderer Erfinder, gründete mehr als sechzig Fabrikationsbetriebe und war damit einer der größten Arbeitgeber in den USA vor dem Ersten Weltkrieg.
Die für ihre Elektromotoren und Bremssysteme weltbekannt gewordene Firma Westinghouse Electric & Manufacturing Company in Pittsburg*), Pennsylvania, baute 1901 sowie von Ende 1904 bis 1907 auch Motorwagen. Westinghouse hatte 1901 die Konstruktion der Hub Motors Company in Chicago für einen Elektrowagen mit Radnabenantrieb erworben; nach diesem System entstanden 40 Busse mit Aufbauten von der American Carriage Company. Eine Tochterfirma im französischen Le Havre bestand ab 1904, stellte neben Lokomotiven auch Elektro- und Benzin-Lastwagen her und wurde 1912 von der Compagnie Electro-Mécanique (C.E.M.) erworben, die dort die Produktion von E-Loks fortsetzte.

WILLIAMS ELECTRIC (USA)

Der Ingenieur Harry A. Williams aus Akron, Ohio, beschäftigte sich zunächst mit der Verbesserung von Radaufhängungen und gründete 1906 mit dem Investor John F. Townsend und einer Reihe weiterer Partner in Cleveland die Williams Motor Carriage Company. 1907–1908 entstanden hier einige Elektrofahrzeuge, gebaut im Betrieb der ehemaligen De Mars Electric Vehicle Company. Es gab den Williams Electric als Runabout sowie als fünf- bis siebensitzigen Tourenwagen.

**) die Schreibweise Pittsburgh wurde erst 1911 eingeführt*

WILSON (GB)

Die Partridge, Wilson & Co. Ltd. in Leicester war ein Hersteller von elektrischen Liefer- und Kombiwagen. 1935 erschien unter dem Namen Belisha Brougham auch ein attraktives Coupé mit elektrischem Antrieb und einer Karosserie der Firma Arthur Mulliner, Northampton. Die Reichweite der Elektrofahrzeuge betrug 60 Kilometer, die Geschwindigkeit 40 km/h. Verkaufs-Vans in verschiedenen Größen wurden von Wilson noch bis 1954 hergestellt.

1900 erschienene Anzeige für den Woods Elektrowagen aus Chicago. Dem Mangel an Verkaufsstellen für Benzin hielten die Hersteller von Elektrofahrzeugen die schon recht weit vernetzte Stromverorgung in den Städten entgegen. Woods warb für seine Wagen mit »absolut bedingungloser Garantie überall und immer« und mit der »Verlässlichkeit einer Eisenbahnuhr«.

WOODS ELECTRICS (USA)

Die relativ große Verbreitung von Elektrowagen in den USA während der Frühzeit des Automobils erklärt sich aus der Tatsache, dass Motorwagen praktisch nur in Städten verwendbar waren. Und dort machte der Gebrauch eines Wagens mit elektrischem Antrieb Sinn. Die 1899 von Clinton E. Woods gegründete Woods Motor Vehicle Co. in Chicago gehörte zu jenen Firmen, die großen Anteil am Elektroauto-Markt hatten. Woods hatte für seine Unternehmensgründung die Geschäftsleute Samuel Insull, August Belmont und eine Reihe weiterer Partner gewinnen können. Die ersten Fahrzeuge wiesen noch die typische Kutschwagen-Bauform auf. Es wurden anfangs nur wenige Fahrzeuge hergestellt, bevor die Firma 1901 reorganisiert wurde und Woods das Unternehmen verließ.
Im Jahr 1903 folgte ein Fünfsitzer mit einer Tonneau-Karosserie und mit einer Fronthaube, wie sie bei Benzinmotorwagen üblich war. Nicht weniger als 15 weitere verschiedene Karosserie-Varianten wurden angeboten. Die Reichweite wurde für den Woods Electrics mit 160 Kilometer und einer Höchstgeschwindigkeit von 64 km/h angegeben. Ab 1916 bot man auch Wagen mit Mischsystem an, genannt Woods Dual Power, bei welchem der Benzinmotor ein 12-PS-Continental-Vierzylinder war.
Im August 1918 stellte die Woods Motor Vehicle Co. die Automobilproduktion ein.

WYLIE (USA)

Der Ingenieur W. W. Wylie baute 1894 in Ottawa, Illinois, einen Motorwagen für seinen persönlichen Bedarf. Es war ein vierrädriges Elektrofahrzeug mit dem Antriebsaggregat unterhalb des Einzelsitzes. Anschließend arbeitete Wylie für die Ottawa Car Co., die u. a. elektrisch motorisierte Schneepflüge herstellte. Wylie verstarb im Jahr 1921.

X-1 (USA)

Ende 1982 präsentierte der Amerikaner Mike Cheiky aus Santa Barbara, Kalifornien einen X-1 genannten Elektrowagen mit einer zigarrenförmigen, langgestreckten Kunststoffkarosserie. Das mit einem 50 kW starken Motor versehene Fahrzeug war für Rekordfahrten entstanden und angeblich 220 km/h schnell, das entsprach in jener Zeit etwa dem Geschwindigkeitsrekord für Elektrofahrzeuge. Die Karosserie des X-1 wog knapp 100 kg, sein Fahrgestell bestand aus Chrom-Molybdänstahl, doch die verwendete Antriebseinheit mit ihren zwölf Hochleistungs-Akkus (24 Volt, 1000 Ah) – beiderseits vom Fahrer angeordnet – wog eine Tonne.

ZAGATO (I)

Die seit 1919 bestehende und für ihre Qualitätsarbeit weltberühmt gewordene Carrozzeria Zagato in Mailand stellte zeitweilig auch komplette Fahrzeuge her, die sie unter ihrem Namen verkaufte.

1972 entstand bei Zagato der Elektro-Stadtwagen Zele 1000 (Zagato-Elettriche). In seiner ersten Ausführung erhielt der 195 cm kurze Wagen mit seiner Karosserie aus Polyester einen 24-Volt/1,0-kW-Motor von Marelli; seine Serienproduktion begann 1974. Mit einer Batterieladung schaffte der Zele 1000 etwa 75 Kilometer.

1975 erschien der Zele 2000 mit einem 2.0-kW-Motor, dieses Fahrzeug wurde auch in Großbritannien (von Bristol) und in den USA (unter der Marke Elcar) verkauft. Doch die Stückzahlen blieben gering, 1975 waren es 225. Eine Version mit längerem Radstand. mehr Platz und 5,0-kW-Motor kam 1976 heraus und hieß Zagato Minivan Elettrica. Dieses Fahrzeug hatte acht 6-Volt-Batterien (215 Ah). 1980 präsentierte die Zagato SpA ein neues, mit 2,58 m Gesamtlänge deutlich größeres und moderneres Modell.

ZAP (USA)

Die ZAP Inc. (Abk. von Zero Air Pollution = Null Luftverschmutzung) ist seit 1994 ein amerikanischer Hersteller von kleinen, teils dreirädrigen Elektroautos, ferner Elektrorollern, Elektrofahrrädern, Elektroquads und elektrischen Außenbordmotoren in Santa Rose, Kalifornien. Bis 2018 sind 100.000 Fahrzeuge in 75 Ländern verkauft worden.

ZAP Xebra Dreiradwagen, 2009.

Das Modell Xebra wurde von 2006 bis 2009 als viertürige Limousine und als zweitüriger Kleinlieferwagen hergestellt. Nach Herstellerangaben erreichte es eine Geschwindigkeit von rund 65 km/h. Die Reichweite lag bei etwa 40 Kilometern mit einer Akkuladung. Als Xero Xebra konnte das Fahrzeug mit einem Solarpaneel zur Reichweitenerhöhung ausgerüstet werden. Beim Ende 2008 präsentierten Modell Jonway XL handelte es sich um einen Pick-up-Kleinlastwagen mit Elektroantrieb, der in Zusammenarbeit mit dem chinesischen Fahrzeughersteller Zhejiang Jonway Automobile Co. entstanden war. Weitere ZAP-Autos laufen unter den Bezeichnungen ZAP-X, Alias und Shuttle.

ZF (D)

Die ZF Friedrichshafen AG ist der weltweit drittgrößte Automobilzulieferer und zählt zu den führenden Unternehmen auf dem Gebiet der Antriebs- und Fahrwerktechnik. Das Unternehmen wurde 1915 unter dem Namen Zahnradfabrik GmbH zur Herstellung von Zahnrädern und Getrieben für Luftfahrzeuge, Motorwagen und -boote mit dem Ziel, bessere Getriebe zu bauen, in Friedrichshafen am Bodensee gegründet. Aus enger Kooperation mit der internationalen Automobilindustrie resultierten unzählige Innovationen, die erfolgreich in die Serienfertigung eingingen und somit auch in der E-Mobilität ihren Niederschlag fanden.

Zagato Volpe, 2013.

Zotye SR9, 2018.

Seit Jahrzehnten schätzen Autofahrer die Vorteile allradgetriebener Fahrzeuge. Auch im Zeitalter der elektrischen »Next Generation Mobility« hat der Vierradantrieb nichts von seiner Attraktivität verloren. Unter diesem Aspekt hat ZF mit dem System »EConnect« eine entsprechende Lösung speziell für Elektrofahrzeuge entwickelt und 2021 auf der IAA vorgestellt.

Das bauraumneutral ausgeführte System lässt die zweite Achse energiesparend abgekoppelt, solange deren Antriebskraft nicht benötigt wird. Dies reduziert mechanische Schleppverluste bis zu 90 %. Bei Bedarf schaltet EConnect den zweiten Antrieb innerhalb von Millisekunden über eine Klauenkupplung verlustfrei zu.

Unter dem Strich reduziert ECOnnect den Energieverbrauch und steigert die Reichweite um fünf bis zehn Prozent, abhängig von der jeweiligen Gesamtfahrzeugauslegung.
»Unser elektrischer Achsantrieb ist auf künftige Anforderungen im urbanen Verkehr zugeschnitten«, erklärte Dr. Hans-Jörg Domian, Leiter Vorentwicklung Konstruktion bei ZF. Mit 90 kW elektrischer Leistung und hohen Drehmomenten entfaltet das zentral auf der Achse positionierte Antriebsmodul schon bei niedrigen Drehzahlen das Beschleunigungspotenzial stark motorisierter Verbrennungsmotoren. Der 45 Kilogramm wiegende Antrieb besteht aus einem Asynchron-Elektromotor, einer kompakten eingängigen Übersetzungseinheit, Leistungselektronik sowie Steuersoftware – alles aus dem Hause ZF. Mit diesem innovativen Hochdrehzahlkonzept (21.000 U/min) habe man den Gewichtsnachteil von Asynchronmotoren bei niedrigen Drehzahlen gegenüber einem Permanentmagnet-Synchronmotor überkompensieren können, so führte Dr. Domian aus. Herausgekommen sei ein kostengünstiges System mit einem hohen Wirkungsgrad in den typischen Fahrzyklen eines Elektrofahrzeugs. Es verbinde hohe Leistungen mit reduziertem Materialeinsatz.
Der Antrieb entfaltet schon beim Anfahren ein Drehmoment von 1400 Newtonmeter an der Fahrzeugachse. Damit erfolgt die Beschleunigung von 0 auf 100 km/h in neun Sekunden. Die maximale Leistung von 90 kW steht 1 bis 1,5 Minuten zur Verfügung. Die konstante Leistung liegt bei 30 kW. Ferner konnte ZF laut Dr. Domian durch das optimale Zusammenspiel von elektrischer Maschine und Leistungselektronik bis zu sechs Prozent an Reichweite gewinnen.
Das mit ECOnnect bezeichete Allradsystem eignet sich insbesondere für Allradfahrzeuge mit Front-Quer-Antrieb. Im 2WD-Frontbetrieb kommt der gesamte Allradantriebsstrang zum Stillstand – vom Winkeltrieb über die Kardanwelle bis zum Hinterachsgetriebe. Die automatische Abkopplung findet vorn direkt nach dem Hauptgetriebe und am hinteren Achsgetriebe über je eine Kupplung für das linke und das rechte Rad statt. So treten an den Allradkomponenten keine verbrauchssteigernden Schleppverluste auf. Spritsparend wirkt sich beim Hybrid auch die gewichtsoptimierte Bauweise des Allradsystems aus: Insgesamt ergeben sich bis zu fünf Prozent Einsparpotenzial. Die Zu- und Abschaltung des Allradantriebs erfolgt in wenigen hundert Millisekunden, für den Fahrer nahezu unmerklich.
Neben den Verbrauchseinsparungen bietet das System aber auch fahrdynamische Vorteile: Die beiden Kupplungen an der Hinterachse ermöglichen eine freie Querverteilung des Antriebsmoments zwischen linkem und rechtem Hinterrad. So ist es über das klassische Hang-on-Konzept (bedarfsgerechte Momentverteilung zwischen Vorder- und Hinterachse) hinaus auch möglich, den Effekt des Torque-Vectorings zu nutzen: Dabei wird das Giermoment des Fahrzeugs durch eine radindividuelle Ansteuerung der Hinterräder aktiv beeinflusst.
Abgerundet wurde das Set-up an ZF-Testfahrzeugen durch IWD (Intelligent Wheel Dynamics). In einem der Testträger auf Basis eines 3er BMW Touring mit Allradantrieb wurden die aktiven Systeme im Antrieb, in der Lenkung und im Fahrwerk vernetzt und zentral gesteuert – auf wechselndem Untergrund oder in Kurven verbesserten sich gleichzeitig Traktion und Fahrstabilität ganz erheblich.

In verschiedenen Versuchsträgern wurde die ZF-Entwicklung ECOnnect intensiv getestet, um ihre Serienreife unter Beweis zu stellen. Das Allrad-Antriebsmodul stieß bei der Automobilindustrie auf lebhaftes Interesse.

ZHEJIANG JONWAY (CHN)
siehe ZAP

ZHI DOU (CHN)
siehe GEELY

ZOTYE (CHN)
Gegründet wurde Zotye International im Januar 2005 in Beijing als eine weitere Tochter der Zotye Holding Group. Zotye hatte sich bis dahin mit Fahrzeug- und Teile-Importen aus dem europäischen und amerikanischen Ausland beschäftigt. Hierbei wurden mit Unternehmen Verträge abgeschlossen, um ökonomisches und technologisches Know-how sowie Erzeugnisse auszutauschen sowie Märkte für diese zu erschließen. Die Handelsorganisation Zotye hatte sich einen Namen als zuverlässiger Partner gemacht. In zahlreichen Ländern waren Niederlassungen gegründet worden.
Inzwischen ist Zotye selbst zum Autohersteller avanciert. Durch eine Vielzahl von Modellen, manche in Fiat- und Hyundai-Lizenz, andere als Kopien von Porsche- und Audi-Typen, hat dieser chinesische Hersteller versucht, seine auf dem asiatischen Markt erarbeitete Position zu nutzen und auszubauen, wobei auch Hybrid-Modelle angeboten werden sowie Elektromobile wie der Zotye Lerio 5008 bzw. 7008 und der Zotye Yun 100.

WEITERE HERSTELLER

A.A.A. (D)

1922 bis 1924 stellte die Automobil- und Akkumulatoren-Bau-GmbH in Berlin und Driesen-Vordamm sowohl Benzin- als auch Elektroautos her. Der Konstrukteur und Firmengründer Alex Fischer versah seine Benzinmotor-Fahrzeuge mit dem Markennamen Alfi, die Elektromobile liefen unter der Bezeichnung A.A.A. Fischer hatte vor dem Ersten Weltkrieg einen Automobil-Verkaufssalon in Berlin besessen und überwiegend das Droschkengewerbe beliefert, auch mit Elektrowagen. Auf der Berliner Automobilausstellung 1921 zeigte Fischer ein Sport-Phaeton für Akkubetrieb und einige Lieferwagen mit 0,6 bis 2,0 t Last. Die Elektrowagen wurden 1922 unter dem Markennamen Elektric angeboten; ihr Aktionsradius betrug etwa 90 Kilometer. Es gab auch einen Elektric-Paketzustellwagen mit 2,0 t Nutzlast und einem 6-kW-Motor. Ein französisches Fabrikat mit der Bezeichnung A.A.A. (Ateliers d'Automobile et d'Aviation) hat es 1919–1920 ebenfalls gegeben.

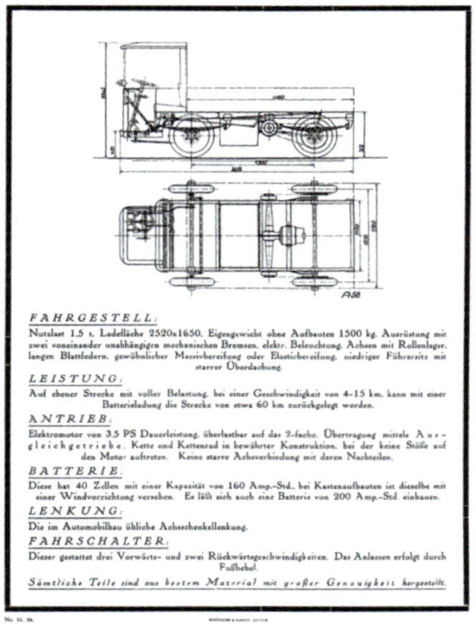

FAHRGESTELL:
Nutzlast 1,5 t. Ladefläche 2520x1650. Eigengewicht ohne Aufbauten 1500 kg. Ausrüstung mit zwei voneinander unabhängigen mechanischen Bremsen, elektr. Beleuchtung, Achsen mit Rollenlager, langen Blattfedern, gewöhnlicher Massivbereifung oder Elasticbereifung, niedriger Führersitz mit starrer Überdachung.

LEISTUNG:
Auf ebener Strecke mit voller Belastung, bei einer Geschwindigkeit von 4–15 km, kann mit einer Batterieladung die Strecke von etwa 60 km zurückgelegt werden.

ANTRIEB:
Elektromotor von 3,5 PS Dauerleistung, überlastbar auf das 2-fache. Übertragung mittels Ausgleichgetriebe, Kette und Kettenrad in bewährter Konstruktion, bei der keine Stöße auf den Motor auftreten. Keine starre Achsverbindung mit deren Nachteilen.

BATTERIE:
Diese hat 40 Zellen mit einer Kapazität von 160 Amp.-Std., bei Kastenaufbauten ist dieselbe mit einer Windvorrichtung versehen. Es läßt sich auch eine Batterie von 200 Amp.-Std. einbauen.

LENKUNG:
Die im Automobilbau übliche Achsschenkellenkung.

FAHRSCHALTER:
Dieser gestattet drei Vorwärts- und zwei Rückwärtsgeschwindigkeiten. Das Anlassen erfolgt durch Fußhebel.

Sämtliche Teile sind aus bestem Material mit großer Genauigkeit hergestellt.

1926–1927 bot die Elektrotechnische Spezial-Fabrik Carl Breuer Nachfolger, Bochum, für Kleingewerbe, Handel und Industrie Elektro-Lastwagen mit verschiedenen Aufbauten an.

ALMOCAR · ELMOCAR (D)

Unter dem Namen Elmocar begann die am 1. Februar 1952 gegründete Firma Hornung & Co. oHG, Dachau, mit dem Bau von luftbereiften Elektrofahrzeugen für den großstädtischen Verteilerverkehr, für Industrie und Kommunen. Den Auftakt machte der Elmocar 8, eine leichte Stahlrohrkonstruktion mit Automobillenkung (1,1 t Tragkraft, 3,0 t Zugleistung). Eine modernisierte 2,5-t-Version erschien als Elmocar 10 im Herbst 1952 (5,0 t Zugleistung). Der Antrieb erfolgte durch einen gekapselten Hauptstrommotor auf ein Differenzialgetriebe der Hinterachse. Er leistete beim Eintonner 2,2 kW, beim Zweitonner 3,7 kW. Aufgeladen wurde über die normale Haushalts-Steckdose. Ab Juli 1953 offerierte man vorübergehend den Elmocar 9 für 1,5 t Tragkraft. Die Geschwindigkeit betrug 12 km/h bei den Schleppern und etwa 20 km/h bei den Normalausführungen. Von Gutbrod übernahm man für den Elmocar-Elektrowagen Typ 10 S im gleichen Jahr das geschlossene Fahrerhaus des Gutbrod Atlas. Dieses Fahrzeug wurde als Kipper, Kessel-, Leiter- und Kastenwagen, ja sogar mit Drehschemel zum Schleppen von Langgutanhängern angeboten. Um einen Marken-Prozess mit Siemens zu vermeiden, firmierten die Dachauer ab 1. März 1954 als Almocar, Hanns Hornung K.G., vormals Elmocar (ab 27. Mai 1957: Almocar Hornung KG). Die Zugleistung wurde 1955 bis auf 25 t gesteigert und die Typenauswahl beibehalten. Der »Gutbrodtyp« stand nun als 2,5-t-Kipper Almocar 12/S im Programm. Daneben propagierte man den Umbau von Benzin-Lkw auf Elektrobetrieb. 1956 eroberte sich ein dreirädriges Fahrzeug unter der Bezeichnung Almocar Dromedar als Benzin- und Elektrokarre (5 PS und 8 PS) die Industrieanlagen. Der Plattformwagen A 10 und auch der Elektroschlepper A 10/S fanden ab 1962 ihren Platz auf Flughäfen und als Werkfahrzeuge. Unter der Bezeichnung Almocar Blitz wurde 1964 ein Elektrokarren (1,5 t) unter anderem als Universaltransporter im kommunalen Dienst angeboten.

AMC (USA)

Der United States Postal Service vergab 1974 den Auftrag für 350 elektrifizierte Fahrzeuge für seinen Zustelldienst. Die AM General Coporation, Tochterfirma der AMC, baute ihren kleinen Geländewagen zu diesem Zweck um. Schon 1968 hatte AMC ein Konzeptfahrzeug namens Amitron vorgestellt, das mit modernen Lithium-Nickel-Fluor oder zweipoligen Nickel-Kadmium Batterien der Firma Gulton Industries ausgerüstet wurde und eine Reichweite bis zu 240 Kilometern versprach.

APTERA (USA)

Dieses amerikanische Automobilunternehmen mit Hauptsitz in San Diego, Kalifornien wurde 2005 gegründet, 2011 aufgelöst und 2019 neu gegründet. Es plante, Solarautos zu produzieren und zu vertreiben.

ARDIURME (E)

Der Ardiurme aus Bilbao war eines der ersten spanischen Automobile. 1904 präsentierte die Firma, die sich auf zahlreiches elektrisches Material spezialisiert hatte, ein Modell mit zwei elektrischen Motoren an jedem Rad der Hinterachse. Das Fahrzeug konnte eine 14,5-prozentige Steigung erklimmen, was Fahrzeuge mit Benzinmotor kaum schafften, und besaß neben den mechanischen Bremsen auch eine elektrische Bremse. Bis 1906 wurden nur einige wenige Exemplare gebaut.

Autarquia Lieferwagen für 500 kg Nutzlast, 1943–1945.

Ganz links: AMC Amitron 1967.

ARMSTRONG (USA)

Gegen Ende der 1890er Jahre stellte die Armstrong Manufacturing Co. in Bridgeport, Connecticut, zwei Hybridwagen auf die Räder; es waren Phaetons in Kutschenbauart, von denen ein Exemplar erhalten geblieben ist.

AUTARQUIA (E)

1940 nahm in Barcelona die Vehiculos Electricos Autarquia S.A. den Bau von kleinen Elektro-Nutzfahrzeugen auf; als Antrieb diente ein 4,5 kW (6 PS) starker Elektromotor. Die Fahrgestelle bezog man von der Ford Motor Ibérica S.A. in Barcelona.

BATTRONIC (USA)

Anfang der 1960er Jahre gründete das Karosseriewerk Boyertown Auto Body Works in Gemeinschaft mit der englischen Firma Smith, Spezialist für leichte Elektrotransporter, sowie Exide Batterien die Battronic Truck Company, die einige Jahre lang kleine Transportfahrzeuge mit einer Reichweite von etwa 100 Kilometern speziell für den Verteilerdienst innerhalb der Städte herstellte. Von 1973 bis 1983 entstanden mit General Electric weitere 175 Einheiten. In den 1980er Jahren wurden auch Umbauten des VW Golf zum Elektromobil durchgeführt.

BELISHA (GB)

siehe WILSON

BOLLORÉ (F)

Die Firmengruppe Bolloré präsentierte 2005 in Genf ihren Bluecar EV mit Lithium-Polymer-Batterie, die eine hohe Reichweite versprach. Nach steten Verbesserungen standen die Fahrzeuge ab 2011 jahrelang in Paris als die ersten mietbaren Elektrofahrzeuge im Einsatz, später unter dem Produktnamen Pininfarina B0. Die Fahrzeuge wurden in Italien gebaut. Die Vermietungsgesellschaft Autolib benutzte mehr als 2000 Fahrzeuge, für die über 4000 Ladestationen zur Verfügung standen, ein Projekt, das im Juli 2018 komplett aufgelöst wurde.

BOMBARDIER (CDN)

Die kanadische Firma baut seit 1996 einen kompakten elektrischen Kleinwagen im Stil eines Golfwagen, bei dem die Türen als Extras galten. Der 4-kW-Motor des Neighborhood Electric Vehicle reicht für eine Geschwindigkeit von 40 km/h bei einer Reichweite von etwa 60 Kilometern. Bombardier baut auch Jet Skis, E-Karts, Dreiräder und verschiedene elektrische Fahrzeuge für Land und Wasser.

BOUHEY (F)

Diese kleine französische Firma bestand bis 1904 ud baute ihr erstes Taxi für den Wettbewerb in Paris 1898, an welchem sie aber nicht teilnehmen konnte. Später erschienen noch einige Fahrzeuge mit Benzinmotoren.

BRANDT (F)

Das Zweigwerk Fagor-Brandt in Lyon, das Küchenherde und Waschmaschinen produzierte, versuchte sich ab 2012 im Bau eines elektrischen Transporters namens Citelec, der mit seinen Nickel-Natriumchlorid-Akkus eine Reichweite von etwa 250 Kilometer versprach, aber keine Schnellladung erlaubte. Weiterhin plante man den Bau von elektrischen Scootern. Obwohl ein Export nach Deutschland und Belgien geplant war, musste die Firma schon Ende 2013 Zahlungsschwierigkeiten anmelden

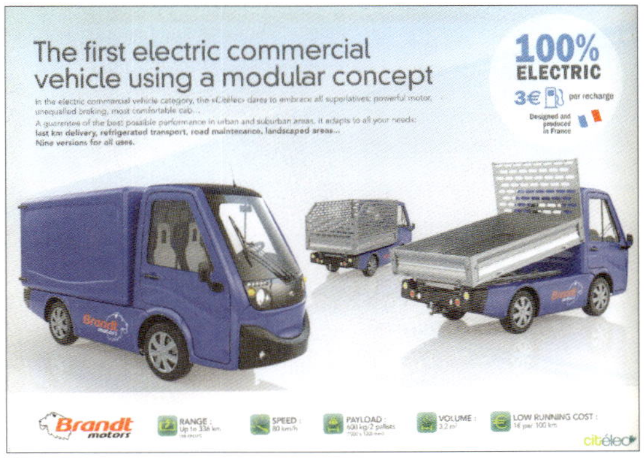

Brandt Elektrovan 2012.

BRANDT (D)

Der Ingenieur Friedrich Johann Brandt, Eberswalde bei Berlin, erhielt 1899 von der Compagnie des Traction par Trolley Automoteur, Paris, die Konzession, Oberleitungs-Fahrzeuge, sogenannte »Gleislose Bahnen«, nach dem System Lombard-Gérin zu bauen und zu betreiben. 1901 errichtete Brandt eine 1 Kilometer lange Linie vom Bahnhof Eberswalde zur Eberswalder Stadtmitte. In dem Obus fanden 24 Personen Platz. Der 25 kg schwere Trolley sprang leicht aus den Drähten, so dass sich dieses System nicht lange hielt. Schon nach kurzer Zeit wurde die Linie wieder eingestellt. Ein Jahr später baute Brandt eine weitere Linie in Kopenhagen.

BREUER (D)

1926 und 1927 bot die Elektrotechnische Spezial-Fabrik Carl Breuer Nachfolger, Bochum, für Kleingewerbe, Handel und Industrie Elektro-Lastwagen inklusive verschiedener Aufbauten an. Der Antrieb der auf 1,5 t Nutzlast ausgelegten Fahrgestelle erfolgte über einen Elektromotor mit 3,5 PS Dauerleistung, der, vor der Hinterachse angebracht, seine Kraft per Kette auf die auf Rollenlagern laufenden Hinterräder übertrug. Auf ebener Strecke ließ das vierrädrige Fahrzeug auf Massiv- oder Elastikbereifung eine Höchstgeschwindigkeit von 15 km/h erreichen. Eine Batterieladung reichte für 60 Kilometer Strecke. Der Sitzplatz tief vor der Vorderachse des kleinen Frontlenkers ermöglichte einen leichten Einstieg.

Links: Custer 1924.

Oben: Der 1893 vorgestellte Carli war das erste in Italien entstandene Elektro-Dreirad.

Unten: Cantono FRAM 1907. Eugenio Cantono entwarf eine Vorspannachse, die Pferdekutschen in elektrische Mobile umwandeln konnte.

Oben: Dacia Spring 2021.

Rechts: Amerikanische Douglas Elektrokutsche von 1900.

BRAUNSCHWEIGISCHE MASCHINENBAUANSTALT (D)

Die 1853 gegründete Braunschweigische Maschinenbauanstalt beschäftigte sich 1902 mit dem System gleisloser Straßenbahnen, den Vorläufern der modernen Trolleybusse. Projektiert war ein Omnibus mit drei Achsen. Auf die erste der beiden vorderen, zu einem um 180 Grad schwenkbaren Drehgestell verbundenen Achsen wirkte der Antrieb. Die zweite Achse trug zwei Elektromotoren. Gespeist wurde der Omnibus aus einer Oberleitung, die aus zwei parallel gespannten Drähten bestand. Als Stromabnehmer diente eine Laufkatze mit Fahrmotor (Trolley), die in gleicher Fahrgeschwindigkeit wie der Omnibus in Fahrtrichtung rollte. Im Herbst 1902 erprobte man das System. Zum Einsatz auf der geplanten Linie zwischen Braunschweig und Wendeburg, Riddagshausen, dem Grünen Jäger und Klein-Schöppenstedt kam es indessen nicht.

BRIGGS & STRATTON (USA)

Als Spezialist für Außenbordmotoren und Rasenmäher präsentierte diese Firma 1979 ein sechsrädriges Hybridfahrzeug, in dem ein Zweizylinder-Boxermotor mit 688 ccm und 18 PS Leistung einen Dynamo antrieb, der wiederum einen Elektromotor speiste. Mechanische Teile stammten vom Ford Pinto, das Armaturenbrett und die Windschutzscheibe vom Volkswagen Scirocco. Wegen der schweren Akkus erhielt das Fahrzeug eine hintere Doppelachse.

BUCHER (CH)

Bucher Industries ist ein weltweit tätiger Technologiekonzern mit Spezialgebieten im nachhaltigem Maschinen- und Fahrzeugbau. Zusammen mit den Firmen Esoro und Horlacher entwickelten die Zürcher in den achtziger/neunziger Jahren verschiedene elektrische Leichtmobile, die durch ihre Effizienz und neuartige Materialien sowie außergewöhnliches Styling hervortraten. Die Entwicklungsgemeinschaft Leichtmobil (EGLM) der drei Firmen wurde im Oktober 1991 gegründet.

CALSTART (USA)

Mit Blick auf die strenge Gesetzgebung in Kalifornien zur Bekämpfung der Luftverschmutzung stellte Calstart 1993 in Genf sein Projekt eines effizienten Elektrofahrzeugs aus. Calstart, eine Non-Profit Organisation, war ein Konsortium von verschiedenen Spezialfirmen besonders aus der Weltraumtechnik, die ihre weitläufigen Kenntnisse betr. Herstellung, Vertrieb und Recycling elektromechanischer Komponenten für Elektrofahrzeuge zur Verfügung stellten.

CANTONO (I)

Eugenio Cantono entwarf 1900 eine elektrische Vorspannachse, die Pferdekutschen aller Art in elektrische Mobile umwandeln konnte. Die Vorspannachse mit über den Rädern liegender Batterie wurde in Frankreich und in den USA für zahlreiche verschiedene Modelle eingesetzt, vor allen Dingen bei Kommunalfahrzeugen. Ab 1906 wurde die Firma in FRAM (Fabbrica Rotabili Avantreni Motori) umbenannt.

CARLI (I)

Conte Giovanni Carli beauftragte 1891 den Ingenieur Francesco Boggio, ihm ein elektrisches Dreirad zu bauen, das 1893 vollendet war – das erste Automobil Italiens. Carli gedachte mit seinem Triciclo an der Zuverlässigkeitsfahrt 1894 von Paris nach Rouen teilzunehmen, doch ist sein Name in der Teilnehmerliste nicht zu finden …

C.G.E. (F)

Während der Besetzung Frankreichs erhielt 1940 der Ingenieur Jean Albert Grégoire von der Compagnie Générale d'Electricité (C.G.E.) den Auftrag, innerhalb kürzester Zeit ein Elektroauto zu entwickeln. Grégoire entwarf ein attraktives Cabriolet mit Aluminiumrahmen, bei dem zwecks Lastverteilung die verwendeten Tudor-Akkus im Vorder- und Hinteraufbau untergebracht wurden; das Antriebsaggregat fand eine zentrale Position. Der Motor erlaubte die Rekuperation der Energie beim Bremsen und deren Rückführung an die Akkumulatoren. Die ersten Fahrzeuge erhielten die Direktoren der C.G.E. und befreundete Institutionen. Nach dem Kriege wurde Frankreichs Energiewirtschaft verstaatlicht, aus der C.G.E. wurde 1946 die E.D.F.

CHAMPION (USA)

The McCrea Motor Truck Company in Cleveland, Ohio, baute 1905/06 einen elektrischen Eintonner-Lastwagen sowie andere leichte Nutzfahrzeuge.

CHICAGO (USA)

Die Chicago Electric Motor Co. begann 1913 mit den Bau elektrischer Fahrzeuge, im Katalog standen ein »front drive« und ein »rear drive«. Im letzterem saß der Fahrer hinten. Die seitlichen Türen waren rund nach oben gebogen, was den Eintritt ins Fahrzeug mit Hut erleichterte. 1914 wurde ein spezieller Brougham gebaut, den eine Gruppe frommer Katholiken für Papst Pius X. in Auftrag gegeben hatte.

CITY & SUBURBAN (GB)

1903 gegründet, repräsentierte diese britische Firma den amerikanischen Hersteller Columbia, wobei die Wagen englische Karosserien erhielten. Die Firma war besonders erfolgreich, nachdem sich die Königin Alexandria für eines ihrer Modelle interessierte und auch der Prinz und spätere König Georg V. einen luxuriösen Brougham bestellt hatte. Das preiswerteste Angebot war der Typ Niagara für 250 Pfund, speziell gedacht für die Hausärzte. Die Firma beschäftigte sich auch mit Hybridantrieben, die einen englischen Daimler-Motor erhielten, schloss aber schon 1905 ihre Pforten.

CLEANAIR (GB)

Der IAD Cleanair wurde 1991 vom International Automotive Design of England als Auftragsarbeit der schwedischen Firma Clean Air Transport entwickelt. Das Modell L.A.301 erhielt den von der Stadt Los Angeles gesponserten Preis für ein vierplatziges Hybridfahrzeug für die Zukunft, das einen Elektromotor mit einem kleinen Gasmotor verband. Einzelne Teile stammten vom Chevrolet Lumina und Mazda MX5. Das Fahrzeug sollte ab 1993 für etwa 25.000 Dollar angeboten werden.

»Die weltweite Autoindustrie bereitet sich auf die Situation autofreier Innenstädte mit der Entwicklung von E-Mobilen vor – für die Zeit nach einer Sperrung der Citys für Fahrzeuge mit Verbrennungsmotor … Elektrofahrzeuge sind in den nächsten Jahren, wahrscheinlich Jahrzehnten, typische Zweit- oder Drittwagen.«

Informationsdienst fairkehr 3/1991

CLEANOVA (F)
Im Jahr 2000 planten die Gruppen Dassault und Heuliez die gemeinschaftliche Entwicklung von Elektrofahrzeugen, die mit neuartigen Lithium-Ionen-Akkus ausgerüstet wurden. 2002 gründeten die Firmen die Société de Vehicules Electriques (SVE). Die Gruppe Dassault steuerte ihre Kompetenz auf dem Sektor der Batterieaufladung bei, während Heuliez ein großer Karosseriehersteller war. 2009 präsentierte Cleanova mehrere Modelle, die teilweise auf bekannten Fahrzeugen basierten (wie Renault Kangoo).

CLOU (D)
Die »Automobil-Bauerei« Clou von Alfred Karfunkel in Berlin-Charlottenburg stellte 1906 bis 1908 Kraftwagen eigener Konstruktion her und brachte 1907 auch ein elektrisches Dreirad heraus. Die schweren Akkus limitierten die Nutzlast der Transportversion auf 300 kg.

COLUMBUS (USA)
Die Columbus Buggy Co. in Columbus, Ohio, wurde 1907 in den Räumen der kurz vorher in Konkurs gegangenen Autofirma Bramwell gegründet. Der Columbus Highwheeler war wahlweise mit Elektromotor oder einem luftgekühlten, 10 PS starken Zweizylinder-Benzinmotor erhältlich. Ab 1909 gab es auch Vierzylinder-Modelle. Im gleichen Jahr entstand ein Wagenmodell namens Firestone-Columbus, benannt nach dem Investor und Reifenhersteller Clinton D. Firestone.
1913 stellte man ein Modell mit Sechszylindermotor vor, parallel dazu gab es weitere Fahrzeuge mit Elektroantrieb und Antriebsaggregaten von General Electric. Der Werbeslogan der Firma lautete: »A Vehicle for the Masses, not a Toy for the Classes«.

COMARTH (E)
Comarth Engineering in Murcia stellte 2005 seine Produktion von Sportwagen auf Elektrofahrzeuge um – und baute verschiedene attraktive Modelle von elektrischen Freizeit- und Transportfahrzeugen, die hauptsächlich in andere Länder exportiert wurden, da der spanische Markt noch nicht reif für Elektrofahrzeuge war. Eine Finanzspritze 2010 von einer Risiko-Kapitalgruppe und eine weitere vier Jahre später von Fagor, Hersteller von Kühlschränken und Waschmaschinen, sowie Verträge mit der norwegischen Post und großen Kunden in Frankreich hielten die Produktion aufrecht. Die kompakten Fahrzeuge erhielten offene oder geschlossene Karosserien. Das Unternehmen musste 2017 Konkurs anmelden und wurde 2019 aufgelöst.

CROMPTON (GB)
Einer der vielen englischen Firmen, die in den 1960er Jahren kleine elektrische Transporter aller Art bauten, besonders für die Haus-zu-Haus-Belieferung von Lebensmitteln.

CUSTER (USA)
Der Cootie von Levitt Luzern Custer war in den Zwanziger Jahren das kleinste Elektrofahrzeug der Welt, welches eine Straßenzulassung erhielt; fast ein Kinderauto, aber auch für einen Erwachsenen geeignet.

DACIA (RO)
Die Uzina de Autoturisme Pitesti, Progesul, Ploiesti in St. Gageni/Rumänien begann 1968 mit der Fabrikation von Personenwagen in Lizenz des Renault 12. Ab 1977 wurden Autos der Marke Dacia auch exportiert, und Anfang 2021 erschien das erste Elektromodell.

DAVID (E)
Die Firma David in Barcelona produzierte jahrelang Kleinstwagen, übernahm auch die Vertretung von Citroën und bot auf dieser Basis elektrifizierte Taximodelle an. Auf Bestellung baute David Fahrzeuge auf gebrauchten Chassis und Komponenten auf, aber mit moderner Karosserie, wobei der Benzinmotor einem elektrischen weichen musste.

DENKA (J)
Auch in Japan gab es schon vor dem Zweiten Weltkrieg Firmen, die Elektrofahrzeuge fertigten. Die Nippon Electric Car baute ihren Denka seit den Dreißiger Jahren bis 1951 in kleinen Stückzahlen. Auch wurden benzinbetriebene Fahrzeuge auf elektrisch modifiziert, was besonders in den Kriegsjahren für kleine Transportmodelle interessant war. Das Nachkriegsmodell BA basierte auf einem Toyota.

DEY (USA)
Ein mit hohen Erwartungen vorbelastetes Projekt eines leichten und billigen Elektrowagens war der Dey. Informationen über dieses Fahrzeug geisterten ab Mitte 1912 durch die Presse. Unter den Mitarbeitern an diesem Auto befand sich auch Dr. Charles P. Steinmetz, der folgende Einzelheiten verriet:
»Unsere Konstruktion ist hübsch einfach. In jedem elektrischen Motor gibt es zwei wichtige Teile, den Stator und den Rotor (Anker). Im normalen Fall ist der Stator feststehend, während der Anker sich dreht, oder umgekehrt mit einem fest stehenden Anker. In unserem Fahrzeug steckt etwas ganz Revolutionäres: Beide Teile drehen sich. Dieser einzigartige Motor ist an der Hinterachse eingebaut; der Statorteil treibt eines der Hinterräder an, der Ankerteil das andere, der Motor arbeitet somit als eigenes Differenzial. Das erlaubt eine leichtere Batterie. Und allgemein ein niedriges Gewicht, da einzelne Versteifungsteile wegfallen.«
Andere positive Gesichtspunkte seien die geplante Massenfertigung, denn nur durch diese sei ein niedriger Verkaufspreis zu verwirklichen, sowie eine Rückspeisung der Energie bei Bergabfahrten – weitaus mehr als angenommen, wodurch sich die Reichweite erhöhe.
Der hinter diesem Projekt stehende Elektroingenieur Harry E. Dey aus New York, der sich mit sieben weiteren Spezialisten zusammengetan hatte, um dieses Projekt eines relativ preiswerten Elektrofahrzeugs zu realisieren, sprach von einem möglichen Preis von 750 Dollar. Das zweisitzige Ford Model T kostete 440 Dollar, ein vergleichbarer Detroit Electric hingegen 1975 Dollar.
Im Dezember 1916 hieß es, dass »die größte Überraschung auf dem Sektor der Elektrofahrzeuge« unmittelbar bevorstehe. Die Dey Electric Corporation aus New York City, unter der technischen Leitung von Charles Steinmetz, werde eine Fabrik zum Bau dieser Fahrzeuge in der Metropole eröffnen; die Firma stehe auf soliden finanziellen Beinen und könne zudem mit der Unterstützung durch einen der großen Elektrizitätskonzerne rechnen.

Vorgesehen war ein praktischer offener Zweisitzer mit viel Platz. Wenig später sollte eine Limousine erscheinen, auch von einem leichten Transporter war die Rede. Gebaut wurde der Dey aber nie, obwohl noch 1919 in der Presse Informationen erschienen, wonach bald die ersten Maschinen für die Fertigung des Dey eintreffen würden. Fake news, denn die Gesellschaft hatte längst Konkurs angemeldet. Immerhin existierte ein Prototyp, der auch zu Werbeaufnahmen diente und vermutlich ein modifizierter Ford war.
siehe auch DEY-GRISWOLD

DOUGLAS (USA)
Douglas war eine kleine amerikanische Firma, die zwischen 1900 und 1903 einige Elektrofahrzeuge mit eleganten Karosserien von Healey aus New York baute.

DUX (RUS)
Die Moskauer Dux Fahrradwerke, Inhaber J. Möller (russisch: Meller), firmierten als Tochtergesellschaft der gleichnamigen Firma in Leipzig-Wahren und stellten in den Jahren 1904 bis 1907 etwa 200 Automobile her, die als Dux bzw. Duks bekannt wurden. Die Fahrzeuge hatten einen 4 PS leistenden 1940-ccm-Einzylindermotor; ein Dux war 1907 das erste Moskauer Motortaxi.
Bei Dux entstanden auch Dampf- und Elektrowagen, ferner baute man dort Draisinen und ein Luftschiff. 1910 wurde die Produktion von Motorrädern aufgenommen.

ELCAT (FIN)
Die finnische Firma Elcat Oy in Helsinki baute ab 1990 elektrische Transporter auf Basis des japanischen Subaru Sambar speziell für die finnische Post. Die Leistungen wurden mit 90 km/h und 80 Kilometer Reichweite angegeben. Insgesamt wurden etwa 200 Einheiten bis zum Jahr 2002 produziert.

ELECTROBUS (GB)
Die Londoner Electrobus Company baute ab 1906 elektrische Busse. Sie war das erste Unternehmen dieser Art und baute auch elektrische Doppeldecker, die beim Publikum sehr beliebt waren. Obwohl auch einige Busse nach Brighton und Hove geliefert wurden, litt das Unternehmen von Anfang an unter finanziellen Problemen, die 1910 zur Aufgabe des Geschäfts führten. Die Busse waren noch bis 1917 im Einsatz.

ERAD (F)
Erad aus Aniche war einer der größeren französischen Hersteller von Kleinstfahrzeugen, die in Stückzahlen von 30.000 Einheiten zwischen 1975 und 1997 entstanden, darunter auch 800 mit elektrischem Antrieb. Besonders modern war der Spacia ab 1990, der die Idee des Einvolumenfahrzeugs im Stil eines Renault Espace auf Kleinstwagen übertrug. Das Fahrzeug war eines der ersten elektrischen Modelle, das einen Crashtest mit guter Note überstand.

ESORO (CH)
Die Esoro AG in Zürich war Anfang der 1990er Jahre Weltmeister der Prototypen-Solarmobile mit ihrem Esoro II; jahrelang baute die Firma effiziente Leichtmobile und erreichte ein Maximum an Leistungsfähigkeit und Energie-Effizienz. Die Firma ist heute noch Spezialist für faserverstärkten Kunststoff, Konzeptfahrzeuge, Produktentwicklung und Systemintegration.

EXPOCAR (D)
1995 stand auf der Nutzfahrzeugmesse in Hannover der von der Firma Ecocarft-Addinol angebotene Expocar, ein elektrischer Transporter im Baukastenprinzip, der in Sachsen gebaut werden sollte. Ein 9-kW-Drehstrommotor trieb das praktische Fahrzeug an. Die Reichweite lag bei 80 Kilometern.

FERVELECTRIC (E)
Die Firma Industrias Ferve aus Tarragona, Spezialist für Batterien und elektrische Komponenten, stellte 1967 ein elektrisches Fahrzeug im Stil eines Rambler von 1902 vor, eine Eigenentwicklung, die sogar eine Verkehrszulassung erhielt. Ende der 1970er Jahre montierte der Besitzer der Firma, Joan Ferret, auf dieses Modell solare Zellen und realisierte damit das erste Solarfahrzeug Spaniens.

FIEDLER (D)
Die Berliner Elektromobil- und Akkumulatoren GmbH Fiedler stellte um 1900 einige leichte Fahrzeuge mit Elektroantrieb auf die Räder, die als Droschken ihren Dienst taten. Fiedler-Geschäftswagen wurden auch vom Kaufhaus Tietze (später Hertie) zur Warenlieferung eingesetzt.

FIEDLER & JAECKEL (D)
Die Accumulatorenfabrik Fiedler & Jaeckel (Inhaber: Lothar Fiedler und Emil Jaeckel), Berlin SW, präsentierte 1899 ihre ersten Elektromobile. Die mit zwei 2,5-PS-Elektromotoren ausgestatteten Fahrzeuge konnten ihre Abstammung von der Kutsche kaum verleugnen. Eine Lieferwagenausführung (ca. 0,7 t Nutzlast) stand als erster deutscher Fleischerwagen für eine Spandauer Metzgerei im Dienst. Nachdem

»Hohe Strompreise verderben jede Lust auf das Elektroauto. Wer damit Fernstrecken fahren will oder muss, erlebt sein blaues Wunder. So wird das nichts mit der Transformation!«

Holger Appel,
FAZ, 22.02.2022

Der Esoro E301 stand als Weltpremiere auf dem Genfer Autosalon 1993 – ein Leicht-Elektromobil mit hoher passiver Sicherheit.

1969 baute der französische Ingenieur J.A. Gregoire, der schon in den 1940er Jahren den C.G.E Tudor entworfen hatte, ein neues elektrisches Fahrzeug, das mit Akkus der Firma Fulmen bestückt war.

»Deutschland steht vor einer zweiten industriellen Revolution. Dafür braucht es aber klare Vorgaben … Wenn BMW, Daimler und Volkswagen jetzt Milliarden in die E-Mobilität investieren, dann hat der Staat die Aufgabe, dafür zu sorgen, dass es überall auch genug Ladestationen gibt. Das geht bisher zu langsam voran.«

Olaf Scholz im Interview mit dem ADAC, August 2021

Jaeckel Ende 1899 das Unternehmen verlassen hatte, wurde es in Berliner Electromobil- und Accumulatorenwerke Fiedler & Co., Commandit-Gesellschaft umfirmiert. Am 27. August 1900 wurde Konkurs angemeldet.

FLADER (D)

1860 gründete E. C. Flader in Jöhstadt, Sachsen, eine Landmaschinenfabrik. 1904 wurde daraus eine Fabrik für motorisierte Feuerlöschgeräte, die vorher von Pferden gezogen worden waren. Die Feuerwehrleiter ließ sich manuell oder durch einen Elektromotor ausfahren. Die Wasserpumpe wurde durch eine Dampfmaschine angetrieben. Die ersten Fahrgestelle der von Flader ausgerüsteten Feuerwehrautos kamen von der NAMAG in Bremen, hatten Radnabenmotoren an allen vier Rädern und boten Platz für zwölf Mann. Die 176-Volt-Akkus, die für 100 Kilometer Reichweite ausgelegt waren, lieferte der Batterie- und Nutzfahrzeughersteller Hagen aus Köln. Ab etwa 1910 bezog Flader die Fahrgestelle von Horch und Hille; es entstanden mehrere Überland-Automobilspritzen mit Wassertanks von 1500 Liter und Platz für elf Mann Besatzung. Weitere Mannschafts- und Gerätetypen folgten. Bis 1939 beschäftigte sich Flader mit Ausstattungen, Neubauten und Umbauten sowie Reparaturen von Feuerwehrfahrzeugen.

FRAM (D)

Die Deutsche Elektromobil GmbH in Düsseldorf war Lizenznehmer des italienischen Elektrofahrzeugs Cantono, die 1911–1913 wie die vom gleichen Hersteller gebauten Benzinmotorwagen unter der Marke Fram durch eine Auto AG in Berlin verkauft wurden.

FULMEN (F)

1969 baute der französische Ingenieur J.A. Gregoire, der in den Vierziger Jahren den C.G.E. Tudor entworfen hatte, ein neues elektrisches Fahrzeug, das mit Akkumulatoren der Firma Fulmen ausgerüstet wurde. Die kantige Form nach Art eines Mini-Van als Zweisitzer mit Laderaum für 125 kg entwarf der Designer Philippe Charbonneaux. Auffälligste Merkmale dieses Modells waren die pneumatische Federung mit unter leichtem Druck stehenden Kissen – ein Patent von Gregoire – sowie ein 14,6 kW starker Drehstrommotor der Firma Unélec.

G.E.M. (F)

Von 1907 bis 1909 stellte die Société Générale d'Automobiles Électro-Mécaniques in Puteaux bei Paris Automobile unter der Markenbezeichnung G.E.M. her. Sie waren eine Konstruktion des Ingenieurs und Rennfahrers Léonce Girardot, der vorher Fernand Charrons Teilhaber an der Automobilfirma C.G.V. gewesen war. Die Besonderheit des G.E.M. war sein Hybridantrieb: Er war ein Elektrowagen mit einem 20 PS starken Vierzylindermotor, der bei Bedarf über einen Generator die Akkumulatoren auflud. Während der normalen Fahrt wurde die überschüssige elektrische Kraft wieder in die Akkumulatoren zurückgeführt. Spätere Modelle erhielten einen Vierzylindermotor System Daimler-Knight. Léonce Girardot liierte sich 1912 mit der Firma Daimler in Coventry, um deren Fahrzeuge in Frankreich zu verkaufen; 1913 baute er einige Automobile unter eigenem Namen, versehen mit Charron-Fahrgestellen und Motoren von Panhard-Levassor.

GOUPIL (F)

Die französische Firma Goupil baut seit 1996 elektrische Fahrzeuge für die Stadt, Industrie und Freizeit. Die Firma wurde 2011 von Polaris aufgekauft und vertreibt seither ihre Modelle G2, G4, G5 und G6 in 35 Ländern. Die Reichweiten dieser praktischen Fahrzeuge liegen bei etwa 110 Kilometer.

GRÄF & STIFT (A)

Diese seit 1907 bestehende Firma baute in den Dreißiger Jahren elektrische Nutzfahrzeuge für die Post.

Rechts: Gräf & Stift Elektro-Pritschenfahrzeug Typ Z1 von ca. 1930.

Ganz rechts: Der große Goupil G6, 2011.

Links: G.E.M. Hybrid von 1907 (vergl. Abbildung auf Seite 65).

Oben: Hispano-Suiza 531 Lieferwagen von 1939.

GREENPOWER (CDN)

Als GreenPower Transit wurde 2012 in Ottawa ein Hybrid-Stadtomnibus vorgestellt, dem 2014 ein vollelektrischer Bus folgte. Die GreenPower Transit Corp. ist zwar ein kanadisches Unternehmen, ließ die Fahrzeuge bisher jedoch in China bei der Xiamen Fengtai International Co. bauen. Mit der Bezeichnung EV550 entstand dort 2016 auch ein elektrischer Doppeldecker mit 100 Sitzplätzen und einer Reichweite von 480 Kilometern der in Victoria, B.C., in Diensten der Kreuzfahrtreederei CVS Tours steht.

GRINNELL (USA)

Zwischen 1912 und 1915 baute diese Firma in Detroit elektrische Coupés und Limousinen, die alle anderen vergleichbaren Modelle in den Schatten stellen sollten. Der Fahrer konnte von hinten und von vorne aus steuern, eine patentierte Windschutzscheibe hielt sich regenfrei, und die Karosserie war aus Aluminium. Für viele weitere technische Details waren Patente angemeldet worden.

GURGEL (BR)

Die brasilianische Firma in Sao Paulo baute nicht nur Geländewagen mit verschiedenen VW-Motoren, sondern auch leichte Transporter, und ab den Achtziger Jahren den Itapu, eines der ersten elektrischen Fahrzeuge des Landes.

HARBOROUGH (GB)

1964 entstand ein rhombischer Elektrowagen mit um 90 Grad nach beiden Seiten schwenkbaren Vorder- und Hinterrädern, somit konnte sich das Fahrzeug um sich selber drehen. Jedes der Räder war mit einem 13 kW leistenden Elektromotor ausgerüstet. Die Karosserie bestand aus Kunststoff.

HARPER (GB)

Die kleinen Dreiräder dieser Marke aus Devon mit ihrem Aufbau aus GfK wurden zwischen 1953 und 1960 in kleiner Stückzahl mit elektrischen Motoren ausgerüstet. Der Harper war auch als Invalidenfahrzeug registriert.

HAUTIER (F)

Die Société Hautier aus Paris stellte 1899 ein Elektrofahrzeug mit Hansom-Karosserie aus, der Fahrer saß hinten auf einem erhöhten Sitz. Es blieb ein Einzelstück.

HELLMANN (D)

Der Ingenieur Heinrich Wilhelm Hellmann, Berlin, gründete 1902 die Firma Maschinen- und Apparatebau H. W. Hellmann zur Fabrikation und zum Verkauf elektrischer Automobile nach seinem System. Bekannt wurde sein 1902 entwickeltes Transport-Elektrodreirad, dessen hinteres drittes Rad mittels Zahnrad- und Kettenübertragung durch einen gekapselten 0,75-kW-Elektromotor in Bewegung gesetzt wurde. Im Ladekasten war auch die Batterie verstaut. Die Nutzlast betrug etwa 200 kg. Das Fahrzeug besaß vier Vorwärts- und zwei Rückwärtsgänge.
Außerdem baute Hellmann elektrische vierrädrige Geschäfts-Transportwagen für eine Nutzlast von 750 kg, die 1902 auf der Automobil-Ausstellung in Berlin von der Berliner Motorwagen-Fabrik GmbH (Eryx) gezeigt wurden.

HENNEY (USA)

1868 gründete John W. Henney in Cedarville, Illinois, die Henney Buggy Company zur Herstellung von Pferdewagen; Henneys Sohn John W. jr. begann 1916 in Freeport mit der Anfertigung von Ambulanz-, Bestattungs- und Invalidenfahrzeugen.
1958 entstanden in einem neuen Anlauf der Henney Motor Co., jetzt in Canistoga/New York, Elektroautos auf der Basis der Renault Dauphine und mit der originellen Bezeichnung Henney Kilowatt. Dieser Wagen wies 36 2-Volt-Akkuzellen und einen 5-kW-Elektromotor auf. Weiterentwicklung und Produktion liefen bis 1964 *(siehe auch Seite 130).*

HENTSCHEL (D)

Das Spezialgebiet der in Berlin SW angesiedelten Maschinenfabrik Hentschel & Co. war 1906–1914 die Herstellung elektrisch angetriebener Straßenkehrmaschinen mit Wasserbespülung, von Schneepflügen und Müllwagen, von denen die Firma zahlreiche Exemplare an die Berliner Stadt-

»Um in Deutschland fast alle Fahrzeuge zu elektrifizieren, bräuchte man nach Berechnungen der FAZ 27 Millionen Solaranlagen, 200 Gaskraftwerke oder 35.000 Windkraftanlagen.«

Prof. Jörg Welnitz, Ingolstadt, 2019

JANUARY, 1917. ELECTRIC VEHICLES 3

The

DEY ELECTRIC

A Revolutionary Design

With a New Double Rotor Motor, self contained in the rear axle, eliminating propeller shaft and mechanical differential, the Dey Electric is the

—Simplest in design *—Lowest in price*
—Lightest in weight *—Highest in efficiency*

You must see this car to appreciate its many points of superiority.

On exhibition at the New York Show

Dey Electric Corporation
45 Broadway New York

Werbeblatt vom Januar 1917.

»Als Henry Ford preiswerte und zuverlässliche Autos herzustellen begann, haben die Leute gefragt: Was ist falsch an Pferden? Er ist da eine große Wette eingegangen – und er hat sie gewonnen.«

Elon Musk, Tesla-Chef, 2020

verwaltung lieferte. Gebaut wurden auch mittlere Nutzfahrzeuge mit Benzin- und Petroleummotor sowie elektrische Vorspannachsen für Kommunalfahrzeuge.

HISPANO-SUIZA (F/E)

Hispano-Suiza präsentierte 1940 ebenfalls ein Elektrofahrzeug: Im französischen Werk der spanischen Firma wurde der Prototyp eines dreirädrigen Transporters erstellt, Eine Produktion wurde jedoch nicht aufgenommen. 2019 wurde der Markenname erneut aufgegriffen: Auf dem Genfer Autosalon stand der Carmen, ein Elektrofahrzeug der Superlative, angetrieben von zwei 375 kW starken Elektromotoren (gesamt 1019 PS), einer Höchstgeschwindigkeit von 250 km/h, einer Beschleunigung von 3 Sek. von 0-100 km/h und einem Preis von über 1,5 Millionen Euro. Ende 2020 wurde das zweite Modell vorgestellt, der Carmen Boulogne. Bei diesem Modell stehen vier Motoren im Einsatz, zwei an jedem hinteren Rad, mit einer Leistung von 1114 PS und einem Drehmoment von 1600 Nm. Die Polymer-Lithionen-Akkus sollen für eine Reichweite von 400 Kilometer sorgen.

Links: ICM Lieferwagen von 1945.

Unten: Ein Hiriko in Berlin, 2012.

HIRIKO (E)

Anfang 2012 wurde der erste fahrbereite Hiriko in Brüssel vorgestellt, das vielleicht modernste Konzept eines elektronischen Kleinwagens, ein Zweisitzer mit robotisierten Rädern sowie Vierradantrieb und -lenkung, einem Elektromotor in jedem Rad. Hiriko, das baskische Wort für Stadtwagen, verkörperte ein neues Mobility-on-Demand System, speziell für flexible, Verkehrsträger übergreifende Mobilität in Metropolen gedacht. Innovativ die Reduktion von 2,5 Meter auf 2,0 Meter Länge beim Parken und die Möglichkeit, sich um 360 Grad auf der Stelle zu drehen. Der Hiriko sollte in Deutschland im Rahmen des Projektes BeMobility 2.0 des Innovationszentrums für Mobilität und gesellschaftlichen Wandel (InnoZ) erprobt und vorbereitet werden. Im Mai 2013 starb das Konzept aus finanziellen Gründen.

ICM (E)

Die Firma Industrial de Construcciones Móviles aus Valencia entwarf 1940 verschiedene elektrische Fahrzeuge. Zuerst einen Lastwagen für 3,5 Tonnen Nutzlast, danach einen elektrischen Bus. Spezieller war das 1945 vorgestellte Einvolumenfahrzeug, das diese Karosserieart vorwegnahm. Dieses kompakte Fahrzeug als Frontlenker, mit Vorderradantrieb und den Akkus auf der Achse im Heck, gab es auch als Nutzfahrzeug und als Taxi. Es blieb aber bei verschiedenen Prototypen.

JEEP · AMC (USA)

Die Geschichte des Jeep begann im Juni des Kriegsjahres 1940, als der Generalstab der U.S. Army in Camp Hollabird, Maryland, an 135 Unternehmen in den Vereinigten Staaten die Ausschreibung zur Konstruktion eines geländegängigen Universal-Transportmittels herausgab. Innerhalb von 30 Tagen erwarteten die Generäle eine verbindliche Antwort, und ein Prototyp sollte binnen 49 Tagen zur Vorführung bereitstehen. Der Automobilhersteller Willys-Overland ging mit seinem »Jeep« aus dem Wettbewerb als Sieger hervor. Für 60 Millionen Dollar kaufte Ende 1953 der amerikanische Großindustrielle Henry J. Kaiser die Willys-Overland Corporation und führte sie unter dem Namen Willys Motors Inc. weiter. Unter der Marke Kaiser Jeep stellte man 1954 die Modellreihe CJ-5 vor und ein Jahr später den 2WD Dispatcher Surrey, der auf dem CJ-5 basierte und ein Lieferwagen mit Hinterradantrieb war, vorzugsweise von Postbehörden benutzt. 1970 wurde Kaiser Jeep von American Motors übernommen.

Die 1973 eingeführten Modelle Laredo und Cherokee erhielten Turbodieselmotoren von Renault. Die Zusammen-

Als der United States Postal Service 1974 einen Auftrag über 350 elektrische Fahrzeuge für den Zustelldienst vergab, erhielt der Jeep-Hersteller AM General den Zuschlag.

arbeit der Franzosen mit American Motors hatte 1963 begonnen und führte 1979 zu einer Mehrheitsbeteiligung durch Renault, in deren Folge intensiver Allradtechnik-Transfer und Vertriebskooperationen zu beiderseitigem Nutzen stattfanden. Jeep war zu einer von AMC und Renault gemeinsam betreuten Marke geworden.
Als der United States Postal Service 1974 einen Auftrag über 350 elektrische Fahrzeuge für den Zustelldienst vergab, erhielt der Jeep-Hersteller AM General (American Motors) den Zuschlag und stieg in das Geschäft mit einem Nachkömmling des bewährten, auf Elektro- und Zweiradantrieb umgerüsteten CJ-5 Station Car ein. Schon 1968 hatte AMC ein Konzeptfahrzeug namens Amitron vorgestellt, das mit modernen Lithium-Nickel-Fluor- oder zweipoligen Nickel-Kadmium-Batterien der Firma Gulton Industries ausgerüstet war und eine Reichweite bis zu 240 Kilometern versprach.

JULIAN (E)

Schon 1896 entwickelte der spanische Ingenieur Ramón Gabbaró y Julien für die Königin Marie Christina von Habsburg eine elektrische Kutsche, die er in England bei Thrupp & Maberly vervollständigte.

KAZ ELIICA (J)

Der Ingenieur Hiroshi Shimizu präsentierte 2001 ein spektakuläres, achträdriges Elektrofahrzeug mit dem Namen Kaz (japanisches Wort für Frieden). Das Fahrzeug wurde

Vierachsiger KAZ Eliica von 2005.

vom italienischen IDEA Institute fertiggestellt. Vier Jahre später erschien der Eliica, eine Weiterentwicklung von Shimizu und der Keio University, auf der Tokyo Motor Show. Ein Elektromotor in jedem der acht Räder, Leistungen je nach Ausführung zwischen 640 und 860 PS, Geschwindigkeiten von 190 bis 370 km/h waren die Eckdaten; drei der vier Achsen des 5,1 Meter langen Gefährts waren lenkbar.

KELLAND (USA)

Amerikanischer Anbieter von elektrischen Leichtlastwagen zwischen 1922 und 1925. Die Aggregate stammten von General Electric.

KÖHLER (D)

Die im November 1909 in Bremen gegründete Firma Köhlers Bahn-Patente-Gesellschaft baute und betrieb bis 1912 Oberleitungsfahrzeug-Linien, so genannte Gleislose Bahnen. Mit der Elektrifizierung durch das doppelpolige Oberleitungssystem des Ingenieurs Georg Willy Köhler wollte man zuvor eingegangene Automobil-Linien auf rentable Weise ersetzen. Bei Köhlers Patent waren die Fahrdrähte senkrecht übereinander angebracht, der positive verlief unter dem negativen. Als Stromabnehmer diente eine Kombination aus zwei Rollen (oben) und Schleifkontakt (unten). Die Fahrzeuge selbst hatten Gleichstrom-Hauptstrom-Motoren (18/35 PS), die über Kardanwelle und Differenzial die Hinterachsen antrieben. Köhler verwendete auch Radnabenmotoren. Nur fünf Linien entstanden, davon eine 1913 in England durch The Brush Electrical Engineering Co. (Manchester–Stockport) mit drei Wagen für je 22 Personen. Die Fahrzeuge baute die Norddeutsche Automobil- und Motoren AG (NAMAG).

KRUSE (D)

Anfang 1899 nahm die 1837 gegründete Wagenfabrik Gebr. Kruse, Hamburg, die Herstellung von Elektromobilen, Dampfwagen und Dampf-Vorspannwagen auf. Es wurden alle möglichen Fahrzeugtypen vom leichten Personenwagen bis zum schweren Lastwagen gebaut, auch Feuerwehrfahrzeuge. 1909 wurde die Produktion zugunsten des bis 1930 betriebenen Karosseriebaus eingestellt.

LANGE-GUTZEIT (D)

1897 hatte die Bahnabteilung von Siemens & Halske einen ersten Oberleitungs-Omnibus bei Lange & Gutzeit bauen lassen. Energie lieferte sowohl eine Oberleitung als auch ein zwei Tonnen schwerer Akku. Im Auftrag der Neuen Berliner Omnibus-Gesellschaft entstand 1898 ein reiner Elektro-Bus. Die Antriebsbatterien von der Akkumulatorenfabrik Hagen waren unter dem Wagenkasten aufgehängt, um die Fahrgäste nicht durch Säuredämpfe zu belästigen. Jedes Hinterrad wurde für sich durch je einen gefedert am Wagenkasten aufgehängten Elektromotor mit 4 PS angetrieben, die (wie auch die sonstige Elektroausstattung) von der Union-Elektrizitätsgesellschaft, Berlin, stammten; mit einer Ladung schaffte das Fahrzeug die 11 Kilometer nach Kreuzberg und zurück in 10 bis 15 Minuten. Einschließlich Fahrer und Kontrolleur konnte der Verdecksitz-Omnibus 30 Personen transportieren: der Fahrer stand allein auf dem offenen Vorderperron.
Im strengen Winter 1899/1900 vermochten die Batterien ihre Leistung nicht mehr zu erbringen. Der Versuchsverkehr wurde deshalb eingestellt.
1901 bauten Lange & Gutzeit einen Oberleitungsbus für die nach dem »halbautomobilen System Lombard-Gérin« betriebene Strecke Fontainebleau–Samois in Frankreich. Gleichfalls von Lange & Gutzeit stammte der Oberleitungsbus der 1901 von Johann Friedrich Brandt in Eberswalde errichteten Linie. Er wurde von Brandt auf der Deutschen Automobilausstellung 1902 in Berlin gezeigt.

LANCASTER (GB)

Ein Anbieter kleiner Transportfahrzeuge für die Güterverteilung in der Stadt. Die Firma existierte von 1946 bis 1952, ihr letztes Modell erreichte 20 km/h bei einer Reichweite von nicht einmal 30 Kilometern.

LANCIA (I)

Auch Lancia baute nicht nur verschiedene Lastwagen und Busse, sondern in den Kriegsjahren auch ein elektrisches

Links: 1973 vom Designer Giovanni Michelotti gestylter LEM Elektro-Kleinwagen.

Modell, den E290/291, als Zwei- und als Dreiachser, mit 2,0 und 3.5 t Nutzlast und Motoren, die 8,8 PS und im stärkeren Modell 13,6 PS leisteten.

LEM (I)

1973 gestylt vom Designer Giovanni Michelotti, war dieser kleine Stadtwagen ein Konzept für die Zukunft. Bemerkenswertes Detail waren die Türen, die sich nach oben und nach vorn öffneten.

LEW (DDR)

Das Zentrum des Elektrofahrzeugbaus der DDR war das VEM-VEB Kombinat LEW, Hennigsdorf/Osthavelland. Das Kombinat war nach dem Zweiten Weltkrieg aus den ehemaligen AEG-Fabriken entstanden, wo schon seit 1926 Elektrofahrzeuge hergestellt wurden. Berühmt geworden war das Hennigsdorfer Werk durch den Lokomotivbau (seit 1931 zusammen mit Borsig). Nach Kriegsende war im Werk noch Material für etwa 300 Elektrofahrzeuge vorhanden, jedoch lediglich 30 dafür notwendige Elektromotoren. Nach Plünderungen und anschließender Demontage (Potsdamer Abkommen) blieb nicht mehr viel übrig. Anfänglich unterstand das Werk der Sowjet-Aktiengesellschaft (SAG). Man wandte sich dem Bau von Sackkarren, Kochgeschirr und ähnlichem zu, reparierte aber auch alte Elektrofahrzeuge. Für die vorgesehene Wiederaufnahme der Fertigung fehlte es an notwendigen Spezialwerkstoffen und Maschinen, andererseits drängte die politische Führung darauf, unabhängig vom Westen zu werden. Eigene Motoren und Fahrschalter-Konstruktionen entstanden.
Der Zweijahresplan 1949/1950 der DDR sah eine Produktion von 800 Elektrofahrzeugen pro Jahr vor, wovon jedoch nur 46% fertiggestellt werden konnten. Der größte Anteil davon ging wie viele andere Produkte als Reparationslieferungen an Polen und in die UdSSR. Der Fünfjahresplan 1950 bis 1955 sah wiederum die Fertigung von 800 Elektrokarren pro Jahr vor.
Für 1951 waren zusätzlich 1500 Elektrowagen für den Export im Plan aufgenommen worden, die als Zweitonner die Bezeichnung ELA 2 (Elektro-Lastauto) trugen. Die vorgegebenen Stückzahlen wurden jedoch nie erreicht. So stellte man 1954 lediglich 26 und 1955 nur noch 13 Exemplare des ELA 2 her. Mit Ablauf des Fünfjahresplans 1955 stellten die Hennigsdorfer den Elektrofahrzeugbau ein.

LIEBSCHER (D)

In den Jahren 1901 und 1902 erprobte die Reichspost in Berlin einen kleinen, akkubetriebenen Güterpostwagen der Wagenbau-Anstalt Robert Liebscher, Dresden. Das Fahrzeug trug 350 kg Nutzlast und wurde von zwei Elektromotoren von etwa 1,5 kW über die Hinterräder angetrieben. Die Werbung Liebschers »Elektromobile aller Art nach neuesten Erfahrungen« blieb ohne die erhoffte Resonanz, zu der erwarteten Großbestellung kam es nicht.

MARS (USA)

1969 präsentierte die Electric Fuel Propulsion den Mars Van, einen kleinen Lieferwagen, von dem zwölf Einheiten angefertigt wurden. In jenen Monaten baute die Firma auch das Fahrgestell für den Copper Electric und konzipierte den Voltair, der mit Brennstoffzelle und Wasserstoff arbeitete, Systeme, mit denen sich die Europäer ebenfalls intensiv zu beschäftigen begannen. Die Firma entwarf auch Ladestationen, die bis zu vier Elektrofahrzeugen Strom geben konnten, sowie ein Servicefahrzeug mit Anhänger, der liegengebliebene elektrische Fahrzeuge mit Strom versorgen sollte. In zehn Minuten konnte Strom für 30 Kilometer »getankt« werden. Der Anhänger wurde auch als Range Extender angeboten mit einem benzinbetriebenen Generator, der an elektrische Fahrzeuge angehängt werden konnte.

MASERATI (I)

Es war damit zu rechnen, dass auch unter der Marke Maserati ein Elektrofahrzeug auf den Markt kommen würde – es erschien 2020 in Gestalt des Ghibli Hybrid mit einem 2,0-Liter-Vierzylinder-Turbo Benziner und einem 48-Volt-Elektroaggregat. Das Coupé war jedoch nicht der erste E-Maserati; das war ein leichter Lastwagen, den man in Bologna 1941-42 herstellte, vollelektrisch ohne erkennbare Verwandtschaft zu den Rennsportwagen aus gleichem Hause, die seit 1926 dem Namen der Brüder Maserati zu weltweiter Berühmtheit verholfen hatten.

MAZZIERI (I)

Der Mazzieri Micron, 1993 vorgestellt und seit 1994 in Produktion, ist nur 282 cm lang. Die Einvolumenform ergibt viel Innenraum bei kleinen Abmessungen. Der Antrieb erfolgte über einen 72-Volt-Gleichstrommotor mit 8 kW Leistung auf die Vorderräder. Die zwölf 6-Volt Bleiakkus brauchten sieben Stunden für eine komplette Aufladung. Als Reichweite

Links: Mazzieri Micron.

»Wir werden unsere Autos da bauen, wo die Märkte sind. Also auch in Mitteleuropa. Die Ära, in der man weltweit Autos mit dem Schiff transportiert, ist vorüber.«

Le Thi Thu Thui, Chef der vietnamesischen Herstellerfirma Vin-Fast, im Januar 2022 auf der Suche nach einem weiteren Standort für eine Fabrik

wurden 80 Kilometer angegeben, die Geschwindigkeit lag bei 70 km/h. Insgesamt konnten 25 Einheiten hergestellt werden, dann ging der Firma das Geld aus

METROVICK (GB)

Von 1934 bis 1942 baute die Metropolitan-Vickers Electrical Co. in Manchester verschiedene kleine Transportfahrzeuge drei- und vierrädrig, alle mit elektrischen Motoren.

MIDLAND (GB)

Ein weiterer Hersteller kleiner Transporter, der von 1935 bis 1958 verschiedene Modelle anbot.

MINDSET (CH)

Der in der Türkei geborene Designer Murat Günak, jahrelang im Dienst von Mercedes-Benz, Peugeot und Volkswagen, wollte 2008 zeigen, wie die Zukunft der Elektrofahrzeuge aussehen wird. Ein 70 kW starker Elektromotor, von einem Lithium-Ionen-Akku gespeist, beschleunigte sein Fahrzeug in nur sieben Sekunden auf 100 km/h, die Höchstgeschwindigkeit lag bei 140 km/h. Zusätzlich konnte man einen Range-Extender von 17 kW bestellen. Auch gab es Solarzellen auf dem Dach.

MORETTI (I)

Giovanni Moretti gründete als 21-jähriger 1924 in Turin einen Tuningbetrieb für Motorräder, begann bald komplette Rennmaschinen zu bauen und stellte ab 1927 auch dreirädrige Lieferwagen auf Motorradbasis her.
1928 entstand bei Moretti ein vierrädriges Automobil, ebenfalls ein Lieferwagen, den es auch mit Elektroantrieb gab; er wurde bis 1939 unter der Bezeichnung SAMEM (Società Anonima Motocarri Elettrici Moretti) angeboten.
Die Motorradherstellung wurde 1945 wieder aufgenommen, ebenso die von kleinen Elektrofahrzeugen. Zugunsten eines Kleinwagens mit Benzinmotor gab man den Bau von elektrischen Autos aber bald auf. 1961 wurde der Markenname Moretti um den Zusatz Stabilimenti Carrozzerie ergänzt. Die Fabbrica Automobili Moretti S.p.A. stellte erst 1993 ihre Aktivitäten ein.

MUCHOW (D)

Die Muchow & Co. Fahrzeug- und Gerätefabrik GmbH, Berlin, war eine Gründung von Paul Muchow, dem ehemaligen Inhaber der Berliner Firma Hentschel und späteren Direktor der Elitewagen AG. Mit Hilfe der Waggon- und Maschinenbau AG vorm. Busch, Bautzen, übernahm Muchow die Elektromobilbau-Abteilung der Elitewagen zum 1. Oktober 1926. Geschäftszweck war der Bau von Kommunalfahrzeugen aller Art. Mit in den Vorstand trat der ehemalige Direktor der Berliner Stadtreinigung ein, Oberbaurat a.D. K.A. Müller. Das Stammkapital betrug 100.000 RM.

OPPERMANN (GB)

Carl Johann David Oppermann wurde 1838 in Hamburg geboren, wanderte 1862 nach England aus und gründete dort seinen Betrieb als Uhrmacher und Ingenieur. Zwischen 1898 und 1907 baute er unter seinem Namen verschiedene Elektrofahrzeuge, die mit von ihm hergestellten Batterien ausgerüstet wurden. Im Angebot standen verschiedene Karosserien; zu seinen Kunden zählte auch der König von Siam.

PASQUALI (I)

Diese Firma, spezialisiert auf Traktoren, baute ab 2001 den kleinen elektrischen Riscio (Rikscha). Das Dreirad erreichte 40 km/h bei einer Reichweite von etwa 45 Kilometern im Stadtbetrieb.

PEEL (GB)

Die Firma Peel Engineering mit Sitz auf der Insel Man hatte einen Namen als Spezialist für Bootskörper aus Kunstharzteilen, als sie ihren Kleinstwagen Manxman 1955 vorstellte, nur 132 cm lang bei 60 kg Gewicht. Es folgte 1964 der Trident. 1966 bestellte die britische Regierung vier Einheiten mit Elektromotor. Aber erst ab 2010 gibt es dieses Fahrzeug mit einem Gleichstrom-Elektromotor von 2.5 kW, gut für 60 km/h und mit einer Reichweite von 30 Kilometern.

PEGASO (E)

Hispano-Suiza entwickelte Ende der 1930er Jahre Oberleitungsbusse auf Basis ihres Modells 66. Nach der Gründung von ENASA mit der Übernahme der spanischen Firma Hispano-Suiza entstanden auch in Madrid elektrische Nutz-

Pegaso Z-601 Elektrolastwagen aus Spanien; rechts daneben der in Ungarn gebaute Puli.

fahrzeuge. Der Z-601 übernahm einzelne Komponenten von der französischen Firma Sovel, der Z-602 dagegen benutzte nationale Teile und Motoren. Das hohe Gewicht der Akkus schränkte die Nutzlast reichlich ein.

PERAVES (CH/CZ)

Der Schweizer Arnold Wagner baut seit 1984 Kabinenmotorräder, bekannt unter dem Namen Oekomobil – zweirädrige Fahrzeuge mit BMW-Motor und geschlossener Kabine, die im Stillstand von automatisch ausfahrenden Stützrädern gehalten werden. Nachdem die Firma 2009 ihre erste Version mit 100-kW-Elektromotor anbot, E-Tracer genannt, ein extrem schnelles Fahrzeug, wurde die Produktion nach Tschechien verlegt. Das elektrische Fahrzeug gewann 2010 den internationalen und auf 2,5 Millionen Dollar dotierten Progressive Automotive Award,

PIEPER (B)

Die Société des Etablissements Pieper in Nessonvaux bei Lüttich war ein Hersteller von Handfeuerwaffen und Fahrrädern, der 1899 bis 1903 auch Automobile anbot. Elektromobile sowie Fahrzeuge mit Mischantrieb wurden ebenfalls hergestellt; die Kombination von einem 3,5-PS-Benzin- mit einem Elektromotor befand sich unterhalb der Sitzbank.

PONTICELLI (I)

Seit 1996 gab es die speziellen Müllfahrzeuge der Firma Ponticelli, die einige hundert Einheiten in wenigen Jahren bauen konnte. Da die Reichweite bei harter Arbeit sehr gering war, wurde das Fahrzeug auch als Hybrid in Verbindung mit einem Sechszylinder-Dieselmotor von Renault oder mit einem Erdgas-Motor angeboten.

PULI (H, CH)

Puli City und Caby waren kleine Leichtfahrzeuge, in Ungarn speziell für den Schweizer Markt in den 1990er Jahren gebaut.

ROLLS-ROYCE (GB)

Obwohl Henry Frederic Royce seine berufliche Laufbahn als Elektroingenieur begann, hat er niemals einen Elektrowagen gebaut. Ein solcher entstand als Prototyp erst unter der Doppelmarke Rolls-Royce, seit Januar 2003 zur BMW Group gehörend, 2021–22, und wann der u.a. am nördlichen Polarkreis über eine Distanz von 2,5 Millionen Kilometer – teils bei -40° C – getestete Rolls-Royce Spectre Full Electric in Produktion gehen würde, blieb zunächst offen. Die Langzeiterprobung umfasste auch Hunderte von vollautomatisch erfolgenden Funktionen, die autonome Fahrsimulation eingeschlossen.

ROMANOV (RUS)

Hippolyte Romanov baute 1899 das erste russische Elektrofahrzeug, ein Taxi mit Hansom-Karosserie. Das Modell wurde unter dem Namen Cuckoo bekannt und besaß eine Rekuperationsbremse. Zwei Jahre später baute Romanov einen elektrischen Bus für 17 Fahrgäste.

ROSENGART (F)

Die französische Automobilfirma von Lucien Rosengart, die ihre Produktion mit dem Nachbau des Austin Seven begonnen hatte, musste notgedrungen in den Kriegsjahren einige ihrer Wagen zu Elektrofahrzeugen umbauen, da das Benzin rationiert war. Die Electrilux genannten Modelle waren allerdings doppelt so teuer wie die Fahrzeuge mit Benzinmotoren.

ROWAN (GB)

Die wenig bekannte Firma Rowan überraschte 1967 mit einem kleinen Elektrowagen, der angeblich »alle Erwartungen übertraf«. Man sprach von einer Geschwindigkeit von 70 km/h bei einer Reichweite von über 300 Kilometern. Die elegante Karosserie stammte vom Designzentrum Ghia in Italien. Der 2+2 hatte zwei elektrische Motoren zum Antrieb der Hinterräder. Nur zwei Prototypen sind entstanden.

SACHSENRING (D)

Die VEB Sachsenring Zwickau wurde 1957 nach dem 1948 übernommenen Horch Automobilwerk gegründet. Nach der Wiedervereinigung der beiden deutschen Länder entstand 1992 eine private Entwicklungsabteilung von Sachsenring unter dem Namen FES GmbH, ein Untenehmen, das 1993 an die Gebrüder Rittinghaus verkauft wurde. Unter dem neuen Namen Sachsenring Automobiltechnik GmbH entstanden 1998 einige Prototypen mit Hybridantrieb, der Uni1, ein Van, ein neues Konzept eines Taxis sowie ein Pick-up, ausgerüstet mit einem Turbodieselmotor von 66 kW und einem zwischen dem Diesel und dem Getriebe eingebauten Elektromotor mit 30 kW Leistung. Beide Motoren wirkten auf eine Antriebswelle und konnten getrennt oder gemeinsam arbeiten. Eine Serienproduktion war vorgesehen, aber schon 2002 musste ein Insolvenzantrag gestellt werden. Die Firma wurde neu gegründet und das Stammwerk in Zwickau 2006 an die HQM Gruppe verkauft.

SÄCHSISCHE ACCUMULATORENWERKE (D)

Die Sächsische Accumulatorenwerke, System Marschner, Act.-Ges., Dresden, produzierte ab 1898 Elektromobile. Auf der Leipziger Motorwagenausstellung 1899 präsentierte die Gesellschaft den Prototyp eines Geschäftswagens für 1,6 t Nutzlast. Der Antrieb erfolgte über zwei 1,5/2,5-PS-Elektromotoren mit direkter Zahnradübertragung auf die Vorderräder. Seine Reichweite betrug etwa 30 Kilometer bei einer Geschwindigkeit von 12 km/h. Man lenkte das Fahrzeug, indem die Umdrehung des linken bzw. des rechten Elektromotors gedrosselt wurde. Bei Geradeausfahrt liefen beide Motoren mit gleicher Tourenzahl. Weder im Akkumulatorengeschäft noch im Elektromobilbau hatten die Dresdener Erfolg. Am 22. Juni 1901 meldeten sie Konkurs an

SAM (CH, PL)

1996 gründete das Entwicklerteam vom Projekt Swatch (Smart), der Designer Marc Frehner, der Technologe Daniel Ryhiner und der Manager Reiner Martin, die Cree AG und stellten 2001 den dreirädrigen Sam Cree vor, ein sparsames Elektroauto mit Tandemsitzen. Nach 90 Einheiten musste die Firma 2003 die Produktion einstellen, sechs Jahre später entstand noch ein weiteres Modell aus Einzelteilen. Im

»Mit der heutigen Technik dauert ein Ladevorgang nun einmal mehrere Stunden. Versuche, deutlich schneller zu laden, dürften sowohl Batterie als auch Stromnetz stark belasten.«

Prof. Martin Winter, Batterieforscher an der Universität Münster, in der *Süddeutschen Zeitung* am 20.08.2008

2021/22 testete Rolls-Royce einen in München zugelassenen, mit Tarnbemalung versehenen Elektro-Spectre (kein Hybrid) unter anderem in nördlichen Polarregionen. Technische Details wurden nicht bekanntgegeben.

Sommer 2009 wurde eine neue Produktion im polnischen Pruszkow aufgezogen; das Fahrzeug wurde für etwa 15.000 Euro angeboten. Der 15-kW-Motor war gut für 85 km/h Höchstgeschwindigkeit und eine Reichweite von 50 bis 70 Kilometer. Die Produktion musste 2014 eingestellt werden.

Oben: Romanov Bus von 1901 mit 17 Plätzen.

Links: Die wenig bekannte Firma Rowan Ltd. überraschte 1967 mit einem kleinen Elektrowagen, der angeblich »alle Erwartungen übertraf«. Nur zwei Exemplare wurden gebaut.

Links: Sachsenring Uni1 Taxi von 1998.

SANTANACH (E)

Isidro Santanach Montorro arbeitete viele Jahre an seinem elektrischen Renault Gordini, den er 1973 in Barcelona vorstellte. Er verband zahlreiche Systeme, zwei elektrische Motoren mit je 3,5 PS, einen 4 PS starken Stromgenerator sowie spezielle Super-Kondensatoren mit einer Stromleistung in den ersten Minuten von 300 Ampère. Später sollte der Stromgenerator durch Brennstoffzellen oder Solarenergie ersetzt werden. Mit dieser Kombination wurden relativ hohe Reichweiten erzielt. Doch das Projekt fand keine weitere Unterstützung.

SARASIN (D)

Der Ingenieur Marcus Sarasin aus Treptow bei Berlin erhielt am 25. Februar 1898 das Patent auf das von ihm entwickelte »Verfahren zum Laden der Sammlerbatterien von mittelst solcher betriebenen Straßenfahrzeugen, wie Omnibussen und dergl., daß der Wagen auf Schienen einer elektrischen Bahnstrecke mit äußerer Stromzuleitung gelenkt und durch ein fünftes, mit Spurkranz versehenes verstellbares Rad des Wagens auf denselben geführt wird, während mittelst eines am Wagen vorgesehenen Stromabnehmers von der Zuleitung der Bahnstrecke der Sammlerbatterie ein Ladungstrom zugeführt wird, welcher durch das fünfte Rad oder einen anderen Schienencontact und die als Rückleitung dienenden Schienen geschlossen wird.«
Im Juni 1898 führte Sarasin in der Gegend von Hagen, Westfalen, Versuchsfahrten mit einem Fahrgestell durch, das für einen Omnibusaufbau verwendet werden konnte. Es war mit 150-V-Akkus der Accumulatorenfabrik Hagen ausgerüstet. Die Ladung reichte für eine Strecke von 15 Kilometer bei 15 km/h. Der Antrieb erfolgte durch einen 8-PS-Motor über Ketten auf die Hinterräder.

S.D. (GB)

Die britische Firma Shelvoke & Drewry in Letchworth, gegründet 1922, konzentrierte sich jahrelang auf die Herstellung von Lastwagen bis drei Tonnen Nutzlast, genannt Freighter, versehen mit winzigen Rädern und einer Deichsellenkung. Obwohl die meisten Fahrzeuge mit verschiedenen Benzinmotoren ausgerüstet wurden, gab es auch einige elektrische Modelle, speziell als Müllwagen. Weitere Modelle wurden auch zu Bussen umgebaut, die unter dem Namen Tramocars bekannt wurden. In der Nachkriegszeit baute die Firma größere Lastwagen, Feuerwehren und andere Spezialfahrzeuge.

SCHIEMANN (D)

Der Ingenieur Max Rudolf Willy Schiemann (1866–1933) ist der bekannteste Pionier im Trolleybusbau. Nachdem Werner Siemens bereits 1881 erfolglos Versuche mit einem Oberleitungs-Omnibus unternommen hatte, wurde diese Idee der »gleislosen Bahnen« um die Jahrhundertwende erneut aufgegriffen – von Lombard-Gérin (Brandt), Stoll und Schiemann. 1898 hatte sich Max Schiemann zusammen mit Robert Liebscher ein Gebrauchsmuster eines einachsigen Vorspannwagens schützen lassen. 1900 gründete er die Gesellschaft für gleislose Bahnen Max Schiemann in Wurzen, Sachsen. Das System Schiemann bestand aus zwei Trolleystangen mit Aluminium-Schleifkontakten, die – auf dem Dach des Motorwagens hintereinander beweglich installiert – den Strom für die Siemens-&-Halske-Elektro-

»Auch wenn Elektroautos keine Abgase aus einem Auspuff in die Umwelt pusten, handelt es sich keineswegs um klimatechnisch saubere Ökomobile. Zwar fahren die Stromer lokal emissionsfrei, doch in ihrer Gesamtbilanz sorgen sie für schädliche Emissionen, vor allem auch für einen hohen CO_2-Ausstoß.«

Das Autohaus, 5. Januar 2018

motoren (9,5 bis 12 PS) an zwei Oberleitungen (zweipolig) abnahmen. Der Abstand der Leitungen betrug zwischen 30 und 50 cm.
Die Vorderräder der Omnibusse waren kleiner als die Hinterräder, damit die Räder des Drehschemels beim Wenden auf der Stelle unter den Wagenkasten gedreht werden konnten, hierbei mussten die Stromabnehmer nicht vom Netz genommen werden.
Schiemanns Omnibusse boten Platz für 20 Fahrgäste. In Berlin-Lichterfelde erprobte Schiemann mit Siemens & Halske im Sommer 1902 einen 25-sitzigen Oberleitungsbus. In dichter Folge entstanden weitere Schiemann-Oberleitungsbahnen in vielen Regionen, auch im Ausland, doch für ihren Konstrukteur ging die Rechnung nicht auf; ihr Betrieb rentierte sich nicht. Am 7. März 1927 eröffnete die Max Schiemann & Co. den Konkurs. Eine letzte Oberleitungskonstruktion wurde 1930 von Schiemann publiziert, jedoch nicht verwirklicht. Bei einem dreiachsigen Omnibus für 44 Personen sollten die vier Hinterräder lenken. Der Elektromotor sollte zwischen den Vorderrädern liegen. Ihre Spur sollte nur ein Viertel der Hinterräder betragen, um ein Differenzial zu sparen. Auch eine neuartige Lagerung der Stromabnehmerstange war vorgesehen.
(siehe auch Seite 160)

S.I.T.A. (F)
Die Müllwagen der Firma S.I.T.A. basierten auf Renault-Modellen, erhielten aber ersatzweise einen elektrischen Motor der Firma Leroy-Somer mit 29 kW Leistung. Sie waren einige der wenigen elektrischen Fahrzeuge mit einer Nutzlast von mehr als zwei Tonnen. Als Reichweite wurde 160 Kilometer angegeben.

SOLECTRIA (US)
Große Pläne gab es für den 1995 vorgestellten Solectria Sunrise, einen elegant gestylten zweitürigen Sportwagen mit einer auf lange Reichweite ausgerichteten Batterietechnologie. Obwohl nur Prototypen entstanden, erreichte ein Modell auf der amerikanischen Tour de Sol 1996 600 Kilometer ohne Nachladen. Im gleichen Wettbewerb ein Jahr später kam ein Modell 350 Kilometer weit, wobei es teilweise Geschwindigkeiten über 100 km/h erreichte. Eine Serienproduktion fand nicht statt.

SPIRIT OF '76 (USA)
1976 stand auf der Greater New York Automobile Show der Spirit of '76 – ein attraktives Dreirad, das als »Erwachen in einer neuen Ära« angekündigt wurde. Zwei elektrische Permanent-Magnetmotoren von 5,2 kW (7 PS) sowie ein Paket von zehn Exide-Akkus versprachen 130 Kilometer Reichweite bei 90 km/h Geschwindigkeit. Es blieb bei einem Einzelexemplar.

SSP (CH)
Die Firma Sol Sun Power in Vervier machte sich einen Namen als Vertreiber der französischen Ligier Kleinwagen, die für die Schweiz sämtlich mit Elektromotoren ausgerüstet wurden. Ferner stellte SSP 1997 den sensationellen Biz Sportwagen vor, der als Rennwagen mit zwei Motoren und Allradantrieb für Testaufgaben benutzt werden sollte, um die Technik auszureizen. Zwei bis 45 kW starke Elektromotoren ermöglichten Geschwindigkeiten von knapp 200 km/h. Die SSP wurde nach dem frühen Tod ihres Gründers 2001 aufgelöst.

STAE (I)
Der Ursprung der Società Torinese Automobili Elettrici (STAE) war das 1905 gegründete Zweigwerk der französischen Firma Kriéger, doch zwei Jahre später wurden eigenständig entwickelte Elektrofahrzeuge unter dem Markennamen STAE gebaut. Das Werk wurde 1913 geschlossen.

STIGLER (I)
Die Officine Meccaniche Stigler, 1859 zur Herstellung von Aufzügen gegründet, baute ab 1922 auch elektrische Transportfahrzeuge inklusive Bestattungswagen. Anfang der 1930er Jahre wurden auch Fahrzeuge für die Feuerwehr gebaut. 1933 realisierte Stigler zusammen mit der Firma Macchi den Filobus, einen Oberleitungsbus, der noch in den 1960er Jahren in Mailand verkehrte.

STOEWER (D)
Die von 1897 bis 1933 in Stettin auch Lastwagen und Omnibusse bauende Firma Stoewer bot anfangs solche Fahrzeuge alternativ mit elektrischem Antrieb an. Stoewers erste Elektromobile entstanden mit je einem pendelnd abgefederten 2,4-kW-Elektromotor pro Hinterrad. Gesteuert wurde mit Drehschemellenkung.
Zur Hamburger Internationalen Automobil-Ausstellung im Frühjahr 1901 stellte man auf Basis des Elektro-Standardmodells einen Lieferungswagen (Type 10, 0,5 t) und einen kleinen Familien-Omnibus (2 PS), Waggonette (Type 6, 0,3 t) genannt, vor. Elektromobile gleicher Konstruktion liefen zum Beweis ihrer Leistungsfähigkeit im Versuchsbetrieb als Feuerwehrautos in Magdeburg, Stettin und Kopenhagen. Sie hatten vier Sitzplätze und waren mit Leiter, Standrohr und 100-m-Schlauch versehen. Als Fahrstrecke wurden 50 bis 60 Kilometer, als Maximalgeschwindigkeit 20 km/h angegeben. Ferner gab es die Elektromobil-Versionen Break, Geschäftswagen (3,7 t Nutzlast), Phaeton, Fiaker und Elektro-Mail-Phaeton.
Im September 1901 nahmen frontgelenkte Stoewer-Elektrobusse (12 Personen) den Linienbetrieb Stettin – Westend – Glambecksee (Ausfluglinie) auf. Die letzten Elektrofahrzeuge wurden bei Stoewer 1906 gebaut.

STORM (NL)
1940 bis 1943 baute die kleine holländische Firma Storm ein Dreirad mit Elektromotor, der das linke hintere Rad antrieb. Das Fahrzeug erreichte eine Geschwindigkeit von 30 km/h bei einer Reichweite von 55 Kilometern.

SUNTERA (USA)
Der Suntera Sunray war das erste elektrische Fahrzeug aus Hawaii, das auch gleich mit einer Solarzelle auf dem Dach angeboten wurde. Eine Karosserie aus Fiberglas, leiser Lauf und ein attraktives Design – so stellte man sich ein Fahrzeug für jeden Hawaiianer vor. Es wurde 1993 mit viel Publizität vorgestellt, ein Jahr später sollte die Produktion anlaufen. Gebaut wurden jedoch nur acht Prototypen.

Links: Supersportwagen SSP Biz von 1997.

Oben: Whisper Electric aus Dänemark.

SYRENA (PL)

2017 nahm ein Team polnischer Konstrukteure die Arbeit an einem Elektroautoprojekt mit der Bezeichnung Syrena 108EV auf und stellte zwei Jahre später ein Versuchsfahrzeug vor. Personenwagen der Marke Syrena hatte es von 1953 bis 1972 schon einmal gegeben. Der Syrena 1000 war ein zweitüriger Viersitzer mit Frontantrieb; als Antriebsaggregat diente anfangs ein 746-ccmr-Zweitakter mit 27 PS. Ab 1967 wurde der FSO Syrena mit einem 842-ccm-Dreizylinder von 39 PS ausgestattet. Ähnlichkeiten mit den Motoren vom DKW F8 bzw. IFA F9 waren offenkundig.

TALLERO (I)

Gegen Ende des Zweiten Weltkrieges baute die Firma Tallero einige Lastwagen mit elektrischen Motoren. Die Firma war Spezialist auf dem Sektor der Eisenbahnen.

TEAMO QUICC (D)

Die hymer idc GmbH & Co. KG in Pforzheim fungiert als Denkfabrik für die CMC Caravan-Hymer-Gruppe und präsentierte 2008 ein neuartiges Elektro-Leichtlieferwagen-Konzept unter der Marke Teamo. Das Konzept reagierte auf verschärfte Umweltanforderungen an Lieferfahrzeuge bei gleichzeitig gestiegenem Kleingüterverkehr infolge des Internethandels. Basis des Teamo Vans war ein Aluminiumchassis in Bootsform, ein Spaceframe-Sicherheits-Chassis, dessen modulare Bauweise individuelle Anpassungen an Kundenwünsche ermöglichte. Der E-Antrieb ließ eine Reichweite bis 175 Kilometer zu. Der durchgehende Ladeboden ließ sich zur besseren Beladung ausziehen. Unter der Bezeichnung Quicc! entstanden fünf Prototypen des Teamo bei Karmann in Osnabrück.

TEILHOL (F)

Diese französische Firma bot ab 1972 eine Reihe von kleinen Elektrofahrzeugen an, die meisten mit nur drei Rädern und karossiert als Lieferwagen. Die Citadine wies einen Einstieg über eine Fronttür auf. Ein 4-kW-Motor, eine Geschwindigkeit von 50 km/h bei einer Reichweite von 70 Kilometern galten als akzeptabel für praktische Stadtwagen.

THAON (CH)

1969 entstand das Kleinstfahrzeug Thaon La Drolette, mit 150 cm so lang wie hoch und mit kleinen Rädern. Das Fahrzeug konnte mit zwei bis acht Akkuelementen ausgerüstet werden, die 30 bis 90 Kilometer Reichweite erlaubten. Zwei 48-V-Motoren mit 1200 Watt in den Vorderrädern gaben eine Gesamtleistung von 3,3 PS ab.

THOUVENIN-TOLLIN (F)

Ein kurioses dreirädriges Fahrzeug mit Elektromotor, das in den ersten Jahren des 20. Jahrhunderts im Louvre in Paris im Einsatz stand, nicht nur für verschiedene Transporte, sondern auch als Taxi, um wichtige Besucher vom Bahnhof abzuholen. Ein identisches Exemplar, angeblich von 1898, wurde jüngst in Spanien restauriert. Es wird heute als das älteste noch existente Taxi deklariert.

TRIGGO (PL)

2021 vorgestelltes, seit 2015 in der Entwicklung befindliches Elektro-Kleinstwagenprojekt aus Polen mit der Besonderheit einer variablen Spurweite und damit dem Reyonah der 1950er Jahre ähnelnd. In Umkehrung seines Namens hatte der französische Konstrukteur Robert Hannoyer 1951 den Reyonnah, einen originellen Tandemzweisitzer mit Plexiglaskuppel, vorgestellt. Die Idee zu diesem Projekt entstand 1947 – Hannoyer besaß damals einen Bédélia. In Abwandlung dieses Zweisitzerkonzepts baute er ein Fahrzeug, dessen vordere Räderspur sich verändern ließ, indem der schmale Wagenkörper angehoben wurde: Die Breite von 1,32 m verringerte sich dadurch auf 0,75 m. Hinten besaß der Reyonnah zwei dicht zusammenstehende, aber einzeln geführte Räder an einer kurzen Starrachse, auf der das Hauptgewicht ruhte.

TURINELLI (I)

Die Firma Turinelli produzierte ab 1909 bis 1955 Elektrofahrzeuge, speziell Lastwagen aller Größen. In den 1930er Jahren gab es einen sechsrädrigen Lastwagen mit hinterer Zwillingsachse, der 12,0 t laden konnte und unter anderem im Baugewerbe eingesetzt wurde.
siehe auch AUSONIA

TRANSFORMER · SILVER VOLT (USA)

Mitte der 1970er Jahre entstand bei der Electric Fuel Propulsion (EFP) der luxuriöse Transformer auf Basis Chevrolet Chevelle, der ab 30.000 Dollar angeboten wurde. Das Fahrzeug erreichte eine Geschwindigkeit von 115 km/h, besaß

»Die Reichweite eines Elektroautos wird 2030 nahe 1000 km liegen. Obwohl das so gut wie niemand wirklich braucht. Da müsste die Durchschnittsfahrerin nur alle drei Wochen einmal vollladen. Tatsächlich werden Elektroautos aber so geladen wie Handys, während man schläft …«

Dr. Pero Micic, Future Managment Group AG, 2022

Twike 3.

einen 32-Volt-Motor und dreipolige Blei-Kobalt-Akkus von 180 Volt. 1979 wurde von EFP das Modell Silver Volt vorgestellt, groß und bequem – ganz im amerikanischen Stil mit Komponenten von General Motors. Der Motor leistete 80 kW und übertrug seine Kraft über ein automatisches Dreiganggetriebe auf die Hinterräder; ein regeneratives Bremssystem konnte die Energie wieder zurückladen.

TROPICA (USA)

Dieser elegante Sportwagen wurde 1995–1996 von der amerikanischen Firma Renaissance Cars gebaut. Je ein Elektromotor auf jedem hinteren Rad gaben dem Fahrzeug eine Geschwindigkeit von etwa 100 km/h bei einer Reichweite von 80 Kilometern. Der Prototyp besaß ein Chassis aus Glasfiber, die weiteren Einheiten basierten auf einem Fahrgestell aus Aluminium mit einer Glasfiber-Karosserie. Es entstanden nur etwa 22 Stück, dann wurde die Firma von Zebra Motors übernommen, wenig später in Xebra Motors umbenannt; aber es kam zu keiner Serienfertigung.

TWIKE (D)

1986 erhielt ein von Studenten der ETH Zürich entwickeltes Velomobil auf der Weltausstellung in Vancouver verschiedene Preise, 1991 wurde der unter dem Namen Twike II gebaute Prototyp mit Elektromotor vorgestellt. Die Rahmenkonstruktion bestand aus Aluminium, das gelenkte einzelne Vorderrad besaß eine Scheibenbremse. Die Karosserie bestand aus thermoplastischem Kunststoff.
Der Weg des Twike war lang, die Produktion immer kompliziert, aber beständig. Ab 1999 wurden die Fahrzeuge unter dem Produktnamen Slem von Eggenberger Motorsport in Lyss zusammengebaut, einige Details modernisiert. Nun gehörten ein digitales Motormanagement mit Rückspeisung der Bremsenergie sowie Tempomat zur Grundausstattung. Der Kunde konnte zwischen einem Modell mit zusätzlichen Pedalen oder aber ohne Pedale wählen. Der Lenkhebel – es gab kein Lenkrad – wurde durch einen Joystick aktualisiert; später sollte es auch ein normales Lenkrad geben. Im Jahr 2000 stylte der Designer Franco Sbarro den Twike/Slem um; sein Konzept erreichte aber nie die Serienproduktion. Die Firma wurde in der Zwischenzeit in SwissLEM umgetauft, ein Zusammenschluss der S-Lem AG mit der Twike AG mit Produktionsstätte in Hochdorf (Luzern). Dort entstand ab 2001 der neue Twike.Me. Dessen Flügeltüren sorgten für ein hochmodernes Aussehen. Strukturen wie der Aluminium-Space-Frame von Thyssen-Krupp mit Aufbau aus hochfestem Stahl gaben dem Fahrzeug einen Touch für das neue Jahrtausend. 2002 ging SwissLem in Konkurs. Die Marken- und Produktionsrechte übernahm die deutsche Firma Fine Mobile in Rosenthal. Sie verwarf den Twike.Me und baute erneut das Urmodell, leicht verbessert. Im Jahr 2005 erhielt der Ur-Twike neue Akkus. Gebaut wurde ausschließlich der Ur-Twike als Twike 3; die Teilnahme am 2010 ausgeschriebenen Automotive X-Price indessen führte zum Twike 4. Die Entwicklung zum Twike 5 begann 2015. Insgesamt wurden vom Twike bis 2020 knapp 1100 Stück gebaut.

URBANINA (I)

Ein kleiner Stadtwagen, der ab 1965 einige Jahre lang mit einem Elektromotor oder alternativ mit Benzinmotor von Lambretta ausgerüstet wurde.

VENTURI (D)

Das in Monaco beheimatete Unternehmen betätigt sich in mehreren Geschäftsbereichen, so auch im Umrüsten der Elektrowagen Peugeot Partner bzw. Citroën Berlingo. Das Fahrzeug gewann eine in größerem Rahmen stehende Ausschreibung der französischen Post. Ein in Kooperation mit der Ohio State University gebautes und in Anlehnung an das erste Straßenfahrzeug mit über 100 km/h benanntes Fahrzeug »Jamais Contente« stellte Geschwindigkeitsrekorde für Elektroautos auf: 2009 mit im Schnitt über 487 km/h (auf Basis von Brennstoffzellen), 2010 mit im Schnitt über 495 km/h, in der Spitze 515 km/h (Akkus). 2013 gründete Gildo Pallanca Pastor unter anderem zusammen mit Hollywood-Schauspieler Leonardo DiCaprio den Rennstall Venturi Formula E Team, der erstmals 2014 in der neugegründeten FIA-Formel-E-Meisterschaft an den Start ging.

VERSARE (USA)

1926 wurde in Albany ein extrem langer Bus mit doppelter Vorder- und Hinterachse vorgestellt. Die Achsen besaßen je einen Elektromotor, der elektrische Strom wurde von einem Generator in Verbindung mit einem Buda-Benzinmotor unter der Fronthaube erzeugt. Der Aufbau war aus Aluminium. 1928 wurde die Firma von der Cincinnati Car Co. aus Ohio übernommen, die noch bis 1931 einige Oberleitungsbusse nach diesem Konzept baute.

VINFAST (VN)

VinFast ist ein 2017 gegründeter vietnamesischer Hersteller mit Sitz in Hoi Phòng. Auf dem Pariser Autosalon 2018 stellte das Unternehmen seine ersten Design-Prototypen vor, die speziell für den vietnamesischen Markt entwickelt worden waren; es handelte sich um einen SUV und eine Limousine. Als Benziner gingen sie im Juli 2018 in Produktion, als EV bot man sie ab September 2022 an. Im Jahr 2018 nahm VinFast auch die Fertigung von Elektromotorrädern auf.

WEGMANN (D)

Die Waggonfabrik Wegmann & Co. in Kassel nahm 1925 den Automobilbau auf und wollte damit den Auftragsrückgang im Eisenbahnwaggonbau ausgleichen. Das Programm bestand aus zwei Typen, einem dreisitzigen Pkw (MW Kraftwagen, 4/25 PS) und einem Kleinlastwagen für 0,75 bis 1,0 Tonnen Nutzlast. Es wurde ein luftgekühlter oder ein wassergekühlter DKW-Zweitakt-Zweizylindermotor mit unterschiedlichen Leistungsdaten verwendet. Einen Akku-Bus, der »unabhängig von Schiene, Oberleitung und Brennstoff« war, präsentierte Wegmann & Co., Waggonfabrik und Fahrzeugbau, im Jahre 1951. Gespeist wurde der Elektroantrieb dieses Busses (56 Personen) von Afa-Akkumulatoren, die in einem zwillingsbereiften Hänger mitgeführt wurden. Die übrige elektrische Ausrüstung stammte von der Motorenfabrik Hans Still, Hamburg, und der Schaltbau GmbH, München. Mit einer Batterieladung konnten 80 Kilometer gefahren werden, die Höchstgeschwindigkeit des Fahrzeugs betrug 35 km/h. Der Wegmann-Akku-Bus kam nicht über das Prototypenstadium hinaus. Mehr Verbreitung fanden die Wegmann-Obusse (Fassungsvermögen: 90 Personen) und Wegmann-Leichtmetall-Omnibusanhänger, die Anfang der 1950er Jahre hergestellt wurden. Die Firma Wegmann existiert heute noch und ist vor allem im Bereich der Wehrtechnik (Krauss-Maffei-Wegmann Gruppe, München) tätig.

Triggo Prototyp, 2021.

sowie zwei zu beiden Seiten in der Mitte. Das vordere und das hintere Rad waren lenkbar, der Antrieb erfolgte auf die Seitenräder. Der Motor erreichte 9 kW (12 PS) Leistung. Bis auf den Versuchswagen entstanden keine weiteren Fahrzeuge.

ZELECTRIC (USA)

Auch die 2012 gegründete Zelectric Motors, Inc. in Kalifornien rüstet klassische Volkswagen- sowie Porsche-Modelle auf Elektroantrieb um. Ein kompletter Zelectric-VW kostet 2021 rund 40.000 Dollar.

ZEUS (E)

Unter diesem Projektnamen stellte Iberdrola, eines der größten spanischen Elektrizitätsunternehmen, in Zusammenarbeit mit dem baskischen Industriekonzern Mondragon 1996 den ersten spanischen Elektrolieferwagen vor, der ab 1997 in kleiner Serie gebaut werden sollte. Es handelte sich um einen Lieferwagen mit Hecktür und in der Mitte unterhalb der Sitze liegenden Akkus, von 12 bis 14 Einheiten mit 144 Volt Spannung. Der Prototyp war mit einem dreiphasigen, wassergekühlten Asynchron-Motor von Siemens versehen mit einer nominalen Leistung von 18 kW bei 2500 U/min, mit kurzfristiger Höchstleistung von 35 kW. Für die Serie war ein einfacherer Gleichstrommotor vorgesehen. Obwohl man von einer Produktion von 300 bis 500 Einheiten pro Jahr sprach, entstanden nur Prototypen.

Links unten: Zeus Elektrolieferwagen von Iberdrola und Mondragon, 1996.

Auf Elektrobetrieb umgerüstete VW Käfer von Wilderness (unten) und Zelectric (ganz unten).

WHISPER (DK)

Zwischen 1984 und 1987 gab es in Dänemark Versuche, ein Elektromobil namens Whisper Electric zu produzieren. Das Konzept basierte auf Teilen vom Volkswagen Polo, allerdings mit anderer Karosserie. Zum Einsatz kamen entweder ein 6 kW oder ein 10 kW starker Elektro-Reihenschlussmotor (Gleichstrom), der die Vorderräder antrieb. Die zwölf 6-Volt-Akkus waren auf die Vorder- und Hinterachse verteilt. Der Hersteller sprach von einer Reichweite von etwa 100 Kilometern – und einer Produktion von 225.000 Einheiten. Doch nur wenige Exemplare entstanden.

WILDERNESS EV (USA)

Unter der Bezeichnung »Wilderness« verleiht der amerikanische Unternehmer Brian Berrett Oldtimerfahrzeugen eine neue Identität, indem er sie auf Elektroantrieb umrüstet. Die vorzugsweise an alten VW Käfern, aber auch an anderen Klassikern vollzogene Transformation findet in Salt Lake City, Utah, statt; bis Jahresende 2021 waren es bereits rund 2000 Fahrzeugbesitzer, die sich ihr Auto von Berrett elektrifizieren ließen. Für einen fahrfertig umgerüsteten VW Käfer berechnet er zwischen 2800 und 6600 Dollar. Ein Wilderness Classic ist für maximal 55 mph ausgelegt und für eine Akku-Reichweite von 50 Meilen.

YALE (USA)

Ein ungewöhnliches Elektrofahrzeug war der 1977 vorgestellte rhombische Yale, mit je einem Rad hinten und vorn

In der Frühzeit des Automobils verwendete Wagenbezeichnungen

»Besonders geeignet für das Verkehrsgewimmel auf Londons Straßen war das Hansom Cab, ein kurz bauender (Miet-)Wagen … Die Sitzposition hoch oben über dem Wagenkasten ermöglichte dem Cabbie einen guten Überblick.«

Erik Eckermann, *Auto und Karosserie*, 2013

Break

Heute gern verwendet als Begriff »Shooting Brake«, wobei das englische Wort für »Bremse« nichts zu tun hat mit jener Bezeichnung für einen Kombiwagen, der sich »Shooting Break« schreibt. Das Wort Break verwendeten die Franzosen schon in der Pferdekutschenzeit für einen offenen Jagdwagen mit meist (nicht immer) in Längsrichtung angeordneten Sitzbänken; die Engländer übernahmen den Begriff für Motorwagen, wie sie sich Jagd- und Forst-Lordschaften für den Heimtransport ihrer »Strecke« anfertigen ließen.

Brougham

Vor allem in den USA war dies die übliche Bezeichnung für einen kurzen, geschlossenen Wagen in luxuriöser Ausführung. Der Name stammt ebenfalls aus der Kutschenzeit und wurde für zweisitzige, etwas kantige Aufbauten mit flachem Dach, flacher Front und glatten Seitenflächen benutzt (mit einem Sitzbock für den Kutscher bzw. Chauffeur). Der Brougham ist benannt nach dem englischen Lord Brougham (1778–1868), der sich 1838 eine solche Kutsche erstmals anfertigen ließ.

Buggy

Die heute für einen zusammenlegbaren Kinderwagen verwendete Bezeichnung kam in den 1960er Jahren in den USA auch für zu »Dune Buggies« umgebaute VW-Käfer zur Anwendung, galt ursprünglich jedoch einem leichten, gefederten einspännigen Pferdewagen mit einer oder zwei Achsen, einer Sitzbank und einer dahinter angeordneten Ladefläche. Als zweiachsiger Wagen hat der Buggy vier gleich große Räder. Wörtlich übersetzt bedeutet Buggy »kleiner Floh«.

Cabriolet

Aus dem Französischen übernommene Bezeichnung (cabrioler = Luftsprünge machen, italienisch capriola = Kapriole) für einen zweirädrigen Einspänner, ab etwa 1905 verwendet auch für ein Auto mit aufklappbarem oder versenkbarem Verdeck (im Deutschen auch: Kabriolett). Die Kurzform Cab bezeichnet in den USA und in England ein Taxi, ein Cabby ist ein Kutscher oder Taxifahrer.

Coupé

Coupé kommt aus dem Französischen, wo es für »abgeschnitten« steht. Den Vorgängern unserer heutigen Coupés hat man tatsächlich etwas abgeschnitten, nämlich die rückwärtige Partie des Aufbaus, wodurch ein geschlossener Zweisitzer oder ein Auto mit zwei Notsitzen im verkleinerten Fond entstand, also das, was man später 2+2 nannte. Vor dem Ersten Weltkrieg, als es Limousinen erst selten als gängige Serienfahrzeuge gab, boten einige Hersteller schon Coupés an, etwa Opel, Renault sowie ein paar Elektroauto-Hersteller. Da die Aufbauten manchmal unproportional hoch waren (die Herrschaften trugen ja große Hüte und Zylinder), wirkten sie ein wenig grotesk, doch aerodynamische Gesichtspunkte spielten keine Rolle.

Cyclecar

Im Englischen gebräuchliche Bezeichnung für einen leichten Zweisitzer, häufig mit einem dem Fahrradbau entlehnten Rohrrahmen und schmalen Drahtspeichenrädern, weshalb es eigentlich Bicycle Car heißen müsste.

Doktorwagen, Doktorcoupé

Eine stark umworbene Klientel waren schon in der Frühzeit des Automobils die Landärzte, die wirtschaftliche, robuste, zuverlässige Zweisitzer bevorzugten, um Patientenbesuche zu absolvieren. Opel hatte einen als »Doktorwagen« bezeichneten, offenen Kleinwagen bereits 1908 herausgebracht.

Doppelphaëton, Triplephaëton

Eine Version des Phaëtons mit mehr Platz im Fond für eine zusätzliche Sitzreihe.

Dos-à-dos

Bezeichnung für einen Wagen (frz.: Rücken an Rücken) mit Sitzen im Fond, die nicht nach vorn, sondern nach hinten gerichtet sind (z. B. Benz 1897, Zündapp Janus 1957). Das Gegenstück zum Dos-à-dos war der Vis-à-vis.

Droschke

Bezeichnung für ein offenes Gefährt für vier bis fünf Personen. Man unterschied zwischen einer Pferdedroschke (in Österreich Fiaker genannt), die von Pferden gezogen wurde, und einer Kraftdroschke (auch Motordroschke oder Autodroschke), mit der ein Fahrzeug bezeichnet wurde, das wir heute Taxi nennen. Die Bezeichnung Droschke war eine Übernahme des russischen Wortes droshki, womit im 18. Jahrhundert ein leichter, bequemer Wagen oder auch Schlitten gemeint war, den feine Herrschaften für Ausfahrten benutzten.

Duc

Leichter, vierrädriger Kutschwagen mit einem tiefgesetzten Kasten, einer bequemen Sitzbank und einem Klappverdeck. Das meist aus Leder oder gebogenem Holzfurnier hergestellte Spritzbrett war hochgezogen. Der Wagenkasten gleicht im Prinzip dem eines Viktoria, jedoch ohne vorderen Bock für einen Wagenlenker (Kutscher bzw. Chauffeur); dieser hatte seinen Platz wie beim Hansom hinter dem Kasten auf einem Gestell mit einem Sitz.

Hansom
Ein Hansom bzw. Hansom Cab war ursprünglich eine zweisitzige, vorn offene Pferdekutsche, benannt nach dem englischen Architekten Joseph A. Hansom, der sich diese Bauart im Jahr 1834 hatte patentieren lassen. Der Kutscher saß oder stand hinter dem Verdeck auf einem erhöhten Podest, wie auch der Chauffeur (engl. »Cabby«), als die gleiche Fahrzeugbauart bei einigen Motorfahrzeugen zur Anwendung kam, vor allem bei Droschken (Taxis), um den Fahrgästen eine bessere Sicht und dem Chauffeur einen besseren Blick auf das Verkehrsgeschehen zu ermöglichen. Wegen der komplizierten Verlegung des Lenkgestänges wurde der motorisierte Hansom nur selten gebaut.

Highwheeler
In den ländlichen, um 1900 noch meist straßenlosen Regionen der USA waren Pferdekutschen mit hohen Rädern von Vorteil, die ohne aufzusetzen in den tiefen Spurenfurchen der Landwege das Vorankommen ermöglichten. Man wendete in der Frühzeit der Automobilgeschichte den Begriff Highwheeler auch für motorbetriebene Fahrzeuge an, wie sie um die Wende vom 19. zum 20. Jahrhundert in Nordamerika weit verbreitet waren. Die eisenbereiften Holzspeichenräder hatten Durchmesser bis zu 1,50 m. Auch die ersten amerikanischen Elektrowagen waren fast ausschließlich Highwheeler.

Landaulet
Auch: Landaulett. Bezeichnung aus dem Kutschenbau (Landauer) für einen Wagen, dessen hinteres Verdeckteil sich öffnen lässt, während Vorder- und Mittelteil geschlossen bleiben. Angeblich wurde das Wort erstmals für eine Kutsche verwendet, die sich der österreichische Kaiser Franz-Joseph I. 1702 bei einem Wagenbauer in Landau (Pfalz) anfertigen ließ.

Limousine
Bezeichnung für ein Fahrzeug geschlossener Bauweise, benannt nach einer Kutschenbauform aus der französischen Grafschaft Limousin. Fahrzeuge mit festem Dach, aber offenen Seiten wurden vor 1914 auch als Demi-Limousine bezeichnet. Ließ sich das hintere Dachteil öffnen, sprach man von einer Landaulet-Limousine oder von einem Landaulet. Im englischen Sprachraum steht der Begriff für einen geschlossenen Wagen mit Trennscheibe zum Fond, bei uns als Pullman-Limousine bezeichnet.

Mylord
Auch die für frühe Motorkutschen gelegentlich verwendete Bezeichnung Mylord kommt aus dem Pferdekutschenbau und stand für einen Zweisitzer mit zusätzlichem Bock (Sitzbank) für den Kutscher bzw. Chauffeur. Ähnliche Bauform wie beim Viktoria.

Phaëton
Das aus der griechischen Mythologie übernommene Wort Phaëton kennzeichnete im Kutschenbau einen offenen Vier- oder Mehrsitzer. Vor allem in den Vereinigten Staaten setzte er sich später für viertürige Cabriolets durch.

Roadster
Die aus dem Wort road = Landstraße entstandene und aus den USA stammende, auf einen zweisitzigen Sportwagen angewendete Bezeichnung »Roadster« war Markenname eines 8-PS-Motorwagens, der 1902 bis 1904 von der durch Alexander Brunell Cullen Hardy gegründeten Flint Automobile Co. in Flint, Michigan, gebaut wurde. In seiner ursprünglichen Form bezeichnet der Name einen offenen, spartanisch ausgestatteten Sportwagen ohne Türen bzw. ohne versenkbare Scheiben in den Türen.

Runabout
In Nordamerika einst übliche Bezeichnung für einen leichten, sportlichen Zweisitzer, gleichzusetzen mit dem Spider.

Skiff
Dem Bootsbau entlehnte Bezeichnung (niederdeutsch/engl., Ursprung griech.: *scapho*) im Karosseriebau für einen schlanken Tourenwagen (ca. 1910–1925) mit einem oder auch zwei Cockpits, meist einer ebenfalls dem Bootsbau nachempfundenen Edelholzbeplankung.

Speedster
Noch karger als ein Roadster karossierter Sportzweisitzer, dessen Aufbau lediglich aus der Bodenplattform, einer Motorhaube und zwei Sitzen besteht.

Spider
Ein in Europa schon früh verwendeter Terminus für einen offenen Zweisitzer war Spider. Er kommt, wie viele andere Begriffe auch (Landaulet, Limousine, Brougham, Coupé) aus dem Kutschenbau und wurde schon um 1860 in England für einen leichten Einspänner mit vier hohen Rädern benutzt, die an seinen Enden tatsächlich wie die Beine einer Spinne abstanden. Historiker meinen, das vierrädrige Gefährt sei als Gegenstück zum Tilbury entstanden, der als Pferdewagen nur zwei Räder hatte. Manche Ausführungen wiesen hinter den Sitzen am Heck zwei Notsitze oder auch

Warnung betreffs Waschens.

Das Waschen eines Wagens darf **keinesfalls mit Schlauch respektive Spritze unter Druck vorgenommen werden**, da das Wasser hiedurch in die feinsten Ritzen eindringt und in gleicher Weise die Isolation elektrischer Teile gefährdet, als durch das Anschwellen des Holzes auch den besten Wagenkasten auseinandertreibt.

Zum ersten Abspülen eines kotigen Wagens genügt das Anschütten mittels einer Gießkanne, Kübels oder allenfalls durch einen Wasserschlauch, welcher das Wasser aus einem wenig höher gelegenen Reservoir ohne Druck ausfließen läßt.

Bei Nichteinhaltung dieser Vorschrift lehnen wir jedwede Verantwortung ab und entfallen damit auch die von uns eingegangenen Garantien.

Betreffs der allgemeinen Erhaltung und Behandlung des wagenbaulichen Teiles verweisen wir auf separate Broschüre, welche auf Wunsch gerne zur Verfügung steht.

Empfehlung aus dem Lohner-Porsche-Katalog von 1899.

»Phaeton, Sohn des Sonnengottes Helios, bittet seinen Vater, sich für einen Tag den Sonnenwagen ausleihen zu dürfen … dabei verliert er die Kontrolle über den Vierspänner und richtet ein interkontinentales Verkehrschaos an. Ein großes Feuer bricht aus und legt ganze Länder mit ihren Völkern in Asche.«

So beschreibt Ovid ein Begebnis in der Antike: Erst Zeus, von der Mutter Erde um Hilfe gerufen, habe dem Chaos ein Ende bereitet.

Nicht alle als Torpedo bezeichneten Automobile der Frühzeit waren so konsequent »torpedoförmig« karossiert wie Camille Jenatzys Elektro-Rekordwagen von 1899.

nur eine Trittfläche auf für zwei weitere Personen, die stehend mitfuhren (Dienstboten). Meist gab es für den Spider ein nach vorn über die Sitze zu ziehendes Klappverdeck aus Leder als Wetterschutz.
Trotz seines Ursprungs in der englischen Sprache hat sich Spider als Fahrzeugbezeichnung im angelsächsischen Raum nicht durchgesetzt. In den Staaten spricht man von einem Roadster oder Speedster, in England vom Sports Two-Seater. Den Begriff Spider verwendete man gelegentlich auch für den zusätzlichen Notsitz im Heck eines Zweisitzers. Spider als Modellnamen benutzten beispielsweise Benz und Fiat.
Eine Kreuzung zwischen Phaëton und Tilbury hingegen war jener Kutschwagentyp, den der irische »carriage builder« Holmes in Dublin baute und als Spyder bezeichnete – mit »y«. Ob dies ein Schreibfehler war oder die Schöpfung einer neuen Wortmarke, ist unklar.

Was man unter einem Tilbury zu verstehen hatte, verdeutlicht dieses Inserat eines Automobilhändlers in Paris von 1901.

Surrey
Offener Zwei- oder Viersitzer (in der Pferdekutschenzeit ein Zweispänner) mit einem an Stangen aufsteckbaren Sonnendach. Benannt nach der englischen Grafschaft gleichen Namens im Süden Englands mit zahlreichen Landsitzen aristokratischer Bürger.

Tilbury
Ähnliche Bauform wie der Spider und der Stanhope: eine leichte, einspännige und einachsige Kutsche, meist mit großen Rädern, hohem Sitz und abnehmbarem Cabrioletverdeck. Der Tilbury war bis ins frühe 20. Jahrhundert das typische Fahrzeug der Landärzte (»Doktorwagen«) und diente in motorisierter und vierrädriger Ausführung – die vorderen Räder waren kleiner als die hinteren – dem gleichen Zweck.

Tonneau
Bis ca. 1910 war das Tonneau (Französisch für Weinfass) eine beliebte Variante des offenen Tourenwagens oder Phaëtons, dessen hintere Sitzplätze allerdings nicht durch seitliche Türen, sondern durch einen Einstieg am Wagenheck zu erreichen waren. Auch der Break (mit längs angeordneten Sitzbänken im Fond) hatte einen hinteren Einstieg.

Torpedo
Bezeichnung für eine Tourenwagen-Karosserie betont sportlichen Zuschnitts (im Vergleich zum Phaëton) mit hochgezogenen Seitenwänden und tief angeordneten Sitzen, ab etwa 1909 eingeführt. Im Französischen wurde die Bezeichnung »Torpédo« für zwei- oder gelegentlich auch für viersitzige Tourenwagen bis Ende der 1930er Jahre beibehalten. Man favorisierte Begriffe aus dem maritimen Sprachschatz (wie auch Skiff oder Cockpit).

Tourenwagen, Tourer
Bezeichnung für einen offenen Viersitzer mit geschlossenen Seitenwänden, die etwa 1914 aufkam. Der Tourer löste das meist türenlose Phaëton ab.

Victoria · Victoria
Aus dem Kutschenbau übernommene, vor dem Ersten Weltkrieg übliche Bezeichnung für einen zweisitzigen Wagen mit Klappverdeck, dessen weit heruntergezogene Seiten etwa dreieckige Form aufwiesen und die Insassen diskreterweise nicht erkennen ließ. Auch diese Bezeichnung ist englischen Ursprungs und geht zurück auf den Kutschenbauer Cooper, der 1837 anlässlich der Inthronisierung der britischen Königin Victoria (1819–1901) diesen einspännigen Wagentyp geschaffen hat. Eine identische Kutschenform bezeichnete man als Mylord.

Vis-à-vis
Bezeichnung für die Anordnung von Sitzen bei Fahrzeugen vor 1900, bei denen sich die Passagiere wie in einer Pferdekutsche gegenüber saßen. Dem Wagenlenker auf der Rücksitzbank befanden sich die vor ihm Sitzenden im Blickfeld, ihm die Sicht nach vorn versperrend – eine gesellige, aber für den Fahrbetrieb eigentlich unpraktische Anordnung. Das Gegenstück zum Vis-à-vis ist der Dos-à-dos.

Voiturette

In der Frühzeit des Automobils bezeichnete man einen verhältnismäßig kleinen, meist nur zweisitzigen Motorwagen als Voiturette. Das aus dem Französischen übernommene Wort (*voiture* = Wagen) setzte sich auch in Deutschland rasch durch. Als offizielle Modellbezeichnung wurde es zuerst von den Fahrzeugherstellern Léon Bollée und De Dion-Bouton verwendet. Voituretten mit Elektromotor hat es ebenfalls gegeben. Der Motorsport übernahm den Begriff Voiturette als Kategorie für Fahrzeuge unter 400 kg, später auch für Wagen bestimmter Hubraumklassen: 3000 ccm (1911-1919), 1400 ccm (1920), 1500 ccm (1921-1925, 1934-1940), 1100 ccm (1926-1934).

Eine reizvolle Kutschenbauart, die auch beim Bau von Elektromobilen zur Anwendung gelangte, war der Hasom. Diese Karosserieform geht auf einen Entwurf des britischen Architekten Joseph Aloysius Hansom aus dem Jahre 1834 zurück und war ein etwas ungewöhnlicher Aufbau für einen Pferdewagen, da der Kutscher hinten auf gewisser Höhe saß und der Karren in seiner ursprünglichen Ausführung nur zwei große Räder hatte. Trotzdem kam die Idee gut an und wurde, verbessert, später sogar für einige Motorfahrzeuge verwendet. Besonders für das Taxigewerbe war dieser Aufbau ein interessantes Gefährt, das vor allem in Frankreich, Amerika und Russland viel Anklang fand.

Sozial gesehen eine überraschende Lösung: Die Passagiere konnten nicht sehen, was der Fahrer machte. Auf der anderen Seite konnte der Fahrer aber auch nicht sehen, was die Passagiere während der Fahrt trieben; sie befanden sich in einem gemütlichen intimen Raum, dessen Fenster mit Gardinchen zugezogen werden konnte. Der Einstieg war mühelos, und ein bequemes Sofa lud zum entspannten Fahrvergnügen ein. Schwieriger hatte es da schon der Chauffeur, der zu seinem Platz auf knapp zwei Meter Höhe klettern musste. Dort fand er meist nur einen einfachen Sitz vor, der noch nicht einmal einen guten Rückhalt bot. Vor sich hatte er ein flach liegendes Lenkrad oder einen langen Lenkhebel, der die Bewegungen auf die vorderen Räder über ein kompliziertes System aus Zahnrädern und Stangen übertrug.

Der Hansom, geliebt von den Pärchen

Eine Hansom-Karosse auf Hautier-Chassis aus Frankreich (links) – und auf Columbia-Chassis aus Amerika (rechts).

Studebaker baute eine ganze Reihe von Elektrofahrzeugen wie diese Runabouts von 1901. Sie waren einfach, aber von guter Qualität. Abbildungen aus einem Original-Katalog.

Portraits bedeutender Pioniere, deren Beiträge zur Entwicklung der E-Mobilität wegweisend waren

Hall of Fame

Die häufig und mitunter kontrovers geführte Diskussion, ob man die Herren Benz, Daimler und Maybach als die Erfinder des Automobils bezeichnen darf, oder ob nicht vielmehr eine hohe Zahl von Einzelleistungen sie erst in die Lage versetzt hat, den Motorwagen zu »erfinden«, beschäftigte schon vor mehr als einhundert Jahren die Fachwelt. Auch auf dem Gebiet der Elektrotechnik haben unzählige Wissenschaftler, Forscher und Pioniere Beiträge zu einer Entwicklung geleistet, deren Bedeutung wegweisend war – nicht zuletzt für das Elektroautomobil.

Stellvertretend für sie alle seien hier die Arbeiten von neunzehn Persönlichkeiten gewürdigt, die in der Galerie der Wegbereiter für das elektrisch angetriebene Fahrzeug und für die Vervollkommnung der Stromspeichertechnologie Ehrenplätze einnehmen: Alessandro Volta, Joseph Henry, Gaston Planté, Hans Christian Ørsted, Michael Faraday, William Sturgeon, Anyos Jedlik, Hermann von Jacobi, André-Marie Ampère, Sibrandus Stratingh, Thomas Alva Edison, Ernst Werner Siemens, Johann Sigmund Schuckert, Robert Bosch, Walter C. Baker, Nikola Tesla, Thomas Davenport, John B. Goodenough und Maria Helena Braga.

Alessandro Volta

»Erfunden« hat die Elektrizität niemand, denn sie ist ein physikalisches Phänomen. Wohl aber gibt es einen Erfinder der elektrischen Batterie als Speichermedium. Dieses Verdienst gebührt dem Italienischen Physiker Giuseppe Antonio Anastasio Alessandro Volta (1745–1827), einem der Gründer der Elektrizitätslehre. Volta hat viele Erfindungen gemacht, doch seine größte und erfolgreichste Erfindung war die um 1800 aufgebaute »Volta'sche Säule«, nachdem er schon in den 1790er Jahren elektrische Spannungsreihen verschiedener Metalle untersucht hatte. Diese Säule bestand aus übereinander geschichteten Elementen aus je einer Kupfer- und einer Zinkplatte, die durch Textilien, die mit Säure (zunächst war es Wasser bzw. eine Salzlake gewesen) getränkt waren, voneinander getrennt wurden. Volta schilderte die Erfindung in einem berühmt gewordenen Brief an Sir Joseph Banks von der Royal Society in London. Diese Erfindung der Strom speichernden Batterie – einst auch als Sammler bezeichnet – ermöglichte die weitere Erforschung der magnetischen Eigenschaften elektrischer Ströme und die praktische Anwendung der Elektrizität auf vielen Gebieten im 19. Jahrhundert.

Alessandro Volta.

Volta führt die nach ihm benannte »Säule« vor.

Joseph Henry

Joseph Henry.

Joseph Henry (1797–1878) wurde in Albany, New York, geboren und absolvierte eine Lehre als Uhrmacher und Silberschmied. Sein Großvater war aus Schottland eingewandert. 1826 wurde er Professor für Mathematik und Naturphilosophie an der Albany Academy und begann dort wenig später seine ersten Versuche mit der Elektrizität und der Telegrafie. Henrys hauptsächliches Arbeitsgebiet war der Elektromagnetismus, bei welchem er das Phänomen der Selbstinduktion entdeckte. Zur gleichen Zeit formuliert Michael Faraday in England das Prinzip der gegenseitigen Induktion. Henry war der Erste, der auf die Idee kam, durch vielfache Leiterschleifen oder eine Drahtspule um einen Eisenkern einen Elektromagneten zu schaffen. Außerdem erfand er 1835 das elektromagnetische Relais, ohne das weder das einfache Schalten von elektrischen Stromkreisen noch die Telegrafie über größere Entfernungen möglich gewesen wären.

Gaston Planté

Die Erfindung des Bleiplatten-Akkumulators geht auf das Konto des französischen Physikers Raymond Louis Gaston Planté (1834–1889) zurück. Er begann seine Laufbahn als

Gaston Planté.

Assistent am Pariser Conservatoire des Arts et Métiers (Kunst- und Handwerks-Konservatorium) und wurde später Professor der Polytechnischen Gesellschaft. 1859 erfand er den Blei-Säure-Sammler als ersten wiederaufladbaren Akkumulator. Doch bis zu dessen industrieller Nutzung vergingen allerdings noch zwanzig Jahre. Eine bekannte Anwendung erfuhren die Zellen 1881 im Elektrofahrzeug von Gustave Trouvé.

Hans Christian Ørsted · Michael Faraday William Sturgeon · Anyos Jedlik · Hermann von Jacobi

Moritz Hermann von Jacobi.

1820 erforschte der dänische Physiker Hans Christian Ørsted (1777–1851) die magnetische Wirkung des elektrischen Stroms, ein grundlegendes Phänomen des Elektromagnetismus. Es war eine Ära dicht aufeinander folgender Entdeckungen, denn schon ein Jahr später veröffentlichte der Brite Michael Faraday (1791–1861) seine Arbeitsergebnisse über »elektromagnetische Rotation«. Er hatte eine Vorrichtung konstruiert, bei der ein elektrischer Leiter um einen festen Magneten rotierte und im Gegenexperiment ein beweglicher Magnet um einen festen Leiter. 1832 erfand Faradays Landsmann William Sturgeon (1783–1850) einen weiteren Vorläufer des E-Motors. Auf dem europäischen Kontinent bemühten sich der Ungar Anyos Jedlik (1800–1895) 1827 und der deutsch-russische Physiker Hermann von Jacobi (1801–1874) 1834 erfolgreich um die Optimierung des Gleichstrom-Elektromotors. So entwickelte Jacobi in Potsdam den ersten praxistauglichen Elektromotor und stattete 1838 in St. Petersburg ein sechs Personen fassendes Boot mit dem von ihm entwickelten 220-Watt-Motor aus, was die erste Anwendung eines Elektromotors in der Praxis darstellte. Damit war die Grundlage für einen elektromotorischen Antrieb bekannt und auch bis zur anwendungstauglichen Arbeitsmaschine entwickelt.

André-Marie Ampère

André-Marie Ampère.

Der französische Gelehrte André-Marie Ampère (1775–1836) galt als herausragender Experimentator und Theoretiker der frühen Elektrodynamik. Nach ihm ist die internationale Einheit der Stromstärke Ampere (A) benannt. 1820 wurde Ampère auf die Versuche Ørsteds zur Ablenkung einer Magnetnadel durch elektrischen Strom aufmerksam. Ampère wiederholte den Versuch und erkannte, dass Ørsted die Ablenkung des Magneten durch das Erdmagnetfeld nicht beachtet hatte. Mit einer verbesserten Versuchsanordnung konnte Ampère feststellen, dass sich die Magnetnadel immer senkrecht zum stromdurchflossenen Leiter stellte. Ampère nahm als Modellhypothese an, dass jeder Magnetismus seine Ursache in elektrischen Strömen habe und dass Ströme Magnetfelder erzeugen; er vermochte auch nachzuweisen, dass zwei stromdurchflossene Leiter eine Anziehungskraft aufeinander ausüben, wenn in beiden Leitern die elektrische Stromrichtung gleich ist, und dass sie eine Abstoßungskraft aufeinander ausüben, wenn die Stromrichtung entgegengesetzt ist. Ampère konstruierte ein Gerät zur Messung des Stroms, das wir als Amperemeter kennen.

Ernst Werner (von) Siemens

Der Ingenieur Werner Siemens (1816–1892, ab 1888: von Siemens) aus Lenthe bei Hannover ließ 1866 seine Dynamomaschine patentieren. Sie ermöglichte erstmals eine Erzeugung elektrischer Energie in größerem Umfang. Wir bezeichnen ein solches Gerät im Auto als Lichtmaschine. Siemens verhalf dem Elektromotor zum Durchbruch für eine praxistaugliche und weitverbreitete Anwendung.
Der junge Siemens hätte gerne einen praktisch-wissenschaftlichen Beruf ergriffen, doch erlaubte die wirtschaftliche Situation der Eltern kein Studium. Auf den Rat eines Lehrers bewarb er sich schließlich bei der preußischen Armee in Berlin und wurde 1835 als Offizieranwärter für drei Jahre an die Berliner Artillerie- und Ingenieurschule kommandiert. Hier erhielt er eine umfassende Ausbildung auf naturwissenschaftlichen Gebieten. Er blieb beim Militär bis Juni 1849 und versuchte nebenher mit Erfindungen zusätzlich Geld zu verdienen, wobei seine Arbeit zunächst auf praktische und schnell verwertbare Dinge gerichtet war. So entwickelte er einen neuen Regler für Dampfmaschinen, eine Presse zur Herstellung von künstlichem Gestein sowie ein Druckverfahren. Im Jahr 1842 war es Werner Siemens gelungen, einen Teelöffel aus Nickelstahl mit Hilfe von Gleichstrom aus einer Batterie mit einem Überzug wahlweise aus Silber oder Gold zu versehen. Für dieses Verfahren bekam er ein Patent, das er an einen Juwelier verkaufte. Ende 1847 erfand er ein Verfahren, um Drähte mit einer nahtlosen Umhüllung aus isolierendem Guttapercha zu versehen. Dieses Verfahren bildet bis heute die Grundlage zur Herstellung isolierter Leitungen und elektrischer Kabel. Mit der Entwicklung des ersten elektrischen Generators im Jahr 1866 auf der Grundlage des von ihm wissenschaftlich begründeten elektrodynamischen Prinzips gehört Werner Siemens zu den Wegbereitern der Starkstromtechnik: Elektrische Energie, die sich jetzt in großem Umfang produzieren ließ, ermöglichte die Verwendung des flexibel einzusetzenden Elektromotors. Am 12. Oktober 1847 gründete Siemens – noch immer im

Ernst Werner (von) Siemens.

Hauptberuf Offizier – mit dem Mechaniker Johann Georg Halske ein Unternehmen zum Bau von Telegrafeneinrichtungen. Damit wurde Siemens & Halske sehr schnell bekannt und erhielt Aufträge aus aller Welt. Weitere Meilensteine in der frühen Siemens-Geschichte waren die erste elektrische Lokomotive und die erste elektrische Straßenbeleuchtung (in Berlin) 1879; der erste elektrische Aufzug 1880, die erste elektrische Straßenbahn (in Berlin-Lichterfelde), der erste Oberleitungs-Omnibus der Welt 1882.

Johann Sigmund Schuckert

Johann Sigmund Schuckert.

Der am 18. Oktober 1846 in Nürnberg geborene Johann Sigmund Schuckert war ein Elektrotechniker und Gründer der Firma Schuckert & Co. (Schuckertwerke). Bereits in der Schule machte er bei Laboratoriumsversuchen Bekanntschaft mit der Elektrizität. Mit Hilfe seines Lehrers schaffte er es, eine Lehrstelle als Mechaniker bei Friedrich Heller zu bekommen, Nürnbergs ältester Elektrofirma. Nebenbei vertiefte er sein Wissen über Arithmetik, Geometrie, Physik und Chemie. Als Geselle machte sich Sigmund Schuckert auf die Wanderschaft, die ihn auch zur Firma Siemens & Halske in Berlin führte. Bedeutsam war für ihn ein mehrjähriger Amerikaaufenthalt. Von New York kam er über Baltimore, Philadelphia und Cincinnati nach New Jersey, wo er in Edisons Telegraphenfabrik arbeitete. 1873 kehrte er nach Deutschland zurück.

In Nürnberg beschäftigte er sich anfangs mit der Reparatur von amerikanischen Singer-Nähmaschinen, mit denen sonst kaum jemand Erfahrung hatte. 1874 erregte Schuckert mit der Konstruktion eines Dynamos nach dem Siemensschen Prinzip Aufsehen und bekam dafür das Gewerbeprivileg erteilt. Ab 1875 war er mit seinen Maschinen erfolgreich auf dem Markt. Diese Maschinen waren günstiger und leistungsfähiger als die Konkurrenzprodukte jener Zeit. Der daraus resultierende Erfolg führte zur Betriebsvergrößerung. Er begann mit der Herstellung von Bogenlampen. 1885 nahm er Alexander Wacker als Teilhaber auf und stellte Ingenieure, Vertriebsfachleute und andere Spitzenfachkräfte ein, mit denen er seine Fertigung ausbauen konnte. Die Erfindung des elektrischen Scheinwerfers beschleunigte den Aufstieg. Die Scheinwerfer, ein komplettes Produkt der Nürnberger Industrie, wurden in alle Welt exportiert. In den Schuckertwerken wurden auch komplette elektrische Anlagen bis hin zur Straßenbahn gebaut. Sigmund Schuckert verstarb 1895 im Alter von nur 48 Jahren.

Sibrandus Stratingh und sein elektrischer Wagen von ca. 1835.

Sibrandus Stratingh

Der niederländische Wissenschaftler Sibrandus Stratingh (1785–1841) machte sich auf dem Gebiet der Chemie einen Namen. Im Alter von nur 13 Jahren begann er ein Studium an der Universität von Groningen, und 1801 gründete er mit seinem Freund Theodorus van Swinderen die Gesellschaft zur Förderung der Physikalischen Wissenschaften. 1824 wurde er Professor für allgemeine, angewandte und pharmazeutische Chemie.

Stratingh hat eine Reihe von Erfindungen gemacht, besonders hinsichtlich der Fortbewegung. Vermutlich hat Stratingh auch als erster ein Fahrzeug mit einem Motor (eine Dampfmaschine) in den Niederlanden betrieben, und zwar am 22. März 1834, als er und sein Assistent, der deutsche Instrumentenbauer Christopher Becker, damit eine erste Fahrt auf der Hauptstraße von Groningen unternahmen.

Später baute Stratingh ein elektrisches Fahrzeug, das erhalten geblieben ist. Bei dem kleinen, wie ein Kinderdreirad mit Holzchassis anmutenden Gefährt dürfte es sich um das erste elektrisch angetriebene Fahrzeug der Welt handeln, wenngleich es auch keinen Sitz für einen Fahrer aufwies und nur im Kreis herum fuhr. Auch der schottische Erfinder Robert Anderson soll in den 1830er Jahren in Aberdeen einen mit einem Elektromotor versehenen Holzkarren auf die Räder gestellt haben, über den jedoch keine präzisen Angaben überliefert sind. Möglich, dass Andersons Erfindung auch nur auf dem Papier existierte.

Ludwig Lohner

Der Wagnermeister Heinrich Lohner war 1811 aus Mayen an der Mosel nach Österreich gekommen und hatte am 4. Oktober 1821 in Wien sein Aufenthaltsrecht erlangt. Von Heinrich Lohners Söhnen erlernte Jacob das Sattler- und Franz das Wagnerhandwerk. Am 16. April 1850 erhielt sein Schwager und Teilhaber Ludwig Laurenzi die offizielle Zulassung als Wagenfabrikant. Die Wagenfabrik Jacob Lohner & Co. wurde kurze Zeit später mit dem Titel »k.u.k. Hoflieferant« ausgezeichnet, und 1868 begann die industrielle Fertigung von Kutschwagen.
Es war Jacob Lohners Sohn Ludwig, der die Automobilbau-Ära in Österreich mitgründete. Er hatte die Technische Hochschule zu Wien besucht, Maschinenbau studiert und 1879 die Ingenieursprüfung abgelegt. 1879 bis 1881 bereiste er Europa, viele Mittelmeerländer und Nordamerika, volontierte bei zahlreichen Kutschwagen- und späteren Karosserie-Unternehmen, z.B. bei Kellner in Paris, Mulliner in London sowie bei Brewster und Studebaker in den USA.
1876 bis 1878 baute er das Werk Floridsdorf bei Wien, das dort bis 1996 bestand. 1887 trat Ludwig Lohner, der die dritte Lohner-Generation verkörperte, in die Firma seines Vaters ein, der ein Jahr zuvor ausgeschieden war,
Im Oktober 1897 bestellte Lohner bei der Maschinen- und Motorenfabrik Lefèbre-Fessard in Poissy bei Paris einen Zweizylindermotor, den er in einen Kutschwagen einbaute. Doch mit diesem Antriebsaggregat war er nicht zufrieden. Bei der Firma Bela Egger, Kremenetzky & Co. in Wien arbeitete damals ein junger Elektrotechniker namens Ferdinand Porsche, den sich Ludwig Lohner 1898 in seine Firma holte. Gemeinsam bauten sie ihre ersten drei Automobile: einen Wagen mit einem 6 PS starken Benzinmotor (vermutlich war es der von Lefèbre-Fessard), ein elektrisches Phaeton und ein elektrisches Coupé.
Ferdinand Porsche entwickelte den berühmt gewordenen Radnabenmotor, ein Innenpolaggregat, das direkt auf der Achse innerhalb jeder der beiden vorderen oder auch aller vier Felgen saß. Porsche galt damit als Wegbereiter des 4x4-Antriebs und schuf auch das erste Automobil ohne Übersetzung und Getriebe. Die von Porsche favorisierte Antriebsart über Radnabenmotoren gab es auch in der Kombination mit einem Benzinmotor, der einen Generator zur Aufladung der Akkumulatoren antrieb.
1901 verkaufte Lohner die Patente und die Fertigungseinrichtungen für seine Elektroautomobile an die Österreichische Daimler-Motoren-Gesellschaft, die ihre Fahrzeuge – neben jenen mit Benzinmotor Bauart Daimler – unter dem Namen Mercédès-Electrique und Mercédès-Mixte verkaufte. Die Auslandsrechte an den Lohner-Porsche-Patenten erwarb im Jahre 1906 Emil Jellinek, sehr zum Missfallen Porsches, der zwar für jeden Wagen eine Tantieme erhielt, aber kein Freund Jellineks war. Verärgert verließ Porsche die Firma Lohner und ging ebenfalls zur Österreichischen Daimler-Motoren-Gesellschaft nach Wiener Neustadt (Austro-Daimler), wo man die Produktion benzin-elektrisch getriebener Fahrzeuge fortsetzte.
Bei Lohner wurden ebenfalls weiterhin Hybrid-Automobile gebaut, wobei Nutzfahrzeuge überwogen. Da sich inzwischen aber abzuzeichnen begann, dass die Ära der Elektrofahrzeuge sich ihrem Ende zuneigte, suchte Lohner nach Alternativen; so entstand mit dem Ingenieur Ludwig Stoll der Oberleitungs-Omnibus Lohner-Stoll. Er wurde bis 1912 gebaut und in Österreich, Böhmen, Ungarn, Deutschland, Frankreich und in der Schweiz eingesetzt.
Als Karosseriehersteller war Lohner ebenfalls weiterhin aktiv. Es entstanden Aufbauten für Personenwagen, für Autobusse und Sanitätsfahrzeuge. 1909 nahm Ludwig Lohner auch die Herstellung von Flugzeugen auf (Lohner-Pfeilflieger, Etrich-Taube), ab 1912 insbesondere für die österreichisch-ungarische Armee. 1923 gründete Ludwig Lohner gemeinsam mit der Fabrik für Feuerwehrgeräte und Landmaschinen Konrad Rosenbauer KG in Linz die Rosenbauer-Lohner KG als Feuerwehrgerätefabrik. Diese Verbindung wurde 1925 jedoch wieder aufgelöst. Ab 1925 baute man auch Straßenbahnwaggons.
1970 wurde die Unternehmensgruppe Lohner von der kanadischen Bombardier Group übernommen.

Albert Augustus Pope

Als passionierter Verfechter des Radsports begann der im Bürgerkrieg zum Oberst (Colonel) aufgestiegene Amerikaner Albert A. Pope, Jahrgag 1843, um 1877 mit dem Import europäischer Fahrräder in die USA. Es gelang ihm, von allen bekannten Herstellern Lizenzen für den Nachbau zu erwerben und amerikanische Firmen, die in dieses Geschäft einstiegen, zur Abführung von Lizenzgebühren zu zwingen. Mit diesem Monopol erwarb er ein Vermögen, mit dem er selbst Fahrräder herzustellen begann. Sie trugen den Markennamen Columbia und rangierten um 1896 an der Spitze des gesamten Marktes.
Um die gleiche Zeit nahm Pope den Bau von Fahrzeugen mit Benzinmotor auf, die ebenfalls unter dem Namen Columbia verkauft wurden. 1897 engagierte man den Maschinengewehr-Erfinder Hiram Percy Maxim als Technischen Leiter. Pope lehnte jedoch bereits kurze Zeit später den Verbrennungsmotor mit der Begründung ab, dass er nicht gerne auf einer »Explosion« sitzen wollte. Er wandte sich dem Bau von Elektromobilen zu. Als Maxim das Unternehmen verließ, nahm seine Position Frederick A. Law ein, der neue Benzinmotorwagen konstruierte, aber es entstanden 1907-08 auch einige Wagen mit benzin-elektrischem Antrieb.
Die Anregung zum Bau von elektrischen Wagen hatte Pope von seinem Bankmanager William Collins Whitney erhalten, der 1899 die Konkursmasse der Electric Vehicle Co. von einem Mr. Isaac Rice übernommen hatte; Whitney suchte einen Partner für die Herstellung von elektrischen Taxifahrzeugen. Gemeinsam mit Pope gründete er die Columbia Automobile Co. mit der Electric Vehicle Company als Holding. Die Gesellschaft erwarb auch eine Baulizenz für den Selden-Benzinmotorwagen. Die hinter Pope stehende Finanzgruppe kaufte George B. Selden sogar das Patent ab und kassierte nun ihrerseits in der Branche Lizenzgebühren für die dubiosen Selden-Rechte, die bis 1912 gehalten werden konnten.
Die ersten von Pope hergestellten Fahrzeuge fanden im Gegensatz zu seinen Fahrrädern in den USA nur wenige Abnehmer, deshalb verschiffte Pope eine Anzahl nach England, um sie dort anzubieten. Das Schiff versank im Atlantik, mit ihm die Pope-Columbia-Automobile. Man kann sagen, dass Popes erster Profit aus dem Autogeschäft die ausbezahlte Summe von 3000 Dollar seiner Versicherungsgesellschaft war.
Aus dem Columbia-Geschäft zog sich Pope 1902 zurück, nachdem er die Robinson Co. in Hydepark, Massachusetts, erworben hatte, dazu die International Motor Car Co. und die American Bicycle Co., aus denen die neue Pope Manufacturing Co. mit Sitz in Hartford entstand; in Hagerstown,

Maryland, errichtete er eine Zweigfirma. Von 1904 bis 1907 baute man dort Automobile unter dem Markennamen Pope-Tribune.
Unter der Leitung von Albert A. Popes Bruder George wurden von 1898 bis 1916 auch Elektrofahrzeuge unter der Marke Pope-Waverly hergestellt. George Pope war zugleich der fürs Finanzressort zuständige Direktor der Pope-Gruppe. Der Pope-Waverly, eine Konstruktion des Elektro-Ingenieurs Elmer E. Sperry, entstand in den Räumen der ehemaligen Indiana Bicycle Co. in Indianapolis, die bis 1908 ebenfalls zum Pope-Konzern gehörte, als sich George Pope aus dem Geschäft zurückzog und es kurz vor dem Konkurs an eine Gruppe von Investoren weitergab, die den »Silent Waverly« noch bis 1916 weiterbauten.
Trotz voller Auftragsbücher gingen Popes Unternehmen im Mai 1914 in Konkurs; das Werk in Toledo wurde von der Flugmotorenfabrik Pratt & Whitney übernommen. Nach Popes Tod im Jahre 1909 fehlte es dem Management an der unternehmerischen Durchsetzungskraft, wie sie der Gründer gehabt hatte.

Ferdinand Porsche.

Ferdinand Porsche

Der Sohn eines Spenglers im böhmischen Maffersdorf, damals Österreich, mag vor allem als Vater des VW Käfers in die Automobilgeschichte eingegangen sein, doch seine Verdienste als vielseitig begabter, geradezu genialer Ingenieur umfassen außerordentliche Leistungen, die er bereits Jahrzehnte vorher erbrachte.
Neben seiner Ausbildung zum Installateur besuchte Porsche, Jahrgang 1875, in Abendkursen die Staatsgewerbeschule in Reichenberg. 1903 heiratete er Aloisia Johanna Kaes, ein Jahr später wurde ihr erstes Kind Louise geboren, 1909 kam Sohn Ferdinand zur Welt. Mit 18 Jahren trat Porsche in die Vereinigte Elektrizitäts-AG Béla Egger in Wien ein, später ein Teil des Brown-Bovery-Konzerns; 1898 wechselte er zur Hofwagenfabrik Ludwig Lohner, wo er 1899 das Lohner-Porsche-Elektromobil entwickelte – eine epochale Neuheit mit Elektromotoren in den Radnaben. Das Handicap der schweren Batterien glich Porsche 1902 aus, als er seinen Mixte-Wagen vorstellte. Bei diesem Hybridwagen wurde der Strom mittels eines Generators erzeugt, der von einem Verbrennungsmotor angetrieben wurde. Als Lohner die Experimente Porsches zu kostspielig wurden, ging Porsche 1906 als Entwicklungs- und Produktionsleiter zur Österreichischen Daimler-Motoren-Gesellschaft, wo er sich mit der Entwicklung von Personenwagen, Flugmotoren und Rennfahrzeugen beschäftigte. 1910 gewann er mit einem von ihm entworfenen Austro-Daimler die Prinz-Heinrich-Fahrt, und 1912 konstruierte er eine benzinelektrisch angetriebene Zugmaschine für Straßen- wie Schieneneinsatz, an die mehrere mit Radnabenmotoren bestückte Anhänger zu koppeln waren. 1916 wurde er zum Generaldirektor von Austro-Daimler bestellt. Im März 1923 verließ er das in Bankenbesitz übergegangene Unternehmen und ging als Konstruktionsleiter und Mitglied des Vorstands zu Daimler nach Stuttgart. Hier widmete er sich der Weiterentwicklung des von Paul Daimler initiierten Kompressormotors. Porsche führte die Leichtmetall-Baustoffe Aluminium und Silumin ein, die er bei Austro-Daimler schon im Flugmotorenbau verwendet hatte.
1924 verlieh ihm die Technische Hochschule Stuttgart seinen zweiten Titel eines Dr.-Ing. ehrenhalber; den ersten hatte er 1917 in Wien erhalten. Doch die DMG hieß nicht alle Konstruktionen ihres Chefingenieurs Porsche gut – der zweifellos geniale, aber allen kaufmännischen Einwendungen abgeneigte Mann gab für seine Forschungen zu viel von dem immer knapper werdenden Geld aus. Und Porsche verspürte in der 1926 durch die Fusion von Benz und Daimler aus wirtschaftlichen Erwägungen zur Daimler-Benz AG verschmolzenen Firma wenig Neigung, einen vom Aufsichtsrat geforderten Kleinwagen zu entwickeln, den der Markt dringender brauchte als Prestige-Automobile. 1928 verwehrte man Porsche deshalb eine Verlängerung seines Arbeitsvertrages. Es kam zu einer juristischen Auseinandersetzung, in der ihn Anton Piëch vertrat – der später sein Schwiegersohn wurde. Porsche akzeptierte letzten Endes die Trennung. Er ging für ein knappes Jahr zu Steyr in Graz, machte sich dann selbständig und eröffnete am 1. Dezember 1930 ein Konstruktionsbüro, das am 25. April 1931 als Dr.-Ing. h. c. F. Porsche GmbH, Konstruktionen und Beratungen für Motoren und Fahrzeugbau mit Sitz in Stuttgart eingetragen wurde. Die Firmenanteile lagen zu 70 % bei Porsche, zu 15 % bei dem Kaufmann und Rennfahrer Adolf Rosenberger und zu 15 % bei Anton Piëch. Als erstes Patent des Unternehmens wurde am 10. August 1931 die Drehstabfederung angemeldet.
Porsche und sein Team begannen 1934 im Auftrag des Reichsverbandes der Deutschen Automobilindustrie mit der Konstruktion des »Volkswagens« unter Einbeziehung von Elementen, die durchaus nicht alle von Porsche selbst stammten. Für die Auto Union entwickelte Porsche zur gleichen Zeit einen Grand-Prix-Wagen mit V16-Motor für die neue 750-kg-Formel, der gegen die Silberpfeile von Mercedes-Benz antrat. In 64 Rennen siegte der P-Wagen (P für Porsche) 32 Mal.
1935 wurde Porsche in die Oberste Nationale Sportbehörde für die Deutsche Kraftfahrt berufen. 1938 bis 1945 übernahm er zudem die Leitung des Volkswagen-Werkes in Wolfsburg. 1940 wurde Porsche zum Honorarprofessor an der Technischen Hochschule Stuttgart ernannt, und man verlieh ihm im selben Jahr den Deutschen Nationalpreis für Kunst und Wissenschaft.
Porsche war in den Kriegsjahren an der Entwicklung zahlreicher Panzermodelle beteiligt, schuf aber auch Windkraftanlagen und einen Volkstraktor. 1943 übernahm das Volkswagenwerk auf Initiative des Hauptgeschäftsführers Porsche die unternehmerische Verantwortung bei Peugeot im besetzten Frankreich. 1945 wurde er von den Franzosen u.a. deshalb für 22 Monate interniert, durch das Internationale Militärtribunal jedoch später als »nicht belastet« eingestuft, da er keine politischen Ämter der NSDAP bekleidet hatte, obwohl er Reichswehrführer und von 1941 bis 1943 Vorsitzender der Panzerkommission gewesen war. Sein Verhältnis zum NS-Regime wird unterschiedlich beurteilt, wobei verbürgt ist, dass er eine profunde Abneigung gegen Hitler und dessen uniformierte NSKK-Chargen hegte.
Ferdinand Porsche verstarb am 30. Januar 1951 im Alter von 75 Jahren.

Robert Bosch

Er habe immer nach dem Grundsatz gehandelt, lieber Geld zu verlieren als Vertrauen. »Die Unantastbarkeit meiner Versprechungen, der Glaube an den Wert meiner Ware und an mein Wort standen mir höher als kurzzeitiger Gewinn.«
Der Mann, der so hohe Maßstäbe an sich und sein Schaffen legte und sie auch formulierte, war Robert Bosch.

Als elftes von zwölf Kindern wurde Robert August Bosch 1861 in einem Dorf bei Ulm geboren. Von 1869 bis 1876 besuchte er die Realschule und absolvierte danach eine Mechanikerlehre; nach seinem Militärdienst arbeitete Bosch sieben Jahre lang bei verschiedenen Unternehmen in Deutschland, in den USA bei Edison sowie in England bei der dortigen Siemens-Filiale. Im November 1886 eröffnete Bosch in Stuttgart eine Werkstätte für Elektrotechnik. 1887 verbesserte er dort einen vom Erfinder Nikolaus August Otto konstruierten Magnetzünder für die Gasmotorenfabrik Deutz, mit dem das Gasgemisch in einem stationären Verbrennungsmotor zur Explosion gebracht wurde. 1897 fand ein solcher Zünder erstmals an einem Automotor Anwendung; damit hatte Bosch der noch jungen Automobiltechnik zu einem entscheidenden Fortschritt verholfen. Doch erst als 1901–02 Robert Boschs erster Ingenieur Gottlob Honold einen Hochspannungs-Magnetzünder entwickelt hatte, wurde der Bau von schnell laufenden Benzinmotoren möglich; vor allem lieferte der Magnetzünder seinen Zündstrom ja nach dem Starten des Motors ohne Batterie, zu deren Aufladung man einen Dynamo (Lichtmaschine) benötigte, der aber seine Einführung im Kraftwagen nicht vor 1912 erlebte.
Schon vor der Jahrhundertwende dehnte Bosch seine Geschäftstätigkeiten ins Ausland aus. Zunächst gründete er 1898 mit Frederick R. Simms in Großbritannien eine Firma zum Bau von Zündapparaten. Aus der Liaison mit Bosch entstand 1907 in London die Simms Magneto Company Ltd., und auch in den USA fasste Bosch bald Fuß. 1906, als bei Bosch der 100.000ste Magnetzünder hergestellt wurde, reiste der Bosch-Verkaufsingenieur Gustav Klein in die USA, wo er die Robert Bosch New York Inc. mit Zweigniederlassungen in Chicago und San Francisco gründete. 1908 wurde daraus die Bosch Magneto Company.

Das Magnetzünder-Geschäft entwickelte sich auf dem amerikanischen Markt mit seiner rasch wachsenden Fahrzeugindustrie schneller als in Europa. In rascher Folge brachte Bosch auch auf anderen Sektoren Innovationen auf den Markt. Das Unternehmen produzierte Anlasser, Lichtmaschinen, ab 1913 Beleuchtungsanlagen und unter anderem 1927 die erste Diesel-Einspritzanlage.
In wenigen Jahren hatte Robert Bosch es geschafft, sein Unternehmen vom handwerklich produzierenden Automobilzulieferer zu einem weltweit aktiven Elektrotechnik-Konzern umzubauen, der auch eine Vielzahl von Sparten der Haushalts-, Sicherheits- und Industrietechnik umfasste.
»Bei allen Dingen, die man nicht selbst machen kann, sei es aus Mangel an Fähigkeit, sei es aus Mangel an Zeit, ist die Hauptsache, die rechten Leute zu finden, welchen man die Arbeit übertragen kann«, hat der 1942 verstorbene Robert Bosch einmal gesagt.

»Wenn ein Unternehmen auf Dauer bestehen und fortschrittlich bleiben will, gibt es nichts Schlimmeres, als keine Wettbewerber zu haben.«

Robert Bosch

Robert Bosch.

Thomas Alva Edison

Der Amerikaner Thomas Alva Edison wurde am 11. Februar 1847 in Milan, einem Dorf im Norden Ohios, geboren. Als Fünfzehnjähriger erhielt er von einem Telegrafisten, dessen Sohn er vor einem Unfall bewahrt hatte, Unterricht in der Telegrafietechnik. Bis 1886 erwarb er über die Bedienung hinaus ein profundes Verständnis für die Telegrafentechnik, da die Telegrafisten häufig auch die Wartung der Geräte und der Batterien übernehmen mussten.
1870 entstand Edisons erste eigene Werkstatt für Entwicklung und Fertigung von Kurstelegrafen in Newark, New Jersey. Das expandierende Geschäft veranlasste Edison, 1872 eine neue Werkstatt zu gründen. Diese Werkstätten zur Herstellung von Kurstelegrafen und Telegrafen für private Leitungen hatten zirka 50 Mitarbeiter und wiesen eine Produktion von zirka 600 Geräten im Jahr auf. Sie markierten den Beginn der Tätigkeit Edisons als Erfinder-Unternehmer.
Das zentrale Problem der Telegrafengesellschaften war damals die effiziente Nutzung der teuren Telegrafenleitungen. Auf den langen Distanzen der Leitungen in Amerika funktionierten diese jedoch nicht. Edison konnte das Problem der Signalqualität lösen und die Telegraphen weiter beschleunigen, wobei insbesondere auch die Nachrichtenaufzeichnung beim Empfänger für die Geschwindigkeits-

Thomas Alva Edison.

anforderungen weiterentwickelt werden musste. Edison entwickelte mit seinem Quadruplextelegrafen eine Technik zur gleichzeitigen Übermittlung von vier Nachrichten und steigerte damit den Nutzen der Telegrafenleitungen weiter. 1861 verlagerte sich der Schwerpunkt der Arbeit Edisons zu der Vermarktung und Umsetzung von Elektrifizierungsprojekten. Die Fertigung von Glühlampen und Teilen für das später AEG. Das Mahen-Theater in Brünn war 1882 das erste Gebäude in Europa, in dem ein Edison-Beleuchtungssystem installiert wurde. In Deutschland gilt im Jahr 1884 das Café Bauer zu Berlin als erstes mit Glühlampen beleuchtetes Gebäude; die Lampen wurden von Emil Rathenau nach Edison-Patenten gefertigt. In Mailand wurde 1883 das erste kommerzielle Edison-Elektrizitätsnetz Europas in

Erst war Edisons Freund Henry Ford von der Idee eines batterie-elektrischen Autos begeistert. Doch nachdem zwei teure Versuchswagen entstanden waren, kühlte die Freundschaft der beiden Gentlemen merkwürdigerweise ab.

Henry Ford und Thomas Alva Edison verband eine enge Freundschaft. Sie wohnten zeitweise Haus an Haus, gingen gemeinsam angeln und machten sich gegenseitig Geschenke, wie der Chronist Daniel Strohl 2010 in *Hemming's Motor News* berichtete. Ford war bei der Detroit Edison Illuminating Company angestellt, als er 1896 sein erstes Auto konstruierte. Über die Tatsache, dass Edison seinem Mitarbeiter nahelegte, auch einen Elektroantrieb für das »Quadricycle« in Erwägung zu ziehen, ist wenig geschrieben worden. Doch ein solches Fahrzeug entstand nur auf dem Papier. Ford hielt nicht viel von Edisons Batterien, er verzichtete auch auf die angeblich unzuverlässige Batteriezündung in seinen Autos und setzte auf die batterielose Magnetzündung.

Doch Ende 1913 schien Henry Ford seine Einstellung geändert zu haben. Denn nun beschäftigte er sich doch mit der Idee eines Elektrowagens, den er in Neuseeland zu produzieren gedachte, »weil dort kaum Benzin zu bekommen war«, wie das *Wall Street Journal* und die *New York Times* zu berichten wussten. Ford bestätigte die Gerüchte persönlich in einem Leserbrief. Es wurde auch ein Prototyp gebaut, mit einem von Fred Allison konstruierten Elektromotor an der Hinterachse. Mitte 1914 entstand sogar ein zweites Fahrzeug auf der Basis eines Ford Model T, jetzt mit dem Elektromotor vorn statt hinten. Das Projekt lag in Händen von Henry Fords Sohn Edsel. Gelegentlich erschienen 1915 und 1916 einige vage Notizen in der Presse über den Fortgang der Arbeiten, aber dann wurde es still um den Elektro-Ford.

Noch lange Zeit war Edison in dem Projekt involviert gewesen, doch nachdem ein aus ungeklärten Gründen ausgebrochenes Feuer im Dezember 1914 ausgerechnet jene Betriebsräume zerstört hatte, in denen die Elektrifizierung des Ford-T-Modells vorgenommen worden war, kam es zu erheblichen Verzögerungen – und im Sommer 1916 zum gänzlichen Stillstand. Und für Henry Ford gab es zahlreiche andere Prioritäten, als sich um das Elektrofahrzeug-Projekt zu kümmern, in welches er laut *The Ford Century* bereits 1,5 Millionen Dollar investiert hatte.

Ford hatte sich ausrechnen lassen, dass die Herstellung eines leistungsfähigen E-Autos doppelt so teuer käme wie die Produktion des T-Modells, das mit einer Tankfüllung 300 statt nur 90 Meilen fahren konnte und sich in fünf Minuten betanken ließ, statt acht Stunden auf das Nachladen der Akkus zu warten. Und gerade die Akkus waren es, die in der Herstellungskalkulation so hoch zu Buche schlugen.

Bei aller einstigen Freundschaft zu Edison sah Ford für das Elektroauto keine Marktchancen mehr. Die anfängliche Euphorie war verflogen. Lieber investierte er in die Aufnahme einer Luxus-Baureihe, wie die Übernahme der Marke Lincoln im März 1922 bewies, um gegen die Marke Cadillac des Konkurrenten General Motors im Topsegment ebenfalls antreten zu können.

Edison und Ford hatten 1913 geplant, elektrische Autos zu bauen, doch das Projekt erfuhr keine Realisierung. Nur zwei Prototypen sind entstanden. Das untere Bild zeigt Edison im Versuchswagen von 1914.

Massengeschäft mit Licht und Strom erforderte den Aufbau von Fabriken und die Entwicklung rationeller Fertigungsprozesse.

Im November 1878 wurde die Edison Electric Light Co. gegründet. Diese Gesellschaft kann als Kern des aus ihr entstehenden Elektrokonzerns gesehen werden. 1883 entstand durch eine Kooperation mit Emil Rathenau die Deutsche Edison-Gesellschaft für angewandte Elektrizität, Betrieb genommen. Mit Edisons Namen sind zahlreiche weitere Erfindungen verbunden, etwa der Phonograph und das Diktiergerät. Im Wettbewerb um Marktanteile bei Wechselstrom-Elektrifizierungsprojeken gab es in den späten 1880er Jahren den sogenannten Stromkrieg zwischen Thomas Edison und seinen Konkurrenten George Westinghouse und Nikola Tesla. Thomas Edison musste zugeben, dass es ein Fehler gewesen war, nach Erfindung des Transformators 1881 am Gleichstrom festgehalten zu haben. Edisons Lösung mit 110 Volt Gleichspannung war weder in ländlichen Gebieten mit weiten Entfernungen der Verbraucher zum Kraftwerk wirtschaftlich umzusetzen, noch konnte die preiswerte Energie aus entfernten Wasserkraftwerken zu den Verbrauchern transportiert werden.

Walter C. Baker im Cockpit seines ersten Elektro-Rekordwagens, 1902.

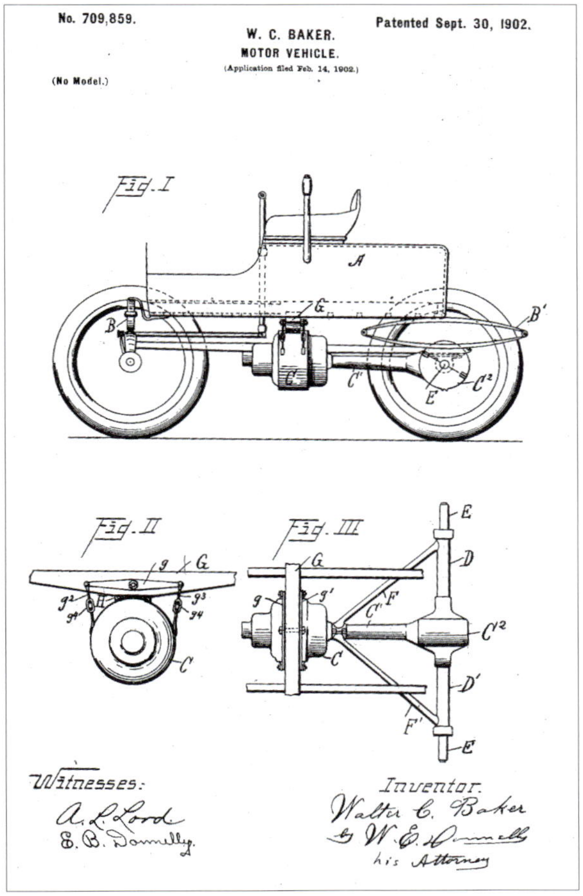

Bakers Elektrowagen-Patent. Ihr Inhaber war einer der erfolgreichsten E-Auto-Produzenten der Welt.

Edison fasste seine Unternehmen bis 1890 zur Edison General Electric Co. zusammen, da der vorherige Firmenverbund nicht mehr effizient zu leiten war. Die Fusion der zahlreichen Firmen zur Edison General Electric Co. erforderte viel Kapital für den Aufkauf von Firmenanteilen Dritter an den zu fusionierenden Firmen, welches von Investoren kam, darunter die Deutsche Bank und Siemens & Halske. Edison hatte keinen kontrollierenden finanziellen Aktienanteil an der Edison General Electric Co. Er war Aktionär, hatte einen Sitz im Verwaltungsrat und war durch Verträge als externer Erfinder mit dem Unternehmen verbunden. Doch 1894 und 1895 verkaufte Edison laufend General-Electric-Aktien und finanzierte mit dem Erlös seine Entwicklungen und Investitionen in anderen Branchen.

Thomas Alva Edison war mit Henry Ford befreundet, der bei der Edison Illuminating Co. seine Karriere begonnen hatte und von Edison dazu ermuntert worden sein soll, sich im Fahrzeugbau selbständig zu machen. Edisons intensive Beschäftigung mit der Weiterentwicklung der Batterietechnik geht auf die Anforderungen im Automobilbau zurück. Der Elektrifizierung der Automobile stand die unzureichende Batterietechnik entgegen. Die bekannten Bleiakkumulatoren waren insbesondere zu schwer. Auch die Eisenbahnen hatten Bedarf an wiederaufladbaren Speichermedien. Nach Vorarbeiten und einer langen Entwicklungszeit mit vielen Rückschlägen wurde der Nickel-Eisen-Akkumulator als Lösung perfektioniert. Die Grundlösung war 1904 gefunden und ging in Produktion. Die Kunden waren zufrieden, doch Edison machten die Ausfallraten Sorgen. Er stoppte die Produktion und investierte weitere fünf Jahre Entwicklungsarbeit in Detailverbesserungen. Die Edison Storage Battery Company erzielte bereits im ersten Produktionsjahr eine Million Dollar Umsatz, was den Marktbedarf dokumentiert. Die zahlreich durchgeführten und sorgfältig dokumentierten Experimente wurden eine wichtige Datenbasis für folgende Generationen von Batterieentwicklern. Im Rahmen der Batterieentwicklung konstruierte Edison Autos und Schienenfahrzeuge mit Elektroantrieb. Er sah in solchen Fahrzeugen den wichtigsten Zukunftsmarkt für Akkumulatoren und elektrische Energie aus Kraftwerken. Die Entwicklung der Verbrennungsmotoren führte aber zu einer Verdrängung der damals von verschiedenen Herstellern angebotenen Elektroautos. Der Wegfall dieses Marktes, der die Entwicklung der Batterie initiiert hatte, wurde jedoch durch die vielfältige andere Nachfrage kompensiert. In Deutschland wurde 1904 die Deutsche Edison Akkumulatoren Gesellschaft gegründet, aus der das Unternehmen Varta hervorging. 1931 verstarb Thomas Alva Edison im Alter von 84 Jahren.

Walter C. Baker

Als einer der erfolgreichsten Pioniere und bedeutendsten Förderer der frühen Elektromobilität wäre der Amerikaner Walter C. Baker (1868–1955) zu nennen. Baker, an der Case School of Applied Science in Cleveland, Ohio, zum Ingenieur ausgebildet, gehörte 1891 zu den Schöpfern eines Elektroautos, das die Firma Henry G. Morris in Philadelphia herstellte. Im folgenden Jahr war er kurzzeitig für die Cleveland Machine Screw Co. tätig, anschließend war er Mitgründer der American Ball Bearing Company. Baker war auch Mitinhaber der White Sewing Machine Co. (Frederic R. und Rollin C. White). Er heiratete 1891 Rollin C. Whites Tochter Fanny Elizabeth und beteiligte sich 1898 am Bau der im gleichen Betrieb hergestellten Dampf- und Benzinmotorwagen.

Noch im selben Jahr gründete Baker in Cleveland die Baker Motor Vehicle Co., in der sein Schwiegervater Rollin C. White als Präsident fungierte: Hier wurden bis 1916 in großer Serie Elektrowagen hergestellt. Den ersten erwarb kein Geringerer als Thomas Alva Edison.

Baker baute auch Stromlinien-Rekordfahrzeuge (*siehe Seite 21 und 22*) und konnte einige Patente auf seinen Namen registrieren lassen, so zum Beispiel eins für einen Elektrowa-

Walter C. Baker behauptete, das »eleganteste je gebaute Automobil« geschaffen zu haben. Sein 1902 entstandener Rekord-Elektrowagen war das erste Auto der Welt mit Sicherheitsgurt – es war über 120 km/h schnell.

gen mit Kardanantrieb, als Ketten das übliche Kraftübertragungssystem bei Elektrofahrzeugen darstellten.
Seine Produktion nahm für damalige Verhältnisse beachtliche Dimensionen an; im Jahr 1906 fertigte Baker 800 Autos, was ihn zum größten Elektroautomobilhersteller in damaliger Zeit machte. 1907 bot Baker 17 verschiedene Modelle vom zweisitzigen Imperial Stanhope bis zum Inside Drive Brougham an. Baker baute auch eine Reihe von Lastwagen bis zu 5,0 Tonnen.
1911 kam die Firma zur Detroit Electric Co., die Ende 1915 mit der Rauch & Lang Carriage Co. (Raulang) zur Baker, Rauch & Lang Inc. fusionierte, und übernahm auch den Automobilhersteller R. M. Owen, der den Owen Magnetic produzierte. 1919 trat Walter C. Baker den Vorstandsvorsitz der 1900 in Cleveland gegründeten und unter L. H. Kittredge reorganisierten Automobilfirma Peerless an, für die Baker u. a. die Rechte zum Nachbau des französischen Luxuswagens Bucciali erwarb (die aber ungenutzt blieben). Die Produktion von Elektroautos war im Verlauf des Jahres 1916 beendet worden.

Nikola Tesla

Nikola Tesla. Mit der amerikanischen Luxus-Automarke gleichen Namens hat er nichts zu tun.

Der gebürtige Serbe Nikola Tesla (1853–1943) ist der – ungefragte – Namenspatron der kalifonischen Firma Tesla Motors, gemeinhin bekannt als Hersteller von Elektrofahrzeugen mit Wechselstrommotor. Teslas Lebenswerk ist geprägt durch zahlreiche Neuerungen auf dem Gebiet der elektrischen Energietechnik wie die Entwicklung des heute als Zweiphasen-Wechselstrom bezeichneten Systems zur elektrischen Energieübertragung. In 26 Ländern hat Tesla mehr als 280 Patente erhalten, davon allein 112 in den USA.
1880 ging Tesla mit finanzieller Unterstützung durch seinen Onkel Dane Branković nach Prag, um an der dortigen Karls-Universität sein in Graz begonnenes Studium fortzusetzen. Von 1881 bis 1882 lebte Tesla in Budapest, wo er 1882 eine Anstellung als Telegrafenamtstechniker bei einem Unternehmen fand, das zu jener Zeit europäischer Repräsentant der Firmen von Thomas Alva Edison war. Ende 1882 zog er nach Paris und bereiste später auch die USA. 1890 meldete Tesla seine ersten Patente an, unter anderem zu Unterbrecherkontakten, vielpoligen Wechselspannungs-Generatoren und Resonanz-Transformatoren, den so genannten Tesla-Transformatoren, um mit Funkenstrecken die Lichtbogenlampe zu verbessern.
Die Idee, die Tesla damals verfolgte und die ihn zeitlebens nicht mehr loslassen sollte, war, mittels hochfrequenter Wechselströme eine drahtlose Energieübertragung zu ermöglichen. 1913 versuchte er ferner, eine von ihm entwickelte Turbine den Bergmann Elektrizitätswerken in Berlin zu verkaufen, was aber an den Transportkosten scheiterte, und 1916 ließ er sein »Teslaventil« patentieren, das darauf beruht, dass der elektrische Strömungswiderstand in einer Flussrichtung geringer ist als die entgegengesetzte, wodurch sich eine Gleichrichterwirkung erzielen lässt.

Ohne Zweifel haben Nikola Teslas Arbeiten zur Entwicklung elektromotorischer Fahrzeugantriebe in hohem Maße beigetragen.

Thomas Davenport

Thomas Davenport.

Soweit überliefert, hat der Amerikaner Thomas Davenport (1802–1851) in Williamstown, Vermont, 1835 als Erster ein Elektrofahrzeug gebaut, dessen Motor die Energie aus einer Batterie bezog. Es war ein Schienen- und kein Straßenfahrzeug. Auf Davenports Namen wurde am 25. Februar 1837 auch das weltweit erste Patent auf einen Gleichstrom-Elektromotor erteilt. Es betraf »the improvement in propelling machinery by magnetism and electromagnetism«. Das war zwar ein technisch-historischer Meilenstein, doch führten Davenports Arbeiten zunächst nicht zu praktischen Anwendungen außer in seiner eigenen Werkstatt. Die Dampfmaschine galt zu jener Zeit als effizienter und ökonomischer, so dass John Davenports Elektromotor nur wenig Beachtung erfuhr.

Louis Antoine Kriéger

Den an der École des Arts et Métiers in Paris zum Ingenieur ausgebildeten Louis Antoine Kriéger, geboren 1868, faszinierte von allen physikalischen Phänomenen besonders das der Elektrizität. Es war eine Zeit technischer Umwälzungen: Die Städte erhielten elektrisches Licht, die Haushalte wurden mit Strom versorgt, Handwerk und Industrie stiegen von der Dampf- auf Elektrokraft um – eine Revolution.
1894 entwarf und baute Kriéger ein Elektromobil, dem er eine erfolgreichere Zukunft beimaß als den Benzinkutschen von De Dion-Bouton, Panhard-Levassor oder Peugeot. Um seinen Ambitionen einen geschäftlich soliden Unterbau zu

Von 1905 bis 1908 bestand die Firma Kriéger als Aktiengesellschaft.

verleihen, gründete er 1898 die Société des Voitures Electriques Système Kriéger. Mit einer wohlhabenden Familie im Hintergrund konnte er es sich erlauben, in den Aufbau eines Fabrikationsbetriebes zu investieren und gute Techniker einzustellen.

Kriéger war mit seinen Fahrzeugen sehr erfolgreich und meldete für seine Konstruktionen etliche Patente an, auch verkaufte er zahlreiche Lizenzen ins Ausland. 1901 fanden 43 Fahrzeuge ihre Abnehmer, vorwiegend in Paris; 1902 waren es 68. Die meisten wurden als Taxis eingesetzt. Seine Vehikel wiesen je einen Elektromotor am Vorderrad auf, die rund 350 kg schweren Akkus befanden sich in einem Kasten zwischen den Achsen und im Heck, gut zugänglich für einen Wechsel. Eine Reichweite von 100 Kilometern garantierte Kriéger pro Ladung bei einem Tempo von 30 km/h. Ab 1903 produzierte er auch Hybridfahrzeuge, ebenfalls mit Vorderradantrieb. 1905 wandelte sich die Firma in eine Aktiengesellschaft. Doch 1909 stellte Kriéger den Fahrzeugbau ein: Die Verbrenner-Konkurrenz war zu mächtig geworden. Auch hatte sich die von ihm seit 1902 geleitete Firma Electrolette als Fehlschlag erwiesen; sie hatte besonders preisgünstige Elektro-Kleinwagen herstellen sollen. Kriéger setzte seine Arbeit als freischaffender Ingenieur fort und schuf 1941 noch einmal eine Kleinwagenkonstruktion, die mit Hilfe von Geschäftsfreunden in Nizza realisiert wurde. Die Stückzahl blieb minimal. Der einst so erfolgreiche Unternehmer verstarb mittellos 1951 im Alter von 83 Jahren.

Robert Schwenke

Als Zweiundzwanzigjähriger hatte Robert Schwenke (1873–1944), der später für zahlreiche fortschrittliche Fahrzeugkonstruktionen bekannt wurde, bei der Vulkan Automobilgesellschaft mbH in Berlin einen Posten als Ingenieur bekommen. Es war seine erste Arbeitsstelle nach dem Studium. Hier schuf er 1895 Elektrofahrzeuge mit Vorderradantrieb, die hauptsächlich als Lieferwagen Verwendung fanden; es gab auch offene Dreisitzer. Dass ein Technikgenie wie Schwenke in der damaligen Zeit die Anwendung elektrischer Energie für Motorfahrzeuge für sinnvoll hielt, nimmt nicht Wunder, Anschließend wurde Schwenke Chefingenieur bei den Watt Akkumulatoren-Werken in Berlin. Die Fabrik wurde 1901 von den Nürnberger Express-Fahrrad-Werken übernommen; 1904 wurde der Elektromobilbau dort allerdings wieder aufgegeben.
Schwenke arbeitete längst an neuen Projekten. Einen von ihm konstruierten »Vorderräderantrieb für Motorwagen« hatte er schon 1902 zum Patent angemeldet. Auch auf einen bei den Watt-Akkumulatoren-Werken entwickelten elektrischen Oberleitungs-Omnibus mit Allradantrieb, den er für die Berliner Verkehrsbetriebe konstruiert hatte, erhielt er ein Patent. Gebaut wurden solche Fahrzeuge bei Siemens & Halske.
Vor allem aber für seinen kleinen Frontantriebswagen rechnete er sich Chancen aus; für ihn hatte er einen quer eingebauten Benzinmotor mit angeblocktem Stirnradgetriebe (drei Gänge) vorgesehen, bei welchem Kurbelwelle, Kupplung und Vorgelegewelle in einer Flucht verliefen. Durch Verschieben der Vorgelegewelle ließen sich die Gangstufen wählen. Die Vorderachse war in De-Dion-Bauart gehalten, der Drehpunkt der radseitigen Kardangelenke lag genau im Drehpunkt der Achsschenkel. Das Antriebsaggregat war ein Vierzylinder-V-Motor mit Luftkühlung.1905 führte er den etwas eigenwillig proportionierten Zweisitzer auf der Automobilausstellung in Berlin vor. Der Schwenke-Wagen geriet in Vergessenheit und fand sich erst 1936 wieder an – im Depot des Deutschen Museums.
Schwenkes Erfindungsgeist – unter anderem schuf er ein Motorrad mit Kardanantrieb sowie vierradgetriebene Lastwagen – war unerschöpflich. Schwenke war auch an der Entstehung des Motorwagens von Iwan Frh. von Stietencron beteiligt. Seine Pionierleistungen auf dem Gebiet des Frontantriebs fanden nicht zuletzt ihren Niederschlag bei der Konstruktion des ersten DKW mit angetriebenen Vorderrädern, der 1931 erschien.

John Goodenough · Maria Helena Braga

John Goodenough, Jahrgang 1922, absolvierte seine Ausbildung an den Universitäten von Yale und Chicago, bevor er 1951 als Entwicklungsingenieur zur Westinghouse Electric Corporation ging. In den späten 1970er und frühen 1980er Jahren leitete er die Anorganische Chemie an der Universität Oxford. Dort entdeckte er die Eignung von Lithium-Kobaltoxid als Material für den Pluspol von Akkumulatoren, ferner entdeckte er zusammen mit einem Doktoranden Lithium-Eisenphosphat als Kathodenmaterial. Auch an der Entdeckung einer weiteren, für Akkumulatoren geeigneten Materialklasse, des Manganspinells, war Goodenough maßgeblich beteiligt.
2017 stellte er im Alter von 94 Jahren gemeinsam mit seinen Kollegen M. H. Braga, N. S. Grundish und A. J. Murchison in der Zeitschrift *Energy & Environmental Science* ein Konzept für einen neuen Akku vor. Dieser basiert auf Glas als Elektrolyt und ersetzt Lithium durch das wesentlich günstigere, besser verfügbare und umweltfreundlichere Natrium. Der Akku könne durch eine höhere Dichte mehr Energie speichern und sei sicherer und kostengünstiger als herkömmliche Lithium-Ionen-Akkus. Hierbei wäre anzumerken, dass die in Austin, Texas, promovierte Forscherin Maria Helena Braga bereits seit längerem mit Glas-Elektrolyten experimentiert hatte, die eine Anode aus Alkali-Metallen befeuern. Unter der Leitung von Goodenough konnte die bereits in ihrer Heimat Portugal geleistete Pionierarbeit in den neuen Akku umgesetzt werden, der erheblich dichter als herkömmliche Lithium-Ionen-Akkus verdichtet ist; auf dem selben Raum kann er eine bis zu dreimal so hohe Ladung speichern.

»Elektro und Hybrid kann die nächsten 20, 30 Jahre laufen, aber nur Elektroautos – das wird eine teure Sache, denn wir wissen ja gar nicht, wie wir unseren Strombedarf decken können. Wir werden den Strom von Atomkraftwerken aus Frankreich oder aus Tschechien kriegen. Ist das der Sinn der Sache?«

Eberhard v. Kuenheim, ehem. BMW-Vorstandschef, in einem Interview des Deutschlandfunks, 28. Oktober 2021

John Goodenough.

Maria Helena Braga.

Chronologie

1881

▶ Der Franzose Gustave Trouvé erwirbt von Werner Siemens einen kleinen Elektromotor, um ihn in ein dreirädriges Howe-Velociped einzubauen. Das Gesamtgewicht des Fahrzeugs einschließlich zwei Batterien, Motor und Fahrer beträgt 160 kg.

▶ Charles Jeantaud, der in Paris ein Taxiunternehmen und eine Wagenmanufaktur betreibt, stellt eine erste elektrisch motorisierte Kutsche auf die Räder. Bis 1893 entstehen einige weitere Fahrzeuge mit dieser Antriebsart.

1882

▶ Werner Siemens führt erstmals einen Oberleitungs-Omnibus vor.

▶ Kurz nach der Vorstellung des Trouvé-Dreirades in Paris bauen die Ingenieure William Edward Ayrton und John Perry in England ein ähnliches Elektrofahrzeug; es ist ebenfalls ein dreirädriges Velociped. Sie demonstrieren es im Oktober auf der Victoria Street in London.

1883

▶ Durch eine Kooperation von der 1878 in den USA gegründeten Edison Electric Light Co., vertreten durch Thomas Alva Edison, mit Emil Rathenau entsteht die Deutsche Edison-Gesellschaft für angewandte Elektrizität, aus der die AEG hervorgeht.

1886

▶ Robert Bosch eröffnet im November in Stuttgart eine Werkstätte für Elektrotechnik.

1887

▶ Gründung der Accumulatoren-Fabrik Tudorschen Systems Büsche & Müller oHG am 27. Dezember in Hagen/Westf., aus der 1904 die Varta GmbH entsteht.

1888

▶ Der serbische Ingenieur Nikola Tesla erhält ein Patent auf seinen mehrphasigen Wechselstrom-Elektromotor.

▶ Andreas Flocken baut in Coburg das erste Elektroauto in Deutschland; es ist ein hochrädriger Kutschwagen mit Wechselstrommotor, dessen Kraft per Lederriemen auf die Hinterachse übertragen wird.

1890

▶ William Morrison aus Des Moines, Iowa/USA, Inhaber von 87 Patenten, ist der Erste, der in den Vereinigten Staaten ein Elektromobil baut. Es ist ein vierrädriges Fahrzeug mit einem 3 kW leistenden Motor, der von einem Akkumulator mit 14 Zellen unter den Sitzen gespeist wird.

1893

▶ Nach mehreren Experimenten mit Elektrofahrzeugen gründet der Wagenbauer und Taxiunternehmer Charles Jeantaud in Paris die erste Automobilfirma, die sich ausschließlich mit dem Bau von solchen Fahrzeugen befasst.

▶ Die amerikanische Firma Morris & Salom stellt auf der Columbian Fair in Chicago (Weltausstellung) einen Elektrowagen aus, an dessen Konstruktion Walter C. Baker beteiligt war.

1894

▶ Unter der Marke General Electric (GE, GEC) entsteht in Lynn, Massachusetts/USA, ein Elektrowagen, konstruiert von dem amerikanischen Professor Elihu Thomson und dem emigrierten Schweizer Techniker Hermann Lemp.

▶ Louis Antoine Kriéger konstruiert in Paris ein Elektromobil, von dem er sich eine erfolgreichere Zukunft verspricht als vom Benzinwagen. Um seinen Ambitionen einen geschäftlich soliden Unterbau zu verleihen, gründet er 1897 die Société des Voitures Èlectriques Système Kriéger, die auch Lizenzen an andere Fahrzeughersteller verkauft. Alle Fahrzeuge haben Vorderradantrieb.

▶ Der von George K. Cummings in Chicago/USA vorgestellte Elektrowagen ist eins der ersten Automobile mit einem Lenkrad statt einer Hebelstange sowie einem Pedal zur Regulierung der Geschwindigkeit über einen Regelwiderstand.

▶ Die Acme & Immisch Electric Works Ltd. in London fertigen bis 1897 auf Wunsch einiger Kunden drei- und vierrädrige Elektrowagen an.

▶ In Philadelphia stellt die Firma Morris & Salom im November den »Electrobat« vor, das erste praxistaugliche Elektromobil amerikanischer Fertigung und als Taxifahrzeug gedacht.

▶ Der Ingenieur W. W. Wylie baut in Ottawa, Ontario/Kanada, einen Motorwagen für seinen persönlichen Bedarf. Es ist ein vierrädriges Elektrofahrzeug mit dem Antriebsaggregat unterhalb des Einzelsitzes.

1895

▶ Am 11. Juni startet in Paris ein Straßenrennen nach Bordeaux und zurück, an welchem Charles Jeantaud unter 20 Wettbewerbern der einzige ist, der mit einem Elektromobil erscheint. Doch er gehört zu jenen 13 Teilnehmern, die das Ziel nicht innerhalb der vorgegebenen Zeit erreichen.

▶ Albert A. Pope beginnt in Hartford, Connecticut/USA, mit der Herstellung von Elektrowagen unter dem Markennamen Columbia.

▶ Die Firma Dey-Griswold & Co., New York City, produziert einen von Harry E. Dey konstruierten Elektrowagen, der vermutlich das erste Auto ist, an dem eine Kombination von einem Elektromotor mit einem Flüssigkeitsgetriebe zur Anwendung gelangt.

▶ Robert Schwenke konstruiert für die Vulkan Automobilgesellschaft mbH in Berlin Elektrofahrzeuge mit Vorderradantrieb, die hauptsächlich als Lieferwagen Verwendung finden.

1897

▶ Georges Latil von der Société Korn & Latil im Pariser Vorort Suresnes lässt sich den »Avant train« patentieren.

▶ Die ABOAG in Berlin rüstet Pferde-Omnibusse auf Elektroantrieb um.

▶ Der Techniker Earle C. Anthony baut in Los Angeles ein Elektroautomobil mit einem 0,3-kW-Motor, der die hinteren Räder antreibt.

▶ In Courbevoie bei Paris gründet Louis Antoine Kriéger die Société des Voitures Electriques und stellt nach einer Latll-Lizenz Vorspannwagen mit Radnaben-Elektromotoren (Avant-trains) für Pferdekutschen her, ab 1898 auch komplette Fahrzeuge.

1898

▶ Bei der Kühlstein Wagenbau GmbH in Berlin-Charlottenburg beginnt man mit Versuchen, Kutschen per Elektromotor anzutreiben.

▶ Emilio de la Cuadra, ein Hersteller von Elektromotoren in Barcelona, Spanien, übernimmt eine Vertretung für die Marke Benz. In der von ihm gegründeten Compañia General de Coches-Automóviles stellt er auch Fahrzeuge eigener Konstruktion her, sowohl Personenwagen als auch einen Lastwagen sowie einen Omnibus mit Elektro- und Hybridantrieb.

▶ Die Brüder Semple und Ashley Scott bauen in der St. Louis Electric Automobile Co. in St. Louis, Missouri/USA einen Elektro-Omnibus mit Platz für acht Fahrgäste.

1898 vorgestelltes Mildé Phaëton.

▶ Gründung der Baker Motor Vehicle Co. in Cleveland, Ohio/USA, durch Walter C. Baker.

▶ Ferdinand Porsche, ein 22-jähriger Elektrotechniker aus Böhmen, unternimmt am 26. Juni in Wien eine erste Ausfahrt mit dem von ihm konstruierten Lohner-Elektroautomobil mit Radnabenmotoren.

▶ In Levallois-Perret bei Paris gründet Charles Mildé die Firma Mildé et Cie., deren erstes Produkt ein 2,2 kW starker Elektromotor zur Montage an einer Pferdekutsche ist. Im November stellt Mildé seinen ersten kompletten Elektrowagen vor.

▶ Der Elektroingenieur Louis Welter in Köln erwirbt von dem französischen Hersteller Louis Antoine Kriéger eine Lizenz zum Nachbau des Kriéger-Elektrowagens mit Vorderradantrieb.

▶ Am 18. Dezember absolviert Gaston de Chasseloup-Laubat mit einem Elektrowagen von Jeantaud auf einer Landstraße 20 Kilometer nordwestlich von Versailles einen Weltrekord mit 63,158 km/h.

1899

▶ Das erste Automobil mit Hybridantrieb entsteht in Barcelona unter dem Namen De La Cuadra. Im Wagen befindet sich sowohl ein Elektromotor als auch ein 5-PS-Verbrennungsmotor, der einen Generator für die Akkumulatoren antreibt.

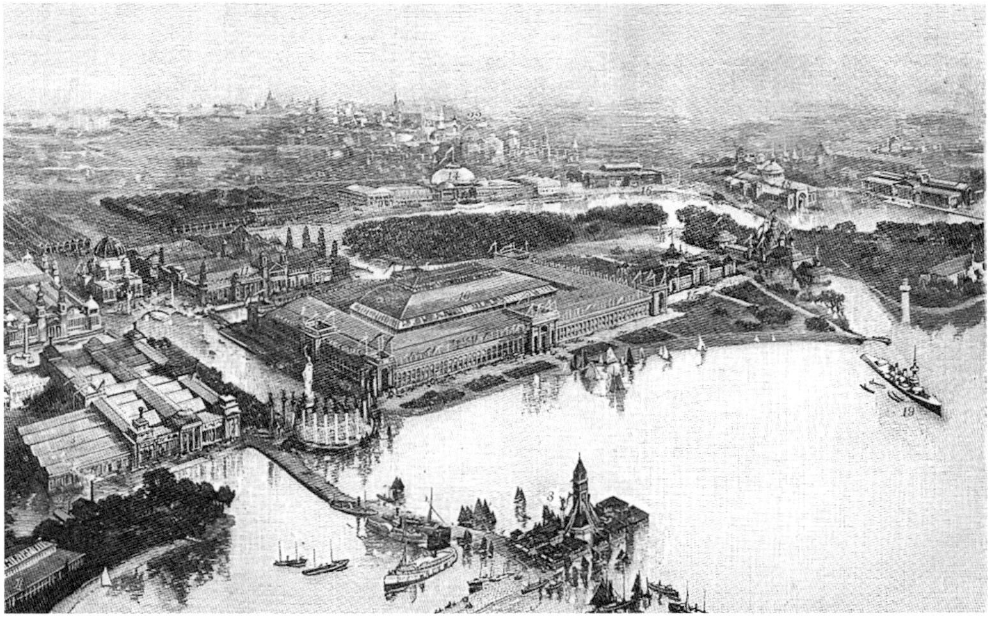

Auf der Columbian Fair in Chicago 1893 zeigt die Firma Morris & Salom einen Elektrowagen, der große Beachtung findet.

▶ Gaston de Chasseloup-Laubat überbietet am 17. Januar seinen Weltrekord mit 70,312 km/h.

▶ Am 29. April fährt Camille Jenatzy am Lenker des Elektromobils »La jamais contente« mit 105,882 km/h einen Weltrekord über die Distanz von einem Kilometer. Damit bleibt er für drei Jahre der schnellste Automobilist der Welt. Der Rekord gilt für alle Fahrzeugsysteme, nicht nur für Elektrofahrzeuge.

▶ Die Compagnie des voitures électriques Fischer in Combs-la-Ville, Departement Seine-et-Marne/Frankreich, beginnt mit dem Bau von Elektrowagen unter dem Markennamen Helvétia, entwickelt von dem Schweizer Konstrukteur Jacques Fischer-Hinnen aus Zürich. Ende Juli ist sein erstes Elektro-Taxi fertiggestellt.

▶ Als einer der ersten deutschen Hersteller von Elektro-Nutzfahrzeugen zeigt Heinrich Scheele in Köln-Lindenthal einen Elektro-Lieferwagen.

▶ Der Ingenieur Gino Turrinelli gründet in Mailand die Società Italiana Vetture Elettriche Turrinelli & C. (S.I.V.E.). Hergestellt werden Elektroautomobile, auch Hotelomnibusse, unter dem Markennamen Ausonia. Für die meist kurzen Distanzen vom Bahnhof zu einem der besseren Hotels erweisen sich Elektrofahrzeuge in der Stadt als gut geeignet.

▶ Sigmund Bergmann gründet die Bergmann-Elektricitäts-Werke AG, die 1901 auch den Elektrofahrzeugbau aufnimmt.

▶ Die Maschinenfabrik Hentschel & Co. GmbH in Berlin-Charlottenburg ist das erste Unternehmen, das in der Reichshauptstadt eine elektrische Motortaxe auf die Straße bringt. Es handelt sich um eine traditionelle, nur umgebaute Pferdekutsche.

▶ Die Société de la Voiture Bouquet, Garcin et Schivre (B.G.S.) in Neuilly bei Paris beginnt mit dem Bau von Elektromobilen jeglicher Art. Ein Modell erreichte überraschenderweise 262 Kilometer ohne Aufladung – eine Tatsache, die gebührend in der Werbung der Firma zum Ausdruck kam.

▶ Die Maxwerke, ein eisenverarbeitender Betrieb, der zur Kölner Elektrizitäts- und Automobilgesellschaft Harff & Schwarz AG gehört, beginnen mit der Herstellung von Motorwagen teils mit Elektro-, teils mit Benzinmotoren oder beiden im Hybridsystem, die Radnabenaggregate aufweisen.

1900

▶ 38 Prozent aller in Europa registrierten Motorwagen sind gegenwärtig Elektrofahrzeuge.

▶ Die Maschinenfabrik AB Atlas in Stockholm stellt einen von Harald Hakansson konstruierten Elektrowagen vor. Das Fahrzeug besitzt spezielle, leistungsstarke Batterien sowie zwei 0,75-kW-Motoren an den Vorderrädern.

▶ Der deutsche Einwanderer Otto von Bachelle ist als Elektroingenieur in Chicago tätig und präsentiert einen von ihm konstruierten Elektrowagen.

▶ Albert A. Pope erwirbt die Riker Electric Vehicle Co., die wie Pope bisher ebenfalls Elektrowagen gebaut hat.

▶ Am 23. September erklimmt Ferdinand Porsche am Steuer eines Lohner-Porsche Elektromobils die zehn Kilometer lange Semmering-Bergstrecke bei Schottwien in nur 14 Minuten und 52 Sekunden.

▶ Ferdinand Porsche konstruiert bei der Wagenbaufirma Jacob Lohner & Co. in Wien einen Wagen mit vier bei seinem vorherigen Arbeitgeber Alois Egger angefertigten Radnabenmotoren für einen englischen Auftraggeber; es ist der erste allradgetriebene Motorwagen der Welt. Im November wird er in Großbritannien erprobt – und nachgebaut.

▶ Bei der Ernst Heinrich Geist Elektrizitäts-AG in Köln entsteht ein Dynamobil genannter Hybridwagen mit einem 30-PS-Benzinmotor und zwei Elektromotoren.

▶ Ein B.G.S. Elektrowagen stellt einen Langstreckenrekord von 262 Kilometern auf – ohne Nachladung der Akkumulatoren.

1901

▶ In New York beginnt die Ajax Motor Vehicle Company unter ihren Besitzern, den Simpson Brothers, mit der Herstellung von Benzin- sowie Elektroautomobilen.

▶ Der König von Siam bestellt beim Elektrowagenhersteller Carl Oppermann, London, ein dreisitziges Phaëton. Auch die Batterien werden im Haus Oppermann hergestellt.

▶ Im Dezember erfolgt eine Eintragung im Berliner Handelsregister, wonach die AEG neuer Eigentümer der Automobilfabrik NAG ist.

▶ Die seit Ende 1900 bestehende Niagara Automobile Company in Buffalo, New York, stellt jetzt auch Elektrofahrzeuge her, die jedoch nur wenig Beachtung finden. Erst als im Dezember 1901 der aus Schweden stammende Ingenieur Charles (Carl) Lindstrom von der Firma Hewitt-Lindstrom in Chicago zur Firma Niagara wechselt, entsteht dort eine besser verkäufliche Konstruktion.

1902

▶ Die aus einer Firma für Kutschenbau hervorgegangene Studebaker Corp. in South Bend, Indiana, beginnt im Januar mit der Herstellung von Elektromobilen mit Westinghouse-Motoren und Kettenantrieb.

▶ Der Amerikaner Walter C. Baker baut einen Elektro-Stromlinienwagen, um einen neuen Weltrekord anzugehen. Der Versuch endet mit einem Unfall, verursacht durch versenkte Straßenbahnschienen, in denen beim Überqueren einer der schmalen Reifen des Rekordwagens stecken blieb.

▶ Der Dresdner Wagenbauer Carl Stoll lässt zwischen dem nördlichen Stadtrand von Dresden und der Ortschaft Klotzsche eine Trolleybuslinie einrichten. Die fünf von ihm konzipierten und im eigenen Betrieb angefertigten Fahrzeuge sind Sattelschlepper: Das vierrädrige, vollgummibereifte Zugfahrzeug mit dem Fahrersitz und der elektrischen Ausrüstung – sie stammt von der AEG in Berlin – hat eine lenkbare Vorderachse und eine von zwei Elektromotoren von je 11 kW angetriebene starre Hinterachse.

Von Ladies bevorzugt: Riker Electric, 1908.

Albert Augustus Pope.

▶ In den 1898 in Olten, Schweiz, gegründeten Mechanischen Werkstätten A. Tribelhorn & Cie. AG nimmt man nach ihrer Verlegung nach Feldbach am Zürichsee die Herstellung von Elektroautomobilen auf. Hauptabnehmer sind die Schweizer Postbehörden.

1903

▶ Unter der Leitung von Thomas Alva Edison entstehen in Detroit/USA vier Electric Runabouts genannte Wagen als Testfahrzeuge für die von Edison erfundenen Nickel-Eisen-Akkumulatoren.

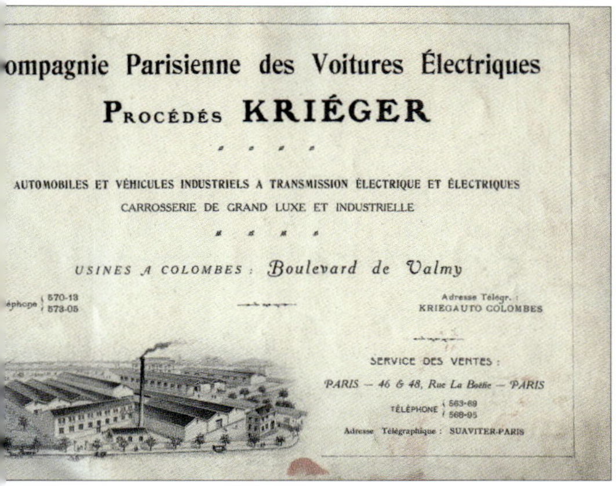
ompagnie Parisienne des Voitures Électriques

PROCÉDÉS KRIÉGER

AUTOMOBILES ET VÉHICULES INDUSTRIELS A TRANSMISSION ÉLECTRIQUE ET ÉLECTRIQUES
CARROSSERIE DE GRAND LUXE ET INDUSTRIELLE

USINES A COLOMBES : Boulevard de Valmy

éphone : 570-13 / 573-05

Adresse Télégr. : KRIEGAUTO COLOMBES

SERVICE DES VENTES :
PARIS — 46 & 48, Rue La Boétie — PARIS
TÉLÉPHONE : 563-69 / 568-95
Adresse Télégraphique : SUAVITER-PARIS

Katalog von 1907.

Elektrofahrzeug der Berliner Straßenreinigung, 1907.

▶ Der französische Elektrowagenhersteller Kriéger nimmt jetzt auch den Bau von Hybridfahrzeugen mit Vorderradantrieb auf.

▶ Die Canada Cycle and Motor Co. beginnt in Toronto Elektromobile mit Westinghouse-Motor mit der Markenbezeichnung Ivanhoe zu bauen, konstruiert von dem Ingenieur Hiram Percy Maxim, Sohn des Maschinengewehr-Erfinders Sir Hiram Stevens Maxim, der einige von Edisons Schöpfungen verbesserte (Glühlampe) und auch ein Flugzeug mit Dampfmaschine baute.

1904

▶ Die Compagnie de l'Industrie Electrique et Mécanique (CIEM) in Genf/Schweiz nimmt den Bau von Elektrolastwagen mit Reibradantrieb bis zu 2,0 t Nutzlast auf.

▶ Gründung der Deutschen Edison Akkumulatoren Company (DEAC) in Berlin.

▶ Der in Köln ansässige Batteriehersteller Gottfried Hagen fügt seinem Unternehmen 1904 eine Automobil-Abteilung an. Sein Programm an Elektrofahrzeugen umfasst Luxus- und Geschäftswagen, Feuerwehr- und Krankenwagen. Hagens Nutzfahrzeuge laufen unter dem Namen Urbanus.

▶ Die Vulkan Automobilgesellschaft mbH in Berlin, seit 1901 im Besitz der Nürnberger Express-Werke, gibt den Bau von Elektrofahrzeugen (Konstuktion Schwenke) wieder auf.

1905

▶ Die 1903 gegründete Siemens-Schuckert Werke GmbH am Nonnendamm bei Berlin beginnt mit dem Bau einer zusätzlichen Fabrik; sie bekommt den Namen Automobilwerk Nonnendamm. Der Komplex erhält später die Bezeichnung Siemensstadt. Hier entstehen bis 1910 Personenwagen sowie Nutzfahrzeuge der unterschiedlichsten Konzeption, in erster Linie Elektrofahrzeuge, die in Berlin als Kraftdroschken (Taxis) Verwendung finden.

▶ Die Skoda-Werke in Pilsen bauen in Zusammenarbeit mit Austro-Daimler Hybrid-Zugmaschinen mit Radnabenmotoren und großem Vierzylinder-Vergasermotor.

▶ Die Kutschenhersteller Jacob Rauch und Charles E. L. Lang in Cleveland, Ohio/USA, nehmen den Bau von Elektrofahrzeugen auf. Unter den ersten 50 Buggys befinden sich auch Lieferwagen mit einer geschlossenen Fahrerkabine.

▶ Der von der De Mars Electric Vehicle Co. in Cleveland, Ohio/USA, hergestellte Elektrowagen ist eines der ersten amerikanischen Autos mit einem elektrischen Scheinwerfer, das sich als »Zyklopenauge« an der Front des Fahrzeugs befindet.

▶ Ein weiteres Elektroauto kommt in den USA auf den Markt: der Ohio Electric. Die ersten zwölf Fahrzeuge werden bis 1910 hergestellt, 1915 sind es bereits 300 und 1916 sogar 650. Die Fahrzeuge haben einen Crocker-Wheeler-Motor, Hebellenkung und Luftbereifung. Doch schon bald muss die Firma Konkurs anmelden.

1906

▶ Die Firma C.G.M. (Inhaber Léonce Girardot) in Puteaux/Frankreich bietet einen Hybrid-Elektrowagen mit einem 20 PS starken Vierzylindermotor an, der bei Bedarf über einen Generator die Antriebsakkus auflädt.

▶ In Bremen beginnt die NAMAG mit der Lizenzherstellung von Kriéger-Elektrowagen. Unter dem Markennamen Lloyd werden sie 1907 auf der Internationalen Automobilausstellung in Berlin gezeigt.

▶ Der in Nizza lebende österreichische Konsul Emil Jellinek, als »Mercedes«-Namensgeber bekannt geworden, gründet zwei Gesellschaften, die Mercédès-Mixte und die Mercédès-Èlectrique, beide mit Sitz in Paris, zwecks Vertrieb von Elektro- und Hybrid-Omnibussen. Es handelt sich nicht um die deutschen Mercedes-Fahrzeuge, sondern um die aus Wiener Neustadt in Österreich (Austro-Daimler). Ihre Konstruktion basiert auf Patenten und Fabrikationsrechten von Elektro-Automobilen nach dem Lohner-Porsche-System (Mixte-System) sowie für mittels Akkumulatoren angetriebene Elektromobile mit Innenpolmotoren an den Radnaben.

▶ Die Automobile Maintenance & Manufacturing Co. in Chicago produziert Elektrolastwagen für 1,5 bis 5,0 t Nutzlast, bevor die Firma 1911 in Walker Vehicle Co. umbenannt wird. Unter diesem Namen besteht sie bis 1942, Elektrofahrzeuge stellt sie bis zum Schluss her.

1907

▶ Siemens liefert an das Berliner Droschkengewerbe mehr als 100 Elektrofahrzeuge und stellt jetzt auch Autos mit gemischtem (benzinelektrischem) Antrieb her. Da mehrere Elektro-Taxibetriebe miteinander konkurrieren, ergibt sich ein harter Wettbewerb, bei dem Kriéger den Kürzeren zieht.

▶ Die Stadt Köln eröffnet am 20. Dezember ihre erste Omnibuslinie mit einem Dyna-Geist Elektrofahrzeug der Ernst Heinrich Geist Elektrizitäts-AG.

1908

▶ Auf der Motor Show zu London im März stellt die britische Daimler Motor Co. einen benzinelektrischen Doppeldecker-Omnibus vor.

20 Reichsmark.

Deutsche Elektromobil- und Motoren-Werke
Actiengesellschaft, Hannover.

20 Reichsmark. STAMMAKTIE Nr. 0072
über
ZWANZIG REICHSMARK

Durch Beschluß der Generalversammlung vom 3. Dezember 1924, eingetragen im Handelsregister Hannover, ist das bisherige Stammkapital von 15 Millionen Mark umgestellt auf 75000 Reichsmark und zerfällt in 2500 Stammaktien über je 20 Reichsmark und in 100 Vorzugsaktien über je 250 Reichsmark. – An Stelle von je 4 Stammaktien à 1000 Mark tritt eine neue Stammaktie über 20 Reichsmark. – An Stelle der 100 Vorzugsaktien über je 50000 Mark treten 100 Vorzugsaktien über je 250 Reichsmark.

Der Inhaber dieser Aktie ist für den Betrag von 20 Reichsmark bei der unterzeichneten Gesellschaft in Gemäßheit ihres Gesellschaftsvertrages als Aktionär beteiligt.

Hannover, den 1. Juli 1925.

Deutsche Elektromobil- und Motoren-Werke Actiengesellschaft.

Der Aufsichtsrat: Der Vorstand:
Vorsitzender.

▶ Ein von Oliver P. Fritchle konstruiertes Elektroauto absolviert eine Fernfahrt von Lincoln, Nebraska, nach New York City; die 2140 Meilen auf überwiegend unbefestigten Straßen bewältigt der Wagen in 28 Tagen. Eine Akkuladung reicht für jeweils 100 Meilen. Das Deponieren von Ersatzakkus an vorsorglich 35 Etappen war mit der Eisenbahn erfolgt und hat vier Monate vor Antritt der Fahrt begonnen.

1909

▶ Vorstellung des Detroit Electric, der zum meistverkauften Elektrowagen in den USA avanciert.

▶ Austro-Daimler nimmt den Bau von Militärfahrzeugen mit Mischantrieb (Verbrennungsmotoren als Antrieb für Aggregate, die Elektromotoren in den Radnaben aktivieren) auf und baut auch schwere Zugmaschinen mit dieser Technik für den Überlandtransport von Geschützen mit bis zu zehn Anhängern (»Landwehr-Train«).

▶ Die Pariser Firma Kriéger meldet Konkurs an und stellt den Elektrofahrzeugbau ein.

1910

▶ Bei der Elektrofahrzeugfabrik Gebhardt & Harhorn in Berlin (GeHa) beginnt der Bau von Motorwagen mit drei Rädern und einem Elektromotor in der Nabe des Vorderrades.

▶ Seit 1898 bis Ende 1910 sind 300 Lohner-Porsche Elektrofahrzeuge mit Radnabenmotoren verkauft worden, davon 52 in Hybrid-Bauart unter anderem als Feuerwehrfahrzeuge.

Oben: Baker Electric 1913.

Links: Vom Omnobil-Hersteller DEMW ausgegebene 20-Mark-Aktie von 1925.

Rechts: Orwell Elektrolastwagen 1918–20 in Neuseeland.

NATIONAL LIBRARY OF NEW ZEALAND - THEOLDMOTOR.COM

1911

▶ Die Firma Fried. Krupp in Essen stellt im Februar einen Schlepper für 10,0 t Zuglast mit Vierradantrieb vor, ein benzin-elektrisch motorisiertes Fahrzeug, das gemeinsam mit Daimler in Cannstatt entwickelt wurde. Als leitender Ingenieur für das Projekt zeichnete Paul Daimler verantwortlich.

▶ Henri Crochat beginnt in Dijon/Frankreich mit dem Bau von Lastwagen mit Mischantrieb (Benzinmotoren als Generator für einen Elektromotor), der über eine Kette die Hinterachse antreibt.

▶ Der amerikanische Elektrowagenhersteller Baker wird von der Detroit Electric Co. übernommen, die Ende 1915 mit der Rauch & Lang Carriage Co. (Raulang) zur Baker, Rauch & Lang Inc. fusioniert.

1912

▶ Die Aktiengesellschaft für Accumulatoren und Autobau (A.F.A.) in Berlin verleiht an Betreiber von Elektrotaxis Batterien gegen eine Kilometerpauschale.

1913

▶ Henry Ford bestätigt Gerüchte, denen zufolge er in Neuseeland ein Elektrofahrzeug auf Basis des T-Modells zu produzieren beabsichtigt. Das Projekt erfährt indes keine Realisierung.

▶ Die Varta AG übernimmt die Deutsche Edison-Akkumulatoren-Company (DEAC), die Ende 1904 in Berlin zur Herstellung von Nickel-Eisen-Akkumulatoren nach Edison-Bauart gegründet worden war. Abnehmer sind nicht nur Automobilhersteller, sondern auch Industrie- und Gewerbebetriebe, die Post sowie Eisenbahnbehörden, die vom Netz unabhängige Signal- und Fernmeldeeinrichtungen betreiben.

1914

▶ Rekordjahr für den Detroit Electric: Es werden 4669 Fahrzeuge – hauptsächlich an Kunden in Großstädten – verkauft.

▶ Unter der Marke Hansa-Lloyd werden Lastwagen bis zu 10,0 t Nutzlast gebaut, die man mit Benzin- oder Elektromotor erhalten kann.

1915

▶ Die US-Postbehörden statten einige Telegrammboten mit Elektrorollern aus, die als Vorläufer der 2019 revitalisierten Elektro-Straßenscooter gelten und bis 1920 in Gebrauch waren. Auch Privatleute konnten das Fahrzeug erwerben. Der Aktionsradius des »Autoped« betrug mit seiner kleinen Batterie knapp zehn Meilen.

1916

▶ In den USA berichten Zeitungen, bei der Ford Motor Company arbeite man an einer Version des T-Modells als Elektromobil.

1918

▶ Die Lage von Plus- und Minuspol an Batterien wird in Deutschland nach einer einheitlichen DIN-Norm festgelegt.

▶ Bei der Elitewagen AG in Brand-Erbisdorf und Berlin startet man mit der Produktion von Elektro-Automobilen, zu denen eine Konstruktion von der Firma GeHa zählt. Die Wagen werden überwiegend als Taxis eingesetzt.

1919

▶ Gemeinsam mit dem Kaufmann Hermann Beringer gründet Rudolf Slaby in Spandau bei Berlin eine Firma zur Herstellung kleiner Motorfahrzeuge, kurz S.B.-Wagen genannt. Etwa 1000 dieser einsitzigen Fahrzeuge werden insgesamt hergestellt, davon haben 257 Elektroantrieb. Die übrigen weisen einen 98-ccm-DKW-Zweitaktmotor auf.

1921

▶ Spartanische und billig zu unterhaltende Kleinwagen sind gefragt. Unter der Bezeichnung »Volks-Automobil« wird von der Hannoverschen Waggonfabrik AG (Hawa) ein kleiner Vierradwagen mit 40-Volt-Elektromotor von 0,8 kW und vier 16-Element-Akkumulatoren vorgestellt; wahlweise ist der EM 3 Zweisitzer mit Steuerknüppel oder Lenkrad zu bekommen. Das Fahrzeug konkurriert mit dem S.B.-Wagen.

1922

▶ Die Deutsche Elektromobil- und Motorenwerke AG in Hannover und Wasseralfingen stellt den Kleinwagen Omnobil mit Elektroantrieb her; es gibt ihn wahlweise als Ein- oder Zweisitzer. Wie der Hawa ist das Omnobil eine Alternative zum großen Benzinmotorwagen.

1924

▶ Die Murphy Cars & Trucks Ltd. beginnt in den Cordwallys Works in Maidenhead, Berkshire (England) mit der Herstellung von Elektrolieferwagen bis 1,0 t Nutzlast. Ambulante Lebensmittelhändler setzen solche Fahrzeuge bevorzugt in den Vororten großer Städte ein. Mit Kriegsausbruch 1939 endet die Produktion.

1925

▶ Auf der New Yorker 5th Avenue wird vom Radiotechniker Francis P. Houdina erstmals ein »autopilotiertes« (über Funk ferngesteuertes) Fahrzeug getestet.

Oben: 1915, Autoped. Unten: 1935, Talbot.

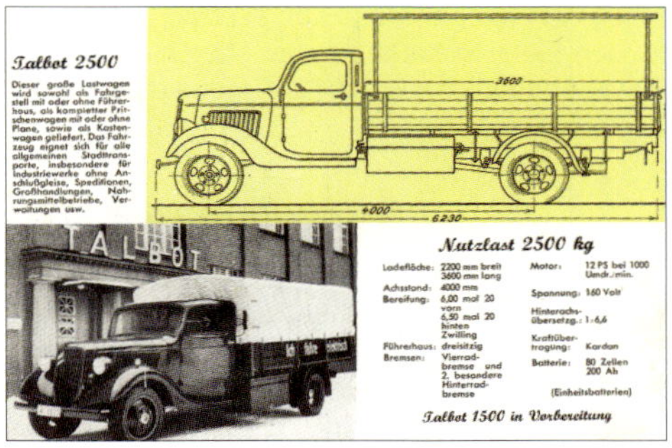

▶ Die Société des Véhicules Electriques (Sovel) in Villeurbane, Lyon/Frankreich beginnt mit dem Bau von Elektro-Kommunalfahrzeugen für den Kurzstreckenverkehr sowie von Müllwagen und elektrischen Omnibussen.

1926

▶ Die Maschinenfabrik Esslingen beginnt mit dem Bau von 1,5-, 2,5- und 5,0-t-Elektrolastwagen für die Post sowie für Industriekunden.

1927

▶ Bugatti stellt einen dem Typ 35 nachempfundenen Miniaturrennwagen für Kinder vor. Das 12-Volt-Elektrofahrzeug, intern als Typ 52 geführt, wird in einer Auflage von 90 Exemplaren gebaut. Die Serie stößt bei Bugatti-Kunden auf reges Interesse und ist bald ausverkauft.

1928

▶ Das große Londoner Warenhaus Harrods of Knightsbridge beauftragt den amerikanischen Hersteller Walker mit dem Bau von 60 dunkelgrün lackierten Elektrolieferwagen. Walker ist eine der bekanntesten Firmen dieser Branche in den USA, beliefert aber auch viele Kunden in Europa. Mehr als 30 Jahre lang bleiben die Harrods-Vans in Betrieb.

▶ Mit einem Raketenwagen erreicht Dr. Fritz Opel am 23. Mai 1928 auf der Berliner Avus eine Geschwindigkeit von 230 km/h. Die 24 Feststoffraketen im Heck erzeugen einen Schub von etwa sechs Tonnen.

1930

▶ Eröffnung einer ersten städtischen Trolleybus-Linie in Chicago. Bei Bewährung sollen weitere auch in anderen Städten folgen.

▶ Per September verfügt die Deutsche Reichspost über insgesamt 696 Elektrofahrzeuge in ihren Wagenparks.

1931

▶ Für seinen persönlichen Gebrauch konstruiert der Automobilhersteller Ettore Bugatti in Molsheim, Elsass, einen offenen Elektro-Zweisitzer, dem bis 1933 neun weitere nur für ausgewählte Kunden folgen.

1933

▶ Die Berliner Verkehrs-Aktiengesellschaft (BVG) nimmt in Zusammenarbeit mit AEG den Oberleitungsbus-Liniendienst auf.

1935

▶ Die Leipziger Firma Adolf Bleichert & Co. erweitert ihr Elektrofahrzeug-Programm um einen 7,3-Tonner, wie er vor allem von den Bahnpostbehörden gewünscht wird.

1937

▶ In Berlin wird die Firma Richard Talbot, Spezialfabrik für Elektro-Fahrzeuge GmbH gegründet, die Elektrowagen mit dem Markennamen Talbot herstellt. Sie finden bei Elektrizitätswerken und Kommunalbetrieben Einsatz. Produziert werden Lieferwagen von 0,5 bis 2,5 t Nutzlast sowie kleine Elektrokarren. Auch rüstete man Benzin-Lastwagen auf Elektrobetrieb um.

▶ Die 1853 in Schaffhausen als Waffenfabrik gegründete Schweizerische Industrie-Gesellschaft (SIG) stellt ihr erstes straßentaugliches Elektromobil vor, einen EL 1500 genannten Lieferwagen für 1,5 t Nutzlast. Ab 1933 baute SIG Elektro-Nutzfahrzeuge, doch waren diese Wagen nicht für die Straße, sondern für innerbetriebliche Gütertransporte konzipiert.

1938

▶ Baubeginn von Elektro-Last- und Lieferwagen mit der Kurzbezeichnung Q in Sunderland (Nordengland), basierend auf einer Lizenz des Deutschen Bleichert.

1940

▶ Aufgrund der Treibstoffknappheit in den Kriegsjahren nehmen verschiedene Firmen in Frankreich (u. a. AFA, Duriez, Electro-Renard, Peugeot, Sofravel), Italien (Maserati, Revelli), in den Niederlanden (Story) und Spanien die Herstellung von Klein- und Lieferwagen mit Elektroantrieb auf. Man betrachtet die Fahrzeuge jedoch nur als vorübergehenden Behelf und investiert in sie keinen Aufwand zur Weiterentwicklung.

1942

▶ Die Société des Ateliers d'Aviation Louis Breguet, ein Flugzeughersteller in Toulouse/Frankreich, beginnt mit der Herstellung kleiner Zweisitzer mit einem Elektroaggregat im Heck. Angeblich reicht eine Akkuladung für 100 Kilometer Fahrstrecke.

1946

▶ Bei der 1920 in Hamburg gegründeten Motorenfabrik Still beginnt man mit der Herstellung von Dreirad-Gabelstaplern und kleinen, vierrädrigen Elektrowagen.

1947

▶ Im Herbst beginnt die Tokyo Electric Motorcar Co. in Tachikawa, ein Zweig der ehemaligen und von den Amerikanern nach dem Kriege in kleine Betriebe aufgeteilten Tachikawa Aircraft Co., mit der Herstellung von kleinen Elektrowagen, die unter dem Markennamen Tama vertrieben werden. Der Anlass ist der im Nachkriegs-Japan herrschende Mangel an Treibstoff.

1948

▶ Bei Rover in Solihull, England, entsteht ein Versuchswagen, der die Bezeichnung Jet-1 trägt und der erste Turbinenwagen der Welt ist. Er absolviert 1950 seine ersten öffentlichen Auftritte. Auch Fiat in Turin startet Versuche mit Gasturbinen für eine Verwendung in Personenwagen, was aber erst 1954 realisiert wird.

1950

▶ In Erfurt wird der erste LOWA-Oberleitungsbus in Betrieb genommen. Gebaut werden solche Fahrzeuge im VEB Waggonbau Werdau (Sachsen, Landkreis Zwickau), vormals Linke-Hofmann-Busch.

▶ Die Firma Still baut jetzt auch einen 1,5-t-Elektrolastwagen, der eine Reichweite von 70 Kilometern besitzt und vor allem von Kommunalbetrieben angeschafft wird. Der Still EWL 1500 unterscheidet sich durch sein modernes Design von allen bisherigen Elektrotransportern.

1951

▶ Die Helmut Gaubschat Elektrowagen GmbH in Berlin nimmt die Herstellung von 1,0-t-Kommunalfahrzeugen sowie Paketwagen nach Vorgaben der Postbehörden auf; sie sind baugleich mit den Elektrofahrzeugen der Maschinenfabrik Esslingen und Borgward. Die Fahrzeuge heißen »Elektrische Berliner«.

1952

▶ François Arbel konstruiert ein Auto mit einem 1100-ccm-Vierzylindermotor von Simca, der über einen Generator vier Elektromotoren antreibt, die ihren Platz an den Naben der vier Räder haben. Der Wagen bleibt jedoch ein Einzelstück, eine Serienfertigung kommt wegen der Kompliziertheit der Technik nicht in Betracht.

1953

▶ Bei der Rover Gas Turbines Ltd. (Solihull, England) entstehen Turbinen für Feuerlöschpumpen und andere Zwecke sowie versuchsweise ein Turbinenwagen mit Vierradantrieb und einer Karosserie aus Kunststoff. Er soll auch im Motorsport getestet werden.

1954

▶ Am 10. April absolviert der Fiat Turbina einen ersten Testlauf ohne Probleme. Fiat führt den Turbinenwagen drei Wochen später auch auf dem Flughafen von Turin vor; der Testpilot kommt auf ein beeindruckendes Tempo von knapp unter 200 km/h.

1955

▶ Die Auto Union beginnt in Ingolstadt mit dem sukzessiven Umrüsten von einhundert Kleintransportern vom Typ F30 (Schnelllaster) auf Elektrobetrieb.

▶ Chrysler baut fünf Fahrzeuge mit Gasturbine, die man über Tausende von Erprobungsmeilen schickt. Letztlich werden die Fahrzeuge als nicht praxistauglich beurteilt.

1963

▶ Beim 24-Stunden-Rennen von Le Mans starten Graham Hill und Richie Ginther mit einem Rover-BRM-Turbinenwagen. Sie sind BRM-Grand-Prix-Vertragsfahrer, nehmen jedoch außer Konkurrenz teil und erhalten einen Sonderpreis. Theoretisch wird ihr Turbinenwagen in der 2-Liter-Klasse gewertet.

▶ Ungeachtet wenig weiterführender Ergebnisse von 1955–56 baut Chrysler noch einmal eine Serie von 50 Turbinenfahrzeugen, die man nacheinander 200 Familien in den USA zur Verfügung stellt, um deren Erfahrungen mit den Wagen im Alltagsbetrieb auswerten zu können.

1964

▶ Die britische National Electricity Ltd. stellt den Prototyp eines batterieelektrischen Stadtwagens vor, dessen vier Räder in Rhombusform angeordnet sind und bei dem das vordere wie auch das hintere Einzelrad zum Lenken dienen. Jedes dieser beiden Räder weist einen elektrischen Antriebsmotor auf.

1965

▶ Gründung des Californian Air Resources Board (CARB), eine Behörde, deren Hauptaufgabe die konsequente Durchsetzung der Luftreinhaltung u.a. durch »zero emission«-Autos ist.

▶ Zum zweiten Mal nimmt ein Rover-BRM Turbinenwagen unter den Fahrern Jackie Stewart und Graham Hill am 24-Stunden-Rennen von Le Mans teil. Das 145-PS-Fahrzeug trägt die Bezeichnung 2 S/150/R und hat wie sein Vorgänger ein bei der Rennwagenfirma BRM hergestelltes Chassis. Trotz einer längeren Reparaturpause kommt der Wagen auch bei diesem Rennen ins Ziel und wird Zehnter in der Zweiliter-Klasse – dieses Mal in uneingeschränkter Wertung.

Comuta CitiCar, 1977. Es war bis zum Erscheinen des Tesla das erfolgreichste E-Fahrzeug der USA seit der Zeit vor dem Ersten Weltkrieg.

1966

▶ General Motors stellt einen Elektrovair genannten Elektrowagen als Versuchsfahrzeug vor. Es handelt sich um einen umgebauten Chevrolet Corvair mit Wechselstrommotor.

1967

▶ Im Fuhrpark der Deutschen Bundespost befinden sich 256 Elektrowagen; einige sind mehr als 20 Jahre alt.

1969

▶ Unter der Leitung des ungarischen Physikers Ferenc Pavlics entsteht im Forschungsinstitut von General Motors in Santa Barbara im Auftrag der Boeing Aerospace Corporation das »Lunar Roving Vehicle« (LRV) als ein Automobil, das auf dem Mond fahren soll. Jeweils ein solches vierrädriges und elektrisch betriebenes Fahrzeug wird während der letzten drei der so genannten J-Klasse-Apollo-Missionen (Apollo 15 im Juli 1971, Apollo 16 im April 1972 und Apollo 17 im Dezember 1972) mitgeführt, um die Beweglichkeit der Astronauten zu erhöhen und zudem auf dem Mond technische Nutzlast zu transportieren. Alle drei LRV verbleiben auf dem Mond.

1970

▶ Gemeinsam mit MAN, Bosch und Varta stellt die Rheinisch-Westfälische Elektrizitätswerk AG (RWE) einen elektrisch angetriebenen Omnibus mit Akkuanhänger der Öffentlichkeit vor.

▶ Im Nissan-Werk Yokohama entsteht der erste Prototyp eines Elektroautomobils. Es ist ein kleiner Stadtwagen mit zehn 12-Volt-Blei-Säure-Akkus. Als K-Wagen bezeichnete Kleinautos (in den Dimensionn etwa dem Fiat 500 entsprechend) sind in Japan steuerbegünstigt und haben bessere Chancen als große Autos, bei der Parkplatzuweisung bevorzugt zu werden.

1971

▶ Im April präsentieren die Rheinisch-Westfälischen Elektrizitätswerk AG (RWE) den Prototyp eines von Messerschmitt-Bölkow-Blohm (MBB) entwickelten Elektrotransporters.

1973

▶ General Motors zeigt den Prototyp eines Elektro-Stadtwagens auf dem Symposium für Umweltschutz der amerikanischen Environmental Protection Agency (EPA). Ford fühlt sich herausgefordert und baut ein ähnliches Auto.

1974

▶ Bei der Carrozzeria Zagato in Mailand geht der Elektro-Stadtwagen Zele 1000 (Zagato-Elettriche) in Serie. Der nur 195 cm kurze Wagen mit einer Karosserie aus Polyester hat einen 24-Volt-Motor von Marelli.

▶ In Sebring, Florida, zeigt der Erfinder Robert G. Beaumont einen von ihm gebauten und CitiCar genannten Elektro-Kleinwagen mit zwei Sitzen, der ab 1977 Comuta-Car heißt.

1977

▶ Toyota baut zwei Sports 800 auf Gasturbinen- und Elektro-Hybridantrieb um.

1981

▶ Die Gesellschaft für elektrischen Straßenverkehr mbH (GES) in Essen präsentiert als Prototyp eines alltagstauglichen Elektro-Personenwagens den City-STROMer auf der Basis eines serienmäßigen Volkswagen Golf.

1983

▶ Der amerikanische General Electric Konzern entwickelt gemeinsam mit Volkswagen studienhalber ein Hybridfahrzeug, genannt Projekt H.T.V. (Hybrid Test Vehicle).

1985

▶ Am 10 Januar stellt der britische Millionär Clive Sinclair einen von seiner Firma gebauten einsitzigen Elektrowagen unter der Bezeichnung C5 vor; die Sinclair Vehicles Ltd. produziert innerhalb von acht Monaten 14.500 Stück – wovon zwei Drittel unverkauft bleiben.

▶ Die Horlacher AG in Möhlin, Kanton Basel, präsentiert ihren ersten durch einen Solarzellen-Elektromotor angetriebenen Wagen, bei dem die gesammelte Energie der Sonnenstrahlung in zwei herkömmlichen Blei-Säure-Akkus gespeichert wird; der am Vorderrad angebrachte Bosch-Elektromotor beschleunigt das einsitzige Gefährt auf 50 km/h.

1988

▶ Thomas Albiez, Rainer Schmid, Thomas Schwarz und Peter Zumkeller gründen am 13. April in Ibach, Baden, die Hotzenblitz-Mobile GmbH zur Konzeption und Herstellung von Elektrofahrzeugen. Ihr erster, voll serienfähiger Prototyp wird nach 19-monatiger Arbeit fertig.

1990

▶ Auf Betreiben des California Air Resources Board wird festgelegt, dass im US-Bundesstaat Kalifornien bis 1998 mindestens zwei Prozent und bis 2003 zehn Prozent aller neu zugelassenen Autos gänzlich emissionsfrei sein sollen. Die großen Automobilhersteller sehen sich veranlasst, die Entwicklung und Erprobung von Elektrofahrzeugen voranzutreiben.

1991

▶ Auf der Internationalen Automobilausstellung in Frankfurt stellt BMW der Öffentlichkeit ein bis zur Serienreife entwickeltes 2+2-sitziges Elektroauto vor, bezeichnet als E1 (interner Code: Z11). Mercedes-Benz zeigt ebenfalls einen Elektrowagen, es ist eine modifizierte Limousine vom Typ W201/190.

▶ Der Schweizer Solarauto-Hersteller Horlacher bringt als weitere Kreation das Citymobil zur Vorstellung; es bietet zwei Personen Platz und ist 80 km/h schnell.

1992

▶ Im Januar präsentiert BMW die Studie E2 auf Basis des E1. Das Fahrzeug unterscheidet sich von dem für den städtischen Verkehr in Europa entwickelten E1 im Wesentlichen dadurch, dass es in den Abmessungen und in der Leistung auf amerikanische Verhältnisse zugeschnitten ist.

▶ Ab 2. Oktober 1992 bis Mitte Juni 1996 führt die deutsche Autoindustrie auf Rügen einen Langzeittest mit verschiedenen Elektro-Versuchsfahrzeugen durch; es beteiligen sich BMW, Fiat, Mercedes-Benz, Opel, Volkswagen sowie der Omnibushersteller Neoplan.

▶ Dr. Wolfgang Zängl, Gründungsmitglied der Gesellschaft für Ökologische Forschung e.V., legt in der kritischen Schrift *Elektroautos – nein danke* dar, dass »aus der katastrophalen Situation in den Städten nicht der naheliegende Schluss gezogen wird, dass die Anzahl, die Art der Nutzung und die Art der Fahrzeuge selbst dafür verantwortlich sind, dass andere, intelligentere Lösungen als der fälschlich als Individualverkehr bezeichnete Autoverkehr entwickelt werden müssen ...« Doch der Autor räumt ein: »Das Elektro-Straßenfahrzeug bekommt jetzt seine Chance – trotz aller Wenn und Aber ... Auch die Automobilclubs beginnen sich für Elektroautos zu interessieren ... Viele Volksvertreter, die umweltpolitisch etwas auf sich halten, sind in letzter Zeit pressewirksam in einem elektrisch betriebenen Fahrzeug gesessen oder haben gar solarbetrieben ihren Arbeitsplatz im Parlament/Landtag/Rathaus erreicht.«

1993

▶ Citroën stellt das Modell AX Electrique vor. Von Dezember 1993 bis Mitte 1996 wird der Wagen 374 Mal produziert.

▶ Der deutsche Innenminister Manfred Kanther proklamiert in Anbetracht des Testprojekts auf der Insel Rügen das Ziel, dass mindestens zehn Prozent aller neu zugelassenen Kraftfahrzeuge im Jahr 2000 Elektroautos sein sollen.

1995

▶ Der italienische Fahrzeughersteller Piaggio präsentierte 1992 mit der Baureihe Porter eine neue Nutzfahrzeugversion, die jetzt auch mit Elektroantrieb zu bekommen ist. Die Konstruktion des Porter basiert auf dem Daihatsu Hijet.

1996

▶ Unter der im November 1985 eingeführten Fahrzeugmarke Saturn stellt General Motors ein Elektroauto vor, das als Reaktion auf ein im Bundesstaat Kalifornien erlassenes Gesetz zur Emissionssenkung entwickelt wurde. Den Elektro-Saturn kann man nur mieten, nicht kaufen. Insgesamt werden 1117 Saturn EV1 gebaut.

1997

▶ Toyota stellt ein erstes Hybrid-Modell mit der Bezeichnung Prius vor.

1999

▶ Honda produziert bis Ende 2006 das Elektro-Hybridmodell Insight, das in Deutschland jedoch nicht erhältlich ist.

▶ Der Toyota Highlander ist der erste SUV mit Hybridantrieb. Er hat, anders als der Pkw Prius, außer dem Benzinmotor zwei Elektromotoren, je einen auf der Vorder- und auf der Hinterachse. Produziert wird das Fahrzeug nur für den japanischen und den amerikanischen Markt.

2001

▶ Im April startet Nissan im US-Bundesstaat Kalifornien einen Praxistest mit einem Brennstoffzellen-Fahrzeug.

2003

▶ Suzuki ist nach Toyota und Honda der dritte japanische Hersteller, der ein Serienfahrzeug mit Hybridantrieb entwickelt hat, auf den Markt brachte und in größeren Stückzahlen an Endkunden verkauft. Der ab Januar gebaute Suzuki Twin ist das erste und bisher einzige K-Car (so bezeichnet man in Japan Microcars) mit Hybridantrieb und das kleinste jemals verkaufte Hybridmodell.

▶ Tesla Motors wird von einer Gruppe amerikanischer Ingenieure in Palo Alto, Kalifornien, zum Bau von Sportwagen mit Elektroantrieb gegründet. Für den Bau seiner Fahrzeuge erwirbt Tesla für 42 Millionen US-Dollar von Toyota ein Werk in Fremont, Kalifornien.

2006

▶ Die chinesische Wanxiang Group, die vor allem als Zulieferer der Automobilindustrie aktiv ist, beginnt mit dem Bau von elektrischen Kleinwagen und Elektro- sowie Hybrid-Omnibussen. Das stark expandierende Unternehmen stellt in seiner Tochtergesellschaft Wanxiang Electric Vehicle auch Akkumulatoren her. Hauptgesellschafter ist der chinesische Staat.

2007

▶ Im Oktober Produktionsbeginn des Smart for-two micro hybrid drive, in welchem ein riemengetriebener Starter-Generator (rSG) als Start-Stop-System fungiert.

▶ Gründung der Firma Better Place zum Aufbau eines weltweiten Netzes von Akku-Tauschstationen für Elektrofahrzeuge. Im Mai 2013 stellt das Unternehmen Insolvenzantrag.

2008

▶ Ein mit Solarzellen zur Energieversorgung ausgestattetes Elektrofahrzeug absolviert eine Reise um die Welt. Die sechs Quadratmeter Silizium-Solarzellen werden auf einem Anhänger hinter dem Solarfahrzeug mitgeführt.

▶ Der Tazzari Zero EM1 wird als zweisitziges Elektroauto vorgestellt. Das in Imola/Italien in kleiner Serie gebaute Fahrzeug mit einem Rahmen aus Aluminiumguss hat einen Motor mit einer Leistung von 15 kW.

▶ Die Firma Fisker Automotive präsentiert auf der London Motor Show den Plug-in-Hybrid Fisker Karma, der bei Valmet/Finnland produziert wird.

▶ Käufer von Hybridfahrzeugen in Österreich erhalten ab Juli einen Bonus in Höhe von 500 Euro auf die landesübliche Normverbrauchsabgabe.

2009

▶ Markteinführung des Kia Elantra als Mild-Hybrid-Modell, bei dem ein Elektroantrieb einen erdgasgetriebenen Ottomotor unterstützt.

▶ Im Januar 2009 stellt Toyota die dritte Generation des Toyota Prius Hybridmodells vor. Bis Februar 2010 werden ca. 300.000 Exemplare des ZVW30 in mehr als 60 Ländern verkauft.

BMW i8 Hybrid, eingesetzt als Pace Car in Formel E Rennen 2018.

▶ Vorstellung des Nissan Leaf Hybrid in Yokohama. Das E-Auto geht im Dezember 2010 in den Verkauf.

▶ Mit dem Mercedes-Benz W221 bietet Daimler als erster deutscher Hersteller ab Juli ein Hybridauto an.

▶ Auf dem Genfer Salon zeigt Opel das neue Modell Ampera; es handelt sich um einen viersitzigen Plug-in-Hybrid von der Konzernmutter General Motors, basierend auf dem baugleichen Chevrolet Volt.

▶ Vorstellung des i8 auf der IAA als BMW Vision Efficient Dynamics Concept Car.

▶ Bei der EvoBus GmbH mit Sitz in Stuttgart, eine 100-prozentige Tochtergesellschaft der Daimler AG, experimentiert man im Praxisversuch mit Elektro- sowie Wasserstoffantrieben und jetzt auch mit Brennstoffzellen-Hybrid-Omnibussen.

▶ Mit einem 30-kW-Motor geht am Jahresende die seit langem geplante Smart-Elektroversion ED in die Serienfertigung.

2010

▶ Markteinführung des Twizy genannten Kleinwagens von Renault.

▶ An ausgewählte Kunden vermietet Daimler-Benz einige Exemplare der A-Klasse mit Elektroantrieb. Verkauft werden die E-Cell genannten Autos nicht.

▶ 73 Millionen Besucher zählt die Expo 2010, die vom 1. Mai bis 31. Oktober unter dem Motto »Eine bessere Stadt, ein besseres Leben« in der chinesischen Metropole Shanghai stattfindet. Futuristisch anmutende Elektrofahrzeuge stehen für Rundfahrten zur Verfügung.

▶ Der russische Ingenieur Michail Prochorow stellt im Dezember in Moskau drei Prototypen eines Elektromobils vor, bei denen Kreiskolbenmotoren im Dauerbetrieb via Generator zwei Elektromotoren versorgen, während ein Kondensator zur Energie-Pufferung dient.

2011

▶ Auf der Qatar Motor Show Ende Januar stellt Volkswagen als »seriennahe Studie« den XL1 vor. Es handelt sich um einen Plug-in-Hybrid, dessen Lithium-Ionen-Akku an jeder Steckdose aufgeladen werden kann. Ab März 2014 wird eine auf 200 Exemplare begrenzte Serie im Werk Osnabrück gebaut, 2016 erfolgt die Einstellung der Produktion nach Erreichen der geplanten Stückzahl.

Erlkönig: Für 2020 vorgesehener BMW iX3 als Elektro-SUV.

Rechts: Honda CR-V Hybrid, 2019.

▶ Bundeskanzlerin Merkel prognostiziert, dass »bis zum Jahr 2020 eine Million Elektrofahrzeuge auf unseren Straßen« sein werden.

▶ Bezug nehmend auf den Raketenwagen von 1928 entsteht bei Opel ein RAK e genanntes vollelektrisches Konzeptfahrzeug. Entwickelt wurde das zweisitzige Coupé in Zusammenarbeit mit der Firma KISKA.

▶ Auf der IAA in Frankfurt am Main zeigt BMW den i3 als Konzeptstudie. – doch eine Serienfertigung ist bereits beschlossene Sache, sie beginnt im September 2013 im Werk Leipzig.

2012

▶ Ein Hybrid-Audi TDI R18 e-tron quattro 3,7 Liter erringt den Gesamtsieg im 24-Stunden-Rennen von Le Mans.

▶ Der Mitsubishi Outlander wird im November als der erste Plug-in-Hybrid-Allrad-SUV der Welt präsentiert.

▶ In Großbritannien werden in den ersten drei Quartalen 1419 Elektroautos neu zugelassen, eine Verdoppelung gegenüber dem Vorjahreszeitraum.

2013

▶ Ein Mercedes-Benz Txp SLS AMG »Electric Drive« schafft die Nürburgring-Nordschleife (20,232 km) in 7:56.234 Minuten. Damit erweist sich das mit vier E-Motoren bestückte Coupé als das schnellste Elektro-Straßenauto der Welt.

▶ Ab Juni wird der Elektro-BMW i8 ausgeliefert. Die Fertigung erfolgt wie die des BMW i3 im Werk Leipzig.

2014

▶ Zum ersten Mal wird die Formel E Meisterschaft (ePrix) ausgetragen. Die Rennserie beginnt am 13. September 2014 auf einem Straßenkurs in Peking und endet am 28. Juni 2015 in London.

2015

▶ Nach dem verabschiedeten Elektromobilitätsgesetz (EMoG) werden im September des gleichen Jahres in der Bundesrepublik spezielle Kennzeichen für Elektrofahrzeuge, Plug-in-Hybrid- und Brennstoffzellenfahrzeuge eingeführt.

▶ Vorstellung des Quantino als weltweit erstes straßenzugelassenes 48-Volt-Niedervolt-Elektrofahrzeug mit Flusszellen-Technologie.

▶ Der erste Berlin ePrix 2015 findet am 23. Mai auf dem Gelände des ehemaligen Flughafens Berlin-Tempelhof statt und ist damit das erste Rennen dieser 2014 gestarteten Serie, das nicht wie andernorts auf einem Straßenkurs ausgetragen wird.

2016

▶ Nach einem Beschluss der deutschen Bundesregierung wird Käufern eines Elektro- bzw. Hybridautos ein Zuschuss in vierstelliger Höhe gewährt.

▶ Eine Untersuchung im Auftrag der Staatlichen Schwedischen Energieagentur ergibt, dass bei der Produktion eines Akkus pro speicherbarer Kilowattstunde zwischen 150 und 200 Kilogramm CO_2 entsteht. Der Umweltschutzgedanke, welcher der Förderung der Elektromobiliät zugrunde liegt, wird nach dieser Erkenntnis ad absudum geführt.

▶ General Motors stellt im Januar den Chevrolet Bolt vor, der ab November in den Vereinigten Staaten produziert wird und in Deutschland als Opel Ampera vermarktet wird.

▶ Die Deutsche Post AG / DHL Group übernimmt die StreetScooter GmbH und gibt im April bekannt, mit der Serienfertigung von Elektrolieferwagen für den Postdienst zu beginnen.

2017

▶ Weltweit sind 3,2 Prozent aller neu zugelassenen Pkw Elektro- bzw. Hybridfahrzeuge.

▶ Bosch lässt sich die e-Achse patentieren; sie fasst Motor, Leistungselektronik, Getriebe und Achse zu einer Baueinheit zusammen.

▶ Als rein Akku-elektrisch angetriebener Nachfolger des Opel Ampera wird in Europa der Opel Ampera-e angeboten. Die Fertigung der ersten Ampera-Version alias Chevrolet Bolt war 2016 eingestellt worden.

2018

▶ Per Stichtag 1. Januar sind laut KBA in der Bundesrepublik Deutschland 46,5 Millionen Personenkraftwagen angemeldet, darunter 53.861 Elektroautos sowie 44.419 Plug-in-Hybridfahrzeuge, beide Gruppen machen insgesamt 0,21 Prozent des Gesamtbestandes aus. 63.518 Fahrzeuge sind mit dem optional erhältlichen E-Kennzeichen ausgestattet.

▶ Ende März beginnt auf der Autobahn München-Nürnberg ein Test von MAN und dem Logistikunternehmen DB Schenker mit dem Ziel, den Einsatz von ferngelenkten Lastwagen-Konvois auf Praxistauglichkeit zu untersuchen (»Platooning«).

▶ Im April ist den Medien zu entnehmen, dass die Deutsche Post DHL Group und die Alphabet Fuhrparkmanagement GmbH (ein Tochterunternehmen der BMW Group) den Verkauf des StreetScooter auch an Drittkunden aufgenommen habe.

▶ Auf der Automobilausstellung in Peking (Beijing) gibt Volkswagen bekannt, eine neue Marke lancieren zu wollen. Unter dem Namen »Sol« sollen ausschließlich Elektrofahrzeuge hergestellt werden, und zwar in Zusammenarbeit mit dem chinesischen Joint-Venture-Partner JAC.

FD-039-AB
77

Von der DEKRA durchgeführter Crashtest mit einem Nissan Leaf.

▶ Porsche stellt im Juni das Modell Cayenne als Plug-in-Hybrid vor. Interessenten müssen allerdngs eine Lieferfrist von sechs Monaten in Kauf nehmen.

▶ Die Hamburger Hochbahn AG bestellt 30 Elektro-Omnibusse für den Einsatz im ÖPNV.

▶ Bis September werden vom Nissan Leaf 350.000 Exemplare verkauft. Hauptabsatzmärkte sind die USA, gefolgt von Japan, Norwegen und Großbritannien.

▶ Am 29. Juni 2018 fährt der zweimalige Le-Mans-Gesamtsieger Timo Bernhard die 20,832 Kilometer lange Nordschleife des Nürburgrings in 5:19,55 Minuten mit einem Porsche 919 Hybrid Evo. Er unterbietet damit den seit 35 Jahren bestehenden Streckenrekord von Stefan Bellof auf einem Porsche 956C um 51,58 Sekunden.

▶ Teslas bisheriger Hauptlieferant für Akkuzellen lässt verlauten, dass man beabsichtige, Autobatterien zu entwickeln, die gänzlich ohne Kobalt auskommen. Auch bei VW und beim Tesla-Wettbewerber BMW hat man sich Gedanken zum Thema Kobalt gemacht. Künftig soll kein Kobalt mehr aus dem Kongo in Elektrofahrzeugen von BMW verwendet werden.

▶ Am 6. August teilt Tesla mit, aus der Börsennotierung aussteigen zu wollen. Dennoch nimmt die Nachfrage nach Aktien des bisher mit Verlust operierenden Unternehmens zu.

▶ Die Volkswagen-Gruppe gibt im Oktober bekannt, für das laufende Jahr keine Erdgas-, Elektro- oder Hybridwagen mehr ausliefern zu können; alle in Kaufverträgen vorgesehenen Liefertermine werden auf das erste Quartal 2019 verschoben.

▶ Norwegens Elektro-Autoverein registriert, dass 2018 mehr als ein Drittel aller neu zugelassenen Fahrzeuge in dem Land elektrisch angetrieben werden. Und das sei noch lange nicht das Ende, versichert Sprecher Petter Haugneland: »Für das Jahr 2019 erwarten wir, dass der Anteil reiner Nullemissionsfahrzeuge 50 Prozent ausmachen wird.«

▶ Bis Jahresende hat die Robert Bosch GmbH Komponenten für insgesamt rund 500.000 Elektroautos und Hybride produziert und an Fahrzeughersteller im In- und Ausland geliefert.

2019

▶ Im März gibt die Volkswagen AG bekannt, 44 Milliarden Euro in die Entwicklung weiterer Elektrofahrzeuge investieren zu wollen; bis zum Jahr 2025 soll es 90 verschiedene E-Modelle von VW geben.

▶ Die Daimler AG plant, das Nachfolgemodell des Smart nur mehr als Elektrofahrzeug herauszubringen und beim Partner Geely Industries in China produzieren zu lassen.

▶ Wie der ADAC im März in einer Pressemitteilung schreibt, sei das Jahr 2019 extrem bedeutungsvoll für eine kräftige Ankurbelung des Marktes für Elektroautos ... »2020 gilt als Schlüsseljahr – dann greifen erstmals verbindlich die von der EU vorgegebenen CO_2-Flottengrenzwerte. Jeder Autohersteller, der den Flotten-Grenzwert von 95 Gramm pro CO_2/km nicht einhält, muss ab 2021 Strafen an die EU zahlen. Volkswagen hätte nach aktuellen Berechnungen Strafzahlungen in Höhe von 1,4 Mrd. Euro zu erwarten. Nun hat das EU-Parlament beschlossen, die Grenzwerte in zwei Stufen noch weiter zu verschärfen. 2030 müssen weitere 37,5 Prozent CO_2 reduziert sein. Das Problem: Normale Mittelklasse-Pkw mit Verbrennungsmotor haben es bereits schwer, unter den Grenzwert von 95 Gramm zu kommen. Deshalb setzen die Autohersteller auf elektrische Antriebsunterstützung und bieten kurz- und mittelfristig Hybride und Plug-in-Hybride als Übergangslösung an. Elektroautos mit angerechneten 0 Gramm pro Kilometer sind das Nonplusultra.«

▶ Knapp die Hälfte der Besitzer von Elektroautos in der Bundesrepublik Deutschland profitiert von einer eigenen Photovoltaikanlage, oft mit eigenem Energiespeicher.

▶ Beim vierten Lauf zur ABB FIA Formel E-Meisterschaft in Mexiko City am 18. Februar kollidierte Nelson Piquet jr. vom Team Panasonic Jaguar Racing mit seinem Konkurrenten Jean-Eric Vergne. Dabei hob sein Jaguar über das rechte Hinterrad des Franzosen ab und krachte in die Mauer auf der linken Fahrbahnseite. Trotz erheblicher Schäden am Auto überstand der Brasilianer den bislang schwersten Unfall in der Formel E-Geschichte unverletzt.

▶ Der Hersteller Tesla nimmt seit Ende Februar Bestellungen für die 35.000 US-Dollar teure Version des Model 3 an. Trotz der versprochenen Lieferfrist von maximal vier Wochen ist jedoch bis April noch kein einziges Auto ausgeliefert worden. In den USA wurden die Verzögerungen für Besteller zum Problem, denn die Fahrzeuge verloren die Berechtigung für die staatliche Steuergutschrift für Elektrofahrzeuge. Ab 1. Januar 2019 erhielten Käufer noch 3750 US-Dollar, ab 1. Juli 2019 betrug die Förderung nur noch 1875 Dollar und gegen Ende 2019 lief sie gänzlich aus.

▶ Der VW-Konzern lässt verlauten, nicht vor Ende 2019 werde die erste E-Auto-Fabrik in Zwickau »massenfähig« sein. Die Nachfrage sei noch immer größer als das Angebot.

▶ Das derzeit billigste E-Auto auf dem deutschen Markt ist der Renault Twizy. Im Basispreis von unter 7000 Euro sind allerdings die Akkus nicht enthalten.

▶ Als Maßnahme zum Schutz der Umwelt (Klimawandel) kündigt die deutsche Bundesregierung im September ein weiteres Förderungsprgramm für den Erwerb von Elektrofahrzeugen an. Der Zeitraum für die bisher gezahlten Prämien soll über die geplante Frist hinaus erweitert und der Zuschuss erhöht werden.

▶ In Skandinavien ist die Nachfrage nach Elektrowagen nach wie vor groß. 7000 Norweger stehen allein für den Kia Niro auf der Warteliste. Wie es heißt, könnten nur 2000 Kunden damit rechnen, ihren Wagen noch im Laufe des Jahres zu erhalten. Inzwischen werden Plätze auf Wartelisten im Internet verkauft – für 5000 Euro rückt der Interessierte auf der Liste nach oben.

▶ Als Offensive gegenüber seinen Konkurrenten Drive Now und Car2go – inzwischen zu Share Now fusioniert – will VW mit einem Schlag 1500 Elektroautos nach Berlin bringen. Zwar werden die Serienmodelle der neuen E-Familie erst im kommenden Jahr zur Verfügung stehen, doch bis dahin will VW nicht warten, sondern bereits im zweiten Quartal 2019 mit dem E-Golf und dem elektrischen Up anfangen.

▶ Der BMW-Vorstandschef Harald Krüger kündigt an, bis 2025 werde BMW zwölf vollelektrische Modelle anbieten können. Einer dieser »Zwölferbande« soll der BMW iX3 sein, der Anfang 2018 als Concept Car auf der Auto China in Peking präsentiert wurde. Seit Anfang 2019 testet BMW den kompakten SUV.

▶ Der Anteil von Elektro -und Hybrid-Personenwagen am Gesamtbestand beträgt in Deutschland per 30. Juni 2019 0,5 Prozent, in der Schweiz 1,7 Prozent, in Österreich 2,0 Prozent, in Frankreich 1,4 Prozent, in Italien 0,3 Prozent, in Norwegen jedoch 32,0 Prozent. Damit hat Norwegen nicht nur in Europa den mit Abstand höchsten Marktanteil bei Elektroautos.

▶ Tesla hat für einen futuristisch anmutenden Elektro-Pick-up am ersten November-Wochenende angeblich rund 200.000 Reservierungen erhalten. verkündet Firmenchef Elon Musk. Mit dem Produktionsbeginn für den von Tesla Cybertruck genannten Elektro-Pick-up wird für 2022 gerechnet.
Bei der Vorstellung des Protoyps gab es eine Panne. Die Demonstration der Fenstersicherheit ging schief: Das Panzerglas zeigte zahlreiche Risse, als bei der Show eine Metallkugel dagegen geworfen wurde. Tesla will mit dem Cybertruck in den wichtigsten Markt amerikanischer Autokonzerne vorstoßen. Das Fahrzeug hat eine ungewöhnliche, kantige Form, die eher an einen Tarnkappen-Kampfjet als einen klassischen Pick-up erinnert. Die Karosserie ist nach Musks Angaben aus besonders hartem, rostfreiem Stahl gefertigt. Der Wagen soll mehr als 1,7 Tonnen transportieren können und kommt in der Spitzenausführung in 2,9 Sekunden von 0 auf 60 Meilen pro Stunde (knapp 100 km/h). Die Reichweite soll je nach Akkukapazität zwischen 400 und 800 Kilometer liegen. Nur wenige Wochen zuvor hatte Tesla angekündigt, in der Mark Brandenburg eine Automobilfabrik für einen Jahresausstoß von 500.000 Fahrzeugen bauen zu wollen.

▶ Wie die Redaktion des Internetportals *Motor1.com* in einem mit sechs unterschiedlichen Elektrofahrzeugen durchgeführten Test in Italien ermittelte, blieben alle Autos unter der vom Werk angegebenen Akku-Reichweite. Als Sieger qualifizierte sich der Tesla S mit 533 Kilometer mit einer Ladung, gefolgt vom Hyundai Kona mit 435 Kilometer. Das Schlusslicht bildete der Smart Fortwo mit 124 Kilometer.

▶ Den hohen Preis für ein Elektroauto bestimmt nach wie vor der teure Akku. Derzeit beträgt der Anteil des Akku-Packs (Lebensdauer: etwa sieben bis neun Jahre) bei einem viertürigen Mittelklassewagen rund 15.000 bis 20.000 Euro.

▶ Zur Finanzierung ihres Investitionsbedarfs für die Forcierung der Elektroauto-Produktion haben die deutschen Autokonzerne Sparprogramme angekündigt: BMW will zwölf Milliarden Euro bis 2022 einsparen, Audi 15 Milliarden. Der Ingolstädter Hersteller will bis 2025 jeden sechsten der 61.000 deutschen Arbeitsplätze abbauen. Daimler gibt an, 1,5 Milliarden Euro bis 2022 einsparen und mindestens 10.000 Stellen streichen zu wollen. Bei VW läuft der schon 2016 beschlossene Jobabbau von weltweit 30.000 Arbeitsplätzen bis 2020, und ein neuer wurde Ende 2019 beschlossen: 5000 bis 7000 Stellen in den folgenden Jahren. Ungeachtet personeller Verschlankung wollen die Unternehmen ihre Produktivitätsvolumina sukzessive erhöhen.

▶ Per Jahresende 2019 sind in Deutschland 220.000 Elektro- und Hybridfahrzeuge zugelassen, das entspricht einem Anteil von 0,46 Prozent am Gesamt-Pkw-Bestand und der Abweichung von einer 2011 von Bundeskanzlerin Merkel geäußerten Prognose, nach welcher es eine Million sein würde, um 78 Prozent. Angesichts gestiegener Neuzulassungszahlen für Verbrenner hat sich der prozentuale Anteil an E-Fahrzeugen etwas reduziert.

2020

▶ Im Januar gibt die Volkswagen AG bekannt, 44 Milliarden Euro in die Entwicklung weiterer Elektrofahrzeuge investieren zu wollen; bis zum Jahr 2025 soll es 90 verschiedene E-Modelle von VW geben.

▶ Wie der VDA mitteilt, steht in keinem anderen Land eine so große, segmentübergreifende Vielfalt von Elektrofahrzeugen zur Auswahl wie in Deutschland. Zurzeit gebe es 57 Modelle allein von deutschen Automobilherstellern, mit denen ausländischer Produzenten seien es mehr als 100 Modelle.

▶ Nicht die Begabung zum Visionär, sondern die Abwendung von EU-Versäumnis-Strafen für verfehlte Klimaschutzziele in Millionenhöhe mag das VW-Vorstandsmitglied Thomas Ullrich veranlasst haben, Volkswagens Ziele bei der Elektromobilität vor der Presse noch einmal stärker zu akzentuieren. Laut Ullrich sollen im Werk Zwickau ab 2021 mindestens 330.000 E-Autos jährlich entstehen und VW 2024 in dieser Disziplin zum »Weltmarktführer« machen – ein Anspruch, den auch Tesla formuliert.

▶ Der Bundesverband der Energie- und Wasserwirtschaft (BDEW) gibt bekannt, es gebe in der Bundesrepublik 26,000 öffentliche Ladepunkte für Elektroautos; 3900 gestatten schnelle Ladevorgänge. Die meisten großstädtischen Ladepunkte befinden sich in München (1070), die wenigsten in Leipzig (215).

▶ Um die Klimaschutzvorgaben bis zum Jahr 2030 zu erreichen, so hat der BDEW errechnet, müssten bis dahin neun Millionen Verbrenner-Autos von Deutschlands Straßen verschwinden und Neuzulassungen ab sofort ausschließlich von »Alternativen« erfolgen.

▶ Am 25. Juni 2020 verlassen die letzten achtzehn BMW i8 das Werk Leipzig. 20.500 Fahrzeuge sind hergestellt worden.

▶ Der weltweite Bestand an Elektroautos ist bis Ende 2020 auf 10,9 Millionen gestiegen, das sind mehr als 3 Millionen mehr als 2019. China liegt mit gut 5 Millionen E-Autos im Bestand auf Platz eins, gefolgt von den USA mit 1,77 Millionen. Deutschland liegt mit knapp 570.000 Fahrzeugen auf Rang drei.

2021

▶ Die Zahl der in Deutschland zugelassenen Elektroautos betrug am 1. April 2021 rund 365.300. Abgebildet werden Pkw mit ausschließlich elektrischer Energiequelle (BEV). Je nach Definition werden auch Plug-in-Hybrid-Pkw als Elektroautos gezählt, ihr Bestand belief sich am 1. April 2021 auf etwa 349.300. Insgesamt nähert sich die Zahl der elektrisch angetriebenen Pkw damit der Million.

▶ Nicht nur die Corona-Pandemie verzögert den Bau der Tesla-Fabrik in Grünheide; es steht eine endgültige Baugenehmigung für die größte industrielle Neuinvestition in Ostdeutschland nach dem Ende der DDR noch immer aus, weil die Prüfungen der Tesla-Anträge noch nicht abgeschlossen sind.

▶ Die VW-Marke Bugatti soll perspektivisch weg vom CO_2-Monster mit W-16-Motor und hin zum E-Antrieb. Dabei engagiert sich der kroatische Spezialist Rimac, der das elektrische Hypercar Nevera auf den Markt bringt.

MG ZS EV
EU

2022

▶ Im Jahresverlauf 2022 geben fünf neue Elektroauto-Hersteller auf dem deutschen Markt – teils auch in den Nachbarländern – ihr Debüt:

1. Sion
Das bayrische Start-up-Unternehmen Sono Motors verabschiedet sich mit der Fahrzeug-Innovation Sion vom Verbrennungsmotor und produziert ein Auto, dessen Energiespeicher (54 kW/h) sich über Solarenergie auflädt. Angegeben wird eine Reichweite: 305 Kilometer (davon durchschnittlich 112 Kilometer pro Woche durch Sonnenenergie); Elektromotor mit 120 kW (163 PS). Der Hersteller aus München entwickelt und baut Fahrzeuge bereits seit 2016.

2. Cupra Born
Dynamisch gestylter Fünftürer, von einem Tochterunternehmen des spanischen Autoherstellers SEAT gegründet, seit 2018 eigenständig. Preis, Optik und Leistung sprechen dafür, dass dieser Elektrowagen zu jenen zählt, die gute Chancen haben.

3. Aiways U5
Der Aiways U5 kommt aus China (Vertrieb in Deutschland: Euronics GmbH). Aufgrund eines günstigen Preises und der technischen Fertigungskapazitäten gehört dieses 150-kW-Fahrzeug zu den neuen Elektroauto-Marken, die Erfolg versprechen.

4. Polestar 2
Dieser neue Autohersteller ist eine Vereinigung aus den Herstellern Volvo Car Corporation (Schweden) und Geely (China) mit Hauptsitz in Schweden. Mit vollem Akku wird für den Polestar 2 eine Reichweite von 444 Kilometern angegeben, die Motorleistung beträgt 165 kW (224 PS).

5. MG
Seit langem angekündigt und jetzt auch in Europa erhältlich ist der vollelektrische MG ZS EV aus China mit einer Reichweite von 263 Kilometern (WLTP). Er ist in zwei Varianten erhältlich: Comfort und Luxus. Der Elektromotor leistet 130 kW (177 PS).

▶ Mercedes-Benz stellt eine neue Wallbox vor. Sie ist für 22 kW ausgelegt und mit einigen intelligenten Features ausgestattet. Dank ihrer technischen Vorrüstung für Fernbedienungs-Funktionen können Benutzer optional Ladevorgänge über eine App starten und stoppen, den aktuellen Ladestatus verfolgen und die Ladehistorie einsehen. Auch verfügt die Wallbox über einen integrierten Energiezähler, mit dem sich der aktuelle Stand des geladenen Stroms sowie die Übersicht über alle Ladevorgänge ablesen lassen. Eine Übersicht über die Ladekosten sei ebenfalls verfügbar.

▶ In einem mit 300 Millionen Pfund Baukosten geplanten Werk sollen in England ab 2023 bis zu 20.000 Elektro-Taxis jährlich gebaut werden. Anschließend ist der Vertrieb in mehr als 40 Ländern, darunter Deutschland, Frankreich, China und Neuseeland, vorgesehen. Im Winter 2017-18 surrten die ersten TX eCity Cabs über britische Straßen.

▶ Um den steigenden Zellbedarf für Elektroautos zu decken, plant der Volkswagen-Konzern den Bau mehrerer Gigafabriken. Projektchef Sebastian Wolf ist im Geschäftsbereich Battery des Konzern-Vorstandsressorts Technik für den Bau der Fabriken verantwortlich. In einem von VW selbst veröffentlichten Interview hat er den Plan, der unter anderem fünf Gigafactories in Europa bis 2030 vorsieht, detailliert vorgestellt.

▶ Der kleine City-SUV Ford Puma soll für das Modelljahr 2025 als Elektroauto erscheinen. Dies gehe aus öffentlich verfügbaren Informationen hervor, so das australische Portal *Drive*. Ford hat die Information zwar nicht bestätigt. aber früheren Angaben von 2021 war zu entnehmen, dass Ford ab 2024 in seinem rumänischen Montagewerk Craiova ein leichtes, rein elektrisches Nutzfahrzeug produzieren will. Und in jenem Werk läuft auch der Puma sowie der eng mit ihm verwandte EcoSport vom Band.

▶ Die zum BMW-Portfolio gehörende Nobelmarke Rolls-Royce will bis 2030 rein elektrisch werden. In einem Gespräch mit dem britischen Magazin *Autocar* hat CEO Torsten Müller-Ötvös dargelegt, in welchen Schritten die Elektrifizierung umgesetzt werden soll und welche Elektro-Modelle man als erste erwarten darf.

Links: Die jetzt in China beheimatete, ehemals britische Traditionsmarke MG reüssierte mit einem überzeugenden E-Wagen-Konzept, das auch in Europa Beachtung fand.

Unten: 2022 gingen die ersten Versuchswagen vom vollelektrischen Ford Puma auf die Straße. Seine Entwickler bezeichnen ihn als City-SUV.

Rechts oben: Der ab 2022 in Europa angebotene Aiways.

Rechts unten: Seat steigt ins E-Business mit der neuen Marke Cupra ein.

Fazit und Ausblick

Das Fraunhofer ISI untersucht in zahlreichen Forschungsprojekten unterschiedliche Faktoren und Formen von Elektromobilität.

Elektromobilität als umwelt-, wirtschafts- und gesellschaftspolitisches Thema

Erklärtes Ziel der Bundesregierung unter Angela Merkel war, die Schadstoff-Emissionen im Verkehr bis 2030 um 42 Prozent zu senken und damit einen deutlichen Beitrag zur Reduktion der globalen Klimaerwärmung zu leisten. Dabei wurde als vorrangig erachtet, den straßengebundenen Verkehr weitgehend zu elektrifizieren.
Seit Anfang 2016 ist das Fraunhofer Institut für System- und Innovationsforschung (ISI) mit drei weiteren Fraunhofer-Instituten an der »Profilregion Mobilitätssysteme Karlsruhe« beteiligt. Dieser Verbund gehört zu den Leistungszentren der Fraunhofer-Gesellschaft und wurde vom Land Baden-Württemberg mit acht Millionen Euro gefördert. In diesem Projektverbund arbeiteten relevante Forschungspartner der Region gemeinsam an integrierten Lösungen für die Mobilität. Ihr Ziel war, Städte und ihr Umland als attraktives Lebens- und Arbeitsumfeld in Einklang mit dem zunehmenden Transportaufkommen von Menschen und Gütern zu bringen.
Das Fraunhofer ISI untersuchte in zahlreichen Forschungsprojekten unterschiedliche Faktoren und Formen von Elektromobilität und hat ein umfangreiches Know-how entwickelt. Zu den Schwerpunkten gehören Sektorkopplung, Markthochlaufszenarien, neue Mobilitätskonzepte und Geschäftsmodelle, Nutzerakzeptanz im privaten und gewerblichen Bereich, Aufbau der Infrastruktur, Roadmaps für Energiespeicher, Antriebskonzepte mit Schwerpunkt auf Lithium-Ionen-Batterien sowie die Bedeutung der Elektromobilität für Wirtschaft, Gesellschaft und Umwelt. Die Analysen zur Elektromobilität beruhen auf einem breiten Methodenspektrum, insbesondere einer detaillierten »Modellierung der Transformation des Sektors Verkehr« im Rahmen einer Transformation des gesamten Energiesystems. Die Einbindung der Elektromobilität im größeren Zusammenhang in den Verkehrssektor erfolgt durch die wissenschaftliche Beratung des Bundesverkehrsministeriums zur Mobilitäts- und Kraftstoff-Strategie, die das Fraunhofer ISI leitet. Forscher des Fraunhofer ISI sind in der Nationalen Plattform »Zukunft der Mobilität (NPM)« sowie im Strategiedialog »Automobilwirtschaft Baden-Württemberg« vertreten.

Unter welchen Bedingungen ist die Elektromobilität nachhaltig? Dieses Projekt stand 2020 unter der Leitung von Dr. Claus Doll und Dr. Sabine Langkau; ihre diesbezüglichen Forschungsfragen lauteten:

- Wie lassen sich Transparenz und Nachhaltigkeit von Wertschöpfungsketten und Produktionsprozessen von Batterien, Motoren und Komponenten gewährleisten?
- Welchen Beitrag können Recycling und Mehrnutzung von Fahrzeugbatterien zur Nachhaltigkeit leisten?
- Für welche Anwendungen lassen sich Elektrofahrzeuge am besten in ein Gesamtverkehrskonzept integrieren?
- Wie lässt sich ein hoher elektrischer Fahranteil von PHEVs (Plug-in-Hybridfahrzeugen) sicherstellen?
- Welche verkehrs- und umweltpolitischen Instrumente sind am wirkungsvollsten?

Unterstützung des BMVI bei der Erarbeitung der Mobilitäts- und Kraftstoffstrategie

Die wissenschaftliche Begleitung unterstützt das Bundesverkehrsministerium (BMVI) durch die Evaluation ausgewählter Themen bei der Ausgestaltung der Mobilitäts- und Kraftstoffstrategie (MKS). Dies geschieht zum einen über ein zentrales Projekt, bei dem das Konsortium das BMVI bei der Ausgestaltung von Klimaschutzmaßnahmen im Verkehr berät. Die MKS dient darüber hinaus als Wissensplattform für alle im Bereich der Verkehrswende aktiven Stakeholder und hilft anhand von wissenschaftlichen Gutachten dabei, Wissenslücken zu schließen und Potenziale zur Erreichung der Verkehrswende zu quantifizieren. Weiterhin begleitet und unterstützt die MKS die Umsetzung von Maßnahmen zur Erreichung der Verkehrswende.

Wie die Entwicklung der Elektromobilität politisch beeinflusst werden kann

Diesen Teilaspekt untersuchten Dr. Patrick Plötz und Prof. Dr. Karoline Rogge, stellvertretende Leiterin des Competence Centers Politik und Gesellschaft, sowie Dr. Michael Krail, stellvertretender Leiter des Competence Centers Nachhaltigkeit und Infrastruktursysteme, Leiter des Geschäftsfelds Mobilität.
Ihr Resümee: Auf Plug-in-Hybridfahrzeuge (PHEV) entfielen in der ersten Jahreshälfte 2020 etwa 4,5% aller Pkw-Neuzulassungen in Deutschland. Ausgestattet mit einem Verbrennungsmotor sowie einem Elektroantrieb ist ihr Beitrag zur Emissionsminderung stark abhängig vom Nutzungsverhalten im realen Alltagsbetrieb. Für eine gemeinsame Studie untersuchten das Fraunhofer-Institut für System- und Innovationsforschung ISI sowie die gemeinnützige Forschungsorganisation International Council on Clean Transportation (ICCT) umfangreiches Datenmaterial zur realen Nutzung von über 100.000 Plug-in-Hybridfahrzeugen in Europa, Nordamerika sowie China.

Begleitforschung Oberleitungs-Lkw Die klimapolitischen Zielsetzungen der Bundesregierung sind nach heutigem Kenntnisstand nur dann erreichbar, wenn Konzepte zur Elektrifizierung des Verkehrssektors auch für den schweren Güterverkehr entwickelt, getestet und großflächig umgesetzt werden. Mit der Verabschiedung des Aktionsprogramms »Klimaschutz 2020« hatte die Bundesregierung daher unter anderem beschlossen, einen Feldversuch zur Erprobung elektrischer Antriebe bei schweren Nutzfahrzeugen durchzuführen. Zur Umsetzung des Beschlusses wird in den Projekten ELISA, FESH und eWayBW eine Teststrecke für Oberleitungs-Lkw auf einer Bundesfernstraße errichtet und der Betrieb unter Alltagsbedingungen erprobt.

Markthochlaufszenarien für Elektrofahrzeuge Welcher Marktanteil an Elektrofahrzeugen ist in Deutschland bis zum Jahre 2030 zu erwarten? Dieser Frage geht die vorliegende Studie nach. Dazu wird das ökonomische Potenzial von Elektrofahrzeugen unter Berücksichtigung von mehreren tausend realen Fahrprofilen konventioneller Fahrzeuge und technischen sowie ökonomischen Daten für verschiedene Szenarien erhoben. Hemmende Faktoren für die Verbreitung von Elektrofahrzeugen, beispielsweise die begrenzte Reichweite und das limitierte Fahrzeugangebot, werden ebenso integriert wie fördernde Faktoren, beispielsweise eine Mehrpreisbereitschaft für eine innovative Technologie.
Die neue »Ampel«-Regierung hat 2022 erneut bekräftigt: Bis 2030 sollen sieben bis zehn Millionen Elektrofahrzeuge in Deutschland zugelassen sein. Um den Umstieg zu beschleunigen, haben Bundesregierung und Automobilindustrie die Kaufprämie, den Umweltbonus für E-Autos erhöht: Bis zu 6000 Euro können Käuferinnen und Käufer für Elektro- oder Brennstoffzellen-Autos erhalten. Bis zu 4500 Euro betrug 2022 der Zuschuss beim Kauf eines von außen aufladbaren Hybrid-Elektrofahrzeugs.

Eine global elektrifizierte Mobilität bis 2050 ist laut ISI möglich – auf Basis optimierter Lithium-Ionen-Akkus

Das Fraunhofer-Institut ISI zeigte 2010 in neun Roadmap-Veröffentlichungen erstmals den Forschungs- und Entwicklungsstand zu Lithium-Ionen-Batterien umfassend auf. An dem Roadmapping-Prozess waren zahlreiche nationale Experten aus Wissenschaft und Industrie beteiligt und haben gemeinsam die Entwicklungspotenziale von Lithium-Ionen-Batterien im Kontext konkurrierender Technologien sowie als Energiespeicher für die Elektromobilität und stationäre Anwendungen bewertet. Die Roadmaps reichen bis zum Jahr 2030, während Langfristszenarien bis 2050 die Grenzen der darin beschriebenen Entwicklungen zu verstehen helfen. Die Erkenntnisse werden darüber hinaus von umfassenden Marktprognosen begleitet, die Rahmenbedingungen der Ergebnisse bewertet und Handlungsoptionen als Ansatzpunkt für zu ergreifende Maßnahmen abgeleitet.
Die Vision eines vollständig elektrifizierten, weitgehend emissionsfreien Straßenverkehrs ist eng mit dem Ausbau der Erneuerbaren Energien und den Zielen der Energie-, Wirtschafts- und Umweltpolitik verbunden. Die vom Fraunhofer ISI entwickelten Roadmaps zeigen, unter welchen Rahmenbedingungen und vor welchem Zeithorizont sich diese Vision aus Perspektive der elektrochemischen Energiespeichertechnologien realisieren lässt. Die zukünftige Weiterentwicklung einer optimierten Lithium-Ionen-Batterietechnologie wird entscheidend für die zeitliche Umsetzung sein.

Optimierte Lithium-Ionen-Batterietechnologie Die Lithium-Ionen-Batterie hat seit ihrer Einführung Anfang der 1990er Jahre in der Konsumelektronik eine rund 25-jährige Entwicklung hinter sich gebracht. Aktuell konzentriert sich die Weiterentwicklung auf großformatige Batterien und betrifft das Material bis zum Gesamtsystem und die Integration in spezifische Anwendungen. In den kommenden 15 bis 25 Jahren wird die Entwicklung von Lithium-Ionen-Batterien zur Reife gelangen. Damit ergeben sich für die nächsten zwei Dekaden noch große Entwicklungspotenziale, insbesondere mit Blick auf die Energiedichte (und damit Reichweite von Elektrofahrzeugen) sowie eine weiterhin starke Kostenreduktion.
Die Roadmaps zeigen, dass kostenoptimierte Elektrofahrzeuge in den kommenden Jahren nur für bestimmte Zielgruppen und Einsatzzwecke attraktiv sind. Durch die schrittweise Reichweitensteigerung mittels einer verbesserten Batterietechnologie sowie eines optimierten Energieverbrauchs können bis zum Jahr 2030 aber kostenoptimierte Fahrzeugmodelle entwickelt werden, die Reichweiten herkömmlicher Automobile mit Verbrennungsmotor erreichen

Die Vision eines vollständig elektrifizierten, weitgehend emissionsfreien Straßenverkehrs ist eng mit dem Ausbau der Erneuerbaren Energien und den Zielen der Energie-, Wirtschafts- und Umweltpolitik verbunden.

Die Fraunhofer-Gesellschaft mit Sitz in Deutschland ist die weltweit führende Organisation für anwendungsorientierte Forschung. Namensgeber ist der Wissenschaftler Joseph von Fraunhofer (1787–1826). Mit ihrer Fokussierung auf zukunftsrelevante Schlüsseltechnologien sowie auf die Verwertung der Ergebnisse in Wirtschaft und Industrie spielt sie eine zentrale Rolle im Innovationsprozess. Als Wegweiser und Impulsgeber für innovative Entwicklungen und wissenschaftliche Exzellenz wirkt sie mit an der Gestaltung unserer Gesellschaft und unserer Zukunft. Die 1949 gegründete Organisation betreibt in Deutschland 75 Institute und Forschungseinrichtungen. Rund 29.000 Mitarbeiterinnen und Mitarbeiter, überwiegend mit natur- oder ingenieurwissenschaftlicher Ausbildung, erarbeiten das jährliche Forschungsvolumen von 2,8 Milliarden Euro. Davon fallen 2,4 Milliarden Euro auf den Leistungsbereich Vertragsforschung (Stand Mitte 2021). Rund 30 Prozent ihrer Aufwendungen erhält die Gesellschaft von Bund (90 Prozent) und Ländern (10 Prozent) als institutionelle Förderung, um Vorlaufforschung zu betreiben.

»Die Elektrifizierung bietet uns eine historische Chance … Von 2026 an wird der VW-Konzern in den USA unter dem Namen Scout große Geländewagen und Pick-ups mit Elektroantrieb verkaufen … Ein stärkeres US-Geschäft wird ein Gegengewicht zum chinesischen Markt bilden, von dem wir bisher extrem abhängig sind.«

VW-Chef Herbert Dies auf der Jahreshauptversammlung 2022

und sich in kurzer Zeit aufladen lassen. Ein vollständiger Wechsel in eine rein elektrifizierte Mobilität kann also aus technischer Sicht zwischen 2030 und 2050 nach einem Markthochlauf bis 2030 gelingen – und zwar allein auf Basis einer optimierten Lithium-Ionen-Akkutechnologie.

Anreize für einen Fahrzeugkauf »Wichtig ist die Erkenntnis, dass sich diese Entwicklungen auf einer Zeitskala von Dekaden abspielen«, sagte Projektleiter Dr. Axel Thielmann. »Wir stehen nach einer Phase der Entwicklung von Pilot- und Demonstrationsfahrzeugen bis 2010 und dem Beginn eines Markthochlaufs trotz mehr als einer Million verkaufter Elektroautos erst am Anfang der breiten Diffusion der Elektromobilität. Unterstützende Maßnahmen müssen daher den Entwicklungsstand und die Entwicklungsperspektiven von Schlüsseltechnologien wie der Lithium-Ionen-Batterie berücksichtigen. Dies gilt genauso für die Implikationen dieser Technologie auf Fahrzeugkonzepte, Ladeinfrastrukturen, Geschäftsmodelle und die Kundennachfrage. Je nach Entwicklungsphase können unterschiedliche Maßnahmen greifen. Für die kommenden Jahre sind weiterhin intensive Forschungs- und Entwicklungs-Fördermaßnahmen zentral. Diese haben in den letzten Jahren gerade in Deutschland eine hohe Wirkung gezeigt. Monetäre Anreize für einen Fahrzeugkauf dürften erst gegen 2030 wirksam werden, sofern die Kosten für Anschaffung und Betrieb von Elektroautos sinken und diese für breite Bevölkerungsschichten interessant werden.«

Wunsch nach Autarkie in der Energieversorgung Mit der Kostenoptimierung sowie dem parallelen Ausbau Erneuerbarer Energien eröffnen sich laut Dr. Thielmann aber spätestens ab 2030 breite Marktpotenziale zum Einsatz der Lithium-Ionen-Akkutechnologie in neuen Bereichen stationärer Anwendungen. »Deren Einsatz und Verbreitung beginnen bereits heute auf lokaler und Verteilnetz-Ebene und sind getrieben durch einen zunehmenden Wunsch nach Autarkie in der Energieversorgung. Dezentrale, netzgekoppelte Lithium-Ionen-Batterien werden bereits heute als PV-Batteriesysteme zur Eigenbedarfsoptimierung unter anderem in privaten Haushalten eingesetzt und diffundieren zunehmend mit verbesserter Wirtschaftlichkeit.

Die Roadmaps greifen daher neben den Entwicklungen der Lithium-Ionen Batterien in der Elektromobilität auch den Bereich der stationären Anwendungen auf. Je nach Speichergrößenklasse, Lade-/Entladezeit und Anwendungsfall konkurrieren sie dort mit einem breiteren Portfolio unterschiedlicher elektrochemischer (zum Beispiel Blei-Säure-, Redox-Flow-, Natrium-Schwefel-Batterie) und weiterer Energiespeicher.«
Dennoch könnten langfristig neben der Lithium-Ionen-Batterie potenziell disruptive Technologien wie die Lithium-Schwefel- oder -Feststoffbatterie eventuell noch bessere Energiedichten und höhere Reichweiten oder Kostenreduktionspotenziale erzielen. Ihre (groß)produktionstechnische Realisierung könnte eventuell jenseits 2030 gelingen und den Einsatz der Lithium-Ionen-Batterie sukzessive ablösen. »Dies könnte auch Substitutionschancen gegenüber einem zunehmenden Einsatz von (kosten)kritischen Rohstoffen wie etwa Kobalt eröffnen, welche in optimierten Lithium-Ionen-Batterien verwendet werden.«

Strategische Weichenstellungen »Für strategische Entscheidungen und Weichenstellungen in Bereichen wie der Elektromobilität oder der stationären Energiespeicher wird ein fortlaufendes Monitoring in den kommenden Jahren wichtiger werden. Auch tiefergehende Bewertungen sich abzeichnender Entwicklungsmöglichkeiten und -alternativen dürften bis 2030 und darüber hinaus an Bedeutung gewinnen. Beim Fokus auf die technischen Entwicklungen wird dies oft unterschätzt«, so Dr. Axel Thielmann.

Unten links: Suche nach Lithiumvorkommen in Südamerika.

Unten rechts: E-Volkswagen 2020.

Macht sich die Auto-Lobby unglaubwürdig?

Viele Autobauer hätten verstanden, dass sie zugunsten des Klimas auf Elektromobilität setzen müssten, kommentierte die Wirtschaftsjournalistin Silke Hahne am 11. Juli 2021 die jüngsten Entwicklungen in der Bundesrepublik. »Unverdrossen warnt der Verband der Automobilindustrie vor einem Aus für Verbrenner.«
Es habe sich viel bewegt in den vergangenen Jahren: »Die Konzerne haben nicht nur etliche elektrische Modelle auf den Markt gebracht. Nach und nach haben sie auch Jahresziele formuliert: Wie viel Prozent der Flotte soll etwa bis 2030 elektrisch sein? Ab wann sollen gar keine Verbrenner mehr entwickelt oder produziert werden?«

Verkehrssektor wird nicht länger geschont Unabhängig davon, wie ambitioniert diese Zahlen im Einzelnen sind – ihre Formulierung sei für sich genommen ein Fortschritt. »Die Unternehmen werden sich daran messen lassen müssen. Zum Beispiel auf den Finanzmärkten, wo Investitionen aufgrund der Zukunftsfähigkeit von Firmen getroffen werden.
Die Ziele sind aber eine direkte Folge des politischen Drucks aus Brüssel. Die CO_2-Vorgaben der EU sind schon strenger geworden und werden am kommenden Mittwoch voraussichtlich weiter verschärft. Es wird damit gerechnet, dass Neuwagen ab dem Jahr 2035 kein CO_2 mehr ausstoßen dürfen. Auf dem Weg aus der Klimakrise wird der Verkehrssektor nicht länger geschont. Viele Autobauer haben das verstanden, zuletzt Opel: Die Marke soll ab 2028 in Europa rein elektrisch auftreten.
Statt Verbrennungsmotoren baut VW in Salzgitter bald eigene Batteriezellen. Es ist ein erster Schritt hin zur umweltfreundlicheren Elektromobilität. Doch die Festlegung auf nur eine Antriebsart birgt auch Risiken.«

Schönfärberei des VDA Umso erstaunlicher sei das Gebaren des mächtigen Auto-Lobbyvereins, dem Verband der Automobilindustrie VDA. Hahne: »Unverdrossen warnt dessen Chefin Hildegard Müller vor einem Aus für Verbrenner. Ihr Interessenverband fabuliert, dass der schnelle Umstieg auf Batterieautos gar nicht möglich sei, schon gar nicht bis 2035 – obwohl die Konzerne diese Grenze in ihren eigenen Zielen teils deutlich unterschreiten…«
Der VDA mache sich unglaubwürdig, nicht zum ersten Mal. »So behauptete der Verband jüngst, in Deutschland gebe es eine Million Elektroautos – eine Zielmarke, die Angela Merkel vor rund zehn Jahren für 2020 anvisiert hatte. Nun sollte es erreicht sein, wenn auch mit sechs Monaten Verzögerung? Mitnichten. Der VDA zog für seine Rechnung die Definition von Elektroauto heran, die Plug-In-Hybride mit einbezieht – Autos also, die oft nur 50 Kilometer elektrische Reichweite haben und im Verbrennermodus teils mehr verbrauchen als konventionelle Benzin- oder Dieselautos.
Der Verband der Automobilindustrie fordert von der Bundesregierung Kaufprämien – auch für Diesel- und Benzin-Fahrzeuge. Kaufprämien seien notwendig, um das Vertrauen der Verbraucher zurückzugewinnen, sagte VDA-Präsidentin Hildegard Müller.«
Mit dieser Schönfärberei knüpfe der VDA an die Kultur an, die letztlich zu den Rechtsrisiken und Strafzahlungen geführt habe, die die Autobauer immer wieder einholen. »Geld, das viel besser in Forschung und Entwicklung, zukunftsgewandte Aufträge an Zulieferer oder die Qualifikation von Beschäftigten investiert werden könnte. Die Autokonzerne sollten sich daher genau überlegen, ob sie den VDA noch als Sprachrohr wollen. Oder ob der sich nicht längst überflüssig gemacht hat …«

Origineller Versuch von Ford, das Thema Umweltschonung in die Werbung für Elekrofahrzeuge einzubeziehen.

»Neben Tesla zeigen [in China] insbesondere einheimische Akteure wie Nio, BYD oder Xpeng bei den neuen Zukunftsthemen eine enorme Dynamik.«

Stefan Bratzel, Mobilitätsforscher

Im Januar 2021 veröffentlichte *electrive*, ein Branchendienst für Elektromobilität, eine Studie, die sich mit der Rolle Chinas bei der E-Mobilität in globaler Betrachtung befasst und kommt zu der Erkenntnis:

China bleibt Dreh- und Angelpunkt der E-Mobilität

Die Neuzulassungen von Elektroautos und Plug-in-Hybriden sind in China 2020 um 14,6 Prozent auf 1,246 Millionen gestiegen. »Das meistverkaufte Modell vor Ort war Teslas Model 3. Das geht aus einem neuen Report des Center of Automotive Management (CAM) hervor.«

Mehr als 1,2 Millionen verkaufte E-Autos in 2020 – mit diesem Wert blieb China der weltweit größte Absatzmarkt der Elektromobilität. In dieser Zahl sind alle elektrifizierten Pkw und leichten Nutzfahrzeuge erfasst, die vergangenes Jahr in China neu zugelassen wurden. Hinzu kommen dem CAM zufolge weitere 121.000 Busse und Nutzfahrzeuge mit Elektroantrieb. Dies aber nur am Rande, die Auswertung des CAM konzentriert sich allen voran auf den Markt für Pkw und leichte Nutzfahrzeuge mit E-Antrieb.

»BEVs machten in diesem Markt rund eine Millionen Fahrzeuge aus – ein Plus von 16,1 Prozent gegenüber 2019. Der Absatz von PHEVs stieg um 9,1 Prozent auf 247.000 Stück. Der Anteil beider Fahrzeugarten kletterte auf 5 Prozent (BEV) und 1,2 Prozent (PHEV) am Gesamtabsatzmarkt, der seinerseits um 6 Prozent auf 20,18 Millionen Pkw und leichte Nutzfahrzeuge schrumpfte. Das CAM konstatiert, dass die Nachfrage im größten Fahrzeugmarkt der Welt bereits im dritten Jahr in Folge leicht rückläufig ist.«

Weiter: »Kommen wir zum Marktführer bei Elektrofahrzeugen in China: Dies war 2020 Tesla mit mehr als 137.000 verkauften Model-3-Fahrzeugen. Als Quelle nennen die Verfasser des Reports die China Passenger Car Association. Allerdings handelt es sich um die Marktführerschaft nach Modellen, sprich das Model 3 war 2019 das meistverkaufte E-Fahrzeug in China. Betrachtet man den E-Auto-Absatz pro Hersteller liegen BYD und SAIC-GM-Wuling vorne.

Das CAM schätzt, dass der chinesische Markt bereits für rund 30 Prozent aller weltweiten Verkäufe von Tesla verantwortlich sein dürfte. Diese beliefen sich 2020 bekanntlich auf 495.550 Fahrzeuge. Hintergrund ist, dass der amerikanische Hersteller in China vor allem vom Verkauf des seit Ende 2019 lokal produzierten Model 3 profitiert. Seit wenigen Wochen wird nun auch das Model Y vor Ort hergestellt.«

China werde immer mehr zum Dreh- und Angelpunkt der sich transformierenden Automobilindustrie, wird Studienleiter Stefan Bratzel zitiert. »China ist nicht nur der größte globale Automarkt, der im Vergleich der Marktregionen am besten durch die Corona-Krise gekommen ist. Das Land ist gleichzeitig der wichtigste Markt für Elektrofahrzeuge, der für neue Akteure ein Einstieg in die erste Liga der weltweiten Automobilhersteller darstellt. Neben Tesla zeigen insbesondere einheimische Akteure wie Nio, BYD oder Xpeng bei den neuen Zukunftsthemen eine enorme Dynamik.«

McKinseys Prognose

Ein halbes Jahr später gab eine McKinsey-Studie ebenfalls interessante Einblicke in Chinas Elektroauto-Markt: »China – der weltweit größte Automarkt – bewegt sich schnell in Richtung Elektromobilität ...«

Der chinesische Automobilmarkt sei der weltweit größte Automobilmarkt und mache gut ein Drittel (rund 40 Milliarden US-Dollar) der weltweiten Gesamtumsätze aller Autohersteller aus. »Der Markt verlagert sich schon seit Jahren mehr und mehr in Richtung Elektromobilität. Von 2014 bis 2019 stieg der Absatz von Elektroautos in China um 80 Prozent pro Jahr. Mit mehr als 900.000 Einheiten im Jahr 2019 wurden 57 Prozent der weltweit verkauften Elektroautos in China verkauft. Damit ist China der weltweit größte E-Auto-Markt. Ein Blick auf die Marktanteile zeigt, dass chinesische Hersteller ihren Heimatmarkt fast vollständig dominieren. Internationale Hersteller erzielten 2019 einen Marktanteil von lediglich 15 Prozent.

Die Aussichten für den Markt sind weiterhin vielversprechend: Der Anteil der Neuzulassungen von E-Autos in China wird voraussichtlich von 3,9 Prozent im Jahr 2019 auf 14 bis 20 Prozent im Jahr 2025 steigen – was einem Verkaufsvolumen von rund 3,8 bis 5 Millionen Fahrzeugen entspricht. Zum Vergleich: Im Jahr 2019 wurden in Deutschland insgesamt über alle Antriebsarten hinweg 3,6 Millionen Pkw neu zugelassen.«

Corona-Krise Angesichts der Corona-Krise mit erheblichen Auswirkungen auf den globalen Automarkt beschloss die chinesische Zentralregierung im März 2020, die Kaufsubventionen um zwei weitere Jahre zu verlängern, um den Elektroauto-Absatz anzukurbeln. McKinsey: »Die Autoren der Studie gehen daher davon aus, dass der chinesische E-Auto-Markt nach der Stagnation im Jahr 2020 – verglichen mit dem zweistelligen Wachstum vor COVID-19 – im Jahr 2021 sowohl absolut als auch relativ wieder anziehen wird.« Sie behielten Recht.

»Die Untersuchung zeigt, dass Wahrnehmung von chinesischen Elektroautos in Bezug auf Sicherheit, Leistung, Konnektivität und Marken außergewöhnlich gut ist. Verbraucher sind sich der finanziellen und ökologischen Vorteile bewusst, und das Fahrerlebnis gilt als einer der größten Vorteile von E-Autos. Die Analyse der Kundenstimmung der zehn Benchmark-Fahrzeuge weist über alle Hersteller hinweg eine hohe durchschnittliche Zufriedenheitsrate von 85 Prozent auf.«

Chinesische E-Auto-Hersteller stehen kurz vor der Rentabilität Mehrere E-Auto-Hersteller in China haben das Potenzial, rentabel zu sein, da ihre Produktkostenstrukturen von mehreren einzigartigen Merkmalen des chinesischen Marktes profitieren. Die Wiederverwendung bestehender Verbrenner-Plattformen etwa verkürzt die Zeit für Forschung und Entwicklung bis zur Markteinführung, Standardkomponenten und ein hohes Maß an Modularisierung halten die Investitionsausgaben niedrig. Diese Konstruktionsprinzipien mit ihren positiven Auswirkungen werden von einem Ökosystem lokaler Lieferanten mit langjähriger Erfahrung in den Bereichen Elektronik und Batterien unterstützt.

Die Bottom-up-Schätzung der Material- und Produktionskosten von McKinsey, basierend auf mehr als 250.000 Datenpunkten, zeigt, dass neun von zehn Fahrzeugen einen moderaten bis soliden Deckungsbeitrag von bis zu 50 Prozent erzielen können. Die Autoren der Studie schätzen jedoch, dass auch mit einem niedrigeren Anteil eine positive operative Marge möglich ist, etwa wenn Sicherheiten aus Vertriebs-, allgemeinen und Verwaltungskosten, Forschung und Entwicklung und Investitionen mit eingerechnet werden. Insbesondere neue Marktteilnehmer müssen sich allerdings zunächst erst noch mit strukturellen Herausforderungen und einem geringen Gesamtfahrzeugvolumen auseinandersetzen.

Vielfalt an Design und Technologie Lokale Autohersteller haben eine starke Position auf dem chinesischen E-Auto-Markt gezeigt, aber ein genauerer Blick auf die Technologie zeigt, dass es erhebliche Unterschiede zwischen den Herstellern gibt, etwa dem E-Antriebsstrang mit dem Batterielayout, dem Wärmemanagement sowie der Integration von Antriebsstrangmodulen.
Auch die Designs der elektronischen Steuereinheit unterscheiden sich deutlich, in den Autos der zehn untersuchten Hersteller sind sechs bis 19 dezentrale Steuergeräte verbaut. Es wäre aber auch möglich, alle Funktionen in einer einzigen Steuereinheit zu vereinen, wie es etwa Tesla macht. Dies kann die Effizienz und Wirtschaftlichkeit steigern, erfordert jedoch erhebliche F & E-Investitionen und ein hohes Maß an Kompetenz in der Softwareentwicklung.
Bei den Modellvarianten gibt es ebenfalls deutliche Unterschiede: Chinesische Hersteller bieten zusätzlich zum Basismodell meist zwei bis vier Ausstattungspakete an. Dies reduziert die Komplexität und die Kosten im Vergleich zu dem größeren Portfolio an Optionen, das westliche Hersteller anbieten. Sieben der zehn Benchmark-Modelle weisen daher eine Preisspanne von weniger als 50 Prozent zwischen den Basismodellen und den voll ausgestatteten Top-Modellen auf. Für fünf von zehn Modellen gibt es Akku- oder Motor-Upgrades, unabhängig vom Ausstattungspaket, und drei bieten preiswerte Designoptionen wie Farbe und Räder. Infolgedessen besteht ein ungenutztes Umsatzpotenzial bei Preisstrategien oder anderweitiges Einnahmenpotenzial abseits der Hardware, wie etwa drahtlose Software-Updates. Die Autoren der Studie raten globalen Automobilherstellern daher, die Erkenntnisse als Signal zur Vereinfachung ihrer Portfolios oder als Differenzierungspunkt zu nutzen, insbesondere wenn sie über einen Eintritt in den chinesischen Markt nachdenken.

Wie man erfolgreich auf dem Markt mitspielt Für jeden der Trends, den die Autoren auf dem chinesischen E-Auto-Markt identifiziert haben, gibt es eine damit verbundene strategische Maßnahme oder Chance.
Um die Rentabilität zu steigern und einen Wettbewerbsvorteil zu erzielen, beschleunigen die Autohersteller die Entwicklungszyklen ihrer Elektroautos. Bei aktuellen Modellen (und hauptsächlich Modellen der ersten Generation) haben die Hersteller die Markteinführungszeit verkürzt, indem sie vorhandene Verbrenner-Plattformen wiederverwendet oder modifiziert und sich auf Standardkomponenten verlassen haben. Es wird jedoch erwartet, dass sich die Markteinführungszeit für die nächste Generation von Elektroautos dank dedizierter E-Auto-Plattformen angesichts der Kosten- und Designvorteile bei höheren Stückzahlen noch weiter verkürzen wird.
Die Marktzusammensetzung wird sich wahrscheinlich ändern. Mittlerweile gibt es in China rund 80 E-Auto-Marken, die sich im Besitz von gut 50 Unternehmen befinden. Davon sind zwölf Start-ups mit einem Marktanteil von rund 7 Prozent im Jahr 2019. Drei Start-ups werden jedoch – insbesondere wenn sie noch nicht mit der Produktion begonnen haben – feststellen, dass die Marktbedingungen für sie zunehmend ungünstiger werden, so die Autoren. Insbesondere hohe Fixkosten bei geringen Mengen belasten diese Unternehmen, sodass jedes Start-up verschwinden dürfte, das nicht schnell skalieren kann. Im Gegensatz dazu wird von internationalen Herstellern erwartet, dass sie zusätzliche Marktanteile gewinnen, schon allein weil sie den Anteil an Elektroautos erhöhen müssen, um staatliche Vorschriften wie Dual-Credit-Richtlinien einzuhalten, welche eine verbindliche Quote an verkauften Elektroautos oder Plug-in-Hybriden vorsieht.

Die E-Antriebsstrang-Technologie wird zunehmend standardisiert Die beobachteten technologischen Unterschiede bei Akkus, Leistungselektronik und Antrieben werden voraussichtlich abnehmen, vermutet McKinsey. Der Markt werde sich nur auf wenige standardisierte Konstruktionen konzentrieren, wie dies schon bei Antriebsstrangkonstruktionen von Verbrennern der Fall war. Dies ist eine bedeutende Chance für Zulieferer, die integrierte Plattformlösungen für den Antriebsstrang liefern können, insbesondere wenn sie durch Synergien und Skaleneffekte über eine wettbewerbsfähige Investitionsbasis verfügen.
Elektroauto-Plattformen setzen sich durch. Die Benchmark zeigt, dass chinesische Hersteller durch die Verwendung gemeinsamer oder modifizierter Verbrenner-Plattformen eine kurze Markteinführungszeit realisiert haben. Höhere Elektroauto-Volumina rechtfertigen jedoch die Entwicklung dedizierter E-Auto-Plattformen, um Design- und Kostenvorteile zu erzielen. Darüber hinaus wird erwartet, dass E-Autos zunehmend auf dedizierten Produktionslinien anstatt, wie derzeit oft üblich, flexiblen, mit Verbrennern gemeinsam genutzten Produktionslinien hergestellt werden.
»Einige nicht-chinesische Hersteller müssen ihre Alleinstellungsmerkmale wie ein Markenimage, überlegenes Engineering-Know-how und hochmoderne Produktionsanlagen nutzen, um sich von ihren chinesischen Wettbewerbern abzuheben«, raten die Autoren. »Gleichzeitig müssen sie ihre Portfolios vereinfachen, um zwar weniger, aber zielgerichtete und lokal angepasste Optionen anzubieten, die durch zusätzliche Einnahmequellen wie Software und andere Technologien unterstützt werden.«

Ende der grünen Fahnenstange Im April des Kriegsjahres 2022 wurde ein dem Wirtschaftswachstum nicht gerade förderlicher Plan des Bundesministeriums für Wirtschaft und Klimaschutz bekannt, demzufolge die Gewährung einer staatlichen Kaufprämie für Plug-in-Hybride früher beendet sein soll als im Koalitionsvertrag der Regierungsparteien vorgesehen war. Die Zuschüsse für Fahrzeuge mit einer Kombination aus Elektro- und Verbrennungsmotor sollten demnach am 31. Dezember 2022 enden. Staatssekretär Michael Kellner (Grüne): »Eine Förderung von Hybridfahrzeugen in Abhängigkeit von der elektrischen Fahrleistung hat zu unverhältnismäßig hohem Aufwand geführt und wurde deshalb verworfen«. Im Koalitionsvertrag war vorgesehen, die Förderung von 2023 an von der elektrischen Mindestreichweite abhängig zu machen.
Der Entwurf für eine Reform der Umweltbonus-Richtlinie sah darüber hinaus vor, dass für rein elektrisch betriebene Fahrzeuge der Bundeszuschuss schrittweise sinken sollte.

»Einige nicht-chinesische Hersteller müssen ihre Alleinstellungsmerkmale wie Markenimage, überlegenes Engineering-Know-how und hochmoderne Produktionsanlagen nutzen, um sich von ihren asiatischen Wettbewerbern abzuheben.«

Dr. Konrad Zlotek, Marketing Consultant, McKinsey

»Aus meiner Sicht wird die Debatte um die Elektromobilität viel zu emotional geführt. In den nächsten zehn Jahren wird die Elektromobilität keinen wesentlichen Beitrag zum Klimaschutz liefern.«

Prof. Peter Pfeffer, Hochschule München Fahrzeugtechnik

Am 2. Jui 2022 lief im VW-Werk Hannover-Stöcken der erste Elektro-Bulli vom Band, der ID.Buzz Pro. VWN-Produktionsvorstand Josef Baumert zur Belegschaft: »Das ist der Zukunftsträger für unseren Standort. Ich bin stolz; das habt ihr toll gemacht!«

Einseitiger Kurs bei der Elektromobilität?

Der Bayerische Rundfunk veröffentlichte auf seiner Plattform *BR24* am 24. Februar 2021 ein Dossier unter der Headline »Scharfe Kritik der Wissenschaft an einseitigem Kurs bei der Elektromobilität« folgenden Inhalts:

»Die Bundesregierung setzt beim Klimaschutz nur auf die E-Mobilität. Mehr als 60 Wissenschaftler kritisieren das scharf. Kanzlerin Merkel missachte die Naturgesetze. Sie fordern mehr Technologieoffenheit, alternative Bio-Kraftstoffe oder E-Fuels.«
Es war ein offener Brief von Prof. Thomas Willner von der Hochschule für angewandte Wissenschaften Hamburg – ein Brief, der es in sich hat. In einem Begleitschreiben an die Medien betont der Experte für Verfahrenstechnik und nachhaltige Kraftstoffe zwar, dass er die Bundesregierung nicht anprangern, sondern mit ihr in einen konstruktiven Dialog kommen wolle. Doch dann rechnete er mit der einseitigen Förderung der E-Mobilität schonungslos ab.

Mehr als 60 Wissenschaftler kritisieren Konzentration auf E-Mobilität Er sieht erheblichen Nachbesserungsbedarf und fordert eine »transparente und technologieneutrale Klimaschutzpolitik, die sich an realen physikalischen Treibhausgasminderungen über die gesamte Wertschöpfungskette orientiert«. Und, als ob das noch nicht genug wäre: Durch die Art und Weise, wie die Bundesregierung die E-Autos fördern wolle, etwa durch die dreifache Anrechnung des Ladestroms bei der Treibhausgasminderungs-Quote, sieht der Hanseat »Naturgesetze missachtet«.
Schärfer konnte man die Bundeskanzlerin Angela Merkel, die promovierte Physikerin ist, eigentlich nicht attackieren. Doch Willner und die mehr als 60 Kolleginnen und Kollegen aus ganz Deutschland taten dies in diesem Brief, und zwar mit voller Wucht. Ihrer Überzeugung nach wird die Elektromobilität in der »Zeitspanne bis 2030, die für den langfristigen Erfolg oder Misserfolg des Klimaschutzes entscheidend sein wird, mit hoher Wahrscheinlichkeit zu keiner nennenswerten Treibhausgasminderung über die gesamte Wertschöpfungskette führen.«
Mit anderen Worten: Die vielen Milliarden Euro, die die seinerzeitige Bundesregierung für den Hochlauf der E-Mobilität und den Ausbau der Ladeinfrastruktur ausgab, waren unter dem Aspekt des Klimaschutzes ein Schuss in den Ofen.

Das spricht laut Kritikern gegen E-Autos Auch Professor Peter Pfeffer, Leiter des Labors für Fahrzeugtechnik an der Hochschule München, hat den Brandbrief nach Berlin unterschrieben. Er bemängelt wie alle anderen, dass die Politik die hohen CO_2-Emissionen bei der Produktion der Akkus für die Elektroautos völlig ausblende. Und auch nicht berücksichtige, dass ein Großteil des Ladestroms in Deutschland noch etliche Jahre aus Kohlekraftwerken stammen werde. Nur darauf zu schauen, dass das E-Auto keinen Auspuff habe, sei absurd. »Aus meiner Sicht wird die Debatte um die Elektromobilität viel zu emotional geführt. In den nächsten zehn Jahren wird die Elektromobilität keinen wesentlichen Beitrag zum Klimaschutz liefern.«

Der Bedarf an elektrischem Strom: Können wir ihn langfristig decken? Sein Hamburger Kollege Willner erläutert, warum das so ist. »Die Elektroautos werden auf deutschen Strom angewiesen sein. Und der erneuerbare Anteil des deutschen Stroms, der wird der Engpass in der Energiewende sein.« Deutschland müsse daher darauf achten, Strom zu sparen und nicht für neuen Strombedarf zu sorgen. Doch genau letztes sei der Fall, insbesondere auch deshalb, weil alle wichtigen Hersteller derzeit große E-Fahrzeuge mit möglichst viel Reichweite auf den Markt brächten.
Das Gegenteil von dem, was eigentlich Sinn mache, sagt Peter Pfeffer: »Diese großen Elektrofahrzeuge verursachen insbesondere bei der Produktion ihrer Akkus besonders viele CO_2-Emissionen und haben daher eine besonders schlechte Klimabilanz.« Das ideale Elektrofahrzeug wäre eher kleiner und leichter und hätte eine kürzere Reichweite.

Warum Fahrzeughersteller auf möglichst große E-Autos setzen Nach Auffassung der Wissenschaftler, die den Brief an Merkel unterzeichnet haben, dränge aber die Politik nicht nur mit ihren Subventionen, sondern auch mit ihrer Gesetzgebung die Industrie zum Bau großer E-Autos. Die europäische CO_2-Flottenbilanzrichtlinie sieht vor, dass nur der Verkauf möglichst vieler E-Autos die Hersteller vor den drohenden Strafzahlungen wegen Überschreitung der zulässigen CO_2-Flottengrenzwerte bewahre.
Noch 2020 waren die Fahrzeuge für die Industrie ein Verlustgeschäft. Ihr Ziel ist es daher, dieses Minus so klein wie möglich zu halten – und das lässt sich am ehesten dadurch erreichen, wenn große teure E-Autos verkauft werden, für die die Käufer bereit sind, relativ viel Geld auszugeben.

Wissenschaftler fordern Technologieoffenheit Die 60 Wissenschaftlerinnen und Wissenschaftler belassen es nicht nur bei Kritik. In ihrem Brief zeigen sie auch auf, wie aus ihrer Sicht mehr Klimaschutz im Individualverkehr schnell erreichbar wäre. Ihre Hauptforderung: Technologieoffenheit. Nachhaltige, treibhausgassenkende alternative Kraftstoffe und mit grüner Energie hergestellte synthetische Kraftstoffe, sogenannte E-Fuels, seien in den geplanten Gesetzes- und Verordnungsänderungen »unterrepräsentiert«.
Das sehen die Kritiker als »schweres Versäumnis«, weil diese Kraftstoffe beim Klimaschutz »wirksamer« seien. Sie würden in der bestehenden Bestandsflotte »sofort wirksam zu realen Treibhausgasminderungen führen«.
Die E-Fuels ließen sich beispielsweise in Nordafrika oder Südamerika herstellen. Also in weit von Deutschland entfernten Regionen, wo beinahe unbegrenzt Sonnen- und Windenergie zur Verfügung stehen. Als »grüner Strom« lasse sich diese Energie kaum nach Deutschland transportieren, umgewandelt in flüssige und gasförmige Kraftstoffe dagegen schon. Und das in einer bereits bestehenden Transportinfrastruktur.
Der offene Brief sollte, wie es hieß, »eine sachgerechte Diskussion anstoßen«. Das allerdings sei noch nicht gelungen. Das Schreiben liege seit Mitte Januar 2021 im Kanzleramt. Eine Antwort gab es bis 2022 nicht – weder vom beim Klimaschutz federführenden Umweltministerium, das die Politikerin Svenja Schulze führte, noch von Bundeskanzlerin Merkel. Prof. Thomas Willner wollte die Hoffnung jedoch nicht aufgeben und setzte auf eine effizientere Zusammenarbeit mit der neuen »Ampel«-Regierung.

Gesetz zur Bevorrechtigung der Verwendung elektrisch betriebener Fahrzeuge (Elektromobilitätsgesetz)

Auszug

Das Elektromobilitätsgesetz (EmoG) ist ein deutsches Bundesgesetz. Ziel des Gesetzes ist es, Maßnahmen zur Bevorrechtigung von elektrischen Fahrzeugen im Straßenverkehr zu ermöglichen, um deren Verwendung zu fördern und somit insbesondere klima- und umweltschädliche Auswirkungen des motorisierten Individualverkehrs zu verringern. Der Gesetzentwurf wurde am 24. September 2014 vom Bundeskabinett beschlossen und am 7. November 2014 erstmals im Bundesrat beraten. Nach der Zuleitung an den Deutschen Bundestag wurde er dort am 18. Dezember 2014 in erster Lesung beraten und unter anderem an den federführenden Ausschuss für Verkehr und digitale Infrastruktur überwiesen.
Der Ausschuss empfahl am 3. März 2015, dass das Gesetz auch für bestimmte Nutzfahrzeugklassen gelten soll, solange diese Fahrzeuge mit einem Pkw-Führerschein genutzt werden können, außerdem, den Gesetzentwurf um eine Berichtspflicht für das Bundesverkehrsministerium und das Bundesumweltministerium zu erweitern und die Befristung des Gesetzes vom 30. Juni 2030 auf das Jahresende 2026 vorzuziehen.
Der Gesetzentwurf wurde am 5. März 2015 nach der zweiten und dritten Beratung des Bundestages mit den Empfehlungen des Verkehrsausschusses angenommen und passierte den Bundesrat erneut am 27. März 2015, sodass das beschlossene Gesetz am 11. Juni 2015 im Bundesgesetzblatt verkündet wurde und am Folgetag in Kraft trat.
Ferner gab das Bundesverkehrsministerium Ende 2020 an, eine »Fortschreibung des Elektromobilitätsgesetzes« zu prüfen. Ein entsprechender Vorgang befinde sich in der Ressortabstimmung. Dabei werde auch die Handhabung der Freigabe von Busspuren geprüft.

§ 1 Anwendungsbereich

Mit diesem Gesetz werden Maßnahmen zur Bevorrechtigung der Teilnahme elektrisch betriebener Fahrzeuge
1. der Klassen M1 und N1 im Sinne des Anhangs II Teil A der Richtlinie 2007/46/EG des Europäischen Parlaments und des Rates vom 5. September 2007 zur Schaffung eines Rahmens für die Genehmigung von Kraftfahrzeugen und Kraftfahrzeuganhängern sowie von Systemen, Bauteilen und selbstständigen technischen Einheiten für diese Fahrzeuge (ABl. L 263 vom 9.10.2007, S. 1), die zuletzt durch die Richtlinie 2013/15/EU (ABl. L 158 vom 10.6.2013, S. 172) geändert worden ist, und
2. der Klassen L3e, L4e, L5e und L7e im Sinne des Anhangs I der Verordnung (EU) Nr. 168/2013 des Europäischen Parlaments und des Rates vom 15. Januar 2013 über die Genehmigung und Marktüberwachung von zwei- oder dreirädrigen und vierrädrigen Fahrzeugen (ABl. L 60 vom 2.3.2013, S. 52)
am Straßenverkehr ermöglicht, um deren Verwendung zur Verringerung insbesondere klima- und umweltschädlicher Auswirkungen des motorisierten Individualverkehrs zu fördern. Satz 1 gilt auch für ein elektrisch betriebenes Fahrzeug der Klasse N2 im Sinne des Anhangs II Teil A der Richtlinie 2007/46/EG, soweit es im Inland mit der Fahrerlaubnis der Klasse B geführt werden darf.

§ 2 Begriffsbestimmungen

Im Sinne dieses Gesetzes sind
1. ein elektrisch betriebenes Fahrzeug: ein reines Batterieelektrofahrzeug, ein von außen aufladbares Hybridelektrofahrzeug oder ein Brennstoffzellenfahrzeug,
2. ein reines Batterieelektrofahrzeug: ein Kraftfahrzeug mit einem Antrieb,
a) dessen Energiewandler ausschließlich elektrische Maschinen sind und
b) dessen Energiespeicher zumindest von außerhalb des Fahrzeuges wieder aufladbar sind,

Am 8. Juni 2021 beschloss der Berliner Senat ein ab 2030 geltendes Verbot für Verbrenner in der City. Die Opposition: »Diese Pläne sind nicht nur eindeutig rechtswidrig, sondern auch ein Schlag ins Gesicht derer, die sich ein teures Elektroauto nicht leisten können.«

Anfang Juni 2022 war Fertigungsbeginn des vollelektrischen VW ID.Buzz Pro im Volkswagen-Nutzfahrzeugwerk Hannover-Stöcken.

Oben: Lucid Air Versuchswagen 2019.

Oben rechts: Concept Car Renault Trezor 2021.

Am 8. Juni 2022 stimmte eine Mehrheit der Abgeordneten des Europaparlaments dafür, dass ab 2035 in der EU nur noch Autos auf den Markt kommen dürfen, die keine klimaschädlichen Treibhausgase ausstoßen – damit wäre das Ende für Autos mit Verbrennungsmotoren in der EU besiegelt. Eine Mehrheit war auch dafür, dass keine synthetischen Kraftstoffe angerechnet werden, mit denen ein Verbrenner betrieben werden könnte.

3. ein von außen aufladbares Hybridelektrofahrzeug: ein Kraftfahrzeug mit einem Antrieb, der über mindestens zwei verschiedene Arten von
a) Energiewandlern, davon mindestens ein Energiewandler als elektrische Antriebsmaschine, und
b) Energiespeichern, davon mindestens einer von einer außerhalb des Fahrzeuges befindlichen Energiequelle elektrisch wieder aufladbar, verfügt,
4. ein Brennstoffzellenfahrzeug: ein Kraftfahrzeug mit einem Antrieb, dessen Energiewandler ausschließlich aus den Brennstoffzellen und mindestens einer elektrischen Antriebsmaschine bestehen,
5. Energiewandler: die Bauteile des Kraftfahrzeugantriebes, die dauerhaft oder zeitweise Energie von einer Form in eine andere umwandeln, welche zur Fortbewegung des Kraftfahrzeuges genutzt werden,
6. Energiespeicher: die Bauteile des Kraftfahrzeugantriebes, die die jeweiligen Formen von Energie speichern, welche zur Fortbewegung des Kraftfahrzeuges genutzt werden.

§ 3 Bevorrechtigungen

(1) Wer ein Fahrzeug im Sinne des § 2 führt, kann nach Maßgabe der folgenden Vorschriften Bevorrechtigungen bei der Teilnahme am Straßenverkehr erhalten, soweit dadurch die Sicherheit und Leichtigkeit des Verkehrs nicht beeinträchtigt werden.
(2) Im Falle eines von außen aufladbaren Hybridelektrofahrzeuges dürfen Bevorrechtigungen nur für ein Fahrzeug in Anspruch genommen werden, wenn sich aus der Übereinstimmungsbescheinigung nach Anhang IX der Richtlinie 2007/46/EG oder aus der Übereinstimmungsbescheinigung nach Artikel 38 der Verordnung (EU) Nr. 168/2013 ergibt, dass das Fahrzeug 1. eine Kohlendioxidemission von höchstens 50 Gramm je gefahrenen Kilometer hat oder 2. dessen Reichweite unter ausschließlicher Nutzung der elektrischen Antriebsmaschine mindestens 40 Kilometer beträgt.
(3) Kann das Vorliegen der Anforderungen des Absatzes 2 nicht über die Übereinstimmungsbescheinigung nachgewiesen werden oder gibt es für ein Fahrzeug keine Übereinstimmungsbescheinigung, kann der Nachweis auch in anderer geeigneter Weise erbracht werden.
(4) Bevorrechtigungen sind möglich
1. für das Parken auf öffentlichen Straßen oder Wegen,
2. bei der Nutzung von für besondere Zwecke bestimmten öffentlichen Straßen oder Wegen oder Teilen von diesen,
3. durch das Zulassen von Ausnahmen von Zufahrtbeschränkungen oder Durchfahrtverboten,
4. im Hinblick auf das Erheben von Gebühren für das Parken auf öffentlichen Straßen oder Wegen.
(5) In Rechtsverordnungen nach § 6 Absatz 1 des Straßenverkehrsgesetzes können
1. die Bevorrechtigungen näher bestimmt werden,
2. die Einzelheiten der Anforderungen an deren Inanspruchnahme festgelegt werden,
3. die erforderlichen straßenverkehrsrechtlichen Anordnungen, insbesondere Verkehrszeichen und Verkehrseinrichtungen, bestimmt werden.
Rechtsverordnungen mit Regelungen nach Satz 1 erlässt das Bundesministerium für Verkehr und digitale Infrastruktur gemeinsam mit dem Bundesministerium für Umwelt, Naturschutz und nukleare Sicherheit.
(6) In Rechtsverordnungen nach § 6a Absatz 6 Satz 2, auch in Verbindung mit Satz 4, des Straßenverkehrsgesetzes können als Bevorrechtigungen Ermäßigungen der Gebühren oder Befreiungen von der Gebührenpflicht vorgesehen werden.

§ 4 Kennzeichnung

(1) Bevorrechtigungen nach § 3 dürfen nur für Fahrzeuge gewährt werden, die mit einer deutlich sichtbaren Kennzeichnung versehen sind.
(2) In Rechtsverordnungen nach § 6 Absatz 1 Nummer 2 des Straßenverkehrsgesetzes können die Art und Weise der Kennzeichnung im Sinne des Absatzes 1 näher bestimmt werden, insbesondere können
1. die für das Erteilen der Kennzeichnung erforderlichen Angaben,
2. die Art und Weise der Anbringung der Kennzeichnung und
3. das Verfahren für das Erteilen der Kennzeichnung
geregelt werden. In Rechtsverordnungen nach Satz 1 kann die Kennzeichnung im Inland gehaltener Fahrzeuge durch das Zuteilen eines für den Betrieb des Fahrzeuges auf öffentlichen Straßen erforderlichen Kennzeichens geregelt werden. Rechtsverordnungen mit Regelungen nach Satz 1 erlässt das Bundesministerium für Verkehr und digitale Infrastruktur gemeinsam mit dem Bundesministerium für Umwelt, Naturschutz und nukleare Sicherheit.

Literatur

Allgemeine Automobil-Zeitung (AAZ), Jahrgänge 1905 bis 1908, Verlagsanstalt Gustav Braunbeck, Berlin

Uta Bilow: Lithium-Ionen-Batterie – Ein Kraftpaket mit Zukunft. Beitrag in der Frankfurter Allgemeinen Zeitung, Frankfurt am Main 2007

Hans-Hermann Braess und Ulrich Seiffert: Kraftfahrzeugtechnik (Alternative Antriebssysteme). Verlag Vieweg+Teubner, Wiesbaden 2000, 2007, 2012

Ashley R. Bruce: Lombard-Gerin and the Inventing of the Trolleybus. Trolleybus Publishing, London 2017

C, C. Chan: Present status and future trends in electric vehicle technology. Hong Kong University, Hong Kong 1993

Jaroslav Cholevik: Elecktrické zarízení automobilu veteránu. Nakladatelstvi Dopravi, Prag 1979

Das Auto, Jahrgänge 1947 und 1948, Verlag Motorsport GmbH, Freiburg i.Br.

E. D. Dickmanns: Dynamic Vision for Perception and Control of Motion. Springer-Verlag, Berlin 2007

Edition Porsche Museum: electrified seit 1893. Stuttgart 2021

Franz Farkas: 100 Jahre elektrische Postautos. AustroKlassik, 2014

Olaf v. Fersen (Hrsg.): Ein Jahrhundert Automobiltechnik. VDI Verlag, Düsseldorf 1986

G. N. Georgano: The Complete Encyclopedia of Commercial Vehicles. Krause Publications, Iola WI 1979

Richard Gilbert und Anthony Perl: Transport Revolutions – moving people and freight without oil. Earthscan Publishing, London 2008

Bryan Goodman: American Cars in Europe 1900–1940. McFarland & Co., Jefferson NC 2006

Gernot Goppelt: Hybrid oder Elektroauto? Hersteller eröffnen neue Diskussion. Heise online, Heise Zeitschriften Verlag, Hannover 2009

Frank P. Grad et al: The Automobile and the Regulation of its Impact on the Environment. University of Oklahoma Press, 1974

Booton Herndon: Ford, an unconventional Biography of the Men and their Times, Weybright & Talley, New York NY 1969

Alois Hoch und Walter Schmidt: Gewusst wie – Wissen und Technik auf einen Blick. Ehapa Verlag, Stuttgart 1865

Frank O. Hrachowy: Tesla – die Zukunft hat begonnen. Motorbuch Verlag, Stuttgart 2022

Ludger Kenning: Obusse in Deutschland. Band 2. Kenning, Nordhorn 2011

Beverly Rae Kimes und Henry Austin Clark jr.: Standard Catalog of American Cars 1805–1942. Krause Publications, Iola WI 1985

Peter Kleine-Möllhoff / Holger Benad / Frank Beilard / Mohammed Esmail / Martina Knöll: Die Batterie als Schlüsseltechnologie für die Elektromobilität der Zukunft; Herausforderungen – Potenziale – Ausblick. ESB Business School Reutlingen 2012

Willhelm Lohner: Lohner Automobile. H. Weishaupt Verlag, Graz 1989

Norbert Mager: Kraftfahrzeug und Umwelt, auch ein ökonomisches Problem. Schriftenreihe des VDA, Frankfurt am Main 1981

Volker Christian Manz: Los Pioneros. Doce Calles, Madrid 2017

Volker Christian Manz: Silencioses y limpos. Doce Calles, Madrid 2018

Roland Matthé und Ulrich Eberle: The Voltec system-Energy stirage and electric propulsion. Verlag Elsevier B.B., Amsterdam 2014.

Sonja und Konrad Metz: Das Elektroauto einst und jetzt. Eigenverlag, Gerasdorf 2004

James M. Miller, A. R. Gale und Anand Sankaran: Electric drive subsystem for a low-storage requirement hybrid electric vehicle. IEEE Publishing, Piscataway, NJ, 1999

Alan Murray: World Trolleybus Encyclopedia. Trolleybooks, Yateley 2001

Jacob Friedrich Roloff: Der Elektromagnetismus, insbesondere als Triebkraft. Buchhandlung Springer, Berlin 1868

David B. Sandalow: Plug-in Electric Vehicles. The Brookings Institution, Washington DC 2009

Nicht aufgeführt sind eine große Zahl weiterer Fachpublikationen sowie vom Autor Volker Christian Manz archivierte Unternehmens-Schriften, herausgegeben seitens zahlreicher Hersteller aus mehr als 130 Jahren Mobilitätsgeschichte.

Mattis Schindler: Obusse in Deutschland Band 1. Hrsg.: Ludger Kenning. Kenning, Nordhorn 2009

T. Schlick / G. Hertel / B. Hagemann / E. Maiser / M. Kramer: Zukunftsfeld Elektromobilität: Chancen und Herausforderungen für den deutschen Maschinen- und Anlagenbau. VDMA, Roland Berger Strategy Consultants, Frankfurt/M. 2011

Andreas Senger: Welches ist die Antriebstechnik der Zukunft? Automobil Revue, Aboflor AG, Kerzers 2018

L.J.K. Setright: Some unusual Engines. Mechanical Engineering Publications Ltd., London 1975

Wolfgang Simons: Das Umweltauto – konventionelle und nicht konventionelle Antriebe. Verlag Peter Kurze, Bremen 1998

Rolf Steiner: Energiequellen Energieumwandlung · Kraftfahrzeugantriebe. Schriftenreihe der Adam Opel AG, Rüsselsheim 1978

Verband der Automobilindustrie e.V. (VDA): Tatsachen und Zahlen aus der Kraftverkehrswirtschaft, div. Jahrgänge ab 1946 (Nachf. des 1923 gegr. Reichsverbandes der Automobilindustrie RDA), Frankfurt am Main

Frank Wolter, Christian Scherf: Elektromobilität in Asien – Überblick, Beispiele, Lösungsansätze. Innovationszentrum für Mobilität und gesellschaftlichen Wandel (InnoZ) GmbH, Berlin

W. Zimdahl, I. Rackow, T. Wilm: OPTOPILOT – ein Forschungsansatz zur Spurerkennung und Spurführung bei Straßenfahrzeugen. VDI Berichte Nr. 162, 1986

Bildnachweis

Eine große Zahl der Fotos stammt aus dem Archiv von Volker Christian Manz, in mehr als drei Jahrzehnten zusammengetragen. Teils sind es Bilder von Originaldokumenten (Verkaufskataloge, Pressefotos, Anzeigen, Werbematerial). Aber es gibt auch einige Bilder, deren Ursprung nicht recherchiert werden konnte, teilweise von Freunden und Bekannten, die gefundene Dokumente zur Verfügung stellten. Dank diesbezüglich sei Hans-Peter Bröhl (†) gesagt, ferner Thomas Ulrich, den spanischen Kollegen Salvador Claret und Manuel Lage – unermüdliche Historiker. Besonderer Dank gilt ferner der Fondation Berliet, die Fotos von französischen Elektrofahrzeugen zur Verfügung stellte, und den Pressestellen von Porsche, AEG, Siemens und anderen Unternehmen, die auf alle Anfragen positiv reagierten.

Aaglander 216re
Adam Opel AG 47ore, 143ore, 181, 325, 326omi/oli
AEG 318uli
AM General 131uli, 382
AMG 218re
Aptera Motors, Inc. 39mi/ore
Archiv Horst-Dieter Görg 138, 146uli,
Archiv Peter Kurze 235mil, 275oli/ore
Archiv V. Christian Manz 6uli, 7oli, 7or3, 7ure, 13un, 14oli/omi/ore, 15, 16oli, 16ore, 16uli, 16ure, 17, 18, 19oli/uli, 20, 21un, 22, 23, 24ob, 24mi, 25, 27ob, 32, 42li/mi/un, 45, 63, 64, 74-78, 80un, 81-85, 86oli/ore, 87, 90, 91ob, 94ore/ure/uli, 116-128, 130oli/un, 131-133, 135ore, 139, 140, 141li/un, 142oli/un, 143li, 144-145, 146u, 148ob, 150-158, 332, 333, 376mi, 378, 380, 405li, 406mi, 407, 408, 409un
Archiv Immo Mikloweit 8un, 344, 366
Archiv Halwart Schrader 27un, 28, 29, 31mi, 31un, 39, 46, 47un, 63, 64, 65li, 86un, 88, 91un, 93ore, 131uli, 142ore, 160, 175ob, 177re, 178, 199, 203, 205re, 214li, 217li, 218li, 226ob, 227un, 228mir, 228un, 235ob, 236un, 246, 250, 251uli, 253li/ore, 256, 258-260, 262, 281uli/ure, 283, 285, 287, 288li, 289li, 291uli, 294uli, 295uli, 301ob, 304mi, 306li, 318li, 319ob, 324, 326un, 329, 330un, 336oli/ore, 341, 346, 348, 352mi/un, 354, 355ob, 374, 375, 400, 404li, 405re, 406li/re
Archiv Thomas Ulrich 77oli
Archivo de Autos de Argentina Mauricio Uldane 16mir
Archivo Manuel Garriga 21oli/ore15, 2 drittes Foto von oben
ARCO 191mi
Arkayanam, Team 38un
Arrival Ltd. 179ore, 220re
Artega 220un
Audi AG 66ure, 92ob, 97ore, 134uli/ure, 135, 164re, 184, 222, 225. 291ore, 349
Auto- und Technik-Museum Sinsheim 293un
Avigo 291oli
Baojun 227ob
Bartels, Eckhart 221re
Bertone SpA 94oli
Better Place 197ob, 198
BMW AG 14un, 41oli, 66oli, 95, 145ore, 189, 195, 197un, 230-233, 291re, 427
Bredamenarini 234un
Brilliance Motors 41li/re, 237li
Bonhams 24uli
Buddy 236ob
Bürgin, Klaus/hobby 44
Burlingame, Jannies 39ure
BYD 191ob, 239
Champrobert 242li
Chang Jiang 242re
Chery 66ore, 243li
Chicago Transit Assoc. 61, 161
Chrysler Corp. 243ore/ure
City Car 244re
Comuta Inc. 411
Concours des Voitures de Place Automboiles, Paris 1899, Rapport du Jury; Publications du Journal Le Génie Civil 75mi, 76li
Conde Collection 119ore
Dacia 194li
DAF 212, 213
Daihatsu Motors 247
Daimler AG 177mi, 183, 201, 288re
DEKRA 416
Denza 14, 252ob/re
Dongfeng 253un, 254
EAS Nordhausen 14ore
EFAG 255re
Elcore GmbH München 164ure
Electric Vehicles, Organ der Electric Vehicle Association of America 1913-1917 84uli/mi
electrobus.co.uk 154, 155
EON AG 204re
Evangelisches Hilfswerk 48un
Evex 261li
Fiat SpA 14or, 263ob
The First Automobile Race in the United States von Pedro G. Salom, Jr. 87li
FOCUS 38ure
Fondation Berliet 153ob
Ford Motor Co. 42re, 165, 195,

Kennzeichnungen	mir: mitte rechts	re: rechts
	ob: oben	uli: unten links
li: links	oli: oben links	umi: unten mitte
mi: mitte	omi: oben mitte	un: unten
mil: mitte links	ore: oben rechts	ure: unten rechts

203, 255li, 265, 397un, 398
Ford UK Ltd. 264li, 268li, 423
Francis Craft S.A. 266mir
Frazer Nash Ltd. 267
Fridez 268un
Garriga, Manuel 21oli/ore, 31ob, 142mi, 152mi
Gaubschat 268
General Electric 269ob, 293ob
General Motors 47ure, 50, 270, 272re, 343
Gigaom 51
Global Electrics 269uli/ure, 272li
GKN 47ob/ure, 63ure
Görg, Horst-Dieter 136, 137
Google Inc. 273
Haag, Franz 34uli, 263un
Harrods 128, 129oli, 275un
Henßler, Sebastian (elektroauto-news.net) 379
Heuliez S.S. 312, 319li
Honda Motors 187, 277, 415
Horlacher AG 278ob
Hotzenblitz GmbH 278un
Hybrican Bus Systems 280ob
Hyundai Motors 41uli, 280un
Ikarus 281ob
IVECO 255re
Jaguar LandRover 282, 292
Johnson Controls 51un
Katzbeck Jennersdorf 19
Kia Motors 286
Knobloch, Jens 93li/un
Kyburz AG 289re
LEVC Oslo 54oli
Lexus 67ore, 294uli
Ligier S.A. 294ure
Limpios 295oli
Lotus Cars Ltd, 300
Mahindra 304ob
MAN 155mi
Manz, V. Christian 39oli
Mazda Motors 306ore
Melex 307
Mercedes-Benz 20, 67ure, 72ob, 308-311
MG 66uli,417
Microlino/Ouboter 214-215
Giovanni Michelotti 389ob
Mitsubishi Motor Corp. 186
Musée Nat. de lAutomobile
Mulhouse 238un, 239
NanoFlowcell 16
NASA 302, 303
Navia 319mi
NAW 318re
NEVS 318un
Navia 179uli
navio Sylt 27ore
Nebula 326
Nissan Motors 9, 141un, 169ob, 180uli/ure, 322, 323, 356ore
Marcelo Padin 389u
Piaggio SpA 8ore, 328
Porsche AG 19ore, 19ure, 26, 48ob, 58-62, 89, 146ob. 160, 166, 187un, 223, 224, 296, 297-299, 331, 332, 396
Pravega Inc. 103un
PSA Citroën 67uli, 143ure, 244li, 245
PSA Peugeot 41uli, 143li, 327ore/ure
PS Speicher Einbeck 134umi-
Quantino 334
Quantum 40
Renault 17ure, 97re/li, 164uli, 182, 204li. 336, 337, 338ob/mi, 428re
Reva 338un
Rimac 339, 340
R.& M. Auctions 125ure, 226un, 330ob, 335
Robert Bosch GmbH 65ob/li, 234ob, 397ob
Enrique Menéndez Rodriguez vehiculosautarquia.blogspot. com.es 115mi, 379ore
Rolls-Royce 386
RWE 342li
Saenz de Cámara, Ignacio 130ore. 141ore/re
Schnabel, Dann 226li
Seat 347ob
Siemens Forum 15un, 145uli/ure, 345ob
Science Museum London 77ob
Seattle Transportation Inc. 321
Sileo 347un
Sion AG 348un
Sixt Autovermietung 342re
Smart 201ob, 350, 429
Snorpy 329
Solaris 351ob
Sotheby's 252
Stadtarchiv Osnabrück 158un
Stadtarchiv Zürich 219re
Stadtwerke Halle 354li
StreetScooter 179un, 354ore
Suzuki Motors 355
Tata Motors 346ure, 347ob
Tazzari 357un
Techn. Museum Groningen 11mil/mir
Teisa 152un
Tesla Inc. 185, 358, 359
Think 101
Toylander Inc. 291mi
Toyota 67oli, 73un, 182, 362ob/un
Transports Electrics Interurbans, SA (Teisa 1920) 152un
Triggo 385
TU Darmstadt 102, 103ob
TU Freiberg 103mir
Uldane, Maurice 16mir
Unit Reg Lectra 293ob
UNSW Racing 99ub
U.S. Dept. of Energy 149un
U.S. Postal Service 409ob
VARTA 53ob
Verkehrshaus der Schweiz 364
Virgin Racing 96un
Volkswagen AG 8ure, 99ob, 177li, 188, 194re, 367-370, 372, 373, 375, 378re
Volvo 171ob, 273
Wagner, Ingo 193
Wikimedia Commons 6ure, 7uli, 8uli, 30, 31ob, 33, 37, 38ob/mil/mir, 39ore, 41ure, 44re, 62, 79, 80ore, 100ob, 146re, 154re, 158re, 159oli/ore, 167, 168, 169un, 171un, 178un, 198, 199, 200, 204mir, 205re, 247un, 248, 284, 290, 395un, 322ure, 365, 392-394, 399, 401, 403, 404re, 413, 414, 418, 421, 422
Wilderness EV 387re
Yulon Motor Co. 361
Zagato S.p.A. 376ob
Zahnradfabrik Friedrichshafen 377
Zap 376mi/un
Zelectric 387li

Es sei darauf hingewiesen, dass sämtliche abgebildeten und durch Dritte geschützte Markenzeichen und Wortmarken den Bestimmungen des Kennzeichenrechts (Alleinstellungsmerkmale) und den Besitzrechten der jeweiligen eingetragenen Eigentümer unterliegen.

Sollte dieses Buch Abbildungen enthalten, die trotz aller Recherchesorgfalt bestehende Urheberrechte verletzen, so möchten sich die Autoren dafür entschuldigen und gegebenenfalls um Benachrichtigung bitten.

AUTO-Mobilität und Gesellschaft –
Erste umfassende Darstellung!

Peter Kirchberg

AUTOMOBILGESCHICHTE IN DEUTSCHLAND

Die Motorisierungswellen bis 1939

2021. 550 Seiten mit vielen Abbildungen
Hardcover im Format 18 x 24,4 cm
ISBN 978-3-487-08642-2

€ (D) 68,– / € (A) 70,– / sFr. 78.–

9 783487 086422

Der Weg des Automobils am Anfang seiner technischen und gesellschaftlichen Entwicklung ist eine spannende Geschichte. Peter Kirchberg, Wirtschafts- und Verkehrshistoriker, betrachtet Automobilgeschichte erstmals nicht nur aus technikhistorischer Sicht, sondern erläutert auch die sozialen, wirtschaftlichen und verkehrsgeschichtlichen Aspekte, die bis heute dafür sorgen, dass das Auto den Menschen im Alltag begleitet, wie kaum eine anderes Gebrauchsgut.

In sieben Kapiteln verfolgt er u.a. die Vervollkommnung der Herstellungsmethoden, beschreibt die Entdeckungen der Wissenschaft, Forschung und Entwicklung – inkusive des Patentgeschehens – und erklärt die Rolle des Staates mit seiner Steuer- und Ordnungspolitik. Er bezieht auch die Automobilindustrie in ihrer Struktur und mit ihrem Potenzial in die Darstellung ein. Dabei werden eben nicht nur, wie meist üblich, die Pkw, sondern ebenso intensiv auch die Nutzfahrzeuge als Lkw und Omnibusse in ihren technischen Konzepten und in ihrer Verkehrswirksamkeit gewürdigt.

Diese komplexe Sicht erlebt der Leser hier als **Novum in der automobilhistorischen Literatur**. Gleichzeitig offenbart sich ihm eine allgemeine, das Feld breit erfassende Darstellung der Automobilgeschichte in Deutschland bis zum gewaltigen Einschnitt durch den Zweiten Weltkrieg.

Diese Publikation schließt eine seit Jahrzehnten – im von Spezialuntersuchungen beherrschten Fachbuchmarkt – klaffende Lücke.

© Privat

Peter Kirchberg lehrte seit 1990 als Professor für Technik- und Verkehrsgeschichte an der Hochschule für Verkehrswesen „Friedrich List" in Dresden. Er ist Verfasser mehrerer Bücher und Monografien besonders zur sächsischen Automobilgeschichte. Sein bedeutendstes Werk ist „Plaste Blech und Planwirtschaft". Es gilt als einzigartiges Standardwerk zur Technik- und Wirtschaftsgeschichte der DDR. Kirchberg zählt heute zu den namhaften Automobilhistorikern in Deutschland.

Georg Olms Verlagsbuchhandlung · Hagentorwall 7 · D-31134 Hildesheim
Fon: +49 (0)5121/15010 · Fax: +49 (0)5121/ 150 150 · E-Mail: sales@olms.de
www.olms.de / www.olms.com